I0031601

Dmitri Mendelejew
Grundlagen der Chemie - Band II

SEVERUS Verlag

ISBN: 978-3-95801-636-1
Druck: SEVERUS Verlag, 2018
Nachdruck der Originalausgabe von 1891
Cover: www.pixabay.com

Scanbearbeitung: Nathalie Strnad

Der SEVERUS Verlag ist ein Imprint der Diplomica Verlag GmbH.
Bibliografische Information der Deutschen Nationalbibliothek:
Die Deutsche Nationalbibliothek verzeichnet diese Publikation in der Deutschen Nationalbibli-
ografie; detaillierte bibliografische Daten sind im Internet über http://dnb.d-nb.de abrufbar.

© SEVERUS Verlag, 2018
http://www.severus-verlag.de
Printed in Germany
Alle Rechte vorbehalten.
Der SEVERUS Verlag übernimmt keine juristische Verantwortung oder irgendeine Haftung für
evtl. fehlerhafte Angaben und deren Folgen.

Dmitri Mendelejew

Grundlagen der Chemie - Band II

Aus dem Russischen übersetzt von
L. Jawein und A. Thillot

SEVERUS

INHALT DES WERKES - Band II

Seite.

Kapitel XVI. Zink, Kadmium und Quecksilber   704

» XVII. Bor.—Aluminium.—Thon. Thonerde.—Alaune.—Ultramarin.
—Gallium, Indium, Thallium und andere Elemente der
3-ten Gruppe.   727

» XVIII. Silicium. Kieselerde. Glas. — Germanium.—Zinn.—Blei. ---
Titan.— Zirkonium.— Thorium.   766

» XIX. Phosphor.— Phosphorwasserstoffe.—Phosphorsäuren.—Chlorverbindungen des Phosphors —Arsen. - Antimon.—Wismuth.
—Vanadin.--Niob und Tantal.   823

» XX. Schwefel.—Schwefelwasserstoff. Schwefelmetalle, Schwefligsäureanhydrid.— Schwefelstickstoffsäuren.-- Unterschweflige
Säure. — Schwefelsäure. — Schwefelhyperoxyd. Polythionsäuren. — Schwefelkohlenstoff. — Chlorschwefel. — Chloranhydride. — Selen und Tellur   877

» XXI. Chrom, Molybdän, Wolfram, Uran und Mangan.   954

» XXII. Eisen. Verarbeitung der Eisenerze. Roheisen. Stahl.
Schmiedeeisen — Oxyde und Salze des Eisens.— Cyanverbindungen des Eisens.—Kobalt und Nickel.—Kobaltiaksalze.   994

» XXIII. Platinmetalle. Platindoppelsalze. Ammoniakalische Platinverbindungen.   1040

» XXIV. Kupfer, Silber und Gold. Prout's Hypothese.   1066

Namenregister.   1113

Sachregister   1118

Sechszehntes Kapitel.

Zink, Kadmium und Quecksilber.

Wie das Magnesium bilden diese drei Metalle Oxyde von der Zusammensetzung RO, welche schwache Basen darstellen. Sie sind ebenso wie das Mg flüchtig und die Flüchtigkeit wird mit der Zu-nahme des Atomgewichtes grösser. Das Magnesium destillirt bei Weissgluth, das Zink bei ungefähr 930°, das Kadmium bei 770° und das Quecksilber bei 360°. Die Oxyde RO lassen sich leichter

---

7) Bei der Ersetzung von Wasserstoff H^2 durch Natrium Na^2 und Baryum Ba, wie auch bei der Ersetzung von SO^4 durch Cl^2 findet beinahe keine Volumände-rung statt, während bei der Ersetzung von Na durch K das Volum zu- und bei der Ersetzung von H^2 durch Li^2, Cu, Mg abnimmt.

8) Es liegt kein Grund vor, die Volume im festen und flüssigen Zustande bei den sogenannten entsprechenden Temperaturen zu vergleichen, d. h. bei solchen, bei denen die Dampftension dieselbe ist. Zur Auffindung der Gesetzmässigkeit in den Volumverhältnissen genügt eine Vergleichung der Volume bei gewöhnlichen Temperaturen. (Diese Folgerung habe ich mit besonderer Ausführlichkeit im Jahre 1856 entwickelt).

9) Viele (Persoz, Schröder, Löwig, Pfeifer und Joule, Baudrimont, Eymbrodt) haben vergeblich nach einem multiplen Verhältniss bei den spezifischen Volumen fester und flüssiger Körper gesucht.

10) Die Richtigkeit des im Vorhergehenden Gesagten ergibt sich mit besonderer Deutlichkeit bei der Vergleichung der Volume polymerer Körper. Die Volume ihrer Molekeln sind im Dampfzustande gleich, im festen und flüssigen dagegen sehr ver-schieden, was man aus den einander nahezu gleichen spezifischen Gewichten poly-merer Körper ersehen kann. Gewöhnlich ist aber das komplizirtere Polymere dichter, als das einfachere.

11) Die Oxyde der leichten Metalle nehmen bekanntlich ein geringeres Volum ein als die Metalle, das Magnesiumhydroxyd aber schon ein bedeutend grösseres; hierdurch erklärt sich die Beständigkeit der ersteren und die Unbeständigkeit des letzteren. Als Beweis kann man anführen, dass das Baryum ein grösseres Volum (36) einnimmt als das beständige Baryumhydroxyd (dessen spez. Gewicht 4,5 und dessen Volum 30 beträgt), wie dies auch bei den Alkalien der Fall ist. Die Volume der Magnesium- und Calciumsalze sind grösser als die Volume ihrer Metalle, mit alleiniger Ausnahme des Fluorcalciums. Bei den schweren Metallen ist das Volum der Verbindung immer grösser, als das Volum des Metalles; ausserdem sind bei solchen Verbindungen, wie AgJ (d = 5,7) und HgJ^2 (d = 6,2) die Volume (die 41 resp. 73 betragen) immer grösser, als die Summe der Volume der Bestandtheile. Die Summe der Volume von Ag + J ist 36, das Volum von AgJ = 41. Besonders scharf tritt dieses bei der Vergleichung der Summe der Volume von K + J = 71 mit dem Volume von KJ hervor, das 54 beträgt, da die Dichte = 3,06 ist.

12) Bei solchen Verbindungen fester und flüssiger Körper unter einander, wie Lösungen, Legirungen, isomorphe Gemenge und ähnliche schwache chemische Ver-bindungen, ist die Summe der Volume der sich verbindenden Körper immer sehr nahe dem Volume der entstehenden Substanz; dieses Volum ist bald etwas grösser, bald etwas kleiner als das ursprüngliche. Der Grad der Kontraktion bei der Bil-dung einer Verbindung hängt im Allgemeinen von der Stärke der Affinität ab, die zwischen den sich verbindenden Substanzen in Wirkung tritt.

reduziren als die Magnesia, am leichtesten geht die Reduktion von HgO vor sich. Die Eigenschaften ihrer Salze RX^2 sind denen der Salze MgX^2 ganz analog, denn die Löslichkeit, die Fähigkeit zur Bildung von Doppelsalzen und von basischen Salzen und viele andere Eigenschaften sind dieselben wie bei MgX^2. Mit der Zunahme des Atomgewichts zeigen die Schwierigkeit der Oxydation, die Unbeständigkeit der Verbindungen, die Dichte der Metalle selbst und ihrer Verbindungen, die Seltenheit des Vorkommens in der Natur und viele andere Eigenschaften eine allmälige Aenderung, wie es nach dem periodischen Gesetze auch zu erwarten ist. Die wichtigste Eigenthümlichkeit im Vergleich mit dem Mg äussert sich schon darin, dass Zn, Cd und Hg schwere Metalle sind.

Dem Magnesium am nächsten kommt seinem Atomgewichte und seinen Eigenschaften nach das **Zink**. Das schwefelsaure Zink z. B. oder der weisse Vitriol ist mit dem Bittersalze vollkommen isomorph; es krystallisirt mit 7 Wassermolekeln $ZnSO^4 7H^2O$, verliert seine letzte Wassermolekel nur schwierig und bildet eben solche Doppelsalze wie das schwefelsaure Magnesium [1]), z. B. Zn $K^2(SO^4)^2 6H^2O$. Das **Zinkoxyd** ZnO bildet, wie die Magnesia, ein weisses in Wasser fast unlösliches Pulver [2]), das sich aber durch seine Löslichkeit in Natron- oder Kalilauge von der Magnesia unterscheidet [3]). Das **Chlorzink** (Zinkchlorid) wird gleichfalls durch Was-

---

1) Als Nebenprodukt erhält man $ZnSO^4$ z. B. in den galvanischen Batterien, die Zn und H^2SO^4 enthalten. Beim Glühen zerfällt das wasserfreie Zinksulfat in ZnO, SO^2 und O. In 100 Th. Wasser lösen sich: bei 0^0—43, bei 20^0—53, bei 40^0—$63^1/_2$, bei 60^0—74, bei 80^0—$84^1/_2$ und bei 100^0—95 Theile $ZnSO^4$, was ziemlich genau durch die Gerade $43 + 0{,}52t$ ausgedrückt werden kann.

Dem gewöhnlichen schwefelsauren Zinke ist öfters Eisen beigemengt und zwar in Form von schwefelsaurem Eisenoxydul $FeSO^4$, das mit dem Zinksalze isomorph ist. Zur Entfernung des Eisens leitet man in die Lösung des Zinksulfats Chlor ein (um das Eisenoxydul in Oxyd überzuführen), bringt sie dann zum Sieden und setzt Zinkoxyd zu, welches nach einiger Zeit alles Eisenoxyd niederschlägt. Das Eisenoxyd Fe^2O^3 wird von dem Zinkoxyd ZnO verdrängt.

2) Zinkoxyd erhält man sowol bei der Verbrennung und Oxydation von Zink, als auch beim Erhitzen verschiedener Salze desselben, z. B. des kohlensauren und salpetersauren Salzes; beim Fällen der Lösung eines Zinksalzes ZnX^2 durch Aetzalkalilauge fällt das gallertartige Hydrat des Zinkoxyds aus. Das Oxyd, das man durch Rösten von Zinkblende (d. h. durch Glühen derselben an der Luft, wobei der Schwefel zu SO^2 verbrennt) darstellt, enthält gewöhnlich verschiedene Beimengungen. Zur Entfernung derselben vermischt man das Oxyd mit Wasser und leitet dann das beim Rösten der Blende entstehende Schwefligsäuregas ein. In die Lösung geht hierbei saures schwefligsaures Zink $ZnSO^3H^2SO^3$ über. Dampft man diese Lösung ein und glüht den erhaltenen Rückstand, so bleibt Zinkoxyd zurück, das schon von vielen seiner Beimengungen befreit ist. Das Zinkoxyd ist ein weisses, leichtes Pulver, das als Farbe an Stelle des **Bleiweisses** benutzt wird wozu auch das basische Salz dient, welches der Magnesia entspricht.

3) Zum Lösen eines Theiles Zinkoxyd sind 55400 Theile Wasser erforderlich, trotzdem wirkt diese schwache Lösung von Zinkoxyd (richtiger von Zinkhydroxyd ZnH^2O^2) auf rothes Lackmuspapier ein. Das Hydrat des Zinkoxydes (das Zinkhy-

ser zersetzt und verbindet sich, wie das Chlormagnesium, mit NH^4Cl, KCl u. s. w. zu Doppelsalzen [4]). Ueberhaupt ist die Aehnlichkeit des Zinks mit dem Magnesium so gross, dass sie sogar die

---

droxyd) erhält man beim Zusetzen eines ätzenden Alkalis zu der Lösung eines Zinksalzes, z. B.: $ZnSO^4 + 2KHO = K^2SO^4 + ZnH^2O^2$. Der gallertartige Niederschlag des Zinkhydroxyds löst sich in einem Ueberschuss des Alkalis, wodurch er sich deutlich von der Magnesia unterscheidet. Die Löslichkeit des Zinkoxyds in den ätzenden Alkalien wird natürlich durch die Fähigkeit des Zinkoxyds bedingt mit dem Alkali Verbindungen, wenn auch unbeständige, zu bilden, d. h. dieselbe weist darauf hin, dass das Zinkoxyd theilweise schon zu den intermediären Oxyden gehört. Den Oxyden der früher beschriebenen Metalle geht diese Fähigkeit ab. Die Bildung dieser Verbindungen des Zinkoxyds erklärt es auch, dass das metallische Zink selbst sich in den ätzenden Alkalien unter Wasserstoff-Entwickelung löst (die Lösung geht in Gegenwart von Platin oder Eisen schneller vor sich). Die Lösung des Zinkhydroxyds ZnH^2O^2 in KHO (konzentrirter Kalilauge) erfolgt, wenn man die beiden Hydrate im Verhältniss von $ZnH^2O^2 + KHO$ anwendet. Dampft man eine solche Lösung vollständig ein, so entzieht Wasser dem geschmolzenen Rückstande nur das Aetzkali. Die Lösung des Zinkhydroxyds in starker Kalilauge scheidet, beim Verdünnen mit viel Wasser, fast alles Zinkoxyd wieder aus. In schwachen Lösungen braucht man daher zum Lösen des Zinkoxyds eine grosse Menge des Alkalis, was bereits auf eine Zersetzung der Verbindung des Zinkoxyds mit dem Alkali durch Wasser hinweist. Starker Weingeist scheidet aus einer Lösung von Zinkhydroxyd in Natronlauge das Krystallhydrat $2Zn(OH)(ONa)7H^2O$ aus.

4) **Chlorzink** oder Zinkchlorid $ZnCl^2$ wird in der Praxis gewöhnlich in Lösung benutzt, die man direkt durch Auflösen von Zink in Salzsäure erhält. Eine solche Lösung dient in der Technik beim Zusammenlöthen von Metallen; die Wirkung des Chlorzinks erklärt sich dadurch, dass beim Verdampfen seiner Lösung zunächst eine Verbindung des Salzes mit Krystallisationswasser entsteht, welche jedoch bei weiterem Erwärmen alles Wasser verliert und eine ölige Masse von wasserfreiem Chlorzink bildet, die beim Abkühlen erstarrt. Die Masse schmilzt bei 250° und beginnt bei 400° in Dampf überzugehen. Das Zusammenlöthen von Metallen, d. h. das Einführen eines leichtflüssigen Metalls zwischen zwei zu löthende metallene Gegenstände wird gewöhnlich durch den entstehenden Oxydüberzug gestört, denn die Metalle oxydiren sich leicht beim Erhitzen und lassen sich dann schwer löthen. Diese Oxydation verhindert nun das Chlorzink, das beim Schmelzen die Metalle als dünne Oelschicht überzieht und den Luftzutritt abhält; ausserdem bildet sich beim Erhitzen aus dem Chlorzinke Salzsäure, welche das trotzdem entstehende Oxyd löst und auf diese Weise die metallene Oberfläche der zu löthenden Metalle für das flüssige Löthmetall, durch welches die Löthung ausgeführt wird, rein erhält. Sehr häufig wird das Chlorzink auch zum Imprägniren von Holz (Eisenbahnschwellen und Telegraphenstangen) benutzt, um dieses vor schneller Fäulniss zu schützen, welche Wirkung aller Wahrscheinlichkeit nach auf der Giftigkeit der Zinksalze beruht, da bei der Fäulniss niedere Organismen entstehen, (das Quecksilbersublimat schützt als stärkeres Gift noch besser vor Fäulniss).

Die spezifischen Gewichte der p Procente $ZnCl^2$ enthaltenden Lösungen sind folgende:

$p =$	10	20	30	40	50
$15°/4° =$	1,093	1,184	1,293	1,411	1,554
$ds/dt =$	— 3	— 5	— 7	— 8	— 9

Die letzte Zeile zeigt die Aenderung des spezifischen Gewichts um 1° in Zehntausendsteln bei Temperaturen, die sich 15° nähern. Aus genaueren Bestimmungen

zwischen dem Magnesium und Calcium bestehende Aehnlichkeit übertrifft.

Das Zink findet sich, wie viele schwere Metalle, in der Natur häufig in Verbindung mit Schwefel als Zinkblende ZnS. Diese [5]) kommt zuweilen in grosser Menge vor, öfters krystallisirt in Würfeln, gewöhnlich jedoch in fast undurchsichtigen Massen; sie besitzt einen Metallglanz, der aber nicht so deutlich zum Vorschein kommt, wie bei vielen anderen in der Natur verbreiteten Schwefelmetallen. Als Zinkerze müssen noch das kohlensaure und kieselsaure Zink genannt werden, die unter dem Namen Galmei bekannt sind.

Das metallische Zink (Spiauter) gewinnt man grösstentheils aus

---

von Tschelzow lässt sich der Schluss ziehen, dass die Lösungen von Zinkchlorid $ZnCl^2$ denselben allgemeinen Gesetzen folgen, wie auch die Lösungen von Schwefelsäure H^2SO^4, worüber weiter das 20-te Kapitel handelt. 1) Von H^2O bis zu $ZnCl^2$ $12OH^2O$ ist $s = S_0 + 92,85p + 0,1748p^2$, 2) von hier bis $ZnCl^2 40H^2O$: $s = S_0 + 93,96p$ $-0,0126p^2$, 3) von hier bis $ZnCl^2 25H^2O$: $s = 11481,5 + 96,45(p - 15,89) + 0,4567$ $(p-15,89)^2$, 4) von hier bis $ZnCl^2 10H^2O$ $s = 12212,1 + 104,82(p - 23,21) + 0,7992$ $(p-23,21)^2$, 5) von hier bis $p = 65\%$: $s = 14606,3 + 140,96(p-43,05) + 1,4905(p-43,05)^2$; s ist das spezifische Gewicht der p Gewichtsprocente $ZnCl^2$ enthaltenden Lösung bei 15°, wenn Wasser bei 4° = 10000 und $s_0 = 9991,6$ (das spezifische Gewicht des Wassers bei 15°).

Ueber die Verbindung des $ZnCl^2$ mit HCl vergleiche Seite 494.

Das Chlorzink besitzt eine grosse Affinität zum Wasser, in welchem es sich unter bedeutender Wärmeentwickelung löst, analog dem Chlormagnesium und Chlorcalcium. Auch in Weingeist ist es löslich. Es besitzt die Fähigkeit nicht nur in freiem Zustande befindliches Wasser, sondern auch chemisch gebundenes anzuziehen. Daher wird das Chlorzink öfters bei der Untersuchung organischer Verbindungen benutzt, denen die Elemente des Wassers entzogen werden sollen.

Im Gemisch mit Zinkoxyd bildet das Zinkchlorid eine merkwürdig leicht sich erhärtende Masse von Zinkoxychlorid, welche in der Praxis Verwendung findet, z. B. als Kitt von Gegenständen, die mit Wasser in Berührung kommen, und auch in der Malerei. Die Zusammensetzung des entstehenden Zinkoxychlorids ist $ZnCl^2 3ZnO$ $2H^2O (= Zn^2OCl^2 2ZnH^2O^2)$; dasselbe bildet sich auch beim Einwirken einer kleinen Quantität Ammoniak auf eine $ZnCl^2$-Lösung, wenn der entstandene Niederschlag noch längere Zeit mit der Flüssigkeit gekocht wird. Wenn dem Gemisch einer konzentrirten Chlorzinklösung mit Zinkoxyd Ammoniaksalze zugesetzt werden, so erhärtet es sich nicht so schnell und kann bequemer gehandhabt werden. Feuchtigkeit und Kälte sind ohne Einfluss auf die erstarrte Masse des Zinkoxychlorids, die auch der Einwirkung vieler Säuren und der Hitze von 300° widersteht. Dieselbe ist daher für viele Fälle ein werthvoller Kitt. Eine $MgCl^2$-Lösung bildet mit MgO ein ähnliches Magnesiumoxychlorid. Das Zinkoxychlorid erhärtet am besten, wenn Zinkchlorid und Zinkoxyd mit einander in dem Verhältniss gemischt werden, dass sie die gleiche Menge Zink enthalten; d. h. wenn die Zusammensetzung Zn^2OCl^2 erreicht wird. Zur Bereitung dieses Kitts kann man natürlich auch Zinkoxyd allein anwenden, wenn man nur die erforderliche Menge Salzsäure zusetzt.

5) Blende nannte man dieses Mineral, weil es die Bergleute anfangs ‹blendete›, täuschte, denn obgleich es das Ansehen der gewöhnlichen Metallerze (die bedeutende Dichte 4,06 u. s. w.) hatte, gab es bei einfachem Rösten und Schmelzen mit Kohle doch kein Metall. In Anbetracht dieses ungewöhnlichen Verhaltens des Zinkerzes erhielt das bei Verbrennen der Zinkdämpfe entstehende Zinkoxyd die Bezeichnung ‹nihil album›.

seinem Sauerstofferze [6]) dem Galmei, der zuweilen grössere Lager
z. B. in Polen, Galizien und einigen Gegenden an den Ufern des
Rheins bildet und in bedeutenden Massen in Belgien und in England
auftritt. In Russland finden sich Zinkerze in Polen und im Kaukasus, aber dieselben werden kaum ausgebeutet. In Schweden
wurde noch im 15-ten Jahrhundert belgischer Galmei zu einer Legirung von Zink mit Kupfer (Messing) verarbeitet und Paracelsus
erhielt das Zink aus dem Galmei; aber die technische Gewinnung
des Metalles selbst, die schon seit Langem in China bekannt war,
begann in Europa erst im Jahre 1807 in Belgien, als der Abt Dony
die Flüchtigkeit des Zinks entdeckte. Seit der Zeit ist die jährliche Produktion an Zink allein in Deutschland auf 140 Millionen
Kilogramm gestiegen.

Die Verarbeitung der Zinkerze beruht auf der leichten Reduzirbarkeit des Zinkoxydes [7]) durch Kohle bei Rothgluthhitze: $ZnO+C$
$=Zn+CO$. Das Zink wird hierbei in zertheiltem und unreinem
Zustande im Gemisch mit anderen, sich gleichfalls reduzirenden
Metallen gewonnen. Bei Weissgluth **geht das
Zink in Dampf über**, aus dem es leicht wieder
in flüssigen und festen Zustand übergeführt wer-
den kann; hierauf beruht die Reinigung des-
selben. Die Destillation wird in Muffeln aus
feuerfestem Thon ausgeführt, in welche das
Gemisch des zerkleinerten Erzes mit Koh-
le gebracht wird (Fig. 125). Die Zink-
dämpfe und die bei der Reaktion entstehenden
Gase werden durch das knieförmig gebogene
Rohr in einen Raum geleitet, in welchem die
Zinkdämpfe sich abkühlen ohne mit der Luft in Berührung zu

Fig. 125. Muffel aus feuerfestem Thon zur Destillation
von Zink. Die Oeffnung bei
c dient zur Beschickung mit
dem Eze und auch zur Ent-
leerung; die Zinkdämpfe entweichen durch das knieförmig gebogene Rohr a, das
durch die Oeffnung bei b gereinigt werden kann.

6) Als **Erz** bezeichnet man die festen, schweren Substanzen, die in der Erde
gewonnen und in Hüttenwerken zu den gewöhnlichen, schweren Metallen verarbeitet werden, die schon seit Langem in der Praxis Anwendung finden. Die
natürlichen Verbindungen des Natriums oder Magnesiums gehören nicht zu den
Erzen, da weder Mg noch Na hüttenmässig gewonnen werden. Direkt verwendet
und in Hüttenwerken gewonnen werden ausschliesslich die schweren Metalle, die
sich leicht reduziren, dagegen schwer oxydiren lassen. Die Erze enthalten entweder
die Metalle selbst (z. B. Silber-, Wismutherze) und man sagt dann, dass das Metall im gediegenen Zustande erscheint, oder Schwefel-Verbindungen der Metalle
(Glanze, Blenden, Kiese, z. B. Bleiglanz PbS, Zinkblende ZnS, Kupferkies CuFeS)
oder Oxyde (z. B. Eisenerze) oder endlich Salze (z. B. Galmei). Das Zink findet
sich viel seltener, als das Magnesium; dass es trotzdem viel bekannter ist, bedingt
die vielfache unmittelbare Verwendung desselben in der Praxis.

7) Die in den Bergwerken aus der Erde gewonnenen Erze werden meistens
zuerst sortirt und dann durch Auswaschen, Abschlämmen und ähnliche mechanische
Mittel gereinigt. Die Schwefelerze (und auch andere) werden gewöhnlich geröstet, d. h.
unter Luftzutritt geglüht. Der Schwefel verbrennt hierbei und entweicht als Schwefligsäuregas, während das Metall sich oxydirt. Der Zweck des Röstens ist eben die

kommen. Den Zutritt der Luft und infolge dessen auch die Oxydation der Dämpfe verhindert das gleichzeitig mit dem Zink entstehende Kohlenoxyd. Die Zinkdämpfe verdichten sich zuerst zu pulverförmigem Zink,—Zinkstaub—und erst wenn sich das thönerne Ableitungsrohr genügend erwärmt hat, erhält man flüssiges Zink, das in Blöcke gegossen wird, in welchen es meist in den Handel kommt.

Das käufliche Zink ist gewöhnlich unrein, es enthält Blei, Kohletheilchen, Eisen und andere Metalle, die von den Zinkdämpfen mitgerissen werden, obgleich sie bei der auf 1000^0 steigenden Temperatur, bei welcher das Zink überdestillirt, nicht flüchtig sind. Um reines Zink zu erhalten, muss man das käufliche einer nochmaligen Destillation unterwerfen, die man in einem Tiegel ausführt, durch dessen Boden ein Rohr eingelassen ist (Fig. 126). Die beim Erhitzen entstehenden Zinkdämpfe können nur durch dieses Rohr entweichen, in welchem sie sich auch verflüssigen und dann in einer Vorlage aufgesammelt werden. Das auf diese Weise gereinigte Zink wird gewöhnlich noch umgeschmolzen und in Stangen gegossen, welche zu physikalischen und chemischen

Fig. 126. Destillation von Zink per descensum. Aus dem verschlossenen Tiegel, der in einem Schmelzofen erhitzt wird, entweichen die Zinkdämpfe durch das Rohr oc, in welchem sie sich auch verdichten. $^1/_{20}$.

Zwecken Verwendung finden, zu welchen reines Zink erforderlich ist [8]).

Das metallische Zink ist von bläulich weisser Farbe und besitzt im Vergleich zu anderen Metallen nur einen unbedeutenden Glanz. In geschmolzenen Massen zeigt es ein krystallinisches Gefüge. Sein spezifisches Gewicht beträgt etwa 7,— es schwankt zwischen 6,8 bis zu 7,2, je nach der Kompression dem das Zink ausgesetzt wird (beim Schmieden, Walzen u. s. w.). Trotz seiner Härte ist das Zink doch ziemlich zäh, so dass beim Verarbeiten desselben die Feilen verstopft werden. Die Hämmerbarkeit des reinen Zinks ist sehr bedeutend, aber das gewöhnliche, unreine

Ueberführung der Schwefelverbindung in eine Sauerstoffverbindung, die dann leicht durch Kohle reduzirt werden kann. Auf diese Weise wird seit Langem fast in allen Hüttenwerken und fast mit jedem Erze verfahren. Daher führt man die Zinkblende zuerst in Zinkoxyd über, welches im Galmei enthalten ist.

8) Ein solches Zink ist wol homogen, enthält aber dennoch einige Beimengungen, zu deren Entfernung man aus dem Zink erst irgend ein reines Salz darstellen muss, das man dann in kohlensaures Zink überführt, um zuletzt durch Destillition mit Kohle das reine Zink zu erhalten. Zur Entfernung des Arsens hat man vorgeschlagen das Zink mit wasserfreiem $MgCl^2$ zu schmelzen, wobei Dämpfe von $ZnCl^2$ und $AsCl^3$ entstehen. Vollkommen reines Zink erhält man (nach V. Meyer und and.) beim Zersetzen durch den galvanischen Strom einer $ZnSO^4$-Lösung, der man einen Ueberschuss von Ammoniak zugesetzt hat.

Handelszink kann bei gewöhnlicher Temperatur nicht zu Platten ausgeschlagen werden, da es leicht reisst. Bei 100⁰ lässt es sich aber leicht verarbeiten und kann dann zu Draht nnd Platten aus-gezogen werden. Bei stärkerem Erwärmen wird das Zink wieder spröde, so dass es bei 200⁰ sogar zu Pulver zerstossen werden kann. Es schmilzt bei 433⁰ und destillirt bei 930⁰.

An der Luft bleibt das Zink unverändert, selbst in sehr feuch-ter Luft bedeckt es sich nur ganz allmählich mit einem sehr dün-nen Ueberzuge von Oxyd. Das Zink wird daher zur Anfertigung vieler Gegenstände [9]) und als Blech zur Dachdeckung benutzt. Die grosse Beständigkeit des Zinks an der Luft weist schon auf seine geringere Energie zur Vereinigung mit Sauerstoff im Vergleich mit den bereits betrachteten Metallen hin, von denen es auch aus seinen Lösungen reduzirt wird. Dasselbe Verhalten zeigt aber das Zink seinerseits zu den meisten anderen Metallen, z. B. zu Pb, Cu, Hg und and. Bei gewöhnlicher Temperatur ist das Zink, wie gesagt, ein fast unoxydirbares Metall; beim Erhitzen dagegen kann es an der Luft verbrennen, besonders wenn es sich in Form feiner Spä-ne oder im Dampfzustande befindet. Wasser wird bei gewöhnli-cher Temperatur durch Zink nicht zersetzt, wenigstens so lange dieses sich in vorher geschmolzenen, kompakten Stücken befindet, aber beim Erwärmen tritt eine allmähliche Zersetzung schon bei 100⁰ ein. Aus Säuren verdrängt das Zink den Wasserstoff leicht bei gewöhnlicher Temperatur, aus ätzenden Alkalien—beim Erwärmen.

Die Einwirkung auf Säuren ist übrigens sehr verschieden, je nach der Reinheit des Zinks. Schwache Schwefelsäure (deren Ge-halt $SH^2O^4 8H^2O$ entspricht) wirkt auf chemisch reines Zink bei gewöhnlicher Temperatur fast gar nicht ein, selbst eine stärkere Säure wirkt nur sehr langsam ein. Bei höherer Temperatur jedoch und namentlich wenn das Zink vorher schwach erhitzt worden war, so dass es mit einem leichten Ueberzug von Oxyd bedeckt erscheint, wird es auch in chemisch reinem Zustande schon von schwacher Schwefelsäure angegriffen. So z. B. lösen sich von einem Kubik-centimeter Zink in Schwefelsäure von der Zusammensetzung $SH^2O^4 6H^2O$ bei gewöhnlicher Temperatur im Laufe von 2 Stunden nur 0,018 Gramm, während bei 100⁰ sich in derselben Zeit 3¹/₂ Gr. Zink lösen. Die im Vergleich mit dieser langsamen Einwirkung so rasche Entwickelung von Wasserstoff, die beim Lösen des käufli-chen Zinks in Schwefelsäure vor sich geht, erklärt sich durch den

---

9) Aus Zinkblech werden Gesimse und verschiedene architektonische Verzie-rungen gepresst, welche sich durch ihre Leichtigkeit und Dauerhaftigkeit auszeich-nen. Dächer aus Zinkblech brauchen nicht mit Farbe bedeckt zu werden, aber dieselben können bei einer Feuersbrunst schmelzen und bei starker Hitze sogar ver-brennen. Mit Zink werden (auf galvanoplastischem Wege) verschiedene Metalle überzogen, um dieselben vor dem Rosten zu schützen.

Einfluss der im Zinke enthaltenen Beimengungen. Jedes Kohle- oder Eisentheilchen, wie auch jedes andere mit dem Zinke verbundene elektronegative Metall beschleunigt die Auflösung desselben, (wie dies dem Leser aus der Physik bekannt sein dürfte). Die langsame Einwirkung von H^2SO^4 auf reines Zn (wie auch auf mit Amalgam bedecktes) erklärt sich ausserdem dadurch, dass die Oberfläche des Metalls beim Lösen mit einer Schicht von Wasserstoff bedeckt wird, welcher die unmittelbare Berührung der Säure mit dem Metalle verhindert. Setzt man aber der Schwefelsäure etwas Kupfervitriol, oder besser einige Tropfen Platinchlorid zu, so wird die Wasserstoffentwickelung bedeutend beschleunigt, weil dann wie. im käuflichen unreinen Zinke stellenweise aus dem (reduzirten) Kupfer oder Platin mit dem Zinke galvanische Elemente entstehen, unter deren Einflusse die rasche Auflösung des Zinks vor sich geht [10]).

Die Einwirkung des Zinks auf Säuren und die dadurch bedingte

---

10) Die Einwirkung von Säuren auf metallisches Zink von verschiedener Reinheit ist der Gegenstand zahlreicher Untersuchungen gewesen, welche von besonderer Wichtigkeit in Bezug auf die Anwendung des Zinks zu galvanischen Batterien waren; einige dieser Untersuchungen haben sogar eine direkte Bedeutung für die chemische Mechanik, obgleich viele Beziehungen noch nicht aufgeklärt sind. Ich halte es für nützlich auf die Beobachtungen hinzuweisen, welche ich als die vollständigsten betrachte.

Calvert und Johnson haben ihre Beobachtungen über die Einwirkung von Schwefelsäure verschiedener Konzentration auf 2 Gramm reinen Zinkes während 2 Stunden folgendermaassen zusammengefasst. In der Kälte wirkt H^2SO^4 nicht ein, $H^2SO^4 2H^2O$ löst etwa 0,002 g, entwickelt aber hauptsächlich Schwefelwasserstoff, der auch bei weiterer Verdünnung bis zu $H^2SO^4 7H^2O$ entsteht, bei welcher 0,035 g Zn gelöst werden. Bei stärkerer Verdünnung mit Wasser beginnt die Entwickelung von reinem Wasserstoff. Bei 130° bildet das Mono- und Dihydrat der Schwefelsäure SO^2 und im Laufe derselben 2 Stunden lösen sich 0,075 und 0,142 g Zn. $H^2SO^4 2H^2O$ entwickelt bei 130° ein Gemisch von H^2S und SO^2 und löst 0,156 Zn.

Bouchard zeigte, dass, wenn schwache Schwefelsäure in einem Gefässe aus Glas oder Schwefel mit einem Zinkstücke 1 Theil Wasserstoff entwickelt, dieselbe Säure mit einem gleichen Zinkstücke in derselben Zeit 4 Th. Wasserstoff entwickelt, wenn die Einwirkung in einem Gefäss aus Zinn vor sich geht, indem Zn bildet mit Sn ein galvanisches Element; besteht das Gefäss aus Pb, so werden 9 Theile Wasserstoff entwickelt, aus Sb und Bi—13 Th., aus Ag oder Pt—38 Th., aus Cu—50 Th. und aus Fe—43 Th. Wasserstoff. Setzt man der Schwefelsäure (1 Theil H^2SO^4 mit 12 Th. Wasser) ein Platinsalz zu, so wird nach Millon, die Geschwindigkeit der Einwirkung auf das Zink 149 mal, und wenn Kupfervitriol zugesetzt wird 45 mal grösser, als beim Einwirken reiner Schwefelsäure. Die zugesetzten Salze werden vom Zink zu Metallen reduzirt, durch deren Kontakt mit dem Zink die Reaktion beschleunigt wird, da örtliche galvanische Ströme entstehen.

Wenn, nach den Beobachtungen von Cailletet, Schwefelsäure mit Zink unter gewöhnlichem Drucke 100 Th. Wasserstoff entwickelt, so werden unter 60 Atmosphären Druck 47 Th. und unter 120 Atm. 1 Theil, dagegen unter vermindertem Drucke unter dem Rezipienten der Luftpumpe 168 Th. Wasserstoff entwickelt. Nach Helmholtz übt die Verringerung des Druckes auch auf die galvanischen Elemente einen Einfluss aus.

Bildung von Zinksalzen verhindert die häufigere Anwendung des Zinkes, namentlich zu Gefässen zum Aufbewahren von Flüssigkeiten, welche Säuren enthalten oder entwickeln können. Zinkgefässe dürfen daher nicht zum Bereiten und Aufbewahren von Speisen benutzt werden, da letztere häufig Säuren enthalten, welche mit dem Zinke Salze bilden können; Zinksalze sind aber giftig. Selbst

Nach Debray, Loewel, Snyders und and. entwickelt das Zink mit den Lösungen vieler Salze z. B. MCl^n, $Al^2(SO^4)^3$ und Alaune — Wasserstoff und bildet neben dem Zinkoxydsalze basische Salze. Soda und Pottasche üben fast keine Wirkung aus, da kohlensaures Salz entsteht. Ammoniaksalze wirken stärker als K- und Na- Salze ein, aber die Oberfläche des Zinks bleibt glänzend. Augenscheinlich beruht diese Einwirkung auf der Bildung von Doppelsalzen und basischen Salzen. Die von der Konzentration bedingte Aenderung in der Geschwindigkeit der Einwirkung von Schwefelsäure auf Zink (das Beimengungen enthält) steht offenbar unter sonst gleichbleibenden Bedingungen mit der galvanischen Leitungsfähigkeit der Lösung in Zusammenhang, obgleich bei grosser Verdünnung die Einwirkung dem Gehalte an Säure in einem bestimmten Volum der Lösung beinahe proportional ist.

Das Schmieden, die Art des Gusses des geschmolzenen Metalls und ähnliche mechanische Einflüsse, durch welche die Dichte und Härte des Zinkes verändert werden, wirken auch auf die Fähigkeit desselben, Wasserstoff aus Säuren auszuscheiden, ein.

Kajander zeigte (1881), dass die Einwirkung von Säuren auf Magnesium: a) nicht von der Natur der Säuren, sondern von der Basizität derselben abhängt, b) dass die Einwirkung rascher zunimmt, als die Konzentration und c) dass mit der Zunahme des Koëffizienten der inneren Reibung und der galvanischen Leitung die Einwirkung geringer wird.

Spring und Aubel bestimmten (1887) das Volum des Wasserstoffs, der durch eine Legirung von Zink mit wenig Blei (0,6 pCt.) aus Säuren ausgeschieden wird, da die Einwirkung hierbei gleichmässig verläuft. Um die Grösse der Oberfläche des Metalls zu kennen, auf welche die Säure einwirkt, wurden Kugeln (vom Durchmesser 9,5 mm.) und Cylinder (Durchm. 17 mm) angewandt, deren Seiten mit Wachs bedeckt waren, so dass die Einwirkung nur auf die Grundflächen beschränkt war. Zu Beginn der Einwirkung einer bestimmten Säuremenge nimmt die Geschwindigkeit anfangs zu, erreicht ein Maximum und fällt dann mit der Konzentration in dem Maasse, wie die angewandte Säure aufgebraucht wird. Es seien hier die Resultate bei Anwendung einer 5, 10 und 15 procentigen Säure angeführt. H bezeichnet die Anzahl der erhaltenen Kubikcentimeter Wasserstoff und D die Anzahl der nach dem Eintauchen der Zinkkugeln in die Säure verflossenen Sekunden.

Bei 15°:

H=	50	100	200	400	600	800	1000
$5^0/_0$D=	714	1152	1755	2731	3908	6234	15462
$10^0/_0$	301	455	649	995	1573	2746	6748
$15^0/_0$	106	151	233	440	826	1604	4289

Bei 35°:

$5^0/_0$D=	462	705	1058	1700	2525	4132	8499
$10^0/_0$	96	148	239	460	835	1594	3735
$15^0/_0$	44	64	112	255	505	1011	2457

Bei 55°:

$5^0/^0$D=	178	276	408	699	1164	2105	5093
$10^0/_0$	34	60	113	258	491	970	2457
$15^0/_0$	24	35	58	136	239	610	1593

In Anbetracht der verwickelten Erscheinung legen Spring und Aubel selbst ihren

gewöhnliches CO^2- haltiges Wasser wirkt, wenn auch sehr langsam, auf Zink ein.

Fein vertheiltes Zink oder **Zinkstaub** erhält man bei der Destillation des Metalls, wenn die Vorlage sich noch nicht bis zu dessen Schmelztemperatur erwärmt hat. Der Zinkstaub, der verschiedene Beimengungen, namentlich ZnO, enthält, zersetzt Säuren viel leichter als das Zink; er kann sogar Wasser, besonders bei schwachem Erwärmen, zersetzen. In Laboratorien und Fabriken wird der Zinkstaub daher häufig als Reduktionsmittel benutzt. Denselben Einfluss der feinen Vertheilung kann man auch an anderen Metallen, z. B. an Cu und Ag beobachten, was wieder auf den innigen Zusammenhang der chemischen Erscheinungen mit den physikalisch-chemischen hinweist. In diesem innigen Zusammenhange ist vor Allem die Erklärung der so gewöhnlichen Anwendung des Zinks zu galvanischen Batterien zu suchen, in welchen die chemische (latente, potentiale) Energie der einwirkenden Substanzen in die (kinetische, sichtbare) galvanische Energie und durch diese in Wärme, Licht und mechanische Arbeit übergeführt wird [10 bis]).

Bestimmungen keine absolute, sondern nur eine relative Bedeutung bei. Bemerkenswerth ist, dass HBr unter sonst gleichen Bedingungen (bei äquivalenter Stärke der Lösung) eine (2—5 mal) grössere Geschwindigkeit der Einwirkung zeigt als HCl, dagegen Schwefelsäure eine viel (fast 25 mal) geringere. Merkwürdiger Weise erwärmt sich das Zink bei der Reaktion mehr, als die Säure.

Beim Glühen von Zinkstaub oder selbst Zink mit Kalkhydrat, Cement und anderen Hydraten scheidet sich Wasserstoff aus; diese Darstellungsweise des Wasserstoffs ist sogar zum Füllen von Aërostaten zu militärischen Zwecken vorgeschlagen worden.

10 bis) Die so wichtigen Beziehungen zwischen der chemischen Einwirknng und dem Galvanismus sind schon so vielfachen Untersuchungen unterworfen worden, welche in den letzten Jahren so viele neue Resultate ergeben haben, dass dieses Gebiet unserer Wissenschaft in der theoretischen (physikalischen) Chemie eine sehr hervorragende Stelle einnimmt. In unserer relativ kurzen und elementaren Darlegung kann dieses Gebiet jedoch nicht betrachtet werden, und zwar um so weniger, als dasselbe noch bis jetzt viele Lücken aufweist, selbst in Bezug auf das Verständniss solcher Erscheinungen wie z. B. die Polarisation des Stromes und die „Uebertragung der Jonen"; letztere offenbart sich durch die Entwickelung von Wasserstoff am Kupfer, wenn man in die Schwefelsäure zugleich mit dem Zinke auch Kupfer taucht, wodurch eine Metallverbindung hergestellt wird. In letzter Zeit beginnt übrigens, Dank den empirischen Untersuchungen von Hittorf, Kohlrausch und and. und den theoretischen von Clausius, Thomson und and. der Nebel sich zu zerstreuen, der noch vor kurzem über diesem Gebiete lagerte, obgleich schon Faraday eingesehen hatte, dass der galvanische Strom nichts anderes ist, als eine abgeänderte chemische Bewegung. Hierüber will ich nur kurz Folgendes mittheilen.

Nach den Versuchen von Favre, Thomsen, Berthelot, Tschelzow und and. über die Wärmemenge, die sich in einer geschlossenen Kette entwickelt, muss die Folgerung gezogen werden, dass die elektromotorische Kraft des Stromes E oder dessen Fähigkeit, eine Arbeit zu leisten, der ganzen Wärmemenge Q, welche durch den Strom hervorrufende Reaktion entwickelt wird, *proportional* ist. Drückt man E in Volten und Q in Tausend Wärmeeinheiten, bezogen auf die Aequivalentge-

Hermann und Stromeyer zeigten im Jahre 1819, dass zugleich mit dem Zinke fast immer auch **Kadmium** vorkommt, das dem Zink in vielen Beziehungen ähnlich ist. Bei der Destillation von Zink geht Kadmium zuerst über, denn die Siedetemperatur des letzteren ist niedriger. In dem Anfangs entstehenden Zinkstaube findet man öfters bis 5 Procent Kadmium. Beim Rösten von kadmium-haltiger Zinkblende, wenn das Zink in sein Oxyd übergeht, oxy-dirt sich das Schwefelkadmium des Erzes zu schwefelsaurem Kad-mium $CdSO^4$, welches der Einwirkung der Hitze ziemlich gut wi-dersteht und daher dem gerösteten Erze später durch Auswaschen mit Wasser entzogen werden kann. Aus der Lösung des schwe-felsauren Kadmiums lässt sich dann leicht auch das metallische Kadmium selbst gewinnen. Aus seinen Lösungen wird das Kadmium durch Schwefelwasserstoffgas als **gelber Niederschlag von Schwefel-kadmium CdS** gefällt (nach der Gleichung: $CdSO^4 + H^2S = H^2SO^4 + CdS$). Das Schwefelkadmium wird als Farbe benutzt; bei starkem Rösten geht es gleichfallls in das Oxyd über, aus dem das Kadmium ebenso wie das Zink gewonnen werden kann. Es muss bemerkt werden, dass aus einer Lösung von schwefelsaurem Zink (nament-lich in Gegenwart von Säuren) durch Schwefelwasserstoff Schwefel-zink nicht oder doch nur in sehr geringer Menge gefällt wird.

Das Kadmium ist ein weisses Metall, dessen Glanz auf seinen frischen Schnittflächen nur wenig dem Glanze des Zinks nachgibt; es ist so weich, dass es sich schneiden lässt, sodann ist es hämmerbar und kann leicht zu Draht und Blech ausgezogen werden. Das spezifische Gewicht des Kadmiums beträgt 8,67, es schmilzt bei 320^0 und siedet bei 770^0; seine Dämpfe verbrennen zu einem braunen Pulver von Kadmiumoxyd[11]). Nach dem Quecksilber ist

wichte aus, so ist $E = 0,0436\ Q$. Im Elemente von Daniel z. B. ist $E = 109$, was sowol der Versuch, als auch die Berechnung ergibt, denn in diesem Elemente muss die Zersetzung von $CuSO^4$ in $CuO + SO^3Aq$ und die Zersetzung von CuO in $Cu + O$ zugleich mit der Bildung von $Zn + O$ und von $ZnO + SO^3Aq$ angenommen wer-den; diesen Reaktionen entspricht aber $Q = 50,13$ Taus. W.-E. Ebenso ist auch in den anderen primären (z. B. den Bunsen'schen, Poggendorff'schen und and.) Ele-menten und in den sekundären (die z. B. nach der Reaktion: $Pb + H^2SO^4 + PbO^2$ wirken, wie Tschelzow zeigte) $E = 0,0436\ Q$. Bei höherer Temperatur wird die Frage verwickelter, wahrscheinlich infolge der Unvollständigkeit der thermochemi-schen Bestimmungen.

11) Von den Kadmiumverbindungen, die denen des Zinks ausserordentlich ähn-lich sind, muss das **Jodkadmium** (Kadmiumjodid) CdJ^2 erwähnt werden, das in der Medizin und der Photographie Anwendung findet. Dieses gut krystallisirende Salz erhält man durch direkte Einwirkung von mit Wasser vermischtem Jod auf metal-lisches Kadmium. Ein Theil CdJ^2 sättigt bei 20^0 1,08 Theile Wasser. Chlorkad-mium löst sich bei derselben Temperatur in 0,71 Th. Wasser, so dass beim Kad-mium die Jodverbindung weniger löslich ist, als das Chlorid; bei den Alkalimetallen und den Metallen der alkalischen Erden finden wir das umgekehrte Löslichkeits-Verhältniss der Jodide und Chloride. Das gut krystallisirende schwefelsaure Kadmium

das Kadmium das flüchtigste Metall, seine Dampfdichte bestimmte Deville zu 57,1; folglich enthält eine Kadmiummolekel **ein Atom**, dessen Gewicht = 112 ist. Dasselbe fand V. Meyer beim Zink und auch die Quecksilbermolekel besteht aus einem Atom (vergl. Seite 345).

Das **Quecksilber**, das in Vielem dem Zn und Cd ähnlich ist, unterscheidet sich von demselben ebenso (nach dem Atomgewichte und der Dichte) wie alle schweren Metalle von den leichteren: es oxydirt sich schwerer und seine Verbindungen zersetzen sich leichter [12]). Ausser den gewöhnlichen Formen RX^2 bildet das Quecksilber noch Verbindungen von der niederen Form RX, welche beim

---

besitzt die Zusammensetzung $3(CdSO^4)8H^2O$, also eine andere als das schwefelsaure Zink, d. h. der Zinkvitriol.

Das Kadmiumoxyd ist, wenn auch wenig, so doch etwas löslich in den Aetzalkalien. Eine *verdünnte* alkalische Lösung von Kadmiumoxyd scheidet in Gegenwart von Weinsäure und einigen anderen Säuren beim Kochen CdO aus, während eine alkalische Zinkoxydlösung unter diesen Bedingungen unverändert bleibt; dieses verschiedene Verhalten kann zur Trennung der beiden Metalle benutzt werden. Aus seinen Salzen wird das Kadmium durch Zink gefällt, was gleichfalls zum Abscheiden des Kadmiums dienen kann. Aus einem Gemisch von Zn und Cd lösen daher Säuren zuerst das Zink auf. In allen Beziehungen wirkt das Kadmium weniger energisch, als das Zink. Wasser zersetzt es z. B. nur schwierig und nur bei starkem Erhitzen. Selbst auf Säuren wirkt das Kadmium nur langsam ein, scheidet aber mit denselben dennoch Wasserstoff aus. Es muss hier die Aufmerksamkeit darauf gelenkt werden, dass bei den Alkalimetallen und den Metallen der alkalischen Erden (der paaren Reihen) das höhere Atomgewicht eine grössere Energie bedingt, während das Kadmium (aus einer unpaaren Reihe), welches ein höheres Atomgewicht als das Zink besitzt, weniger energisch wirkt. Die Kadmiumsalze sind, wie auch die des Zinks, farblos. Schulten erhielt ein krystallinisches Kadmiumoxychlorid Cd(OH)Cl durch Erhitzen von Marmor mit einer $CdCl^2$-Lösung in einem zugeschmolzenen Rohre (auf 200°).

12) Der Grösse des Atomgewichtes nach folgt das Quecksilber im periodischen System dem Golde, wie Cd dem Ag oder Zn dem Cu:

Ni —	59,	Cu —	63,	Zn —	65,
Pd —	106,	Ag —	108,	Cd —	112,
Pt —	194,	Au —	197,	Hg —	200.

Die grosse Aehnlichkeit zwischen Pt, Pd und Ni, sowie auch die zwischen Au, Ag und Cu wird uns später beschäftigen, während wir jetzt den Parallelismus dieser drei Gruppen in Betracht ziehen wollen. Die physikalischen und chemischen Eigenschaften sind hier in der That von auffallender Uebereinstimmung: Nickel, Palladium und Platin sind sehr schwer schmelzbar (noch schwerer schmelzen die vor ihnen stehenden Metalle Fe, Ru, Os). Kupfer, Silber und Gold schmelzen bei starkem Erhitzen schon leichter, aber noch leichter schmelzen Zink, Kadmium und Quecksilber. Nickel, Palladium und Platin sind kaum flüchtig, Kupfer, Silber und Gold können schon leichter verflüchtigt werden und Zink, Kadmium und Quecksilber gehören zu den flüchtigsten Metallen. Zink oxydirt sich leichter als Cu, lässt sich aber schwerer reduziren, dasselbe Verhältniss zeigt Hg zu Au. Das Verhalten von Cd und Ag liegt in der Mitte zwischen dem der Metalle der entsprechenden Gruppen. Solche Vergleiche ergeben sich als direkte Folgerungen der Verhältnisse, auf welchen das Wesen des periodischen Gesetzes beruht.

Zn und Cd unbekannt sind [13]). Folglich bildet das Quecksilber Salze von der Zusammensetzung HgX und HgX^2 und die Oxyde Hg^2O und HgO—Oxydul und Oxyd.

In der **Natur** findet sich das Quecksilber fast ausschliesslich in Verbindung mit Schwefel (wie Zn und Cd, aber seltener) in Form von Zinnober HgS. Viel seltener wird es im metallischen Zustand angetroffen, in welchen es aller Wahrscheinlichkeit nach erst aus dem Zinnober übergegangen ist. Quecksilbererze kommen nur an wenigen Orten vor, und zwar: in Spanien (bei Almaden), Illyrien, Japan, Peru und Kalifornien. Ein reicher Zinnober-Fundort ist zu Anfang der 80-er Jahre von Minenkow im Kreise Bachmut (bei der Eisenbahnstation Nikitowka) des Gouvernements Jekaterinoslaw entdeckt worden und gegenwärtig wird das dort gewonnene Quecksilber sogar aus Russland exportirt. Die Gewinnung des Quecksilbers aus seinem Erze gelingt sehr leicht, da die Bindung des Metalls mit dem Schwefel nur schwach ist. Diese Bindung wird schon durch Erhitzen mit Sauerstoff, Eisen, Kalk und vielen anderen Körpern zerstört. Beim Erhitzen von Zinnober mit Eisen erhält man Schwefeleisen, beim Erhitzen mit Kalk: Quecksilber, Schwefelcalcium und schwefelsaures Calcium: $4HgS+4CaO = 4Hg+3CaS +CaSO^4$. Beim Erwärmen an der Luft oder beim Rösten von Zinnober brennt der Schwefel aus, oxydirt sich zu Schwefligsäuregas, und es entstehen Quecksilberdämpfe. Das Quecksilber destillirt leichter, als alle anderen Metalle, seine Siedetemperatur beträgt 360^0, daher lässt es sich auch nach den erwähnten Methoden durch relativ schwaches Erhitzen isoliren. Wird das entstehende Gemisch von Quecksilberdämpfen, Luft und Verbrennungsprodukten in den Ableitungs-Röhren abgekühlt (durch Wasser oder Luft), so verdichten sich die Dämpfe zu flüssigem Metall [14]).

Das Quecksilber ist bekanntlich ein bei gewöhnlicher Temperatur flüssiges Metall, dass seiner weissen Farbe und seinem Glanze

---

13) Die dem Quecksilber ihrem Atomgewicht nach folgenden Metalle: Tl, Pb, Bi bilden ausser den höheren Formen TlX^2, PbX^2 und BbX^5, noch die niederen Pl^2O, PbO und BiX^3.

14) Bei der Verdichtung von Quecksilberdämpfen in den Hütten geht ein Theil derselben in eine schwarze Masse von feinen Quecksilberpartikelchen über, aus welchen man das metallische Quecksilber durch Behandeln in Centrifugalapparaten, Druckpressen und wiederholte Destillation erhält. Das Quecksilber besitzt die Fähigkeit sich leicht in feinste Tröpfchen zu zertheilen, welche nur schwer wieder zusammenfliessen. Zusammenschütteln mit Salpeter- oder Schwefelsäure genügt, um das Quecksilber in ein solches Pulver zu verwandeln; auch aus seinen Lösungen wird das Quecksilber (z. B. durch reduzirende Substanzen wie SO^2) als schwarzes Pulver ausgeschieden. Nach Versuchen von Nernst entwickelt das fein zertheilte Quecksilber, wenn es in Reaktionen eingeht, mehr Wärme, als das flüssige, kompakte Metall, d. h. die Arbeit des Zerfeinerns erscheint als Wärme. Dieses Beispiel ist zur Beurtheilung thermochemischer Daten von Interesse.

nach an Silber erinnert [15]). Bei — 39° erstarrt es zu einem häm-
merbaren, krystallinischen Metalle. Das spezifische Gewicht des
Quecksilbers ist bei 0°=13,596 und bei—40°, im starren Zustande,

15) Das Quecksilber wird zuweilen direkt von den Fabriken (in eisernen etwa
35 Kilogr. fassenden Flaschen) in vollkommen reinem Zustande geliefert, aber in
den Laboratorien nimmt es bald durch den Gebrauch (in Wannen, beim Kalibriren
u. s. w.) verschiedene Beimengungen auf. Mechanisch lässt sich Quecksilber in der
Weise reinigen, dass man es durch ein in einen Trichter eingelegtes Papierfilter,
das an der Spitze eine feine mit einer Nadel durchstochene Oeffnung hat, langsam
durchfliessen lässt, wobei die Verunreinigungen auf dem
Filter bleiben. Zuweilen presst man es durch Sämischleder oder durch Holz (wie in dem bekannten Versuche mit der Luftpumpe). Metalle lassen sich aus dem
Quecksilber mittelst schwacher Salpetersäure entfernen,
wenn man dasselbe in kleinen herabfallenden Tropfen
(aus der feinen Oeffnung eines Trichters) durch eine
hohe Schicht der Säure durchgehen lässt; die Reinigung
gelingt auch durch Zusammenschütteln mit Schwefelsäure und Luft. Die vollständige Reinigung des Quecksilbers für Barometer und Thermometer kann aber nur in
einem luftleeren Raume erreicht werden. Zu diesem
Zwecke benutzt man in den Laboratorien meistens den
Apparat von Weinhold, dessen Schema die beigegebene
Figur 127 zeigt. Derselbe besteht aus dem Gefässe A,
durch dessen Boden das Glasrohr ab geht, über welches
das in die Kugel B auslaufende breitere Rohr cd gestülpt
ist. Aus dem Gefässe C (das dem Mariotte'schen ähnlich
ist) fliesst das Quecksilber durch das Rohr h dann aus,
wenn das Niveau in A sinkt. Wenn aus der mit einer
Quecksilberpumpe verbundenen Oeffnung f die Luft ausgepumpt wird, so steigt in dem ringförmigen Raume
zwischen den Röhren ab und cd das Quecksilber wie in
einem Barometer, bis es das Niveau m erreicht, wenn
mn der Barometerhöhe gleich ist. Das den unteren Theil
der Kugel B füllende Quecksilber wird nun mit Hülfe
eines ringförmigen Brenners, welcher auf der Figur durch
XX' angedeutet ist, erhitzt, jedoch nur so weit, dass
das Quecksilber nicht ins Sieden kommt, sondern nur
an seiner Oberfläche stark verdampft. Die Quecksilberdämpfe verdichten sich in dem Rohre ab, das von dem
nicht erwärmten, im ringförmigen Raume ab, cd befindlichen Quecksilber abgekühlt wird, und fallen tropfenweise in diesem Rohre herab. Der untere Theil dieses
durch das Gefäss A gehenden Rohres ab ist länger, als
die Barometerhöhe und endigt mit der Biegung gr. Da
vor dem Auspumpen der Luft das Ende r dieser Biegung

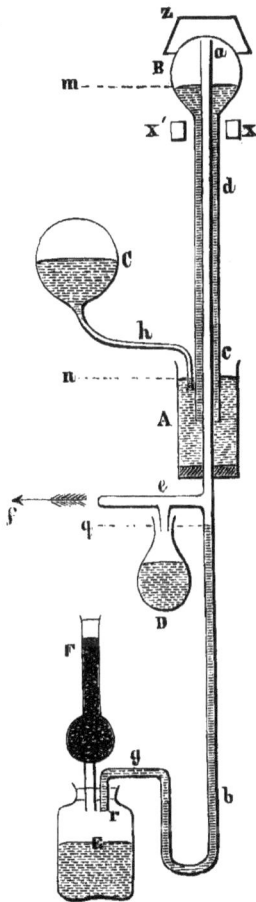

Fig. 127. Apparat von Wein-
hold zur Destillation von Quecksilber im luftleeren Raume.
⁴/₂₀.

in Quecksilber getaucht ist, so befindet sich das Quecksilber von r bis zum Niveau unter denselben Bedingungen,
wie in einem Barometer, so dass in dem Maasse wie
das überdestillirende Quecksilber sich im Rohre ab ansammelt aus der Oeffnung r Quecksilber ausfliesst. Letzteres wird in dem Gefässe E aufgesammelt,
welches durch das (mit CaCl² gefüllte) Trockenrohr F zum Abhalten der Luft-
feuchtigkeit geschlossen ist. Soll das Quecksilber vollständig trocken sein,

$=14,39$ [16]). An der Luft bleibt das Quecksilber unverändert, d. h. bei gewöhnlicher Temperatur oxydirt es sich nicht, dagegen wird es bei Temperaturen, die sich seinem Siedepunkte (360°) nähern, zu HgO oxydirt.

Sowol das metallische Quecksilber selbst, als auch überhaupt alle Quecksilberverbindungen sind giftig; Arbeiter, die Quecksilberdämpfen und dem Staube seiner Verbindungen ausgesetzt sind, leiden an Speichelfluss, Zittern der Hände und anderen Krankheitserscheinungen [17]).

Da viele Quecksilberverbindungen, z. B. HgO oder $HgCO^3$ beim Erhitzen sich leicht zersetzen [18]) und da Zn, Cd, Cu, Fe und and. das Quecksilber aus seinen Salzen ausscheiden [19]), so besitzt das Quecksilber offenbar eine geringere chemische Energie, als die bereits beschriebenen Metalle, selbst als Zn und Cd.

Beim Einwirken von Salpetersäure auf einen *Ueberschuss* an Quecksilber bei gewöhnlicher Temperatur [20]) erhält man salpetersaures Quecksilberoxydul $HgNO^3$. Dieselbe Säure gibt beim Erwärmen und im Ueberschuss angewandt (unter Ausscheiden von

---

so darf in die entstehende Leere kein Wasserdampf gelangen. Dieses wird dadurch erreicht, dass das vom Rohre *ab* zur Pumpe führende Rohr durch den Ansatz *e* hermetisch mit dem Gefässe *D* verbunden wird, in welches konzentrirte Schwefelsäure kommt. Während der Destillation des Quecksilbers wird von Zeit zu Zeit die Pumpe in Thätigkeit gesetzt, um Gase, die sich etwa beim Erwärmen des Quecksilbers ausscheiden könnten (durch *f*) abzusaugen. Auf diese Weise erhält man aus unreinem Quecksilber, das in das Gefäss C gebracht wird, trocknes, reines, überdestillirtes Quecksilber in *E*. Die Destillation erfordert nur wenig Aufsicht und gibt in einer Stunde etwa ein Kilo Quecksilber.

16) Setzt man das Volum des *flüssigen* Quecksilbers bei 0° $= 1000000$, so ist es bei t° $= 1000000 + 180,1 \, t + 0,02 \, t^2$, nach den Bestimmungen von Regnault (die ich 1875 nachgerechnet habe).

17) Die Alchemiker nannten das Quecksilber -- Merkur, infolge dessen man auch gegenwärtig noch diese Bezeichnung anwendet. Die dem Quecksilberoxydul entsprechenden Verbindungen nennt man Merkuro- und die dem Oxyd entsprechenden, Merkuri-Verbindungen. In der Medizin spricht man von einer Merkurial-Behandlung, wenn man Quecksilberpräparate anwendet.

18) Alle Quecksilbersalze geben, wenn sie mit Na^2CO^3 vermischt erhitzt werden, kohlensaures Quecksilber-Oxydul oder -Oxyd, welche bei weiterem Glühen sich zersetzen und CO^2, Sauerstoff und Quecksilberdämpfe bilden.

19) Nach den Bestimmungen von Thomsen werden bei der Bildung von Quecksilberverbindungen aus ihren Elementen auf ihr Molekulargewicht in Grammen die folgenden Wärmemengen entwickelt: $Hg^2 + O - 42$, $Hg + O - 31$, $Hg + S - 17$, $Hg + Cl - 41$, $Hg + Br - 34$, $Hg + J - 24$, $Hg + Cl^2 - 63$, $Hg + Br^2 - 51$, $Hg + J^2 - 34$, $Hg + C^2N^2 - 19$ Taus. W. E. Diese Werthe sind kleiner, als die, welche K, Na, Ca, Ba, ja sogar Zn und Cd entsprechen, z. B.: $Zn + O - 85$, $Zn + Cl^2 - 97$, $Zn + Br^2 - 76$, $Zn + J^2 - 49$, $Cd + Cl^2 - 93$, $Cd + Br^2 - 75$, $Cd + J^2 - 49$.

20) Dieses Salz bildet leicht das Krystallhydrat $HgNO^3H^2O$, welches der Orthosalpetersäure H^3NO^4 entspricht, in der ein Wasserstoffatom durch Quecksilber ersetzt ist. (Die Ortho-, Pyro- und Metasäuren sind im Kapitel über Phosphor beschrieben). In wässriger Lösung hält sich dieses Salz nur in Gegenwart von freiem Quecksilber, sonst geht es in basische Salze über (vergl. weiter unten).

Stickoxydgas) salpetersaures Quecksilberoxyd $Hg(NO^3)^2$. Dieses letztere entspricht [21]) in seiner Zusammensetzung und seinen Eigenschaften den salpetersauren Salzen des Zn und Cd. Schwache Schwefelsäure wirkt auf Quecksilber nicht ein, starke löst es aber unter *Ausscheiden von Schwefligsäuregas* (nicht Wasserstoff) und bildet bei schwachem Erwärmen und bei überschüssigem Quecksilber das wenig lösliche schwefelsaure Quecksilberoxydul Hg^2SO^4, bei überschüssiger Säure und starkem Erwärmen [22]) entsteht das schwefelsaure Quecksilberoxyd $HgSO^4$. Aetzende Alkalien sind ohne Einwirkung auf Quecksilber; von den Metalloiden verbinden sich mit demselben leicht: Chlor, Brom, Schwefel und Phosphor. Die Metalloide bilden ebenso wie die Säuren mit dem Quecksiber je zwei Verbindungen, die sich in ihrer Zusammensetzung dadurch unterscheiden, dass die niedere Stufe der **Form HgX** und die höhere der **Form HgX^2** entspricht, dass also letztere zweimal mehr Halogen oder zweimal weniger Quecksilber enthält als erstere.

Das Quecksilber bildet also Verbindungen von zweierlei Form: HgX und HgX^2. Die der ersteren Form entsprechende Sauerstoffverbindung ist das Quecksilberoxydul Hg^2O und die der letzteren entsprechende das Quecksilberoxyd HgO; die dem Oxydul entsprechende Chlorverbindung ist $HgCl$—das Kalomel und $HgCl^2$—das Sublimat entspricht dem Oxyd. In den Verbindungen HgX, in welchen das Quecksilber mit den Metallen der 1-ten Gruppe, besonders mit dem Silber viel Aehnlichkeit zeigt, ist es einwerthig. Als zweiwerthig erscheint es in den Quecksilberoxyd-Verbindungen, welche den Verbindungen vom Typus RX^2 ähnlich sind; zu diesem Typus gehören MgO, CdO und analoge Oxyde [23]). Die löslischen, dem Typus des

---

21) Aus einer gesättigten Lösung von Quecksilber in einem Ueberschuss von siedender Salpetersäure krystallisirt das Salz $Hg(NO^3)^28H^2O$ aus, welches durch Wasser zersetzt wird; bei gewöhnlicher Temperatur bilden sich leicht Krystalle des basischen Salzes $Hg(NO^3)^2HgO2H^2O$ und bei überschüssigem Wasser erhält man das gelbe, unlösliche basische Salz $Hg(NO^3)^2H^2O2HgO$. Diese drei Salze entsprechen dem Typus der Orthosalpetersäure $(H^3NO^4)^2$, in der 1, 2 und 3 mal je zwei Wasserstoffe durch Quecksilber ersetzt sind. Die Zusammensetzung des ersten Salzes ist dann $HgH^4(NO^4)^26H^2O$, des zweiten $Hg^2H^2(NO^4)^2H^2O$ und des dritten $Hg^3(NO^4)^3$ H^2O. Da alle diese Salze noch Wasser enthalten, so entsprechen sie möglicher Weise dem Tetrahydrate, welches $= N^2O^5 + 4H^2O = N^2O(OH)^8$ ist, wenn die Orthosäure $= N^2O^5 + 3H^2O = 2NO(OH)^3$.

22) Um das Oxydsalz zu erhalten muss man einen grossen Ueberschuss an starker Schwefelsäure anwenden und stark erhitzen. Wenn wenig Wasser zugegen ist, so scheiden sich die farblosen Krystalle $HgSO^4H^2O$ aus. Ueberschüssiges Wasser bildet, namentlich wenn es heiss ist, das basische Salz $HgSO^42HgO$, welches dem Schwefelsäuretrihydrate $SO^3 + 3H^2O = S(OH)^6$ entspricht, in dem H^6 durch drei Hg ersetzt sind; letztere sind in den Oxydsalzen gerade H^6 äquivalent.

23) So lange man sich durch das Beispiel von PCl^3 und PCl^5 und andere von der Veränderlichkeit der Werthigkeit der Elemente nicht überzeugt hatte, d. h. so lange die Werthigkeit für eine konstante Grundeigenschaft der Elemente gehalten wurde, galt das Quecksilber für ein zweiwerthiges Element (Eisen für 4-werthig.

Quecksilberoxyduls HgX entsprechenden Verbindungen geben mit Chlorwasserstoff oder mit Metallchloriden einen weissen Niederschlag von Kalomel HgCl, da letzteres in Wasser nur sehr wenig löslich ist: $HgX + MCl = HgCl + MX$. Mit den löslicheu Verbindungen des Quecksilberoxyds HgX^2 bildet Chlorwasserstoff oder ein Metallchlorid keinen Niederschlag, da das Sublimat $HgCl^2$ sich in Wasser löst. Aetzalkalien fällen aus einer Lösung von HgX^2 gelbes Quecksilberoxyd und aus HgX schwarzes Oxydul. Jodkalium gibt mit den Oxydulsalzen HgX einen schmutzig-grünlichen Niederschlag von Quecksilberjodür HgJ und mit den Oxydsalzen HgX^2 einen rothen Niederschlag von Quecksilberjodid HgJ^2. Auf diese Weise unterscheiden sich die Salze des Quecksilberoxyds von denen des Oxyduls, welche den Uebergang von den ersteren zu dem Quecksilber selbst vermitteln: $2HgX = Hg + HgX^2$. Sowol aus den Verbindungen HgX, als auch HgX^2 wird das Quecksilber durch Wasserstoff im Entstehungszustande (z. B. aus $Zn + H^2SO^4$), durch solche Metalle wie Zink und Kupfer und durch viele andere Reduktionsmittel reduzirt, z. B. durch unterphosphorige Säure, die niederen Oxydationsstufen des Phosphors, SO^2, $SnCl^2$ und and. Die Quecksilberoxydsalze gehen hierbei zuerst in Oxydulsalze über, welche dann zu metallischem Quecksilber reduzirt werden. Diese Reaktion ist so empfindlich, dass sie die Entdeckung von sehr geringen Quecksilbermengen ermöglicht; beim Untersuchen von Vergiftungsfällen z. B. bringt man in die fragliche Lösung ein blankes Kupferblech, auf dem sich das Quecksilber dann niederschlägt (besonders wenn ein galvanischer Strom durchgeleitet wird) und an den hierdurch bedingten Flecken, die beim Reiben einen silberweissen Glanz zeigen, erkannt werden kann.

N und P für dreiwerthig u. s. w.) und als normale Quecksilberverbindungen wurden nur die dem Oxyde entsprechenden HgX^2 angesehen; die Quecksilberoxydulverbindungen betrachtete man als Hg^2X^2, indem man annahm, dass eine der Affinitäten der Atome des Quecksilbers zur gegenseitigen Bindung von je zwei Atomen desselben diene, so dass das System Hg^2 als zweiwerthig erschien. Diese Auffassung lässt sich auch so verstehen, dass man nach der Molekel HgX^2 auf die Aequivalenz von HgX mit X schliesst, infolge deren (nach dem Substitutionsgesetze) die Verbindung HgXHgX oder Hg^2X^2 entstehen kann, analog der Bildung von O^2H^2 aus OH^2. Die der Molekel HgCl entsprechende Dichte der Kalomeldämpfe erklärte man durch das Zerfallen von Hg^2Cl^2 in die Molekeln: Hg und $HgCl^2$. Diese gegenwärtig überflüssigen Annahmen besitzen unter Anderem auch die Schattenseite, dass sie eine Bindung der Quecksilberatome unter einander zulassen, während doch im Metalle selbst die Atome nicht in Verbindung stehen; denn die Quecksilbermolekel besteht nur aus einem einzigen Atom. Ausserdem ist direkt durch Versuche nachgewiesen worden, dass die Dampfdichte des Kalomels durch Beimischen von Sublimatdämpfen sich nicht ändert, was der Fall sein müsste, wenn die Kalomeldämpfe nur aus einem Gemisch der Dämpfe von Hg + $HgCl^2$ bestehen würden. Hieraus muss geschlossen werden, dass die Formel HgCl (und nicht Hg^2Cl^2) dem wirklichen Molekulargewichte des Kalomels entspricht und dass in den Oxydulverbindungen das Quecksilber einwerthig und in den Oxydverbindungen zweiwerthig ist.

Ein mit Quecksilber bedecktes Kupferblech scheidet beim Erhitzen Quecksilberdämpfe aus und nimmt wieder seine ursprüngliche rothe Farbe an (wenn es sich nicht oxydirt).

Die Quecksilberoxydulverbindungen HgX werden durch Oxydationsmittel, selbst durch Luft, in die Oxydverbindungen übergeführt, besonders wenn Säuren zugegen sind (denn sonst bilden sich basische Salze): $2HgX + 2HX + O = 2HgX^2 + H^2O$. Die Quecksilberoxydverbindungen werden wieder durch Quecksilber mehr oder weniger leicht in die Oxydulverbindungen übergeführt: $HgX^2 + Hg = 2HgX$. Um Lösungen von Quecksilberoxydulsalzen aufzubewahren, setzt man daher denselben etwas Quecksilber zu.

Die niederste Sauerstoffverbindung des Quecksilbers d. h. das Oxydul Hg^2O scheint gar nicht zu existiren, denn der beim Einwirken von Aetzalkalien auf Lösungen von HgX-Salzen entstehende schwarze Niederschlag zersetzt sich beim Aufbewahren direkt in gelbes Quecksilberoxyd und metallisches Quecksilber, verhält sich also wie ein einfaches mechanisches Gemisch von Oxyd mit Quecksilber (Guibourt, Barfoed). Die andere Sauerstoffverbindung des Quecksilbers ist das bereits mehrfach erwähnte Oxyd HgO, welches bei der Oxydation des Quecksilbers an der Luft als ein rother, krystallinischer Körper entsteht und beim Einwirken von Aetzkali auf die Lösung eines Salzes von Typus HgX^2 als ein gelbes Pulver gefällt wird. In diesem letzteren Zustande ist das Oxyd amorph und der Einwirkung verschiedener Reagentien leichter zugänglich, als im krystallinischen Zustande. Das rothe Quecksilberoxyd geht übrigens beim Zerreiben in gelbes Pulver über. In Wasser ist das Oxyd etwas löslich und die alkalische Lösung desselben fällt Magnesia aus den Lösungen von Magnesiumsalzen.

Mit Chlor verbindet sich das Quecksilber direkt und das erste Additionsprodukt ist das Kalomel oder Quecksilberchlorür. Dasselbe bildet sich auch, wie bereits erwähnt, als weisser Niederschlag beim Mischen einer Quecksilberoxydulsalz-Lösung mit Salzsäure oder mit der Lösung eines Metallchlorides. Auch durch Reduktion von Sublimat $HgCl^2$ in siedender, wässriger Lösung mittelst Schwefligsäuregas erhält man es im Niederschlage. Das Kalomel lässt sich destilliren, seine Dampfdichte ist 118 im Verhältniss zu Wasserstoff, d. h. die Formel HgCl entspricht seiner molekularen Zusammensetzung; das spezifische Gewicht ist 7,0; es krystallisirt im quadratischen System, ist farblos, hat aber einen gelblichen Stich; beim Einwirken des Lichtes bräunt es sich und zersetzt sich beim Kochen mit Salzsäure in Quecksilber und Sublimat.

Das Quecksilbersublimat oder Quecksilberchlorid $HgCl^2$ kann auf verschiedene Weise aus dem Kalomel dargestellt und wieder in dasselbe übergeführt werden. Ein Ueberschuss an Chlor (z. B. Königswasser) führt Kalomel und auch Quecksilber in Sublimat über. Den Namen verdankt es seiner Flüchtigkeit und in der Medizin wird es noch heute Mercurius sublimatus seu corrosivus genannt. Die Dampfdichte des Quecksilbersublimats im Verhältniss zu Wasserstoff ist 135; es ist folglich komplizirter als das Kalomel, was auch die Formel ausdrückt. Es bildet farblose, prismatische Krystalle des rhombischen Systems, siedet bei 303° und löst sich in Alkohol. Man erhält es gewöhnlich durch Destillation eines Gemisches von schwefelsaurem Quecksilberoxyd mit Kochsalz: $HgSO^4 + 2NaCl = Na^2 SO^4 + HgCl^2$. Mit Quecksilberoxyd verbindet sich das Sublimat zu Quecksilberoxychlorid, einem basischen Salze [24]) von der Zusammensetzung $HgCl^2 2HgO$ (analoge Verbindungen bilden auch

---

[24]) Da das Oxyd und Oxydul des Quecksilbers wenig energische Basen sind (wie auch MgO, ZnO, PbO, CuO, Al^2O^3, Bi^2O^3 und and.), so bilden sie auch leicht basische Salze (vrgl. Anm. 21 u. 22), welche meist beim direkten Einwirken von Wasser auf die neutralen Salze nach folgendem allgemeinen Schema (für das Oxyd RO) entstehen:

$$nRX^2 + mH^2O = 2mHX + (n-m)RX^2 mRO$$

Neutrales Salz. Wasser.   Säure.   Basisches Salz.

Die basischen Salze entstehen auch aus den neutralen Salzen und der Base oder deren Hydraten. Das salpetersaure Quecksilberoxydul (Merkuronitrat, vrgl. Anm. 17) z. B. bildet beim Einwirken von Wasser die basischen Salze: $6(HgNO^3)Hg^2OH^2O$, $2(HgNO^3)Hg^2OH^2O$ und $3(HgNO^3)Hg^2OH^2O$, von welchen das erste und dritte gut krystallisiren. Natürlich können solche Salze auch auf den Typus der Hydrate bezogen werden, z. B. das zweite Salz auf das Hydrat $N^2O^54H^2O$, oder sie können als Verbindungen von $HgNO^3$ mit $HgHO$ aufgefasst werden. Doch lässt sich hier auf Grund unserer gegenwärtigen Kenntnisse noch nicht von allgemeinen Gesichtspunkten ausgehen. Uebrigens kann man auch gegenwartig schon Folgendes ersehen: 1) Basische Salze werden hauptsächlich von schwachen Basen gebildet. 2) Einige Metalle bilden sie besonders leicht, so dass in den Eigenschaften der Metalle selbst eine der Ursachen der Bildung vieler basischer Salze zu suchen ist. 3) Die Basen, welche leicht basische Salze geben, bilden gewöhnlich auch leicht Doppelsalze. Endlich 4) bei der Bildung basischer Salze lassen sich, wie überall in der Chemie, wo eine genügende Menge von Thatsachen angesammelt ist, die Bedingungen der sich das Gleichgewicht haltenden heterogenen Systeme deutlich erkennen, wie wir es z. B. bei der Bildung der Doppelsalze, Krystallhydrate u. s. w. gesehen haben.

Die Quecksilberoxydverbindungen bilden oft Doppelsalze (bestätigen also eben die eben angeführte 3-te These); das Sublimat verbindet sich leicht mit Salmiak zu $Hg(NH^4)^2Cl^4$ oder im Allgemeinen mit Cloriden zu $HgCl^2 nMCl$. Löst man ein Gemisch von $HgSO^4$ mit K^2SO^4 in schwacher Schwefelsäure, so erhält man aus der Lösung leicht grosse, farblose Krystalle von der Zusammensetzung: $K^2SO^4 3HgSO^4 2H^2O$. Boullay erhielt krystallinische Verbindungen von $HgCl^2$ mit HCl und von HgJ^2 mit ΗJ, und Thomsen beschreibt die Verbindung $HgBr^2 HBr 4H^2O$ als ein ausgezeichnet krystallisirendes Salz, das bei 13° schmilzt, im geschmolzenen Zustande das spezifische Gewicht 3,17 und einen hohen Brechungsexponenten besitzt. Ausserdem ist die Fähigkeit der Salze zur Bildung von basischen Verbindungen noch weiter aufgeklärt worden, seit das Glykol $C^2H^4(OH)^2$ (und analoge vielwerthige Alkohole) (von Wurtz, Lorenz und and.) untersucht worden sind, denn die dem Glykole entsprechenden Ester $C^2H^4X^2$ bilden Verbindungen von der Zusammensetzung $C^2H^4X^2 nC^2H^4O$. Andrerseits ist Grund zur Annahme vorhanden, dass die Fähigkeit zur Bildung basischer Salze im Zusammenhange mit der Polymerisation der Basen, namentlich kolloidaler steht (vergl. die Kapitel über Kieselerde, Bleisalze und Wolframsäure).

Mg und Zn). Dieses Oxychlorid erhält man durch Vermischen einer Sublimatlösung mit Quecksilberoxyd oder mit einer Lösung von doppelt kohlensaurem Natrium. Ueberhaupt zeigen die Oxyd- und Oxydulsalze des Quecksilbers eine Neigung zur Bildung von basischen Salzen [25]).

Sehr bemerkenswerth ist die Fähigkeit des Quecksilbers, mit Ammoniak höchst unbeständige Verbindungen zu bilden, in denen das Quecksilber den Wasserstoff des Ammoniaks ersetzt; geht man von einer Quecksilberoxydverbindung aus, so ersetzt ein Atom Quecksilber zwei Wasserstoffatome. Nach Plantamour und Hirzel hinterlässt frisch gefälltes und (unter schwachem Erwärmen) getrocknetes gelbes Quecksilberoxyd nach andauerndem Erhitzen (auf 100° bis 150°) in einem trocknen Ammoniakstrome ein braunes Pulver von **Stickstoffquecksilber** N^2Hg^3, das sich entsprechend der Gleichung: $3HgO + 2NH^3 = N^2Hg^3 + 3H^2O$ bildet. Dieser Körper, der durch Wasser, Säuren und Alkalien verändert wird (in ein weisses Pulver), zersetzt sich schon durch Schlag oder Reiben unter sehr heftiger Explosion, indem Stickstoff frei wird; es weist dies auf eine sehr schwache Bindung zwischen Quecksilber und Stickstoff hin [26]). Beim Einwirken von verflüssigtem Ammoniak

---

25) Das Quecksilberjodid HgJ^2 scheidet sich beim Vermischen der Lösungen von HgX^2 mit $2KJ$ zuerst als ein gelber Niederschlag aus, der bald eine grellrothe Farbe annimmt und sich in einem Ueberschuss von KJ wieder löst (da das lösliche Doppelsalz $HgKJ^3$ entsteht), auch in NH^4Cl und anderen Salzen löst er sich infolge derselben Ursache. Bei gewöhnllcher Temperatur krystallisirt das Quecksilberjodid in quadratischen Prismen von rother Farbe, welche beim Erwärmen in gelbe, rhombische Krystalle übergehen, die mit den Sublimatkrystallen isomorph sind. Diese gelbe Modifikation des Quecksilberjodids ist sehr unbeständig und geht beim Erwärmen und schon durch Reiben leicht in die rothe, beständigere Modifikation über. Beim Schmelzen des Jodids erhält man eine gelbe Flüssigkeit.

Das **Cyanquecksilber** (Quecksilbercyanid) $Hg(CN)^2$ ist eines der beständigsten Cyanmetalle. Man erhält es durch Lösen von Quecksilberoxyd in Blausäure und durch Kochen von Berlinerblau mit Wasser und Quecksilberoxyd; im letzteren Falle bleibt Eisenoxyd im Niederschlage. Das Cyanquecksilber ist eine farblose, krystallinische Substanz, die sich im Wasser löst und sich durch seine grosse Beständigkeit auszeichnet. Schwefelsäure scheidet aus Cyanquecksilber keine HCN aus und selbst Aetzkali entzieht ihm nicht das Cyan, wol aber scheiden die Halogenwasserstoffsäuren HCN aus. Mit Quecksilberoxyd verbindet sich das Cyanid (ebenso wie das Chlorid) zu $Hg^2O(CN)^2$; besonders leicht bildet es Doppelverbindungen z. B. $K^2Hg(CN)^4$. Aehnliche Verbindungen bilden auch die Chloride und Jodide der Alkalimetalle; sehr gut krystallisirt z. B. das Salz $HgKJ(CN)^2$, das sich direkt beim Vermischen der Lösungen von Jodkalium und Cyanquecksilber bildet.

26) Die Explosivität des Stickstoffquecksilbers, welche auf eine sehr unbeständige Bindung zwischen dem Stickstoff und Quecksilber hinweist, erklärt es auch, dass das sogenannte **Knallquecksilber** oder knallsaure Quecksilber eine höchst explosive Substanz ist. Das Knallquecksilber wird in grossen Mengen zu explosiven Gemischen dargestellt; es geht in die Zusammensetzung der Zündkapseln der Patronen ein, die durch einen Schlag zum Explodiren gebracht werden und dadurch das Schiesspulver entzünden. Es ist von Howard entdeckt worden und wird seitdem in der Weise

auf gelbes Quecksilberoxyd erhielt Weitz gleichfalls eine explosive
Verbindung von Stickstoff mit Quecksilberoxyd N^2Hg^4O, welche
als Ammoniumoxyd, in dem aller Wasserstoff durch Quecksilber
ersetzt ist, angesehen werden kann. Ammoniaklösung bildet gewöhnlich Hydrate desselben Oxydes, dem auch die Reihe der Salze
NHg^2X entspricht; letztere sind meist in Wasser unlöslich und
besitzen die Eigenschaft sich unter Explosion zu zersetzen. Oefter

dargestellt, dass man einen Theil Quecksilber in 12 Theilen Salpetersäure vom
spezifischen Gewichte 1,36 löst und wenn dieses sich vollständig gelöst hat, 5,5 Th·
eines 90 procentigen Alkohols zusetzt und schüttelt. Die Reaktion beginnt dann unter
Selbsterwärmung infolge der stattfindenden Oxydation des Alkohols, denn es bilden
sich in der That viele der Produkte, die man auch beim Einwirken von Salpetersäure allein auf Alkohol erhält (Glykolsäure, Ester u. and.). Wenn die Reaktion in
Gang gekommen ist, setzt man noch dieselbe Menge Alkohol wie Anfangs zu, wobei
sich dann das Knallquecksilber als grauer Niederschlag von der Zusammensetzung
$C^2Hg(NO^2)N$ ausscheidet. Durch Schlag und Erwärmen explodirt es. Im knallsauren
Salze kann das Quecksilber durch andere Metalle ersetzt werden, z. B. durch Kupfer,
Zink, Silber. Das Knallsilber $C^2Ag^2(NO^2)N$ erhält man ganz in derselben Weise,
wie das Knallquecksilber; es explodirt noch leichter als das letztere. Beim Einwirken von Chloriden der Alkalimetalle auf knallsaures Silber wird nur die Hälfte
des Silbers durch das Alkalimetall ersetzt; versucht man aber alles Silber zu
ersetzen, so ändern sich die Eigenschaften des Salzes und es zerfällt. Augenscheinlich ist in den knallsauren Salzen die Bindung des Quecksilbers und ähnlicher Metalle mit dem Stickstoff eine unbeständige. Kalium und andere leichte Metalle
können mit dem Stickstoff solche Verbindungen nicht bilden und daher erfolgt beim
Ersetzen des Quecksilbers im knallsauren Salze durch Kalium ein Zerfallen der
Gruppirung. Die Zusammensetzung der knallsauren Verbindungen ist namentlich von
Gay-Lussac und Liebig untersucht worden, aber erst durch Schischkow, der auch
das Verhältniss dieser Verbindung zu anderen Kohlenstoffverbindungen untersuchte,
vollständig aufgeklärt worden. Nach Schischkow entspricht das Knallquecksilber der
Nitrosäure $C^2H^2(NO^6)N$, so dass die Explosivität theilweise durch das Vorhandensein
der Gruppe NO^2 zugleich mit Kohlenstoff bedingt wird. Stellt man sich vor, dass
NO^2 in der Nitrosäure durch Wasserstoff ersetzt ist, so erhält man den Körper von
der Zusammensetzung C^2H^3N—das Acetonitril, d. h. Essigsäure $+ NH^3$ $2H^2O$ oder
Cyanmethyl CH^3CN (vergl. Kap. 6). Die Bildung eines Essigsäurederivats bei der
Einwirkung von Salpetersäure auf Alkohol ist leicht zu verstehen, da die Essigsäure durch Oxydation des Alkohols entsteht, während das Auftreten der Elemente
des Ammoniaks, das zur Bildung des Nitrils erforderlich ist, sich dadurch erklärt,
dass aus Salpetersäure beim Einwirken reducirender Substanzen in vielen Fällen
Ammoniak entsteht. Folglich kann beim Einwirken von Alkohol auf Salpetersäure
die Möglichkeit der Bildung des Acetonitrils C^2H^3N angenommen werden. Wenn
nun in diesem Acetonitril ein Wasserstoff durch die Gruppe NO^2 und die beiden
anderen durch Quecksilber ersetzt werden, so erhält man das Knallquecksilber
$C^2(NO^2)HgN$. Die Explosivität erklärt sich dann nicht nur durch das gleichzeitige
Vorhandensein von C^2 und NO^2, sondern auch von Hg und N, da das Stickstoffquecksilber explosiv ist. Das Vorhandensein der NO^2-Gruppe wird dadurch bewiesen,
dass aus Knallquecksilber beim Einwirken von Chlor Chlorpikrin $C^2(NO^2)Cl^2$ entsteht, was dem Verhalten anderer Nitroverbindungen analog ist, und als Beweis
der Bildung von Acetonitril ist die Entstehung von Bromnitroacetonitril $C^2(NO^2)$
Br^2N beim Einwirken von Brom auf Knallquecksilber anzusehen. Die Explosivität
des Knallquecksilbers, seine rasche Zersetzung (Schiesspulver und selbst Pyroxylin
verbrennen viel langsamer und explodiren nicht so heftig) und seine Explosions-

und leichter entstehen jedoch Salze desselben Typus, aber nur mit einem Quecksilberatome NH^2HgX; dieselben waren schon längst bekannt, wurden aber erst hauptsächlich von Kane untersucht. Setzt man einer Quecksilbersublimatlösung Ammoniak zu (oder besser umgekehrt erstere zu Ammoniak), so erhält man einen weissen Niederschlag, der als weisser Präcipitat (Mercurius praecipitatus albus) oder Merkurammoniumchlorid NH^2HgCl bekannt ist; man kann denselben als HgX^2 betrachten, in welchem ein $X=Cl$ und das andere $X=NH^2$, der Ammoniakrest ist: $HgCl^2+2NH^3=NH^2HgCl+NH^4Cl$. Beim Erwärmen zerfällt NH^2HgCl unter Zurücklassung von $HgCl$; wird aber gleichzeitig trockner Chlorwasserstoff übergeleitet, so erhält man NH^4Cl und $HgCl^2$. Ausserdem sind noch andere Salze, so wie auch Doppelsalze des Merkurammoniums NH^2HgX bekannt.

Als ein flüssiges Metall kann das Quecksilber andere Metalle lösen und metallische Lösungen bilden, welche **Amalgame** genannt werden. Einige Metalle lösen sich in Quecksilber unter bedeutender Wärmeentwickelung, wie z. B. Kalium und Natrium, andere dagegen unter Aufnahme von Wärme, z. B. Blei. Diese Vorgänge zeigen offenbar eine sehr grosse Aehnlichkeit mit den Lösungsvorgängen der Salze und anderer Substanzen in Wasser und ermöglichen es ausserdem, den Beweis zu führen,— was mit den wässrigen Lösungen viel schwerer ist, — dass beim Lösen von Metallen in Quecksilber bestimmte chemische Verbindungen des Quecksilbers mit dem sich lösenden Metalle entstehen. Beim Durchpressen solcher Lösungen, am besten durch Sämischleder, bleiben feste, bestimmte chemische Verbindungen des Quecksilbers mit dem gelösten Metalle zurück. Uebrigens ist es sehr schwierig, diese Verbindungen in reinem Zustande zu erhalten, da die letzten Spuren des zwischen den krystallinischen Verbindungen mechanisch vertheilten Quecksilbers sich nicht vollständig entfernen lassen. Trotzdem hat man in vielen

kraft ist derart, dass schon eine geringe Menge desselben (wenn sie schwach bedeckt ist) genügt, um massive Gegenstände zu zerschmettern.

Bemerkenswerth sind die Beobachtungen Abel's nach denen sich die Explosion eines Körpers einem anderen mittheilen lässt. Entzündet man Pyroxylin in einem freien Raume, so brennt es ruhig ab, wenn aber nebenbei Knallquecksilber zur Explosion gebracht wird, so zersetzt sich das Pyroxylin momentan und zwar so heftig, dass es seine Unterlage zertrümmert. Abel erklärt dies durch die Annahme, dass die Explosion des Knallquecksilbers die Molekeln des Pyroxylins in eine besondere, gleichsam harmonische Miterschütterung versetzt, durch welche die rasche Zersetzung der ganzen Masse bedingt wird. In der raschen Zersetzung explosiver Substanzen liegt der Unterschied zwischen Explosion und Verbrennung. Nach Berthelot wird durch die starke molekulare Erschütterung, welche bei der Explosion von Knallquecksilber erfolgt, ein gespanntes oder unbeständiges Gleichgewicht endothermischer Substanzen, d. h. solcher, die sich unter Wärmeentwickelung zersetzen, gestört, z. B. in Nitroverbindungen, Dicyan und ähnl. Thorpe zeigte, dass auch der Schwefelkohlenstoff CS^2, als eine endothermische Substanz durch eine in der Nähe erfolgende Explosion von Knallquecksilber sich in Schwefel und Kohle zersetzen kann.

Fällen solche Verbindungen zweifellos erhalten, was namentlich daraus zu ersehen ist, dass viele Amalgame eine deutlich krystallinische Struktur und ein charakteristisches Aussehen zeigen. Man erhält z. B. beim Lösen von $2^1/_2$ pCt Natrium in Quecksilber ein festes, krystallinisches Amalgam, das sehr spröde ist und sich an der Luft nur wenig verändert. Es enthält die Verbindung $NaHg^5$ (vergl. pag. 577). Durch Wasser wird es wol unter Entwickelung von Wasserstoff zersetzt, aber langsamer, als andere Amalgame; diese Einwirkung des Wassers weist nur darauf hin, dass die Bindung des Natriums mit dem Quecksilber sehr schwach ist, wie auch die Bindung des Quecksilbers mit vielen anderen Elementen, z. B. mit Stickstoff. Unmittelbar löst das Quecksilber und dazu sehr leicht: Kalium, Natrium, Zink, Kadmium, Zinn, Gold, Wismuth, Blei und and.; aus solchen Lösungen oder Legirungen können meist vollkommen bestimmte Verbindungen isolirt werden; die Verbindungen des Quecksilbers mit Silber z. B. entsprechen der Zusammensetzung $HgAg$ und Ag^2Hg^3. Das Kupfer verbindet sich oberflächlich leicht mit Quecksilber, denn beim Aufreiben von Quecksilber auf Gegenstände aus Kupfer bedeckt sich dieses mit einem weissen Ueberzuge, aber die Bildung des Kupferamalgams erfolgt nur langsam. Auch Silber verbindet sich nur allmählich und noch schwerer geht die Verbindung des Platins mit Quecksilber vor sich. Das Platin bildet ein Amalgam nur, wenn es als sehr feines Pulver angewandt wird. Aus den Lösungen von Platinsalzen reduzirt Natrium, als Amalgam angewandt, Platin, das sich hierbei in dem Quecksilber löst. Fast alle Metalle bilden besonders leicht Amalgame, wenn ihre Lösungen durch den galvanischen Strom in der Weise zersetzt werden, dass das Quecksilber als negativer Pol benutzt wird; die an diesem Pole sich ausscheidenden Metalle lösen sich dann in dem Quecksilber. Auf diese Weise lässt sich Eisenamalgam erhalten, obgleich kompaktes Eisen sich in Quecksilber nicht löst. Einige Amalgame finden sich auch in der Natur, z. B. Silberamalgam.

In der Praxis werden Amalgame in bedeutenden Mengen angewandt. Die Löslichkeit des Silbers in Quecksilber z. B. wird zur Extraktion dieses Metalles aus seinen Erzen nach dem Amalgamationsverfahren und bei der Feuerversilberung benutzt. Dasselbe ist auch beim Golde der Fall. Das unkrystallisirbare Zinnamalgam, das durch Auflösen von Zinn in Quecksilber dargestellt wird, dient zum Belegen der gewöhnlichen Spiegel. Das Spiegelbelegen geschieht in der Weise, dass auf die polirte und gereinigte Oberfläche des Spiegelglases die darauf gebrachte Zinnfolie mit Quecksilber übergossen und einfach mechanisch angedrückt wird[27]).

---

27) An dieser Stelle halte ich es für angebracht, auf Grund des periodischen

Siebenzehntes Kapitel.

Bor, Aluminium und ähnliche Elemente der 3-ten Gruppe.

Aus der Zusammenstellung der bis jetzt betrachteten Elemente mit kleinem Atomgewichte ist deutlich zu ersehen, dass unter den-

---

Systems auf das Fehlen eines Elementes (des Eka-Kadmiums) zwischen Kadmium und Quecksilber aufmerksam zu machen. Da aber in der 9-ten Reihe des Systems kein einziges Element bekannt ist, so können möglicher Weise in diese ganze Reihe nur Elemente gehören, die nicht existenzfähig sind. So lange übrigens diese Annahme nicht auf irgend eine Weise gerechtfertigt wird, kann man voraussetzen, dass die Eigenschaften des Ekakadmiums die mittleren zwischen denen des Cd und Hg sein werden. Das Atomgewicht desselben muss also ungefähr 155 betragen und die Zusammensetzung des Oxyds und des wenig beständigen Oxyduls EcO und Ec²O sein; beide Oxyde können nur schwache Basen sein, die leicht basische Salze und Doppelsalze bilden müssen. Das Volum des Oxyds wird etwa 17,5 betragen, da das des CdO ungefähr 16 und des HgO = 19 ist. Folglich wird die Dichte des Oxyds sich: 171 : 17,5 = 9,7 nähern. Das Metall muss leicht schmelzbar, von grauer Farbe sein, sich leicht beim Glühen oxydiren und das Atomvolum 14 besitzen (Cd = 13 und Hg = 15); das spezifische Gewicht wird folglich etwa 11 sein (155 : 14). Ein solches Metall ist unbekannt, aber im Jahre 1879 entdeckte Dahll in Norwegen auf der Insel Oterö in der Nähe von Kragerö in einem Kalkspathgange eines dort aufgefundenen Nickelerzes die Gegenwart eines Elementes, das er **Norwegium** nannte und das einige Aehnlichkeit mit dem Ekakadmium zeigte. Vom Erze war nur wenig aufgefunden worden, die Versuche würden nicht fortgesetzt, die ersten Mittheilungen waren ungenügend und das Metall konnte nicht in vollkommen reinem Zustande erhalten werden, so dass die angegebenen Eigenschaften des Norwegiums nur als annähernde zu betrachten sind; weitere Untersuchungen können andere Resultate ergeben. Die ganze Menge des gewonnenen Erzes wurde geröstet, in Säure gelöst, zweimal durch Schwefelwasserstoff gefällt und dann wieder geröstet; das erhaltene Oxyd liess sich leicht reduziren. Wurde das Metall in HCl gelöst, stark mit Wasser verdünnt und gekocht, so schied es sich als basisches Salz aus, während Kupfer in Lösung blieb. Die Dichte des sich leicht oxydirenden Metalls betrug 9,44, der Schmelzpunkt 254°. Wenn man dem Oxyde die Zusammensetzung NgO zuschreibt, so beträgt das Atomgewicht Ng = 145,9. Das Hydroxyd löst sich in Aetzalkalien und in K²CO³. Wenn das Norwegium nicht ein Gemisch anderer Metalle darstellt, so gehört es jedenfalls zu den unpaaren Reihen, da die schweren Metalle der paaren Reihen sich nur schwer reduziren lassen, das Norwegium aber leicht. Brauner schreibt dem Norwegiumoxyd die Formel Ng²O³ und das Atomgewicht Ng = 219 zu und stellt es in die VI-te Gruppe und die 11-te Reihe; wenn dieses der Wirklichkeit entspricht, so muss das Norwegium ein höheres Oxyd NgO³ mit schwach sauren Eigenschaften bilden.

In die Zahl der angedeuteten, aber noch nicht sicher festgestellten Metalle, die das Zink begleiten, gehört auch das **Actinium** von Phipson (1881). Letzterer bemerkte, dass einige Zinksorten einen weissen Schwefelzink-Niederschlag geben, der sich im Lichte schwärzt und im Dunkeln dann wieder farblos wird. Das dem Kadmiumoxyde ähnliche Oxyd des Actinimus ist in Aetzalkalien unlöslich und bildet ein weisses Schwefelmetall, dass sich im Lichte schwärzt. Seit 1832 ist über das Actinium, so viel mir bekannt, nichts weiter veröffentlicht worden.

selben, nach der Form ihrer höchsten Verbindungen zu urtheilen, ein Element zwischen dem Beryllium und dem Kohlenstoffe fehlt. Das Lithium bildet LiX, das Beryllium BeX^2 und dann folgt der Kohlenstoff, der CX^4 bildet. Zur Vollständigkeit der Reihe war offenbar ein Element zu erwarten, das RX^3 bilden und ein Atomgewicht besitzen muss, das grösser als 9 und kleiner als 12 ist. Dieses Element ist das **Bor**, B=11, das BX^3 bildet.

Lithium und Beryllium sind Metalle, Kohlenstoff besitzt keine metallischen' Eigenschaften. Das Bor erscheint im freien Zuestande, wie der Kohlenstoff, in mehreren Modifikationen, welche Uebergangsformen von den Metallen zu den Metalloiden bilden. Das Lithium bildet ein energisches Alkali, das Beryllium nur eine schwache Base; das Boroxyd B^{2}O^3 muss folglich noch schwächere basische und theilweise schon saure Eigenschaften besitzen, da CO^2 und N^{2}O^5 schon Säureoxyde sind. In der That besitzt auch das bis jetzt allein bekannte **Oxyd des Bors** einen schwach basischen Charakter zugleich mit den Eigenschaften eines schwachen Säureoxyds. Eine Lösung von B^{2}O^3 röthet blaues Lackmuspapier und wirkt auf Kurkuma wie ein Alkali; diese Reaktion dient sogar zur Entdeckung des Bortrioxyds. Auch die borsauren Salze reagiren alkalisch, was deutlich auf den schwach sauren Charakter der Borsäure hinweist. Setzt man der Lösung eines borsauren Salzes Salzsäure zu, so wird Borsäure frei gemacht; taucht man nun Kurkumapapier ein, welches man darauf trocknet, so verflüchtigt sich der Ueberschuss an HCl und auf dem Papier bleibt Borsäure zurück, die dem **Kurkuma** eine **braune Färbung** gibt, wie sie auch durch die Alkalien hervorgerufen wird.

Bortrioxyd oder Borsäureanhydrid geht in die Zusammensetzung vieler Mineralien ein, meistens aber in geringen Mengen, als isomorphe Beimengung, die nicht Säuren, sondern Basen ersetzt, am öftesten Thonerde (Al^{2}O^3), denn in dem Maasse wie die Menge des Bortrioxyds zunimmt, verringert sich die der Thonerde. Diese Ersetzbarkeit erklärt sich durch die gleiche atomistische Zusammensetzung der Oxyde des Aluminiums (Thonerde) und des Bors. Die Eintheilung der Oxyde in basische und saure kann durchaus keine scharfe sein, wie es am überzeugendsten an diesen beiden Oxyden zu ersehen ist, denn die Oxyde des Aluminiums und Bors gehören zu den Uebergangsoxyden, welche an der Grenze zwischen den Säuren und Basen stehen. Ihrer Form R^{2}O^3 nach (vergl. Kap. 15) bilden sie den Uebergang von den basischen Oxyden R^{2}O und RO zu den sauren R^{2}O^5 und RO^3. Bei der Betrachtung der Chlorverbindungen ergibt sich, dass Lithiumchlorid in Wasser löslich, nicht flüchtig und durch Wasser nicht zersetzbar ist, dass Beryllium- und Magnesiumchlorid sich schon verflüchtigen, aber nicht vollkommen, und sich mit Wasser zersetzen und dass Bor- und Aluminiumchlorid noch flüchtiger sind und auch durch Wasser zersetzt werden. Auf diese Weise wird die Stellung des Bors sowie des Aluminiums in der Reihe der anderen Elemente sehr deutlich durch die Grösse des Atomgewichtes bestimmt; bei diesen Elementen dürfen keine neuen, scharf hervortretenden, chemischen Eigenheiten erwartet werden.

Das Bor ist zuerst in dem borsauren Natrium $Na^2B^4O^710H^2O$,

Fig. 128. Gewinnung der Borsäure aus den Suffioni von Toskana.

dem **Borax** oder Tinkal aufgefunden worden, welcher in einigen Seen Tibets in Lösung angetroffen wird und auch in Kalifornien vorkommt [1]). Später fand man die Borsäure im Meerwasser und

---

[1]) Der Borax wird entweder direkt aus boraxhaltigen Seen (die amerikanischen geben eine jährliche Ausbeute von ungefähr 2000 Tons und die von Tibet etwa 1000) oder aus dem natürlichen borsauren Calcium (vergl. Anm. 2) durch Glühen mit Soda (etwa 1000 Tons jährlich) oder aus der ungereinigten Borsäure von Toskana durch Sättigen mit Soda (bis zu 2000 Tons) gewonnen. Der Borax bildet leicht übersättigte Lösungen (Gernez), aus denen er sowol bei gewöhnlicher Temperatur als auch beim Erwärmen in Oktaëdern von der Zusammensetzung $Na^2B^4O^75H^2O$ krystallisirt, deren spezifisches Gewicht 1,81 ist. Wenn aber die Krystallisation in offenen Gefässen vor sich geht, so erhält man bei Temperaturen unter 56° das gewöhnliche prismatische Krystallhydrat $Na^2B^4O^710H^2O$ vom spezifischen Gewicht 1,71; in trockner Luft verwittert dasselbe bei gewöhnlicher Temperatur. 100 Th. Wasser lösen bei 0° ungefähr 3 Th. dieses Krystallhydrates, bei 50°— 27 Th. und bei 100°— 201 Th. Beim Erwärmen schmilzt der Borax, verliert sein Wasser und bildet ein wasserfreies Salz, welches bei Rothglühhitze als eine bewegliche Flüssigkeit erscheint. Letztere erstarrt beim Abkühlen zu einem durchsichtigen amorphen **Glase** (vom spez. Gewicht 2,37), welches vor dem Erstarren die Zähigkeit be-

einigen Mineralquellen und in vielen Mineralien [2]). Entdeckt wird
die Borsäure nach der grünen Färbung, die sie der Flamme des
Weingeistes ertheilt, in welchem sie löslich ist [3]). Der grösste
Theil der in der Industrie verwandten Borverbindungen wird aus
der unreinen Borsäure dargestellt, die man in Toskana aus den
sogen. Fumarolen (suffioni) gewinnt. In dieser Gegend, wo noch
die Thätigkeit früherer Vulkane zum Vorschein kommt, strömen aus
der Erde heisse Wasserdämpfe, welche mit Stickstoff, Schwefelwasserstoff, sehr wenig Borsäure, Ammoniak und anderen Beimengungen
vermischt sind. Die Dämpfe enthalten Borsäure, denn dieselbe ist
mit Wasserdämpfen theilweise flüchtig; beim Destilliren einer Borsäurelösung erhält man im Destillate immer etwas Borsäure [4]).

sitzt, die dem geschmolzenen Glase eigen ist. Geschmolzener Borax löst viele Metalloxyde, durch deren Gehalt das erstarrte Boraxglas charakteristische Färbungen
annimmt: durch das Oxyd des Co — eine dunkelblaue, Ni — gelbe, Cr — grüne,
Mn — amethystfarbige, U — hellgelbe u. s. w. Wegen seiner Leichtflüssigkeit und
Fähigkeit Oxyde zu lösen wird der Borax beim Löthen und Schweissen von Metallen benutzt. Die Strase und überhaupt die leicht schmelzbaren Gläser enthalten
öfters Borax.

2) Von den Mineralien, die Bortrioxyd enthalten, seien die folgenden erwähnt:
das borsaure Calcium $(CaO)^3(B^2O^3)^4(H^2O)^6$, das in Kleinasien in der Nähe von
Brussa gefunden und ausgebeutet wird; der *Boracit* (Stassfurtit) $(MgO)^6(B^2O^3)^8$
$MgCl^2$ in Stassfurt, der grosse Krystalle des regulären System und amorphe Massen (vom spezifischen Gewicht 2,95) bildet und technisch verwendet wird; der *Jeremejewit* $AlBO^3$ oder $Al^2O^3B^2O^3$, der farblose, durchsichtige, dem Apathite ähnliche Prismen (spez. Gew. 3,28) bildet und im Aduntschalon'schen Gebirgszuge
aufgefunden worden ist und der Datolith $(CaO)^2(SiO^2)^2B^2O^3H^2O$. Turmaline, Axinite
und ähnl. enthalten zuweilen bis zu 10 pCt. B^2O^3.

3) Zum Demonstriren dieser grünen Färbung wendet man am besten eine alko-
lische Lösung des flüchtigen Borsäureesters an, der sich leicht durch Einwirken
von BCl^3 auf Alkohol darstellen lässt.

4) Wie sich im Innern der Erde solche Borsäure haltende Dämpfe bilden ist bis
jetzt noch nicht festgestellt. Dumas nimmt an, dass die Entstehung dieser Dämpfe
durch das Auftreten von **Schwefelbor** B^2S^3 (nach anderen von Stickstoffbor) in gewissen
Tiefen der Erde bedingt werde. Künstlich erhält man das Schwefelbor durch Glühen
eines Gemisches von Borsäure und Kohle in Schwefelkohlenstoffdämpfen und durch
direkte Vereinigung des Bors mit Schwefeldämpfen bei Weissglühhitze. Die hierbei
entstehende fast unkrystallinische Verbindung B^2S^3 ist etwas flüchtig, besitzt einen
unangenehmen Geruch und wird ausserordentlich leicht durch Wasser zu Borsäure
und Schwefelwasserstoff zersetzt: $B^2S^3 + 3H^2O = B^2O^3 + 3H^2S$. Es wird nun angenommen, dass im Erdinnern grössere Lager von Schwefelbor mit beständig
durchsickerndem Meerwasser in Berührung kommen, wobei unter starker Erhitzung
Wasserdämpfe, Schwefelwasserstoff und Borsäure entstehen. Auf diese Weise erklärt
sich auch der Ammoniakgehalt in den Dämpfen, da das eindringende Meerwasser
zweifellos mit animalischen Stoffen in Berührung kommt, welche dann durch die
Hitze zersetzt werden und Ammoniak geben. Uebrigens ist diese Hypothese nur
angeführt worden, um wenigstens die Möglichkeit einer Erklärung des Ausströmens
des genannten Gemisches aus der Erde anzudeuten. Es sind auch einige andere
Hypothesen zur Erklärung des Gehalts an B^2O^3 in den ausströmenden Dämpfen
aufgestellt worden, aber da andere Gegenden, in denen Borsäure auftritt, noch nicht
erforscht sind, so ist eine Prüfung dieser Hypothesen gegenwärtig wol kaum
möglich.

Bringt man in einen Ueberschuss von heisser, starker Natronlauge Borsäure, so krystallisirt bei langsamer Abkühlung das Salz Na $BO^2 4H^2O$ aus, das auf $B^2O^3 — Na^2O$ enthält (es lässt sich als RX^3, betrachten, wo ein X durch den Rest NaO und zwei X durch Sauerstoff ersetzt sind). Dieses Salz könnte man als das neutrale bezeichnen, wenn es nicht eine stark alkalische Reaktion zeigen und nicht so leicht in Natron und den beständigeren Borax oder diborsaures Natrium zerfallen würde, welches $2B^2O^3$ auf Na^2O enthält [5]). Dasselbe Salz

Der Gehalt an Borsäureanhydrid in den ausströmenden Dämpfen der toskanischen Fumarolen oder Suffioni, wie sie die Italiäner nennen, ist sehr unbedeutend, denn er erreicht noch nicht $1/_{10}$ pCt. Eine direkte Gewinnung des Anhydrids wäre daher höchst unökonomisch und man benutzt infolge dessen zum Eindampfen des Wassers die Wärme, die in den ausströmenden Dämpfen enthalten ist. Zu dem Zwecke errichtet man über den die Wasserdämpfe ausscheidenden Erdspalten Wasserreservoirs, in welche man aus den nächstgelegenen Quellen Wasser einfliessen lässt. Durch dieses Wasser lässt man dann die ausströmenden Dämpfe streichen, wobei die in denselben enthaltene Borsäure zurückgehalten und das Wasser so stark erwärmt wird, dass es schon am nächsten Tage ins Sieden geräth; trotzdem erhält man nur eine sehr schwache Borsäurelösung. Dieselbe wird daher in das nächste niedriger gelegene Reservoir geleitet und von Neuem mit den aus der Erde strömenden Dämpfen gesättigt, wobei wieder ein Theil des Wassers verdampft und eine neue Menge Borsäure absorbirt wird; dasselbe geschieht in dem folgenden Reservoir u. s. w. so dass sich zuletzt eine ziemlich bedeutende Menge an B^2O^3 ansammelt. Aus dem letzten Reservoir A (Fig. 128) wird die Lösung zuerst in die Gefässe B und D abgelassen, wo man sie abstehen lässt und dann in eine Reihe von Gefässen a, b, c leitet. In diesen letzteren, aus Blei bestehenden Gefässen, wird die Lösung wieder mittelst der aus der Erde strömenden Dämpfe so lange erhitzt, bis sie die Dichte von 10° und 11° Baumé erreicht. Zuletzt kommt die Lösung in das Gefäss C, wo sie sich abkühlt, wobei die (nicht ganz reine) Borsäure auskrystallisirt.

5) Die Lösung des Borax $Na^2B^4O^7$ zeigt alkalische Reaktion, zersetzt Ammoniaksalze unter Ausscheiden von NH^3 (Bolley), absorbirt CO^2 wie ein Alkali, löst Jod (Georgijewitsch) und wird durch Wasser augenscheinlich zersetzt. Heinrich Rose zeigte z. B., dass starke Boraxlösungen mit $AgNO^3$ einen Niederschlag von borsaurem Silber geben, während schwache Lösungen, analog den Alkalien, Silberoxyd fällen. Georgijewitsch nimmt sogar an, dass das Bortrioxyd überhaupt keine sauren Eigenschaften besitzt, da alle Säuren beim Einwirken auf ein Gemisch der Lösungen von KJ und KJO^3 Jod ausscheiden, Borsäure aber nicht. Berthelot bestimmte, dass die Borsäure in schwachen wässrigen Lösungen mit NaHO auf eine äquivalente Menge desselben (40gNaHO) $11^1/_2$ Tausend Calorien entwickelt, wenn das Verhältniss von Na^2O zu $2B^2O^3$ (wie im Borax) eingehalten wird, und nur 4 Taus. Cal. beim Verhältniss von Na^2O zu B^2O^3; auf Grund dieses Verhaltens schliesst er, dass die borsauren Salze, die mehr Alkali enthalten, als der Borax, vom Wasser in sehr bedeutendem Grade zersetzt werden.

Beim Kochen eines Gemisches von Borax mit der äquivalenten Menge von Salmiak bis zum vollständigen Verschwinden des Ammoniakgeruchs erhielt Laurent (1849) die Verbindung $Na^2O4B^2O^3 10H^2O$, welche im Vergleich mit dem Borax die doppelte Menge an B^2O^3 enthält.

Aus diesem Verhalten der Borsäure ergibt sich, dass schwache Säuren ebenso leicht saure Salze bilden, d. h. solche, die viel Säureoxyd enthalten, wie schwache Basen basische Salze. Dieses wird bei der Beschreibung so schwacher Säuren wie die Kieselsäure, Molybdänsäure und ähnliche Säuren noch deutlicher zum Vorschein

erhält man beim Einwirken von Borsäure auf eine Sodalösung. Da der Borax sich durch Krystallisation ausgezeichnet reinigen lässt, so wird er zur Darstellung von reiner Borsäure benutzt.

Beim Vermischen einer gesättigten und erwärmten Borsäurelösung mit starker Salzsäure bilden sich Kochsalz und das normale krystallinische Hydrat—die **Borsäure** $B(OH)^3$, entsprechend der Form BX^3, d. h. von der Zusammensetzung $B^2O^33H^2O$. Hierauf beruht das leichteste Verfahren zur Darstellung reiner Borsäure. Das Wasser lässt sich aus der Borsäure leicht ausscheiden: bei 100^0 verliert sie die Hälfte desselben und bei weiterem Erwärmen auch den übrigen Theil, sodann schmilzt B^2O^3 (nach Carnelley bei 580^0) und bildet zuerst eine (sich zu Fäden ausziehende) zähe Masse. Das zurückbleibende Anhydrid oder Bortrioxyd ist im geschmolzenen Zustande eine farblose Flüssigkeit, die zu einem durchsichtigen Glase erstarrt, das aus der Luft Feuchtigkeit anzieht und dabei trübe wird [6]). Nur die borsauren Salze der Alkalimetalle sind in Wasser löslich, dagegen lösen sich alle Salze in Säuren, was durch ihre leichte Zersetzbarkeit und die Löslichkeit der Borsäure selbst bedingt wird. In feuchter Luft absorbirt das Bortrioxyd (B^2O^3) Wasser und zwar $3H^2O$, es verbindet sich aber in Gegenwart von Wasser immer mit einer geringeren Menge von Basen (im Borax nur mit $^1/_6$ im Verhältniss zu $3H^2O$) [7]), dagegen

kommen. Die Verschiedenheit in den Proportionen, in welchen die Basen mit Säuren Salze bilden können, erinnert vollständig an die Verschiedenheit in den Proportionen, in welchen das Wasser sich mit Krystallhydraten verbindet. Doch der Mangel an hierauf bezüglichen Daten erlaubt es gegenwärtig noch nicht Verallgemeinerungen zu machen oder irgend welche Gesetzmässigkeiten aufzustellen.

In Bezug auf die schwach sauren Eigenschaften der Borsäure halte ich es für nothwendig noch Folgendes zu bemerken: CO^2 wird durch eine Lösung von Borax absorbirt und verdrängt B^2O^3, wird aber selbst durch letzteres (d. h. B^2O^3) nicht nur beim Schmelzen, sondern auch beim Lösen verdrängt, wie aus der Darstellung des Borax ersichtlich ist. Schwefelsäureanhydrid wird von der Borsäure absorbirt, indem sich die Verbindung $B(HSO^4)^3$ bildet, in welcher HSO^4 der Schwefelsäure-Rest ist (D'Ally). Mit Phosphorsäure bildet die Borsäure direkt eine beständige, durch Wasser nicht zersetzbare Verbindung BPO^4 oder $B^2O^3P^2O^5$, wie Gustavson und and. gezeigt haben. Im Verhalten zu Weinsäure kann B^2O^3 dieselbe Rolle spielen wie Sb^2O^3. Mannit, Glycerin und ähnl.; mehrwerthige Alkohole können, allem Anscheine nach, mit B^2O^3 gleichfalls besondere charakteristische Verbindungen bilden. Alle diese Verhältnisse erfordern noch weitere Aufklärung durch neue ausführliche Untersuchungen.

6) Nach Ditte beträgt das spezifische Gewicht der Borsäure und ihres Anhydrides bei:

	0^0	12^0	80^0
B^2O^3	1,8766	1,8476	1,6988
$B(OH)^3$	1,5463	1,5172	1,3828
	1,95	2,92	16,82

Die letzte Zeile gibt die Löslichkeit von $B(OH)^3$ in Grammen in 100 CC. Wasser, ebenfalls nach Bestimmungen von Ditte, an.

7) In Gegenwart von Wasser konkurriren augenscheinlich die basischen Oxyde

bildet geschmolzenes Bortrioxyd mit Magnesia die krystallinische Verbindung $(MgO)^3B^2O^3$, d. h. vom Typus des Hydrats (Ebelmen), und selbst mit Natron entsteht $(Na^2O)^3B^2O^3$ oder Na^3BO^3 (Benedikt). Die borsauren Salze enthalten meist eine geringere Menge der Base; aber alle Basen bilden mit der Borsäure salzartige Verbindungen, die besonders leicht beim Schmelzen entstehen.

Auf diese Weise erhält man gewöhnlich glasartige Flüsse [8]), welche Lösungen im feurig-flüssigen Zustande darstellen, die in vielen Beziehungen an die gewöhnlichen Lösungen in Wasser erinnern. Manche dieser Flüsse krystallisiren beim Erstarren und zeigen dann wie die Salze eine bestimmte Zusammensetzung. Diese Eigenschaft des Borsäureanhydrides beim Schmelzen mit basischen Oxyden die höheren Verbindungsstufen zu bilden, erklärt die Fähigkeit des geschmolzenen Borax, Metalloxyde zu lösen und auch die bemerkenswerthen Versuche Ebelmen's zur Darstellung künstlicher, krystallinischer Edelsteine mit Hilfe von Borsäureanhydrid. In starker Hitze ist das Borsäureanhydrid, wenn auch nur schwer, aber dennoch flüchtig, daher lässt sich aus der Lösung eines Oxyds in diesem Anhydride das letztere durch lange andauerndes starkes Erhitzen entfernen, wobei sich das gelöst gewesene Oxyd im krystallinischen Zustande ausscheiden kann und zuweilen genau in denselben Formen, in denen es in der Natur angetroffen wird. Auf diese Weise sind z. B. Krystalle der Thonerde dargestellt worden; dieselbe ist fast unschmelzbar, löst sich aber in Borsäure und kann dann in ihrer natürlichen rhomboëdrischen Form auf-

mit demselben, wodurch, aller Wahrscheinlichkeit nach, sowol der Gehalt an Wasser in den Salzen der Borsäure, als auch ihre Zersetzung durch überschüssiges Wasser bedingt wird. Die schwachen salzbildenden Eigenschaften des B^2O^3 nähern sich am meisten denselben Eigenschaften des Wassers selbst. Zur Bestätigung der erwähnten Konkurrenz des Wassers mit Basen weise ich darauf hin, dass das Krystallhydrat des Borax, das $5H^2O$ enthält, wie $B(OH)^3$ oder $B^2(OH)^6$ zusammengesetzt ist, nur unter Ersetzung eines Wasserstoffes durch Natrium, denn $Na^2B^4O^7$ $5H^2O$ ist $= B^2(OH)^4 (ONa)$. Dieses Salz verliert sein Wasser ebenso leicht wie das Hydrat $B(OH)^3$; das Wasser dieses letzteren verhält sich in diesem Falle wie Krystallisationswasser. Das angedeutete Verhältniss zwischen B^2O^3, Wasser und Basen bringt bis zu einem gewissen Grade auch die Erscheinung zum Ausdruck, dass geschmolzenes Boroxyd Basen löst und sie dann zurücklässt, wenn es verdampft.

8) Glasflüsse können nur wenig flüchtige Oxyde bilden, die schwachen Säuren wie SiO^2, B^2O^3, P^2O^5 und ähnl. entsprechen; letztere bilden selbst glasartige Massen: Quarz, glasige Phosphorsäure und Borsäureanhydrid und glasige Phosphorsäure. Ebenso wie wässrige Lösungen und Metalllegirungen, so können auch solche Glasflüsse entweder im amorphen Zustande erstarren oder bestimmte krystallinische Verbindungen bilden. Diese Vorstellung beleuchtet die Stellung der Lösungen unter den anderen chemischen Verbindungen und erlaubt es, alle Legirungen vom Standpunkte der allgemeinen Gesetze chemischer Wechselwirkungen aus zu betrachten; daher entwickele ich dieselbe an verschiedenen Stellen des vorliegenden Werkes und suche ihr schon seit den 50-er Jahren in verschiedenen Gebieten der Chemie Bahn zu brechen.

treten. Ebelmen erhielt auch Spinellkrystalle, welche eine natürlich vorkommende Verbindung [9]) von MgO mit Al^2O^3 darstellen.

Das freie **Bor** haben Davy, Gay-Lussac und Thénard (1809) erhalten, nachdem zuerst die Alkalimetalle dargestellt worden waren, denn das Borsäureanhydrid gibt beim Schmelzen mit Natrium diesem seinen Sauerstoff ab und das freie Bor scheidet sich hierbei als ein **amorphes, der Kohle ähnliches Pulver** aus [10]). Das amorphe Bor zeigt eine braune Färbung und hält sich an der Luft bei gewöhnlicher Temperatur unverändert, doch beim Glühen entzündet es sich, wobei es sich nicht nur mit dem Sauerstoff, sondern auch mit dem Stickstoff der Luft verbindet. Diese Verbrennung ist übrigens nie vollständig, da die entstehende Borsäure das zurückbleibende Bor bedeckt und vor der weiteren Einwirkung des Sauerstoffs schützt. Von Säuren, selbst Schwefel- und Phosphorsäure wird das amorphe Bor namentlich beim Erwärmen leicht zu Borsäure oxydirt; in derselben Weise wirken auch Aetzalkalien ein, nur dass sie zugleich Wasserstoff ausscheiden. Wasserdämpfe werden beim Glühen mit Bor gleichfalls unter Wasserstoffentwickelung zersetzt. Das amorphe Bor verbindet sich ebenso leicht und direkt beim Glühen mit Metallen, Schwefel, Chlor und Stickstoff.

Beim Schmelzen löst sich das amorphe Bor in einigen Metallen ebenso wie Kohle. Besonders bemerkenswerth ist die Fähig-

---

9) Die Borsäure, die in wässrigen Lösungen so ausserordentlich schwach und wenig energisch erscheint und die aus ihren Salzen leicht durch andere Säuren verdrängt wird, besitzt im wasserfreien Zustande als Anhydrid die Eigenschaften eines energischen Säureoxyds und **verdrängt die Anhydride anderer Säuren.** Bedingt wird dieses natürlich nicht dadurch, dass die Säure neue chemische Eigenschaften erlangt, sondern einfach durch die leichtere Flüchtigkeit der Anhydride der meisten anderen Säuren. Aus diesem Grunde werden die Salze vieler Säuren, sogar der Schwefelsäure, beim Schmelzen mit dem weniger flüchtigen Borsäureanhydride zersetzt.

In der Technik wird die Borsäure selbst nur in geringer Menge verwendet, hauptsächlich zum Konserviren von Fleisch (das nachher mit Wasser gut ausgewaschen werden muss) und zum Durchtränken der Dochte von Stearinkerzen. Letzteres beruht darauf, dass die aus Baumwollfäden geflochtenen Dochte beim Verbrennen Asche zurücklassen, die für sich allein nicht schmilzt, aber durch die Beimengung von Borsäure leicht schmelzbar wird.

10) Zur Darstellung des *amorphen Bors* bringt man zuerst ein Gemisch von 100 Theilen zerkleinerten Borsäureanhydrids mit 50 Theilen in kleine Stücke zertheilten Natriums in einen stark erhitzten gusseisernen Tiegel, setzt dann eine Schicht stark erhitzten Kochsalzes zu und bedeckt den Tiegel; während der schnell verlaufenden Reaktion wird die Masse mit einem Eisenstabe gerührt und dann direkt in salzsäurehaltiges Wasser gegossen. Hierbei bildet sich natürlich borsaures Natrium, das sich zugleich mit dem Kochsalz löst, während das Bor als unlösliches Pulver zurückbleibt. Es wird mit Wasser ausgewaschen und bei gewöhnlicher Temperatur getrocknet. Aus seinem Oxyde wird das Bor durch Magnesium, sogar durch Kohle und Phosphor reduzirt. Als amorphes Pulver geht das Bor sehr leicht durch Papierfilter und bleibt im Wasser suspendirt, dem es eine braune Färbung ertheilt, so dass das Bor für in Wasser löslich gehalten wird. Dieselben (kolloidalen) Eigenschaften besitzt auch der Schwefel, wenn er aus Lösungen ausgeschieden wird.

keit des geschmolzenen **Aluminiums**, **Bor** in bedeutender Menge **zu** **lösen**; beim Abkühlen einer solchen Lösung scheidet sich ein Theil des mit dem Aluminium verbundenen Bors in krystallinischem Zustande aus und zeigt dann ganz besondere Eigenschaften. Zur Darstellung von krystallinischem Bor glüht man pulverförmiges Bor mit Aluminium in einem Tiegel (bis auf 1300°), indem man den Zutritt der Luft möglichst ausschliesst (durch dichte Füllung und Ankitten des Deckels). Nach dem Abkühlen der geschmolzenen Masse bemerkt man schon an der Oberfläche des Aluminiims Borkrystalle, die leicht durch Lösen des Aluminiums in Salzsäure abgeschieden werden können, da sie in der Säure unlöslich sind. Die theilweise durchsichtigen, meist dunkelbraun gefärbten Krystalle besitzen das spezifische Gewicht 2,68 und enthalten noch 4 pCt. Kohlenstoff und 7 pCt. Aluminium, so dass sie nicht für reines Bor gehalten werden können. Trotzdem sind die Eigenschaften dieser von Wöhler und Deville erhaltenen **krystallinischen** Substanz sehr bemerkenswerth. Dieselben erinnern an die Eigenschaften des Diamants, denn die Krystalle besitzen den nur dem Diamante eigenen Glanz und das starke Lichtbrechungsvermögen; auch ihre Härte nähert sich der des Diamants, denn sie können als Pulver angewandt selbst Diamanten schleifen und wie der Diamant, Korund und Saphir ritzen. Das krystallinische Bor ist in seinem Verhalten zu chemischen Agentien viel beständiger als das amorphe, es ähnelt überhaupt dem Diamanten, während manche Eigenschaften des amorphen Bors sehr an die Kohle erinnern. Im freien Zustande zeigen also der Kohlenstoff und das Bor eine gewisse Annäherung, welche auch durch die nahe Stellung dieser beiden einfachen Körper im periodischen System gerechtfertigt wird.

Von den anderen Verbindungen des Bors sind am bemerkenswerthesten die mit Stickstoff und mit den Halogenen. Beim Erhitzen verbindet sich, wie bereits angegeben, das amorphe Bor unmittelbar mit Stickstoff [11]). Erhitzt man amorphes Bor in einem Glasrohr in einem Strom von Stickoxyd, so findet eine wirkliche Verbrennung statt: $5B + 3NO = B^2O^3 + 3BN$. Beim Behandeln des Rückstandes mit Salpetersäure löst sich das Borsäureanhydrid und der Borstickstoff bleibt als ein weisses sehr leichtes Pulver zurück, das zuweilen theilweise krystallinisch ist und sich wie Talk fettig anfühlt.

---

11) Borstickstoff BN hat man zum ersten Male beim Erhitzen von Borsäure mit Cyankalium und anderen Cyanverbindungen erhalten. Einfacher erhält man ihn durch Erhitzen von wasserfreiem Borax mit gelbem Blutlaugensalz oder direkt von Borax mit Salmiak. Zu dem Zwecke erhitzt man ein möglichst inniges Gemisch von einem Theil geschmolzenen Borax mit zwei Theilen trocknen Salmiaks in einem Platintiegel; die entstehende poröse Masse hinterlässt nach dem Zerkleinern und der Behandlung mit Wasser und Salzsäure Borstickstoff.

Selbst in·der Hitze, bei welcher Nickel schmilzt, bleibt der Borstickstoff unschmelzbar und unverändert. Ueberhaupt zeichnet sich
dieser Körper durch eine grosse Beständigkeit gegenüber chemischen Agentien aus. Sowol Salpeter- und Salzsäure, als auch alkalische Lösungen greifen ihn nicht an und auch beim Erhitzen mit
Wasserstoff und Chlor findet keine Einwirkung statt. Aber beim
Schmelzen mit Aetzkali scheidet sich Ammoniak aus, das sich
auch beim Erhitzen des Borstickstoffs in Wasserdämpfen bildet:
$2BN + 3H^2O = B^2O^3 + 2NH^3$ [12]).

Ebenso bemerkenswerth ist die Verbindung des Bors mit
Fluor: das **Fluorbor** BF^3, welches in vielen Fällen beim Zusammentreffen von Bor- und Fluorverbindungen entsteht [13]). Am bequemsten erhält man es durch direktes Erwärmen eines Gemisches
von Fluorcalcium mit B^2O^3 und Schwefelsäure: $3CaF^2 + B^2O^3 +$
$+ 3H^2SO^4 = 3CaSO^4 + 3H^2O + 2BF^3$ [14]). Das Fluorbor (Borfluo·
rid) ist ein farbloses, verflüssigbares **Gas** (flüssig siedet es bei -100^0),
welches mit feuchter Luft einen weissen Nebel bildet, da es
sich mit Wasser verbindet. Ein Volum Wasser löst bis zu 1050
Volume des Gases (Bazarow), wobei sich eine Flüssigkeit bildet,
welche beim Erwärmen zuerst Fluorbor entwickelt, dann aber unzersetzt überdestillirt. Organische Stoffe werden durch das Fluorbor verkohlt, da dieses ihnen die Elemente des Wassers entzieht,
also ebenso wie Schwefelsäure wirkt.

Das Verhalten des Fluorbors BF^3 zu Wasser ist als eine umkehrbare Reaktion aufzufassen, denn dasselbe muss mit Wasser
HF und $B(OH)^3$ bilden, welche durch gegenseitige Einwirkung
wieder BF^3 und Wasser geben. Zwischen diesen 4 Körpern und
den beiden entgegengesetzten Reaktionen tritt ein Gleichgewichtszustand ein, der augenscheinlich von der Masse des Wassers ab·
hängt [14bis]). Bei viel überschüssigem BF^3 entspricht das Gleichge-

12) Beim Schmelzen von Borstickstoff mit Pottasche bildet sich cyansaures
Kalium: $BN + K^2CO^3 = KBO^2 + KCNO$. Dieses Verhalten weist darauf hin, dass
der Borstickstoff das Nitril der Borsäure ist: $BO(OH) + NH^3 - 2H^2O = BN$. Dasselbe bringt auch die Betrachtung zum Ausdruck, nach welcher der Borstickstoff
als ein Körper vom Typus der Borverbindungen BX^3 erscheint, wo X^3 durch Stickstoff, den dreiwerthigen Rest des Ammoniaks, ersetzt ist.

13) Beim Erhitzen einiger in der Natur vorkommender Fluorborverbindungen
scheidet sich öfters BF^3 aus. Erhitzt man Fluorcalcium mit Borsäureanhydrid, so
bilden sich borsaures Calcium und Fluorbor, das als Gas entweicht: $2B^2O^3 + 3CaF^2$
$= 2BF^3 + Ca^3B^2O^6$. Uebrigens wird hierbei ein Theil des Fluorcalciums vom borsaurem Calcium zurückgehalten.

14) Die Zersetzung muss in Blei- oder Platingefässen ausgeführt werden und
nicht in Gefässen aus Glas, da dieses Kieselerde enthält (infolge dessen man als
Beimengung SiF^4 erhalten würde). Das Fluorbor allein greift kein Glas an, aber
durch die bei der Reaktion frei werdende Flusssäure kann etwas Kieselerde hineingelangen. Da das Fluorbor durch Wasser zersetzt wird, so muss es über Quecksilber aufgesammelt werden.

14 bis) Von diesem Gesichtspunkte aus lassen sich, wie mir scheint, die scheinbar

wichtssystem von der Zusammensetzung $BF^3 2H^2O$ (oder $B^2O^3H^2O6HF$), das beim Destilliren nicht gestört wird. Dasselbe bildet eine ätzende Flüssigkeit, vom spez. Gewicht 1,77, welche die Eigenschaften einer starken Säure besitzt, entsprechende Salze bildet [15]), auf Glas jedoch nicht einwirkt, also keinen freien HF enthält. Beim Einwirken von Wasser verändert sich das System, indem Borsäure und Borfluorwasserstoffsäure (HBF^4) entstehen, entsprechend der Gleichung: $4BF^3H^4O^2 = 3HBF^4 + BH^3O^3 + 5H^2O$. Der Borfluorwasserstoffsäure [16]) entsprechen Salze z. B. KBF^4. Beim Eindampfen zersetzt sich die freie Säure unter Ausscheiden von Flusssäure und man erhält wieder ein besonderes System: $2HBF^4 + 5H^2O = B^2F^6H^{10}O^5 + 2HF$. Die entsprechende Lösung (die $2BF^3$ $5H^2O$ enthält und das spez. Gewicht 1,58 besitzt) ist derjenigen gleich, die beim Verdunsten der Lösung von B^2O^3 in Flusssäure sich bildet; sie enthält wieder nur eine Verbindung von BF^3 mit Wasser. Wahrscheinlich sind auch noch verschiedene andere Gleichgewichtssysteme und bestimmte Verbindungen zwischen BF^3, HF und H^2O möglich.

Nichts dergleichen findet beim Chlorbor statt, da HCl auf Borsäure nicht einwirkt. Uebrigens verbindet sich das Bor mit dem Chlor direkt beim Erhitzen zu **Chlorbor** (Borchlorid) BCl^3; hierbei findet Entzündung statt und man erhält ein Gas, das sich durch eine Kältemischung leicht verflüssigt. Die entstehende Flüssigkeit, der man durch Quecksilber das überschüssige Chlor entziehen kann, siedet bei $+17^0$ und hat bei 12^0 das spezifische Gewicht 1,35. Direkt aus B^2O^3 lässt sich das Borchlorid durch gleichzeitiges Einwirken von Kohle und Chlor bei erhöhter Temperatur darstellen: $B^2O^3 + 3C + 3Cl^2 = 2BCl^3 + 3CO$. Man erhält · es auch durch Einwirken von PCl^5 auf B^2O^3 in einem zugeschmolzenen Rohre bei 200^0. Durch Wasser wird das Borchlorid vollständig zersetzt, wie die Säurechloranhydride; da hierbei Borsäure entsteht, so raucht das Borchlorid an der Luft: $2BCl^3 + 6H^2O = 2BH^3O^3$.

---

widersprechenden Angaben der verschiedenen Beobachter, besonders von Gay-Lussac (und Thénard), Davy, Berzelius und Bazarow verstehen.

15) Diese Salze der Fluorborsäure können direkt aus Fluormetallen und borsauren Salzen dargestellt werden. Analoge Verbindungen von Haloid- mit Sauerstoffsalzen finden sich in der Natur (z. B. Apathit, Boracit) und lassen sich auch künstlich darstellen. Die Zusammensetzung der fluorborsauren Salze, z. B. $K^4BF^3O^9$ lässt sich auch ebenso wie die von Doppelsalzen betrachten: BO(OK)3KF. Aus der Zersetzbarkeit dieser Salze durch Wasser darf aber noch nicht geschlossen werden, dass sie nicht existiren, da sehr viele Doppelsalze durch Wasser zersetzt werden.

16) Die Fluorborsäure enthält BF^3 und Wasser, die Borfluorwasserstoffsäure BF^3 und Fluorwasserstoff. Unter den Kräften, die hier zur Wirkung kommen, spielt offenbar einerseits die Konkurrenz zwischen H^2O und HF, andrerseits die Fähigkeit dieser Körper sich zu verbinden eine Rolle. Aus dem Umstande, dass HBF^4 nur in wässriger Lösung existenzfähig ist, muss angenommen werden, dass HBF^4 ein genügend stabiles System nur in Gegenwart von $3H^2O$ bilden kann.

$+ 6HCl$. Eine analoge, bei 90^0 siedende Verbindung bildet das Bor mit Brom: BBr^3. Aus der Dampfdichte des Fluor-, Chlor-, und Brombors folgt, dass diese Körper in ihren Molekeln drei Halogenatome enthalten, d. h. dass das Bor ein dreiwerthiges Element ist, das BX^3 bildet.

Wie in der I-ten Gruppe dem Lithium das Na folgt, das ein stärker basisches Oxyd bildet, und in der II-ten Gruppe dem Be das Mg, so ist in der III-ten Gruppe, ausser dem leichtesten Elemente Bor, welches fast keine basischen Eigenschaften besitzt, auch das **Aluminium** $Al = 27$ vorhanden, dessen Oxyd Al^2O^3, die Thonerde, ziemlich deutliche basische Eigenschaften zeigt, welche schwächer als die des MgO, aber deutlicher als die des B^2O^3 sind. Unter den Elementen der III-ten Gruppe ist das Aluminium das in der Natur am meisten verbreitete; es genügt darauf hinzuweisen, dass es ein Bestandtheil des Thons ist, um sich von der weiten Verbreitung des Aluminiums in der Erdrinde eine Vorstellung zu machen.

Das Aluminium ist das Metall des Alauns (alumen), das Silber des Thons. Der **Thon**, die bekannte in der Natur so allgemein verbreitete erdige Substanz, stellt den unlöslichem Rückstand dar, der beim Einwirken von kohlensäurehaltigem Wasser auf viele Gesteine entsteht, namentlich auf Feldspathe, die in den letzteren enthalten sind. Der Feldspath enthält Kali, Natron, Thonerde und Kieselerde. Demselben ähnliche Verbindungen (vergl. Kap. 18) sind in grossen Mengen in den primären Gebirgsformationen z. B. im Granite enthalten. Kohlensäurehaltiges Wasser wirkt auf Feldspath in der Weise ein, dass vom Wasser die Alkalien (Kali und Natron) und mit diesen ein Theil der Kieselerde gelöst und fortgeschwemmt werden, während an den Orten, wo diese Auflösung stattgefunden, Thonerde in Verbindung mit Kieselerde und Wasser zurückbleibt. Es ist dies die ursprüngliche Bildungweise des Thones an seinen primären Fundorten, zwischen Gebirgsmassen, durch deren Risse das atmosphärische Wasser durchsickert. Die primären Fundorte enthalten öfters weissen, reinen Thon, sogenannten, **Kaolin oder Porzellanthon**. Solche Thone sind aber selten, weil auch die Bedingungen zu ihrer Bildung selten auftreten. Indem das Wasser auf die Gesteine chemisch einwirkt, zerstört es sie gleichzeitig *mechanisch* und führt die feinen Rückstände der Zerstörung mit sich; der Thon unterwirft sich am leichtesten der mechanischen Einwirkung des Wassers, da er aus sehr feinen Partikelchen oder Körnchen besteht, welche keine sichtbare krystallinische Struktur besitzen und im Wasser leicht suspendirt bleiben, d. h. eine Trübung geben. Das trübe fliessende Gebirgswasser enthält gewöhnlich suspendirte Thonpartikelchen, welche durch die eben beschriebene vereinigte chemische und mechanische Einwirkung des Wassers auf die in den Gesteinen enthaltenen Mineralien entstanden sind. Zugleich mit diesen feinsten Thonpartikelchen führt das Wasser auch gröbere Partikel mit, auf welche es nicht einwirken kann, z. B. Bruchstücke von Gesteinen, Glimmer, Quarz und anderen, welche ursprünglich durch die den Thon bildenden Mineralien unter einander verbunden waren. Beim Einwirken des Wassers auf diese bindenden Mineralien entsteht eine sandige Masse, auf welche das Wasser dann leicht mechanisch einwirken und die feineren, aus einander gefallenen Partikelchen fortschwemmen kann. Das Sand- und Thonpartikelchen enthaltende trübe Wasser setzt dieselben an den ruhigeren Stellen der Flüsse, Seen, Meere und Ozeane ab. Hierbei scheiden sich zunächst die gröberen Partikel ab, welche den Sand und ähnliche lockere Gesteine bilden, während der Thon, infolge der Feinheit seiner Partikelchen weiter getragen und in den ruhigeren Theilen der Gewässer abgesetzt wird. Solche Veränderungen der Gesteine und solche Absetzungen von Sand und Thon, welche allmählich während der Millionen von Jahren des Lebens der Erde stattgefunden haben und auch gegenwärtig stattfinden, haben zur Bildung der mächtigen Lager der verschiedenen Arten von Sand und Thon geführt. Die an einem Orte abgesetzten Thonschichten können durch andere Strömungen wieder fortgeschwemmt werden, so dass man die primären Fundorte des Thons von den späteren zu unterscheiden hat. Stellenweise haben sich solche Thonniederschläge, infolge des langen Liegens unter Wasser, theils wol auch infolge höherer Temperatur, der sie möglicher Weise ausgesetzt waren, zu den steinigen Massen verdichtet, welche als Thonschiefer bekannt sind und zuweilen ganze Gebirge bilden. Aus homogenem Thonschiefer werden die Schiefertafeln und Dachschindeln hergestellt.

Aus Allem, was soeben über den Thon mitgetheilt worden ist, geht deutlich hervor, dass die Thonniederschläge keine chemisch reine, homogene Substanz darstellen können. Verschiedene zufällige, unlösliche Beimengungen, namentlich Sand, d. h. Bruchstücke von Gebirgsarten, besonders Quarz (SiO^2) sind beständig in grösserer oder geringerer Menge und in grösseren oder kleineren Partikeln im Thone enthalten. Diese Beimengungen können aber grösstentheils entfernt werden, da sie durch mechanisches Abtrennen entstanden sind, während der Thon der Rückstand einer chemischen Aenderung der Gebirgsarten ist und daher aus unvergleichlich feineren Partikelchen besteht, als die Beimengungen an Sand und anderen Bruchstücken von Gebirgsarten. Infolge dieses Unterschiedes in der Grösse der Partikelchen bleibt der Thon beim Zusammenschütteln mit Wasser länger suspendirt, als die gröberen Sandpartikelchen. Wenn Thon mit Wasser zusammengeschüttelt oder wenn das Gemisch gut ausgekocht und dann stehen gelassen wird, damit ein theilweises Absetzen erfolgt, so erhält man aus der dann abgegossenen trüben Flüssigkeit allmählich einen Niederschlag, der aus viel reinerem Thone besteht. Dieses Verhalten benutzt man zum Reinigen des Kaolins, aus dem die feineren Gegenstände aus Thon, Fayence, Porzellan und ähnl. angefertigt werden. Desselben Verhaltens bedient man sich auch bei der Untersuchung erdiger Substanzen zur Bestimmung der Zusammensetzung des Bodens, der hauptsächlich aus einem Gemisch von Sand, Thon, Kalkstein und Humus besteht. Der Kalkstein lässt sich leicht entfernen, da er sich in schwachen Säuren löst, welche weder Thon, noch Sand angreifen. Der Thon wird nun vom Sande durch einen, dem eben beschriebenen ähnlichen Prozess getrennt, den man Abschlämmen nennt [17]).

17) Die Trennung durch Schlämmen beruht auf dem Unterschiede der Durchmesser der Thon- und der Sandtheilchen. Ihrer Dichte nach unterscheiden sich diese Theilchen nur sehr wenig von einander, so dass ein Wasserstrom von bestimmter Geschwindigkeit nur Theilchen von bestimmtem Durchmesser forttragen kann, was auf dem Widerstande beruht, den das Wasser dem Sinken der in ihm suspendirten Theilchen entgegensetzt. Dieser Widerstand wächst mit der Geschwindigkeit des Stromes. Die Fallgeschwindigkeit eines im Wasser suspendirten Körpers nimmt daher nur so lange zu, als sein Gewicht diesem Widerstand gleich kommt. Da nun das Gewicht der feinen Thontheilchen gering ist, so ist auch ihre grösste Fallgeschwindigkeit gering. (Vergl. hierüber mein Werk: «Ueber den Widerstand der Flüssigkeiten und die Luftschifffahrt» 1880, in russ. Sprache). Die feinen Thontheilchen bleiben im Wasser lange suspendirt und sinken nur langsam zu Boden. Schwere Theilchen sinken selbst bei geringem Durchmesser schneller als leichte und werden vom Wasser auch schwerer fortgetragen. Hierauf beruht das Auswaschen des Goldes und schwerer Erze aus Sand und Thon. Theilchen von bestimmtem Durchmesser und bestimmter Dichte können nur durch einen Wasserstrom von bestimmter Geschwindigkeit fortgetragen werden. Zur Beobachtung dieser Erscheinung hat E. Schöne den folgenden Schlämmapparat zusammengestellt. Die abzuschlämmende Erde befindet sich in einem konischen Gefässe, in dessen unteren Theil das Wasser eingeleitet wird. Je nach der Menge des in der Zeiteinheit zufliessenden Wassers steigt das Wasser im Gefässe mit verschiedener Geschwindigkeit und aus dem oberen Theile desselben werden daher durch das abfliessende Wasser Theilchen von verschiedener Korngrösse fortgetragen. Nach direkten Versuchen von Schöne werden bei einer Geschwindigkeit des Wasserstromes, die 0,1 Millimeter in der Sekunde gleich kommt, Theilchen fortgetragen, deren Durchmesser 0,0075 Mm. nicht übersteigt, also nur die allerfeinsten Theilchen; bei einer Geschwindigkeit von $v = 0,2$ Mm. Theilchen vom Durchmesser $d = 0,011$ Mm.; bei $v = 0,3$ Mm.—$d = 0,0146$, bei $v = 0,04$ Mm.—$d = 0,017$; bei $v = 0,5$ Mm.—$d = 0,02$, bei $v = 1$ Mm.—$d = 0,03$. bei $v = 4$ Mm.—$d = 0,07$, bei $v = 10$ Mm.—$d = 0,137$ und bei der Geschwindigkeit $v = 12$—Theilchen vom Durchmesser $d = 0,15$ Mm. Wenn daher die Geschwindigkeit des Wasserstromes nicht grösser als eine der angegebenen ist, so werden nur die Theilchen abgeschlämmt, deren Durchmesser kleiner ist, als der dieser Geschwindigkeit entsprechende. Sand und andere Beimengungen des Thones bleiben in dem Schlämmgefässe zurück. Als Thonsubstanz werden die feinsten abgeschlämmten Theilchen angesehen, obgleich denselben auch andere Gesteine beigemengt sein können, die zufällig besonders fein zertheilt sind. Uebrigens ist dies nur höchst selten der Fall, denn die feinsten Theilchen, die aus einem beliebigen Thone abgeschlämmt werden, zeigen immer dieselbe Zusammensetzung, wie die reinsten Kaolinsorten.

Unterwirft man den Thon zuerst der Einwirkung starker Schwefelsäure, welche die darin enthaltene Thonerde auflöst, und löst dann
(mit Hilfe von kohlensauren Alkalien) die Kieselerde, welche im
Thon mit der Thonerde verbunden ist (nicht die, welche als Sand
u. s. w. auftritt), so kann man das Verhältniss zwischen diesen
beiden Bestandtheilen des Thones in Erfahrung bringen und durch

---

Das Mengenverhältniss zwischen Thon und Sand in einem Ackerboden ist von
grösster Wichtigkeit, denn ein an Thon reicher Boden ist dicht, schwer, bei Hitze
rissig und kann weder bei nasser, noch auch bei trockner Witterung gepflügt
werden, während ein Sandboden locker und bröcklig ist, eingedrungenes Wasser
leicht ausscheidet, rasch trocknet, und relativ leicht bearbeitet werden kann. Weder
reiner Sand, noch reiner Thon kann einen guten *Ackerboden* abgeben. Der Unterschied in dem Gehalt an Thon und Sand im Boden ist auch in chemischer Beziehung von Bedeutung. In Sand, dessen Theilchen nur locker an einander liegen,
dringt die Luft leicht ein, so dass in Sandboden gebrachte Düngemittel sich leicht
verändern; aber die in letzteren enthaltenen, den Pflanzen nothwendigen Nährstoffe
werden von einem Sandboden ebenso wenig zurückgehalten wie das Wasser. Wenn
Nährflüssigkeiten, welche Kaliumsalze, phosphorsaure Salze u. s. w. enthalten,
durch Sand filtrirt werden, so bleiben darin nur die den Sand benetzenden Theile
der Lösung zurück, die durch reines Wasser vollständig fortgewaschen werden
können. Wenn dagegen eine Nährflüssigkeit durch eine Thonschicht filtrirt wird,
so werden die Nährstoffe in bedeutender Menge zurückgehalten, was zum Theil auch
durch die grosse Oberfläche, welche die feinen Thontheilchen darbieten, bedingt ist.
Der Thon besitzt nämlich die Eigenschaft, in Wasser gelöste Nährstoffe auf eine
eigene Art zurückzuhalten, d. h. die Absorptionsfähigkeit des Thones ist im Vergleich zu der des Sandes höchst bedeutend, was in der Oekonomie der Natur von
grösster Wichtigkeit ist. Der Kultur am günstigsten wird begreiflicher Weise ein
Boden sein, der ein Gemisch aus Sand und Thon darstellt, was auch in Wirklichkeit
der Fall ist, denn gute Ackererde zeigt eben diese gemischte Zusammensetzung.
Die ausführlichere Betrachtung dieses Gegenstandes gehört in das Gebiet der Agro-
nomie. Als Beispiel führe ich hier nur die Zusammensetzung von vier verschiedenen
Bodenarten (in Russland) an: 1) Tschernosjem (Schwarzerde) aus dem Gouvernement
Simbirsk; 2) Thonboden aus dem Gouv. Smolensk; 3) Sandboden aus dem Gouv.
Moskau und 4) Torfboden aus der Umgegend von St. Petersburg. Die Analysen
sind in den 60er Jahren im St. Petersburger Universitätslaboratorium ausgeführt
worden. 10,000 Gramm lufttrocknen Bodens enthielten die folgenden Bestandtheile
in Grammen:

Na^2O	11	5	4	4
K^2O	58	10	7	5
MgO	92	33	19	7
CaO	134	17	14	11
P^2O^5	7	1	7	3
N	44	11	13	16
S	13	7	7	6
Fe^2O^3	341	155	111	46

Die chemische und mechanische Analyse ergab die folgenden Hauptbestandtheile
in 100 Theilen dieser vier Bodenarten;

Thon.	46	29	12	10
Sand	40	67	86	84
Organ. Substanz.	3,7	1,7	0,6	4,1
Hygroskop. Wasser. . . .	6,3	1,3	0,8	1,9
Gewicht eines Liters in Gr. .	1150	1270	1350	960.

starkes Erhitzen auch die Menge des in denselben enthaltenen Wassers bestimmen. In reinen Thonen kommen auf Al^2O^3 gegen $2SiO^2$ und $2H^2O$. Bei Annahme dieses Verhältnisses lässt sich die Umwandlung des Feldspaths in Kaolin durch die folgende Gleichung ausdrücken:

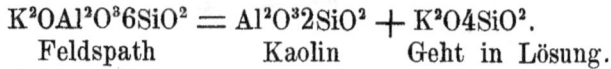

$$K^2OAl^2O^3 6SiO^2 = Al^2O^3 2SiO^2 + K^2O4SiO^2.$$

Feldspath   Kaolin   Geht in Lösung.

Gewöhnlich enthalten aber die Thone 45 bis 60 pCt. Kieselerde, 20 bis 30 pCt. Thonerde und ungefähr 10 pCt. Wasser. Als eine homogene Substanz ist der Thon jedenfalls nicht zu betrachten, denn derselbe besteht aus Rückständen von Thonerdesilikaten, die durch Wasser nicht verändert werden. Dennoch enthält der Thon immer eine wasserhaltige Verbindung von Thonerde und Kieselerde, welcher durch Schwefelsäure die Thonerde als Base entzogen wird; hierbei entsteht schwefelsaure Thonerde, die in Wasser löslich ist. Nach dem Auslaugen der letzteren bleibt Kieselerde zurück, die man in kohlensauren Alkalien lösen kann [18]).

---

18) Dem teigigen Gemisch von Thon mit Wasser kann man bekanntlich leicht eine beliebige Form geben. Diese besondere Eigenschaft des Thones macht ihn zu einem für praktische Zwecke höchst werthvollen Materiale. Aus Thon werden die verschiedenartigsten Gegenstände geformt, von den Ziegeln angefangen bis hinauf zu den feinsten Porzellangegenständen und den Werken der bildenden Kunst. Die **Plastizität des Thones** nimmt mit seiner Reinheit zu. Das spezifische Gewicht des reinen Kaolins beträgt 2,5.

Beim Trocknen der aus Thon geformten Gegenstände erhält man bekanntlich eine feste Masse, die aber gegen Druck und Stoss nicht genügend widerstandsfähig ist und durch Wasser ausgewaschen wird. Beim Erhitzen eines solchen Gegenstandes schwindet er, d. h. sein ursprüngliches Volum nimmt ab; sodann scheidet sich Wasser aus und die Kontraktion nimmt zu (eine kompakte Thonmasse z. B. nimmt in ihrer Länge etwa um $1/5$ ab). Dagegen wird die Bindung der Thontheilchen unter einander bedeutend stärker und man erhält eine steinharte Masse. Reiner Thon zieht sich übrigens beim Erhitzen so stark zusammen, dass die dem Thon gegebene Form verloren geht und leicht Risse entstehen; ausserdem sind die daraus geformten Gegenstände porös und wasserdurchlässig. Wenn aber dem Thone Sand, d. h. Kieselerde, die aus feinen Körnern besteht, oder Chamottemasse, d. h. zerstossener bereits gebrannter Thon zugesetzt wird, so erhält man eine dichtere, weniger poröse Masse, die beim Erhitzen nicht mehr rissig wird. Aus Thon unter Zusatz von Sand gebrannte Gegenstände (Ziegeln, Thonwaaren u. s. w.) lassen jedoch Flüssigkeiten durch, da der Thon beim Erhitzen nicht schmilzt, sondern nur zusammenbackt. Zur Herstellung wasserundurchlässiger Gegenstände werden dem Thon entweder solche Substanzen beigemengt, welche beim Erhitzen eine glasartige Masse bilden, die ihn durchdringt und seine Poren ausfüllt oder man überzieht die Oberfläche der Gegenstände mit einer solchen Masse, d. h. man gibt dem Thon eine Glasur. Im ersteren Falle erhält man aus reinem Thon Porzellan, im letzteren Fayence. Ueberzieht man z. B. Thongegenstände mit einer Schicht von Blei- und Zinnoxyd, so schmilzt letztere beim Erhitzen mit der Kieselerde und dem Thone zu einem weissen Glase zusammen, das die bekannte weisse Glasur bildet. Bei der Herstellung von Porzellan mischt man dem Thone Feldspath und Kieselerde bei, wodurch eine Masse entsteht, die beim Erhitzen nicht schmilzt, aber so weit erweicht, dass die Thontheilchen dicht zusammengekittet werden. Auch Porzellangegenstände wer-

Der Thon wird in der Praxis zur Darstellung der Thonerde Al^2O^3 und der meisten Aluminiumverbindungen benutzt, von denen an erster Stelle der Alaun, d. h. das aus schwefelsaurem Kalium und Aluminium bestehende Doppelsalz $AlK(SO^4)^2 12H^2O$ zu nennen ist. Beim Einwirken von mit wenig Wasser verdünnter Schwefelsäure auf Thon bildet sich schwefelsaures Aluminium (oder schwefelsaure Thonerde) $Al^2(SO^4)^3$, welches beim Vermischen seiner Lösung mit kohlensaurem oder schwefelsaurem Kalium Alaun bildet. Der Alaun zeichnet sich durch seine Krystallisationsfähigkeit aus und wird fabrikmässig in grossen Mengen dargestellt, da er eine ausgebreitete Verwendung in der Färberei findet. Beim Zusetzen von Ammoniak zu einer Alaunlösung scheidet sich Thonerdehydrat oder **Aluminiumhydroxyd** in Form eines gallertartigen Niederschlages aus, der in Wasser unlöslich ist, sich aber leicht in Säuren, selbst in schwachen und in Natron- und Kalilauge löst. Die Löslichkeit in Säuren weist auf den basischen Charakter der Thonerde und die Löslichkeit in ätzenden Alkalien, zugleich mit der Fähigkeit sich mit diesen zu verbinden, auf die schwache Entwickelung des basischen Charakters und die Existenz von Uebergangseigenschaften hin. Der alkalischen Thonerdelösung wird aber schon durch die schwächsten Säuren, selbst Kohlensäure, das Alkali entzogen, wobei die Thonerde als Hydrat ausfällt. Zur Charakteristik der salzbildenden Eigenschaften der Thonerde ist noch hinzu zu fügen, dass dieselbe sich mit so schwachen Säuren, wie Kohlensäure, schweflige und unterchlorige Säure, nicht verbindet, dass also die Verbindungen der Thonerde mit diesen Säuren durch Wasser zersetzt werden. Sodann ist noch zu bemerken, dass das Aluminiumhydroxyd von Ammoniaklösung nicht gelöst wird.

Die **Thonerde** Al^2O^3 d. h. das wasserfreie Aluminiumoxyd findet sich in der Natur zuweilen in ziemlich reinem Zustande und zwar in durchsichtigen Krystallen, die oft durch Beimengungen (von Chrom-, Kobalt- und Eisenverbindungen) gefärbt sind. Solche Krystalle sind die aus reinster Thonerde bestehenden rothen Rubine und blauen Saphire, welche das spezifische Gewicht 4,0 besitzen und sich durch ihre grosse nur vom Diamante übertroffene Härte auszeichnen. Dieselben finden sich auf Ceylon und anderen Inseln Ostindiens in Sande von Flüssen. **Korund** ist gleichfalls krystallisirte Thonerde, deren rothe Farbe durch eine Beimengung von Eisenoxyd bedingt wird. Eine unvergleichlich grössere Menge an Eisenoxyd enthält der **Smirgel**, der sich in krystallinischen Massen in Kleinasien und in dem Staate Massachusetts findet und der seiner grossen Härte wegen zum Poliren von Metallen und Steinen benutzt wird. In diesem wasserfreien und krystallinischen Zu-

den mit einer Glasur überzogen, die man aus glasartigen Substanzen herstellt, die nur in der stärksten Glühhitze schmelzen.

stande erscheint die Thonerde als eine Substanz, die Reagentien gegenüber ausserordentlich widerstandsfähig ist und weder durch Lösungen der Aetzalkalien, noch durch starke Säuren gelöst wird. Nur durch Schmelzen mit Alkalien kann sie in Lösung gebracht werden [19]). Künstlich lässt sich die krystallisirte Thonerde durch Glühen ihres Hydrats und Schmelzen im Knallgasgebläse darstellen; setzt man hierbei verschiedene Oxyde zu, so kann man durchsichtige und gefärbte, sich durch ihre Härte· auszeichnende Massen erhalten, welche in vielen Beziehungen der natürlichen Thonerde ähnlich sind [20]).

Auch in Verbindung mit Wasser findet sich die Thonerde in der Natur, z. B. (jedoch selten) als Hydrargyllit $Al^2O^33H^2O = 2Al(HO)^3$ (vom spez. Gew. 2,3) und als Diaspor $Al^2O^3H^2O=2AlO (HO)$ (vom spez. Gew. 3,4). Weniger reines, mit Eisenoxyd vermischtes Thonerdehydrat findet sich zuweilen in derben Massen (in Baux in Frankreich) als Bauxit $Al^2O^32H^2O=Al^2O(HO)^4$ (vom spez Gew. 2,6). Erhitzt man mit Soda gemengten Bauxit, so entweicht Kohlensäuregas und die Thonerde verbindet sich mit dem Natriumoxyd zu einem salzähnlichen Körper, welcher in der Technik in grossem Maassstabe zur Gewinnung von reinen Aluminiumverbindungen dargestellt wird, da der Bauxit in Süden Frankreichs in bedeutenden Mengen vorkommt und die entstehende Verbindung von Aluminiumoxyd mit Natriumoxyd sich in Wasser löst und kein Eisenoxyd enthält. Beim Einwirken von Kohlensäuregas auf die Lösung dieser Verbindung erhält man einen Niederschlag von Aluminiumhydroxyd [21]), aus welchem mittelst Säu-

---

19) Die Bedeutung des einfachen mechanischen Zerkleinerns für die Löslichkeit der Thonerde ergibt sich aus dem Verhalten der natürlich vorkommenden wasserfreien Thonerde, welche, wenn sie durch Schlämmen in ein äusserst feines Pulver übergeführt ist, durch ein Gemisch von konzentrirter Schwefelsäure mit wenig Wasser gelöst werden kann, namentlich beim Erhitzen in einem zugeschmolzenen Rohre auf 200° oder beim Schmelzen mit saurem schwefelsaurem Kalium (Anm. 9 Seite 589).

20) Ueber die Darstellung krystallinischer Thonerde vergl. Seite 602. Beim Erhitzen von Thonerde, die mit der Lösung eines Kobaltsalzes angefeuchtet ist, entsteht das sogenannte Thénard'sche Blau, das in der Praxis als blaue Farbe und in der Analyse zur Unterscheidung der Thonerde von anderen ähnlichen Erden benutzt wird.

21) In den Fabriken wird der Bauxit hauptsächlich zu dem Zwecke verarbeitet, um aus alkalischen Lösungen reine eisenfreie Thonerde darzustellen, da in den Färbereien Aluminiumsalze erforderlich sind, die kein Eisen enthalten. Derselbe Zweck lässt sich, wie es scheint, dadurch erreichen, dass man Thonerde, die Fe^2O^3 enthält, in einem mit Kohlenwasserstoffdämpfen gemischten Chlorstrome erhitzt, da sich hierbei Fe^2Cl^6 verflüchtigt. Nach K. Bayer gehen bei der Behandlung des Bauxits mit Soda auf Al^2O^3 gegen 4NaHO in Lösung und beim Rühren einer solchen Lösung werden (namentlich wenn die Lösung schon ausgefallenes Thonerdehydrat enthält) gegen $^2/_3$ der Thonerde niedergeschlagen, so dass nur Al^2O^3 auf 12NaHO gelöst bleiben. Diese Lösung wird direkt eingedampft und von neuem in Arbeit

ren Aluminiumsalze dargestellt werden können. Setzt man einer
Lösung von schwefelsaurem Aluminium Aetzammon zu, so scheidet
sich ein gallerartiger Niederschlag von Aluminiumhydroxyd aus, der
Anfangs in der Flüssigkeit suspendirt bleibt, jedoch später, wenn
er sich abgesetzt hat, eine gallertartige Masse bildet, deren Aussehen
schon auf die **kolloidalen Eigenschaften des Thonerdehydrats** hinweist.
Für den kolloidalen Zustand sind die folgenden Merkmale charakteristisch: 1-tens. Kolloidale Körper sind im wasserfreien Zustande
in Wasser unlöslich, wie die Thonerde. 2-tens. Im wasserhaltigen
Zustande besitzen sie das Aussehen von in Wasser unlöslicher Gallerte. Endlich 3-tens können sie auch in Lösungen erscheinen, aus
denen sie sich nicht krystallinisch, sondern in gummiähnlichen
Massen ausscheiden. Graham, der zuerst diese kolloidalen Zustände unterschied, führte folgende sehr charakteristische Bezeichnun-
gen ein: die gallertartige Hydratform nannte er **Hydrogel**, d. h. gela-
tinöses Hydrat, und die lösliche Hydratform — **Hydrosol** d. h. lösliches Hydrat. Die Thonerde nimmt diese Zustände leicht und oft an.
Das Hydrogel derselben ist das gallertartige Hydrat, welches, wie
oben angegeben, in Wasser unlöslich ist und wie alle ähnlichen
Hydrogele keine Spur von Krystallisation zeigt; es ändert leicht
viele seiner Eigenschaften, wenn der Wassergehalt ein anderer
wird, und verliert beim Erhitzen alles Wasser, indem es in das
wasserfreie Oxyd übergeht, das ein weisses Pulver bildet. Sowol
Säuren, als auch ätzende Alkalien lösen das Thonerde-Hydrogel.
Man gewinnt es beim Eindampfen seiner Lösungen in solchen wenig
energischen Säuren, wie die flüchtige Essigsäure. Auf diesem Verhalten beruht die Anwendung der Thonerdepräparate in der Technik, namentlich in der Färberei, da das Thonerdehydrogel bei seinem Ausscheiden aus Lösungen viele gelöste Farbstoffe mit in den
Niederschlag reisst, der hierbei die entsprechende Färbung annimmt
und als nicht bleichender Farbstoff auftritt [22]). Thonerdehydrat,

genommen. Beim Erhitzen von Na_2CO_3 mit Bauxit ist die Ausscheidung von CO_2
nur dann vollständig, wenn auf Al_2O_3 nicht weniger als Na_2CO_3 angewandt wird.
Von Vortheil ist es beim Lösen $2NaHO$ zuzusetzen, damit nicht ein Theil der
Thonerde mit dem Eisenoxyd zurückbleibe. Das Hydrat, das aus der alkalischen
Lösung ausgeschieden wird, hat die Zusammensetzung $Al(OH)_3$. Dieses Verhalten
erinnert in Vielem an das des Borsäureanhydrids B_2O_3. Es ist anzunehmen, dass in
der Lösung das Mengenverhältniss zwischen $NaHO$ und Thonerde sich ändert, wenn
die Menge des Wassers geändert wird.
    Setzt man einer alkalischen Thonerdelösung (Natriumaluminat) Kalk zu, so
fällt Calciumaluminat aus, dem Säuren zunächst den Kalk entziehen, während
Thonerdehydrat, das in Säuren leicht löslich ist, zurückbleibt (Löwig). Eine
Lösung von $NaHCO_3$ fällt aus Natriumaluminat ein Doppelsalz des kohlensauren
Alkalis und der Thonerde aus, das sich leicht in Säuren löst.
    22) Solche gefärbte Thonerdeniederschläge werden *Farblacke* (oder Lackfarben)
genannt und zum Färben und Bedrucken von Geweben und auch als selbstständige
Farbsubstanzen zu Oel- und Pastellfarben u. s. w. benutzt. Versetzt man die Lö-

das sich auf Geweben (Tuch, Leinwand u. s. w.) ausscheidet, macht dieselben wasserundurchlässig.

Lösungen von essigsaurer Thonerde werden in Färbereien meist durch Auflösen von Alaun, dem zu diesem Zwecke eine Lösung von essigsauren Blei zugesetzt wird, dargestellt. Hierbei fällt schwefelsaures Blei aus und in Lösung bleibt essigsaure Thonerde im Gemisch mit schwefelsaurem oder essigsaurem Kalium, je nach der Menge des zugesetzten essigsauren Bleis. Die vollständige Zersetzung entspricht der Gleichung: $KAl(SO^4)^2 + 2Pb(C^2H^3O^2)^2 = KC^2H^3O^2 + Al(C^2H^3O^2)^3 + 2PbSO^4$; die unvollständige: $2KAl(SO^4)^2 + 3Pb(C^2H^3O^2)^2 = 2Al(C^2H^3O^2)^3 + K^2SO^4 + 3PbSO^4$ [23]). Dampft man die erhaltene Lösung von essigsaurer Thonerde ein oder kocht sie, so verflüchtigt sich die Essigsäure und es scheidet sich Thonerde-hydrogel aus.

---

sung irgend eines Aluminiumsalzes erst mit einem organischen Farbstoff, z. B. Campecheholzextrakt, Krapplösung u. dgl., und dann zum Ausfällen der Thonerde mit einem Alkali, so gehen in den Thonerdeniederschlag auch die Farbstoffe über, die an und für sich in Wasser löslich sind. Die Thonerde kann mit Farbstoffen Verbindungen eingehen, die durch Wasser nicht zersetzt werden; der Farbstoff wird unlöslich. Wenn man ein Gemisch von essigsaurer Thonerde mit Stärkekleister mittelst besonderer Zeugdruckformen auf ein Gewebe aufträgt, welches man dann erwärmt, so bildet sich aus dem essigsauren Salze Thonerdehydrogel, das den Farbstoff bindet, so dass dieser vom Gewebe nicht mehr abgewaschen werden kann, d. h. man erhält eine (waschechte) Farbe, die (beim Waschen) nicht ausbleicht. Um ein Gewebe in seiner ganzen Masse zu färben, durchtränkt man es zunächst mit einer Lösung von essigsaurer Thonerde und trocknet es dann; hierbei verflüchtigt sich die Essigsäure, während das Thonerdehydrogel an den Fasern des Gewebes haften bleibt. Taucht man das Gewebe nun in eine Farbstofflösung, so wird der Farbstoff von der das Gewebe bedeckenden Thonerde zurückgehalten. Wenn man von verschiedenen Stellen des Gewebes die daran haftende Thonerde vorher entfernt, und zwar mit Hilfe von Säuren, z. B. Wein-, Oxal-, Citronen- und ähnlichen nicht flüchtigen Säuren, welche die Thonerde lösen, so kann an diesen Stellen der Farbstoff nicht haften bleiben und er wird daher beim Auswaschen des Gewebes entfernt. Auf diese Weise lassen sich auf gefärbten Geweben weisse Zeichnungen auftragen.

23) Diese Darstellungsmethode ist ökonomisch unvortheilhaft, denn das in der Lösung bleibende Kaliumsalz geht mit den Waschwassern verloren, während das den Niederschlag bildende schwefelsaure Blei keine entsprechende Verwendung findet; in den Färbereien behält man diese Methode hauptsächlich desswegen bei, weil sowol der Alaun, als auch der Bleizucker gut krystallisiren, so dass die Reinheit derselben schon nach ihrem Aussehen beurtheilt werden kann.

In der Färberei können aber nur sehr reine Materialien benutzt werden, denn durch Beimengungen, z. B. selbst sehr geringer Mengen von Eisen, nehmen die Farben andere Töne an; die rothe Krappfarbe z. B. erhält durch beigemengtes Eisenoxyd einen violetten Ton. Das Thonerdehydrat löst sich in ätzenden Alkalien, das Eisenoxydhydrat dagegen nicht. Daher wendet man in der Färberei das lösliche *Natriumaluminat* an, das wie oben angegeben, aus dem Bauxit dargestellt wird. Eine andere direkte Darstellungsmethode reiner Aluminiumverbindungen besteht in der Verarbeitung des *Kryoliths*, einer Verbindung von Fluoraluminium mit Fluornatrium $AlNa^3F^6$. Dieses Mineral, das sich in Grönland (und auch im Uralgebirge)

Das **Hydrosol** der Thonerde, d. h. das in Wasser lösliche Thonerdehydrat ist schwerer darzustellen [24]). Graham erhielt dasselbe
aus einer Lösung von Thonerdehydrogel in Salzsäure, d. h. aus
einer Aluminiumchlorid-Lösung, welche die Fähigkeit besitzt das
Hydrogel zu lösen, wobei ein basisches Salz wahrscheinlich von
der Zusammensetzung: $Al(HO)Cl^2$ oder $Al(HO)^2Cl$ entsteht. Unterwirft man eine solche Lösung der Dialyse, so diffundirt bei starker Verdünnung durch die Membran des Dialysators [25]) nur Salzsäure, während die Thonerde als Hydrosol in Lösung bleibt. Die
erhaltene Lösung geht selbst bei einem Gehalte von zwei oder drei
Procent Thonerde leicht in das Hydrogel über; schon beim Ausgiessen in ein anderes Gefäss, das vorher nicht ausgewachen war,
erstarrt die ganze Masse zu einer Gallerte. Wenn aber die Lösung so weit verdünnt wird, dass sie nicht mehr als einen halben Procent Thonerde enthält, so lässt sie sich sogar kochen, ohne
dass ein Gerinnen stattfindet. Nach Verlauf von mehreren Tagen

findet, wird zerkleinert und in Flammenöfen mit Kalk geglüht: $AlNa^3F^6 + 3CaO$
$= 3CaF + AlNa^3O^3$. Beim Auslaugen der erhaltenen Masse mit Wasser geht das
Natriumaluminat in Lösung, während das Fluorcalcium zurückbleibt. Alle Aluminiumsalze geben beim Einwirken von ätzenden Alkalien im Ueberschuss ein lösliches Aluminat, das kein Eisenoxyd enthält. Lässt man auf die erhaltene Aluminat-
lösung Salmiak einwirken, so fällt Thonerdehydrogel aus: $Al(OH)^3 + 3NaOH$
$+ 3NH^4Cl = Al(OH)^3 + 3NaCl + 3NH^4OH$. An Stelle des Aetznatrons erhält man
in der Lösung freies Ammoniak, in welchem die Thonerde unlöslich ist, infolge
dessen sie als Hydrogel ausfällt.

24) Crum stellte zunächst eine Lösung von basisch essigsaurer Thonerde dar,
d. h. eine Lösung, die einen möglichst grossen Ueberschuss an Aluminiumhydroxyd
und möglichst wenig Essigsäure enthielt. Wenn eine solche Lösung, die aber nicht
mehr als einen Theil Thonerde auf 200 Theile Wasser enthalten darf, in einem
zugeschmolzenen Gefässe (damit die Essigsäure nicht verdampfe) bis zur Siedetemperatur des Wassers anderthalb bis zwei Tage hindurch erwärmt wird, so verliert sie, obgleich ihr Aussehen unverändert bleibt, den adstringirenden Geschmack,
der allen Lösungen der Aluminiumsalze eigen ist, und zeigt den sauren Geschmack
des Essigs. Die Lösung enthält dann kein essigsaures Salz mehr, sondern Essigsäure und Thonerdehydrosol, welche mit einander nicht mehr verbunden sind und
daher getrennt werden können. Die Essigsäure entweicht allmählich, wenn man die
Lösung in flachen Gefässen bei Zimmertemperatur verdunsten lässt. Verdünnt man
mit Wasser, so lässt sich die Essigsäure sogar durch Erwärmen der Lösung ver-
treiben, ohne dass die Thonerde ausfällt. Nach Vertreibung der Essigsäure, wenn
die entweichenden Dämpfe nicht mehr sauer reagiren, erhält man eine Lösung von
Thonerdehydrosol, die vollkommen geschmacklos ist und auf Lackmus nicht einwirkt. Wird die Lösung auf dem Wasserbade vollständig eingedampft, so lässt sie
ein nichtkrystallinisches, gummiartiges Hydrat von der Zusammensetzung $Al^2H^4O^5$
$= Al^2O^3 2H^2O$ zurück. Das Hydrosol der Thonerde wird durch die geringste Menge
eines Alkalis, sowie auch vieler Säuren und Salze (z. B. Schwefelsäure und
schwefelsaure Salze) in das Hydrogel übergeführt, d. h. das Thonerdehydrat geht
aus dem löslichen in den unlöslichen Zustand über,—es gerinnt. Gegenwärtig sind,
ausser der Thonerdehydratlösung, viele ähnliche kolloidale Lösungen bekannt (vergl.
Anm. 57, Seite 111).

25) Ein Dialysator ist auf Seite 73 Anm. 18 beschrieben.

scheidet übrigens sogar diese verdünnte Lösung von selbst Thonerdehydrogel aus. Die bemerkenswertheste Eigenschaft der von Graham erhaltenen Lösung besteht darin, dass sie auf Lackmuspapier
gerinnt und einen blauen ringförmigen Flecken darauf hervor-
bringt, was auf den alkalischen, d. h. basischen Charakter der
Thonerde in der Lösung hinweist. Ersetzt man im Dialysator das
basische Chlorwasserstoffsalz durch das entsprechende essigsaure
Salz, so erhält man ein Thonerdehydrosol, das auf Lackmus nicht
einwirkt.

Die verschiedenen Zustände, in welchen die Thonerdehydrate
auftreten und dargestellt werden, sind denen der Oxyde des Eisens
und Chroms, der Molybdän- und Wolframsäure, sowie der Phos-
phor- und Molybdänsäure, vieler Schwefelmetalle, der Eiweissstoffe
und and. analog; wir werden daher weiter unten hierauf noch
öfters zurückkommen.

In Bezug auf die Thonerde als Base ist es besonders wichtig
zu bemerken, dass sie nicht nur die Fähigkeit besitzt, mit anderen Basen in Verbindung zu treten, [26]) sondern dass sie auch,—
jedoch nicht mit schwachen flüchtigen Säuren (wie CO^2, Cl^2O),—Salze
bildet, die leicht durch Wasser zersetzt werden, namentlich beim
Erwärmen; [27]) sodann bildet sie auch Doppelsalze und basische
Salze, [28]) so dass sie als ein deutliches **Beispiel schwacher Basen**

---

26) Verbindungen der Thonerde mit Basen (Aluminate, vergl. Anm. 21) finden
sich in der Natur, z. B.: Spinell $MgOAl^2O^3 = MgAl^2O^4$, Chrysoberyll $BeAl^2O^4$
und andere. Eine analoge Verbindung ist der Magneteisenstein $FeOFe^2O^3 = Fe^3O^4$.
Es sind dies offenbar, ebenso wie die Lösungen und Legirungen, Verbindungen,
welche durch eine ‹Aehnlichkeit› bedingt werden und den Uebergang von den sogenannten Lösungen und Gemischen zum Typus der wahren Salze bilden. Durch
diese Betrachtungsweise, welche ich seit Langem durchzuführen suche, lassen sich
viele chemische Beziehungen aufklären.

27) Nicht nur die essigsaure Thonerde, sondern alle anderen Thonerdesalze mit
flüchtigen Säuren werden beim Erwärmen ihrer wässrigen Lösungen durch das
Wasser zersetzt, wobei die Säure ausgeschieden wird. Durch Auflösen von Thonerdehydrat in Salpetersäure lässt sich leicht die ausgezeichnet krystallisirende *salpetersaure Thonerde* $Al(NO^3)^3 9H^2O$ erhalten, welche bei 73° ohne Zersetzung
schmilzt (Ordway), bei 100° in das basische Salz $2Al^2O^3 6HNO^3$ übergeht und bei
140° Thonerdehydrat zurücklässt, das keine Salpetersäure mehr enthält. Aber auch
aus den Lösungen dieses, ebenso wie aus den Lösungen des essigsauren Salzes, kann das
Thonerdehydrat ausgeschieden werden. Es muss also offenbar angenommen werden,
dass in den Lösungen der salpetersauren und essigsauren Thonerde, sowie in den Lösungen ähnlicher Salze sich ein in Dissoziation befindliches Gleichgewichtssystem herstellt, welches aus dem Salze, dessen Säure und Base und aus den Verbindungen derselben mit Wasser, sowie zum Theil auch aus den Wassermolekeln selbst besteht.
Durch solche Beispiele lässt sich eine deutlichere Auffassung über die Begriffe der
Lösungen gewinnen, die ich im 1. Kapitel entwickelt, schon früher durchgeführt
habe und gegenwärtig noch durchführe.

28) Viele Doppelsalze, namentlich der Kieselsäure, z. B, Feldspathe, Glimmer
u. s. w., Kryolith und andere (Anm. 23), sowie auch basische Salze kommen in der
Natur vor und entstehen leicht in zahlreichen Fällen. Von den in der Natur vor-

dienen kann. [29]) Zur Charaksteristik der Thonerde ist noch zuzu-
fügen, dass sie ausser den Verbindungen vom Typus AlX^3, auch
Verbindungen vom polymeren Typus Al^2X^6 bildet, selbst dann,
wenn X ein einfaches einwerthiges Halogen z. B. Chlor darstellt.
Deville und Troost zeigten (1857), dass die Dichte der Aluminium-
chlorid-Dämpfe (bei etwa 400°) im Verhältniss zu Luft 9,37 beträgt, also im Verhältniss zu Wasserstoff gegen 135; folglich
entspricht dem Molekulargewicht des Aluminiumchlorids [30]) die

kommenden basischen Salzen erwähne ich den *Alunit* oder Alaunstein (vom spezif.
Gew. 2,6), der zuweilen in Krystallen, öfters aber in faserigen Massen angetroffen
wird. Ein bekannter Fundort des Alunits Tolfa bei Civita Vecchia, sodann
findet er sich in grossen Massen in Transkaukasien. Seiner Zusammensetzung entspricht die Formel $K^2O3Al^2O^34SO^36H^2O$ (der Löwigit enthält $9H^2O$). Durch Wasser,
in dem er unlöslich ist, wird der Alunit nicht zersetzt; wenn er jedoch vorher
schwach erhitzt worden war, so wird ihm durch Wasser Alaun entzogen. Künstlich
erhält man den Alunit durch Erhitzen eines Gemisches von Alaun mit schwefelsaurer
Thonerde in einem zugeschmolzenen Rohre auf 230°.

29) Da die kolloidalen Eigenschaften mit besonderer Schärfe gerade in solchen
Oxyden zum Vorschein kommen, welche (wie das Wasser) die Eigenschaften schwacher Basen und schwacher Säuren besitzen (Al^2O^3, SiO^2, MoO^3, SnO^2 und ähnl.),
so ist es wahrscheinlich, dass dieses Zusammenfallen in einem ursächlichen Zusammenhang steht, und zwar um so mehr, als auch unter den organischen Substanzen
Leim, Eiweiss und ähnliche Repräsentanten der Kolloide gleichfalls die Eigenschaft
besitzen, mit Basen und mit Säuren in Verbindung zu treten.

30) Nach Deville ist die Frage über die Dampfdichte des Aluminiumchlorids
vielfachen Untersuchungen unterworfen worden, namentlich von Nilson und Pettersson, von Friedel und Crafts und von V. Meyer und seinen Mitarbeitern. Hierbei
hat es sich allgemein heraugestellt, dass bei niederen Temperaturen (bis zu 440°)
die Dichte konstant ist und auf die Molekel Al^2Cl^6 hinweist und dass bei höheren
Temperaturen wahrscheinlich (was aber noch nicht mit Bestimmtheit behauptet
werden kann) eine Depolymerisation eintritt und die Molekeln $AlCl^3$ entstehen. Es
existiren aber noch bis jetzt Meinungsverschiedenheiten über die Dampfdichte des
Aluminiumäthyls und Aluminiummethyls, indem den Molekeln des letzteren z. B.
sowol die Formel $Al(CH^3)^3$ als auch $Al^2(CH^3)^6$ zugeschrieben wird. Das Interesse
dieser Untersuchungen gipfelt in der Frage über die Werthigkeit des Aluminiums,
wenn man von der Ansicht ausgeht (mit der der Verfasser des vorliegenden Werkes
durchaus nicht einverstanden ist), dass die Elemente in ihren entsprechenden Verbindungen eine konstante und streng bestimmte Werthigkeit besitzen. Auf Grund
dieser Ansicht würden die Molekeln $AlCl^3$ und $Al(CH^3)^3$ beweisen, dass Al dreiwerthig
ist und dass folglich den Aluminiumverbindungen die Formen $Al(OH)^3$, AlO^3Al oder
überhaupt AlX^3 zukommen. Das Vorhandensein der Molekeln Al^2Cl^6 aber würde—
nach der Lehre von der Werthigkeit der Elemente — dem Begriffe der Dreiwerthigkeit
des Al widersprechen, welches dann als ein vierwerthiges Element, wie der Kohlenstoff, anzusehen wäre, indem man Al^2Cl^6 dem Aethane $C^2H^6 = CH^3CH^3$ gleich setzen
müsste, wobei es aber unerklärlich bliebe, warum Al nicht $AlCl^4$ und überhaupt
AlX^4 bildet. In dem vorliegenden Werke führe ich eine andere Ansicht durch,
nach welcher, — trotzdem das Aluminium als ein Element der III-ten Gruppe Verbindungen vom Typus AlX^3 bildet—, die Möglichkeit nicht ausgeschlossen ist, dass
diese Molekeln mit anderen und folglich auch mit einander in Verbindung treten,
d. h. die Bildung von Al^2X^6 ist analog dem Auftreten der Molekeln einwerthiger
Elemente als H^2 oder Na^2 und zweiwerthiger Elemente als Zn oder S^2 oder gar als S^6.
Die Frage ob das Quecksilber in Dampfform ein- oder zweiwerthig ist oder ob es HgX

Formel Al^2Cl^6 und nicht $AlCl^3$, obgleich die Chloride des Bors, Arsens und Antimons, welche Oxyde von derselben Zusammensetzung R^2O^3 bilden, als nicht polymerisirte Molekeln BCl^3, $AsCl^3$ und $SbCl^3$ auftreten [31]). Diese Polymerisation der Form AlX^3 steht im Zusammenhange mit der Fähigkeit der Aluminiumsalze sich leicht mit anderen Salzen zu Doppelsalzen und mit dem Thonerdehydrate selbst zu basischen Salzen zu verbinden.

oder HgX^2 entspricht, wäre sonderbar. Offenbar ist weder das eine noch das andere der Fall. Zunächst ist in Betracht zu ziehen, dass durch die Grenzform die Fähigkeit, in Verbindungen zu treten, nicht vollständig, sondern nur in Bezug auf dieselben X erschöpft wird, denn eine Grenzverbindung kann sich immer noch mit *ganzen Molekeln* verbinden, was am besten durch die Bildung von krystallinischen Verbindungen mit Wasser, Ammoniak u. s. w. bewiesen wird. Bei einigen Körpern ist diese Fähigkeit zur Bildung weiterer Verbindungen nur wenig entwickelt (z. B. bei CCl^4), bei anderen dagegen kommt sie deutlicher zum Vorschein. AlX^3 verbindet sich mit vielen anderen Molekeln. Wenn eine Grenzform, die sich mit weiteren X nicht mehr verbindet, dennoch mit anderen ganzen Molekeln in Verbindung tritt, so wird sie natürlich in gewissen Fällen sich auch mit sich selbst verbinden können, sich also polymerisiren. Hierbei muss man sich offenbar vorstellen, dass dieselben Kräfte, welche die Bindung zwischen S^2 und Cl^2 oder zwischen C^2H^4 und Cl^2 u. s. w. bedingen, auch die Bindung zwischen gleichartigen Molekeln bedingen werden. Dieser Vorstellung nach kann man daher die **Polymerisation** nicht mehr als eine getrennte oder isolirte Erscheinung betrachten und die chemischen Verbindungen, welche durch die ‹Aehnlichkeit› bedingt werden, erhalten ein besonderes und wichtiges Interesse. Demgemäss lässt sich also in Bezug auf die Aluminiumverbindungen die Folgerung ziehen, dass sie dem Typus AlX^3 entsprechen, wie die Borverbindungen BX^3, dass aber diese Grenzformen noch weiter in Verbindung treten können zu AlX^3RZ; ein solcher Körper ist das Aluminiumchlorid: $(AlX^3)^2$. Beim Bor ist diese Fähigkeit zu weiteren Verbindungen in BCl^3 weniger entwickelt; daher erscheint auch das Borchlorid als BCl^3 und nicht als $(BCl^3)^2$. Das Aluminiumchlorid verbindet sich mit vielen anderen Chloranhydriden, (vergl. weiter unten). Polymerisation erfolgt nicht nur in dem Falle, wenn ein Körper als ungesättigt erscheint (obgleich sie hierbei wahrscheinlicher ist), sondern auch dann, wenn die Grenzform vorliegt, jedoch unter der Bedingung, dass letzterer die Fähigkeit zukommt, sich mit anderen ganzen Molekeln zu verbinden. Man kann daher den Schluss ziehen, dass das Aluminium, ebenso wie das Bor, dreiwerthig ist, wenn Li und Na einwerthig, Mg zwei- und C vierwerthig sind. Es liegt also durchaus kein Grund zu der Annahme vor, dass das Aluminium paare Verbindungen AlX^4 bilden kann, um auf diese Weise die Existenz der Molekeln Al^2Cl^6 zu beweisen. Die gleichzeitige Existenz der Molekeln Al^2Cl^6 und AlX^3. und vielleicht auch $AlCl^3$, ist als ein Hinweis darauf anzusehen, dass die Lehre, nach welcher die Werthigkeit der Elemente als eine ihrer Grundeigenschaften angesehen wird, nicht allen Anforderungen genügt (Anm. 31). Ausserdem liegen viele Gründe zu der Annahme vor, dass die empirischen Formeln AlF^3, Al^2O^3 u. s. w. das Molekulargewicht dieser Verbindungen nicht zum Ausdruck bringen, sondern dass dasselbe viel höher ist: Al^nF^{3n}, $Al^{2n}O^{3n}$.

31) Für das Gallium, das nächste Analogon des Aluminiums, zog bereits Lecoq de Boisbaudran (1880) die Folgerung, die durch alle weiteren Bestimmungen bestätigt wurde, dass bei niederen Temperaturen und erhöhtem Drucke die Molekel des Galliumchlorids aus Ga^2Cl^6 besteht und dass bei höheren Temperaturen und verringertem Drucke diese Molekel in $GaCl^3$ dissoziirt. Nach den Beobachtungen der in Anm. 30 genannten Forscher tritt das Indium als Chlorid, wie es scheint, direkt in der einfachsten Form $InCl^3$ auf, ohne dass Polymerisation erfolgt.

Die schwefelsaure Thonerde $Al^2(SO^4)^3$ (Aluminiumsulfat), welche man beim Behandeln von Thon oder Thonerdehydraten mit Schwefelsäure erhält, krystallisirt in der Kälte mit $27H^2O$ und erscheint bei gewöhnlicher Temperatur in fettig anzufühlenden Krystallen mit Perlmutterglanz, die $16H^2O$ enthalten [32]). Ihre Lösungen wirken wie Schwefelsäure, scheiden z. B. mit Zn Wasserstoff aus, wobei basische Salze entstehen, welche auch in der Natur angetroffen werden (Aluminit $Al^2O^3SO^39H^2O$, Alumian $Al^2O^32SO^3$ und and.) und durch Zersetzen des neutralen Salzes, oder direktes Auflösen des Hydrats im neutralen Salze gewonnen werden können. Der verschiedenen Zusammensetzung dieser basischen Salze entspricht die Formel: $(Al^2O^3)^nSO^3)^m(H^2O)^9$, in der $\frac{m}{n}$ kleiner als 3 ist. Mit den Lösungen der schwefelsauren Salze der Alkalimetalle (K, Na, NH⁴, Rb, Cs) bildet die neutrale schwefelsaure Thonerde leicht Doppelsalze, welche **Alaune** genannt werden. Die Krystalle des gewöhnlichen Alauns z. B. entsprechen der Zusammensetzung $KAl(SO^4)^212H^2O$ oder $K^2SO^4Al^2(SO^4)^324H^2O$. Im Ammoniumalaun (der beim Erhitzen Al^2O^3 zurücklässt) ist das Kalium durch die Ammoniumgruppe (NH⁴) ersetzt. Die Alaune werden sehr häufig angewandt, weil es wol schwerlich andere so gut und leicht krystallisirende Salze gibt. Infolge des bedeutenden Unterschiedes in der Löslichkeit bei gewöhnlicher Temperatur und beim Erwärmen kann sowol Kalium-, als auch Ammoniumalaun leicht gereinigt werden. Bei schnellem Ausfallen scheidet sich der Alaun in feinen Krystallen aus, bei langsamem dagegen, wie dies besonders in grossen Massen, z. B. in Fabriken stattfindet, bilden sich zuweilen Krystalle von mehreren Centimetern Länge. Der Natriumalaun, der sich bedeutend leichter löst und schwerer krystallisirt, lässt sich daher nicht so bequem von seinen Beimengungen trennen. In 100 Theilen Wasser lösen sich bei 0^0 3 Th. bei 30^0 22 Th. bei 70^0 90 Th. und bei 100^0 357 Th. Kaliumalaun [33]). Die Löslichkeit des Ammoniumalauns ist etwas geringer. Das spezifische Gewicht des Kaliumalauns ist $= 1,74$, des Ammoniumalauns $= 1,63$ und des Natriumalauns $= 1,60$. Die Alaune verlieren leicht ihr Krystallisations-

---

32) Die reine schwefelsaure Thonerde (mit $16H^2O$) ist nicht hygroskopisch. In Gegenwart von Beimengungen steigt der Wassergehalt auf $18H^2O$ und das Salz wird hygroskopisch.

33) Die gewöhnliche krystallinische Form des Alauns ist die oktaëdrische, wenn aber eine Alaunlösung einen geringen Ueberschuss an Thonerde — mehr als $2Al(OH)^3$ auf K^2SO^4 — und an Schwefelsäure nicht mehr als $3H^2SO^4$ auf $2Al(OH)^3$ enthält, so scheidet sich der sogen *kubische Alaun* aus, dessen Krystalle eine Kombination von Würfel und Oktaëder darstellen. Der kubische Alaun wird besonders in den Färbereien geschätzt, weil er eisenfreie Lösungen gibt, denn das Eisenoxyd fällt vor der Thonerde aus, so dass bei einem Ueberschuss der letzteren kein Eisenoxyd in die Lösung geht. Früher kam der kubische Alaun ausschliesslich aus Italien, wo er aus dem Alunite gewonnen wird (vergl. Anm. 28).

wasser, der Kaliumalaun z. B. verwittert an der Luft und verliert unter dem Rezipienten der Luftpumpe $9H^2O$. Leitet man bei 100° trockene Luft über Alaun, so entweicht fast alles Wasser. An den Alaunen lässt sich, wie bereits (im 15-ten Kap.) ausgeführt wurde, deutlicher, als an irgend einem anderen Salze, das Gesetz der isomorphen Substitutionen beobachten. Alle Alaune enthalten die gleiche Menge Krystallisationswasser: $MR(SO^4)^2 12H^2O$, wo $M=K$, NH^4, Na und $R=Al$, Fe, Cr ist, erscheinen in Krystallen desselben Systems und bilden alle möglichen isomorphen Gemische. Das Aluminiumoxyd kann in den Alaunen durch die Oxyde des Eisens, Chroms, Indiums und theilweise auch durch andere ersetzt werden, das Kalium durch Natrium, Rubidium, Ammonium und Thallium und an die Stelle der Schwefelsäure können Selen- und Chromsäure treten.

Das **Chloraluminium** Al^2Cl^6 (Aluminiumchlorid) erhält man, wie auch andere ähnliche Metallchloride (z. B. $MgCl^2$), entweder direkt aus Chlor und Aluminium oder durch Erhitzen eines innigen Gemisches von amorpher wasserfreier Thonerde mit Kohle in einem trocknen Chlorstrome. Das hierbei entstehende Sublimat ist sehr flüchtig [34]) und bildet eine krystallinische, leicht schmelzende Masse, die an der Luft zerfliesst und sich in Wasser unter bedeutender Wärmeentwickelung löst. In dieser Beziehung zeigt das Aluminiumchlorid eine Analogie mit den Chloranhydriden; in seiner wässrigen Lösung erscheinen die Elemente der Salzsäure wahrscheinlich schon isolirt von dem Aluminiumhydroxyde, wenigstens zum grössten Theile. Bei überschüssiger starker Salzsäure erhält man übrigens, auch nach dem Erhitzen in einem zugeschmolzenen Rohre, beim Abkühlen Krystalle von der Zusammensetzung $AlCl^3 6H^2O$; folglich verbindet sich das Aluminiumchlorid mit Wasser und wird durch dasselbe auch zersetzt. Die Fähigkeit des Typus AlX^3, mit anderen Molekeln in Verbindung zu treten, ergibt sich aus dem Verhalten des $AlCl^3$, das sich mit vielen anderen Chloriden verbindet; aus einem Gemisch von Aluminiumchlorid mit Chlorschwefel z. B. entsteht beim Einwirken von Chlor die Verbindung $Al^2Cl^6 SCl^4$ und mit Phosphorpentachlorid $AlCl^3 PCl^5$. Auch mit NOCl verbindet sich Aluminiumchlorid. In alle diese Verbindungen geht aber nicht Al^2Cl^6 sondern allem Anscheine nach $AlCl^3$ ein. Dargestellt sind die Verbindungen: $AlCl^3 NOCl$, $AlCl^3 POCl^3$, $AlCl^3 3NH^3$, $AlCl^3 KCl$ und $AlCl^3 NaCl$ [35]). Die Verbindung des Chloraluminiums mit Chlornatri-

---

34) Das Aluminiumchlorid schmilzt bei 178° und siedet bei 183° (unter einem Druck von 755 mm., bei 168° unter 250 mm. und bei 213° unter 2278 mm.) nach Friedel und Crafts.

35) Diese Verbindungen bestätigen die in der 30-ten Anmerkung entwickelte Ansicht. Zur weiteren Bestätigung der Fähigkeit der Thonerde in komplizirte Verbindungen einzugehen will ich noch folgendes Beispiel anführen. Befeuchtet man

um, $AlNaCl^4$, ist leicht schmelzbar und an der Luft viel beständiger als das Chloraluminium selbst. Das **Aluminiumbromid**, das durch direkte Vereinigung von metallischem Aluminium mit Brom entsteht, ist dem Aluminiumchlorid vollkommen analog; es schmilzt bei 90^0, verflüchtigt sich bei 270^0 und bildet Dämpfe, deren Dichte der Formel Al^2Br^6 entspricht. Das *Aluminiumjodid* erhält man beim Erwärmen von Jod mit gepulvertem Aluminium; durch Sauerstoff wird es leicht zersetzt, so dass seine Dämpfe im Gemisch mit diesem Gase zu Explosionen Veranlassung geben können [36]).

Thonerde mit einer Chlorcalcium-Lösung und erhitzt sie dann, so erhält man eine wasserfreie krystallinische Verbindung (in Tetraëdern), die in Säuren löslich ist und aus $(Al^2O^3)^2(CaO)^{10}CaCl^2$ besteht. Selbst Thon bildet eine ähnliche, steinharte Substanz, welche in der Praxis Anwendung finden kann.

Von den komplizirteren Thonerdeverbindungen ist zunächst das **Ultramarin** oder der **Lazurstein** zu nennen, welcher in der Nähe des Baikal-Sees natürlich vorkommt und theils in farblosen, theils in verschieden gefärbten—grünen, blauen und violetten—Krystallen auftritt. Beim Erhitzen nimmt das Ultramarin eine schöne blaue Farbe an und wird dann (analog dem Malachite) zu Schmuckgegenständen und als Farbstoff benutzt. Gegenwärtig wird das Ultramin künstlich in grossen Mengen in Fabriken dargestellt. Diese Darstellung gehört zu den wichtigen Errungenschaften der Chemie, denn es waren zahlreiche wissenschaftlichen Untersuchungen zur Aufklärung der blauen Färbung des natürlichen Ultramarins angestellt worden, deren Resultat dann die Möglichkeit der Fabrikation dieses Naturproduktes ergab. Besonders charakteristisch ist das Verhalten des Ultramarins zu Säuren, bei deren Einwirkung es unter Entwickelung von Schwefelwasserstoff farblos wird. Offenbar wird also die blaue Farbe des Ultramarins durch einen Gehalt an Schwefelverbindungen bedingt. Wenn Thon mit Natriumsulfat und Kohle ohne Luftzutritt erhitzt wird (wobei Schwefelnatrium entsteht), so erhält man eine braune Masse, welche beim Erhitzen an der Luft grün wird; beim Behandeln dieser Masse mit Wasser bildet sich das sogenannte weisse Ultramarin, welches beim Erhitzen an der Luft Sauerstoff aufnimmt und blau wird. Die Ursache der Färbung schreibt man einem Gehalt an Metallsulfiden oder Polysulfiden zu; am wahrscheinlichsten ist es jedoch, dass das Ultramarin Schwefelsilicium oder dessen Sulfoxyd SiOS enthält. Jedenfalls kommt hier den Schwefelverbindungen eine wichtige Rolle zu, doch ist die Frage noch nicht genügend aufgeklärt. Dem weissen Ultramarin schreibt man die Zusammensetzung $Na^8Al^6Si^6O^{24}S$ zu. Das grüne enthält wahrscheinlich mehr Schwefel, dessen Menge im blauen Ultramarin noch grösser ist: $Na^8Al^6Si^6O^{24}S^3$. Nach Guckelberger (1882) besitzt das blaue Ultramarin wahrscheinlich eine Zusammensetzung, die zwischen $Si^{18}Al^{18}Na^{20}S^6O^{71}$ und $Si^{18}Al^{12}Na^{20}S^6O^{69}$ schwankt. Letztere Formel lässt sich auch durch: $(Al^2O^3)^6(SiO^2)^{18}(Na^2O)^{10}S^6O^5$ ausdrücken, was darauf hinweist, dass das Ultramarin nicht vollständig oxydirten Schwefel enthält.

36) Bei gewöhnlicher Temperatur wird Wasser durch Aluminium nicht zersetzt, wenn aber etwas Jod oder Jodwasserstoff mit Jod oder Aluminiumjodid mit Jod zugesetzt wird, so beginnt eine reichliche Ausscheidung von Wasserstoff. Natürlich geht in letzterem Falle die Reaktion auf Kosten der Bildung von Al^2J^6 vor sich, welches mit Wasser Thonerdehydrat und HJ bildet; die Wasserstoffentwickelung erfolgt dann infolge der Einwirkung des entstandenen Jodwasserstoffs auf Al. Das Aluminium gehört wahrscheinlich zu den Metallen, die eine grössere Affinität zum Sauerstoff, als zu den Halogenen besitzen (Kap. 11. Anm. 13).

Alle Halogenverbindungen des Aluminiums sind mit Ausnahme des **Fluoraluminiums** AlF^3 (Al^nF^{3n}) in Wasser löslich. Beim Auflösen von Thonerde in Flusssäure erhält

Das **metallische Aluminium** ist zum ersten Mal von Wöhler dargestellt worden, welcher die damals begonnene Erforschung der Kohlenstoffverbindungen bedeutend gefördert und die erste Synthese organischer Verbindungen (die des Harnstoffs, vergl. Seite 440) ausgeführt hatte. Wöhler erhielt das Aluminium im Jahre 1822 beim Einwirken von Kalium auf Aluminiumchlorid zunächst in Form eines grauen Pulvers und später (im Jahre 1845) als ein kompaktes, weisses Metall, das sich durch seine Beständigkeit an der Luft und die geringe Einwirkung auf Säuren auszeichnete. Die genauere Erforschung der Darstellungsmethoden dieses Metalles, die in Anbetracht der grossen Verbreitung des Thones höchst wünschenswerth war, wurde von Sainte Claire-Deville, dem durch seine Dissoziationslehre bekannten Forscher, im Jahre 1854 ausgeführt. Nach der von Deville ausgearbeiteten Methode, die auf der Benutzung von metallischem Natrium beruht, wird das Aluminium im Grossen gewonnen und zwar hauptsächlich zur Darstellung von Aluminiumlegirungen, da das Metall selbst nicht alle für die technische Verwendung erforderlichen Eigenschaften besitzt, die man Anfangs erwartet hatte. Salpetersäure wirkt auf Aluminium nicht ein, aber ätzende Alkalien, alkalische Substanzen und selbst Salze, z. B. feuchtes Kochsalz, Schweiss u. s. w. greifen es an, so dass aus Aluminium verfertigte Gegenstände allmählich trübe werden und ihr Aussehen ändern, infolge dessen das Aluminium nicht, wie früher vorausgesetzt wurde, die Edelmetalle ersetzen kann, von denen es sich durch seine grosse Leichtigkeit unterscheidet. Die Legirungen des Aluminiums besitzen dagegen werthvolle Eigenschaften, die vielfache Benutzung gestatten.

Die technische Darstellungsmethode des Aluminiums beruht auf der Zersetzung der oben erwähnten Verbindung des Aluminiumchlorids mit Chlornatrium durch metallisches Natrium. Man erhält diese Verbindung, indem man die Dämpfe von Aluminiumchlorid (das beim Erhitzen eines Gemisches von aus Bauxit oder Kryolith gewonnener Thonerde mit Kohle in einem trocknen Chlorstrom entsteht) über erhitztes Kochsalz leitet. Wenn die Temperatur genügend hoch ist,

---

man das Fluoraluminium (Aluminiumfluorid) zunächst in Lösung, weil dann ein Ueberschuss an Flusssäure vorhanden ist. Aus der Lösung scheiden sich beim Eindampfen Krystalle von der Zusammensetzung $Al^2F^6HFH^2O$ aus, welche gleichfalls in Wasser unlöslich sind. Sättigt man die Lösung mit einer grösseren Menge von Thonerde, so erhält man Krystalle, die der Formel $Al^2F^67H^2O$ entsprechen. Beide Verbindungen lassen beim Erhitzen unlösliches wasserfreies Fluoraluminium zurück, das in farblosen Rhomboëdern vom spezifischen Gewicht 3,1 erscheint, ausserordentlich schwer flüchtig ist und durch Wasserdämpfe in Aluminiumoxyd und Flusssäure zersetzt wird. Die saure Lösung des Fluoraluminiums enthält, wie es scheint, eine Verbindung, der auch Salze entsprechen; denn durch Zusetzen von Fluorkalium z. B. erhält man einen gallertartigen Niederschlag von AlK^3F^6. Eine analoge Verbindung ist der in der Natur vorkommende **Kryolith**, $AlNa^3F^6$, vom spezif. Gewicht 3,0.

so destillirt die Verbindung $AlNaCl^4$ direkt über und lässt sich auf diese Weise in reinem Zustande erhalten. Dieselbe wird im Gemisch mit Kochsalz und Flussspath oder Kryolith mit einem Ueberschuss von Natrium, das in kleinen Stücken zugesetzt wird, erhitzt. In den Fabriken benutzt man dazu besondere Oefen, in denen sich bei geringem Luftzutritt eine hohe Temperatur erreichen lässt. Die Zersetzung erfolgt entsprechend der Gleichung: $NaAlCl^4 + 3Na = 4NaCl + Al$. Weder Kohle, noch Zink wirken auf die Sauerstoffverbindungen des Aluminiums ein, selbst Natrium und Kalium bleiben ohne Einwirkung auf Thonerde [37]).

Das Aluminium besitzt die weisse Farbe des Zinns, d. h. es zeigt im Vergleich mit Silber einen etwas grauen Ton, sein Glanz erinnert an den matten Glanz des Zinns; aber im Vergleich mit Zinn und reinem Silber ist das Aluminium ein sehr hartes Metall. Seine Dichte beträgt 2,67, d. h. es ist fast 4 mal leichter als Silber. Es schmilzt bei beginnender Rothglühhitze (600°) ohne sich hierbei zu oxydiren, so dass es leicht in Formen gegossen werden und auf solche Weise in grossen Massen dargestellt werden kann. An der Luft verändert es sich bei gewöhnlicher Temperatur nicht; in kompakten Stücken kann es durch Erhitzen nur höchst schwierig zum Brennen gebracht werden; in dünnen Platten aber, zu denen es ausgehämmert werden kann, oder als feiner Draht verbrennt es unter Entwickelung eines starken, weissen Lichtes, da es ein unschmelzbares und nicht flüchtiges Oxyd bildet. Das metallische Aluminium ist in der Glühhitze der Oefen nicht flüchtig. Schwache Schwefelsäure wirkt auf Aluminium nicht ein, starke dagegen löst es, namentlich beim Erwärmen. In Salpetersäure, sowol in starker, als auch in verdünnter ist das Aluminium unlöslich. Ausserordentlich leicht löst es sich aber in Salzsäure, sowie in Kali- und Natronlauge; hierbei scheidet sich Wasserstoff aus.

Das Aluminium bildet mit verschiedenen Metallen leicht Legirungen, von denen die mit Kupfer gebildete unter dem Namen **Aluminiumbronze** technisch verwandt wird. Diese Legirung erhält man durch Einbringen von 12 oder 11 Gewichtsprocenten metallischen

---

37) Die erste Fabrik zur Gewinnung von Aluminium wurde in Salindres in der Nähe von Alais (Départ. Gard) im Süden Frankreichs errichtet. Gegenwärtig wird das Aluminium in bedeutenden Mengen in England dargestellt. Es sind bereits zahlreiche Methoden zur Darstellung des Aluminiums und seiner Legirungen mit Kupfer und Eisen aus Kryolith und Thon, namentlich unter Anwendung des galvanischen Stromes versucht worden; indessen erweist sich noch bis jetzt die von Deville angegebene Methode als die vortheilhafteste. Dass Aluminiumlegirungen mit der Zeit die ausgedehnteste Anwendung finden werden, unterliegt keinem Zweifel, und die Fabrikation dieses Metalls muss daher an Ausdehnung gewinnen; dennoch ist schwer anzunehmen, dass das Aluminium so billig werden sollte, um Eisen, Kupfer, Zink und andere Metalle, mit denen es Legirungen bildet, ersetzen zu können.

Aluminiums in geschmolzenes und bis auf Weissgluth erhitztes Kupfer. Hierbei findet eine so bedeutende Wärmeentwickelung statt, dass die Hitze bis zu heller Weissgluth steigt. Die Aluminium-bronze, deren Zusammensetzung beinahe der Formel $AlCu^3$ ent-spricht, bildet eine vollständig homogene Masse, besonders wenn ganz reines Kupfer dazu verwandt wird. Sie füllt beim Giessen die kleinsten Vertiefungen der Formen aus und zeichnet sich durch ihre ausserordentliche Biegsamkeit und Zähigkeit aus, infolge dessen die daraus gegossenen Gegenstände geschmiedet, ausgezogen werden können u. s. w.; gleichzeitig ist diese Legi-rung aber auch feinkörnig und ausserordentlich hart, so dass sie sich gut poliren lässt; von besonderer Wichtigkeit ist es, dass die polirten Flächen an der Luft sich kaum verändern und den Glanz und die Farbe von Goldlegirungen besitzen. Aus der Alu-miniumbronze werden daher verschiedene Gegenstände zum prak-tischen Gebrauch verfertigt — Löffel, Gabeln, Messer, Uhren, Ge-fässe, Verzierungen u. s. w. Nicht minder wichtig ist, dass schon der Zusatz eines Tausendstel Aluminium zu Stahl einen vollkom-men homogenen (keine Höhlungen enthaltenden) Stahlguss bedingt, was durch keine anderen Mittel zu erreichen ist; die Güte des Stahles erleidet durch die Aluminiumbeimengung nicht die geringste Einbusse, im Gegentheil, sie gewinnt sogar. In reinem Zustande wird das Aluminum nur dann angewandt, wenn ein hartes und re-lativ *leichtes* Metall erforderlich ist, z. B. zu Fernrohren und ver-schiedenen physikalischen Apparaten.

Wie nach dem periodischen System der Elemente dem Magne-sium in der II-ten Gruppe die analogen Elemente Zn, Cd und Hg entsprechen, so befinden sich in der III-ten Gruppe, zu der das Aluminium gehört, die dem letzteren entsprechenden Analoga: **Gal-lium, Indium** und **Thallium.** Diese drei Elemente finden sich in der Natur so selten und in so geringen Mengen, dass ihre Entdeckung nur mittelst spektroskopischer Untersuchungen möglich war. Dies weist schon auf ihre theilweise Flüchtigkeit hin, die nach der Eigenschaft ihrer nächsten Nachbarn Zn, Cd und Hg auch a priori zu erwarten war. Sowie bei diesen letz-tern, so nimmt auch beim Ga, In und Tl die Dichte der Me-talle, die Zersetzbarkeit ihrer Verbindungen u. s. w. in dem Maasse zu, wie das Atomgewicht grösser wird. Jedoch trifft man hier eine Eigenthümlichkeit, die der II-ten Gruppe abgeht, in welcher mit der Zunahme des Atomgewichts von Mg zu Cd und Hg die Metalle einen immer niedrigeren Schmelzpunkt aufweisen — das Quecksilber ist sogar eine Flüssigkeit. In der III-ten Gruppe verhält es sich anders. Um dies zu verstehen, muss man die Ele-mente der weiteren Gruppen der unpaaren Reihen in Betracht ziehen, z. B. die der V-ten — P, As, Sb oder der VI-ten — S, Se, Te, sowie auch der VII-ten Gruppe — Cl, Br, J. In allen diesen Gruppen wird mit der Zunahme des Atomgewichts die Schmelzbarkeit geringer, d. h. die einfachen Körper mit hohem Atomgewichte schmelzen schwerer, als die geringeres Atomgewicht besitzenden. Die Repräsentanten der unpaaren Reihen der III-ten Gruppe: Al, Ga, In, Tl, die den Uebergang von der II-ten Gruppe zu den folgenden bilden, zeigen gleichsam ein intermediäres Verhalten. Das am leichtesten schmelzende Metall dieser Gruppe ist Ga, das schon durch die Wärme der Hand zum Schmelzen gebracht wird [38]). Indium und Thallium, vom Aluminium schon ganz abgesehen, schmelzen bei bedeutend höheren Temperaturen.

Nach dem Zink (in der II-ten Gruppe) vom Atomgewicht 65 muss man in der III-ten Gruppe ein Element vom Atomgewichte 69 (ungefähr) erwarten, welches analog dem Aluminium—Verbindungen von der Zusammensetzung R^2O^3, RCl^3, $R^2(SO^4)^3$ u. s. w. bildet. Das Oxyd dieses Elementes muss sich leichter reduziren lassen als die Thonerde, da ZnO leichter als MgO reduzirt wird. Das Oxyd R^2O^3 muss ebenso wie die Thonerde schwache, aber dennoch deutlich basische Eigenschaften besitzen. Dem aus seinen Verbindungen reduzirten Metalle muss ein grösseres Atomvolum als dem Zinke zukommen, da in der 5-ten Reihe vom Zn zum Br das Atomvolum zunimmt. Da das Volum des Zn $= 9,2$ und des As $= 18$ ist, so muss unser Metall ein Atomvolum von etwa 12 besitzen. Dasselbe folgt auch aus der Stellung des Metalles in der III-ten Gruppe zwischen Al und In, denn das Volum des Al ist $= 11$ und das des In $= 14$. Nimmt man das fragliche Atomvolum zu 11,5 an, so wird bei dem Atomgewicht von etwa 69 die Dichte unseres Metalles sich 5,9 nähern. Die grössere Flüchtigkeit des Zn im Vergleich zum Mg lässt sodann voraussetzen, dass das fragliche Metall flüchtiger als Al sein muss, infolge dessen zu erwarten ist, dass es mittelst der Spektratanalyse entdeckt werden kann u. s. w.

Die eben angeführten Eigenschaften schrieb ich im Jahre 1871 dem Analogon des Aluminiums zu, das ich damals zunächst **Ekaaluminium** nannte (vergl. Kap. 15). Im Jahre 1875 entdeckte Lecoq de Boisbaudran, der sich viel mit spektroskopischen Untersuchungen beschäftigte, in der pyrenäischen Zinkblende von Pierrefitte ein neues Metall, dessen Eigenheiten und Unterschiede von

---

38) Dasselbe sehen wir in der IV-ten Gruppe in den unpaaren Reihen, denn das Zinn schmilzt leichter als die anderen dahin gehörenden Elemente. Wie vom Zinn aus im System nach beiden Seiten hin die Schmelztemperatur steigt (Si ist sehr schwer schmelzbar, Ge schmilzt bei 900°, Sn bei 230° und Pb bei 326°), so steigt sie auch in der III-ten Gruppe, wenn man vom Ga ausgeht, denn In schmilzt bei 176°, höher als Ga, aber leichter als Tl (bei 294°) und auch Al schmilzt schwerer als Ga.

Zink, Kadmium, Indium und anderen Begleitern des Zinkes er mit Hilfe der Spektralanalyse feststellte. Er isolirte sodann einige Centigramme des Metalls und beschrieb nur wenige Reaktionen desselben, z. B. die Fällbarkeit des neuen Oxyds aus seinen Salzen durch kohlensaures Baryum (welches bekanntlich auch Thonerde fällt). Lecoq de Boisbaudran nannte das neu entdeckte Metall **Gallium**. Da die Eigenschaften, die er beim Gallium beobachtet hatte, auch dem Ekaaluminium zukommen mussten, so wies ich auf diesen Umstand in den Memoiren der Französischen Akademie der Wissenschaften hin. Alle weiteren Beobachtungen Lecoq de Boisbaudran's bestätigten die Identität der Eigenschaften des Galliums mit denen, die ich dem Ekaaluminium zugeschrieben hatte. Zunächst wurde der Ammonium-Galliumalaun dargestellt und als ein schwer ins Gewicht fallender Beweis stellte es sich heraus, dass die Dichte des Galliums, die Anfangs zu 4,7 bestimmt worden war, nachdem das Metall sorgfältig vom Natrium gereinigt war (das zur Reduktion gedient hatte), gerade dem Werthe 5,9 entsprach, der dem Analogon des Aluminiums — dem Ekaaluminium zukommen musste. Am allerwichtigsten war es aber, dass die Bestimmung der spezifischen Wärme (0,08) die Richtigkeit der erwarteten Werthe für das Aequivalent (23,3) und das Atomgewicht (69,8) bestätigte. Hierdurch wurde zugleich die Allgemeinheit und Anwendbarkeit des periodischen Systems der Elemente bestätigt. Es ist zu bemerken, dass vor Aufstellung desselben keine Mittel vorhanden waren, die es ermöglicht hätten, Eigenschaften voraus zu sagen oder die Existenz noch nicht entdeckter Elemente zu prognostiziren [39]).

Bedeutend vollständiger als das Gallium ist das Element der Aluminiumgruppe untersucht, welches dem Kadmium folgt und im periodischen System der Elemente die Stellung III—7 einnimmt, d. h. sich in der III-ten Gruppe und in der 7-ten Reihe befindet. Es ist dies das **Indium**, welches in geringen Mengen gleichfalls in einigen Zinkerzen vorkommt und welches im Jahre 1863 von Reich und Richter in Freiberg bei der spektroskopischen Untersuchung dortiger Zinkblenden aufgefunden wurde (genauer ist es von Winkler untersucht worden). Den Namen erhielt es von seiner

---

39) Das Spektrum des Galliums wird durch eine helle violette Linie charakterisirt, deren Wellenlänge 417 Millionstel Millimeter beträgt Aus einer Lösung, die ein Gemisch der verschiedenen Metalle der Blende enthält, lässt sich das Gallium auf Grund dessen abscheiden, dass es beim Einwirken von kohlensaurem Natrium in den ersten Portionen ausfällt, dass es ein schwefelsaures Salz bildet. das beim Kochen der Lösung leicht in ein basisches Salz übergeht, und dass es durch den galvanischen Strom als Metall ausgefällt wird. Das Gallium schmilzt bei + 30° und bleibt, nachdem es geschmolzen, lange flüssig. Es oxydirt sich schwer, scheidet mit HCl und KHO Wasserstoff aus und bildet, da es eine schwache Base ist (wie Thonerde, Indiumoxyd), leicht basische Salze; das Galliumhydroxyd löst sich in Kalilauge und (wie die Thonerde) in geringen Mengen auch in Ammoniak.

Eigenschaft, der Gasflamme eine blaue Färbung zu ertheilen und von den indigoblauen Linien, durch welche das Spektrum seiner Verbindungen charakterisirt ist. Das Aequivalent des Indiums beträgt 37,7 und wenn man ihm als Analogon des Aluminiums ein Oxyd von der Zusammensetzung In^2O^3 zuschreibt, so ist sein Atomgewicht $= 3.37,7 = 113,1$ oder etwa 113, d. h. es nähert sich seinem Atomgewicht nach dem Kadmium, $Cd = 112$, ebenso, wie das Al dem Mg. Nimmt man für das Indiumoxyd die Formel In^2O^3 ($In = 113$) an, so entsprechen alle Eigenschaften des Indiums seiner Stellung im System (vergl. Kap. 15). Das Atomgewicht $In = 113$ wird durch die spezifische Wärme des Metalls bestätigt, die gleich 0,057 (nach Bunsen) und 0,055 (nach meinen Bestimmungen) ist, denn das Produkt von 113 mit 0,56 ist $= 6,3$, wie auch bei den anderen Metallen [40]).

Unter den Analogen des Mg befindet sich in der II-ten Gruppe ein schweres Metall, das sich leichter reduziren lässt und zwei Oxydationsstufen bildet, — nämlich das Quecksilber. Diesem entsprechend muss auch unter den Analogen des Al in der III-ten Gruppe ein schwereres, leichter reduzirbares und zwei Oxydationsstufen bildendes Element von einem höheren Atomgewicht als 200 erwartet werden. Ein solches Element ist das Thallium, welches ausser der höheren, wenig beständigen Form Tl^2O^3 oder TlX^3 noch eine niedere TlX bildet, analog den beiden Formen des Quecksilbers HgX^2 und HgX. In der Oxydform Tl^2O^3 erscheint das Thallium als eine wenig energische Base, wie dies nach der Analogie mit Al^2O^3, Ga^2O^3 und In^2O^3 auch voraus zu sehen war; als Thalliumoxydul Tl^2O besitzt es dagegen scharf entwickelte basische Eigenschaften, was sich nach den Eigenschaften der Formen R^2O gleichfalls voraus sehen lässt (Kap. 15). Das Thallium ist im Jahre 1861 von Crookes und Lamy in einigen Schwefelkiesen entdeckt

---

40) Dieses Atomgewicht (113) wird auch durch die von Nilson und Pettersson bestimmte Dampfdichte des $InCl^3$ bestätigt (vergl. Anm. 31).

Die Trennung des Indiums vom Zink und Kadmium, mit denen es immer zusammen vorkommt, beruht darauf, dass das Indiumhydroxyd in Ammoniak unlöslich ist, dass aus den Lösungen von Indiumsalzen durch Zink das Indium ausgeschieden wird (infolge dessen das Indium von Säuren mit dem Zinke gelöst wird) und dass H^2S selbst aus sauren Lösungen Schwefelindium fällt. Das metallische Indium besitzt eine graue Farbe und das spezifische Gewicht 7,42; es schmilzt bei 176°, oxydirt sich an der Luft nicht, geht aber beim Erhitzen zunächst in das schwarze Suboxyd In^4O^3 über, worauf es verdampft und das braune Oxyd In^2O^3 bildet, dessen Salze InX^3 auch beim direkten Einwirken von metallischem Indium auf Säuren unter Entwickelung von Wasserstoff entstehen. Aetzende Alkalien wirken auf das Indium nicht ein; es besitzt also nicht die Fähigkeit des Aluminiums mit Alkalien Verbindungen zu bilden. KHO und NaHO scheiden übrigens aus den Lösungen von Indiumsalzen einen farblosen Niederschlag von Indiumhydroxyd aus, welches in einem Ueberschuss des Alkalis ebenso löslich ist, wie die Hydroxyde des Aluminiums und Zinks. Die Indiumsalze krystallisiren nicht.

worden. Beim Verbrennen solcher Kiese zur Darstellung von Schwefelsäure entstehen, ausser dem Schwefligsäuregase, noch Dämpfe verschiedener Substanzen, welche Schwefel und Selen enthalten und sich in grösserer oder geringerer Menge in den kälteren Röhren und Kammern verdichten und als Schlamm absetzen, während die Gase weiter geleitet werden. Als nach Entdeckung der Spektralanalyse (1860) die verschiedensten Substanzen spektroskopischen Untersuchungen unterworfen wurden, so erwies es sich, dass dieser sogen. Schlamm der Schwefelsäurefabriken ein Element enthält, dessen Spektrum sich durch eine scharf hervortretende **grüne** Linie (Wellenlänge 535 Millionenstel Millimeter) charakterisirt. Diese Linie entsprach keinem der bekannten Elemente und bei weiterem Nachforschen wurde festgestellt, dass sie dem Spektrum des Thalliums angehört [41]).

---

41) Das Thallium ist ferner in einigen Glimmern und in dem seltenen Minerale Crookesit, das Pb, Ag, Tl und Se enthält, aufgefunden worden. Die Trennung beruht darauf, dass das Thallium in Gegenwart von Säuren Oxydulverbindungen TlX bildet, von denen TlCl und Tl^2SO^4 wenig löslich sind. H^2S fällt aus den Lösungen von Thalliumsalzen einen schwarzen Niederschlag von Tl^2S, der in überschüssiger Säure löslich, aber in Schwefelammon unlöslich ist.

Das Thalliumhydroxydul TlOH erhält man am besten, indem man das in Wasser schwer lösliche schwefelsaure Thallium durch die erforderliche Menge von Aetzbaryt zersetzt. Man erhält dann $BaSO^4$ im Niederschlage und TlOH in Lösung. Die Löslichkeit des Thalliumhydroxyduls ist die wichtigste Eigenheit des Thalliums. Das Thalliumoxydul bildet eine Reihe von Salzen vom Typus TlX, welche an die der Alkalimetalle erinnern. Die Thalliumsalze TlX sind farblos, durch ätzende Alkalien und Ammoniak werden sie nicht gefällt, aber kohlensaures Ammonium ruft einen Niederschlag hervor, da Tl^2CO^3 in Wasser schwer löslich ist. Durch Platinchlorid erhält man einen Niederschlag von $PtTl^2Cl^6$, der ganz analog dem Kaliumchloroplatinate ist. Dieses Verhalten, sowie auch der Isomorphismus der Thalliumsalze mit denen des Kaliums, weist wieder darauf hin, wie wichtig die Verbindungsform zur Bestimmung des Charakters einer bestimmten Reihe von Verbindungen ist. Obgleich das Thallium ein grösseres Atomgewicht und eine grössere Dichte, dabei aber ein geringeres Atomvolum, als das Kalium besitzt, so ist dennoch das Thalliumoxydul in sehr vielen Beziehungen dem Kaliumoxyd ähnlich, denn beide Oxyde bilden Verbindungen von ein und derselben Form R^2O und RX. Zu bemerken ist noch, dass das Fluorthallium TlF, ebenso wie $SiTl^2F^6$, sich leicht in Wasser löst, während TlCN schwer löslich ist. Dieses weist zugleich mit der geringen Löslichkeit von TlCl und Tl^2SO^4 auf die Aehnlichkeit der Salze des Thalliums TlX mit denen des Silbers hin.

In der höheren Oxydationsform, in dem *Thalliumoxyde* Tl^2O^3 ist das Thallium dreiwerthig, d. h. es bildet Verbindungen vom Typus TlX^3. Thalliumhydroxyd TlO(OH) entsteht beim Einwirken von Wasserstoffhyperoxyd auf das Oxydul, sowie auch beim Versetzen einer $TlCl^3$-Lösung mit Ammoniak; es bildet ein braunes, in Wasser unlösliches Pulver, das sich leicht in Säuren zu Salzen vom Typus TlX^3 löst. *Thalliumtrichlorid* $TlCl^3$, das man durch vorsichtiges Erwärmen des Metalls in einem Chlorstrome erhält, bildet eine weisse, leicht schmelzbare Masse, die sich in Wasser löst und beim Erhitzen $^2/_3$ ihres Chlors ausscheidet. Aus seiner Lösung in Wasser scheidet sich das Chlorid als ein farbloses, krystallinisches Salz aus, das eine Molekel Wasser enthält. Das Thalliumtrichlorid lässt sich, wie alle

Aus den Lösungen von Thalliumsalzen scheidet sich beim Einwirken des galvanischen Stromes das Metall in Form eines schweren Pulvers aus. Das Thallium zeigt eine dem Zinn ähnliche graue Farbe, ist weich wie Natrium, glänzend und besitzt das spezifische Gewicht 11,8; es schmilzt bei 290⁰ und destillirt bei starkem Erhitzen über. Wird es etwas über seine Schmelztemperatur erhitzt, so verwandelt es sich in das in Wasser unlösliche höhere Oxyd Tl^2O^3, welches ein dunkles Pulver bildet, dem aber meist auch das schwarze niedere Oxyd Tl^2O beigemengt ist. Letzteres — das **Thalliumoxydul** löst sich in Wasser und in Alkohol; die Lösung besitzt eine scharf ausgeprägte alkalische Reaktion. Man erhält das Thalliumoxydul leicht durch Erhitzen seines Hydrats $TlHO$ unter Ausschluss von Luft (denn bei Luftzutritt geht das Oxydul theilweise in das Oxyd über); es schmilzt bei 300⁰. Das **Thalliumhydroxydul** $TlOH$ krystallisirt aus seinen Lösungen mit einem Gehalt von einer Molekel Krystallisationswasser in gelben Prismen, die sich sehr leicht in Wasser lösen; es entsteht aus metallischem Thallium, welches in Gegenwart von Wasser an der Luft Sauerstoff anzieht und in das Hydroxydul übergeht. Wasser wird durch das Thallium nicht zersetzt. Die Gesammtheit aller chemischen und physikalischen Eigenschaften des Thalliums, seine beiden Oxydationsstufen und die diesen entsprechenden Salze finden ihren Ausdruck in der Stellung, die das Thallium seinem Atomgewichte nach, $Tl = 204$ zwischen dem Quecksilber $Hg = 200$ und Blei $Pb = 206$ einnimmt.

Ausser Gallium, Indium und Thallium, welche zu unpaaren Reihen gehören, müssen in der III-ten Gruppe auch in den paaren Reihen Elemente vorhanden sein, die dem Ca, Sr und Ba in der II-ten Gruppe entsprechen. Die Oxyde R^2O^3 dieser Elemente müssen stärkere Basen als die Thonerde sein, denn Ca, Sr, Ba bilden energischere Basen, als Mg, Zn, Cd. Als solche Elemente erscheinen das **Yttrium** und **Ytterbium**, welche nach ihrem Vorkommen im seltenen schwedischen Minerale Gadolinit Gadolinitmetalle genannt werden. Zu diesen gehört auch das zwischen den beiden genannte Metallen stehende **Lanthan**, das im Minerale Cerit zugleich mit **Cer** und **Didym** vorkommt und daher auch zu den Ceritmetallen gerechnet wird. Alle diese Metalle und noch einige andere gleichzeitig vorkommende bilden basische Oxyde von der Zusammensetzung R^2O^3, welche früher durch die Formel RO ausgedrückt wurde. Nach dem periodischen System mussten diese Elemente jedoch in die III-te und IV-te Gruppe gebracht werden, was dann auch durch die Bestim-

---

Oxydsalze des Thalliums, durch solche Reduktionsmittel wie SO^2, Zn und and. leicht in das Salz der niederen Oxydationsstufe, d. h. in die Oxydulverbindung überführen. Bekannt sind ausserdem die Salze: $Tl^2(SO^4)^37H^2O$, $Tl(NO^3)^34H^2O$ und andere, welche alle durch Wasser zersetzt werden, was analog dem Verhalten der Salze vieler schwacher Basen, z. B. der Thonerde ist.

mung der spezifischen Wärme gerechtfertigt wurde [42]). Von besonderer Wichtigkeit war es aber, dass Nilson und Cleve im Jahre 1879 bei ihren Untersuchungen der Gadolinitmetalle unter diesen ein neues seltenes Element, das **Scandium** entdeckten, welches seinem Atomgewichte, Sc = 44, und allen seinen Eigenschaften nach vollkommen dem auf Grund des periodischen Systems vorausgesagten **Ekabor** entsprach, dessen Eigenschaften unter der Annahme, dass die Cerit- und Gadolinitmetalle Oxyde von der Form R^2O^3 bilden, bestimmt worden waren [43]).

---

42) Die spezifische Wärme des Cers, die von mir (1870) bestimmt und dann von Hillebrand bestätigt wurde, erwies sich in Uebereinstimmung mit dem Atomgewicht, nach welchem den beiden Oxyden die Zusammensetzung Ce^2O^3 und CeO^2 zugeschrieben werden musste. Hillebrand erhielt ausserdem mit Hilfe des galvanischen Stromes das metallische Lanthan und Didym und bestimmte, dass die spezifische Wärme dieser Metalle sich 0,04, der spezifischen Wärme des Cers, nähere, wodurch die auf Grund des periodischen Gesetzes gemachte Annahme, dass das Atomgewicht dieser beiden Metalle dem des Cers nahe kommt, eine Rechtfertigung erhielt. Bis zum Jahre 1870 schrieb man auch dem Yttriumoxyd die Formel RO zu. Nachdem ich das Aequivalent des Yttriumoxyds von Neuem bestimmt und es (im Verhältniss zu Wasser) = 74,6 gefunden hatte, schrieb ich demselben die Zusammensetzung Y^2O^3 zu, weil es dadurch in das periodische System eingereiht werden konnte. Bei Annahme dieses Aequivalentes muss das Oxyd aus 58,6 Th. Yttrium und 16 Th. Sauerstoff bestehen, folglich ein Gewichtstheil Wasserstoff durch 29,3 Th. Yttrium ersetzt werden. Als ein zweiwerthiges Element lässt sich das Yttrium, dessen Atomgewicht dann 58,6 (und dessen Oxyd RO) sein muss, in die II-te Gruppe des Systems nicht einreihen. Wenn es dagegen für dreiwerthig angesehen wird, d. h. wenn dem Oxyd die Formel R^2O^3 und den Salzen RX^3 zugeschrieben wird, so kann es (Y = 88) die unbesetzte Stelle in der III-ten Gruppe und der 6-ten Reihe, nach dem Rb und Sr einnehmen. Die vorgeschlagenen Aenderungen in den Atomgewichten der Cerit- und Gadolinitmetalle wurden darauf von Cleve und anderen Forschern angenommen, welche auch den Oxyden aller dieser neu entdeckten Metalle die Zusammensetzung R^2O^3 zuschrieben. Einige dieser Metalle (z. B. Holmium, Thulium, Samarium und andere) lassen sich bis jetzt in das periodische System noch nicht einreihen, da man sie nicht in reinem Zustande erhalten hat. Dasselbe muss auch von dem **Russium** gesagt werden, einem neuen Metall, das zugleich mit Thorium im Monazit enthalten sein soll und von Chrustschow im Jahre 1889 entdeckt wurde.

43) Für das Ekabor z. B. stellte ich im Jahre 1871 (in Liebig's Annalen Supplement VIII. 198) auf Grund des periodischen Systems das Atomgewicht von 44 auf und Nilson bestimmte 1888, dass dem Scandium, d. h dem Ekabor, das Atomgewicht Sc = 44,03 zukommt. Ferner war erwartet worden, dass das Oxyd des Ekabors ein spezifisches Gewicht von 8,5 besitzen und eine deutliche, wenn auch schwache, farblose Salze bildende Base sein würde, was sich gleichfalls beim Scandiumoxyd bestätigte. Bei ihrer Beschreibung des Scandiums gaben Nilson und Cleve zu, dass das besondere Interesse dieses Metalles in seiner Identität mit dem vorausgesagten Ekabor bestehe. Diese richtige Prognose konnte aber erst aufgestellt werden, nachdem die erforderlichen Aenderungen in den Atomgewichten der Cerit- und Gadolinitmetallen angenommen waren. In meinen ersten Abhandlungen in den Bulletins der St. Petersburger Akademie der Wissenschaften (B. VIII. 1870) und in Liebig's Annalen (l. c. pag. 168) bestand ich gerade auf der Nothwendigkeit der Aenderungen in den angenommenen Atomgewichten von Ce, La,

Die Kürze des vorliegenden Werkes und die grosse Seltenheit der erwähnten Elemente erlauben es mir die Beschreibung der-

Di und Y. Cleve, Höglund, Hillebrand, Norton und namentlich Brauner, denen gegenwärtig auch alle Anderen gefolgt sind, nahmen die vorgeschlagenen Aenderungen an, bestätigten die von mir bestimmte spezifische Wärme des Cers und brachten weitere Beweise zu Gunsten der abgeänderten Atomgewichte. Von besonderer Wichtigkeit war die Erforschung der Fluorverbindungen, denn da das Cer zu der IV-ten Gruppe gerechnet wurde, so musste seinem höheren Oxyde die Zusammensetzung CeO^2 und dessen Verbindungen CeX^4 und dem niederen Oxyde Ce^2O^3 oder CeX^3 zugeschrieben werden. Der höheren Form entsprechend erhielt nun Brauner die Fluorverbindung CeF^4H^2O und das krystallinische Doppelsalz $3KF2CeF^42H^2O$ und zwar ohne einen Gehalt an niederen Verbindungen, CeX^3, welche gewöhnlich den der Form CeX^4 entsprechenden Salze beigemengt sind. Obgleich das Cer und Didym nicht zu der III-ten Gruppe gehören, die an dieser Stelle beschrieben wird, so erwähne ich ihrer hier der Bequemlichkeit der Darlegung wegen, da alle Cerit- und Gadolinitmetalle viel Gemeinschaftliches besitzen. In der Natur kommen diese Metalle nur selten, aber immer zusammen vor, sie lassen sich nur schwer von einander trennen. Sie erlangten ein Interesse, als ihre Untersuchung in den 70-er Jahren von: Marignac, Delafontaine, Soret, Lecoq de Boisbaudran, Brauner, Cleve und Nilson, deren Schülern in Upsala und Anderen in Angriff genommen wurde.

Die Cerit- und Gadolinitmetalle finden sich in Schweden, Amerika, im Uralgebirge, am Baikalsee in Sibirien, in einigen seltenen kieselerdehaltigen Mineralien: dem Cerit, Gadolinit und Orthit, sodann in den noch selteneren Mineralien, welche die Titan-, Niob- und Tantalsäure bilden: im norwegischen und amerikanischen Euxenit, im uralschen, amerikanischen und norwegischen Samarskit und endlich in wenigen höchst seltenen Fluoriden und phosphorsauren Mineralien. Der Mangel an Ausgangsmaterial, sowie die Schwierigkeit der Trennung der Oxyde von einander bedingen es hauptsächlich, dass diese Metalle noch so unvollständig erforscht sind. Der Cerit, der unter diesen seltenen Mineralien noch der am meisten zugängliche ist, enthält mehr als die Hälfte Ceroxyd, dann Lanthan (von 4 pCt. an) und Didym. Durch konzentrirte Schwefelsäure wird der gepulverte Cerit zersetzt und man erhält schwefelsaure Salze, die alle in Wasser löslich sind. In derselben Weise werden auch die anderen eben angeführten Mineralien zersetzt. Aus der schwefelsauren Lösung fällt freie Oxalsäure die in Wasser und schwachen Säuren unlöslichen oxalsauren Salze aller Cerit- und Gadolinitmetalle. Durch Erhitzen dieser Salze erhält man dann die Oxyde. Das gewöhnliche Oxyd des Cers Ce^2O^3 (Cersesquioxyd) geht beim Glühen an der Luft in das höhere Oxyd CeO^2 (Cerdioxyd) über, welches eine so schwache Base ist, dass seine Salze schon durch Wasser zersetzt werden und in schwacher Salpetersäure unlöslich sind. Daher lässt sich durch wiederholtes Glühen und Wiederauflösen alles Ceroxyd abscheiden. Die weitere Trennung beruht *hauptsächlich* auf folgenden vier Methoden, welche von vielen Forschern angewandt werden.

A) Die Lösung des Gemisches der schwefelsauren Salze behandelt man mit einem Ueberschuss von festem schwefelsaurem Kalium. Hierbei entstehen Doppelsalze von der Zusammensetzung $Ce^2(SO^4)^3$ $3K^2SO^4$ und die Gadolinitmetalle — Y, Yb, Er—bleiben in Lösung, da ihre Doppelsalze in K^2SO^4-Lösung löslich sind, während die Ceritmetalle—Ce, La, Di—gefällt werden, da ihre Doppelsalze in einer gesättigten Lösung von K^2SO^4 sich nicht lösen. Nach Marignac ist diese gewöhnliche Trennungsmethode ungenügend, weil eine bedeutende Menge von Di und anderen Metallen dennoch in Lösung geht, wenn sie im Gemisch vorhanden sind, obgleich sie isolirt in K^2SO^4-Lösung unlöslich sind. Erbium und Terbium z. B. erhält man sowol in der Lösung, als auch im Niederschlage. Zu den in K^2SO^4-Lösung löslichen rechnet man die Salze des: Be, Y, Er, Yb und zu den unlöslichen

selben zu umgehen, um so mehr, als das periodische System die
Möglichkeit gewährt viele Eigenschaften dieser Elemente voraus-
zusehen und ihre Anwendung in der Praxis in Anbetracht der

die des: Sc, Ce, La, Di, Th. Die Zusammensetzung des unlöslichen Scandiumsalzes
z. B. ist: $Sc^2(SO^4)^3$ $3K^2SO^4$.

B) Die durch Glühen der oxalsauren Salze erhaltenen Oxyde löst man in Salpetersäure, dampft dieselbe vollständig ein und schmilzt den Rückstand. (Die salpetersauren Salze der Ceritmetalle bilden leicht Doppelsalze mit den Alkalimetallen, von
denen einige, z. B. das salpetersaure Ammonium-Lanthan, ausgezeichnet krystallisiren
und daher zur Trennung benutzt werden könnten, was jedoch noch zu untersuchen
ist). Alle salpetersauren Salze zersetzen sich beim Erhitzen; sehr leicht unterliegen
dieser Zersetzung z. B. die Salze des Al, Fe u. s. w. Auch die salpetersauren
Salze der Gadolinit- und Ceritmetalle zersetzen sich leicht (jedoch schwerer als die
zuletzt genannten), aber in verschiedenem Grade und in einer gewissen Reihenfolge,
so dass man durch rechtzeitiges Unterbrechen des Erhitzens eines der Salze allein
zersetzen kann, während die anderen unzersetzt bleiben oder in unlösliche basische Salze übergehen. Diese Manipulation musste ebenso wie die vorhergehende
und die beiden noch zu beschreibenden gegen 70 mal wiederholt werden, um ein
nur einigermaassen konstantes Produkt mit gleich bleibenden Eigenschaften zu erhalten, d. h. ein Produkt, das sowol vor, als auch nach dem Erhitzen ein und
dasselbe Oxyd darstellte. Diese von Berlin angegebene und von Bunsen ausge-
arbeitete Methode ergab in den Händen von Marignac und Nilson zufriedenstellende
Resultate, namentlich zur Isolirung des Ytterbiums und Scandiums aus den Gadolinitmetallen.

C) Die Trennung wird durch theilweises (fraktionirtes) Fällen mit Ammoniak
bedingt, indem man eine zum vollständigen Ausfällen der Basen ungenügende Am-
moniakmenge zusetzt. Aus einem Gemisch der Salze z. B. von Di und La fällt
zunächst nur das Didymhydroxyd aus. Durch mehrfaches Wiederholen der frak-
tionirten Fällung lässt sich zuweilen die Trennung zu Ende führen, doch eine vollständige Reinigung ist wol auf diesem Wege nicht möglich.

D) Einige Gadolinitmetalle lassen sich nach Bunsen und Bahr, Cleve und and.
mittelst der ameisensauren Salze trennen, welche verschieden löslich sind und
daher fraktionirt gelöst und gefällt werden können. (1 Th. des ameisensauren
Salzes des La löst sich in 420 Th. Wasser, des Di in 221, des Ce in 360 und die
Salze des Y und Er lösen sich noch leichter).

Bessere Trennungsmethoden sind nicht bekannt, weil die zu trennenden Metalle unter einander zu ähnlich sind. *Unterscheidungsmethoden* gibt es gleichfalls.
nur wenige; ausser den bereits erwähnten lassen sich noch die folgenden vier anführen:

a) Die Fähigkeit in die höhere Oxydationsstufe überzugehen. Diese charakterisirt besonders das Cer, welches die Oxyde Ce^2O^3 und CeO^2 oder Ce^2O^4 bildet.
Das Didym bildet eine Oxydationsstufe, das farblose Di^2O^3, welches (lilafarbene)
Salze bildet, und eine andere — nach Brauner Di^2O^5 — von dunkler Zimmtfarbe,
welches keine Salze gibt und oxydirend wirkt (wie auch CeO^2), wie die höheren
Oxyde des Te, Mn, Pb und and. Lanthan, Yttrium und viele andere bilden keine
höheren Oxyde. Eine Beimengung an höheren Oxyden erkennt man durch Erhitzen
des betreffenden Oxyds im Wasserstoffstrome, wobei die höheren Oxyde in die
niederen übergehen, welche sich nicht weiter verändern.

b) Die meisten Salze der Gadolinit- und Ceritmetalle sind farblos, eine Ausnahme machen die Salze des Didyms und Erbiums, die eine rosenrothe Färbung
besitzen, und die gelben Salze des Cerdioxyds CeX^4; eine gelbe Farbe zeigt auch
das höhere Oxyd des Terbiums u. s. w. Aus dem Gadolinite erhielt man z. B. zunächst die farblosen Yttriumsalze und dann die rosenrothen des Erbiums. Später

grossen Seltenheit und Schwierigkeit der gegenseitigeu Trennung nur eine sehr beschränkte sein kann (in der Medizin wird das oxalsaure Cer und bei der Glasbereitung das Didymoxyd benutzt).

---

stellte es sich heraus, dass die Erbiumsalze früherer Forscher eine bedeutende Menge an farblosen Salzen des Scandiums, Ytterbiums und and. enthielten, so dass die Färbung zuweilen nur durch eine ganz geringe Beimengung bedingt war, wie dies bei den Mineralien schon seit Langem bekannt war; die Färbung kann daher nicht als ein charakteristisches Merkmal betrachtet werden.

c) Die Salze des Didyms, Samariums, Holmiums und and. geben im festen Zustande und auch in Lösungen charakteristische Absorptionsspektren, was natürlich mit der Färbung der Salze im Zusammenhange steht. Zu bemerken ist, dass die Metalle, die keine Absorptionsspektren geben, z. B. La, Y, Sc, Yb ohne Beimengungen von Di, Sm und überhaupt Metallen mit Absorptionsspektren erhalten werden können, da die letzteren mit Hilfe des Spektroskops leicht zu entdecken sind, während Beimengungen der ersteren an den letzteren sich nicht entdecken lassen, so dass diese nicht in demselben Maasse rein zu erhalten sind, wie die ersteren. Die Empfindlichkeit der spektroskopischen Reaktion auf Didym ist so bedeutend, dass bei einer Schicht der Lösung von $^1/_2$ Meter Länge noch 1 Theil Didymoxyd (als Salz) in 40,000 Theilen Wasser entdeckt werden kann. Cossa entdeckte auf diesem Wege das Vorhandensein von Didym (zugleich mit Ce und La) in Apathiten, Kalksteinen, Knochen und in der Asche von Pflanzen. Die wichtigsten der dunklen Didymlinien besitzen eine Wellenlänge von 580 bis 570 Millionsteln Millim., die weniger wichtigen gegen 520, 730, 480 und and. Die wichtigsten Absorptionsstreifen des Samariums betragen: 472—486, 417, 500 und 559. Crookes wandte ausserdem zur Unterscheidung und Entdeckung der seltenen Metalle die Untersuchung des Spektrums des phosphoreszirenden Lichtes an, welches einige Erden im fast luftleeren Raume ausstrahlen, wenn durch denselben die elektrische Entladung erfolgt. Auf diese Spektren scheinen aber die geringsten Beimengungen anderer Oxyde (z. B. des Bi, Ur) einen so bedeutenden Einfluss auszuüben, dass es nicht gelingt, die wichtigsten Unterscheidungsmerkmale der Oxyde festzustellen. Ferner benutzt man zur Unterscheidung noch die Spektren, die beim Durchschlagen von Funken aus Lösungen oder Pulvern der Salze entstehen; da aber diese Spektren sich mit der Temperatur und der Spannung (Konzentration) ändern, so ist auch diese Methode nicht als zweifellos zu betrachten.

d) Das wichtigste Unterscheidungsmerkmal der einzelnen Metalloxyde ist die direkte **Bestimmung ihres Aequivalentes im Verhältniss zu Wasser**, d. h. der Gewichtsmenge des Oxyds, die sich (wie Wasser) mit 80 Gewichtstheilen SO^3 zu dem neutralen schwefelsauren Salze verbindet. Zu diesem Zwecke wird das betreffende Oxyd gewogen, in Salpetersäure gelöst, nach dem Zusetzen von Schwefelsäure auf dem Wasserbade vollständig eingedampft und dann zur Vertreibung des Ueberschusses an Schwefelsäure auf freiem Feuer geglüht, jedoch nicht so stark, dass sich das Salz zersetzen kann (denn dann ist dasselbe nicht mehr vollkommen in Wasser löslich). Wird nun das Gewicht des Oxyds und des wasserfreien schwefelsauren Salzes bestimmt, so ergibt sich das Aequivalent des Oxyds. Es seien hier die betreffenden zuverlässigsten Zahlen angeführt: das Aequivalent des Scandiumoxyds ist 45,35 (Nilson), des Yttriumoxyds 75,7 (nach Cleve, meine Bestimmung vom Jahre 1871 ergab 74,6), des Ceroxyduls, d. h. der niederen Oxydationsstufe nach verschiedenen Forschern (Bunsen, Bührig) 108 bis 111, der höheren, des Cerdioxyds 85 bis 87, des Lanthanoxyds nach Brauner 108, des Didymoxyds (in den Salzen der gewöhnlichen, niederen Oxydationsstufe) ungefähr 112 (Marignac, Brauner, Cleve), des Samariumoxyds ungefähr 116 (Cleve) und des Ytterbium-

Achtzehntes Kapitel.

Silicium und andere Elemente der IV-ten Gruppe.

Zu den Elementen der IV-ten Gruppe des periodischen Systems gehört auch der Kohlenstoff, der die Verbindungen CH^4 und CO^2 bildet. Die grösste Aehnlichkeit mit dem Kohlenstoffe zeigt das Silicium, dem die analogen Verbindungen SiH^4 und SiO^2 entsprechen. Dasselbe verhält sich zum Kohlenstoff ebenso, wie Al zu B oder wie P zu N. Wie der Kohlenstoff den wesentlichsten Bestandtheil der thierischen und pflanzlichen Substanzen ausmacht, so bildet das Silicium den nothwendigen Bestandtheil der erdigen

---

oxyds 131,3 (Nilson). An dieser Stelle will ich noch darauf aufmerksam machen, dass die im Verhältniss zu Wasser festgestellten Aequivalente der Oxyde der Gadolinit- und Ceritmetalle in 4 Gruppen zerfallen, welche eine ziemlich konstante Differenz von etwa 30 zeigen. In der ersten Gruppe befindet sich das Scandiumoxyd mit dem Aequivalente 45, in der zweiten das Yttriumoxyd 76, in die dritte gehören die Oxyde des La, Ce, Di, Sm, deren Aequivalente ungefähr 110 betragen und in die vierte die Oxyde des Er, Yb, Th mit den Aequivalenten von ungefähr 131. Die gewöhnliche Differenz in den Perioden nähert sich 45. Wenn nun allen Oxyden die Form R^2O^3 zugeschrieben wird, d. h. wenn das Aequivalent ihrer Oxyde verdreifacht wird, so ergibt sich für diese Gruppen eine Differenz von nahezu 90, was auf zwei Metallatome berechnet zu der gewöhnlichen periodischen Differenz von 45 führt. Unter der Voraussetzung, dass die Zusammensetzung aller dieser Oxyde durch die gleiche Form R^2O^3 zum Ausdruck gebracht wird, (wie dies gegenwärtig auch fast allgemein angenommen ist), erhält man die folgenden Atomgewichte: Sc = 44, Y = 89, La = 138, Ce = 140, Di = 144, Sm = 150, Yb = 173, ferner für Terbium 147, Alpha-Yttrium 157, Holmium 162, Erbium 166, Thulium 170 und Decipium 171. Zunächst sei noch bemerkt, dass wenn dem Thoriumoxyde die Form R^2O^3 zugeschrieben würde, das Atomgewicht des Thoriums 174 betragen müsste, und letzteres Metall dann im periodischen Systeme nur an die schon vom Ytterbium eingenommene Stelle gesetzt werden könnte. Ausserdem können basische Salze vorliegen; wenn z. B. ein Element mit dem Atomgewichte 90 ein Oxyd RO^2 und Salze von der Form ROX^2 bilden würde, so müsste bei der Annahme, dass seinem Oxyde die Form R^2O^3 zukommt, das Atomgewicht desselben 159 betragen. Die unterscheidenden Merkmale vieler Gadolinit- und Ceritmetalle, z. B. des Decipiums, Thuliums, Holmiums und anderer sind nicht mit genügender Sicherheit festgestellt; zu den genauer untersuchten gehören: Y, Sc, Ce und La. Beim Didym z. B. ist noch vieles zweifelhaft. Dieses Metall wurde im Jahre 1842 nach dem Lanthan von Mosander entdeckt; es unterscheidet sich von Lanthan durch sein Absorptionsspektrum und seine lilafarbenen Salze. Delafontaine isolirte (1878) aus dem Didym das Samarium und Welsbach entdeckte in ihm noch zwei neue Elemente: Neodym und Praseodym, während Becquerel (1887) auf Grund seiner Untersuchungen der Absorptinsspektren der Krystalle von Didymverbindungen sogar das Vorhandensein von sechs besonderen Elementen annimmt. Es ist daher wahrscheinlich, dass manche der hierher gehörenden Elemente sich als Gemische herausstellen werden. Als Elemente zweifellos festgestellt sind bis jetzt: Y, Sc, Ce und La, doch kommen dieselben in der Natur so selten vor, dass eine genauere Beschreibung in einem elementaren Lehrbuche als überflüssig erscheint.

Massen und besonders der Gesteine unserer Erdrinde. Wie CH^4, so besitzt auch Siliciumwasserstoff SiH^4 keine Säureeigenschaften, während Siliciumoxyd SiO^2, ebenso wie CO^2 schwach saure Eigenschaften zeigt. Im freien Zustande ist das Silicium, ebenso wie die Kohle, ein nicht flüchtiges, chemisch wenig energisches Metalloid. Es sind also die Formen und Eigenschaften der Verbindungen des C und Si unter einander sehr ähnlich. Neben dieser Aehnlichkeit weist aber das Silicium den folgenden ausserordentlich wichtigen Unterschied vom Kohlenstoffe auf: die höchste Oxydationsstufe des Siliciums, die **Kieselerde** oder das Siliciumdioxyd (oder Kieselsäureanhydrid) SiO^2 ist ein fester, nicht flüchtiger und äusserst schwer schmelzbarer Körper, während das Kohlensäureanhydrid CO^2 einen gasförmigen Körper darstellt. In diesem Unterschiede äussert sich die wesentlichste Eigenheit des Siliciums.

Der Grund dieses Unterschiedes liegt aller Wahrscheinlichkeit nach in der polymeren Zusammensetzung der Kieselerde. Die Molekel des Kohlensäuregases besteht aus CO^2, wie aus der Dampfdichte desselben zu ersehen ist, während die Dampfdichte der Kieselerde, wenn diese verdampfen könnte, sicher nicht der Formel SiO^2 entsprechen würde. Es lässt sich im Gegentheil annehmen, dass die Kieselerde ein bedeutend höheres Molekulargewicht Si^nO^{2n} besitzen muss und zwar hauptsächlich auf Grund der Thatsache, dass SiH^4 wie CH^4 ein Gas ist und dass $SiCl^4$ eine flüchtige Flüssigkeit darstellt, die sogar niedriger (bei 57^0) als CCl^4 siedet, dessen Siedepunkt bei 76^0 liegt. Im Allgemeinen zeigen alle analogen Verbindungen des Siliciums und des Kohlenstoffs, wenn sie flüchtige Flüssigkeiten darstellen, einander nahe liegende Siedetemperaturen [1]. Daher wäre a priori zu erwarten, dass das Kieselsäureanhydrid SiO^2 analog dem Kohlensäureanhydride einen gasförmigen Körper darstellen müsste, was jedoch in Wirklichkeit nicht der Fall ist. Es lässt sich infolgedessen mit Sicherheit annehmen, dass der festen Kieselerde eine polymere Formel von SiO^2

---

[1] Das Chloroform $CHCl^3$ siedet bei $60°$ und das Siliciumchloroform $SiHCl^3$ bei $34°$. Die Siedetemperatur des Siliciumtetraäthyls $Si(C^2H^5)^4$ beträgt etwa $150°$ und die der entsprechenden Kohlenstoffverbindung $C(C^2H^5)^4 = C^9H^{20}$ etwa $120°$. Der Kieselsäureäthyläther $Si(OC^2H^5)^4$ siedet bei $160°$ und der analoge Kohlensäureäther $C(OC^2H^5)^4$ (Basset's Aether) bei $158°$, d. h. die flüchtigen Kieselerdeverbindungen sieden bei niedrigeren Temperaturen als die entsprechenden Kohlenstoffverbindungen. Die spezifischen Volume der einander entsprechenden Verbindungen sind folgende: $CCl^4 = 94$, $SiCl^4 = 112$; $CHCl^3 = 81$, $SiHCl^3 = 82$; Basset's Aether $= 186$, Kieselsäureäthyläther $= 201$; also die flüssigen Siliciumverbindungen besitzen meist ein etwas grösseres spezifisches Volum als die analogen Kohlenstoffverbindungen. Auch die spezifischen Volume der entsprechenden Salze stimmen nahezu überein; z. B. bei $CaCO^3$ ist es $= 37$, bei $CaSiO^3 = 41$. Dagegen lassen sich SiO^2 und CO^2 nicht mit einander vergleichen, da sie sich in einem ganz verschiedenem physikalischen Zustande befinden.

zuzuschreiben ist, denn bei der Polymerisation entstehen öfters, z. B. beim Uebergange von Cyangas in Paracyan oder von Cyansäure in Cyanursäure (vergl. Kap. 9) aus gasförmigen Körpern oder leicht flüchtigen Flüssigkeiten feste, nicht flüchtige, beständigere und komplizirtere Körper [2]). In Anbetracht dieser Polymerisation und der grossen Verbreitung der Kieselerde, sowie ihrer Bedeutung in der Natur sollen zunächst das freie Silicium und dessen flüchtige Verbindungen beschrieben werden, da in denselben nicht nur die chemische [3]), sondern auch die physikalische Analogie des Siliciums mit dem Kohlenstoffe zum Ausdruck kommt.

---

2) Die Kohlenstoffatome besitzen die Fähigkeit mit einander in Verbindung zu treten, eine Fähigkeit, die auch den ungesättigten Kohlenwasserstoffen und überhaupt den Kohlenstoffverbindungen zukommt, die sich polymerisiren können. Beim Silicium ist diese Fähigkeit besonders bei der Kieselerde SiO_2 entwickelt, was beim CO_2 nicht der Fall ist. Die Fähigkeit der SiO_2-Molekeln sich sowol unter einander, als auch mit anderen Molekeln zu verbinden, offenbart sich in den verschiedenartigen Kieselerdeverbindungen mit Basen, in den Kieselerdehydraten, welche allmählich Wasser verlieren und zuletzt in die wasserfreie Kieselerde übergehen, in den kolloidalen Eigenschaften der Kieselerde (die Molekeln der Kolloide sind immer sehr komplizirt), in den Polykieselsäureestern und in vielen anderen Beziehungen, welche zum Theil weiter unten betrachtet werden. Nachdem ich schon in den 50-er Jahren den Schluss gezogen hatte, dass die Kieselerde sich in einem polymeren Zustande befinde, fand ich in allen späteren Untersuchungen über die Kieselerdeverbindungen diese Ansicht bestätigt, welche, wenn ich nicht irre, theilweise schon von Graham ausgesprochen worden war und welche gegenwärtig von Vielen angenommen worden ist.

Da bei der Polymerisation die Dichte nicht nur im gasförmigen, sondern auch im flüssigen und festen Zustande zunimmt (die Dichte des Benzols C_6H_6 z. B. ist geringer als die des Styrols C_8H_8 oder des Ditolyls $C_{14}H_{14}$), so erscheint die relativ grosse Dichte der Kieselerde gewissermaassen als eine Bestätigung des polymeren Zustandes derselben. Vergleicht man nämlich die spezifischen Volume der entsprechenden Verbindungen des Kohlenstoffs und Siliciums, so ergibt sich, dass dieselben einander nahezu gleich kommen; das spez. Volum des Chloroforms $CHCl_3$ z. B. beträgt etwa 80 (nach Thorpe) und das des Siliciumchloroforms etwa 82 (nach Buff und Wöhler). Dagegen beträgt das Volum von CO_2 in flüssigem Zustande etwa 46, (im festen Zustande wird es natürlich geringer sein, jedoch wol kaum bedeutend geringer) und das Volum von SiO_2 im amorphen Zustande 27 (spezifisches Gewicht 2,2), während es im Quarze (spez. Gewicht 2,65) kleiner als 23 ist.

3) Erst nach Gerhardt und nachdem die wahren Atomgewichte der Elemente (Kap. 7) festgestellt waren, konnte auf Grund dessen, dass die Molekeln $SiCl_4$, SiF_4, $Si(C_2H_5O)_4$ und ähnl. nie weniger als 28 Th. Silicium enthalten, auch das wahre Atomgewicht dieses Elementes und die Zusammensetzung der Kieselerde SiO_2 erkannt werden. Die Analogie des Siliciums mit dem Kohlenstoff erwies sich dann als zweifellos.

Die Frage über die **Zusammensetzung der Kieselerde** wurde lange Zeit in der verschiedensten Weise beantwortet. Pott, Bergman und Scheele unterschieden im vorigen Jahrhundert die Kieselerde von der Thonerde und dem Kalke. Smithson sprach zu Beginn unseres Jahrhunderts zuerst die Ansicht aus, dass die Kieselerde eine Säure darstellt und dass die in der Natur vorkommenden Mineralien Salze dieser Säure sind. Berzelius stellte fest, dass die Kieselerde Sauerstoff enthält und zwar 8 Theile auf 7 Theile Silicium. Die Zusammensetzung der Kieselerde wurde durch die Formel SiO ausgedrückt. Sodann ergaben Untersuchungen über den Gehalt an Kieselerde in den natürlich vorkommenden, krystallinischen Siliciumverbindungen, dass

Im freien Zustande tritt das **Silicium** amorph und krystallinisch auf. Das amorphe Silicium erhält man analog dem Aluminium durch Zersetzen seines Doppelfluorids, — des Kieselfluornatriums, — mittelst Natrium: $Na^2SiF^6 + 4Na = 6NaF + Si$. Behandelt man die entstandene Masse mit Wasser, so geht Natriumfluorid in Lösung und das Silicium bleibt als ein braunes, mattes Pulver zurück, auf welches man noch Flusssäure einwirken lässt, um Kieselerde zu entfernen, die sich hierbei gebildet haben könnte.

Beim Erhitzen entzündet sich das pulverförmige Silicium leicht, verbrennt jedoch nicht vollständig; bei sehr starker Glühhitze schmilzt es und sieht dann wie Kohle aus. Das krystallinische Silicium erhält man in derselben Weise, wie das amorphe, wenn man an Stelle von Natrium Aluminium anwendet: $3Na^2SiF^6 + 4Al = 6NaF + 4AlF^3 + 3Si$. Das Silicium löst sich hierbei im

---

das Verhältniss der Sauerstoffmenge in den Basen und der Kieselerde ein sehr verschiedenes ist, indem es sich von 2:1 bis zu 1:3 ändert. Das Verhältniss von 1:1 trifft man nur in wenigen, selten vorkommenden Mineralien. Die mehr verbreiteten Mineralien enthalten eine grössere Menge von Kieselerde, so dass das Verhältniss zwischen dem Sauerstoff der Basen und der Kieselerde 1:2 gleich oder nahe kommt. Zu diesen Mineralien gehören: Augit, Labrador, Oligoklas, Talk u. s. w. Das Verhältniss 1:3 weisen die sehr häufig auftretenden kieselerdehaltigen Mineralien auf, z. B. Feldspath. Die Kieselerdeverbindungen, in denen die Sauerstoffmenge in den Basen gleich der Sauerstoffmenge in der Kieselerde ist, werden **Monosilikate** genannt; die gemeinsame Formel derselben ist: $(RO)^2SiO^2$ oder $(R^2O^3)^2(SiO^2)^3$. In den **Bisilikaten** ist das Sauerstoffverhältniss gleich 1:2 und der Zusammensetzung entspricht die Formel: $ROSiO^2$ oder $R^2O^3(SiO^2)^3$. Das Verhältniss 1:3 weisen die **Trisilikate** von der Formel: $(RO)^2(SiO^2)^3$ oder $(R^2O^3)^2(SiO^2)^9$ auf.

Diesen Formeln liegt die gegenwärtig festgestellte Zusammensetzung der Kieselerde SiO^2, also das Atomgewicht $Si = 28$, zu Grunde. Berzelius, welcher durch genaue Untersuchungen des Feldspaths erkannt hatte, dass derselbe ein Trisilikat darstellt, das aus Kaliumoxyd und Thonerde mit Kieselerde in derselben Weise gebildet wird, wie der Alaun, der an Stelle der letzteren Schwefelsäure enthält, schrieb infolge dessen der Kieselerde dieselbe Formel wie dem Schwefelsäureanhydride zu, d. h. SiO^3. Die Formel des Feldspaths erwies sich hierbei als $KAl(SiO^4)^2$, also ganz analog der Formel des Alauns. Wenn die Zusammensetzung der Kieselerde durch SiO^3 zum Ausdruck gebracht wird, so muss dem Silicium das Atomgewicht 42 zugeschrieben werden (wenn $O = 16$; wenn aber $O = 8$ wie früher angenommen wurde, so muss $Si = 21$ sein).

An Stelle der früheren Formeln SiO ($Si = 14$) und SiO^3 ($Si = 42$) wurde die gegenwärtige Formel SiO^2 ($Si = 28$) zum ersten Mal auf Grund des folgenden Gedankenganges angenommen. In der Natur kommt die Kieselerde im Ueberschusse vor; in den krystallinischen Gesteinen findet sich gewöhnlich neben kieselsauren Salzen freie Kieselerde, woraus gefolgert werden muss, dass letztere saure Salze bilden wird. Es können also die Trisilikate nicht als neutrale Salze der Kieselerde betrachtet werden, denn sie enthalten die grösste Menge Kieselerde. Als viel wahrscheinlicher erweist sich die Annahme einer anderen Formel mit einem geringeren Sauerstoffgehalte. denn dann erscheinen die meisten Mineralien als neutrale oder wenig basische Salze, und einige in der Natur vorherrschende Silikate als saure Salze mit einem Ueberschusse an Kieselerde.

überschüssigen Aluminium und scheidet sich beim Abkühlen krystallinisch aus. Aus der geschmolzenen Masse wird dann das Aluminium mittelst Salzsäure und Flusssäure entfernt. Die schönsten
Siliciumkrystalle erhält man, wenn man das Silicium in geschmolzenem Zink löst. Man unterwirft zu dem Zwecke ein Gemisch aus 15 Theilen Kieselfluornatrium, 20 Thln. Zink und 4 Thln.
Natrium, das man mit geglühtem Kochsalz überschüttet, in einem
Tiegel einer starken Glühhitze; wenn die Masse geschmolzen ist,
so wird sie gerührt und nach dem Abkühlen zuerst mit Salzsäure
und dann mit Salpetersäure behandelt. Das Silicium, namentlich das
krystallinische, übt, ebenso wie Graphit und Kohle, nicht die geringste Einwirkung auf diese Säuren aus. Es bildet schwarze,
stark glänzende, reguläre Oktaëder vom spezifischen Gewicht 2,49,
ist ein schlechter Leiter der Elektrizität und lässt sich selbst in
reinem Sauerstoff nicht entzünden. Von den Säuren wirkt nur ein
Gemisch von Flusssäure mit Salpetersäure auf das Silicium ein; in
den ätzenden Alkalien löst es sich jedoch, ebenso wie Aluminium,
unter Entwickelung von Wasserstoff; hierin offenbart sich also der
Säurecharakter des Siliciums. Im Allgemeinen widersteht das Silicium ebenso gut der Einwirkung von Reagentien, wie Bor und
Kohle. Das krystallinische Silicium ist im Jahre 1855 von Deville

---

Gegenwärtig, wo das Atomgewicht allgemein nach der Dampfdichte (vergl.
Kap. 7) der flüchtigen Siliciumverbindungen festgestellt wird, muss das Atomgewicht des Siliciums $Si = 28$ und die Zusammensetzung der Kieselerde $= SiO^2$
gesetzt werden.

Die Dampfdichte des Siliciumchlorids z. B. beträgt nach Dumas (1862) im Verhältniss zu Luft 5,94 und folglich zu Wasserstoff 85,5, woraus sich für das Molekulargewicht die Zahl 171 ergibt (die theoretische ist 170). In diese Gewichtsmenge gehen 28 Theile Silicium und 142 Theile Chlor ein und da das Atomgewicht
des letzteren 35,5 beträgt, so besteht die Molekel des Siliciumchlorids aus: $SiCl^4$.
Da ferner zwei Chloratome einem Sauerstoffatome äquivalent sind, so ist die Zusammensetzung der Kieselerde: SiO^2, also dieselbe wie die Zusammensetzung der Oxyde
des Zinns SnO^2, des Titans TiO^2 und ähnl., sowie auch der Verbindungen CO^2
und SO^2. Mit letzteren zeigt aber die Kieselerde wenig physikalische Aehnlichkeit, dagegen sind die Oxyde des Zinns SnO^2 und des Titans TiO^2 sowol in
chemischer. als auch in physikalischer Beziehung der Kieselerde ähnlich. Beide
Oxyde sind nicht flüchtig, krystallinisch, direkt unlöslich, kolloidal und erscheinen
als ebensolche schwache Säuren wie die Kieselerde und ähnliche Körper. Es liess
sich daher erwarten, dass diese Oxyde Verbindungen bilden müssen, welche den Verbindungen der Kieselerde analog und ihrem Isomorphismus nach mit derselben zu vergleichen sind. Sie sind auch bereits (im Jahre 1859) von Marignac dargestellt worden.
Letzterer erhielt, den längst bekannten Salzen der Kieselfluorwasserstoffsäure entsprechend, die analogen Salze der Zinnfluorwasserstoffsäure, z. B. das leicht lösliche Strontiumsalz $SrSnF^6 2H^2O$, das dem Salze $SrSiF^6 2H^2O$ entspricht. Beide
Salze erwiesen sich als isomorph, denn sie zeigten bei gleicher Zusammensetzung
gleiche Krystallformen (des monoklinen Systems; der Prismenwinkel des ersteren
beträgt 83°, des letzteren 84° und die Abstumpfung 103° 46', resp. 103° 30'). Es
sei an dieser Stelle noch erwähnt, dass im festen Zustande das spezifische Volum
des $SiO^2 = 22,6$ und des $SnO^2 = 21,5$ ist.

und das amorphe im Jahre 1826 von Berzelius zum ersten Male dargestellt worden [4]).

Siliciumwasserstoff, SiH[4], das Analogon des Sumpfgases, ist ursprünglich im Gemisch mit Wasserstoff auf zweierlei Weise dargestellt worden: durch Einwirkung von Salzsäure auf eine Legirung von Silicium mit Magnesium [5]) und, unter Anwendung von Elek-

---

4) Sehr bemerkenswerth ist es, dass das Silicium bei Weissglühhitze CO_2 zersetzt und eine weisse Masse bildet, welche nach der Behandlung mit KHO und HF eine sehr beständige grüne Substanz von der Zusammensetzung SiCO zurücklässt. Die Bildung derselben erfolgt entsprechend der Gleichung: $3Si + 2CO_2 = SiO_2 + 2SiCO$. Diese Substanz entsteht auch beim Glühen von Silicium mit Kohlenoxyd CO. Durch Sauerstoff wird sie selbst beim Erhitzen nicht oxydirt. Ein Gemisch von Si mit C bildet beim Glühen in Stickstoff die Verbindung Si_2C_2N, die gleichfalls sehr beständig ist. Schützenberger schreibt daher der Gruppe C_2Si_2 die Fähigkeit zu, sich wie C mit O_2 und N zu verbinden.

5) Nach Beketow und Tschirikow erhält man diese Legirung leicht durch direktes Glühen von pulverförmiger Kieselerde mit Magnesiumpulver (was in einem Probirrohr geschehen kann). (Vergl. Kap. 14, Anm. 17 und 18). Die zusammengeschmolzene Masse entwickelt mit Chlorwasserstofflösung reinen Siliciumwasserstoff, der sich an der Luft sofort entzündet, so dass auf diese Weise die Selbstendzündlichkeit von SiH[4] leicht demonstrirt werden kann.

Wöhler und Buff erhielten in den 50-er Jahren die Legirung des Siliciums mit Magnesium durch Einwirken von Natrium auf ein geschmolzenes Gemisch aus Magnesiumchlorid, Kieselfluornatrium und Kochsalz, wobei das Natrium gleichzeitig sowol Silicium, als auch Magnesium reduzirt.

In reinem Zustande wurde SiH[4] von Friedel und Ladenburg dargestellt, welche nachwiesen, dass reiner Siliciumwasserstoff unter Atmosphärendruck sich an der Luft nicht entzündet dass er aber unter verringertem Drucke, sowie auch beim Vermischen mit Wasserstoff ebenso entzündlich wird, wie das Gemisch, das nach den eben beschriebenen Methoden erhalten wird Zur Darstellung des reinen Gases schlugen diese Forscher den folgenden Weg ein. Beim Durchleiten von trocknem Chlorwasserstoff durch eine schwach erhitzte Röhre, die Silicium enthält, entsteht nach Wöhler eine farblose, an der Luft stark rauchende Flüssigkeit, welche ein Gemisch von Siliciumchlorid SiCl[4] mit **Siliciumchloroform** SiHCl[3] darstellt; letzteres entspricht dem gewöhnlichen Chloroform CHCl[3]. Die beiden Bestandtheile dieses Gemisches lassen sich durch Destillation leicht trennen, denn das Siliciumchlorid siedet bei 57° und das Siliciumchloroform bei 36° Die Bildung dieses letzteren erklärt die Gleichung: $Si + 3HCl = H_2 + SiHCl_3$. Das Siliciumchloroform ist eine farblose, entzündliche Flüssigkeit vom spezifischen Gewicht 1,6, welche den Uebergang von SiH[4] zu SiCl[4] bildet und auch aus SiH[4] durch Einwirken von Chlor dargestellt werden und sodann selbst in SiCl[4] übergehen kann Ferner entsteht Siliciumchloroform auch beim Einwirken von SbCl[5] auf SiH[4]. Friedel und Ladenburg erhielten nun durch Einwirken von Siliciumchloroform auf wasserfreien Alkohol den Kieselsäuretriäthylester $SiH(OC_2H_5)_3$, eine bei 136° siedende Flüssigkeit, welche beim Einwirken von Natrium Siliciumwasserstoff und den gewöhnlichen oder normalen Kieselsäureester bildet: $4SiH(OC_2H_5)_3 = SiH_4 + 3Si(OC_2H_5)_4$ (wobei das Natrium an der Reaktion scheinbar keinen Antheil nimmt. Diese Reaktion ist der Zersetzung der niederen Oxydationsstufen des Phosphors analog, bei welcher Phosphorwasserstoff entwickelt wird. Der Parallelismus ergibt sich aus folgender Zusammenstellung, in der Et die Gruppe C_2H_5 bezeichnet:

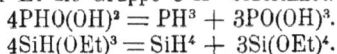

$$4PHO(OH)_2 = PH_3 + 3PO(OH)_3.$$
$$4SiH(OEt)_3 = SiH_4 + 3Si(OEt)_4.$$

troden aus siliciumhaltigem Aluminium beim Zersetzen von schwacher Schwefelsäure durch den galvanischen Strom. In beiden Fällen entwickelt sich Siliciumwasserstoff zugleich mit Wasserstoff und das Gasgemisch entzündet sich an der Luft von selbst; hierbei entstehen Wasser und Kieselerde. Die Bildung von Siliciumwasserstoff beim Einwirken von HCl ist ganz analog der Bildung von Phosphorwasserstoff beim Einwirken von Salzsäure auf Phosphorcalcium, von Schwefelwasserstoff beim Einwirken von Säuren auf viele Schwefelmetalle und selbst von Kohlenwasserstoffen beim Einwirken von HCl auf weisses Roheisen. Beim Erhitzen, d. h. beim Durchleiten durch ein erhitztes Rohr, zersetzt sich der Siliciumwasserstoff unter Ausscheidung von Silicium und Wasserstoff, was analog der Zersetzung von Kohlenwasserstoffen ist. Letztere wirken aber auf ätzende Alkalien nicht ein, während der Siliciumwasserstoff durch dieselben zersetzt wird und zwar entsprechend der Gleichung: $SiH^4 + 2KHO + H^2O = SiK^2O^3 + 4H^2$.

Siliciumchlorid, $SiCl^4$, entsteht beim Erhitzen eines innigen Gemisches [6]) von wasserfreier Kieselerde mit Kohle bis auf Weissgluth in einem trockenen Chlorstrome, also nach der allgemeinen Methode, welche zur Darstellung vieler anderen Chloranhydride mit Säurecharakter benutzt wird. Von beigemengtem Chlor reinigt man das Siliciumchlorid durch Destillation über metallischem Quecksilber. Dasselbe ist eine flüchtige, farblose, an der Luft rauchende Flüssigkeit vom spezifischen Gewicht 1,52, die bei 57^0 siedet, einen scharfen Geruch zeigt und überhaupt die Eigenschaften charakteristischer Säurechloranhydride besitzt. Durch Wasser wird sie vollständig zu Chlorwasserstoff und Kieselerdehydrat zersetzt: $SiCl^4 + 4H^2O = Si(OH)^4 + 4HCl$ [7]).

Warren erhielt (1888) beim Erhitzen von Magnesium in einem SiF'-Strome—Silicium und eine Legirung desselben mit Magnesium.

6) Zur Darstellung dieses innigen Gemisches von SiO^2 mit Kohle wird amorphe Kieselerde mit Stärke vermischt und nach dem Trocknen in einem geschlossenen Tiegel verkohlt. Da Elemente wie Si mit O mehr Wärme entwickeln, als mit Cl (vergl. Kap. 11, Anm. 13), so werden ihre Sauerstoffverbindungen durch Chlor direkt nicht zersetzt; doch lässt sich die Zersetzung unter Mitwirkung von Kohle ausführen, deren Affinität zum Sauerstoff die Einwirkung verstärkt.

7) Eine ähnliche Wirkung übt das Siliciumchlorid auch auf Alkohol aus, wobei die merkwürdige Erscheinung beobachtet wird, dass während des Zusetzens des Siliciumchlorids zum Alkohol infolge der doppelten Umsetzung Wärme entwickelt wird, dass aber sogleich darauf eine starke Abkühlung eintritt, welche durch die Entwickelung der grossen Menge von Chlorwasserstoff bedingt wird der als Gas eine bedeutende Wärme-Menge absorbirt. Es ist dies ein sehr lehrreiches Beispiel, in welchem zwei gleichzeitig verlaufende Prozesse—ein chemischer und ein physikalischer — sich dennoch einzeln beobachten lassen; der physikalische Prozess offenbart sich durch die deutlich wahrnehmbare Temperaturerniedrigung. In den allermeisten Fällen verlaufen beide Prozesse in der Weise, dass wir nur die Differenz zwischen der entwickelten und aufgenommenen Wärme wahrnehmen können.

Unter den Halogenverbindungen des Siliciums ist das **Silicium-fluorid**, SiF⁴, besonders bemerkenswerth. Dasselbe entsteht sowol direkt beim Einwirken von Flusssäure auf Kieselerde und deren Verbindungen ($SiO^2 + 4HF = 2H^2O + SiF^4$), als auch beim Erhitzen von Flussspath mit Kieselerde ($2CaF^2 + 3SiO^2 = 2CaSiO^3 + SiF^4$) [8]) und stellt einen gasförmigen Körper dar, welcher sich nur bei der starken Abkühlung bis auf -100^0 verflüssigt. Zur Darstellung von Siliciumfluorid mischt man Sand oder gestossenes Glas mit der gleichen Menge von Flussspath und mit 6 Gewichtstheilen starker Schwefelsäure und erwärmt. An der Luft raucht das Siliciumfluorid, indem es mit den Wasserdämpfen in Reaktion tritt, trotzdem es aus Kieselerde und Flusssäure unter Bildung von Wasser entsteht. Offenbar geht hier die umgekehrte Reaktion vor sich, d. h. das Siliciumfluorid reagirt mit dem Wasser, wobei aber die Umsetzung nicht vollständig ist. Diese Erscheinung ist z. B.

Beim Einwirken auf Alkohol bildet das Siliciumchlorid — den **Kieselsäureester**, der bei 160° siedet und das spezifische Gewicht 0,94 besitzt: $SiCl^4 + 4C^2H^5OH = 4HCl + Si(OC^2H^5)^4$. Zugleich mit diesem Ester entsteht auch noch ein anderer von der Zusammensetzung $SiO(OC^2H^5)^2$, dem spezifischen Gewichte 1,08 und einem über 300° liegenden Siedepunkte. Von besonderer Wichtigkeit ist es, dass dieser Ester einen flüchtigen Körper darstellt und der Kieselerde SiO^2 oder deren Hydrate $SiO(OH)^2$ entspricht. Der Ester $Si(OC^2H^5)^4$ entspricht dem Hydrate $Si(OH)^4$. Ebenso wie man über die Zusammensetzung der Hydrate nach den Salzen urtheilen kann, lässt sich dieselbe mit noch grösserem Rechte nach den Estern beurtheilen. Die Zusammensetzung der Ester entspricht derjenigen der Säuren, in welchen der Wasserstoff durch den Kohlenwasserstoffrest eines Alkohols z. B. durch C^2H^5 ersetzt ist; wenn man also diesen Rest durch Wasserstoff ersetzt, so ergibt sich die Zusammensetzung der Hydrate. Es lässt sich daher mit Sicherheit behaupten, dass wenigstens die beiden erwähnten Kieselerdehydrate existiren müssen. Wie wir später sehen werden, existiren in Wirklichkeit mehrere solcher Hydrate. Dass die Ester in der That den Kieselerdehydraten entsprechen, ergibt sich aus ihrer Zersetzbarkeit durch Wasser; in feuchter Luft zerfallen sie in Alkohol und das entsprechende Hydrat: übrigens erhält man immer nur das Hydrat $SiO(OH)^2$, das auch beim Aufbewahren von Kieselsäureestern an der Luft zuletzt als glasartige Masse zurückbleibt Das spezifische Gewicht dieses Hydrates beträgt 1,77; seine Zusammensetzung $SiO(OH)^2$ entspricht der Kohlensäure in ihren gewöhnlichen Salzen.

Siliciumbromid SiBr⁴ und **Siliciumbromoform** SiHBr³ stellen Substanzen dar, die ihren Reaktionen nach den Chlorverbindungen sehr ähnlich sind und ebenso wie diese auch dargestellt werden.

Siliciumjodoform SiHJ³ siedet bei 220°, besitzt das spez. Gewicht 3,4 und reagirt analog dem Siliciumchloroform; es entsteht zugleich mit Siliciumjodid SiJ⁴ beim Einwirken eines Gemisches von Wasserstoff und Jodwasserstoff auf erhitztes Silicium. Das **Siliciumjodid** selbst ist ein fester Körper, der bei 120° schmilzt, in einem Strome von CO^2 destillirt, an der Luft sich leicht entzündet und sich zu Wasser und anderen Reagentien wie Siliciumchlorid verhält Man erhält dasselbe durch direktes Einwirken von Joddämpfen auf erhitztes Silicium.

8) Die Eigenschaft des Flussspaths, CaF², Kieselerde SiO² in ein Gas und eine glasige, leicht schmelzende Schlacke von kieselsaurem Kalk überzuführen, wird im Laboratorium und in der Fabrikspraxis zur Trennung der Kieselerde von Basen benutzt. Dieselbe Reaktion utilisirt man auch zur Darstellung grösserer Mengen von SiF⁴, um dieses in Kieselfluorwasserstoffsäure zu verwandeln (vergl. weiter unten).

der Zersetzung des Aluminiumchlorids durch Wasser analog, denn ebendasselbe Aluminiumchlorid entsteht beim Auflösen von Thonerdehydrat in Chlorwasserstoffsäure. Die Grenze und die Richtung der Reaktion werden durch den relativen Gehalt an Wasser (und die Temperatur) bestimmt. Die Fähigkeit des Siliciumfluorids mit Wasser in Reaktion zu treten ist so bedeutend, dass es vielen Substanzen die Elemente des Wassers entzieht; Papier z. B. wird durch Siliciumfluorid ebenso verkohlt wie durch Schwefelsäure. Wasser löst gegen 300 Volum des Gases; hierbei findet jedoch nicht einfach ein Lösungsvorgang, sondern eine Reaktion statt, namentlich wenn wenig Siliciumfluorid, d. h. ein Ueberschuss an Wasser vorhanden ist. Zunächst scheidet sich bei der Absorption von Siliciumfluorid durch Wasser Kieselerdehydrat in Form von Gallerte aus, aber die Flüssigkeit enthält noch Siliciumfluorid, denn die entstehende Flusssäure löst wieder Kieselerde [9]) und bildet die sogenannte **Kieselfluorwasserstoffsäuro**: $H^2SiF^6 = SiF^4 + 2HF = SiH^2O^3 + 6HF - 3H^2O$. Dieselbe kann als Kieselerdehydrat SiH^2O^3, in dem O^3 durch F^6 ersetzt sind, betrachtet werden, denn es entsprechen ihr vollkommen bestimmte und ausgezeichnet krystallisirende Salze. Die vollständige Reaktion zwischen Siliciumfluorid und Wasser lässt sich durch folgende Gleichung zum Ausdruck bringen: $3SiF^4 + 3H^2O = SiO(OH)^2 + 2SiH^2F^6$. Die Kieselfluorwasserstoffsäure und das Kieselerdehydrat zeigen unter einander dieselbe Aehnlichkeit und denselben Unterschied im chemischen Charakter wie Wasser, H^2O, und Fluorwasserstoff, $2HF$. Das Kieselerdehydrat SiH^2O^3 ist eine schwächere Säure als die Kieselfluorwasserstoffsäure SiH^2F^6; ersteres ist unlöslich in Wasser, während letztere sich löst [10]).

---

9) Das Kieselerdehydrat SiO^2nH^2O entwickelt beim Lösen in wässriger Flusssäurelösung, $xHFnH^2O$, eine um so grössere Wärmemenge, je grösser x ist, und zwar x. 5600 W. E., von $x = 1$ bis zu $x = 8$ (Thomsen).

10) In Wirklichkeit ist die Reaktion allem Anscheine nach noch komplizirter, weil aus der wässrigen Lösung von SiF^4 sich kein Kieselerdehydrat, sondern (nach Schiff) ein Fluorhydrat, $Si^2O^3(OH)F$, ausscheidet, welches dem Pyrohydrate $Si^2O^3(OH)^2 = SiO(OH)^2SiO^2$ entspricht, so dass die Reaktion zwischen Siliciumfluorid und Wasser sich durch die folgende Gleichung ausdrücken lässt: $5SiF^4 + 4H^2O = 3SiH^2F^6 + Si^2O^3(OH)F + HF$. Berzelius behauptete jedoch, dass das ausgeschiedene Hydrat, wenn es gut ausgewaschen ist, kein Fluor enthält, was wahrscheinlich dadurch bedingt wird, dass die Verbindung $Si^2O^3(OH)F$ durch Wasser in HF und $Si^2O^3(OH)^2$ zersetzt wird. Mit SiF^4 gesättigtes Wasser entwickelt HF und SiF^4, infolgedessen das gallertartige Hydrat sich löst. Zu bemerken ist noch, dass die Kieselfluorwasserstoffsäure öfter für SiO^26HF angesehen wurde, da sie beim Auflösen von Kieselerde in Flusssäure entsteht; aber von den sechs Wasserstoffatomen können nur zwei durch Metalle ersetzt werden. Beim Eindampfen der Lösung zersetzt sich die Säure dann schon, wenn $6H^2O$ auf H^2SiF^6 kommen; sie liesse sich daher als $Si(OH)^42H^4O6HF$ betrachten, aber die entsprechenden Salze enthalten weniger Wasser. Da nun sogar wasserfreie Salze R^2SiF^6 existiren, so ist es am einfachsten, die Kieselfluorwasserstoffsäure sich als H^2SiF^6 vorzustellen.

Auch beim Auflösen von Kieselerdehydrat in einer Flusssäure-Lösung entsteht Kiselfluorwasserstoffsäure. Dieselbe ist nicht flüchtig, denn schon beim Erwärmen ihrer konzentrirten Lösung zersetzt sie sich, indem SiF^4 entweicht und in der wässrigen Lösung Flusssäure zurückbleibt. Durch dieses Verhalten erklärt es sich, dass Lösungen von Kieselfluorwasserstoffsäure Glas angreifen. Die Zersetzung verläuft rascher, wenn Schwefelsäure oder selbst andere Säuren zugesetzt werden. Mit Kalium- und Baryumsalzen bildet die Kieselfluorwasserstoffsäure Niederschläge, da die kieselfluorwasserstoffsauren Salze dieser Metalle wenig löslich sind: $2KX +\ H^2SiF^6 = 2HX + K^2SiF^6$. Der Niederschlag bildet sich nur langsam und erscheint Anfangs gallertartig, obgleich das Kieselfluorkalium in sehr kleinen Oktaëdern auftritt. Die Zersetzung ist vollständig, so dass diese Reaktion zur Darstellung von Säuren aus den entsprechenden Kaliumsalzen benutzt werden kann. Das Kieselfluornatrium ist bedeutend löslicher in Wasser. es krystallisirt im hexagonalen Systeme. Leicht löslich ist auch das Magnesiumsalz $MgSiF^6$, sowie das Kieselfluorcalcium. Die Salze der Kieselfluorwasserstoffsäure lassen sich nicht allein durch Einwirken dieser Säure auf die entsprechenden Basen, oder durch doppelte Umsetzungen darstellen, sondern auch durch Einwirken von Flusssäure auf kieselsaure Salze. Beim Erhitzen zerfallen die kieselfluorwasserstoffsauren Salze in SiF^4 und R^2F^2; durch Schwefelsäure werden sie unter Entwickelung von HF und SiF^4 zersetzt.

Wenn das Silicium SiH^4 bildet, so muss ihm, nach dem Substitutionsprinzip (Seite 286), eine Reihe von Hydraten oder Hydroxylderivaten entsprechen. Das erste Hydrat von Alkoholcharakter muss die Zusammensetzung $SiH^3(OH)$ besitzen, das zweite — $SiH^2(OH)^2$, das dritte — $SiH(OH)^3$ und das letzte — $Si(OH)^4$ [11]).

Wenn man gasförmiges Siliciumfluorid direkt in Wasser leitet, so wird durch das sich ausscheidende Kieselerdehydrat das Zuleitungsrohr verstopft. Dieses lässt sich vermeiden, wenn man letzteres in Quecksilber taucht, welches man unter das Wasser bringt, denn das Siliciumfluorid geht dann erst durch das Quecksilber und kommt nur an der Oberfläche desselben mit dem Wasser in Berührung. Das Kieselerdehydrat, das auf diese Weise dargestellt wird, setzt sich leicht ab und man erhält eine farblose Kieselfluorwasserstofflösung von angenehmem, aber deutlich saurem Geschmacke.

Mackintosh beobachtete, dass bei Anwendung von 9 procentiger Flusssäure die Einwirkung auf Opal im Laufe einer Stunde 77 pCt., dagegen auf Quarz nur $1^1/_2$ pCt erreichte. (im Vergleich zu der überhaupt möglichen Einwirkung). Hierin offenbart sich der Unterschied in der Konstitution der beiden Modifikationen der Kieselerde SiO^2 (vergl. weiter unten).

11) Es ist dies für das Verständniss der Natur der niederen Kieselerdehydrate von besonderer Wichtigkeit. Wenn man den höheren Hydraten Wasser entzieht, so ergeben sich verschiedene niedere Hydrate, welche dem Siliciumwasserstoff entsprechen. (Die Ameisensäure z. B. kann als $CH(OH)^3$ minus Wasser betrachtet werden). Diese Kieselerdehydrate müssen, analog der phosphorigen und unterphos-

Dieses letztere stellt das Hydrat der Kieselerde dar, denn es ist $SiO^2 + 2H^2O$ gleich; es entsteht auch beim Einwirken von Wasser auf Siliciumchlorid, wenn alle 4 Chloratome durch vier Hydroxyle ersetzt werden. Uebrigens verliert dieses Hydrat einen Theil seines Wassers ausserordentlich leicht.

Die Kieselerde oder das Kieselsäureanhydrid, SiO^2, geht sowol im freien Zustande, als auch in Verbindung mit anderen Oxyden in die Zusammensetzung der meisten Gesteine ein, welche die Erdrinde bilden. Diese kieselerdehaltigen Verbindungen sind ihren Eigenschaften, ihrer krystallinischen Form und ihrem gegenseitigen Verhalten nach so eigenartig, dass man sie (ebenso wie die

---

phorigen Säure, beim Erhitzen Siliciumwasserstoff entwickeln und Kieselerde, d. h. das dem höchsten Hydrate entsprechende Oxyd zurücklassen, was auch dem Verhalten organischer Hydrate analog ist, welche beim Erhitzen CO^2, die höchste Sauerstoffverbindung des Kohlenstoffs bilden. Solche unvollständige Hydrate der Kieselerde oder richtiger des Siliciumwasserstoffs sind zuerst von Wöhler (1863) dargestellt und von Geuther (1865) untersucht und nach ihrer Färbung Leukon und Silicon benannt worden.

Das weisse Hydrat—**Leukon**—besitzt die Zusammensetzung $SiH(OH)^3$ und entsteht bei langsamem Einleiten von Siliciumchloroform-Dämpfen in kaltes Wasser: $SiHCl^3 + 3H^2O = SiH(OH)^3 + 3HCl$. Das erhaltene Hydrat verharrt jedoch nicht in dem angegebenen Hydratationszustande, sondern verliert einen Theil seines Wassers, analog den entsprechenden Hydraten des Phosphors und Kohlenstoffs. Das Hydrat des Kohlenstoffs $CH(OH)^3$ verliert H^2O und bildet Ameisensäure $CHO(OH)$, während das des Siliciums mehr Wasser verliert, indem sich aus zwei Molekeln: $2SiH(OH)^3 - 3H^2O$ ausscheiden, so dass das Anhydrid $Si^2H^7O^3$ zurückbleibt, in welchem die beiden Wasserstoffatome aus SiH^4 stammen, wogegen aller Wasserstoff, der als Hydroxyl vorhanden war, austritt. Ein anderes weisses Hydrat, das dem eben beschriebenen analog ist, kann als dieses letztere $+ SiO^2$ betrachtet werden.

Das **Silicon** genannte gelbe Hydrat von der Zusammensetzung $Si^6H^4O^3$ entsteht beim Einwirken von Salzsäure auf eine Legirung von Silicium mit Calcium Es ist übrigens wahrscheinlicher, dass das Silicon eine einfachere Zusammensetzung besitzt und sich zum Hydrate $SiH^2(OH)^2$ ebenso verhält, wie das Leukon zum Hydrate $SiH(OH)^3$, denn hierbei lässt sich der Uebergang des ersteren in das letztere am einfachsten durch Verlust von Wasserstoff erklären: $SiH^2(OH)^2 - H^2 + H^2O = SiH(OH)^3$. Beim Erhitzen unter Ausschluss von Luft scheiden Leukon und Silicon Wasserstoff, Silicium und Kieselerde aus, was sich durch die Annahme erklären lässt, dass zunächst Kieselerde und Siliciumwasserstoff entstehen, wobei letzterer in Si und H^4 zerfällt. (Es ist dies analog der Zersetzung der phosphorigen und unterphosphorigen Säure in Phosphorsäure und Phosphorwasserstoff). Wenn aber diese niederen Hydrate an der Luft erhitzt werden, so entzünden sie sich und bilden Kieselerde. Durch Säuren werden sie nicht angegriffen, während beim Einwirken ätzender Alkalien Wasserstoff entweicht und die entstehende Kieselerde sich mit dem Alkali verbindet z. B. beim Leukon: $SiH^4O^3 + 2KHO = SiK^2O^3 + 2H^2O + H^2$. Saure Eigenschaften besitzen sie nicht, so dass bis jetzt keine niederen Säurehydrate des Siliciums bekannt sind, welche mit Alkalien Salze bilden und z. B. der Ameisensäure entsprechen würden. Es ist jedoch nicht zu vergessen. dass auch die Ameisensäure beim Erhitzen mit einem Aetzalkali kohlensaures Salz und Wasserstoff bildet: $CH^2O^2 + 2KHO = CK^2O^3 + H^2O + H^2$. Die Zersetzung des Leukons ist also dieselbe wie die Zersetzung der Ameisensäure, nur erfolgt sie bei letzterer beim Erhitzen und beim Leukon schon bei gewöhnlicher Temperatur.

Kohlenstoffverbindungen) in einem besonderen Gebiete der Natur-
wissenschaften und zwar in der Mineralogie behandelt, so dass
an dieser Stelle nur ein kurzer Ueberblick über diese Verbindungen gegeben werden soll. Zunächst beschreiben wir die Kieselerde
selbst, da diese in der Natur nicht selten als solche isolirt auftritt und oft ganze Gebirgsmassen bildet, die Quarzgebirge genannt werden. Im wasserfreien Zustande erscheint die Kieselerde
in den verschiedensten Gebirgsarten, zuweilen in ausgezeichnet
ausgebildeten Krystallen, welche zum hexagonalen Systeme gehören und sechsseitige, zu Pyramiden zugespitzte Prismen darstellen;
wenn die Prismen fortfallen, so erscheinen sechsseitige Pyramiden.
Die farblosen und durchsichtigen Krystalle, die besonders reine
Kieselerde darstellen, werden **Bergkrystalle** genannt. Die prismatischen
Bergkrystalle erreichen zuweilen eine sehr bedeutende Grösse und
da sie sich durch ihre Unveränderlichkeit, eine grosse Härte und
ein starkes Lichtbrechungsvermögen auszeichnen, so werden sie zu
Zierrathen, zu Petschaften und dgl. benutzt [12]). Graue oder braune Bergkrystalle werden **Rauchtopase** genannt; ihre Färbung ist
durch organische Stoffe bedingt, in deren Gegenwart sie in wässrigen Bildungen entstanden sein müssen. Der Rauchtopas tritt zuweilen in sehr bedeutenden Massen auf und findet dieselbe Verwendung wie Bergkrystall. Als **Amethyst** bezeichnet man Bergkrystalle, welche eine durch Mangan- und Eisenoxyd bedingte Färbung zeigen. Klare Amethyste von reiner Färbung werden als
Edelsteine geschätzt. Meistens erscheint der Amethyst in kleinen
Krystallen in Höhlungen — Drusenräumen, — welche von anderen
Gesteinen, namentlich aber von ebenderselben Kieselerde gebildet

---

12) Der Bergkrystall tritt in zwei verschiedenen Modifikationen auf, die sich
sehr leicht durch ihr verschiedenes Verhalten zu polarisirtem Lichte unterscheiden
lassen: durch die eine Modifikation wird die Polarisationsebene nach rechts
und durch die andere nach links abgelenkt; erstere bildet rechtshemiëdrische und
letztere linkshemiëdrische Krystalle. Hierauf beruht die Verwendung des Quarzes
zu Polarisationsapparaten. Trotz dieses physikalischen Unterschiedes, der natürlich
durch eine verschiedene Vertheilung der Quarzmolekeln bedingt wird, lässt sich
in den chemischen Eigenschaften nicht der geringste Unterschied entdecken;
sogar der Brechungsindex und die Dichte weisen keinen Unterschied auf. Das spezifische Gewicht des Bergkrystalls, welches, wie aus den zahlreichen und genauen
Bestimmungen von Steinheil hervorgeht sehr beständig ist, beträgt 2,66. Da der
Bergkrystall sich durch seine Unveränderlichkeit beim Einwirken von Reagentien,
seine geringe Hygroskopizität und seine bedeutende Härte auszeichnet, so bietet er
ein werthvolles Material dar, welches zu genauen physikalischen Apparaten und
namentlich zur Herstellung von normalen Gewichtssätzen benutzt wird. Gewichte
aus Bergkrystall sind viel genauer als irgend welche andere Metallgewichte (natürlich unter der Voraussetzung einer genauen Aichung), denn sie leiden weder durch
Reibung, noch auch durch atmosphärische Einflüsse und die auf Wägung in der
Luft erforderliche Korrektur lässt sich infolge der konstanten Dichte des Bergkrystalls sehr genau ausführen.

werden. Wasserfreie Kieselerde wird ferner in durchsichtigen, nicht krystallinischen Massen angetroffen, welche das gleiche spezifische Gewicht (2,66) wie der Bergkrystall besitzen und unter der Bezeichnung **Quarz** bekannt sind. Zuweilen bildet der Quarz ganze Gebirgsarten, meistens ist er jedoch in anderen Gebirgsarten zwischen verschiedenen Kieselerdeverbindungen vertheilt. Im Granit z. B. ist der Quarz mit Feldspath und ähnlichen Substanzen gemengt. Manche Quarzmassen zeigen so tiefe Färbungen, dass nur ganz dünne, daraus geschnittene Platten durchsichtig sind. Oefters kommen aber auch durchsichtige Quarzmassen vor, die nur schwache, jedoch verschiedene Farben zeigen. Dass der Quarz der Einwirkung des Wassers widersteht, lässt sich in der Natur an ungeheuren Massen ersehen. Wenn Gebirgsarten durch Wasser allmählich zerstört werden, so gehen die darin enthaltenen kieselerdehaltigen Mineralien theils in Lösung, theils in Thon und ähnliche Bildungen über, während der Quarz intakt bleibt und in denselben Körnern auftritt, in welchen er sich in der zerstörten Gebirgsart befand; wenn solche Quarzkörner zuweilen durch mechanische Einflüsse genügend zerkleinert werden, so können sie durch fliessendes Wasser fortgetragen und dann als Sand abgesetzt werden. Die Hauptmasse des **Sandes** besteht meistens aus Quarzkörnern, welche aus ausgewaschenen Gebirgsarten stammen, die durch Wasser zerstört worden sind. Natürlich können im Sande auch andere Gesteine vorkommen, die vom Wasser gar nicht oder nur wenig angegriffen werden, da aber solche Gesteine bei lange andauernder Einwirkung des Wassers dennoch allmählich zerstört werden, so trifft man öfters Sand, der fast aus reinem Quarze besteht. Der gewöhnliche Sand besitzt infolge geringer Beimengungen von eisenhaltigen Mineralien und eisenhaltigem Thone eine gelbe oder rothbraune Farbe. Sehr reiner Sand, sogenannter Quarzsand findet sich übrigens sehr selten; er kennzeichnet sich durch seine Farblosigkeit und dadurch, dass beim Zusammenschütteln desselben mit Wasser, dieses nicht getrübt wird; eine Trübung würde auf beigemengten Thon hinweisen. Beim Zusammenschmelzen mit Basen gibt der Quarzsand ein farbloses Glas; daher wird er als ein werthvolles Material zur Glasbereitung geschätzt. Die Bildung von Sand muss zu allen Lebensperioden unserer Erde stattgefunden haben; die ältesten Sandschichten wurden von neueren Bildungen bedeckt, welche auf dieselben einen Druck ausübten, verschiedene Substanzen drangen (mit dem atmosphärischen Wasser) in den Sand ein, infolge dessen die unteren Schichten sich verdichteten und in steinige Massen, die sogenannten **Sandsteine** übergingen. Die Sandsteine bilden stellenweise ganze Gebirgszüge und werden als ausgezeichnetes Baumaterial verwandt, da sie dem Einfluss der Atmosphäre widerstehen und aus massiven Gebirgsmassen leicht in gros-

sen Stücken von regelmässigen Formen ausgebrochen werden können, was durch ihre Entstehung aus im Wasser abgesetzten Sandschichten zu erklären ist, wie dies soeben beschrieben wurde.

Vollkommen reine und wasserfreie Kieselerde erscheint nicht
allein als Bergkrystall und Quarz vom spezifischen Gewicht 2,6,
sondern auch in einer andern Form, welche andere chemische und
physikalische Eigenschaften besitzt. Diese Modifikation der Kieselerde, deren spezifisches Gewicht 2,2 beträgt, entsteht beim Schmelzen von Bergkrystall und beim Glühen von Kieselerdehydraten[13]).
Letztere verlieren schon in schwacher Rothglühhitze alles Wasser
und lassen eine äusserst feine, vollkommen amorphe Masse von SiO^2
zurück (welche sich durch Wasser leicht abschlämmen lässt, aber dasselbe nur schwer annimmt). Diese amorphe Kieselerde ist so locker,
dass sie schon bei ganz schwachem Aufblasen in Form eines weissen Rauches in die Luft steigt. Sie lässt sich aus Gefässen giessen und nimmt wie eine Flüssigkeit immer eine horizontale Oberfläche an. In der stärksten Hitze lässt sie sich, wie auch der
Quarz nicht zum Schmelzen bringen, aber in der Knallgasflamme
schmilzt sie zu ebenderselben farblosen Glasmasse zusammen, welche auch beim Schmelzen von Bergstall entsteht. In diesem Zustande besitzt die Kieselerde das spezifische Gewicht 2,2. Beide
Modifikationen der Kieselerde sind in Säuren unlöslich, Alkalilauge wirkt, selbst wenn dieselben als Pulver vorliegen, nur äussert langsam und schwach ein; der Bergkrystall widersteht jedoch
dieser Einwirkung bedeutend besser als das beim Glühen von Kieselerdehydrat resultirende Pulver. Letzteres lässt sich, wenn auch
nur allmählich, so doch vollständig in erwärmter Kalilauge
lösen. Durch diese leichtere Löslichkeit zeichnet sich die wasserfreie Kieselerde vom spezifischen Gewich 2,2 vor der Kieselerde
aus, deren spez. Gew. 2,6 beträgt. Auch durch Flusssäure wird
erstere leichter als letztere in SiF^4 übergeführt. Beim Zusammenschmelzen mit Alkalien verbinden sich beide Modifikationen, wenn
sie in Pulverform angewandt werden, leicht mit diesen Basen und
bilden eine glasartige Schmelze, welche nichts anderes als ein der
Kieselerde als Säure entsprechendes Salz darstellt. Das gewöhnliche Glas ist ein ähnliches Salz, das die Kieselerde mit Alkalien
und alkalischen Erden bildet. Wenn letztere fehlen, d. h. wenn
die Kieselerde nur mit Alkali zusammengeschmolzen wird, so
entsteht lösliches Glas oder sogen. **Wasserglas**, das sich in Wasser
lösen lässt. Zur Darstellung von Wasserglas wird Pottasche oder

---

13) Ausserdem sind Modifikationen bekannt, die in feinen Krystallen erscheinen.
Zu diesen gehört das in Steiermark aufgefundene und **Tridymit** genannte Mineral vom
spezifischen Gewicht 2,3. Die Krystalle des Tridymits unterscheiden sich sehr deutlich von den Quarzkrystallen, besitzen aber dieselbe Härte, wie letztere. Die Härte
des Quarzes gibt nur unbedeutend der des Diamants und des Rubins nach.

Soda, oder besser ein Gemisch derselben (das leichter schmilzt) mit feinem Sande zusammengeschmolzen. Noch besser und vollständiger erfolgt die Sättigung der Alkalien durch die Kieselerde, wenn man die Alkalihydrate in Lösung auf Kieselerdehydrate einwirken lässt, welche in der Natur vorkommen, wie z. B. der Tripel oder Kieselguhr, welche aus den mikroskopischen Kieselpanzern von Infusorien bestehen und zuweilen in Form von Sandmassen bedeutende Lager bilden. Der Tripel wird zum Poliren benutzt (Polirschiefer), und zwar nicht allein seiner Härte wegen, sondern auch theils infolge der zugespitzten Formen der mikroskopischen Kieselpanzer, die jedoch keine scharfen Kanten besitzen und daher beim Poliren von Metallen nicht kratzen, wie dies der Sand thut. Wenn Tripel in einem Dampfkessel unter Druck mit Natronlauge (oder Kalilauge) erhitzt wird, so löst er sich, da er aus Kieselerdehydrat vom spezifischen Gewicht 2,2 mit einem geringen Wassergehalt besteht [14]). In den auf diese Weise entstehenden Lösungen ist das Verhältniss zwischen dem Gehalt an Kieselerde und Alkali ein verschiedenes. Um einen möglichst grossen Kieselerdegehalt zu erreichen, muss man der Lösung während des Erwärmens Kieselerdehydrat zusetzen. Letzteres entsteht, wenn zu irgend einer Lösung, die Kieselerde und ein Alkali enthält, allmählich Salz- oder Schwefelsäure zugesetzt wird. Wenn hierbei

---

14) Die natürlich vorkommende Kieselerde erscheint gleichfalls in zwei Modifikationen. Opale und Tripel (Infusorienerde) besitzen das spezifische Gewicht 2,2 und lösen sich relativ leicht in ätzenden Alkalien und in Flusssäure. Chalcedone, Feuersteine, Achate und andere Kieselerdearten, die zweifellos aus wässrigen Lösungen entstanden sind, enthalten öfters noch Wasser zeigen das spezifische Gewicht 2,6 und entsprechen ihrer schweren Löslichkeit nach dem Quarze. Dieselbe Modifikation der Kieselerde durchtränkt zuweilen die Holzcellulose und bildet eine der gewöhnlichsten Form versteinerter Hölzer, denen man die Kieselerde durch Flusssäure entziehen kann. Aus der nach dem Behandeln mit dieser Säure zurückbleibenden Cellulose lässt sich deutlich ersehen, dass die Kieselerde im löslichen Zustande in die Holzzellen eingedrungen sein muss. in denen sie sich als Hydrat abgesetzt hat, welches dann durch Wasserverlust in die Kieselerde vom spezifischen Gewicht, 2,6 übergegangen ist. Die Kieselerdestalaktiten einiger Höhlen sind gleichfalls aus wässrigen Lösungen entstanden und besitzen dennoch das spezifische Gewicht 2,6. Da unter Chalcedonen öfters Amethystkrystalle vorkommen und da Friedel und Sarrassin (1879) durch Erhitzen von Wasserglas mit überschüssigem Kieselerdehydrat in verschlossenem Gefässe künstlichen Bergkrystall dargestellt haben, so ist es zweifellos, dass auch der Bergkrystall selbst aus Kieselerdegallerte in wässriger Lösung entstanden sein muss. Chrustschow erhielt Bergkrystalle direkt aus löslicher Kieselerde. Aus dem Kieselerdehydrate kann folglich sowol die Modifikation vom spezifischen Gewicht 2,2, als auch die beständigere Modifikation vom spezif. Gewicht 2,6 entstehen; beide erscheinen amorph und krystallinisch, sowol mit einem geringen Gehalt an Wasser, als auch wasserfrei. Um das soeben Beschriebene zum Verständnisse zu bringen, muss man annehmen, dass die Kieselerde dimorph ist. Die Ursache des Dimorphismus ist in dem verschiedenen Polymerisations-Grade der Kieselerde zu suchen.

eine gewisse Vorsicht beobachtet wird und die Kieselerdelösung stark genug ist, so erstarrt die ganze Masse zu einer Gallerte, denn das **Kieselerdehydrat** scheidet sich aus seinen Salzen beim Einwirken von Säuren in dieser Form aus. Der Zersetzung entspricht die typische Gleichung: $Si(ONa)^4 + 4HCl = 4NaCl + Si(OH)^4$. Das sich ausscheidende Hydrat $Si(OH)^4$ verliert leicht einen Theil seines Wassers und bildet eine Gallerte, welche die ganze Masse zum Erstarren bringt, wenn nur die Lösung konzentrirt genug ist [15]).

15) Die angeführte Gleichung entspricht nicht der wirklichen Reaktion, denn erstens besitzt die Kieselerde in hohem Grade die Fähigkeit, in verschiedenartige Verbindungen mit Basen einzugehen, worin sie sogar die Molybdän- und Wolframsäure übertrifft, infolge dessen die Formel $SiNa^4O^4$ nicht genau, sondern gleichsam nur schematisch ist. Zweitens bildet die Kieselerde auch verschiedene Hydrate. Die Lösungen enthalten daher gewöhnlich nicht $Si(ONa)^4$, sondern verschiedene Verbindungsstufen der Kieselerde mit Basen, und das sich ausscheidende Hydrat hat man in Wirklichkeit nicht mit einem so hohen Gehalt an Wasser, der der Formel $Si(OH^4)$ entsprechen würde, erhalten, sondern immer mit einem geringeren. Dieses in Wasser unlösliche gallertartige Hydrat kann sich (wenn es noch nicht getrocknet ist) in einer Sodalösung lösen (nach dem Trocknen wird es unlöslich). Die Zusammensetzung des an der Luft getrockneten Hydrats entspricht den gewöhnlichen Salzen der Kohlensäure, seine Formel ist folglich SiH^2O^3 oder $SiO(OH)^2$. Bei gleichmässig fortgesetztem Erwärmen scheidet sich das Wasser allmählich aus und es entstehen verschiedene Hydratationsstufen von der Zusammensetzung $SiH^2O^3nSiO^2$ oder allgemeiner $nSiO^2mH^2O$, wobei $m < n$ ist. Die Existenz solcher Hydrate muss nothwendigerweise angenommen werden, da die verschiedenartigsten Verbindungsstufen der Kieselerde mit Basen bekannt sind. Diese Eigenthümlichkeit der Kieselerde ist durchaus keine exklusive, denn ähnliche Erscheinungen treffen wir auch bei der Molybdän- und Wolframsäure (vergl. weiter unten). Die Zusammensetzung des Kieselerdehydrats, das bei einer 30° nicht übersteigenden Temperatur getrocknet ist, nähert sich der Formel $H^4Si^3O^8 = (H^2SiO^3)^2SiO^2$; bei 60° verliert es noch mehr Wasser und enthält folglich mehr Kieselerde; bei 100° ist die Zusammensetzung des Hydrats $SiH^2O^32SiO^2$ und wird es bei 250° getrocknet, so entspricht das entstehende Hydrat der Formel $SiH^2O^37SiO^2$. Wenn man das Wasser als Base, d. h. als Konstitutionswasser betrachtet, so erscheint das erste Hydrat, SiO^22H^2O, als Monosilikat, das den kieselsauren Salzen von der Zusammensetzung $(RO)^2SiO^2$ entspricht, während das bei 100° entstehende Hydrat ein den Salzen $RO3SiO^2$ entsprechendes Hexasilikat ist.

Nach Hager (1888) entsteht beim Zersetzen von $CaSiO^3$ durch Salzsäure ein krystallinisches Hydrat von der Zusammensetzung $H^2SiO^33H^2O$.

Diese, sowie die vorhergehenden Daten, weisen auf die komplexe Zusammensetzung der Molekeln der wasserfreien Kieselerde hin. Das Hydrat $Si(OH)^4$ ist höchst unbeständig und geht leicht in $SiO(OH)^2$ über, welches ebenso leicht noch mehr Wasser verliert und Hydrate von der Zusammensetzung $(SiO^2)^n$ $(H^2O)^m$ bildet, wobei m immer kleiner und kleiner als n wird. In den natürlich vorkommenden Kieselerdehydraten geht dieser Verlust an Wasser ganz kontinuirlich und so zu sagen unmerklich so weit, dass n unvergleichlich grösser als m wird und zuletzt entsteht wasserfreie Kieselerde, und zwar in zwei Modifikationen: vom spezifischen Gewicht 2,6 und 2,2. Der Zusammensetzung $(SiO^2)^{10}H^2O$ entspricht noch ein Gehalt an 2,9 pCt Wasser; in vielen natürlich vorkommenden Hydraten ist derselbe noch geringer. Es sind z. B. Opale bekannt, die nicht mehr als 1 pCt Wasser enthalten, während in anderen der Wassergehalt auf 7 und sogar 10 pCt steigt. Da das gallertartige Kieselerdehydrat das künstlich dargestellt wird, nach

In Wasser sind weder die beiden Mo.,ifikationen der wasserfreien Kieselerde, noch die verschiedenen, natürlich vorkommenden, gallertartigen Hydrate direkt löslich. Dennoch ist die Kieselerde auch in wasserlöslichem Zustande, als lösliche Kieselerde bekannt, welche auch in der Natur vorkommt. Geringe Mengen löslicher Kieselerde finden sich in jedem Wasser. Einige Mineralquellen, und besonders heisse Quellen, von denen die Geiser in Is-
land und im Nordamerikanischen Nationalparke (am Yellowstone-
Fusse) am bekanntesten sind, enthalten grössere oder geringere
Mengen von Kieselerde in Lösung. Wenn solches Wasser z. B.
in Holz eindringt, es durchtränkt und hierbei die gelöste Kieselerde absetzt, so versteinert das Holz. Aus ähnlichen Lösungen entstehen auch die Kieselerdestalaktiten und verschiedene andere Kie-
selerde-Bildungen, indem sich unter verschiedenen Bedingungen aus
der wässrigen Lösung zunächst Kieselerdegallerte ausscheidet, welche allmählich Wasser verliert und in steinartige Massen übergeht. Auch das Auftreten von Kieselerde in den Pflanzen und den
niederen Organismen, welche einen Kieselpanzer besitzen, erklärt
sich in der Weise, dass diese sowie die Pflanzen (durch ihre Wurzeln) kieselerdehaltige Lösungen aufnehmen, welche fortwährend
in der Natur entstehen. In bedeutender Menge lagert sich Kieselerde in den Grasgewächsen, den Schachtelhalmen und namentlich
im Bambusrohr ab.

Das Kieselerdehydrat ist ein Kolloid, als dessen Hydrogel das
unlösliche gallertartige Hydrat der Kieselerde erscheint, während
die lösliche Kieselerde das Hydrosol darstellt (Kap. 17). Beide
Modifikationen lassen sich leicht aus Wasserglas erhalten.
Dieselben Substanzen, d. h. wässrige Lösungen von Wasserglas und Säuren können in ein und demselben Verhältnisse angewandt sowol gallertartige, als auch lösliche Kieselerde bilden,
je nachdem beim Mischen der Lösungen verfahren wird. Wenn
zu einer alkalischen Kieselerdelösung allmählich unter fortwährendem Umrühren die Säure *zugesetzt* wird, so tritt ein Moment ein, in welchem die ganze Masse zu einer Gallerte, zu Hydrogel, erstarrt; das Kieselerdehydrat scheidet sich hierbei aus
alkalischer Lösung aus und wird unlöslich. Wenn aber umgekehrt

---

dem Trocknen das Aussehen und viele Eigenschaften der natürlichen Opale besitzt
und da es ebenso kontinuirlich und leicht Wasser verliert, so kann es keinem
Zweifel unterliegen, dass der Uebergang von $(SiO^2)^n(H^2O)^m$ in die wasserfreie,
amorphe und krystallinische Kieselerde allmählich vor sich geht. Es ist dies aber
nur dann möglich, wenn n eine bedeutende Grösse erreicht, daher muss in den
Hydraten die Kieselerde-Molekel zweifellos komplizirt sein, infolge dessen auch die
wasserfreie Kieselerde vom spezifischen Gewichte 2,2 und 2,6 nicht aus SiO^2,
sondern aus der komplexen Molekel Si^nO^{2n} bestehen wird. Die Kieselerde besitzt
also eine polymere Struktur, nicht die einfache, welche durch die Formel SiO^2
ausgedrückt wird.

verfahren wird, d. h. wenn die Wasserglaslösung in die *Säure gegossen wird* oder wenn das Wasserglas mit einer grösseren Säuremenge auf einmal versetzt wird, so tritt die frei werdende Kieselerde in saurer Lösung auf und bleibt als lösliches Hydrat, als Hydrosol, gelöst [16]).

Aus der Lösung des Kieselerdehydrosols, welche man durch Mischen überschüssiger Salzsäure mit Wasserglas herstellt, lässt sich sowol die Säure HCl, als auch das Salz NaCl mittelst Dialyse entfernen [17]), wie dies zuerst von Graham (im Jahre 1861) ausgeführt wurde, welcher den Begriff des Kolloids feststellte und überhaupt zahlreiche andere wichtige chemische Untersuchungen ausführte. In den Dialysator, d. h. das mit einer Membran verschlossene Gefäss, bringt man die Flüssigkeit, in welcher die Säure, das Salz und die Kieselerde sich in Lösung befinden, während in das den Dialysator umgebende Gefäss Wasser gegossen wird, das von Zeit zu Zeit zu erneuern ist. Dass durch die Membran verschiedene Substanzen mit ungleicher Geschwindigkeit durchdringen lässt sich folgendermassen veranschaulichen; das Durchdringen durch die Membran erfolgt in beiden Richtungen und wenn auf beiden Seiten derselben die Lösung die gleiche Konzentration besitzt, so wird auch in einer bestimmten Zeit von beiden Seiten aus die gleiche Anzahl von Partikelchen der gelösten Substanz durch die Membran gehen. Wenn aber der Gehalt an gelöster Substanz auf beiden Seiten der Membran verschieden ist, so wird das ganze System das Bestreben zeigen ins Gleichgewicht zu kommen, d. h.

---

16) In Gegenwart von überschüssiger Säure lässt sich die Kieselerde leichter in Lösung halten da die Kieselerdegallerte, die nach der oben beschriebenen Methode dargestellt, aber nicht bis auf 60° erwärmt wurde, die also mehr Wasser enthält als das Hydrat H_2SiO_3, in säurehaltigem Wasser sich leichter, als in reinem Wasser löst. Dieser Umstand weist scheinbar auf die schwach entwickelte Fähigkeit der Kieselerde, sich mit Säuren zu verbinden, hin und man könnte sogar annehmen, dass in solchen Lösungen das Kieselerdehydrat sich in Verbindung mit dem Ueberschuss der Säure befinde, wenn nicht Graham vollkommen säurefreie lösliche Kieselerde dargestellt hätte und wenn in der Natur nicht ebensolche säurefreie Lösungen vorkommen würden. Jedenfalls lässt sich aus mit Wasser verdünntem Wasserglase eine ziemlich konzentrirte Lösung von freier Kieselerde oder Kieselsäure darstellen, welche aber auch Chlornatrium und den Ueberschuss der angewandten Säure enthalten wird. Wenn man eine solche Lösung an der Luft oder in einem verschlossenen Gefässe, sowie auch unter verschiedenen anderen Bedingungen stehen lässt, so scheidet sich mit der Zeit von selbst unlösliche Kieselerdegallerte aus; die lösliche Form der Kieselerde ist also ebenso wenig beständig, wie die lösliche Form der Thonerde. Die analogen Formen der Molybdän- und Wolframsäure lassen sich erwärmen, eindampfen und längere Zeit hindurch aufbewahren, ohne dass die Umwandlung der löslichen Form in die unlösliche stattfindet.

17) Vergl. Seite 73, Anm. 18. In den Dialysator giesst man die mit überschüssiger Salzsäure vermischte Wasserglas-Lösung und in das äussere Gefäss Wasser, welches beständig erneuert wird. Auf diese Weise werden NaCl und HCl allmählich entfernt und im Dialysator bleibt das Hydrosol zurück.

die gelöste Substanz wird von der Seite aus, wo sie sich in grösserer Menge befindet, durch die Membran auf die andere Seite zu dringen suchen, wo sie fehlt oder nur in geringer Menge enthalten ist. Die Fähigkeit Membranen zu durchdringen, welche in Wasser aufquellen, kommt allen in Wasser löslichen Stoffen zu, aber die Geschwindigkeit des Durchdringens ist verschieden, so dass mittelst des Dialysators verschiedene Stoffe wie durch ein Sieb getrennt werden können, denn einige durchdringen die Membran schnell, andere nur langsam. Metallchloride und HCl gehören zu den Krystalloiden, welche leicht durch Membranen dringen. In dem oben erwähnten Beispiele werden daher aus dem Dialysator in das ihn umgebende Wasser Chlorwasserstoff und Chlornatrium mit relativ grosser Geschwindigkeit gelangen, während die wässrige Lösung der kolloidalen Kieselerde wol auch durch die Membran dringen wird, jedoch unvergleichlich langsamer, so dass man durch wiederholtes Erneuern des Wassers im äusseren Gefässe alle Chlorverbindungen dem Dialysator entziehen kann, in welchem dann nur eine Lösung von Kieselerde zurückbleibt. Diese Entziehung kann so vollständig sein, dass in einer dem Dialysator entnommenen Probe selbst salpetersaures Silber keinen Niederschlag hervorruft. Graham erhielt auf diese Weise lösliche Kieselerde, welche deutlich sauer reagirte. Doch die saure Reaktion verschwindet schon beim Versetzen mit einer ganz geringen Menge von Alkali: auf 10 Molekeln gelöster Kieselerde genügt schon eine Molekel Alkali, um der Flüssigkeit eine alkalische Reaktion zu ertheilen. Eine solche Kieselerdelösung wird mit der Zeit trübe (sie gerinnt, koagulirt); dasselbe geschieht beim Erwärmen, beim Verdunsten unter dem Rezipienten der Luftpumpe u. s. w. — das Hydrosol geht in Hydrogel, das lösliche Hydrat in das gallertartige über.

Es existirt also ausser der gallertartigen Form des Kieselerdehydrats noch eine in Wasser lösliche Modifikation, wie dies auch bei der Thonerde der Fall ist. Solche sich leicht ändernde Eigenschaften und ganz dasselbe Verhalten zum Wasser zeigt auch eine ganze Reihe anderer Stoffe, welche in der Natur eine grosse Bedeutung haben. Besonders zahlreich sind diese Stoffe unter den organischen Verbindungen und namentlich in denjenigen Klassen derselben, welche das Hauptmaterial zur Bildung der Thier- und Pflanzenkörper liefern. Es genügt hier z. B. an den Leim zu erinnern, der als Tischlerleim, Gelatine und andere Leimsorten, wie in Form von Gallerte und Gelée allgemein bekannt ist. In Lösung wird der Leim als Klebmittel benutzt und in unlöslichem Zustande geht er in die Zusammensetzung der Haut und der Knochen ein. Diese verschiedenen Zustände des Leims sind den verschiedenen Zuständen der Kieselerde ganz analog. Die Fähigkeit zur Bildung von Gallerte ist dieselbe wie bei der Kiesel-

erde und auch die Klebrigkeit der beiden Stoffe ist die gleiche, denn
die lösliche Kieselerde klebt ebenso wie eine Leimlösung. Dasselbe
Verhalten zeigen: Stärke, Gummi, Eiweiss und eine ganze Reihe
von anderen ähnlichen Stoffen. Die Membranen, welche zur Dialyse
benutzt werden, sind gleichfalls unlösliche, gallertartige Formen
von Kolloiden. Die Körper der Thiere und Pflanzen bestehen aus
einer ähnlichen, in Wasser unlöslichen Masse, welche der Gallerte
des unlöslichen Kieselerdehydrats oder des Leimes entspricht.
Das beim Kochen von Eiern gewonnene Eiweiss erscheint als typische Form des gallertartigen Zustandes, in welchem solche
Stoffe im Thierkörper auftreten. Aus diesen wenigen Beispielen
lässt sich bereits ersehen, von welcher Bedeutung die Umwandlungen, die sich an der Kieselerde so scharf beobachten lassen,
für die Gesammtheit vieler Naturerscheinungen sind. Die sich hierauf beziehenden Thatsachen, welche in den Jahren 1861—1864
von Graham beobachtet wurden, gehören daher zu den wichtigsten
Errungenschaften zur Aufklärung der Bildung organischer Formen.
Der leichte Uebergang aus dem Hydrogel in das Hydrosol ist die
erste Bedingung, welche die Entwickelung von Organismen ermöglicht.
Das Blut enthält Hydrosole, während der Körper, die Muskeln und
Gewebe, besonders an der Oberfläche des Körpers aus Hydrogelen
derselben Stoffe bestehen. Bei der Entstehung von Geweben aus
Blut gehen Hydrosole in Hydrogele über [18]). Zu den Grundeigenschaften aller Kolloide gehören: ihre Eigenschaft nicht zu krystallisiren und die Fähigkeit unter dem Einfluss von augenscheinlich schwachen Reagentien aus dem löslichen Zustande in den unlöslichen überzugehen und gallertartige Hydrogele zu bilden [19]).

Nach ihrer **Eigenschaft Salze zu bilden** steht die Kieselerde in der
Reihe der Oxyde gerade an der Grenze der Säuren, an derselben
Stelle, an welcher die Thonerde sich bei den Basen befindet; das
Thonerdehydrat erscheint als Repräsentant der schwächsten Basen
und das Kieselerdehydrat als eine der am wenigsten chemische

18) Ein analoger Vorgang findet in den Pflanzen statt; wenn dieselben z. B.
für das nächste Jahr einen Vorrath an Material ansammeln, so dringen die Hydrosole enthaltenden Lösungen aus den Blättern und Stengeln in die Wurzeln und
andere Theile ein, in welchen die Umwandlung der Hydrosole in Hydrogele erfolgt,
d. h. in die unlösliche, schwer veränderliche Form, die sich bis zur neuen Ent-
wickelungsperiode im nächsten Frühling hält. Dann entstehen aus dieser Form von
Neuem Hydrosole, die wieder in die Pflanzensäfte eintreten und als Material zur
Entwickelung der Hydrogele dienen, welche in den Blättern und anderen Theilen
der Pflanzen enthalten sind.

19) Die Kolloide besitzen eine komplizirtere chemische Zusammensetzung, d. h. ein
grösseres Molekulargewicht und ein grösseres Molekularvolum, infolge dessen sie
durch Membranen nicht durchdringen und in ihren physikalischen und chemischen
Eigenschaften leicht Aenderungen erleiden. Allen Kolloiden fehlt eine scharf hervortretende chemische Energie, sie sind meistens schwache Säuren.

Energie besitzenden Säuren (wenigstens in Gegenwart von Wasser, d. h. in wässriger Lösung). Dennoch treten in der Thonerde die basischen Eigenschaften vollkommen deutlich hervor, in der Kieselerde dagegen ausschliesslich die Säureeigenschaften. Wie alle schwachen Säureoxyde kann die Kieselerde wenig beständige, salzartige Substanzen bilden, welche in Wasser sehr leicht durch andere Säuren zersetzt werden; trotzdem geht sie aber in Gegenwart von Wasser mit anderen Säuren nicht in Verbindungen ein, während die Thonerde, die mit Säuren salzartige Körper bildet, gleichzeitig auch die Fähigkeit besitzt, wie alle schwach basischen Oxyde, sich noch mit Alkalien zu verbinden. Die Salze der Kieselerde (Kieselsäure) sind nach den verschiedensten Typen zusammengesetzt, und darin liegt die wichtigste Eigenthümlichkeit derselben. Die Salze der Salpeter- oder Schwefelsäure treten in einer, zwei, drei ziemlich konstanten Formen auf, während bei solchen Säuren, wie die Kieselsäure, die Zahl dieser Formen sehr gross, dem Anschein nach, sogar unbegrenzt ist. Es beweisen dies namentlich die in der Natur verbreiteten kieselsauren Mineralien, welche verschiedene Basen in Verbindung mit Kieselerde enthalten, und zwar in der Weise, dass ein und dieselbe Base öfters die verschiedenartigsten Verbindungsstufen bildet. Wie schwache Basen, ausser den neutralen Salzen noch basische bilden können, d. h. neutrale Salze + der schwachen wasserhaltigen (oder wasserfreien) Base, so bilden auch schwache Säureoxyde (jedoch nicht alle), ausser den neutralen Salzen, noch saure Salze, d. h. neutrale Salze + der Säure (Anhydrid oder Hydrat). Zu solchen Säuren gehören die Bor-, Phosphor-Molybdänsäure, sogar die Chromsäure und besonders die Kieselsäure. Alle diese Säuren sind nicht flüchtig.

Zur Aufklärung dieser Verhältnisse erinnern wir zunächst an die Existenz der vielen Kieselerdehydrate [20]) und lenken sodann

20) Es befindet sich dies in Uebereinstimmung mit der allgemein angenommenen Vorstellung über das Verhältniss zwischen Salzen und Säuren, ist aber für die Erforschung der Kieselerdeverbindungen von geringem Nutzen, denn: 1) Hydrate sind nichts anderes als Wasserstoffsalze, infolge dessen sie in demselben Verhältniss zu einander stehen müssen, wie die Salze. 2) Das Hydrat von der Zusammensetzung $SiO^2 2H^2O$ ist fast unbekannt, ebenso wie Verbindungen von SiO^2 mit einer grösseren Menge von H^2O; dagegen existiren Salze, die einen noch grösseren Gehalt an Basen aufweisen. Es wird also eigentlich eine Erklärung der Fähigkeit von $(SiO^2)^n$ sich mit $(RO)^m$ zu verbinden nothwendig, wobei n grösser als m und $R = H^2$ sein kann. Das Verständniss können hier die Daten erleichtern, welche man bei der Untersuchung von Kohlenstoffverbindungen erhalten hat, und zwar zunächst in Bezug auf das Glykol. Als Glykol bezeichnet man die Verbindung $C^2H^6O^2$, welche sich vom gewöhnlichen Alkohol C^2H^6O nur dadurch unterscheidet, dass sie ein Sauerstoffatom mehr enthält, und welche als Hydrat mit zwei Hydroxylen zu betrachten ist, denn beide Hydroxyle lassen sich der Reihe nach durch Chlor ersetzen und in beiden kann der Wasserstoff durch Natrium und verschiedene Säurereste ersetzt werden. Die Zusammensetzung des Glykols muss daher durch die Formel $C^2H^4(OH)^2$

die Aufmerksamkeit auf die Analogie der Kieselerdeverbindungen mit den Metalllegirungen. Die Kieselerde ist ein Oxyd, welches dasselbe Aussehen und in vielen Beziehungen dieselben Eigenschaften besitzt, wie die Oxyde, die sich mit ihr verbinden. Wenn nun zwei Metalle homogene Legirungen bilden können, in welchen sie als bestimmte oder unbestimmte Verbindungen auftreten, so ist natürlich auch die Annahme zulässig, dass analoge Oxyde dieselbe Fähigkeit, mit einander Legirungen zu bilden, besitzen können. Solche Legirungen sehen wir in der That in den unbestimmten, amorphen Massen des Glases, der Lava. der Schlacken und vieler anderen analogen kieselerdehaltigen Stoffe, welche keine bestimmten Verbindungen enthalten, dennoch aber vollkommen homogen sind. Aus diesen homogenen Massen können sich bei langsamem Abkühlen und unter manchen anderen Bedingungen zuweilen, aber nicht immer, bestimmte krystallinische Verbindnngen ausscheiden, ebenso wie aus Metalllegirungen zuweilen bestimmte Legirungen der Metalle auskrystallisiren. In derselben Weise muss wol auch zum Theil in der Natur die Bildung der Krystalle von Mineralien vor sich gegangen sein. Ob nun durch Wasser oder durch Feuer, jedenfalls aber in flüssigem Zustande, müssen die Oxyde, welche die Erdrinde und deren krystallinische Mineralien bilden, mit einan-

---

ausgedrückt werden. Um die bereits erforschte Entstehung der sogenannten Polyglykole aus dem Glykole zu verstehen, ist nur in Betracht zu ziehen, dass dem Glykole als einem Hydrate ein Anhydrid von der Zusammensetzung C^2H^4O, das sogen. Aethylenoxyd, entspricht. welches C^2H^6 darstellt, wo zwei Wasserstoffatome durch ein Sauerstoffatom ersetzt sind. Das Aethylenoxyd ist nicht das einzige, wol aber das einfachste Anhydrid des Glykols, da $C^2H^4O = C^2H^4(OH)^2 - H^2O$ ist. Möglich und auch in Wirklichkeit dargestellt sind verschiedene andere Glykolanhydride von der Zusammensetzung $nC^2H^4(OH)^2 - (n-1) H^2O = (C^2H^4)^nO^{n-1}(OH)^2$. Diese unvollständigen Anhydride des Glykols, die **Polyglykole**. enthalten, wie auch das Glykol selbst, noch Hydroxyle und besitzen daher denselben Alkoholcharakter wie dieses. Die Polyglykole entstehen auf verschiedene Weise und unter anderem auch bei der direkten Vereinigung von Aethylenoxyd mit Glykol, nach der Gleichung: $C^2H^4(OH)^2 + (n-1)C^2H^4O = (C^2H^4)^nO^{n-1}(OH)^2$. Theoretisch wichtig ist es, dass diese Glykole unzersetzt destillirt werden können und dass die oben angegebene allgemeine Formel in der That dem Molekulargewichte entspricht. Es liegt hier folglich eine direkte Vereinigung von Anhydrid mit Hydrat vor, die sich dazu noch wiederholt. Durch die Formel A^nH^2O lässt sich die Zusammensetzung des Glykols und der Polyglykole am einfachsten in Bezug auf das Aethylenoxyd ausdrücken, wenn letzteres durch A bezeichnet wird. Wenn $n = 1$ ist, so erhält man das Glykol und wenn n grösser als 1 ist, so ergeben sich Polyglykole. In demselben Verhältnisse stehen die Salze und Hydrate der Kieselerde zu der Kieselerde selbst, wenn man durch A die Kieselerde bezeichnet und annimmt, dass auch H^2O m mal in die Zusammensetzung eingehen kann. Diese Annahme von **Polykieselsäuren** fällt mit der Vorstellung von der Polymerisation der Kieselerde zusammen. Schon Laurent setzte, ausser der Kieselerde SiO^2, noch die Existenz von mehreren polymeren Formen: Si^2O^4, Si^3O^6 und ähnlichen voraus. Durch den Buchstaben n sollen in der oben angeführten Formel offenbar ähnliche polymere Formen bezeichnet werden.

der zusammengetroffen sein. Ursprünglich bildeten sich formlose Massen wie Lava, Glas und Schlacken, aus welchen dann allmählich oder auch plötzlich bestimmte Verbindungen mancher der darin enthaltenen Oxyde entstanden. Dieser Vorgang ist vollkommen analog der Bildung krystallinischer, bestimmter Verbindungen aus homogenen Metalllegirungen [21]) unter gewissen Bedingungen

21) Der salzartige Charakter solcher Legirungen wird gewöhnlich gar nicht in Betracht gezogen, obgleich z. B. die Legirung von Natrium und Zink, im weitesten Sinne des Wortes, vielen Reaktionen nach ein Salz ist, denn es unterliegt denselben doppelten Umsetzungen wie Phosphor- oder Schwefelnatrium, welche deutlich salzartige Eigenschaften besitzen. Phosphornatrium bildet beim Erwärmen mit Aethyljodid — Aethylphosphin und die Legirung von Zn und Na — Zinkäthyl, indem das Element (P, S, Zn), das mit dem Natrium in Verbindung war, sich mit dem Jod verbindet: $RNa + EtJ = REt + NaJ$. Die Legirung von Natrium und Zink ist also eine salzartige Substanz in demselben Sinne wie das Schwefelnatrium. Lässt man Na der Reihe nach sich mit C, S, P, As, Sb, Sn, Zn verbinden, so gelangt man zu Substanzen, denen das gewöhnliche Aussehen der Salze immer mehr und mehr abgeht. Wenn man die Legirung von Na mit Zn nicht als Salz bezeichnen darf, so kann diese Bezeichnung auch dem Na^2S, der Verbindung von Na mit P u. s. w. nicht beigelegt werden. Ferner ist zu beachten, dass Na mit Cl nur eine Verbindung bildet (mit O höchstens drei), mit S—fünf, mit P wahrscheinlich mehr und mit Sb natürlich eine noch grössere Anzahl; je ähnlicher dem Na das sich mit ihm verbindende Element ist, in desto verschiedenartigeren Verhältnissen können sich die beiden Elemente mit einander verbinden, desto geringere Aenderungen erleiden die Eigenschaften der entstehenden Verbindungen und desto mehr nähern sich diese letzteren den Verbindungen, welche als unbestimmte chemische Verbindungen bezeichnet werden. In diesem Sinne sind auch die aus der Kieselerde und anderen Oxyden bestehenden Verbindungen — Salze, indem das Oxyd gewissermaassen dieselbe Rolle spielt, wie das Natrium in den oben angeführten Beispielen, während der Kieselerde die Rolle des Säureelementes zukommt, welche in den vorhergehenden Beispielen das Zink, der Phosphor, Schwefel u. s. w. spielten. Diese Vergleichung der Kieselerdeverbindungen mit den Legirungen bietet den grossen Vortheil, dass dadurch in eine Kategorie die ihrer Zusammensetzung nach einander so ähnlichen bestimmten und unbestimmten Kieselerdeverbindungen gebracht werden. d. h. krystallinische Substanzen, wie einige Mineralien, und amorphe, welche in der Natur nicht selten vorkommen und welche künstlich als Glas, Schlacken, Email u. s. w. dargestellt werden.

Wenn die Kieselerdeverbindungen den Metalllegirungen analoge Substanzen sind, so muss: 1) die chemische Bindung der sie bildenden Oxyde eine schwache sein, wie überhaupt in Verbindungen, welche durch ähnliche Substanzen gebildet werden. In Wirklichkeit werden auch die meisten der natürlich vorkommenden komplexen Kieselerdeverbindungen durch so schwache Reagentien wie Wasser und Kohlensäure, wenn auch nur langsam, so doch allmählich zersetzt. 2) Muss bei der Entstehung von Kieselerdeverbindungen, ebenso wie bei der Bildung von Legirungen, keine bedeutende Volumänderung stattfinden. Wenn man z. B. die Zusammensetzung des Feldspaths, dessen spezifisches Gewicht 2,6 ist, durch die Formel $K^2OAl^2O^36SiO^2$ ausdrückt, so ergibt sich das Volum desselben aus $556,8 : 2,6 = 214$. Da nun das Volum von $K^2O = 35$, von $Al^2O^3 = 26$ und von $SiO^2 = 22,6$, so beträgt die Summe der Volume der den Feldspath bildenden Oxyde : $35 + 26 + 6.22,6 = 196,6$. Diese Zahl kommt also dem Volum des Feldspaths sehr nahe und zeigt an, dass bei der Bildung des Feldspaths eine geringe Zunahme im Volum erfolgt, keine Kontraktion, was meistens der Fall ist, wenn Verbindungen unter dem Ein-

(z. B. beim Abkühlen von Legirungen und beim Ausscheiden von Metallen aus wässrigen Lösungen). Jedenfalls besteht zwischen Kieselerde und Basen ein geringerer Unterschied, als zwischen Basen und solchen Anhydriden, wie z. B. die Anhydride der Schwefel- oder sogar der Kohlensäure, wie dies aus der Vergleichung der physikalischen und chemischen Eigenschaften der Kieselerde und verschiedener Oxyde zu ersehen ist. Am meisten nähert sich der Kieselerde die Thonerde, und zwar nicht nur als Hydrat, sondern auch im wasserfreien Zustande; sogar die Krystallformen der Kieselerde und der Thonerde zeigen eine gewisse Uebereinstimmung. Beide Körper besitzen eine grosse Härte, krystallisiren im hexagonalen System, sind durchsichtig, sehr beständig, nicht flüchtig, unschmelzbar — zeigen also eine sehr weit gehende Aehnlichkeit; infolge dessen können sie auch, wie zwei einander ähnliche Metalle, viele verschiedenartige Verbindungsstufen bilden. Isomorphe Gemische, d. h. solche, in welchen Oxyde, die ihren Eigenschaften und ihrem chemischen Charakter nach einander ähnlich sind, sich gegenseitig ersetzen, werden in Mineralien sehr häufig angetroffen. Die Erforschung dieser Mineralien ergab die Hauptstütze des Isomorphismus. In einer ganzen Reihe von Mineralien findet man z. B., dass Kalk und Magnesia sich gegenseitig in den verschiedensten Verhältnissen ersetzen. In derselben Weise ersetzen sich Kali und Natron, Thonerde und Eisenoxyd, Mangan- und Eisenoxydul u. s. w. Uebrigens geht die Bildung solcher isomorpher Gemische gewöhnlich nur bis an bestimmte, ziemlich eng gesetzte Grenzen, über welche hinaus Aenderungen in der Form und den Eigenschaften eintreten. Hiermit soll gesagt sein, dass der Kalk nicht immer vollständig, sondern oft nur in kleinen Mengen durch Magnesia oder Mangan- oder Eisenoxydul ersetzt wird, wenn die krystallinische Form unverändert bleibt. Dasselbe bezieht sich auch auf das Kalium, das durch Natrium und Lithium theilweise, nicht aber vollständig ersetzt wird. Bei vollständiger Ersetzung ändert sich oft (jedoch nicht immer) die ganze Natur der Substanz: der Enstatit (oder Bronzit) z. B. ist ein rhombisch krystallisirendes Bisilikat von der Zusammensetzung $MgSiO^3$, in welchem ein kleiner Theil des Mg durch Ca ersetzt ist. Bei vollständiger Ersetzung entsteht der Wollastonit $CaSiO^3$, der monoklin krystallisirt, bei

---

fluss starker Affinitäten entstehen. Beim Feldspath lässt sich folglich dasselbe beobachten, wie bei Lösungen und Legirungen, wo schwache Affinitäten in Wirkung treten. In derselben Weise befindet sich auch das spezifische Gewicht des Glases in direkter Abhängigkeit vom spezifischen Gewicht und der Menge der Oxyde, welche in die Zusammensetzung desselben eingehen. Wenn in den oben angeführten Beispielen das spezifische Gewicht der Kieselerde nicht = 2,65, sondern = 2,2 gesetzt wird, also das Volum von SiO^2 = 27,3, so beträgt die Summe der Volume = 224, d. h. sie ist grösser als das Volum des Feldspaths (Orthoklas).

Ersetzung durch Mangan—der Rhodonit $MnSiO^3$, der dem trikli-nen System angehört; aber in allen diesen drei Formen betragen die Prismenwinkel 86^0-88^0.

Uebrigens kann man sich leicht vorstellen und die Wirklich-keit bestätigt es auch, dass in komplexen Kieselerdeverbindungen, die z. B. Natrium und Calcium enthalten, alles Natrium durch Kalium und *gleichzeitig* alles Calcium durch Magnesium ersetzt ist, weil dann durch die Ersetzung des Natriums eine solche Aende-rung in der Natur der Verbindung bedingt wird, die derjenigen gerade entgegengesetzt ist, welche durch die Ersetzung des Cal-ciums hervorgerufen wird Die Gewichtszunahme, die Verringerung der Dichte und die Steigerung der chemischen Energie, welche bei der Ersetzung von Na durch K eintreten, werden durch die gerade das Entgegengesetzte bewirkende Ersetzung von Ca durch Mg gleichsam aufgewogen, da dem Gewichte und den Eigenschaf-ten nach die Summe Na+Ca mit der Summe K+Mg eine sehr nahe Uebereinstimmung zeigt. Als Beispiel kann der Pyroxen oder Augit dienen, dessen Zusammensetzung die Formel $CaMgSi^2O^6$ ausdrückt; derselbe entspricht also dem Hydrate H^2SiO^3 und ist ein Bisilikat. Dem Augite in vielen Beziehungen sehr ähnlich ist ein anderes Mineral, der Spodumen von der Zusammensetzung Li^6 $Al^8Si^{15}O^{45}$. Beide gehören dem monoklinen System an. Wenn nun die Formeln derselben in der Weise aufgestellt werden, dass in beiden Mineralien der Gehalt an Kieselerde durch die gleiche Zahl ausgedrückt wird, so ergibt sich folgender Unterschied [22]):

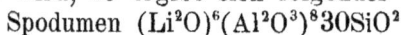

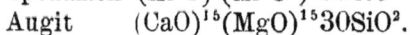

Spodumen $(Li^2O)^6(Al^2O^3)^8 30SiO^2$
Augit $(CaO)^{15}(MgO)^{15} 30SiO^2$.

Derselbe besteht also darin, dass die Summe der Magnesia

---

22) Wenn die Zusammensetzung des Spodumens, wie es auch meistens ge-schieht, durch die Formel $Li^2OAl^2O^3 4SiO^2$ ausgedrückt wird, so ist die entsprechende Formel des Augits: $(CaO)^2(MgO)^2 4SiO^2$, so dass die Summe des Sauerstoffgehalts in $Li'OAl^2O^3$ dieselbe wie in $(CaO)^2(MgO)^2$ ist. Der Deutlichkeit wegen bemerke ich, dass Li der I-ten Gruppe, Al der III-ten und Ca und Mg der zwischen lie-genden II-ten Gruppe angehören und dass Li und Ca zu paaren Reihen und Mg und Al zu unpaaren Reihen gehören.

Die hier durchgeführte Betrachtungsweise der Substitutionen, die ähnlichen Ver-bindungen entsprechen, habe ich zuerst im Jahre 1856 entwickelt. Dieselbe wird jetzt durch viele später entdeckte Thatsachen bestätigt. Als Beispiel führe ich den Turmalin an. Auf Grund zahlreicher Analysen (namentlich von Röggs) hat Wül-fing (1888) die Ansicht ausgesprochen, dass alle Modifikationen des Turmalins isomorpe Gemische von Alkali- und Magnesia-Turmalinen sind; ersterer besteht aus $12SiO^2 3B^2O^3 8Al^2O^3 2Na^2O 4H^2O$ und letzterer aus $12SiO^2 3B^2O^3 5Al^2O^3 12MgO 3H^2O$. Der Alkaliturmalin unterscheidet sich also durch den Gehalt an $3Al^2O^3 2Na^2O H^2O$, während im Magnesiaturmaline diese Summe durch 12MgO ersetzt ist, wo die-selbe Sauerstoffmenge enthalten ist, wie in dem Komplex der energischen Base $2Na^2O$ mit $3Al^2O^3 H^2O$. Es liegt hier also ganz dasselbe Verhältniss vor, wie zwi-schen dem Augit und Spodumen.

und des Kalks $(MgO)^{15}+(CaO)^{15}$ durch die Summe des Lithium-
oxydes und der Thonerde $(Li^2O)^6+(Al^2O^3)^8$ ersetzt ist. Solche
Summen stimmen aber in chemischer Beziehung nahe überein, denn
das Magnesium und Calcium stehen sowol nach ihren Oxydformen,
als auch nach ihrer chemischen Energie (als Basen) in jeder Hinsicht in der Mitte zwischen Lithium und Aluminium, infolge dessen
ihre Summe durch die Summe der letzteren ersetzt werden kann [23]).

---

23) Von den Verbindungen der Kieselerde mit verschiedenen Oxyden sind
im löslichen Zustande nur die *Alkalisalze* bekannt; alle anderen existiren nur in
unlöslicher Form, so dass durch Lösungen von kieselsauren Alkalien (oder Wasserglas) die meisten anderen Metalle aus den Lösungen ihrer Salze gefällt werden,
indem Niederschläge der kieselsauren Basen dieser Metalle entstehen. Die kieselsauren Verbindungen der Alkalien lassen sich sowol durch Zusammenschmelzen
der ätzenden oder kohlensauren Alkalien mit Kieselerde, als auch durch Auflösen
von Kieselerdehydraten in Alkalilauge darstellen. Die grösste Menge des gallertartigen Kieselerdehydrates, die sich in Kalilauge losen kann, entspricht der Verbindung $2K^2O9SiO^2$, welche jedoch in kaltem Wasser schon unlöslich ist, da
sie sich beim Abkühlen der Lösung unter Ausscheidung von Kieselerdehydrat theilweise zersetzt. Lösungen, die weniger Kieselerde enthalten, lassen sich unbestimmte
Zeit hindurch aufbewahren, ohne dass sie sich zersetzen oder Kieselerde ausscheiden. Da aus solchen Lösungen nur sehr schwer Krystallisationen erfolgen, so
lassen sich selten bestimmte Verbindungen erhalten. Uebrigens ist die Darstellung
eines krystallinischen (wasserhaltigen) Bisilikats von der Zusammensetzung Na^2OSiO^2,
welche der Orthokieselsäure entspricht $SiO(ONa)^2$, neuerdings gelungen. Diese Verbindung entsteht beim Zusammenschmelzen von 3,5 Theilen geglühter Soda mit
2 Theilen Kieselerde, wobei aus der Soda alle Kohlensäure entweicht. Wenn
weniger Kieselerde genommen wird, so bleibt ein Theil der Soda unzersetzt und
man kann das dem normalen Hydrate entsprechende Salz $Si(ONa)^4$ erhalten.
Es ist dies das Natriummonosilikat $(Na^2O)^2SiO^2$, welches die grösste Menge an
Natriumoxyd enthält, welche sich überhaupt mit Kieselerde beim Zusammenschmelzen verbinden kann. In Lösungen existiren auch höhere Verbindungsstufen,
denn es ist sogar das Oktosilikat Na^2O4SiO^2 bekannt. Wenn beim Zusammenschmelzen mit Soda mehr Kieselerde angewandt wird, als zur Bildung des ortho-
kieselsauren Natriums erforderlich ist, so geht dennoch alle Kieselerde in die
Schmelze über, obgleich die Masse schwerer schmelzbar und in Wasser unlöslicher
wird, aber sie bleibt homogen. Mit Kieselerde gesättigte alkalische Lösungen, —
Lösungen von Wasserglas oder *Fuchs'schem Glase,* — stellt man in den Fabriken
meist in der Weise dar, dass man Alkalilauge in einem Dampfkessel auf Tripel
oder Infusorienerde, welche viel amorphe Kieselerde enthält, einwirken lässt. Die
Lösungen der kieselsauren Alkalien reagiren alle alkalisch und werden sogar durch
Kohlensäure zersetzt. Man benutzt dieselben in den Färbereien in derselben Weise
wie das Natriumaluminat und um der Stukkatur und verschiedenen Cementen eine
grössere Härte und Glanz zu verleihen. Wenn man ein Stück Kreide in eine Lösung von Wasserglas taucht oder besser damit durchtränkt und dann mit
Wasser abwäscht (oder mit Kieselfluorwasserstoffsäure, um freies Alkali zu binden
und unlöslich zu machen), so nimmt dasselbe eine bedeutende Härte an, verliert
seine Sprödigkeit, wird zähe und lässt sich durch Wasser nicht auswaschen. Diese
Umwandlung der Kreide beruht auf der Einwirkung des gelösten Kieselerdehydrats
auf den Kalk, wobei eine steinige Masse von kieselsaurem Kalk entsteht, während
die mit dem Kalk verbunden gewesene Kohlensäure sich mit dem Alkali verbindet
und weggewaschen wird.

Kohlensaurer Kalk wie überhaupt kohlensaure Erdalkalimetalle scheiden beim

Unter den komplexen Kieselerdeverbindungen sind die **Feld-spathmineralien**, welche in die Zusammensetzung fast aller Urge-

Erhitzen mit Kieselerde gleichfalls Kohlensäure aus und bilden unter bestimmten Verhältnissen sogar ziemlich leicht flüssige Schmelzen. Der Kalk z..B. bildet, wenn diese Verhältnisse den Formeln $CaOSiO^2$ und $2CaO3SiO^2$ entsprechen, leicht schmelzbaren **kieselsauren Kalk**. Bei einem grösseren Gehalt an Kieselerde wird der Kalk unschmelzbar. Mit Magnesia entstehen noch schwerer schmelzbare Massen. Aehnliche Kieselerdeverbindungen sind die **Schlacken**, die sich beim Schmelzen von Metallen bilden. Auch in der Natur kommen viele Verbindungen von Erdalkalimetallen mit Kieselerde vor. Zu diesen gehört unter den Magnesiaverbindungen der **Olivin** $(MgO)^2SiO^2$ vom spezifischen Gewicht 3,4, der in Schlacken und Basalten, sowie in Meteorsteinen angetroffen wird und zuweilen auch als Edelstein auftritt (Peridot). Der Olivin krystallisirt rhombisch; vor dem Löthrohr ist er unschmelzbar, durch Säuren wird er zersetzt. Der **Serpentin**, der zuweilen ganze Gebirge bildet, besitzt die Zusammensetzung $3MgO2SiO^22H^2O$, zeigt meistens eine grünliche Färbung und zeichnet sich durch seine Festigkeit aus, infolge dessen er als Material für Reibschalen dient. Das spezifische Gewicht des Serpentins ist 2,5; er ist selbst vor dem Löthrohr schwer schmelzbar und wird durch Säuren zersetzt. Ein sehr verbreitetes Magnesiumsilikat ist der **Talk**, der oft in Gebirgsarten auftritt und zuweilen massive Lager bildet. Derselbe ist eine rhombisch krystallisirende weiche Substanz, mit der sich wie mit Kreide schreiben lässt und die in vielen Beziehungen an Glimmer erinnert, sich ebenso wie dieser in glänzende Blättchen spalten lässt und fettig anzufühlen ist, infolge dessen der Talk auch Steatit genannt wird. Das spezifische Gewicht des Talks ist 2,7; er ist unschmelzbar und in Säuren unlöslich. Seine Zusammensetzung nähert sich der Formel $6MgO5SiO^22H^2O$.

Unter den gut krystallisirenden Calciumsilikaten ist der **Wollastonit** am bekanntesten, der dem monoklinen Systeme angehört, das spezifische Gewicht 2,8 zeigt, halbdurchsichtig und schwer schmelzbar ist, durch Säuren zersetzt wird und die Zusammensetzung des Orthosalzes $CaOSiO^2$ besitzt. In der Natur am meisten verbreitet sind jedoch die isomorphen Gemische von Calcium- und Magnesiumsilikaten. **Augite** (vom spez. Gew. 3,3), Diallage, Hypersthene, Hornblenden (spez. Gew. 3,1), Amphibole, gewöhnlicher Asbest und viele andere ähnliche Mineralien, welche zuweilen die wichtigsten Bestandtheile ganzer Gebirgsarten bilden, enthalten verschiedene relative Mengen von Bisilikaten des Kalks und der Magnesia, zum Theil gemischt mit anderen Oxyden, meistens wasserfrei oder nur mit einem geringen Wassergehalte. Viele dieser Mineralien besitzen eine Zusammensetzung, in die gleiche Atommengen von Kalk und Magnesia eingehen und soviel Kieselerde, dass Orthosalze vorliegen, d. h. sie nähern sich der Formel $MgOCaO2SiO^2$; zuweilen enthalten sie aber auch bedeutende Mengen von Thonerde und an Kieselerde öfters eine grössere Menge, als die angeführte Formel erfordert. In den Pyroxenen herrscht öfters Kalk vor, in den Amphibolen (die gleichfalls monoklin krystallisiren),—meist Magnesia.

Der Thon ist wasserhaltiges **Thonerdesilikat** von der Zusammensetzung $(Al^2O^3)^m$ $(SiO^2)^n$. Alle diese Silikate sind im Ofenfeuer unschmelzbar und lassen sich nur schwierig erweichen; relativ leicht erweicht noch die Verbindung $2Al^2O^39SiO^2$ (ein Trisilikat). In wasserfreiem Zustande kommen in der Natur z. B. die **Staurolithe** vor, die dem rhombischen System angehören, so hart wie Quarz sind und das spezifische Gewicht 3,7 und die Zusammensetzung $3R^2O^32SiO^2$ besitzen. Unter R ist Aluminium, das theilweise durch Eisen in Form von Oxyd und Oxydul ersetzt wird, zu verstehen. Es ist dies beinahe ein Halbsilikat, da es auf O^9 in der Thonerde O^4 in der Kieselerde enthält. Solche niedere Verbindungsstufen mit der Kieselerde oder solche basische Salze werden durch energischere Basen nicht gebildet, während in der Thonerde, wie wir gesehen, die Fähigkeit zur Bildung basischer Salze deutlich entwickelt ist.

steine, wie Porphyre, Granite, Gneisse u. s. w. eingehen, besonders bemerkenswerth. Ausser der Kieselerde enthalten die Feldspathe immer Thonerde und Oxyde, welche ausgesprochene basische Eigenschaften besitzen wie: K^2O, Na^2O, CaO. Der im Granite enthaltene gewöhnliche Feldspath, der **Orthoklas** (Adular), der monoklin krystallisirt, besteht aus: K^2O, Al^2O^3, $6SiO^2$. Dieselbe Zusammensetzung besitzt der **Albit**, nur dass er an Stelle von K^2O—Na^2O enthält und dem triklinen Systeme angehört. Der *Anorthit* enthält Kalk und entspricht der Formel $CaOAl^2O^32SiO^2$. Wenn die Zusammensetzung der beiden letzteren auf denselben Sauerstoffgehalt zurückgeführt wird, so ergeben sich folgende Formeln:

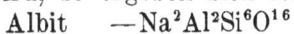

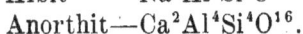

Albit — $Na^2Al^2Si^6O^{16}$

Anorthit— $Ca^2Al^4Si^4O^{16}$.

Offenbar wird also im Albit beim Uebergange in den Anorthit Na^2Si^2 durch Ca^2Al^2 ersetzt, wobei die letztere Summe sowol nach ihrer chemischen Energie, als auch nach der Form ihrer Oxyde als der ersteren entsprechend angesehen werden kann, da Na und Si ihrem chemischen Charakter gemäss (in der I-ten und IV-ten Gruppe) extreme Elemente sind, während Ca und Al (in der II-ten und III-ten Gruppe) als mittlere Elemente erscheinen. In Wirklichkeit gehören auch diese beiden Feldspathmineralien nicht nur ein und demselben (triklinen) Krystallsysteme an, sondern bilden auch mit einander die verschiedenartigsten Verbindungen (isomorphen Gemische) (Tschermak, Schuster). Es sind z. B. Oligoklas, Andesin, Labrador und andere (Plagioklase) nichts anderes als verschiedene Verbindungen von Albit und Anorthit. Der Labrador besteht aus Albit $Na^2OAl^2O^36SiO^2$ mit 1—2 Molekeln Anorthit $(CaO)^2(Al^2O^3)^2(SiO^2)^4$. Den Feldspathmineralien entsprechen die **Zeolithe**, welche ihrer Zusammensetzung nach wasserhaltige Feldspathe darstellen. Der Natrolith z. B. besteht aus $Na^2OAl^2O^33SiO^22H^2O$, während dem Calcit dieselbe Formel mit $4SiO^2$ an Stelle von $3SiO^2$ entspricht Die Zusammensetzung der Feldspathe und Zeolithe lässt sich durch die allgemeine Formel $ROAl^2O^3nSiO^2$ ausdrücken, wobei n bedeutenden Aenderungen unterliegen kann[24]).

---

24) Die meisten der in der Natur vorkommenden Kieselerdemineralien sind gegenwärtig unter den verschiedensten Bedingungen künstlich dargestellt worden. Die Schlacken z. B. enthalten öfters Peridot, wie N. Sokolow nachgewiesen hat. Hautefeuille, Chrustschow, Friedel und Sarrassin erhielten Feldspath, der mit dem natürlichen vollkommen identisch war. Genaueres findet man hierüber in speziellen mineralogischen Werken; als Beispiel will ich jedoch die von Friedel und Sarrassin (1881) angewandte Methode zur Darstellung von Feldspath beschreiben. Aus der Thatsache, dass dem Feldspathe schon bei gewöhnlicher Temperatur kieselsaures Kalium entzogen wird (nach Versuchen von Debray) folgerten diese Forscher erstens, dass die Bildung des Feldspaths im Granit auf nassem Wege (was auf Grund geologischer Daten anzunehmen ist), und nur bei überschüssiger Lösung von kieselsaurem Salze vor sich gegangen sein kann. Es lässt sich dies leicht verste-

In Wasser sind die komplexen Kieselerdeverbindungen, welche
verschiedene Basen enthalten können, gewöhnlich unlöslich [25]) und
wenn sie auch der Einwirkung desselben unterliegen, so doch nur

hen, wenn man z. B. das Verhalten des Karnallits zu Wasser in Betracht zieht; dieser
wird bekanntlich durch Wasser in die leicht löslichen Salze $MgCl^2$ und KCl zersetzt
und kann sich daher aus wässriger Lösung nur bei einem Ueberschusse an $MgCl^2$
ausscheiden. Zweitens wurde sodann gefolgert, dass der Feldspath aus stark erhitzten Lösungen entstanden sein muss, da sowol der Feldspath selbst, als auch
seine Begleiter im Granite wasserfrei sind. Diese Folgerungen führten zu den Versuchen, in welchen Gemische aus wasserhaltiger Kieselerde, Thonerde und gelöstem
kieselsaurem Kalium in einem dicht schliessenden Platinrohre erhitzt wurden. Letzteres wurde zu diesem Zweke in einem Rohre aus Stahl und dieses wieder in einer
Masse aus Gusseisen der Rothglühhitze ausgesetzt. Wenn das auf diese Weise
erhitzte Gemisch überschüssige Kieselerde enthielt, so bildeten sich zahlreiche Krystalle von Bergkrystall und Tridymit und gleichzeitig auch Feldspathpulver. Wurde
die Menge der Kieselerde verringert und ein Gemisch aus gelöstem kieselsaurem
Kalium mit Thonerde, die zugleich mit Kieselerde aus einer Lösung von löslichem
Glase mit Aluminiumchlorid gefällt war, der Rothglühhitze ausgesetzt, so erschien
der pulverförmige Feldspath als Hauptprodukt. Die Zusammensetzung, die Eigenschaften und die Form des auf diese Weise künstlich dargestellten Feldspaths erwiesen sich als ebendieselben wie beim natürlichen. Die Bedingungen, unter denen
die Bildung des Feldspaths in den beschriebenen Versuchen erfolgte, zeigen bereits
eine bedeutende Annäherung an die in der Natur vorhandenen Bedingungen, denn
es waren aus ein- und demselben Gemische sowol Feldspath, als auch Quarz entstanden, welche in der Natur meist gleichzeitig auftreten.

25) Hierauf beruht die Anwendung der **Cemente** oder solcher Kalkarten, welche
im Gemisch mit Sand und Wasser sogar unter Wasser zu steinharten Massen erstarren (Wassermörtel). Die hydraulischen Eigenschaften der Cemente werden' durch
ihren Gehalt an Kalk- und Thonerdesilikaten bedingt, die sich mit Wasser zu Hydraten verbinden können welche dann durch Wasser nicht mehr verändert werden.
Als Beweis hierfür lässt sich erstens anführen, dass manche kalk- und kieselerdehaltigen Schlacken, welche beim Schmelzen (z. B. in Hohöfen) entstehen, wenn sie
in Pulverform mit Wasser vermischt werden, ebenso wie Cemente erhärten, und
zweitens die Methode, nach welcher gegenwärtig die Cemente künstlich dargestellt
werden (früher wurden zu Cementen nur natürliche, relativ selten vorkommende
Produkte benutzt). Die Darstellung der Cemente geschieht durch Brennen, indem
Gemische von Kalk mit Thon, von dem etwa 25 pCt zugesetzt wird, so lange geglüht werden, bis die Kohlensäure und das im Thone enthaltene Wasser entwichen
sind, wobei aber die Masse selbst nicht schmelzen darf. Die auf diese Weise erhaltene Masse wird zermahlen und bildet dann den sogen. Portlandcement, der
unter Wasser erhärtet. Der Erhärtungsprozess beruht auf der Bildung chemischer
Verbindungen zwischen Kalk, Kieselerde, Thonerde und Wasser. In der Natur
treten diese Elemente zu verschiedenen Gesteinen zusammen, zu denen z. B. die
Zeolithe gehören. Jedenfalls enthält erhärteter Cement eine bedeutende Menge an
Wasser und die Erhärtung beruht sicher auf einer Hydratation, d. h. auf der Bildung wasserhaltiger Verbindungen. Richtig dargestellter und zu feinem Pulver zer-
mahlener Cement kann mit 3 (und sogar mehr) Theilen groben Sandes und mit
Wasser relativ schnell (in wenigen Tagen) erhärten (besonders wenn er hierbei
durch Einstampfen gehörig zusammengepresst wird); die entstehende steinige Masse
zeigt dieselbe Festigkeit wie viele Gesteine und übertrifft darin die gewöhnlichen
Ziegel und den Luftmörtel. Daher zeichnen sich nicht allein alle Wasserbauten
(bei Häfen, Docks, Brücken u. s. w.), sondern auch die gewöhnlichen Hochbauten,
die mit Hilfe von Cement ausgeführt werden, durch ihre Dauerhaftigkeit aus. Für

sehr allmählich und meistens nur in Gegenwart von Kohlensäure. Von Säuren werden einige direkt und leicht zersetzt, z. B. die Zeolithe und solche, die grössere Mengen energischer Basen, z. B. Kalk, enthalten. Andere dagegen, namentlich solche, die viel Kieselsäure enthalten, widerstehen der Einwirkung von Säuren; zu solchen Kieselverbindungen gehört z. B. das Glas [26]). Beim Zu-

Röhren, Gewölbe, Reservoirs und dgl. erweist sich als besonders geeignet die Kombination einer Basis aus Eisen (z. B. Draht) und Cementmasse. Die Dicke der Wände und Gewölbe aus solchen Cementmassen kann bedeutend geringer sein, als die gewöhnlicher Steinbauten. Von Jahr zu Jahr ist daher die Produktion und der Verbrauch an Cement in rascher Zunahme begriffen. Eine genauere Kenntniss der Cemente verdanken wir hauptsächlich den Beobachtungen von Vicat. In Russland ist die Verbreitung richtiger Angaben in Bezug auf diesen Gegenstand von Schuljatschenko gefördert worden und es sind bereits in den verschiedensten Gegenden des Reiches Cementfabriken errichtet worden. Der Baukunst verspricht die Verwendung der Cemente eine grosse Zukunft.

26) Eine ähnliche komplexe Zusammensetzung, wie viele natürliche Mineralien, besitzt auch das **Glas**. Die gewöhnlichen Sorten des weissen Glases enthalten etwa 75 pCt Kieselerde, 10—15 pCt (und sogar mehr) Natriumoxyd und 7—20 pCt Kalk; niedere Glassorten enthalten ausserdem zuweilen bis zu 10 pCt Thonerde. Die bei der Glasfabrikation benutzten Mischungen sind höchst verschiedenartig. Man verwendet z. B. auf 300 Theile reinen Sandes etwa 100 Theile Soda und 50 Th. Kalkstein, dessen Menge übrigens sogar verdoppelt werden kann. Das gewöhnliche **Natronglas** besteht hauptsächlich aus Natron, Kalk und Kieselerde. Zur Herstellung desselben benutzt man meistens schwefelsaures Natrium im Gemisch mit Kohle, Kieselerde und Kalk (vergl. Kap. 12), wobei bei erhöhter Temperatur die Reaktion der Gleichung: $Na^2SO^4 + C + SiO^2 = Na^2SiO^3 + SO^2 + CO$ entspricht. Für bessere Glassorten wird öfters Pottasche benutzt und für schlechtere direkt Asche. Das hierbei entstehende **Kaliglas** enthält an Stelle von Natron Kali (Kaliumoxyd). Unter diesen Glassorten ist das sogenannte böhmische Glas oder leichte Krystallglas das bekannteste. Es wird durch Zusammenschmelzen von 50 Theilen Pottasche, 15 Th. Kalk und 100 Th. Quarz dargestellt. Das schwere Krystallglas enthält an Stelle des Kalks Bleioxyd. Ein Bleiglas ist auch das zu optischen Instrumenten verwandte Flintglas, das natürlich aus den reinsten Materialien hergestellt wird. Das **Krystallglas**, d. h. Glas, das Bleioxyd enthält, ist weicher als das gewöhnliche Glas, schmilzt aber leichter und bricht das Licht sehr stark. Die niederen Glassorten, z. B. Flaschenglas, werden aus nicht sorgfältig sortirten und nicht gereinigten Materialien dargestellt und enthalten daher, ausser den farblosen Oxyden, noch Eisenoxyde und andere Substanzen, welche dem Glase eine verschiedene Färbung verleihen. Jedoch selbst bei der sorgfältigsten Auswahl der zur Glasfabrikation bestimmten Materialien gelangt immer Eisenoxydul in die Glasmasse, welche infolge dessen eine grüne Färbung annimmt. Zur Vernichtung dieser Färbung setzt man der Glasmasse Substanzen zu, welche das Eisenoxydul oxydiren und in Oxyd überführen können z. B. Manganhyperoxyd (MnO^2, welches sich hierbei zu MnO desoxydirt und mit der Kieselerde ein nur schwach lila gefärbtes Glas bildet) und arsenige Säure, welche zu sich verflüchtigendem Arsen desoxydirt wird. Die Operation der Glasbereitung wird in besonderen eine hohe Hitze gebenden Oefen ausgeführt (öfters in Regenerativöfen, vergl. Kap. 9), in welche grosse Tiegel aus feuerfestem Thone eingestellt werden. Nachdem in diese Tiegel das vorher erhitzte Gemisch zur Herstellung des Glases oder der Satz eingebracht ist, wird die Hitze im Glasofen beständig gesteigert. Hierbei lassen sich drei Hauptmomente beobachten: zunächst erhitzt sich die Masse und beginnt zu reagiren, dann

sammenschmelzen mit Alkalien entstehen Verbindungen, die reich
an Basen sind, und sich infolge dessen schon durch Säuren leicht
zersetzen lassen [27]).

Nach dem periodischen Gesetze müssen die nächsten Analoga
des Siliciums Elemente der unpaaren Reihen sein, da Si, ebenso
wie Na, Mg und Al, in einer unpaaren Reihe steht [28]). Dem Si-

schmilzt sie unter Ausscheidung von Kohlensäure und zuletzt, wenn die stärkste
Hitze erreicht ist, wird die Schmelze homogen und dünnflüssig. Hierauf wird die
Temperatur etwas erniedrigt, und die Glasmasse, wenn sie die erforderliche Konsistenz erlangt hat, mittelst der Glasbläserpfeife herausgenommen und unter Anwendung
von besonderen Formen zu verschiedenen Gegenständen ausgeblasen. Die so hergestellten Glasgegenstände werden dann in besonderen Oefen allmählich abgekühlt,
denn rasch gekühltes Glas ist äusserst spröde, wie dies an den sogenannten *Glasthränen* zu ersehen ist. Dieselben entstehen, wenn man Glastropfen in kaltes Wasser fallen lässt. Bricht man die feine Spitze einer solchen Glasthräne ab, so zerfällt die ganze Masse derselben sofort zu Staub. Zur Herstellung von Spiegeln und
massiven Gegenständen wird das Glas gegossen, dann geschliffen und polirt.
Gefärbte Gläser werden entweder durch direktes Einführen färbender Oxyde in die
Glasmasse hergestellt oder durch Ueberziehen der Glasgegenstände mit einer dünnen
Schicht gefärbten Glases (Ueberfangglas). Für grünes Glas benutzt man gewöhnlich
Chrom- oder Kupferoxyd, für blaues Kobaltoxyd, für violettes Manganoxyd, für
rothes Kupferoxydul und den sogen. Goldpurpur (vergl. Kap. 24 beim Golde) und für
gelbes die Oxyde des Eisens, Silbers und Antimons, sowie auch Kohle, namentlich
wenn eine graue Färbung erforderlich ist.

Nach dem Mitgetheilten lässt sich verstehen, dass die Zusammensetzung
des Glases durch keine bestimmte Formel ausgedrückt werden kann, da das Glas
eine nicht krystallisirende oder amorphe Schmelze von Kieselerdeverbindungen ist;
indessen kann sich dasselbe nur unter bestimmten Mengenverhältnissen zwischen
den betreffenden Oxyden bilden. Wenn der Gehalt an Kieselerde zu gross ist, so
trübt sich das Glas beim Erhitzen. Steigt der Alkaligehalt bedeutend, so unterliegt
das Glas leicht der Einwirkung von Feuchtigkeit und wird an der Luft mit der
Zeit trübe. Glas, das viel Kalk enthält, wird schwer schmelzbar und undurchsichtig
indem sich darin krystallinische Verbindungen ausscheiden. Das Mengenverhältniss
zwischen den das Glas bildenden Oxyden, welche zu einem Producte mit den erforderlichen Eigenschaften führen, ergibt sich aus der Praxis. Trotzdem kann es
nicht überflüssig sein anzugeben, dass die Zusammensetzung des gewöhnlichen
Glases mit der Formel Na^{2}OCaO4SiO^2 ziemlich übereinstimmt.

Der kubische Ausdehnungskoëffizient des Glases nähert sich demjenigen des Platins und Eisens, er ist = 0,000027. Die spezifische Wärme des Glases beträgt etwa
0,18, das spezifische Gewicht des Natronglases ist 2,5, des böhmischen Glases 2,4
und des Flaschenglases 2,7. Bedeutend schwerer ist das Krystallglas, denn es enthält das schwere Bleioxyd; das spezifische Gewicht desselben liegt zwischen 2,9
und 3,2.

27) Zu erwähnen ist, dass Säuren, obgleich sie dem Anscheine nach auf die
meisten Kieselerdeverbindungen nur schwach einwirken, dennoch die Zersetzung
derselben bedingen, besonders beim Erwärmen und wenn diese Verbindungen in
Form eines feinen abgeschlämmten Pulvers vorliegen; die Säuren entziehen hierbei
den Kieselerdeverbindungen die basischen Oxyde und lassen Kieselerdegallerte zurück. Am energischsten wirkt die Schwefelsäure, besonders wenn sie mit zerpul-
verten Kieselerdeverbindungen in zugeschmolzenen Röhren auf 200° erhitzt wird.

28) Nur auf Grund des periodischen Gesetzes sind solche Elemente wie Si, Sn
und Pb in eine allgemeine Gruppe zusammengestellt worden, obgleich die Vier-

licium folgt unmittelbar das Ekasilicium oder **Germanium** Ge = 72, dessen Eigenschaften auf Grund des periodischen Gesetzes schon (1871) bestimmt werden konnten (vergl. Seite 702), ehe es noch von Cl. Winkler in Freiberg (1886) in dem Argyrodit genannten Silbererze, Ag^6GeS^5, entdeckt worden war [29]). Das Germanium, das sich leicht (mittelst Wasserstoff und Kohle) durch Glühen seines Oxydes reduziren und aus seinen Lösungen durch Zink ausscheiden lässt, erscheint als ein grauweisses, leicht (in Oktaëdern) krystallisirendes sprödes Metall, das (unter einer Boraxschicht) bei 900° schmilzt, das spezifische Gewicht 5,469 zeigt, sich leicht oxydirt, das Atomgewicht 72,3 und die spezifische Wärme 0,076 besitzt [30]), wie dies nach dem periodischen Gesetze auch zu erwarten war.

Germaniumdioxyd GeO^2 ist ein weisses Pulver vom spezifischen Gewicht 4,703, das sich in Wasser, namentlich in siedendem, löst und der Lösung eine deutlich saure Reaktion ertheilt. 1 Theil GeO^2 löst sich bei 20° in 247 und bei 100° in 95 Th. Wasser. Mit Alkalien bildet das Dioxyd lösliche Salze, in Säuren ist es jedoch nur wenig löslich [31]). Beim Erhitzen des Metalls im Chlorstrome bildet sich **Germaniumchlorid** $GeCl^4$, das bei 86° siedet, das spezifische Gewicht 1,887 bei 18° zeigt und durch Wasser unter

werthigkeit des Sn und Pb schon viel früher bekannt war. Das Silicium wurde gewöhnlich zu den Metalloiden gerechnet und das Zinn und Blei zu den Metallen.

29) Mangel an Material, das Fehlen eines Flammenspektrums und die Löslichkeit vieler Verbindungen des Germaniums erschwerten Anfangs (Februar 1886) die Untersuchungen Winkler's, welcher beim Analysiren des Argyrodits auf gewöhnlichem Wege beständig einen Fehlbetrag von 7 Procent erhielt und hierdurch auf die Entdeckung des neuen Elementes gelenkt wurde. Auch die Gegenwart von As und Sb erschwerte die Isolirung des neuen Metalles. Nach dem Zusammenschmelzen des Argyrodits mit S und Na^2CO^3 erhält man eine Lösung des Schwefelmetalls, aus welcher durch einen Ueberschuss von HCl das Schwefelgermanium gefällt wird, welches, nachdem es in NH^3 gelöst ist, wieder durch HCl als *weisser*, in Wasser sich lösender (oder zersetzender) Niederschlag ausgeschieden wird. Die Analyse ergab einen Gehalt von 6,9 pCt Ge im Argyrodit, während die Formel $(Ag^2S)^3GeS$ 8,2 pCt erfordert; die Differenz erklärt sich durch die Gegenwart von Fe, Zn und Hg. Beim Glühen des Argyrodites an der Luft erhält man SO^2 und einen Beschlag von GeS^2. Nach der Oxydation des Schwefelgermaniums mit Salpetersäure, dem Trocknen und Glühen bleibt das Oxyd GeO^2 zurück, aus welchem man beim Glühen im Wasserstoffstrome das metallische Germanium erhält.

30) G. Kobb bestimmte das Funken-Spektrum des Germaniums, indem er dasselbe zu einer der Elektroden einer starken Ruhmkorff'schen Spirale verwandte. Die Länge der am schärfsten hervortretenden Linien beträgt: 602, 583, 518, 513, 481, 474 Millionstel Millimeter.

31) Beim Glühen von Ge oder GeS^2 im HCl-Strome bildet sich eine flüchtige, bei 72° siedende Flüssigkeit, welche Winkler für $GeCl^2$ oder $GeHCl^3$ hält. Durch Wasser wird dieselbe unter Bildung einer weissen Substanz zersetzt, welche möglicher Weise dem Hydrate des Oxyduls GeO entspricht; in salzsaurer Lösung sie wirkt wie ein starkes Reduktionsmittel.

Bildung des Oxyds zersetzt wird. Alle diese Eigenschaften [32]), aus denen die Analogie des Germaniums mit dem Silicium und Zinn hervorgeht, bilden ein schönes Beispiel für die Richtigkeit des periodischen Gesetzes [33]).

Das Atomgewicht des Germaniums übertrifft das des Siliciums um 44, also um dieselbe Zahl, um welche das Atomgewicht des Broms grösser als das des Chlors ist, während das nächstfolgende Analogon — das Zinn (Sn $=$ 118) ein um 46 grösseres Atomgewicht als das Germanium besitzt; die Differenz ist also dieselbe wie zwischen den Atomgewichten des Jods und Broms.

Das Zinn findet sich in der Natur nur selten, in Gängen älterer Gebirge fast ausschliesslich als Oxyd SnO^2, das Zinnstein genannt wird. Am bekanntesten sind die Zinn-Fundorte in Cornwall und auf der Halbinsel Malakka. In Russland sind Zinnerze in geringer Menge an den Ufern des Ladogasees in Pitkaranda gefunden worden. Das zerkleinerte Zinnerz lässt sich leicht von der dasselbe begleitenden Bergart trennen (durch Abschlämmen), da letztere viel leichter als der Zinnstein ist, der das spezifische Gewicht 6,9 besitzt. Zinnoxyd wird sehr leicht durch Erhitzen mit Kohle zu metallischem Zinn reduzirt. Daher war das Zinn schon im Alterthum bekannt, von den Phöniziern wurde es aus England geholt. Das metallische Zinn wird in ziemlich grossen, schweren Blöcken in den Handel gebracht oder zum Gebrauch im Kleinen in lange, dünne Stangen gegossen — Stangenzinn — das beim Löthen von Metallen benutzt wird. Das Zinn ist ein weisses Metall, dessen Farbenton aber im Vergleich mit Silber etwas dunkler ist; es schmilzt bei 230° und krystallisirt beim Abkühlen. Sein spezifisches Gewicht beträgt 7,29. Das krystallinische Gefüge des gewöhnlichen Zinns offenbart sich beim Biegen von Zinnstangen, wobei ein eigenthümliches Geräusch, das Zinngeschrei, zu hören ist, welches durch das Auseinanderreissen der Zinntheilchen aus dem krystallinischen Gefüge bedingt wird.

Reines Zinn (z. B. indisches) zerfällt bei starker Abkühlung in

---

32) Unter bestimmten Bedingungen ruft das Germanium, wie Winkler gezeigt hat, eine blaue, dem Ultramarine ähnliche Färbung hervor, was gleichfalls auf Grund der Analogie des Germaniums mit dem Silicium erwartet werden konnte.

33) Winkler hat dies durch die folgenden Worte ausgedrückt (Journ. f. prakt. Chem. 1886. B. 34, pag. 182): «. . . es kann keinem Zweifel mehr unterliegen, dass das neue Element nichts Anderes, als das vor fünfzehn Jahren von *Mendelejeff* prognosticirte *Ekasilicium* ist».

«Denn einen schlagenderen Beweis für die Richtigkeit der Lehre von der Periodicität der Elemente, als den, welchen die Verkörperung des bisher hypothetischen «Ekasiliciums» in sich schliesst, kann es kaum geben, und er bildet in Wahrheit mehr, als die blosse Bestätigung einer kühn aufgestellten Theorie, er bedeutet eine eminente Erweiterung des chemischen Gesichtsfeldes, einen mächtigen Schritt in's Reich der Erkenntniss».

krystallinische Theilchen, deren Zusammenhang hierbei aufgehoben wird, gleichzeitig nimmt es eine graue Farbe an, verliert seinen Glanz — erleidet also, wie Fritzsche gezeigt, eine Aenderung in seinen Eigenschaften, indem es ein anderes Gefüge annimmt. Es ist dies besonders bemerkenswerth, da das Zinn als ein fester Körper, also im starren Zustande, dieser beim Abkühlen eintretenden Aenderung unterliegt. Auf diese Weise verändertes Zinn, dessen spezifisches Gewicht 7,19 ist, nimmt beim Schmelzen und schon einfach beim Erwärmen wieder seine gewöhnlichen Eigenschaften an, erliedet aber bei neuer Abkühlung dieselbe Aenderung. Ein ähnlich verändertes Zinn erhält man beim Einwirken des galvanischen Stromes auf Lösungen von Zinnchlorür, — wobei das Zinn in Krystallen des quadratischen Systems erscheint und das spez. Gewicht 7,18 zeigt, also dasselbe wie das beim Abkühlen entstehende Zinn.

Zinn ist weicher als Gold und Silber, dagegen nicht so weich wie Blei. Es ist sehr dehnbar, zeigt aber nur eine geringe Festigkeit, so dass ein Zinndraht schon bei schwacher Belastung reisst. Infolge seiner Dehnbarkeit lassen sich aus dem Zinn durch Hämmern und Walzen leicht sehr dünne Platten herstellen (Zinnfolie, Stanniol), welche zum Einwickeln verschiedener Gegenstände, um Feuchtigkeit abzuhalten u. s. w. benutzt werden. Dem Zinn wird übrigens in den meisten Fällen Blei zugesetzt, wodurch seine Geschmeidigkeit, wenn der Zusatz nicht zu gross ist, keine Einbusse erleidet. Das bei gewöhnlicher Temperatur so weiche Zinn wird aber, ehe es schmilzt, bei einer Temperatur von 200^0 spröde. Zinnpulver erhält man sehr leicht, wenn geschmolzenes Zinn beim Abkühlen gerührt wird. Bei Weissglühhitze destillirt das Zinn über, aber schwerer als Zink. Geschmolzenes Zinn wird durch Sauerstoff zu SnO^2 oxydirt; **Zinndämpfe verbrennen mit heller Flamme. Bei gewöhnlicher Temperatur oxydirt sich das Zinn nicht;** in Anbetracht dieser wichtigen Eigenschaft wird es vielfach zum Ueberziehen anderer Metalle benutzt, welche durch einen Zinnüberzug vor Oxydation geschützt werden. Man nennt dies **Verzinnen.** Verzinnt werden Gegenstände aus Eisen und Kupfer. Verzinntes Eisenblech wird unter der Bezeichnung Weissblech in der Technik sehr häufig angewandt; (nach Russland wird es grösstentheils aus England eingeführt). Weissblech entsteht, wenn Eisenblech, das mittelst Säuren und auf mechanische Weise vorher gereinigt war, in geschmolzenes Zinn getaucht wird [34]).

---

34) Wenn die Zinnschicht dann schnell abgekühlt wird, z. B. durch Aufspritzen von Wasser, so krystallisirt das Zinn in verschiedenartigen, sternförmigen Figuren, welche deutlich hervortreten und schöne Zeichnungen zeigen, wenn man das Blech zuerst in schwaches Königswasser und darauf in Natronlauge taucht.
Der Zinnüberzug schützt das Eisen vor der unmittelbaren Einwirkung der Luft.

Mit Kupfer bildet das Zinn die **Bronze**, eine Legirung, die in der Praxis eine sehr ausgedehnte Anwendung findet. Die Bronze besitzt je nach dem relativen Gehalte an Zinn und Kupfer, eine verschiedene Färbung und verschiedene Eigenschaften; bei überschüssigem Kupfer ist die Farbe dieser Legirung gelb. Das Kupfer verleiht dem Zinn bedeutende Festigkeit und Elastizität. Die aus 78 Th. Kupfer und 22 Th. Zinn bestehende Legirung ist so elastisch und hart, dass sie zum Giessen von Glocken verwandt wird [35]).

---

aber nur so lange das Eisen vom Zinn vollkommen bedeckt ist. Tritt dagegen das Eisen an einigen Stellen hervor, so oxydirt es sich an denselben schnell, da das Zinn im Verhältniss zum Eisen elektronegativ ist und alle Oxydationsmittel in Gegenwart von Zinn sich auf das Eisen richten. Daher werden verzinnte Gegenstände aus Eisen durch das Zinn nur theilweise vom Rosten geschützt. Viel praktischer ist infolge dieses Verhaltens die Anwendung von verzinktem Eisen. An den Berührungsstellen des Zinns mit dem Eisen bildet sich übrigens eine dichte, wenig veränderliche Zinnlegirung, welche das Zinn mit der übrigen Eisenmasse verbindet. Das Zinn lässt sich mit Gusseisen zu einer grauweissen Legirung zusammenschmelzen, welche sich sehr gut in Formen giessen lässt und daher zum Giessen verschiedener Gegenstände verwandt wird, zu welchen das Gusseisen selbst, seiner leichten Oxydirbarkeit und der Bildung von Hohlräumen wegen, untauglich ist. Das Ueberziehen kupferner Gegenstände mit Zinn oder das eigentliche Verzinnen wird meist zur Verhütung der Einwirkung saurer Flüssigkeiten ausgeführt, welche in Gegenwart von Luft das Kupfer oxydiren und in ein in Wasser lösliches Salz überführen. Dem Zinn kommt diese Eigenschaft nicht zu und darauf beruht seine Anwendung zum Verzinnen von Gefässen aus Kupfer, in denen Speisen zubereitet werden.

35) Sehr klingend und folglich auch elastisch sind die Kupferlegirungen (vom spez. Gewichte 8,9) die etwa 20 pCt. Zinn enthalten, wenn sie schnell abgekühlt werden. Dieselben werden seit Langem in grosser Menge in China zur Anfertigung der unter dem Namen *Tam-Tams* bekannten Instrumente dargestellt. Infolge ihrer Härte und Zähigkeit werden ähnliche Legirungen auch zum Giessen von Geschützen, zu Axenlagern u. s. w. benutzt. Das Kanonenmetall enthält in 100 Theilen ungefähr 11 Theile Zinn (dem Verhältnisse $Cu^{15}Sn$ entsprechend). Durch einen geringen Zusatz von Phosphor, bis zu 2°/₀, gewinnt die Bronze an Härte und Elastizität; solche Phosphorbronze findet daher gleichfalls Verwendung.

Die spröde, eine bläuliche Farbe besitzende „Legirung $SnCu^3$" ist sowol ihrem Aussehen, als auch ihren Eigenschaften nach weder dem Kupfer, noch dem Zinne ähnlich; beim Abkühlen bleibt sie vollkommen homogen und erlangt eine krystallinische Struktur (Riche). Alle diese Merkmale weisen darauf hin, dass bei der Bildung der Legirung $SnCu^3$ eine chemische Verbindung entsteht. Dieses bestätigt auch die Dichte 8,91, denn dieselbe müsste 8,21 betragen, wenn die Legirung ohne Kontraktion entstehen würde. Von allen Legirungen des Zinns mit Kupfer ist diese die schwerste, denn die Dichte des Zinns ist 7,29 und die des Kupfers 8,8. Aehnliche Eigenschaften besitzt die Legirung $SnCu^4$ vom spezifischen Gewicht 8,77. Alle Zinnkupferlegirungen, ausgenommen $SnCu^3$ und $SnCu^4$, scheiden bei langsamer Abkühlung einen kupferreicheren Theil aus, welcher zuerst erstarrt. (Die Erscheinung nennt man Liquation oder Saigerung). Aus den eben angeführten und vielen ähnlichen Thatsachen ergibt sich, dass **die Metalle**, welche Legirungen bilden, sich mit einander **chemisch verbinden**. Die Legirungen aus Kupfer und Zinn waren bereits im Alterthume bekannt; noch vor der Benutzung des Eisens waren Bronzewaffen in Gebrauch. Legirungen von Zinn mit Zink werden selten benutzt, dagegen öfters

Zum Giessen von Statuen und verschiedenen Zierrathen benutzt man Legirungen, welche 2—5 pCt Zinn, 10—30 pCt Zink und 65—85 pCt Kupfer enthalten [36]). Sodann wird das Zinn auch allein (meist aber mit Blei legirt) zum Anfertigen von verschiedenen Gegenständen, z. B. Geschirren, verwendet.

Das Zinn zersetzt beim Glühen Wasserdampf unter Ausscheidung von Wasserstoff und Bildung von Zinnoxyd. Mit viel Wasser verdünnte Schwefelsäure wirkt auf Zinn gar nicht oder nur sehr wenig ein, ist die Säure aber konzentrirt und zugleich erwärmt, so findet Reduktion statt, indem aus der Schwefelsäure nicht nur Schwefligsäuregas, sondern auch Schwefelwasserstoff entsteht. Sehr leicht wird das Zinn von Salzsäure unter Entwickelung von Wasserstoff gelöst, wobei das gleichzeitig entstehende Zinnchlorür $SnCl^2$ in Lösung bleibt; bei überschüssiger Salzsäure und Einwirken von Luft geht das Chlorür in das Zinntetrachlorid über: $SnCl^2 + 2HCl + O = SnCl^4 + H^2O$. Das Gemisch von Salzsäure mit Zinn ist ein ausgezeichnetes Reduktionsmittel, dessen Wirkung durch den sich ausscheidenden Wasserstoff (im Entstehungszustande) und durch das entstehende $SnCl^2$ bedingt wird. Durch dieses Gemisch werden z. B. Nitroverbindungen in Ammoniakderivate übergeführt, d. h. die Elemente der Salpetersäure NO^2 werden zu NH^2 reduzirt. Salpetersäure, die mit viel Wasser verdünnt ist, löst das Zinn schon bei Zimmertemperatur und wird reduzirt, unter anderem zu Ammoniak (und Hydroxylamin). Das Zinn

---

an Stelle der theuren Bronze Legirungen, die zugleich aus Zink, Zinn und Kupfer bestehen.

36) Dass Legirungen und Lösungen ein und denselben Gesetzen unterworfen sind, wird unter anderem sehr gut dadurch bewiesen, dass die Methode von Raoult (Seite 104 und 357) auch bei den Lösungen verschiedener Metalle in Zinn anwendbar ist, denn Heycock und Neville zeigten (1889) dass durch eine geringe Beimengung von anderen Metallen die Erstarrungstemperatur des geschmolzenen Zinns (226°,4) proportional der Konzentration der Lösung erniedrigt wird, d. h. ebenso wie die Temperatur der Eisbildung. Indem die genannten Forscher in 11800 Theilen Zinn atomistische Mengen verschiedener Metalle lösten (z. B. 65 Th. Zn) beobachteten sie die folgende Erniedrigung der Erstarrungstemperatur des Zinns: bei Zn um 2,53°, Cu um 2,47°, Ag um 2,67°, Cd um 2,16°, Pb um 2,22°, Hg um 2,3°, Sb um 2,0° und Al um 1,34°. Da die Methode Raoult's die Bestimmung des Molekulargewichts ermöglicht (S. 104), so kann aus der fast vollständigen Uebereinstimmung der erhaltenen Zahlen abgesehen vom Al, geschlossen werden, dass die Molekeln des Cu, Ag, Pb, Sb, ebenso wie die des Zn, Hg, Cd *je ein Atom in der Molekel enthalten.* Zu demselben Zwecke (der Bestimmung des Molekulargewichts der Metalle auf Grund ihrer gegenseitigen Löslichkeit) benutzte Ramsay (1889) die Aenderungen in der Tension der Dämpfe von Quecksilber (Seite 151), in welchem verschiedene Metalle gelöst waren; hierbei gelangte er zu demselben Resultate, dass die genannten Metalle je ein Atom in ihren Molekeln enthalten. Diese Beobachtungen erfordern übrigens noch eine weitere Ausarbeitung, um dieselbe Bedeutung zu erlangen, welche der Bestimmung des Molekulargewichts aus der Dampfdichte zukommt.

geht hierbei als salpetersaures Zinnoxydul in Lösung. Stärkere Salpetersäure (beim Erwärmen auch schwache) führt das Zinn in seine höhere Oxydationsstufe, SnO^2, über, welche hierbei in Form der sogenannten Metazinnsäure auftritt. Da diese in Salpeterlsäure unlöslich ist, so bleibt das Zinn ungelöst. Schwache Säuren, z. B. CO^2 und organische Säuren wirken selbst in Gegenwart von Sauerstoff auf das Zinn nicht ein, da Zinnoxyd keine energisch wirkende Base ist.

Zur Charakteristik des Zinns ist es von Wichtigkeit zu bemerken, dass es aus seinen Lösungen durch viele leichter oxydirbare Metalle, z. B. Zink, reduzirt wird.

Die **Verbindungen** des Zinns [37]) sind nach dem Typus SnX^2 und SnX^4 zusammengesetzt; ausserdem sind auch Verbindungen vom intermediären Typus Sn^2X^6 bekannt; dieselben gehen aber in den meisten Fällen sehr leicht in die Verbindungen des höheren und niederen Typus über und können daher nicht als selbstständige Formen vom Typus SnX^3 angesehen werden.

Zinnoxydul, SnO, erhält man im wasserfreien Zustande durch Kochen der Lösungen von Zinnoxydulsalzen mit ätzenden Alkalien; zunächst scheidet sich beim Einwirken des Aetzalkalis weisses Hydroxydul $Sn(OH)^2SnO$ aus, welches beim Erwärmen ebenso leicht sein Wasser verliert, wie Kupferhydroxyd. In diesem Zustande bildet das Zinnoxydul ein schwarzes, krystallinisches Pulver (vom spez. Gew. 6,7 und dem Atomvolum 20), das sich beim Erhitzen weiter oxydirt und in das Oxyd übergeht. Zinnhydroxydul löst sich leicht in Säuren und auch in Natron- und Kalilauge (nicht aber in Aetzammon) [38]). Diese Eigenschaft weist auf die schwach basischen Eigenschaften des Zinnoxyduls hin, das in vielen Fällen desoxydirend wirkt [39]).

---

37) Das Zinn bildet mehrere flüchtige Verbindungen, nach deren Dampfdichte das Molekulargewicht bestimmt werden kann. Solche Verbindungen sind z. B. $SnCl^4$ und $Sn(C^2H^5)^4$ (letztere siedet bei 150°). Für die Dampfdichte des Chlorürs $SnCl^2$ erhielt übrigens V. Meyer von der Siedetemperatur (606°) an bis zu 1100° keine konstanten Werthe, da aller Wahrscheinlichkeit nach die Molekel desselben sich von Sn^2Cl^4 zu $SnCl^2$ ändert, denn die Dampfdichte erwies sich kleiner als erstere und grösser als letztere Formel erfordert, näherte sich aber mit der Zunahme der Temperatur der letzteren, zeigte also eine dem Uebergange von N^2O^4 zu NO^2 analoge Erscheinung (Seite 306).

38) Bringt man eine alkalische Zinnoxydullösung in rasches Sieden, so scheidet sich Zinn aus und in der Lösung bleibt Zinnoxyd: $2SnO = Sn + SnO^2$.

39) Weber erhielt (1882), indem er eine $SnCl^2$-Lösung mit Na^2SO^3 (einem als Reduktionsmittel die Oxydation des Oxyduls verhindernden Salze) fällte und den ausgewaschenen Niederschlag unter Abkühlen in HNO^3 löste, Krystalle von salpetersaurem Zinnoxydul $Sn(NO^3)^220H^2O$. Dieses Krystallhydrat schmilzt leicht und zerfliesst. Ausserdem bildet sich leicht das beständigere wasserfreie basische Salz $Sn(NO^3)^2SnO$. Als schwache Base bildet das Zinnoxydul überhaupt leicht basische Salze, analog den Basen CuO, PbO. Aus demselben Grunde entstehen auch

Von den Verbindungen, die dem Zinnoxydul entsprechen, ist das am häufigsten benutzte **Zinnchlorür** $SnCl^2$ (Zinndichlorid) besonders bemerkenswerth. Dasselbe enthält nur die Hälfte des Chlors, das in die Zusammensetzung des Zinnchlorids $SnCl^4$ (Zinntetrachlorids) eingeht und stellt eine durchscheinende, farblose, krystallinische Substanz dar, die bei 250° schmilzt und bei 606° siedet. In Wasser löst es sich anscheinend ohne Zersetzung (in Wirklichkeit zersetzt es sich aber theilweise, wie weiter unten gezeigt werden wird); auch in Alkohol ist es löslich. Zur Darstellung des Zinnchlorürs erhitzt man Zinn in trocknem Chlorwasserstoff, wobei Wasserstoff ausgeschieden wird, oder man löst Zinn in starker Salzsäure unter Erwärmen und dampft schnell ein. Hierbei scheiden sich Krystalle des monoklinen Systems von der Zusammensetzung $SnCl^2 2H^2O$ aus. Die wässrige Lösung des Zinnchlorürs absorbirt an der Luft Sauerstoff und scheidet einen Zinnoxyd enthaltenden Niederschlag aus. Daher ist es begreiflich, dass Zinnchlorürlösungen wie Reduktionsmittel wirken und als solche bei chemischen Untersuchungen öfters Anwendung finden, z. B. zur Reduktion von Metallen aus ihren Lösungen, denn selbst Quecksilber wird aus seinen Salzen durch Zinnchlorür im freien Zustande ausgeschieden. Diese reduzirende ‹Fähigkeit wird auch in der Praxis benutzt, besonders in der Färberei, wo das krystallinische Zinnchlorür unter dem Namen *Zinnsalz* in ausgedehntem Maasse angewandt wird.

Zinnoxyd, SnO^2, findet sich in der Natur als Zinnstein und entsteht bei der Oxydation oder beim Verbrennen von' erhitztem Zinn an der Luft als ein weisses oder gelbliches, schwer schmelzbares Pulver.

Man bereitet es in grossen Mengen, da es zur Herstellung der weissen Masse benutzt wird, welche die leicht flüssige Glas- oder Emailschicht bildet, mit der die gewöhnlichen Kacheln und ähnliche Gegenstände aus Thon überzogen werden. Aus sauren Lösungen von Zinnoxyd wird durch Einwirken von Aetzalkalien, aus alka-

---

mit SnX^2 leicht Doppelsalze, z. B. das Kalium-Zinnchlorür $SnK^2Cl^4H^2O$ und das Ammonium-Zinnchlorür $Sn(NH^4)^2Cl^4H^2O$. Dem Zinnchlorüre sind in vielen Beziehungen das Bromür $SnBr^2$ und das Jodür SnJ^2 ähnlich.

Von anderen Salzen des Zinnoxyduls ist noch das schwefelsaure Zinnoxydul $SnSO^4$ bekannt, welches beim Verdunsten einer Lösung von Zinnoxydul in Schwefelsäure unter dem Rezipienten einer Luftpumpe als krystallinisches Pulver zurückbleibt. In diesem Salze kommt der schwache basische Charakter des Zinnoxyduls deutlich zum Vorschein. Beim Erhitzen zersetzt es sich ausserordentlich leicht, indem Zinnoxyd zurückbleibt und Schwefligsäuregas entweicht. Mit den schwefelsauren Salzen der Alkalimetalle bildet das schwefelsaure Zinnoxydul leicht Doppelsalze.

Gasförmiger HCl bildet mit $SnCl^2 2H^2O$ eine Flüssigkeit von der Zusammensetzung $SnCl^2HCl3H^2O$ (deren spez. Gewicht 2,3 und Erstarrungstemperatur—27° ist) und das feste Salz $SnCl^2H^2O$ (Engel).

lischen durch Einwirken von Säuren das Hydrat Sn(OH)⁴ gefällt, welches beim Erhitzen Wasser abgibt und in das Anhydrid SnO² übergeht. Die Unlöslichkeit dieses Anhydrids in Säuren weist schon auf den schwach basischen Charakter desselben hin. Beim Schmelzen mit Aetzalkalien (nicht mit K²CO³ oder KHSO⁴) entstehen aus dem Anhydride in Wasser lösliche alkalische Verbindungen. Als Hydrat ist das Zinnoxyd, ebenso wie die Kieselerde, eine kolloidale Substanz, die in verschiedenen Modifikationen erscheint. Je nach der Darstellungsweise erhält man nämlich Hydrate, welche bei gleicher Zusammensetzung ein verschiedenes Aussehen und ein verschiedenes Verhalten zu Reagentien zeigen. Man unterscheidet z. B. die gewöhnliche Zinnsäure von der Metazinnsäure. Die **Zinnsäure** erhält man durch Fällen einer frisch bereiteten Lösung von Zinnchlorid SnCl⁴ in Wasser mit Soda oder Ammoniak; der hierbei entstehende Niederschlag bildet nach dem Trocknen eine nicht krystallinische Masse, die sich leicht in starker Salz- oder Salpetersäure und auch in Natron- oder Kalilauge löst. Leichter erhält man die gewöhnliche Zinnsäure aus dem zinnsauren Natrium durch Einwirken von Säuren.

Die **Metazinnsäure** ist in Schwefelsäure und Salpetersäure unlöslich; sie entsteht bei der Behandlung von Zinn mit Salpetersäure als ein weisses, schweres Pulver, welches von Salzsäure nicht sogleich gelöst, aber so weit verändert wird, dass nach dem Abgiesen der Säure dem Rückstande durch Wasser bereits entstandenes Zinnchlorid SnCl⁴ entzogen werden kann. In schwacher Alkalilauge ist die Metazinnsäure unlöslich, doch lässt sie sich durch Natronlauge in das Natriumsalz überführen, welches sich in *reinem Wasser* langsam, jedoch vollkommen löst, aber selbst in schwacher Natronlauge unlöslich ist. Schwache Salzsäure wirkt auf das gewöhnliche Hydrat, namentlich beim Kochen ein und scheidet Metazinnsäure aus. Hierauf beruht unter anderem die Fällung des weissen Niederschlages von Zinnhydroxyd aus den Lösungen von Zinnchlorür und Chlorid. Das Anfangs gelöste Zinnoxyd geht unter dem Einflusse von Salzsäure in Metazinnsäure über, welche in Gegenwart von Salzsäure in Waser unlöslich ist. Die Lösungen der Metazinnsäure unterscheiden sich von den Lösungen des gewöhnlichen Zinnoxyds; aber in Gegenwart eines Alkalis gehen sie in gewöhnliche Zinnsäure über, so dass die Metazinnsäure hauptsächlich den sauren Verbindungen des Zinnoxyds entspricht, die gewöhnliche Zinnsäure dagegen den alkalischen [40]). Den Aenderungen, denen das

---

40) Fremy suchte den Grund des Unterschiedes durch Polymerisation zu erklären und nahm an, dass die gewöhnliche Zinnsäure dem Oxyde SnO² und die Metasäure Sn⁵O¹⁰ entspreche; wahrscheinlicher ist aber die Annahme, dass beide Säuren verschiedene Polymere von SnO² sind. Die Zinnsäure bildet mit Aetznatron das Salz Na²SnO³, welches auch beim Schmelzen der Metazinnsäure mit Aetznatron entsteht;

von Graham dargestellte, lösliche, kolloidale Hydrat des Zinnoxyds unterliegt, entsprechen die Umwandlungen, welche im Allgemeinen die Kolloide charakterisiren.

Das Zinnoxyd besitzt die Eigenschaften wenig energischer und zudem intermediärer Oxyde (wie Wasser, Thonerde und and.), d. h. es bildet salzartige Verbindungen sowol mit Basen, als auch mit Säuren, aber sowol diese, als auch jene sind leicht zersetzbar und unbeständig; trotzdem sind die sauren Eigenschaften deutlicher entwickelt, als die basischen, wie auch in SiO^2, GeO^2 und PbO^2. Hierdurch wird der Charakter der Verbindungen SnX^4 bestimmt.

Unter den Verbindungen, die dem Zinnoxyde entsprechen, ist das **Zinnchlorid** $SnCl^4$ (das auch Zinntetrachlorid genannt wird) besonders charakteristisch. In wasserfreiem Zustande erhält man es durch direktes Einwirken von Chlor auf Zinn; es lässt sich leicht reinigen, da es eine bei 114^0 siedende, leicht überdestillirende Flüssigkeit vom spez. Gewicht 2,28 bei 0^0 darstellt. An der Luft raucht es (Spiritus fumans Libavii), was auf den Charakter eines Chloranhydrides hinweist. Durch Wasser wird es jedoch zunächst nicht zersetzt, sondern gelöst und die Lösung scheidet beim Eindampfen das Krystallhydrat $SnCl^4 5H^2O$ aus. Nimmt man nur wenig Wasser, so bilden sich Krystalle von der Zusammensetzung $SnCl^4 3H^2O$, welche unter dem Rezipienten der Luftpumpe $1/_3$ ihres Wassers verlieren. Eine grössere Wassermenge zersetzt aber die Lösung, namentlich beim Erwärmen in der Weise, dass Metazinnsäure ausgeschieden wird [41]).

dagegen bildet sich beim Einwirken schwacher Natronlauge auf die Metazinnsäure ein Salz von der Zusammensetzung $Na^2O^3 4SnO^2$(Fremy). Uebrigens löst sich auch die gewöhnliche Zinnsäure in dem Salze Na^2SnO^3(Weber), so dass beide Zinnsäuren (ebenso wie beide Kieselsäuren) die Fähigkeit besitzen, sich zu polymerisiren und sich wahrscheinlich nur durch den Grad der Polymerie unterscheiden. Ueberhaupt zeigt die Zinnsäure eine grosse Aehnlichkeit mit der Kieselsäure; Graham erhielt eine Lösung der Zinnsäure durch direktes Dialysiren ihrer alkalischen Lösung. Der Hauptunterschied der beiden Zinnsäuren besteht darin, dass die in HCl lösliche Metasäure mit H^2SO^4 einen Niederschlag gibt, der in der gewöhnlichen Säure nicht entsteht.

41) Bei der Bildung der Verbindung $SnCl^4 3H^2O$ findet eine so bedeutende Kontraktion statt, dass die entstehenden Krystalle, trotzdem sie Wasser enthalten, schwerer als $SnCl^4$ sind. Das fünf Wassermolekeln enthaltende Krystallhydrat absorbirt trocknen HCl und bildet eine Flüssigkeit vom spezifischen Gewicht 1,971, welche bei 0^c Krystalle von der Zusammensetzung $SnCl^4 2HCl 6H^2O$ ausscheidet; dieselben schmelzen bei 20° zu einer Flüssigkeit vom spezifischen Gewicht 1,925 (und entsprechen der analogen Platinverbindung (Engel).

Das Zinnchlorid bildet mit Metallchloriden leicht Doppelsalze, am bemerkenswerthesten ist das Ammonium-Zinnchlorid, $Sn(NH^4)^2Cl^6$, das sich durch seine Beständigkeit auszeichnet und unter dem Namen **Pinksalz** in Kattundruckereien als Beize benutzt wird. Mit Ammoniak verbindet sich das Zinnchlorid zu $SnCl^4 4NH^3$; sodann verbindet es sich auch mit Blausäure, Phosphorwasserstoff und Phosphorpentachlorid (zu $SnCl^4 PCl^5$); mit Salpetrigsäureanhydrid und dessen Chloranhydride

Die **alkalischen Verbindungen des Zinnoxyds**, d. h. Verbindungen, in welchen das Oxyd SnO^2 die Rolle einer Säure spielt und welche folglich den Verbindungen der Kieselsäure und anderer Säuren von der Zusammensetzung RO^2 entsprechen, bilden sich sehr leicht; sie zeichnen sich durch ihre grosse Beständigkeit aus und werden in der Praxis verwandt. Ihre Zusammensetzung lässt sich meistens durch die Formel SnM^2O^3 d. h. $SnO(MO)^2$, analog $CO(MO)^2$, wo M=K oder Na ist, ausdrücken. Durch Säuren, selbst so schwache, wie Kohlensäure, werden diese Salze ebenso zersetzt, wie die entsprechenden Verbindungen der Thonerde oder der Kieselerde. Zur Darstellung des in Rhomboëdern krystallisirenden zinnsauren Kaliums von der Zusammensetzung $SnK^2O^3 3H^2O$ schmilzt man 8. Theile Aetzkali und fügt allmählich 3 Th. Metazinnsäure zu. Die Lö-

---

zu $SnCl^4N^2O^3$, resp. $SnCl^4 2NOCl$ u. s. w. Ueberhaupt ist beim Zinnchlorid die Fähigkeit sich mit den verschiedenartigsten Körpern zu verbinden, besonders entwickelt. Die Entwickelung dieser Fähigkeit beim Wasser, $AlCl^3$ und ähnlichen Körpern, welche ihrer Zusammensetzung nach den höchsten Verbindungsformen der Elemente entsprechen, weist darauf hin, dass in diesen Körpern noch weitere Affinitäten vorhanden sind, ausser denen, durch welche ihre Atome sich binden. Die Eigenthümlichkeit solcher Körper besteht eben darin, dass sie immer mit ganzen Molekeln in Verbindung treten, die auch isolirt existiren können, und dass sie in vielen Beziehungen den Verbindungen mit Krystallisationswasser ähnlich sind.

Mit Jod verbindet sich das Zinn nicht direkt, wenn aber Zinnfeilspäne mit einer Lösung von Jod in Schwefelkohlenstoff in einem zugeschmolzenen Rohre erhitzt werden, so bilden sich rothe Oktaëder von SnJ^4, welche bei 142° schmelzen und bei 295° sich verflüchtigen. Für die Geschichte der Chemie sind die Fluorverbindungen des Zinns von besonderem Interesse, da sie eine Reihe von Doppelsalzen bilden, welche mit den Salzen der Kieselfluorwasserstoffsäure SiR^2F^6 isomorph sind. Dieser Umstand ermöglichte auch die Feststellung der Formel SiO^2, da die Formel SnO^2 ausser Zweifel war. Indessen ist das **Zinnfluorid** SnF^4 selbst fast unbekannt; die demselben entsprechenden Doppelsalze entstehen aber sehr leicht beim Einwirken von Flusssäure auf alkalische Zinnoxydlösungen. Löst man z. B. Zinnoxyd in Kalilauge und setzt der Lösung Flusssäure zu, so erhält man das krystallinische Salz $SnK^2F^6H^2O$. Das Baryumsalz $SnBaF^6 3H^2O$ ist schwer löslich, ebenso wie das entsprechende Salz der Kieselfluorwasserstoffsäure. Besonders gut krystallisirend und daher für die Untersuchung wichtiger ist das leicht lösliche Strontiumsalz $SnSrF^6 2H^2O$; dasselbe ist mit dem entsprechenden Salze des Siliciums (und Titans) isomorph. Das Magnesiumsalz enthält $6H^2O$.

Das Zinndisulfid SnS^2 scheidet sich als gelber Niederschlag beim Einwirken von Schwefelwasserstoff auf saure Zinnsäurelösungen aus; es löst sich leicht in Schwefelammonium und Schwefelkalium, da es einen sauren Charakter besitzt und Thiozinnsalze bildet (vergl. Kap. 20). Im wasserfreien Zustande bildet das Sulfid goldgelbe, glänzende Schüppchen, welche sich durch längeres Erhitzen eines Gemisches von fein zertheiltem Zinn mit Schwefel und Salmiak darstellen lassen. In dieser Form wird das Zinndisulfid unter dem Namen Mussivgold zum Vergolden billiger Holzwaaren benutzt. Beim Erhitzen verliert das Disulfid allmählich Schwefel und geht in das braune Zinnmonosulfid SnS (Zinnsulfür) über. Letzteres löst sich in den Aetzalkalien. In Salzsäure ist das wasserfreie, geglühte, krystallinische Sulfür unlöslich, dagegen geht das gefällte, pulverförmige Sulfür beim Kochen mit starker Salzsäure in Lösung, indem es sich unter Ausscheidung von Schwefelwasserstoff zersetzt.

sung der entstandenen Masse scheidet beim Verdunsten im Exsikkator Krystalle von der angegebenen Zusammensetzung aus. Dieselbe Zusammensetzung besitzt auch das Natriumsalz. Das **zinnsaure Natrium** wird technisch im Grossen durch Erwärmen von Natronlauge mit Bleioxyd und metallischem Zinn dargestellt. Letzteres wirkt auf die alkalische Lösung des Bleioxyds in Natronlauge in der Weise ein, dass es metallisches Blei reduzirt und selbst in Lösung geht. Dieses ist besonders bemerkenswerth, denn das Zinn wird aus seinen Oxyd-Verbindungen mit Säuren durch Blei verdrängt, während das Blei aus seinen Verbindungen mit Alkalien durch Zinn verdrängt wird. Löst man die erhaltene Masse in Wasser und setzt dann Weingeist zu, so fällt zinnsaures Natrium aus, das man wieder in Wasser lösen und durch Umkrystallisiren reinigen kann. Es hat dann die Zusammensetzung $SnNa^2O^3 3H^2O$, wenn die Krystallisation aus starker Lösung vor sich geht und $10H^2O$, wenn es sich aus schwachen Lösungen bei niedriger Temperatur krystallisirt. In der Praxis wird dieses Salz als Beize in der Färberei, namentlich beim Färben von Kattunen benutzt. Metazinnsäure bildet mit kalter Natronlauge ein Salz von der Zusammensetzung $(NaHO)^2 5SnO^2 3H^2O$; auf Grund dieses letzteren betrachtete Fremy die Metazinnsäure als eine polymere Verbindung.

Unter den Analogen des Si nimmt das Zinn dieselbe Stelle ein, wie Cd und In unter den Analogen des Mg und Al, und in derselben Stellung, in welcher zu diesen beiden letzteren die Analoga von grösserem spezifischen Gewichte, nämlich Hg und Tl stehen, welche ein höheres Atomgewicht und besondere Eigenschaften besitzen, befindet sich in Beziehung auf das Silicium das **Blei** ($Pb = 206$), das schwerste Analogon dieser Gruppe, das sowol ähnliche, als auch besondere Eigenschaften aufweist. Die wichtigste Eigenheit der Bleiverbindungen ist die im chemischen Sinne viel geringere Beständigkeit der höchsten Form PbX^4, z. B. PbO^2 im Vergleich mit der niederen PbO. · Letzterer entsprechen die gewöhnlichen Verbindungen des Bleis und ausserdem ist PbO, wenn auch keine besonders energische, so doch eine deutliche Base, welche leicht basische Salze $PbX^2(PbO)^n$ bildet.

Das **Blei** findet sich in der Natur selten, aber in bedeutenden Massen als **Bleiglanz** PbS, d. h. Schwefelblei. Das spezifische Gewicht desselben ist 7,58; er ist von grauer Farbe und bildet Krystalle des regulären Systems, die Metallglanz besitzen. In Säuren ist weder das natürliche, noch das künstliche (beim Fällen von PbX^2-Salzen mit H^2S als schwarzer Niederschlag entstehende) Schwefelbei löslich [42]); beim Erhitzen schmilzt es an der

---

42) Das Schwefelblei wird durch Zink und Salzsäure vollständig zu metallischem Blei reduzirt, indem aller Schwefelwasserstoff entweicht.

Luft und durch viele Oxydationsmittel (H^2O^2, KNO^3) kann es vollkommen oder theilweise in das weisse schwefelsaure Blei $PbSO^4$
übergeführt werden. Dieses letztere Salz, das gleichfalls in Wasser unlöslich ist [43]), kommt in der Natur nur selten vor. Ziemlich
selten sind auch das chromsaure, vanadinsaure, phosphorsaure und
ähnliche Salze des Bleies. Nur das kohlensaure Blei $PbCO^3$ wird
zuweilen in grossen Massen angetroffen, besonders im Altaigebirge.
Das Schwefelblei wird nicht selten zur Gewinnung des darin enthaltenen Silbers verarbeitet; übrigens ist auch die Anwendung des
Bleis selbst in der Praxis eine sehr ausgedehnte. Zur Gewinnung
des Bleis in grossem Maasstabe sind hauptsächlich zwei Methoden
in Anwendung. Die eine beruht auf der Zersetzung des Schwefel-
bleis durch Glühen mit metallischem Eisen, welches den Schwefel
entzieht und ein leicht flüssiges Schwefeleisen bildet, das sich mit
dem reduzirten Blei, da dieses viel schwerer ist, nicht vermischt. Die
zweite Methode, die häufiger angewandt wird, besteht darin, dass
das Bleierz (das wenig Gangart enthalten darf, welche durch Auswaschen leicht zu entfernen ist) in Flammöfen unter Luftzutritt
stark erhitzt wird.   Hierbei oxydirt sich ein Theil zu schwefelsaurem Blei $PbSO^4$ und zu Bleioxyd. Nachdem dies geschehen ist,
muss der Luftzutritt abgesperrt werden, damit die oxydirten Bleiverbindungen mit dem zurückgebliebenen Schwefelblei in Reaktion
treten können. Das Resultat dieser Reaktion sind Schwefligsäuregas und metallisches Blei. Es entsteht zuerst aus $PbS+O^3$ Bleioxyd und Schwefligsäuregas $PbO+SO^2$ und aus $PbS+O^4$ noch
schwefelsaures Blei $PbSO^4$, worauf dann PbO und $PbSO^4$ mit dem
Rest von PbS in Reaktion treten: $2PbO+PbS=3Pb+SO^2$ und auch
$PbSO^4+PbS=2Pb+2SO^2$ [44]).

Das Blei ist ein allgemein bekanntes Metall vom spezifischen
Gewichte 11,3; die bläuliche Farbe und der starke Metallglanz
frischer Schnittflächen des Bleis verschwinden an der Luft ziem-

---

43) $PbSO^4$ findet sich in der Natur (als Anglesit) in durchsichtigen, glänzenden
Krystallen vom spezif. Gewicht 6,3, die mit $BaSO^4$ isomorph sind. Dasselbe Salz
entsteht auch beim Vermischen von Schwefelsäure und ihren löslichen Salzen mit
Lösungen von Bleisalzen als ein schwerer, weisser Niederschlag, der in Wasser
und Säuren unlöslich ist, sich aber in einer Lösung von weinsaurem Ammonium, in
Gegenwart eines Ammoniak-Ueberschusses, und auch in Aetzammoniak löst und sich
hierdurch von den analogen Salzen des Baryums und Strontiums unterscheidet.

44) Da das Blei aus seinen Erzen leicht reduzirt wird und die Erze selbst
schon ein metallisches Aussehen haben, so darf es nicht Wunder nehmen, dass
dasselbe schon im Alterthume bekannt war und dass seine Eigenschaften von den
Alchemisten genau untersucht waren, welche dem Blei den Namen Saturn gegeben hatten. Daher nennt man auch noch jetzt in der Medizin z. B. das essigsaure
Salz, das einen süsslichen Geschmack besitzt, Saturnzucker (Bleizucker). Aus Bleisalzlösungen reduzirt Zink das metallische Blei in Form einer verzweigten, aus
verwachsenen Krystallen bestehenden Masse, die unter dem Namen Saturn- oder
Bleibaum bekannt ist.

lich rasch, da es sich mit einem, freilich sehr dünnen Ueberzuge
von Oxyd und Salz bedeckt, deren Bildung durch die Feuchtigkeit und die Kohlensäure der Luft bedingt wird. Das Blei schmilzt
bei 326⁰ und krystallisirt aus dem geschmolzenen Zustande in
Oktaëdern. Es ist so weich, dass es sich mit einem Messer leicht
schneiden, sich zu biegsamen Röhren und Platten verarbeiten lässt
und zum Schreiben auf Papier dienen kann. Natürlich kann das
Blei infolge seiner Weichheit nicht so allgemein Verwendung haben, wie die meisten anderen Metalle; dagegen ist es als ein
Metall, das von vielen chemischen Reagentien nur schwer angegriffen wird, sich zusammenlöthen und zu Platten, Röhren u. s. w.
ausziehen lässt, für manche technische Anwendung höchst werth-
voll. Bleiröhren benutzt man zu Leitungen für Wasser [45]) und
andere Flüssigkeiten, Bleiplatten zum Belegen von Gefässen für
Flüssigkeiten, welche, wie z. B. viele Säuren, auf andere Metalle
einwirken. Es bezieht sich dies besonders auf Schwefel- und Salzsäure, die bei nie deren Temperaturen auf Blei in massiven Stücken
nicht einwirken und wenn auch an der Oberfläche des Metalls
$PbSO^4$ und $PbCl^2$ entstehen, so schützen diese Salze, die sich
weder in Wasser, noch in Säuren lösen, die übrige Masse des
Bleies von der weiteren Einwirkung [46]).

Alle löslichen Bleipräparate sind giftig. In Weissglühhitze sublimirt das Blei theilweise, während seine Dämpfe sich oxydiren
und verbrennen. Die Oxydation des Bleis geht auch bei niederen

---

45) Aus neuen Bleiröhren nimmt Wasser infolge seines Gehalts an Sauerstoff,
Kohlensäure u. s. w. eine geringe Menge von Bleiverbindungen auf; sind aber die
Röhren erst in Gebrauch, so bedecken sie sich sehr bald unter der Einwirkung des
durchfliessenden Wassers mit einer Schicht von $PbSO^4$, $PbCO^3$ und PCl^2 — alles
Salze, die in Wasser unlöslich sind und das Blei vor der weiteren Einwirkung
schützen; daher können Bleiröhren zu Wasserleitungen ohne Nachtheil benutzt werden.

46) In der Praxis findet das Blei nicht nur zu Röhren und Platten Verwendung,
sondern auch, seines hohen spezifischen Gewichtes wegen, im Gemisch mit geringen Mengen anderer Metalle zu Flintenkugeln und zu Schrot. Grosse Mengen von
Blei werden (an Stelle von Quecksilber) zur Extraktion von Silber und Gold aus
silberarmen Erzen und zur Darstellung von chemischen Präparaten, namentlich von
Bleiweiss und Chromgelb benutzt. Letzteres—das **chromsaure Blei** $PbCrO^4$ (Bleichromat)
zeichnet sich durch seinen schönen gelben Farbenton aus und wird vielfach als Farbe,
besonders zum Gelbfärben von Geweben angewandt. Man lässt hierbei das Chromgelb
auf dem Gewebe selbst durch Einwirken eines löslichen Bleisalzes auf chromsaures
Kalium entstehen. Das chromsaure Blei findet sich in der Natur als Rothbleierz; es
ist weder in Wasser, noch in Essigsäure löslich, löst sich aber in Kalilauge. Zu
den sogen. Zinngeräthen wird eine Legirung aus 5 Th. Sn und 1 Th. Pb verwandt. Die Zinnfolie ist eine Bleilegirung mit $1/2$ oder 1 oder 2 Th. Sn. Nach den
Beobachtungen von Rudberg lässt sich unter den Legirungen des Pb mit Sn die
Legirung von der Zusammensetzung $PbSn^3$ deutlich unterscheiden, da das Sinken
der Temperatur beim Abkühlen dieser Legirungen bis zu 187° geht, d. h. bis zur
Erstarrungstemperatur der Legirung $PbSn^3$. Die Zusammensetzung der Legirung
$PbSn^3$ entspricht 37 pCt Pb und 63 pCt Sn.

Temperaturen leicht vor sich. Wasser zersetzt das Blei nur bei Weissgluth; aus Säuren entwickelt es keinen Wasserstoff, abgesehen von sehr konzentrirter Salzsäure, wenn diese bei ihrer Siedetemperatur einwirkt. Verdünnte Schwefelsäure wirkt gar nicht oder nur sehr schwach auf die Oberfläche des Bleis ein, während konzentrirte beim Erwärmen mit Blei unter Ausscheidung von SO^2 zersetzt wird. Das beste Lösungsmittel für Blei ist Salpetersäure, welche dasselbe in das lösliche Salz $Pb(NO^3)^2$ überführt. Obgleich also Säuren auf Blei direkt nur schwierig einwirken, was für die Anwendung desselben in der Praxis wichtig ist, **so tritt das Blei dennoch** (ebenso wie Kupfer) **bei Luftzutritt ausserordentlich leicht mit vielen,** sogar relativ schwachen **Säuren in Reaktion.** Am bekanntesten ist die in der Praxis häufig benutzte Einwirkung von Essigsäure auf das Blei. In Essigsäure getauchtes Blei verändert sich nicht und geht auch nicht in Lösung; wenn aber Blei nur zum Theil mit Essigsäure zusammenkommt, während es zum anderen Theil in Berührung mit der Luft bleibt oder wenn Blei einfach mit einer dünnen Schicht Essigsäure so bedeckt wird, dass die Luft zutreten kann, so wird es durch den Sauerstoff der Luft in Bleioxyd übergeführt, das sich mit der Essigsäure zu dem in Wasser löslichen essigsauren Blei verbindet. Bei genügendem Luftzutritt entsteht hierbei nicht nur neutrales, sondern auch basisches essigsaures Blei [47]).

---

47) Die Zusammensetzung des neutralen essigsaures Bleis, das seines süsslichen Geschmackes wegen in der Praxis **Bleizucker** genannt wird, ist: $Pb(C^2H^3O^2)^23H^2O$. In Krystallen lässt sich dieses Salz nur aus sauren Lösungen erhalten. Es besitzt die Fähigkeit noch Bleioxyd und metallisches Blei in Gegenwart von Luft zu lösen. Hierbei entsteht das in Wasser und Alkohol lösliche basische Salz: $Pb(C^2H^3O^2)^2$ PbH^2O^2. Da dieses Salz aus einer paaren Anzahl von Atomen besteht, ebenso wie das Essigsäurehydrat $C^2H^4O^2H^2O = C^2H^3(OH)^3$, so lässt es sich als dieses Hydrat, in welchem zwei Wasserstoffatome durch Blei ersetzt sind, d. h. als $C^2H^3(OH)O^2Pb$ betrachten. Dieses basische Salz wird in der Medizin als äusserliches Mittel bei Entzündungen zum Auflegen auf Wunden (Bleikompresse) u. s. w. benutzt und in der Technik dient es zur Darstellung des Bleiweisses. Ausserdem sind noch andere basische essigsaure Bleisalze bekannt, die noch mehr Bleioxyd enthalten. Nach der eben angegebenen Vorstellung von der Zusammensetzung der erwähnten essigsauren Bleis ist auch ein Salz von der Zusammensetzung $(C^2H^3.^2(O^2Pb)^3$ möglich; offenbar existiren aber noch basischere Salze. Da der Charakter der Salze auch von der Eigenschaft der in ihnen enthaltenen Base abhängt, so ergibt sich, dass in dem Bleihydroxyde von der Zusammensetzung HOPbOH, die beiden Hydroxylgruppen sowol einzeln als auch gleichzeitig durch Säurereste ersetzt werden können. Durch Ersetzen beider Hydroxylgruppen enthält man das neutrale Salz XPbX und wenn nur das eine Hydroxyl ersetzt wird, so gelangt man zum basischen Salz XPbOH. Ausser diesem normalen Hydrate bildet aber das Blei auch noch Polyhydrate $Pb(OH)^2nPbO$. Stellt man sich nun vor, dass in solchen Polyhydraten beide Hydroxyle durch Säurereste ersetzt werden, so erklärt sich die Fähigkeit zur Bildung basischer Salze aus den Eigenschaften eben der Base, welche in diese Salze eingeht.

Wenn Blei sich in der Luft, [48]) beim Erhitzen oder in Gegenwart von Säuren bei gewöhnlicher Temperatur oxydirt, so bildet es Verbindungen von Typus PbX^2. Das **Bleioxyd** PbO ist in der Praxis unter dem Namen **Glätte** oder Silberglätte und Massicot bekannt. (Die Bezeichnung Silberglätte erklärt sich aus der Bildung derselben bei der Gewinnung von Silber aus Bleierzen). Geht die Oxydation des in der Luft erhitzten Bleis bei hoher Temperatur vor sich, so schmilzt das entstehende Bleioxyd und beim Abkühlen erhält man es in geschmolzenen Massen, die in gelbe Schüppchen zerfallen, deren spezif. Gewicht 9,3 ist; in diesem Zustande wird das Oxyd Glätte (Lithargyrum) genannt. Die Bleiglätte wird hauptsächlich zur Darstellung von Bleisalzen und zur Gewinnung des Bleis selbst benutzt, sodann auch zur Herstellung von Oelfirniss aus trocknenden Oelen, z. B. Leinöl [49]). Bei vorsichtiger Oxydation und schwachem Erhitzen bildet das Blei den **Massicot**, — pulverförmiges (nicht geschmolzenes) Bleioxyd. Am besten lässt sich der Massicot durch Glühen von salpetersaurem Blei darstellen; er bildet sich auch beim Glühen von Bleioxyd. Der Massicot besitzt eine gelbe Farbe und unterscheidet sich von der Glätte dadurch, dass er mit Säuren nur schwierig Bleisalze bildet. Mit Wasser angefeuchteter Massicot zieht z. B. an der Luft schwerer Kohlensäure an, als Glätte. Uebrigens lässt sich auch annehmen, dass dieser Unterschied durch die oberflächliche Bildung von Bleihyperoxyd bedingt wird, auf welches Säuren nicht einwirken. Jedenfalls löst sich Bleioxyd relativ leicht in Salpeter- und Essigsäure. In Wasser ist es kaum löslich, verleiht demselben aber alkalische Reak-

---

48) Vom niederen Typus PbX sind nur wenige Verbindungen bekannt, und noch weniger vom intermediären Typus PbX^3. Zum ersteren gehört das sogenannte Bleisuboxyd Pb^2O, das man durch Glühen von oxalsaurem Blei unter Luftabschluss erhält. Dasselbe ist ein schwarzes Pulver, das beim Einwirken von Säuren und schon beim Erhitzen leicht in metallisches Blei und Bleioxyd zerfällt. Diesen Charakter zeigen alle wahren Suboxyde. Das Bleisuboxyd bildet keine bestimmten Salze PbX; daher kann es ebenso wenig für ein salzbildendes Oxyd angesehen werden, wie die Oxydationsformen des Bleis, welche mehr Sauerstoff als das Bleioxyd . PbO und weniger als das Superoxyd PbO^2 enthalten. Solcher Verbindungen bildet das Blei wenigstens zwei (vergl. weiter unten). Man kennt z. B. ein Oxyd von der Zusammensetzung Pb^2O^3; dasselbe zerfällt aber beim Einwirken von Säuren in Bleioxyd, welches sich löst, und Bleisuperoxyd, das zurückbleibt. Ein solches Oxyd ist auch die Mennige.

49) Beim Kochen von trocknenden Oelen geht das Bleioxyd theilweise in Lösung, indem eine seifenähnliche Verbindung entsteht, welche Sauerstoff anziehen und zu einer harzigen Masse erhärten kann; eine solche Masse bilden eingetrocknete Oelfarben. Möglicher Weise spielt hier auch das Glycerin eine Rolle.

Beim Vermischen von sehr fein zerriebener Bleiglätte (50 Th.) mit wasserfreiem Glycerin (5 cc.) bildet sich ein sehr schnell (in 2 Minuten) erhärtender Kitt, welcher weder in Wasser, noch in Oelen löslich ist. Das Erhärten beruht auf einer Reaktion zwischen PbO und $C^3H^8O^3$ (Morawsky). Dieser Kitt kann beim Zusammenstellen von Apparaten benutzt werden.

tion, indem natürlich zuerst Bleihydroxyd entsteht. Die Hauptmenge des Bleioxyds verbindet sich aber nicht mit dem Wasser.

Das **Hydrat** des Bleioxyds (Bleihydroxyd) bildet sich als
weisser Niederschlag beim Einwirken von Aetzalkalien in geringer Menge auf Lösungen von Bleisalzen. In überschüssiger Alkalilauge löst sich das Bleihydroxyd, was auf die relativ schwach
basischen Eigenschaften des Bleioxyds hinweist. Das normale Hydrat des Bleioxyds, dessen Zusammensetzung $Pb(OH)^2$ den neutralen
Salzen dieses Metalles entsprechen würde, ist im freien Zustande
unbekannt, denn es existirt nur eine Verbindung dieses Hydrats
mit Bleioxyd: $Pb(OH)^2 2PbO$ oder $Pb^3O^2(OH)^2$. Man erhält sie in
weissen glänzenden, oktaëdrischen Krystallen beim Vermischen von
basisch-essigsaurem Blei mit Ammoniak unter schwachem Erwärmen.
Die basischen Eigenschaften dieses Hydrats treten z. B. darin
hervor, dass es aus der Luft Kohlensäure anzieht. Beim Kochen
der alkalischen Lösung des Hydrats fällt das Bleioxyd in Form
eines krystallinischen Pulvers aus.

Das Bleioxyd bildet nur wenige lösliche Salze, z. B. essigsaures
und salpetersaures Blei. Die meisten Bleisalze (z. B. $PbSO^4$, $PbCO^3$,
PbJ^2 u. s. w.) sind in Wasser unlöslich. Diese Salze sind farblos
oder schwach gelb gefärbt, wenn die entsprechende Säure farblos
ist. Im Bleioxyd ist die **Fähigkeit zur Bildung von** basischen Salzen
$PbX^2 nPbO$ oder $PbX^2 nPbH^2O^2$ ausserordentlich entwickelt. Dieselbe Fähigkeit sahen wir schon in der Magnesia und auch in den
Salzen des Quecksilberoxyds, aber das Bleioxyd bildet basische
Salze noch leichter, dagegen Doppelsalze seltener [50]).

---

50) Sehr bemerkenswerth ist, dass das Blei nicht nur basische Salze leicht
bildet, sondern auch solche, die mehrere Säuregruppen enthalten. Das kohlensaure
Blei z. B. findet sich in der Natur und bildet Verbindungen mit Chlorblei und
schwefelsaurem Blei. Erstere Verbindung, **das Hornblei,** von der Zusammensetzung
$PbCO^3 PbCl^2$, erscheint in der Natur in quadratischen Prismen und wird künstlich
durch einfaches Kochen von Chlorblei mit kohlensaurem Blei dargestellt. Die analoge
Verbindung der neutralen Salze $PbSO^4 PbCO^3$ findet sich in der Natur unter dem
Namen **Lanarkit** in monoklinen Krystallen. Der **Leadhillit** besteht aus $PbSO^4 3PbCO^3$
und findet sich gleichfalls in gelblichen Tafeln des monoklinen Systems. Wir lenken
die Aufmerksamkeit auf diese Salze, da es sehr wahrscheinlich ist, dass die Bildung derselben sich im Zusammenhange mit der Bildung der basischen Salze befindet, und da zur Erklärung der Existenz dieser Salze die folgenden Erwägungen
dienen können: bei der Beschreibung der Kieselerde wurde der Begriff der Polymerisation ausführlich entwickelt; es muss nun nothwendiger Weise angenommen werden, *dass auch viele andere Oxyde eine polymere Zusammensetzung besitzen.*
PbO^2 z. B. kann ebenso ein polymerer Körper sein, wie SiO^2, d. h. die Zusammensetzung des Bleidioxyds kann $Pb^n O^{2n}$ sein, da $PbMe^4$ und $PbEt^4$ flüchtige Körper
sind, während PbO^2 nicht flüchtig und der Kieselerde in dieser Beziehung sehr
ähnlich ist, sich dagegen von CO^2 scharf unterscheidet. Mit noch grösserer Wahrscheinlichkeit lässt sich dem Bleioxyde die polymere Struktur $Pb^n O^n$ zuschreiben,
da dieses sich in seinen physikalischen Eigenschaften vom Bleidioxyd ebenso wenig
unterscheidet wie CO von CO^2 und da es eine ungesättigte Verbindung ist, in der

Unter den löslichen Bleisalzen ist das **salpetersaure Blei** am bekanntesten und in der chemischen Praxis am meisten benutzt; man erhält es durch direktes Auflösen von Blei oder Bleioxyd in Salpetersäure. Das neutrale Salz $Pb(NO^3)^2$ krystallisirt in Oktaëdern, löst sich in Wasser und hat das spezifische Gewicht 4,5. Beim Einwirken einer Lösung dieses Salzes auf Bleiweiss oder beim Kochen derselben mit Glätte entsteht das basische Salz $Pb(OH)$ (NO^3), dessen krystallinische Nadeln in kaltem Wasser nur wenig, in heissem dagegen ziemlich leicht löslich sind; hierin ähnelt das Salz dem Bleichloride. Beim Glühen des salpetersauren Salzes erhält man entweder Bleioxyd oder eine Verbindung von Bleioxyd mit Bleihyperoxyd.

Das **Chlorblei** $PbCl^2$ (Bleichlorid) fällt beim Vermischen konzentrirter Lösungen von löslichen Bleisalzen mit HCl oder MCl aus. In heissem Wasser ist es übrigens ziemlich löslich, wenn daher schwache oder erhitzte Lösungen angewandt werden, so entsteht kein Niederschlag von $PbCl^2$. Beim Abkühlen einer heissen Lösung scheidet sich das Chlorblei in glänzenden prismatischen Krystallen aus, die beim Erwärmen schmelzen (wie AgCl, aber in Ammoniak unlöslich sind). In der Natur kommt das Chlorblei nur selten vor. Beim Erhitzen an der Luft kann es die Hälfte seines Chlors gegen

---

die Fähigkeit zur Vereinigung seiner Molekeln unter einander (zur Polymerisation) noch mehr entwickelt sein muss, als in PbO^2. Diese Annahme der polymeren Zusammensetzung des Bleioxyds indessen würde keine reale Bedeutung haben und könnte nicht als zulässig betrachtet werden, wenn die erwähnten basischen und gemischten Salze des Bleis nicht existiren würden. Das Bleioxyd entspricht offenbar den Salzen von der Zusammensetzung $Pb^n X^{2n}$ und da nach dieser Vorstellung die Anzahl der X in den Bleisalzen bedeutend ist, so erklärt sich daraus die Verschiedenheit derselben. Die basischen Salze ergeben sich beim Ersetzen eines Theiles dieser X durch Hydroxyle (OH) oder Sauerstoff $X^2 = O$, wenn der andere Theil durch Säurereste ersetzt ist; die gemischten Salze erhält man, wenn X gleichzeitig durch verschiedene Säurereste ersetzt wird. Um die Zusammensetzung der meisten Bleisalze vergleichen zu können, lässt sich z. B. annehmen, dass $n = 12$ ist; dann ergibt sich, dass die oben genannten Verbindungen die folgende Zusammensetzung besitzen: Bleioxyd $Pb^{12}O^{12}$, dessen krystallinisches Hydrat $Pb^{12}O^8$ $(HO)^8$, Chlorblei $Pb^{12}Cl^{24}$, Bleioxychlorid $Pb^{12}Cl^{12}O^6$ · und $Pb^{12}(OH)^6Cl^6O^6$, Mendipit $Pb^{12}Cl^8O^8$, neutrales kohlensaures Blei $Pb^{12}(CO^3)^{12}$, krystallinisches basisches Salz $Pb^{12}OH^6(CO^3)^6$, Bleiweiss $Pb^{12}(CO^3)^8(HO)^8$, Hornblei $Pb^{12}Cl^{12}(CO^3)^6$, Lanarkit $Pb^{12}(CO^3)^6(SO^4)^6$, Leadhillit $Pb^{12}(CO^3)^9(SO^4)^3$ u. s. w. Die Zahl 12 ist hier nur um Brüche zu vermeiden gewählt. Die Polymerisation kann möglicher Weise viel weiter gehen.

Der Begriff der Polymerisation der Oxyde, den ich seit der 1-sten (russischen) Auflage dieses Werkes (1869) beständig durchzuführen suchte, beginnt jetzt eine allgemeinere Verbreitung zu finden. Als Beweis für diese Polymerisation führen Henry, Carnelley und Walker und Andere den Umstand an, dass die Hydrate der meisten Oxyde ihr Wasser nur allmählich und zuletzt nur schwer verlieren und dass die Oxyde nicht so leicht flüssig und flüchtig sind, wie die entsprechenden Chloride, während der Sauerstoff sich doch schwerer als das Chlor verflüssigt und auch schwerer in den festen Zustand übergeht.

Sauerstoff austauschen und in das basische Salz, das Bleioxychlorid $PbCl^2PbO$ übergehen, welches auch beim Zusammenschmelzen von Chlorblei mit Bleioxyd entsteht. Die Reaktion des Clorbleis mit Wasserdampf bestätigt von Neuem den schwach basischen Charakter des Bleis und die Fähigkeit seiner Salze mit Wasser in doppelte Umsetzungen einzugehen: $2PbCl^2 + H^2O = PbCl^2PbO + 2HCl$. Aus der wässrigen Lösung des Chlorbleis fällt Ammoniak einen weissen Niederschlag, der beim Glühen Wasser verliert und die Zusammensetzung $Pb(OH)ClPbO$ zeigt. Diese Verbindung entsteht auch beim Einwirken der Lösungen von Chlormetallen auf andere lösliche basische Bleisalze [51]).

Von den basischen Salzen des Bleioxyds findet das basisch kohlensaure Blei oder das **Bleiweiss** die ausgebreitetste Anwendung, da es sich durch eine werthvolle Eigenschaft — das sogenannte Deckvermögen auszeichnet, welches dem schwefelsauren Blei und anderen weissen pulverförmigen Körpern abgeht oder nur in geringem Masse eigen ist. Das Deckvermögen besteht darin, dass eine geringe Menge mit Oel vermischten Bleiweisses sich gleichmässig vertheilen lässt und beim Auftragen auf anzustreichende Flächen (z. B. von Holz oder Metall) einen dichten Ueberzug bildet, so dass selbst durch eine dünne Schicht von Bleiweiss die bedeckte Fläche nicht mehr durchscheint [52]). Das Bleiweiss oder das ba-

---

51) Beim Vermischen einer Lösung von basisch-essigsaurem Blei mit einer Lösung von Chlorblei erhält man ein ähnliches basisches Salz von weisser Farbe, das auch an Stelle von Bleiweiss benutzt wird. Es bildet sich entsprechend der Gleichung: $2PbX(OH)PbO + PbCl^2 = 2Pb(OH)ClPbO + PbX^2$. Selbst in der Natur kommen solche basische Bleiverbindungen vor, so z. B. der Mendipit $PbCl^22PbO$, der in glänzenden, gelblich weissen Massen auftritt. Beim Erhitzen von Mennige mit Salmiak bilden sich ähnliche viel basischere Verbindungen des Chlorbleis, welche unter dem Namen *Kasseler Gelb* von der Zusammensetzung $PbCl^2nPbO$ als Farbe verwandt werden.

Das **Jodblei** PbJ^2 (Bleijodid) ist noch weniger löslich als Chlorblei; daher bildet es sich leicht beim Mischen von Bleisalzlösungen mit KJ. Es scheidet sich als ein gelbes Pulver aus, das sich in siedendem Wasser löst und beim Abkühlen dann in stark glänzenden, krystallinischen Schüppchen von gelber Farbe ausscheidet. Die Salze $PbBr^2$, PbF^2, $Pb(CN)^2$ und $Pb^2Fe(CN)^6$ sind gleichfalls in Wasser unlöslich und bilden weisse Niederschläge.

52) Merkwürdiger Weise besteht zwischen gekochtem Leinöl und Bleiweiss eine besondere Art von Anziehung, wie sich aus folgendem Versuche ergibt. Wenn man Bleiweiss mit Wasser zerreibt, in dem dasselbe, trotzdem es schwerer als Wasser ist, einige Zeit lang suspendirt bleibt und von dem es leicht benetzt wird, darauf gekochtes Leinöl zusetzt und schüttelt, so setzt sich am Boden des Gefässes ein Gemisch des Oeles mit Bleiweiss ab. Obgleich also das Leinöl viel leichter als Wasser ist, so schwimmt es dennoch nicht auf, sondern wird vom Bleiweiss zurückgehalten, und sinkt mit ihm zu Boden. Uebrigens bildet sich hierbei keine vollständige Verbindung und findet auch keine Lösung statt, denn beim Behandeln des Gemisches mit Aether oder mit einer anderen Flüssigkeit, in der das Leinöl löslich ist, löst sich dasselbe, während das Bleiweiss unverändert zurückbleibt.

sisch-kohlensaure Blei [53]) besitzt nach dem Trocknen bei 120^0 die Zusammensetzung $Pb(OH)^2 2PbCO^3$. Man kann es durch Zusetzen von Sodalösung zur Lösung eines basischen Bleisalzes, z. B. von basisch essigsaurem Blei, und auch beim Einwirken von Kohlensäuregas auf eine Lösung dieses letzteren Salzes erhalten. Zu diesem Zwecke bringt man in das Gefäss CD (Fig. 129) die Lösung des basisch essigsauren Bleis, welches in dem Behälter A aus Glätte und einer Lösung von neutralem essigsaurem Blei dargestellt wird. Letzteres entsteht beim Einwirken von Kohlensäuregas auf das basisch essigsaure Blei und wird nach A mittelst der Pumpe H hinaufgepumpt. In A entsteht ein basisches Salz, dessen Zusammensetzung sich $Pb^4(OH)^6(C^2H^3O^2)^2$ nähert und dessen Lösung mit $2CO^2$ einen Niederschlag von Bleiweiss $Pb^3(OH)^2(CO^3)^2$ bildet, während neutrales essigsaures Blei $Pb(C^2H^3O^2)^2$ gelöst bleibt

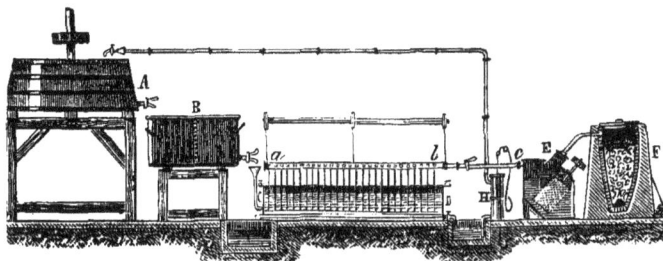

Fig. 129. Fabrikmässige Darstellung von Bleiweiss.

und in den Behälter A zurückgepumpt wird, wo es mit PbO zusammenkommt und (durch Schütteln) wieder in das basische Salz übergeführt wird. Die Lösung des letzteren wird zuerst in das

53) Das Bleiweiss lässt sich als zum Typus Pb^3X^6 gehörig betrachten, in welchem X^4 durch $(CO^3)^2$ ersetzt sind, oder als ein Salz, das dem normalen Hydrat der Kohlensäure $C(OH^4)$ entspricht, in welcher $^3/_4$ des Wasserstoffs durch Blei ersetzt sind. Diese Betrachtungsweise lässt sich durch die Existenz eines Salzes, in welchem aller Wasserstoff dieses Hydrats der Kohlensäure durch Blei ersetzt ist, d. h. des Salzes CO^4Pb^2, rechtfertigen. Man erhält dieses Salz als eine krystallinische, weisse Substanz beim Einwirken von Wasser und Kohlensäure auf Blei. Das neutrale Salz $PbCO^3$ findet sich in der Natur als Weissbleierz (vom spezif. Gewicht 6,47) in Krystallen, die mit dem Aragonite isomorph sind; künstlich scheidet es sich als ein weisser, schwerer Niederschlag bei der doppelten Umsetzung zwischen salpetersaurem Blei und Soda aus. Die beiden Salze CO^4Pb^2 und $PbCO^3$ sind also dem Bleiweiss analog; aber in der Praxis wird ausschliesslich dieses letztere benutzt, da es sich leicht darstellen lässt und sich durch sein grosses Deckvermögen auszeichnet, welches von der feinen Beschaffenheit des Salzes abhängt.

Von den vielen Methoden der Bleiweissfabrikation besteht die in Russland häufig angewandte (z. B. in Moskau in der Fabrik von Ossowetzky) darin, dass ein Gemisch von Massicot mit Essigsäure oder Bleizucker (das von Zeit zu Zeit umgerührt wird) der Einwirkung von kohlensäurehaltiger Luft ausgesetzt wird. Die Kohlensäure wird absorbirt und nach wiederholtem Umrühren (unter Zusatz von Wasser) geht zuletzt die ganze Masse in Bleiweiss über, das auf diese Weise in Form eines sehr feinen Pulvers gewonnen wird.

Gefäss B und dann nach CD abgelassen. In diesem Gefäss wird in die Lösung des basisch essigsauren Bleis das Kohlensäuregas eingeleitet und zwar aus dem Generator F, aus welchem das Gas durch das Rohr *ab* in eine Reihe feiner Röhren gelangt, welche in die Lösung tauchen. Das Bleiweiss scheidet sich beim Einwirken der Kohlensäure als Niederschlag aus und in der Lösung erhält man neutrales essigsaures Blei.

Um den Uebergang des Bleioxyds PbO in das Dioxyd oder das Bleisäureanhydrid PbO^2 zu verfolgen, muss man das intermediäre Oxyd — die *Mennige* Pb^3O^4 in Betracht ziehen [54]). Die Mennige dient als ziemlich beständige gelblich-rothe Farbe in bedeutender Menge zum Färben von Harzen (Schellack, Kolophonium und and.), aus denen der Siegellack besteht, und wird auch zu einer sehr guten und billigen Oelfarbe hauptsächlich beim Anstreichen von Metallen benutzt, denn trocknende Oele, z. B. Lein- und Hanföl trocknen mit Mennige, ebenso wie mit vielen Bleisalzen, ausserordentlich schnell. Die Mennige gewinnt man durch schwaches Erhitzen von Massicot in Flammöfen, die aus zwei über einander liegenden Abtheilungen bestehen; in der unteren wird zunächst aus metallischem Blei der Massicot dargestellt, welcher dann in der oberen Abtheilung, die eine niedrigere Temperatur (von etwa 300⁰) besitzt, in die Mennige übergeführt wird. Fremy und Andere haben gezeigt, dass die Zusammensetzung der nach verschiedenen Methoden dargestellten Mennige keine konstante ist und dass beim Einwirken von Säuren die Mennige in Bleidioxyd, das in Säuren unlöslich ist, und Bleioxyd zersetzt wird; letzteres bildet z. B. mit Salpetersäure ein lösliches Salz. Besonders wichtig war die künstliche Darstellung (die Synthese) der Mennige durch doppelte Umsetzung. Dieselbe gelang Fremy, als er eine Lösung von **bleisaurem Kalium** K^2PbO^3 (das beim Lösen von PbO^2 in geschmol-

---

54) Löst man Bleioxyd in Kalilauge und setzt der alkalischen Lösung unterchlorigsaures Natrium zu, so wird durch den Sauerstoff dieses Salzes das Bleioxyd theilweise in Bleidioxyd übergeführt und man erhält das sogenannte **Bleisesquioxyd**, dessen empirische Zusammensetzung Pb^2O^3 ist. Dieses Bleisesquioxyd scheint ein Bleisalz vom Typus des Dioxyds oder dessen Hydrates $PbO(OH)^2$ zu sein, in welchem zwei Wasserstoffe durch Blei ersetzt sind $PbO(O^2Pb)$. Eine Bestätigung dieser Auffassung ergibt sich aus dem Verhalten des sich als brauner Niederschlag ausscheidenden Sesquioxyds, das beim Einwirken schwacher Säuren, z. B. Salpetersäure, sogar bei Zimmertemperatur in unlösliches Bleidioxyd uud sich lösendes Bleioxyd zerfällt. Beim Erhitzen scheidet das Sesquioxyd Sauerstoff aus. In Salzsäure löst es sich zu einer gelben Flüssigkeit, welche wahrscheinlich die Körper von der Zusammensetzung $PbCl^2$ und $PbCl^4$ enthält; letztere Verbindung scheidet aber schon bei gewöhnlicher Temperatur Chlor aus und es bleibt dann nur $PbCl^2$ zurück. Die Mennige unterscheidet sich vom Sesquioxyd nur durch einen Ueberschuss an Bleioxyd, d. h. die Mennige ist ein basisches Salz des Sesquioxyds. Betrachtet man Pb^2O^3 als PbO^3Pb, so muss man die Mennige als PbO^3PbPbO, d. h. als basisch bleisaures Blei ansehen.

zenem Aetzkali entsteht) mit einer alkalischen Lösung von Bleioxyd vermischte. Hierbei erhielt er zunächst einen gelben
Niederschlag von Mennigehydrat, welches bei schwachem Erhitzen
sein Wasser verloi und in die hellrothe wasserfreie Mennige Pb^3O^4
überging.

Aus der Mennige wird durch Einwirken von schwacher Salpetersäure das **Bleidioxyd** [55]) oder Bleisäureanhydrid PbO^2 dargestellt, indem die Säure der Mennige das Bleioxyd entzieht, wobei
das in schwachen Säuren unlösliche Dioxyd PbO zurückbleibt.
Die empirische Zusammensetzung der Mennige ist Pb^3O^4 und die
Einwirkung der Salpetersäure erfolgt entsprechend der Gleichung:
$Pb^3O^4 + 4HNO^3 = PbO^2 + 2Pb(NO^3)^2 + 2H^2O$. Dasselbe Dioxyd
entsteht beim Einwirken von Chlor auf in Wasser suspendirtes
Bleihydroxyd. Das Chlor entzieht hierbei dem Wasser den Wasserstoff, während der Sauerstoff zum Blei geht [56]). Auch beim Zer-

---

55) Das Bleidioxyd wird öfters Bleihyperoxyd genannt, was nur irre führt, denn
PbO^2 besitzt nicht die Eigenschaften eines wahren Hyperoxydes, wie H^2O^2 oder
BaO^2, sondern die einer Säure, d. h. es kann mit Basen wirkliche Salze bilden,
was die wahren Hyperoxyde nicht thun. Das Bleidioxyd ist die normale, salzbildende Verbindung des Bleis, ebenso wie Bi^2O^5 die des Wismuths, CeO^2 des
Ceriums, TeO^3 des Tellurs u. s. w. Alle diese Oxyde scheiden mit HCl Chlor aus,
während die Hyperoxyde mit Salzsäure H^2O^2 bilden. Das wahre Bleihyperoxyd
würde wahrscheinlich, wenn es erhalten werden könnte, die Zusammensetzung
Pb^2O^5 oder in Verbindung mit Wasserstoffhyperoxyd $H^2Pb^2O^7 = H^2O + Pb^2O^5$
besitzen, insoweit sich dies nach den Hyperoxyden, die der Schwefel-, Chrom- und
anderen Säuren entsprechen, beurtheilen lässt (wie weiter unten auseinander gesetzt
werden wird).

Um zu beweisen, dass die Form PbO^2 oder PbX^4 die höchste normale Verbindungsform des Bleis ist, muss vor Allem in Betracht gezogen werden, dass beim
Einwirken von Zinkäthyl $ZnEt^2$ auf Chlorblei $PbCl^2$ die Bildung von Chlorzink
$ZnCl^2$ und Bleiäthyl $PbEt^2$ zu erwarten ist. In Wirklichkeit verläuft aber die
Reaktion in der Weise, dass die Hälfte des Bleis sich ausscheidet und Bleitetraäthyl
$PbEt^4$ entsteht, welches als eine farblose, bei 200° siedende Flüssigkeit erscheint
(Butlerow, Frankland, Buckton, Cahours und And.). Den Typus PbX^4 bringt nicht
nur $PbEt^4$ und PbO^2, sondern auch die von Brauner erhaltene Verbindung PbF^4
zum Ausdruck.

Fremy erhielt auch salzartige Verbindungen von PbO^2 mit Basen. Zur Dar-
stellung des bleisauren Kaliums erhitzte er reines Bleihyperoxyd PbO^2 mit reiner,
konzentrirter Kalilauge in einem Silbertiegel, indem er von Zeit zu Zeit dem
Tiegelinhalt Proben entnahm, welche er in wenig Wasser löste und dann mit
Salpetersäure zersetzte. Wenn sich hierbei eine bedeutende Menge von PbO^2 als
Niederschlag ausschied, so war das ein Zeichen, dass die Lösung das genannte
Salz enthielt. Das Erhitzen wurde dann unterbrochen und das entstandene bleisaure
Kalium in Wasser gelöst. Beim Abkühlen schied es sich dann in ziemlich grossen
Krystallen aus, deren Zusammensetzung, $PbO(KO)^2 3H^2O$, der des zinnsauren Kaliums
analog war. Diese Analogie von PbO^2 mit Zinnoxyd weist sehr deutlich darauf hin,
dass die Zusammenstellung des Bleis in eine Gruppe mit Silicium und Zinn den
wirklichen Eigenschaften dieses Metalls entspricht.

56) Hierbei entsteht (nach Carnelley und Walker) das Hydrat $(PbO^2)^3 H^2O$, das
bei 230° Wasser verliert. Das wasserfreie Bleidioxyd bleibt beim Erhitzen bis zu

setzen einer starken Lösung von salpetersaurem Blei durch den galvanischen Strom erscheint am positiven Pole krystallinisches Bleidioxyd. Dasselbe findet sich sogar in der Natur als eine schwarze, krystallinische Substanz von spezif. Gewicht 9,4. Künstlich dargestelltes Bleidioxyd ist ein dunkelbraunes, feines Pulver, das der Einwirkung von Säuren widersteht, aber mit starker H^2SO^4 Sauerstoff ausscheidet und $PbSO^4$ bildet und mit HCl Chlor entwickelt. Die oxydirenden Eigenschaften des Bleioxyds werden natürlich durch seinen leichten Uebergang in das beständigere Bleioxyd bedingt. Besonders energisch geht die Oxydation in Gegenwart von Alkalien vor sich. Das Bleidioxyd oxydirt dann z. B. Chromoxyd zu Chromsäure, indem chromsaures Blei $PbCrO^4$ entsteht, welches hierbei in Lösung bleibt, da es in Alkalilauge löslich ist. Am energischsten ist die Einwirkung des Bleidioxyds auf Schwefligsäuregas SO^2, das sofort absorbirt und in schwefelsaures Blei übergeführt wird: $PbO^2 + SO^2 = PbSO^4$. Die Reaktion geht unter Erhitzung und Farbenänderung vor sich. Beim Zerreiben eines Gemisches von Bleidioxyd mit Schwefel findet Explosion statt und der Schwefel verbrennt.

Unter den Elementen der II-ten und III-ten Gruppe finden sich in den paaren Reihen basischere Elemente, als in den unpaaren. Es genügt an Ca, Sr, Ba aus den paaren und an Mg, Zn, Cd aus den unpaaren Reihen zu erinnern. Sodann nehmen, in dem Maasse wie das Atomgewicht bei derselben Oxydationsform und derselben Gruppe grösser wird, die basischen Eigenschaften zu (und die sauren ab), was mit besonderer Schärfe in den paaren Reihen hervortritt, z. B. in der II-ten Gruppe bei Ca, Sr, Ba. Ebendasselbe ist auch in der IV-ten und den folgenden Gruppen der Fall, in den paaren Reihen der IV-ten Gruppe stehen: Ti, Zr, Ce und Th. Bei allen höchsten Oxyden dieser Elemente RO^2, selbst beim leichtesten TiO^2, sind die basischen Eigenschaften mehr entwickelt, als bei SiO^2; ausserdem besitzt ZrO^2 deutlichere basische Eigenschaften als TiO^2, obgleich hier auch die Fähigkeit der Säuren mit Basen in Verbindung zu treten noch erhalten ist. Dagegen besitzen die schwereren Oxyde CeO^2 und ThO^2 keine Säureeigenschaften mehr. ThO^2 ist, ebenso wie CeO^2, ein rein basisches Oxyd. Auf dieses höchste Oxyd des Ceriums ist bereits im 17-ten Kapitel verwiesen worden. Da die Elemente Ti, Zr, Ce und

---

280° unverändert, geht dann aber in Pb^2O^3 über, das bei etwa 400° wieder Sauerstoff verliert und Pb^3O^4 bildet. Bei ungefähr 550° verliert auch die Mennige Sauerstoff und geht in PbO über, welches bei ungefähr 600° ohne Veränderung zu erleiden schmilzt und auch soweit die Beobachtungen reichen (bis etwa 800°) unverändert bleibt.

Die beste Methode zur Darstellung von reinem Bleidioxyd besteht im Vermischen einer erwärmten Lösung von $PbCl^2$ mit einer Lösung von Chlorkalk (Fehrmann).

und Th in der Natur ziemlich selten sind und für die Praxis nur eine geringe Bedeutung haben, auch keine neuen Verbindungsformen bilden, so sollen sie nur einer kurzen Betrachtung unterzogen werden.

Das Titan trifft man in der Natur als Anhydrid oder Oxyd TiO^2, gemengt mit Kieselerde in vielen Mineralien, aber auch isolirt (in Triebsand und in Gängen) als halbmetallisches Rutil TiO^2 (vom spezifischen Gewichte 4,2). Ein anderes titanhaltiges Mineral ist als Beimengung verschiedener Erze unter dem Namen Titaneisen $FeTiO^3$ bekannt; (das im Iljmen-Gebirge im südlichen Ural Iljmenit genannt wird). Das Titaneisen ist ein Salz des Eisenoxyduls und Titansäureanhydrids; es krystallisirt im rhomboëdrischen System, besitzt Metallglanz, ist von grauer Farbe und zeigt das spezifische Gewicht 4,5. Ein drittes Titan in bedeutender Menge enthaltendes Mineral ist der sogenannte Sphen oder Titanit von der Zusammensetzung $CaTiSiO^5 = CaOSiO^2TiO^2$; derselbe zeigt eine gelbe, grüne oder ähnliche Färbung, besitzt das spez. Gewicht 3,5 und krystallisirt in Tafeln. Ein seltenes titanhaltiges Mineral ist der (im Ural und an einigen anderen Orten vorkommende) *Perowskit*, titansaures Calcium $CaTiO^3$, der in schwarzgrauen oder braunen kubischen Krystallen vom spezif. Gewicht 4,02 auftritt. Künstlich lässt sich der Perowskit durch Schmelzen von Sphen in einer Atmosphäre von Wasserdampf und Kohlensäuregas erhalten. Auf den Unterschied der Titanverbindungen von allen anderen damals bekannten Verbindungen ist zu Ende des vorigen Jahrhunderts zuerst von Klaproth hingewiesen worden [57].

57) Zur Darstellung der Titanverbindungen geht man meist vom Rutil aus, der fein gepulvert mit einer grösseren Menge von saurem schwefelsaurem Kalium so lange geschmolzen wird, bis die schwache Base in Lösung geht. Nach dem Abkühlen wird die erhaltene Masse zerstossen, in kaltem Wasser gelöst und mit NH^4HS gefällt. Der Niederschlag, der TiO^2(als Hydrat) und verschiedene Schwefelmetalle, z. B. Schwefeleisen, enthält, wird von der Flüssigkeit getrennt, zuerst mit Wasser und dann mit einer SO^2-Lösung so lange ausgewaschen, bis er farblos wird. Diese Entfärbung wird dadurch bedingt, dass das im Niederschlage enthaltene schwarze Schwefeleisen beim Einwirken der schwefligen Säure in das sich lösende Salz der Dithionsäure übergeht. Das zurückbleibende Hydrat des Titanoxyds ist dann ziemlich rein. Ausserdem lässt sich zur Darstellung von Titanverbindungen aus dem Rutil auch die bedeutende Flüchtigkeit des Chlortitans verwenden, das sich beim Glühen eines Gemisches von TiO^2 mit Kohle in trocknem Chlor bildet und überdestillirt. Das Chlortitan oder Titantetrachlorid $TiCl^4$ ist leicht zu reinigen, da es konstant bei 136° siedet. Es ist eine farblose Flüssigkeit vom spezifischen Gewicht 1,76, die an der Luft raucht und sich in Wasser vollständig löst, wenn beim Vermischen Erwärmung vermieden wird. Wenn aber die Einwirkung von $TiCl^4$ auf Wasser unter Erwärmung stattfindet, so scheidet sich der grösste Theil des TiO^2 aus der Lösung als Metatitansäure aus. Diese Zersetzung erleiden saure Titansäurelösungen immer, wenn sie erhitzt werden, und besonders leicht in Gegenwart von Schwefelsäure, was analog dem Verhalten der Metazinnsäure ist, an welche die Titansäure vielfach erinnert. Beim Glühen des Titanoxydhydrates erhält man das

Dem Titan sehr ähnlich ist das ziemlich seltene **Zirkonium, Zr** $=90$, von noch basischerem Charakter. Es findet sich in der Natur seltener als Titan, hauptsächlich in dem Zirkon genannten, in quadratischen Prismen krystallisirenden Minerale $ZrSiO^4 = ZrO^2SiO^2$, (vom

---

Titansäureanhydrid TiO^2 als ein weisses Pulver, das sich weder in Säuren, noch in Alkalien löst, nur in der Hitze des Knallgasgebläses schmilzt und analog der Kieselerde durch Schmelzen mit ätzenden und kohlensauren Alkalien in Lösung gebracht werden kann. Ausserdem löst es sich aber auch, wie bereits angegeben, beim Schmelzen mit einem starken Ueberschuss von saurem schwefelsaurem Kalium, wobei es also wie eine schwache Base reagirt. Dieses ist der Grundcharakter des Titandioxyds, in welchem die basischen Eigenschaften, wenn auch nur sehr schwach, zugleich mit den Säureeigenschaften entwickelt sind. Der Schmelze, die man aus Titansäureanhydrid und Alkali erhält, wird beim Behandeln mit Wasser das überschüssige Alkali entzogen und man erhält im Rückstande schwer lösliches polytitansaures Salz $K^2TiO^3nTiO^2$. Aus den Lösungen der beim Glühen von Titanverbindungen mit saurem schwefelsaurem Kalium entstehenden Schmelze in Wasser fällt Ammoniak ein Hydrat aus, welches nach dem Trocknen eine amorphe Masse von der Zusammensetzung $Ti(OH)^4$ bildet. Dieses Hydrat verliert aber schon beim Stehen über Schwefelsäure sein Wasser und geht allmählich in das Hydrat $TiO(OH)^2$ über; beim Erwärmen scheidet es noch mehr Wasser aus und bei $100°$ entsteht $Ti^2O^3(OH)^2$; bei $300°$ erhält man das Anhydrid. Das höhere Hydrat $Ti(OH)^4$ löst sich in schwachen Säuren und eine solche Lösung kann mit Wasser verdünnt werden; dagegen scheidet sich beim Kochen der schwefelsauren Lösung (nicht aber der Lösung in HCl) alle Titansäure in unverändertem Zustande aus, in welchem sie dann nicht nur in verdünnten Säuren, sondern auch in konzentrirter Schwefelsäure unlöslich ist. Dieses Hydrat—die **Metatitansäure**—zeigt dieselbe Zusammensetzung $Ti^2O^3(OH)^2$, wie das eben angeführte, besitzt jedoch andere Eigenschaften. Wir stossen hier also wieder auf die Erscheinung der Isomerie, welche ganz analog der bei der Zinnsäure beschriebenen ist. Die wichtigste Eigenschaft des gewöhnlichen (aus sauren Lösungen durch Ammoniak gefällten) gallertartigen Hydrates ist seine Löslichkeit in Säuren. Der Kieselerde kommt diese Eigenschaft nicht zu. Es liegt hier dem Anscheine nach ein Uebergangstadium von den Fällen der gewöhnlichen Lösung (die auf der Fähigkeit zur Bildung von unbeständigen Verbindungen beruht) zu den der Bildung von Hydrosolen vor. (In der Löslichkeit von GeO^2 haben wir es möglicher Weise mit einem ähnlichen Falle zu thun). Setzt man $TiCl^4$ tropfenweise zu einer schwachen Alkohollösung und darauf erst Wasserstoffhyperoxyd und zuletzt Ammoniak zu, so erhält man einen gelben Niederschlag von Titantrioxyd $TiO^3 3H^2O = Ti(OH)^6$, wie Picini, Weller und Classen gezeigt haben. Diese Verbindung gehört offenbar zu den Hyperoxyden, (vergl. Kap. 20). Das Titantetrachlorid absorbirt Ammoniak und bildet die Verbindung $TiCl^4 4NH^3$, die ein rothbraunes, an der Luft Feuchtigkeit anziehendes Pulver darstellt, welches beim Erhitzen in **Titanstickstoff** Ti^3N^4 übergeht. Phosphorwasserstoff, Cyanwasserstoff und viele andere ähnliche Verbindungen werden vom Titanchlorid gleichfalls absorbirt, und zwar unter bedeutender Wärmeentwickelung. Beim Durchleiten von wasserfreiem Cyanwasserstoff durch abgekühltes Titanchlorid entsteht ein gelbes, krystallinisches Pulver von der Zusammensetzung $TiCl^4 2HCN$. In derselben Weise verbindet sich das Titanchlorid mit Cyanchlorid, sodann mit Phosphorpentachlorid und mit Phosphoroxychlorid; im letzteren Falle zu der molekularen Verbindung $TiCl^4 POCl^3$. Diese Fähigkeit zur Bildung weiterer Verbindungen steht wahrscheinlich einerseits mit der Fähigkeit des Titanoxyds polytitansaure Salze $TiO(MO)^2nTiO^2$ zu bilden in Zusammenhang und entspricht andrerseits der ähnlichen Eigenschaft des $SnCl^4$ (Anm. 41); ausserdem wird sie wol auch mit dem merkwürdigen Verhalten des Titans zum Stickstoff

spezif. Gewicht 4,5), welches eine bedeutende Härte und eine charakteristische braun-gelbe Farbe besitzt; die nur selten vorkommenden durchsichtige Krystalle des Zirkons werden unter dem Namen Hyacinth als Edelsteine verwendet [58]). Das metallische Zirkonium ist von Berzelius und Troost aus der entsprechenden

zusammenhängen. Das metallische Titan, das als ein graues Pulver bei der Reduktion von Titanfluorkalium K^2TiF^6 durch Eisen in einem Graphittiegel erhalten wird, verbindet sich beim Erhitzen direkt mit Stickstoff. Wenn man Titansäureanhydrid in einem Ammoniakstrome erhitzt, so scheidet sich aller Sauerstoff aus und man erhält die Verbindung TiN^2 als ein dunkelviolettes Pulver mit einem Stich ins Kupferfarbene. Sodann ist noch die Verbindung Ti^5N^6 bekannt, welche beim Erhitzen von Ti^3N^4 im Wasserstoffstrome entsteht und eine goldgelbe Farbe und metallischen Glanz besitzt.

Zu derselben Art von Verbindungen gehört auch das bekannte **Cyanstickstofftitan**—Ti^5CN^4, das in der Geschichte der Chemie von Wichtigkeit war. Diese Verbindung erscheint in unschmelzbaren, zuweilen ausgezeichnet entwickelten, kupferrothen, metallisch glänzenden Würfeln vom spezifischen Gewicht 4,3 in den Schlacken der Hohöfen. In Säuren ist sie unlöslich, geht aber beim Einwirken von Chlor und gleichzeitigem Erhitzen in Chlortitan über. Anfangs hielt man diese Verbindung für metallisches Titan; sie bildet sich in den Hohöfen auf Kosten der immer vorhandenen Cyanverbindungen (Cyankalium und and.) und der die Eisenerze begleitenden Titanverbindungen. Wöhler, der das Cyanstickstofftitan untersuchte, erhielt es auch künstlich durch Glühen von mit etwas Kohle vermischtem Titanoxyd in einem Stickstoffstrome und bewies auf diese Weise die Fähigkeit des Titans sich direkt mit Stickstoff zu verbinden. Alle Stickstoffverbindungen des Titans scheiden beim Zusammenschmelzen mit Aetzkali Ammoniak aus und bilden titansaures Kalium. Diese Verbindungen besitzen die Fähigkeit der Metalle beim Glühen viele Oxyde zu reduziren, z. B. Kupferoxyd. Bemerkenswerth ist unter den Titanverbindungen noch die krystallinische Verbindung Al^4Ti, welche direkt durch Lösen von Titan in geschmolzenem Aluminium erhalten wird. Die Krystalle dieser Verbindung (vom spez. Gewicht 3,11) sind sehr beständig und lösen sich nur in Königswasser und ätzenden Alkalien.

58) Dem Zirkoniumoxyde schrieb man als einer Base die Formel ZrO zu, wobei man Zr = 45 annahm, während gegenwärtig Zr = 90 gesetzt und die Formel des Oxyds (der Zirkonerde) ZrO^2 geschrieben wird. Die Annahme dieser Formel beruht erstens auf der Untersuchung der Krystallformen der Fluorzirkoniumverbindungen, z. B. K^2ZrF^6 und $MgZrF^6 5H^2O$, welche sich als analog den entsprechenden Verbindungen des Titans, Zinns und Siliciums erwiesen haben; zweitens auf der spezifischen Wärme des Zr, welche = 0,067 ist, was dem Atomgewichte 90 entspricht, und drittens auf der von Deville bestimmten Dampfdichte des **Zirkoniumchlorids** $ZrCl^4$. Hauptsächlich die Bestimmung dieser Dichte veranlasste die Verdoppelung des früheren Atomgewichtes des Zirkoniums. Das Zirkoniumchlorid erhält man durch Glühen des mit Kohle vermischten Oxyds in einem trocknen Chlorstrome als einen farblosen, salzartigen Körper, der sich bei 440° leicht verflüchtigt. Die Dampfdichte dieses Chlorids beträgt im Verhältniss zu Luft 8,15, folglich im Verhältniss zu Wasserstoff 117, wie es die oben angenommene Formel erfordert. Das Zirkoniumchlorid besitzt übrigens in vielen Beziehungen den Charakter eines Salzes und nicht eines Säurechloranhydrides, da schon im Zirkoniumoxyde selbst die Säureeigenschaften sehr wenig entwickelt sind, während die basischen Eigenschaften sehr deutlich hervortreten. In Wasser löst sich das Zirkoniumchlorid und die Lösung scheidet beim Eindampfen nur theilweise Salzsäure aus, analog z. B. dem Magnesiumchloride. Das Zirkonium ist von Klaproth entdeckt und als besonderes Element charakterisirt worden.

Fluorverbindung in derselben Weise wie das Silicium, durch Einwirken von Aluminium, als ein krystallinisches dem Graphite und Antimone ähnliches, schwach glänzendes Pulver von sehr bedeutender Härte und dem spezifischen Gewichte 4,15 erhalten worden. Es ist in Vielem dem Silicium ähnlich, denn es ist unschmelzbar, oxydirt sich nur schwer und scheidet beim Zusammenschmelzen mit Aetzkali Wasserstoff aus. Salzsäure und Salpetersäure wirken auf das Zirkonium nur schwach ein, dagegen löst es sich leicht in Königswasser. Mit Kieselerde zusammengeschmolzen scheidet das Zirkonium Silicium aus. Von letzterem unterscheidet sich das Zirkonium durch sein Verhalten zu Flusssäure, welche, selbst wenn sie verdünnt ist, schon in der Kälte ausserordentlich leicht auf Zirkonium einwirkt, auf Silicium dagegen nicht.

Das dem Zirkonium sehr ähnliche **Thorium** (Th=232) ist zuerst von Berzelius unterschieden worden. Es findet sich sehr selten als Thorit und Orangit $ThSiO^4 2H^2O$. Letzterer besitzt das spezifische Gewicht 4,8 und ist mit dem Zirkon isomorph [59]).

Zur Darstellung reiner Zirkoniumverbindungen geht man gewöhnlich vom Zirkon aus, der zuerst zerkleinert wird. Zu diesem Zwecke wird der Zirkon, seiner grossen Härte wegen, vorher erhitzt und dann in kaltes Wasser geworfen, wobei er zerfällt und leicht zerstossen werden kann. Der Zirkon zersetzt oder löst sich beim Schmelzen mit $KHSO^4$, noch leichter beim Schmelzen mit KHF^2 (wobei das lösliche Doppelsalz K^2ZrF^6 entsteht). Gewöhnlich schmilzt man jedoch den pulverisirten Zirkon mit Soda zusammen und zieht die entstehende Schmelze mit Wasser aus, hierbei erhält man eine in Wasser unlösliche, weisse Verbindung von Natriumoxyd mit Zirkoniumoxyd, die man mit Salzsäure behandelt. Wird nun zur Trockne eingedampft, so geht die Kieselerde in den unlöslichen Zustand über und es entsteht lösliches Zirkoniumchlorid. Aus einer Lösung dieses letzteren fällt Ammoniak einen gallertartigen weissen Niederschlag von **Zirkoniumhydroxyd** $ZrO(OH)^2$) aus. Beim Erhitzen verliert dieses Hydrat Wasser, wobei es von selbst ins Glühen geräth und zuletzt hinterbleibt eine weisse, unschmelzbare, ausserordentlich harte Masse von **Zirkoniumoxyd** ZrO^2, vom spez. Gew. 5,4. Seiner Unschmelzbarkeit wegen wird das Zirkoniumoxyd an Stelle von CaO und MgO für das Drummond'sche Licht benutzt. Vom Titanoxyde unterscheidet sich das Zirkoniumoxyd dadurch, dass es selbst nach vorherigem starken Erhitzen, in konzentrirter Schwefelsäure dennoch gelöst werden kann. Durch die leichte Löslichkeit in Säuren zeichnet sich auch das Zirkoniumhydroxyd aus. Die Zusammensetzung der Salze ist dieselbe wie diejenige der Analoga des Zirkoniums: ZrX^4 oder $ZrOX^2$ oder $ZrOX^2ZrO^2$. Das Zirkonium bildet jedoch Salze nicht nur mit Säuren, sondern auch mit Basen. Beim Zusammenschmelzen von Zirkoniumoxyd mit Soda z. B. entstehen unter Entwickelung von Kohlensäure die Salze: $Zr(NaO)^4$, $ZrO(NaO)^2$ u. s. w. Wasser zersetzt übrigens diese Salze, indem es ihnen das Natron entzieht.

59) Ausser im Thorit ist das Thorium als Oxyd auch in einigen Pyrochloren, Euxeniten und anderen seltenen Mineralien, die Niobsalze enthalten, aufgefunden worden. Beim Zersetzen des Thorits oder Orangits durch konzentrirte Schwefelsäure bei ihrer Verdampfungs-Temperatur geht die Kieselerde in den unlöslichen Zustand über und wenn dann der mit Wasser ausgekochte Rückstand mit kaltem Wasser behandelt wird, so löst sich Thoriumoxyd (das in siedendem Wasser unlöslich ist). Durch Einleiten von Schwefelwasserstoff in die erhaltene Lösung scheidet man zu-

Neunzehntes Kapitel.

Phosphor und andere Elemente der V-ten Gruppe.

Der Stickstoff ist der leichteste und am meisten verbreitete Repräsentant der Elemente der V-ten Gruppe, deren höchste salzbildende Oxyde der Form R^2O^5 entsprechen und deren Wasserstoffverbindung RH^3 ist. Zu dieser Gruppe gehören in den unpaaren Reihen: Phosphor, Arsen, Antimon und Wismuth und in den paaren Reihen: Vanadin, Niob und Tantal. Letztere bilden keine Wasserstoffverbindungen, wie überhaupt die Elemente der paaren Reihen (Kap. 15), während P, As und Sb auch nach ihrer Fähigkeit zur Bildung von RH^3 dem Stickstoff ähnlich sind. Von diesen drei Elementen wird der **Phosphor** am häufigsten angetroffen, denn fast alle Gesteine, welche die Masse der Erdrinde bilden, enthalten immer wenn auch nur in geringer Menge, Phosphorverbindungen, und zwar in Form von Salzen der Phosphorsäure. In der Ackerkrume und überhaupt in allen erdigen Substanzen geht der Gehalt an Phosphorsäure gewöhnlich bis zu 10 Theilen in 1000. Diese dem Anscheine nach geringe Menge hat aber in der Natur eine höchst wichtige Bedeutung. Keine Pflanze kann zur Reife kommen, wenn sie in einen künstlichen Boden versetzt wird, der keine Phosporsäure enthält. Ebenso unumgänglich sind den Pflanzen: K^2O, MgO, CaO und Fe^2O^3 unter den Basen, wie CO^2, SO^3, N^2O^5 uud P^2O^5 unter den Säuren. Durch direkte Versuche kann bewiesen werden, dass die genannten Bestandtheile zur Ernährung der Pflanzen durchaus nothwendig sind, aber immer nur in gerin-

---

erst Blei und andere Beimengungen aus und fällt dann mit Ammoniak das Thoriumoxyd als Hydrat aus. Löst man dieses Hydrat wieder in Salzsäure, und zwar in einer möglichst geringen Menge, und setzt Oxalsäure zu, so fällt ein weisser Niederschlag von oxalsaurem Thorium aus, das in überschüssiger Oxalsäure unlöslich ist. Dieses Verhalten des Thoriums benutzt man zu seiner Trennung von vielen anderen Metallen. Uebrigens ist das Thorium sowol in dieser, als auch in vielen anderen Beziehungen den Ceritmetallen ähnlich (Kap. 17. Anm. 43). Das gallertartige Thoriumhydroxyd hinterlässt beim Erhitzen das unschmelzbare Oxyd ThO^2, welches beim Schmelzen mit Borax Krystalle von derselben Form, wie Zinndioxyd und Titansäure bilden kann. Das spez. Gew. des Thoriumoxyds ist 9,7. Die basischen Eigenschaften desselben treten jedoch viel schärfer als bei den eben genannten Oxyden hervor. Beim Zusammenschmelzen mit Soda z. B. entwickelt das Thoriumoxyd keine Kohlensäure, denn es ist eine viel energischere Base, als ZrO^2. Thoriumchlorid $ThCl^4$ erhält man als ein deutlich krystallinisches Sublimat beim Glühen eines Gemisches von Thoriumoxyd mit Kohle in einem trocknen Chlorstrome. Durch Erhitzen mit Kalium erhält man aus dem Thoriumchlorid das metallische Thorium als ein Pulver vom spezif. Gewichte 11,1, das sich an der Luft entzündet und in schwachen Säuren kaum löslich ist. Das Atomgewicht des Thoriums ist nach dem Isomorphismus der Doppelfluorverbindungen von Chydenius und Delafontaine festgestellt worden.

ger Menge (nicht mehr als ein Zehntel im Verhältniss zur Masse des Wassers oder des Bodens), da sowol bei Ueberschuss, als auch bei Mangel eines dieser Bestandtheile die Pflanzen sich nicht vollständig entwickeln und zu Grunde gehen können, selbst wenn alle anderen Bedingungen zum Gedeihen der Pflanzen (Licht, Wärme, Wasser und Luft) vorhanden sind. Die Fruchtbarkeit eines mageren Bodens lässt sich erhöhen, wenn die genannten Bestandtheile, welche die Ernährung der Pflanzen bedingen, als Düngemittel in denselben eingeführt werden. Zugleich mit den Pflanzen, in welche die Phosphorverbindungen des Bodens übergehen, gelangen diese letzteren in den Organismus der Thiere, wo sie sich in vielen Fällen in grösserer Menge ansammeln. Den Hauptbestandtheil der Knochen z. B. bildet der phosphorsaure Kalk $Ca^3P^2O^8$, der den Knochen ihre Festigkeit verleiht [1]).

Der Phosphor wurde zum ersten Male im Jahre 1669 von Brand beim Glühen von eingedampften Harn erhalten. Hundert Jahre später theilte Scheele, als er erfahren hatte, dass die Kno-

---

1) Trockne Knochen enthalten etwa $^1/_3$ Leimsubstanz und $^2/_3$ Aschenbestandtheile, hauptsächlich $Ca^3(PO^4)^2$.

Salze der Phosphorsäure finden sich in der Natur auch als einzelne Mineralien; die Apatite z. B. enthalten krystallinisches phosphorsaures Calcium in Verbindung mit $CaCl^2$ oder CaF^2, zuweilen in isomorphen Gemischen; ihre Zusammensetzung ist: $CaR^23Ca^3(PO^4)^2$, wobei $R = F$ oder Cl ist. Dieses Mineral krystallisirt oft ausgezeichnet in hexagonalen Prismen vom spez. Gewichte 3,17 — 3,22. Vivianit ist wasserhaltiges phosphorsaures Eisenoxydul $Fe^3(PO^4)^28H^2O$. Phosphorsaure Kupfersalze kommen nicht selten in Kupfererzen vor, z. B. der Tagilit $Cu^3(PO^4)^2Cu(HO)^2$ $2H^2O$. Blei und Aluminium bilden ähnliche Salze. In Wasser sind alle diese Salze fast unlöslich. Das Meerwasser, wie jedes andere Wasser enthält fast immer phosphorsaure Salze, wenn auch in geringer Menge. Auch in der Asche sowol von See-, als auch von Landpflanzen ist immer Phosphorsäure enthalten. Nicht selten werden auch Ansammlungen von phosphorsaurem Kalk, die sogenannten **Phosphorite** und Osteolithe, d. h. Reste von Knochen und anderen Theilen untergegangener Thiere vorgefunden. Die Phosphorite werden zu Düngemitteln verarbeitet; zu denselben gehört auch der Guano, der auf den Baker-Inseln aufgefunden worden ist. In Spanien, Frankreich und auch in Russland im Orelschen, Pskowschen und anderen Gouvernements bildet der Phosphorit ganze Lager. Ein zum Anbau von Pflanzen bestimmter Boden, der nur wenig Phosphorsäure enthält, wird durch Düngung mit phosphorsäurehaltigen Mineralien offenbar gewinnen, selbstverständlich aber nur dann, wenn auch alle anderen den Pflanzen unumgänglichen Bestandtheile vorhanden sind.

Falsche Deutungen der von Liebig in Bezug auf die Ernährung der Pflanzen durch die Bestandtheile des Bodens gezogenen Folgerungen haben nicht selten zu einer übertriebenen Propaganda zu Gunsten der Düngung mit phosphorhaltigen Substanzen geführt. Diese Substanzen sind in der That unentbehrlich, werden aber am besten und billigsten zugleich mit anderen Düngemitteln in die Ackererde eingeführt, während die ausschliessliche Düngung mit phosphorhaltigen Stoffen nur in wenigen Fällen vortheilhaft und nothwendig sein kann, keineswegs darf sie jedoch als ein Universalmittel zur Hebung der Landwirthschaft betrachtet werden. Die Anwendung von phosphorhaltigem Dünger allein wird nur unter bestimmten Bedingungen, die vorher zu ermitteln sind, von Vortheil sein.

chen ein ergiebigeres Material zur Gewinnung von Phosphor seien, die Methoden mit, welche noch bis heute zur Darstellung dieses Metalloids benutzt werden. Die Knochen enthalten den phosphorsauren Kalk zugleich mit einer stickstoffhaltigen, organischen, leimbildenden Knorpelsubstanz, die Osseïn genannt wird. Bei der Verarbeitung ausschliesslich auf Phosphor, werden die Knochen einfach gebrannt, wobei der Knorpel vollständig ausbrennt. Soll dagegen die Knorpelsubstanz erhalten werden, so werden die Knochen mit schwacher Salzsäure in der Kälte behandelt, wobei der phosphorsaure Kalk sich löst, während der Knorpel zurückbleibt. In der Lösung erhält man dann $CaCl^2$ und saures phosphorsaures Calcium $CaH^4(PO^4)^2$. Beim direkten Brennen von Knochen gewinnt man nur ihre mineralischen Bestandtheile, welche etwa 90 pCt phosporsauren Kalk $Ca^3(PO^4)^2$, gemengt mit etwas $CaCO^3$ und anderen Salzen, enthalten.

Behandelt man diese Bestandtheile mit Schwefelsäure, so geht dieselbe Substanz in Lösung, die man auch aus frischen Knochen beim Einwirken von Salzsäure erhält, d. h. saures, phosphorsaures Calcium, das in Wasser löslich ist. Die Schwefelsäure geht hierbei natürlich grösstentheils in schwefelsaures Calcium über:

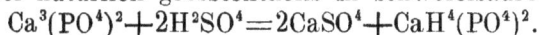

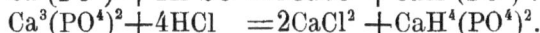

$$Ca^3(PO^4)^2 + 2H^2SO^4 = 2CaSO^4 + CaH^4(PO^4)^2.$$
$$Ca^3(PO^4)^2 + 4HCl = 2CaCl^2 + CaH^4(PO^4)^2.$$

Beim Eindampfen der Lösung scheidet sich phosphorsaures Calcium aus (das krystallisiren kann). Die Gewinnung des Phosphors aus dem sauren phosphorsauren Calcium $CaH^4(PO^4)^2$ beruht auf der **Zersetzung** dieses Salzes, wenn es **mit Kohle** bis zur Weissgluth erhitzt wird; hierbei scheidet sich zuerst Wasser aus und es entsteht metaphosphorsaures Calcium $Ca(PO^3)^2$, das als ein saures, aus pyrophosphorsaurem Calcium und Phosphorsäureanhydrid bestehendes Salz betrachtet werden kann: $2Ca(PO^3)^2 = Ca^2P^2O^7 + P^2O^5$. Das Anhydrid bildet beim Erhitzen mit Kohle — Phosphor und Kohlenoxyd: $P^2O^5 + 5C = P^2 + 5CO$. In Wirklichkeit ist der vor sich gehende Prozess ziemlich komplizirt; nach seinen Endprodukten lässt er sich durch folgende Gleichung wiedergeben:

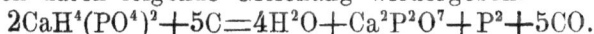

$$2CaH^4(PO^4)^2 + 5C = 4H^2O + Ca^2P^2O^7 + P^2 + 5CO.$$

Aus der Retorte entweichen erst Wasserdämpfe, dann Phosphordämpfe und Kohlenoxyd, während pyrophosphorsaures Calcium zurückbleibt [2]).

---

[2]) Durch Einwirken von Schwefel- oder Salzsäure lässt sich aus dem zurückbleibenden pyrophosphorsauren Salze wieder eine neue Menge des sauren Salzes erhalten und auf diese Weise aller Phosphor des neutralen Salzes $Ca^3(PO^4)^2$ gewinnen. Man benutzt meist gebrannte Knochen, aber auch Phosphorite, Osteolithe und Apatite können als Material zur Gewinnung des Phosphors dienen. Die Produktion von Phosphor hauptsächlich zur Herstellung von Zündhölzern vergrössert sich überall und in Russland hat sie am Ural im Gouvernement Perm bereits eine

Da der Phosphor schon gegen 40^0 schmilzt, so verdichtet er sich auf dem Boden des Kühlers (Fig. 130) zu einer geschmolzenen Masse, welche unter Wasser in Stangen gegossen wird. In dieser Form kommt der gewöhnliche oder **gelbe Phosphor** in den Handel. Der Phosphor ist ein durchsichtiger, wachsartiger, nicht spröder, gelber Körper, der in Wasser fast unlöslich ist und in seinem Aussehen und seinen Eigenschaften unter dem Einflusse des Lichtes, beim Erwärmen und beim Einwirken verschiedener Substanzen leicht Aenderungen erleidet. Er krystallisirt (beim Sublimiren oder aus einer Lösung in CS^2) im regulären Systeme und zeichnet sich (zum Unterschiede von seinen anderen Modifikationen) durch seine Löslichkeit in Schwefelkohlenstoff und zum Theil in anderen öligen Flüssigkeiten aus; hierdurch erinnert er an Schwefel. Das spezifische Gewicht des Phosphors ist 1,84; der Schmelzpunkt 44^0; bei 290^0 geht er in Dampf über. Da er sich sehr leicht entzündet, so ist beim Arbeiten mit Phosphor immer die grösste Vorsicht geboten; die Entzündung kann schon durch schwaches Reiben bedingt werden. Auf dieser Eigenschaft beruht die Anwendung des Phosphors zu den Zündhölzchen. An der Luft leuchtet der Phosphor, da er sich oxydirt; er wird daher unter Wasser aufbewahrt (solches Wasser leuchtet im Dunkeln ebenso wie der Phosphor selbst). Auch durch verschiedene Oxydationsmittel lässt sich der Phosphor ausserordentlich leicht oxydiren; vielen Substanzen entzieht er Sauerstoff und verbindet sich direkt mit vielen Elementen unter bedeutender Wärmeentwickelung, z. B. mit

solche Ausdehnung erlangt, dass Russland andere Länder mit Phosphor versorgen kann. Zur Vervollkommnung der Phosphorproduktion sind zahlreiche Methoden in Vorschlag gebracht worden, welche sich jedoch von der gewöhnlichen Methode nicht wesentlich unterscheiden, da die Aufgabe sich darauf zurückführt zuerst durch Einwirken von Säure die Phosphorsäure frei zu setzen und diese dann durch Kohle zu reduziren. Beim direkten Erhitzen eines Gemisches von $Ca^3(PO^4)^2$ mit Kohle und Quarz z. B. scheidet sich sogleich Phosphor aus, da SiO^2 (die Kieselerde) das Anhydrid P^2O^5 verdrängt, das mit Kohle—CO und P bildet. Nach einem anderen Vorschlage soll in ein erhitztes Gemisch von $Ca^3(PO^4)^2$ mit C direkt Chlorwasserstoff eingeleitet werden, welcher hierbei ebenso wie SiO^2 einwirkt, indem er P^2O^5 in Freiheit setzt, das dann durch die Kohle reduzirt wird. Beim Abkühlen dürfen die sich leicht entzündenden Phosphordämpfe natürlich nicht mit Luft in Berührung kommen. Man leitet daher die bei der Phosphordarstellung entstehenden gasförmigen Produkte durch ein mit Wasser gefülltes Gefäss, wozu man den in Fig. 130 abgebildeten Kühler benutzt.

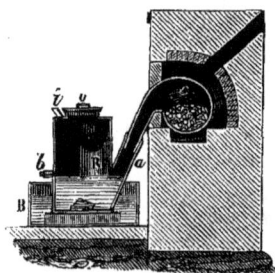

Fig. 130. Darstellung von Phosphor. Die Erhitzung geschieht in der Retorte c, aus welcher die entstehenden Dämpfe, um in die Luft zu gelangen, zuerst durch Wasser streichen müssen, so dass durch die Oeffnung i nur Gase entweichen, während die Phosphordämpfe verflüssigt werden.[1]/70.

Schwefel, Chlor und and. Der Phosphor ist ein starkes Gift, obgleich er sich in Wasser nicht löst.

Ausser der gelben Modifikation des Phosphors existirt noch eine
rothe Modifikation, die sich von der ersteren scharf unterscheidet.
Der rothe Phosphor, der auch amorpher Phosphor genannt wird,
da er keine krystallinische Struktur besitzt, entsteht in geringer
Menge aus dem gewöhnlichen Phosphor, wenn dieser längere Zeit
hindurch der Einwirkung des Lichtes ausgesetzt wird. Man erhält
ihn bei vielen Reaktionen; wenn z. B. gewöhnlicher Phosphor sich
mit Chlor, Brom, Jod oder Sauerstoff verbindet, so geht er theilweise in den rothen Phosphor über. Diese Modifikation des Phosphors ist von Schrötter in Wien untersucht worden, von dem auch
die Methoden zur Darstellung desselben in grösseren Mengen her-
rühren. Der rothe Phosphor ist eine pulverige, rothbraune, undurchsichtige Substanz vom spezifischen Gewicht 2,14, welche sich mit
Sauerstoff und anderen Körpern nicht mehr so energisch und unter
so starker Wärmeentwickelung verbindet, wie der gelbe Phosphor [3]).

---

3) Den Phosphor und seine Verbindungen betreffende thermochemische Bestimmungen sind bereits im vorigen Jahrhundert von Lavoisier und Laplace ausgeführt
worden, welche Phosphor in einem Eiskalorimeter in Sauerstoff verbrannten. Weitere Bestimmungen machten Andrews, Despretz, Favre und and. Die genauesten
und vollständigsten Daten lieferte Thomsen. Um einen Begriff von den indirekten
und komplizirten Methoden zu geben, durch welche die unten angeführten Daten
erhalten werden, genügt es den von Thomsen eingeschlagenen Weg zur Bestimmung der Verbrennungswärme des gelben Phosphors anzudeuten. Er oxydirte den
Phosphor in einem Kalorimeter in Gegenwart von Wasser mittelst HJO^3, das
hierbei in HJ überging, während aus dem Phosphor ein Gemisch von phosphoriger
und Phosphorsäure erhalten wurde (zugleich entsteht wol auch die Unterphosphorsäure Salzers?). An dem erhaltenen kalorimetrischen Resultat mussten zunächst
zwei Korrekturen angebracht werden: in Bezug auf die Oxydation der phosphorigen
Säure zu Phosphorsäure, deren Mengen analytisch bestimmt wurden, und auf die
Desoxydation der Jodsäure. Das die Umwandlung des Phosphors in wasserhaltige
Phosphorsäure ausdrückende Resultat musste nun weiter auf die Lösungswärme
des Hydrats in Wasser und die Verbindungswärme des Anhydrids mit Wasser
korrigirt werden, um endlich die Verbindungswärme zu erhalten, die sich bei der
Reaktion von P^2 mit O^5 in Bezug auf die Bildung von P^2O^5 entwickelt. Offenbar
müssen nun bei einem so komplizirten Verfahren verschiedene geringe Fehler mit
unterlaufen, infolge dessen nur nach vielfachen Kontrolversuchen auf verschiedenen
Wegen einigermaassen genaue Resultate zu erhalten sein werden. Als solche Resultate sind auch die von Thomsen erhaltenen anzusehen; in Tausenden von Calorien beträgt z. B. die Bildungswärme: $P^2 + O^5 = 370$; $P^2 + O^5 + 3H^2O = 400$;
$P^2 + O^5 +$ viel Wasser$=405$. Hieraus folgt: $P^2O^5+3H^2O=30$ und $2PH^3O^4 +$ viel
Wasser $= 5$. Krystallisirte PH^3O^4 entwickelt beim Lösen in Wasser 2,7 Taus. Cal.
und geschmolzene (39°) 5,2 Taus. Cal.; folglich ist die Schmelzwärme von H^3PO^4
$= 2,5$ Taus. Cal. Die Bildungswärme der phosphorigen Säure H^3PO^3 beträgt nach
Thomsen: $P^2 + O^3 + 3H^2O = 250$ und die Lösungswärme der krystallinischen Säure
in Wasser $= - 0,13$ und der geschmolzener $= + 2,9$. Die Lösungswärme der unterphosphorigen Säure H^3PO^2 ist beinahe dieselbe ($- 0,17$ und $+ 2,1$), während die
Bildungswärme $P^2 + O + 3H^2O = 75$ ist; bei der Umwandlung dieser Säure in
$2H^3PO^3$ werden folglich 175 und von $2H^3PO^3$ in $2H^3PO^4$ 150 Taus. Cal. entwickelt.

An der Luft oxydirt sich der gelbe Phosphor sehr leicht, während der rothe bei gewöhnlicher Temperatur keine Oxydation erleidet, infolge dessen er an der Luft nicht leuchtet und bequem als Pulver aufbewahrt werden kann. Auch durch Reiben entzündet er sich nicht und bleibt bei der Schmelztemperatur 44° des gelben Phosphors unverändert. Lässt man rothen Phosphor bei 290° oder 300° in Dampf übergehen und kühlt rasch ab, so erhält man wieder den gewöhnlichen Phosphor. In Schwefelkohlenstoff und anderen öligen Flüssigkeiten ist der rothe Phosphor unlöslich; daher lässt sich beigemengter gewöhnlicher Phosphor durch solche Lösungsmittel leicht entfernen. Der rothe Phosphor ist nicht giftig; er wird daher in den Fällen benutzt, wenn der gewöhnliche Phosphor nicht gut anwendbar oder gefährlich ist, z. B. zu den sogen. schwedischen Zündhölzchen, welche nicht giftig sind und sich auch durch zufällige Reibung nicht entzünden lassen. Daher haben gegenwärtig die durch rothen Phosphor entzündbaren Zündhölzchen die früheren, die aus gelbem Phosphor hergestellt wurden, fast verdrängt [4]).

Wenn wir zur bequemeren Vergleichung die gleichfalls von Thomsen bestimmte Verbindungswärme von Chlor mit Phosphor auf 2 Phosphoratome berechnen, so erhalten wir: $P^2 + 3Cl^2 = 151$ und $P^2 + 5Cl^2 = 210$ Taus. Cal. Beim Reagiren dieser Chloride mit viel Wasser (beim Entstehen von Lösungen) entwickeln sich mit $2PCl^3$ 130, mit $2PCl^5$ 247 und mit $2POCl^3$ 142 Taus. Cal.

Nach den Daten anderer Beobachter beträgt: die Schmelzwärme von P (d. h. von 31 Gewichtstheilen) — 0,15 Taus. Cal., die Umwandlung des gelben Phosphor in rothen, für P von + 19 bis + 27 Taus. Cal.; die Bildungswärme für $P + H^3 =$ +4,3 Taus. Cal.; für $HJ + PH^3 = 24$ Taus Cal. und für $PH^3 + HBr = 22$ Taus. Cal.

4) Bei gewöhnlicher Temperatur (20°C) oxydirt sich der Phosphor in reinem Sauerstoffe nicht; die Oxydation erfolgt nur wenn schwach erwärmt oder wenn der Sauerstoff mit einem anderen Gase (namentlich mit N oder H) verdünnt oder wenn der Druck des Sauerstoffs verringert wird. Der gewöhnliche Phosphor entzündet sich bei einer Temperatur (60°), bei welcher keiner der bis jetzt bekannten Körper entzündet werden kann. Auf dieser leichten Entzündlichkeit beruht die Anwendung des Phosphors zur Darstellung der Zündhölzchen. Die **Zündmasse** der Phosphorzündhölzchen besteht aus einem Gemisch von gewöhnlichem Phosphor mit oxydirenden Substanzen, die ihren Sauerstoff leicht ausscheiden, z. B. Bleidioxyd, Berthollet'sches Salz, Salpeter und and. Der gewöhnliche Phosphor wird zu diesem Zwecke unter warmem Wasser, in dem etwas Gummi gelöst ist, sorgfältig zerrieben. Zur entstehenden Emulsion setzt man PbO^2 und KNO^3 zu und taucht in dieselbe die Enden der hergestellten Hölzchen, die vorher mit harzigen Substanzen oder ähnlichem durchtränkt sind. Hierauf erhalten die Hölzchen noch einen dünnen Ueberzug durch Eintauchen in eine Lösung von Gummi oder Lack, um den Phosphor vor der Einwirkung der Luft zu schützen. Beim Reiben eines solchen Zündhölzchens, das etwas gelben Phosphor enthält, an einer rauhen Fläche wird die Zündmasse schwach erwärmt (besonders an den Stellen, von welchen der spröde Gummiüberzug abspringt,) und auf diese Weise der Phosphor entzündet, der dann auf Kosten des Sauerstoffs der beigemengten Substanzen zu brennen fortfährt. Die sogenannten gefahrlosen (nicht giftigen und bei zufälliger Reibung sich nicht entzündenden) oder schwedischen Zündhölzer enthalten keinen Phosphor, ihre Zündmasse besteht aus einem Gemisch von Sb^2S^3 (und ähnlichen brennbaren Substanzen, sehr gut wirkt auch Sb^2S^5) und $KClO^3$ (oder anderen oxydirenden Substanzen). Diese schwe-

Man erhält den rothen Phosphor durch Erhitzen von gewöhnlichem Phosphor auf 230⁰—270⁰, selbstverständlich muss dieses in einer Atmosphäre geschehen, die das Brennen nicht unterhält, z. B. in Stickstoff, Kohlensäuregas oder Wasserdampf und and. Bei der fabrikmässigen Darstellung von rothem Phosphor wird gewöhnlicher Phosphor in einen mit Ableitungsrohr versehenen eisernen Kessel gebracht [5]), der in einem leicht flüssigen Gemisch von gleichen Theilen Zinn und Blei längere Zeit hindurch auf die erforderliche Temperatur von 250⁰ erhitzt werden kann. Zuerst wird hierbei durch vorsichtiges Erwärmen die im Kessel enthaltene Luft durch den sich entwickelnden Wasserdampf theils verdrängt (da in den Kessel feuchter Phosphor gethan wird) und theils vom Phosphor absorbirt, so dass nur Stickstoff zurückbleibt. Natürlich muss dafür gesorgt sein, dass weiter keine Luft in den Apparat nachdringen kann.

Der rothe Phosphor geht in alle die Reaktionen ein, die dem gewöhnlichen Phosphor eigen sind, jedoch viel schwieriger und langsamer [6]); da nun die Spannung seiner Dämpfe geringer ist, als

dischen Zündhölzchen entzünden sich nur an einer Reibfläche, welche mit einem Gemisch von rothem Phosphor und Glaspulver überzogen ist (aber auch an Glasplatten und glattem Papier). Die durch Berührung mit dem rothen Phosphor der Reibfläche eingeleitete Verbrennung geht dann von selbst auf Kosten der in der Zündmasse der Hölzchen enthaltenen brennbaren und die Verbrennung unterhaltenden Substanzen weiter. Die Zündmasse der Hölzchen darf sich durch Stoss oder Schlag nicht entzünden lassen. Um die leichte Entzündbarkeit des gewöhnlichen (gelben) Phosphors zu zeigen, giesst man eine Lösung desselben in Schwefelkohlenstoff auf Papier und lässt letzteren verdunsten. Der hierdurch auf eine grosse Fläche vertheilte freie Phosphor entzündet sich dann von selbst, trotz der durch die Verdunstung des Schwefelkohlenstoff bedingten Abkühlung. Die Oxydation des Phosphors erfolgt auch auf Kosten vieler anderer oxydirender Substanzen. Nicht nur solche Oxydationsmittel wie Salpetersäure, Chromsäure und ähnliche Säuren, sondern auch die ätzenden Alkalien wirken auf den Phosphor oxydirend ein; der Phosphor selbst wirkt also reduzirend. Es lässt sich z. B. durch Phosphor aus Kupfersalzen Kupfer reduziren. Beim Erhitzen mit Soda reduzirt Phosphor einen Theil der Kohle derselben. Leitet man einen Sauerstoffstrom auf Phosphor, der sich in schwach erwärmtem Wasser befindet, so verbrennt der Phosphor unter Wasser.

5) Der Kessel muss mit einem Sicherheitsventil versehen sein. Auf Eisen wirkt der Phosphor nur bei Rothglühhitze ein.

6) Die spezifische Wärme des gelben Phosphors ist $= 0,189$, also grösser als die des rothen, die $= 0,170$ ist. Das spezifische Gewicht des gelben Phosphors ist $= 1,84$, des bei 260⁰ erhaltenen rothen Phosphors $= 2,15$, dagegen $= 2,34$, wenn dieser bei 580⁰ erhalten wird (es ist dies der metallische Phosphor). Die Spannung der Dämpfe des gewöhnlichen Phosphors beträgt bei 230° $= 514$ mm. Quecksilbersäule, des rothen $= 0$, d. h. der rothe Phosphor bildet bei dieser Temperatur noch keine Dämpfe; bei 447° beträgt die Dampfspannung des gewöhnlichen Phosphors zuerst 5500 mm., nimmt aber darauf allmählich ab, beim rothen Phosphor beträgt sie bei dieser Temperatur 1636 mm.

Hittorf erhielt, als er ein zugeschmolzenes, rothen Phosphor enthaltendes Glasrohr in dem unteren Theile auf 530° und im oberen auf 447° erwärmte, in dem

die des gelben Phosphors, so ist anzunehmen, dass bei der Umwandlung von gelbem Phosphor in rothen eine Polymerisation stattfindet, die analog derjenigen ist, welche beim Uebergange von
Cyan in Paracyan oder von Cyansäure in Cyanursäure vor sich
geht (vergl. Kap. 9 pag. 439).

Der Phosphor bildet farblose Dämpfe, deren Dichte von 300^0
bis zu 1000^0 konstant bleibt (nach Dumas 1833, Mitscherlich,
Deville und Troost 1859 und Anderen). Im Verhältniss zur Luft
beträgt die Dichte 4,3 bis 4,5 folglich im Verhältniss zu Wasserstoff $4,4 \times 14,4 = 63$, d. h. sie entspricht dem Molekulargewichte
124 oder die Molekeln der Phosphordämpfe enthalten P^4. Wir
bringen in Erinnerung, dass die Molekeln des Stickstoffs aus N^2,
des Schwefels aus S^6 und S^2 und des Sauerstoffs aus O^2 und O^3
bestehen.

---

kälteren Theile Krystalle des sogenannten metallischen Phosphors, woraus geschlossen werden darf, dass dieser letztere als krystallisirter rother Phosphor zu betrachten ist. Da aber die Dichte, die Dampfspannung (nach Hittorf beträgt die Spannung
des gelben Phosphors bei $530 = 8040$ mm., des rothen $= 6139$ und der metallischen $= 4130$ mm.) und die Reaktionen verschieden sind, so muss man den
metallischen Phosphor als eine besondere Modifikation unterscheiden. Derselbe ist noch
weniger reaktionsfähig, als der rothe Phosphor und dichter als die beiden anderen
Modifikationen, denn sein spez. Gewicht beträgt 2,34; an der Luft oxydirt er sich
nicht, krystallisirt und besitzt Metallglanz — er stellt so zu sagen Phosphor im
metallischen Zustande dar. Man erhält den metallischen Phosphor, wenn man gewöhnlichen Phosphor mehrere Stunden hindurch in einem zugeschmolzenen Gefässe
(aus dem die Luft ausgepumpt ist) mit Blei auf 400° erhitzt. Lässt man dann auf
die erhaltene Masse schwache Salpetersäure einwirken, so löst sich zuerst das Blei
(da Phosphor im Verhältniss zu Blei elektronegativ ist und auf die Salpetersäure
zuerst nicht einwirkt) und es bleiben glänzende Phosphor-Rhomboëder von dunkel-
violetter Farbe mit schwachem Metallglanze zurück, welche die Elektrizität unvergleichlich besser, als gelber Phosphor leiten; diese Eigenschaft ist eben das Kennzeichen des metallischen Zustandes des Phosphors.

Durch die Uuntersuchungen von Lemoine ist die Umwandlung des gelben (gewöhnlichen) Phosphor in seine anderen Modifikationen zum Theil aufgeklärt worden. Lemoine erhitzte in zugeschmolzenen Ballons gewöhnlichen und rothen Phosphor in den Dämpfen von siedendem Schwefel (440°) verschiedene Zeit hindurch
und bestimmte darauf die Menge der rothen und gelben Modifikation, welche er
mittelst Schwefelkohlenstoff trennte. Es erwies sich, dass nach Verlauf einer bestimmten Zeit aus beiden Modifikationen ein bestimmtes Gemisch von ein und
derselben Zusammensetzung entsteht, dass also zwischen dem rothen und gelben
Phosphor ein Gleichgewichtszustand eintritt, der analog dem bei der Dissoziation
und dem bei doppelten Umsetzungen beobachteten ist. Gleichzeitig liess sich aber
auch die Abhängigkeit des Verlaufs der Umwandlung von der relativen Menge der
auf ein gegebenes Volum des Gefässes angewandten Phosphormenge fesstellen. Ohne
diese Abhängigkeit weiter in Betracht zu ziehen, seien als Beispiel die Mengen
des rothen Phosphors angeführt, welche in gewöhnlichen übergingen und die des
gewöhnlichen, welche sich nicht in rothen Phosphor umwandelten, als 30 Gramm
rothen oder gelben Phosphors auf einen Liter Gefässinhalt angewandt und auf 440°
erhitzt wurden. Aus rothem Phosphor erhielt man hierbei an gelbem: nach 2 Stunden
4,75 g, nach 8 Stunden 4 g und nach 24 St. 3 g, diese Grenze wurde bei weiterem Erhit-

Der chemischen Energie nach nähert sich der Phosphor im freien Zustande mehr dem Schwefel, als dem Stickstoff. Bei 60° entzündet er sich und verbrennt. In seinen Verbindungen, bei deren Bildung er einen Theil seiner chemischen Energie in Form von Wärme abgibt, zeigt der Phosphor schon eine grössere Aehnlichkeit mit dem Stickstoff, wenn es sich nur nicht um eine Reduktion der Verbindung zu Phosphor handelt. Salpetersäure lässt sich leicht bis zu Stickstoff reduziren, die Reduktion der Phosphorsäure geht dagegen nur bedeutend schwieriger vor sich. Alle Phosphorverbindungen sind weniger flüchtig, als die entsprechenden Verbindungen des Stickstoffs. HNO^3 destillirt leicht, während HPO^3, wie es gewöhnlich heisst, nicht flüchtig ist. Triäthylamin $N(C^2H^5)^3$ siedet bei 90° und Triäthylphosphin bei 127°.

Der Phosphor verbindet sich direkt und sehr leicht nicht nur mit Sauerstoff, sondern auch mit Chlor. Brom, Jod, Schwefel und einigen Metallen. Beim Zusammenschmelzen mit Natrium, z. B. unter Naphta, bildet der Phosphor Na^3P^2. Zink absorbirt Phosphor-

---

zen nicht mehr überschritten. Von 30 g gelben Phosphors blieben nach 2 Stunden 5 g unverändert, nach 8 St. 4 g, nach 24 Stunden und länger wieder dieselben 3 g, wie im vorhergehenden Versuche. Nach Troost und Hautefeuille geht im Allgemeinen flüssiger Phosphor leichter in rothen über, als Phosphordämpfe, welche übrigens ebenso, nur langsamer, rothen Phosphor absetzen können.

Es frägt sich daher ob in Phosphordämpfen die gewöhnliche oder irgend eine andere Modifikation enthalten ist? Zur Entscheidnng dieser Frage hat Hittorf (1865) viele Daten geliefert, aus denen ganz zweifellos hervorgeht, dass die Dichte der Phosphordämpfe immer dieselbe bleibt, obgleich die Spannung der verschiedenen Modifikationen und ihrer Gemische sehr verschieden ist. Hieraus folgt, dass die Modifikationen des Phosphors nur im flüssigen und festen Zustande erscheinen, wie dies im Begriffe der Polymerisation zum Ausdruck kommt. Streng genommen stellen die Dämpfe des Phosphors einen besonderen Zustand dieses Stoffes dar und die Molekularformel P^4 bezieht sich nur auf diesen Zustand des Phosphors und nicht auf irgend einen anderen. Es ist jedoch mit Hilfe der Raoult'schen Methode (pag. 104) nachgewiesen worden, dass beim Lösen von Phosphor in Benzol die Gefrierpunkts-Erniedrigung auf Molekeln aus P^4 hinweist, die möglicher Weise beim gewöhnlichen Phosphor mit P^2 vermengt sind, wie aus den Bestimmungen von Paterno und Nasini (1888) geschlossen werden muss, nach welchen das Molekulargewicht des Schwefels in Lösungen S^6, beträgt, was auch der Dampfdichte entspricht. Weiter in dieser Richtung anzustellende Versuche werden es vielleicht ermöglichen auch das Molekulargewicht des rothen Phosphors zu bestimmen, wenn sich nur ein Mittel zum Lösen desselben ohne vorherige Umwandlung in die gelbe Modifikation findet. Da aber das Lösen in vielen Beziehungen dem Verdampfen entspricht (vergl. Kap. 1) und beim Verdampfen des Phosphors nur eine P^4 entsprechende Dichte erhalten wird, so kann die Raoult'sche Methode sich in diesem Falle zur genauen Entscheidung der Frage als nicht anwendbar erweisen. Es ist jedoch zu hoffen, dass mit der Zeit neue Wege entdeckt werden können, welche das angedeutete Ziel erreichen lassen werden.

An dieser Stelle will ich noch darauf aufmerksam machen, dass der rothe Phosphor, den man als ein Polymeres des gelben betrachten muss, wegen seiner geringen Neigung zu chemischen Reaktionen sich dem Stickstoff, dessen Molekel N^2 ist, mehr nähert, als der gelbe Phosphor.

dämpfe und bildet Zn^3P^2 (von spez. Gew. 4,76), Zinn — SnP, Kupfer — Cu^2P, selbst Platin verbindet sich mit Phosphor zu einer spröden Masse (PtP^2 vom spez. Gew. 8,77). Eisen wird schon spröde, wenn es nur sehr wenig Phosphor enthält [7]. Einige dieser Phosphorverbindungen entstehen beim Einwirken von Phosphor auf Lösungen von Metallsalzen und beim Erhitzen von Metalloxyden in Phosphordämpfen oder beim Erhitzen eines Gemisches von Phosphorsalzen mit Kohle und Metall. Die Phosphormetalle besitzen weder das Aussehen von Salzen, noch auch deren Eigenschaften, welche bei den Chloriden so scharf hervortreten und noch bei den Sulfiden deutlich zu bemerken sind. Die **Phosphorverbindungen** der Metalle der Alkalien und der alkalischen Erden werden schon durch Wasser zersetzt und zwar sofort und sehr leicht, während die Sulfide nur in wenigen Fällen auf Wasser einwirken und die Chloride noch seltener und weniger bemerkbar. Es ist dies eine der wichtigsten Eigenschaften der genannten Phosphorverbindungen. Als Beispiel sei das Phosphorcalcium angeführt, zu dessen Darstellung Phosphor, nachdem er mit Kalk überschüttet, in einem bedeckten Thontiegel erhitzt wird. Hierbei verbinden sich die entstehenden Phosphordämpfe mit dem Sauerstoff des Kalkes und bilden ein Phosphoroxyd, das mit noch unzersetztem Kalke zu einem Salze zusammentritt, während das frei werdende Calcium mit dem Phosphor sich zu Phosphorcalcium verbindet. Die Zusammensetzung dieser Verbindung ist nicht genau festgestellt worden; möglicher Weise ist sie: CaP (entsprechend dem flüssigen Phosphorwasserstoff). Bemerkenswerth ist das Verhalten des Phosphorcalciums zu Wasser: wirft man es in Wasser oder besser in verdünnte Säure, so entweichen Gasblasen, die sich an der Luft von selbst entzünden und weisse Ringe bilden (Fig. 131). Dieses wird durch die anfängliche Bildung von flüssigem Phosphorwasserstoff PH^2 bedingt: $CaP + 2HCl = CaCl^2 + PH^2$, welcher infolge seiner Unbeständigkeit sehr leicht in festen Phosphorwasserstoff P^2H und gasförmigen

---

7) Die Metallverbindungen des Phosphors bieten ein besonderes Interesse, da sie den Uebergang von den Metalllegirungen (z. B. mit Sb, As) einerseits zu den Sulfiden, Chloriden und Oxyden und andrerseits zu den Stickstoffmetallen zum Ausdruck bringen. Die bereits zahlreichen auf dieses interessante Gebiet sich beziehenden Daten sind aber noch nicht im Zusammenhange von einem allgemeinen Gesichtspunkte aus geordnet worden. Die verschiedenartige Verwendung (von Phosphoreisen, Phosphorbronze und and.), welche die Phosphormetalle in letzter Zeit gefunden haben, hätte wol den Anstoss zu einer vollständigeren und genaueren Erforschung dieses Gegenstandes geben sollen, welcher meiner Ansicht nach zur Aufklärung chemischer Beziehungen — von den Legirungen (Lösungen) angefangen bis zu den Salzen und Wasserstoffverbindungen — sicherlich beitragen wird, da die Phosphormetalle, wie aus direkten Versuchen folgt, sich zum Phosphorwasserstoff ebenso verhalten, wie die Schwefelmetalle zum Schwefelwasserstoff oder wie MCl zu HCl.

PH^3 zerfällt: $5PH^2 = P^2H + 3PH^3$. Letzterer entspricht dem Ammoniake. Ein Gemisch von gasförmigem und flüssigem Phosphorwasserstoff entzündet sich an der Luft von selbst und verbrennt zu Phosphorsäure. Dieselbe Reaktion findet beim Einwirken von Wasser auf Phosphornatrium (Na^3P^2) statt. Es existiren also **drei Verbindungen des Phosphors mit Wasserstoff**: 1) der feste Phosphorwasserstoff, P^2H (wahrscheinlicher P^4H^2), der beim Einwirken von konzentrirter Salzsäure auf Phosphorcalcium entsteht und ein gelbes Pulver darstellt, das sich durch Schlag oder Erwärmen auf 175^0 entzündet; 2) der flüssige Phosphorwasserstoff PH^2 oder richtiger (der Molekel entsprechend) P^2H^4, der eine farblose, an der Luft selbstentzündliche Flüssigkeit bildet, die bei 30^0 siedet, sehr unbeständig ist und leicht (beim Einwirken von Licht, von HCl) in die beiden anderen Verbindungen zerfällt; derselbe entsteht durch Abkühlen des sich beim Einwirken von CaP auf Wasser ausscheidenden Gases [8]). Endlich 3) der gasförmige Phosphorwasserstoff, der am beständigsten ist und ein farbloses, an der Luft sich nicht entzündendes Gas darstellt, das einen knoblauchähnlichen Geruch besitzt und sehr giftig ist. In vielen seiner Eigenschaften ist es dem Ammoniake ähnlich; es zerfällt analog dem Ammoniak, leicht beim

Fig. 131. Entwickelung von selbstentzündlichem Phosphorwasserstoff aus Phosphorcalcium und HCl.

Erhitzen in P und H, dagegen ist es in Wasser kaum löslich und besitzt nicht die Fähigkeit Säuren zu sättigen, dennoch bildet es mit einigen Säuren Verbindungen, die ihrer Form und ihrem Aussehen nach den Ammoniumsalzen ähnlich sind. Unter diesen Verbindungen ist das dem Jodammonium analoge **Jodphosphonium** PH^4J bemerkenswerth, welches beim Sublimiren in gut ausgebildeten Würfeln wie der Salmiak krystallisirt und diesem in vielen Beziehungen auch ähnlich ist. Uebrigens geht das Jodphosphonium nicht in die doppelten Umsetzungen ein, die dem Salmiak eigen sind, denn die Eigenschaften eines Salzes sind in ihm nur wenig entwickelt. Das Phosphorwasserstoffgas verbindet sich, ebenso wie das Ammoniak, mit einigen Chloranhydriden, aber diese Verbindungen werden schon durch Wasser unter Ausscheidung von PH^3 zersetzt. Ogier zeigte 1880, dass bei 18^0 unter einem Drucke von 20 Atmosphären oder bei -35^0 unter gewöhnlichem Atmosphärendruck auch HCl sich mit PH^3 zu einem krystallinischen Körper PH^4Cl verbindet, der dem Salmiak entspricht. Leichter geht die

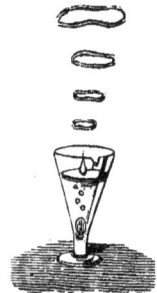

---

8) Die Selbstentzündlichkeit von PH^2 an der Luft ist sehr bemerkenswerth und besonders interessant, da die ihrer Zusammensetzung nach analogen Verbindungen $P(C^2H^5)^2$ (diese Formel ist zu verdoppeln) und $Zn(C^2H^5)^2$ gleichfalls selbstentzündlich sind.

Vereinigung mit HBr vor sich und am leichtesten mit HJ zu PH^{4}J [9]).

Das **Phosphorwasserstoffgas** PH^3 wird gewöhnlich durch Einwirken von Alkali auf Phosphor dargestellt [10]), indem man konzen-

---

[9] Das periodische Gesetz und direkte Versuche zeigen, dass PH^3 einfacher zusammengesetzt ist als PH^2, ebenso wie CH^4 einfacher ist als C^{2}H^6, der die Zusammensetzung CH^3 besitzt. Wenn der einwerthige Rest PH^2 des gasförmigen Phosphorwasserstoffes PH^3 in diesem mit H verbunden erscheint, so ist er im flüssigen Phosphorwasserstoffe mit PH^2 zu P^{2}H^4 verbunden. Diese Verbindung entspricht dem freien Amid (Hydrazin) N^{2}H^4 (pag. 320). Wahrscheinlich besitzt P^{2}H^4 die Fähigkeit sich mit HJ und möglicher Weise auch mit 2HJ oder mit anderen Molekeln zu verbinden, d. h. eine dem Jodphosphonium ähnliche Verbindung zu geben.

Das **Jodphosphonium** PH^{4}J (Phosphoniumjodid) wird nach Baeyer in grösseren Mengen auf folgende Weise dargestellt: 100 Th. Phosphor löst man in trocknem Schwefelkohlenstoff in einer tubulirten Retorte, kühlt ab, fügt allmählich 175 Th. Jod hinzu, destillirt CS^2 ab, indem man zuletzt trocknes Kohlensäuregas einleitet, verbindet den Retortenhals mit einem weiten Glasrohre, setzt in den Tubulus einen Hahntrichter ein, in den man 50 Th. Wasser giesst, und lässt nun das Wasser tropfenweise auf den Jodphosphor fliessen. Hierbei findet eine stürmische Reaktion statt und es entstehen HJ und PH^{4}J; letzteres sammelt sich in Krystallen in der Retorte selbst und dem mit ihr verbundenem Glasrohre an und wird durch wiederholte Destillation gereinigt. Die Ausbeute an Jodphosphonium übersteigt 100 Theile. Nach Baeyer verläuft die Reaktion entsprechend der Gleichung: P^{2}J + 2H^{2}O = PH^{4}J + PO^2; den Körper PO^2 kann man als Phosphorig-Phosphorsäureanhydrid betrachten: P^{2}O^5 + P^{2}O^3 = 4PO^2. Die beste Ausbeute erhält man bei Anwendung von: 400g P, 680g J^2 und 240g H^{2}O. Die Reaktion wird durch die Gleichung: 13P + 9J + 21H^{2}O = 3H^{4}P^{2}O^7 + 7PH^{4}J + 2HJ ausgedrückt (pag. 545).

Auf die Lösungen vieler Metallsalze wirkt PH^{4}J und sogar PH^3 reduzirend ein. Cavazzi zeigte, dass PH^3 mit einer Lösung von SO^2 Schwefel und Phosphorsäure bildet.

[10] Damit keine Explosion durch Selbstentzündung von Phosphorwasserstoff entstehe, muss zuerst alle Luft aus dem Kolben durch Wasserstoff oder ein anderes die Verbrennung nicht unterhaltendes Gas verdrängt werden.

Das Phosphorwasserstoffgas lässt sich noch nach folgender Methode darstellen. Wenn in einer Atmosphäre von Wasserstoff oder Leuchtgas ein Gemisch von 1 Theil Zinkstaub und 2 Theilen rothen Phosphors erhitzt wird, so verbinden sich diese unter Verpuffung zu einer grauen Masse von Zn^{3}P^2, welche mit verdünnter Schwefelsäure PH^3 entwickelt. Die Verbrennung des Phosphorwasserstoffgases in Sauerstoff geht sogar unter Wasser vor sich, wenn beide Gase mit einander im Wasser zusammentreffen. Durch Einwirken von Säuren auf Phosphorcalcium und von Kalilauge auf Phosphor erhaltenes Phosphorwasserstoffgas enthält immer freien Wasserstoff; öfters besteht sogar der grösste Theil des sich ausscheidenden Gases aus Wasserstoff.

Reines Phosphorwasserstoffgas (ohne Beimengung von Wasserstoff und von festem und flüssigem Phosphorwasserstoff) erhält man beim Einwirken von Kalilauge auf krystallinisches Jodphosphonium: PH^{4}J + KHO = PH^3 + KJ + H^{2}O (analog der Bildung von NH^3 aus NH^{4}Cl). Die Reaktion verläuft leicht und dass das Gas wirklich reiner PH^3 ist, ersieht man daraus, dass es durch eine Bleichkalklösung vollständig absorbirt wird und an der Luft nicht selbstentzündlich ist. Es wird aber selbstentzündlich, wenn es mit Bromdämpfen, Salpetersäure und and. zusammentrifft, desgleichen beim Erwärmen auf 100°, weil es dann theilweise in P^{2}H^4 zersetzt wird. Oppenheim zeigte, dass man beim Erhitzen von rothem Phos-

trirte Kalilauge mit kleinen Phosphorstücken in einem Kolben erwärmt. Hierbei erhält man unterphosphorigsaures Kalium H^2KPO^2
in Lösung, während der gasförmige Phosphorwasserstoff entweicht:
$P^4+3KHO+3H^2O = 3KH^2PO^2+PH^3$. Gleichzeitig bildet sich auch
flüssiger Phosphorwasserstoff, durch den sich der gasförmige entzündet und aus dem Wasser in schönen weissen Ringen aufsteigt
(Fig. 132). Wie in dem oben beschriebenen Versuche mit CaP entzündet sich hier P^2H^4 von selbst
und entzündet zugleich PH^3, das
zu Phosphorsäure verbrennt:
$PH^3+O^4=PH^3O^4$. Reiner und
nicht entzündlich erhält man
das Phosphorwasserstoffgas durch
Erhitzen von phosphoriger Säure
$(4PH^3O^3 = PH^3+3PH^3O^4)$ und
von unterphosphoriger Säure
$(2PH^3O^2 = PH^3 + PH^3O^4)$ oder
am einfachsten durch Zersetzen
von CaP mit starker Salzsäure,
da dann aller P^2H^4 sich in nicht
flüchtigen P^2H und gasförmigen
PH^3 zersetzt.

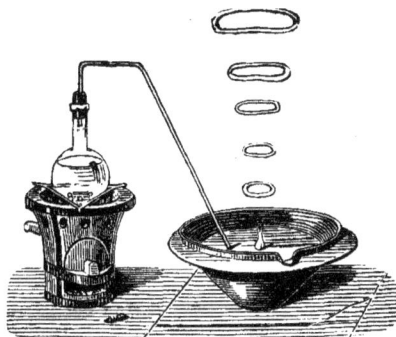

Fig. 132. Darstellung von selbstentzündlichem
Phosphorwasserstoff durch Einwirken von Kalilauge auf Phosphor.

Reines Phosphorwasserstoffgas PH^3 lässt sich durch Abkühlen
auf —90° verflüssigen; es siedet bei —85° und erstarrt bei—135°
(Olszewski).

Wenn Phosphor in einem Ueberschuss von *trocknem* Sauerstoff
verbrennt, so bildet sich ausschliesslich **Phosphorsäureanhydrid** P^2O^5.
Zur Darstellung desselben bringt man durch eine Porzellanröhre,
welche mittelst eines Korkes in den Hals eines grossen Ballons
eingestellt ist, Phosphorstückchen in ein Schälchen, das am unteren
Ende dieser Röhre in dem Ballon aufgehängt ist, und entzündet
den Phosphor durch Berühren mit einem erhitzten Drahte. Die
zum Verbrennen erforderliche Luft wird durch eine Seitenöffnung
des Ballons eingeblasen und die entstehenden weissen Flocken des
Phosphorsäureanhydrids werden mit dem Luftstrome durch die entgegengesetzte Seitenöffnung des Ballons in eine Reihe von Woulff-
schen Flaschen geführt, wo sich das Phosphorsäureanhydrid P^2O^5
in weissen, lockeren Flocken absetzt. Auch durch Einleiten von

---

phor mit starker Salzsäure in einem zugeschmolzenen Rohre auf 200° die Verbindung $PCl^3(H^3PO^3)$ zugleich mit PH^3 erhält.

Die Analogie von PH^3 mit NH^3 tritt besonders deutlich in ihren Kohlen-
wasserstoffderivaten hervor. Wie NH^3 die Verbindungen NH^2R, NHR^2 und NR^3
bildet, in denen R Kohlenwasserstoffreste, wie CH^3 z. B. bezeichnet, so ergeben
sich genau die entsprechenden Verbindungen auch aus PH^3. Die Betrachtung dieser
Verbindungen gehört in das Gebiet der organischen Chemie.

Luft in eine Lösung von Phosphor in Schwefelkohlenstoff kann man Phosphorsäureanhydrid darstellen. In jedem Falle muss aber alles Wasser sorgfältig entfernt werden, da P^2O^5 sich gierig **mit Wasser verbindet**, wobei eine grosse Wärmemenge frei wird und Metaphosphorsäure HPO^3 entsteht, die selbst bei stärkerem Glühen kein Wasser mehr ausscheidet. Das Phosphorsäureanhydrid ist eine farblose, schneeige Substanz, die energisch die Feuchtigkeit der Luft anzieht, bei Rothgluth schmilzt und sich bei weiterem Erhitzen verflüchtigt. Seine Affinität zu Wasser ist so stark, dass es vielen Körpern Wasser entzieht. Mit H^2SO^4 z. B. bildet es SO^3, Kohlenhydrate (Holz, Papier) werden schon bei der Berührung mit dem Phosphorsäureanhydride verkohlt, dem sie hierbei die Elemente des Wassers abgeben.

Bei langsamer Oxydation von festem Phosphor an der Luft entstehen nicht nur phosphorige und Phosphorsäure, sondern es bildet sich auch eine besondere Säure — die **Unterphosphorsäure** $H^4P^2O^6$, welche im trocknen Zustande bei 60^0 leicht in phosphorige und Metaphosphorsäure zerfällt ($H^4P^2O^6 = H^3PO^3 + HPO^3$), sich aber von dem Gemische dieser beiden Säuren durch die Bildung eigenartiger Salze unterscheidet, von denen das Natriumsalz $H^2Na^2P^2O^6$ in Wasser wenig löslich ist (während die Natriumsalze der phosphorigen und Phosphorsäure sich leicht lösen) und nicht reduzirend wirkt, wie Gemische, die phosphorige Säure enthalten [11]). Thorpe machte die Beobachtung, dass beim Oxydiren von Phosphor in trockner Luft ein flüchtiges Phosphoroxyd von der Zusammensetzung P^2O^4 entsteht, das mit Wasser $H^3PO^4 + H^3PO^3$ bildet und als das Anhydrid der Unterphosphorsäure zu betrachten ist: $P^2O^4 = H^4P^2O^6 - 2H^2O$.

Nach dem allgemeinen Gesetze der Bildung von Säuren (vergl. Kap. 15) müssen in der Reihe des Phosphors die folgenden **Orthosäuren** und die ihnen entsprechenden Anhydride vorhanden sein, die sich vom Phosphorwasserstoff H^3P ableiten lassen:

---

11) Salzer bewies die Existenz einer besonderen Unterphosphorsäure, welche von Vielen bezweifelt worden war. Drawe untersuchte (1888) die Salze dieser Säure. Die Isolirung der Unterphosphorsäure wird in der Weise ausgeführt, dass man die Lösung der Säuren, die bei der langsamen Oxydation von feuchtem Phosphor entstehen, mit einer (25 pCt) Lösung von essigsaurem Natrium vermischt und abkühlen lässt; hierbei krystallisirt das Salz $Na^2H^2P^2O^66H^2O$, das sich in 45 Th. Wasser löst und mit Bleisalzen einen Niederschlag von $Pb^2P^2O^6$ (mit Silbersalzen $Ag^4P^2O^6$) bildet; zersetzt man das erhaltene Bleisalz mit H^2S und dampft, nach dem Abfiltriren des gefällten PbS, die Lösung unter dem Rezipienten einer Luftpumpe ein, so erhält man Krystalle von der Zusammensetzung $H^4P^2O^62H^2O$, die leicht Wasser verlieren und in $H^4P^2O^6$ übergehen. Die beim Ersetzen von H^4 dieser Säure durch Ni^2 oder $NiNa^2$ oder $CdNa^2$ u. s. w. entstehenden Salze sind in Wasser unlöslich.

H^3PO^4 Phosphorsäure und ihr Anhydrid P^2O^5
H^3PO^3 Phosphorige Säure   »   » P^2O^3
H^3PO^2 Unterphosphorige Säure   » P^2O.

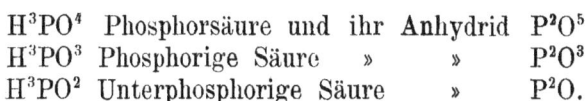

Das Anhydrid der unterphosphorigen Säure (das Analogon von N^2O) ist fast unbekannt und das Anhydrid der phosphorigen Säure nur wenig erforscht [12]). Das Phosphorsäureanhydrid P^2O^5 bildet mit wenig Wasser zunächst nicht Orthophosphorsäure PH^3O^4, sondern die Verbindung $P^2O^5H^2O$ oder PHO^3, die ihrer Zusammensetzung nach der Salpetersäure entspricht. Selbst bei einem Ueberschuss von Wasser geht das Phosphorsäureanhydrid zunächst als Metaphosphorsäure in Lösung und nicht als H^3PO^4. Nur beim Erwärmen oder mit der Zeit geht die in Lösung befindliche Metaphosphorsäure in Orthophosphorsäure über.

Die **Phosphorsäure** [13]) erhält man durch Oxydation von Phosphor mit Salpetersäure, wenn man die Behandlung so lange fortsetzt bis sich aller Phosphor gelöst und die Entwickelung der niederen Stickstoffoxyde aufgehört hat. Die Reaktion verläuft am besten beim Erwärmen von Phosphor mit verdünnter Salpetersäure. Die entstehende Lösung wird zur Konsistenz eines Sirups einge-

---

Um sich das Verhältniss klar zu machen, in welchem die Phosphorsäure zur Unterphosphorsäure steht, welche nicht die Elemente der phosphorigen Säure enthält (da sie weder Au, noch Ag aus ihren Lösungen reduzirt), aber sich dennoch zu H^3PO^4 oxydiren lässt (z. B. durch $KMnO^4$), geht man am einfachsten auf das Substitutions-Gesetz zurück. Aus demselben ergibt sich, dass das Verhältniss dieser Säuren zu einander genau dasselbe ist wie das Verhältniss zwischen Oxalsäure $(COOH)^2$ und Kohlensäure $OH(COOH)$, wenn nur die Zusammensetzung der Phosphorsäure durch die Formel $OH(POO^2H^2)$ ausgedrückt wird, welcher dann auch die Formel $(POO^2H^2)^2$ oder $P^2H^4O^6$, d. h. die Unterphosphorsäure entspricht. In demselben Verhältniss befindet sich die Dithionsäure $(SO^2OH)^2$ zur Schwefelsäure $OH(SO^2OH)$, wie im folgenden Kapitel gezeigt werden soll. Die Dithionsäure entspricht dem Anhydride S^2O^5, dem intermediären Anhydride zwischen SO^2 und SO^3, die Oxalsäure dem intermediären Anhydride C^2O^3 zwischen CO und CO^2 und die Unterphosphorsäure dem Anhydride P^2O^4, das zwischen P^2O^3 und P^2O^5 steht.

12) Ausser den angeführten Hydraten muss dem Phosphorwasserstoffe PH^3 noch die dem Hydroxylamine analoge Verbindung PH^3O entsprechen; diese Verbindung ist aber nicht isolirt worden, sondern nur in Form von $P(C^2H^5)^3O$ durch Oxydation von $P(C^2H^5)^3$ erhalten worden. Es ist zu bemerken, dass dem PH^3 auch niedere Oxydationsstufen des Phosphors, die N^2O und NO analog sein werden, entsprechen können und dass auf die Bildung derselben bereits einige Anzeichen hinweisen, die aber noch nicht sicher festgestellt sind.

13) Da die Phosphorsäure eine lösliche und nicht flüchtige Substanz ist, so kann sie nicht wie HCl und HNO^3 durch Einwirken von Schwefelsäure auf die Phosphate der Alkalimetalle dargestellt werden, obgleich sie sich bei dieser Einwirkung wol bilden muss. Man kann aber von den Phosphaten des Ba und Pb ausgehen, da hierbei · die unlöslichen Sulfate dieser Metalle entstehen, z. B.: $Ba^3(PO^4)^2 + 3H^2SO^4 = 3BaSO^4 + 2H^3PO^4$. Knochenasche enthält ausser phosphorsaurem Ca, noch dieselben Salze des Na und Mg und ausser Phosphaten noch Fluormetalle und and.; infolge dessen lässt sich aus Knochenasche reine Phosphorsäure nicht direkt darstellen.

dampft. Wendet man zur Darstellung eine abgewogene Menge trocknen Phosphors an (den man in einem Strome von CO^2 trocknet), so lässt sich die Phosphorsäure als eine krystallinische Masse erhalten, wenn man die Lösung so weit eindampft, dass gerade die dem angewandten Phosphor entsprechenden Menge H^3PO^4 (98 Th. aus 31 Th. P) zurückbleibt [14]. Die Phosphorsäure schmilzt bei $+39^0$, ihr spezifisches Gewicht beträgt im flüssigen Zustande 1,88. Auch beim Einwirken von Wasser auf Phosphorpentachlorid PCl^5 und Phosphoroxychlorid $POCl^3$ (s. weiter unten) bildet sich Phosphorsäure neben HCl. Die beiden anderen Phosphorsäuren, die später betrachtet werden sollen, gehen in Gegenwart von Säuren und besonders leicht beim Kochen, in der Kälte nur langsam, in die Orthophosphorsäure über. Die Orthophosphorsäure dagegen geht von selbst nicht in die anderen Modifikationen über, sie lässt sich nicht oxydiren und erscheint daher als eine gesättigte und beständige Verbindung. Beim Erwärmen auf 300^0 verliert sie soviel Wasser, dass Pyrophosphorsäure entsteht: $2H^3PO^4 = H^2O + H^4P^2O^7$ und bei Rothglühhitze beträgt der Wasserverlust das Doppelte und es entsteht Metaphosphorsäure: $H^3PO^4 = H^2O + HPO^3$. In Lösung existirt die Orthophosphorsäure als H^3PO^4 und nicht als Pyro- oder Metaphosphorsäure, denn die Lösungen dieser beiden letzteren zeigen andere Reaktionen. H^3PO^4 wird durch Eiweiss nicht gefällt, gibt mit $BaCl^2$ direkt keinen Niederschlag und mit $AgNO^3$ (in Gegenwart eines Alkalis, nicht direkt) einen gelben Niederschlag von Ag^3PO^4. Die Lösung der Pyrophosphorsäure wird zwar gleichfalls weder durch Eiweiss, noch durch $BaCl^2$ gefällt, bildet aber mit $AgNO^3$ einen weissen Niederschlag von $Ag^4P^2O^7$. Die Metaphosphorsäure dagegen wird aus ihren Lösungen sowol durch Eiweiss, als auch durch $BaCl^2$ gefällt und bildet mit Silbernitrat weisses $AgPO^3$. Diese Unterschiede, die besonders in den Silbersalzen zum Vorschein kommen, sind von Graham erforscht worden. Sie weisen darauf hin, dass durch den Uebergang in Lösung noch nicht die Entstehung der Verbindung, welche die grösste Menge Wasser aufnehmen kann, bedingt wird, dass in Lösungen verschiedene Verbindungsstufen mit Wasser vorhanden sein können und das zwischen dem Wasser, das als Lösungsmittel dient und das in chemische Verbindung eingeht, ein deutlicher Unterschied existirt. Sodann geht aus den Versuchen von Graham hervor, dass das Wasser, durch dessen Entziehung und Addition der Uebergang in die Meta- und Pyrophosphorsäure bestimmt wird, sich deutlich von dem Krystallisationswasser unterscheidet, denn Graham erhielt Salze der Ortho-, Pyro- und Metaphosphorsäure mit Krystallisationswasser, welche sich durch ihre Reaktionen ebenso unterschieden, wie die Säuren selbst. Ihr Kry-

---

14) Wenn die Phosphorsäure noch mehr Wasser verliert, so krystallisirt sie ebenso wenig, wie wenn überschüssiges Wasser vorhanden ist.

stallisationswasser schied sich leichter aus, als ihr Konstitutionswasser.

Die Orthophosphorsäure besitzt einen angenehmen sauren Geschmack und eine deutlich saure Reaktion; sie wird in der Medizin benutzt und ist nicht giftig (giftig ist aber die phosphorige Säure). Durch Alkalihydrate (NaHO, KHO, NH⁴HO) werden die sauren Eigenschaften der Phosphorsäure gesättigt, wenn auf $H^3PO^4 - 2NaHO$ u. s. w. kommen, d. h. wenn Salze von der Zusammensetzung HNa^2PO^4 entstehen. Wenn auf H^3PO^4 nur NaHO kommt, so entsteht eine Lösung, deren Reaktion sauer ist, während aus H^3PO^4 mit 3NaHO, d. h. wenn Na^3PO^4 entsteht, eine alkalische Lösung erhalten wird. Viele (z. B. Berzelius) hielten daher die Salze von der Zusammensetzung R^2HPO^4 für neutrale Salze und die Phosphorsäure für eine zweibasische Säure. Uebrigens besitzt auch Na^2HPO^4 eine schwach alkalische Reaktion, zudem lässt sich nach der Reaktion auf Lackmus nicht über die charakteristischen Eigenthümlichkeiten von Säuren urtheilen, wie wir es schon an vielen anderen Beispielen gesehen haben. Die Orthophosphorsäure ist dreibasisch, weil sie drei Wasserstoffe enthält, die durch Metalle ersetzt werden können, und die Salze NaH^2PO^4, Na^2HPO^4 und Na^3PO^4 bildet. Dreibasisch ist sie ausserdem desswegen, weil ihre löslichen Salze mit $AgNO^3$ immer Ag^3PO^4, ein Salz mit drei Atomen Silber [15]), und bei doppelten Umsetzungen mit $BaCl^2$ immer ein Salz von der Zusammensetzung $Ba^3(PO^4)^2$ bilden; Silber und Baryum geben aber fast nie basische Salze. Die phosphorsauren Salze der Alkalimetalle lösen sich in Wasser, während die neutralen Salze der Metalle der alkalischen Erden $R^3(PO^4)^2$ und sogar $R^2H^2(PO^4)^2$ in Wasser unlöslich sind, sich aber in Säuren, selbst in so schwachen wie Phosphor- und Essigsäure lösen, da hierbei lösliche saure Salze meist von der Zusammensetzung RH^4 $(PO^4)^2$ entstehen [16]).

---

15) Orthophosphorsaures Silber Ag^3PO^4 zeigt eine gelbe Farbe, besitzt das spezifische Gewicht 7,32 und ist in Wasser unlöslich. Beim Erhitzen schmilzt es wie AgCl, geht aber nach längeren Schmelzen in weisses pyrophosphorsaures Silber über (und zwar infolge einer unbekannten Zersetzung). In wässrigen Lösungen von Phosphor-, Salpeter- und selbst Essigsäure, von Ammoniak und vielen anderen Salzen ist das Silbersalz Ag^3PO^4 löslich. Beim Einwirken von $AgNO^2$ auf saure orthophosphorsaure Salze, z. B. auf Na^2HPO^4 entsteht dennoch neutrales Ag^3PO^4, indem zugleich Salpetersäure frei wird: $Na^2HPO^4 + 3AgNO^3 = Ag^3PO^4 + 2NaNO^3 + HNO^3$. Es beruht dies auf der Eigenschaft des Silberoxyds bei doppelten Umsetzungen in Gegenwart von Wasser nur neutrale Salze zu bilden, denn aus einer Lösung von orthophosphorsaurem Silber Ag^3PO^4 in sirupartiger Phosphorsäure scheidet Alkohol (indem er die freie Phosphorsäure löst) ein weisses Salz von der Zusammensetzung Ag^2HPO^4 aus, das durch Wasser sofort in das neutrale Salz und Phosphorsäure zersetzt wird.

16) Aus den Untersuchungen von Thomsen geht hervor, dass die meisten einbasischen Säuren: Salpeter- und Essigsäure, Halogenwasserstoff- und andere Säuren von der Zusammensetzung HR in sehr verdünnten wässrigen Lösungen mit Aetz-

Das Phophorsäureanhydrid bildet, ebenso wie jedes seiner Hydrate, beim Glühen mit einem Ueberschuss von NaHO, Na^2CO^3 und ähnl. **neutrales orthophosphorsaures Natrium** oder Trinatriumorthophosphat Na^3PO^4. Beim Zersetzen einer Lösung von Soda (oder essig-

---

natron die folgenden Wärmemengen entwickeln (in Tausenden Wärmeeinheiten): $NaHO + 2HR = 14$; $NaHO + HR = 14$; $2NaHO + HR = 14$, d. h. wenn man durch n ganze Zahlen bezeichnet: $nNaHO + HR = 14$ und $NaHO + nR = 14$ (mit HF ergeben sich grössere und mit HCN kleinere Werthe), folglich treten hier nur eine Molekel NaHO mit einer Molekel Säure in Wechselwirkung; die übrige Menge der Säure oder des Alkalis nimmt an der Reaktion nicht theil. Mit zweibasischen Säuren H^2R'' (Schwefel-, Schweflige-, Dithion-, Oxalsäure und and.) ergeben sich folgende Wärmemengen: $NaHO + 2H^2R'' = 14$; $NaHO + H^2R'' = 14$; $2NaHO + H^2R'' = 28$ und n $NaHO + H^2R'' = 28$, d. h. bei einem Ueberschuss an Säure $(NaHO + nH^2R'')$ werden 14 und bei überschüssigem Alkali 28 Taus. W. E. entwickelt. Eine ähnliche Erscheinung zeigt im Allgemeinen auch die Phosphorsäure (aber nicht jede andere Säure, z. B. Citronensäure): $NaHO + 2H^3PO^4 = 14,7$; $NaHO + H^3PO^4 = 14,8$; $2NaHO + H^3PO^4 = 27,1$; $3NaHO + H^3PO^4 = 34,0$; $6NaHO + H^3PO^4 = 35,3$ oder überhaupt $NaHO + nH^3PO^4 = 14$ (annähernd) und $nNaHO + H^3PO^4 = 35$ und nicht 42, was auf die Eigenthümlichkeit der Phosphorsäure hinweist. Wenn in energischen Säuren ein Atom (23 g) Natrium (in Form von Aetznatron) an Stelle eines Atoms (1 g) Wasserstoff (unter Bildung von Wasser in schwachen Lösungen) tritt, so werden 14 Tausend W. E. entwickelt. Dies gilt auch für die Phosphorsäure, wenn in H^3PO^4 ein oder zwei Na an Stelle von H treten, wenn aber H^3 durch Na^3 ersetzt werden, so entwickelt sich eine geringere Wärmemenge. Folgende Zusammenstellung, die sich aus den oben angeführten Zahlen ergibt, veranschaulicht dieses Verhalten: $H^3PO^4 + NaHO = 14,8$; $NaH^2PO^4 + NaHO = 12,3$ und $Na^2HPO^4 + NaHO = 6,9$. Sehr wenig Wärme entwickelt $Na^3PO^4 + NaHO$, wie sich schon auf Grund der von $Na^3PO^4 + 3NaHO$ entwickelten Wärmemenge $(= 1,3)$ erwarten lässt. Dass aber dennoch Wärme entwickelt wird, erklärt sich durch die Annahme, dass beim Einwirken von Phosphorsäure auf NaHO ein Theil dieses letzteren in Gegenwart von viel Wasser als Alkali zurückbleibt, das mit der Säure nicht in Verbindung getreten ist. Bei Zunahme der Masse des Alkalis findet daher, wenn sich Wärme entwickelt, eine neue Ersetzung von Na durch H statt. Folglich wirkt Wasser auf die phosphorsauren Alkalimetalle zersetzend ein. Beim Vermischen von nH^3PO^4 und $n3NaHO$ in verdünnten Lösungen entstehen nicht nNa^3PO^4 und $n3H^2O$, sondern die Wechselwirkung geht nur zwischen $(n—m)$ H^3PO^4 und $(n—m)3NaHO$ vor sich; als Resultat erhält man ein Lösungsgemisch von $(n—m)$ Na^3PO^4, mH^3PO^4 (oder wahrscheinlicher von sauren Salzen), $mNaHO$ und Wasser, daher besitzt auch eine Na^3PO^4-Lösung alkalische Reaktion. Dieselbe zersetzende Wirkung, aber in geringerem Maasse, übt das Wasser auch auf Na^2HPO^4 aus, wie nach der Reaktion dieses Salzes und nach der Wärmemenge, die von NaH^2PO^4 mit NaHO entwickelt wird, geschlossen werden kann. Diese Erklärung stimmt mit vielen, bereits mitgetheilten Daten in Bezug auf die Zersetzungen von Salzen durch Wasser überein und zeigt ausserdem, dass aus thermochemischen Untersuchungen, die in Gegenwart einer Masse von Wasser ausgeführt werden, keine Folgerungen über die Natur der Säuren gezogen werden können. Solche Untersuchungen können allenfalls zum Demonstriren des Einflusses von Wasser auf Salze dienen, wenn die hierbei zu erhaltenden Daten mit anderen, die Salze betreffenden Daten zusammengestellt werden. Spätere Untersuchungen von Berthelot und Luginin haben die oben angeführten Folgerungen, die ich bereits in der 1-sten Ausgabe des vorliegenden Werkes 1871 gezogen hatte, bestätigt. Gegenwärtig haben sich ähnliche Ansichten schon ziemlich verbreitet, doch werden sie nicht in allen Fällen streng durchgeführt.

saurem Natrium) durch Orthophosphorsäure entsteht aber nur das Salz Na^2HPO^4 und beim Erhitzen eines Ueberschusses von NaCl mit H^3PO^4 scheidet sich HCl aus, indem das saure Salz H^2NaPO^4 entsteht. Diese Thatsachen weisen deutlich auf die geringe Energie der Phosphorsäure in Bezug auf die Bildung des trimetallischen Salzes hin, was sich ausserdem auch daraus ergibt, dass das Salz Na^3PO^4 alkalisch reagirt, dass es in Gegenwart von Wasser durch Kohlensäure in Na^2HPO^4 übergeführt wird, dass es beim Kochen und Eindampfen seiner Lösung Glas angreift und wie eine alkalische Lösung beim Einwirken auf NH^4Cl Ammoniak ausscheidet. In Form von $Na^3PO^4 12H^2O$ krystallisirt das Salz aus seinen Lösungen nur in Gegenwart eines Ueberschusses an Alkali. Die Krystalle schmelzen bei 77^0 und lösen sich bei 15^0 in 5 Theilen Wasser.

Das **Dinatriumorthophosphat** oder das gewöhnliche phosphorsaure Natrium Na^2HPO^4 ist beständiger sowol in Lösungen, als auch im festen Zustande. Da es in der Medizin Verwendung findet, so wird es in grösserer Menge dargestellt, meistens aus unreiner Phosphorsäure, die man durch Einwirken von H^2SO^4 auf Knochenasche erhält. Zu einer solchen Lösung, die ausser H^3PO^4 und H^2SO^4 noch Na-, Ca- und Mg-Salze enthält, setzt man Soda zu und erwärmt so lange sich noch CO^2 ausscheidet. Hierbei gehen die unlöslichen Salze des Ca und Mg in den Niederschlag und in der Lösung erhält man Na^2HPO^4, das sich von weiteren Beimengungen leicht durch Krystallisation reinigen lässt. Die Lösungen dieses Salzes scheiden in der That bei gewöhnlicher Temperatur, namentlich in Gegenwart von etwas Soda schön ausgebildete prismatische Krystalle von der Zusammensetzung $Na^2HPO^4 12H^2O$ aus; über 30^0 krystallisirt das Salz mit einem Gehalt von nur $7H^2O$. Einen Theil ihres Krystallisationswassers verlieren die gewöhnlichen Krystalle (mit $12H^2O$) schon bei Zimmertemperatur, indem sie in das Salz mit $7H^2O$ übergehen (das Salz verwittert); unter dem Rezipienten der Luftpumpe über Schwefelsäure scheidet sich alles Wasser aus. Beim Erhitzen verliert das Salz auch das Konstitutionswasser und man erhält pyrophosphorsaures Natrium $Na^4P^2O^7$. Das spezifische Gewicht der Krystalle $Na^2HPO^4 12H^2O$ beträgt 1,53; dieselben lösen sich bei 16^0 in 4,9 Theilen Wasser [17]. Die Lösung besitzt eine schwach alkalische Reaktion und absorbirt CO^2.

17) Das spezifische Gewicht von $Na^2HPO^4 12H^2O$ ist 1,53. Nach Poggiale beträgt die Löslichkeit 1) des Orthosalzes Na^2HPO^4 und 2) des entsprechenden Pyrosalzes $Na^4H^2O^7$ in 100 Th. Wasser bei:

	0^0	20^0	40^0	80^0	100^0
1)	1,5	11,1	30,9	81	108
2)	3,2	6.2	13,5	30	40.

Die so bedeutend geringere Löslichkeit des Orthosalzes bei Temperaturen zwischen 20° und 100° weist schon auf eine tiefgehende Aenderung der Konstitution beim Uebergange des Orthosalzes in das Pyrosalz hin.

Das **Mononatriumorthophosphat** oder das zweifach saure phosphor-saure Natrium NaH^2PO^4 krystallisirt mit einer Molekel Wasser, die Lösung zeigt saure Reaktion. Bei 100^0 verliert das Salz nur sein Krystallisationswasser, bei $200^0—240^0$ dagegen alles Wasser, indem es in das metaphosphorsaure Salz übergeht. Zur Darstellung von NaH^2PO^4 setzt man zu Na^2HPO^4 so viel H^3PO^4 zu, damit die Lösung durch $BaCl^2$ nicht mehr gefällt werde, dampft ein und lässt krystallisiren. Die Lösung dieses Salzes absorbirt kein CO^2 mehr und gibt mit Ca, Ba und ähnl. Salzen keine Niederschläge [18]).

18) In den **orthophosphorsauren Salzen des Ammoniums**, die in Vielem den entspre-chenden Natriumsalzen ähnlich sind, tritt die Unbeständigkeit der tri- und di-metallischen Salze noch mehr hervor, denn $(NH^4)^3PO^4$ und selbst $(NH^4)^2HPO^4$ verliert an der Luft (besonders beim Erwärmen, sogar in Lösung) Ammoniak. Nur $NH^4H^2PO^4$ scheidet kein Ammoniak aus und reagirt sauer. Die Krystalle des neu-tralen phosphorsauren Ammoniums enthalten $3H^2O$; sie bilden sich nur bei überschüssi-gem Ammoniak. Das einfach und das zweifach phosphorsaure Ammonium sind wasser-frei und lassen sich in derselben Weise wie die Natriumsalze erhalten; beim Er-hitzen hinterlassen sie Metaphosphorsäure, z. B.: $(NH^4)^2HPO^4 = 2NH^3 + H^2O + HPO^3$. Auch in die Zusammensetzung vieler Doppelphosphate geht Ammoniak ein. Das Natriumammoniumphosphat oder das sogen. **Phosphorsalz** (Sal microcosmicum) $NH^4NaHPO^44H^2O$ krystallisirt in grossen durchsichtigen Prismen, wenn Lösungen von Na^2HPO^4 und NH^4Cl mit einander vermischt werden (wobei in der Mutterlauge NaCl zurückbleibt) oder noch besser, wenn eine Lösung von Na^2HPO^4 mit Ammo-niak gesättigt wird. Es entsteht auch aus den phosphorsauren Salzen des Harns, beim Faulen desselben. Häufige Verwendung findet das Phosphorsalz bei Untersu-chungen von Metallpräparaten mit dem Löthrohre, da es beim Erhitzen in das glasige metaphosphorsaure Salz $NaPO^3$ übergeht, das Metalloxyde zu lösen vermag und hierbei ebenso wie der Borax charakteristische Färbungen annimmt.
Eine Na^3PO^4-Lösung fällt aus den Lösungen von Mg-Salzen einen weissen Nie-derschlag von neutralem Trimagnesiumorthophosphat $Mg^3(PO^4)^27H^2O$. Wendet man an Stelle des Trinatriumphosphats das gewöhnliche phosphorsaure Natrium Na^2HPO^4 an, so erhält man im Niederschlage das Salz $MgHPO^47H^2O$. Beim Vermischen von Na^2HPO^4 mit NH^3 und einem Magnesiumsalze wäre die Bildung des neutralen Salzes $Mg^3(PO^4)^2$ zu erwarten, in Wirklichkeit fällt aber **orthophosphorsaures Ammo-nium-Magnesium** $MgNH^4PO^46H^2O$ in Form eines krystallinischen Pulvers aus, das beim Erhitzen NH^3 und H^2O verliert und in pyrophosphorsaures Magnesium $Mg^2P^2O^7$ übergeht. In der Natur findet sich dieses Doppelsalz als Mineral *Struvit* und kommt in Harnsteinen und verschiedenen animalischen Zersetzungsprodukten vor. Wenn in Betracht gezogen wird, dass das phosphorsaure Ammonium-Magnesium schwer NH^3 verliert, dass das entsprechende Natriumsalz ($MgNaPO^49H^2O$, das man beim Einwirken von MgO auf NaH^2PO^4 erhält) unter denselben Bedingungen nicht entsteht, dass Ca und Ba-Salze keine analogen Verbindungen bilden und dass Mg-Salze überhaupt leicht Doppelsalze geben, so lässt sich annehmen, dass unser Salz in Wirklichkeit nicht ein neutrales, sondern ein Na^2HPO^4 entsprechendes, saures Salz sein wird, in welchem Na^2 durch die äquivalente Gruppe NH^3Mg ersetzt sind.
Das sehr gewöhnliche neutrale **phosphorsaure Calcium** $Ca^3(PO^4)^2$ (Calciumphosphat) findet sich in der Natur als Mineral, in den Knochen der Thiere und wahrschein-lich auch in Pflanzen, obgleich die Asche vieler Pflanzentheile weniger Kalk ent-hält, als zur Bildung des neutralen Salzes erforderlich ist. Es enthalten z. B. 100 Theile Asche aus (5000 Tausend Theilen) Roggenkörnern 47,5 Th. Phosphor-säureanhydrid und nur 2,7 Th. Kalk; sogar die Asche des Roggens (mit dem Stroh) enthält zweimal mehr P^2O^5 als CaO, während das neutrale Salz aus fast

Die Zusammensetzung der Orthophosphorsäure muss, entsprechend den anderen Hydraten, durch eine Formel ausgedrückt werden, durch welche angegeben wird, dass sie drei Hydroxylgruppen enthält: $PO(OH)^3$. Diese Formel weist vor Allem darauf hin, dass sich hier der Typus PX^5 erhalten hat, der sich aus der Zusammensetzung von PH^4J ergibt; X^2 ist durch Sauerstoff und X^3 durch drei Hydroxyle ersetzt worden. Derselbe Typus erscheint in $POCl^3$, PCl^5, PF^5 u. s. w. Auf Grund der angenommenen Formel $PO(OH)^3$ lässt sich dann folgern, dass der Phosphorsäure drei einfache Anhydride entsprechen müssen: 1) das Anhydrid $[PO(OH)^2]^2O$, welches von 3 Hydroxylen noch 2 enthält (die Pyrophosphorsäure $H^4P^2O^7$). 2) $PO(OH)O$ mit nur einem Hydroxyle der Orthophosphorsäure — die Metaphosphorsäure. 3) $(PO)^2O^3$ oder P^2O^5, d. h. das vollständige Phosphorsäureanhydrid. **Die Pyro- und die Metaphosphorsäure sind daher unvollständige Anhydride der · Orthophosphorsäure** (oder Anhydrosäuren) [19]).

Die **Pyrophosphorsäure** $H^4P^2O^7$ bildet sich beim Erwärmen von Orthophosphorsäure auf 300^0, die hierbei Wasser verliert. Die neutralen pyrophosphorsauren Salze entstehen beim Erhitzen der dimetallischen orthophosphorsauren Salze vom Typus M^2HPO^4. Aus

gleichen Theilen dieser Körper besteht. Nur die Asche von Gräsern, namentlich des Klees, und von Holz enthält in den meisten Fällen mehr Kalk, als zur Bildung von $Ca^3P^2O^8$ erforderlich ist. Dieses in Wasser unlösliche Salz löst sich schon in so schwachen Säuren, wie Essig- oder schweflige Säure und sogar in kohlensäurehaltigem Wasser. Der letztere Umstand ist in der Natur von grösster Bedeutung, denn beim Einwirken von kohlensäurehaltigem Regenwasser entstehen aus dem phosphorsaurem Calcium des Bodens Lösungen, die von den Pflanzen assimilirt werden. Das neutrale Salz löst sich infolge der Bildung von saurem Salze, beim Eindampfen der Lösung scheidet sich das lösliche zweifachsaure phosphorsaure Calcium $CaH^4(PO^4)^2$ in krystallinischen Schüppchen aus. Die Löslichkeit dieses Salzes in Wasser veranlasste es, dass man Knochen, Phosphorite, Guano und andere natürliche Produkte, die neutrales phosphorsaures Calcium enthalten und zur Düngung von Feldern benutzt werden, mit Säuren zu behandeln versuchte. Zur vollständigen Zersetzung von $Ca^3(PO^4)^2$ sind wenigstens $2H^2SO^4$ erforderlich; in Wirklichkeit wendet man jedoch viel weniger Schwefelsäure an und führt nur einen Theil des neutralen Salzes in das saure über. Zuweilen wird auch Salzsäure angewandt. In der Praxis werden die auf diese Weise erhaltenen Gemische **Superphosphate** genannt. Verschiedene Versuche weisen übrigens darauf hin, dass wenn ein Calciumphosphat nur fein genug gepulvert wird oder wenn es als eine lockere Masse (z. B. beim Brennen von Knochen) erhalten wird und wenn organische namentlich stickstoffhaltige Substanzen zugegen sind, die Behandlung eines phosphorsäurehaltigen Düngers mit Säuren sich als überflüssig erweisen kann.

19) In diesem Sinne könnte die Orthophosphorsäure selbst als eine Anhydrosäure betrachtet werden, wenn man $P(HO)^5$ für das vollständige Hydrat halten und ausserdem die Existenz von PH^5 annehmen würde; da aber die normalen Hydrate im Allgemeinen wirklich existirenden Wasserstoffverbindungen, zu denen sich bis zu 4 Sauerstoffatomen addiren, entsprechen, so erscheint PH^3O^4 als die normale Säure ebenso wie SH^2O^4 und $ClHO^4$, während NHO^3 und CH^2O^3 Metasäuren sind, die sich aus den normalen Säuren NH^3O^4 und CH^4O^4 durch Verlust von Wasser ergeben.

Na^2HPO^4 z. B. erhält man $Na^4P^2O^7$, (das aus Wasser mit $10H^2O$ auskrystallisirt, sehr beständig ist, beim Glühen schmilzt, alkalische Reaktion besitzt und beim Kochen seiner Lösung wieder das Orthosalz bildet), während aus NaH^2PO^4 das saure Salz $Na^2H^2P^2O^7$ entsteht (das in Wasser leicht löslich ist, saure Reaktion besitzt und bei weiterem Erhitzen in das Metasalz übergeht [20]).

Die **Metaphosphorsäure** HPO^3 (das Analogon der Salpetersäure) entsteht beim Erhitzen der Pyro- und Orthophosphorsäure (oder besser ihrer Ammoniumsalze) als eine glasige, geschmolzene, hygroskopische Masse (glasige Phosphorsäure, Acidum phosphoricum glaciale), die sich in Wasser löst und sich beim Erhitzen unzersetzt verflüchtigt. Auch beim langsamen Einwirken von kaltem Wasser auf Phosphorsäureanhydrid bildet sich zunächst Metaphosphorsäure, die aber beim Erwärmen ihrer Lösung und bei längerem Aufbe-

---

Um sich das Verhältniss zwischen der Ortho-, Pyro- und Metasäure klar zu machen, ist zunächst zu bemerken, dass in diesen Säuren das Anhydrid P^2O^5 mit 3, 2 und 1 Molekel verbunden ist. Diese empirische Betrachtungsweise entspricht aber nicht vollkommen der Wirklichkeit, denn die Pyrosäure entsteht nicht (?) beim Uebergange der Metasäure in die Orthosäure, wenn z. B. aus dem Anhydride die Metasäure zuerst gebildet und dann durch Erwärmen der Lösung in die Orthosäure übergeführt wird. Die nahe Beziehung der Orthosäure zur Metasäure wird durch die gewöhnlichen Formeln besser ausgedrückt, aus welchen hervorgeht, dass sowol die Orthosäure H^3PO^4, als auch die Metasäure HPO^3 nur ein Phosphoratom in der Molekel enthalten, während die Pyrosäure $H^4P^2O^7$ zwei Phosphoratome enthält. Uebrigens entsprechen auch diese Formeln nicht der Wirklichkeit, denn alle Daten, die weiter unten in Betracht gezogen werden (Anm. 21), weisen darauf hin, dass die Molekel der Metaphosphorsäure viel komplizirter, dass sie polymerisirt ist und wenigstens aus $H^3P^3O^9$ besteht, was z. B. bei der Salpetersäure nicht der Fall ist. Eine Aufklärung der hier auftauchenden Fragen kann sich, wie mir scheint, nur aus einer genaueren Erforschung der Polymerisations-Erscheinungen mineralischer Substanzen und komplexer Säuren ergeben, von welchen die Phosphormolybdänsäure später als Beispiel betrachtet werden soll (Kap. 21). Ein ähnlicher Fall liegt in der Löslichkeit des Kieselerdehydrates (das beim Einwirken von SiF^4 auf Wasser entsteht) in geschmolzener Metaphosphorsäure vor, wobei nach dem Abkühlen eine oktaëdrische Verbindung (vom spez. Gew. 3,1) entsteht, die $SiO^2P^2O^5$ enthält.

20) Zur Darstellung der Pyrophosphorsäure selbst wird das in Wasser gelöste Salz $Na^4P^2O^7$ durch doppelte Umsetzung in das unlösliche Bleisalz $Pb^2P^2O^7$ übergeführt, das dann mit Wasser zusammengeschüttelt und durch Schwefelwasserstoff zersetzt wird. Hierbei man im Niederschlage $2PbS$, während die Pyrosäure in Lösung bleibt. Erwärmen ist zu vermeiden, da sonst die Pyrosäure in die Orthosäure übergeht; die Lösung wird daher unter dem Rezipienten der Luftpumpe eingedampft. Die sirupartige Pyrophosphorsäure krystallisirt; beim Erhitzen verliert sie Wasser und geht in die Metaphosphorsäure über. In Vielem ähnelt die Pyrophosphorsäure der Orthosäure: mit den Alkalimetallen bildet sie in Wasser lösliche Salze, mit anderen Metallen dagegen unlösliche Salze, die sich in Säuren lösen. Beim Erwärmen ihrer Lösungen geht sie in die Orthophosphorsäure über, desgleichen auch beim Schmelzen mit Alkalien im Ueberschuss.

Es soll noch darauf aufmerksam gemacht werden, dass Witt, als er Phosphorsäure mit NH^4Cl erwärmte (wobei HCl entwich) und den Rückstand glühte, wobei sich NH^3 entwickelte, zuletzt Pyrophosphorsäure erhielt.

wahren, besonders in Gegenwart von Säuren, in die Orthosäure übergeht [21]).

Das Verhältniss der Phosphorsäure zu den niederen Säuren des Phosphors ergibt sich am einfachsten auf Grund der Vorstellung, dass die Hydroxylgruppen durch Wasserstoff ersetzt werden. Bei dieser Ersetzung, die als eine Desoxydation erscheint, resultiren aus der Orthophosphorsäure $PO(OH)^3$ die phosphorige Säure $POH(OH)^2$ und die unterphosphorige $POH^2(OH)$. Ferner ergibt sich, dass wenn die Orthophosphorsäure eine dreibasische Säure ist, die phosphorige eine zweibasische und die unterphosphorige

21) Da die Metaphosphorsäure sich zu Phenolphtaleïn wie eine einbasische Säure verhält und die Orthophosphorsäure wie eine zweibasische, so lässt sich dieser Unterschied (durch Neutralisiren mit einem Alkali) dazu benutzen, den Uebergang der Metasäure in die Orthosäure zu verfolgen. Eine solche Untersuchung ist (1888) von Sabatier ausgeführt worden, der gezeigt hat, dass die Geschwindigkeit des Ueberganges von der Temperatur abhängt und den allgemeinen Gesetzen der Geschwindigkeit chemischer Umwandlungen unterworfen ist, die in einem der nächsten Kapitel betrachtet werden sollen.

Ein besonderes Interesse bietet die Metaphosphorsäure in Bezug auf die Aenderungen, denen ihre Salze unterliegen. Die metaphosphorsauren Salze entstehen beim Erhitzen der sauren Orthosalze MH^2PO^4 und MNH^4HPO^4, und auch der sauren Pyrosalze $M^2H^2P^2O^7$ oder $M^2(NH^4)^2P^2O^7$, wobei H^2O und NH^3 entweichen. Je nach der Dauer des Erhitzens, dem die ortho- oder pyrophosphorsauren Salze unterworfen werden, zeigen die entstehenden Salze der Metaphosphorsäure, deren Zusammensetzung den salpetersauren Salzen entspricht, z. B. $NaPO^3$ oder $Ba(PO^3)^2$, verschiedene Eigenschaften. Bei starkem Erhitzen von NaH^2PO^4 oder NH^4NaHPO^4 erhält man geschmolzenes $NaPO^3$, das an der Luft zerfliesst und mit den Salzen der Erdalkalimetalle gallertartige Niederschläge gibt. Unter anderen Bedingungen entstehen Salze von derselben Zusammensetzung, aber von anderen Eigenschaften. Diese Beobachtung ist zuerst von Graham (in den 30-er Jahren) gemacht worden; später sind die metaphosphorsauren Salze von vielen Anderen, besonders von Fleitmann und Henneberg (in den 40-er Jahren) untersucht worden. Die beiden letzteren nehmen fünf polymere Formen von Salzen der Metaphosphorsäure an: $(HPO^3)^n$, wobei n sich von 1 bis zu 6 ändern kann. Unter Zugrundelegung der Nomenklatur und der Versuche Fleitmann's geben wir hier die Beschreibung der folgenden Modifikationen der Metaphosphorsäure.

Monometaphosphorsäure. Die Salze dieser Säure zeichnen sich durch ihre Unlöslichkeit aus, selbst $NaPO^3$ und KPO^3 sind in Wasser unlöslich. Man erhält sie durch Erhitzen der zweifach orthophosphorsauren Salze RH^2PO^4, bis alles Wasser entweicht (bei 316°), aber ohne das Salz zum Schmelzen zu bringen. Doppelsalze der Monometaphosphorsäure sind nicht bekannt.

Dimetaphosphorsäure bildet dagegen leicht Doppelsalze, z. B. $KNaP^2O^6$, sodann mit Kupfer und Kalium u. s. w. Dimetaphosphorsaures Kupfer erhält man beim Eindampfen einer Lösung von Kupferoxyd in Orthophosphorsäure. Hierbei scheidet sich zunächst das blaue Orthosalz $CuHPO^4$ aus, dann das hellblaue Pyrosalz $Cu^2P^2O^7$ und oberhalb 350°, wenn die Metaphosphorsäure selbst sich zu verflüchtigen beginnt, bildet sich das dimetaphosphorsaure Kupfer CuP^2O^6. Der Rückstand wird mit Wasser ausgewaschen, durch eine erwärmte Lösung von Na^2S zersetzt, die erhaltene Lösung des Natriumsalzes $Na^2P^2O^6$ eingedampft und mit Alkohol versetzt. Das dimetaphosphorsaure Natrium scheidet sich hierbei in Krystallen mit $2H^2O$ aus, die ihr Wasser bei 100° verlieren, dabei aber die Fähigkeit sich wieder

eine einbasische sein muss. Diese Folgerung wird nun auch in Wirklichkeit bestätigt, so dass alle Säuren des Phosphors auf den allgemeinen Typus PX^5 bezogen werden können, als dessen Repräsentanten PH^4J und PCl^5 anzusehen sind.

Die **phosphorige Säure**, PH^3O^3, wird gewöhnlich durch Einwirken von Wasser $3H^2O$ auf Phosphortrichlorid PCl^3 dargestellt, wobei $3HCl$ und PH^3O^3 entstehen, die im Wasser gelöst bleiben, aber leicht zu trennen sind, da HCl flüchtig, H^3PO^3 dagegen kaum flüchtig ist und da bei Anwendung von wenig Wasser fast aller HCl direkt entweicht. Aus eingeengten Lösungen scheidet sich die phosphorige Säure in Krystallen H^3PO^3 aus, die bei 70⁰ schmelzen, aus der Luft Feuchtigkeit anziehen und zerfliessen, beim Erhitzen in PH^3 und Phosphorsäure zerfallen [22]) und durch verschiedene

in Wasser (in 7 Theilen) zu lösen beibehalten. Die Lösung reagirt neutral, sauer wird sie nur nach längerem Kochen, wenn das Orthosalz NaH^2PO^4 entsteht. Beim Schmelzen von dimetaphosphorsaurem Natrium bildet sich das zerfliessliche hexametaphosphorsaure Salz. Die löslichen Salze der Dimetaphosphorsäure geben mit $AgNO^3$ unlösliches $Ag^2P^2O^6$ und mit $BaCl^2$ einen Niederschlag von $BaP^2O^62H^2O$.

Die **Trimetaphosphorsäure** erhält man als $Na^3P^3O^9$, wenn man das Natriumsalz irgend einer anderen Metaphosphorsäure schmilzt und *langsam* erkalten lässt. Wird dann die erhaltene Masse in einem geringen Ueberschusse warmen Wassers gelöst und die Lösung verdunstet, so scheidet sich das trimetaphosphorsaure Natrium mit einem Gehalt an $6H^2O$ in Krystallen aus, die sich in vier Theilen Wasser lösen. Die neutrale Lösung nimmt, wie die des vorhergehenden Salzes, eine saure Reaktion nur nach anhaltendem Kochen an. Die Trimetaphosphorsäure ist das wahre Analogon der Salpetersäure, denn *alle ihre Metallsalze sind löslich.*

Als **Hexametaphosphorsäure** bezeichnet Fleitmann die gewöhnliche (glasige) Metaphosphorsäure, die Feuchtigkeit anzieht. Das zerfliessliche Natriumsalz derselben erhält man ebenso wie das trimetaphosphorsaure Natrium, aber bei *raschem* Abkühlen. Es bildet sich auch beim Zusammenschmelzen von Silberoxyd mit überschüssiger Phosphorsäure. Das Natriumsalz löst sich in Wasser und gibt mit Ba-, Ca- und Mg-Salzen zähe, elastische Niederschläge.

Aus ihren Untersuchungen der Lösungen metaphosphorsaurer Salze nach der Raoult'schen Methode zogen Jawein und Thillot (1889) die Folgerung, dass die Salze der Di- und Trimetaphosphorsäure als nicht polymerisirte Molekeln $NaPO^3$ anzusehen sind, während die hexametaphosphorsauren Salze sich wie $(NaPO^3)^4$ verhalten. Jedenfalls sind die Salze, die Fleitmann und Henneberg als zur Monometaphosphorsäure gehörig betrachten, meiner Ansicht nach, wahrscheinlich am meisten polymerisirt, da sie in Wasser unlöslich sind.

22) Phosphorige Säure bildet beim Einwirken von Wasserstoff im Entstehungsmoment ($Zn + H^2SO^4$) Phosphorwasserstoff PH^3 und scheidet beim Kochen mit überschüssigem Aetzkali Wasserstoff aus ($PH^3O^3 + 3KHO = PK^3O^4 + 2H^2O + H^2$). Infolge ihrer Fähigkeit sich zu oxydiren, reduzirt sie z. B. $CuCl^2$ zu $CuCl$, aus $AgNO^3$ Silber und aus Quecksilbersalzen das Metall. Nach den Beobachtungen von Amat gibt die phosphorige Säure mit NH^3 und $2NH^3$ die entsprechenden Salze und bildet eine pyrophosphorige Säure.

Solche Reaktionen stehen möglicher Weise damit im Zusammenhange, dass ein Wasserstoffatom der phosphorigen Säure als in demselben Zustande befindlich angenommen werden muss, wie im Phosphorwasserstoffe, was durch die Formel $PHO(OH)^2$ ausgedrückt wird, wenn man dieselbe als PH^4X ansieht, in dem zwei Wasserstoffe durch Sauerstoff und HX durch zwei Hydroxyle ersetzt sind. Der di-

Oxydationsmittel leicht zu H^3PO^4 oxydirt werden. In der phosphorigen Säure lassen sich nur zwei Wasserstoffe durch Metalle ersetzen (Wurtz); die Salze der Alkalimetalle sind löslich, geben
aber mit den meisten anderen Salzen Niederschläge.

Die einbasische **unterphosphorige Säure** PH^3O^2 bildet PH^2O^2Na,
$(PH^2O^2)^2Ba$ und ähnliche Salze; die beiden anderen Wasserstoffe
(die sich in demselben Zustande befinden, wie im PH^3) lassen sich
durch Metalle nicht ersetzen, sie bedingen aber die Ausscheidung
von Phosphorwasserstoff beim Erhitzen (besonders mit Alkalien).
Beim Einwirken von unterphosphorigsauren Salzen auf reduzirbare
Substanzen reagirt dieser nicht ersetzbare Wasserstoff und **reduzirt**
z. B. Gold- und Quecksilbersalze aus ihren Lösungen, führt Kupferoxyd (dass sich als Salz in Lösung befindet) in Kupferoxydul
über u. s. w. Bei allen diesen Reaktionen geht die phosphorige
Säure in Phosphorsäure über; beim Einwirken von Zink und
Schwefelsäure bildet sie aber PH^3. Dagegen wird der Sauerstoff
der Luft weder von der phosphorigen Säure selbst, noch von ihren
Salzen im trocknen Zustande absorbirt. Die Salze der unterphosphorigen Säure sind in Wasser löslicher, als die Salze der phosphorigen und der Phosphorsäure. Mit $BaCl^2$ z. B. gibt $PNaH^2O^2$
keinen Niederschlag, denn die Salze des Ba, Ca und vieler anderen Metalle sind löslich [23]). Zur Darstellung von Salzen der unterphosphorigen Säure wird Phosphor mit der Lösung des entsprechenden
Alkalihydrats so lange gekocht, bis die Entwickelung von PH^3
aufhört. Um die Säure selbst zu erhalten zersetzt man das zuerst
(durch Kochen einer BaH^2O^2-Lösung mit P) erhaltene Baryumsalz
mit *Schwefelsäure. Beim Eindampfen der Lösung von unterphos-*

---

rekte Uebergang von PCl^3 in phosphorige Säure spricht aber dafür, dass in dieser
Säure alle drei Wasserstoffe als Hydroxyle von gleichem Charakter enthalten sind,
da die drei Chloratome in PCl^3 sich nicht von einander unterscheiden, sondern alle
in gleicher Weise reagiren. Uebrigens erhielt Menschutkin durch Einwirken von
PCl^3 auf C^2H^5OH neben HCl den Körper $P(C^2H^5)OCl^2$, welcher dann beim Einwirken von Br^2 die Verbindungen C^2H^5Br und $PBrOCl^2$ gab, was bereits bis zu einem
gewissen Grade auf das Vorhandensein eines Unterschiedes in den drei Chloratomen von PCl^3 hinweist.
Die Betrachtung der Reaktion der Entwickelung von PH^3 beim Erhitzen von
PH^3O^3 ergibt, dass aus $4PH^3O^3$ sich nur 3H als PH^3 ausscheiden; folglich muss
der Rückstand d. h. $3PH^3O^4$ noch eben solchen Wasserstoff wie PH^3 enthalten,
denn in $4PH^3O^3$ muss man das Vorhandensein von 4 Wasserstoffatomen annehmen,
welche dem Wasserstoff in PH^3 gleich sein werden. Dieselbe Folgerung ergibt sich
aus der Betrachtung der Zersetzung der unterphosphorigen Säure: $2PH^3O^2 = PH^3 +$
PH^3O^4. Zwei Molekeln der einbasischen unterphosphorigen Säure enthalten nur zwei
durch Metalle ersetzbare Wasserstoffatome, während in der entstehenden Molekel
der Phosphorsäure deren drei vorhanden sind. Dieses Verhalten bestimmt möglicher
Weise die relative Beständigkeit der dimetallischen Salze der Orthophosphorsäure.
23) Das unterphosphorigsaure Calcium wird in der Medizin benutzt. Ein Gemisch
von unterphosphorigsaurem Natrium NaH^2PO^2 mit $2NaNO^3$ ist, nach einer Beobachtung von Cavazzi, sehr explosiv.

phoriger Säure (wobei nicht über 130^0 erwärmt werden darf, da sonst Zersetzung eintritt) erhält man ein Sirup, der krystallisationsfähig ist; im festen Zustande schmilzt PH^3O^2 bei $+17^0$; sie besitzt die charakteristischen Eigenschaften einer Säure.

Die Typen PX^3 und PX^5, die sich aus der Zusammensetzung der Wasserstoff- und Sauerstoffverbindungen des Phosphors ergeben, treten am deutlichsten an den Halogenverbindungen desselben hervor [24]), von denen besonders die Chloride näher betrachtet werden sollen, da sie ihrer historischen, theoretischen und praktischen Bedeutung nach die wichtigsten sind.

Phosphor verbrennt in Chlorgas zu PCl^3 und bei überschüssigem Chlor zu PCl^5. Der Orthophosphorsäure $PO(OH)^3$, als einem Hydrate, entspricht sowol $POCl^3$ — das einfachste Chloranhydrid nach dem Typus PX^5, als auch PCl^5 und der phosphorigen Säure und dem Typus PX^3 entspricht PCl^3. Das Phosphoroxychlorid $POCl^3$ ist eine farblose, bei 110^0 siedende Flüssigkeit. Auch das Phosphortrichlorid [25]) ist eine farblose Flüssigkeit vom Siede-

---

24) Fluor und Brom bilden ebenso wie das Chlor Verbindungen vom Typus PX^3 und PX^5, dagegen ist die Jodverbindung PJ^5 sehr unbeständig (im chemischen Sinne), während das **Phosphortrijodid** leicht zu erhalten ist (aus gelben oder rothem Phosphor und Jod in dem entsprechenden Verhältnisse). Dasselbe ist ein krystallinischer, rother Körper, der bei 55^0 schmilzt, durch Wasser leicht in PH^3O^3 und $3HJ$ zersetzt wird und beim Erwärmen unter Ausscheidung von Joddämpfen in **Phosphordijodid** PJ^2 übergeht. Dieser Körper kann auch ebenso wie das Phosphortrijodid erhalten werden, wenn zur Reaktion weniger Jod angewandt wird (auf 1 Th. Phosphor 8 Th. Jod; für PJ^3 sind 12,3 Th. erforlich). Das Phosphordijodid bildet gleichfalls rothe Krystalle, die bei 110^0 schmelzen und mit Wasser sich zersetzen, hierbei aber ausser PH^3O^3 und HJ, noch PH^3 und eine gelbe Substanz (ein niederes Phosphoroxyd) bilden. Seiner Zusammensetzung nach entspricht das Phosphordijodid dem flüssigen Phosphorwasserstoff PH^2 und besitzt wahrscheinlich ein viel grösseres Molekulargewicht: P^2J^4 oder P^3J^6 u. s. w. Da die Jodverbindungen des Phosphors mit Wasser HJ und H^3PO^3, beides Reduktionsmittel bilden, so wirkt Phosphorjodid in Gegenwart von Wasser (und Hydraten) gleichfalls reduzirend.

25) Die Dichte des flüssigen PCl^3 beträgt bei 10^0 $= 1,597$, folglich ist das Molekularvolum $= 137,5 : 1,597 = 86,0$. Beim Phosphoroxychlorid beträgt es $153,5 : 1,693 = 90,7$; die Addition von Sauerstoff bedingt also im vorliegenden Falle nur eine unbedeutende Vergrösserung des Volums, analog der Aenderung des Volums von 64 auf 71 beim Uebergang von SCl^2 in $SOCl^2$. Denselben Unterschied zeigen die Siedetemperaturen: PCl^3 siedet bei 70^0, $POCl^3$ bei 110^0 und SCl^2 bei 64^0, $SOCl^2$ bei 78^0 d. h. die Addition von Sauerstoff bewirkt eine Erhöhung der Siedetemperatur.

Die **Dampfdichten** von PCl^3 und $POCl^3$ entsprechen den Formeln, d. h. im Verhältniss zu Wasserstoff betragen sie die Hälfte des Molekulargewichts. Für PCl^3 beträgt die beobachtete Dampfdichte im Verhältniss zu Luft $= 4,8$ (Cahours), also zu Wasserstoff $= 69,1$, während die Formel der Zahl 68,7 entspricht. Beim Phosphoroxychlorid ist die beobachtete Dampfdichte im Verhältniss zu Luft $= 5,4$ (Wurtz) und $= 5,3$ (nach Cahours bei 275^0), folglich im Mittel im Verhältniss zu Wasserstoff $= 77$, nach der Formel müsste sie 72,7 betragen. Die Formeln PCl^3 und $POCl^3$ entsprechen also zwei Volumen, wie dies bei allen ganzen Molekeln der Fall ist. Anders verhält es sich beim Phosphorpentachlorid. Nach Cahours beträgt die Dampfdichte desselben im Verhältniss zu Luft $= 3,65$, also zu Wasserstoff $=$

punkte 73°, während das Phosphorpentachlorid einen festen, gelblichen Körper darstellt, der nicht schmilzt, aber bei 168° direkt sublimirt. Alle drei Verbindungen sind schwerer als Wasser, von dem sie zersetzt werden; sie bilden **typische Chloranhydride** oder Chlorverbindungen nichtmetallischer Elemente, deren Hydrate Säuren sind, analog dem wie z. B. NaCl oder BaCl^2 als typische Metallchloride anzusehen sind.

Wenn man in ein mit Chlor gefülltes Gefäss etwas Phosphor einbringt, den man mit einem glühenden Eisendraht berührt, so verbrennt der Phosphor, indem er sich mit dem Chlor verbindet. Bei einem Ueberschusse an Phosphor entsteht immer flüssiges **Phosphortrichlorid** PCl^3, bei überschüssigem Chlor dagegen festes Phosphorpentachlorid. Man verfährt gewöhnlich in der Weise, dass man trocknes (durch eine Reihe von mit Schwefelsäure gefüllten Woulff'schen Flaschen geleitetes) Chlor in eine Retorte einleitet, die Phosphor und Sand enthält. Beim Erwärmen der Retorte vertheilt sich der schmelzende Phosphor im Sande und verbindet sich allmählich mit dem Chlor zu PCl^3, welches dann abdestillirt und in einer Vorlage aufgefangen wird. Zur Darstellung des **Phosphorpentachlorids** PCl^5 leitet man trocknes Chlor in (durch Destillation) gereinigtes Phosphortrichlorid ein.

Das Phosphortrichlorid verbindet sich direkt mit Sauerstoff,

52,6, während sie nach der Formel PCl^5 = 104,2 sein müsste. Folglich entspricht diese Formel nicht zwei, sondern vier Volumen, woraus weiter zu folgern ist, dass in den Dämpfen von PCl^5 nicht eine, sondern zwei Molekeln enthalten sind, d. h. PCl^5 zerfällt in seinen Dämpfen ebenso wie Salmiak (pag. 343), Schwefelsäure u. s. w. Als Zersetzungsprodukte des Phosphorpentachlorids müssen PCl^3 und Cl^2 erscheinen, Körper, die sich beim Abkühlen leicht wieder zu PCl^5 verbinden. Die dem Chlore eigene grünliche Färbung der Dämpfe von PCl^5 bestätigt die beim Uebergehen in Dampfform stattfindende Zersetzung dieses fast farblosen Körpers. Diese Zersetzung von PCl^5 beim Verdampfen wurde von manchen Chemikern als ein Hinweis darauf betrachtet, dass der Phosphor, ebenso wie Stickstoff, keine flüchtigen Verbindungen vom Typus PX^5, sondern nur wenig beständige Molekularverbindungen bilde, welche beim Ueberdestilliren zerfallen, wie PH^{3}HJ, PCl^{3}Cl^2, NH^{3}HCl u. s. w. Dennoch entstehen, wenn auch nur wenig beständige, aber bestimmte Verbindungen vom Typus PX^5. Zudem beobachtete Wurtz (1870), dass beim Vermischen von PCl^5-Dämpfen mit PCl^3-Dämpfen, wenn PCl^5 bereits sublimirt (von 160° bis zu 190°), farblose Dämpfe entstehen, deren Dichte sich der von der Formel PCl^5 verlangten = 104 nähert. Dieselbe Dichte besitzen die PCl^5-Dämpfe auch in einer Chloratmosphäre. Bei niederen Temperaturen und im Gemisch mit einem der Zersetzungsprodukte bleibt also die Zersetzung aus, die bei höheren Temperaturen vor sich geht. Es liegt also auch hier wieder eine Dissoziation-Erscheinung vor.

Besonders wichtig und beweisend für die Existenz des Typus PX^5 ist das **Phosphorpentafluorid** PF^5, welches Thorpe als ein farbloses, Glas nur allmählich angreifendes Gas erhielt, das sich über Quecksilber aufbewahren lässt und die normale Dichte besitzt. Das Phosphorpentafluorid entsteht beim Zusetzen von flüssigem Arsenfluorid AsF^3 zu abgekühltem Phosphorpentachlorid entsprechend der Gleichung:
3PCl^5 + 5AsF^3 = 3PF^5 + 5AsCl^3.

schneller jedoch mit Ozon oder Berthollet'schem Salze ($3PCl^3 +$ $KClO^3 = 3POCl^3 + KCl$); hierbei entsteht **Phosphoroxychlorid** $POCl^3$ (Brodie). Diese Verbindung ist auch das zuerst entstehende Produkt der Einwirkung von Wasser auf Phosphorpentachlorid; stellt man z. B. unter eine Glasglocke ein Gefäss mit PCl^5 und ein anderes mit H^2O, so verschwinden nach einiger Zeit die Krystalle des Pentachlorids und in das Wasser gelangt HCl. Der sich allmählich bildende Wasserdampf wirkt nämlich entsprechend der Gleichung: $PCl^5 + H^2O = POCl^3 + 2HCl$. Als Resultat erhält man in dem einen Gefässe Phosphoroxychlorid und in dem anderen eine Lösung von Chlorwasserstoff. Ein Ueberschuss an Wasser verwandelt übrigens PCl^5 direkt in Orthophosphorsäure [26]): $PCl^5 +$ $4H^2O = PH^3O^4 + 5HCl$.

Die Chlorverbindungen des Phosphors sind nicht allein typische Chloranhydride, sondern sie können auch zur Darstellung anderer **Säurechloranhydride** benutzt werden. Die Umwandlung der Säuren RHO z. B. in die entsprechenden Chloranhydride RCl wird meistens durch Einwirken von Phosphorpentachlorid ausgeführt. Diese von Chancel entdeckte Reaktion ist von Gerhardt als ein wichtiges Hilfsmittel zur Erforschung organischer Säuren benutzt worden. Die organischen Säuren, deren Zusammensetzung durch die Formel RCOOH ausgedrückt wird (in welcher R eine Kohlenwasserstoffgruppe bezeichnet und in welche mehrere Carboxylgruppen durch Substitution des Wasserstoffs der Kohlenwasserstoffverbindung eingehen können) gehen beim Einwirken von Phosphorpentachlorid in ihre Chloranhydride RCOCl über. Mit Wasser geben sie wieder die Säuren und erinnern ihren Eigenschaften nach an die Chloranhydride der Mineralsäuren.

Da die Kohlensäure $CO(OH)^2$ zwei Hydroxyle enthält, so ist

---

26) Das Phosphoroxychlorid stellt man durch Einwirken von PCl^5 auf Säurehydrate vom Typus RHO dar (denn Alkalien zersetzen dasselbe): $PCl^5 + RHO =$ $POCl^3 + RCl + HCl$. Nach dieser Gleichung verläuft die Reaktion nur mit einbasischen Säuren, wobei aber der entstehende Körper RCl flüchtig ist, so dass ein Gemisch von zwei flüchtigen Körpern RCl und $POCl^3$ erhalten wird, welche sich nicht immer durch fraktionirtes Destilliren trennen lassen. Wenn aber das Säurehydrat mehrbasisch ist, so führt die Reaktion zur Bildung eines Anhydrides: $RH^2O^2 + PCl^5 = RO + POCl^3 + 2HCl$. Ist das Anhydrid nicht flüchtig (wie das der Borsäure) oder zersetzt es sich leicht (wie das der Oxalsäure), so erhält man leicht reines $POCl^3$. Man gewinnt daher das Phosphoroxychlorid durch Einwirken von PCl^5 auf Borsäure oder Oxalsäure.

Phosphoroxychlorid bildet sich auch beim Ueberleiten von PCl^5-Dämpfen über Phosphorsäureanhydrid: $P^2O^5 + 3PCl^5 = 5POCl^3$. Es ist dies ein ausgezeichnetes Beispiel um zu zeigen, dass auf Grund der Bildung eines Körpers aus zwei anderen nicht gefolgert werden darf, dass die Molekeln dieser beiden Körper in die Molekeln des entstehenden Körpers übergehen, denn bei der Einwirkung von P^2O^5 auf PCl^5 entstehen auch noch andere Phosphoroxychloride. Beim Erwärmen auf 200° z. B. bildet P^2O^5 mit $POCl^3$ das Chloranhydrid der Metaphosphorsäure PO^2Cl.

ihr vollständiges Chloranhydrid ($COCl^2$) — das Kohlenoxychlorid oder das Phosgen, welches zwei Chloratome enthält und sich hierdurch von den Chloranhydriden organischer Säuren RCOCl unterscheidet, in welchen das eine Chloratom durch einen Kohlenwasserstoffrest ersetzt ist, unter der Voraussetzung, dass R der (einwerthige) Rest eines Kohlenwasserstoffes RH ist. In RCOCl befindet sich offenbar an Stelle eines Wasserstoffs der Rest COCl, der auch mehrere Wasserstoffatome ersetzen kann [$C^2H^4(COCl)^2$ z. B. entspricht der zweibasischen Bernsteinsäure], sodann entsprechen die Reaktionen der Chloranhydride organischer Säuren den Reaktionen des Kohlenoxychlorids, analog dem wie die Reaktionen der organischen Säuren selbst denen der Kohlensäure entsprechen. Das Kohlenoxychlorid entsteht bei der Einwirkung des Lichtes direkt aus trocknem Kohlenoxyd und Chlor [27]). Es bildet ein farbloses Gas, das sich durch Abkühlen leicht verflüssigen lässt und dann bei $+ 8^0$ siedet und das spezifische Gewicht $1,43$ besitzt; es zeigt den allen flüchtigen Chloranhydriden eigenen erstickenden Geruch und wird durch Wasser wie alle diese Verbindungen sofort zersetzt, entsprechend der Gleichung: $COCl^2 + H^2O = CO^2 + 2HCl$. Diese Reaktion ist typisch für alle Chloranhydride, sowol der Mineralsäuren [28]), als auch der organischen Säuren.

---

27) Zum Einleiten der Reaktion zwischen CO und Cl^2 ist die Einwirkung direkter Sonnenstrahlen oder von Magnesiumlicht erforderlich, worauf dann die Reaktion auch im zerstreuten Tageslicht rasch weiter geht. Ein Ueberschuss an Chlor (das dem farblosen Phosgen seine Färbung verleiht) begünstigt die Beendigung der Reaktion und kann dann durch metallisches Antimon entfernt werden. Auch die Gegenwart poröser Körper, z. B. Kohle, begünstigt die Reaktion. Zur Darstellung von Phosgen kann man ein Gemisch von CO^2 und Chlor über glühende Kohle leiten. Beim Erhitzen von $PbCl^2$ und AgCl in einem CO-Strome entsteht gleichfalls Phosgen. Ferner bildet sich Phosgen beim Erhitzen von Kohlenstofftetrachlorid mit CO^2 (auf 400°), mit P^2O^5 (bei 200°) und am leichtesten mit Schwefelsäureanhydrid: $2SO^3 + CCl^4 = COCl^2 + S^2O^5Cl^2$, letztere Verbindung ist das Pyrosulfurylchlorid. Chloroform $CHCl^3$ geht beim Erwärmen mit $SO^2(OH)Cl$ (dem ersten Chloranhydride der Schwefelsäure) und bei der Oxydation mit Chromsäure in Phosgen über; erstere Reaktion verläuft entsprechend der Gleichung: $CHCl^3 + SO^3HCl = COCl^2 + SO^2 + 2HCl$ (Dewar).

Von den Reaktionen des Phosgens erwähnen wir noch die Bildung von Harnstoff beim Einwirken von Ammoniak (pag. 438) und von Kohlenoxyd beim Erhitzen mit Metallen.

28) Von den Chloranhydriden der Mineralsäuren werden die der Schwefelsäure entsprechenden im nächsten Kapitel beschrieben, während hier noch zu erwähnen ist, dass beim Einwirken von HCl auf HNO^3 (Königswasser, pag. 505), ausser Chlor, noch die Verbindungen NOCl und NO^2Cl entstehen, welche als Chloranhydride der salpetrigen und Salpetersäure betrachtet werden können. Ersteres siedet bei—5°, besitzt das spez. Gew. von $1,416$ bei—12° und von $1,433$ bei—18° (Geuther) und entsteht aus NO und Chlor, letzteres, d. h. das Chloranhydrid der Salpetersäure siedet bei $+ 5°$, hat das spez. Gew. $1,3$ und wird aus NO^2 und Chlor oder auch durch Einwirken von PCl^5 auf HNO^3 erhalten. Beim Einleiten der aus dem Königswasser entwickelten Gase in abgekühlte Schwefelsäure erhält man (den Kam-

Um die allgemeine Darstellungsmethode von Säurechloranhydriden zu beschreiben, gehen wir in Folgendem von der Essigsäure CH^3COH aus. Wenn diese Säure zu Phosphorpentachlorid (in einer Glasretorte) zugesetzt wird, so scheidet sich Chlorwasserstoff aus und es destillirt eine sehr flüchtige bei 50^0 siedende Flüssigkeit über, welche alle Eigenschaften der Chloranhydride besitzt, mit Wasser z. B. HCl und Essigsäure bildet. Die Reaktion lässt sich in der Weise erklären, dass man einen gegenseitigen Austausch zwischen einem Sauerstoffatome der Essigsäure (aus ihrem Carboxyle) und zwei Chloratomen aus PCl^5 annimmt, entsprechend der Gleichung: $CH^3COHO + PCl^5 = CH^3COHCl^2 + POCl^3$. Die entstehende Verbindung CH^3COHCl^2 ist aber nicht existenzfähig (denn sie würde auf die Möglichkeit der Bildung einer Verbindung vom Typus CX^6 hinweisen, während der Kohlenstoff nur Verbindungen vom Typus CX^4 bildet), sie zerfällt in HCl und das Chloranhydrid CH^3COCl. Die Reaktion des Phosphorpentachlorids mit den Hydraten ROH verläuft genau nach demselben Schema wie mit Wasser, denn aus ROH mit PCl^5 entstehen $POCl^3 + HCl + RCl$, d. h. man erhält das Chloranhydrid RCl [28bis]).

Da PCl^5, PCl^3 und $POCl^3$ Chlor enthalten, das sich leicht mit Wasserstoff verbindet, so reagiren sie alle mit Ammoniak und bilden eine Reihe von Amid- und Nitrilverbindungen des Phosphors. Beim Einwirken von NH^3 auf $POCl^3$ z. B. erhält man Salmiak

merkrystallen ähnliche) Krystalle $NHSO^5$, die bei $86°$ schmelzen und die mit NaCl—NaHSO⁴ und NOCl geben. Das Chloranhydrid der salpetrigen Säure nennt man **Nitrosylchlorid.**

Das **Chlorcyan** ist das gasförmige Chloranhydrid der Cyansäure; es wird durch Einwirken von Chlor auf Cyanquecksilber in Gegenwart von Wasser erhalten: $Hg(CN)^2 + 2Cl^2 = HgCl^2 + 2CNCl$. Beim Einwirken von Chlor auf Blausäure entstehen, ausser diesem Chlorcyan, noch dessen Polymere: das bei $18°$ siedende flüssige und das feste Chlorcyan, das bei $190°$ siedet. Letzteres entspricht der Cyanursäure und besteht folglich aus $C^3N^3Cl^3$. Ausführlicheres findet man in der organischen Chemie.

28 bis) Dieselbe Erscheinung findet auch bei der Wechselwirkung von Phosphorpentachlorid mit Wasser und anderen Hydraten statt: $R(HO) + PCl^5 = RCl + HCl + POCl^3$. Die Reaktion verläuft in der That sehr leicht und glatt mit vielen Hydraten, wenn das Hydrat RHO nicht mit HCl und $POCl^3$ reagirt, was der Fall ist, wenn das Hydrat alkalische Eigenschaften besitzt. Wird das Hydrat im Ueberschusse angewandt, so findet Entziehung der Elemente des Wassers statt: $R(HO)^2 + PCl^5 = RO + 2HCl + POCl^3$. Das Phosphorpentachlorid kann sodann das Anhydrid RO in das Chloranhydrid überführen: $RO + PCl^5 = RCl^2 + POCl^3$, d. h. es kann die Substitution von O durch Cl^2 bewirken. Man erhält z. B. aus CO^2, sogar aus B^2O^3, aus Bernsteinsäureanhydrid $C^4H^4O^3$ durch Einwirken von PCl^5 die Chloranhydride $COCl^2$, $2BCl^3$, $C^4H^4O^2Cl^2$ u. s. w. In derselben Weise wirkt PCl^5 auf Aldehyde RCHO ein und bildet $RCHCl^2$, sodann auch auf Chloranhydride, mit CH^3COCl z. B. entsteht (beim Erwärmen in zugeschmolzenen Röhren) ein Körper von der Zusammensetzung CH^3CCl^3. Aehnliche Chlorprodukte bilden sich zugleich mit $POCl^3$, von dem sie sich jedoch leicht abscheiden lassen.

(den man dann durch Wasser entfernt) und Orthophosphorsäure-amid $PO(NH^2)^3$ in Form eines unlöslichen weissen Pulvers, auf welches schwache Säuren und Alkalien nicht einwirken, das aber beim Zusammenschmelzen mit $3KHO$, ebenso wie andere Amide, K^3PO^4 und $3NH^3$ bildet [29]. Beim Erhitzen geht $PO(NH^2)^3$ unter

---

Analog dem Phosphorpentachloride PCl^5 wirken auch das Phosphortrichlorid und das Phosphoroxychlorid. Beim Einwirken des Trichlorids auf eine Säure verläuft die Reaktion entsprechend der Gleichung: $3RHO + PCl^3 = 3RCl + P(HO)^3$. Lässt man das Phosphoroxychlorid auf ein Salz der Säure einwirken, so entsteht leicht das entsprechende Chloranhydrid zugleich mit orthophosphorsaurem Salze: $3R(KO) + POCl^3 = 3RCl + PO(KO)^3$. Das Chloranhydrid RCl ist immer flüchtiger als die entsprechende Säure und destillirt vor dem Hydrate RHO über. Essigsäure z. B. siedet bei 117°, ihr Chloranhydrid bei 50°. Phosphorige und Phosphorsäure sind schwer flüchtig, während ihre Chloranhydride sehr leicht in Dampf übergehen. Die Eigenschaft der Chloranhydride auf Kosten des in ihnen enthaltenen Chlors in Reaktionen einzugehen bedingt ihre wichtige Bedeutung für die Chemie. Soll z. B. die Molekularformel irgend eines Hydrates bestimmt werden, das nicht in den dampfförmigen Zustand übergeht und mit HCl kein Chloranhydrid bildet, also keine basischen oder alkalischen Eigenschaften besitzt, so versucht man durch Einwirken von PCl^5 dieses Chloranhydrid darzustellen, das sich nicht selten als flüchtig erweist. Das erhaltene Chloranhydrid verwandelt man dann in Dampf und bestimmt die Zusammensetzung, aus der sich nun auch die Zusammensetzung des entsprechenden Hydrats ergibt. Aus der Formel des Siliciumchlorids $SiCl^4$ oder des Borchlorids BCl^3 z. B. lässt sich die Zusammensetzung der entsprechenden Hydrate folgern: $Si(HO)^4$ und $B(HO)^3$. Ist erst das Chloranhydrid RCl oder RCl^n dargestellt, so lassen sich durch dessen Vermittlung auch viele andere Verbindungen desselben Radikals R darstellen, entsprechend der Gleichung: $MX + RCl = MCl + RX$. M kann H, K, Ag oder auch noch andere Metalle bezeichnen. Die Reaktion verläuft in der angegebenen Richtung, wenn M mit Chlor eine beständige Verbindung bildet, z. B. AgCl, HCl, R dagegen eine wenig beständige. Daher werden die Chloranhydride zur Darstellung anderer Verbindungen eines gegebenen Restes benutzt; mit NH^3 z. B. bilden sie Amide RNH^2, mit Salzen ROK—Anhydride R^2O u. s. w.

29) Die Reaktion des Ammoniaks mit Phosphorpentachlorid ist komplizirter. Dies ist leicht zu verstehen, denn $POCl^3$ entspricht sowol das Hydrat $PO(HO)^3$, als auch das Salz $PO(NH^4O)^3$ und folglich auch das Amid $PO(NH^2)^3$, während das PCl^5 entsprechende Hydrat $P(OH)^5$ nicht existirt, infolge dessen auch das Amid $P(NH^2)^5$ fehlt. Die Reaktion mit Ammoniak verläuft in zweierlei Weise: entweder reagiren anstatt $5NH^3$ nur $3NH^3$ oder noch weniger, d. h. es entstehen $PCl^2(NH^2)^3$, $PCl^3(NH^2)^2$ und ähnliche Verbindungen, oder PCl^5 reagirt wie ein Gemisch von Cl^2 mit PCl^3 und man erhält dann als Resultat die Reaktionsprodukte des Chlors auf die Amide, welche aus PCl^3 und NH^3 entstehen. Beide Arten von Reaktionen gehen, wie es scheint, gleichzeitig vor sich, jedoch sind die Produkte beider unbeständig, jedenfalls komplizirt und als Resultat erscheint ein Gemisch, das Salmiak u. s. w. enthält. Die Produkte der ersten Art werden durch Wasser zersetzt und man erhält z. B. aus $PCl^3(NH^2)^2$ mit Wasser $2H^2O$, ausser $3HCl$, noch $PO(HO)(NH^2)^2$. In Wirklichkeit ist dieser Körper nicht erhalten worden, aber er verliert Wasser und bildet die Verbindung $PONH(NH^2)$, die bekannt ist. Es ist dies das **Diphosphamid**, das jedoch eher als ein Nitril, als ein Amid zu betrachten ist, da die Amide nur NH^2 enthalten. Das Diphosphamid ist ein farbloses, beständiges, in Wasser unlösliches Pulver, das möglicher Weise der Pyrophosphorsäure entspricht, denn beim Erhitzen scheidet es NH^3 aus und bildet PON, das Nitril der Metaphosphor-

Ausscheidung von NH^3 in das Nitril PON über, was analog der Bildung von NH^3 und CONH aus Harnstoff $CO(NH^2)^2$ ist.

Das Nitril PON, das sogen. Monophosphamid, entspricht der Metaphosphorsäure und zwar deren Ammoniumsalze: $NH^4PO^3 - H^2O = PO^2NH^2$, d. h. zunächst entsteht ein noch unbekanntes Amid, das durch weiteren Wasserverlust: $PO^2NH^2 - H^2O$ zum Nitril PON führt.

---

säure. Dem pyrophosphorsauren Salze $P^2O^3(NH^4O)^4$ muss das Amid $P^2O^3(NH^2)^4$ entsprechen und diesem letzteren die Nitrile: $P^2O^2N(NH^2)^3$, $P^2ON^2(NH^2)^2$ und $P^2N^3(NH^2)$. Die Zusammensetzung des ersteren fällt mit der des Diphosphamids zusammen. Die Formel des dritten Nitrils der Pyrophosphorsäure $P^2N^4H^2$ entspricht der Zusammensetzung des als **Phospham** PHN^2 bekannten Körpers. Das Phospham entsteht in der That beim Erhitzen des Reaktionsproduktes von NH^3 mit PCl^5 als ein in Wasser und Alkalien unlösliches Pulver, das mit Wasser NH^3 und Phosphorsäure zu bilden vermag. Denselben Körper erhält man beim Einwirken von NH^4Cl auf PCl^5 (wobei zunächst $PNCl^2$ entsteht, das dann mit NH^3 Phospham bildet) und auch beim Erhitzen der Masse, welche beim Einwirken von NH^3 auf PCl^3 entsteht. Dem Phospham wurde früher die Zusammensetzung PN^2 zugeschrieben, gegenwärtig ist Grund zur Annahme des Molekulargewichtes $P^3H^3N^6$ vorhanden (vergl. weiter unten).

Die angeführten Körper entsprechen neutralen Salzen; aber es sind auch Nitrile und Amide möglich, die sauren Salzen entsprechen und die Säuren darstellen müssen: z. B. das Amid $PO(HO)^2(NH^2)$ und das saure Nitril $PN(HO)^2$ oder $PO(HO)(NH)$, jedenfalls aber von der Zusammensetzung PNH^2O^2. Das Ammoniumsalz dieser **Phosphornitrilsäure** (die Phosphamidsäure genannt wird) von der Zusammensetzung $PNH(NH^4)O^2$ entsteht beim Einwirken von Ammoniak auf Phosphorsäureanhydrid: $P^2O^5 + 4NH^3 = H^2O + 2PNH(NH^4)O^2$. Hierbei erhält man eine nichtkrystallinische, in Wasser lösliche Masse, die man in einer verdünnten NH^3-Lösung auflöst und mit $BaCl^2$ fällt; das erhaltene Baryumsalz zersetzt man mit H^2SO^4, wobei die Säure von der angegebenen Zusammensetzung in Lösung geht.

Nach der Theorie der Bildung der Amide und Nitrile (Kap. 9) können offenbar den Säuren des Phosphors sehr viele Verbindungen dieser Art entsprechen, während bis jetzt nur einige derselben bekannt sind. Der leichte Uebergang der Ortho-, Meta- und Pyrosäuren in einander, sowie auch der höheren Oxydationsstufen des Phosphors durch Vermittlung des Ammoniak-Wasserstoffs in die niederen und umgekehrt muss die Erforschung dieser umfangreichen Klasse von Verbindungen erschweren und nur selten wird es möglich sein nach der Zusammensetzung eines erhaltenen Produktes über dessen Natur urtheilen zu können, da ausserdem Fälle von Isomerie und Polymerie möglich sind, Verwechslung von Konstitutions- und Krystallisationswasser stattfinden kann u. s. w. Um mit Bestimmtheit über die Zusammensetzung und die Natur solcher Verbindungen urtheilen zu können fehlen gegenwärtig noch viele Daten. Es lässt sich dies am besten durch die Beschreibung der interessanten und genauer erforschten Verbindung $PNCl^2$ beweisen, die **Chlorphosphamid** oder Chlorphosphorstickstoff genannt wird. In geringer Menge entsteht dieselbe beim Ueberleiten von PCl^5-Dämpfen über erhitzten Salmiak, wobei natürlich: PCl^3, NH^3, Cl^2 und HCl in Reaktion treten. Man kann annehmen, dass die Bildung von $PNCl^2$ der einfachen Reaktion: $PCl^5 + NH^3 = 3HCl + PNCl^2$ entspricht; in Wirklichkeit ist sie aber komplizirter, wie sich aus den Eigenschaften des Produktes ergibt, in welchem das Chlor viel fester gebunden ist, als in PCl^5. Der entstehende Körper ist nämlich nicht nur nicht löslich in Wasser (wol aber in Alkohol und Aether), sondern er wird nicht einmal vom Wasser benetzt und kann mit Wasserdämpfen destillirt werden ohne sich im geringsten zu zersetzen. Er

Die eben angeführten Beziehungen finden eine Bestätigung durch die Entstehung der Metaphosphorsäure beim Erhitzen des mit Wasser angefeuchteten Nitrils PON. Dieses Nitril ist eine sehr beständige Verbindung, die beständiger als ihr Analogon das Stickoxydul NON ist.

Das nächste Analogon des Phosphors ist das **Arsen**, das sowol durch sein Aussehen, als auch durch den allgemeinen Charakter seiner Verbindungen schon an die Metalle erinnert. Das Hydrat seiner höchsten Oxydatioüsstufe, die Orthoarsensäure H^3AsO^4, ist ein Oxydationsmittel, das vielen anderen Körpern einen Theil seines Sauerstoffs abgibt, das aber trotzdem der Phosphorsäure sehr ähnlich ist. Die Vergleichung der Salze dieser beiden Säuren führte Mitscherlich zur Aufstellung des Isomorphismus [30]).

Das Arsen findet sich in der Natur nicht nur in Verbindungen mit Metallen, sondern auch im freien Zustande, sodann obgleich selten auch in Verbindung mit Schwefel, mit dem es zwei Minerale bildet — ein rothes, den Realgar As^2S^2, und ein gelbes, das Auripigment As^2S^3. Noch seltener kommt es in Form von Salzen der Arsensäure vor, z. B. als Kobalt- und Nickelblüthe — zwei Minerale, welche arsensaure Salze dieser Metalle darstellen und zugleich mit anderen Kobalterzen angetroffen werden. Auch in manchen Thonen (Ocker) trifft man Arsen, das in geringen Mengen auch in einigen Heilquellen aufgefunden worden ist. Im Allgemeinen tritt aber das Arsen in der Natur seltener auf, als der Phosphor. Zur Darstellung des Arsens benutzt man meistens den Arsenkies FeSAs, der beim Erhitzen unter Ausschluss der Luft

---

krystallisirt in farblosen Prismen, schmilzt bei 114°, siedet bei 250° (Gladstone, Wichelhaus) und bildet beim Erhitzen mit KHO Amidonitrilphosphorsäure und KCl. In Anbetracht der Einfachheit der Zusammensetzung und der Reaktionen dieses Körpers müsste man annehmen, dass seine Molekel sich durch die Formel PCl^2N ausdrücken liesse, die PON oder PCl^5 entspricht, in welchem Cl^3 durch N ersetzt ist, wie in $POCl^3$ zwei Chloratome durch Sauerstoff ersetzt sind. Trotzdem muss die Formel verdreifacht werden, denn aus der Dampfdichte dieses Körpers = 182 (H = 1 nach Gladstone, Wichelhaus) folgt, dass sein Molekulargewicht der Formel $P^3N^3Cl^6$ entspricht. Es liegt hier also dieselbe Polymerie (Verdreifachung) vor, wie bei den Nitrilen.

30) Es ist hier zu bemerken, dass das Arsen, trotzdem es dem Phosphor so ähnlich ist (besonders in seinen höheren Verbindungsformen RX^3 und RX^5) gleichzeitig auch Aehnlichkeit mit dem Schwefel zeigt und sogar Verbindungen bildet, die mit den entsprechenden Verbindungen dieses Elementes isomorph sind (namentlich Metallverbindungen vom Typus MAs, der MS entspricht). In der Natur kommen z. B. öfters Verbindungen vor, die Metalle, Arsen und Schwefel enthalten. Zuweilen wechselt die relative Menge an Arsen und Schwefel, so dass eine isomorphe Vermischung von Arsen- und Schwefelverbindungen angenommen werden muss. Eisen bildet ausser dem gewöhnlichen Eisenkiese (Schwefeleisen) FeS^2 und dem Arseneisen $FeAs^2$, noch den Arsenkies, der sowol Schwefel, als auch Arsen enthält und dessen Zusammensetzung derjenigen der beiden vorhergehenden analog ist: FeAsS oder FeS^2FeAs^2.

Arsendämpfe bildet, während FeS zurückbleibt, Auch durch Erhitzen von Arsenigsäureanhydrid mit Kohle erhält man Arsen,
hierbei entwickelt sich Kohlenoxyd. Die Oxyde und auch andere
Verbindungen des Arsens lassen sich überhaupt sehr leicht zu dem
Metall reduziren. Beim Verdichten seiner Dämpfe erscheint das
Arsen als ein **Metall** von stahlgrauer Farbe, das spröde und glänzend ist und ein blättriges Gefüge und das spezifische Gewicht 5,7
besitzt. Es ist undurchsichtig und bildet ohne vorher zu schmelzen
gelbliche Dämpfe, welche beim Abkühlen rhomboëdrische Krystalle ausscheiden. Die Dichte des Arsendampfes ist 150 mal
grösser als die des Wasserstoffs, d. h. die Arsenmolekel besteht
ebenso wie die des Phosphors aus 4 Atomen, As^4. Beim Erhitzen
an der Luft oxydirt sich das Arsen sehr leicht zu weissem Arsenigsäureanhydrid As^2O^3, aber auch schon bei gewöhnlicher Temperatur verliert es an der Luft seinen Glanz, wird trübe und bedeckt sich mit der Schicht eines niederen Oxydes, das dem Anscheine nach ebenso flüchtig ist, wie das Arsenigsäureanhydrid und
das wahrscheinlich den charakteristischen, knoblauchartigen Geruch bedingt, den die Dämpfe von Arsenverbindungen beim Erhitzen mit Kohle (z. B. vor dem Löthrohre in der Reduktionsflamme) zeigen, denn das Arsen selbst bildet Dämpfe, die keinen
Geruch besitzen. Mit Chlor und Brom verbindet sich das Arsen
leicht [31]); Salpetersäure oxydirt es, ebenso wie Königswasser, zu

---

31) Salzsäure löst das Arsenigsäureanhydrid in bedeutender Menge, was aller
Wahrscheinlichkeit nach wol auf der Bildung von wenig beständigen Verbindungen
beruht, in welchen das Arsenigsäureanhydrid die Rolle einer Base spielt. Es existirt sogar ein **Arsenoxychlorid** von der Zusammensetzung AsOCl. Man erhält es bei
allmählichem Zusetzen von Arsenigsäureanhydrid zu siedendem Arsentrichlorid:
$As^2O^3 + AsCl^3 = 3AsOCl$. Das Arsenoxychlorid ist eine durchsichtige Substanz,
die an der Luft raucht und sich mit Wasser zu einer krystallinischen Masse von
der Zusammensetzung $As^2(OH)^4Cl^2$ verbindet. Beim Erhitzen zersetzt es sich in
Arsentrichlorid und ein neues Oxychlorid von komplizirterer Zusammensetzung:
$As^6O^8Cl^2$. Die krystallinische Verbindung $As^2(HO)^4Cl^2$ entsteht auch beim Einwirken von wenig Wasser auf Arsentrichlorid. Diese Verbindungen sind den basischen
Salzen des Wismuth- und Aluminiumoxyds analog. Ihre Existenz weist auf den
im Vergleiche mit Phosphor mehr metallischen und basischen Charakter des Arsens
hin, da das Phosphortrichlorid keine analoge Oxychloride bildet, während das **Arsentrichlorid** $AsCl^3$ in Vielem doch dem Phosphortrichloride ähnlich ist. Man erhält das
Arsentrichlorid durch direktes Einwirken von Chlor auf Arsen und durch Destillation eines Gemisches von Kochsalz, Schwefelsäure und Arsenigsäureanhydrid. Letztere Methode weist bereits auf die basischen Eigenschaften von As^2O^3 hin. Das
Arsentrichlorid ist eine farblose, ölige Flüssigkeit vom spezifischen Gewicht 2,20,
die bei 130° siedet. An der Luft raucht sie wie andere Chloranhydride, doch wird
sie durch Wasser viel langsamer und schwächer zersetzt, als das Phosphortrichlorid. Zur vollständigen Zersetzung des Arsentrichlorids in Salzsäure und Arsenigsäureanhydrid ist eine bedeutende Menge Wasser erforderlich. Es ist dies ein ausgezeichnetes Beispiel für den Uebergang von wahren Chlormetallen (Chloriden) zu
wahren Chloranhydriden. Mit Chlor verbindet sich das Arsentrichlorid nicht, d. h.

Arsensäure, seiner höchsten Oxydationsstufe [32]). Wasserdämpfe werden, so viel bis jetzt bekannt ist, durch Arsen nicht zersetzt; auch mit Säuren, die nicht oxydirend wirken, wie z. B. Salzsäure, reagirt das Arsen sehr langsam.

Der **Arsenwasserstoff** AsH^3 ist in vielen Hinsichten dem Phosphor-

---

es bildet nicht die Verbindung $AsCl^5$, wie dies beim Phosphor der Fall ist. Das **Arsenbromid** $AsBr^3$ entsteht beim direkten Einwirken einer Lösung von Brom in Schwefelkohlenstoff CS^2 auf metallisches Arsen und stellt eine krystallinische Substanz vom spezifischen Gewicht 3,36 dar, die bei 20° schmilzt und bei 220° siedet. In ähnlicher Weise lässt sich auch das krystallinische **Arsentrijodid** AsJ^3 darstellen, dessen spezifisches Gewicht 4,39 beträgt. In Wasser löst es sich und wird beim Verdampfen desselben wieder im wasserfreien Zustande ausgeschieden, d. h. es wird durch Wasser nicht zersetzt und verhält sich folglich wie ein Metallsalz. Das **Arsentrifluorid** AsF^3 erhält man beim Erwärmen von Flussspath, Arsenigsäureanhydrid und Schwefelsäure als eine farblose, rauchende und sehr giftige Flüssigkeit, die bei 63° siedet und das spezifische Gewicht 2,73 besitzt. Durch Wasser wird es zersetzt, doch sind die Zersetzungsprodukte bis jetzt nicht näher erforscht. Höchst bemerkenswerth ist es, dass das Fluor auch Arsenpentafluorid bildet, welches übrigens noch nicht isolirt, sondern nur in Verbindung mit Kaliumfluorid erhalten worden ist. Diese Verbindung K^3AsF^8 entsteht in prismatischen Krystallen beim Auflösen von arsensaurem Kalium K^3AsO^4 in Flusssäure.

32) Die **Arsensäure** H^3AsO^4, die der Orthophosphorsäure entspricht, bildet sich bei der Oxydation von Arsenigsäureanhydrid mit Salpetersäure und beim Eindampfen der Lösung bis zum spezifischen Gewicht 2,2; beim Abkühlen scheiden sich dann Krystalle von der angegebenen Zusammensetzung aus. Dieses Hydrat H^3AsO^4 entspricht den normalen Salzen der Arsensäure. Löst man es aber in Wasser (wobei keine Erwärmung stattfindet) und kühlt die bereitete starke Lösung ab, so scheiden sich Krystalle aus, die mehr Wasser enthalten, und zwar: $(AsH^3O^4)^2H^2O$; das Krystallisationswasser dieser Krystalle scheidet sich sehr leicht schon bei 100° aus. Bei 120° erhält man Krystalle von der Zusammensetzung der Pyrophosphorsäure: $As^2H^4O^7$. In Wasser löst sich dieses Hydrat, $As^2H^4O^7$, unter Entwickelung von Wärme, wobei aber eine Lösung entsteht, die sich von der Lösung der gewöhnlichen Arsensäure nicht unterscheidet, so dass die selbstständige Existenz einer Pyroarsensäure nicht anerkannt werden kann. Auch das wahre Analogon der Metaphosphorsäure existirt nicht, obgleich beim Erhitzen der Arsensäure auf 200° $AsHO^3$ als eine perlmutterglänzende Masse erhalten wird, die in kaltem Wasser schwer löslich ist, mit warmem Wasser dagegen sich bedeutend erhitzt und eine Lösung von gewöhnlicher Orthoarsensäure bildet. Die Arsensäure bildet 3 Reihen von Salzen, die den drei Reihen der orthophosphorsauren Salze vollkommen analog sind. Das neutrale Salz K^3AsO^4 z. B. entsteht beim Zusammenschmelzen der anderen Kaliumsalze der Arsensäure mit Pottasche; es ist in Wasser löslich und krystallisirt in Nadeln, die kein Wasser enthalten. Das einfach arsensaure Salz K^2HAsO^4 erhält man in Lösung beim Zugiessen von Arsensäure zu einer Pottaschelösung so lange noch Kohlensäuregas entweicht; dieses Salz krystallisirt nicht und reagirt alkalisch, entspricht also dem gewöhnlichen phosphorsauren Natrium. Die Arsensäure selbst ist, wie gesagt, ein Oxydationsmittel; als solches wird sie in grossen Massen bei der Darstellung von Anilinfarben benutzt. Beim Einleiten von Schwefligsäuregas in eine Arsensäurelösung erhält man in der Lösung Schwefelsäure und Arsenigsäureanhydrid. In Wasser löst sich die Arsensäure sehr leicht; die Lösung reagirt stark sauer; beim Kochen mit Salzsäure entwickelt sie Chlor, was analog dem Verhalten der Selen-, Chrom-, Mangan- und einiger anderen höheren Metallsäuren ist.

wasserstoff ähnlich. Er bildet ein farbloses Gas, das sich bei — 40°
zu einer beweglichen Flüssigkeit verdichtet, einen knoblauchartigen
Geruch besitzt, in Wasser wenig löslich und ausserordentlich giftig ist. Selbst geringe Mengen dieses Gases verursachen heftige
Schmerzen, während irgend erhebliche Beimengungen desselben in
der Luft sogar tödtlich sein können. Ebenso giftig sind auch die
anderen Verbindungen des Arsens, ausser den unlöslichen Sulfiden
und einigen Verbindungen der Arsensäure. Man erhält den Arsenwasserstoff durch Einwirken von Wasser auf eine Legirung von
Arsen mit Natrium, das hierbei in Aetznatron übergeht, und durch
Einwirken von Schwefelsäure [33]) auf eine Legirung von Arsen mit
Zink: $Zn^3As^2 + 3H^2SO^4 = 2H^3As + 3ZnSO^4$. Beim Einwirken von
Wasserstoff im Momente seines Entstehens aus Schwefelsäure werden die Sauerstoffverbindungen des Arsens sehr leicht reduzirt und
das reduzirte Arsen verbindet sich mit dem Wasserstoff; wenn man
daher in einen Wasserstoff-Entwickelungsapparat, der Zink und
Schwefelsäure enthält, eine geringe Menge einer Sauerstoffverbindung des Arsens bringt, so mengt sich dem entweichenden Wasserstoff Arsenwasserstoff bei. Die geringste Menge von Arsenwasserstoff lässt sich aber entdecken, da derselbe beim Erhitzen sich
leicht in metallisches Arsen und Wasserstoff **zersetzt**. Leitet man
arsenwasserstoffhaltigen Wasserstoff durch ein zu schwachem Glühen
erhitztes Glasrohr, so setzt sich das metallische Arsen in Form
eines Spiegels hinter der Stelle des Rohres ab, die erhitzt wird.
Diese Reaktion ist so empfindlich, dass mit Hilfe derselben die
geringste Arsenmenge entdeckt werden kann; man benutzt sie daher bei gerichtlich-medizinischen Untersuchungen von Vergiftungsfällen. Auf diese Weise lässt sich im gewöhnlichen Zink, in Kupfer, in der gewöhnlichen Schwefel- und Salzsäure u. s. w. leicht
ein Arsengehalt nachweisen. Selbstverständlich müssen bei Untersuchungen von Vergiftungsfällen, in dem dazu benutzten Apparate
von Marsh vollkommen arsenfreies Zink und arsenfreie Schwefelsäure angewandt werden. Der im Rohre sich absetzende Arsenspiegel lässt sich durch Erhitzen im Wasserstoffstrome leicht weiter
treiben, da das Arsen flüchtig ist, ein auf gleiche Weise ent-

---

Das **Arsensäureanhydrid** As^2O^5 erhält man beim Erhitzen des Arsensäurehydrats
bis zu dunkler Rothgluth. Jedoch muss vorsichtig erhitzt werden, da bei heller
Rothglühhitze As^2O^5 schon in Sauerstoff und Arsenigsäureanhydrid zerfällt. Das
Arsensäureanhydrid ist eine amorphe Masse, die in Wasser fast unlöslich ist, aber
aus der Luft Feuchtigkeit anzieht und in das zerfliessliche Hydrat übergeht. Heis-
ses Wasser bewirkt diesen Uebergang sehr leicht.

33) Bei der Bildung von AsH^3 werden 37 Tausend W. E. aufgenommen, während bei der Bildung von PH^3 18 Taus. W. E. (Ogier) und bei der von NH^3 27
Taus. W. E. entwickelt werden. Ein Amalgam, das 0,6°/₀ Natrium enthält, entwickelt mit einer starken As^2O^3-Lösung ein Gas, welches aus 86 Volumen AsH^3 und
14 Vol. H^2 besteht (Cavazzi).

stehender Antimonspiegel dagegen nicht. Man benutzt dies zur Unterscheidung des Arsenwasserstoffs von Antimonwasserstoff. Wenn Wasserstoff, der AsH³ enthält, entzündet wird, so entsteht gleichfalls metallisches Arsen, da in der reduzirenden Wasserstoffflamme aller Sauerstoff, der zuströmt, sich nur mit dem Wasserstoff und nicht mit dem Arsen verbindet. Hält man daher in die brennende Wasserstoffflamme einen kalten Gegenstand, z. B. eine Porzellanscherbe, so setzt sich das Arsen an derselben als metallischer Beschlag ab ³⁴).

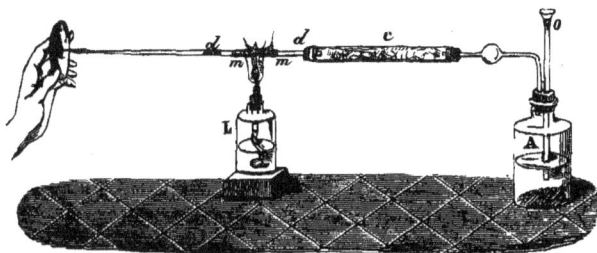

Fig. 133. Apparat von Marsh zur Entdeckung von Arsen, das zu diesem Zwecke in Arsenwasserstoff übergeführt wird. Wenn man in das Wasserstoffentwickelungsgefäss A, nachdem das Gas den Apparat schon längere Zeit durchstrichen, durch den Trichter O arsenige Säure giesst, so erkennt man das Auftreten von AsH³ durch Erhitzen des zu einer Spitze ausgezogenen Rohres in mm, wo sich an der Stelle d der Arsenspiegel bildet. Entzündet man den entweichenden Wasserstoff und lenkt seine Flamme auf einen Porzellandeckel, so erhält man auch auf diesem Arsenflecke. C ist ein mit Chlorcalcium gefülltes Trockenrohr.

Die gewöhnlichste Verbindung des Arsens ist das feste, beim

---

34) Ob der Metallspiegel, der sich im erhitzten Glasrohre absetzt, von Arsen herrührt oder von irgend einem anderen Körper, der in der Wasserstoffflamme reduzirt wird, z. B. von Kohle oder Antimon, lässt sich leicht feststellen. Die Nothwendigkeit As von Sb zu unterscheiden kommt in der gerichtlich medizinischen Praxis ziemlich häufig vor, da Antimonpräparate öfters als Medikamente benutzt werden und das Antimon sich im Wasserstoffentwickelungsapparate ebenso, wie das Arsen verhält, so dass beim Ermitteln von Arsen eine Verwechselung mit Antimon leicht möglich ist. Am besten lässt sich der Arsenspiegel von dem ähnlichen Antimonspiegel mittelst einer Lösung von NaClO, die kein Chlor enthalten darf, unterscheiden, denn diese Lösung löst nur As, nicht aber Sb. Eine Lösung von unterchlorigsauren Natriums NaOCl erhält man leicht durch doppelte Umsetzung einer Sodalösung mit Chlorkalk. In derselben Weise wie NaOCl, nur langsamer, wirkt auch eine KClO³-Lösung auf As ein. Ausführlicheres findet man in den Lehrbüchern der analytischen Chemie.

Der Arsenwasserstoff ist, ebenso wie der Phosphorwasserstoff, in Wasser nur wenig löslich; er besitzt keine alkalischen Eigenschaften, d. h. verbindet sich nicht mit Säuren, sondern wirkt reduzirend. Beim Einleiten von Arsenwasserstoff in eine Lösung von salpetersaurem Silber bildet sich ein schwarzbrauner Niederschlag von metallischem Silber, während das Arsen sich oxydirt. Beim Einwirken auf Kupfervitriol und ähnliche Metalle bildet Arsenwasserstoff zuweilen Arsenmetalle, d. h. er wirkt mit seinem Wasserstoff reduzirend auf das Metallsalz ein und wird selbst zu Arsen reduzirt. Schwefelsäure und selbst Salzsäure zersetzen AsH³ bis zu Arsen, noch leichter wirkt AsCl³ ein; mit PCl³ entsteht aber PAs. Auch mit einer sauren Lösung von As²O³ bildet Arsenwasserstoff metallisches Arsen (Tivoli).

Erhitzen sich verflüchtigende **Arsenigsäureanhydrid** As^2O^3, das den Anhydriden der phosphorigen und salpetrigen Säure entspricht. Dasselbe ist eine höchst giftige Substanz von süsslichem Geschmack, die allgemein unter dem Namen Arsenik oder **weisser Arsenik** bekannt ist. Bis jetzt ist kein entsprechendes Hydrat bekannt, obgleich das Anhydrid sich in Wasser löst, aber aus seinen erwärmten Lösungen scheiden sich unmittelbar nur Krystalle von Arsenigsäureanhydrid aus. In der Technik wird dasselbe hauptsächlich in der Färberei benutzt, sodann als ein Mittel zur Vergiftung von Mäusen, theilweise auch in der Medizin und endlich als Ausgangsmaterial zur Darstellung aller anderen Arsenverbindungen. Man gewinnt das Arsenigsäureanhydrid als Nebenprodukt beim Rösten von Kobalt- und anderen Erzen, die Arsen enthalten. Arsenkies wird zuweilen nur geröstet um Arsenigsäureanhydrid daraus zu gewinnen. Beim Erhitzen von Arsenmetallen an der Luft, d. h. beim Rösten derselben gehen Schwefel und Arsen in ihre Oxyde SO^2 und As^2O^3 über. Ersteres ist ein Gas, letzteres bei gewöhnlicher Temperatur ein fester Körper, der sich daher in den kälteren Theilen der Abzugsröhren als Anflug absetzt. Zur Verdichtung des Arsenigsäureanhydrids werden in den Abzugsröhren besondere Kondensationskammern (Giftfänge) angebracht. Beim Destilliren des in diesen Kammern aufgefangenen Arsenikmehls (Giftmehls) erhält man das As^2O^3 als eine glasige, nichtkrystallinische Masse, die eine der Modifikationen des Arsenigsäureanhydrides bildet, das auch im krystallinischen Zustande auftritt und zwar in zweierlei Formen. In Oktaëdern des regulären Systems erscheint es beim Sublimiren, d. h. dann, wenn es aus dem dampfförmigen Zustande [35]) schnell in den krystallinischen übergeht und beim Krystallisiren aus sauren Lösungen. Das spezifische Gewicht der Krystalle ist 3,7. In Prismen des rhombischen Systems erhält man das Arsenigsäureanhydrid gleichfalls beim Sublimiren, wenn die Krystalle sich an erwärmten Flächen absetzen und beim Krystallisiren aus alkalischen Lösungen [36]).

---

35) Die Dampfdichte des Arsenigsäureanhydrids beträgt nach den Bestimmungen von Mitscherlich 199 (H=1), entspricht also der Molekularformel As^4O^6. Es hängt dies wahrscheinlich damit zusammen, dass die Molekel des freien Arsens aus As^4 besteht. V. Meyer und Biltz haben übrigens gezeigt, dass bei Temperaturen von ungefähr 1700° die Dampfdichte des Arsens schon der Molekel As^2 und nicht As^4 entspricht, wie dies bei niederen Temperaturen der Fall ist.

36) Im amorphen Zustande erhält man das Arsenigsäureanhydrid durch andauerndes Erhitzen bis zu einer Temperatur, die der seiner Verdampfung nahe kommt, oder besser durch Erhitzen in einem zugeschmolzenem Rohre. Das Arsenigsäureanhydrid schmilzt dann zu einer farblosen Flüssigkeit, welche nach dem Abkühlen eine durchsichtige, glasige Masse darstellt, die fast dasselbe (nur etwas geringere) spezifische Gewicht besitzt, wie das krystallinische Anhydrid. Beim Abkühlen unterliegt die glasige Masse einer Aenderung, wobei sie krystallisirt, undurchsichtig

Die Lösungen des Arsenigsäureanhydrids in Wasser besitzen einen deutlich süsslichen, metallischen Geschmack und eine **schwach saure Reaktion.** Ein Zusatz von Säuren oder Alkalien vergrössert die Löslichkeit, was darauf hinweist, dass das Arsenigsäureanhydrid sowol mit Säuren, als auch mit Alkalien Salze bilden kann. In Wirklichkeit bildet es auch Verbindungen mit Salzsäure und mit den Oxyden der Alkalimetalle [37]. Damit salpetersaures Silber auf eine Lösung von arseniger Säure einwirke, muss ein Theil derselben erst mit einem Alkali gesättigt werden, z. B. mit Ammoniak. Dann bildet sich ein gelber Niederschlag von arsenig-saurem Silber Ag^3AsO^3, das in überschüssigem Ammoniak sich löst und wasserfrei ist. Aus der Zusammensetzung dieses Salzes folgt offenbar, das die arsenige Säure dreibasisch ist, dass sie sich also durch dieses Verhalten von der phosphorigen Säure unterscheidet, in welcher nur zwei Wasserstoffe durch Metalle ersetzbar sind [38]. Den schwach sauren Charakter des Arsenigsäureanhydrids

---

wird und ein porzellanartiges Aussehen annimmt. Sehr bemerkenswerth ist der folgende Unterschied zwischen dem glasigen und dem porzellanartigen Arsenigsäure-anhydrid: löst man nämlich die glasige Modifikation in konzentrirter, heisser Salz-säure, so scheiden sich beim Abkühlen Krystalle des Anhydrids aus und zwar *unter Entwickelung von Licht* (das aber nur im Dunkeln zu sehen ist), indem die ganze Flüssigkeitsmasse während dieser Ausscheidung leuchtet. Dagegen findet beim Ausscheiden der Krystalle der porzellanartigen Modifikation kein Leuchten statt. Bemerkenswerth ist es auch, dass beim Zerstossen der glasigen Modifikation, wenn diese also einer Reihe von Schlägen oder Stössen ausgesetzt wird, eine Um-wandlung in die porzellanartige Modifikation erfolgt. Die verschiedenen Modifika-tionen des Arsenigsäureanhydrids lassen sich aber bis jetzt noch durch keine be-stimmten chemischen Merkmale charakterisiren und unterscheiden sie sich nur wenig in ihrem spezifischen Gewichte, so dass die Annahme, dass die beschriebenen Un-terschiede auf irgend welchen isomeren Umwandlungen, d. h. Aenderungen der Lage der Atome in den Molekeln beruhen, wol nicht zulässig ist; wahrscheinlich werden diese Unterschiede nur durch eine verschiedene Vertheilung der Molekeln bedingt, so dass hier physikalische und nicht chemische Aenderungen vorliegen. Ein Theil des glasigen Anhydrids löst sich in 12 Theilen siedenden Wassers und bei gewöhnlicher Temperatur in 25 Theilen. Die porzellanartige Modifikation ist weniger löslich, ein Theil derselben erfordert bei gewöhnlicher Temperatur 70 Theile Wasser zum Lösen.

37) Das Arsenigsäureanhydrid wird weder im trockenen Zustande, noch in Lö-sung durch den Sauerstoff der Luft oxydirt, aber in Gegenwart von Alkalien ab-sorbirt es Sauerstoff und lässt sich als ein ausgezeichnetes Reduktionsmittel verwen-den. Es wird dies wahrscheinlich dadurch bedingt, dass die Arsensäure viel ener-gischer wirkt als die arsenige Säure und bei der Oxydation der letzteren in Gegenwart von Alkalien bildet sich eben Arsensäure. Durch viele Metalle, selbst durch Kupfer wird As^2O^3 bis zu As reduzirt.

38) Die schwachen Säureeigenschaften des Anhydrids As^2O^3 ergeben sich schon daraus, dass beim Zugiessen von starker Ammoniaklösung zu einer Lösung von As^2O^3 in wässrigem Ammoniak prismatische Krystalle von der Zusammensetzung des metaarsenigsauren Ammoniums NH^4AsO^2 ausgeschieden werden. Dieses Salz zerfliesst an der Luft und verliert alles Ammoniak. Das unlösliche Magnesiumsalz von der Zusammensetzung $Mg^3(AsO^3)^2$ bildet sich beim Vermischen einer ammo-

862 PHOSPHOR UND ANDERE ELEMENTE DER V-TEN GRUPPE.

bestätigt auch die Bildung salzartiger Verbindungen mit Säuren. Am bemerkenswerthesten ist die hierher gehörende wasserfreie Verbindung, die der Schwefelsäure entspricht und die Zusammensetzung $As^2O^3SO^3$ besitzt.

Dieselbe bildet sich beim Rösten von Arsenkies in den Räumen, in welchen sich das Arsenigsäureanhydrid verdichtet, was um so auffallender ist, als hierbei SO^2 in SO^3 übergehen muss und zwar auf Kosten des Sauerstoffs der Luft, der hier, wie es scheint, infolge des eigenartigen Charakters des Arsenigsäureanhydrids angezogen wird. Die Verbindung $As^2O^3SO^3$ erscheint in farblosen Tafeln, die sich beim Einwirken von Wasser und Feuchtigkeit zersetzen und Schwefelsäure und Arsenigsäureanhydrid bilden. Es sind Verbindungen von As^2O^3 mit 1, 2, 4, und 8 SO^3 bekannt.

Das andere Analogon des Phosphors ist das **Antimon** (Stibium) Sb = 120, das seinem Aussehen und den Eigenschaften seiner Verbindungen nach sich noch mehr und vollständiger, als das Arsen, den Metallen nähert [39]). Das Antimon selbst besitzt den Glanz und viele andere Merkmale der Metalle; sein Oxyd Sb^2O^3 hat das

---

niakalischen Lösung von Arsenigsäureanhydrid mit der gleichfalls ammoniakalischen Lösung eines Magnesiumsalzes. Es ist in Ammoniak unlöslich, löst sich aber in einem Ueberschuss von Säure. Dasselbe Salz entsteht auch beim Einwirken von arseniger Säure auf Magnesiumhydroxyd. Daher wird bei Arsenvergiftungen als eines der ersten Gegengifte Magnesia gegeben. In der Färberei werden arsenigsaure **Kupfersalze** benutzt, welche sich durch ihre Unlöslichkeit in Wasser und ihre schöne, intensiv grüne Farbe auszeichnen, zugleich aber auch sehr giftig sind, und zwar desswegen, weil eine solche Farbe, wenn sie z. B. auf Tapeten oder Zeuge aufgetragen ist, sich leicht loslöst und ausserdem arsenhaltige Ausdünstungen gibt. Beim Vermischen von Kupferoxydsalzen CuX^2 mit alkalischen Lösungen von Arsenigsäureanhydrid erhält man einen grünen Niederschlag von arsenigsaurem Kupfer, das unter dem Namen *Scheele'sches Grün* bekannt ist. Die Zusammensetzung desselben ist wahrscheinlich $CuHAsO^3$. In Ammoniak gibt dasselbe eine farblose Lösung, welche arsensaures Kupferoxydul enthält; hierbei wird folglich das Kupferoxyd reduzirt und das Arsen oxydirt. Häufiger als das Scheele'sche Grün war namentlich früher das *Schweinfurter oder Wiener Grün* in Gebrauch, das gleichfalls ein in Wasser unlösliches dem Scheele'schen Grün sehr ähnlichs grünes Kupferoxydsalz ist, jedoch von einer andere Farbennüänce. Man erhält es durch Vermischen siedender Lösungen von arseniger Säure und essigsaurem Kupfer. Mit **Eisenhydroxyd** bildet die arsenige Säure eine dem phosphorsauren Eisen ähnliche, unlösliche Verbindung; daher wird frisch gefälltes **Eisenhydroxyd** *als Gegengift bei Arsenvergiftungen* benutzt. Um so bemerkenswerther ist es, dass die Bewohner einiger Gebirgsgegenden sich an den Genuss von Arsen gewöhnen, da der regelmässige innerliche Gebrauch desselben das Bergsteigen erleichtern soll. Auch in der Medizin wird das Arsenigsäureanhydrid, sowie einige seiner Salze benutzt, aber selbstverständlich nur in geringen Dosen. Innerlich eingenommen geht das Arsen in das Blut über und wird hauptsächlich im Harn ausgeschieden, in welchem es auch nach geraumer Zeit nach der Einnahme entdekt werden kann, wenn die eingenommene Dosis so gering war, dass keine Entzündungs-Erscheinungen eintreten, welche die unmittelbare Todesursache bei Vergiftungen durch Arsen, als auch durch ähnliche Mineralgifte sind.

39) Dieses Atomgewicht ist von Cooke festgestellt worden.

erdige Aussehen des Hammerschlages oder des Kalkes, mit den deutlichen Eigenschaften einer Base, entspricht aber den Anhydriden der phosphorigen und salpetrigen Säure und bildet ebenso wie diese salzartige Verbindungen mit Basen. Gleichzeitig weist aber das Antimon in den meisten seiner Verbindungen eine vollständige Analogie mit Phosphor und Arsen auf. Seine Verbindungen gehören den Typen SbX^3 und SbX^5 an. In der Natur kommt das Antimon hauptsächlich als Schwefelantimon Sb^2S^3 vor, das zuweilen in grossen Massen in Gebirgsadern angetroffen wird und in der Mineralogie unter dem Namen **Antimonglanz** oder Grauspiessglanzerz und im Handel als *Antimonium crudum* bekannt ist. Ausserdem ersetzt das Antimon in einigen Mineralien zum Theil oder vollständig das Arsen, z. B. im Rothgültigerz, das eine Verbindung von Schwefelantimon und Schwefelarsen mit Schwefelsilber ist. Jedenfalls ist aber das Antimon ein ziemlich seltenes Metall, dass nur in wenigen Gegenden gefunden wird. Man gewinnt es technisch hauptsächlich zu Legirungen mit Blei und Zinn, die zur Anfertigung von Buchdruckerlettern benutzt werden; einige Antimonverbindungen gehören zu den gewöhnlichsten medizinischen Mitteln, unter welchen das Antimonpentasuflid Sb^2S^5 (Goldschwefel, Sulfur auratum Antimonii) und der Brechweinstein, der die Zusammensetzung $C^4H^4K(SbO)O^6$ besitzt, die wichtigsten sind. Selbst das natürlich vorkommende Schwefelantimon wird in der Thierheilkunde öfters in bedeutender Menge als ein Abführungsmittel für Pferde und Hunde angewandt. Die Gewinnung des metallischen Antimons aus dem Antimonglanze Sb^2S^3 (Antimontrisuflid) geschieht durch Rösten, wobei der Schwefel ausbrennt und das Antimon sich zu Sb^2O^3 oxydirt. Dieses Oxyd wird dann mit Kohle geglüht und das Antimon im **metallischen Zustande** ausgeschmolzen. Im Laboratorium führt man die Reduktion im Kleinen durch Zusammenschmelzen von Schwefelantimon mit Eisen aus, das den Schwefel entzieht [40]).

Das metallische Antimon ist ein weisses, stark glänzendes Metall, das an der Luft unverändert bleibt, da es sich bei gewöhnlicher Temperatur nicht oxydirt. Es krystallisirt in Rhomboëdern

---

40) Ein reineres Antimon erhält man, wenn das beim Einwirken von Salpetersäure auf käufliches Antimon entstehende Oxyd mit Kohle geglüht wird. Beim Einwirken der Säure entsteht nämlich in Wasser kaum lösliches Antimonoxyd Sb^2O^3, während dem Antimon fast immer beigemengtes Arsen hierbei in lösliche arsenige oder Arsensäure übergeht, welche in Lösung bleibt. Um vollkommen reines Antimon zu erhalten muss man Brechweinstein mit etwas Salpeter erhitzen, wobei die Reduktion sehr leicht erfolgt. Da die Gewinnung von Antimon keine Schwierigkeiten bietet, so war dieses Metall auch den Alchemisten schon im XV-ten Jahrhundert bekannt. In der Natur kommt das metallische Antimon nur selten vor. Aus einer Lösung von Sb^2S^3 in Na^2S wird in Gegenwart von $NaCl$ beim Einwirken des galvanischen Stromes sehr reines Antimon gefällt.

und zeigt stets eine deutlich krystallinische Struktur, wodurch es ein ganz anderes Aussehen erhält, als alle anderen im Vorhergehenden beschriebenen Metalle. Am meisten nähert sich ihm in dieser Beziehung noch das Tellur. Das Antimon ist so spröde, das es sich sehr leicht zu Pulver zerstossen lässt; sein spezifisches Gewicht ist 6,7. Es schmilzt bei 432°, verflüchtigt sich aber erst bei heller Roth-gluth. Beim Erhitzen an der Luft, z. B. vor dem Löthrohr, ver-brennt es und bildet weisse, geruchlose Dämpfe, die aus Sb^2O^3 bestehen. Dieses Oxyd wird gewöhnlich **Antimonoxyd** genannt, ob-gleich es mit demselben Rechte auch Antimonigsäureanhydrid ge-nannt werden könnte. Erstere Bezeichnung ergibt sich in Anbe-tracht dessen, dass in den meisten Fällen Verbindungen von Sb^2O^3 mit Säuren benutzt werden, ebenso leicht entstehen aber auch Verbindungen mit Alkalien.

Das Antimonoxyd krystallisirt ebenso wie das Arsenigsäurean-hydrid entweder in regulären Oktaëdern oder in rhombischen Pris-men; es besitzt das spezifische Gewicht 5,56. Beim Erhitzen an der Luft wird es gelb, schmilzt und oxydirt sich dann zu dem Oxyde Sb^2O^4. Sowol in Wasser, als auch in Salpetersäure ist das Antimonoxyd unlöslich, es löst sich jedoch leicht in starker Salz-säure und in Alkalilauge, desgleichen auch in Weinsäure oder in Lösungen von saurem weinsaurem Kalium; in letzterem Falle bil-det sich Brechweinstein. Aus seinen Lösungen in Alkalien und in Säuren scheidet sich das Antimonoxyd beim Einwirken von Säuren auf erstere und von Alkalien auf letztere im wasserfreien Zu-stande, nicht als Hydrat, aus. In der Natur kommt das Antimon-oxyd nur selten vor. Als Base bildet es Salze vom Typus SbOX (gleichsam basische Salze $= SbX^3Sb^2O^3$) und fast nie vom Typus SbX^3. In den Antimonoxydsalzen SbOX ist die Gruppe SbO einba-sisch, wie Kalium oder Silber. Das Oxyd selbst ist $(SbO)^2O$, das Hydrat SbO(OH) u. s. w. Der Brechweinstein ist ein Salz, in welchem ein Wasserstoff der Weinsäure durch Kalium, der andere durch den Rest SbO des Antimonoxyds ersetzt ist. Aus seinen Salzen wird das Antimonoxyd durch andere Basen leicht ausge-schieden, aber in Gegenwart von Weinsäure findet die Ausschei-dung nicht statt, da hierbei das lösliche Doppelsalz der Wein-säure — der Brechweinstein entsteht [41]).

41) Da das Antimonoxyd dem Typus SbX^3 entspricht, so können natürlich Ver-bindungen existiren, in welchen das Antimon drei Wasserstoffatome ersetzen wird. Solche Verbindungen sind theilweise erhalten worden, doch werden sie durch Wasser sehr leicht in Körper übergeführt, deren Zusammensetzung den gewöhnlichen For-meln der Antimonverbindungen entspricht. So z. B. verliert der Brechweinstein $C^4H^4(SbO)KO^6$ beim Erhitzen Wasser und bildet $C^4H^2SbKO^6$, d. h. Weinsäure $C^4H^6O^6$ in der 1 Wasserstoffatom durch Kalium und 3 durch Antimon ersetzt sind. Beim Einwirken von Wasser geht diese Verbindung jedoch wieder in Brechwein-stein über.

Bei der Oxydation von metallischem Antimon oder Antimonoxyd durch überschüssige Salpetersäure und darauf folgendem vorsichtigen Eindampfen der entstandenen Masse erhält man **Metaantimonsäure** $SbHO^3$. Das entsprechende Kaliumsalz $2SbKO^35H^2O$ entsteht beim Erhitzen von metallischem Antimon mit der vierfachen Gewichtsmenge Salpeter und Auswaschen der entstandenen Masse mit kaltem Wasser. Dieses Kaliumsalz löst sich nur wenig in Wasser (in 50 Th.), noch weniger löslich ist das Natriumsalz. Es existirt augenscheinlich auch die Orthosäure SbH^3O^4, die sich beim Einwirken von Wasser auf Antimonpentachlorid bildet, aber dieselbe ist sehr unbeständig, wie auch das Antimonpentachlorid $SbCl^5$ selbst, das leicht Cl^2 abgibt und in das feste Antimontrichlorid $SbCl^3$ übergeht, welches durch Wasser zersetzt wird, wobei in Wasser wenig lösliche Antimonoxychloride entstehen, z. B. $SbOCl$. Beim Erhitzen verliert $SbHO^3$ in beginnender Rothglühhitze Wasser und geht in das gelbe Anhydrid Sb^2O^5 über, dessen spezifisches Gewicht 6,5 ist [42]).

Eine analoge Verbindung ist auch das **intermediäre Antimonoxyd**, das beim Erhitzen von Antimonoxyd entsteht; seine Zusammensetzung ist SbO^2 oder Sb^2O^4. Dieses Antimontetroxyd lässt sich als Orthoantimonsäure $SbO(HO)^3$ betrachten, in welcher drei Wasserstoffe durch Antimon in dem Zustande ersetzt sind, in welchem sich diess im Antimonoxyd befindet, also: $SbO(SbO^3) = Sb^2O^4$. Diese Annahme erklärt die Existenz dieses beständigsten der Antimonoxyde, das auch beim Erhitzen von Antimonsäure entsteht, welche hierbei Wasser und Sauerstoff verliert. Das intermediäre Antimonoxyd Sb^2O^4 (Antimontetroxyd) bildet ein weisses, unschmelzbares Pulver, vom spezifischen Gewicht 6,7; in Wasser ist es etwas löslich und bildet eine Lösung, welche Lackmus röthet.

42) Der **Antimonwasserstoff** SbH^3 ist sowol seiner Bildung, als auch seinen Eigenschaften nach dem Arsenwasserstoff sehr ähnlich; verflüssigt siedet er bei $-65°$ und erstarrt bei $-92°$. Die Verbindungen des Antimons mit den Halogenen unterscheiden sich dagegen in Vielem von den entsprechenden Arsenverbindungen. Beim Durchleiten von Chlor über im Ueberschuss genommenes gepulvertes Antimon entsteht **Antimontrichlorid** $SbCl^3$ und bei überschüssigem Chlor—Antimonpentachlorid $SbCl^5$. Ersteres ist eine krystallinische Substanz, die bei 72° schmilzt und bei 230° destillirt; letzteres, $SbCl^5$, dagegen eine gelbliche Flüssigkeit, die beim Erwärmen in Chlor und Antimontrichlorid zerfällt. Schon bei 140° beginnt eine reichliche Ausscheidung von Chlor, das auch Dämpfe von Antimontrichlorid mitreisst; bei 200° ist die Zersetzung vollständig und es destillirt dann reines Antimontrichlorid über. Dieser Eigenschaft wegen wird das Antimonpentachlorid in vielen Fällen als Chlorüberträger benutzt; das hierbei zurückbleibende Antimontrichlorid kann von Neuem Chlor absorbiren. Daher reagiren viele Körper, welche mit gasförmigem Chlor direkt nicht in Reaktion treten, mit Antimonpentachlorid und in Gegenwart einer geringen Menge von $SbCl^5$ wirkt Chlor in derselben Weise, wie Sauerstoff in Gegenwart von Stickoxyd, wobei bekanntlich selbst solche Körper oxydirt werden, auf welche freier Sauerstoff nicht einwirkt. Schwefelkohlenstoff z. B. wird bei niederen Temperaturen durch Chlor nicht verändert, — denn die Einwirkung findet nur bei hoher Temperatur statt, — während in Gegenwart von Antimonpentachlorid die Umwandlung in Chlorkohlenstoff schon bei niederen Temperaturen erfolgt. Das Antimontrichlorid und das Pentachlorid besitzen den Charakter von Chloranhydriden: sie rauchen an der Luft, ziehen Feuchtigkeit an und werden durch Wasser

Das schwerste Analogon des Stickstoffs und Phosphors ist das Wismuth Bi = 208. Wie in den anderen Gruppen nehmen auch hier die basischen, metallischen Eigenschaften zugleich mit dem grösser werdenden Atomgewichte zu. Das Wismuth bildet schon keine Wasserstoffverbindung mehr; Bi^2O^5 ist ein sehr schwaches Säureoxyd, Bi^2O^3 bereits eine Base und das Wismuth selbst ein vollständiges Metall. Um die anderen Eigenschaften des Wismuths zu verstehen, muss in Betracht gezogen werden, dass dasselbe in der 11-ten Reihe den ihren Atomgewichten nach nahe stehenden Elementen Hg, Tl, Pb folgt und daher diesen und besonders dem am nächsten kommenden Blei ähnlich ist. Obgleich PbO und PbO^2 eine andere Zusammensetzung haben als Bi^2O^3 und Bi^2O^5, so tritt dennoch in Vielem, selbst in dem Aussehen und besonders in den entsprechenden Verbindungen eine grosse Aehnlichkeit hervor. Die niederen Oxyde des Bleies und Wismuths sind Basen, die höheren schwache Säuren, die leicht Sauerstoff ausscheiden. Der Form nach muss jedoch Bi^2O^3 eine schwächere Base sein, als PbO. Beide Oxyde bilden leicht basische Salze.

---

zu antimoniger, respektive Antimonsäure zersetzt. Doch das Antimontrichlorid scheidet beim Einwirken von Wasser zunächst nicht alles Chlor in Form von Chlorwasserstoff aus, was sich daraus erklärt, dass das Antimonigsäureanhydrid gleichzeitig eine Base ist und daher auch mit Säuren reagiren kann. Sogar Schwefelantimon gibt, wenn es in einem Ueberschuss von konzentrirter Salzsäure gelöst wird (wobei H^2S entweicht), eine Lösung von Antimontrichlorid, aus welcher durch vorsichtiges Erhitzen selbst wasserfreies Antimontrichlorid erhalten werden kann. Nur durch einen Ueberschuss von Wasser wird das Antimontrichlorid vollständig zersetzt, aber nur bis zur Bildung von Algarothpulver, d. h. von Antimonoxychloriden. Zunächst entsteht beim Einwirken von Wasser das **Antimonoxychlorid** SbOCl, d. h. ein Salz, das dem Antimonoxyd als Base entspricht. Löst man Antimonoxyd oder Antimonchlorid in überschüssiger Salzsäure und verdünnt dann die Lösung mit viel Wasser, so fällt gleichfalls Algarothpulver aus. Je nach der relativen Menge des einwirkenden Wassers wechselt die Zusammensetzung dieses Pulvers in den Grenzen von SbOCl und $Sb^4O^5Cl^2$. Die der letzteren Formel entsprechende Verbindung ist gleichsam das basische Salz der ersteren SbOCl, denn $Sb^4O^5Cl^2$ ist $= 2(SbOCl)Sb^2O^3$.

Mit Brom und Jod bildet das Antimon ebensolche Verbindungen, wie mit Chlor. Antimontribromid $SbBr^3$ krystallisirt in farblosen Prismen, schmilzt bei 94° und siedet bei 270°. SbJ^3 bildet rothe Krystalle vom spezifischen Gewicht 5,0. Antimontrifluorid SbF^3 erhält man beim Einwirken von Flusssäure auf Antimonoxyd, während bei der gleichen Behandlung von Antimonsäure Antimonpentafluorid SbF^5 entsteht. Letzteres bildet mit den Fuoriden der Alkalimetalle leicht lösliche Doppelsalze.

De-Haën erhielt (1887) die sehr beständigen, löslichen Doppelsalze: SbF^5KCl (von welchem 51 Th. sich in 100 Th. Wasser lösen), $SbF^5K^2SO^4$ und ähnliche, welche als ausgezeichnet krystallisirende Salze des Antimonoxyds, seinem Vorschlage nach, in der Technik Verwendung finden könnten.

Engel erhielt beim Einleiten von Chlorwasserstoff in eine bei 0° gesättigte Lösung von $SbCl^3$ die Verbindung $HCl2SbCl^32H^2O$ und bei der gleichen Behandlung von $SbCl^5$ die Verbindung $SbCl^55HCl10H^2O$. Eine ähnliche Verbindung bildet auch $BiCl^3$.

Aus dem Gesagten ergeben sich fast alle übrigen Verbindungen des Wismuths. Das Wismuth bildet also Verbindungen der beiden Typen BiX^3 und BiX^5, welche vollkommen an die beiden Formen erinnern, die wir bereits beim Blei betrachtet haben [43]). Wie beim Blei die Form PbX^2 die basische und beständige ist, die gewöhnlich leicht entsteht und schwer in die höheren und niederen Formen übergeht, welche unbeständig sind, ebenso ist auch beim Wismuth die Verbindungsform BiX^3 die gewöhnliche und basische. Zu dieser beständigen Form BiX^3 verhält sich die höhere Verbindungsform BiX^5 in Wirklichkeit ebenso, wie das Bleidioxyd zum Bleioxyde [44]). Auch die Darstellung der Wismuthsäure durch Einwirken von Chlor auf in Wasser suspendirtes Wismuthoxyd ist genau dieselbe wie die des PbO^2 aus PbO. Wie PbO^2 ist auch die Wismuthsäure ein Oxydationsmittel und selbst der Säurecharakter ist in der Wismuthsäure nur wenig entwickelter, als in dem Bleidioxyde. Wie beim Blei, so entstehen auch beim Wismuth leicht intermediäre Verbindungen (analog der Mennige), in welchen das Wismuth als niederes Oxyd die Rolle der Base spielt, die mit der Säure verbunden ist, welche das Wismuth als höheres Oxyd bildet. Diese Aehnlichkeit zwischen den beiden benachbarten Elementen verschiedener Gruppen, Pb = 206 und Bi = 208, erklärt viele chemische Daten und bringt ausserdem die Natürlichkeit des periodischen Systems der Elemente zum Ausdruck.

Das Wismuth kommt in der Natur nur in einigen Gegenden und in geringen Mengen vor, am öftesten gediegen, seltener als Oxyd oder als Schwefelverbindung mit anderen Schwefelmetallen. Aus seinen Erzen gewinnt man das Wismuth durch einfaches Ausschmelzen in Oefen, wie sie die beigegebene *Figur 134* zeigt. In

---

43) Bei der Reduktion von Wismuthoxydverbindungen durch starke Reduktionsmittel erhält man sehr leicht metallisches Wismuth, während beim Einwirken schwächerer Reduktionsmittel, z. B. von Zinnoxydulsalzen, Wismuthsuboxyd BiO, eine Verbindung vom Typus BiX^2, als ein schwarzes krystallinisches Pulver erhalten wird, das durch Säuren in Metall und in Lösung gehendes Oxyd zersetzt wird.

44) Dem Typus BiX^5 entsprechen: Wismuthpentoxyd Bi^2O^5, sein Metahydrat $Bi^2O^5H^2O$ oder $BiHO^3$, das Wismuthsäure genannt wird, und das Pyrohydrat $Bi^2H^4O^7$. Wismuthpentoxyd erhält man durch längeres Einleiten von Chlor in siedende Kalilauge (vom spez. Gewicht 1,38), in welcher Wismuthoxydpulver suspendirt ist; der Niederschlag wird zunächst mit Wasser, dann mit siedender Salpetersäure (aber nicht zu lange, da das Hydrat sich sonst zersetzt) und wieder mit Wasser ausgewaschen, worauf das zurückbleibende grellrothe Pulver des Hydrats $BiHO^3$ bei 125° getrocknet wird. Bei längerem Einwirken von Salpetersäure auf Bi^2O^5 entsteht $Bi^2O^4H^2O$, das sich in feuchter Luft zersetzt und in Bi^2O^3 übergeht. Das spezifische Gewicht von Bi^2O^5 ist 5,10 von $Bi^2H^4O^7$—5,60 und von $BiHO^3$— 5,75 Pyrowismuthsäure $Bi^2H^4O^7$ bildet ein braunes Pulver, das einen Theil seines Wassers schon bei 150° verliert und beim weiteren Erhitzen sich unter Ausscheidung von Wasser und Sauerstoff zersetzt. Es entsteht auch beim Einwirken von überschüssigem Cyankalium auf eine Lösung von salpetersaurem Wismuth.

dem Ofen befindet sich eine schräg eingestellte eiserne Retorte, in deren oberes Ende d das Erz eingeführt wird, während das schmelzende Metall unten abfliesst. Zur Reinigung wird das Wismuth dann noch umgeschmolzen. Vollkommen reines Wismuth erhält man, wenn man das Metall in Salpetersäure löst, das entstehende Salz durch Wasser zersetzt und den Niederschlag durch Erhitzen mit Kohle reduzirt.

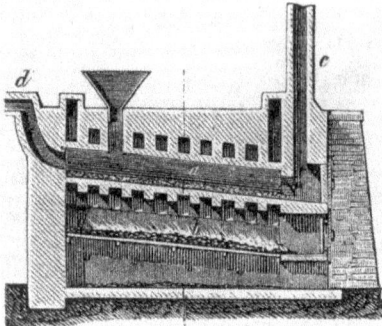

Fig. 134. Schmelzofen zur Gewinnung des Wismuths aus seinen Erzen.

Das Wismuth ist ein Metall, das aus dem geschmolzenen Zustande ausgezeichnet krystallisirt; sein spezifisches Gewicht ist 9,8, es schmilzt bei 268°. Lässt man in einem Tiegel geschmolzenes Wismuth langsam erkalten. zerschlägt dann die erstarrte Kruste und giesst das noch flüssige Metall ab, so erhält man an den Wänden schöne rhomboëdrische Wismuthkrystalle. Das Wismuth ist spröde und wenig dehnbar und .hämmerbar; es besitzt nur eine geringe Härte; seine Bruchflächen zeigen eine graue Färbung mit röthlichem Schimmer. In Weissglühhitze verflüchtigt es sich und oxydirt sich leicht. In vielen seiner Eigenschaften erinnert es an Antimon und Blei. Beim Erhitzen des Metalls an der Luft, sowie auch beim Erhitzen von salpetersauren Salzen des Wismuths entsteht das Oxyd Bi^2O^3, als ein gelbes Pulver, das in der Hitze schmilzt und an Massicot erinnert. Setzt man zu der Lösung eines Wismuthoxydsalzes Kalilauge im Ueberschusse zu, so scheidet sich ein weisser Niederschlag des Hydrats BiO(OH) aus, das beim Kochen mit Kalilauge Wasser verliert und in das wasserfreie Oxyd übergeht. Wie das Hydrat, so löst sich auch das Oxyd selbst leicht in Säuren zu Wismuthoxydsalzen auf.

Wismuthoxyd, Bi^2O^3, ist eine schwache, wenig energische Base. Das normale Hydrat dieses Oxyds $Bi(OH)^3$ bildet durch Verlust von Wasser das Metahydrat BiO(OH); beiden Hydraten entsprechen salzartige Körper von der Zusammensetzung BiX^3 und BiOX. Die Form BiOX ist die des basischen Salzes, denn $3ROX = RX^3 + R^2O^3$. In der Form BiX^3 ist das Wismuth dreibasisch. Lösungen von Wismuthoxydsalzen geben mit Phosphorsäure direkt einen Niederschlag von der Zusammensetzung $BiPO^4$. Andererseits ist in den Verbindungsformen BiOX und $Bi(OH)^2X$ mit X die einbasische und folglich dem Wasserstoff äquivalente Gruppe BiO oder BiH^2O^2 verbunden. Nach dem Typus BiOX sind viele Wismuthsalze zusammengesetzt, z. B. das kohlensaure Wismuth $(BiO)^2CO^3$, das den anderen Salzen der Kohlensäure M^2CO^3 entspricht. Das-

-selbe scheidet sich als ein weisser Niederschlag beim Vermischen der Lösung eines Wismuthsalzes mit Soda aus [45]). Der zusammengesetzte Rest BiO ist natürlich nicht irgend eine besondere Gruppirung, wie früher in Bezug auf zusammengesetzte Radikale angenommen wurde, sondern einfach nur die Form, in welcher man sich die Zusammensetzung dieses Oxyds in Beziehung auf die Verbindungen anderer Oxyde vorstellt.

Das Wismuth bildet entsprechend seiner Werthigkeit drei **salpetersaure Salze**. Beim Auflösen von metallischem Wismuth oder Wismuthoxyd in Salpetersäure erhält man eine farblose und durchsichtige Lösung, aus der sich grosse, durchsichtige Krystalle von der Zusammensetzung $Bi(NO^3)^3 5H^2O$ ausscheiden. Beim Erwärmen auf 80^0 schmelzen diese Krystalle in ihrem Krystallisationswasser, wobei sie schon einen Theil der Salpetersäure zugleich mit Wasser verlieren und in ein Salz übergehen, dessen empirische Zusammensetzung $Bi^2N^2H^2O^9$ ist und das sich auf 150^0 erwärmen lässt, ohne sich zu verändern. Wird das erstgenannte Salz auf den Typus BiX^3 bezogen, so gehört dieses zum Typus BiOX, da es auf je Wismuthatom einen Salpetersäure-Rest NO^3 enthält und seine Zusammensetzung sich als $Bi(OH)^2NO^3 + BiO(NO^3)$ ausdrücken lässt. Beim Lösen in Wasser werden die farblosen Krystalle des Salzes $Bi(NO^3)^3 5H^2O$ durch das **Wasser zersetzt**. Wenn aber dem Wasser Salpetersäure zugesetzt wird, so tritt die Zersetzung nicht ein, das Salz bleibt in Lösung und die Bildung des sogenannten basischen Salzes unterbleibt. Das Wasser wirkt hier also wie ein Alkali, d. h. die basischen Eigenschaften des Wismuthoxyds sind so schwach, das selbst Wasser, dessen alkalische Eigenschaften jedenfalls sehr wenig entwickelt sind, dem Salze einen Theil der Säure entziehen kann. Es ist dies eine der schlagendsten und schon längst beobachteten Thatsachen, welche als eine Bestätigung der Einwirkung des Wassers auf Salze erscheint und auf welche bereits auf Seite 469 und auch an anderen Stellen hingewiesen wurde. Folgende Gleichung bringt diese Einwirkung des Wassers zum Ausdruck: $BiX^3 + 2H^2O = Bi(OH)^2X + 2XH$. Das Salz vom Typus BiX^3 wird durch überschüssiges Wasser zersetzt, indem ein Salz vom Typus $Bi(OH)^2X$ entsteht. Wird aber die Menge der Säure HX vergrössert, so bildet sich von Neuem das Salz BiX^3, das sich dann löst. Die Menge des Wismuthsalzes BiOX, welche in Gegenwart einer bestimmten Menge der zugesetzten Säure in Lösung geht, hängt zweifellos von dem relativen Wassergehalte ab (Muir). Eine Lösung, die bei geringem Wassergehalte noch vollkommen durchsichtig ist, trübt sich beim Verdünnen, indem das Salz vom Typus BiOX ausgeschieden wird.

---

45) Das basische kohlensaure Wismuth wird als Schminke benutzt (Veloutine)

Der weisse flockige Niederschlag $Bi(OH)^2NO^3$, der sich beim Vermischen des neutralen Salzes $Bi(NO^3)^3$ mit 5 Theilen Wasser oder überhaupt mit nur wenig Wasser bildet, wird in der Medizin unter dem Namen Magisterium bismuthi angewandt [46].

Das metallische Wismuth wird zum Löthen und zur Darstellung von leichtflüssigen Legirungen benutzt. Ein Zusatz von Wismuth verleiht vielen Metallen eine bedeutende Härte und erniedrigt gewöhnlich die Schmelztemperatur sehr bedeutend. Die Woodsche Legirung z. B., die aus 1 Theil Kadmium, 1 Th. Zinn, 2 Th. Blei und 4 Th. Wismuth besteht, schmilzt bei ungefähr 60°. Ueberhaupt schmelzen viele Legirungen, die Bi, Sn, Pb, Sb enthalten noch vor oder ungefähr bei der Siedetemperatur des Wassers [47].

Analog dem, wie in der II-ten Gruppe, ausser den Elementen der unpaaren Reihen Zn, Cd und Hg, in den paaren Reihen Ca, Sr, Ba stehen und wie in der IV-ten Gruppe, ausser Si, Ge, Sn, Pb die

---

46) Bei überschüssigem Wasser scheidet sich noch mehr Säure aus und man erhält noch basischere Salze. Als Endprodukt, auf welches Wasser nicht weiter einzuwirken scheint, erhält man eine Verbindung von der Zusammensetzung $BiO(NO^3)$ $BiO(OH)$. Dieses Salz, das die Grenze der Zersetzung bildet, weist offenbar darauf hin, dass die salzartigen Verbindungen des Wismuthoxyds nach dem Typus Bi^2X^6 und nicht BiX^3 zusammengesetzt sind. Wenn das oben beim Blei angeführte Beispiel in Betracht gezogen wird, so ist es sehr wahrscheinlich, dass die Wismuthverbindungen einer noch mehr polymerisirten Form als Bi^2X^6 entsprechen. Führt man auf diese letztere alle Wismuthoxydverbindungen zurück, so erhält man die folgenden Formeln für die salpetersauren Wismuthsalze: neutrales Salz $Bi^2(NO^3)^6$, erstes basisches Salz $Bi^2O(OH)^2(NO^3)^2$, Magisterium Bismuthi $Bi^2(OH)^4(NO^3)^2$ und die Grenzverbindung $Bi^2O^2(OH)(NO^3)$.

Im salpetersauren Wismuth offenbart sich der Charakter, den das Wismuthoxyd in seinen Verbindungen besitzt, denn **Wismuthchlorid** $BiCl^3$ z. B., das sich beim Erhitzen von Wismuth in Chlor und auch beim Auflösen in Königswasser und darauf folgendem Destilliren unter Ausschluss von Luft bildet, zersetzt sich gleichfalls mit Wasser und bildet gleichfalls basische Salze, und zwar zunächst $BiOCl$, wie auch das beschriebene salpetersaure Salz. Wismuthchlorid ist ein flüchtiger Körper, dem möglicher Weise die Formel $BiCl^3$ und nicht Bi^2Cl^6 zukommt. Polymerisation kann bei einigen Verbindungen erfolgen, bei anderen dagegen nicht. Es ist auch eine flüchtige Verbindung von der Zusammensetzung $Bi(C^2H^5)^3$ bekannt, welche eine in Wasser unlösliche Flüssigkeit darstellt, die sich beim Erwärmen auf 130° unter Explosion zersetzen kann.

47) Die der Wood'schen Legirung ähnlichen leicht flüssigen Legirungen können, da sie aus schwer flüchtigen Metallen bestehen, in vielen physikalischen Versuchen, welche bei 70° und auch bei höheren Temperaturen angestellt werden, das Quecksilber ersetzen, vor dem sie den grossen Vorzug besitzen, dass sie keine Dämpfe bilden, deren Spannung zu beachten ist (diese beträgt für Quecksilber bei 100° schon 0,75 mm.). Solche Legirungen werden auch zu Thermometern, Bädern, Manometern u. s. w. benutzt, wobei jedoch in Betracht zu ziehen ist, dass sie sich beim Erstarren ausdehnen, infolge dessen Glasgefässe, in welchen das Erstarren erfolgt, nach einiger Zeit immer springen. Das Wismuth dehnt sich beim Schmelzen aus, besitzt aber eine Temperatur der grössten Dichte. Nach Lüdeking beträgt der mittlere Ausdehnungskoëffizient des flüssigen Wismuths 0,0000442 (zwischen 270° und 303°) und des festen 0,0000411.

Elemente Ti, Zr, Ce und Th sich befinden, ebenso haben wir in der V-ten Gruppe, ausser den schon betrachteten Elementen der unpaaren Reihen, in den paaren Reihen eine Anzahl von analogen Elementen, welche neben einer gewissen Aehnlichkeit (die namentlich quantitativ ist und sich auf die atomistische Zusammensetzung bezieht), auch besondere (qualitative) selbstständige Merkmale aufweisen. In den paaren Reihen befinden sich hier: das **Vanadin**, zwischen Ti und Cr, das **Niob**, zwischen Zr und Mo, und das **Tantal** in der Nähe von W, welches ebenso wie Cr und Mo ein Element der VI-ten Gruppe ist. Wie das Bi in Vielem seinem Nachbar dem Pb ähnlich ist, so sind auch die eben genannten benachbarten Elemente unter einander ähnlich, und zwar selbst im Aussehen, von den Eigenschaften ihrer Verbindungen ganz abgesehen, wobei natürlich der Unterschied der Verbindungsformen, die verschiedenen Gruppen entsprechen, in Betracht zu ziehen ist. Die Zugehörigkeit zur V-ten Gruppe bedingt die Formen der Oxyde R^2O^3 und R^2O^5 und die Entwickelung des Säurecharakters in den höchsten Oxydformen, während die Zugehörigkeit zu den paaren Reihen bei den genannten Metallen das Fehlen flüchtiger Wasserstoffverbindungen RH^3, den mehr basischen Charakter im Vergleich mit den Metallen der unpaaren Reihen, die Eigenschaften der Oxyde u. s. w. bestimmt [48]). Da Vanadin, Niob und Tantal zu den seltenen Elementen gehören, deren Darstellung in re'nem Zustande sehr schwierig ist, besonders infolge ihrer Aehnlichkeit und ihres gleichzeitigen Vorkommens mit Chrom, Titan, Wolfram und anderen, als auch mit einander, so sind die Untersuchungen dieser Elemente noch bei weitem nicht abgeschlossen, obgleich in den 60-er und 70-er Jahren viele Forscher nicht wenig Zeit darauf verwandt haben. Besondere Beachtung verdienen und zwar mit Recht die Untersuchungen des Genfer Chemikers Marignac über das Niob und des Professors Henry Roscoe in Manchester über das Vanadin. Die zweifellose Aehnlichkeit im Aussehen zwischen den Verbindungen des Chroms und Vanadins und die unvollständige Erforschung der seltenen Vanadinverbindungen waren die Ursache, dass die Oxyde des Vanadins lange Zeit hindurch ihrer Zusammensetzung nach als analog den Chromoxyden galten. Der höchsten Oxydationsstufe des Vanadins schrieb man die Formel VO^3 zu. Es wurde eben auser Acht gelassen, dass die chemische Aehnlichkeit zwischen Elementen sich nicht in einer Richtung allein offenbart: das Vanadin ist nämlich nicht nur ein Analogon des Chroms und folglich auch der dem Schwefel ähnlichen Elemente (der VI-ten Gruppe), sondern gleich-

---

48) Da die höchste Oxydationsstufe des Didyms, nach Brauner, Di^2O^5 ist, so stelle ich es in die V-te Gruppe, obgleich ich nicht die Ueberzeugung habe, dass dies zweifellos sei, denn die sich auf dieses Element beziehenden Fragen halte ich noch bei weitem nicht für aufgeklärt.

zeitig auch ein Analogon des Phosphors, Arsens und Antimons. Es ist dies ebendasselbe Verhalten, wie das des Bi zu Pb und gleichzeitig auch zu Sb. In den Vanadinverbindungen finden sich stets auch Verbindungen des Phosphors, ebenso wie des Eisens; die Trennung des Vanadins von den Verbindungen des Phosphors ist sogar noch schwieriger, als von denen des Eisens und Wolframs. Wir würden zu weit gehen, wenn wir alles nur das Vanadin Betreffende wiedergeben wollten, von Niob und Tantal schon ganz zu schweigen. Da ferner viele Fragen, welche auf diese Elemente Bezug haben, noch nicht genügend aufgeklärt sind, so können wir uns mit dem Hinweis auf die wichtigsten Anhaltspunkte in der Geschichte des Vanadins allein beschränken und zwar um so mehr, als die zu betrachtenden Elemente sehr selten und nur wenigen Forschern zugänglich sind.

Von besonderer Wichtigkeit war der Umstand, dass diese Elemente mit Chlor flüchtige Verbindungen bilden, welche den gleichen Verbindungen der Elemente in der Phosphorgruppe analog, also nach dem Typus RX^5 zusammengesetzt sind. Es konnte folglich die Dampfdichte der Chlorverbindungen bestimmt und auf diese Weise eine sichere Basis zur Feststellung der atomistischen Zusammensetzung erhalten werden. Hierbei offenbart sich die Geltung solcher allgemeiner und grundlegender Gesetze, wie es das Avogadro-Gerhardt'sche Gesetz ist. Das Vanadin bildet ein Oxychlorid $VOCl^3$, das dem Phosphoroxychlorid vollkommen analog ist. Dasselbe wurde früher für Vanadinchlorid gehalten, indem beim Vanadin ebenso wie beim Uran (vergl. Kap. 21) das niedrigste Oxyd VO für das Metall selbst gehalten wurde. Dieses Oxyd ist nämlich äusserst schwer zu reduziren, selbst Kalium entzieht ihm nicht den Sauerstoff; ausserdem besitzt es ein metallisches Aussehen und zersetzt Säuren wie ein Metall, d. h. es erinnert in allen Beziehungen an ein Metall. Das **Vanadinoxychlorid** $VOCl^3$ bildet sich, wenn ein Gemisch des Trioxyds V^2O^3 mit Kohle zunächst in einem trocknen Wasserstoffstrome erhitzt und das Erhitzen der hierbei entstandenen niederen Vanadinoxyde dann in einen trocknen Chlorstrome fortgesetzt wird. Man erhält das Vanadinoxychlorid als eine röthliche Flüssigkeit, welche durch Destillation über Natrium, auf welches es nicht einwirkt, gereinigt werden kann. An der Luft raucht es, bildet röthliche Dämpfe und zersetzt sich mit Wasser zu HCl und Vanadinsäure, es ist also einerseits dem Phosphoroxychlorid und andererseits dem Chromoxychlorid CrO^2Cl^2 ähnlich (Kap. 21). Das spezifische Gewicht des Vanadinoxychlorids, das in reinem Zustande eine gelbe Flüssigkeit darstellt, ist 1,83; es siedet bei 120° und seine Dampfdichte beträgt im Verhältniss zu Wasserstoff 86, folglich entspricht die Formel $VOCl^3$ dem Molekulargewichte [49]).

49) Beim Erhitzen auf 400° in einem zugeschmolzenen Rohre verlieren die

Vanadinsäureanhydrid V^2O^5 erhält man in geringer Menge entweder aus einigen Thoneisensteinen, in denen es zugleich mit Phosphorsäure und Eisenoxyd vorkommt (infolge dessen manche Eisensorten Vanadin enthalten) oder aus den seltenen Mineralien: Volborthit $CuHVO^4$ CuO (basisches vanadinsaures Kupfer), Vanadinit $PbCl^23Pb^3(VO^4)^2$, vanadinsaures Blei $Pb^3(VO^4)^2$ u. s. w. Diese Erze werden mit $^1/_3$ ihres Gewichtes Salpeter schwach, aber längere Zeit hindurch geglüht, und nach dem Zerkleinern der Schmelze mit Wasser gekocht. Die erhaltene gelbe Lösung, die vanadinsaures Kalium enthält, wird mit einer Säure gesättigt und mittelst Chlorbaryum gefällt. Der entstehende Niederschlag (der zunächst gelb und amorph ist, wird später weiss und krystallinisch) und besteht aus dem Metasalze $Ba(VO^3)^2$; in Wasser ist er fast unlöslich; wird er mit Schwefelsäure gekocht, so geht Vanadinsäure in Lösung. Beim Sättigen dieser Lösung mit Ammoniak entsteht (meta) vanadinsaures Ammonium NH^4VO^3, das beim Eindampfen farblose, in salmiakhaltigem Wasser unlösliche Krystalle bildet; daher lässt sich das Salz aus seiner Lösung durch Zusetzen von festem Salmiak fällen. Das vanadinsaure Ammonium hinterlässt beim Erhitzen Vanadinsäure, unterscheidet sich also hierin von dem entsprechenden Salze der Chromsäure, die beim Erhitzen zu Chromoxyd reduzirt wird. Ueberhaupt besitzt die Vanadinsäure nur schwache reduzirende Eigenschaften; analog der Phosphor- und Schwefelsäure lässt sie sich schwer desoxydiren und unterscheidet sich hierdurch von der Arsen- und Chromsäure. Aus ihren Lösungen scheidet sich aber die Vanadinsäure, ebenso wie die Chromsäure, nicht als Hydrat, sondern im wasserfreien Zustande V^2O^5 aus. Das Anhydrid V^2O^5 bildet eine rothbraune Masse, die leicht schmilzt und zu durchsichtigen violett glänzenden Krystallen erstarrt (was wieder analog dem Verhalten der Chromsäure ist); in Wasser löst es sich zu einer gelben, schwach sauer reagirenden Lösung [50]).

Dämpfe des Vanadinoxychlorids einen Theil ihres Chlors und gehen in eine grüne, krystallinische Masse vom spezifischen Gewicht 2,88 über, welche an der Luft zerfliesst und die Zusammensetzung $VOCl^2$ besitzt. Die Dampfdichte dieser Verbindung ist unbekannt, es wäre aber äusserst wichtig zu bestimmen, ob die angeführte Förmel in der That der molekularen Zusammensetzung entspricht oder ob letztere durch die Formel $V^2O^2Cl^4$ ausgedrückt wird. Gleichzeitig mit dieser Verbindung bildet sich ein anderes, weniger flüchtiges Oxychlorid von der Zusammensetzung $VOCl$, welche als eine in Wasser unlösliche braune Substanz erscheint, die aber ebenso wie die vorhergehende in Salpetersäure löslich ist. Roscoe gelang es dieser Substanz noch mehr Chlor zu entziehen, so dass die Verbindung $(VO)^2Cl$ entstand, welche jedoch, möglicher Weise, nur ein Gemisch von VO mit VOCl ist. Jedenfalls liegt hier eine Reihe von Verbindungen mit abnehmendem Chlorgehalte vor, wie sie nur bei wenigen der anderen Elemente angetroffen wird.

50) In starken Säuren und Alkalien löst sich V^2O^5 in bedeutender Menge zu

Das **Niob** und das **Tantal** finden sich als Säuren in seltenen Mineralen und werden aus Tantaliten und Columbiten gewonnen, die in Bayern, Finnland, Nord-Amerika und im Ural vorkommen. Diese Minerale enthalten Eisenoxydulsalze der Niob- und Tantal-

---

gelbgefärbten Lösungen. Beim Erhitzen, besonders im Wasserstoffstrome scheidet V^2O^5 Sauerstoff aus und bildet niedere Oxyde: V^2O^4 (dessen saure Lösungen dieselbe grüne Färbung besitzen, wie die Salze des Cr^2O^3), V^2O^3 und als niedrigstes Oxyd VO. Letzteres stellt das metallische Pulver dar, welches beim Erhitzen von Vanadinoxychlorid in überschüssigem Wasserstoff entsteht und welches früher für das metallische Vanadin selbst gehalten wurde. Beim Einwirken von metallischem Zink auf eine Lösung von Vanadinsäure entsteht eine blaue Lösung, die offenbar dieses niederste Oxyd enthält. Dasselbe wirkt wie ein Reduktionsmittel (und erscheint als nächstes Analogon von CrO). Das metallische Vanadin lässt sich nur aus vollkommen sauerstofffreiem Vanadinchlorid erhalten. Das spezifische Gewicht dieses grauweissen Metalles beträgt 5,5; Wasser zersetzt es nicht, und obgleich es sich an der Luft nicht oxydirt, so verbrennt es dennoch bei starkem Erhitzen. Im Wasserstoffstrome lässt es sich schmelzen. In Salzsäure ist das Vanadin unlöslich, doch löst es sich leicht in Salpetersäure; beim Zusammenschmelzen mit Aetznatron bildet es vanadinsaures Natrium.

Es sind drei Reihen von Salzen der Vanadinsäure bekannt: die einen entsprechen der Metavanadinsäure $VMO^3 = M^2O V^2O^5$, die anderen besitzen die Zusammensetzung $V^4M^2O^{11}$ oder $M^2O + 2V^2O^5$, entsprechend den doppeltchromsauren Salzen und die der dritten Reihe entsprechen der Orthovanadinsäure VM^3O^4 oder $3M^2O V^2O^5$. Diese letzteren Salze entstehen beim Zusammenschmelzen von Vanadinsäureanhydrid mit einem Ueberschuss von kohlensauren Alkalien. Ausserdem ist noch eine vierte Reihe von Salzen bekannt, die den trichromsauren Salzen entsprechen und die Zusammensetzung $M^2V^6O^{16} = M^2O + 3V^2O^5$ besitzen. Aus dieser Reihe sind die Salze der Alkalimetalle als rothe Krystalle erhalten worden, welche an die analogen chromsauren Salze erinnern. Dieselben wurden durch Einwirken von Essigsäure auf Lösungen von divanadinsauren Salzen dargestellt, also in derselben Weise, wie viele chromsaure Salze, die ja gleichfalls bei direktem Entziehen des Alkalis durch eine Säure, z. B. Salpeter- oder Essigsäure entstehen.

Das Vanadin ist zu Anfang dieses Jahrhunderts von Del Rio entdeckt und dann von Sefström untersucht worden, aber erst im Jahre 1868 sind die oben angeführten Formeln der Vanadinverbindungen von Roscoe aufgestellt worden. Vor Roscoe hatte Marignac im Jahre 1865 die **Niob- und Tantalverbindungen** untersucht, denen früher gleichfalls andere Formeln, als gegenwärtig zugeschrieben wurden. Das Tantal ist gleichzeitig mit dem Vanadin von Hatchett und Ekeberg entdeckt und später von Rose untersucht worden, welcher im Jahre 1844 im Tantal das Niob entdeckte. Trotz der zahlreichen Untersuchungen von Hermann (in Moskau), Kobell, Rose und Marignac können jedoch die in Bezug auf die Verbindungen dieser Elemente erhaltenen Resultate nicht als sicher festgestellt betrachtet werden. Die Trennung dieser Elemente von einander und von den sie begleitenden Verbindungen der Ceritmetalle, des Titans und and. bietet besondere Schwierigkeiten. Bis zu den Untersuchungen von Rose wurde die höchste Säure des Tantals auf den Typus TaX^6 bezogen, d. h. man schrieb ihr die Zusammensetzung TaO^3 zu und der untersten Oxydationsstufe legte man die Formel TaO^2 bei. Rose änderte die Formel des Säureanhydrides TaO^3 in TaO^2 um und entdeckte in dem Oxyde TaO^2 ein neues Element, das er Niob nannte. Ausserdem nahm er neben dem Tantal und Niob, noch die Existenz eines dritten Elementes, des Pelopiums an, entdeckte jedoch bald, dass die Pelopiumsäure nur eine andere Oxydationsstufe des Niobs war. Der höchsten Oxydationsstufe dieses letzteren schrieb er, als am wahrscheinlichsten, die Formel NbO^2 zu und der untersten Nb^2O^3. Hermann fand in der

säure. Der Gehalt an Eisenoxydul geht bis zu 15 pCt. dasselbe befindet sich mit relativ verschiedenen Mengen von Niob- und Tantalsäure in Verbindung und wird theilweise durch etwas Manganoxydul isomorph ersetzt. Zur Aufschliessung werden diese Minerale mit einer bedeutenden Menge von saurem schwefelsaurem Kalium zusammengeschmolzen. Wird die Schmelze darauf mit Wasser gekocht, so geht Eisenoxydulsalz in Lösung und im Rückstande erhält man die unlöslichen Säuren des Niobs, Tantals und and. in unreinem Zustande. Dieser Säurenrückstand wird (nach Marignac) mit Flusssäure behandelt, in der er sich vollständig löst. Wenn dann zur erwärmten Lösung eine Fluorkaliumlösung zugesetzt wird, so fällt Kaliumtantalfluorid in feinen Nadeln aus, während das viel löslichere Niobdoppelsalz in Lösung bleibt. Der Unterschied in der Löslichkeit dieser beiden Doppelsalze in mit Fluorwasserstoff angesäuertem Wasser ist sehr bedeutend (Lösungen in reinem Wasser werden bald trübe), denn zum Lösen des Kaliumtantalfluorids sind 150 Theile Wasser erforderlich, während das Kaliumniobfluorid sich schon in 13 Th. Wasser löst. Columbit von Grönland (von spez. Gewicht 5,36) enthält nur Niobsäure, während Columbit von Bodenmais in Bayern (von spez. Gewicht 6,06) aus fast gleichen Mengen von Niob- und Tantalsäure besteht Nach Marignac, der die Tantal- und Niobsalze isolirte und genauer untersuchte, existiren verschiedene Doppelsalze von Fluorkalium mit den Fluoriden der Metalle dieser Gruppe. Die in Gegenwart von überschüssiger Flusssäure entstehenden Fluoride des Niobs und Tantals enthalten auf zwei Kaliumatome sieben Fluoratome, woraus der Schluss zu ziehen ist, dass die einfachste Formel dieser Doppelsalze die folgende ist: $K^2RF^7 = RF^5 2KF$, folglich entsprechen die höchsten Verbindungsformen des Niobs und Tantals dem Typus RX^5, d. h. demselben, nach dem die Phosphorsäure zusammengesetzt ist. **Tantalchlorid** $TaCl^5$ erhält man aus reiner Tantalsäure durch Erhitzen eines Gemisches derselben mit Kohle in einem Chlorstrome. Dieses Chlorid ist eine gelbe, krystallinische Substanz, die bei 211^0 schmilzt und bei 241^0 siedet; die Dampfdichte beträgt im Verhältniss zu Wasserstoff 180, entspricht also der Formel $TaCl^5$. Wasser zersetzt das Tantalchlorid vollständig zu Tantalsäure und Salzsäure. In derselben Weise erhält man auch das **Niobpentachlorid** $NbCl^5$, das bei 194^0 schmilzt und bei 240^0 siedet. Mit Wasser

---

für rein angesehenen Niobsäure eine bedeutende Menge von Titansäure und behauptete die Existenz einer besonderen Säure, die er Ilmeniumsäure nannte, nach dem Fundorte des Minerals, den Ilmenbergen des Urals. Auch Kobell entdeckte eine neue Säure, die er als Dianiumsäure bezeichnete. Diese verschiedenen Angaben wurden erst in den 60-er Jahren von Marignac mit einander in Uebereinstimmung gebracht, nachdem derselbe eine genaue Methode zur Trennung der immer gleichzeitig vorkommenden Tantal- und Niobverbindungen ausgearbeitet hatte.

bildet es eine Lösung, die Niobsäure enthält, welche sich aber nur beim Kochen ausscheidet. Die Dampfdichte des Niobpentachlorids [51]) beträgt nach Delafontaine und Deville 9,3.

---

51) Beim Erhitzen eines Gemisches von Niobsäure mit wenig Kohle in einem Chlorstrome entsteht das schwer schmelzbare und schwer flüchtige Nioboxychlorid $NbOCl^3$, dessen Dampfdichte im Verhältniss zu Luft 7,5 beträgt. Diese Dampfdichte bestätigt die Richtigkeit der von Marignac gefundenen Daten und weist auf die quantitative Analogie der Tantal- und Niobverbindungen mit denen des Phosphors und des Arsens und folglich auch des Vanadins hin. In qualitativer Beziehung zeigen die Niob- und Tantalverbindungen (wie dies auch aus den Atomgewichten zu ersehen ist) eine grosse Aehnlichkeit mit den Verbindungen der Molybdän- und Wolframsäure. So z. B. erscheint beim Einwirken von Zink auf saure Lösungen der Tantal- und Niobverbindungen dieselbe blaue Färbung, die auch beim Wolfram und Molybdän (und auch TiO^2) eintritt. Die Salze des Niobs und Tantals sind ebenso zahlreich, wie die des Wolframs und Molybdäns. Die Anhydride der Niob- und Wolframsäure sind gleichfalls unlöslich in Wasser, werden aber, da sie Kolloide sind, zuweilen ebenso in Lösung gehalten, wie die Titan- und Molybdänsäure. Ausserdem nähert sich das Niob in allen Beziehungen dem Molybdän und das Tantal dem Wolfram. Das **Niob**, das in reinem Zustande sehr schwer zu erhalten ist, entsteht bei der Reduktion des Doppelsalzes von Fluorniob und Fluornatrium durch Natrium. Es ist ein Metall, auf welches Salzsäure schon ziemlich energisch einwirkt, desgleichen ein Gemisch von Flusssäure mit Salpetersäure; auch in siedender Kalilauge löst es sich. Das auf dieselbe Weise entstehende **Tantal** erscheint als ein viel schwereres Metall, das nicht schmelzbar ist und das sich nur in einem Gemisch von Flusssäure und Salpetersäure löst. Beide Metalle sind aber wol kaum in reinem Zustande erhalten worden. Rose zeigte bereits 1868, dass bei der Reduktion von NbF^52KF durch Natrium, nach der Behandlung mit Wasser ein graues Pulver vom spezifischen Gewicht 6,3 entsteht, das er für Niobwasserstoff NbH hielt. Auch bei der Reduktion durch Magnesium und Aluminium erhielt Rose kein metallisches Niob, sondern eine Legirung von der Zusammensetzung $NbAl^3$ und dem spezifischen Gewicht 4,5.

Mit Sauerstoff bildet das Niob, so viel bekannt ist, drei Oxyde: NbO, das bei der Reduktion von $NbOF^32KF$ durch Natrium entsteht, NbO^2, das sich beim Erhitzen von Niobsäure in einem Wasserstoffstrome bildet und Niobsäureanhydrid Nb^2O^5, welches eine weisse, unschmelzbare, in Säuren unlösliche Substanz vom spezifischen Gewicht 4,5 ist. Das diesem letzteren Anhydride sehr ähnliche Tantalsäureanhydrid besitzt das spezifische Gewicht 7,2. Die **Salze der Tantalsäure und der Niobsäure** erscheinen sowol als Orthosalze, z. B. $Na^3HNbO^46H^2O$, als auch als Pyrosalze, z. B. $K^3HNb^2O^76H^2O$ und als Metasalze, z. B. $KNbO^32H^2O$; ausserdem existiren noch Salze von komplizirterer Zusammensetzung, welche eine grössere Menge von Anhydrid enthalten. Beim Zusammenschmelzen von Niobsäureanhydrid mit Aetzkali entsteht z. B. ein in Wasser lösliches Salz, das in monoklinen Prismen auskrystallisirt, welche die Zusammensetzung $K^8Nb^6O^{19}16H^2O$ besitzen. Ebendieselbe Zusammensetzung zeigt auch das mit diesem letzteren vollkommen isomorphe Tantalsalz. Der Tantalit ist ein Salz der Metatantalsäure $Fe(TaO^3)^2$, während der Yttrotantalit, wie es scheint, der Orthotantalsäure entspricht.

Zwanzigstes Kapitel.

Schwefel, Selen und Tellur.

Die höchsten Oxyde RO³ der Elemente der VI-ten Gruppe besitzen einen noch deutlicheren Säurecharakter, als die höchsten Oxyde der vorhergehenden Gruppen; schwach basische Eigenschaften treten dagegen in den Oxyden RO³ höchstens bei Elementen der paaren Reihen und auch nur bei grossen Atomgewichten auf, d. h. unter Bedingungen, welche überhaupt die basischen Eigenschaften vergrössern. Sogar die niederen Oxydformen RO² und R²O³, welche von den Elementen der VI-ten Gruppe gebildet werden, sind in den unpaaren Reihen — Säureanhydride; nur in den paaren Reihen erscheinen diese Oxydformen mit den Eigenschaften von Hyperoxyden oder gar von Basen.

Als Repräsentant der VI-ten Gruppe erscheint der **Schwefel**, in welchem der Säurecharakter am schärfsten zum Ausdruck kommt und welcher von allen hierher gehörenden einfachen Körpern in der Natur am verbreitetsten ist. Als ein Element einer unpaaren Reihe der VI-ten Gruppe bildet der Schwefel H²S—Schwefelwasserstoff, SO³ — Schwefelsäureanhydrid und SO² — Schwefligsäureanhydrid. In allen diesen Verbindungen kommen die Säureeigenschaften zum Vorschein. SO³ und SO² sind Säureanhydride und H²S ist wenn auch eine schwache, aber doch immer eine Säure. Als einfacher Körper ist der Schwefel seinen Eigenschaften nach ein echtes Metalloid: er besitzt keinen Metallglanz, ist durchsichtig, leitet nicht die Elektrizität, ist ein schlechter Wärmeleiter, verbindet sich direkt mit Metallen — alles Eigenschaften von Metalloiden wie O oder Cl. Dabei zeigt der Schwefel vornehmlich eine qualitative und quantitative **Aehnlichkeit mit Sauerstoff**, besonders darin, dass er sich gleichfalls **mit zwei Wasserstoffatomen** verbindet und mit Metallen und Metalloiden Verbindungen bildet, die den entsprechenden Sauerstoffverbindungen ähnlich sind. In diesem Sinne ist der Schwefel ein zweiwerthiges Element, wenn die Halogene einwerthig sind [1]). Der chemische Charakter des Schwefels

1) Mit besonderer Deutlichkeit tritt der Charakter des Schwefels in den metall-organischen Verbindungen hervor, deren genauere Betrachtung jedoch in die organische Chemie gehört. An dieser Stelle müssen wir uns mit der Vergleichung der physikalischen Eigenschaften der Aethylverbindungen des Quecksilbers, Zinks, Schwefels und Sauerstoffs begnügen. Die Zusammensetzung dieser Aethylverbindungen, die alle flüchtig sind, wird durch die Formel (C²H⁵)²R ausgedrückt, in welcher R = Hg, Zn, S und O ist. Das Quecksilberäthyl Hg(C²H⁵)² siedet bei 159°, sein spez. Gewicht ist 2,444, das Molekularvolum = 106. Das Zinkäthyl Zn(C²H⁵)² siedet bei 118°, sein spez. Gew. ist 1,882, das Molekularvolum = 101. Das Aethylsulfid S(C²H⁵)² siedet bei 90°, sein spez. Gew. ist 0,825, das Molekularvolum = 107. Das Sauerstoffäthyl, d. h. der gewöhnliche Aether O(C²H⁵)² siedet

offenbart sich in der Fähigkeit mit Wasserstoff eine wenig beständige und wenig energische Säure zu bilden, die einerseits ihrer atomistischen Zusammensetzung nach dem Wasser und andererseits nach ihrer Eigenschaft salzartige Verbindungen zu bilden den Halogenwasserstoffsäuren ähnlich ist. Die Salze, welche dieser Säure entsprechen, sind die Schwefelmetalle (Sulfide), ebenso wie dem Wasser die Oxyde und dem Chlorwasserstoff die Chlormetalle (Chloride) entsprechen. Uebrigens nähern sich die Sulfide mehr den Oxyden, als den Chloriden, wie weiter gezeigt werden wird. Obgleich sich aber der Schwefel, ebenso wie der Sauerstoff, mit Metallen verbindet, so bildet er gleichzeitig auch chemisch beständige Verbindungen mit Sauerstoff, wodurch das ganze Verhalten dieses Elementes ein besonderes Gepräge erhält [2]).

Der Schwefel gehört zu den Elementen, die in der **Natur sehr verbreitet** sind; er erscheint sowol im freien Zustande, als auch in den verschiedensten Verbindungen. Die Luft enthält übrigens fast gar keine Schwefelverbindungen, obgleich eine geringe Menge derselben schon desswegen in der Luft erscheinen muss, weil bei vulkanischen Ausbrüchen der Erde Schwefligsäuregas entsteigt. Das Wasser, sowol der Flüsse, als auch der Meere enthält gewöhnlich grössere oder geringere Mengen von Schwefel in Form von schwefelsauren Salzen. Die Schichten von Gyps, schwefelsaurem Natrium, schwefelsaurem Magnesium und ähnlichen Salzen haben sich zweifellos in Meeren abgelagert. Aus den im Erdreich enthaltenen schwefelsauren Salzen stammt der in den Pflanzen vorkommende Schwefel; diese Salze sind zur Ernährung der Pflanzen nothwendig. Die Pflanzenalbumine enthalten stets etwa ein bis zwei Procente Schwefel, welcher durch die Pflanzen in den Organismus der Thiere gelangt; daher entwickelt sich beim Verwesen von Thierleichen immer Schwefelwasserstoff, als ein Produkt, in welches der Schwefel der Albumine übergeht. Infolge derselben Ursache entwickelt sich Schwefelwasserstoff aus faulen Eiern. In der Natur finden sich bedeutende Mengen von Schwefel in Form von verschiedenen, in Wasser unlöslichen Schwefelmetallen. In Verbindung mit Schwefel kommen Eisen, Kupfer, Zink, Blei, Antimon, Arsen und andere Metalle vor. Solche **Schwefelmetalle** (Sulfide) besitzen öfters Metallglanz und treten krystallinisch auf; oftmals finden sich krystallinische Schwefelmetalle mit einander in Verbindung oder in

---

bei 35°, sein spez. Gew. ist 0,736, das Molekularvolum 101. Es sei noch bemerkt, dass das Diäthyl selbst $(C^2H^5)^2 = C^4H^{10}$ bei ungefähr 0° siedet, das spezifische Gew. 0,62 und das Molekularvolum 94 besitzt. Trotz des verschiedenen Molekulargewichtes findet also beim Ersetzen von Hg durch Zn, S und O fast keine Volumänderung statt. Der physikalische Einfluss dieser so verschiedenen Elemente ist, wenn dieser Ausdruck zulässig, ungeachtet des bedeutenden Unterschiedes in den Atomgewichten, beinahe ein und derselbe.

2) Daher wurde der Schwefel früher als ein amphides Element bezeichnet.

Gemengen. Sulfide, die Metallglanz und eine gelbe Farbe besitzen, werden Kiese genannt, wie' z. B. der Kupferkies $CuFeS^2$, und der am häufigsten vorkommende Eisenkies FeS^2. Metallisch glänzende Sulfide von grauer Farbe werden Glanze genannt, z. B. Bleiglanz PbS, Antimonglanz Sb^2S^3 u. s. w. Endlich kommt der Schwefel auch im freien Zustande vor und zwar in jüngeren geologischen Bildungen im Gemisch mit Kalksteinen und Gyps, am öftesten in der Nähe noch thätiger oder erloschener Vulkane. Da die aus Vulkanen entweichenden Gase Schwefelverbindungen — Schwefelwasserstoff und Schwefligsäuregas — enthalten, durch deren Wechselzersetzung Schwefel entstehen kann, mit welchem die Krater von Vulkanen in der That häufig ausgekleidet sind, so könnte man annehmen, dass der Schwefel vulkanischen Ursprungs sei. Jedoch zwingt die genauere Erforschung der Fundorte des Schwefels, besonders in Bezug auf den gleichzeitig auftretenden Gyps $CaSO^4$ und Kalkstein, zu der jetzt allgemein angenommenen Ansicht, dass der Schwefel durch Reduktion von Gyps infolge der Einwirkung organischer Substanzen entstanden ist und dass diese Reduktion mit der vulkanischen Thätigkeit nur in einem gewissen Zusammenhange steht. An den Ufern der Wolga finden sich in der Nähe von Tetjuschi im Gouvernement Kasan Erdschichten, welche Gyps, Schwefel und Asphalt enthalten. Die wichtigsten Fundorte von Schwefel befinden sich in Sicilien, besonders im südlichen Theile dieser Insel von Catania bis Girgenti [3]). Sehr reiche Schwefellager, welche ganz Russland mit Schwefel versorgen könnten, trifft man in Daghestan bei den Orten Tscherkei und Tscherkat, in Kchiuta (gleichfalls im Kaukasus) und in Transkaspien. Auch auf der Halbinsel Kamtschatka sind in der Nähe der dortigen Vulkane reiche Lagerstätten von Schwefel aufgefunden worden. Die Abscheidung des Schwefels von den erdigen Beimengungen wird durch Ausschmelzen bewirkt, indem man einen Theil des Schwefels verbrennen lässt, wobei der andere Theil schmilzt und ausfliesst. Dieses Ausschmelzen wird in besonderen «Calcaroni» genannten Oefen ausgeführt [4]).

---

3) Während meines Aufenthaltes in Sicilien erhielt ich in der Nähe von Caltanisetta eine Probe Schwefel mit Asphalt. Dort befinden sich auch Stellen, an denen Erdöl (Naphta) austritt und Schlammvulkane, — die beständigen Begleiter des Erdöls. Möglicher Weise ist die Reduktion des Schwefels aus $CaSO^4$ durch Naphta erfolgt.

Die Entstehung des Schwefels aus Gyps wird am besten dadurch bewiesen, dass das Verhältniss zwischen den Mengen von S und $CaCO^3$ in den schwefelhaltigen Gesteinen niemals grösser ist, als dasjenige, welches angetroffen werden müsste, wenn man annimmt, dass beide Körper aus $CaSO^4$ entstanden seien.

4) Zum direkten Ausschmelzen von Schwefel können natürlich nur solche Schwefellager benutzt werden, welche bedeutende Mengen an Schwefel enthalten. Bei geringem Gehalte muss man den Schwefel entweder abdestilliren oder das Gestein auf mechanischem Wege anreichern, was jedoch infolge des geringen Preises des Schwefels meist unvortheilhaft ist.

Um den Rohschwefel zu reinigen unterwirft man ihn in besonderen Retorten der Destillation *(Fig. 135)*, indem man die Schwefeldämpfe in eine grosse gemauerte Kammer B leitet, in welcher der Schwefel zunächst, so lange dieselbe noch kalt ist, aus dem dampfförmigen Zustand direkt in den festen übergeht und sich in Form eines feinen Pulvers, der sogen. **Schwefelblumen** niederschlägt [5]).

Fig. 135. Apparat zur Reinigung von Schwefel durch Destillation.

Wenn sich aber die Kammer allmählich bis zur Schmelztemperatur des Schwefels erwärmt, so verflüssigt sich der Schwefel und wird dann in Stangen gegossen; als solcher wird er **Stangenschwefel** genannt [6]).

Der Schwefel, der nach den oben beschriebenen Methoden gewonnen wird, enthält noch einige Beimengungen, wird aber auch in diesem Zustande schon vielfach angewendet, z. B. zur Darstellung von Schwefelsäure, zum Bestreuen von Weinbergen u. s. w. Zu anderen Zwecken, hauptsächlich zur Fabrikation des Schiesspulvers, ist jedoch ein reinerer Schwefel erforderlich. Die Reinigung wird durch Destillation des Schwefels in dem beiliegend (Fig. 135) abgebildeten Apparate ausgeführt. Im Kessel G wird der Rohschwefel geschmolzen und durch ein besonderes Rohr in die gusseiserne Retorte abgelassen, welche sich über dem Feuerraume befindet. In der Retorte verdampft der Schwefel und die Dämpfe gelangen durch ein weites Rohr in die Kammer B, an der sich das Sicherheitsventil K befindet.

5) Schwefelblumen enthalten immer Oxyde des Schwefels.

6) Zur Gewinnung von Schwefel werden auch verschiedene andere Methoden benutzt. Schwefel lässt sich aus dem in der Natur sehr verbreiteten Eisenkies FeS^2 gewinnen. Beim Erhitzen unter Ausschluss von Luft scheidet der Eisenkies etwa die Hälfte seines Schwefels aus (ungefähr 25 pCt.), während die andere Hälfte mit dem Eisen eine niedere Verbindungsstufe bildet, welche in der Hitze beständiger ist. Auch aus den CaS enthaltenden Sodarückständen und aus Gyps $CaSO^4$ kann Schwefel gewonnen werden, doch ist der gediegene Schwefel so billig, dass diese Materialien zur Schwefelgewinnung nur dann mit Vortheil zu benutzen sind,

Im freien Zustande tritt der Schwefel in **mehreren Modifikationen** auf und kann als Beispiel der Leichtigkeit dienen, mit welcher Aenderungen in den Eigenschaften eines Stoffes vor sich gehen, ohne dass die Zusammensetzung, d. h. die Substanz desselben sich ändert. Der gewöhnliche Schwefel besitzt bekanntlich eine gelbe Farbe, die beim Sinken der Temperatur heller wird, bei — 50° ist er beinahe farblos. Sodann ist der Schwefel spröde, infolge dessen er leicht gepulvert werden kann; er besitzt eine krystallinische Struktur, welche sich unter anderem durch die ungleichmässige Ausdehnung beim Erwärmen von Schwefelstücken erkennen lässt. Schon die Wärme der Hand ruft in Schwefelstücken ein gewisses Geräusch hervor und veranlasst zuweilen ein Zerfallen derselben, was wahrscheinlich durch das schlechte Wärmeleitungsvermögen des Schwefels bedingt wird. Auch künstlich lässt sich der Schwefel leicht im krystallinischen Zustande erhalten, da er, obgleich in Wasser unlöslich, sich in Schwefelkohlenstoff und in einigen anderen öligen Flüssigkeiten löst [7]). Aus einer Lösung in Schwefelkohlenstoff scheiden sich, wenn sie bei Zimmertemperatur verdunstet, gut ausgebildete, durchsichtige Schwefelkrystalle aus, welche die Form der rhombischen Oktaëder, in denen auch der natürliche Schwefel erscheint, besitzen. Das spezifische Gewicht dieser Krystalle beträgt 2,045. Geschmolzener und in Formen gegossener Schwefel zeigt das spezifische Gewicht 2,066, also fast dasselbe, wie der krystallinische Schwefel, was auf die Identität des gewöhnlichen Schwefels mit dem in Oktaëdern krystallisirenden hinweist. Die spezifische Wärme des oktaëdrischen Schwefels be-

---

wenn das Ausgangsprodukt, CaS, als werthloser Abfall erhalten wird. Die chemisch einfachste Methode zur Wiedergewinnung des Schwefels aus den Sodarückständen besteht in der Zersetzung des Schwefelcalciums durch Salzsäure, wobei sich Schwefelwasserstoff entwickelt, der durch Verbrennen in Wasser und Schwefligsäuregas übergeführt wird. Das Schwefligsäuregas scheidet sodann mit Schwefelwasserstoff Schwefel aus. Die Verbrennung des Schwefelwasserstoffs lässt sich so reguliren, dass man direkt ein Gemisch von $2H^2S$ und SO^2 erhält, welches sofort Schwefel ausscheiden kann (Kap. 12. Anm. 14). Gossage und Chance behandeln die Sodarückstände mit CO^2 und lassen den Schwefelwasserstoff nicht vollständig verbrennen (indem sie das Gemisch von H^2S mit Luft, in dem erforderlichen Mengenverhältniss über erhitztes Eisenoxyd leiten); hierbei entstehen Wasser und Schwefeldämpfe: $H^2S + O = H^2O + S$.

7) In 100 Theilen flüssigen Schwefelkohlenstoffs CS^2 lösen sich bei 11°—16,5 Theile Schwefel, bei 0°—24, bei 15°—37, bei 22°—46 und bei 55°—181 Th. Eine mit Schwefel gesättigte Schwefelkohlenstoff-Lösung siedet bei 55°, während der Siedepunkt reinen Schwefelkohlenstoffs bei 47° liegt. Beim Auflösen von Schwefel in Schwefelkohlenstoff wird die Temperatur erniedrigt, was auch beim Lösen von Salzen in Wasser beobachtet wird. Löst man z. B. 20 Theile Schwefel in 50 Theilen Schwefelkohlenstoff bei 22°, so wird die Temperatur um 5° erniedrigt. In 100 Theilen Benzol C^6H^6 lösen sich bei 26°—0,965 Theile Schwefel, bei 71°—4,377 Theile. Die Löslichkeit des Schwefels in 100 Theilen Chloroform $CHCl^3$ beträgt bei 22°—1,2 Theile und in Phenol C^6H^6O bei 174°—16,35 Th. Schwefel.

trägt 0,17; bei 114⁰ schmilzt er zu einer leicht beweglichen, hell-
gelben Flüssigkeit. Bei weiterem Erwärmen erleidet der geschmolzene Schwefel eine Aenderung, die sogleich näher betrachtet werden wird. Zunächst sei aber bemerkt, dass die oktaëdrische Form
des Schwefels die beständigste ist, in welche die anderen Modifikationen bei gewöhnlicher Temperatur allmählich übergehen. Oktaëdrischer Schwefel kann dagegen bei Zimmertemperatur unbe-
grenzte Zeit hindurch aufbewahrt werden.

    Wenn geschmolzener Schwefel so weit abgekühlt wird, dass er
nur von aussen, d. h. an der Oberfläche und den Wandungen
erstarrt, so nimmt die flüssige eingeschlossene Masse eine andere
Form an, wovon man sich leicht überzeugen kann, wenn man die
erstarrte Kruste durchschlägt und die noch flüssige Masse aus-
giesst [8]). An den Wänden des Gefässes erscheinen dann schiefe prismatische Krystalle des monoklinen Systems, welche ein ganz anderes Aussehen, als die rhombischen Schwefelkrystalle zeigen. Die
prismatischen Krystalle sind von brauner Farbe, durchsichtig und
weniger dicht als die rhombischen; ihr spezifisches Gewicht beträgt
1,93; sie schmelzen erst bei 120⁰. Bei Zimmertemperatur lassen
sich solche Krystalle nicht aufbewahren, denn ihre braune Farbe
geht allmählich in gelb über, das spezifische Gewicht nimmt zu
und die Krystalle verwandeln sich vollständig in die gewöhnliche
Modifikation des Schwefels. Bei dieser Umwandlung findet eine
bedeutende Wärmentwickelung statt, so dass die Temperatur der
Masse um 12⁰ steigen kann. Der Schwefel ist folglich dimorph,
d. h. er erscheint in zwei verschiedenen krystallinischen Formen,
welche selbstständige physikalische Eigenschaften besitzen. Es sind
jedoch keine chemischen Reaktionen bekannt, durch welche sich
diese beiden Modifikationen unterscheiden liessen, wie auch der
Aragonit vom Kalkspathe chemisch nicht zu unterscheiden ist [9]).

---

    8) Wenn der Versuch in einem engen Kapillarrohre ausgeführt wird, so schmilzt
der Schwefel bei einer niedrigeren Temperatur (indem er sich gleichsam im übersättigten Zustande befindet) und erstarrt bei 90° zu rhombischen Krystallen, wie
Schützenberger gezeigt hat.

    9) Wenn Schwefel sehr vorsichtig in einem U-förmigen Rohre, das sich in einem
Bade von Salzlösung befindet, zum Schmelzen gebracht und dann allmählich abge-
kühlt wird, so kann er sogar bei 100° noch vollkommen flüssig bleiben. Der
Schwefel befindet sich dann in demselben überkalteten Zustande, wie Wasser, dessen
Temperatur durch vorsichtiges Abkühlen auf − 10° gebracht werden kann. Ein
Eisstückchen verwandelt solches Wasser sofort in Eis, wobei die Temperatur auf
0° steigt. Wenn in den einen Schenkel eines U-förmigen Rohres, das flüssigen
Schwefel bei 100° enthält, ein prismatischer Schwefelkrystall eingebracht wird und
in den andern ein oktaëdrischer, so krystallisirt (nach Gernès) in jedem Schenkel
die entsprechende Modifikation des Schwefels; man erhält also bei ein und derselben Temperatur beide Formen, woraus geschlossen werden muss, dass die Gruppirung der Schwefelmolekeln zu dieser oder jener Form nicht durch die Temperatur
allein, sondern auch durch bereits entstandene krystallinische Theile bedingt wird.

Wenn geschmolzener Schwefel auf 150° erwärmt wird, so nimmt er eine dunkle Farbe an, verliert seine Beweglichkeit und wird so zähe, dass er sich nicht mehr ausgiessen lässt. Steigt die Temperatur über 300°, so wird er wieder flüssig, ohne jedoch seine ursprüngliche Farbe anzunehmen; bei 440° siedet er. Diese Aenderungen in den Eigenschaften des Schwefels werden nicht allein durch die Temperaturänderung, sondern auch durch die Aenderung der Struktur desselben bedingt. Wenn auf 350° erhitzter Schwefel in dünnem Strahle in kaltes Wasser gegossen wird, so erstarrt er nicht zu einer festen Masse, sondern behält die braune Farbe, **bleibt weich**, lässt sich in Fäden ausziehen und zeigt eine kautschukähnliche Elastizität. In diesem weichen und plastischen Zustande verharrt der Schwefel jedoch nicht lange, denn schon nach einiger Zeit erstarrt er, wird trübe und geht in die gewöhnliche gelbe Modifikation über; dies geschieht unter Entwickelung von Wärme, was auch bei der Umwandlung des prismatischen Schwefels in den oktaëdrischen der Fall ist. Der weiche Schwefel charakterisirt sich durch seine theilweise Unlöslichkeit in Schwefelkohlenstoff. Der in dieser Flüssigkeit unlösliche Theil des weichen Schwefels behält diese Eigenschaft lange Zeit hindurch. Die Menge des in Schwefelkohlenstoff unlöslichen Theiles ist am grössten, wenn der Schwefel etwas über 170° erwärmt wird. In Schwefelkohlenstoff **unlöslicher, amorpher Schwefel** entsteht auch bei Reaktionen, bei welchen der Schwefel sich aus Lösungen ausscheidet, z. B. beim Einwirken von Säuren auf Lösungen von unterschwefligsaurem Natrium $Na^2S^2O^3$. Auch beim Einwirken von Wasser auf Chlorschwefel bildet sich diese unlösliche Modifikation. Ferner entsteht sie auch beim Einwirken von Salpetersäure auf einige Schwefelmetalle (Metallsulfide) [10]).

Diese Erscheinung entspricht ihrem Wesen nach der Erscheinung der übersättigten Lösungen.

10) Die Masse des weichen Schwefels, der allmählich in den gewöhnlichen übergeht, enthält lange Zeit hindurch eine gewisse Menge unlöslichen Schwefels. Diese Menge beträgt etwa $1/3$ der Masse unmittelbar nach dem Abkühlen; nach Verlauf von zwei Jahren sind noch ungefähr 15 pCt unlöslichen Schwefels vorhanden. Schwefelblumen, die beim raschen Abkühlen von Schwefeldämpfen entstehen, enthalten gleichfalls unlöslichen Schwefel. Derselbe ist ferner auch in rasch überdestillirtem und abgekühltem Schwefel enthalten und kommt infolge dessen auch im Stangenschwefel vor. Beim Einwirken des Lichts auf eine Lösung von Schwefel wird ein Theil desselben gleichfalls in die unlösliche Modifikation übergeführt. Der unlösliche Schwefel besitzt im Vergleich mit dem gewöhnlichen eine viel hellere Färbung. Man erhält ihn am besten durch Verdampfen von Schwefel in einem Strome von CO^2, HCl und ähnlichen Gasen, wenn die Dämpfe hierbei in kaltes Wasser geleitet werden. Der auf diese Weise dargestellte, in CS^2 fast vollkommen unlösliche Schwefel erscheint in Form von kleinen Hohlkugeln, infolge dessen er leichter als der gewöhnliche Schwefel ist, sein spezifisches Gewicht beträgt 1,82. Ueber die Aenderung, die der Schwefel zwischen 110° und 250° erleidet, lässt sich

Die Dichte der Schwefeldämpfe beträgt bei Temperaturen zwischen dem Siedepunkte des Schwefels, d. h. bei 440⁰ und 700⁰ im Verhältniss zu Luft 6,6, also zu Wasserstoff 96. Bei diesen Temperaturen besteht folglich die **Molekel des Schwefels aus 6 Atomen**, ihre Zusammensetzung ist daher S^6. Von der Riċhtigkeit dieser Folgerung überzeugen die miteinander übereinstimmenden Beobachtungen von Dumas, Mitscherlich, Bineau, Deville. Wenn aber die Schwefeldämpfe noch höher, und zwar **über 800⁰** bis zu 1080⁰ erhitzt werden, so tritt eine rasche Aenderung in ihrer Dichte ein, indem dieselbe im Verhältniss zu Luft den Werth 2,2 oder 32 im Verhältniss zu Wasserstoff erreicht. Die **Schwefelmolekel** besteht dann, ebenso wie die Molekeln des Sauerstoffs, Wasserstoffs, Stickstoffs und Chlors, aus 2 Atomen Schwefel, was der Molekularformel S^2 entspricht. Diese Aenderung in der Dichte der Schwefeldämpfe wird offenbar durch eine polymere Aenderung des Schwefels bedingt, welċhe mit der Umwandlung von Ozon O^3 in Sauerstoff O^2 oder besser mit der von Benzol C^6H^6 in Acetylen C^2H^2 verglichen werden kann [11]).

---

schon nach dem Ausdehnungskoëffizienten schliessen, denn derselbe beträgt für flüssigen Schwefel bis zu 150° ungefähr 0,0005 und zwischen 150° bis 250° weniger als 0,0003.

Bei der Zersetzung von in Wasser gelöstem Schwefelwasserstoff durch den galvanischen Strom erscheint der Schwefel am positiven Pole, er besitzt folglich einen elektronegativen Charakter und zeichnet sich durch seine Löslichkeit in Schwefelkohlenstoff aus. Wenn aber in derselben Weise eine Lösung von schwefliger Säure SO^2 zersetzt wird, so tritt der Schwefel am negativen Pole auf, d. h. er spielt eine elektropositive Rolle nnd erweist sich als unlöslich in Schwefelkohlenstoff. Der mit Metallen verbundene Schwefel muss die Eigenschaften des im Schwefelwasserstoff enthaltenen Schwefels besitzen, während der mit Chlor verbundene Schwefel analog dem Schwefel sein muss, der in Verbindung mit Sauerstoff im Schwefligsäuregase enthalten ist. Berthelot nimmt daher an, dass die Metallsulfide löslichen Schwefel enthalten und dass in die Zusammensetzung des Chlorschwefels die in Schwefelkohlenstoff unlösliche Modifikation des Schwefels eingeht. Nach Cloëz scheidet sich der Schwefel aus Lösungen sowol in der löslichen, als auch in der unlöslichen Modifikation aus, was hauptsächlich davon abhängt ob die Lösung, aus der die Ausscheidung erfolgt, alkalich oder sauer ist. Wenn man geschmolzenem Schwefel etwas Jod oder Brom zusetzt und ihn dann aus dem Gefässe giesst, so erhält man amorphen Schwefel der sich lange aufbewahren lässt und der in Schwefelkohlenstoff fast unlöslich ist. Man benutzt dieses Verhalten des Schwefels zur Herstellung von Gegenständen, in welchen der Schwefel längere Zeit hindurch amorph bleiben muss, z. B. zu Schwefel-Scheiben für Elektrisirmaschinen.

11) Es muss an dieser Stelle besonders darauf aufmerksam gemacht werden, dass sowol das Benzol, wie auch das Acetylen bei gewöhnlicher Temperatur existiren, während der Schwefel als S^2 nur bei hohen Temperaturen existenzfähig ist, denn beim Abkühlen geht solcher Schwefel zunächst in S^6 und dann in flüssigen Schwefel über. Wenn es möglich wäre den Schwefel bei gewöhnlicher Temperatur in beiden Modifikationen zu erhalten, so würde er im Zustande von S^2 ganz andere Eigenschaften aufweisen, als im Zustande von S^6, was analog den weit auseinander gehenden Eigenschaften des gasförmigen Acetylens und des bei 80° siedenden flüssigen Benzols wäre. Der Schwefel im Zustande von S^2 ist wahrscheinlich ein viel niedriger siedender Körper, als die gewöhnliche bekannte Modifikation dessel-

Nach seiner **Verbindungsfähigkeit** zeigt der Schwefel die grösste Aehnlichkeit mit dem Sauerstoff und Chlor, denn er vereinigt sich analog diesen beiden mit fast allen Elementen unter Entwickelung von Licht und Wärme zu Schwefelverbindungen, welche, wie bereits angeführt wurde, den Sauerstoffverbindungen analog sind. Mit den meisten Stoffen verbindet sich übrigens der Schwefel, analog dem Sauerstoffe, nur bei hohen Temperaturen. Bei gewöhnlicher Temperatur geht der Schwefel schon deswegen nicht in Reaktionen ein, weil er ein fester Körper ist; im geschmolzenen Zustande dagegen wirkt er bereits auf die meisten Körper ein: auf Metalle, Halogene; bei etwa 400^0 verbindet er sich mit Sauerstoff, bei Glühhitze auch mit Kohle, nicht aber mit Stickstoff. Die Beschreibung dieser Reaktionsprodukte folgt weiter unten, nach Betrachtung der Verbindungen des Schwefels mit Wasserstoff und Metallen.

Die meisten Metalle treten beim Schmelzen oder Erhitzen mit Schwefel mit diesem in Verbindung. In Schwefeldämpfen verbrennen die Metalle grösstentheils, wenn sie in Form von feinem Drahte oder Pulver vorliegen. Die direkte Vereinigung des Schwefels mit Wasserstoff erfolgt nur bis zu einer bestimmten Grenze, d. h. sie ist bei bestimmter Temperatur und anderen Bedingungen nicht vollständig; sie geht ohne Explosion und ohne Erhitzung vor sich, denn bei der Temperatur seiner Bildung unterliegt der Schwefel-

---

ben. Unter Benutzung der Methode von Raoult (d. h. nach der Erniedrigung des Gefrierpunktes von Schwefellösungen in Benzol) haben Paterno und Nasini (1888) gefunden, dass die Schwefelmolekeln aus S^6 bestehen. Diese Frage kann übrigens gegenwärtig noch nicht als endgiltig entschieden betrachtet werden.

Ferner muss hier in Betracht gezogen werden, das der Schwefel trotz aller Analogie mit dem Sauerstoff, (welche sich unter anderem auch in der Bildung der Modifikation S^2 äusserst) auch eine Reihe von Verbindungen bilden kann, welche relativ mehr Schwefel enthalten, als die analogen Sauerstoffverbindungen Sauerstoff enthalten. Es sind z. B. Verbindungen von 5 Schwefelatomen mit 2 Atomen Kalium oder mit 1 Baryumatom bekannt. Jedenfalls lässt sich die Fähigkeit des Schwefels mit einer grösseren Anzahl von Atomen in Verbindung zu treten, als dies dem Sauerstoff eigen ist, nicht übersehen. Beim Sauerstoff ist das Ozon O^3 eine sehr unbeständige Form, O^2 dagegen die beständige, während der Schwefel im Zustande von S^2 höchst unbeständig, im Zustande von S^6 aber beständig ist. Bemerkenswerth ist es sodann, dass die höhere Oxydationsstufe des Schwefels H^2SO^4 gleichsam der komplexen Zusammensetzung desselben entspricht, wenn man nämlich dieses Hydrat als S^6 betrachtet, wo vier Schwefelatome durch Sauerstoff und ein Atom durch zwei Wasserstoffatome ersetzt sind. Den Verbindungsformen des Schwefels: K^2SO^4, $K^2S^2O^3$, K^2S^5, BaS^5 und vielen anderen entsprechen keine Analoga unter den Sauerstoffverbindungen. In dieser Fähigkeit des Schwefels viele Atome anderer Körper zu binden offenbaren sich dieselben Kräfte, welche das Zusammentreten vieler Schwefelatome zu komplexen Molekeln veranlassen. Es lässt sich dies auch an anderen Beispielen ersehen: Sauerstoff bildet H^2O und H^2O^2 und im freien Zustande O^2 und O^3, Chlor dagegen nur HCl und im freien Zustande Cl^2, während Schwefel H^2S, H^2S^3 und H^2S^5 bildet, weil er im freien Zustande aus S^2 und aus S^6 bestehen kann. Wenn Wasserstoffhyperoxyd eine atomistische Aehnlichkeit mit O^3 zeigt, so muss auch H^2S^5 in atomistischer Beziehung S^6 ähnlich sein.

wasserstoff, H^2S, schon der Zersetzung, d. h. er dissoziirt leicht [12]). Es wiederholt sich also beim Schwefelwasserstoff dasselbe, wie beim Wasser, nur sind hier die Temperaturgrenzen, in welchen die Anziehung zwischen H^2 und S beginnt und aufhört, viel enger, als beim Sauerstoff und Wasserstoff. Die Temperatur, bei der sich Schwefel und Wasserstoff zu verbinden beginnen, ist, wie in vielen anderen Fällen, dieselbe, bei der die Dissoziation beginnt. **Schwefelwasserstoff** H^2S entsteht daher in geringer Menge beim direkten Erhitzen eines Gemisches von Schwefeldämpfen mit Wasserstoff. Uebrigens darf die Temperatur hierbei nicht zu hoch sein, denn dann findet vollständige Zersetzung statt, aber auch bei relativ niedrigen Temperaturen entsteht bei der direkten Vereinigung von Schwefel mit Wasserstoff immer nur wenig Schwefelwasserstoff. Analog allen anderen Wasserstoffverbindungen [13]) kann auch der Schwefelwasserstoff leicht durch doppelte Umsetzung aus den entsprechenden Metallsulfiden erhalten werden, wenn in letzteren das Metall beim Einwirken von Säuren durch Wasserstoff ersetzt wird. Metallsulfide (Schwefelmetalle) lassen sich meist leicht darstellen, einige derselben kommen schon in der Natur vor. Bei der Einwirkung von nicht flüchtigen Säuren auf Metallsulfide entstehen, durch doppelte Umsetzung, Schwefelwasserstoff und das Salz der einwirkenden Säure: $M^2S + H^2SO^4 = H^2S + M^2SO^4$. Es ist übrigens sehr charakteristisch, dass nicht alle Metallsulfide und nicht mit allen Säuren

---

12) Bei der Bildung von K^2S (d. h. bei der Vereinigung von 32 Th. Schwefel mit 78 Th. Kalium) werden 100 Tausend W. E. entwickelt, beinahe ebenso viel wie bei der Vereinigung des Schwefels mit der äquivalenten Natriummenge. Die Bildungswärme der Sulfide des Ca und Sr beträgt gegen 90 Taus. W. E., des Zn und Cd ungefähr 40 Taus., des Fe, Co und Ni ungefähr 20 Taus. Bei der Vereinigung des Schwefels mit Kupfer, Blei und Silber ist die Wärmeentwickelung geringer. Nach ·den Bestimmungen von Thomsen beträgt die Wärmeentwickelung der Reaktion J^2, Aq, H^2S = 21830 cal. d. h. bei der Vereinigung von 254 g Jod mit 34 g Schwefelwasserstoff in Gegenwart überschüssigen Wassers wird eine solche Wärmemenge entwickelt, die 21830 g Wasser um 1° erwärmen könnte. Da nun die Bildungswärme der Reaktion (J^2, H^2, Aq) = 26342 cal. ist, so ergibt sich für die Reaktion (H^2, S) = 4512 cal. Die Bildungswärme bei der Vereinigung von Metalloiden mit Wasserstoff beträgt nach den Ausführungen von Thomsen: (H, Cl) = 22001; (H, Br) = 8440; (H, J) = — 6036 (es findet Absorption von Wärme statt); (O, H^2) = 68357; (N, H^3) = 26707; (C, H^4) = 20420; (C^2, H^4) = 10880; (C^2, H^2) = —55010. In Bezug auf die Wärmetönung bei der Vereinigung mit Wasserstoff lässt sich bis jetzt nur sagen, dass in jeder Gruppe die Metalloide mit kleinen Atomgewichten (C, N, O, Cl) bei dieser Vereinigung Wärme entwickeln, während die Metalloide mit hohem Atomgewichte (As?, Se, Te?, J) entweder nur wenig Wärme entwickeln oder sogar Wärme absorbiren.

13) Wenn man zu Schwefel, den man in einem Kolben geschmolzen und fast bis zur Siedetemperatur erhitzt hat, tropfenweise schweres Schmieröl (aus Naphta) vom spez. Gewichte 0,9 zusetzt, so findet nach Lidow eine regelmässige Entwickelung von Schwefelwasserstoff statt, was analog der Einwirkung von Br und J auf Paraffin und ähnliche Oele ist, wobei HBr und HJ entstehen (Kap. 11). Sogar beim Kochen von Schwefel mit Wasser bildet sich eine geringe Menge von H^2S.

(die in Lösung angewandt werden) Schwefelwasserstoff entwickeln, während z. B. alle kohlensauren Salze beim Einwirken aller Säuren CO^2 entwickeln. Schwefelsäure entwickelt Schwefelwasserstoff nur aus den Metallsulfiden, welche ein Metall enthalten, das Säuren unter Entwickelung von Wasserstoff zersetzen kann. Zink, Eisen, Calcium, Magnesium, Mangan, Kalium, Natrium und and. bilden Metallsulfide, welche mit H^2SO^4 Schwefelwasserstoff entwickeln, während die Metalle selbst aus Säuren Wasserstoff ausscheiden [14]). Metalle, welche mit Säuren keinen Wasserstoff entwickeln, bilden Schwefelverbindungen, die gewöhnlich auf Säuren nicht einwirken d. h. mit Säuren keinen Schwefelwasserstoff entwickeln; zu solchen Verbindungen gehören die Sulfide des Bleis, Silbers, Kupfers, Quecksilbers, Zinns und and. Der Prozess der Bildung von Schwefelwasserstoff beim Einwirken von Säuren auf Schwefelmetalle lässt sich daher als eine Erscheinung betrachten, bei welcher Wasserstoff sich im Entstehungszustande mit dem Schwefel eines Metallsulfides verbindet. Diese Vorstellung ist um so zulässiger, als alle

---

14) Die Sache ist übrigens ihrem Wesen nach viel komplizirter. ZnS z. B. entwickelt mit Schwefelsäure und mit Salzsäure H^2S, während es mit Essigsäure nicht reagirt und von Salpetersäure oxydirt wird. Eisenmonosulfid FeS scheidet mit Säuren Schwefelwasserstoff aus, Eisendisulfid FeS^2 dagegen tritt mit schwachen Säuren nicht in Reaktion. Letzteres wird unter anderem von dem Zustande bedingt, in welchem sich das Eisendisulfid befindet: als natürlicher Eisenkies erscheint dasselbe als eine krystallinische, massive, sehr dichte Substanz, die in Wasser vollkommen unlöslich ist. Auf solche Metallsulfide wirken nun Säuren überhaupt sehr schwierig ein. Wenn z. B. Schwefelzink durch doppelte Umsetzung als weisses Pulver erhalten wird, so entwickelt es mit Säuren sehr leicht Schwefelwasserstoff. In dieser Form entsteht es auch beim direkten Zusammenschmelzen von Zink und Schwefel; während das in der Natur vorkommende Schwefelzink, die Zinkblende, eine massive, metallisch glänzende Masse bildet, welche durch Schwefelsäure gar nicht oder nur kaum zersetzt wird.

Sodann wird das Verhalten der Metallsulfide zu Säuren durch die Einwirkung des Wasers komplizirt, denn dasselbe erweist sich bei verschiedener Konzentration oder ungleichem Wassergehalte als durchaus verschieden. Das bekannteste der hierher gehörenden Beispiele bietet das Schwefelantimon Sb^2S^3, welches selbst in Form des natürlichen Antimonglanzes durch starke Salzsäure, die nicht mehr Wasser enthält, als der Formel $HCl6H^2O$ entspricht, unter Entwickelung von H^2S zersetzt wird, während schwache Salzsäure keine Einwirkung ausübt; bei überschüssigem Wasser verläuft die Reaktion entsprechend der Gleichung: $2SbCl^3 + 3H^2S = Sb^2S^3 + 6HCl$, während in Gegenwart von wenig Wasser gerade die entgegengesetzte Reaktion eintritt. Es offenbart sich hier der Einfluss des Wassers, die Affinität zu demselben, was auch durch die thermochemischen Daten zum Ausdruck gebracht wird (vergl. Kap. 10. Anm. 27).

Dass PbS in Säuren unlöslich, ZnS in HCl löslich, dagegen in Essigsäure unlöslich ist, dass CaS selbst durch Kohlensäure zersetzt wird u. s. w., alle diese Eigenthümlichkeiten entsprechen den Wärmemengen, welche bei der Oxydation von H^2S und beim Einwirken von Säuren entwickelt werden, wie dies aus den Beobachtungen von Favre und Silbermann und den Zusammenstellungen von Berthelot hervorgeht (vergl. hierüber die Comptes-Rendus der Pariser Akademie der Wissenschaften 1870).

Bedingungen, unter denen Schwefelwasserstoff entsteht, vollkommen analog denjenigen sind, unter denen die Bildung des Wasserstoffs selbst erfolgt. Die gewöhnliche Darstellungsmethode von Schwefelwasserstoffgas beruht auf der Einwirkung von **Schwefelsäure auf Schwefeleisen**, wozu dieselben Apparate benutzt werden, wie zur Darstellung von Wasserstoff, nur dass an Stelle von metallischen Eisen oder Zink, Eisen- oder Zinksulfid angewandt wird. Die Reaktion zwischen Eisensulfid und Schwefelsäure geht bei gewöhnlicher Temperatur vor sich und zwar unter derselben unbedeutenden Entwickelung von Wärme, wie auch die Gewinnung von Wasserstoff: $FeS + H^2SO^4 = FeSO^4 + H^2S$ [15]).

In der Natur entsteht der Schwefelwasserstoff auf verschiedene Weise, meist aber bei der Zersetzung von Eiweissstoffen (Albuminen), welche, wie bereits angeführt wurde, Schwefel enthalten. Ferner bildet er sich bei der reduzirenden Einwirkung organischer Stoffe auf schwefelsaure Salze und beim Einwirken von Wasser und Kohlensäure auf die Schwefelmetalle, welche bei dieser Reduktion entstehen können. Drittens, erscheint der Schwefelwasserstoff bei vulkanischen Ausbrüchen. Obgleich nun der Schwefelwasserstoff in der Natur zwar nur in geringen Mengen aber überall auftritt, so verschwindet er bald aus der Luft, da er durch oxydirende Agentien leicht zersetzt wird. Viele Mineralwasser enthalten H^2S und besitzen dann den eigenthümlichen Geruch der sogen. Schwefelquellen.

Der Schwefelwasserstoff ist bei gewöhnlicher Temperatur ein farbloses Gas von äusserst unangenehmem Geruche. Wie aus seiner Zusammensetzung H^2S hervorgeht, ist er 17mal schwerer als Wasserstoff, also etwas schwerer als Luft. Bei einer Temperatur von ungefähr — 74^0 **verflüssigt sich** der Schwefelwasserstoff; bei gewöhnlicher Temperatur erfolgt die Verflüssigung unter einem Drucke von 10—15 Atmosphären; bei — 85^0 erstarrt er zu einer festen krystallinischen Substanz. Verflüssigter Schwefelwasserstoff lässt sich am bequemsten durch Zersetzen von Wasserstoffhypersulfid

---

15) Zur Darstellung von **Schwefeleisen**, FeS, (Eisensulfid) bringt man Eisenstücke, die man vorher bis auf Weissgluth erhitzt, mit Schwefel zusammen. Die Vereinigung erfolgt hierbei unter Entwickelung von Wärme und das entstehende Schwefeleisen schmilzt. Dasselbe ist eine schwarze, leicht schmelzbare, in Wasser unlösliche Substanz. Feuchtes Schwefeleisen wird durch den Sauerstoff der Luft zu Eisenvitriol $FeSO^4$ oxydirt. Schwefeleisen, das noch freies Eisen enthält, entwickelt beim Einwirken auf Schwefelsäure zugleich mit H^2S auch Wasserstoff. Die genauere Beschreibung der Darstellung des als Reagenz im Laboratorium so häufig benutzten Schwefelwasserstoffs können wir hier unterlassen, erstens weil die Methoden dieselben sind, nach welchen Wasserstoff gewonnen wird, und zweitens, weil diese Methoden in den Lehrbüchern der analytischen Chemie beschrieben werden. An Stelle von FeS lässt sich bequem CaS oder ein Gemisch von CaS mit MgS anwenden. Sehr passend ist eine Lösung von $MgSH^2S$, denn dieselbe entwickelt bei 60° einen regelmässigen Strom von reinem H^3S.

beim Erhitzen in Gegenwart von wenig Wasser darstellen. Zu diesem Zwecke benutzt man ein knieförmiges Rohr, wie es beim Ammoniak beschrieben wurde (Seite 276), in dessen einen Schenkel man Wasserstoffhypersulfid mit etwas Wasser bringt. Beim Erhitzen zersetzt sich das Hypersuflid zu Schwefel und Schwefelwasserstoff, welcher sich nun in dem abzukühlenden Schenkel des Rohrs zu einer farblosen Flüssigkeit verdichtet. Die Verflüssigung des Schwefelwasserstoffs steht offenbar mit seiner Löslichkeit in Zusammenhang. Ein Volum Wasser löst bei 0° 4,37 Volum Schwefelwasserstoff, bei 10° — 3,58 Volume und bei 20° — 2,9 Volume [16]).

Die Lösung röthet Lackmuspapier, jedoch nur sehr schwach. Das Schwefelwasserstoffgas besitzt nicht nur einen unangenehmen Geruch, sondern ist sogar giftig. Die Beimengung von einem Theile des Gases auf 1500 Theile Luft ist für Vögel bereits tödtlich. Säugethiere sterben in einer Atmosphäre, die $1/_{200}$ Schwefelwasserstoff enthält.

Beim Einwirken von Hitze oder von elektrischen Funken zersetzt sich der Schwefelwasserstoff leicht in seine Bestandtheile. Es ist daher begreiflich, dass er auch durch viele Substanzen, die eine bedeutende Affinität zu Wasserstoff und Schwefel besitzen, zersetzt wird. Viele Metalle scheiden mit Schwefelwasserstoff Wasserstoff aus [17]), so dass der Schwefelwasserstoff in dieser Beziehung die Eigenschaften einer Säure aufweist, z. B.: $2H^2S + Sn = 2H^2 + SnS^2$. Diese Reaktion lässt sich zur Bestimmung der Zusammensetzung des Schwefelwasserstoffs benutzen, da bei derselben aus einem gegebenen Volum Schwefelwasserstoff das gleiche Volum an Wasserstoff erhalten wird. Andererseits wird der Schwefel-

16) Noch löslicher als in Wasser ist der Schwefelwasserstoff in Alkohol: ein Volum des letzteren löst bei gewöhnlicher Temperatur bis zu 8 Volumen des Gases. Schwefelwasserstoff-Lösungen in Wasser und in Alkohol zersetzen sich bald, namentlich wenn sie in offenen Gefässen aufbewahrt werden, denn beide Lösungsmittel lösen allmählich aus der Luft Sauerstoff, welcher dann auf den Schwefelwasserstoff in der Weise einwirkt, dass er ihn in Wasser und Schwefel zersetzt. Diese Zersetzung kann an der Luft so weit gehen, dass die Lösung zuletzt keine Spur von Schwefelwasserstoff enthalten wird. Lösungen von Schwefelwasserstoff in Glycerin zersetzen sich viel langsamer und können daher ziemlich lange aufbewahrt werden. Analog den Hydraten, welche viele verflüssigte Gase bilden, erhielt Forcrand das Hydrat H^2S16H^2O. Nach Cailletet und Forcrand zersetzt sich dieses Krystallhydrat selbst unter Druck schon bei 30°.

17) Einige Metalle scheiden aus Schwefelwasserstoff schon bei gewöhnlicher Temperatur Wasserstoff aus. In dieser Weise wirken viele leichte Metalle ein und unter den schweren — Kupfer und Silber. Silberne Gegenstände schwärzen sich daher, wenn sie mit Schwefelwasserstoffgas in Berührung kommen (Schwefelsilber ist schwarz). Quecksilber zersetzt Schwefelwasserstoff schon bei gewöhnlicher Temperatur, jedoch nur langsam, so dass man Schwefelwasserstoff wol über Quecksilber auffangen, nicht aber aufbewahren kann. Zn und Cd wirken beim Erhitzen auf Schwefelwasserstoff ein, jedoch nicht vollständig.

wasserstoff durch Sauerstoff [18]), Chlor [19]) und sogar Jod zersetzt, denn diese Elemente entziehen ihm den Wasserstoff und treten an die Stelle des Schwefels, der hierbei in Freiheit gesetzt wird, z. B. $H^2S + Br^2 = 2HBr + S$. An keiner anderen Wasserstoffverbindung lässt sich so leicht wie am Schwefelwasserstoff die **Ersetzung** sowol des Wasserstoffs, als auch des mit diesem verbundenen Elementes demonstriren. Es weist dies auf die schwache Bindung zwischen den den Schwefelwassertoff bildenden Elementen hin. Verbindungen, welche viel und sich leicht ausscheidenden Sauerstoff enthalten, bewirken auch ausserordentlich leicht die Ausscheidung des Schwefels aus dem Schwefelwasserstoff. In dieser Weise wirken z. B. salpetrige Säure, Chromsäure, selbst Eisenoxyd und ähnliche höhere Oxyde. Wenn Schwefelwasserstoff z. B. in eine Lösung von Chromsäure oder in eine saure Lösung von Eisenoxyd eingeleitet wird, so oxydirt der Sauerstoff der gelösten Stoffe den Wasserstoff des Schwefelwasserstoffs zu Wasser und der **Schwefel scheidet sich im freien Zustande aus.** Der Schwefelwasserstoff wirkt also wie ein **Reduktionsmittel** durch den in ihm enthaltenen Wasserstoff. Durch Schwefelwasserstoff werden die Salze der Ueberjod- und Ueberchlorsäure, der unterchlorigen und vieler anderen Säuren reduzirt, indem der Sauerstoff dieser Säuren hauptsächlich auf den Wasserstoff des Schwefelwasserstoffs einwirkt; wenn aber das Oxydationsmittel im Ueberschuss vorhanden ist, so kann sich auch ein Theil des Schwefels zu Schwefelsäure oxydiren. Bei chemischen Untersuchungen wird die reduzirende Wirkung des Schwefelwasserstoffs sehr häufig zur Darstellung niederer Oxydationsstufen und zur Ueberführung mancher Sauerstoffverbindungen in Wasserstoffverbindungen benutzt; die höheren Stickstoffoxyde z. B. werden durch Schwefelwasserstoff in Ammoniak übergeführt und die Nitroverbindungen, wenn sie in alkalischer Lösung vorliegen, in Ammoniakderivate. Zu derselben Art von Erscheinungen gehört auch die Reaktion zwischen Schwefelwasserstoff und Schwefligsäuregas, wobei als Hauptprodukte Schwefel und Wasser auftreten: $2H^2S + SO^2 = 2H^2O + S^3$.

Der Säurecharakter des Schwefelwasserstoffs offenbart sich in seiner Einwirkung auf Alkalien und Salze. Bleioxyd und dessen Salze z. B. bilden mit Schwefelwasserstoff Wasser oder Säure (wenn

---

18) Entzündet man H^2S, der aus einer feinen Oeffnung in die Luft ausströmt, so verbrennt er zu SO^2 und H^2O. Wenn er dagegen bei begrenztem Luftzutritt entzündet wird (z. B. an der Mündung eines mit Schwefelwasserstoff gefüllten Cylinders), so verbrennt nur der Wasserstoff, dessen Affinität zum Sauerstoff grösser als die des Schwefels ist, denn Wasserstoff entwickelt bei seiner Verbrennung eine viel grössere Wärmemenge, als Schwefel. Die Verbrennung des Schwefels ist in dieser Beziehung analog der Verbrennung von Kohlenwasserstoffen.

19) Hierdurch erklärt es sich, dass durch Chlor und Chlorkalk der unangenehme Schwefelwasserstoffgeruch vernichtet wird. Ueber die Wechselwirkung zwischen H^2S und J vergl. Seite 544.

ein Salz vorlag) und Schwefelblei: $PbX^2 + H^2S = PbS + 2HX$. Die Reaktion geht sogar in Gegenwart starker Säuren vor sich, da das Schwefelblei zu den Sulfiden gehört, die der Einwirkung von Säuren nicht unterliegen. Man benutzt diese Reaktion zur Darstellung vieler Säuren, die man zu diesem Zwecke zunächst in das entsprechende Bleisalz überführt. Ameisensaures Blei z. B. bildet mit Schwefelwasserstoff Ameisensäure und Schwefelblei: $C^2H^2PbO^4 + H^2S = PbS + 2CH^2O^2$. In derselben Weise wirkt aber der Schwefelwasserstoff auch auf viele den Metallen entsprechende Säuren, wenn: 1-tens, die Säure nicht reduzirt wird; 2-tens, wenn die dem Säureanhydride entsprechende Schwefelverbindung in Wasser unlöslich ist (beim Einwirken in wässriger Lösung); 3-tens, wenn kein Alkali zugegen ist, auf welches der Schwefelwasserstoff und die Säure sogleich einwirken könnten; 4-tens, wenn die Schwefelverbindung durch Wasser nicht zersetzt wird. Es scheidet sich z. B. aus Lösungen von arseniger Säure beim Einwirken von Schwefelwasserstoff ein Niederschlag von Schwefelarsen As^2S^3 aus. Diese Fällung findet auch in Gegenwart von Säuren statt, da das Schwefelarsen durch Säuren nicht zersetzt wird. Die Zersetzung erfolgt nach demselben Typus wie die von Basen, indem Schwefel und Sauerstoff sich gegenseitig ersetzen: $RO^n + nH^2S = RS^n + nH^2O$. Zu den Säureanhydriden entsprechenden Schwefelverbindungen, welche durch Wasser zersetzt werden und infolge dessen in Gegenwart von Wasser nicht entstehen können, gehören z. B. die Schwefelverbindungen des Phosphors [20]).

20) Schwefeltetraphosphid P^4S erhält man durch Zusammenschmelzen von gewöhnlichem Phosphor mit Schwefel unter Wasser im richtigen Mengenverhältniss als eine ölige Flüssigkeit, die bei 0° erstarrt, ohne Zersetzung destillirt, an der Luft jedoch raucht und sich entzündet. Aehnliche Eigenschaften besitzt auch das Schwefeldiphosphid P^2S. Bei der Bildung dieser Verbindungen findet eine geringe Wärmeentwickelung statt und es ist anzunehmen, dass sie direkt aus Phosphor- und Schwefelmolekeln als solchen bestehen. Wenn aber die Menge des Schwefels vergrössert wird, so geht die Vereinigung mit Phosphor unter so bedeutender Temperaturerhöhung vor sich, dass sogar Explosion erfolgen kann. Es wird daher, um die Reaktion gefahrlos zu machen, rother Phosphor mit Schwefelpulver innig gemischt und in einer Atmosphäre von CO^2 erwärmt. Auf diese Weise sind die folgenden Sulfide erhalten worden: das Phosphorsesquisulfid P^4S^3, welches in der Luft und in Wasser beständig ist, sich in Schwefelkohlenstoff löst, in Prismen krystallisirt und bei 165° schmilzt (nach Rebs); das **Phosphortrisulfid** P^2S^3—das Analogon von P^2O^3 und das **Phosphorpentasulfid** P^2S^5, das dem Pentoxyde P^2O^5 entspricht. Das Trisulfid erscheint als eine gelbe krystallinische Masse, die in CS^2 wenig löslich, schmelzbar und flüchtig ist; durch Wasser wird es in H^2S und PH^3O^3 zersetzt und mit K^2S bildet es Thiosalze, wie auch die höhere Verbindungsstufe P^2S^5. Dieses Phosphorpentasulfid ähnelt dem Trisulfide, zersetzt sich mit Wasser zu PH^3O^4 und H^2S und zeigt in Vielem eine gewisse Analogie mit PCl^5. Ausserdem ist die Verbindung PS^2 bekannt, deren Dampfdichte (wie es scheint) auf die Molekel P^3S^6 hinweist.

Die Metallsulfide, welche den Metalloxyden entsprechen, besitzen je nach dem Charakter der letzteren entweder schwach alkalische oder schwach saure Eigenschaften und können infolge dessen mit einander in Verbindung treten und salzartige Substanzen bilden, d. h. Salze, in denen der Sauerstoff durch Schwefel ersetzt ist. Der Schwefelwasserstoff, der also die Eigenschaften einer schwachen Säure [21]) und zugleich auch die Eigenschaften des Wassers besitzt, bildet den Typus von Schwefelverbindungen, welche beim Einwirken von Schwefelwasserstoff ebenso entstehen können, wie Oxyde beim Einwirken von Wasser. Da aber der Schwefelwasserstoff auch Säureeigenschaften besitzt, so verbindet er sich leicht mit basischen Metallsulfiden. Es existirt z. B. eine

---

Dem Phosphoroxychlorid entspricht das **Phosphorsulfochlorid** $PSCl^3$—eine farblose, angenehm riechende Flüssigkeit, die bei 124° siedet und das spezifische Gewicht 1,63 besitzt; an der Luft raucht sie und wird durch Wasser zersetzt: $PSCl^3 + 4H^2O = PH^3O^4 + H^2S + 3HCl$. Man erhält es: durch Einwirken von H^2S auf PCl^5, wobei ausser $PSCl^3$ auch $2HCl$ entsteht, sodann durch vorsichtiges Einwirken von Phosphor auf Chlorschwefel: $2P + 3S^2Cl^2 = 2PSCl^3 + 4S$ und durch Einwirken von PCl^5 auf einige Schwefelverbindungen, z. B. auf Sb^2S^3. Endlich entsteht das Phosphorsulfochlorid auch bei der Reaktion: $3PCl^3 + SOCl^2 = PCl^5 + POCl^3 + PSCl^3$, welche auf die reduzirenden Eigenschaften des Phosphortrichlorids hinweist. Letztere treten mit besonderer Deutlichkeit in der Reaktion: $SO^3 + PCl^3 = SO^2 + POCl^3$ hervor. Thorpe und Rodger erhielten (1889) durch Erhitzen von $3PbF^2$ mit P^2S^5 Phosphorsulfofluorid PSF^3 als ein farbloses, an der Luft sich selbst entzündendes Gas.

21) Zur Charakteristik der sauren Eigenschaften des Schwefelwasserstoffs ist es von besonderer Wichtigkeit zu beachten, dass derselbe, ebenso wie das Wasser, die alkalischen Eigenschaften der ätzenden Alkalien nicht sättigt, denn durch Einwirken von Schwefelwasserstoff auf Kalilauge lässt sich unter keinen Umständen eine neutrale Flüssigkeit erhalten. Man erhält hierbei nur ein saures Salz in Lösung: $KHO + H^2S = KHS + H^2O$; dass die Bildung des neutralen Salzes: $2KHO + H^2S = K^2S + 2H^2O$ nicht stattfindet, ergibt sich aus Folgendem. Leitet man' nämlich in Kalilauge so viel Schwefelwasserstoff, als absorbirt werden kann, so erfolgt infolge der Bildung von KHS Wärmeentwickelung. Wenn dann zur erhaltenen Lösung noch Kalilauge zugesetzt wird, so findet keine Entwickelung von Wärme statt, während beim Versetzen einer Lösung von saurem schwefelsaurem Kalium oder von saurem kohlensaurem Natrium mit Alkalilauge Wärme entwickelt wird. Hieraus folgt jedoch nicht (wie Thomsen annimmt), dass H^2S eine einbasische Säure ist, denn K^2S wird durch Wasser zersetzt und zur Bildung von K^2S müssen mit einander sehr ähnliche Körper in Wechselwirkung treten ($KHS + KHO = K^2S + H^2O$). wobei fast keine Wärmeentwickelung stattfindet, was z. B. auch bei doppelten Umsetzungen von Salzen der Fall ist. Ausserdem müssen die bei der Reaktion entstehenden Körper K^2S und H^2O zweifellos mit einander reagiren, was der Absorption von Wärme nur förderlich sein kann, wenn bei der Reaktion zwischen KHS und KHO wirklich Wärme entwickelt wird. Ferner ist in Betracht zu ziehen, dass Kaliumoxyd K^2O und analoge wasserfreie Oxyde in Lösungen gleichfalls nicht existiren können und daher, wenn sie entstehen, immer sofort mit dem Wasser in Reaktion treten und KHO und analoge Hydrate bilden werden. In diesem Sinne zerfällt auch das Kaliumsulfid K^2S, wenn es sich in wässriger Lösung bildet, sofort in Aetzkali und das saure Salz: $K^2S + H^2O = KHO + KHS$. Das Sulfid K^2S entspricht im festen Zustande dem Oxyde K^2O, das gleichfalls in Lösung nicht existirt.

Verbindung von Schwefelwasserstoff mit Schwefelkalium: $2KHS =$ $K^2S + H^2S$, welche dem Kalihydrate analog ist, während Verbindungen von H^2S mit Sulfiden, die Säuren entsprechen, nicht oder fast nicht existiren. Der Schwefelwasserstoff entspricht auf diese Weise den Metallsulfiden, welche als Salze des Schwefelwasserstoffs oder als Metalloxyde, in denen der Sauerstoff durch Schwefel ersetzt ist, betrachtet werden können. Die Metallsulfide weisen in Bezug auf ihre Löslichkeit in Wasser im Allgemeinen dieselben Unterschiede auf, wie auch die Oxyde. Die Oxyde der Alkali- und einiger Erdalkalimetalle lösen sich in Wasser, dagegen sind die Oxyde fast aller anderen Metalle in Wasser unlöslich. Dieselbe Löslichkeit zeigen auch die Metallsulfide, denn die Sulfide der Alkali- und Erdalkalimetalle sind in Wasser löslich, während alle anderen Sulfide unlöslich sind. Metalle wie Aluminium, deren Oxyde, z. B. Al^2O^3, intermediäre Eigenschaften besitzen und die mit schwachen Säuren keine Verbindungen bilden, wenigstens nicht auf nassem Wege, geben auf diesem Wege auch keine Sulfide, dieselben können jedoch auf indirektem Wege erhalten werden. Die Sulfide der anderen Metalle entstehen, namentlich wenn sie in Wasser unlöslich sind auch in wässrigen Lösungen. Die Salze dieser Metalle bilden durch doppelte Umsetzung mit Schwefelwasserstoff oder mit einem löslichen Metallsulfide das entsprechende unlösliche Sulfid; aus einem Bleisalz z. B. wird durch Schwefelwasserstoff Bleisulfid gefällt. Die Ausscheidung des Metalls als Sulfid erfolgt aber nur in dem Falle, wenn das Metallsulfid in Säuren unlöslich ist, wie z. B. das Bleisulfid, was dadurch bedingt wird, dass beim Einwirken von Schwefelwasserstoff auf die Salze solcher Metalle zugleich mit dem Sulfide auch die entsprechende Säure im freien Zustande auftreten muss. Wenn Schwefelwasserstoff, H^2S, z. B. auf das Metall M, das als Salz von der Zusammensetzung MX^2 vorliegt, einwirkt, so entsteht neben dem Sulfide MS auch die Säure $2HX$ [22]).

Es werden also die in Wasser unlöslichen Sulfide solcher Metalle, wie Zink, Eisen, Mangan und andere, deren Sulfide mit Säuren reagiren, aus den Salzen dieser Metalle durch Schwefel-

---

22) Schulze entdeckte (1882), dass viele Metallsulfide, welche für vollkommen unlöslich gehalten wurden, unter gewissen Bedingungen in Wasser sehr unbeständige Lösungen bilden können (vergl. Seite 111. Anm, 57). Auch viele Oxyde (Kieselerde, Thonerde, Zinnoxyd, Molybdänsäure und and.) können im kolloidalen Zustande in Lösung erhalten werden. Ueberhaupt berechtigt die Allgemeinheit dieser Erscheinungen zu erwarten, dass durch weitere systematische Untersuchungen in dieser Richtung man auch zu allgemeinen Folgerungen gelangen wird. Schwefelarsen lässt sich sehr leicht als Hydrosol in Lösung erhalten. Wenn CuX^2- oder CdX^2-Salze durch Schwefelammon gefällt und die Niederschläge ausgewaschen werden, so können CuS und CdS leicht in Lösung gehen, aus der sie durch Versetzen mit irgend einem anderen Salze wieder gefällt werden.

wasserstoff desswegen nicht gefällt, weil die Säure, die bei der Reaktion frei wird, das etwa entstehende Sulfid wieder löst. Die Reaktion: $FeCl^2 + H^2S = FeS + 2HCl$ und ähnliche können nicht stattfinden, weil das Sulfid (das Schwefeleisen z. B.) in der Säure löslich ist. Das Sulfid Sb^2S^3 wird durch schwache Salzsäure nicht zersetzt, wol aber durch konzentrirte, infolge dessen die Reaktion zwischen $SbCl^3$ und H^2S in Gegenwart eines Ueberschusses an starker HCl-Lösung unvollständig ist, während beim Verdünnen mit Wasser und in Gegenwart von wenig HCl die Reaktion: $2SbCl^3 + 3H^2S = Sb^2S^3 + 6HCl$ bis zu Ende geht. Die Metallsulfide, die durch Säuren zersetzt werden, lassen sich auf nassem Wege durch doppelte Umsetzungen der entsprechenden Salze nicht mit H^2S, sondern mit einem löslichen Metallsulfide, z. B. mit Schwefelammonium oder Schwefelkalium, darstellen, weil dann keine freie Säure, sondern zugleich mit dem unlöslichen Sulfide das Salz des Metalles (Kalium oder Ammonium) entsteht, das als lösliches Sulfid angewandt wurde; z. B.: $FeCl^2 + K^2S = FeS + 2KCl$ [23]).

---

23) Diese Reaktion lässt sich auch durch die folgende Gleichung ausdrücken: $FeCl^2 + 2KHS = FeS + 2KCl + H^2S$. Da aber der Schwefelwasserstoff an der Reaktion nicht theilnimmt, so wird die Bildung der Metallsulfide gewöhnlich in der Weise zum Ausdruck gebracht, dass der aus KHS oder NH⁴HS entstehende Schwefelwasserstoff nicht in Betracht gezogen wird. Zur Reaktion wird gewöhnlich nicht Schwefelkalium, sondern Schwefelammonium oder richtiger Ammoniumsulfhydrat $(NH^4)HS$ benutzt, damit in der Lösung zugleich mit dem Metallsulfide nicht ein Salz des nicht flüchtigen Alkalimetalles, sondern ein Ammoniumsalz entstehe, welches durch Eindampfen der Lösung und Glühen des Rückstandes immer leicht zu entfernen ist. Die Einwirkung des Schwefelammoniums erfolgt z. B. nach der Gleichung: $FeCl^2 + (NH^4)^2S = FeS + 2NH^4Cl$ oder $FeCl^2 + 2(NH^4)HS = FeS + 2NH^4Cl + H^2S$.

Die Metallsulfide lassen sich auf diese Weise in drei Hauptgruppen theilen: in solche, die **in Wasser löslich**, solche, **die unlöslich sind**, die aber mit Säuren reagiren, und endlich solche, die **sich weder in Wasser noch in Säuren lösen**. Letztere können wiederum in zwei Gruppen getheilt werden: in Sulfide, die Basen oder basischen Oxyden entsprechen und infolge dessen Alkalisulfiden gegenüber nicht die Rolle von Säuren spielen und sich auch in Alkalisulfiden nicht lösen können, und in Sulfide von saurem Charakter, welche sich in Alkalisulfiden zu Salzen lösen, in denen sie die Rolle der Säure spielen. Zu dieser letzteren Gruppe gehören die Sulfide von Metallen, deren entsprechende Oxyde selbst sehr schwache basische, aber scharf hervortretende saure Eigenschaften besitzen. Es muss übrigens bemerkt werden, dass nicht allen Metallsäuren Schwefelverbindungen entsprechen und zwar schon desswegen, weil einige Säuren durch Schwefelwasserstoff reduzirt werden, was namentlich dann der Fall ist, wenn ihre niederen Oxydationsstufen einen basischen Charakter besitzen. Zu diesen Säuren gehören z. B. die Säuren des Chroms, Mangans und and.; Schwefelwasserstoff führt sie in die basischen niederen Oxyde über. Basen, welche mit so schwachen Säuren, wie CO^2 und H^2S nicht in Verbindung treten, bilden mit Schwefelammon (ebenso wie mit kohlensauren Salzen) Niederschläge von Hydraten; in dieser Weise reagirt z. B. die Thonerde in ihren Salzen, denn das Schwefelaluminium Al^2S^3 wird durch Wasser zersetzt. MgS bildet mit Wasser: $Mg(SH)^2 + MgH^2O^2$. Dieses verschiedene Verhalten der Metalle zu Schwefelwasserstoff ergibt ein sehr werthvolles Mittel zur

Die **Metallsulfide** (Schwefelmetalle) entstehen nicht nur bei der Einwirkung von Schwefelwasserstoff auf Salze oder Oxyde, sondern auch durch direkte Vereinigung der Metalle mit Schwefel beim Erhitzen, Zusammenschmelzen u. s. w., wie auch nach vielen anderen Methoden. Zu den allgemeinen Bildungsweisen der Metallsulfide gehört ihre Darstellung aus schwefelsauren Salzen durch Glühen mit Kohle und ähnlichen Reduktionsmitteln. Die Kohle entzieht hierbei diesen Salzen Sauerstoff und veranlasst die Entstehung der Sulfide. Aus schwefelsaurem Natrium Na^2SO^4 z. B. entsteht beim Glühen mit Kohle Schwefelnatrium Na^2S, während Kohlenoxyd und Kohlensäureanhydrid entweichen. Metallsulfide entstehen ferner beim Erhitzen von Metallen oder Metalloxyden in den Dämpfen vieler Schwefelverbindungen, z. B. von Schwefelkohlenstoff, wobei der Kohlenstoff des letzteren mit dem Sauerstoffe des Oxydes und der Schwefel mit dem Metalle in Verbindung tritt. Bei dieser Darstellungsweise erscheinen viele Metallsulfide nicht selten in krystallinischer Form und mit den Eigenschaften wie sie in der Natur vorkommen. Ausserdem unterliegen die Metallsulfide folgenden

---

Trennung der Metalle von einander und wird auch bei chemischen Untersuchungen, besonders **in der chemischen Analyse** benutzt. Wenn z. B. gleichzeitig Metalle der ersten und dritten Gruppe vorliegen, so braucht man nur auf die Lösung ihrer Salze mit Schwefelwasserstoff einzuwirken um die Metalle der dritten Gruppe als Sulfide im Niederschlage zu erhalten, während diejenigen der ersten Gruppe unverändert in Lösung bleiben. Die genauere Beschreibung dieser Trennungsmethode gehört in die analytische Chemie, so dass an dieser Stelle nur die Gruppen, zu denen die gewöhnlichsten Metalle gehören, und die Farben der entsprechenden Sulfide angegeben werden sollen.

Metalle, die durch Schwefelwasserstoff aus den Lösungen ihrer Salze, selbst in Gegenwart freier Säuren, als Sulfide **gefällt werden:**

In Schwefelammon ist der Niederschlag:

löslich:	unlöslich:
Platin (dunkelbraun)	Kupfer (schwarz)
Gold (dunkelbraun)	Silber (schwarz)
Zinn (gelb und braun)	Kadmium (gelb)
Antimon (orange)	Quecksilber (schwarz)
Arsen (gelb).	Blei (schwarz).

Metalle, die durch Schwefelammon aus neutralen Lösungen, nicht aber durch H^2S aus sauren Lösungen **gefällt werden:**

Der Niederschlag besteht aus Sulfiden, die in schwacher Salzsäure:

löslich:	unlöslich sind:
Zink (weis)	Nickel (schwarz).
Mangan (röthlichweiss)	Kobalt (schwarz).
Eisen (schwarz).	

Der Niederschlag besteht nicht aus Sulfiden, sondern aus Hydroxyden: Chrom (grünlich) und Aluminium (weiss).

Die Alkali- und Erdalkalimetalle werden weder durch H^2S noch durch NH^4HS gefällt. Die Erdalimetalle werden, wenn sie sich als phosphorsaure oder verschiedene andere Salze in saurer Lösung befinden, durch Schwefelammon gefällt, welches dann durch seinen Ammoniak einwirkt, indem H^2S ausgeschieden und die Lösung neutral wird.

allgemeinen Reaktionen: an der Luft oxydiren sie sich schon bei gewöhnlicher und besonders bei erhöhter Temperatur, indem sie meistens in schwefelsaure Salze übergehen. Besonders leicht erfolgt diese Oxydation auch bei gewöhnlicher Temperatur, wenn das Metallsulfid aus einer Lösung in Form eines feinen Pulvers ausgefällt und wenn es ausserdem wasserhaltig ist. Sehr leicht oxydiren sich die gefällten Sulfide des Eisens, Mangans und and. Wenn jedoch diese Sulfidhydrate erhitzt werden (was zur Vermeidung der Oxydation in einem Wasserstoffstrome geschehen muss), so verlieren sie ihr Wasser und sind dann bei gewöhnlicher Temperatur nicht mehr oxydationsfähig. Diejenigen Metallsulfide, denen schwefelsaure Salze entsprechen, die sich beim Erhitzen zersetzen, scheiden, wenn sie an der Luft erhitzt werden, ihren Schwefel in Form von SO^2 aus, während das Metall meist als Oxyd zurückbleibt. Dieses Verhalten utilisirt man bei der Verarbeitung von Schwefelerzen, indem man dieselben dem sogenannten *Rösten*, d. h. dem Erhitzen bei Luftzutritt unterwirft, wobei der Schwefel des Erzes ausbrennt.

Wasserstoff bildet mit Schwefel nicht nur Schwefelwasserstoff, sondern auch mehrere andere Verbindungsstufen, analog dem wie er sich mit Sauerstoff nicht nur zu Wasser, sondern auch zu Wasserstoffhyperoxyd verbindet. Die Wasserstoffhypersulfide sind ebenso unbeständig, wie das Wasserstoffhyperoxyd und entstehen aus den entsprechenden Polysulfiden der Erdalkalimetalle in derselben Weise wie letzteres aus dem Baryumhyperoxyde, d. h. einem Polyoxyde entsteht. Calcium z. B. verbindet sich mit dem Schwefel in mehreren Verhältnissen, indem nicht nur Calciummonosulfid CaS, sondern auch Di-, Tri- und Pentasulffd, CaS^5, entstehen. Alle diese Calciumsulfide sind in Wasser löslich. In denselben Verhältnissen bildet auch Natrium Sulfide von der Zusammensetzung Na^2S bis zu Na^2S^5. Wenn die Lösung eines Polysulfides mit irgend einer Säure versetzt wird, so entstehen Schwefelwasserstoff, Schwefel und das entsprechende Metallsalz: $MS^5 + 2HCl = MCl^2 + H^2S + 4S$. Wenn dagegen umgekehrt die Lösung eines Polysulfides in eine Säure gegossen wird, so scheidet sich kein Schwefel aus, sondern es bildet sich eine ölige Flüssigkeit, — das Wasserstoffhypersulfid das schwerer als Wasser und darin unlöslich ist $MS^5 + 2HCl = MCl^2 + H^2S^5$. Aus den verschiedenen Natriumpolysulfiden entsteht, wie Rebs (1888) nachwies, immer ein und dasselbe Wasserstoffhypersulfid [24]) und zwar **Wasserstoffpentasulfid**, dessen spezifisches

24) Durch Auflösen von Schwefel in Lösungen von Na^2S, K^2S und BaS stellte Rebs zunächst Di-, Tri-, Tetra- und Pentasulfide des Natriums, Kaliums und Baryums dar und versetzte dann mit den Lösungen dieser Sulfide Salzsäure; hierbei erhielt er immer Wasserstoffpentasulfid: $4H^2S^n = (n-1)H^2S^5 + (5-n)H^2S$, indem z. B. H^2S^2 sich nach der Gleichung: $4H^2S^2 = H^2S^5 + 3H^2S$ zersetzte. Beim Zusammentreffen mit Wasser zerfiel das Pentasulfid H^2S^5 in $H^2S + 4S$. Vor den Untersu-

Gewicht 1,71 (bei 15°) beträgt. Dasselbe kann selbst unter Ausschluss von Wasser und bei niedriger Tamperatur nur kurze Zeit aufbewahrt werden; besonders leicht zersetzt es sich in Gegenwart von Alkalien und bei schwachem Erwärmen. Die Zersetzungsprodukte des Wasserstoffpentasulfids sind Schwefelwasserstoff und Schwefel [25]).

Die in Wasser löslichen Sulfide und Polysulfide der Alkalimetalle, z. B. des Ammoniums [26]), Kaliums [27]), sodann auch des Cal-

chungen von Rebs wurde von Vielen angenommen, dass alle Metallpolysulfide H^2S^2 bilden, während Hofmann nur die Existenz des Wasserstofftrisulfids H^2S^3 anerkannte,

25) Die Entstehung der Wasserstoffpolysulfide H^2S^n erklärt sich auf Grund des Substitutionsgesetzes in derselben Weise, wie die Bildung der Grenzkohlenwasserstoffe C^nH^{2n+2} aus CH^4, wenn man in Betracht zieht, dass der Schwefel Schwefelwasserstoff H^2S bildet, dessen Molekel in H und HS getheilt werden kann. Der Rest HS ist H äquivalent. Ersetzt man den Wasserstoff in H^2S durch diesen Rest, so erhält man: $(HS)HS = H^2S^2$, $(HS)(HS)S = H^2S^3$ u. s. w. oder im Allgemeinen H^2S^n. In dieser Weise entstehen aus CH^4 die Homologen desselben C^nH^{2n+2}, so dass die Verbindungen H^2S^n als die Homologen von H^2S erscheinen. Es taucht nun die Frage auf: warum in H^2S^n allem Anscheine nach die Grenze $n = 5$ ist? d. h. warum mit der Bildung von H^2S^5 die Substitution ein Ende erreicht? Die Antwort scheint mir ganz klar zu sein: weil in der Molekel des Schwefels S^6 sich sechs Schwefelatome anhäufen. In beiden Fällen wirken dieselben Kräfte, welche sowol S^6, als auch S^5 und H^2 zusammenhalten, denn auf Grund der Zusammensetzung von H^2S sind zwei Wasserstoffatome einem Schwefelatome äquivalent. Wie das Wasserstoffhyperoxyd H^2O^2 der Zusammensetzung des Ozons O^3, in dem O durch H^2 ersetzt ist entspricht, so entspricht auch H^2S^5 der Molekel S^6.

26) **Schwefelammon** $(NH^4)^2S$ (Ammoniumsulfid) erhält man durch Einleiten von Schwefelwasserstoff in ein mit trocknem Ammoniak gefülltes Gefäss oder beim Durchleiten der beiden trocknen Gase H^2S und NH^3 durch eine stark abgekühlte Vorlage. Hierbei darf die Luft keinen Zutritt haben und das Ammoniak muss im Ueberschusse angewandt werden. Unter diesen Bedingungen verbinden sich zwei Volume Ammoniak mit einem Volum Schwefelwasserstoff zu einem farblosen, sehr flüchtigen, krystallinischen Körper, der einen unangenehmen Geruch besitzt und sehr giftig und unbeständig ist. An der Luft absorbirt er Sauerstoff, nimmt eine gelbe Färbung an und enthält dann Sauerstoffverbindungen und Polysulfide (weil H^2S theilweise in Wasser und Schwefel zerfällt). In Wasser löst sich das Schwefelammon zu einer farblosen Flüssigkeit, welche jedoch aller Wahrscheinlichkeit nach freies Ammoniak und saures Salz, d. h. NH^4HS oder $(NH^4)^2SH^2S$ Ammoniumsulfhydrat enthält. Dieses Sulfhydrat entsteht auch beim Vermischen von trocknem Ammoniak mit trocknem Schwefelwasserstoff, wenn letzterer im Ueberschuss vorhanden ist. Wenn die beiden Gase sei es bei Zimmertemperatur oder auch beim Erwärmen zusammentreffen, so verbinden sie sich immer in gleichen Volumen: $NH^4HS = NH^3 + H^2S$. Das Ammoniumsulfhydrat krystallisirt wasserfrei in farblosen Blättchen; es lässt sich destilliren (wobei es wie NH^4Cl dissoziirt), reagirt alkalisch, absorbirt an der Luft Sauerstoff und löst sich in Wasser. Die wässrige Lösung erhält man gewöhnlich durch Sättigen einer wässrigen Lösung von Ammoniak mit Schwefelwasserstoff. Wie alle Ammoniumsalze, zerfallen auch diese Verbindungen beim Destilliren in Ammoniak und Schwefelwasserstoff.

Eine Lösung von Schwefelammon kann Schwefel lösen und dann Verbindungen von Wasserstoffpolysulfiden mit Ammoniak enthalten. Einige dieser Verbindungen lassen sich auch im krystallinischen Zustande erhalten. Fritsche erhielt z. B. die Verbindung von Ammoniak mit Wasserstoffpentasulfid, also das **Ammoniumpentasulfid**,

ciums [28]) besitzen, ebenso wie die Hydroxyde dieser Metalle, das Aussehen und die Eigenschaften von Salzen, während die Sulfide

---

$(NH^4)^2S^5$ auf folgende Weise. Er sättigte eine wässrige Ammoniaklösung mit Schwefelwasserstoff, setzte Schwefelblumen zu und leitete Ammoniakgas ein, das sich hierbei löste. Wurde nun wieder Schwefelwasserstoff eingeleitet, so konnte die entstehende Flüssigkeit von Neuem Schwefel und Ammoniak lösen. Nach mehrfacher Wiederholung erschienen in der Flüssigkeit zuletzt orangefarbige, sehr unbeständige Krystalle, welche bei 40°—50° schmolzen.

Wenn eine durch Sättigen von Aetzammon mit Schwefelwasserstoff dargestellte Lösung von NH^4SH an der Luft aufbewahrt wird, so färbt sie sich allmählich gelb und enthält dann Ammoniumpolysulfid, dessen Bildung durch die Oxydation des Schwefelwasserstoffs, der hierbei in Wasser und Schwefel übergeht, und das Auflösen des entstehenden Schwefels im Schwefelammon eine Erklärung findet. Zu einigen analytischen Reaktionen werden gerade solche durch längeres Stehen gelb gewordene Schwefelammonlösungen benutzt. Beim Einwirken von Säuren auf gelbes Schwefelammon wird Schwefel ausgeschieden, während frisch bereitete Schwefelammonlösungen hierbei nur Schwefelwasserstoff entwickeln. Lange aufbewahrtes Schwefelammon enthält ausserdem auch unterschwefligsaures Ammonium, welches nicht nur bei der Oxydation des Schwefelammons, sondern auch beim Einwirken des frei werdenden Schwefels auf Ammoniak entsteht, was analog der Reaktion zwischen Schwefel und Alkalilauge ist, wobei das Alkalisalz der unterschwefligen Säure und Schwefelmetall entstehten.

27) **Schwefelkalium** K^2S (Kaliumsulfid) erhält man durch Erhitzen eines Gemisches von schwefelsaurem Kalium mit Kohle bis zu heller Rothgluth. Zur Darstellung einer Lösung von Schwefelkalium theilt man eine bestimmte Menge von Kalilauge in zwei gleiche Theile, sättigt den einen Theil mit Schwefelwasserstoff, der hierbei in das saure Salz KHS übergeht, und giesst dann den anderen Theil hinzu, um KHS in K^2S überzuführen. Die Schwefelkaliumlösung reagirt stark alkalisch, ist in frisch bereitetem Zustande farblos, verändert sich aber an der Luft sehr leicht und enthält dann unterschwefligsaures Kalium und Polysulfide. Wenn die Lösung bei niedriger Temperatur unter dem Rezipienten der Luftpumpe eingedampft wird, so scheiden sich Krystalle von der Zusammensetzung K^2S5H^2O aus, welche im Vakuum sowie auch beim Erwärmen auf 150° drei Molekeln Wasser ausscheiden; bei höheren Temperaturen verlieren die Krystalle fast alles Wasser, nicht aber Schwefelwasserstoff. Glasgefässe werden durch diese Krystalle beim Erhitzen angegriffen. Mit Schwefelwasserstoff vollkommen gesättigte Kalilauge scheidet beim Verdunsten unter dem Rezipienten der Luftpumpe farblose Rhomboëder von **Kaliumsulfhydrat** $2(KHS)H^2O$ aus. An der Luft zerfliesst das Kaliumsulfhydrat, während es im luftleeren Raume bis auf 170° erhitzt werden kann ohne sich zu verändern; bei höherer Temperatur scheidet es Wasser aus, jedoch keinen Schwefelwasserstoff. Wasserfreies Kaliumsulfhydrat KHS schmilzt in dunkler Rothglühhitze zu einer sehr beweglichen gelben Flüssigkeit, welche sich allmählich dunkler färbt und beim Abkühlen eine rothe Farbe annimmt. Merkwürdiger Weise scheidet das Sulfhydrat KHS beim Kochen seiner Lösung ziemlich leicht die Hälfte des in ihm enthaltenen Schwefelwasserstoffs aus, so dass Schwefelkalium K^2S zurückbleibt. Die Lösung dieses letzteren kann bei längerem Kochen gleichfalls Schwefelwasserstoff ausscheiden, jedoch nicht vollständig. Bei einer bestimmten höheren Temperatur wird daher eine Lösung von K^2S keinen Schwefelwasserstoff absorbiren können. Hieraus muss gefolgert werden, dass KHO, H^2O und H^2S in der Lösung ein System aus drei Körpern darstellen, dessen Gleichgewichtszustand nach den Dissoziations-Gesetzen von der relativen Masse dieser Körper, von der Temperatur und dem Dissoziationsdruck der Bestandtheile abhängt. Schwefelkalium löst sich nicht allein in Wasser, sondern auch in Weingeist.

der Metalle der höheren Gruppen den Oxyden dieser Metalle ähnlich sind und durchaus nicht wie Salze aussehen, besonders wenn

---

Nach den Untersuchungen von Berzelius existiren, ausser dem Schwefelkalium, dem Kaliummonosulfide, noch Disulfid K^2S^2, Trisulfid K^2S^3, Tetrasulfid K^2S^4 und Pentasulfid K^2S^5. Am beständigsten sind nach Schöne die Sulfide K^2S^3, K^2S^4 und K^2S^5. Wenn man in einem Porzellantiegel Aetzkali oder kohlensaures Kalium mit überschüssigem Schwefel in einem Kohlensäurestrome zusammenschmilzt, so kann man bei verschiedenen Temperaturen, verschiedene Verbindungen des Kaliums mit Schwefel erhalten. Bei 600° entsteht Kaliumpentasulfid—die höchste Verbindungsstufe,—welches bei 800° ein Fünftel seines Schwefels verliert und in Kaliumtetrasulfid übergeht. Letzteres ist bei dieser Temperatur ebenso beständig, wie das Pentasulfid bei der niedrigeren Temperatur, d. h. es findet bei derselben keine Verdampfung von Schwefel statt. Bei ungefähr 900° entsteht Kaliumtrisulfid K^2S^3, das man auch durch Erhitzen von kohlensaurem Kalium in einem Strome von Schwefelkohlenstoff erhalten kann; hierbei bildet sich zunächst unter Entwickelung von Kohlensäure die Verbindung K^2CS^3, welche dem kohlensauren Kalium entspricht. Bei weiterem Glühen zersetzt sich diese Verbindung in Kohle und das Trisulfid K^2S^3. Das Kaliumtetrasulfid entsteht auch in wässriger Lösung, wenn eine Lösung von Schwefelkalium unter Luftabschluss mit der zur Reaktion erforderlichen Schwefelmenge gekocht wird. Lässt man die erhaltene Lösung im luftleeren Raume verdunsten, so scheiden sich rothe Krystalle $K^2S^4 2H^2O$ aus, die sehr hygroskopisch sind; in Wasser lösen sie sich leicht, in Alkohol dagegen sehr schwer; beim Erhitzen verlieren sie Wasser, Schwefelwasserstoff und Schwefel. Beim Kochen einer Schwefelkaliumlösung mit überschüssigem Schwefel entsteht zunächst Kaliumpentasulfid, das sich jedoch bei fortgesetztem Kochen in Schwefelwasserstoff und unterschwefligsaures Kalium zersetzt: $K^2S^5 + 3H^2O = K^2S^2O^3 + 3H^2S$.

In der Medizin und in der früheren chemischen Praxis wurde öfters die sogenannte **Schwefelleber** benutzt, eine Substanz, die sich beim Kochen von Kalilauge mit einem Ueberschuss an Schwefelblumen bildet und ein Gemisch von Kaliumpentasulfid und unterschwefligsaurem Kalium enthält: $6KHO + 12S = 2K^2S^5 + K^2S^2O^3 + 3H^2O$. Als Schwefelleber bezeichnete man auch das Gemisch, das man durch Zusammenschmelzen von überschüssigem Schwefel mit kohlensaurem Kalium erhält. Dasselbe enthält unterschwefligsaures Kalium, wenn die Hitze nicht bis zur dunklen Rothgluth gesteigert wird, bei höheren Temperaturen entsteht dagegen K^2SO^4. In beiden Fällen bilden sich aber auch Kaliumpolysulfide.

28) Analog den Alkalimetallen bilden auch die Metalle der alkalischen Erden mehrere Verbindungsstufen mit Schwefel; beim Calcium z. B sind ein Mono- und ein Pentasulfid bekannt. Wahrscheinlich existiren auch die intermediären Verbindungsstufen, da bei anderen Metallen Tri- und Tetrasulfide bekannt sind. Beim Ueberleiten von Schwefelwasserstoffgas über erhitzten Kalk entstehen Wasser und **Schwefelcalcium** CaS (Calciummonosulfid), das sich auch beim Erhitzen eines Gemisches von schwefelsaurem Calcium mit Kohle bildet. Wenn aber Schwefel mit Kalk oder kohlensaurem Kalk erhitzt wird, so entstehen natürlich neben Schwefelcalcium auch Sauerstoffverbindungen desselben (unterschwefligsaures und schwefelsaures Calcium). Wenn Schwefelkohlenstoffdämpfe, namentlich im Gemisch mit Kohlensäure, längere Zeit hindurch auf stark erhitztes kohlensaures Calcium einwirken, so wird dieses vollständig in Schwefelcalcium übergeführt. Letzteres erhält man gewöhnlich als eine farblose, oder schwach gelb gefärbte, undurchsichtige, spröde Masse, welche in Weissglühhitze unschmelzbar und in Wasser löslich ist. Trocknes Schwefelcalcium absorbirt beim Erhitzen an der Luft keinen Sauerstoff. Analog vielen anderen Metallsulfiden wird auch das Schwefelcalcium durch überschüssiges Wasser zersetzt; hierbei fällt Calciumhydroxyd aus und Calciumsulfhydrat CaH^2S^2 geht in

sie sich im krystallinischen Zustande befinden, in welchem sie öfters in der Natur vorkommen [29]).

Lösung. Letzteres entsteht auch beim Durchleiten von Schwefelwasserstoffgas durch eine Lösung von Schwefelcalcium oder von Kalk. Lösungen von Calciumsulfhydrat reagiren, ebenso wie die von CaS, alkalisch; beim Eindampfen zersetzen sie sich und absorbiren an der Luft Sauerstoff. **Calciumpentasulfid** CaS^5 ist in reinem Zustande unbekannt, es wird aber im Gemisch mit unterschwefligsaurem Calcium beim Kochen einer Lösung von Kalk oder von Schwefelcalcium mit Schwefel erhalten: $3CaH^2O^2 + 12S = 2CaS^5 + CaS^2O^3 + 3H^2O$. Eine ähnliche unreine Substanz entsteht auch beim Einwirken von Luft auf Sodarückstände. Dieselbe wird zur Darstellung von unterschwefligsauren Salzen benutzt.

Viele Sulfide der Erdalkalimetalle phosphoresziren, d. h. sie besitzen die Eigenschaft im **Dunkeln zu leuchten**, wenn sie vorher der Einwirkung des Sonnenlichtes oder überhaupt eines intensiven Lichtes ausgesetzt waren (Canton's Phosphor). Das Leuchten dauert nur einige Zeit hindurch und verschwindet allmählich. Die Eigenschaft des Phosphoreszirens kommt mehr oder weniger allen Körpern zu (Becquerel), aber nur auf sehr kurze Zeit, während sie beim Schwefelcalcium relativ lange, d. h. mehrere Stunden hindurch anhält. Die Phosphoreszenz erscheint als die Folge einer Erregung der Oberfläche von Körpern durch dieselben Lichtstrahlen, welche auch chemisch einwirken. Daher übt auch das Tageslicht, das Licht von brennenden Magnesium u. s. w. eine stärkere Wirkung aus, als z. B. Lampenlicht. Unlängst machte Warnerke die Beobachtung, dass eine geringe Magnesiummenge, die man in der Nähe einer phosphoreszirenden Oberfläche abbrennt, eine rasche Erregung der grösst möglichen Intensität des Lichtes bedingt, und gründete hierauf eine Methode zur Bestimmung der Lichtstärke da er auf diese Weise von einer konstanten Lichteinheit ausgehen konnte. Was für eine Aenderung die Oberfläche von Körpern bei der Insolation erleidet, ist gegenwärtig unbekannt, jedenfalls ist dieselbe aber nicht dauernd, denn der Versuch der durch Insolation bewirkten Phosphoreszenz kann unzählige Male wiederholt und auch im luftleeren Raume ausgeführt werden. Von der Darstellungsmethode des Schwefelcalciums, der Stärke der Erhitzung und der Reinheit des benutzten kohlensauren Calciums hängt die Färbung und die Stärke des durch Insolation erregten Lichtes ab. Nach den Beobachtungen von Becquerel muss das Schwefelcalcium durchaus Beimengungen von Mn-, Bi- und anderen Verbindungen und Na^2S (nicht aber K^2S), wenn auch in den allergeringsten Mengen enthalten, so dass man annehmen kann, dass in der Bildung (im Dunkeln) und Zersetzung (im Lichte) eines der Verbindung $MnSNa^2S$ ähnlichen Doppelsalzes möglicher Weise die chemische Ursache der Erscheinung liegt. Die Sulfide des Strontiums und Baryums besitzen die Fähigkeit zu phosphoresziren vielleicht noch in stärkerem Grade als das Calciumsulfid. Wenn man eine Lösung von unterschwefligsaurem Natrium mit Strontiumchlorid vermischt, so entsteht durch doppelte Umsetzung unterschwefligsaures Strontium SrS^2O^3, das bei Zusatz von Alkohol ausfällt und beim Erhitzen in Schwefelstrontium übergeht, dem schwefelsaures Strontium, Na^2S und Schwefel sich beimengen. Dieses Schwefelstrontium phosphoreszirt (im trocknen Zustande) mit grünlich-gelbem Lichte. Die Farbentöne sind jedoch verschieden je nach der Darstellungsart der Masse und der Temperatur, bei der sie geglüht wurde.

29) Als Beispiel sollen die Schwefelverbindungen des As, Sb und Hg beschrieben werden. Das Arsentrisulfid oder **Auripigment** (Rauschgelb) As^2S^3 findet sich in der Natur und wird in reinem Zustande durch Einwirken von Schwefelwasserstoff auf eine Lösung von arseniger Säure in Gegenwart von HCl in Form eines schönen gelben Niederschlages erhalten (der jedoch nicht entsteht, wenn kein HCl vorhanden ist): $As^2O^3 + 3H^2S = 3H^2O + As^2S^3$. Beim Erhitzen schmilzt das Arsentrisulfid zu einer halbdurchsichtigen gelben Masse und verflüchtigt sich dann ohne Zersetzung zu erleiden. Das spezifische Gewicht der geschmolzenen Masse, in der das Arsentrisulfid aus den

Wie die Säuren, welche dem Chlor, Phosphor und Kohlenstoff entsprechen, als oxydirte Wasserstoffverbindungen dieser Elemente betrachtet werden, so lassen sich auch die Säurehydrate des

---

Fabriken kommt beträgt 2,7, während das spezif. Gew. des Auripigments 3,4 ist. Es wird als Farbe benutzt und ist infolge seiner Unlöslichkeit in Wasser und in Säuren weniger schädlich als andere Verbindungen, welche der arsenigen Säure entsprechen. Nach dem Typus AsX^2 ist der Realgar AsS zusammengesetzt, wahrscheinlich kommt jedoch diesem Körper die Formel As^4S^4 zu, d. h. er steht zu dem Auripigment in demselben Verhältniss wie der flüssige Phosphorwasserstoff zum gasförmigen. Der **Realgar** (Sandarach) erscheint in der Natur in rothen durchscheinenden Krystallen vom spezifischen Gewicht 3,59 und lässt sich künstlich durch Zusammenschmelzen von Arsen mit Schwefel in dem erforderlichen Verhältnisse erhalten. Man stellt ihn im Grossen durch Destillation eines Gemisches von Schwefel- und Arsenkies dar. Wie der Auripigment, so löst sich auch der Realgar in Schwefelkalium und sogar in Kalilauge. In der Praxis wird der Realgar in der Feuerwerkerei und zu Signalfeuern benutzt, da er im Gemisch mit Salpeter verpufft und mit blendend weisser Flamme verbrennt.

Mit Antimon bildet der Schwefel ein Tri- und ein Pentasulfid. Das dem Antimonoxyd entsprechende **Antimontrisulfid** Sb^2S^3 erscheint in der Natur im krystallinischen Zustande mit dem spezifischen Gewicht 4,6 und bildet glänzende, rhombische Krystalle, die beim Erhitzen schmelzen (Kap. 19). In Form eines orangefarbigen amorphen Pulvers entsteht es beim Einleiten von Schwefelwasserstoff in saure Lösungen von Antimonoxyd. In dieser Beziehung reagirt also das Antimonoxyd wieder analog der arsenigen Säure; beide Sulfide lösen sich in Schwefelammon und in Schwefelkalium und werden leicht in Form kolloidaler Lösungen erhalten, namentlich das Arsentrisulfid. Durch fortgesetztes Kochen mit Wasser kann Sb^2S^3 vollständig in Sb^2O^3 übergeführt werden, hierbei entweicht H^2S (Elbers). Beim Zusammenschmelzen mit Aetzalkalien oder beim Kochen mit den Lösungen derselben entsteht aus dem natürlichen oder dem als orangefarbiger Niederschlag erhaltenen Antimontrisulfide eine dunkel gefärbte, aus einem Gemisch von Sb^2S^3 und Sb^2O^3 bestehende Masse, der sogen. *Kermes*, der früher in der Medizin vielfach verwendet wurde. Es existiren übrigens auch Verbindungen von Sb^2S^3 mit Sb^2O^3. In der Färberei wird der sogenannte Antimonzinnober benutzt, den man durch Kochen von unterschwefligsaurem Natrium (6 Th.) mit Antimontrichlorid (5 Th.) und Wasser (50 Th.) erhält. Der Antimonzinnober enthält wahrscheinlich Antimonoxysulfid, indem im Antimonoxyde ein Theil des Sauerstoffs durch Schwefel ersetzt ist. Eine ähnliche Zusammensetzung besitzt das natürliche Rothspiessglanzerz Sb^2OS^2 und das Antimonglas, das beim Zusammenschmelzen von Antimontrisulfid mit Antimonoxyd entsteht. Von den Schwefelverbindungen des Antimons wird in der Praxis am häufigsten das **Antimonpentasulfid** Sb^2S^5 benutzt, welches beim Einwirken schwacher Säuren auf eine Lösung von Schlippe'schem Salz entsteht. Letzteres ist **thioantimonsaures Natrium** $SbS(NaS)^3$, das der Orthoantimonsäure $SbO(OH)^3$ entspricht, in welcher der Sauerstoff durch Schwefel ersetzt ist. Man erhält das Schlippe'sche Salz durch Kochen von natürlichem Antimontrisulfid, das man vorher gepulvert, mit der doppelten Sodamenge und der halben Menge an Schwefel und Kalk unter Anwendung von überschüssigem Wasser. Die Soda bildet hierbei mit dem Kalk Aetznatron und der Schwefel mit letzterem Schwefelnatrium, in welchem sich das Antimontrisulfid löst, indem es sich zugleich mit der grösstmöglichen Schwefelmenge verbindet, so dass eine Verbindung von Antimonpentasulfid mit Schwefelnatrium entsteht. Lässt man nun die filtrirte Lösung unter Luftabschluss krystallisiren (um die Oxydation des Schwefelnatriums zu vermeiden), so erhält man das Schlippe'sche Salz in grossen, gelblichen Krystallen, die sich leicht in Wasser lösen und die Zusammensetzung $Na^3SbS^4 9H^2O$ besitzen. Beim Erhitzen verlieren sie ihr Krystal-

Schwefels oder die **normalen Säuren des Schwefels** als Oxydations-stufen des Schwefelwasserstoffs betrachten [30]):

HCl	H^2S	H^3P	H^4C
$HClO$	$H^2SO?$	$H^3PO?$	H^4CO
$HClO^2$	$H^2SO^2?$	H^3PO^2	H^4CO^2
$HClO^3$	H^2SO^3	H^3PO^3	H^4CO^3
$HClO^4$	H^2SO^4	H^3PO^4	H^4CO^4.

lisationswasser und schmelzen dann ohne sich zu zersetzen; an der Luft nehmen sie jedoch eine braune Färbung an, infolge von Oxydation des in ihnen enthaltenen Schwefels, und erleiden eine allmähliche Zersetzung. Da das Schlippe'sche Salz hauptsächlich zur Darstellung des in der Medizin sehr häufig benutzten Antimon-pentasulfids dient, so wird es unter einer Schicht von Alkohol aufbewahrt, in dem es unlöslich ist. Säuren scheiden aus der Lösung des Salzes das Antimonpentasulfid in Form eines orangefarbigen, amorphen Niederschlages aus, der in Säuren unlöslich ist. Beim Erhitzen geht das Antimonpentasulfid unter Entwickelung von Schwefel-dämpfen in das Trisulfid über.

Mit Quecksilber bildet der Schwefel ebensolche Verbindungen, wie mit Sauer-stoff. Das Halbschwefelquecksilber Hg^2S (Quecksilbersulfür) zerfällt sehr leicht in Hg und HgS; es entsteht beim Einwirken von K^2S auf HgCl, sowie von H^2S auf Lösungen der Salze vom Typus HgX. Das dem Oxyde entsprechende Schwefel-quecksilber HgS (Quecksilbersulfid) ist der **Zinnober**; man erhält es in Form eines schwarzen Niederschlages beim Einwirken von überschüssigem Schwefelwasserstoff auf Lösungen von Quecksilberoxydsalzen. In Säuren ist das Schwefelquecksilber unlöslich und fällt daher auch in Gegenwart derselben aus. Wenn man eine Lösung von $HgCl^2$ mit etwas schwefelwasserstoffhaltigem Wasser versetzt, so bildet sich zunächst ein weisser Niederschlag von der Zusammensetzung $Hg^3S^2Cl^2$, d. h. die Verbindung $HgCl^2 2HgS$—Quecksilbersulfochlorid, das dem Oxychloride analog ist. Bei überschüssigem Schwefelwasserstoff entsteht jedoch nur ein schwarzer Nieder-schlag von HgS. In diesem Zustande ist das Quecksilbersulfid nicht krystallinisch; wenn es jedoch so weit erhitzt wird, dass es sich zu verflüchtigen beginnt, so su-blimirt rothes, krystallinisches Quecksilbersulfid, das mit dem natürlichen Zinnober identisch ist. Dasselbe besitzt das spezifische Gewicht 8,0 und erscheint als rothes Pulver, das zu Oel-, Pastell- und anderen Farben benutzt wird. Der Zinnober zeichnet sich durch seine Beständigkeit aus und ist infolge dessen nicht giftig, da er sich in dem Magensaft nicht löst; sogar Salpetersäure wirkt auf ihn nicht ein. Beim Erhitzen des Zinnobers an der Luft brennt der Schwefel aus und man erhält metallisches Quecksilber. In der Technik wird der Zinnober gewöhnlich auf fol-gende Weise dargestellt: 300 Theile Quecksilber werden mit 115 Theilen Schwefel so lange zusammengerieben bis eine möglichst homogene Masse entsteht, welche dann mit einer Lösung von 75 Theilen Aetzkali in 425 Theilen Wasser übergossen und mehrere Stunden hindurch auf 50° erwärmt wird. In dem hierbei stattfindenden Prozesse entsteht zunächst die in Wasser lösliche Verbindung K^2HgS^2, die sich in farblosen, seidenartigen Nadeln ausscheiden und in Kalilauge lösen kann, die aber durch Wasser zersetzt wird. Aus der sich bildenden Lösung scheidet sich dann bei 50° allmählich HgS krystallinisch aus (wobei möglicher Weise aus der Luft Sauerstoff absorbirt wird). Zinnober lässt sich auch durch Erhitzen eines Gemisches von Quecksilber mit Schwefel darstellen, wobei die Vereinigung unter Entwickelung von Wärme vor sich geht, so dass der entstehende Zinnober theil-weise sublimirt.

An dieser Stelle ist noch zu bemerken, dass aus PbS mit Zn und HCl metal-lisches Blei und H^2S entstehen.

30) CH^4 bildet: CH^4O oder $CH^3(OH)$—Holzgeist, die Verbindung CH^4O^2 oder

Beim Chlor sind, wenn auch nicht die Hydrate, so doch die Salze aller normalen Hydrate bekannt, während beim Schwefel nur die Hydrate: H^2SO^3 und H^2SO^4 als solche und auch in Form ihrer beständigen Anhydride: SO^2 und SO^3 erhalten sind. Letztere entstehen unter Entwickelung von Wärme direkt aus Schwefel und Sauerstoff. 32 Th. Schwefel entwickeln bei ihrer Vereinigung mit 32 Th. Sauerstoff zu SO^2 gegen 71 Tausend W. E. [31]) und wenn die Oxydation bis zur Bildung von SO^3 geht, so werden bis zu 103 Taus. W. E. entwickelt. Diese Zahlen lassen sich mit denjenigen vergleichen, welche dem Uebergange von Kohle in CO und CO^2 entsprechen, denn hierbei werden 29, respektive 97 Tausend Wärme-Einheiten entwickelt. Auf diese Weise lässt sich die Beständigkeit des höheren Schwefeloxydes erklären und die Eigenthümlichkeit des Schwefels, — als eines Elementes, das trotz seiner Aehnlichkeit mit Sauerstoff, mit diesem beständige Verbindungen bildet und hierdurch einen tiefgehenden Unterschied vom Chlor aufweist,—zum Ausdruck bringen. Die höheren und niederen Oxyde des Chlors sind starke Oxydationsmittel, während das höhere Oxyd des Schwefels SO^3 nur schwache oxydirende Eigenschaften besitzt und das niedere Oxyd SO^2 sogar oft reduzirend einwirkt und direkt beim Verbrennen von Schwefel, ebenso wie CO^2 aus C, entsteht.

Beim Verbrennen von Schwefel, sowie bei der Oxydation von Metallsulfiden und Polysulfiden, wenn dieselben an der Luft erhitzt werden, entsteht ausschliesslich **Schwefligsäuregas** oder **Schwefligsäureanhydrid** SO^2 (Schwefeldioxyd). Im Grossen stellt man es gewöhnlich durch Verbrennen von Schwefel oder von Eisenkies FeS^2 dar, z. B. zur Gewinnung von Schwefelsäure in den Bleikammern (Seite 316) und zur direkten Verwendung (in Branntweinbrennereien, zum Bleichen von Geweben und zu anderen Zwecken). Es wirkt als Reduktionsmittel und als schwache Säure und besitzt die Fähigkeit einige Farbstoffe zu verändern [32]).

$CH^2(OH)^2$, welche in Wasser und CH^2O, d. h. Methylenoxyd oder Formaldehyd zerfällt dann $CH^4O^3 = CH(OH)^3 = H^2O + CHO(OH)$ — Ameisensäure und CH^4O^4 $= C(OH)^4 = 2H^2O + CO^2$. Es existiren 4 typische Wasserstoffverbindungen: RH, RH^2, RH^3 und RH^4, denen 4 typische Oxyde entsprechen. Addition von mehr als H^4 und O^4 findet nicht statt.

31) Der rhombische Schwefel entwickelt hierbei nach Thomsen 71080 W. E. und der monokline 71720 Wärme-Einheiten.

32) Schwefligsäuregas erhält man auch aus vielen Salzen der Schwefelsäure, besonders aus schwefelsauren Schwermetallen, wenn dieselben durch Erhitzen zersetzt werden, wozu jedoch eine sehr hohe Glühhitze erforderlich ist. Diese Bildungsweise des Schwefligsäuregases beruht auf der Zersetzung, der die Schwefelsäure selbst unterliegt. Wenn man H^2SO^4 z. B. auf einen stark erhitzten Gegenstand tröpfeln lässt, so zersetzt sich die Säure in Wasser, Sauerstoff und Schwefligsäuregas, d. h. in die Elemente, aus denen sie auch dargestellt wird. Einer ähnlichen Zersetzung unterliegen auch schwefelsaure Salze, wenn sie stark geglüht werden. Sogar ein so beständiges schwefelsaures Salz wie der Gyps erleidet in

Im Laboratorium, d. h. im Kleinen gewinnt man das Schwefligsäuregas am bequemsten durch Reduktion von Schwefelsäure, wenn man diese mit Kohle oder mit Kupfer, Schwefel, Quecksilber u. s. w. erhitzt. Kohle bewirkt die Zersetzung schon bei ziemlich schwachem Erhitzen und geht hierbei selbst in Kohlensäure über, so dass beim Erhitzen von Schwefelsäure mit Kohle ein Gemisch von Schwefligsäuregas mit Kohlensäuregas erhalten wird: $C + 2H^2SO^4 = CO^2 + 2SO^2 + 2H^2O$. Metalle, welche Wasser nicht zersetzen und daher aus Schwefelsäure keinen Wasserstoff ausscheiden, wirken öfters auf diese Säure unter Entwickelung von Schwefligsäuregas ein, was ihrer Einwirkung auf Salpetersäure unter Bildung von niederen Stickstoffoxyden analog ist. Zu diesen Metallen gehören: Silber, Quecksilber, Kupfer, Blei und andere. Die Einwirkung von Kupfer auf Schwefelsäure lässt sich z. B. durch folgende Gleichung ausdrücken: $Cu + 2H^2SO^4 = CuSO^4 + SO^2 + 2H^2O$. Im Laboratorium wird diese Zersetzung in einem mit Ableitungsrohr versehenen Kolben ausgeführt, in dem man die Schwefelsäure mit Kupferspänen erhitzt [33]).

---

sehr starker Glühhitze diese Zersetzung, bei der im Rückstande Kalk erhalten wird. Noch leichter geht die Zersetzung in Gegenwart von Schwefel vor sich, weil dann der frei werdende Sauerstoff sich mit dem Schwefel verbindet und weil auch das Metall in die Schwefelverbindung übergehen kann. Eisenvitriol z. B. bildet beim Glühen mit Schwefel Schwefligsäuregas und Schwefeleisen: $FeSO^4 + 2S = FeS + 2SO^2$; diese Reaktion kann sogar zur Darstellung des Gases benutzt werden. Am einfachsten lässt sich das Schwefligsäuregas fabrikmässig durch Erhitzen von H^2SO^4 mit S auf 400° darstellen, da hierbei ein sehr gleichmässiger Strom von SO^2 erhalten wird. Einen reichlichen und gleichmässigen Strom von SO^2 erhält man auch durch Erhitzen von Eisenkies mit Schwefelsäure (vom spezif. Gew. 1,75) auf 150°.

33) Diese Reaktion befindet sich mit den thermochemischen Daten in folgendem Zusammenhange. Eine Wasserstoffmolekel H^2 entwickelt bei ihrer Vereinigung mit Sauerstoff ($O = 16$) ungefähr 69 Tausend Wärme-Einheiten, während eine Molekel Schwefligsäuregas SO^2 mit Sauerstoff nur ungefähr 32 Tausend W. E. entwickelt, also etwa die Hälfte; daher können Metalle, welche Wasser nicht mehr zersetzen, noch Schwefelsäure zu schwefliger Säure reduziren. Metalle, welche sowol Wasser wie Schwefelsäure unter Ausscheidung von Wasserstoff zersetzen, entwickeln, wenn sie sich mit 16 Gewichtstheilen Sauerstoff verbinden, eine Wärmemenge, die sich der Verbindungswärme des Wasserstoffs mit Sauerstoff nähert oder die sogar grösser ist, z. B. K^2, Na^2, Ca entwickeln mit Wasserstoff gegen oder mehr als 100 Tausend W.-E., Fe, Zn, Mn ungefähr 70—80 Tausend. Metalle, welche dagegen Wasser nicht zersetzen und aus Schwefelsäure keinen Wasserstoff ausscheiden, welche aber aus letzterer SO^2 ausscheiden können, entwickeln mit Sauerstoff eine geringere Wärmemenge als Wasserstoff; dieselbe nähert sich jedoch oder ist sogar grösser als die von SO^2 mit Sauerstoff entwickelte Menge; bei Cu und Pb z. B. beträgt diese Wärmemenge etwa 40, bei Pb etwa 50 Tausend W.-E. An dieser Zersetzung nimmt natürlich auch die Affinität des entstehenden Metalloxydes zu der Schwefelsäure Theil und die resultirenden thermochemischen Daten sind, wie überhaupt in diesen Fällen, komplizirt, trotzdem lässt sich ersehen, dass zwischen den thermochemischen Erscheinungen und der Richtung der Reaktion ein Zusammenhang besteht.

Seinen physikalischen und chemischen Eigenschaften nach zeigt das Schwefligsäuregas eine grosse **Aehnlichkeit mit dem Kohlensäuregase.** Es ist ein schweres, sich leicht verflüssigendes, in Wasser sich ziemlich gut lösendes Gas, das neutrale und saure Salze bildet und das beim Erhitzen direkt keinen Sauerstoff ausscheidet [34]), obgleich in ihm, ebenso wie in CO_2, solche Metalle wie Natrium und Magnesium verbrennen können. Das Schwefligsäuregas besitzt den bekanten erstickenden Geruch, der sich beim Verbrennen von Schwefel und von Schwefelzündhölzchen entwickelt. Zur Charakteristik des Gases ist es wichtig zu bemerken, dass es sich leichter verflüssigt (bei—$10°$ oder bei $0°$ unter 2 Atmosphärendruck), als Kohlensäuregas (das sich bei $0°$ erst unter 36 Atmosphären verflüssigt) [35]), dass es löslicher als CO_2 ist (Seite 89), denn bei $0°$ lösen sich in 100 Vol. Wasser 180 Vol. CO_2 und 688 Vol. SO_2, dass das Molekulargewicht $CO_2=44$ und $SO_2=64$ und das die Dichte von $CO_2=0,95$ (Molekularvolum=49) und von $SO_2=1,43$ (Molekularvolum=45) ist. Die Aehnlichkeit der physikalischen Eigenschaften des Kohlensäure- und Schwefligsäuregases offenbart sich auch in der grossen Aehnlichkeit des chemischen Charakters der beiden Anhydride. Obgleich das Schwefligsäuregas ein Säureanhydrid ist, so bildet es dennoch, wie auch das Kohlensäuregas, mit Wasser keine beständigen Verbindungen, sondern nur eine Lösung, aus der es sich beim Erwärmen vollständig ausscheidet [36]). Der Säurecharakter des Schwefligsäureanhydrides äussert sich deutlich darin, dass es von den Alkalien vollständig absorbirt wird, mit denen es saure und neutrale, in Wasser leicht lösliche Salze bildet. In den Lösungen der Salze von Ba, Ca und von Schwermetallen bilden die neutralen schwefligsauren Alkalimetalle, M_2SO_3, ebensolche Niederschläge, wie die kohlensauren Alkalimetalle. Ueberhaupt sind die Salze der schwefligen Säure den entsprechenden kohlensauren Salzen sehr ähnlich.

---

34) Es erleidet nur Dissoziation, so dass beim Abkühlen wieder das ursprüngliche Produkt entsteht.

35) Vielleicht erklärt sich hierdurch der stärker hervortretende Säurecharakter des Schwefligsäuregases? Bei bestimmten Temperaturen kann in schwefligsauren Salzen der Druck dieses Gases geringer als der des Kohlensäuregases sein, was in Betracht zu ziehen ist, wenn man die Ausscheidung des Gases aus seinen Salzen mit der Erscheinung des Verdunstens vergleichen will, wie wir dies bei Betrachtung der Zersetzung des kohlensauren Kalkes gethan haben.

Flüssiges Schwefligsäuregas wird fabrikmässig zur Erzeugung von Kälte benutzt (Pictet).

36) Das Krystallhydrat, das aus SO_2 und H_2O unter gewöhnlichem Drucke bei Temperaturen unter + 7° und in geschlossenen Gefässen (unter erhöhtem Drucke) bei Temperaturen unter +12° entsteht, ist von de la Rive, Pierre und namentlich von Bakhuis Roozeboom untersucht worden. Die Zusammensetzung desselben ist $SO_2 7H_2O$ und die Dichte 1,2. Es entspricht dem analogen Hydrate $CO_2 8H_2O$, das Wroblewski darstellte.

Saures schwefligsaures Natrium $NaHSO^3$ entsteht, wenn Schweflig-säuregas in Natronlauge, oder selbst auch in eine Sodalösung bis zur Sättigung der Flüssigkeit eingeleitet wird (aus der Soda wird hierbei CO^2 verdrängt); da die Löslichkeit des sauren schwe-fligsauren Natriums bedeutend grösser ist, als die der Soda, so kann nach dem Sättigen der Sodalösung mit dem Gase noch eine weitere Sodamenge gelöst und wieder Schwefligsäuregas absorbirt werden, so dass zuletzt eine sehr konzentrirte Lösung des sauren schwefligsauren Salzes erhalten wird, aus welcher dann durch Ab-kühlen oder Verdunsten (jedoch ohne zu erwärmen, da sonst SO^2 entweichen würde) oder durch Zusatz von Alkohol das Salz in Krystallen ausgeschieden wird. An der Luft scheidet das saure schwefligsaure Natrium Schwefligsäuregas aus und zieht Sauerstoff an, indem es in das schwefelsaure Salz übergeht. Die sauren schwefligsauren Alkalimetalle verbinden sich nicht nur mit Sauer-stoff, sondern auch mit vielen anderen Substanzen; eine $NaHSO^3$-Lösung z. B. löst Schwefel unter Bildung von unterschwefligsaurem Natrium, bildet krystallinische Verbindungen mit Aldehyden und Ketonen und löst viele Basen, indem es mit ihnen Doppelsalze der schwefligen Säure bildet. Wie $NaHSO^3$ die Fähigkeit besitzt Sauer-stoff anzuziehen und zu absorbiren, so kann es auch Chlor absor-biren und wird daher ebenso wie das unterschwefligsaure Salz (als Antichlor) besonders beim Bleichen benutzt, um die letzten Spuren des in den Geweben zurückbleibenden Chlors zu entfernen, da letzteres sonst das Gewebe selbst zerstören würde. Wenn man die Hälfte einer Alkalilösung mit Schweflig-säuregas sättigt und dann die andere Hälfte zusetzt, so erhält man neutrales schwefligsaures Alkali, dessen Lösung ebenso alka-lisch reagirt wie eine Sodalösung. Das saure schwefligsaure Salz reagirt neutral.

Die Zusammensetzung des **neutralen schwefligsauren Natriums** ist $Na^2SO^3 10H^2O$, also analog der Soda; bei 33^0 zeigt es die grösste Löslichkeit und weist überhaupt eine grosse Aehnlichkeit mit der Soda auf. Aus seinen Lösungen scheidet sich zwar kein Schweflig-säuregas aus, aber das neutrale schwefligsaure Natrium kann ebenso wie das saure Salz aus der Luft Sauerstoff absorbiren und in Na^2SO^4 übergehen [37]).

Ausser dem Charakter einer Säure besitzt die schweflige Säure auch noch den Charakter eines Reduktionsmittels. Die **reduzirende Wirkung** der schwefligen Säure, ihres Anhydrides und ihrer Salze

---

37) Die neutralen schwefligsauren Salze des Ca und Mg lösen sich in Wasser nur wenig, die sauren dagegen leicht. Die sauren Salze, z. B. das saure schweflig-saure Calcium, finden in der Praxis eine ausgedehnte Verwendung, um aus Holz-schliff die Cellulose zu gewinnen, die der Papiermasse bei der Darstellung von Papier beigemischt wird.

beruht auf ihrer Fähigkeit in Schwefelsäure und deren Salze überzugehen. Besonders energisch ist die reduzirende Wirkung der
schwefligsauren Salze, welche z. B. sogar Stickoxyd in Stickoxydul
überführen: $K^2SO^3 + 2NO = K^2SO^4 + N^2O$. Die Salze vieler höherer Oxydationsstufen werden durch SO^2 in die niederen Formen
übergeführt, z. B. FeX^3 in FeX^2, CuX^2 in CuX, HgX^2 in HgX,
z. B.: $2FeX^3 + SO^2 + 2H^2O = 2FeX^2 + H^2SO^4 + 2HX$. In Gegenwart von Wasser wirken auf das Schwefligsäuregas oxydirend:
Chlor ($SO^2 + 2H^2O + Cl^2 = H^2SO^4 + 2HCl$), Jod, salpetrige
Säure, Wasserstoffhyperoxyd, unterchlorige Säure, Ueberchlorsäure
und andere Sauerstoffverbindungen der Halogene, Chrom-, Mangan-
und viele andere Metallsäuren und höhere Oxydationsstufen, sowie
auch alle Hyperoxyde. Freier Sauerstoff kann in Gegenwart von
Platinschwamm das Schwefligsäuregas auch in Abwesenheit von
Wasser oxydiren und zwar zu Schwefelsäureanhydrid SO^3, denn
dieses entsteht beim Durchleiten eines Gemisches von Schwefligsäuregas mit Sauerstoff über glühenden Platinschwamm oder, wie
es gegenwärtig in den Fabriken zu Darstellung von Schwefelsäureanhydrid geschieht, über platinirten Asbest oder Bimstein
(welche zu diesem Zwecke mit der Lösung eines Platinsalzes durchtränkt und dann geglüht werden). Von einigen höheren Oxyden,
z. B. Baryumhyperoxyd und Bleioxyd wird das Schwefligsäuregas
vollständig absorbirt ($PbO^2 + SO^2 = PbSO^4$) [38]).

Es sind übrigens auch Fälle bekannt, in denen das Schwefligsäuregas als Oxydationsmittel wirkt, d. h. es **desoxydirt sich** in
Gegenwart von Substanzen, die Sauerstoff noch energischer als das
Schwefligsäuregas selbst absorbiren. Diese oxydirende Einwirkung
geht infolge der Bildung von Schwefelwasserstoff oder Schwefelmetallen vor sich, wobei der Sauerstoff des Schwefligsäuregases
die Oxydation bewirkt. In dieser Beziehung ist die Wirkung der
Zinnoxydulsalze besonders bemerkenswerth. Aus einer Lösung von
Zinnchlorür, $SnCl^2$, in Wasser bewirkt das Schwefligsäuregas einen
Niederschlag von Schwefelzinn SnS^2 d. h. es desoxydirt sich zu
Schwefelwasserstoff. Auch auf Zink wirkt eine Lösung des Schwefligsäuregases oxydirend. Das Zink geht in Lösung ohne dass Wasserstoff ausgeschieden wird [39]), denn es entsteht ein unbeständiges

---

38) Man benutzt diese Reaktion um SO^2 aus Gasgemischen zu absorbiren. Das
braune Bleidioxyd PbO^2 geht, indem es sich mit SO^2 verbindet, in das weisse Salz
$PbSO^4$ über, so dass die Reaktion sich nach der Farbenänderung verfolgen lässt;
ausserdem findet Wärmeentwickelung statt. Durch die Einwirkung des Lichtes wird
das Schwefligsäuregas, wenn auch sehr allmählich, aber dennoch in Schwefel und
SO^3 zersetzt. Hieraus erklärt es sich, dass SO^2, wenn es im Dunkeln dargestellt
ist, mit $AgClO^4$ einen weissen Niederschlag von $AgSO^3$ bildet, dagegen einen
schwarzen, wenn die Darstellung im Lichte, selbst im zerstreuten ausgeführt wurde.
Im letzteren Falle entsteht natürlich aus dem frei gewordenen Schwefel—schwarzes
Schwefelsilber.

39) Schönbein machte die Beobachtung, dass die Lösung hierbei eine gelbe Farbe

Salz der **hydroschwefligen Säure** (acide hydrosulfureux) ZnS^2O^4. Diese Säure ist noch unbeständiger als ihre Salze.

Die Fähigkeit des Schwefligsäuregases mit verschiedenen anderen Stoffen in Verbindung zu treten offenbart sich, wie schon aus den oben angeführten Reaktionen der Vereinigungen von SO^2 mit H^2 und O^2 zu ersehen ist, auch darin, dass es, ebenso wie CO, mit Cl^2 zu dem Chloranhydride der Schwefelsäure SO^2Cl^2 zusammentritt (vergl. weiter unten). Dieselbe Fähigkeit mit anderen Stoffen in Verbindung zu treten äussert sich auch in den Salzen der schwefligen Säure, und zwar in ihrer Eigenschaft sich zu oxydiren und in der charakteristischen Bildung einer Reihe von Salzen, die von Pelouze und Fremy dargestellt worden sind. Bei einer Temperatur von — 10° oder niedriger absorbiren alkalische Lösungen von schwefligsauren Salzen Stickoxyd und bilden eine besondere Reihe von **nitrosulfosauren Salzen**. Bei höherer Temperatur entstehen diese Salze nicht, sondern das Stickoxyd wird zu Stickoxydul reduzirt. Lässt man eine mit Stickoxyd gesättigte Lösung von schwefligsaurem Kalium bei der niedrigen Temperatur, bei der die Sättigung erfolgte, längere Zeit stehen, so scheiden sich den Salpeterkrystallen ähnliche, prismatische Krystalle von der Zusammensetzung $K^2SN^2O^5$ aus; dieselben enthalten die Elemente des schwefligsauren Kaliums und des Stickoxydes [40]).

---

annimmt und die Fähigkeit besitzt Lackmus und Indigo zu entfärben und Schützenberger wies nach, dass dies durch das Zinksalz einer besonderen Säure mit stark reduzirenden Eigenschaften bedingt wird. Mit Kupferoxydsalzen z. B. bildet die gelbe Lösung, die dieses Zinksalz enthält, einen rothen Niederschlag von Kupferwasserstoff oder metallischem Kupfer, mit Silber- und Quecksilbersalzen scheidet sie die Metalle dieser Salze aus. Dieselbe Lösung erhält man auch, wenn man Zink unter Luftabschluss und Abkühlung auf eine Lösung von saurem schwefligsaurem Natrium einwirken lässt. Die Lösung absorbirt energisch Sauerstoff und es entsteht schwefligsaures Salz. Alkohol scheidet aus der Lösung ein schwefligsaures Doppelsalz von Zink und Natrium $ZnNa^2(SO^3)^2$ aus, das keine entfärbenden Eigenschaften besitzt, während aus der abgegossenen alkoholischen Lösung beim Abkühlen farblose Krystalle erhalten werden, welche in Gegenwart von Wasser energisch Sauerstoff absorbiren, sich jedoch ziemlich gut aufbewahren lassen, wenn man sie vorher unter dem Rezipienten der Luftpumpe trocknet. In Gegenwart von Wasser werden die Krystalle durch den Sauerstoff der Luft in saures schwefligsaures Natrium übergeführt. Ihre Lösung besitzt die oben angegebenen entfärbenden und reduzirenden Eigenschaften. Früher wurde diesen Krystallen d. h. dem Natriumsalz der hydroschwefligen Säure die Zusammensetzung $HNaSO^2$ zugeschrieben, später erwies es sich aber, dass das Salz keinen Wasserstoff enthält und die Zusammensetzung $Na^2S^2O^4$ besitzt (Bernthsen). Die hydroschweflige Säure entsteht auch beim Einwirken des galvanischen Stromes auf eine Lösung von saurem schwefligsaurem Natrium, wobei der Wasserstoff im Entstehungsmomente wirkt.

40) Dieses Salz ist äusserst unbeständig und lässt sich hierin mit der unbeständigen Verbindung von $FeSO^4$ mit NO vergleichen, denn schon bei schwachem Erwärmen, unter dem Einflusse des Kontakts mit Platinschwamm, Kohle u. s. w. zersetzt es sich in K^2SO^4 und N^2O. Im trocknen Zustande scheidet es bei 130° NO

Zu der Reihe solcher komplizirter und unbeständiger Verbindungen gehören noch einige andere Substanzen, die aus den Oxyden des Schwefels und des Stickstoffs entstehen. Bei der Darstellung der Schwefelsäure in den Bleikammern (Seite 316) kommen diese Oxyde mit einander in Berührung und bilden krystallinische Verbindungen, wenn keine genügende Menge Wasser zur Bildung von Schwefelsäure vorhanden ist. Eine solche Verbindung sind die sogenannten **Bleikammerkrystalle**, deren Zusammensetzung meist durch die Formel $NHSO^5$ ausgedrückt wird. Dieselben sind eine Verbindung der beiden Reste NO^2 der Salpetersäure und HSO^3 der Schwefelsäure oder Nitrososchwefelsäure NO^2SHO^3, wenn man die Formel der Schwefelsäure durch $OHSHO^3$ und der Sal-

aus und bildet wieder K^2SO^3. Bis jetzt ist es jedoch noch nicht gelungen die freie Säure zu erhalten.

Aehnliche Verbindungen bilden die von Fremy (1845) entdeckten **Salze der Schwefelstickstoffsäuren**, welche beim Einleiten von Schwefligsäuregas in eine konzentrirte und stark alkalische Lösung von salpetrigsaurem Kalium in Wasser entstehen. In Wasser sind diese Salze löslich, aber durch einen Ueberschuss an Alkali werden sie gefällt. Das erste Produkt der Einwirkung besitzt die Zusammensetzung $K^3NS^3HO^9$. Bei der weiteren Einwirkung von schwefliger Säure, kaltem Wasser und anderen Reagentien geht dasselbe in eine Reihe ähnlicher komplizirter Salze über, unter denen viele Kaliumsalze gut krystallisiren. Es ist anzunehmen, dass die Hauptursache, welche die Bildung so komplizirter Verbindungen veranlasst, wol darin besteht, dass in die Zusammensetzung derselben die ungesättigten Substanzen: NO, KNO^2 und $KHSO^3$ eingehen, die alle oxydationsfähig sind und in weitere Verbindungen eingehen können, infolge dessen sie sich auch leicht unter einander verbinden. Die Zersetzung dieser Verbindungen beim Erwärmen ihrer Lösungen unter Ausscheidung von Ammoniak wird durch den Gehalt an schwefliger Säure bedingt, welche salpetrige Säure $NO(OH)$ bis zu Ammoniak reduzirt. Meiner Ansicht nach lässt sich die Zusammensetzung der schwefelstickstoffsauren Salze am einfachsten auf die Zusammensetzung des Ammoniaks, in dem der Wasserstoff zum Theil durch den Rest der schwefelsauren Salze ersetzt ist, zurückführen. Wenn man das schwefelsaure Kalium durch die Zusammensetzung $KOKSO^3$ ausdrückt, so ist die Gruppe KSO^3 (nach dem Substitutionsgesetz) HO und Wasserstoff äquivalent. Mit Wasserstoff verbindet sich diese Gruppe zu saurem schwefligsaurem Kalium $HKSO^3$, folglich kann sie auch den Wasserstoff im Ammoniak ersetzen. Bei vollständiger Ersetzung erhält man das Produkt $N(KSO^3)^3$, dessen Zusammensetzung meinen Analysen nach (1870) sich der Zusammensetzung des schwefelstickstoffsauren Kaliums nähert, welches zugleich mit Aetzkali leicht beim Einwirken von K^2SO^3 auf KNO^2 entsteht, entsprechend der Gleichung: $3K(KSO^3) + KNO^2 + 2H^2O = N(KSO^3)^3 + 4HKO$. Meine Voraussetzungen sind durch die Untersuchungen von Berglund und besonders Raschig (1887) vollkommen bestätigt worden, welche gezeigt haben, dass man die folgenden dem Ammoniak NH^3 entsprechenden Typen von Salzen annehmen muss, wenn man durch X das Sulfoxyl HSO^3, d. h. den Schwefelsäurerest, in dem der Wasserstoff durch Kalium ersetzt ist, bezeichnet, folglich $X = KSO^3$ setzt: 1) NH^2X, 2) NHX^2, 3) NX^3, 4) $N(OH)XH$, 5) $N(OH)X^2$, und 6) $N(OH)^2X$, denn $NH^2(OH)$ ist das Hydroxylamin, $NH(OH)^2$ das Stickoxydulhydrat und $N(OH)^3$ die orthosalpetrige Säure, wie es auf Grund des Substitutionsgesetzes auch sein muss. Die eben angedeutete Klasse von Verbindungen steht in naher Beziehung zu der Reihe der Schwefelstickstoffverbindungen, denen die Bleikammerkrystalle und deren Säuren entsprechen (vergl. weiter unten).

petersäure durch NO^2OH bezeichnet. Die blätterigen Bleikammer-krystalle, die bei 70^0 schmelzen, entstehen sowol bei der direkten Einwirkung von N^2O^3 (oder NO^2) auf Schwefelsäure, namentlich anhydridhaltige (Weltzien und and.), also aus den niederen Oxy-dationsstufen des Stickstoffs und den höheren des Schwefels, als auch beim Einwirken der niederen Oxydationsstufe des Schwefels auf Salpetersäure [41]).

Zu den Verbindungsprodukten der schwefligen Säure gehört auch die **unterschweflige Säure** $H^2S^2O^3$, d. h. die Verbindung der schwefligen Säure mit Schwefel. In freiem Zustande ist diese Säure höchst unbeständig, so dass sie nur in ihren Salzen bekannt ist, welche bei der direkten Einwirkung von Schwefel auf neutrale schwefligsaure Salze entstehen. Versucht man die Säure aus ihren Salzen frei zu setzen, so zerfällt sie sogleich in die Elemente, aus denen sie auch entsteht, d. h. in Schwefel und schweflige Säure. Von den Salzen der unterschwefligen Säure wird hauptsächlich das **unter-schwefligsaure Natrium**, $Na^2S^2O^35H^2O$ (Natriumhyposulfit) dargestellt, welches in farblosen Krystallen erscheint und weder im trocke-nen Zustande, noch in Lösung durch den Sauerstoff der Luft ver-ändert wird. Mittelst dieses Natriumsalzes können leicht viele an-dere Salze der unterschwefligen Säure dargestellt werden, jedoch nicht für alle Basen, denn solche Basen wie Thonerde, Eisenoxyd, Chromoxyd und andere bilden keine unterschwefligsauren Salze, wie sie auch keine beständigen Verbindungen mit Kohlensäure bilden. In allen den Fällen, in welchen unterschwefligsaure Salze mit diesen Basen entstehen könnten, zerfallen sie (wie die Säure selbst) in Schwefel und schweflige Säure; ausserdem wirkt letztere häufig desoxydirend, indem sie reduzirbaren Oxyden Sauerstoff entzieht und in Schwefelsäure übergeht. Lösliche Eisenoxydsalze z. B. scheiden

---

41) Bei der Gewinnung von Schwefelsäure in den Bleikammern oxydiren sich die niederen Stickstoffoxyde durch den Sauerstoff der Luft und bilden Nitrososchwe-felsäure, z. B. $2SO^2 + N^2O^3 + O^2 + H^2O = 2NHSO^5$. In konzentrirter Schwefel-säure löst sich diese Verbindung unverändert, doch beim Verdünnen mit Wasser, wenn das spezifische Gewicht der Lösung 1,5 wird, zerfällt sie in H^2SO^4 und N^2O^3 und beim Einwirken von SO^2 entsteht NO, das an und für sich (wenn keine Sal-petersäure und kein Sauerstoff vorhanden sind) in der Schwefelsäure sich nicht löst. Diese Reaktionen benutzt man zum Auffangen der Stickstoffoxyde in den Koksthür-men von Gay-Lussac und zum Wiederausscheiden dieser Oxyde aus den entste-henden Lösungen im Gloverthurm (Seite 318). Obgleich das Stickoxyd durch Schwe-felsäure nicht absorbirt wird, so reagirt es doch (Rose, Brüning) mit dem Anhydride derselben und bildet SO^2 und eine krystallinische Substanz $N^2S^2O^9 = 2NO + 3SO^3 —$ $SO^2 = N^2O^32SO^3$, die man als das Anhydrid der Nitrososchwefelsäure betrachten kann, denn $N^2S^2O^9 = 2NHSO^5 — H^2O$. Durch Wasser wird sie ebenso wie die Nitroso-säure in H^2SO^4 und N^2O^3 zersetzt. Da B^2O^3, As^2O^3, Al^2O^3 und andere Oxyde von der Form R^2O^3 mit Schwefelsäureanhydrid ähnliche durch Wasser zersetztbare Verbindungen bilden, so steht die erwähnte krystallinische Substanz nicht ver-einzelt da.

mit unterschwefligsauren Salzen Schwefel aus und gehen in Oxydulsalze über; hierbei wirken die Elemente der schwefligen Säure ein:
$H^2S^2O^3 = H^2O + SO^2 + S$. Die unterschwefligsauren · Salze der
Alkalimetalle erhält man unmittelbar durch Kochen der Lösungen
der schwefligsauren Alkalimetalle mit Schwefel: $Na^2SO^3 + S =$
$Na^2S^2O^3$. Dieselben Salze entstehen beim Einwirken von Schwefligsäuregas auf Lösungen von Schwefelmetallen, z. B. Schwefelnatrium: $2Na^2S + 2SO^2 = 2Na^2S^2O^3 + S$. Wenn man Polysulfide
der Alkalimetalle an der Luft liegen lässt, so ziehen sie Sauerstoff an und gehen gleichfalls in unterschwefligsaure Salze über [42].

---

42) Aus den Sodarückständen, die CaS enthalten, entsteht, wenn sie sich an
der Luft oxydiren, zunächst Calciumpolysulfid und dann unterschwefligsaures Calcium CaS^2O^3. Wenn Eisen oder Zink auf eine Lösung von schwefliger Säure einwirkt, so erhält man, ausser der zunächst entstehenden hydroschwefligen Säure,
ein Gemisch von Salzen der schwefligen und unterschwefligen Säure, z. B.: $3SO^2 +$
$Zn^2 = ZnSO^3 + ZnS^2O^3$. Hierbei entwickelt sich, wie auch bei der Bildung der
hydroschwefligen Säure, kein Wasserstoff. Eine der gewöhnlichsten und allgemein-
sten Methoden zur Darstellung von Salzen der unterschwefligen Säure besteht in
der Einwirkung von **Schwefel auf die Lösung eines Alkalis**. Bei dieser Reaktion entstehen zugleich mit den unterschwefligsauren Salzen auch Metallsulfide, ebenso wie
beim Einwirken von Chlor auf Alkalilösungen zugleich mit den unterchlorigsauren
Salzen auch Metallchloride entstehen. Die unterschwefligsauren Salze nehmen folglich in der Reihe der Schwefelverbindungen dieselbe Stellung ein, wie die unterchlorigsauren Salze in der Reihe der Chlorverbindungen. Es erfolgt z. B. die
Reaktion zwischen Natronlauge und Schwefel entsprechend der Gleichung: $6NaHO +$
$12S = 2Na^2S^5 + Na^2S^2O^3 + 3H^2O$. Schwefel löst sich also in den ätzenden Alkalien. In den Fabriken stellt man das unterschwefligsaure Natrium durch Glühen
von Natriumsulfat mit Kohle dar, wobei zunächst Schwefelnatrium entsteht, das
dann in Wasser gelöst und mit Schwefligsäuregas so lange behandelt wird, bis die
Lösung eine schwach saure Reaktion annimmt. Die Flüssigkeit wird nun mit etwas
Natronlauge versetzt, wobei sich Schwefel ausscheidet, und so weit eingedampft,
bis sich das Salz $Na^2S^2O^3$ in Krystallen auszuscheiden beginnt. Die Sättigung der
Schwefelnatriumlösung mit Schwefligsäuregas wird in verschiedener Weise ausgeführt, man lässt z. B. die Lösung in Koksthürmen herabfliessen, in welche das
durch Verbrennen von Schwefel entstehenden Gas in entgegengesetzter Richtung
eingeleitet wird. Ein Ueberschuss an Schwefligsäuregas muss hierbei vermieden
werden, da sonst trithionsaures Salz entsteht. Auch durch doppelte Umsetzung von
löslichem unterschwefligsaurem Calcium mit schwefelsaurem oder kohlensauren Natrium gewinnt man unterschwefligsaures Natrium, wobei schwefelsaures oder kohlensaures Calcium im Niederschlage erhalten wird. Unterschwefligsaures Calcium
erhält man durch Einwirken von Schwefligsäuregas auf Schwefelcalcium oder aus
Sodarückständen, welche man mit Wasser auslaugt und die Lösung dann eindampft,
wobei sich das Salz in Krystallen mit einem Gehalt von 5 Wassermolekeln ausscheidet. Das Eindampfen muss übrigens sehr vorsichtig gesehehen, damit das unterschwefligsaure Calcium sich nicht in Schwefel und schwefelsaures Calcium zersetze.
Dieser Zersetzung unterliegen zuweilen auch die Krystalle des Salzes.
Das krystallinische unterschwefligsaure Natrium $Na^2S^2O^35H^2O$ ist ziemlich be-
ständig; es verwittert nicht und löst sich bei 0° in 1 Theile und bei 20° in 0,6 Th.
Wasser. Die Lösung kann kurze Zeit hindurch gekocht werden ohne dass das
Salz sich verändert, wird aber das Kochen länger fortgesetzt, so scheidet sich
Schwefel aus. Die Krystalle des Salzes schmelzen bei 56° und verlieren bei 100°

Obgleich bei der direkten Vereinigung des Schwefels mit Sauerstoff nur wenig SO^3 entsteht, indem derselbe hierbei fast vollständig in Schwefligsäuregas übergeht, so lässt sich dennoch aus letzterem nach vielen Methoden die höhere Oxydationsstufe des

---

alles Wasser. Das trockne Salz zerfällt beim Erhitzen in Schwefelnatrium und schwefelsaures Natrium. Durch Säuren wird die Lösung des unterschwefligsauren Natriums getrübt, indem sich äussert fein vertheilter Schwefel ausscheidet und wenn die zugesetzte Säuremenge genügend ist, so scheidet sich gleichzeitig auch Schwefligsäuregas aus, da die unterschweflige Säure selbst unbeständig ist: $H^2S^2O^3 = H^2O + S + SO^2$. Das unterschwefligsaure Natrium wird in der Praxis vielfach verwendet, z. B. in der Photographie zum Lösen des beim Einwirken des Lichtes unzersetzt gebliebenen Chlor- und Bromsilbers. Die Löslichkeit des Chlorsilbers in einer Lösung von unterschwefligsaurem Natrium kann zur Gewinnung des Silbers aus seinen Erzen benutzt werden. In Lösung geht hierbei das Doppelsalz von unterschwefligsaurem Silber und Natrium: $AgCl + Na^2S^2O^3 = NaCl + AgNaS^2O^3$. Das unterschwefligsaure Natrium ist ein **Antichlor**, d. h. eine der zersetzenden Einwirkung des Chlors entgegenwirkende Substanz, da es vom Chlor sehr leicht oxydirt wird, wobei Schwefelsäure und Chlorwasserstoff entstehen. Mit Jod reagirt das unterschwefligsaure Natrium in anderer Weise. Diese Reaktion ist durch die Genauigkeit ihres Verlaufs höchst bemerkenswerth. Das Jod entzieht dem Salze genau die Hälfte des Natriums und führt es in tetrathionsaures Natrium über: $2Na^2S^2O^3 + J^2 = 2NaJ + Na^2S^4O^6$. Das unterschwefligsaure Natrium wird daher in Lösung zur quantitativen Bestimmnng von freiem Jod benutzt. Da aus Jodkalium durch Chlor freies Jod ausgeschieden wird, so kann auf diese Weise auch freies Chlor quantitativ bestimmt werden, wenn zu der chlorhaltigen Flüssigkeit Jodkalium zugesetzt wird. Da ferner viele höhere Oxydationsstufen gleichfalls Jod aus Jodkalium oder Chlor aus Chlorwasserstoff ausscheiden (z. B. die höheren Oxyde des Mangans, des Chroms und and.), so lässt sich mittelst unterschwefligsauren Natriums nach der Menge des ausgeschiedenen Jods auch die Menge dieser höheren Oxyde bestimmen. Genaueres findet man hierüber in den Lehrbüchern für analytische Chemie.

Wenn man eine Lösung von unterschwefligsaurem Natrium allmählich mit der Lösung eines Bleisalzes versetzt, so entsteht (zunächst ein lösliches Doppelsalz und bei schneller Reaktion PbS und dann) ein weisser Niederschlag von unterschwefligsaurem Blei $Pb^2S^2O^3$. Dieses Salz erleidet bei 200° eine Aenderung und entzündet sich. Kupferoxydsalze werden beim Vermischen ihrer Lösungen mit unterschwefligsaurem Natrium durch die in dem Salze enthaltene schweflige Säure zu Kupferoxydul reduzirt, welches jedoch nicht ausfällt, da es in unterschwefligsaures Salz übergeht und mit dem unterschwefligsauren Natrium ein lösliches Doppelsalz bildet. Solche Doppelsalze der Kupferoxyduls können als ein ausgezeichnetes Reduktionsmittel benutzt werden. Bei der Bildung von unterschwefligsaurem Kupferoxydul entfärbt sich die Lösung und beim Erhitzen derselben scheidet sich ein schwarzer Niederschlag von Schwefelkupfer aus.

Das Verhältniss zwischen der unterschwefligen Säure und den anderen Säuren des Schwefels ergibt sich aus der Zusammenstellung der folgenden Formeln:

Schweflige Säure $SO^2H(OH)$.
Schwefelsäure $SO^2OH(OH)$.
Unterschweflige Säure $SO^2SH(OH)$.
Hydroschweflige Säure $SO^2H(SO^2H)$.
Dithionsäure $SO^2OH(SO^2OH)$.

Einige Zeit lang wurde angenommen, dass nur wasserhaltige Salze der unterschwefligen Säure existiren, denen daher die Zusammensetzung $H^4S^2O^4$ oder H^2SO^2 zugeschrieben wurde; Popp erhielt aber auch wasserfreie Salze.

Schwefels, das **Schwefelsäureanhydrid**, SO^3, (Schwefeltrioxyd) darstellen. Dasselbe ist bei gewöhnlicher Temperatur eine krystallinische, leicht (bei 16^0) schmelzende und sich auch leicht (bei 46^0)
verflüchtigende Substanz, die aus der Luft energisch Feuchtigkeit anzieht. Trotz seiner Entstehung durch Addition von Sauerstoff zu SO^2 besitzt das Schwefelsäureanhydrid die Fähigkeit zu weiteren Additionen.
Es verbindet sich z. B. mit H^2O, HCl, NH^3, mit vielen Kohlenwasserstoffen, sogar mit H^2SO^4, B^2O^3, N^2O^3 u. s. w. von den
Basen schon ganz abgesehen, welche in den Dämpfen des Anhydrids direkt zu schwefelsauren Salzen verbrennen. Um die Oxydation
des Schwefligsäuregases SO^2 Schwefelsäureanhydrid SO^3 zu bewirken
muss man es im Gemisch mit trocknem Sauerstoff (oder trockner
Luft) über erhitzten Platinschwamm leiten; unter dessen Einwirkung geht dann die Addition des Sauerstoffs vor sich.
Durch Erhöhung des Drukes wird die Reaktion beschleunigt (Hä-
nisch). Wenn das hierbei entstehende Produkt in ein abgekühltes
Gefäss geleitet wird, so setzt sich an dessen Wandungen das krystallinische Schwefelsäureanhydrid ab; da aber Spuren von Feuchtigkeit schwer abzuhalten sind, so enthält dasselbe immer Verbindungen mit dem Hydrate: $H^2S^2O^7$ und $H^2S^4O^{13}$, durch deren Beimengung die Eigenschaften des Anhydrids eine so tief gehende
Aenderung erleiden (Weber), dass früher sogar zwei Modifikationen
des Anhydrides angenommen wurden (Marignac, Schulz-Sellac und
and.) Schwefelsäureanhydrid erhält man auch (wenn auch nicht
vollkommen rein, so doch vollkommen wasserfrei durch Destillation
über Phosphorsäureanhydrid) aus einigen wasserfreien oder wenig
Wasser enthaltenden schwefelsauren Salzen, die sich beim Erhitzen
zersetzen. Zu diesen Salzen gehören z. B. das saure schwefelsaure
Natrium $NaHSO^4$ und das pyroschwefelsaure Natrium $Na^2S^2O^7$
(Seite 537), sowie auch $FeSO^4$ und einige andere Salze, die sich
beim Erhitzen unter Abgabe von Schwefelsäureanhydrid zersetzen.
Wenn ein schwefelsaures Salz sich erst bei sehr hohen Temperaturen zersetzt, so erhält man kein Schwefelsäureanhydrid, da
dieses dann schon in Sauerstoff und Schwefligsäuregas zerfällt.
Eisenvitriol, d. h. schwefelsaures Eisenoxydul, aus welchem, wie
soeben angegeben, leicht Schwefelsäureanhydrid erhalten wird, scheidet beim Erhitzen zunächst sein Krystallisationswasser aus, wobei
jedoch die letzte Wassermolekel, ebenso wie aus dem schwefelsauren Magnesium, nur schwierig entweicht. Die Ausscheidung
dieser Molekel erfolgt wol bei stärkerem Erhitzen, aber nicht vollständig, weil dann das Schwefelsäureanhydrid theilweise durch das
entstehende Eisenoxydul FeO, zersetzt wird, welches sich zu Eisenoxyd Fe^2O^3 oxydirt und das Anhydrid, SO^3, in Schwefligsäuregas
überführt. Die Zersetzungsprodukte des Eisenvitriols sind also:
Eisenoxyd Fe^2O^3, Schwefligsäuregas SO^2 und Schwefelsäureanhydrid

SO^3, entsprechend der Gleichung: $2FeSO^4 = Fe^2O^3 + SO^2 + SO^3$.
Da nun aber das Salz noch Wasser zurückhält, so entsteht ausserdem auch theilweise das Hydrat H^2SO^4, in welchem sich das Anhydrid SO^3 löst. Auf diese Weise wurde die Schwefelsäure früher
lange Zeit hindurch gewonnen, namentlich in der Gegend von
Nordhausen, infolge dessen die Säure aus dem Eisenvitriol auch
die Bezeichnung **Nordhäuser Vitriolöl** erhielt. Gegenwärtig gewinnt
man dasselbe durch Einleiten der flüchtigen Zersetzungsprodukte
des Eisenvitriols in Schwefelsäure, die auf gewöhnliche Weise dargestellt ist. In der Schwefelsäure löst sich nur das Schwefelsäureanhydrid, nicht aber das Schwefligsäuregas. Besser als durch Erhitzen von $FeSO^4$ oder $Na^2S^2O^7$ (dessen Zersetzung erst bei 600^0
erfolgt) lässt sich das Schwefelsäureanhydrid durch Erhitzen eines
Gemisches von $Na^2S^2O^7$ mit $MgSO^4$ darstellen, weil dann im Rückstande das beständige Doppelsalz $MgNa^2(SO^4)^2$ erhalten wird.

Das Nordhäuser Vitriolöl, aus dem sich das Schwefelsäureanhydrid leicht ausscheidet, raucht an der Luft und wird daher auch
rauchende Schwefelsäure genannt. Dieser Rauch ist nichts anderes
als dampfförmiges Schwefelsäureanhydrid, das sich mit der Feuchtigkeit der Luft verbindet und hierbei in nicht flüchtige Schwefelsäure (Hydrat) übergeht [43]).

Das Nordhäuser Vitriolöl, — eine Lösung von SO^3 in H^2SO^4 —
enthält eine besondere Verbindung dieser beiden Substanzen: die
sogenannte **Pyroschwefelsäure**, d. h. das unvollständige Anhydrid
der Schwefelsäure, das seiner Zusammensetzung $H^2S^2O^7$ nach
$Na^2S^2O^7$, $K^2Cr^2O^7$ und ähnlicher Pyrosalzen oder wasserfreien sauren Salzen entspricht. Die Bindung zwischen H^2SO^4 und SO^3 ist

---

43) Am einfachsten lässt sich das Schwefelsäureanhydrid aus der Nordhäuser
Schwefelsäure gewinnen, die man zu diesem Zwecke in einer Glasretorte erhitzt.
Der Retortenhals muss luftdicht in die Vorlage—einen Kolben eingestellt sein,
der gut abzukühlen und mit einem Trockenrohre zu versehen ist, um die Feuchtig-
keit der Luft abzuhalten. Dem flüchtigen Anhydride, das sich nun beim Erhitzen
in der Vorlage verdichtet, mengt sich jedoch immer auch Schwefelsäure, d h. das
Hydrat bei, das sich infolge der schnellen Absorption von Feuchtigkeit aus dem
Anhydride bildet. Reines Schwefelsäureanhydrid erhält man erst nach wiederholter
Destillation mit Phosphorsäureanhydrid, wenn man unter Ausschluss von Luft,
z. B. in zugeschmolzenen Gefässen arbeitet.

Das gewöhnliche Schwefelsäureanhydrid, das noch etwas Hydrat enthält, ist
eine weisse, schneeartige, sehr flüchtige Masse, die bei $16°$ zu einer farblosen
Flüssigkeit schmilzt, deren spezifisches Gewicht bei $26^v = 1,91$ und bei $47° = 1,81$
ist; der Siedepunkt liegt bei $46°$. Bei längerem Aufbewahren erleidet diese Masse
die Aenderung, dass eine geringe Menge von H^2SO^4 sich allmählich mit einer
grösseren Menge von SO^3 zu Polyschwefelsäuren $H^2SO^4 nSO^3$ verbindet, welche
schwer schmelzen und beim Erhitzen zerfallen (Marignac). Wenn absolut kein
Wasser zugegen ist, so tritt diese Steigerung der Schmelztemperatur nicht ein
(Weber) und das Anhydrid bleibt lange flüssig; es schmilzt bei ungefähr $+ 15°$,
destillirt bei $46°$ und besitzt bei $16°$ das spezifische Gewicht 1,94.

jedenfalls nur eine schwache, denn SO^3 lässt sich aus der Pyrosäure leicht durch Erwärmen ausscheiden. Um die bestimmte Verbindung dieser beiden Körper zu erhalten, kühlt man die Nordhäuser Schwefelsäure bis auf 5^0 ab oder man destillirt besser einen
Theil derselben ab, damit in die Vorlage alles SO^3 und H^2SO^4 theilweise übergehe; dann erstarrt das Destillat schon bei gewöhnlicher
Temperatur, weil die Verbindung $H^2SO^4SO^3$ bei 35^0 schmilzt. Obgleich dieser Körper mit Wasser, Basen u. s. w. wie ein Gemisch
aus SO^3 und H^2SO^4 reagirt, so muss dennoch in Anbetracht der
auch im freien Zustande existirenden Verbindung $H^2S^2O^7$, welche
Salze und das Chloranhydrid $S^2O^5Cl^2$ bildet [44]), eine besondere
Pyroschwefelsäure angenommen werden, die ihrem Wesen nach der
Pyrophosphorsäure entspricht, jedoch mit dem Unterschiede, dass
letztere viel beständiger ist und sogar mit Wasser nicht direkt in
das vollständige Hydrat übergeht. Die in Wasser gelösten Salze
$M^2S^2O^7$ reagiren wie die sauren Salze $MHSO^4$, während die unvollständigen Hydrate der Phosphorsäure (HPO^3, $H^4P^2O^7$) in wässriger Lösung selbstständige Reaktionen besitzen, durch welche sie
sich von den Salzen der vollständigen Hydrate unterscheiden.

Die **Schwefelsäure** H^2SO^4 entsteht aus ihrem Anhydride SO^3 und
Wasser unter sehr bedeutender Wärmeentwickelung; auf $SO^3 + H^2O$
werden 21300 Wärme-Einheiten entwickelt. Die praktischen Darstellungsmethoden der Schwefelsäure, sowie die meisten ihrer bekannten Bildungsweisen beruhen auf der Oxydation von SO^2 zu
Schwefelsäureanhydrid, welches dann mit Wasser in die Säure

---

44) Das Chloranhydrid der Pyroschwefelsäure oder das **Pyrosulfurylchlorid** $S^2O^5Cl^2$
entspricht der Pyroschwefelsäure ebenso wie SO^2Cl^2 der Schwefelsäure und kann
als eine Verbinduug des Chloranhydrids der letzteren mit SO^3 betrachtet werden:
$S^2O^5Cl^2 = SO^2Cl^2 + SO^3$. Man erhält das Pyrosulfurylchlorid durch Einwirken
von SO^3-Dämpfen auf Chlorschwefel: $S^2Cl^2 + 5SO^3 = 5SO^2 + S^2O^5Cl^2$ und auch
beim Einwirken von JCl^5 im Ueberschusse auf Schwefelsäure (oder deren erstes
Chloranhydrid SHO^3Cl) (Michaelis). Es ist eine ölige Flüssigkeit vom spezifischen
Gewicht 1,8, die bei 150° siedet. Die Dämpfe des Pyrosulfurylchlorids besitzen, wie
Konowalow feststellte (Seite 347), eine normale Dichte. Wir machen darauf aufmerksam, dass das Pyrosulfurylchlorid auch beim Einwirken von SO^3 auf SCl^4,
sowie auf CCl^4 entsteht und dass die letztere Substanz ein Metalepsieprodukt von
CH^4 ist, so dass die Vergleichung von SCl^2 und S^2Cl^2 mit Metalepsieprodukten
(vergl. weiter unten) auch durch spezielle Reaktionen gerechtfertigt wird. Rose,
der zuerst das Pyrosulfurylchlorid erhielt, betrachtete dasselbe als SCl^55SO^3, weil
zu der Zeit man noch überall bestrebt war zwei einander polar-entgegengesetzte
Bestandtheile aufzufinden. Diese Verbindung wurde nun damals sogar als Beweis
für die Existenz von SCl^6 angeführt. Durch kaltes Wasser wird das Pyrosulfurylchlorid zersetzt, jedoch langsamer, als SO^3HCl und andere Chloranhydride.
Das Verhältniss der Pyroschwefelsäure zu der normalen Schwefelsäure wird
sofort klar, wenn man die Formel der letzteren durch $OH(SO^3H)$ wiedergibt, denn
das Sulfoxyl (SO^3H) ist offenbar dem Hydroxyl OH und folglich auch H äquivalent; wenn man daher im Wasser beide Wasserstoffe durch diesen Rest ersetzt,
so erhält man $(SO^3H)^2O$, d. h. die Pyroschwefelsäure.

übergeht. Die technische Gewinnung ist im 6-ten Kapitel, Seite
316 beschrieben worden. Die in den **Bleikammern** entstehende
Schwefelsäure ist mit viel Wasser verdünnt und ausserdem nicht
rein, denn sie löst in den Kammern Stickstoffoxyde und Bleiverbindungen uud enthält noch Beimengungen, die mit dem Schwefligsäuregase in gas- oder dampfförmigem Zustande aus dem Schwefel
hineingelangen (z. B. Arsenverbindungen). Die meisten dieser
Beimengungen werden gewöhnlich nicht weiter beachtet, da sie
der praktischen Verwendung der Schwefelsäure nur selten im Wege
stehen. Man ist meistens nur bestrebt nach Möglichkeit alles
Wasser zu entfernen, das sich ohne das Hydrat der Schwefelsäure zu zersetzen abscheiden lässt [45]), d. h. man sucht aus
der verdünnten Säure das Hydrat H^2SO^4 zu gewinnen. Dies
lässt sich einfach durch Erhitzen erreichen, da hierbei das
Wasser aus der verdünnten Säure verdunstet. Jedes Gemisch von
Wasser mit H^2SO^4 beginnt, wenn es bis auf eine bestimmte Temperatur erwärmt wird, Wasserdämpfe auszuscheiden. Bei niedrigerer Temperatur findet keine Verdampfung von Wasser statt und
das Gemisch kann sogar aus der Luft Feuchtigkeit absorbiren.
In dem Maase wie das Wasser entweicht steigt auch die Temperatur, bei der die Entweichung stattfindet; — je verdünnter die
Schwefelsäure ist, bei desto niedrigerer Temperatur gibt sie ihr
Wasser ab. Aus verdünnten Schwefelsäurelösungen kann daher die
Verdampfung des Wassers
leicht in Gefässen aus Blei
(bis 60°B.) und natürlich
auch aus Glas bewerk-
stelligt werden, da bei
relativ niedriger Tempe-
ratur weder Blei, noch
Glas von der verdünnten
Säure angegriffen wer-
den. Wenn aber zugleich
mit der Verdampfung des
Wassers die Temperatur
beständig zunimmt, so
beginnt auch die konzen-
trirter werdende Schwe-
felsäure auf das Blei einzuwirken, (wobei Schwe-
fligeäuregas entweicht

Fig. 136. Apparat zur Konzentrirung von Schwefelsäure in
Glasretorten. Der Hals einer jeden Retorte wird in eine besonders gebogene Allonge eingesetzt, deren absteigender Theil
in ein Gefäss aus Thon oder Glas mündet. In diesen Gefässen, welche die Vorlage bilden, kondensirt sich nicht allein
das entweichende Wasser, sondern auch Schwefelsäure, so
dass sich darin schwache Schwefelsäure ansammelt.

45) Die Vertreibung des Wassers oder die Konzentration bis fast zu H^2SO^4
wird aus zweierlei Gründen ausgeführt: erstens um beim Transport der Säure kein
Wasser mitzuführen (denn die Verjagung desselben verursacht geringere Kosten,
als der Transport auf weite Entfernungen) und zweitens, weil zu vielen Zwecken,

und Pb in schwefelsaures Blei übergeht). Die vollständige Vertreibung des Wassers aus der Schwefelsäure kann daher in Bleige-
fässen (Bleipfannen) nicht ausgeführt werden, man erreicht dieselbe in Glasretorten (*Fig. 136*) oder besser in Platingefässen.

Bei der **Konzentration der Schwefelsäure** in Glasretorten wird die
verdünnte Säure so lange erhitzt als noch Wasserdämpfe entweichen
und bis die Schwefelsäure selbst überzugehen beginnt, d. h. bis
im Rückstande eine Säure von derselben Zusammensetzung wie im
Destillate erhalten wird; dieses tritt bei einer Temperatur von
320^0 ein, wenn die Dichte der Schwefelsäure 1,847 ($= 66^0$
Baumé) erreicht [46]).

Zur kontinuirlichen Konzentration der Schwefelsäure benutzt
man Platingefässe (Fig. 137), die aus der Retorte B bestehen,
aus dessen Helm E das Dampfleitungsrohr EF geht und in den
das Heberrohr RH eingesetzt ist, durch welches die konzentrirte
Schwefelsäure abgehebert wird. Die schon vorher in den Bleipfannen bis zu der Dichte von 60^0 Baumé, d. h. dem spezifischen
Gewichte 1,7 konzentrirte Schwefelsäure wird durch einen besonderen Trichter (E') fortwährend in den oberen Theil des Appa-

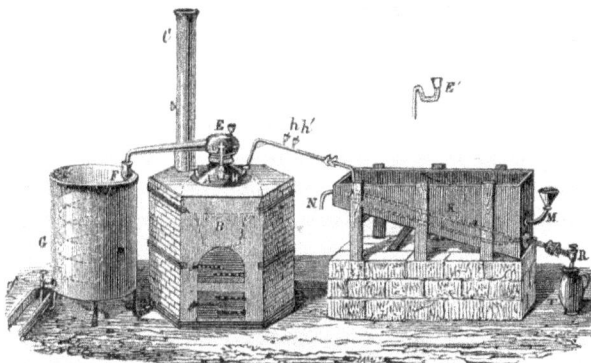

Fig. 137. Platinapparat zur fabrikmässigen Konzentration von Schwefelsäure.

rates eingelassen, da sie leichter als die bereits konzentrirte
Säure ist und auch leichter ihr Wasser ausscheidet, wenn sie sich
in der Retorte über der letzteren befindet. Beim Erhitzen der

z. B. zum Reinigen des Kerosins die konzentrirte Säure erforderlich ist. Durch
diese Gründe erklärt sich die von Jahr zu Jahr sich steigernde Produktion des
Schwefelsäureanhydrids, welche mit der Zeit wahrscheinlich mit dem Bleikammer-
prozesse selbst in ernste Konkurrenz treten wird.

46) Die Schwierigkeit der Entfernung der letzten Spuren von Wasser offenbart
sich auch darin, dass das Sieden der Säure zuletzt sehr ungleichmässig wird, indem es bald ganz aufhört, bald wieder plötzlich unter reichlicher Bildung von
Dämpfen stossweise beginnt, so dass sogar der Apparat selbst aufgeworfen wird,
Glasretorten zerspringen infolge dessen. Die Konzentration der Schwefelsäure wird
daher zuletzt am besten in Platingefässen ausgeführt, die ausserdem eine ununterbrochene Destillation gestatten.

Platinretorte verdichten sich die entweichenden Wasserdämpfe im
Kühler FG, während die konzentrirte Schwefelsäure, in dem
Maasse wie die verdünnte Säure zugegossen wird, durch das
Heberrohr HR abfliesst. Durch den Hahn R lässt sich dieser Abfluss der konzentrirten Säure vom Boden der Platinretorte so reguliren,
dass man beständig eine Säure von gleichem spezifischen Gewichte
erhält. Zu diesem Zwecke befindet sich in der Vorlage r, in die
das Heberrohr mündet, ein Areometer, mittelst dessen man die
Dichte der abfliessenden Säure fortwährend beobachten kann;
wenn z. B. die Dichte unter 66° B. sinkt, so verlangsamt man
mit Hilfe des Hahnes den Abfluss der Säure, welche dann länger
in der Retorte verbleiben und auch mehr Wasser verlieren wird [47]).

Die **Schwefelsäure** ist eigentlich nicht flüchtig, denn bei ihrer sogenannten Siedetemperatur [48]) zersetzt sie sich in ihr Anhydrid
und Wasser; die Siedetemperatur (338°) ist also nichts anderes
als die Temperatur der Zersetzung. Die Zersetzungsprodukte
$SO^3 + H^2O$ sind Substanzen, deren Siedepunkte bedeutend niedriger liegen, als die Zersetzungstemperatur der Schwefelsäure.
Dass die Schwefelsäure bei ihrer Destillation diesem Zersetzungs-
prozesse unterliegt, ergibt sich aus den Beobachtungen von Bineau über die Dampfdichte derselben. In Bezug auf Wasserstoff

47) Die grösste Menge Schwefelsäure wird bei der Sodafabrikation zum Einwirken auf Kochsalz verbraucht. Hierzu genügt eine Säure, deren Dichte 60° Baumé
entspricht. Die Dichte der Kammersäure beträgt 1,57 oder 50°—51° Baumé; sie
enthält noch 35 pCt. Wasser. Beim Eindampfen in den Bleipfannen verliert sie
ungefähr 15 pCt. Wasser und in den Glas- und Platinretorten scheidet sich fast
alles übrige Wasser aus. Eine Säure, von 66° Baumé = 1,847 enthält ungefähr
96 pCt. Hydrat H^2SO^4. Sowol bei grösserem, als auch geringerem Gehalte an Wasser
nimmt die Dichte ab; das Maximum derselben entspricht dem Gehalte an $97^1/_2$ pCt.
H^2SO^4.

Wenn beim Eindampfen die Schwefelsäure 66° Baumé, oder die Dichte 1,84, erreicht
hat, so erweist sich eine weitere Konzentration als unmöglich, weil die erhaltene
Säure sich dann unverändert überdestilliren lässt. Die **Destillation der Schwefelsäure**
wird in den Fabriken gewöhnlich nicht ausgeführt. Wenn daher besonders reine
Schwefelsäure erforderlich ist, so muss sie schon im Laboratorium destillirt werden. Man benutzt dazu Platinretorten mit entsprechendem Kühler und Vorlage
oder auch Glasretorten. Bei Anwendung der letzteren muss die Destillation mit
besonderer Vorsicht ausgeführt werden, weil das Sieden der Schwefelsäure selbst
unter starkem Stossen und noch viel ungleichmässiger erfolgt, als das Verjagen
der letzten Theile des in der Säure enthaltenen Wassers. Am gefahrlosesten ist es,
wenn man die mit der Säure gefüllten Glasretorten nicht von unten, sondern von
den Seiten aus erhitzt und zugleich den Boden der Retorte vor dem unmittelbaren
Erhitzen schützt, weil dann das Sieden der Flüssigkeit nicht in ihrer ganzen Masse,
sondern nur von der Oberfläche aus und infolge dessen auch viel ruhiger vor sich
geht. Ein ruhigeres Sieden wird auch erreicht, wenn man die Retorte mit guten
Wärmeleitern umgibt, z. B. mit Eisenfeilspänen, oder wenn man in die Schwefelsäure ein Bündel von Platindrähten taucht, an denen dann die beim Erhitzen entstehenden Dämpfe aufsteigen.

48) Nach den Bestimmungen von Regnault beträgt die Tension des Wasser-

ist diese Dichte zweimal geringer als die Dichte, welche die Schwefelsäure ihrer Zusammensetzung H^2SO^4 nach haben müsste; diese müsste nämlich 49 betragen, während die beobachtete Dichte $= 24,5$ ist. Ausserdem enthalten die zuerst übergehenden Antheile der Schwefelsäure, nach Marignac, weniger Wasser als die zurückbleibenden oder die zuletzt überdestillirenden Antheile. Es erklärt sich dies durch die bei der Destillation stattfindende Zersetzung, bei welcher ein Theil des entstehenden Wassers durch die übrige Masse der Schwefelsäure zurückgehalten wird, so dass, im Destillate zunächst ein Gemisch von Schwefelsäure mit SO^3- d. h. rauchende Schwefelsäure erhalten wird. Das bestimmte Hydrat H^2SO^4 erhält man durch Abkühlen (unter 0^0) von stark konzentrirter, möglichst reiner Schwefelsäure, der man eine geringe Menge von Schwefelsäureanhydrid zusetzt (da ein geringer Gehalt an Wasser das Erstarren schon verhindert). Hierbei krystallisirt zunächst das normale Hydrat, während ein Theil der Säure flüssig bleibt. Giesst man nun diesen flüssigen Theil ab und lässt die Krystalle in derselben Weise noch mehrere mal ausfrieren, so erhält man das vollkommen reine **normale Schwefelsäurehydrat** H^2SO^4, das bei 10^0 schmilzt. Durch einige Procente beigemengten Wassers wird die Erstarrungstemperatur bedeutend erniedrigt. An der Luft raucht das Schwefelsäurehydrat bei gewöhnlicher Temperatur nicht, aber schon bei 40^0 zeigen sich merkliche Nebel, welche durch die eintretende Zersetzung bedingt werden, indem SO^3 sich verflüchtigt, während H^2O von der übrigen Masse der Säure zurückgehalten wird. Hierdurch erklärt es sich, das selbst in einer trocknen Atmosphäre das Hydrat H^2SO^1 allmählich schwächer wird, und zuletzt einen Wassergehalt von $1^1/_2$ Procent aufweist. Es erweist sich also, dass eine so gewöhnliche und dem Anscheine nach

dampfes, der aus den Schwefelsäurehydraten $H^2SO^4nH^2O$ ausgeschieden wird, in Millimetern Quecksilbersäule und bei den Temperaturen:

	$t = 5^\circ$	15°	30°
$n = 1$	0,1	0,1	0,2
2	0,4	0,7	1,5
3	0,9	1,6	4,1
4	1,3	2,8	7,0
5	2,1	4,2	10,7
7	3,2	6,2	15,6
9	4,1	8,0	19,6
11	4,4	9,0	22,2
17	5,5	10,6	26,1.

Nach Lunge erreicht diese Tension des Wasserdampfes den Barometerdruck von 720—730 Millimetern bei einem Gehalte an p Procenten H^2SO^4, bei folgenden Temperaturen:

$p =$	10	20	30	40	50	60
$t =$	102°	105°	108°	114°	124°	141°

$p =$	70	80	85	90	95
$t =$	170°	207°	233°	262°	295°.

so beständige Substanz wie die Schwefelsäure schon bei niedrigen Temperaturen einer Zersetzung unterliegt, welche jedoch nur so weit geht, bis der Wassergehalt auf $1\frac{1}{2}$ pCt. gestiegen ist, was ungefähr der Zusammensetzung $H^2O12H^2SO^4$ entspricht [49]).

Die konzentrirte Schwefelsäure wird in der Praxis Vitriolöl genannt in Anbetracht ihrer früheren Gewinnung aus Eisenvitriol und ihres öligen Aussehens, denn beim Uebergiessen aus einem Gefässe in ein anderes fliesst sie wie die meisten Oele in einem dicken, relativ wenig beweglichen Strahle aus, wodurch sie sich von den leicht beweglichen Flüssigkeiten: Wasser, Alkohol, Aether und ähnlichen scharf unterscheidet. Von den Eigenschaften der Schwefelsäure ist zunächst ihre Fähigkeit sich mit anderen Verbindungen zu vereinigen zu beachten. Wir sahen bereits, dass sie sich mit ihrem Anhydride und mit den schwefelsauren Salzen der Alkalimetalle verbindet und mit Wasser, in dem sie sich löst, mehr oder weniger beständige Verbindungen bildet. Beim Vermischen von Schwefelsäure mit Wasser findet eine sehr bedeutende Wärmeentwickelung statt [50]).

Ausser dem normalen Hydrate H^2SO^4 (Schwefelsäuremonohy-

---

49) Es liegt gegenwärtig kein Grund vor dieses System, das sich im Gleichgewicht befindet und unter den gewöhnlichen Bedingungen sich nicht unterhalb 338° zersetzt, für eine bestimmte Verbindung zu halten. Dittmar stellte fest, als er dieses System unter verschiedenen Drucken, von 30 bis zu 2140 Millimeter (Quecksilbersäule), der Destillation unterwarf, dass die Zusammensetzung des Rückstandes fast unverändert bleibt, denn er fand in demselben von 99,2 bis zu 98,2 pCt normalen Hydrats, obgleich die Siedetemperatur unter 30 mm. Druck 210° und unter 2140 mm. 382° betrug. Hierbei stellte sich die für die Praxis wichtige Thatsache heraus, dass die Destillation der Schwefelsäure unter einem Drucke von zwei Atmosphären äusserst ruhig vor sich geht.

Durch Destilliren lässt sich die Schwefelsäure von den meisten Beimengungen reinigen, wenn die Antheile, die zuerst und zuletzt übergehen, entfernt werden. Die ersten Antheile der Destillation enthalten Stickstoffoxyde, HCl u. s. w., die letzten schwer flüchtige Beimengungen. Die beigemengten Stickstoffoxyde lassen sich durch Erwärmen der Säure mit Kohle vollständig entfernen, da sie sich hierbei als Gase verflüchtigen. Zur Entfernung des Arsens muss die Schwefelsäure zuerst mit Mangandioxyd MnO^2 erhitzt und dann destillirt werden. Das Arsen bleibt hierbei als nicht flüchtige Arsensäure zurück, wenn es dagegen nicht vorher durch MnO^2 oxydirt wird, so kann es als flüchtige arsenige Säure in das Destillat übergehen. Ferner lässt sich das Arsen auch als arsenige Säure entfernen, wenn man zunächst die vorhandene Arsensäure reduzirt und dann durch die zu reinigende Schwefelsäure unter Erwärmen Chlorwasserstoff durchleitet, welcher mit As^2O^3 das sich leicht verflüchtigende Arsenchlorid $AsCl^3$ bildet.

50) Die Wärmemenge, die sich beim Vermischen von H^2SO^4 mit Wasser entwickelt, wird durch die mittlere Kurve des auf Seite 87 (Fig 28) mitgetheilten Diagramms zum Ausdruck gebracht. Die Abszissen geben den Procentgehalt an H^2SO^4 in der entstehenden Lösung an und die Ordinaten die Mengen der Wärmeeinheiten, welche der Bildung von 100 Kubikcentimetern Lösung (bei 18°) entsprechen. Die Berechnung ist auf Grund der Bestimmungen von Thomsen ausgeführt worden, aus denen hervorgeht, dass 98 Gramm oder die molekulare Menge H^2SO^4

drat) existirt noch ein **anderes bestimmtes Schwefelsäurehydrat**: H^2SO^4 H^2O (aus 84,48 pCt. normalen Hydrats und 15,52 pCt. Wasser), welches sehr leicht schon bei 8° in grossen sechsseitigen Prismen krystallisirt und bei 210° seine Molekel Wasser verliert [51]). Wenn nun die Hydrate H^2SO^4 und $H^2SO^4H^2O$ bei niederen Temperaturen als bestimmte Verbindungen existiren, wenn dieselbe Eigenschaft auch der Pyroschwefelsäure $H^3SO^4SO^3$ zukommt, wenn bei höheren Temperaturen alle diese Verbindungen sich mehr oder weniger leicht zersetzen, indem sie SO^3 oder H^2O ausscheiden, wobei diese Zersetzungsprodukte der Schwefelsäure sich von einander vollständig lostrennen, — so muss von SO^3 bis zu H^2O eine ununterbrochene Reihe von homogenen Körpern vorhanden sein, welche im flüssigen Zustande als Lösungen erscheinen werden. Da aber unter diesen Körpern die oben angeführten bestimmten Verbindungen zu unterscheiden sind, welche nicht in den dampfförmigen, wol aber in den festen Zustand übergehen können, so ist man zur Erlangung eines richtigen Urtheils gezwungen von der Zustandsänderung abzusehen und nach anderen Mitteln zu suchen, die es ermöglichen die Existenz einer jeden bestimmten Verbindung zwischen SO^3 und H^2O festzustellen. Als Richtschnur kann hierbei die Aenderung jeder Eigenschaft dienen, welche durch eine Aenderung in der Zusammensetzung der Schwefelsäurelösungen bedingt wird. Bei den bestimmten Verbindungen müssen die Aenderungen der Eigenschaften in einer anderen Weise erfolgen, wie

---

beim Zusammentreten mit m Molekeln Wasser (m 18 g.) die folgenden Wärme-Einheiten R entwickeln:

$m =$	1	2	3	5	9
$R =$	6379	9418	11137	13108	14952
$c =$	0,432	0,470	0,500	0,576	0,701
$T =$	127°	149°	146°	121°	82°

$m =$	19	49	100	200
$R =$	16256	16684	16859	17066
$c =$	0,821	0,914	0,954	0,975
$T =$	45°	19°	9°	5°.

Durch c ist die spezifische Wärme von $H^2SO^4mH^2O$ (nach Marignac und Pfaundler) bezeichnet und durch T die Temperaturerhöhung, die beim Vermischen von H^2SO^4 mit m H^2O erfolgt. Aus dem angeführten Diagramm geht hervor, dass die Kontraktion und die Temperaturerhöhung einander fast parallel sind.

51) Wie das normale Hydrat, so bildet auch $H^2SO^4H^2O$ mit überschüssigem Schnee eine Kältemischung, d. h. es findet Absorption von Wärme statt (auf Kosten der latenten Schmelzwärme). Die Molekel H^2SO^4 absorbirt beim Schmelzen 960 Wärme-Einheiten und $H^2SO^4H^2O$ 3680 W. E. Wenn z. B. eine Molekel dieses Hydrates im festen Zustande mit 17 Molekeln Schnee vermischt wird, so werden 18080 W.-E. absorbirt, da $17H^2O$ 17.1430 W. E. absorbiren und das Hydrat mit Wasser 9800 W. E. entwickelt. Da die spezifische Wärme der entstehenden Verbindung $H^2SO^418H^2O = 0,813$ ist, so wird die Temperaturerniedrigung 52°,6 betragen. Es lässt sich also mittelst Schwefelsäure und Schnee eine starke Abkühlung hervorrufen.

dies auch in Wirklichkeit der Fall ist Es sind jedoch nur wenige
Eigenschaften mit genügender Genauigkeit bestimmt. Dennoch lässt
sich aus den vielen an Schwefelsäurelösungen ausgeführten Bestimmungen ersehen, dass die oben angeführten bestimmten Verbindungen sich durch eigenthümliche Merkmale in den stattgefunde-
nen Aenderungen unterscheiden. Als Beispiel weise ich auf die Aenderungen im spezifischen Gewichte hin, welche bei Aenderungen
der Temperatur eintreten (d. h. auf $\frac{ds}{dt}$, wenn s das spezifische Gewicht und t die Temperatur ist). Für das normale Hydrat H^2SO^4
ergibt sich $\frac{ds}{dt}$ oder K aus folgender Gleichung:

$$S = 18528 - 10{,}65t + 0{,}013t^2,$$

in welcher S das spezifische Gewicht bei t^0 ist, wenn das spez.
Gew. des Wassers bei $4^0 = 1000$. Folglich ist $K = 10{,}65 -$
$0{,}026t$, d. h das spezifische Gewicht von H^2SO^4 nimmt beim
Steigen der Temperatur um je einen Grad bei 0^0 um 10,65 ab,
bei 10' — um 10,39, bei 20^0 um 10,13 und bei 30^0 um 9,87 [52]).
Für Lösungen dagegen, welche mehr SO^3 enthalten, als das Hydrat H^2SO^4, (d. h. für rauchende Schwefelsäure), sowie auch für
Lösungen, die noch Wasser enthalten, ist der Werth von K grösser
als für H^2SO^4. Für die Lösung $SO^32H^2SO^4$ z. B. beträgt bei 10^0
$K = 11{,}0$ und für $SO^3H^2SO^4$ bei 10^0 ist $K = 10{,}9$, während für
H^2SO^4 bei 10^0, wie bereits angegeben, $K = 10{,}4$ ist. Wenn H^2SO^4
mit Wasser verdünnt wird, so geht die Zunahme des Werthes von
K bis zur Bildung der Lösung $H^2SO^4H^2O$ (für welche $K = 11{,}1$
bei 10^0 ist), worauf bei weiterem Verdünnen wieder eine Abnahme
eintritt. Folglich haben sich hier beide Hydrate H^2SO^4 und
$H^2SO^4H^2O$ durch eine Aenderung in dem Werthe von K bemerkbar gemacht.

Von allen Eigenschaften der Schwefelsäurelösungen ist das
spezifische Gewicht am genauesten untersucht worden. Aus den Bestimmungen von Bineau, Kremers, Lunge und Naef, Marignac, Mendelejeff, Ostwald, Schertel und Winkler ergeben sich für Schwefelsäurelösungen bei 0^0 (Wasser bei $4^0 = 1000$) die folgenden spezifischen Gewichte (im luftleeren Raume) [53]):

		H²O	s= 9998,7	p=0
H²SO⁴	+400	H²O	» 10099	» 1,34
»	» 200	»	» 10192	» 2,65
»	» 100	»	» 10372	» 5,16

52) Wenn z. B. bei 19° das spezifische Gewicht von $H^2SO^4 = 18330$ ist, so
wird es bei $20° = 18330 - (20-19) 10{,}13 = 18320$ sein.

53) Historische und genaue experimentelle Angaben über das spezifische Gewicht von Schwefelsäure-Lösungen enthält das III Kapitel meines Werkes: Untersuchungen wässriger Lösungen nach dem spezifischen Gewichte 1887 (in russischer
Sprache).

H^2SO^4+ 50 H^2O s$=$10716 p$=$ 9,82
» » 25 » » 11336 » 17,88
» » $12^1/_2$ » : » 12345 » 30,34
» » 10 » » 12760 » 35,25
» » 5 » » 14306 » 52,13
» » $3^1/_3$ » » 15370 » 62,02
» » $2^1/_2$ » » 16102 » 68,53
» » 2 » » 16655 » 73,13
» » 1 » » 17943 » 84,48
» » $^1/_2$ » » 18435 » 91,59

H^2SO^4 s$=$18528 p$=$100

$SO^3+4H^2SO^4$ » 19075 » 103,8
$2SO^3+3H^2SO^4$ » 19793 » 107,9

wenn p die Gewichtsprocente von H^2SO^4 angibt.

Aus den Untersuchungen über die Zunahme des spezifischen Gewichts entsprechend der Zunahme des Gehaltes an normalem Hydrate
H^2SO^4 (in Procenten), d. h. die Aenderung von $\frac{ds}{dp}$ (dem Diffe-
renzialquotienten von s nach p), ergibt sich, dass auch in dieser
Beziehung die Hydrate H^2SO^4 und $H^2SO^4H^2O$ deutlich hervortreten. Die Aenderung in diesen Zunahmen bringt das beiliegende
Diagramm (*Fig. 133*) zum Ausdruck, in welchem auf der Abszissenaxe die Procentmengen an H^2SO^4 in den Lösungen und auf
der Ordinatenaxe die Grössen der Zunahme aufgetragen sind. Es
erweist sich, dass die entstehenden Lnien Gerade sind, welche von
einem bestimmten Hydrate zum anderen gehen und welche eben
bei diesen Hydraten unterbrochen werden und eine andere Richtung erhalten. Am deutlichsten zeigt sich dieses bei dem normalen
Hydrate H^2SO^4 (p $=$ 100). Von $H^2SO^4H^2O$ bis zu H^2SO^4 entspricht ds/dp die Gerade $=$ 729 — 7,49p, so dass bei p $=$ 100
die Zunahme des spezifischen Gewichts ds/dp eine negative Grösse
$= -$ 20 ist; d. h. das spezifische Gewicht nimmt, wenn die Lösung sich H^2SO^4 nähert, nicht zu, sondern ab, und zwar in dem
Maasse, wie der Gehalt an H^2SO^4 steigt. Kohlrausch, Schertel
und Andere haben in der That auch festgestellt, dass das spezifische Gewicht der normalen Schwefelsäure kleiner ist, als ihrer
Gemische mit wenig Wasser und dass das grösste spezifische Gewicht
(wobei ds/dp $=$ 0) nicht bei H^2SO^4, wenn p $=$ 100, sondern wenn
p $=$ $97^1/_2$ pCt ist, erreicht wird. In dem Maasse also wie
durch Zusetzen von SO^3 die wässrige Säure von $97^1/_2$ pCt.
sich 100 pCt. oder H^2SO^4 nähert, sinkt das spezifische Gewicht bis ds/dp $= -$ 20 wird. Sobald aber der Zusatz von
SO^3 über H^2SO^4 geht und rauchende Schwefelsäure entsteht,
so beginnt das spezifische Gewicht zu wachsen, dann ist

$s = 18528 + 129 \, (p - 100) + 3{,}9 \, (p - 100)^2$ [54]) und $ds/dp = 129 + 7{,}8 \, (p - 100)$; folglich wird bei $p = 100$ der Differentialquotient ds/dp nicht mehr negativ, sondern positiv und zwar $= 129$ sein, d. h. bei H^2SO^4 wird die Kontinuität von ds/dp von -20 bis zu $+129$ unterbrochen, wie dies aus dem Diagramm zu ersehen ist, auf welchem die Gerade V die Aenderungen von ds/dp zwischen $H^2SO^4H^2O$ und H^2SO^4 und die Gerade VI zwischen H^2SO^4 und rauchender Schwefelsäure zum Ausdruck bringt.

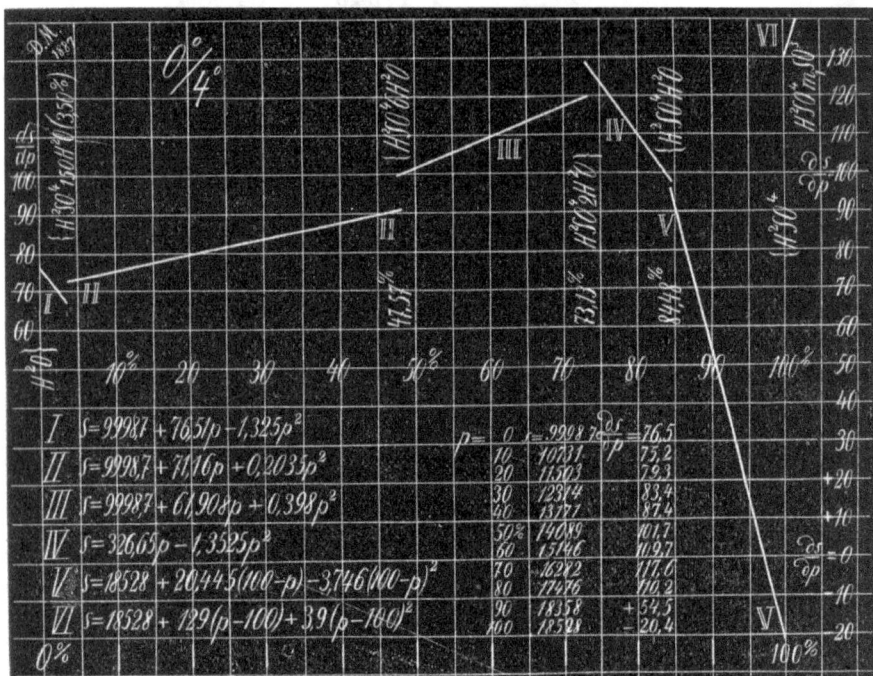

Fig. 138. Diagramm, das die Aenderungen in den Werthen des Differentialquotienten $\left(\frac{ds}{dp}\right)$ für das spezifische Gewicht von Schwefelsäurelösungen zum Ausdruck bringt. Auf der Abszissenaxe ist der Gehalt an H^2SO^4 in Procenten aufgetragen, während die Ordinaten die Differentialquotienten oder die Zunahme des spezifischen Gewichtes mit der Zunahme des Gehalts an H^2SO^4 angeben (unter der Annahme, dass Wasser bei $4^0 = 10000$).

Auf ähnliche Weise kann man sich überzeugen, dass die Zunahme oder der Differentialquotient ds/dp das Maximum (unter allen Lösungen von H^2SO^4 in H^2O) beim Hydrate $H^2SO^4 2H^2O$ erreicht, welchem

---

54) Um für die rauchende Schwefelsäure die gleiche Bezeichnung wie für die schwächeren Lösungen beizubehalten, gebe ich durch p die Menge der normalen Säure H^2SO^4 an, welche aus 100 Gewichtstheilen der gegebenen Lösung erhalten werden kann. Wenn $p = 95$ pCt ist, so heisst dies, dass aus 100 Gramm dieser Säure (durch Entziehen von Wasser) 95 g H^2SO^4 erhalten werden können und wenn $p = 110$ pCt, so können aus 100 g der Säure (durch Zusetzen von Wasser) 110 g H^2SO^4 erhalten werden. Für die rauchende Säure ist p offenbar grösser als 100. Für SO^3 ist $p = 122{,}5$.

das Maximum der Kontraktion und das Maximum der Temperatur-erhöhung beim Vermischen von H^2SO^4 mit H^2O entspricht. Da aber dieses Hydrat die Zusammensetzung $S(OH)^6 = H^2SO^42H^2O$ besitzt, der auch die Zusammensetzung vieler Salze, z. B. $CaSO^4$ $2H^2O$ entspricht, so muss zugegeben werden, dass dasselbe als eine bestimmte Verbindung der Schwefelsäure mit Wasser existirt, obgleich es nicht wie die Hydrate $H^2SO^4H^2O = SO(HO)^4$ und $H^2SO^4 = SO^2(OH)^2$ auch im festen Zustande bekannt ist [55]).

Da die Schwefelsäure eine sehr vielseitige Anwendung findet, so ist es für die Praxis äusserst wichtig den Gehalt an normalem Hydrate in wässrigen Schwefelsäurelösungen genau und rasch be-stimmen zu können. Da man dies meistens durch Bestimmen des spezifischen Gewichtes erreicht, so geben wir hier eine Tabelle des spezifischen Gewichtes von Schwefelsäurelösungen bei vier verschie-denen Temperaturen t, wobei das spezifische Gewicht des Wassers bei $4^0 = 1,000$ gesetzt ist [56]).

	0^0	10^0	20^0	30^0
0 pCt.	0,9999	0,9997	0,9983	0,9958
10	1,073	1,070	1,066	1,061
20	1,150	1,145	1,139	1,133
30	1,232	1,224	1,217	1,210
40	1,317	1,309	1,301	1,294
50	1,409	1,401	1,393	1,385.

55) Auf Grund der spezifischen Gewichte muss sodann, wenn auch mit geringe-rer Zuversicht, die Existenz des Hydrats $H^2SO^46H^2O$ anerkannt werden, sowie des sehr wasserreichen Hydrats $H^2SO^4150H^2O$, das (vergl. das Diagramm) durch eine Aenderung in der Richtung der ds/dp entsprechenden Geraden angezeigt wird, dessen Zusammensetzung jedoch nach den vorhandenen Daten nicht genau zu bestimmen ist. Meine hierüber im Jahre 1887 ausgeführten Untersuchungen (vergl. Anm. 53), haben jetzt eine indirekte Bestätigung durch die sorgfältigen Beobachtungen gefun-den, welche Tscheltzow an Lösungen von $FeCl^3$ und $ZnCl^2$ angestellt hat (Kap. 16. Anm. 4) und aus welchen hervorgeht, dass bei den Lösungen dieser Salze der Differen-tialquotient dt/dp fast denselben Aenderungen unterliegt, wie bei den Schwefelsäure-lösungen. Ferner haben Crompton (1883) in der galvanischen Leitungsfähigkeit und Tammann in der Dampftension von Schwefelsäurelösungen eine Korrelation mit den Hydraten gefunden, auf welche, wie soeben entwickelt, auch die spezifischen Ge-wichte hinweisen. Dieses Gebiet, welches erst vor kurzem von der chemischen Forschung betreten ist und welches mit der Dissoziationstheorie der in Lösungen befind-lichen Hydrate im Zusammenhange steht, erfordert neue ausführliche Untersuchun-gen, welche zur Aufklärung desselben führen werden.

56) Die spezifischen Gewichte der Schwefelsäurelösungen, die gegen 100 pCt H^2SO^4 betragen, sind:

	$0°$	$10°$	$20°$	$30°$
96 pCt.	1,855	1,844	1,834	1,824
98	1,855	1,845	1,834	1,824
100	1,853	1,842	1,832	1,822
102	1,880	1,869	1,859	1,848
104	1,911	1,899	1,888	1,878

60	1,515	1,506	1,497	1,488
70	1,629	1,619	1,609	1,599
80	1,748	1,737	1,726	1,716
90	1,836	1,825	1,814	1,804
100	1,853	1,842	1,832	1,822

Die grosse Affinität der Schwefelsäure zu Wasser äussert sich auch in ihrer Einwirkung (besonders beim Erwärmen) auf die meisten organischen Substanzen, die Wasserstoff und Sauerstoff enthalten. Konzentrirte Schwefelsäure entzieht diesen Substanzen die Elemente des Wassers; gewöhnlicher Alkohol C^2H^6O z. B. wird hierbei in ölbildendes Gas C^2H^4 übergeführt. In ähnlicher Weise wirkt die Schwefelsäure auf Holz und andere vegetabilische Gewebe ein, und verkohlt dieselben. Taucht man z. B. ein Stückchen Holz in konzentrirte Schwefelsäure, so schwärzt es sich, weil diese den im Holze enthaltenen Kohlenhydraten den Wasserstoff und Sauerstoff in Form von Wasser entzieht, infolge dessen Kohle oder eine an Kohle sehr reiche schwarze Masse zurückbleibt. Organische Substanzen werden also durch Schwefelsäure verkohlt [57]). Ein Kohlenhydrat ist z. B. die Cellulose $C^6H^{10}O^5$.

Die wichtigste Eigenthümlichkeit der Schwefelsäure bilden ferner ihre scharf hervortretenden und sehr energischen sauren Eigenschaften, welche wir bereits vielfach in Betracht gezogen haben, so dass an dieser Stelle nur noch folgendes hervorzuheben ist. Mit Calcium, Strontium und namentlich mit Baryum und Blei bildet die Schwefelsäure fast unlösliche Salze, während die schwefelsauren Salze der meisten anderen Metalle löslich sind und wie die Schwefelsäure selbst grösstentheils die Fähigkeit besitzen mit Wasser Krystallhydrate zu bilden. Die normale Schwefelsäure kann, da sie in ihrer Molekel 2 Wasserstoffatome enthält, schon aus diesem Grunde zwei Arten von Salzen bilden: neutrale und saure.

---

57) Beim Aufbewahren in offenen Gefässen schwärzt sich die Schwefelsäure allmählich, weil in der Luft umherfliegender organischer Staub hinein gelangt. Dasselbe geschieht beim Aufbewahren von Schwefelsäure in Gefässen, die man mit gewöhnlichen Korken verschliesst: der Kork verkohlt und die Schwefelsäure schwärzt sich. Eine solche Schwefelsäure kann übrigens, da sie keine tiefer gehenden chemischen Aenderungen erleidet, noch zu vielen Zwecken benutzt werden. Stark mit Wasser verdünnte Säure ruft die eben beschriebenen Erscheinungen nicht hervor, was offenbar auf die Abhängigkeit derselben von der Affinität der Schwefelsäure zu Wasser hinweist. Auf Grund des Vorhergehenden erklärt es sich auch, dass die Schwefelsäure, wenn sie nur wenig Wasser enthält, wie ein starkes Gift wirkt, dass sie dagegen in starker Verdünnung mit Wasser sogar als Düngemittel in der Weise benutzt wird, dass man mit ihr zum Anbau bestimmte, ja sogar schon mit Pflanzen bedeckte Felder direkt beigiesst. In sehr verdünnter Lösung wirkt die Schwefelsäure auch auf den thierischen Organismus innerlich eingenommen nur sehr unbedeutend ein, obgleich sie in konzentrirter Lösung als heftiges Gift wirkt; was ganz analog dem Verhalten der Essigsäure ist, die in konzentrirter Lösung wie ein Gift wirkt, in verdünnter dagegen den gewöhnlichen Essig bildet.

Diese Salze bildet sie sehr leicht mit den **Alkalimetallen.** Mit den
Erdalkalimetallen, sowie mit den meisten anderen Metallen entstehen saure Salze, wenn sie überhaupt existiren, nur unter
besonderen Bedingungen (bei einem Ueberschuss an konzentrirter
Säure) und werden schon durch Wasser zersetzt, d. h. sie sind
bis zu einem· gewissen Grade physikalisch beständig, nicht aber
chemisch. Ausser den normalen sauren Salzen $RHSO^4$ bildet die
Schwefelsäure noch saure Salze anderer Art. Eine ganze Reihe
dieser Salze ist mit den Metallen K, Na, Ni, Ca, Ag, Mg, Mn
erhalten worden; die Zusammensetzung derselben ist $RHSO^4H^2SO^4$
oder $RSO^43H^2SO^4$, wenn R ein zweiwerthiges Metall bezeichnet [58]).
Um diese Salze darzustellen löst man die schwefelsauren Salze der
genannten Metalle in überschüssiger Schwefelsäure und erhitzt die Lösung so lange, bis der Ueberschuss der zugesetzten
Säure entwichen ist; beim Abkühlen erscheint dann das betreffende
Salz als eine krystallinische Masse. Rose erhielt ein Salz von der
Zusammensetzung $Na^2SO^4NaHSO^4$. Da nun beim Erhitzen von
$HNaSO^4$ leicht das Salz $Na^2S^2O^7 = Na^2SO^4SO^3$ entsteht, so lässt
sich offenbar folgern, dass SO^3 sich mit verschiedenen Mengen
von Basen, wie auch von Wasser verbindet.

Wir sahen bereits, dass Salpeter-, Kohlen- und andere flüchtige Säuren aus ihren Salzen durch die Schwefelsäure verdrängt
werden, was sich durch die Gesetze Berthollet's erklärt (vergl.
Kap. 10). Nach diesen Gesetzen werden die eben genannten **Säuren**
nicht desswegen **verdrängt,** weil die Schwefelsäure eine stärkere
Affinität zu den Basen besitzt, sondern nur weil sie weniger flüchtig ist. In wässriger Lösung verdrängt die Schwefelsäure z. B. die
schwer lösliche Borsäure aus ihren Salzen, z. B. aus Borax, und
auch die Kieselsäure aus ihren Verbindungen mit Basen, während
beim Glühen die Anhydride der Bor- und der Kieselsäure die
schwefelsauren Salze zersetzen und das Anhydrid SO^3 verdrängen,
da sie weniger flüchtig als die Elemente des Schwefelsäureanhydrides und der Schwefelsäure selbst sind.

Die Reaktionen der Schwefelsäure mit **organischen Substanzen**
werden in den meisten Fällen durch ihren Säurecharakter bestimmt,
wenn sie nicht direkt wasserentziehend oder durch ihren Sauerstoff oxydirend wirkt oder die organische Substanz zerstört [59]).

---

58) Weber stellte (1884) eine Reihe von Salzen mit K, Rb, Cs und Tl dar,
deren Zusammensetzung der Formel R^2O8SO^3 entsprach.

59) In dieser Weise wirkt erhitzte Schwefelsäure z. B. auf stickstoffhaltige
Verbindungen ein: hierauf beruht die Methode von Kjeldahl zur Bestimmung des
Stickstoffs in organischen Substanzen. Bei der oxydirenden Einwirkung von H^2SO^4
muss offenbar SO^2 entstehen.

Die Einwirkung der Schwefelsäure auf Alkohole ist ganz analog ihrer Einwirkung auf Alkalien, weil Säuren mit Alkoholen ebenso wie mit Alkalien reagiren:
auß einer Molekel Alkohol und einer Molekel Schwefelsäure entsteht unter Aus-

Es bilden z. B. die meisten ungesättigten Kohlenwasserstoffe C^nH^{2m} mit der Schwefelsäure direkt eine besondere Klasse von Sulfosäuren $C^nH^{2m-1}(HSO^3)$, mit Benzol C^6H^6 z. B. entsteht die **Benzolsulfosäure** $C^6H^5HSO^3$, indem sich Wasser ausscheidet, das sich auf Kosten des Sauerstoffs der Schwefelsäure bildet, denn das Reaktionsprodukt enthält weniger Sauerstoff als die Schwefelsäure. An diesen Sulfosäuren lässt sich ersehen, dass in organischen Verbindungen der Wasserstoff durch die Gruppe HSO^3 ebenso ersetzt werden kann, wie durch Cl, NO^2, CO^2H und and. Da der Schwefelsäurerest oder das **Sulfoxyl** SO^2OH oder SHO^3, ebenso wie das Carboxyl (Seite 423), einen Wasserstoff der Schwefelsäure enthält, so sind die entstehenden Substitutionsprodukte Säuren, deren Basizität der Anzahl der durch Sulfoxyl ersetzten Wasserstoffatome gleich ist. Da ferner das Sulfoxyl an Stelle von Wasserstoff tritt und selbst Wasserstoff enthält, so lassen sich die Sulfosäuren als Kohlenwasserstoffe $+ SO^3$ betrachten, was analog der Betrachtung aller organischen (Carboxyl-) Säuren als Kohlenwasserstoffe $+ CO^2$ ist. Bei den Sulfosäuren entspricht diese Betrachtungsweise direkten Reaktionen, da viele derselben durch direkte Addition von Schwefelsäureanhydrid entstehen: $C^6H^5(SO^3H) = C^6H^6 + SO^3$. Die Sulfosäuren bilden lösliche Baryumsalze, infolge dessen sie von der Schwefelsäure leicht getrennt werden können. Sie sind in Wasser löslich, nicht flüchtig und wirken sehr energisch, da sie denselben reaktionsfähigen Wasserstoff enthalten wie die Schwefelsäure selbst. Beim Destilliren entsteht aus den Sulfosäuren SO^2, wobei der mit SO^2 in Verbindung gewesene Wasserrest bei der Kohlenwasserstoffgruppe bleibt, so dass z. B. aus der Benzolsulfosäure Phenol C^6H^5OH erhalten wird [60]).

---

scheidung von Wasser ein **saurer** Ester, d. h. eine den sauren Salzen entsprechende Verbindung. Es entsteht z. B. beim Einwirken von H^2SO^4 auf gewöhnlichen Alkohol C^2H^5OH—die sogenannte Aethylschwefelsäure $C^2H^5HSO^4$, d. h. Schwefelsäure, in der ein Wasserstoffatom durch C^2H^5, den Rest des Aethylalkohols ersetzt ist: $SO^2(OH)(OC^2H^5)$ oder, was dasselbe ist, Alkohol, in dem an Stelle eines Wasserstoffatoms Sulfoxyl, der Schwefelsäurerest getreten ist: $C^2H^5O\,SO^2(OH)$.

60) Die Sulfosäuren unterscheiden sich von den Alkylschwefelsäuren dadurch, dass sie nur schwer wieder in Schwefelsäure übergehen, während aus letzteren die Schwefelsäure leicht wiederzuerhalten ist. Die Aethylschwefelsäure z. B. zerfällt schon beim Erwärmen mit überschüssigem Wasser leicht in Alkohol und Schwefelsäure. Es erklärt sich dies durch die folgende Betrachtung. Beide Arten von Säuren entstehen durch Substitution des Wasserstoffs durch SO^3H oder den einwerthigen Schwefelsäurerest, jedoch mit dem Unterschiede, dass bei der Bildung der Aethylschwefelsäuren SO^3H den Wasserstoff im Hydroxyle des Alkohols ersetzt, während bei der Bildung der Sulfosäuren durch SO^3H der Wasserstoff im Kohlenwasserstoffe ersetzt wird. Dieser Unterschied offenbart sich deutlich durch die Existenz zweier Säuren von der Zusammensetzung $SO^4C^2H^6$. Die eine Säure kann als Alkohol C^2H^5OH betrachtet werden, in welchem der Wasserstoff des Hydroxyls durch Sulfoxyl ersetzt ist $= C^2H^5OSO^3H$ (Aethylschwefelsäure) und die andere als

Die Schwefelsäure wirkt infolge ihres grossen Gehaltes an Sauerstoff oft oxydirend ein; hierbei wird sie selbst **desoxydirt** und **bildet Schwefligsäuregas** und Wasser (oder sogar, jedoch selten—Schwefelwasserstoff und Schwefel). In dieser Weise wirkt sie z. B. auf Kohle, Kupfer, Quecksilber, Silber, organische und andere Substanzen ein, mit welchen sie nicht unmittelbar Wasserstoff entwickelt, wie dies bereits bei der Beschreibung der schwefligen Säure angegeben wurde.

Obgleich das Schwefelsäureanhydrid die höhere salzbildende Oxydationsform ist, so kann es sich dennoch weiter oxydiren und eine Art Hyperoxyd bilden, ebenso wie der Wasserstoff, ausser H^2O, noch H^2O^2 bildet und wie dem Natrium und Kalium, ausser Na^2O und K^2O noch Hyperoxyde entsprechen, welche chemisch unbeständige, stark oxydirende und direkt in keine salzartige Verbindungen eingehende Körper sind. Wenn man die Oxyde des Kaliums, Baryums u. s. w. mit dem Wasser vergleicht, so müssen ihre Hyperoxyde natürlich mit dem Wasserstoffhyperoxyd verglichen werden [61]) und zwar nicht nur weil sie in ähnliche Reaktionen eingehen und weil sie ihren Sauerstoff leicht abgeben, sondern auch noch desswegen, weil sie in einander übergehen und weil sie, ohne wahre Salze zu bilden, dennoch die Fähigkeit besitzen mit einander in Verbindungen einzugehen und Hydrate zu bilden, wie dies aus den Untersuchungen von Schöne hervorgehts welcher eine Verbindung von Baryumhyperoxyd mit Wasserstoff, hyperoxyd darstellte [62]). Gerade diesen Charakter besitzt da-

---

Alkohol, in welchem das Sulfoxyl an die Stelle eines Wasserstoffatoms in der Aethylgruppe C^2H^5 getreten ist $= C^2H^4(SO^3H)OH$. Diese letztere wird Isäthionsäure genannt; sie unterscheidet sich von der Aethylschwefelsäure durch ihre grössere Beständigkeit. Da die genauere Beschreibung dieser interessanten Verbindungen in die organische Chemie gehört, so will ich an dieser Stelle nur auf eine der allgemeinen Darstellungsweisen solcher Säuren aufmerksam machen. Beim Erhitzen von schwefligsauren Alkalimetallen, z. B. K^2SO^3, mit Halogen-Metalepsieprodukten entstehen Haloidsalze und Salze von Sulfosäuren. Dem Sumpfgase CH^4 entspricht z. B. das Metalepsieprodukt CH^3J, welches beim Erwärmen mit einer Lösung von K^2SO^3 auf $100°$ KJ und CH^3SO^3K, d. h. das Kaliumsalz der Methylsulfosäure bildet. Hieraus ergibt sich, dass die Sulfosäuren sich auch auf die schweflige Säure beziehen lassen, da zwischen der Schwefelsäure und der schwefligen Säure ein Zusammenhang besteht, der sich hier in der Bildung ein und desselben Produktes aus beiden Säuren offenbart.

61) Bei der Vereinigung von BaO + O werden + 12 Tausend Wärme-Einheiten entwickelt, während bei der Reaktion H^2O + O eine Absorption von — 21 Taus. W.-E. stattfindet.

62) Wenn man BaO^2 in kalter Salzsäure (oder in Essigsäure) löst oder direkt eine Wasserstoffhyperoxyd-Lösung mit einer Lösung von Aetzbaryt versetzt, so fällt, wie schon Thénard beobachtete, reines Baryumhyperoxydhydrat von der Zusammensetzung BaO^28H^2O aus (oder BaO^26H^2O, wie zuweilen angenommen wird). Wenn aber ein Ueberschuss an Wasserstoffhyperoxyd vorhanden ist, so geht nach Schöne eine krystallinische Verbindung beider Hyperoxyde $BaO^2H^2O^2$ in den Nie-

Schwefelhyperoxyd S^2O^7, das im Jahre 1878 von Berthelot entdeckt und **Ueberschwefelsäure** (acide persulfurique) genannt wurde, obgleich es keine Salze bildet, sich von selbst zersetzt, aus $2SO^3 + O$ unter Wärmeabsorption (-27 Tausend Wärme-Einh.) ebenso entsteht wie Ozon aus $O^2 + O$ (-29 Taus. W.-E.) oder Wasserstoffhyperoxyd aus $H^2O + O$ (-21 Taus. W.-E.), obgleich es ferner mit Wasserstoffhyperoxyd eine Verbindung bildet, die analog der Baryumhyperoxydverbindung ist, obgleich seine Bildung aus konzentrirter Schwefelsäure und Wasserstoffhyperoxyd analog der Bildung des Calciumhyperoxyds ist, obgleich es selbst durch Platin zersetzt wird und überhaupt obgleich es alle Merkmale wahrer Hyperoxyde besitzt, so dass die Bezeichnung Säure durch nichts gerechtfertigt wird [63]).

derschlag. Feine aber gut ausgebildete Krystalle von derselben Zusammensetzung erhielt Schöne auch beim Versetzen einer sauren Lösung von Baryumhyperoxyd (die Baryumhyperoxyd und Baryumsalz enthält) mit einer NH^3-Lösung. BaO^2 verbindet sich also sowol mit H^2O, als auch mit H^2O^2. Es ist dies für das Verständniss der Zusammensetzung der anderen Hyperoxyde von Wichtigkeit, deren Erforschung in letzter Zeit von Vielen in Angriff genommen ist.

63) Nur ein Umstand konnte Berthelot veranlassen den Körper S^2O^7 Ueberschwefelsäure zu nennen; doch ist derselbe rein äusserlich und wird dadurch bedingt, dass die Dioxyde MnO^2 und PbO^2 noch gegenwärtig oft Hyperoxyde genannt werden, obgleich sie einen ganz anderen Charakter besitzen, als H^2O^2, BaO^2, Na^2O^2 und ähnl. Das Mangan und ähnliche Elemente, welche Basen und Säuren geben, bilden Hyperoxyde aus Basen $+$ Sauerstoff und aus Hyperoxyd $+$ Sauerstoff entstehen Säuren, unter denen MnO^3 ein Analogon von SO^3 ist und Mn^2O^7 der Zusammensetzung nach ein Analogon von S^2O^7. Den Hyperoxyden kommen offenbar besondere Eigenschaften zu und MnO^2 ähnelt den Hyperoxyden des Wasserstoffs, Natriums und Baryums ebenso wenig, wie den Oxyden PtO^2, SO^2, SiO^2 und selbst PbO^2, obgleich die Form dieselbe ist. Die wahren Hyperoxyde, zu denen S^2O^7 zu zählen ist, besitzen erstens eine höhere Oxydationsform, als die salzbildenden Oxyde (und dem Mangan entsprechen noch höhehere Oxyde als MnO^2, nämlich MnO^3 und Mn^2O^7 mit Säureeigenschaften) und enthalten zweitens Sauerstoff, der sich bei Reaktionen ebenso leicht ausscheidet wie aus dem Wasserstoffhyperoxyd.

Um eine klare Vorstellung von der Möglichkeit der Hyperoxydform für Säuren zu geben, erwähne ich das sogenannte **Acetylhyperoxyd** $(C^3H^3O)^2O^2$, das schon längst von Brodie durch Einwirken von Acetyloxyd $(C^2H^3O)^2O$, d. h. Essigsäureanhydrid auf Baryumhyperoxyd dargestellt worden ist. Auch ein Acetylhyperoxydhydrat ist bekannt. Hieraus folgt, dass für Säuren wahre Hyperoxyde und Hydrate derselben zu erwarten sind, welche analog dem Wasserstoffhyperoxyde reagiren werden, was beim Acetylhyperoxyde und dessen Hydrate auch der Fall ist. In derselben Beziehung stehen meiner Ansicht nach der Körper S^2O^7 und dessen Verbindungen mit Wasser und Wasserstoffhyperoxyd zu der Schwefelsäure; daher habe ich $S^2O^7 -$ Schwefelhyperoxyd oder Sulfurylhyperoxyd genannt. Auf Grund obiger Auseinandersetzung lassen sich offenbar ähnliche Hyperoxyde auch für andere Säuren erwarten. Schon lange ist z. B. eine ähnliche höhere Oxydationsstufe des Chroms bekannt und Berthelot erhielt eine ähnliche, aus Salpetersäure entstehende Verbindung. Jedoch nur das Schwefelhyperoxyd S^2O^7 ist genauer untersucht und zwar gleichfalls von Berthelot.

Das wasserfreie **Schwefelhyperoxyd** S^2O^7 erhält man durch längeres (8—10 Stunden fortgesetztes) Einwirken der stillen Entladung von bedeutender Spannung (in einem dem in Figur 62 Seite 223 abgebildeten ähnlichen Apparate) auf ein Gemisch von

Das **Hydrat des Schwefelhyperoxyds** $S^2O^7H^2O = S^2H^2O^8$ erhält man am einfachsten durch direktes Vermischen von starker Schwefelsäure (nicht schwächer als $H^2SO^42H^2O$) mit Wasserstoffhyperoxyd oder durch Einwirken des galvanischen Stromes auf mit wenig Wasser versetzte Schwefelsäure unter Abkühlung und Anwendung von Platinelektroden, wobei das Schwefelhyperoxyd natürlich an dem positiven Pole erscheint [64]. Wenn die Konzentration der Schwefelsäure $SH^2O^46H^2O$ entspricht, so bildet sich zunächst nur Schwefelhyperoxydhydrat $S^2O^7H^2O$, wenn aber die Konzentration am positiven Pole bis zu $SH^2O^43H^2O$ gestiegen ist, so beginnt die Bildung eines Gemisches von Wasserstoffhyperoxyd mit Schwefelhyperoxydhydrat, bis zulezt ein Gleichgewichtszustand eintritt, welcher dem Verhältniss von S^2O^7 auf $2H^2O^2$ entspricht, also gleichsam einem neuen Hydrate $S^2O^92H^2O$. Die Existenz dieses Hydrates kann jedoch nicht anerkannt werden, da das Schwefelhyperoxyd in der Lösung vom Wasserstoffhyperoxyde leicht zu unterscheiden ist, denn es wirkt auf eine saure Lösung von übermangansaurem Kalium nicht ein, während Wasserstoffhyperoxyd damit Sauerstoff ausscheidet, und zwar sowol seinen eigenen, als auch den der Uebermangansäure, welche dadurch in Manganoxydul übergeführt wird, so dass auf diese Weise auch das Mengenverhältniss zwischen

---

Sauerstoff mit Schwefligsäuregas oder mit Schwefelsäureanhydrid-Dämpfen. Dasselbe erscheint in flüssigen Tropfen und beim Abkühlen bis auf 0° in langen prismatischen Krystallen, welche an das Schwefelsäureanhydrid erinnern. Wasserfreies (sowie auch wasserhaltiges) Schwefelhyperoxyd lässt sich nicht lange aufbewahren, es zerfällt in Sauerstoff und SO³. Durch direkte Versuche wurde festgestellt, dass bei der Bildung des Schwefelhyperoxyds aus einem Gemisch von gleichen Volumtheilen SO² und O²—$\frac{1}{4}$ des angewandten Sauerstoffs oder $\frac{1}{8}$ des ganzen Volums zurückbleibt, woraus sich die Formel S^2O^7 ergibt. In Wasser löst sich das Schwefelhyperoxyd und bildet ein Hydrat, dessen Zusammensetzung wahrscheinlich $S^2O^7H^2O =$ $2SHO^4$ ist. Die Lösung wirkt oxydirend auf die Salze SnX^2, KJ und and., so dass sich auf diese Weise feststellen lässt, dass die Lösung in der That auf $2SO^3$ ein Sauerstoffatom enthält, welches ebenso oxydirend wirkt, wie in H^2O^2.

64) Nach ähnlichen Methoden erhält man durch doppelte Umsetzungen oder durch Einwirken des galvanischen Stromes auch Hyperoxyde anderer Elemente. Spring erhielt z. B. (1889), als er bei gewöhnlicher Temperatur mit einem Ueberschusse von wasserhaltigem Baryumhyperoxyd (das sich beim Versetzen einer Wasserstoffhyperoxydlösung mit BaH^2O^2 niederschlägt) auf eine (gesättigte und HCl enthaltende) Lösung von $SnCl^2$ einwirkte, eine trübe Lösung, welche nachdem sie (3 Monate hindurch unter täglichem Erneuern des Wassers im äusseren Gefässe) der Dialyse unterworfen worden war und darauf eingedampft wurde, eine weisse Masse von der Zusammensetzung $H^2Sn^2O^7$ hinterliess. Diese Masse betrachtet Spring als Ueberzinnsäure (acide hyperstannique), obgleich er keine entsprechenden Salze erhalten hatte. Mir scheint, dass hier die Annahme gemacht werden kann, dass die fragliche Substanz ein Verbindung von Wasserstoffhyperoxyd mit Zinnhyperoxyd Sn^2O^5 ist, denn $Sn^2H^2O^7 = H^2O^2 + Sn^2O^5$. Ausserdem kann aber auch angenommen werden, dass die Hyperoxydformen des Zinns: Sn^2O^5 und SnO^3 sind; wenn nun letztere in der Verbindung enthalten ist, so wird $Sn^2O^7H^2 = H^2O2SnO^3$ sein.

S^7O^7 und H^2O^2 bestimmt werden kann. Die beiden Hyperoxyden gemeinsame Eigenschaft aus einer sauren Jodkalium-Lösung Jod auszuscheiden ermöglicht die Bestimmung der Summe des wirksamen Sauerstoffs in beiden. Verdünnte Lösungen von S^2O^7 lassen sich besser aufbewahren als konzentrirte, welche bis zu 123 g S^2O^7 im Liter enthalten können. Bemerkenswerth ist es, dass, wenn solche konzentrirte Lösungen beim Aufbewahren zerfallen, immer auch Wasserstoffhyperoxyd entsteht. Der Zusammenhang zwischen beiden Hyperoxyden ergibt sich also aus der Analyse und der Synthese: H^2O^2 kann S^2O^7 und dieses letztere wieder H^2O^2 bilden. Beim Erwärmen oder beim Einwirken von Platinschwamm zerfällt ein Gemisch von Schwefelhyperoxyd mit Schwefelsäure oder Wasser sofort unter Entwickelung von Sauerstoff. Ebenso wirkt auch eine Barytlösung, jedoch nicht so schnell, so dass man das Gemisch sogar noch durchfiltriren kann. Quecksilber, Eisenoxydul- und Zinnoxydulsalze werden vom Schwefelhyperoxyde oxydirt. Es sind dies alles Kennzeichen wahrer Hyperoxyde.

Um die Beziehung der Hyperoxydform des Schwefels zur Schwefelsäure festzustellen, muss zunächst in Betracht gezogen werden, dass das Wasserstoffhyperoxyd dem Sinne des Substitutionsgesetzes nach als Wasser H(OH) aufgefasst wird, in welchem H durch (OH) ersetzt ist: $OHOH = H^2O^2$. Ebenso bezieht sich auch $H^2S^2O^8$ oder $H^2OS^2O^7$ auf H^2SO^4, denn der dem Wasserstoffe H äquivalente Schwefelsäurerest [65]), der dem Wasserreste (OH) entspricht, ist HSO^4, so dass man von der Schwefelsäure $H(SHO^4)$ zu $(SHO^4)^2$ oder $S^2H^2O^8$ in derselben Weise gelangt, wie vom Wasser zu $(HO)^2$ oder H^2O^2 [66]).

Die Anwendung der Schwefelsäure ist eine äusserst mannigfaltige, in grösster Menge verbraucht man sie bei der Sodafabrikation zum

---

65) Oder eines der hypothetischen Ionen, welche bei der Zersetzung der Schwefelsäure durch den galvanischen Strom am positiven Pole erscheinen.

66) Wenn dieses richtig ist, so sind die folgenden Hyperoxydhydrate zu erwarten: für Phosphorsäure $(H^2PO^4)^2 = H^4P^2O^8 = 2H^2O + 2PO^3$, für Kohlensäure $(HCO^3)^2 = H^2C^2O^6 = H^2O + C^2O^5$; für Blei wird das wahre Hyperoxyd gleichfalls Pb^2O^5 sein u. s. w. Nach den Eigenschaften des Baryumhyperoxyds zu urtheilen (Anm. 62) werden auch diese Hyperoxyde wahrscheinlich mit einander in Verbindung treten können. Für die Erklärung der Hyperoxyde scheinen mir die von Fairley mit dem Urane erhaltenen Verbindungen sehr lehrreich zu sein. Das Uranhyperoxyd UO^44H^2O (U = 240) entsteht bei der Einwirkung von Wasserstoffhyperoxyd auf Uranoxyd UO^3 in saurer Lösung; wenn dagegen diese Einwirkung in Gegenwart von Natronlauge vor sich geht, so fällt Alkohol aus der erhaltenen Lösung einen krystallinischen Körper von der Zusammensetzung $Na^4UO^8 4H^2O$; derselbe stellt zweifellos eine Verbindung der Hyperoxyde des Natriums Na^2O^2 und des Urans UO^4 dar. Es ist sehr möglich, dass das Hyperoxyd, UO^44H^2O, die Elemente der Hyperoxyde des Wasserstoffs und des Urans U^2O^7 oder sogar $U(OH)^6H^2O^2$ enthält, wie auch die vor kurzem von Spring entdeckte Hyperoxydform des Zinns, die wie erwähnt als $Sn^2O^5H^2O^2$ angesehen werden kann.

Zersetzen von Kochsalz, zur Darstellung von Salpeter-, Salz- und anderen flüchtigen Säuren aus den entsprechenden Salzen, zur Gewinnung von schwefelsaurem Ammonium, Alaunen, Vitriolen und anderen schwefelsauren Salzen, zur Verarbeitung der Knochenasche bei der Phosphorgewinnung, zum Lösen von Metallen, z. B. von Silber beim Trennen desselben von Gold, zur Entfernung des Rostes von Metallen u. s. w. Auch bei der Verarbeitung organischer Substanzen werden grosse Mengen von Vitriolöl verbraucht: zur Darstellung von Stearin oder Stearinsäure aus Talg, zum Reinigen von Kerosin und verschiedenen Pflanzenölen, sowie von Krapp, zum lösen von Indigo, zur Umwandlung von Papier in Pflanzenpergament, ferner zur Darstellung von Aether aus Alkohol und von verschiedenen wohlriechenden Essenzen aus Fuselöl; zur Extraktion organischer Säuren: Oxal-, Wein- und Citronensäure, zum Ueberführen von Stärke in gährungsfähige Glykose und zu den verschiedensten anderen Zwecken. Es gibt wol kaum eine andere künstlich darstellbare Substanz, welche so häufig in der Technik verwandt wird, wie die Schwefelsäure. Wo keine Schwefelsäurefabriken existiren ist eine vortheilhafte Darstellung zahlreicher anderer, technisch wichtiger Substanzen nicht zu erzielen. In Ländern mit entwickelter Industrie wird auch viel Schwefelsäure verbraucht. Schwefelsäure, Soda und Kalk sind die wichtigsten der künstlich entstehenden Produkte, welche in den Fabriken am meisten verwandt werden.

Ausser den normalen Säuren des Schwefels: H^2SO^3, H^2SO^3S und H^2SO^4, welche dem Schwefelwasserstoff H^2S ebenso entsprechen, wie die Säuren des Chlors dem Chlorwasserstoff HCl, existirt noch eine besondere Reihe von Säuren, welche **Polythionsäuren** genannt werden. Ihre Zusammensetzung wird durch die allgemeine Formel $S^n H^2O^6$ ausgedrückt, in der n von 2 bis 5 wechselt. Bei n $=$ 2 wird die Säure Dithionsäure genannt. Man unterscheidet Di-, Tri-, Tetra- und Pentathionsäure. Die Zusammensetzung dieser Säuren, ihre Existenz und ihre Reaktionen lassen sich leicht verstehen, wenn man sie als Sulfosäuren betrachtet, d. h. ihre Beziehungen zur Schwefelsäure in derselben Weise zum Ausdruck bringt, wie die Beziehungen der organischen Säuren zur Kohlensäure. Wie wir (im 9-ten Kap.) gesehen, leiten sich die organischen Säuren von den Kohlenwasserstoffen ab, wenn in diesen der Wasserstoff durch Carboxyl, d. h. den Kohlensäurerest ersetzt wird: $CH^2O^3 - HO = CHO^2$. In gleicher Weise lassen sich auch die Säuren des Schwefels ableiten. Es müssen also dem Wasserstoff die Säuren: $HSHO^3$ schweflige und $SHO^3SHO^3 = S^2H^2O^6$ Dithionsäure entsprechen; dem Schwefelwasserstoff SH^2 die Säuren: $SH(SHO^3) = H^2S^2O^3$ (unterschweflige) und $S(SHO^3)^2 = H^2S^3O^6$ (Trithionsäure); der Verbindung S^2H^2 die Säuren: $S^2H(SHO^3) = H^2S^3O^3$ (unbekannt) und $S^2(SHO^3)^2 = H^2S^4O^6$ (Tetrathionsäure) und der Verbindung S^3H^2 die Säuren: $S^3H(SHO^3)$ und $S^3(SHO^3)^2 =$ $H^2S^5O^6$ (Pentathionsäure). Jod reagirt mit Schwefelwasserstoff direkt, indem es mit dem Wasserstoff desselben in Verbindung tritt, noch leichter verbindet es sich mit Metallen, welche diesen Wasserstoff ersetzen. Die unterschweflige Säure enthält nun den Schwefelwasserstoffrest oder denselben Wasserstoff wie der Schwefelwasserstoff, so dass es sehr natürlich ist, wenn Jod auch mit unterschwefligsaurem Natrium reagirt und hierbei tetrathionsaures Natrium bildet. Entzieht man nämlich der unterschwefligen Säure $HS(SHO^3)$ Wasserstoff H, so verbindet sich der zurückbleibende Rest sofort mit einem anderen gleichen Reste zu Tetrathionsäure $S^2(SO^2HO)^2$. Bei dieser Betrachtungsweise [67]) der Struktur der Polythionsäuren und ihrer Salze erklärt es sich auch, dass alle diese Säuren, ebenso wie die unterschweflige Säure leicht Schwefel abgeben und Metallsulfide bilden, mit alleiniger Ausnahme der Dithionsäure $H^2S^2O^6$, welche überhaupt aus der Reihe der übrigen Thionsäuren heraustritt. Die Dithionsäure steht zur Schwefelsäure in demselben Verhältniss wie die Oxalsäure zur Kohlensäure. Die Oxalsäure erscheint als Dicarboxyl $(CHO^2)^2 = C^2H^2O^4$, ebenso wie die Dithionsäure als Disulfoxyl $(SHO^3)^2 = S^2H^2O^6$. Beim Erhitzen zersetzt sich die Oxalsäure in Kohlensäure und CO und die Dithionsäure in Schwefelsäure und SO^2; letzteres d. h. SO^2 steht nun zu SO^3 in demselben Verhältniss wie CO zu CO^2. Hierbei lässt es sich auch verstehen, warum die Calcium-, Baryum-, Blei- und anderen Salze der Polythionsäuren in Wasser leicht löslich sind, während die Salze von H^2SO^3, H^2SO^4 und H^2S sich schwer lösen, denn die Salze der Polythionsäuren werden eben mit den Salzen der Sulfosäuren verglichen, die sich durch ihre Löslichkeit in Wasser auszeichnen. Die Polythionsäuren erscheinen folglich als **Disulfosäuren**, welche den vielen beim Kohlenstoff bekannten Dicarboxylsäuren analog sind, z. B. $CH^2(CO^2H)^2$, $C^6H^4(CO^2H)^2$ und and. [68]).

67) Ich entwickelte dieselbe im Jahre 1870 in der Russischen chemischen Gesellschaft (vergl. Journ. d. Russ. Chem. Gesellsch. 1870 pag. 276).

68) Durch den kleinsten Schwefelgehalt zeichnet sich unter den Polythionsäuren die **Dithionsäure** $H^2S^2O^6$ aus, welche auch Unterschwefelsäure genannt wird, da ihr hypothetisches Anhydrid S^2O^5 mehr O enthält, als das der schwefligen Säure SO^2 oder S^2O^4 und weniger als das Schwefelsäureanhydrid SO^3 oder S^2O^6. Die von Gay-Lussac und Welter entdeckte Dithionsäure ist als Hydrat und in ihren Salze bekannt, nicht aber als Anhydrid. Ihre gewöhnliche Darstellungsmethode beruht auf der Einwirkung von fein zertheilten Mangandioxyd auf eine Lösung von schwefliger Säure. Der Geruch der letzteren verschwindet schon beim Zusammenschütteln und die Lösung enthält dann dithionsaures Mangan: $MnO^2 + 2SO^2 = MnS^2O^6$. Dieses Salz zerfällt leicht bei etwa eintretender Temperaturerhöhung in Schwefligsäuregas und schwefelsaures Mangan $MnSO^4$. Gewöhnlich erhält man daher in der Lösung ein Gemisch der Mangansalze der Schwefel- und Dithionsäure. Um dieselben von einander zu trennen, versetzt man die Lösung mit einer Aetzbarytlösung, wobei man im Niederschlage Manganhydroxydul und $BaSO^4$ erhält, während

Der Schwefel zeigt den Säurecharakter nicht nur in seinen Verbindungen mit Wasserstoff und Sauerstoff, sondern auch mit anderen Elementen. Besonders gut erforscht ist die Verbindung des Schwefels mit Kohlenstoff, welche sowol ihrer elementaren Zusam-

---

dithionsaures Baryum in Lösung bleibt. Das auf diese Weise entstandene Salz $BaS^2O^6 2H^2O$ reinigt man durch Umkrystallisiren, löst es dann in Wasser und zersetzt es mit der erforderlichen Schwefelsäuremenge. Die hierbei entstehende Dithionsäure $H^2S^2O^6$ bleibt in der Lösung, aus welcher dann unter dem Rezipienten der Luftpumpe eine Flüssigkeit vom spezifischen Gewicht 1,347 erhalten werden kann. Dieselbe enthält aber noch Wasser und beim weiteren Eindampfen zersetzt sich die Dithionsäure in Schwefelsäure und Schwefligsäuregas: $H^2S^2O^6 = H^2SO^4 + SO^2$. Dieselbe Zersetzung erleidet sie bei schwachem Erwärmen. Wie alle Thionsäuren, so wird auch die Dithionsäure durch oxydirende Substanzen in Schwefelsäure übergeführt. Alle Salze der Dithionsäure zersetzen sich sogar bei schwachem Erwärmen, indem sie Schwefligsäuregas ausscheiden: $K^2S^2O^6 = K^2SO^4 + SO^2$. Die dithionsauren Salze der Alkalimetalle reagiren neutral (was auf die Energie der Säure hinweist) lösen sich in Wasser und zeigen hierin eine gewisse Aehnlichkeit mit den salpetersauren Salzen, was aller Wahrscheinlichkeit nach durch die ähnliche atomistische Zusammensetzung der Dithionsäure und der Salpetersäure, sowie ihrer Salze bedingt wird. Die Anhydride dieser beiden Säuren sind: N^2O^5 und S^2O^5, die Baryumsalze BaN^2O^6 und BaS^2O^6; für die Salze der einwerthigen Metalle muss jedoch ein Unterschied angenommen werden: KNO^3 und $K^2S^2O^6$, trotzdem die letztere Formel sich durch zwei theilen lässt.

Langlois erhielt in den vierziger Jahren ein besonderes polythionsaures Salz, als er eine konzentrirte Lösung von saurem schwefligsaurem Kalium mit Schwefelblumen, bis zum Verschwinden der zunächst beim Lösen des Schwefels entstehenden gelben Färbung, auf 60° erwärmte. Beim Abkühlen schieden sich ein Theil des Schwefels und Krystalle des Kaliumsalzes der **Trithionsäure** $K^2S^3O^6$ aus (denen auch schwefelsaures Kalium beigemengt war). Ferner zeigte Plessy, dass die Trithionsäure, zugleich mit Schwefel, auch beim Einwirken von Schwefligsäuregas auf unterschwefligsaure Salze entsteht: $2K^2S^2O^3 + 3SO^2 = 2K^2S^2O^6 + S$. Ein Gemisch von $KHSO^3$ mit $K^2S^2O^3$ bildet gleichfalls trithionsaures Salz. Dieselbe Reaktion geht möglicher Weise auch bei der Bildung der Trithionsäure nach der Methode von Langlois vor sich, da K^2SO^3 mit Schwefel $K^2S^2O^3$ bildet.

An Stelle von unterschwefligsaurem Kalium kann man auch Schwefelkalium anwenden, denn beim Einleiten von Schwefligsäuregas in die Lösung desselben entsteht zunächst unterschwefligsaures Salz und dann erst das Salz der Trithionsäure: $4KHSO^3 + K^2S + 4SO^2 = 3K^2S^3O^6 + 2H^2O$. Das Natriumsalz entsteht nicht unter den Bedingungen, unter denen sich das entsprechende Kaliumsalz bildet. Das trithionsaure Natrium krystallisirt nicht und ist sehr unbeständig. Das beständigere Baryumsalz und auch das Kaliumsalz sind wasserfrei, reagiren in wässriger Lösung neutral und zersetzen sich beim Erhitzen in Schwefel, Schwefligsäuregas und schwefelsaures Salz: $K^2S^3O^6 = K^2SO^4 + SO^2 + S$. Zersetzt man eine Lösung von trithionsaurem Kalium durch H^2SiF^6 oder $HClO^4$, so gehen die wenig löslichen Salze dieser Säuren in den Niederschlag und in der Lösung erhält man die Trithionsäure, welche sich beim Eindampfen ausserordentlich leicht zersetzt. Beim Versetzen einer Lösung von trithionsaurem Salze mit einem Kupfer-, Quecksilberoder Silbersalz (sowie mit anderen Salzen) bildet sich sofort oder nach einiger Zeit ein schwarzer Niederschlag von Schwefelmetall, was durch die eintretende Zersetzung der Trithionsäure bedingt wird. wobei der Schwefel an das Metall geht.

Die **Tetrathionsäure** $H^2S^4O^6$ unterscheidet sich von den oben beschriebenen Säuren durch die im Vergleich mit ihren Salzen grössere Beständigkeit, wenn sie als Hydrat auftritt. Die tetrathionsauren Salze gehen leicht unter Ausscheidung von

mensetzung, als auch ihrem chemischen Charakter nach eine grosse
Analogie mit dem Kohlensäureanhydride zeigt. Diese Verbindung
ist der sogenannte **Schwefelkohlenstoff** oder Kohlenstoffsulfid CS^2.

Die ersten Versuche zur Darstellung von Verbindungen des
Schwefels mit Kohlenstoff blieben erfolglos, da die direkte Verei-

---

Schwefel in Salze der Trithionsäure über. Fordos und Gélis erhielten das tetrathionsaure Natrium durch Einwirken von Jod auf eine Lösung von unterschwefligsaurem Natrium. Die Reaktion besteht darin, dass das Jod dem unterschwefli-
sauren Natrium die Hälfte des Natriums entzieht, so dass die Zusammensetzung
des tetrathionsauren Natriums $= NaS^2O^3$ oder $Na^2S^4O^6$ sein muss: $2Na^2S^2O^3 + J^2$
$= 2NaJ + Na^2S^4O^6$. Offenbar steht also die Tetrathionsäure zu der unterschwefligen
Säure in derselben Beziehung, wie die Dithionsäure zu der schwefligen Säure: auf
die gleiche Menge an anderen Elementen kommt in dem dithionsauren Salze KSO^3
und dem tetrathionsauren KS^2O^3 nur die Hälfte der Metallmenge, die in dem
schwefligsauren Salze K^2SO^3 und dem unterschwefligsauren $K^2S^2O^3$ enthalten ist.
Wenn man in der oben beschriebenen Reaktion an Stelle des unterschwefligsauren
Natriums das Bleisalz PbS^2O^3 anwendet, so erhält man schwer lösliches Bleijodid
PbJ^2 und lösliches tetrathionsaures Blei PbS^4O^6, aus welchem dann auch die Säure
selbst gewonnen werden kann. Zu diesem Zwecke setzt man der Lösung des Bleisalzes so lange Schwefelsäure zu als noch schwefelsaures Blei ausfällt: PbS^4O^6
$+ H^2SO^4 = PbSO^4 + H^2S^4O^6$. Das tetrathionsaure Blei lässt sich auch durch Schwefelwasserstoff zersetzen, doch scheidet sich hierbei auch ein Theil der Säure unter
Entwickelung von Schwefligsäuregas. Die entstandene Lösung der Tetrathionsäure
kann zunächst unmittelbar auf dem Wasserbade eingedampft werden, muss aber
zuletzt im luftleeren Raume verdunstet werden. Man erhält hierbei eine farb- und
geruchlose Flüssigkeit von stark saurer Reaktion. In verdünnter Lösung kann die
Tetrathionsäure sogar bis zum Sieden erhitzt werden, in konzentrirter zersetzt sie
sich beim Erwärmen in Schwefelsäure, Schwefligsäuregas und Schwefel: $H^2S^4O^6$
$= H^2SO^4 + SO^3 + S^2$.

Zu den Polythionsäuren gehört noch die **Pentathionsäure** $H^2S^5O^6$, welche zugleich mit
Tetrathionsäure bei der direkten Einwirkung von schwefliger Säure auf eine wässrige Lösung von Schwefelwasserstoff unter reichlicher Ausscheidung von Schwefel
entsteht: $5SO^2 + 5H^2S = H^2S^5O^6 + 5S + 4H^2O$.

Wenn die Polythionsäuren, wie oben entwickelt wurde, in der That Disulfosäuren sind, so müssen sie sich auch wie andere Sulfosäuren aus schwefligsaurem
Kalium und Chlorschwefel darstellen lassen. Spring beobachtete z. B. die Bildung
von trithionsaurem Salze beim Einwirken von SCl^2 auf eine konzentrirte Lösung
von schwefligsaurem Kalium: $2KSO^3K + SCl^2 = S(SO^3K)^2 + 2KCl$. Bei Anwendung von S^2Cl^2 scheidet sich ausserdem Schwefel aus. Dasselbe trithionsaure Salz
entsteht beim Erwärmen der Lösungen von unterschwefligsauren Doppelsalzen, z. B.
von $AgKS^2O^3$. Zwei Molekeln des letzteren bilden dann Ag^2S und trithionsaures
Kalium. Wenn man daher das unterschwefligsaure Salz als $SO^3K(AgS)$ betrachtet,
so muss man natürlich dem trithionsauren Salze die Struktur $(SO^3K)^2S$ zuschreiben. Die Einwirkung des Jods auf $Na^2S^2O^3$ erschien früher als eine vereinzelte
Reaktion, Spring bewies aber ihre Allgemeinheit durch seine Untersuchungen über
die Einwirkung von Jod auf Gemische verschiedener Schwefelverbindungen. Er
erhielt z. B. aus einem Gemisch von $Na^2S + Na^2SO^3$ mit $J^2 = 2NaJ + Na^2S^2O^3$
und aus: $Na^2S^2O^3 + Na^2SO^3 + J^2 = 2NaJ + Na^2S^3O^6$; hieraus folgt, dass die Trithionsäure zur unterschwefligen Säure in derselben Beziehung steht, wie die unterschweflige Säure zum Schwefelwasserstoff. Dieses entspricht nun auch unserer Vorstellung: denn ersetzt man in H^2S einen Wasserstoff durch Sulfoxyl—so resultirt
unterschweflige Säure HSO^3HS und bei weiterem Ersetzen von Wasserstoff in

nigung dieser beiden Körper nur unter bestimmten Bedingungen erfolgt. Wenn ein Gemisch von Schwefel und Kohle erhitzt wird, so verflüchtigt sich der Schwefel vollständig ohne dass eine Spur von Schwefelkohlenstoff entsteht. Die Bildung dieser Verbindung erfolgt nur dann, wenn man über Kohle, die bis zur Rothgluth, aber nicht höher erhitzt wird, Schwefeldämpfe leitet oder wenn man auf glühende Kohlen Schwefelstückchen wirft, aber nur allmählich, um hierdurch die Temperatur nicht zu erniedrigen. Steigt die Hitze bis zur Weissgluth, so verringert sich die Menge des entstehenden Schwefelkohlenstoffs; erstens weil dieser bei hoher Temperatur sich zersetzt [69]), dissoziirt und zweitens weil nach

dieser letzteren wieder durch Sulfoxyl erhält man Trithionsäure $(HSO^3)^2S$. Ferner zeigte Spring, dass Natriumamalgam mit den Polythionsäuren in Reaktionen eingeht, die den vom Jod bedingten entgegengesetzt sind. Unterschwefligsaures Natrium z. B. bildet mit Natrium $Na^2S + Na^2SO^3$; dass das Natrium hierbei nicht nur als ein Element, das Schwefel entzieht, einwirkt, sondern dass es auch in die doppelte Umsetzung selbst eingeht, indem es den Schwefel ersetzt, bewies Spring durch Anwendung des Kaliumsalzes, auf welches er das Natrium einwirken liess: $K^2S^2O^3 + Na^2 = NaKS + NaKSO^3$. Die Gleichung wird verständlicher, wenn man sie folgendermaassen schreibt: $KSO^3(SK) + NaNa = KSO^3Na + (SK)Na$. Diesen entsprechend bildet auch dithionsaures Salz mit Na^2 — schwefligsaures Natrium: $(NaSO^3)^2 + Na^2 = 2NaSO^3Na$; trithionsaures Salz bildet $NaSO^3Na$ und $NaSO^3SNa$ und tetrathionsaures Salz bildet unterschwefligsaures Natrium: $(NaSO^3)S^2(NaSO^3) + Na^2 = 2(NaSO^3)(SNa)$.

Alle Oxyverbindungen des Schwefels enthalten die Elemente des Schwefligsäuregases, des einzigen Verbrennungsproduktes des Schwefels. Als Verbindungen, welche SO^2 nur einmal enthalten, erscheinen die folgenden:

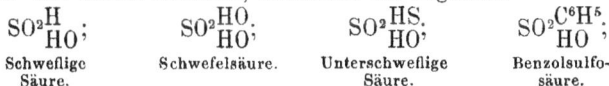

$$SO^2{H \atop HO}; \qquad SO^2{HO \atop HO}; \qquad SO^2{HS \atop HO}; \qquad SO^2{C^6H^5 \atop HO};$$

| Schweflige Säure. | Schwefelsäure. | Unterschweflige Säure. | Benzolsulfosäure. |

Die Polythionsäuren lassen sich nach dieser Vorstellung folgendermaassen betrachten.

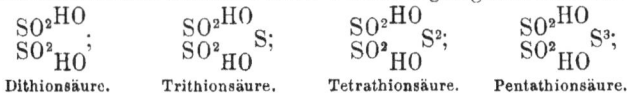

$$SO^2{HO \atop}\atop SO^2{HO}; \qquad {SO^2{HO} \atop SO^2{HO}}S; \qquad {SO^2{HO} \atop SO^2{HO}}S^2; \qquad {SO^2{HO} \atop SO^2{HO}}S^3;$$

| Dithionsäure. | Trithionsäure. | Tetrathionsäure. | Pentathionsäure. |

Offenbar besitzt also SO^2 die Fähigkeit (die CO^2 abgeht) in Verbindungen einzugehen, SO^2X^2 zu bilden. In SO^3 ist $X^2 = O$. Es taucht hier nun unwillkührlich die Frage auf, ob dieser Sauerstoff, der sich zu SO^2 addirt, nicht derselbe ist wie der in SO^2 bereits enthaltene O^2, d. h. es fragt sich, ob SO^2 nicht dem allgemeineren Typus SX^4 und seine Verbindungen dem Typus SX^6 entsprechen? Diese Frage lässt sich sowol bejahen als auch verneinen. Bejahen — in dem allgemeinen Sinne, welcher sich auf Grund der Untersuchungen der meisten Verbindungen, namentlich der Metalle ergibt, wenn RCl^2 oder $RX^2 - RO$ entspricht. Verneinen — weil der Schwefel weder SH^4, noch SH^6, noch SCl^6 bildet und die Formen SX^4 und SX^6 nur in den Sauerstoffverbindungen erscheinen. Dem Typus SX^6 muss das Hydrat $S(HO)^6$ entsprechen, dessen Existenz auf Grund der oben mitgetheilten Untersuchungen der Verbindungen der Schwefelsäure mit Wasser anerkannt werden musste.

69) Der Schwefelkohlenstoff wird sogar durch das Licht zersetzt, aber nicht bis zur Ausscheidung von Kohle; beim Einwirken des Sonnenlichts zerfällt er in Schwefel und eine feste Substanz von rother Farbe und dem spezifischen Gewichte 1,66,

Favre und Silbermann beim Verbrennen von einem Gramm Schwefelkohlenstoff (dessen Verbrennungsprodukte CO_2 und $2SO_2$ sind)
3400 Wärme-Einheiten entwickelt werden, also beim Verbrennen
der Molekularmenge 258400 Wärme-Einheiten (nach Berthelot 246
Tausend). Der Molekel CS_2 entsprechen 12 Gewichtstheile Kohle,
welche beim Verbrennen 96000 Wärme-Einheiten entwickeln, und
64 Gewichtstheile Schwefel, die beim Verbrennen (zu SO_2) 140800
W.-E. entwickeln. Hieraus ergibt sich nun, dass die Bestandtheile
weniger Wärme entwickeln (etwa 237 Tausend W.-E) als CS_2 selbst,
dass also beim Zerfallen von Schwefelkohlenstoff Wärme entwickelt
und nicht aufgenommen werden muss (bei gewöhnlicher Temperatur) und dass bei der Bildung von CS_2 aus Kohle und Schwefel
aller Wahrscheinlichkeit nach Wärme aufgenommen wird [70]). Es
ist daher natürlich, dass der Schwefelkohlenstoff analog anderen
Körpern, die unter Wärmeaufnahme entstehen (O_3, N_2O, H_2O_2 u.
s. w.), eine unbeständige Verbindung ist, welche leicht in die ursprünglichen Körper zerfällt, aus denen sie erhalten werden kann.
Leitet man Schwefelkohlenstoff-Dämpfe durch eine glühende Röhre,
so zersetzen sie sich in der That und dissoziiren in Schwefel und
Kohlenstoff. Es findet dies bei derselben Temperatur statt, bei

---

welche für Kohlenstoffmonosulfid gehalten wird. Der vollständigen Zersetzung in
Kohle und Schwefel unterliegt CS_2, wie Thorpe (1889) zeigte, beim Einwirken einer flüssigen Legirung von Kalium und Natrium; dieselbe erfolgt unter Explosion. Auch unter
dem Einflusse der Explosion von Knallquecksilber (Kap. 16 Anm. 26) findet diese vollständige Zersetzung von CS_2 statt, welche dadurch bedingt wird, dass *bei gewöhnlicher
Temperatur* CS_2 sich unter Ausscheidung von Wärme zersetzt, dass also diese
Reaktion eine exothermische ist, wie die Zersetzung aller explosiven Körper. Es
ist sehr möglich, dass bei höherer Temperatur, bei der CS_2 entstehen kann, die
Vereinigung von C mit S_2 unter Entwickelung von Wärme erfolgt, dass die Reaktion folglich exothermisch ist. Wenn dies in Wirklichkeit der Fall wäre, so müsste
CS_2 ein für die Thermochemie höchst lehrreiches Beispiel darstellen.

70) Es muss an dieser Stelle darauf aufmerksam gemacht werden, dass Schwefel und Kohle bei gewöhnlicher Temperatur feste Körper sind, während CS_2 eine
äusserst flüchtige Flüssigkeit darstellt; hieraus folgt, dass bei der Vereinigung,
wenn man dieselbe auf gewöhnliche Temperatur bezieht (Anm. 69), gleichsam ein
Uebergang in den flüssigen Zustand stattfindet, wozu Wärmeaufnahme erforderlich
ist. Sodann besteht die Schwefelmolekel wenigstens aus 6 Atomen und die Kohlen-
stoffmolekel aller Wahrscheinlichkeit nach aus einer sehr bedeutenden Anzahl von
Atomen (vergl. Kap. 8), so dass die Reaktion zwischen Kohle und Schwefel durch
die folgende Gleichung ausgedrückt werden kann: $3C^n + nS^6 = 3nCS_2$, d. h. aus
n + 3 Molekeln entstehen 3n Molekeln. da aber *n* einer sehr grossen Zahl entsprechen muss, so ist 3n viel grösser als 3+n, woraus also hervorgeht, dass bei
der Bildung von Schwefelkohlenstoff ein Zerfall stattfindet, obgleich die Reaktion
auf den ersten Blick als eine Vereinigungsreaktion erscheint. Auf diesen
Zerfall weisen auch die Volume im festen und flüssigen Zustande hin. Das spezifische Gewicht von CS_2 ist 1,29 und das Molekularvolum = **59**, während das Volum von C selbst in Form von Kohle nicht grösser als 6 und das Volum von S_2 =
30 ist; folglich entstehen bei der Vereinigung aus 36 Volumen 59, d. h. es findet
Ausdehnung statt, wie bei Zersetzungen.

welcher der Schwefelkohlenstoff auch entsteht, was ganz analog der Zersetzung des Wassers in Wasserstoff und Sauerstoff bei der Temperatur seiner Bildung ist. Diese Wärmeaufnahme bei der Bildung des Schwefelkohlenstoffs erklärt die Leichtigkeit seiner Zersetzungsreaktionen und den grossen Unterschied von dem sonst so ähnlichen Kohlensäureanhydrid.

Zur Darstellung von Schwefelkohlenstoff im Laboratorium wird ein in geneigter Lage in einen Schmelzofen eingekittetes Porzellanrohr mit Kohle bis zur Rothgluth erhitzt, worauf in das obere mit einem Korke verschliessbare Ende dieses Rohres Schwefel gebracht wird. Das untere Ende steht mit einem Kühler in Verbindung. Der Schwefel schmilzt und verdampft, so dass seine Dämpfe bald mit der glühenden Kohle zusammen kommen, wobei dann die Vereinigung vor sich geht und die entsthenden Schwefelkohlenstoffdämpfe im Kühler verflüssigt werden. Der Schwefelkohlenstoff, CS^2, ist eine bei 48° siedende Flüssigkeit. In Fabriken wird zur Gewinnung desselben der in beiliegender *Figur 139* abgebildete Apparat benutzt: aa ist ein Schmelzofen, in welchem sich auf der Unterlage b der gusseiserne Cylinder c befindet, welcher zur Aufnahme von Holzkohle

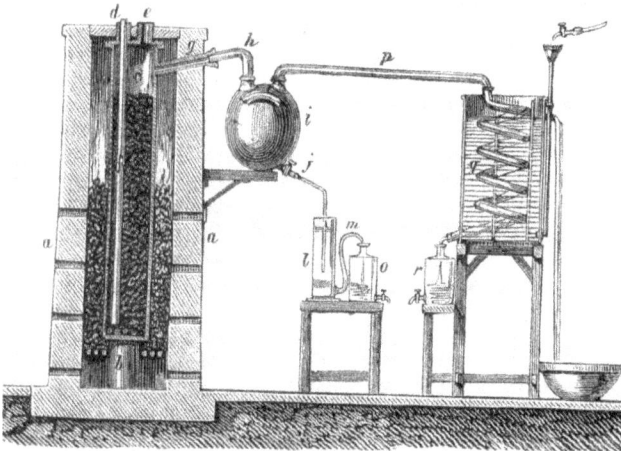

Fig. 139. Apparat zur fabrikmässigen Darstellung von Schwefelkohlenstoff.

bestimmt ist. Diese wird durch die mit einem Lehmstöpsel verschliessbare Oeffnung e eingebracht. Zur Einführung des Schwefels dient das bis zum Boden des Cylinders reichende Rohr df, so dass der eingeworfene Schwefel sogleich in den unteren Theil des Cylinders fällt, wo er verdampft und dann die ganze, den Cylinder füllende Kohlenschicht durchstreichen muss. Der entstehende Schwefelkohlenstoff gelangt durch das Rohr gh zunächst in die Woulf'sche Flasche i (in der sich der frei gebliebene Schwefel verdichtet) und dann in den Schlangenkühler g, der gut abzukühlen ist [71]).

Der gereinigte Schwefelkohlenstoff ist eine farblose, stark lichtbrechende Flüssigkeit von reinem Aethergeruch; ihr spezifisches Gewicht beträgt bei 0^0—1,293 und bei 15^0—1,271. Bei längerem Aufbewahren unterliegt der Schwefelkohlenstoff, wie es scheint, einer Aenderung, namentlich wenn er unter Wasser, in dem er unlöslich ist, aufbewahrt wird. Er siedet bei 48^0, aber die Tension seiner Dämpfe ist schon bei gewöhnlicher Temperatur so bedeutend, dass er sehr leicht verdampft und hierbei Abkühlung bewirkt [72]). Daher muss der Schwefelkohlenstoff in dicht schliessenden Gefässen aufbewahrt werden; gewöhnlich hält man ihn aber unter einer Wasserschicht, die seine Verdampfung verhindert [73]).

---

71) Zur Verflüssigung der Schwefelkohlenstoffdämpfe ist starke Abkühlung erforderlich, da die Siedetemperatur des CS^2 niedrig ($48°$) und die latente Verdampfungswärme gering ist (sie beträgt etwa 90). Mit Luft gemischt bilden die CS^2-Dämpfe ein explosives, leicht entzündliches Gemisch. Der fabrikmässig gewonnene Schwefelkohlenstoff ist gewöhnlich sehr unrein und enthält nicht nur Schwefel, sondern auch noch andere Beimengungen, die ihm einen höchst unangenehmen rettigartigen Geruch verleihen. Um solchen Schwefelkohlenstoff zu reinigen schüttelt man ihn am besten mit etwas Quecksilbersublimat oder einfach Quecksilber zusammen und zwar so lange, als sich letzteres noch schwärzt. Sodann giesst man den Schwefelkohlenstoff ab, setzt irgend ein Oel zu um Beimengungen zurückzuhalten und destillirt ihn auf dem Wasserbade über.

72) Wenn CS^2 unter dem Rezipienten der Luftpumpe oder in einem Luftstrome verdunstet, so kann die Temperatur auf—60^0 sinken, wobei der Schwefelkohlenstoff jedoch nicht erstarrt. Wenn aber durch ihn mit Hilfe eines Blasebalges Luft durchgeblasen wird, so bildet sich eine krystallinische, weisse, sich schon unter 0^0 verflüchtigende Substanz—das Hydrat des Schwefelkohlenstoffs H^2O2CS^2. Dasselbe entsteht bei der niedrigen Temperatur infolge des Gehaltes an Feuchtigkeit in der Luft, die durch den Schwefelkohlenstoff durchgeblasen wird.

73) Starker Alkohol vermischt sich mit Schwefelkohlenstoff in allen Verhältnissen, schwacher nur in bestimmten, da die Löslichkeit in Alkohol durch den Wassergehalt verringert wird. Aether, Kohlenwasserstoffe, Oele und viele andere organische ölartige Substanzen lösen sich in Schwefelkohlenstoff und zwar mit grosser Leichtigkeit. In der Technik benutzt man daher den Schwefelkohlenstoff zur Extraktion von Oelen aus Pflanzensamen, z. B. aus Leinsamen und and. Bei der gewöhnlichen Art der Gewinnung solcher Oele durch Pressen der Samen bleibt in den Trestern immer eine gewisse Menge Oel zurück. Dagegen lässt sich mittelst Schwefelskolenstoff eine vollständige Extraktion erreichen. Aus der auf diese Weise entstehenden Lösung kann der Schwefelkohlenstoff leicht durch Erwärmen vertrieben und das nicht flüchtige Oel im Rückstande erhalten werden. Der zu verjagende Schwefelkohlenstoff kann natürlich verflüssigt werden und von Neuem zum Extrahiren verwandt werden. Schwefelkohlenstoff löst ferner Jod, Brom, Kautschuk, Schwefel und viele Harze.

Die endothermische Bildung des Schwefelkohlenstoffs erklärt es, dass derselbe, besonders bei hohen Temperaturen, oft durch seine Elemente in der Weise einwirkt, wie der Kohlenstoff und Schwefel einzeln nicht einwirken. Leitet man Schwefelkohlenstoff über erhitzte Metalle, z. B. selbst über Kupfer, vom Natrium und ähnl. schon ganz abgesehen, so entsteht unter Ausscheidung von Kohle Schwefelmetall; beim Ueberleiten von Schwefelkohlenstoffdämpfen über erhitzte Metalloxyde entste-

Der Schwefelkohlenstoff bildet zahlreiche Verbindungen, welche vielfach den Verbindungen des Kohlensäureanhydrids sehr ähnlich sind. In dieser Hinsicht ist er ein **Thioanhydrid**, d. h. er besitzt gleichfalls einen **Säurecharakter**, nur mit dem Unterschiede, dass der Sauerstoff des Kohlensäureanhydrids durch Schwefel ersetzt ist. Als Thioverbindungen bezeichnet man im Allgemeinen solche Verbindungen des Schwefels, die sich von der Sauerstoffverbindung ebenso unterscheiden wie CS^2 von CO^2, welche also an Stelle von Sauerstoff Schwefel enthalten. Mit den Sulfiden der Metalle der Alkalien und der alkalischen Erden bildet der Schwefelkohlenstoff salzartige Verbindungen, welche den kohlensauren Salzen entsprechen und daher **thiokohlensaure** Salze genannt werden. Die Zusammensetzung des thiokohlensauren Natriums Na^2CS^3, z. B. ist dieselbe, wie die der Soda. Diese Salze entstehen direkt beim Auflösen von Schwefelkohlenstoff in wässrigen Lösungen von Metallsulfiden, doch krystallisiren sie nur schwierig, da sie sich leicht zersetzen. In Krystallen lässt sich übrigens das thiokohlensaure Kalium darstellen; dasselbe enthält Krystallisationswasser. Die Zerzetzung der thiokohlensauren Salze beginnt schon beim starken Einengen ihrer Lösungen, hierbei entstehen infolge des Einwirkens von Wasser—Schwefelwasserstoff und kohlensaures Salz [74]), z. B. $K^2CS^3 + 3H^2O = K^2CO^3 + 3H^2S$.

hen Schwefelmetalle und Kohlensäuregas (zuweilen theilweise auch Schwefligsäuregas). Aus Kalk und ähnlichen Oxyden entstehen unter solchen Bedingungen kohlensaures Salz und Schwefelmetall, z. B.: $CS^2 + 3CaO = 2CaS + CaCO^3$. Mittelst Schwefelkohlenstoff können die Schwefelmetalle (Metallsulfide) öfters in so schön ausgebildeten Krystallen erhalten werden, wie sie in der Natur vorkommen, z. B. PbS, Sb^2S^3 und and.

74) Die thiokohlensauren Salze entstehen auch, neben kohlensauren, wenn man anstatt auf ein Schwefelmetall direkt auf ein basisches Oxyd einwirkt: $3BaH^2O^2 + 3CS^2 = 2BaCS^3 + BaCO^3 + 3H^2O$. Die Unbeständigkeit der thiokohlensauren Alkalimetalle erklärt bereits die Schwierigkeit der Bildung thiokohlensaurer Salze mit den Schwermetallen, deren basische Eigenschaften unvergleichlich schwächer, als die der Alkalimetalle, sind. Uebrigens können solche Salze durch doppelte Umsetzungen dennoch dargestellt werden. Beim Einwirken von Ammoniak auf Schwefelkohlenstoff entsteht, ausser den Produkten, welche sich auch beim Einwirken auf andere Alkalien bilden, noch eine ganze Reihe von Körpern, deren Zusammensetzung ebenso komplizirt ist, wie derjenigen, die aus Kohlensäuregas und Ammoniak entstehen. Erinnert man sich der Bildung der kohlensauren Ammoniakverbindungen und des Ueberganges derselben in Cyanverbindungen (vergl. Kap. 9), so erscheint es natürlich, dass beim Einwirken von Schwefelkohlenstoff auf Ammoniak nicht nur die obengenannten Salze, sondern auch die ihnen entsprechenden Amidverbindungen entstehen, in welchen der Sauerstoff vollständig oder theilweise durch Schwefel ersetzt ist. Sehr leicht lässt sich z. B. das thiocarbaminsaure Ammonium darstellen, denn es scheidet sich beim Versetzen einer alkoholische Ammoniaklösung mit Schwefelkohlenstoff und beim Abkühlen des Gemisches in einem verschlossenen Gefässe in feinen gelben Krystallen von der Zusammensetzung $CN^2H^6S^2$ aus.

Der Schwefelkohlenstoff verbindet sich nicht nur mit Schwefelmetallen, sondern

Eine der bemerkenswerthesten Thioverbindungen [74 bis)] ist die sogenannte **Rhodanwasserstoffsäure**, HCNS, d. h. Cyansäure, in welcher der Sauerstoff durch Schwefel ersetzt ist. Die Cyanide der Alkalimetalle verbinden sich (wir wie im 9. Kap. gesehen) mit Sauerstoff zu cyansauren Salzen RCNO, aber sie verbinden sich auch mit Schwefel. Wenn daher bei der Verarbeitung des gelben Blutlaugensalzes zu Cyankalium Schwefel zugesetzt wird, so entsteht in der Lösung thiocyansaures Kalium KCNS—ein Salz, welches gewöhnlich Rhodankalium genannt wird. Dasselbe ist viel beständiger, als das cyansaure Kalium, krystallisirt beim Verdunsten seiner Lösungen, löst sich unverändert in Wasser und in Alkohol zu farblosen Lösungen auf, hält sich an der Luft selbst in Lösung

auch mit Schwefelwasserstoff, mit dem er die **Thiokohlensäure** H^2CS^3 bildet. Dieselbe entsteht bei vorsichtigem Vermischen der Lösung eines thiokohlensauren Salzes mit verdünnter Salzsäure, wobei sie sich in Form einer Oelschicht abscheidet, welche durch Wasser leicht in Schwefelwasserstoff und Schwefelkohlenstoff zersetzt wird, was analog der Zersetzung der Kohlensäure (des Hydrats) in Wasser und Kohlensäuregas ist. Ferner verbindet sich CS^2 nicht nur mit Na^2S, sondern auch mit Na^2S^2, jedoch nicht mit Na^2S^3.

Viel Interessantes bietet das Verhalten des Schwefelkohlenstoffs zu anderen Kohlenstoffverbindungen, deren Beschreibung in die organische Chemie gehört; an dieser Stelle soll nur Folgendes erwähnt werden. Aethylsulfid $(C^2H^5)^2S$ verbindet sich mit Aethyljodid C^2H^5J zu einer neuen Molekel $S(C^2H^5)^3J$. Bezeichnet man die Kohlenwasserstoffgruppe, z. B. das Aethyl C^2H^5 durch E, so muss die Reaktion durch folgende Gleichung ausgedrückt werden: $E^2S + EJ = SE^3J$. Der hierbei entstehende Körper besitzt einen salzartigen Charakter, entspricht den Salzen der Alkalimetalle und ähnelt besonders dem Salmiak. Er löst sich in Wasser und zerfällt beim Erwärmen wieder in EJ und E^2S; mit feuchtem Silberoxyd bildet er das Hydrat E^3SOH, welches die Eigenschaften einer energisch wirkenden Base besitzt und dem Aetzammon ähnlich ist. Die zusammengesetzte Gruppe SE^3 verbindet sich also, ebenso wie K oder NH^4, mit J, HO, Cl und and. Das Hydrat E^3SOH löst sich in Wasser, fällt Metallsalze, sättigt Säuren u. s. w. Der Schwefel befindet sich hier folglich zu anderen Elementen in demselben Verhältniss wie der Stickstoff im Ammoniak und in den Ammoniumsalzen, nur mit dem Unterschiede, dass der Stickstoff ausser J, OH und ähnl. Gruppen, noch H^4 oder E^4 binden kann (z. B. NH^4Cl, NE^3HJ, NE^4J), während der Schwefel nur E^3 bindet. Die scharf alkalischen Eigenschaften des Triäthylsulfinhydrats SE^3OH, sowie des entsprechenden Tetraäthylammoniumhydrats NE^4OH werden natürlich nicht nur durch die Eigenschaften des Stickstoffs und Schwefels, sondern auch in bedeutendem Grade durch die darin enthaltenen Kohlenstoffgruppen bedingt. Nach der Existenz der Aethylsulfinverbindungen könnte man voraussetzen, dass der Schwefel mit Wasserstoff auch die Verbindung SH^4 bilden müsste; dieselbe ist jedoch unbekannt, wie auch NH^5, obgleich die Verbindung NH^4Cl existirt.

[74 bis)] Thorpe und Rodger erhielten (1889) durch Erhitzen eines Gemisches von PbF^2 mit P^2S^5 in einer Atmosphäre von trocknem Stickstoff bis auf 250°, das dem Phosphoroxychloride $POCl^3$ entsprechende **Pposphorthiofluorid** oder Thiophosphorylfluorid PSF^3. Dasselbe ist ein farbloses Gas, das sich unter dem Drucke von 11 Atmosphären zu einer farblosen Flüssigkeit verdichtet, auf trocknes Quecksilber nicht einwirkt und sich an der Luft oder in Sauerstoff von selbst entzündet und hierbei PF^5, P^2O^3 und SO^2 bildet. In Aether löst es sich, durch Wasser wird es zersetzt: $PSF^3 + 4H^2O = H^3PO^4 + H^2S + 3HF$ (Anm. 20. dieses Kap.).

unverändert und absorbirt, wenn es in Wasser gelöst wird, eine bedeutende Wärmemenge. Das Rhodankalium dient als Ausgangs-material zur Darstellung aller anderen Rhodanverbindungen, d. h. von Salzen der Zusammensetzung RCNS und von organischen Ver-bindungen, in denen die Metalle dieser Salze durch Kohlenwasser-stoffgruppen ersetzt sind. Zu diesen Verbindungen gehört z. B. das flüchtige Senföl C^3H^5CSN (Rhodanallyl), das dem Senfe seine schar-fen Eigenschaften verleiht. Die Bezeichnung Rhodanverbindungen erklärt sich durch die Fähigkeit dieser Salze mit Eisenoxydsalzen eine höchst intensive dunkelrothe Färbung zu geben, welche zur Entdeckung der geringsten Spuren von gelösten Eisenoxydsalzen benutzt werden kann. Die Rhodanwasserstoffsäure selbst HCNS lässt sich durch doppelte Umsetzung gewinnen, wenn man eine Lösung von Rohdankalium mit schwacher Schwefelsäure der Destil-lation unterwirft. Sie erscheint als eine flüchtige, farblose Flüssig-keit, deren Geruch an Essig erinnert; bei 12^0 erstarrt sie, löst sich in Wasser und die Lösung kann lange Zeit hindurch aufbe-wahrt werden, ohne dass die Rhodanwasserstoffsäure einer Aende-rung unterliegt [75]).

Die chlorhaltigen Schwefelverbindungen: Cl^2S und Cl^2S^2 erschei-nen einerseits als Metalepsieprodukte der Schwefelwasserstoffe H^2S und H^2S^2 und entsprechen andererseits den Sauerstoffverbindungen, denn Cl^2S entspricht Cl^2O und Cl^2S^2 einer höheren Oxydform des Chlors; drittens endlich tritt in diesen Verbindungen der Typus der Säurechloranhydride hervor, da sie durch Wasser unter Ent-

---

75) Wenn ein Körper nicht ein, sondern mehrere Sauerstoffatome enthält, so kann der Sauerstoff Atom für Atom durch Schwefel ersetzt werden. Als bestes Beispiel lässt sich hierfür die Verbindung COS anführen, in welcher die Hälfte des Sauerstoffs von CO^2 durch Schwefel ersetzt ist. Diese Verbindung—das **Kohlenoxy-sulfid** oder Monothiokohlensäureanhydrid ist von Than dargestellt worden. Sie ent-steht unter verschiedenen Bedingungen, so z. B. beim Durchleiten eines Gemisches von Kohlenoxyd und Schwefeldämpfen durch ein erhitztes Rohr. Beim Erhitzen von Chlorkohlenstoff mit Schwefligsäureanhydrid bildet sich gleichfalls COS. Die beste Darstellungsmethode des Kohlenoxysulfids beruht auf der Zersetzung von Rhodankalium durch ein Gemisch aus gleichen Volumen Wasser und Schwefel-säure. Das hierbei entstehende Gas enthält etwas Cyanwasserstoffsäure und wird daher, um diese zu entfernen, durch eine Schicht von Watte mit feuchtem Queck-silberoxyd geleitet, welches die Säure CNH absorbirt. Kohlenoxysulfid entsteht ferner beim Durchleiten von CS^2-Dämpfen über (bis zu heller Rothgluth) erhitztes Aluminiumoxyd oder Thon (hierbei entsteht zugleich SiS^2) (Gautier). Reines Kohlen-oxysulfid besitzt einen aromatischen Geruch und löst sich in dem gleichen Volum Wasser, wobei es jedoch einer Aenderung unterliegt, so dass es über Quecksilber aufgesammelt werden muss. Die Bildung des Kohlenoxysulfids erfolgt entsprechend der Gleichung: $2KCNS + 2H^2SO^4 + 2H^2O = K^2SO^4 + (NH^4)^2SO^4 + 2COS$. Schon bei schwachem Erhitzen zerfällt das Kohlenoxysulfid in Schwefel und Kohlenoxyd. An der Luft verbrennt es mit blauer Flamme, mit Sauerstoff bildet es ein explo-sives Gemisch und reagirt mit Aetzkali unter Bildung von Schwefelkalium und kohlensaurem Kalium: $COS + 4KHO = K^2CO^3 + K^2S + 2H^2O$.

wickelung von HCl zersetzt werden; aus SCl^4 entsteht hierbei SO^2 [76]).

Zur Darstellung der Verbindungen des Schwefels mit Chlor benutzt man den in *Fig. 140* abgebildeten Apparat. Da der Chlor-

---

[76] Diese drei Betrachtungsweisen dürfen nicht für einander ausschliessend oder widersprechend gehalten werden, da beim Ersetzen von Elementen eine jede Aehnlichkeit grössere oder geringere Aenderungen erleidet. Es darf z. B. nicht erwartet werden, dass das Metalepsieprodukt von H^2S in allen Beziehungen dem gleichen, H^2O entsprechenden Produkte analog sein wird, denn H^2O besitzt nicht die Säureeigenschaften von H^2S. Als noch der Dualismus und die elektrochemischen Vorstellungen herrschend waren, wurde angenommen, dass der Schwefel selbst verschieden sei: in H^2S und K^2S wurde er für negativ und in SO^2 und SCl^2 für positiv gehalten. Damals galt es als ausgemacht, dass SCl^2 und K^2S mit einander nicht zu vergleichen seien. Diese Ansicht musste aber fallen gelassen werden, als die Metalepsie und das dieselbe zum Ausdruck bringende Substitutionsgesetz richtig erkannt wurden. Wenn man CO^2, CH^4, CCl^4, $CHCl^3$, $CH^3(OH)$ mit einander vergleicht, so darf man keinen Unterschied zwischen dem Schwefel in SH^2, SCl^2, SK^2, SX^2 sehen, denn sonst müsste man die Existenz so vieler verschiedener Zustände des Schwefels, Kohlenstoffs oder Wasserstoffs anerkennen, als es verschiedene Schwefel-, Kohlenstoff- oder Wasserstoffverbindungen gibt. Das Wesen der Sache liegt darin, dass die in Reaktion tretenden Molekeln mit allen ihren Elementen einwirken. Als Resultat wird oftmals dem Anscheine nach das Entgegengesetzte erhalten, indem z. B. nur ein Wasserstoff ersetzt wird; jedoch nicht in diesem allein liegt die Ursache des verschiedenen Reaktionsverlaufs, sondern in allen den Elementen, welche in die Reaktion eingehen. Es lässt sich dies durch folgenden groben Vergleich erklären: wenn zwei Regimenter mit einander kämpfen und in dem einen derselben mehrere Mann fallen, so wird doch sicher Niemand behaupten, dass diese allein an dem Kampfe theilgenommen haben? Es kämpften auch die Anderen, aber die Kugeln flogen an ihnen vorbei und sie blieben unversehrt. Der Kampf wogte zwischen den Massen,—die Gefallenen hatten sich entweder zu weit vorgewagt oder sich mehr ausgesetzt u. s. w. und mussten aus diesem Grunde fallen, nicht aber weil die Anderen etwa unthätig gewesen wären, denn auch diese hatten mitgekämpft und waren gleichfalls den Kugeln ausgesetzt gewesen, jedoch ohne getroffen zu werden. Der Wasserstoff ist leichter, seine Atome sind beweglicher—er unterliegt öfters und leichter Reaktionen, aber er reagirt nicht allein—er ist sogar weniger reaktionsfähig als andere Elemente. Seine Theilnahme an den verschiedensten Reaktionen wird natürlich nicht dadurch bedingt, dass H sich selbst ändert, sondern dadurch, dass einige Wasserstoffatome mehr hervortreten, während andere gleichsam versteckt bleiben, oder mit Kohlenstoff innig verbunden sind oder auch nur schwach durch Schwefel gebunden werden, oder sich beim Sauerstoff befinden oder bewegen, oder endlich zwischen Kohlenstoffatomen Stellung genommen haben. Alle Wasserstoffatome sind gleich, alle werden von den Atomen der entgegentretenden Molekel angegriffen, aber es treten nur diejenigen aus, welche sich mehr der Oberfläche der Molekel nähern, welche beweglicher sind und welche durch eine geringere Summe von Kräften gebunden werden. Ebenso ist auch der Schwefel immer ein und derselbe in SCl^2, in SO^2, in SO^2O, in SH^2, in SK^2, nur reagirt er verschieden. Auch die mit dem Schwefel verbundenen Elemente ändern ihre Reaktionen, eben weil sie mit demselben verbunden sind und der Schwefel selbst ändert seine Reaktionen, weil er entweder mit diesen Elementen verbunden ist oder weil er eine eigenthümliche Lage annimmt. Es lässt sich der allgemeine Charakter von Körpern feststellen, welche quantitativ und qualitativ unter einander ähnlich sind, ferner lässt sich ersehen, dass manche Elemente gewissen Reaktionsformen nicht unterliegen, während andere in solche Reaktionen leicht eingehen,

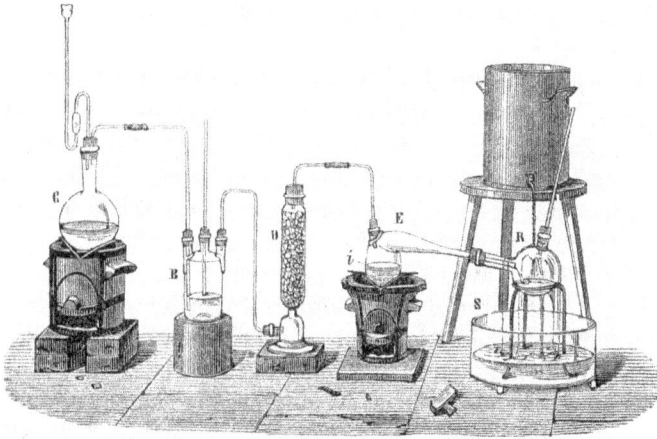

AgNO^3 einen schwarzen Niederschlag bildet. Mit H^{2}S bildet der Chlorschwefel—Schwefel und HCl, mit Metallen direkt—Sulfide und ʼChloride; besonders leicht tritt er mit As, Sb und Sn in Reaktion. In der Kälte absorbirt der Chlorschwefel Chlor und geht in **Schwefeldichlorid SCl^2** über. Zur vollständigen Ueberführung muss trocknes Chlor eine geraume Zeit hindurch in abgekühlten Chlorschwefel eingeleitet werden. In einem Chlorstrome lässt sich das Schwefeldichlorid destilliren, widrigenfalls zerfällt es theilweise in S^{2}Cl^2 und Cl^2. Reines Schwefeldichlorid bildet eine rothbraune, bei 64° siedende Flüssigkeit vom spezifischen Gewicht 1,62, die dem Chlorschwefel S^{2}Cl^2 sehr ähnlich ist, aber einen noch schärferen Geruch besitzt [77]).

Das **Thionylchlorid SOCl^2** ist gleichsam oxydirtes Sshwefeldichlorid; es entspricht S^{2}Cl^2, in welchem ein Schwefelatom durch Sauerstoff ersetzt ist. Zugleich erscheint es aber auch als mit Schwefel verbundenes Chloroxyd (Unterchlorigsäureanhydrid Cl^{2}O), sowie als Chloranhydrid der schwefligen Säure, d. h. als SO(HO)^2, in welcher zwei Hydroxyle durch Chlor ersetzt sind, oder als SO^2, in welchem ein Sauerstoff durch zwei Chloratome ersetzt ist. Alle diese Betrachtungsweisen werden durch die Bildungs- und Zersetzungsreaktionen des Thionylchlorids bestätigt und alle stimmen sie mit unseren Vorstellungen von den anderen Verbindungen zwischen S, O und Cl überein, ohne irgend welche Widersprüche aufzuweisen. Es ist z. B. das Thionylchlorid zuerst von Schiff durch Einwirken von trocknem Schwefligsäuregas auf Phosphorpentachlorid dargestellt worden: PCl^5+SO^2=POCl^3+SOCl^2; beim Destilliren der Reaktionsflüssigkeit geht zunächst bis zu 80° SOCl^2 über und darauf ober-

---

77) Die beobachtete Dampfdichte von SCl^2 beträgt im Verhältniss zu Wasserstoff 53,3, während die Formel 51,5 verlangt. Das geringere Molekulargewicht erklärt die niedere Siedetemperatur dieses Körpers im Vergleich mit der von S^{2}Cl^2. Die Reaktionen der beiden Schwefelchloride sind einander sehr ähnlich. Durch Schwefel wird SCl^2 in S^{2}Cl^2 übergeführt. Ein scharfer Unterschied zwischen SCl^2 und S^{2}Cl^2 besteht nur darin, dass ersteres leicht Chlor abgibt und sich zersetzt. Selbst das Licht zersetzt das Schwefeldichlorid in Chlor und S^{2}Cl^2. Dasselbe kann daher auf viele Substanzen wie Chlor einwirken oder wie Körper, die leicht Chlor ausscheiden, z. B. PCl^5, SbCl^5. Von diesen letztern unterscheidet sich das Schwefeldichlorid dadurch, dass es dem Anscheine nach fast unzersetzt destillirt, wie sich auf Grund seiner Dampfdichte annehmen lässt. Dieses ist jedoch nicht der Fall, denn bei der Zersetzung des Schwefeldichlorids müssen aus 2SCl^2 = S^{2}Cl^2 + Cl^2 entstehen; nun ist aber die Dichte des S^{2}Cl^2-Dampfes =67,5 und des Chlors=35,5, so dass dem Gemische aus gleichen Volumen S^{2}Cl^2 und Cl^2 die Dichte 51,5 zukommen muss; dieselbe Dampfdichte besitzt aber auch SCl^2. Daher ist die Destillation des Schwefeldichlorids wahrscheinlich nichts anderes, als eine Zersetzung desselben. Die bei gewöhnlicher Temperatur beständige Verbindung SCl^2 zersetzt sich also bei 64°. In der Kälte kann SCl^2 noch Chlor bis zur Bildung von SCl^4 absorbiren, aber selbst bei—10° scheidet sich ein Theil des absorbirten Chlors schon wieder aus, d. h. es tritt Dissoziation ein. SCl^4 ist also noch unbeständiger als SCl^2.

halb 100° $POCl^3$. Wurtz erhielt das Thionylchlorid durch Einleiten von Chloroxyd in eine abgekühlte Lösung von Schwefel in S^2Cl^2, wobei sich der Schwefel direkt mit dem Chloroxyde verbindet: $S+Cl^2O=SOCl^2$, während S^2Cl^2 unverändert bleibt (bei der unmittelbaren Einwirkung von Cl^2O auf Schwefel erfolgt Explosion). Das Thionylchlorid ist eine farblose Flüssigkeit von erstickendem Geruch, die bei 78° siedet und bei 0° das spezifische Gewicht 1,675 besitzt, in Wasser sinkt es unter, wird aber sofort zersetzt, und zwar wie alle Chloranhydride, z. B. dem Phosgen analog: $SOCl^2+H^2O=SO^2+2HCl$.

Der normalen **Schwefelsäure entsprechen zwei Chloranhydride:** das erste $SO^2(OH)Cl$ erscheint als Schwefelsäure $SO^2(OH)^2$, in der ein Hydroxyl durch Chlor ersetzt ist—es ist das Sulfoxylchlorid HSO^3Cl (oder Sulfuryloxychlorid); das zweite, in welchem zwei HO durch zwei Chloratome ersetzt sind, besitzt die Zusammensetzung SO^2Cl^2 und wird Sulfurychlorid genannt. Das erste Chloranhydrid SO^2HOCl könnte man auch als Chlorsulfosäure bezeichnen, da es in der That eine Säure ist, die noch ein Hydroxyl der Schwefelsäure enthält und entsprechende Salze bildet. Ein solches Salz SO^3KCl, das also SO^3HCl als einer Säure entspricht, entsteht, z. B. bei der Absorption von Schwefelsäureanhydrid-Dämpfen durch Kaliumchlorid. Mit NaCl bildet die Chlorsulfosäure—das Natriumsalz SO^3NaCl und HCl. Das Sulfoxylchlorid (oder die Chlorsulfosäure) ist von Williamson entdeckt worden. Es entsteht beim Einwirken von Phosphorpentachlorid auf Schwefelsäure: $PCl^5+H^2SO^4=POCl^3+HCl+HSO^3Cl$, sowie auch direkt aus trocknem Chlorwasserstoff und Schwefelsäureanhydrid: $SO^3+HCl=HSO^3Cl$. Am einfachsten und schnellsten gewinnt man es durch Sättigen von abgekühlter Nordhäuser Schwefelsäure mit trocknem Chlorwasserstoff und darauf folgendem Abdestilliren der erhaltenen Lösung. Das Destillat besteht dann nur aus HSO^3Cl. Das Sulfoxylchlorid ist eine farblose, rauchende Flüssigkeit von ätzendem Geruche, die bei 153° siedet (nach meinen Bestimmungen, die von Konowalow bestätigt wurden) und deren spezifisches Gewicht 1,776 bei 19° beträgt. Mit Wasser zersetzt es sich wie ein wahres Chloranhydrid sofort in HCl und H^2SO^4. Die Reaktionen des Sulfoxylchlorids ermöglichen es auf eine leichte Weise das Sulfoxyl HSO^3 (den Rest der Schwefel- und der schwefligen Säure) in andere Verbindungen einzuführen, da es in demselben mit Chlor verbunden ist.

Das zweite Chloranhydrid der Schwefelsäure, das **Sulfurylchlorid** SO^2Cl^2 wurde zuerst von Regnault erhalten, als er ein Gemisch von gleichen Volumen Chlor und Schwefligsäuregas dem direkten Sonnenlicht aussetzte. Indem diese Gasse sich vereinigen, verflüssigen sie sich allmählich in derselben Weise wie CO mit Cl^2. Beim Erhitzen in zugeschmolzenen Röhren auf 200° zerfällt das erste

Chloranhydrid SO^3HCl in SO^2Cl^2 und H^2SO^4. Das Sulfurylchlorid ähnelt in seinen Eigenschaften den beiden oben beschriebenen Chloranhydriden; es siedet bei 70^0, besitzt das spezifische Gewicht 1,70, zersetzt sich mit Wasser in HCl und H^2SO^4, raucht an der Luft und lässt sich unzersetzt destilliren, wie dies wenigstens aus seiner Dampfdichte gefolgert werden muss [78]).

In der Gruppe der Halogene sahen wir vier einander sehr ähn-

---

78) Ueber das Pyrosulfurylchlorid $S^2O^5Cl^2$ vergl. Anm. 44.

Den Säuren des Schwefels entsprechen natürlich Ammoniumsalze und diesen letzteren ihre Amide und Nitrile. Schon die Erwähnung dieses Umstandes genügt um einzusehen, was für ein weites Gebiet sich in der Reihe der Verbindungen des Schwefels und des Stickstoffs eröffnen muss, wenn von der Kohlen- und der Ameisensäure, wie wir (im 9-ten Kap.) gesehen, eine ganze Reihe von Derivaten sich ableitet, welche den Ammoniumsalzen dieser Säuren entsprechen. Der Schwefelsäure entsprechen zwei Ammoniumsalze: $SO^2(HO)(NH^4O)$ und $SO^2(NH^4O)^2$, drei Amide: das saure $SO^2(HO)(NH^2)$ oder die Sulfaminsäure, das neutrale Amidosalz $SO^2(NH^4O)NH^2$ oder das sulfaminsaure Ammonium und das neutrale Sulfamid $SO^2(NH^2)^2$ (das Analogon des Carbamids oder des Harnstoffs), und drei Nitrile: das saure $SON(HO)$ und zwei neutrale: $SON(NH^2)$ und SN^2. Analoge Verbindungen entsprechen der schwefligen Säure, deren Nitrile die folgenden sind: das saure $SN(HO)$, (das Ammoniumsalz dieses Nitrils) und das neutrale $SN(NH^2)$. Auch der unterschwefligen Säure und den Polythionsäuren müssen Amide und Nitrile entsprechen. In Folgendem sollen die wenigen bekannten Verbindungen, die hierher gehören, kurz beschrieben werden.

Mit Ammoniak bildet die Schwefelsäure sehr beständige Salze, unter denen das schwefelsaure Ammonium eine der gewöhnlichsten Ammoniakverbindungen ist, die in der Praxis verwendet werden. Das **schwefelsaure Ammonium** $(NH^4)^2SO^4$ (Ammoniumsulfat) krystallisirt aus seinen Lösungen ebenso wie das schwefelsaure Kalium wasserfrei, besitzt also die Zusammensetzung $(NH^4)^2SO^4$. Es schmilzt bei $140°$ und hält sich beim Erhitzen bis auf $180°$ unverändert. Bei höheren Temperaturen scheidet es die Hälfte seines Ammoniaks aus (nicht Wasser) und geht in das saure Salz HNH^4SO^4 über. Dieses letztere zersetzt sich nun bei weiterem Erhitzen in Stickstoff, Wasser und saures schwefligsaures Ammonium HNH^4SO^3. Das neutrale schwefelsaure Ammonium löst sich bei gewöhnlicher Temperatur in der doppelten Gewichtsmenge Wasser und in der gleichen bei der Siedetemperatur. Seiner Fähigkeit nach mit anderen Substanzen in Verbindung zu treten weist es eine sehr bedeutende Aehnlichkeit mit dem schwefelsauren Kalium auf, indem es ebenso wie dieses sehr leicht zahlreiche Doppelsalze bildet, unter denen am bemerkenswerthesten der Ammoniumalaun $NH^4AlS^2O^812H^2O$ und die Doppelsalze mit den schwefelsauren Salzen der Magnesiumgruppe $(NH^4)^2MgS^2O^86H^2O$ sind. Beim Erwärmen bildet das schwefelsaure Ammonium kein Amid, was möglicher Weise durch die Eigenschaft des Schwefelsäureanhydrides mit einer grösseren Kraft das mit ihm verbundene Wasser zurückzuhalten bedingt wird. Sehr bequem lassen sich aber die Amide der Schwefelsäure mit Hilfe von Schwefelsäureanhydrid darstellen. Die Bildung dieser Amide ist leicht zu verstehen, da das Amid dem Ammoniumsalze minus Wasser entspricht und direkt aus dem Anhydride und Ammoniak entsteht. Wenn man in ein Gefäss mit Schwefelsäureanhydrid, das abgekühlt wird, trocknes Ammoniak einleitet, so bildet sich eine weisse Salzmasse von der Zusammensetzung SO^32NH^3, welche der analogen Verbindung der Kohlensäure CO^22NH^3 ähnlich ist. Durch Wasser wird diese Salzmasse nur allmählich verändert, so dass sie auch in Lösung erhalten werden kann, in welcher sie mit $BaCl^2$ nur langsam in Reaktion tritt, was darauf hinweist, dass mit Wasser noch kein schwefelsaures Ammonium gebildet wird. Die fragliche Verbindung ist das Ammoniumsalz der Sulfaminsäure $SO^2(NH^4O)NH^2$.

liche Elemente: F, Cl, Br, J; dieselbe Anzahl von näheren Analogen treffen wir auch in der Sauerstoffgruppe, zu welcher ausser
dem Schwefel noch das **Selen** und **Tellur** gehören: O, S, Se, Te.
Diese beiden Gruppen weisen eine ausserordentliche Uebereinstimmung in ihren Atomgewichten, sowie in der Fähigkeit zur Vereinigung mit Metallen auf. Die offenbaren Analogien und die bestimmten Unterschiede, die wir bei den Halogenen trafen, wiederholen

---

Beim Einwirken von Wasser bildet dasselbe zuerst ein zerfliessliches Ammoniumsalz, das $H^2O2(SO^32NH^3)$ enthält, und dann das neutrale Ammoniumsalz.
Die Verbindung SO^32NH^3 ist **Sulfammon** genannt worden. Eben dargestellt erscheint
sie als ein Pulver; durch $CaCl^2$ wird sie nicht gefällt, wol aber durch $BaCl^2$, jedoch
nicht vollständig. Löst man das Sulfammon vorsichtig in Wasser und dampft ein,
so scheidet es sich in gut ausgebildeten Krystallen aus, deren Lösung durch $BaCl^2$
nicht mehr gefällt wird. Es wird dies nicht durch Beimengungen bedingt, sondern
durch eine Aenderung in der Natur des Körpers selbst, so dass Rose die krystallinische Verbindung als **Parasulfammon** bezeichnete. Platinchlorid fällt aus den Lösungen des Sulfammons und Parasulfammons nur die Hälfte des Stickstoffs in Form
eines Ammoniumdoppelsalzes aus, woraus zu folgern ist, dass diese Verbindungen
Ammoniumsalze sind: $SO^2(NH^4O)(NH^2)$. Möglicher Weise hängt die Ursache des
Unterschiedes damit zusammen, dass zwei verschiedene Körper von der Zusammensetzung $N^2H^4SO^2$ existiren können: ein dem neutralen Salze entsprechendes Amid
$SO^2(NH^2)^2$ und ein Salz einer Nitrilsäure, welche dem sauren schwefelsauren Ammonium entsprechen würde, denn $SON(ONH^4)$ entspricht der Säure $SON(OH) =$
$SO^2(NH^4O)OH—2H^2O$. Es kann hier also derselbe Unterschied vorliegen, wie zwischen dem Harnstoffe und dem Ammoniumsalze der Cyansäure. Bis jetzt ist aber
die angedeutete Isomerie noch wenig erforscht und kann daher als Gegenstand
interessanter Untersuchungen dienen.

Wenn zur oben beschriebenen Reaktion ein Ueberschuss an Ammoniak und
nicht an SO^3 angewandt wird, so entsteht bei der Vereinigung ein in Wasser löslicher Körper von der Zusammensetzung $2SO^33NH^3$, welcher von Jacquelin dargestellt und von Woronin untersucht worden ist. Zweifellos enthält derselbe auch ein
Salz der Sulfaminsäure, d. h. das dem sauren schwefelsauren Ammonium entsprechende Amid: $HNH^4SO^4—H^2O = (NH^2)SO^2(OH)$, und ist wahrscheinlich eine
Verbindung von Sulfammon mit Sulfaminsäure. Der Körper reagirt in der That
sauer und wird durch $BaCl^2$ nicht gefällt.

Dem neutralen schwefelsauren Ammonium muss ein Amid von der Zusammensetzung $N^2H^4SO^2$ entsprechen, welches zu der Schwefelsäure in derselben Beziehung stehen wird, wie der Harnstoff zur Kohlensäure. Dieses Amid, das als **Sulfamid** bezeichnet wird, entsteht bei der Einwirkung von trocknem Ammoniak auf das
Schwefelsäurechloranhydrid SO^2Cl^2 in derselben Weise, wie der Harnstoff beim Einwirken von Ammoniak auf Phosgen: $SO^2Cl^2 + 4NH^3 = N^2H^4SO^2 + 2NH^4Cl$. Der
hierbei neben dem Sulfamid entstehende Salmiak lässt sich nur schwierig trennen;
beide lösen sich in kaltem Wasser. $BaCl^2$ bewirkt in der kalten Lösung keinen
Niederschlag, Alkalien wirken nur allmählich ein (wie auf Harnstoff). Wenn die
Lösung aber gekocht wird, so addirt das Sulfamid, besonders in Gegenwart von
Alkalien oder Säuren, leicht von Neuem Wasser und geht in das Ammoniumsalz
über. Beim Einwirken von $SOCl^2$ (und anderen Chloranhydriden des Schwefels) auf
kohlensaures Ammonium entsteht, wie Mente (1888) zeigte, immer ein und dasselbe
Salz $NH(SO^3NH^4)^2$.

Der Schwefelsäure entsprechende Nitrile sind gegenwärtig nicht mit Sicherheit
bekannt. Das einfachste Nitril, das dem neutralen schwefelsauren Ammonium entsprechen würde, müsste die Zusammensetzung: $N^2H^8SO^4 — 4H^2O = N^2S$ besitzen

sich in demselben Grade auch bei den Elementen der Sauerstoffgruppe. Die Halogene verbinden sich mit einem Wasserstoffatom
H, die Elemente dieser Gruppe mit H^2, indem sie H^2O, H^2S,
H^2Se, H^2Te bilden. Die Wasserstoffverbindungen des Selens und
Tellurs sind ebensolche Säuren wie auch H^2S. Das Selen verbindet
sich mit Wasserstoff direkt, wenn es in einem Strome desselben
erhitzt wird; doch unterliegt Selenwasserstoff beim Erhitzen leichter des Zersetzung als Schwefelwasserstoff und noch leichter zersetzt sich Tellurwasserstoff. H^2Se und H^2Te sind ebenso, wie der
Schwefelwasserstoff, in Wasser lösliche Gase, welche mit Alkalien
salzartige Körper bilden, Metallsalze fällen und beim Einwirken
von Säuren auf Selen- und Tellurmetalle entstehen. Selen und
Tellur bilden, analog dem Schwefel, zwei normale Verbindungsstufen mit Sauerstoff, welche beide einen Säurecharakter besitzen.
Direkt entsteht nur die dem Schwefligsäuregase SO^2 entsprechende
Form, d. h. das Anhydrid der selenigen SeO^2 und der tellurigen
Säure TeO^2 [79]). Die Anhydride dieser beiden Säuren sind feste

---

Es würde dies gewissermaassen das der Schwefelsäure entsprechende Cyan sein.
Da die schweflige Säure mit der Kohlensäure in vielen Beziehungen eine grosse
Aehnlichkeit aufweist, wie wir dies bei der Vergleichung der beiden Säuren gesehen haben, so sind auch noch andere Nitrilverbindungen zu erwarten, welche
den uns schon bekannten Cyanverbindungen entsprechen und folglich die Zusammensetzung NHS und N^2S^2 besitzen werden. Letztere entspricht dem Cyan (Paracyan) und ist unter dem Namen Schwefelstickstoff bekannt.

Der **Schwefelstickstoff**, N^2S^2, wurde von Soubeiran durch Einwirken von trocknem
Ammoniak auf Chlorschwefel dargestellt: $3SCl^2 + 8NH^3 = N^2S^2 + S + 6NH^4Cl$.
Schwefelkohlenstoff löst aus dem Reaktionsprodukte freien Schwefel und Schwefelstickstoff, welcher jedoch bedeutend weniger löslich als der Schwefel ist. Der
Schwefelstickstoff ist eine gelbe fast geruchlose Substanz, die aber die Schleimhäute
der Augen und der Nase stark angreift. Beim Zerreiben mit festen Körpern explodirt es, indem es sich unter Entwickelung von Stickstoff zersetzt; beim Erwärmen
schmilzt es jedoch ohne sich zu zersetzen und erst bei 157° erfolgt die Zersetzung
unter Explosion. In Wasser ist der Schwefelstickstoff unlöslich, wenig löslich ist er
in Alkohol, Aether und CS^2. Bei der Siedetemperatur lösen 100 Theile Schwefelkohlenstoff nur 1,5 Theile Schwefelstickstoff. Aus einer solchen Lösung scheidet
sich der Schwefelstickstoff in feinen, durchsichtigen Prismen von goldig gelber
Farbe aus.

79) Das **Selenigsäureanhydrid** SeO^2 (Selendioxyd) ist ein fester, flüchtiger, in farblosen Prismen krystallisirender Körper, der sich in Wasser löst und am besten
durch Einwirken von Salpetersäure auf Selen erhalten wird. Durch seine grundle-
genden Untersuchungen zeigte Nilson (1874), dass die Salze der selenigen Säure
viel Eigenartiges aufweisen (z. B. leicht saure Salze bilden) und so charakteristisch
sind, dass sie sogar zur Festellung der Aehnlichkeit in den Formen der Oxyde
dienen können. Es bilden z. B. die Oxyde von der Zusammensetzung RO neutrale
Salze, die nach der Formel $RSeO^3 2H^2O$ zusammengesetzt sind, in welcher $R = Mn$,
Co, Ni, Cu, Zn sein kann. Die Salze des Mg, Ba, Ca zeigen einen anderen Gehalt
an Wasser, desgleichen auch die Salze der Oxyde R^2O^3. Hier ist zu beachten, dass
das Beryllium ein neutrales Salz gerade von der Zusammensetzung $BeSeO^3 2H^2O$
bildet, welches also nicht den Salzen des Aluminiums, Scandiums $[Sc^2(SeO^3)^3 H^2O]$,
Yttriums $[Y^2(SeO^3)^3 12H^2O]$ und ähnlicher Metalle analog ist, deren Oxyden die

Körper, die beim Verbrennen der Elemente selbst und beim Einwirken von Oxydationsmitteln auf dieselben entstehen. Sie bilden wenig energische, deutlich zweibasische Säuren, weisen aber durch ihre physikalischen Eigenschaften, sowie durch ihre Unbeständigkeit und ihre Fähigkeit zur weiteren Oxydation einen charakteristischen Unterschied auf, welcher demjenigen, den wir in der Gruppe der Halogene kennen lernten, analog ist, nur im entgegengesetzten Sinne: von den Halogenen verbindet sich das Jod leichter mit Sauerstoff als das Brom und Chlor und bildet auch beständigere Sauerstoffverbindungen, während in der Gruppe des Schwefels SO^2 sich nur schwierig zersetzt und sich schon an der Luft leicht oxydirt, besonders wenn es in Form von Salzen vorliegt; SeO^2 und TeO^2 dagegen lassen sich nur schwer oxydiren, aber leicht reduziren, selbst mittelst schwefliger Säure.

Das **Selen** wurde im Jahre 1817 von Berzelius aus dem Bodensatz erhalten, welcher sich in der ersten Bleikammer bei der Darstellung von Schwefelsäure aus Fahluner Schwefelkiesen angesammelt hatte. In geringer Menge findet sich das Selen auch in einigen anderen Schwefelkiesen. Am Harze kommen einige Selenmetalle vor, besonders Selenblei, sodann Selenide des Quecksilbers, Silbers,

---

Form R^2O^3 zukommt. Dieses spricht also zu Gunsten der Formel BeO für das Berylliumoxyd.

Das **Tellurigsäureanhydrid** TeO^2 (Tellurdioxyd) ist gleichfalls ein fester, farbloser, in Oktaëdern krystallisirender Körper, der beim Erhitzen erst schmilzt und dann sich verflüchtigt; in Wasser ist er unlöslich und bildet bei der Zersetzung der ihm entsprechenden Salze das unlösliche Hydrat H^2TeO^3.

Besonders charakteristisch ist es, dass SeO^2 und TeO^2 sich sehr leicht zu Se und Te **reduziren** lassen. Die Reduktion wird nicht nur durch solche Metalle wie Zink oder durch Schwefelwasserstoff, welche als starke Reduktionsmittel bekannt sind, bewirkt, sondern sogar durch die schweflige Säure selbst, welche aus den Lösungen von Salzen der selenigen und tellurigen Säure, sowie aus den Säuren selbst freies Selen und Tellur ausscheiden kann. Dieses Verhalten benutzt man zur Darstellung dieser Elemente und zur Trennung derselben von Schwefel.

Die Schwefelsäure wirkt nur selten oxydirend, während die Selen- und Tellursäure—H^2SeO^4 und H^2TeO^4 starke Oxydationsmittel sind, d. h. sie lassen sich in zahlreichen Fällen leicht reduziren entweder zu einer niederen Oxydationsstufe oder selbst zu Se und Te. Um SeO^2 und TeO^2 in SeO^3 und TeO^3 überzuführen müssen starke Oxydationsmittel in bedeutender Menge angewandt werden. Wenn man durch Lösungen, die K^2Se resp. K^2Te oder K^2SeO^3 resp. K^2TeO^3 enthalten, Chlor durchleitet, so wirkt dasselbe in Gegenwart von Wasser oxydirend und es entsteht K^2SeO^4 resp. K^2TeO^4. Dieselben Salze entstehen auch beim Zusammenschmelzen der niederen Oxydationsstufen mit Salpeter. Die selen- und tellursauren Salze sind mit den entsprechenden schwefelsauren Salzen isomorph und lassen sich daher nicht durch Krystallisation trennen. Wie bei der Schwefelsäure, so sind auch bei der Selen- und Tellursäure die Salze des Kaliums, Natriums, Magnesiums, Kupfers, Kadmiums u. s. w. löslich, unlöslich sind dagegen die Baryum- und Calciumsalze, was also vollkommen den gleichen schwefelsauren Salzen entspricht. Wenn man in Wasser gelöstes selensaures Kupfer $CuSeO^4$ mit Schwefelwasserstoff zersetzt, so fällt CuS aus und die Lösung enthält **Selensäure**. Beim Eindampfen ent-

Kupfers, aber immer nur in geringen Mengen. Die wichtigste
Quelle für die Gewinnung des Selens sind die Kiese und Blenden,
in denen der Schwefel zum Theil durch Selen ersetzt ist. Beim
Rösten derselden entsteht SeO^2, das sich in den kälteren Theilen
der Röstapparate verdichtet und theilweise oder auch vollständig
durch SO^2 reduzirt wird. Zur Entdeckung des Selens in Erzen und
im Flugstaub erhitzt man dieselben einfach vor dem Löthrohr, wobei ein charakteristischer Rettiggeruch auftreten muss. Das Selen
erscheint wie der Schwefel in zwei Modifikationen: in einer amorphen, in Schwefelkohlenstoff unlöslichen und in einer krystallinischen,
die sich nur wenig in Schwefelkohlenstoff löst (in 1000 Theilen
45^0 und in 6000 Th. bei 0^0) und aus dieser Lösung in monoklinen
Prismen krystallisirt. Wenn man den beim Einwirken von SO^2 auf
SeO^2 entstehenden rothen Niederschlag trocknet, so erhält man
ein braunes Pulver vom spezifischen Gewicht 4,26, das beim Erhitzen zu einer metallischen Masse schmilzt. Je nach der Geschwindigkeit der Abkühlung zeigt nun das Selen verschiedene Eigenschaften: bei raschem Abkühlen bleibt es amorph und besitzt das-

---

steht dann eine siruppartige Flüssigkeit, deren Zusammensetzung beinahe der For-
mel H^2SeO^4 entspricht und deren spezifisches Gewicht 2,6 beträgt. Die Säure absor-
birt ebenso wie die Schwefelsäure aus der Luft Feuchtigkeit; durch schweflige
Säure wird sie nicht zersetzt, aber auf Salzsäure wirkt sie oxydirend ein (wie Salpeter-,
Chrom- und Uebermangansäure), indem sie unter Entwickelung von Chlor in selenige
Säure übergeht: $H^2SeO^4 + 2HCl = H^2SeO^3 + H^2O + Cl^2$.

Die **Tellursäure** H^2TeO^4 entsteht in Form ihres Salzes K^2TeO^4 beim Zusammenschmelzen von TeO^2 mit Aetzkali und Berthollet'schem Salze. Wenn dann die
Lösung des erhaltenen tellursauren Kaliums mit Chlorbaryum gefällt und der aus
$BaTeO^4$ bestehende Niederschlag durch Schwefelsäure zersetzt wird, so erhält man
die Tellursäure in Lösung. Beim Eindampfen scheidet sie sich in farblosen Prismen
von der Zusammensetzung $TeH^2O^4 2H^2O$ aus. Diese zwei Molekeln Wasser entweichen bei 160^0; bei stärkeren Erhitzen scheidet sich auch die letzte Wassermolekel
aus und sodann entweicht Sauerstoff. Mit Salzsäure entwickelt die Tellursäure,
ebenso wie die Selensäure Chlor. Ihre Salze entsprechen gleichfalls den Salzen der
Schwefelsäure. Es ist übrigens zu bemerken, dass sowol die Tellur- als auch die
Selensäure bedeutend leichter als die Schwefelsäure saure Verbindungen bilden; die
Tellursäure bildet z. B. nicht nur $K^2TeO^4 5H^2O$ und $KHTeO^4 3H^2O$, sondern auch
$KHTeO^4 H^2TeO^4 H^2O = K^2TeO^4 3H^2TeO^4 2H^2O$. Dieses Salz entsteht leicht aus den
sauren Lösungen des (vorhergehenden) sauren tellursauren Kaliums, da es in Wasser schwer löslich ist. Da SeO^2 flüchtig ist und ähnliche saure Salze bildet, so lässt
sich annehmen, dass SeO^2, TeO^2, SeO^3 und TeO^3 im Vergleich zu SO^2 und SO^3
polymerisirte Verbindungen sein können. Bestimmungen der Dampfdichte von SeO^2
wären daher sehr erwünscht. Dieselbe wird wahrscheinlich der Formel Se^2O^4 oder
Se^3O^6 entsprechen.

Um zu zeigen, wie weit die Aehnlichkeit zwischen S und Se geht, sollen folgende
zwei Beispiele angeführt werden. Se löst sich in Cyankalium ebenso wie S, wobei
das dem Rhodankalium entsprechende Salz KCNSe entsteht; Säuren scheiden aus
der Lösung dieses Salzes Se aus, da die freie Säure HCNSe sich sofort zersetzt.
Eine siedende Lösung von Na^2SO^3 löst Se ebenso wie S zu einem Salze, das dem
unterschwefligsauren Natrium analog ist und die Zusammensetzung Na^2SSeO^3 besitzt. Aus den Lösungen desselben scheiden Säuren Se aus.

selbe spezifische Gewicht (4,28) wie das braune Pulver; bei langsamem Abkühlen wird es dagegen krystallinisch und undurchsichtig,
löst sich in Schwefelkohlenstoff, zeigt ein spezifisches Gewicht von 4,80
schmilzt bei 214⁰ und ist beständig. Aus dem amorphen Zustande geht
es allmählich, besonders bei Temperaturen über 80⁰, in den krystallinischen über. Dieser Uebergang erfolgt, ebenso wie beim Schwefel,
unter Entwickelung von Wärme, so dass hier die Analogie mit dem
Schwefel deutlich zum Ausdruck kommt. Im amorphen Zustande
erscheint das Selen, wenn es geschmolzen, als eine braune, schwach
durchscheinende Masse mit glasigem Bruche; im krystallinischen ist es
ein graues, schwach glänzendes Metall mit krystallinischem Bruche.
Das Selen siedet bei 700^0 und bildet Dämpfe, deren Dichte erst bei
ungefähr 1400^0 konstant wird und dann 79,4 beträgt (im Verhältniss
zu Wasserstoff), also der Molekularformel Se^2 entspricht; dieselbe
Formel S^2 besitzt auch der Schwefel bei so hohen Temperaturen.

Das **Tellur** findet sich noch seltener als das Selen; in Verbindung mit Gold, Silber, Blei und Antimon bildet es das (in Sieben-
bürgen vorkommende) Schrifterz (Sylvanit). In Ungarn und am
Altai ist es als Tellurwismuth und Tellursilber aufgefunden worden. Zur Darstellung von Tellur wird das zerpulverte Erz, z. B.
Tellurwismuth mit Pottasche und Kohle innig gemischt und in einem
bedeckten Tiegel erhitzt; hierbei entsteht nur Tellurkalium K^2Te
und nicht tellurigsaures Kalium, da dieses letztere durch die Kohle
sofort reduzirt wird. Da das Tellurkalium sich in Wasser zu einer
rothbraunen Flüssigkeit löst, die schon durch den Sauerstoff der
Luft oxydirt wird ($K^2Te + H^2O + O = 2KHO + Te$), so wird die im
Tiegel erhaltene Schmelze mit siedendem Wasser übergossen, möglichst schnell filtrirt, und an der Luft stehen gelassen, wobei sich
dann das Tellur allmählich ausscheidet [80]). Im freien Zustande hat
das Tellur ein vollkommen **metallisches Aussehen**: es krystallisirt in langen glänzenden Nadeln, ist silberweiss und spröde, infolge dessen
es sich leicht zerpulvern lässt, aber es ist ein schlechter Leiter

---

80) Hierbei entsteht unreines Tellur, das viel Selen enthält. Zur Trennung
führt man das Gemisch in die Kaliumsalze der Tellur- und Selensäure über, die
man dann mit Salpetersäure und salpetersaurem Baryum behandelt. Hierbei fällt
nur selensaures Baryum aus, während tellursaures Baryum in Lösung bleibt. Nach
dieser Methode lässt sich jedoch keine vollständige Trennung erreichen; bessere
Resultate erlangt man, wie es scheint, wenn man das Tellur im metallischen Zustande vom Selen abscheidet. Zu diesem Zwecke führt man das selenhaltige tellur-
saure Kalium durch Kochen mit Salzsäure in tellurigsaures Kalium über und reduzirt aus letzterem das Tellur durch Schwefligsäuregas. Wenn dann das erhaltene
Metall in einem Wasserstoffstrome geschmolzen und destillirt wird, so verflüchtigt
sich erst das Selen und dann das viel schwerer flüchtige Tellur. Da es aber dennoch
flüchtig ist, so lässt es sich auf diese Weise von anderen noch weniger flüchtigen
Metallen, z. B. von Antimon trennen. Nach Brauner (1889) enthält jedoch das gereinigte Tellur selbst nach dem Sublimiren noch viele Beimengungen. Das Atomgewicht des Tellurs bestimmte Brauner zu 125.

von Wärme und Elektrizität, so dass es in dieser, sowie in vielen anderen Beziehungen den Uebergang von den Metallen zu den Metalloiden bildet; sein spezifisches Gewicht beträgt 6,18, es schmilzt vor Beginn der Rothgluth, an der Luft entzündet es sich beim Erhitzen und verbrennt, wie Selen und Schwefel, mit blauer Flamme, indem es weisse Dämpfe von TeO^2 ausscheidet, wobei ein schwach säuerlicher Geruch zu bemerken ist, wenn dem Tellur kein Selen beigemengt ist, denn in Gegenwart dieser Beimengung tritt nur der eigenthümliche Selengeruch hervor. Beim Kochen mit Kalilauge löst sich das Tellur ebenso, wie Selen und Schwefel, und bildet K^2Te und K^2TeO^3. Der Gehalt an K^2Te bedingt die rothe Färbung der Lösung, welche beim Abkühlen oder beim Verdünnen mit Wasser farblos wird, indem das Tellur hierbei ausfällt:
$$2K^2Te + K^2TeO^3 + 3H^2O = 6KHO + 3Te \ ^{81}).$$

Einundzwanzigstes Kapitel.

Chrom, Molybdän, Wolfram, Uran und Mangan.

Schwefel, Selen und Tellur gehören zu den unpaaren Reihen der VI-ten Gruppe. In den paaren Reihen dieser Gruppe sind die Elemente: **Chrom, Molybdän, Wolfram** und **Uran** bekannt, welche Säureoxyde von der Form RO^3 bilden, die SO^3 entspricht. Die sauren Eigenschaften dieser Oxyde treten weniger scharf hervor, als bei S, Se, Te und allen anderen Elementen der paaren Reihen. Dennoch besitzen CrO^3, MoO^3, WO^3 und selbst UO^3 zweifellos die Eigenschaften von Säuren, denn mit Basen MO bilden sie Salze von der Zusammensetzung MO nRO^3. Bei den schweren Elementen, namentlich beim Uran sind in der höchsten Oxydform UO^3 die sauren Eigenschaften am wenigsten entwickelt, während die basischen am meisten hervortreten, da in jeder Gruppe in den

---

81) In dieser Richtung verläuft die Reaktion in der Kälte, in umgekehrter dagegen, wenn die Flüssigkeit mit einem Ueberschuss an KHO erhitzt wird. Eine ähnliche Erscheinung findet beim Zusammenschmelzen des Tellurs mit Alkalien statt, so dass zur Darstellung von K^2Te beim Schmelzen Kohle zugesetzt werden muss.

Mit Chlor bilden Selen und Tellur höhere Verbindungsstufen als der Schwefel. Es existiren die Verbindungen $SeCl^2$ und $SeCl^4$ sowie $TeCl^2$ und $TeCl^4$. Die Tetrachloride entstehen beim Durchleiten von Chlor über Selen, resp. Tellur. Das Selentetrachlorid, $SeCl^4$, ist eine krystallinische, flüchtige Masse, welche mit Wasser in SeO^2 und HCl zerfällt. Das Tellurtetrachlorid, $TeCl^4$, verflüchtigt sich bedeutend schwerer, schmilzt leicht und zersetzt sich gleichfalls mit Wasser. Aehnliche Verbindungen entstehen mit Brom. Das Tellurtetrabromid ist ein gelber Körper, der zu einer dunkelrothen Flüssigkeit schmilzt und dann sublimirt. Mit Bromkalium bildet es in wässriger Lösung das krystallinische Salz $K^2TeBr^6 3H^2O$.

Oxyden der Elemente mit höherem Atomgewichte die basischen Eigenschaften sich immer mehr und mehr anhäufen. UO^3 besitzt daher die Eigenschaften einer Base und bildet Salze von der Zusammensetzung UO^2X^2. Am deutlichsten offenbaren sich jedoch die basischen Eigenschaften der Elemente Cr, Mo, W und U in den von ihnen allen gebildeten niederen Oxyden. Cr^2O^3 z. B. ist eine ebenso deutliche Base wie Al^2O^3.

Von den angeführten Elementen ist das Chrom das am meisten verbreitete und auch in der Praxis am häufigsten angewandte. Es bildet das Chromsäureanhydrid CrO^3 und das Chromoxyd Cr^2O^3 — zwei Formen, in denen sich die Sauerstoffmengen wie 2:1 verhalten. In beiden Formen findet sich das Chrom in der Natur, jedoch selten. In dem uralschen Rothbleierze, dem chromsauren Blei, $PbCrO^4$, wurde das Chrom von Vauquelin entdeckt, welcher diesem Elemente die Bezeichnung «Chrom» in Anbetracht der grellen Farben seiner Verbindungen gab: die Salze des CrO^3 sind gelb oder roth und die Salze des Cr^2O^3 grün oder violett. Das Rothbleierz ist die seltenere Form des Chroms, relativ häufiger tritt es als Oxyd Cr^2O^3 auf. Geringe Mengen dieses Oxydes bilden den färbenden Bestandtheil vieler Mineralien und Gesteine, z. B. der Serpentine. Das wichtigste Chromerz, aus welchem alle Chromverbindungen gewonnen werden, ist der **Chromeisenstein**, der sich im Uralgebirge findet und auch in Amerika, Schweden u. s. w. angetroffen wird. Der Chromeisenstein kann als Magneteisenstein $FeOFe^2O^3$, in dem das Eisenoxyd durch Chromoxyd ersetzt ist, betrachtet werden, denn er besitzt die Zusammensetzung $FeOCr^2O^3$. Er krystallisirt in Oktaëdern, ist grauschwarz mit metallischem Glanze, hat das spezifische Gewicht 4,4 und gibt beim Zerreiben ein braunes Pulver. Säuren wirken auf den Chromeisenstein nur sehr schwach ein, aber beim Zusammenschmelzen mit saurem schwefelsaurem Kalium erhält man eine Schmelze, die sich in Wasser löst und ausser schwefelsaurem Kalium, noch Eisenvitriol und Chromoxydsalz enthält. In der Technik wird der Chromeisenstein hauptsächlich zur Gewinnung von Salzen der Chromsäure und nicht des Chromoxyds verarbeitet [1]). Wir beginnen daher die Beschreibung des Chroms mit dem **doppelt chromsauren Kalium** oder dem **Kaliumbichromate**, $K^2Cr^2O^7$, welches aus dem Chromeisenstein gewonnen wird und das gewöhnlichste Salz der Chromsäure bildet. Es ist zu beachten, dass das Chromsäureanhydrid CrO^3 nur im wasserfreien Zustande erhalten wird und sich durch die Fähigkeit

---

1) In Russland hat sich die Darstellung von Chromverbindungen aus dem uralschen Chromeisenstein dank den Bemühungen von P. Uschkow entwickelt, in dessen an der Kama in der Nähe der Stadt Jelabuga gelegenen Fabrik gegen 2000 Tonnen des Erzes jährlich verarbeitet werden, so dass gegenwärtig die Einfuhr von Chrompräparaten aus dem Auslande nach Russland aufgehört hat.

auszeichnet leicht wasserfreie Salze der Alkalimetalle zu bilden, die auf eine Molekel der Base 1, 2 und selbst 3 Molekeln des Anhydrids enthalten. Das neutrale oder gelbe chromsaure Kalium K^2CrO^4 z. B. entspricht dem ihm volkommen isomorphen schwefelsauren Kalium, mit welchem es leicht isomorphe Gemische bildet, infolge dessen die Trennung der beiden Salze nicht leicht auszuführen ist. Bei der Fabrikation wird daher das zunächst entstehende neutrale Salz durch einen Ueberschuss an Säure in das doppelt chromsaure Kalium übergeführt, welches gut krystallisirt und ausserdem mehr Chromsäure enthält. Gepulverter Chromeisenstein absorbirt beim Erhitzen mit einem Alkali Sauerstoff und zwar noch leichter, als ein Gemisch von Manganoxyden mit Alkalien. Diese Absorption wird durch die Oxydation des in dem Erze enthaltenen Chromoxydes bedingt, welches in das Anhydrid übergeht: $Cr^2O^3 + O^3 = 2CrO^3$, während letzteres mit dem Alkali in Verbindung tritt. In dem Maasse wie die Oxydation und die Bildung des chromsauren Salzes beim Erhitzen fortschreitet, färbt sich die Masse gelb. Das Eisen oxydirt sich hierbei zu Oxyd, nicht aber zu Eisensäure, da die Oxydationsfähigkeit des Chroms unvergleichlich stärker entwickelt ist, als die des Eisens.

Bei der fabrikmässigen Gewinnung von chromsauren Salzen wird ein Gemisch von Chromeisenstein und Kalk unter starkem Luftzutritt in einem Flammofen bis auf Rothgluth viele Stunden hindurch so lange erhitzt, bis es sich gelb färbt. Das Gemisch enthält dann neutrales chromsaures Calcium $CaCrO^4$, das bei überschüssigem Kalke in Wasser unlöslich ist. Wenn dagegen viel Chromsäure vorhanden ist, so löst sich das Kalksalz, denn Kalk ist in einer Chromsäurelösung löslich. Die dem Ofen entnommene gelbe Masse wird zerkleinert und mit Wasser und Schwefelsäure behandelt. Hierbei entsteht Gyps und in Lösung geht lösliches doppelt chromsaures Calcium, $CaCr^2O^7$, zugleich mit einem Theil des Eisens. Wenn nun die vom Gypsniederschlage abgegossene Lösung mit Kreide versetzt wird, so fällt das Eisen als Oxyd aus (da beim Erhitzen des Chromeisensteins im Ofen FeO in Fe^2O^3 übergeht), zugleich mit einer weiteren Menge von Gyps und in der Lösung erhält man ziemlich reines doppelt chromsaures Calcium. Durch doppelte Umsetzungen lassen sich dann aus dem Calciumsalze andere chromsaure Salze darstellen; mit K^2SO^4 z. B. erhält man im Niederschlage schwefelsauren Kalk und in der Lösung doppelt chromsaures Kalium, das beim Eindampfen der Lösung auskrystallisirt.

Das **doppelt chromsaure Kalium** $K^2Cr^2O^7$ krystallisirt leicht aus sauren Lösungen in gut ausgebildeten, prismatischen Krystallen von rother Farbe; in Rothglühhitze schmilzt es und scheidet bei sehr hoher Temperatur Sauerstoff aus, wobei Chromoxyd und· neutrales chromsaures Kalium zurückbleiben, die sich auch bei hohen Temperaturen nicht mehr verändern: $2K^2Cr^2O^7 = 2K^2CrO^4 + Cr^2O^3 + O^3$. Bei gewöhlicher Temperatur lösen 100 Theile Wasser etwa 10 Theile des Salzes; mit der Zunahme der Temperatur steigt die Löslichkeit. Von Wichtigkeit ist es zu bemerken, dass das doppelt chromsaure Kalium kein Wasser enthält: $K^2Cr^2O^7 = K^2CrO^4 + CrO^3$ und kein dem sauren schwefelsauren Kalium $KHSO^4$ entsprechendes Salz bildet. Sogar beim Lösen des Salzes in Wasser findet nicht Erwärmung, sondern Abkühlung statt, woraus geschlossen werden kann, dass es mit Wasser keine bestimmte Verbindung bildet. Das doppeltchromsaure Kalium ist giftig und **wirkt oxydirend**, wie überhaupt alle Verbindungen des Anhydrids CrO^3. Beim Erhitzen mit Schwefel, mit organischen Substanzen, mit SO^2, H^2S und mit vielen Metallen desoxydirt es sich zu Chromoxyd [2]. Alle anderen Chromverbindungen werden sowol in der Technik [3], als auch im Laboratorium aus dem doppelt chrom-

---

2) Die oxydirende Einwirkung des doppeltchromsauren Kaliums auf organische Substanzen bei gewöhnlicher Temperatur offenbart sich mit besonderer Deutlichkeit unter dem Einfluss des Lichtes. Dieses Verhalten zeigt z. B. ein Gemisch von Leim (Gelatine) mit doppeltchromsaurem Kalium; beim Einwirken des Lichtes oxydirt sich die Gelatine und CrO^3 wird zu Cr^2O^3 desoxydirt, wobei eine in (warmem Wasser) unlösliche Verbindung entsteht, während das dem Lichte nicht ausgesetzt gewesene Gemisch löslich ist. Man benutzt dieses von Poitevin entdeckte Verhalten in der Photographie, Photolithographie, zum Farbendruck u. s. w.

3) Gegenwärtig werden auch die doppeltchromsauren Salze des Natriums und des Ammoniums fabrikmässig dargestellt. Die Natriumsalze der Chromsäure lassen sich in derselben Weise wie die des Kaliums darstellen. Das neutrale chromsaure Natrium verbindet sich mit 10 Molekeln Wasser, ebenso wie das Glaubersalz, mit dem es auch isomorph ist. Ueber 30° scheidet es sich aus seinen Lösungen wasserfrei aus. Die Zusammensetzung der Krystalle des doppeltchromsauren Natriums ist $Na^2Cr^2O^72H^2O$. Die **Ammoniumsalze der Chromsäure** entstehen beim Sättigen der Säure mit Ammoniak. Wenn man einen Theil Chromsäure mit Ammoniak sättigt und dann den gleichen Theil der Säure zusetzt, so scheidet sich beim Eindampfen unter dem Rezipienten der Luftpumpe das saure Ammoniumchromat aus. Sowol dieses als auch das neutrale Ammoniumchromat hinterlässt beim Glühen Chromoxyd. Das Kalium-Ammoniumchromat KNH^4CrO^4, das in gelben Nadeln aus einer Lösung von Kaliumbichromat in Ammoniak erhalten wird, geht nicht nur beim Erhitzen, sondern allmählich auch bei gewöhnlicher Temperatur unter Ausscheidung von Ammoniak in das Kaliumbichromat über — was auf die geringe Energie des Anhydrides CrO^3 und seine Fähigkeit zur Bildung von beständigen doppeltchromsauren Salzen hinweist. Die chromsauren Salze des Magnesiums und des Strontiums sind in Wasser löslich, auch das Calciumsalz löst sich etwas, aber das Baryumchromat ist fast unlöslich. Der Isomorphiums mit der Schwefelsäure offenbart sich in der Bildung eines Doppelsalzes von chromsaurem Magnesium und Ammonium, das mit 6 Molekeln Wasser krystallisirt und mit dem entsprechenden Doppelsalz der Schwefelsäure vollkommen isomorph ist. Magnesiumchromat krystallisirt mit 7 Molekeln Wasser in grossen Krystallen. Die chromsauren Salze des Berylliums, Ceriums und Kobalts sind in Wasser unlöslich. Chromsäure löst kohlensaures Manganoxydul, aber beim Eindampfen der Lösung scheidet sich chromsaures Manganoxyd aus, das infolge der Desoxydation eines Theiles der Chromsäure entsteht. Auch Eisenoxydul wird

sauren Kalium dargestellt. In der Technik führt man es durch doppelte Umsetzungen mit Salzen des Bleis, Baryums und Zinks in gelbe Farben über. Diese Farben scheiden sich als unlösliche Niederschläge beim Vermischen von Salzlösungen der genannten Metalle mit doppelt chromsaurem Kalium aus, z. B.: $2BaCl^2 +$ $K^2Cr^2O^7 + H^2O = 2BaCrO^4 + 2KCl + 2HCl$. Die Gleichung weist schon darauf hin, dass die Niederschläge in schwachen Säuren unlöslich sind, doch ist die Fällung hierbei nicht vollständig (wie aus neutralen Lösungen, wenn Soda zugesetzt wird). Chromsaures Baryum und chromsaures Zink sind citronengelb, während chromsaures Blei eine noch intensivere, in Orange verschiedener Nüancen übergehende Farbe zeigt. Chromsaures Silber Ag^2CrO^4 fällt als ein rothbrauner Niederschlag aus.

Das **neutrale** oder **gelbe chromsaure Kalium** K^2CrO^4 (Kaliumchromat) entsteht beim Vermischen des doppeltchromsauren Kaliums mit Kalilauge oder mit Pottasche (wobei CO^2 entwickelt wird). Das spezifische Gewicht desselben (2,7) ist fast dasselbe wie das des rothen Salzes. In Wasser löst sich das neutrale Kaliumsalz unter Aufnahme von Wärme zu einer gelben Lösung. Bei gewöhnlicher Temperatur löst sich ein Theil des Salzes in 1,75 Theilen Wasser. Beim Vermischen mit Säuren, selbst mit so schwachen, wie Essigsäure geht das gelbe Salz in das rothe über; durch Vermischen dieses letzteren mit überschüssiger Salpetersäure erhielt Graham das trichromsaure Kalium $K^2Cr^3O^{10} = K^2CrO^4 2CrO^3$.

Zur Darstellung des **Chromsäureanhydrides** lässt man eine bei Zimmertemperatur gesättigte Lösung von doppelt chromsaurem Kalium in dünnem Strahle in das gleiche Volum reiner Schwefelsäure einfliessen [4]), wobei natürlich Erwärmung stattfindet. Bei

von der Chromsäure oxydirt, während Eisenoxyd gelöst wird. Es muss bemerkt werden, dass die chromsauren Salze noch nicht genügend untersucht sind.

Zu den in der Färberei am meisten benutzten Chromsalzen gehört das in Wasser unlösliche gelbe Bleichromat $PbCrO^4$ (chromsaures Blei, vergl. Seite 809). Dieses neutrale Salz geht beim Zusammenschmelzen mit Salpeter leicht in das basische Salz $PbCrO^4 PbO$ über, das nach dem raschen Auswaschen der Schmelze als ein krystallinisches rothes Pulver erscheint. In geringer Menge und unrein erhält man das basische Bleichromat auch beim Behandeln des neutralen Bleichromats mit einer Kaliumchromat-Lösung, namentlich beim Kochen; hierbei lassen sich je nach der Behandlung aus ein und denselben Materialien die verschiedensten Farbentöne erhalten, von reinem Gelb durch verschiedene Nüancen Orange bis zum Zinnoberroth. Der hierbei stattfindenden (unvollständigen) Zersetzung entspricht die Gleichung: $2PbCrO^4 + K^2CrO^4 = PbCrO^4 PbO + K^2Cr^2O^7$; das entstehende Kaliumbichromat geht in Lösung.

4) Die Schwefelsäure darf keine niederen Stickstoffoxyde enthalten, da diese CrO^3 zu Cr^2O^3 reduziren würden. Bei starkem Erhitzen der Lösung eines chromsauren Salzes mit überschüssiger Säure, z. B. Schwefel- oder Salzsäure scheidet sich Sauerstoff oder Chlor aus und in der Lösung bildet sich ein Chromoxydsalz. Unter diesen Bedingungen lässt sich also die Chromsäure aus ihren Salzen nicht darstellen, doch sie entsteht nach verschiedenen anderen Methoden. Eine der ersten

langsamem Abkühlen scheidet sich dann das Chromsäureanhydrid in langen, rothen Krystallnadeln ab, deren Länge zuweilen mehrere Centimeter erreicht. Um die Krystalle von der Mutterlauge zu trennen breitet man sie auf einer porösen Thonmasse, z. B. auf Ziegeln aus, da weder Filtriren, noch Auswaschen angewandt werden kann, denn Papier reduzirt das Chromsäureanhydrid und in Wasser löst es sich. Von Wichtigkeit ist es in Betracht zu ziehen, dass bei der Zersetzung von Chromverbindungen nicht das Chromsäurehydrat, sondern immer das **Anhydrid** CrO^3 erhalten wird. Es ist überhaupt weder das entsprechende Hydrat CrO^4H^2 noch irgend ein anderes bekannt. Dennoch muss aber angenommen werden, dass die Chromsäure zweibasisch ist, da sie Salze bildet, die mit den Salzen der zweibasischen Schwefelsäure isomorph oder vollkommen analog sind. Ferner bildet das Chromsäureanhydrid (beim Erwärmen mit NaCl und H^2SO^4) das zwei Chloratome enthaltende flüchtige Chloranhydrid CrO^2Cl^2, wie dies von einer zweibasischen Säure a priori zu erwarten ist [5]). Das Chromsäureanhydrid ist eine rothe

---

Methoden, mittelst deren die Darstellung der Chromsäure gelang, beruht auf der Umwandlung von chromsauren Salzen in das flüchtige **Chromhexafluorid** CrF^6. Diese von Unverdorben entdeckte Verbindung kann durch Einwirken von rauchender Schwefelsäure auf ein trocknes Gemisch von Bleichromat mit Flussspath in einer Platinretorte erhalten werden: $PbCrO^4 + 3CaF^2 + 4H^2SO^4 = PbSO^4 + 3CaSO^4 + 4H^2O + CrF^6$.

Zur Reaktion muss eben rauchende Schwefelsäure und zwar in grossem Ueberschusse angewandt werden, weil das entstehende Chromhexafluorid sehr leicht durch Wasser zersetzt wird. Dasselbe ist sehr flüchtig und bildet sehr ätzende, giftige Dämpfe, welche sich beim Abkühlen in einem trocknen Platingefässe zu einer rothen, äusserst flüchtigen und an der Luft stark rauchenden Flüssigkeit verdichten. Beim Einleiten in Wasser zersetzen sich die Dämpfe des Chromhexafluorids zu Fluorwasserstoff und Chromsäure: $CrF^6 + 3H^2O = CrO^3 + 6HF$. Wenn zu dieser Zersetzung nur wenig Wasser genommen wird, so verflüchtigt sich der Fluorwasserstoff und die Chromsäure scheidet sich direkt wasserfrei in Krystallen aus. Derselben Zersetzung unterliegt auch das Chloranhydrid der Chromsäure CrO^2Cl^2 (vergl. weiter unten). Beim Behandeln von in Wasser unlöslichem Baryumchromat mit der äquivalenten Menge von Schwefelsäure erhält man die Chromsäure in Lösung und im Niederschlage Baryumsulfat. Wird nun die Lösung vorsichtig eingedampft, so scheiden sich Chromsäureanhydrid-Krystalle aus. Eine sehr bequeme Methode zur leichten Darstellung von Chromsäureanhydrid ist von Fritzsche beschrieben worden. Dieselbe beruht auf dem Verhalten der Chromsäure zu Schwefelsäure. Konzentrirte Schwefelsäure löst bei gewöhnlicher Temperatur sowol Chromsäureanhydrid, als auch chromsaures Kalium. Wenn aber eine solche Lösung mit etwas Wasser versetzt wird, so scheidet sich das Chromsäureanhydrid aus; jedoch löst es sich von Neuem, wenn mehr Wasser zugesetzt wird. Die Ausscheidung des Chromsäureanhydrides ist fast vollständig, wenn die Lösung auf 1 Molekel Schwefelsäure 2 Molekeln Wasser enthält. Auf diesem Verhalten beruhen verschiedene Darstellungsmethoden des Chromsäureanhydrids.

5) Die von Berzelius entdeckte merkwürdige Reaktion zwischen Chromsäure und Kochsalz in Gegenwart von Schwefelsäure ist von Rose ausführlich untersucht worden. Wenn man die in Stücke zerschlagene Schmelze eines Gemisches aus 10 Theilen Kochsalz mit 12 Theilen Kaliumbichromat in einer Retorte mit 20 Thei-

krystallinische Substanz, welche beim Erhitzen eine schwarze
Masse bildet, bei 190° schmilzt, über 250° Sauerstoff ausscheidet
und in CrO^2 übergeht [6]) und bei noch stärkerem Erhitzen Chrom-

---

len rauchender Schwefelsäure übergiesst, so tritt eine stürmische Reaktion ein, bei
der sich braune Dämpfe von **Chromylchlorid** (des Chloranhydrids der Chromsäure)
CrO^2Cl^2 entwickeln, entsprechend der Gleichung: $CrO^3 + 2NaCl + H^2SO^4 = Na^2SO^4$
$+ H^2O + CrO^2Cl^2$. Um das entstehende Wasser zurückzuhalten ist ein Ueberschuss
an Schwefelsäure erforderlich. Das Chromylchlorid entsteht immer beim Erhitzen
von Metallchloriden mit Chromsäure oder deren Salzen in Gegenwart von Schwefelsäure. Die Entstehung desselben ist leicht an der braunen Farbe seiner Dämpfe
zu erkennen. Beim Verdichten dieser Dämpfe in einer trocknen Vorlage erhält
man eine bei 118° siedende Flüssigkeit vom spezifischen Gewichte 1,9. Die Dampfdichte des Chromylchlorids beträgt im Verhältniss zu Wasserstoff 79, entspricht
also der Formel CrO^2Cl^2. Beim Erhitzen zersetzt es sich zu Chromoxyd, Sauerstoff
und Chlor: $2CrO^2Cl^2 = Cr^2O^3 + 2Cl^2 + O$, so dass es gleichzeitig stark oxydirend und
chlorirend einwirken kann. Man benutzt dieses Verhalten des Chromylchlorids bei
der Untersuchung vieler Substanzen, besonders organischer. In Wasser sinkt das
Chromylchlorid zunächst unter, zersetzt sich aber dann analog allen Chloranhydriden in Salz- und Chromsäure: $CrO^2Cl^2 + H^2O = CrO^3 + 2HCl$. Brennbare Stoffe
werden vom Chromylchlorid entzündet, in dieser Weise wirkt es z. B. auf: Phosphor, Schwefel, Terpentinöl, Ammoniak, Wasserstoff und and. Die Feuchtigkeit der
Luft zieht das Chromylchlorid mit grosser Energie an, infolge dessen es in zugeschmolzenen Gefässen aufbewahrt werden muss. Es löst Jod und Chlor; mit letzterem
bildet es eine feste Verbindung, was möglicher Weise auf die Fähigkeit des Chroms
zur Bildung der höheren Oxydationsstufe hinweist. Sehr bemerkenswerth ist die
grosse Analogie in den physikalischen Eigenschaften von CrO^2Cl^2 und SO^2Cl^2, da
SO^2 ein gasförmiger Körper ist, während das entsprechende Oxyd CrO^2 einen festen
nicht flüchtigen Körper darstellt. Es lässt sich daher annehmen, dass das Chromdioxyd (vergl. die nächstfolgende Anmerk.) eine polymere Modifikation des Körpers
von der Zusammensetzung CrO^2 darstellt.

Wenn ein Gemisch von 3 Theilen Kaliumbichromat mit 4 Theilen konzentrirter
Salzsäure und einer geringen Menge Wasser schwach erwärmt wird, so löst es
sich, ohne dass eine Entwickelung von Chlor eintritt, und beim Abkühlen der Lösung scheiden sich die an der Luft sehr beständigen rothen Prismen des sogen
Péligot'schen Salzes von der Zusammensetzung $KClCrO^3$ aus. Der Bildung dieses
Salzes entspricht die Gleichung: $K^2Cr^2O^7 + 2HCl = 2KClCrO^3 + H^2O$. Dasselbe
stellt offenbar das erste Chloranhydrid der Chromsäure $HCrO^3Cl$ dar, in welchem
der Wasserstoff durch Kalium ersetzt ist. Wasser zersetzt das Péligot'sche Salz
und die Lösung scheidet beim Eindampfen Kaliumbichromat und Salzsäure aus.
Es ist ein neues Beispiel der so häufig eintretenden umgekehrten Reaktionen.
Mit Schwefelsäure bildet das Péligot'sche Salz Chromylchlorid, was sowie die von
Geuther ausgeführte Darstellung des Salzes aus Kaliumchromat und Chromylchlorid
zur Annahme zwingt, dass dasselbe eine Verbindung der beiden zuletzt genannten
Körper ist: $2KClCrO^3 = K^2CrO^4 + CrO^2Cl^2$. Zuweilen wird das Péligot'sche Salz
als Kaliumbichromat betrachtet, in dem ein Sauerstoffatom durch Chlor ersetzt ist,
d. h. als $K^2Cr^2O^6Cl^2$ entsprechend $K^2Cr^2O^7$. Beim Erhitzen auf 100° verliert es
schon alles Chlor und geht bei weiterem Erhitzen in Chromoxyd über.

6) Dieselbe intermediäre Oxydationsstufe — das Chromdioxyd CrO^2 kann man
auch beim Vermischen der Lösungen von Chromoxydsalzen mit chromsauren Salzen
erhalten. Der hierbei entstehende braune Niederschlag enthält die Verbindung
$Cr^2O^3CrO^3$, die aus äquivalenten Mengen von Chromoxyd und Chromsäureanhydrid
besteht. Ein Theil der Chromsäure bleibt wahrscheinlich in Lösung. Die Reaktion
ist deutlicher, wenn man die Chromsäure selbst oder ein doppeltchromsaures Salz

oxyd zurücklässt. In Wasser löst sich das Chromsäureanhydrid äusserst leicht, an der Luft zieht es sogar Feuchtigkeit an, ohne jedoch, wie bereits erwähnt, mit Wasser eine bestimmte Verbindung zu bilden. Das spezifische Gewicht der Krystalle beträgt 2,7, des geschmolzenen Anhydrids 2,6. Beim Lösen von Chromsäureanhydrid in Wasser lässt sich keine Erwärmung wahrnehmen. Die Lösung besitzt vollkommen deutliche Säureeigenschaften; aus kohlensauren Salzen scheidet sie Kohlensäure aus und bildet mit den Salzen des Baryums, Bleis, Silbers und Quecksilbers unlösliche Niederschläge.

Beim Einwirken von **Wasserstoffhyperoxyd** auf eine Lösung von Chromsäure oder von doppeltchromsaurem Kalium nimmt die Flüssigkeit eine **blaue** Färbung an, die aber bald unter Sauerstoffentwickelung verschwindet. Nach Barreswill entsteht hierbei die dem Schwefelhyperoxyde entsprechende höchste Oxydationsstufe des Chroms Cr^2O^7. Dieses Chromhyperoxyd zeichnet sich durch seine leichte Löslichkeit in Aether aus und ist auch in ätherischer Lösung viel beständiger. Schüttelt man Wasserstoffhyperoxyd, dem man eine geringe Menge von Chromsäure zugesetzt, mit Aether, so geht die entstehende blaue Verbindung vollständig in den Aether über.

Mit Sauerstoffsäuren scheidet die Chromsäure Sauerstoff aus, z. B. mit Schwefelsäure: $2CrO^3 + 3H^2SO^4 = Cr^2(SO^4)^3 + O^3 + 3H^2O$. Das **Gemisch von Chromsäure** oder **chromsauren Salzen** mit **Schwefelsäure** ist daher ein ausgezeichnetes **Oxydationsmittel**, das in der chemischen Praxis sehr häufig und zu manchen Oxydationen auch in der Technik benutzt wird. Es werden z. B. H^2S und SO^2 durch dieses Gemisch in H^2SO^4 übergeführt. Die Chromsäure wirkt stark oxydirend, weil sie die Hälfte ihres Sauerstoffs abgeben und hierbei in das beständigere Oxyd übergehen kann: $2CrO^3 = Cr^2O^3 + O^3$. Die Chromsäure ist also schon selbst ein starkes Oxydationsmittel und wird daher an Stelle der Salpetersäure in

---

anwendet. Der braune Niederschlag von CrO^2 enthält Wasser. Dieselbe Verbindung entsteht bei unvollständiger Reduktion von Chromsäure durch verschiedene Reduktionsmittel. Chromoxyd absorbirt beim Erhitzen Sauerstoff und bildet wie es scheint gleichfalls diese Verbindung. Ferner entsteht dieselbe beim Erhitzen von salpetersaurem Chromoxyd. Beim Erhitzen scheidet die Verbindung zuerst Wasser aus und dann Sauerstoff; der Rückstand besteht aus Chromdioxyd. Die Verbindung entspricht dem Mangandioxyde: $Cr^2O^3CrO^3 = 3CrO^2$. Beim Erhitzen der Verbindung mit Kochsalz und Schwefelsäure scheidet sich nach Krüger Chlor aus, aber es bildet sich kein Chromylchlorid. Chromsäurelösungen zersetzen sich beim Einwirken des Lichtes und scheiden gleichfalls das braune Dioxyd aus. Auf der Haut und auf Geweben hinterlässt die Chromsäure braune Flecke, welche aller Wahrscheinlichkeit nach auf dieselbe Ursache zurückzuführen sind. In derselben Weise zersetzt sich endlich unter dem Einflusse des Lichtes auch eine Lösung von Chromsäure in wasserhaltigem Alkohol.

den galvanischen Batterien (als Depolarisator) angewandt, denn sie
bildet bei der Oxydation des sich an der Kohle entwickelnden
Wasserstoffs ein nicht flüchtiges Desoxydationsprodukt, während
aus der Salpetersäure hierbei die flüchtigen niederen Stickstoffoxyde entstehen. Organische Substanzen werden durch die Chromsäure mehr oder weniger vollständig oxydirt, meistens muss jedoch
diese Oxydation durch Erwärmen unterstützt werden, auch geht
sie nicht in Gegenwart von Alkalien, sondern gewöhnlich nur in
Gegenwart von Säuren vor sich. Beim Einwirken auf eine Lösung
von Jodkalium scheidet die Chromsäure Jod aus, wobei je 3 Sauerstoffatome 6 Atome Jod frei setzen, so dass diese Reaktion zu
vielen quantitativen Analysen benutzt wird, da die Menge des
freigesetzten Jods mit grosser Genauigkeit bestimmt werden kann.
Beim Erhitzen von Chromsäureanhydrid in trocknem Ammoniak
entstehen: Chromoxyd, Wasser und Stickstoff. Wenn die Chromsäure beim Erwärmen und in Gegenwart von Säuren oxydirend
einwirkt, so entsteht als ihr Desoxydationsprodukt immer ein
Chromoxydsalz, CrX^3, das der Lösung eine charakteristische grüne
Färbung ertheilt. Die **rothe** oder gelbe **Lösung** eines chromsauren
Salzes nimmt also, wenn dieses sich desoxydirt, die **grüne** Farbe
der Salze des Chromoxyds Cr^2O^3 an, welches Al^2O^3 und analogen Basen von der Zusammensetzung R^2O^3 sehr ähnlich ist.
Diese Aehnlichkeit offenbart sich in der Unlöslichkeit des wasserfreien Chromoxyds, im gallertartigen Aussehen des Hydroxyds,
in der Bildung der Chromalaune, des flüchtigen Chromchlorids
u. s. w. [7]).

---

7) Da zu Oxydationen grösstentheils doppeltchromsaures Kalium im Gemisch mit
Schwefelsäure angewandt wird, so erhält man gewöhnlich ein Doppelsalz von schwefelsaurem Kalium und Chrom in Lösung, d. h. Chromalaun, der mit dem Aluminium-
alaun isomorph ist: $K^2Cr^2O^7 + 4H^2SO^4 + 20H^2O = O^3 + K^2Cr^2(SO^4)^4 24H^2O$ oder
$2KCr(SO^4)^2 12H^2O$. Zur Darstellung von Chromalaun löst man doppeltchromsaures
Kalium in verdünnter Schwefelsäure, setzt Alkohol zu und erwärmt schwach, oder
man leitet in die Lösung Schwefligsäuregas ein. Beim Versetzen der Lösung mit
Alkohol macht sich ein angenehmer Geruch bemerkbar, der durch die bei der Reaktion entstehenden Oxydationsprodukte des Alkohols, die hauptsächlich aus Aldehyd
C^2H^4O bestehen, bedingt wird. Wenn die Zersetzung-Temperatur nicht über 35°
steigt, so erhält man eine **violette** Lösung von Chromalaun, bei höheren Temperaturen dagegen bildet derselbe Alaun eine **grüne** Lösung. Da zum Lösen des Chromalauns bei gewöhnlicher Temperatur 7 Theile Wasser erforderlich sind, so erhält
man bei Anwendung einer ziemlich kozentrirten Lösung von doppeltchromsaurem
Kalium (1 Theil auf 4 Theile Wasser und $1^1/_2$ Theile konzentrirter Schwefelsäure)
schon eine so konzentrirte Lösung von Chromalaun, dass derselbe sich bereits beim
Abkühlen der Lösung in kubischen Krystallen ausscheidet. **Wenn** bei der eben beschriebenen Darstellung des Chromalauns, sowie überhaupt bei der Desoxydation
von Chromsäure die **Flüssigkeit erwärmt wird** (wobei die Reaktion natürlich rascher
verläuft), und zwar genügend stark, z. B. bis zur Siedetemperatur des Wassers,
oder wenn die bereits erhaltene violette Chromalaunlösung einer höheren Temperatur ausgesetzt wird, so nimmt sie eine **grüne Färbung** an und beim Eindampfen schei-

Die Reduktion des Chromoxyds, z. B. durch H^2SO^4 und Zn führt zur Bildung von Chromoxydul CrO und dessen Salzen CrX^2, die sich durch ihre blaue Farbe auszeichnen. Durch weitere Reduktion kann aus dem Chromoxyde und den ihm entsprechenden Verbindungen auch das **metallische Chrom** selbst dargestellt werden.

den sich **keine Krystalle aus**. Lässt man dagegen die **grüne Lösung** längere Zeit hindurch z. B. während mehrerer Wochen bei gewöhnlicher Temperatur stehen, so scheiden sich aus derselben allmählich **violette Krystalle** aus. Die grüne Lösung lässt beim Eindampfen eine nicht krystallinische Masse zurück. Die violetten Krystalle des Chromalauns verlieren bei 100° ihr Wasser und nehmen eine grüne Farbe an. Es ist zu beachten, dass bei der Umwandlung der grünen Modifikation in die violette das Volum abnimmt (Lecoq de Boisbaudran, Favre). Wenn die grüne Chromalaunlösung zur Trockne verdampft und der Rückstand in einem Luftstrome auf 30° erwärmt wird, so bleiben nicht mehr als 6 Molekeln Wasser zurück. Hieraus schliessen Löwel und Schrötter, dass die grüne und violette Modifikation des Chromalauns durch verschiedene Hydratationsstufen bedingt werden, was man mit den verschiedenen Verbindungen des schwefelsauren Natriums mit Wasser und den verschiedenen Eisenoxydhydraten vergleichen kann.

Uebrigens ist hier die Frage nicht so einfach, wie wir sogleich sehen werden. Nicht allein der Chromalaun, sondern **alle Chromoxydsalze** sind gleichfalls in zwei, wenn nicht in drei **Modifikationen bekannt**. Zweifellos ist wenigstens die Existenz von zwei—den **grünen** und **violetten Modifikationen**. Die grünen Chromoxydsalze entstehen beim Erwärmen der Lösungen der violetten Salze, während letztere sich bei längerem Aufbewahren der grünen Lösungen bilden. Diese beim Erwärmen stattfindende Umwandlung der violetten Salze in die grünen weist schon allein ziemlich deutlich auf die Möglichkeit einer Erklärung der Modifikationen durch einen verschiedenen Wassergehalt hin und zwar müssen die grünen Salze weniger Wasser enthalten, als die violletten. Es existiren jedoch auch andere Erklärungen. Als eine der Thonerde analoge Base kann das Chromoxyd sowol basische, als auch saure Salze bilden. Hierauf sollt nun der Unterschied zwischen den grünen und den violetten Salzen beruhen. Zur Bestätigung dieser Erklärung führt Krüger an, dass aus einer grünen Chromalaunlösung durch Alkohol ein Salz gefällt wird, welches weniger Säure enthält, als das neutrale violette Salz. Andrerseits ist durch Löwe nachgewiesen worden, dass aus den grünen Chromoxydsalzen durch entsprechende Reagentien die Säure nicht so leicht vollständig ausgescheiden werden kann, wie aus den violetten Salzen; es fällen z. B. Baryumsalze aus den Lösungen der grünen Salze nicht alle Schwefelsäure aus. Nach anderen Untersuchungen liegt die Ursache der Modifikationen der Chromoxydsalze in dem Unterschiede der in ihnen enthaltenen Base, d. h. derselbe wird durch eine Modifikation der Eigenschaften des Chromoxydes selbst bedingt. Uebrigens bezieht sich dies nur auf die Hydrate und da diese selbst nichts anderes als besondere Arten von Salzen sind, so bestätigen die an den Hydraten bis jetzt beobachteten Unterschiede nur die Allgemeinheit der Unterschiede aller Chromoxydverbindungen.

Analog den Salzen der Thonerde, zeichnen sich die Chromoxydsalze durch ihre leichte Zersetzbarkeit aus, bilden gleichfalls basische Salze, sowie Doppelsalze und reagiren sauer, da das Chromoxyd eine schwache Base ist. **Kali-** und **Natronlauge** geben in den Lösungen der violetten und grünen Chromoxydsalze einen **Niederschlag** von **Hydrat** (Chromhydroxyd), **der im Ueberschusse des Reagenzes löslich ist.** In Lösung wird jedoch das Hydrat durch so schwache Affinitäten gehalten, dass schon beim Erwärmen oder beim Verdünnen mit Wasser ein Theil des Hydrates wieder ausfällt; bei Kochen wird die Ausfällung vollständig. In alkalischer Lösung geht das Hydrat des Chromoxyds beim Einwirken von Bleihyperoxyd, Chlor und anderen Oxydationsmitteln leicht in Chromsäure über und bildet ein gelbes Salz. Wenn

Deville erhielt dasselbe durch Reduktion von Chromoxyd mit Kohle bei einer so hohen Temperatur, die zum Schmelzen von Platin genügte, bei der aber das Chrom nicht schmolz. Nach anderen Forschern zeichnet sich das Chrom durch seine stahlblaue Färbung und seine bedeutende Härte aus. Bunsen erhielt es in

---

Chromoxyd aus Lösungen niedergeschlagen wird, die solche Oxyde wie Magnesia oder Zinkoxyd enthalten, so verbindet es sich mit diesen Oxyden und man erhält im Niederschlage z. B. die Verbindung: $ZnOCr^2O^3$. In Gegenwart von 80 Theilen Eisenoxyd auf 100 Theile Chromoxyd kann letzteres in ätzenden Alkalien nicht mehr gelöst werden. Beim Fällen einer violetten Lösung von Chromalaun mit Ammoniak erhält man einen Niederschlag von der Zusammensetzung $Cr^2O^36H^2O$; fällt man aber das Chromoxyd aus seiner Lösung in Kalilauge durch Kochen derselben, so enthält der Niederschlag nur 4 Molekeln Wasser. Beim Zusammenschmelzen mit Borax geben Chromoxydsalze ein grünes Glas. Dieselbe Färbung ertheilt eine Beimengung von Chromoxyd auch dem gewöhnlichen Glase. Bei einem reichlichen Gehalt an Chromoxyd kann zerpulvertes Glas als grüne Farbe benutzt werden.

Zu den Hydraten des Chromoxyd's gehört das **Guignet'sche Grün**, eine der am häufigsten angewandten grünen Farben, welche die früher vielfach benutzten giftigen Farben aus arsenigsaurem Kupfer, z. B. das Schweinfurter Grün, glücklicher Weise verdrängt hat. Guignet's Grün zeichnet sich durch seinen intensiven Farbenton und seine grosse Beständigkeit aus und zwar nicht nur gegen das Licht, sondern auch gegen Reagentien; alkalische Lösungen wirken auf dasselbe nicht ein, ebenso wenig Salpetersäure, wenigstens verdünnte. Es kann bis auf 250° erhitzt werden ohne sich zu verändern. Das Guignet'sche Grün besteht aus $Cr^2O^32H^2O$ und enthält ausserdem eine geringe Menge von Alkali. Man stellt es durch Zusammenschmelzen von 3 Theilen Borsäure mit 1 Theile doppeltchromsaurem Kalium dar; hierbei entsteht zunächst unter Entwickelung von Sauerstoff eine grüne Schmelze die aus einem Gemisch von borsaurem Chromoxyd und borsaurem Kalium besteht. Wenn nun die Schmelze nach dem Erkalten zerkleinert und mit Wasser ausgezogen wird, so gehen die Borsäure und das Alkali in Lösung, während das genannte Chromoxydhydrat zurückbleibt. Nur in Rothglühhitze verliert dieses Hydrat sein Wasser und bildet wasserfreies Chromoxyd.

Beim Erhitzen verlieren die Chromoxydhydrate ihr Wasser unter Erglühen, was auch an dem gewöhnlichen Eisenoxydhydrate beobachtet wird (vergl. Kap. 22) Es ist jedoch unbekannt, ob alle Modifikationen des Chromoxyds diese Erscheinung zeigen. Wasserfreies **Chromoxyd** Cr^2O^3, das unter Erglühen entstanden ist, lässt sich nur äusserst schwierig in Säuren lösen. Wenn aber der Verlust des Wassers ohne Selbsterwärmung stattfindet (also die dazu erforderliche Energie erhalten bleibt), so resultirt in Säuren lösliches Chromoxyd. Durch Wasserstoff wird das Chromoxyd nicht reduzirt. Es lässt sich leicht in verschiedenem krystallinischen Zustande nach zahlreichen Methoden darstellen. Eine sehr bequeme Methode beruht auf der Zersetzung von chromsaurem Quecksilberoxydul oder doppeltchromsaurem Ammonium. Beim Erhitzen zersetzen sich diese Salze unter Zurücklassung von Chromoxyd, indem aus ersterem hierbei Sauerstoff und Quecksilber entweichen und aus letzterem Stickstoff und Wasser: $2Hg^2CrO^4 = Cr^2O^3 + O^5 + 4Hg$ und $(NH^4)^2Cr^2O^7 = Cr^2O^3 + 4H^2O + N^2$. Wenn genügend stark erhitzt wird, so verläuft letztere Reaktion sehr energisch und die Salzmasse erglüht von selbst. Beim Erhitzen von doppeltchromsaurem Kalium mit der gleichen Gewichtsmenge von Schwefel entstehen schwefelsaures Kalium und Chromoxyd: $K^2Cr^2O^7 + S = K^2SO^4 + Cr^2O^3$. Nach dem Auslaugen des Kaliumsalzes mit Wasser bleibt das Chromoxyd als ein hellgrünes Pulver zurück, dessen Farbe desto intensiver ist, je niedriger die Zersetzungstemperatur war. Auf diese Weise dargestelltes Chromoxyd dient als Farbe für Por-

grauen Schüppchen bei der Zersetzung einer Lösung von Cr^2Cl^6 durch den galvanischen Strom. Wöhler erhielt es in Krystallen beim Erhitzen eines Gemisches von wasserfreiem Cr^2Cl^6 mit granulirtem Zink, Natrium- und Kaliumchlorid bis zur Siedetemperatur des Zinks; letzteres entfernte er nach dem Abkühlen durch ver-

zellan und Email. Durch Erhitzen von Chromylchlorid CrO^2Cl^2 erhält man das wasserfreie Chromoxyd in fast schwarzen Krystallen vom spezifischen Gewicht 5,21, welche jedoch beim Zerreiben ein grünes Pulver geben. Diese metallisch glänzenden Krystalle sind so hart, dass sie sogar Glas ritzen. Die Krystallform des Chromoxyds ist dieselbe wie die des Eisenoxyds und der Thonerde, mit denen das Chromoxyd auch isomorph ist.

Unter den Verbindungen, die dem Chromoxyde entsprechen, ist die bemerkenswertheste das **Chromchlorid**, Cr^2Cl^6, welches sowol wasserfrei, als auch im wasserhaltigen Zustande bekannt ist und welches in vielen Beziehungen den Chloriden Fe^2Cl^6 und Al^2Cl^6 ähnlich ist. Das wasserfreie und das wasserhaltige Chromchlorid zeigen grosse Unterschiede: ersteres ist in Wasser unlöslich, während letzteres sich leicht löst und beim Eindampfen der Lösung als eine hygroskopische Masse erhalten wird, die beim Erwärmen mit Wasser leicht HCl ausscheidet. Zur Darstellung des wasserfreien Chromchlorids gab Wöhler die folgende Methode an: Zunächst bereitet man ein inniges Gemisch von wasserfreiem Chromoxyd mit Kohle und kohlenstoffhaltigen Substanzen, welches man dann in einem weiten, schwerschmelzbaren Glas- oder Porzellanrohre in einem Ofen für organische Elementaranalyse erhitzt, indem man gleichzeitig trocknes Chlor durchleitet (welches man zu diesem Zwecke durch einige mit Schwefelsäure gefüllte Flaschen streichen lässt). Das hierbei entstehende schwer flüchtige Chromchlorid $CrCl^3$ oder Cr^2Cl^6 setzt sich als Sublimat dicht hinter dem erhitzten Theile des Rohres an. Es bildet **violette Blättchen**, welche in einem Strome trocknen Chlorgases bei Rothglühhitze unverändert sublimiren, sich fettig anfühlen und in Wasser unlöslich sind. Wenn aber diese Blättchen fein zerrieben und längere Zeit hindurch mit Wasser gekocht werden, so geben sie allmählich eine **grüne Lösung**. Konzentrirte Schwefelsäure wirkt auf wasserfreies Chromchlorid nicht oder nur äusserst langsam ein, ebenso wie Wasser. Selbst Königswasser und auch andere Säuren zeigen keine Einwirkung; nur Alkalien üben eine schwache Einwirkung aus. Das spezifische Gewicht der Chromchloridkrystalle beträgt 2,99. Beim Zusammenschmelzen mit Soda und Salpeter bilden sie Kochsalz und doppeltchromsaures Kalium; beim Erhitzen an der Luft scheiden sie Chlor aus, unter Zurücklassung von Chromoxyd. Beim Glühen in einem Strome von Ammoniakgas entsteht, ausser Salmiak, Chromstickstoff CrN (der BN und AlN analog ist). Nach Moberg und Péligot gibt das Chromchlorid, $CrCl^3$, beim Erhitzen in Wasserstoff diesem $1/3$ seines Chlors ab und geht in $CrCl^2$ über, d. h. aus der dem Chromoxyde Cr^2O^3 entsprechenden Verbindung entsteht eine Verbindung, die dem **Chromoxydul**, CrO, entspricht, was der Umwandlung von $FeCl^3$ in $FeCl^2$ beim Erhitzen mit Wasserstoff ganz analog ist. Das **Chromchlorür** $CrCl^2$ erscheint in farblosen Krystallen, die sich leicht und zwar unter starker Erhitzung in Wasser zu einer blauen Flüssigkeit lösen, welche an der Luft ausserordentlich leicht Sauerstoff absorbirt und in eine Chromoxydverbindung übergeht.

Die blaue Chromchlorür-Lösung kann auch durch Einwirken von metallischem Zink auf eine grüne Lösung von wasserhaltigem Chromchlorid erhalten werden; das Zink wirkt hierbei ebenso wie der Wasserstoff, indem es der Verbindung das Chlor entzieht, nur muss es in grossem Ueberschusse angewandt werden. Beim Einwirken von Zink auf Cr^2Cl^6 scheidet sich auch Chromoxyd aus und, wenn die Lösung längere Zeit hindurch mit dem Zink in Berührung bleibt, so wird alles Chrom in Chromoxychlorid umgewandelt. Auch andere Chromoxydsalze werden durch Zink zu Chromoxydulsalzen reduzirt, was analog der Reduktion von Eisenoxyd-

dünnte Salpetersäure, welche auf das Chrom nicht einwirkt. Auch Frémy stellte krystallinisches Chrom dar, indem er auf wasserfreies Cr^2Cl^6 Natriumdämpfe einwirken liess, wozu er den in *Fig. 141* abgebildeten Apparat benutzte. Das Chromchlorid und das Natrium befanden sich in besonderen Schiffchen, in einem Por-

---

salzen durch Zink zu Oxydulsalzen ist. Die Salze des Chromoxyduls sind äusserst unbeständig und gehen, indem sie sich leicht oxydiren, in Chromoxydsalze über; überhaupt zeichnen sie sich durch ihr starkes Reduktionsvermögen aus. Aus Kupferoxydsalzen fällen sie Kupferoxydul, aus Zinnoxydulsalzen metallisches Zinn; Quecksilberoxydsalze führen sie in Oxydulsalze über und verhalten sich in derselben Weise auch zu den Salzen des Eisens. Mit chromsaurem Kalium geben sie einen Niederschlag von Chromdioxyd oder von Chromoxyd, je nach dem Mengenverhältniss der mit einander vermischten Salze: $CrO^3 + CrO = 2CrO^2$ oder $CrO^3 + 3CrO = 2Cr^2O^3$. Ammoniak bringt in der Lösung eines Chromoxydulsalzes einen himmelblauen Niederschlag hervor, während in Gegenwart von Ammoniaksalzen eine blaue Flüssigkeit entsteht, welche an der Luft infolge von Oxydation eine rothe Färbung annimmt. Hierbei bilden sich Verbindungen, welche den Kobaltaksalzen ähnlich sind (vergl. Kap. 22). Vermischt man eine $CrCl^2$-Lösung mit einer warmen gesättigten Lösung von essigsaurem Natrium $C^2H^3NaO^2$, so scheiden sich beim Abkühlen durchsichtige rothe Krystalle von essigsaurem Chromoxydul $C^4H^6CrO^4H^2O$ aus. Dieses Salz oxydirt sich gleichfalls sehr energisch, lässt sich aber in einem mit Kohlensäuregas gefüllten Gefässe gut aufbewahren.

Das in Wasser unlösliche, wasserfreie *Chromchlorid* lässt sich durch die geringste *Beimengung* (0,004) *von Chromchlorür sehr leicht in Lösung bringen*. Diese merkwürdige Erscheinung ist zuerst von Péligot beobachtet und von Löwel auf folgende Weise erklärt worden. Das Chromchlorür kann sowol Sauerstoff, als auch Chlor absorbiren, da es der niederen Oxydationsstufe entspricht, die sich mit verschiedenen Substanzen verbindet, sodann kann es viele Chlorverbindungen zersetzen, indem es denselben Chlor entzieht; aus einer $HgCl^2$-Lösung z. B. fällt es HgCl und geht hierbei selbst in Chromchlorid über: $2CrCl^2 + 2HgCl^2 = Cr^2Cl^6 + 2HgCl$. Stellen wir uns nun vor, dass dieselbe Erscheinung auch dann stattfindet, wenn man wasserfreies Chromchlorid mit einer Lösung von Chromchlorür vermischt, so wird letzteres dem Chloride einen Theil seines Chlors entziehen und selbst in das lösliche Hydrat des Chromchlorids übergehen, wobei nun aus einem Theil des wasserfreien Chromchlorids — Chromchlorür entstehen muss; das auf diese Weise entstandene Chromchlorür wird aber wieder auf eine weitere Menge von Chromchlorid einwirken, so dass dieses zuletzt in Form seines Hydrats vollständig in Lösung gehen wird. Diese Erklärung findet eine Bestätigung in dem Verhalten anderer Metallchloride, welche ebenso wie das Chromchlorür Chlor absorbiren können; durch solche Chlorüre, zu denen z. B. Eisenchlorür $FeCl^2$ und Kupferchlorür gehören, lässt sich das unlösliche Cr^2Cl^6 gleichfalls in Lösung bringen. Auch in Gegenwart von Zink löst sich das Chromchlorid, weil es durch dieses theilweise zu Chlorür reduzirt wird. Die auf diese Weise entstehende Lösung von Chromchlorid in Wasser ist mit derjenigen, die beim Lösen von wasserhaltigem Chromoxyd in Wasser entsteht, vollkommen identisch. Beim Eindampfen der **grünen Lösung** erhält man eine grüne Masse, welche Wasser enthält und beim weiteren Erwärmen ein lösliches Chromoxychlorid zurücklässt; beim Glühen bildet sich dann zuerst ein unlösliches Oxychlorid und zuletzt das Chromoxyd selbst. Wasserfreies Chromchlorid wird aber beim Erhitzen einer Lösung von wasserhaltigem Chromchlorid nicht erhalten, was am meisten für die Annahme spricht, dass die grüne Chromchloridlösung salzsaures Chromoxyd ist. Die Zusammensetzung des grünen Hydrats ist bei 100° $Cr^2Cl^69H^2O$, während beim Verdunsten der Lösung Krystalle mit 12 Molekeln Was-

zellanrohre, dessen Erhitzung erst, nachdem es mit Wasserstoff an-
gefüllt war, begonnen wurde. Das metallische Chrom trat hierbei

Fig. 141. Apparat zur Darstellung von metallischem Chrom durch Erhitzen eines in dem Schiffchen
des Rohres T befindlichen Gemisches von Cr^2Cl^6 mit Natrium in einem Strome trocknen Chlors.

in schwarzen Würfeln auf, welche eine bedeutende Härte zeigten
und der Einwirkung energischer Säuren, selbst der von Königswasser widerstanden. Hiermit stimmen jedoch die Angaben anderer

ser erhalten werden. Die bei 120° entstehende rothe Masse enthält $Cr^2O^34Cr^2Cl^624H^2O$,
und ist in Wasser grösstentheils ebenso löslich, wie auch die bei 150° entstehende.
Letztere enthält $Cr^2O^32Cr^2Cl^69H^2O = 3(Cr^2OCl^43H^2O)$, erscheint also als Chromchlo-
rid-Hydrat, in welchem 2 Chloratome durch 1 Sauerstoffatom ersetzt sind. Wenn
man jedoch das Hydrat des Chromchlorids als Cr^2O^36HCl betrachtet, so erscheint
die fragliche Substanz als Cr^2O^34HCl in Verbindung mit Wasser H^2O. Wenn man
eine Chromchlorid-Lösung mit einem Alkali, z. B. mit Aetzbaryt versetzt, so bildet
sich sofort ein Niederschlag, der sich aber beim Umrühren wieder löst, weil sich
eines der oben erwähnten Chromoxychloride bildet, welche als **basische Salze** betrachtet werden können. Es lässt sich also das aus dem Chromchlorid durch Einwirken
von Wasser und Hitze entstehende Produkt durch folgende Formeln zum Ausdruck
bringen: zuerst entsteht Cr^2O^36HCl oder $Cr^2Cl^63H^2O$, dann $Cr^2O^34HClH^2O$ oder
$Cr^2OCl^43H^2O$ und zuletzt $Cr^2O^32HCl2H^2O$ oder $Cr^2O^2Cl^23H^2O$. In allen drei Formeln
kommen auf 2 Chromatome wenigstens 3 Molekeln Wasser. Die oben angeführten
Körper lassen sich auch als Uebergangsverbindungen vom Chromhydroxyde zum
Chloride betrachten: Chromchlorid Cr^2Cl^6, erstes Oxychlorid $Cr^2(HO)^2Cl^4$, zweites
$Cr^2(HO)^4Cl^2$ und Chromoxydhydrat $Cr^2(HO)^6$; es wird also das Chlor durch Hydroxyl ersetzt.
 Sehr wichtig ist es zu beachten, dass in den genannten Verbindungen, wenn
sie gelöst sind, durch salpetersaures Silber nicht alles Chlor ausgeschieden wird;
aus dem neutralen Salze von der Zusammensetzung $Cr^2Cl^69H^2O$ z. B. werden nur
$^2/_3$ des Chlors ausgeschieden. Auf Grund dieses Verhaltens betrachtete Péligot dieses Salz als eine Verbindung von Chromoxychlorid mit Chlorwasserstoff: $Cr^2Cl^6 +$
$2H^2O = Cr^2O^2Cl^24HCl$, unter der Voraussetzung, dass nur das als Chlorwasserstoff
vorhandene Chlor mit dem Silber reagirt, während das im Oxychlorid enthaltene
Chlor an der Reaktion nicht theilnimmt, da es in dieser Verbindung ebenso wenig
reaktionsfähig ist, wie im wasserfreien Chromchloride. Nach Péligot entstehen
die beiden oben angeführten Oxychloride durch allmählichen Verlust zunächst von
zwei und dann von weiteren zwei Molekeln Chlorwasserstoff. Eine violette Lösung
von salzsaurem Chromoxyd erhielt Löwel durch Zersetzen von violettem schwefel-

Forscher nicht ganz überein. Dem nach der Methode von Wöhler und beim Einwirken des galvanischen Stromes entstehende Chrom ging diese Widerstandsfähigkeit ab. Dieser Unterschied erklärt sich wol durch Beimengungsn und die krystallinische Struktur. Wöhler bestimmte das spezifische Gewicht des Chroms zu 6,81, während andere Forscher andere Werthe angeben.

Die beiden Analogen des Chroms, **Molybdän** und **Wolfram** (oder Tungsten) finden sich in der Natur noch seltener als das Chrom und bilden im Vergleich zu CrO^3 noch weniger energische Säureoxyde RO^3. Das Wolfram findet sich in den ziemlich seltenen Mineralien: Scheelit (oder Tungstein) $CaWO^4$ und Wolframit, der aus einem isomorphen Gemisch von neutralem wolframsaurem Eisen- und Manganoxydul $(FeMn)WO^4$ besteht. Das Molybdän kommt meistens als Molybdänglanz MoS^2 vor, der seinen physikalischen Eigenschaften nach einige Aehnlichkeit mit dem Graphite zeigt, z. B. so weich wie dieser ist. Viel seltener findet es sich als Gelbbleierz $PbMoO^4$. Beide Mineralien trifft man in Urgesteinen, Graniten, Gneissen und in einigen Eisen- und Kupfererzen in Sachsen, Schweden und Finnland. Wolframerze kommen zuweilen in ziemlich bedeutenden Lagern in Urgesteinen vor, sowol in Böhmen und Sachsen, als auch in England, Amerika und im Uralgebirge. Zur Gewinnung des Molybdäns wird der gepulverte Molybdänglanz einfach geröstet, wobei SO^2 entweicht und MoO^3 zurückbleibt, das darauf meist in Ammoniak gelöst wird. Aus der auf diese Weise erhaltenen Lösung von molybdänsaurem Ammonium scheiden Säuren das wenig lösliche Molybdänsäurehydrat aus. Wolframerze werden auf verschiedene Weise verarbeitet: gewöhn-

---

saurem Chromoxyd mit Baryumchlorid. Aus dieser violetten Modifikation wird durch salpetersaures Silber alles Chlor ausgefällt, wenn aber die violette Lösung durch Kochen in die grüne übergeführt wird, so kann durch salpetersaures Silber nur ein Theil des Chlors ausgefällt werden. Diese Thatsachen müssen natürlich in Betracht gezogen werden, wenn die Frage über die Ursache der Entstehung der verschiedenen Modifikationen der Chromoxydsalze vollständig aufgeklärt werden soll. Die grüne Modifikation des Chromchlorids bildet keine Doppelsalze mit Metallchloriden, während der violetten Modifikation Doppelsalze von der Zusammensetzung Cr^2Cl^6 $2RCl$ entsprechen, wo R ein Alkalimetall bedeutet. Dieselben entstehen wenn chromsaure Salze mit einem Ueberschuss an Salzsäure und Alkohol so lange eingedampft werden, bis die Flüssigkeit eine violette Farbe annimmt. Als wahrscheinlichstes Resultat aller Untersuchungen über die grünen und violetten Chromoxydsalze scheint mir die Annahme zu sein, dass der Unterschied dieser Modifikationen durch den schwachen basischen Charakter des Chromoxyds, seine Fähigkeit basische Salze zu bilden und die kolloidalen Eigenschaften seines Hydrates (Eigenschaften die mit einander zusammenhängen) bedingt wird, so dass man voraussetzen darf, dass die grünen Modifikationen basische Salze oder die violetten Modifikationen im dissoziirten Zustande enthalten.

Chromoxydsalze CrX^3 bilden mit Zinn bei niedrigen Temperaturen CrO^2 und SnX^2, beim Erwärmen reduzirt dagegen CrX^2 aus Zinnoxydulsalzen SnX^2 metallisches Zinn. Die Reaktion gehört also zu den umkehrbaren (Beketow).

lich erhitzt man das zerpulverte Erz mit Salz- und Salpetersäure und giesst die entstehende Lösung (von Salzen des Mn und Fe) so lange ab, bis die schwarz-braune Farbe des Erzes verschwindet und die Wolframsäure als unlöslicher Rückstand im Gemisch mit Gangart zurückbleibt; sodann löst man die Wolframsäure gleichfalls in Ammoniak und fällt ihr Hydrat aus der erhaltenen Lösung von wolframsaurem Ammonium durch Säuren. Beim Erhitzen dieses Hydrats bleibt Wolframsäureanhydrid zurück. Ihrem allgemeinen Charakter nach sind die Anhydride MoO^3 und WO^3 dem Chromsäureanhydride ähnlich, — sie besitzen schwach saure Eigenschaften und bilden leicht saure Salze [8]).

8) Für die Wolfram- und Molybdänverbindungen wird die gleiche atomistische Zusammensetzung wie für die Verbindungen des Schwefels und Chroms aus folgenden Gründen angenommen: 1) Beide Metalle bilden je zwei Oxyde, in welchen auf eine bestimmte Menge des Metalls die Sauerstoffmengen sich wie 2 : 3 verhalten. 2) Das höhere Oxyd derselben besitzt ebenso wie CrO^3 und SO^3 einen Säurecharakter. 3) Einige Salze des Molybdänsäureanhydrides sind mit den schwefelsauren Salzen isomorph. 4) Die spezifische Wärme des Wolframs beträgt 0,0334 und gibt durch Multiplikation mit dem Atomgewichte 6,15, also dasselbe Produkt, das auch bei den anderen Elementen erhalten wird. Beim Molybdän erhält man: $0,0722 \times 96 = 6,9$; 5) Das Wolfram bildet mit Chlor nicht nur WCl^6, WCl^5 und $WOCl^4$, sondern auch WO^2Cl^2 — das Analogon von CrO^2Cl^2 und SO^2Cl^2, das einen flüchtigen Körper darstellt. Das Molybdän bildet $MoCl^2$, $MoCl^3$ (?), $MoCl^4$ (das bei 194° schmilzt, bei 268° siedet und nach Debray $MoCl^5$ enthält), $MoOCl^4$, MoO^2Cl^2 und $MoO^2(OH)Cl$. Die Existenz von WCl^6 bestätigt es am besten, dass in den Analogen des Schwefels, ebenso wie in SO^3, der Typus SX^6 zum Vorschein kommt. 6) Die sicher festgestellte Dampfdichte der Verbindungen $MoCl^4$, WCl^6, WCl^5 und $WOCl^4$ (Roscoe) lässt keinen Zweifel an der molekularen Zusammensetzung der Verbindungen des W und Mo mehr aufkommen, da die berechneten und beobachteten Werthe mit einander übereinstimmen.

Das Wolfram wird zuweilen Scheel, zu Ehren Scheele's genannt, welcher dasselbe im Jahre 1781 entdeckte, nachdem er kurz vorher 1778 das Molybdän entdeckt hatte. Die Franzosen nennen das Wolfram Tungstène und die Engländer Tungsten, wie es auch Scheele nannte, da er dasselbe aus dem Minerale Tungstein (Schwerstein) $CaWO^4$ erhalten hatte, das gegenwärtig auch den Namen Scheelit führt. Weitere Aufklärungen über die Verbindungen des Wolframs und Molybdäns brachten die Untersuchungen von Roscoe, Blomstrand und and.

Die einander in vielen Beziehungen ähnlichen Anhydride der Wolfram- und der Molybdänsäure entstehen beim Erhitzen der Ammoniaksalze dieser Säuren. **Wolframsäureanhydrid**, WO^3, ist eine gelbliche Substanz vom spezifischen Gewicht 6,2, die nur in starker Glühhitze schmilzt. Es löst sich weder in Wasser, noch in Säuren, wol aber in Lösungen ätzender und sogar kohlensaurer Alkalien, namentlich beim Erwärmen; hierbei entstehen wolframsaure Salze der Alkalimetalle. **Molybdänsäureanhydrid**, MoO^3, entsteht beim Erhitzen sowol seines Hydrats, als auch des Ammoniaksalzes; es stellt eine weisse Masse dar, die in Rothglühhitze schmilzt und beim Abkühlen zu einer gelblichen, krystallinischen Masse vom spezifischen Gewicht 3,5 erstarrt; bei stärkerem Erhitzen in offenen Gefässen oder in einem Luftstrome sublimirt es zu perlmutterglänzenden Schüppchen, so dass es auf diese Weise leicht rein zu erhalten ist. In Wasser ist es nur wenig löslich, ein Theil erfordert bis 600 Theile Wasser. Die Molybdänsäurehydrate *lösen sich in Säuren*, wodurch sie sich von den Wolframsäurehydraten unterscheiden. (Aus einer

Beim Erhitzen mit Wasserstoff werden beide Anhydride reduzirt, so dass auf diese Weise das Molybdän und Wolfram im
freien Zustande erhalten werden können. Beide **Metalle** sind schwer
schmelzbar. Das Molybdän ist ein graues Pulver, das in der stärksten Hitze kaum zusammensintert und das spezifische Gewicht

---

salpetersauren Lösung des Ammoniaksalzes ist z. B. das Hydrat H^2MoO^4 erhalten
worden). Geglühtes Molybdänsäureanhydrid ist jedoch in Säuren ebenso unlöslich,
wie Wolframsäureanhydrid. In ätzenden Alkalien löst sich auch das Molybdänsäureanhydrid zu molybdänsauren Salzen. Weinsäure und selbst saure weinsaure Salze
lösen Molybdänsäureanhydrid beim Erwärmen, Keine der bis jetzt im vorliegenden
Werke betrachteten Säuren bildet mit ein und derselben Base so verschiedenartige
Salze wie MoO^3 und WO^3. Die Zusammensetzung und die Eigenschaften dieser
Salze unterliegen bedeutenden Aenderungen. Marguerite und Laurent machten die
wichtige Entdeckung, dass die viel Wolframsäure enthaltenden Salze in Wasser
sehr leicht löslich sind; sie schrieben dies dem Auftreten der **Wolframsäure in verschiedenen Zuständen** zu. Die gewöhnlichen wolframsauren Salze, die bei überschüssigem Alkali entstehen, reagiren alkalisch und scheiden, wenn sie mit Schwefel-
oder Salzsäure versetzt werden, zuerst ein saures Salz und dann Wolframsäurehydrat aus, welches sich weder in Wasser, noch in Säuren löst. Wenn aber an
Stelle von H^2SO^4 oder HCl Essig- oder Phosphorsäure angewandt wird oder wenn
ein wolframsaures Salz mit einer neuen Menge von Wolframsäurehydrat gesättigt
wird, was durch Kochen der Lösung eines wolframsauren Alkalisalzes mit gefällter
Wolframsäure erreicht werden kann, so erhält man eine Lösung, welche beim Versetzen mit Schwefelsäure und ähnl. Säuren nicht nur bei gewöhnlicher Temperatur,
sondern sogar beim Erwärmen keinen Niederschlag von Wolframsäure ausscheidet.
Die Lösung enthält dann besondere wolframsaure Salze und bei überschüssiger
Säure auch Wolframsäure selbst. Laurent, Riche und and. nannten diese lösliche
Modifikation—**Metawolframsäure**, wie dieselbe auch noch gegenwärtig bezeichnet wird.
Die wolframsauren Salze, welche mit Säuren sofort unlösliches Wolframsäurehydrat
ausscheiden, besitzen die Zusammensetzung R^2WO^4 und $RHWO^4$, während diejenigen, welche lösliche Metawolframsäure geben, eine bedeutend grössere Säuremenge enthalten. Scheibler erhielt die (lösliche) Metawolframsäure durch Einwirken
von Schwefelsäure auf das lösliche (meta-) tetrawolframsaure Baryum $BaO4WO^3$.
Durch spätere Untersuchungen wurden ähnliche Erscheinungen auch an der Molybdänsäure entdeckt. Dass hier kolloidale Modifikationen vorliegen, unterliegt keinem Zweifel.
    Die verschiedenartigen Salze der Molybdän- und der Wolframsäure sind zahl-
reichen Untersuchungen unterworfen worden. Die wolframsauren Salze wurden von:
Marguerite, Laurent, Marignac, Riche, Scheibler, Anthon und anderen untersucht,
die molybdänsauren Salze theils von denselben Forschern, hauptsächlich aber von
Struve und Svanberg, Delafontaine und anderen. Als Resultat stellte es sich heraus,
dass in den verschiedenen Salzen auf eine bestimmte Menge der Base von einer
bis zu acht Molekeln MoO^3 und WO^3 kommen; wenn also die Zusammensetzung
der Base durch RO ausgedrückt wird, so zeigen den grössten Gehalt an
Base die Salze von der Zusammensetzung $ROWO^3$ oder $ROMoO^3$, d. h. Salze,
welche den normalen Säuren H^2WO^4 und H^2MoO^4 entsprechen. Die Zusammensetzung der anderen Salze drücken die Formeln $RO2WO^3$, $RO3WO^3$...$RO8WO^3$
aus. Das in die Zusammensetzung vieler sauren Salze eingehende Wasser wird
sehr häufig ausser Acht gelassen. Die Eigenschaften der einen verschiedenen Gehalt an Säure aufweisenden Salze zeigen grosse Unterschiede; jedoch lassen sich
diese Salze durch Zusetzen von Säure oder Base sehr leicht in einander überführen. Je grösser der Säuregehalt ist, desto beständiger ist bis zu einem gewissen
Grade die Lösung und auch das entstehende Salz selbst.
    Das gewöhnliche **molybdänsaure Ammonium** besitzt die Zusammensetzung $(NH^4HO)^6$

8,6 besitzt. An der Luft verändert es sich bei gewöhnlicher Temperatur nicht, aber beim Erhitzen geht es zuerst in ein braunes Oxyd über, dann in ein blaues und zuletzt in Molybdänsäureanhydrid. Säuren wirken auf das Molybdän nicht ein, d. h. ent-

---

H^2O7MoO^3 (oder nach Marignac und and. NH^4HMoO^4) und entsteht beim Eindampfen einer ammoniakalischen Lösung von Molybdänsäure. Im Laboratorium wird, es zum Fällen von Phosphorsäure benutzt. Zu diesem Zwecke muss es jedoch erst gereinigt werden, was man durch Zusetzen von etwas salpetersaurem Magnesium zu seiner Lösung erreicht, da hierdurch die beigemengte Phosphorsäure ausfällt. Den Niederschlag filtrirt man ab, setzt Salpetersäure zu und dampft zur Trockne. Der Rückstand besteht dann aus reinem molybdänsaurem Ammonium, das keine Phosphorsäure enthält.

Die Phosphorsäure bildet mit dem Oxyden des Urans, Eisens, mit SnO^2, Bi^2O^3 u. s. w., welche schwache basische oder selbst saure Eigenschaften besitzen, unlösliche Verbindungen, was möglicher Weise dadurch bedingt wird, dass die Wasserstoffatome in der Phosphorsäure einen verschiedenen Charakter zeigen. Diejenigen Wasserstoffatome, die sich leicht durch NH^4, Na und ähnl. ersetzen lassen, werden aller Wahrscheinlichkeit nach leicht durch wenig energische Säurereste ersetzt, d. h. es ist anzunehmen, dass auf Kosten dieser Wasserstoffatome der Phosphorsäure und einiger schwachen Metallsäuren besondere komplizirte Verbindungen entstehen können, welche Säuren sein müssen, da sie noch durch Metalle leicht ersetzbare Wasserstoffatome enthalten. Diese Folgerung rechtfertigt die Existenz der von Debray (1868) entdeckten **Phosphormolybdänsäuren**. Wenn ein Gemisch von molybdänsaurem Ammonium mit einer Säure in eine relativ geringe Menge einer (wenn auch sauren) Lösung von Orthophosphorsäure oder deren Salz gegossen wird, (so dass auf 1 Theil Phosphorsäure wenigstens 40 Theile Molybdänsäure kommen), so scheidet sich nach Verlauf von 24 Stunden alle Phosphorsäure in Form eines gelben Niederschlages aus, der jedoch nicht mehr als 3—4 pCt P^2O^5, etwa 3 pCt NH^3, etwa 90 pCt MoO^3 und ungefähr 4 pCt Wasser enthält. Da die Bildung des Niederschlages sich deutlich beobachten lässt und die Ausscheidung vollständig ist, so wird diese Methode zur Entdeckung und Trennung der Phosphorsäure benutzt. Auf diese Weise ist das Vorhandensein von Phosphorsäure in den meisten Gesteinen nachgewiesen worden. Der Niederschlag löst sich in Ammoniak und dessen Salzen, in Alkalien und phosphorsauren Salzen, dagegen ist er in Gegenwart von molybdänsaurem Ammonium in Salpeter-, Schwefel- und Salzsäure vollkommen unlöslich. Seine Zusammensetzung scheint sich je nach den Bedingungen, unter denen er entsteht, zu ändern, aber seine Natur ergibt sich aus der ihm entsprechenden Säure. Kocht man den Niederschlag mit Königswasser, so werden die Elemente von NH^3 ausgeschieden und man erhält eine Lösung, aus welcher beim Eindampfen an der Luft die Säure in gelben Prismen krystallisirt, deren Zusammensetzung durch die Formel $P^2O^520MoO^326H^2O$ annähernd zum Ausdruck gebracht wird. Dieses ungewöhnliche Verhältniss zwischen den Bestandtheilen erklärt sich durch die oben entwickelte Betrachtungsweise. Die Molybdänsäure bildet nämlich leicht Salze von der Zusammensetzung $R^2OnMoO^3mH^2O$, welche als dem Hydrate $MoO^2(HO)^2n$ MoO^3mH^2O entsprechend angesehen werden kann. Stellt man sich nun vor, dass ein ähnliches Hydrat, indem es mit der Orthophosphorsäure in Reaktion tritt, Wasser und die Verbindung $MoO^2(HPO^4)nMoO^3mH^2O$ oder $MoO^2(H^2PO^4)^2nMoO^3mH^2O$ bildet, so gelangt man zur Zusammensetzung der Phosphormolybdänsäure. Dieselbe enthält wahrscheinlich sowol aus H^3PO^4, als auch aus H^2MoO^4 herstammenden, durch Metalle ersetzbaren Wasserstoff. Die Zusammensetzung der oben angeführten krystallinischen Säure ist wahrscheinlich $H^3MoPO^79MoO^312H^2O$. Diese Säure ist in der That dreibasisch, da ihre wässrige Lösung mit Salzen von K, NH^4, Rb (nicht aber Li und Na) in sauren Lösungen *gelbe* Niederschläge von der Zusammensetzung $R^3MoPO^79MoO^3$

wickeln mit ihm keinen Wasserstoff; konzentrirte Schwefelsäure entwickelt jedoch Schwefligsäuregas und bildet eine braune Masse, die ein niederes Molybdänoxyd enthält. Die ätzenden Alkalien wirken in Lösung auf das Molybdän nicht ein, scheiden jedoch beim

---

$3H^2O$ bildet, wo R=K oder NH^4 ist. Ausser diesen Salzen entstehen, wie auf Grund des oben Entwickelten zu erwarten ist, auch Salze von anderer Zusammensetzung. Die angeführten Salze sind nur in sauren Lösungen beständig (was natürlich durch ihren Gehalt an überschüssigen Säureoxyden bedingt wird), mit Alkalien bilden sie *farblose* phosphormolybdänsaure Salze von der Zusammensetzung: $R^3MoPO^7MoO^33H^2O$. Wenn $R = K$, Ag oder NH^4, so lösen sich solche Salze leicht in Wasser und krystallisiren.

Es sind folgende wolframsaure Salze bekannt: 1) Neutrale Salze, z. B. K^2WO^4; 2) Sogenannte saure Salze von der Zusammensetzung $3(K^2O)7(WO^3)6H^2O$ oder $K^6H^8(WO^4)^72H^2O$; 3) Triwolframsaure Salze, z. B. $(Na^2O)3(WO^3)3H^2O = Na^2H^4$ $(WO^4)^33H^2O$. Diese drei Arten von Salzen sind in Wasser löslich, und bilden, wenn sie gelöst sind, mit $BaCl^2$ Niederschläge und mit Säuren unlösliches Wolframsäurehydrat, während die weiter unten angeführten Salze weder mit Säuren, noch mit Salzen von Schwermetallen Niederschläge geben, da sie sogar mit Ba und Pb lösliche Salze bilden. Sie werden gewöhnlich metawolframsaure Salze genannt; sie enthalten Wasser und mehr Säureelemente, als die schon angeführten Salze. 4) Tetrawolframsaure Salze, z. B. $Na^2O4WO^310H^2O$, $BaO4WO^39H^2O$ u. s. w. 5) Oktowolframsaure, z. B. $Na^2O8WO^324H^2O$. Da die metawolframsauren Salze bei 100° so viel Wasser verlieren, dass Salze von der Zusammensetzung $(H^2O)^3(WO^3)^4$, d. h. $H^6W^4O^{15}$ zurückbleiben, so wird angenommen, jedoch ohne genügende Begründung, dass in diesen Salzen eine besondere, lösliche Metawolframsäure von der Zusammensetzung $H^6W^4O^{15}$ enthalten ist. Dieses wäre wahrscheinlich, wenn in der That Salze von der Zusammensetzung $(R^2O)^3(WO^3)^4 = R^6W^4O^{15}$ existiren würden, aus denen eine lösliche Wolframsäure erhalten werden könnte, aber selbst diejenigen, welche $2Na^2O$ auf $4WO^3$ enthalten, geben bereits unlösliche Wolframsäure; ausserdem werden Metasalze schon durch eine geringe Alkalimenge in gewöhnliche übergeführt.

Als Beispiel sollen die wolframsauren Natriumsalze beschrieben werden. Das neutrale wolframsaure Natrium Na^2WO^4 entsteht beim Erwärmen von zerpulverter Wolframsäure mit einer konzentrirten Sodalösung auf 80° und krystallisirt aus der durchfiltrirten noch heissen Lösung in rhombischen Tafeln von der Zusammensetzung $Na^2WO^42H^2O$. An der Luft ist es beständig und löst sich leicht in Wasser. Beim Zusammenschmelzen mit Wolframsäure geht es in das diwolframsaure Natrium über, das sich gleichfalls in Wasser löst und aus der Lösung sich in wasserhaltigen Krystallen ausscheidet. Dasselbe Salz entsteht, wenn man zu einer Lösung der neutralen Salze vorsichtig so lange Salzsäure zusetzt, bis ein Niederschlag erscheint und die Flüssigkeit noch alkalisch reagirt. Früher schrieb man diesem Salze die Zusammensetzung $Na^2W^2O^74H^2O$ zu, während gegenwärtig behauptet wird, dass es (bei 100°) aus $Na^2W^7O^{24}16H^2O$ besteht, also dem analogen molybdänsauren Salze entspricht.

Wenn dieses Salz in einem Wasserstoffstrome bis zur Rothgluth erhitzt wird, so verliert es einen Theil seines Sauerstoffes, nimmt eine goldgelbe Farbe an, wird metallglänzend und hinterlässt bei der Behandlung mit Wasser, Kalilauge und Säure goldgelbe Blättchen und Würfel, welche die grösste Aehnlichkeit mit Gold zeigen. Diese merkwürdige von Wöhler entdeckte Verbindung besitzt nach Analysen von Malaguti die Zusammensetzung $Na^2W^3O^9$, enthält also gleichsam das Doppelsalz des wolframsauren Wolframoxyds und Natriums: $Na^2WO^4WO^2WO^3$. Leichter erhält man diese Verbindung beim Zersetzen von schmelzendem wolframsaurem Natrium durch Zinnpulver. Sie besitzt das spezifische Gewicht 6,6, leitet

Zusammenschmelzen Wasserstoff aus, was, sowie der ganze Charakter des Molybdäns, für die Säurenatur desselben sprechen. Fast dieselben Eigenschaften besitzt das Wolfram: es zeigt eine graue

---

die Elektrizität wie ein Metall und zeigt auch vollständigen Metallglanz; mit Zink und Schwefelsäure scheidet sie Wasserstoff aus und bedeckt sich in einer Kupfervitriollösung in Gegenwart von Zink mit einem Kupferüberzug, besitzt folglich trotz seiner Zusammensetzung das Aussehen und die Reaktionen von Metallen. Weder durch Säuren, noch durch Königswasser oder alkalische Lösungen wird diese Verbindung verändert, aber beim Glühen an der Luft oxydirt sie sich.

Das oben erwähnte wasserfreie diwolframsaure Salz geht, wenn es mit Wasser behandelt wird, in das wasserfreie, wenig lösliche tetrawolframsaure Salz Na^2WO^4-$3WO^3$ über; durch Erhitzen mit Wasser in einem zugeschmolzenen Rohre auf 120° wird letzteres in das leicht lösliche metawolframsaure Salz umgewandelt. Hieraus muss offenbar gefolgert werden, dass die metawolframsauren Salze wasserhaltige Verbindungen sind. Beim Kochen von wolframsaurem Natrium mit dem gelben Wolframsäurehydrate entsteht in der Lösung metawolframsaures Natrium oder wasserhaltiges tetrawolframsaures Natrium, dessen Krystalle aus $Na^2W^4O^{13}10H^2O$ bestehen. Wenn man (durch Fällen mit Säuren aus den gewöhnlichen wolframsauren Salzen erhaltenes) Wolframsäurehydrat mit wolframsaurem Natrium nach längerem Abstehen (mit oder ohne Erwärmen), wenn die Lösung mit HCl keinen Niederschlag mehr gibt, abfiltrirt und unter einer Glasglocke über Schwefelsäure verdunsten lässt (denn beim Kochen tritt Zersetzung ein), so entsteht zunächst eine sehr dicke Lösung (auf der Aluminium schwimmt), deren spezifisches Gewicht 3,0 beträgt und später scheiden sich Krystalle von **metawolframsaurem Natrium**, $Na^2W^4O^{13}10H^2O$, vom spezifischen Gewichte 3,85 aus. Die Krystalle verwittern, verlieren Wasser und bei 100° bleiben von den 10 Wassermolekeln nur 2 zurück, obgleich das Salz sich noch unverändert hält. Bei weiterem Erhitzen verliert das Salz alles Wasser und wird dann in Wasser unlöslich. Bei gewöhnlicher Temperatur lösen sich 10 Theile $Na^2W^4O^{13}10H^2O$ in 1 Theil Wasser. Aus diesem Salze lassen sich auch die anderen metawolframsauren Salze leicht darstellen. Eine konzentrirte und erwärmte Lösung des Salzes scheidet z. B. mit $BaCl^2$ beim Abkühlen Krystalle von metawolframsaurem Baryum $BaW^4O^{13}9H^2O$ aus. Diese Krystalle lösen sich unverändert in salzsäurehaltigem Wasser und auch in heissem Wasser, werden aber durch kaltes Wasser zersetzt, jedoch nicht vollständig, und zwar in lösliche Metawolframsäure und neutrales wolframsaures Baryum $BaWO^4$.

Zur Aufklärung der Ursache des Unterschiedes in den Eigenschaften der wolframsauren Salze machen wir noch darauf aufmerksam, dass ein Gemisch einer Wolframsäurelösung mit einer Lösung von Kieselsäure beim Erwärmen nicht gerinnt, obgleich die Kieselsäure selbst gerinnt; dieses erklärt sich durch die Bildung der von Marignac entdeckten Siliciumwolframsäure. Die Lösung eines wolframsauren Salzes löst gallertartige Kieselerde, ebenso wie sie gallertartige Wolframsäure löst, und beim Verdunsten der Lösung scheidet sich ein krystallinisches Salz der Siliciumwolframsäure aus. Diese Lösung wird weder durch Säuren, noch durch Schwefelwasserstoff gefällt; sie entspricht einer Reihe von Salzen und Säuren. Die Salze enthalten auf 12 oder 10 Molekeln Wolframsäureanhydrid eine Molekel Kieselsäureanhydrid und 8 Atome Wasserstoff oder Metall in demselben Zustande wie in den gewöhnlichen Salzen; das krystallinische Kaliumsalz z. B. besitzt die Zusammensetzung $K^8W^{12}SiO^{42}14H^2O = 4(K^2O)12(WO^3)SiO^214H^2O$. Es sind auch saure Salze bekannt, in denen die Hälfte des Metalls durch Wasserstoff ersetzt ist. Zahlreiche ähnliche «komplexe Mineralsäuren» (Complex inorganic acids) mit Wolfram-, Molybdän- und Phosphorsäure sind von Wolcott Gibbs untersucht worden. Die komplexe Zusammensetzung (z. B. die der Phosphormolybdänsäure) weist unwillkürlich darauf hin, dass dies polymere Verbindungen sind, ebenso wie die

Eisenfarbe, ist unschmelzbar und so hart, dass es sogar Glas schneiden kann; sein spezifisches Gewicht beträgt (nach Roscoe) 19,1; es gehört also zugleich mit Uran, Platin und and. zu den schwersten Metallen [9]).

Kieselerde, das Bleioxyd und and. Meiner Ansicht nach lässt sich die eintretende Polymerisation folgendermaassen erklären. Wenn ein Hydrat A (z. B. Wolframsäure) sich mit dem Hydrate B (z. B. Kieselerde oder Phosphorsäure) verbinden kann (mit oder ohne Ausscheidung von Wasser), so muss es sich infolge derselben Ursache auch polymerisiren können, d. h. A muss sich mit A verbinden, analog dem Verhalten des Aldehyds C^2H^4O oder den Cyanverbindungen, welche die Fähigkeit besitzen sich mit H^2, mit O u. s. w. zu verbinden und gleichzeitig auch der Polymerisation unterliegen können. In diesem Sinne ist die Molekel der Wolframsäure viel komplizirter, als man sie sich gewöhnlich vorstellt, was auch mit der leichten Flüchtigkeit solcher Verbindungen wie CrO^2Cl^2, MoO^2Cl^2, den Analogen des flüchtigen SO^2Cl^2 und der Schwerflüchtigkeit von CrO^3, MoO^3, den Analogen des flüchtigen SO^3 übereinstimmt. Diese Vorstellung findet auch einige Bestätigung durch die Untersuchungen von Graham über den **kolloidalen** Zustand der Wolframsäure, denn kolloidale Eigenschaften besitzen nur Körper von sehr komplizirter Zusammensetzung. Unterwirft man eine schwache Lösung von wolframsaurem Natrium im Gemisch mit der äquivalenten Menge von verdünnter Salzsäure der Dialyse, so gehen HCl und NaCl durch die Membran und im Dialysator bleibt eine Lösung von Wolframsäure zurück. Von 100 Theilen derselben bleiben etwa 80 Th. im Dialysator. Die erhaltene Lösung besitzt einen bitteren adstringirenden Geschmack und scheidet keine gallertartige Wolframsäure (Hydrogel) aus, weder beim Kochen, noch durch Zusatz von Säuren oder Salzen. Beim Eindampfen der Lösung zur Trockne erhält man eine glasige Masse von **Wolframsäure-Hydrosol**, welches sich an den Wandungen der Eindampfschale fest ansetzt, aber in Wasser wieder vollständig gelöst werden kann und auch dann noch löslich bleibt, wenn es bis auf 200° erhitzt wird. Wenn aber der Rückstand der Rothglühhitze ausgesetzt wird, so verliert er ungefähr 2,5 pCt. Wasser und wird unlöslich. Die in wenig Wasser gelöste trockne Wolframsäure bildet eine klebrige Masse, die ganz wie arabisches Gummi aussieht und als ein Repräsentant der Hydrosole kolloidaler Körper zu betrachten ist. Bei einem Gehalt von 5 pCt. Wolframsäureanhydrid besitzt die Lösung das spezifische Gewicht 1,047, von 20 pCt.—1,217, von 50 pCt.—1,80 und von 80 pCt. 3,24. Eine ebenso beständige Lösung von Molybdänsäure erhält man durch Dialyse einer mit Salzsäure vermischten konzentrirten Lösung von molybdänsaurem Natrium. Die Lösungen der Hydrosole von WO^3 und MoO^3 werden durch Vermischen mit einem Alkali sofort in die gewöhnlichen Salze der Wolfram- und Molybdänsäure übergeführt. Es erscheint wol als zweifellos, dass bei der Umwandlung der gewöhnlichen wolframsauren Salze in metawolframsaure dieselben Aenderungen eintreten wie bei der Umwandlung der Wolframsäure selbst aus dem unlöslichen Zustand in den löslichen. Hierfür spricht die von Scheibler noch vor Graham ausgeführte Darstellung einer Wolframsäurelösung aus dem metawolframsaurem Baryumsalze. Indem er auf dieses Salz mit der zur Fällung des Baryums erforderlichen Menge Schwefelsäure einwirkte, erhielt Scheibler eine Metawolframsäurelösung, welche bei 43,75 pCt. Säure das spezifische Gewicht 1,634 und bei 27,61 pCt. 1,327 zeigte, d. h. dasselbe auch von Graham angegebene spezifische Gewicht.

Die Fragen über die Aenderungen von WO^3 und MoO^3, die Polymerisation und den kolloidalen Zustand der Stoffe gehören zu solchen, deren Entscheidung das richtige Verständniss des Mechanismus vieler chemischer Reaktionen bedeutend fördern wird. Meiner Ansicht nach stehen solche Fragen im nahen Zusammenhang mit der Theorie der Bildung von Lösungen, Legirungen u. s. w. oder überhaupt von sogenannten unbestimmten Verbindungen.

9) Die Schwefelverbindungen des Wolframs und Molybdäns besitzen, wie CS^2

Unter den Analogen des Chroms, sowie unter allen bis jetzt bekannten Elementen kommt dem **Uran**, U $= 240$, das höchste Atomgewicht zu. Das höchste salzbildende Oxyd des Urans UO^3 besitzt bereits sehr schwache Säureeigenschaften, denn obgleich es auch mit den Alkalien wenig lösliche, gelbe Verbindungen bildet, welche den doppelt chromsauren Salzen vollständig entsprechen, z. B. $Na^2U^2O^7 = Na^2O2UO^3$ [10]), verbindet es sich doch meistens

---

oder SnS^2, einen Säurecharakter. Schwefelwasserstoff gibt beim Einleiten in die Lösung eines molybdänsauren Salzes keinen Niederschlag, wenn aber nach dem Einleiten Schwefelsäure zugesetzt wird, so fällt dunkelbraunes **Molybdäntrisulfid** MoS^3 aus. Beim Erhitzen ohne Luftzutritt geht dieses in Molybdändisulfid MoS^2 über, welches nicht mehr wie MoS^3 die Fähigkeit besitzt mit K^2S in Verbindung zu treten. Das Trisulfid verbindet sich mit K^2S zu dem Salze K^2MoS^4, das K^2MoO^4 entspricht. Dieses Salz löst sich in Wasser und bildet tiefrothe Krystalle, welche im reflektirten Lichte einen grünen Metallglanz zeigen. Man erhält es leicht durch Erhitzen des natürlichen Molybdänglanzes, MoS^2, mit Pottasche, Schwefel und etwas Kohle, die zur Reduktion von Sauerstoffverbindungen zugesetzt wird. Das Wolfram bildet analoge Verbindungen: R^2WS^4, wo $R = NH^4$, K, Na. Durch Säuren werden diese Verbindungen unter Ausscheidung von WS^3 resp. MoS^3 zersetzt.

10) Auf die schwachen basischen und die schwachen sauren Eigenschaften des Urantrioxyds weist Folgendes hin. 1) Lösungen von Uranoxydsalzen geben mit Alkalien gelbe Niederschläge, welche jedoch nicht aus Uranhydroxyd, sondern aus Verbindungen desselben mit Basen bestehen, z. B.: $UO^2(NO^3)^2 + 6KHO = 4KNO^3 + K^2U^2O^7$. Dieselbe Zusammensetzung besitzen auch die anderen **Alkaliverbindungen des Uranoxyds**, z. B. $(NH^4)^2U^2O^7$ (Uranoxydammon), MgU^2O^7, BaU^2O^7. Dieselben sind Analoga der doppeltchromsauren Salze. Das Uranoxydnatron $Na^2U^2O^7$ führt im Handel den Namen *Urangelb* und wird als Porzellanfarbe, sowie zum Färben von Glasflüssen benutzt, dem Glase ertheilt es eine charakteristische gelbgrüne Farbe. Weder durch Glühen, noch durch Wasser oder Säuren lässt sich dem Urangelb das Natron entziehen, so dass es als ein wahres, in Wasser unlösliches Salz erscheint, welches deutlich auf den, wenn auch schwachen, sauren Charakter des Uranoxyds hinweist. 2) Durch kohlensaure Erdalkalimetalle (z. B. $BaCO^3$) wird das Uranoxyd aus seinen Salzen ebenso gefällt, wie alle schwachen Basen, z. B. von der Zusammensetzung R^2O^3. 3) **Kohlensaure Alkalimetalle** geben in den Lösungen der Uranoxydsalze **Niederschläge**, die sich **im Ueberschusse des Reagenz lösen**, besonders leicht, wenn doppeltkohlensaure Salze angewandt werden. Es beruht dies darauf, dass 4) die Uranoxydsalze mit den Salzen der Alkalimetalle (inklusive des Ammoniums) **leicht Doppelsalze bilden**, welche oft ausgezeichnet krystallisiren, selbst wenn das entsprechende einfache Uranoxydsalz nicht krystallisationsfähig ist. Solche Doppelsalze entstehen, wenn man $K^2U^2O^7$ in Säuren unter Zusatz des entsprechenden Kaliumsalzes löst; mit HCl und KCl z. B. bildet sich das ausgezeichnet monoklin krystallisirende Salz $K^2(UO^2)Cl^42H^2O$, welches beim Lösen in reinem Wasser zersetzt wird. Erwähnenswerth sind ferner: die Doppelsalze mit kohlensauren Alkalien: $R^4(UO^2)(CO^3)^3$ (welche $= 2R^2CO^3 + UO^2CO^3$ sind), die essigsauren $R(UO^2)(C^2H^3O^2)^3$ z. B. das essigsaure Uranoxyd-Natrium $Na(UO^2)(C^2H^3O^2)^3$ und das Kaliumsalz $K(UO^2)(C^2H^3O^2)^3H^2O$, die schwefelsauren Salze $R^2(UO^2)(SO^4)^2 2H^2O$ u. s. w. In den angeführten Formeln bedeutet $R = K$, Na, NH^4 und $R^2 = Mg$, Ba u. dgl. Diese *Fähigkeit zur Bildung relativ beständiger Doppelsalze weist schon auf wenig entwickelte basische Eigenschaften hin*, denn Doppelsalze werden hauptsächlich von Salzen deutlich alkalischer Metalle (welche gleichsam das basische Element des Doppelsalzes sind) und von Salzen wenig energischer Basen (dem sauren Elemente des Doppelsalzes) gebildet, was analog der Bildung saurer Salze

und am leichtesten mit Säuren HX zu fluoreszirenden, gelblich-grünen Salzen von der Zusammensetzung UO^2X^2. Hierin unterscheidet sich eben das Urantrioxyd UO^3 von dem Chromsäureanhydride CO^3, trotzdem dieses auch CrO^2Cl^2 bilden kann. Das Molybdän und Wolfram vermitteln offenbar den Uebergang vom Cr zum U. Es ist z. B. CrO^2Cl^2 eine braune Flüssigkeit, die sich unverändert verflüchtigt und die durch Wasser vollständig zersetzt wird. MoO^2Cl^2 erscheint schon als eine gelbe krystallinische Substanz, die flüchtig ist und sich analog vielen Salzen in Wasser löst (Blomstrand). WO^2Cl^2 bildet gelbe Schüppchen, auf welche Wasser und Alkalien ebenso einwirken wie auf viele Salze (z. B. auf $ZnCl^2$, Fe^2Cl^6, Al^2Cl^6, $SnCl^4$ u. s. w.) und welches vollkommen dem wenig flüchtigen Salze UO^2Cl^2 entspricht, das gleichfalls gelb gefärbt ist und sich wie alle Salze UO^2X^2 in Wasser zu einer gelben Flüssigkeit löst. (Péligot stellte es durch Einwirken von Chlor auf erhitztes Uranoxydul UO^2 dar). Die Fähigkeit des Uranoxyds UO^3 zur Bildung von UO^2X^2 äussert sich darin, dass sein Hydrat $UO^2(HO)^2$, welches durch Verlust der Säureelemente aus dem salpetersauren, kohlensaurem und ähnlichen Salzen entsteht, in Säuren leicht löslich ist und dass die niederen Oxydationsstufen des Urans beim Einwirken von Salpetersäure das leicht krystallisirende salpetersaure Uran $UO^2(NO^3)^2$ $6H^2O$ bilden, welches das gewöhnlichste der Uranpräparate ist [11]).

ist. Die Säure dieser letzteren wird in den Doppelsalzen durch das Salz einer wenig energischen Base ersetzt, welche wie das Wasser zu den intermediären Basen gehört. Daher bildet z. B. das Baryum mit den Alkalimetallen keine Doppelsalze wie das Magnesium und am leichtesten entstehen Doppelsalze in der Reihe der Alkalimetalle gerade mit dem Kalium, nicht aber mit dem Lithium. 5) Die bemerkenswertheste Eigenschaft, welche die geringe Energie des Uranoxyds als Base beweist, besteht darin, dass im Vergleich mit der Zusammensetzung anderer Salze das Uranoxyd **immer basische Salze bildet.** Den Oxyden R^2O^3 entsprechen neutrale Salze von der Zusammensetzung R^2X^6, wo X=Cl, NO^3 u. s. w. oder $X^2=SO^2$, CO^3 u. s. w., aber es erscheinen auch basische Salze desselben Typus', wenn X=HO oder $X^2=O$. Salze aller dieser Arten bilden die Oxyde des Aluminiums, Chroms und and. Beim Uranoxyd sind nun weder Salze UX^6 (z. B. UCl^6, $U(SO^4)^3$, Alaune und dgl.), noch auch Salze $U(HO)^2X^4$ oder UOX^4 bekannt, sondern ausschliesslich Salze vom Typus $U(HO)^4X^2$ oder UO^2X^2. Da fast alle Uranoxydsalze, wenn sie aus wässriger Lösung krystallisiren, Wasser enthalten, das sie schwer ausscheiden, so kann dieses Wasser als Hydratwasser betrachtet werden. Unter dieser Voraussetzung lässt sich die Zusammensetzung vieler Uranoxydsalze ohne einen Gehalt an Krystallisationswasser ausdrücken, z. B.: $U(HO)^4K^2Cl^4$, $U(HO)^4K^2(SO^4)^2$, $U(HO)^4(C^2H^3O^2)^2$. Das essigsaure Uranoxyd-Natrium enthält jedoch kein Wasser.

11) Das **salpetersaure Uranoxyd**, $UO^2(NO^3)^26H^2O$, (Uranylnitrat) krystallisirt (aus sauren Lösungen) in durchsichtigen, gelblich-grünen Prismen oder (aus neutralen Lösungen) in Blättchen, welche an der Luft verwittern, sich leicht in Wasser, Alkohol und Aether lösen, das spezifische Gewicht 2,8 besitzen und beim Erhitzen unter Verlust von HNO^3 und H^2O schmelzen. Wenn das Salz selbst (Berzelius) oder dessen alkoholische Lösung (Malaguti) bis zur Ausscheidung von Stickstoffoxyden erhitzt wird, so entsteht eine Masse, welche nach dem Eindampfen mit

Das **Uran**, welches das Oxyd UO^3 und diesem entsprechende Salze, sowie das Oxydul UO^2 bildet, welchem die Salze UX^4 entsprechen, findet sich in der Natur nur selten. Der Uranglimmer oder das phosphorsaure Doppelsalz $R(UO^2)H^2P^2O^87H^2O$, wo $R = Cu$ oder Ca ist, Uranvitriol $U(SO^4)^2H^2O$, Samarskit und Euxenit kommen sehr selten und in geringen Mengen vor. Häufiger und in grösseren Mengen trifft man das **Uranpecherz**, das eine nicht krystallinische, erdige, braune Masse vom spezifischen Gewicht 7,2 darstellt und hauptsächlich aus dem intermediären Oxyde $U^3O^8 = UO^22UO^3$ besteht. Es wird zu Joachimsthal im böhmischen Erzgebirge gewonnen und dort auch zu Uranverbindungen verarbeitet.

Wasser das Hydrat $UO^2(HO)^2$ (vom spezifischen Gewicht 5,93) zurücklässt. Beim Glühen des salpetersauren Salzes erhält man dagegen ein ziegelrothes Pulver von Urantrioxyd UO^3, welches bei weiterem Glühen Sauerstoff verliert und in das olivengrüne U^3O^8 übergeht. In Anbetracht dieses Verhaltens wird die aus dem Uranpecherze erhaltene Lösung von salpetersaurem Uranoxyd folgendermaassen gereinigt: zunächst leitet man Schwefligsäuregas ein, um die in der Lösung enthaltene Arsensäure in arsenige Säure überzuführen, dann erwärmt man auf 60° und leitet Schwefelwasserstoff ein, welcher Pb, As, Sn und einige andere Metalle als Sulfide fällt, die sich weder in Wasser, noch in schwacher Salpetersäure lösen. Nach dem Abfiltriren dampft man die Flüssigkeit unter Zusatz von Salpetersäure so lange ein bis sie krystallisirt und löst dann die Krystalle in Aether. Oder man behandelt die Lösung mit Chlor zur Umwandlung des (beim Einwirken von H^2S entstandenen) Chlorürs $FeCl^2$ in Chlorid Fe^2Cl^6, fällt mit Ammoniak, wäscht den aus Fe^2O^3, UO^3 und den Verbindungen dieses letzteren (des Uranoxyds) mit Kali, Kalk und ähnlichen Basen bestehenden Niederschlag aus und behandelt ihn mit einer konzentrirten, schwach erwärmten Lösung von kohlensaurem Ammon, durch welches das Uranhydroxyd gelöst wird, das Eisenhydroxyd dagegen nicht. Aus der filtrirten Lösung scheidet sich dann beim Abkühlen das ausgezeichnet krystallisirende **kohlensaure Uranoxyd-Ammonium** $UO^2(NH^4)^4(CO^3)^3$ in glänzenden, monoklinen Krystallen aus, welche schon an der Luft und besonders leicht bei 300° H^2O, CO^2 und NH^3 ausscheiden; der Rückstand besteht dann aus UO^3. In Wasser ist dies kohlensaure Doppelsalz nur wenig löslich, dagegen löst es sich leicht in kohlensaurem Ammon. Es kann offenbar zur Darstellung aller anderen Uranoxydsalze benutzt werden. Um Uransalze in reinem Zustande zu erhalten, kann man auch *vom essigsauren Uranoxyd* ausgehen, das in Wasser weniger löslicher, als das salpetersaure Salz ist, oder vom *oxalsauren* Salze, das sich sehr schwer löst und daher aus einer konzentrirten Lösung von salpetersaurem Uranoxyd beim Vermischen mit Oxalsäure direkt gefällt wird.

Das **phosphorsaure Uranoxyd**, $UHPO^6$, ist als ein orthophosphorsaures Salz zu betrachten, welches an Stelle von zwei Wasserstoffatomen der Phosphorsäure den Rest UO^2 (das Uranyl) enthält: $(UO^2)HPO^4$. Es entsteht als gallertartiger, gelber Niederschlag beim Vermischen einer Lösung von salpetersaurem Uranoxyd mit Na^2HPO^4. Der Niederschlag bildet sich auch in Gegenwart von Essigsäure, nicht aber in Gegenwart von HCl und ähnlichen Säuren. Wenn die Fällung in Gegenwart eines Ueberschusses an Ammoniaksalz ausgeführt wird, so geht in die Zusammensetzung des gallertartigen gelben Niederschlages auch Ammoniak ein: $UO^2NH^4 PO^4$. In Wasser und Essigsäure ist der Niederschlag unlöslich; aus seiner Lösung in Mineralsäuren lässt sich durch Kochen mit essigsaurem Ammon die Phosphorsäure wieder vollständig ausfällen. Man benutzt dieses Verhalten zur Abscheidung der Phosphorsäure aus Lösungen, die z. B. Ca- oder Mg-Salze enthalten.

Da es viele Beimengungen enthält und zwar grösstentheils Schwefel und Arsenverbindungen des Bleis und Eisens, sowie auch Kalksalze und Silikate, so wird es zunächst zur Verjagung von As und S geröstet, dann zerkleinert, mit verdünnter Salzsäure, in der U^3O^8 unlöslich ist, ausgewaschen und zuletzt in Salpetersäure gelöst, wobei das Uran als salpetersaures Uranoxyd $UO^2(NO^3)^2$ in Lösung geht.

Es wurde lange Zeit hindurch angenommen, dass das von Klaproth im Jahre 1789 entdeckte Uranoxyd beim Einwirken von Reduktionsmitteln, (durch Erhitzen mit Kohle und dgl.) zu metallischem Uran reduzirt werde. Später stellte es sich jedoch heraus, dass hierbei das Oxyd nur in **Uranoxydul** UO^2 übergeführt wird. Dass dieses letztere Sauerstoff enthält wurde im Jahre 1841 von Péligot bewiesen [12]). Derselbe erhielt beim Erhitzen von Uranoxydul mit Kohle in einem Chlorstrome zuerst **Uranchlorid** UCl^4 und aus diesem [13]) dann durch Glühen mit Natrium das **metallische Uran.**

---

12) Das Uranoxydul oder das **Uranyl** UO^2, das in den Uranoxydsalzen UO^2X^2 enthalten ist, besitzt das Aussehen und viele Eigenschaften von Metallen. Das Uranoxyd UO^3 erscheint als Uranyloxyd $(UO^2)O$, das Hydrat $(UO^2)H^2O^2$ entspricht CaH^2O^2 und die Uranoxydsalze sind Salze dieses Uranyls. Aus dem grünen Uranoxyd $U^3O^8 = UO^2 2UO^3$ (das aus den Uranoxydsalzen durch Verlust eines Theils ihres Sauerstoffs leicht entsteht) erhält man durch Erhitzen mit Kohle oder (trocknem) Wasserstoff, sowie auch aus dem Salze $(UO^2)K^2Cl^4$ durch Erhitzen im Wasserstoffstrome [entsprechend der Gleichung: $UO^2K^2Cl^4 + H^2 = UO^2 + 2HCl + 2KCl$] eine glänzende krystallinische Substanz mit spezifischem Gewicht 10,0, welche ein metallisches Aussehen zeigt, Wasserdampf beim Erhitzen unter Wasrerstoffentwickelung zersetzt, dagegen auf HCl und H^2SO^4 nicht einwirkt und durch HNO^3 oxydirt wird. Diese Substanz wurde für ein Metall gehalten. Péligot fand aber im Jahre 1841, dass sie Sauerstoff enthält, denn er erhielt beim Glühen derselben mit Kohle in einem Chlorstrome CO und CO^2 und ausserdem aus 408 Theilen der Substanz 873 Theile eines flüchtigen Produkts, das 213 Theile Chlor enthielt. Hieraus musste gefolgert werden, dass die Substanz eine äquivalente Sauerstoffmenge enthält. Da nun 213 Theile Chlor 48 Theilen Sauerstoff entsprechen, so musste man annehmen, dass in der Substanz 408—48=360 Theile Metall mit 48 Theilen Sauerstoff und in dem erhaltenen Chloride mit 213 Theilen Chlor verbunden sind.

13) Dem Uranoxydul UO^2 als Base entspricht das **Urantetrachlorid** UCl^4, das Péligot durch Erhitzen von mit Kohle vermischtem Uranoxyd in einem Strome **trocknen** Chlors erhielt: $UO^3 + 3C + 2Cl^2 = UCl^4 + 3CO$. Diese flüchtige Verbindung krystallisirt in grünen Oktaëdern, zieht energisch Feuchtigkeit an, löst sich leicht in Wasser unter bedeutender Wärmeentwickelung, scheidet sich aber aus der Lösung nicht mehr im wasserfreien Zustande aus und entwickelt beim Eindampfen HCl. Die grüne Lösung des Uranchlorids UCl^4 entsteht auch beim Einwirken von Zink und Kupfer (das hierbei in CuCl übergeht) auf eine Lösung von UO^2Cl^2, besonders in Gegenwart von HCl und Salmiak. Durch Einwirken verschiedener Reduktionsmittel, unter anderen auch organischer Stoffe und unter dem Einflusse des Lichtes werden Lösungen der Salze des Uranoxyds UO^3 in Salze des Uranoxyduls UO^2 übergeführt, während letztere, UX^4, an der Luft und beim Einwirken von Oxydationsmitteln wieder in Uranoxydsalze übergehen. Die grünen Lösungen von Uranoxydulsalzen wirken wie starke Reduktionsmittel; mit KHO und anderen Alkalien geben sie braunes Oxydulhydrat UH^4O^4, das sich leicht in Säuren, nicht

Das spezifische Gewicht des Urans beträgt 18,7; mit Säuren scheidet es Wasserstoff aus und bildet grüne Uranoxydulsalze UX^4, welche starke Reduktionsmittel darstellen [14]).

aber in Alkalien löst. Beim Erhitzen dieses Hydrats bildet sich kein Oxydul UO^2, da dieses, wie bereits erwähnt, Wasser zersetzt; es entsteht dagegen beim Glühen der höheren Oxydationsstufen des Urans im Wasserstoffstrome oder mit Kohle. Uranoxydul und UCl^4 lösen sich in konzentrirter Schwefelsäure und bilden grünes schwefelsaures Uranoxydul $U(SO^4)^2 2H^2O$, welches zugleich mit $UO^2(SO^4)$ beim Lösen des grünen Oxydes U^3O^8 in Schwefelsäure entsteht. Versetzt man die Lösung mit Alkohol und setzt sie der Einwirkung des Lichtes aus, so wird das Oxydsalz zu Oxydulsalz reduzirt. Durch einen Ueberschuss an Wasser wird das schwefelsaure Uranoxydul zersetzt und in das basische Salz, $UO(SO^4)2H^2O$, übergeführt, das auch unter anderen Bedingungen leicht darzustellen ist.

14) Dem Uran wurde früher, nach dem Vorgange Péligot's, ein zweimal geringeres Atomgewicht als gegenwärtig zugeschrieben, nämlich U = 120. Die Zusammensetzung des Oxyds U^2O^3, des Oxyduls UO und des grünen Oxyds U^3O^4 entsprach dann den gleichen Verbindungsformen des Eisens. Das Uran weist zwar mit den Elementen der Eisengruppe einige Aehnlichkeit auf, aber es besitzt auch viele unterscheidende Merkmale, welche einer Zusammenstellung mit dem Eisen widersprechen. Es bildet z. B. das sehr beständige Oxyd U^2O^3 (U = 120), nicht aber das entsprechende Chlorid U^2Cl^6 (Roscoe erhielt übrigens 1874 die den Chloriden $MoCl^5$ und WCl^5 analoge Verbindung UCl^5), denn unter den Bedingungen (Glühen von Uranoxyd mit Kohle im Chlorstrom), unter denen die Bildung dieses Chlorides zu erwarten wäre, entsteht das Chlorid UCl^2 (U = 120), das sich durch seine Flüchtigkeit auszeichnet, welche in diesem Grade keinem der Dichloride RCl^2 der Eisengruppe eigen ist.

Die Aenderung oder Verdoppelung des Atomgewichtes des Urans, d. h. U=240, wurde zum ersten Male von mir in der ersten Auflage dieses Werkes (im Jahre 1871) und in meiner Abhandlung in Liebig's Annalen (desselben Jahres) desswegen vorgenommen, weil das Uran bei dem Atomgewichte 120 in das periodische System nicht eingereiht werden konnte. In Bezug hierauf halte ich es nicht für überflüssig noch Folgendes zu bemerken: 1) Mit der Zunahme des Atomgewichts wird in den anderen Gruppen (K—Rb—Cs, Ca—Sr—Ba, Cl—Br—J) der saure Charakter der Oxyde stärker, der basische dagegen schwächer, was auch in der Gruppe Cr—Mo—W—U zu erwarten ist. Dieses Zurücktreten des Säurecharakters findet auch in Wirklichkeit in den Säureanhydriden CrO^3, MoO^3, WO^3 statt, so dass das Urantrioxyd UO^3 ein sehr schwaches Säureanhydrid sein, aber gleichzeitig auch schwache basische Eigenschaften besitzen muss. Diese Eigenschaften charakterisiren in der That das Uranoxyd, wie oben beschrieben wurde (vergl. Anm. 10). 2) Das Chrom und seine Analogen bilden ausser den Oxyden RO^3, noch niedere Oxydationsstufen: RO^2, R^2O^3;— dasselbe ist auch beim Uran der Fall, welches UO^3, UO^2 und U^2O^3 und diesen Oxyden entsprechende Verbindungen bildet. 3) Molybdän und Wolfram bilden, wenn sie aus RO^3 reduzirt werden, leicht ein intermediäres Oxyd von blauer Farbe,—dieselbe Eigenschaft besitzt auch das Uran, indem es das sogenannte grüne Oxyd bildet, welches allen vorhandenen Untersuchungen nach als $U^3O^8 = UO^2 2UO^3$, analog Mo^3O^8, zu betrachten ist. 4) Die höchste der möglichen Chlorverbindungen der Elemente dieser Gruppe RCl^6 ist entweder unbeständig (WCl^6) oder existirt überhaupt nicht (beim Cr), aber es ist wenigstens eine niedere flüchtige Chlorverbindung vorhanden, welche durch Wasser verändert wird und sich weiter zu einem nichtflüchtigen Chlorprodukt und zu Metall reduziren lässt. Das Uran bildet nun das leicht flüchtige Chlorid UCl^4, welches durch Wasser zersetzt wird. 5) Die Atomvolume: Cr = 8, Mo = 8,6, W = 9,6 und U = 13 unterliegen einer Regelmässigkeit, die auch in anderen analogen Reihen: K—Rb, Ca—Sr—Ba und and. beobachtet wird; das Atomvolum nimmt zugleich mit dem Atomgewicht zu, so dass sich hierdurch das hohe spezifische Gewicht (18,4) des Urans erklärt.

Die Uranoxydsalze werden, wenn keine organischen Substanzen zugegen sind, schon beim Einwirken des Lichtes reduzirt und verleihen beim Zusammenschmelzen dem Glase eine charakteristische gelbgrüne Färbung [15]), infolge dessen sie in der Photographie und zur Darstellung von gefärbtem Glase benutzt werden.

Bei der Vergleichung der Elemente mit so ausgeprägtem Säurecharakter wie S, Se und Te aus den unpaaren Reihen der VI-ten Gruppe mit den Elementen Cr, Mo, W und U aus den paaren Reihen derselben Gruppe ergibt sich, dass die gegenseitige Aehnlichkeit der höheren Oxydformen RO^3 sich auf die niederen nicht erstreckt und dass dieselbe in den einfachen Körpern sogar ganz verschwindet, denn zwischen S und Cr und deren Analogen lässt sich im freien Zustande keine Aehnlichkeit wahrnehmen. Mit anderen Worten bedeutet dies, dass in den kleinen Perioden, welche aus 7 Elementen wie Na, Mg, Al, Si, P, S, Cl bestehen, keine näheren Analoga des Cr, Mo u. s. w. enthalten sind, so dass die richtige Stellung dieser letzteren unter den anderen Elementen nur in den grossen Perioden zu suchen ist, welche aus zwei kleinen Perioden bestehen und als deren Typus die folgende Periode dienen kann: K, Ca, Sc, Ti, V, Cr, Mn, Fe, Co, Ni, Cu, Zn, Ga, Ge, As, Se, Br. Solche Perioden enthalten Elemente wie Ca und Zn, welche RO bilden, Sc und Ga aus der III-ten Gruppe, Ti und Ge aus der

---

6) In den der Form RO^3 entsprechenden Verbindungen des Urans herrschen, sowie beim Cr und W. die gelben Farben vor, in den niederen Formen die grünen und blauen. 7) Zimmermann bestimmte (1881) die Dampfdichte des Bromids UBr^4 und des Chlorids UCl^4 (zu 19,4 resp. 13,2) und bestätigte hierdurch die angeführten Formeln und das Atomgewicht U = 240. Roscoe, der die Metalle dieser Gruppe genau kannte, war der erste, der das vorgeschlagene Atomgewicht U=240 annahm, welches gegenwärtig nach den Untersuchungen Zimmermann's allgemein angenommen ist.

15) Durch Urangelb, $Na^2U^2O^7$, gefärbtes Glas zeichnet sich durch seinen grünlichgelben Dichroïsmus aus und wird zuweilen zu Zierrathen verwendet; es hält wie auch andere Uranoxydsalze die violetten Lichtstrahlen zurück, d. h. es zeigt ein Absorptionsspektrum, in welchem die violetten Strahlen fehlen. Die absorbirten Strahlen ändern ihren Brechungsindex und zerstreuen sich in Form von grüngelben Strahlen; daher strahlen Uranoxydverbindungen im violetten Theil des Spektrums ein grüngelbes Licht aus. sie bieten eines der besten Beispiele der Fluoreszenzerscheinungen (ein anderes sind die Lösungen von schwefelsaurem Chinin). Nach den Untersuchungen von Stokes rufen Lichtstrahlen, die durch Uranverbindungen hindurchgegangen sind, keine Fluoreszenzerscheinung mehr hervor und bewirken auch keine chemischen Umwandlungen. Durch Uranverbindungen werden also die chemisch wirkenden Strahlen zurückgehalten. Hierauf beruht die Anwendung von Uranverbindungen in der Photographie. Aus den höchst interessanten Untersuchungen von Becquerel, Balton und Morton und and. über die Phosphoreszenz von Uranverbindungen, d. h. über das durch Beleuchtung von Uransalzen hervorgerufene Lichtspektrum, geht hervor, dass die Lichtstreifen (gewöhnlich 7 zwischen C und F des Sonnenspektrums) und die sie trennenden dunkeln Streifen Verschiebungen erleiden, wenn z. B. in Doppelsalzen Ersetzungen von Elementen stattfinden. Ueber die Bildung des Uranhyperoxydes (Fairley) vergl. Kap. 20 Anm. 66.

IV-ten, V und As aus der V-ten, Cr und Se aus der VI-ten, Mn und Br aus der VII-ten, während die übrigen Elemente Fe, Co und Ni Verbindungsglieder der VIII-ten Uebergangsgruppe sind. Diese Uebergangselemente sind in den nächsten Kapiteln beschrieben, im vorliegenden soll noch das Mangan betrachtet werden.

Als ein Element der VII-ten Gruppe aus einer paaren Reihe folgt das **Mangan**, Mn = 55, direkt dem Chrom, Cr = 52, und entspricht dem Brome, Br = 80, ebenso wie das Chrom dem Selen, Se = 79. Die nächsten Analoga des Cr, Se und Br sind bekannt, die Analoga des Mangans dagegen nicht, so dass dasselbe in der VII-ten Gruppe der einzige Repräsentant einer paaren Reihe ist. Da im periodischen System der Elemente das Mangan mit dem Halogenen in eine Gruppe gebracht ist, so kann es mit diesen nur in seiner höchsten Oxydationsform, d. h. in den Salzen und Säuren, welche dieser Form entsprechen, eine Aehnlichkeit aufweisen, während die niederen Formen, sowie die einfachen Körper selbst so tief gehende Unterschiede zeigen müssen, wie sie zwischen dem Chrom oder Molybdän und dem Schwefel oder Selen bestehen.

In Wirklichkeit ist dies auch der Fall. Den Elementen der VII-ten Gruppe ist die höchste Oxydform R^2O^7 eigen, sowie das Hydrat HRO^4 mit den entsprechenden Salzen, z. B. $KClO^4$. Im übermangansaurem Kalium $KMnO^4$ zeigt das Mangan in der That die grösste Analogie mit dem überchlorsauren Kalium $KClO^4$. Die Aehnlichkeit der Krystallformen beider Salze bewies Mitscherlich. Alle übermangansauren Salze sind in Wasser fast ebenso löslich wie die Salze der Ueberchlorsäure; durch ihre·geringe Löslichkeit zeichnen sich die Silbersalze beider Säuren $AgMnO^4$ und $AgClO^4$ aus. Das spezifische Volum von $KClO^4$ beträgt 55 und das von $KMnO^4$ 58, da das spezifische Gewicht = 2,54 respektive 2,71 ist. Im freien Zustande sind beide Säuren in Wasser löslich und flüchtig, beide wirken stark oxydirend und zeigen überhaupt eine grössere Aehnlichkeit mit einander, als Chromsäure und Schwefelsäure; während die Unterschiede, die sie aufweisen, auch zwischen so nahen Analogen wie z. B. H^2SO^4 und H^2TeO^4 oder HCl und HJ auftreten. Ausserdem bildet das Mangan eine niedere Oxydationsstufe MnO^3, welche den Trioxyden des Schwefels und Chroms analog ist und welcher das mit K^2SO^4 isomorphe mangansaure Kalium K^2MnO^4 entspricht [16]). In den noch niedrigeren Oxydformen zeigt das Mangan mit dem Chlor schon keine Aehnlichkeit mehr und

16) Die Vergleichung von $KMnO^4$ mit $KClO^4$ oder von K^2MnO^4 mit K^2SO^4 weist direkt darauf hin, dass viele physikalische und chemische Eigenschaften nicht von der Qualität der einfachen Körper abhängen, sondern von den Atomformen, in welchen diese erscheinen, von der Art der Bewegung oder der Lage, in welcher sich die die Molekeln bildenden Atome befinden.

in den einfachen Körpern, d. h. im Mangan und Chlor ist jegliche Analogie verschwunden, denn Mn erscheint als ein dem Eisen ähnliches Metall, das sich mit Chlor direkt zu einem dem Chloride $MgCl^2$ analogen salzartigen Körper $MnCl^2$ verbindet [17]).

Das Mangan gehört zu den in der Natur weit verbreiteten Metallen; Eisenerze enthalten oft Verbindungen des Manganoxyduls MnO, welches dem Eisenoxydule FeO und der Magnesia MgO ähnlich ist. In vielen Mineralien ist die Magnesia oder ein ähnliches Oxyd durch Manganoxydul ersetzt. Kalk- und Magnesiaspath oder überhaupt Spathe RCO^3 enthalten eine Beimengung von Manganspath $MnCO^3$, welcher auch vereinzelt, jedoch selten vorkommt. Auch im Boden und in der Pflanzenasche findet sich gewöhnlich Mangan, aber in ganz unbedeutender Menge. Bei der Analyse von Mineralien bleibt das Mangan gewöhnlich mit dem Magnesium in Lösung, da es wie dieses in Gegenwart von Ammoniumsalzen durch die meisten Reagentien nicht gefällt wird. Die Fähigkeit des Manganoxyduls MnO in höhere Oxydationsstufen überzugehen ergibt eine leichte Methode nicht nur zu seiner Entdeckung in Gegenwart von Magnesia, sondern auch zur Trennung dieser beiden ähnlichen Basen. Aus der alkalischen Lösung eines Manganoxydulsalzes wird z. B. durch eine Lösung von unterchlorigsaurem Natrium Mangandioxyd gefällt: $MnCl^2 + NaClO + 2NaHO = MnO^2 + H^2O + 3NaCl$. Die Magnesia bleibt bei dieser Einwirkung unverändert, da sie keine höheren Oxydationsstufen bildet, und wenn sie auch durch das Alkali gefällt wird, so lässt sie sich leicht in Essigsäure lösen, in welcher MnO^2 unlöslich ist. Geringe Manganmengen lassen sich auch durch die grüne Färbung nachweisen, welche ätzende oder kohlensaure Alkalien beim Glühen mit Manganverbindungen an der Luft annehmen. Diese Färbung bedingt das hierbei entstehende mangansaure Kalium: $MnCl^2 + 4KHO + O^2 = K^2MnO^4 + 2KCl + 2H^2O$. Die **Fähigkeit sich in Gegenwart von Alkalien zu oxydiren** ist für das Mangan sehr charakteristisch. Auch in der Natur findet es sich oft in Form seiner verschiedenen höheren Oxyde. Uebrigens sind reine Manganerze nicht sehr verbreitet, obgleich Manganoxydulverbindungen fast überall vorkommen. Das wichtigste Manganerz ist das Dioxyd oder das sogen. **Manganhyperoxyd**, MnO^2, das in der Mineralogie **Pyrolusit** genannt wird. Ferner findet sich das Mangan als Oxyduloxyd $MnOMn^2O^3 = Mn^3O^4$, das dem Magneteisenstein entspricht und als Mineral unter dem Namen **Hausmannit** bekannt ist. Das Manganoxyd Mn^2O^3 kommt wasserfrei als **Braunit** und im wasserhaltigen Zustande als **Manganit** $Mn^2O^3H^2O$ vor. Endlich findet es sich noch

---

17) Wenn man die Spektren von Cl^2, Br^2 und J^2 (Seite 605) mit dem Spektrum von Mn vergleicht, so lässt sich eine gewisse Aehnlichkeit nicht übersehen, nach welcher Mn und Fe sich sowol gegenseitig, als auch Cl^2, Br^2 und J^2 nähern.

als **Orletz** oder kieselsaures Manganoxydul $MnSiO^3$. In Russland sind reiche Manganerze im Kaukasus, im Uralgebirge und am Dnjepr aufgefunden worden. Besonders reiche Fundorte sind der Kreis Scharopanj des Gouvernements Kutaïs (in Transkaukasien) und die Gegend am Dnjepr in der Nähe von Nikopol. Diese Manganerze werden gegenwärtig schon ins Ausland exportirt (bis zu 4 Millionen Pud).

Das Mangan bildet Oxyde von folgenden Formen:

MnO, Manganoxydul, das in vielen Beziehungen der Magnesia und dem Eisenoxydul ähnlich ist und dem die Manganoxydulsalze MnX^2 entsprechen.

Mn^2O^3, Manganoxyd, eine sehr schwache Base, welche Salze MnX^3 bildet, die den Salzen der Thonerde und des Eisenoxyds analog sind.

MnO^2, Mangandioxyd, das gewöhnlich Hyperoxyd genannt wird, — ein fast indifferentes oder eher ein schwach saures Oxyd [18]).

MnO^3, Mangansäureanhydrid, welches K^2SO^4 analoge Salze bildet.

Mn^2O^7, Uebermangansäureanhydrid, dessen Salze $KClO^4$ ähnlich sind.

Alle Manganoxyde geben beim Erwärmen mit Säuren Salze, welche der untersten Oxydationsstufe dem **Manganoxydule** MnO, also der Form MnX^2 entsprechen. Das Manganoxyd Mn^2O^3 ist eine sehr schwache Base, dennoch bildet sie mit Salzsäure eine dunkelfarbige Lösung, welche das Salz $MnCl^3$ enthält: $Mn^2O^3 + 6HCl = 3H^2O + Mn^2Cl^6$; aber schon bei schwachem Erwärmen entweicht Chlor und das Manganchlorid geht in das dem Oxydul entsprechende Manganchlorür über: $Mn^2Cl^6 = 2MnCl^2 + Cl^2$. Alle höheren Oxydationsstufen des Mangans besitzen keinen basischen Charakter, sondern **wirken in Gegenwart von Säuren wie Oxydationsmittel,** indem sie Sauerstoff ausscheiden und in Salze der untersten Oxydationsstufe des Mangans übergeben. **Manganoxydulsalze** lassen sich daher leicht darstellen: man erhält sie gewöhnlich als Rückstand bei der Ver-

---

18) Als Hyperoxyde sollte man nur die *höchsten* Oxyde bezeichnen, welche direkt durch doppelte Umsetzungen aus Wasserstoffhyperoxyd entstehen oder dasselbe bilden können und welche mehr Sauerstoff enthalten, als die Basen und Säuren, analog dem wie das Wasserstoffhyperoxyd mehr Sauerstoff als das Wasser enthält. (MnO^2 steht zwischen MnO und MnO^3). Als Typus der Hyperoxyde erscheint das Wasserstoffhyperoxyd H^2O^2, als Beispiele können BaO^2 und S^2O^7 (Schwefelhyperoxyd) und ähnl. dienen. Das Mangandioxyd MnO^2 ist aller Wahrscheinlichkeit nach ein Salz, mangansaures Manganoxyd $Mn^2O^3MnO^3$, und besitzt als basisches Salz einer schwachen Base die Fähigkeit sowol mit Alkalien als auch mit Säuren in Verbindung zu treten. Es ist daher die allgemein angenommene Bezeichnung «Manganhyperoxyd» aufzugeben und an dessen Stelle *«Mangandioxyd»* zu setzen, wie ich dies im Weiteren auch durchgeführt habe. Auch PbO^2 ist besser Bleidioxyd als Bleihyperoxyd zu nennen.

wendung des Manganhyperoxyds zur Gewinnung von Sauerstoff und Chlor [19]).

---

19) Zur Darstellung von Sauerstoff erhitzt man das Mangandioxyd mit Schwefelsäure: $MnO^2 + H^2SO^4 = MnSO^4 + H^2O + O$; oder man setzt es einer starken Glühhitze aus, wobei unter Sauerstoffentwickelung das intermediäre Oxyd $Mn^3O^4 = 3MnO^2 - O^2$ entsteht, welches dann beim Erwärmen mit Schwefelsäure wieder Sauerstoff und schwefelsaures Manganoxydul bildet. Zur Gewinnung von Chlor erhitzt man das Mangandioxyd mit Salzsäure, und erhält dann im Rückstande Manganchlorür $MnCl^2$. Diese beiden Manganoxydulsalze können als Beispiele von MnO-Verbindungen dienen. Das **schwefelsaure Manganoxydul**, $MnSO^4$ (Mangansulfat) enthält gewöhnlich verschiedene Beimengungen, von denen es meist durch Krystallisation getrennt werden kann; die gewöhnlichste und in grösster Menge vorhandene Beimengung bilden aber Salze des Eisens, die sich auf diese Weise nicht entfernen lassen. Die Entfernung derselben gelingt, wenn man einen Theil der Lösung mit Soda versetzt, wobei durch doppelte Umsetzung ein Niederschlag von kohlensaurem Manganoxydul entsteht, den man nach dem Abfiltriren und Auswaschen mit Wasser dem anderen Theile der Lösung des unreinen schwefelsauren Manganoxyduls zusetzt. Beim Erwärmen fällt dann mit diesem Niederschlage alles Eisen als Oxyd aus. Da nämlich das Mangandioxyd bei der Auflösung in Schwefelsäure oxydirend wirkt, so geht das Eisen schon als Oxydsalz in Lösung und da das Eisenoxyd eine sehr schwache Base ist, so wird es durch kohlensaures Calcium und andere ähnliche Salze, also auch durch kohlensaures Manganoxydul ausgefällt. Nach dem Abfiltriren des Niederschlages erhält man nun eine reine Lösung von schwefelsaurem Manganoxydul, welche noch höhere Oxydationsstufen des Mangan enthalten kann. Dieselben geben der Lösung eine rothe Färbung und lassen sich leicht zersetzen, denn schon beim Kochen gehen sie unter Sauerstoffentwickelung in das Manganoxydulsalz über. Das schwefelsaure Manganoxydul zeichnet sich durch die Leichtigkeit aus, mit der es verschiedene Verbindungsstufen mit Wasser bildet. Wenn man die fast farblose Lösung des Salzes bei sehr niedrigen Temperaturen verdunsten und die gesättigte Lösung bis auf 0° abkühlen lässt, so scheiden sich Krystalle des schwefelsauren Manganoxyduls mit 7 Molekeln Krystallisationswasser aus, $MnSO^4 7H^2O$, welche mit dem schwefelsauren Kobalt und dem Eisenvitriole isomorph sind. Schon bei 10° verlieren diese Krystalle 5 pCt. Wasser und bei 15° verwittern sie vollständig unter Verlust von etwa 20 pCt. Wasser. Verdunstet man die Lösung bei gewöhnlicher Temperatur aber nicht über 20°, so entstehen Krystalle mit 5 Molekeln Wasser, $MnSO^4 5H^2O$, die mit dem Kupfervitriol isomorph sind, und zwischen 20° und 30° krystallisiren grosse durchsichtige Prismen mit 4 Molekeln Krystallisationswasser $MnSO^4 4H^2O$ (vergl. das Kap. Nickel). Eine siedende Lösung scheidet dieselben Krystalle zugleich mit solchen aus, die 3 Molekeln Wasser enthalten, $MnSO^4 3H^2O$. Beim Schmelzen dieses Salzes oder beim Kochen der Lösung mit Alkohol bilden sich Krystalle mit 2 Wassermolekeln $MnSO^4 2H^2O$. Durch Trocknen dieser Krystalle bei ungefähr 200° erhielt Graham das Salz mit einer Wassermolekel $MnSO^4 H^2O$. Diese letzte Wassermolekel scheidet sich ebenso schwer aus wie aus den anderen schwefelsauren Salzen, welche mit dem schwefelsauren Magnesium isomorph sind. Die viel Krystallisationswasser enthaltenden $MnSO^4$-Krystalle sind rosafarbig, die wasserfreien—farblos. Aus den auf Seite 82, Anm. 24 angegebenen Daten über die Löslichkeit von $MnSO^4$ geht hervor, dass dieses Salz bei der Siedetemperatur der Lösung viel weniger löslich ist, als bei niederen Temperaturen; eine bei gewöhnlicher Temperatur gesättigte Lösung wird daher beim Kochen trübe. Beim Erhitzen zersetzt sich das schwefelsaure Mangan analog dem schwefelsauren Magnesium, hinterlässt aber hierbei nicht Manganoxydul, sondern das intermediäre Oxyd Mn^3O^4. Mit schwefelsauren Alkalimetallen bildet es Doppelsalze. Bemerkenswerth ist es, dass es auch mit

Schon aus dem Umstande, dass die Manganoxyde beim Glühen im Wasserstoffstrome nicht bis zu metallischem Mangan reduzirt werden (während die Oxyde des Eisens hierbei metallisches Eisen bilden), sondern bis zum Oxydul MnO, lässt sich folgern, dass das Mangan eine bedeutende Affinität zum Sauerstoff besitzt. Um diesen dem Mangan zu entziehen muss man mit Kohle und Natrium bei einer sehr hohen Temperatur einwirken. Wenn man das Ge-

---

schwefelsaurem Aluminium feine, strahlige Krystalle bildet, welche analog dem Alaune zusammengesetzt sind: $MnAl^2(SO^4)^4 24H^2O$. Dieses Doppelsalz löst sich leicht in Wasser und kommt in der Natur vor.

Das **Manganchlorür**, $MnCl^2$, krystallisirt mit 4 Molekeln Wasser wie das Eisenchlorür und nicht mit 6 Mol. wie viele ähnliche Chloride, z. B. des Co, Ca, Mg. In 100 Theilen Wasser lösen sich bei 10° 38 Theile wasserfreien Manganchlorürs und bei 62° 55 Theile. Auch in Alkohol löst sich das Salz, die alkoholische Lösung brennt mit rother Flamme. Wie das Magnesiumchlorid, so bildet auch das Manganchlorür leicht Doppelsalze. Cyankalium fällt aus den Lösungen von Manganoxydulsalzen einen gelblich-grauen Niederschlag von MnC^2N^2, der sich im Ueberschusse des Reagenz löst und das dem gelben Blutlaugensalze analoge Doppelsalz $K^4MnC^6N^6$ bildet. Beim Eindampfen der Lösung dieses Doppelsalzes oxydirt sich ein Theil des Mangans und fällt aus, während das dem rothen Blutlaugensalze entsprechende Doppelsalz $K^3MnC^6N^6$ in Lösung bleibt. Durch Schwefelwasserstoff werden Manganoxydulsalze nicht gefällt, — selbst essigsaures Manganoxydul nicht—, während Schwefelammon einen sogen. fleischfarbenen Niederschlag gibt. Oxalsäure bewirkt in konzentrirten Manganoxydulsalz-Lösungen einen weissen Niederschlag, C^2MnO^4, welcher zur Darstellung des Manganoxyduls selbst benutzt wird, denn beim Erhitzen zersetzt er sich analog der Oxalsäure und hinterlässt unter Entwickelung von Kohlensäureanhydrid und Kohlenoxyd Manganoxydul. Hierbei erhält man das **Manganoxydul**, MnO, in Form eines grünen Pulvers, welches sich so leicht oxydirt, dass es schon an der Luft sich bei Berührung mit einem erhitzten Gegenstande entzündet und in das rothe intermediäre Oxyd Mn^3O^4 übergeht. Die Darstellung muss daher in einem Rohre unter Ausschluss der Luft ausgeführt werden. Alkalien geben in den Lösungen von Manganoxydulsalzen einen weissen Niederschlag von Manganoxydulhydrat MnH^2O^2, welcher an der Luft sehr schnell Sauerstoff absorbirt und in das intermediäre Oxyd oder richtiger dessen Hydrat übergeht. Das Manganoxydul entsteht auch beim Erhitzen der anderen höheren Manganoxyde im Wasserstoffstrome, sowie auch beim Erhitzen von kohlensaurem Manganoxydul. Beim Glühen in Wasserstoff erlangt das Manganoxydul eine grössere Dichte und oxydirt sich dann nicht mehr so leicht. In krystallinischem Zustande erhält man es, wenn man kohlensaures Manganoxydul oder irgend ein anderes Manganoxyd im Wasserstoffstrome glüht und gleichzeitig eine geringe Menge von trocknem Chlorwasserstoff durchleitet. Es erscheint in durchsichtigen smaragdgrünen Krystallen des regulären Systems; in Säuren sind diese Krystalle leicht löslich.

Durch Oxydation von Manganoxydul entsteht das **rothe Manganoxyd** Mn^3O^4 (Manganoxyduloxyd), welches unter allen Manganoxyden die beständigste Oxydationsstufe darstellt. Dasselbe ist nicht allein bei gewöhnlicher Temperatur beständig, denn auch bei hohen Temperaturen absorbirt es keinen Sauerstoff und scheidet auch keinen Sauerstoff aus. Alle höheren Oxydationsstufen des Mangans gehen beim Glühen unter Ausscheidung von Sauerstoff und das Manganoxydul durch Oxydation in dieses beständige Oxyd über. Selbständige Salze bildet dasselbe nicht, aber es löst sich in Schwefelsäure zu einer dunkelrothen Flüssigkeit, welche gleichzeitig Salze des Oxyduls und des **Oxyds** Mn^2O^3 enthält. Das schwefelsaure Man-

misch eines Manganoxydes mit Kohle oder mit kohlenstoffhaltigen Substanzen der Weissglühhitze aussetzt, so erhält man das metallische Mangan im geschmolzenem Zustande. Auf diese Weise wurde es auch zum ersten Male von Gahn dargestellt, nachdem Pott und namentlich Scheele schon im vorigen Jahrhundert auf den Unterschied der Manganverbindungen von denen des Eisens hingewiesen hatten (früher wurden diese Verbindungen mit einander verwechselt). Zur Darstellung von matallischem Mangan wird ein Oxyd desselben, nachdem es gepulvert ist, mit Oel und Russ vermischt und das Gemisch zunächst zur Verkohlung der organischen Substanz erhitzt und dann in einem Graphittiegel stark geglüht. Das auf diese Weise erhaltene Mangan enthält jedoch meist eine bedeutende Menge Silicium und andere Beimengungen. Die Angaben über sein spezifisches Ge-

ganoxyd bildet mit schwefelsaurem Kalium Manganalaun, das heisst Eisenalaun, in welchem das Eisenoxyd durch das isomorphe Manganoxyd ersetzt ist. Doch sowol die Lösung von Manganalaun, sowie von schwefelsaurem Manganoxyd scheidet schon bei schwachem Erwärmen und beim Wiederauflösen Sauerstoff aus, wobei schwefelsaures Manganoxydul entsteht.

Das **Mangandioxyd**, MnO^2, besitzt einen noch schwächeren basischen Charakter als das Manganoxyd; in Gegenwart von Säuren scheidet es Sauerstoff oder Halogen aus und bildet ebenso wie das Oxyd Manganoxydulsalze. Wenn man jedoch MnO^2 mit Aether übergiesst und dann unter Abkühlung Chlorwasserstoffgas einleitet, so nimmt der Aether eine grüne Färbung an, weil sich in ihm das dem Dioxyd entsprechende Chlorid $MnCl^4$ löst. Dasselbe ist übrigens höchst unbeständig und zersetzt sich sehr leicht unter Entwickelung von Chlor. Viel beständiger ist die entsprechende von Nicklès erhaltene Fluorverbindung. Jedenfalls ist in dem Mangandioxyd nicht die basische, sondern eher der saure Charakter entwickelt, welcher besonders in den eben erwähnten Verbindungen $MnCl^4$ und MnF^4 und in der Fähigkeit des Dioxyds sich mit Alkalien zu verbinden zum Vorschein kommt. Wenn die höheren Oxydationsstufen des Mangans sich in Gegenwart von Alkalien desoxydiren, so bildet sich Mangandioxyd, welches öfters Alkali enthält, in Gegenwart von Aetzkali entsteht z. B. die Verbindung K^2O5MnO^2, welche auf den schwachen Säurecharakter des Dioxyds hinweist. In Gegenwart von Natriumverbindungen bildet sich beim Erhitzen von Mangandioxyd $Na^2O12MnO^2$ (Rousseau). Ueberhaupt besitzt das Mangandioxyd den Charakter eines sehr wenig energischen intermediären Oxydes; möglicher Weise ist es eine salzartige Verbindung von $MnOMnO^3$ oder $(MnO)^3Mn^2O^7$. Diese Voraussetzung beruht aber auf keiner festen Grundlage, obgleich es z. B. bekannt ist, dass Mangandioxyd in Gegenwart eines Alkalis auch aus $MnCl^2 + KMnO^4$ entsteht.

Das Mangandioxyd kann aus Manganoxydulsalzen durch Einwirken von Oxydationsmitteln dargestellt werden. Wenn man Manganoxydulhydrat oder kohlensaures Manganoxydul mit Wasser zusammenschüttelt und dann Chlor einleitet, so entsteht kein unterchlorigsaures Mangan, wie aus den Oxyden einiger anderer Metalle, sondern Mangandioxyd: $2MnH^2O^2 + Cl^2 = MnCl^2 + MnO^2H^2O + H^2O$. Daher wird auch aus Lösungen von Manganoxydulsalzen durch ein unterchlorigsaures Salz in Gegenwart von Alkalien oder von Essigsäure Mangandioxyd-Hydrat gefällt. Auch beim Erhitzen von salpetersaurem Manganoxydul auf 200° entsteht MnO^2. Ferner entsteht dasselbe auch aus mangansauren und übermangansauren Alkalien, wenn diese in Gegenwart von wenig Säure zersetzt werden. Ueber die Umwandlung der Salze MnX^2 in höhere Oxydationsstufen des Mangans vergl. Kap. 2 Anm. 6 des vorliegenden Werkes.

wicht schwanken zwischen 6,8 und 8,0. Es ist grauweiss, besitzt einen schwachen Metallglanz und ist sehr hart, lässt sich aber feilen. An der Luft oxydirt sich das Mangan sehr schnell; es rostet, indem es sich in ein schwarzes Oxyd verwandelt. Wasser zersetzt es schon bei gewöhnlicher Temperatur unter Entwicke- lung von Wasserstoff; sehr rasch verläuft die Zersetzung beim Kochen [20]).

Wenn Mangandioxyd oder irgend ein anderes der niederen Manganoxyde mit einem Alkali unter Luftzutritt geglüht wird, so absorbirt das Gemisch aus der Luft Sauerstoff [21]) und geht in grünes mangansaures Kalium über: $2KHO + MnO^2 + O = K^2MnO^4 + H^2O$. Die Hitze muss bis zur Verflüchtigung des entstehenden Was- sers gesteigert werden, denn sonst findet auch keine Absorption von Sauerstoff statt. Wenn man dem Gemisch, anstatt es an der Luft zu erhitzen, Berthollet'sches Salz oder Salpeter zusetzt, so erfolgt die Oxydation bedeutend schneller. Hierauf beruht die üb- liche Darstellungsmethode des **mangansauren Kaliums**, K^2MnO^4 (Ka- liummanganat). Löst man die erhaltene Schmelze in wenig Wasser, so erhält man eine dunkelgrüne Flüssigkeit, welche beim Ver- dunsten unter dem Rezipienten der Luftpumpe über Schwefelsäure grüne Krystalle ausscheidet. Letztere erscheinen in denselben sechsseitigen Prismen und Pyramiden, in welchen auch das schwe- felsaure Kalium krystallisirt. Wenn man diese Krystalle in voll- kommen reines Wasser bringt, welches weder Sauerstoff noch Koh- lensäure in Lösung hält, so lösen sie sich ohne einer Aenderung zu unterliegen. Wenn aber Säuren, sogar sehr schwache zugegen

---

20) Dass Beobachter, welche das Mangan nach anderen Methoden darstellten, ihm andere Eigenschaften zuschreiben, erklärt sich wahrscheinlich durch Beimen- gungen, welche sich beim Schmelzen in dem Mangan lösen. Sehr möglich und sogar auch sehr wahrscheinlich ist es, dass das Mangan, ausser Silicium, auch noch Kohle zu lösen, d. h. eine dem Roheisen ähnliche Verbindung mit derselben zu bilden vermag, infolge dessen auch andere Eigenschaften hervortreten. Deville erhielt me- tallisches Mangan, als er reines Mangandioxyd mit reiner Kohle (aus gebranntem Zucker) in einem Kalktiegel einer so starken Glühhitze aussetzte, dass es zum Schmelzen kam; das erhaltene Metall war röthlichweiss, dem Wismuth ähnlich, ebenso spröde wie dieses, jedoch sehr hart und zersetzte Wasser bei gewöhnlicher Temperatur. Brunner erhielt das Mangan als ein Metall vom spezifischen Gewicht 7,2, das auf Wasser bei gewöhnlicher Temperatur nur sehr schwach einwirkte, an der Luft sich nicht oxydirte, sich wie Stahl poliren liess, von grauer Farbe, dem Roheisen ähnlich, sehr spröde und so hart war, dass man damit, wie mit einem Diamanten, Stahl und Glas schneiden konnte. Zur Darstellung des Mangans zer- setzte Brunner Manganfluorür (das beim Einwirken von Flusssäure auf kohlensaures Manganoxydul entsteht) durch Natrium, indem er das zusammengepresste Gemisch dieser Substanzen in einem Tiegel mit Kochsalz und Flussspath überschichtete und zunächst, bis die Reaktion in Gang kam, schwach und darauf sehr stark erhitzte, um das entstehende Metall auszuschmelzen. Jedenfalls ist das Mangan ein Metall, das Wasser leichter zersetzt, als Eisen, Nickel und Kobalt.

21) Seite 178 Anm. 7.

sind, so nimmt die grüne Lösung allmählich eine rothe Färbung an und scheidet Mangandioxyd aus. Dieselbe Zersetzung erleidet das mangansaure Kalium auch beim Erhitzen mit Wasser. Verdünnt man die grüne Lösung mit einer grossen Menge ungekochten Wassers, so scheidet sich kein Mangandioxyd aus, aber die Flüssigkeit nimmt dennoch eine rothe Färbung an. Diese Farbenänderung wird durch die Umwandlung des mangansauren Kaliums in übermangansaures bedingt, da die Lösungen des ersteren eine grüne Farbe besitzen, die des letzteren dagegen eine rothe. Der unter dem Einfluss von Säuren und von viel Wasser stattfindenden Zersetzungsreaktion des mangansauren Kaliums entspricht die Gleichung: $3K^2MnO^4 + 2H^2O = 2KMnO^4 + MnO^2 + 4KHO$. Wenn wenig freie Säure vorhanden ist, so verbindet sie sich mit dem frei werdenden Alkali. Wenn dagegen eine grosse Menge von Säure zugegen ist und zugleich erwärmt wird, so zersetzt sich sowol das Mangandioxyd, als auch das übermangansaure Kalium und es entsteht ein Manganoxydulsalz. Dieselbe Zersetzung, die Säuren bewirken, findet auch beim Einwirken von schwefelsaurem Magnesium statt, da dieses Salz in vielen Fällen wie eine Säure reagirt. Wenn auf eine Lösung von mangansaurem Kalium Wasser, das aus der Luft gelösten Sauerstoff enthält, einwirkt, so addirt sich letzterer direkt zum Salze und führt es in übermangansaures Kalium über, ohne Mangandioxyd auszuscheiden: $2K^2MnO^4 + O + H^2O = 2KMnO^4 + 2KHO$. Auf diese Weise unterliegt die Lösung des mangansauren Kaliums einer sehr charakteristischen Aenderung in der Farbe, welche schon bei sehr schwachem Einwirken von Grün in Roth übergeht; dieses Salz ist daher mineralisches Chamäleon genannt worden [22]).

---

22) Unter dem Namen mineralisches Chamäleon war dieses Salz schon seit Langem bekannt, aber erst nach den Untersuchungen von Chevillot und Edwards, Mitscherlich und Forchhammer konnte die stattfindende Farbenänderung richtig erklärt werden. Dieselbe wird also, wie oben angegeben, durch die geringe Beständigkeit und das Zerfallen des mangansauren Salzes in eine höhere und eine niedere Manganverbindung bedingt: $3MnO^3 = Mn^2O^7 + MnO^2$. Das Mangantrioxyd (vergl. weiter unten) zersetzt sich in Wirklichkeit beim Einwirken von Wasser in dieser Weise: $3MnO^3 + H^2O = 2HMnO^4 + MnO^2$ (Franke, Thorpe und Humbly). Organische Substanzen wirken auf mangansaures Kalium desoxydirend, wobei Mangandioxyd und Aetzkali entstehen, so dass die Lösung durch Papier nicht filtrirt werden kann. In Gegenwart eines Ueberschusses an Alkali wird das Salz beständiger; beim Erhitzen in wässriger Lösung zerfällt es unter Ausscheidung von Sauerstoff.

Aus dem Vorhergehenden erklärt sich die Bildung des übermangansauren Kaliums, $KMnO^4$ (Kaliumhypermanganat), zu dessen Darstellung viele Methoden vorhanden sind, da dasselbe sowol in der Technik, als auch im Laboratorium gegenwärtig vielfach verwandt wird. Alle diese Methoden beruhen aber im Wesentlichen darauf, dass zunächst ein alkalisches Gemisch irgend eines Manganoxyds (selbst das aus Manganchlorür leicht darstellbare Manganhydroxydul lässt sich verwenden) in Gegenwart von Luft oder eines Oxydationsmittels (zur Beschleunigung der Reaktion be-

Das übermangansaure Kalium, $KMnO^4$, (Kaliumpermanganat) scheidet sich in gut ausgebildeten, langen prismatischen Krystallen von
dunkelrother Farbe, mit grünem Metallglanze aus. In der Praxis
wendet man öfters an Stelle des Kalis Natron oder andere
Basen an, aber kein anderes übermangansaures Salz krystallisirt so ausgezeichnet, wie das Kaliumsalz, welches daher im Laboratorium auch ausschliesslich benutzt wird. Ein Theil des Salzes
löst sich bei gewöhnlicher Temperatur in 15 Theilen Wasser. Die
Lösung ist so intensiv dunkelroth, dass die Farbe selbst bei der
stärksten Verdünnung mit Wasser noch leicht wahrzunehmen ist.
Bemerkenswerth sind die Zersetzungen, denen das Salz in vielen
Fällen unterliegt. Im festen Zustande zersetzt sich das übermangansaure Kalium beim Erhitzen unter Entwickelung von Sauerstoff
und Zurücklassung von rothem Manganoxyd und Aetzkali. Die Lösung des Salzes nimmt beim Versetzen mit einem Ueberschuss der
käuflichen, unreinen Alkalien gewöhnlich eine grüne Farbe an, da
mangansaures Alkali entsteht, wobei der Sauerstoff theilweise an
die dem Alkali beigemengten organischen Stoffe übergeht. Mit vollkommen reiner Kali- oder Natronlauge kann dagegen die Lösung
gekocht und sogar eingedampft werden, ohne dass die Farbenänderung eintritt. Zahlreiche Substanzen reduziren das übermangansaure Kalium zu Mangandioxyd; in dieser Weise wirken viele (jedoch
bei weitem nicht alle) organische Substanzen ein, welche sich
hierbei auf Kosten des Sauerstoffs des übermangansauren Salzes
oxydiren. Eine Lösung von Zucker z. B. zersetzt schon in der
Kälte die Lösung des übermangansaurem Kaliums. Wenn wenig
Zucker und ein Ueberschuss an Alkali vorhanden ist, so führt die
Reduktion zur Bildung von mangansauren Kalium nnd die rothe
Flüssigkeit nimmt eine grüne Farbe an: $2KMnO^4 + 2KHO = O +$
$2K^2MnO^4 + H^2O$. Wenn dagegen eine grössere Menge von Zucker
längere Zeit hindurch einwirkt, so wird die Flüssigkeit braun, indem sich Mangandioxyd und sogar Manganoxyd ausscheidet. Beim
Zusammenschütteln einer alkalischen Lösung von übermangansaurem
Kalium mit vielen organischen Substanzen geht die Oxydation gewöhnlich unter Wärmeentwickelung und Ausscheidung von MnO^2
vor sich. Hierbei wirken von den 8 Sauerstoffatomen des übermangansauren Kaliums 3 Atome oxydirend ein: $2KMnO^4 = K^2O +$

---

nutzt man Berthollet's Salz) erhitzt und die entstandene Schmelze dann mit Wasser
unter Erwärmen behandelt wird; hierbei fällt Mangandioxyd aus und in der Lösung
erhält man übermangansaures Kalium. Diese Lösung kann, da sie freies Alkali
enthält, gekocht werden, darf aber nicht zu stark eingedampft werden, da die konzentrirte Lösung sich beim Eindampfen ebenso zersetzt, wie das feste Salz.

Setzt man eine verdünnte Lösung von $MnSO^4$ zu einem siedenden Gemisch von
PbO^2 mit verdünnter Salpetersäure zu, so kann man alles Mangan in Uebermangansäure überführen (Crum).

$2MnO^2 + O^3$. Ein Theil des frei werdenden Alkalis wird von dem Mangandioxyde zurückgehalten, während der übrige Theil gewöhnlich mit der sich oxydirenden Substanz in Verbinduug tritt, wobei in den meisten Fällen Salze entstehen. In Lösung befindliches Jodkalium wird auf Kosten der drei Sauerstoffatome, welche sich aus $2KMnO^4$ entwickeln, in jodsaures Kalium übergeführt. Gemische von krystallinischem übermangansaurem Kalium mit Phosphor oder Schwefel entzünden sich beim Reiben oder Schlagen, während ein Gemisch mit Kohle sich nur durch Erhitzen, nicht aber durch Schlag entzünden lässt. Die Unbeständigkeit des übermangansauren Kaliums äusserst sich auch in der Zersetzbarkeit seiner Lösung durch Wasserstoffhyperoxyd, das sich hierbei auch selbst zersetzt [23]). **In Gegenwart von Säuren oxydirt $KMnO^4$ noch energischer** als in Gegenwart von Alkalien und scheidet jedenfalls auch mehr Sauerstoff aus und zwar nicht $^3/_8$ wie mit Alkalien, sondern $^5/_8$ der im Salze enthaltenen Sauerstoffmenge, denn in Gegenwart von Säuren entsteht nicht Mangandioxyd, sondern Manganoxydul, d. h. das Salz MnX^2. In Gegenwart von überschüssiger Schwefelsäure z. B. erfolgt die Zersetzung entsprechend der Gleichung: $2KMnO^4 + 3H^2SO^4 = K^2SO^4 + 2MnSO^4 + 3H^2O + O^5$. Diese Zersetzung findet übrigens nicht direkt beim Vermischen des Salzes mit Schwefelsäure statt, denn selbst Krystalle von übermangansauren Kalium lösen sich in der Säure ohne Sauerstoff zu entwickeln und die entstehende Lösung zersetzt sich nur allmählich. Schwefelsäure scheidet nämlich aus dem übermangansauren Salze die freie Uebermangansäure aus [24]),

---

23) Eine Lösung von übermangansaurem Kalium kann als ein ausgezeichnetes Beispiel für die Erscheinung des Absorbtionsspektrums dienen. Wenn das Licht beim Durchgehen durch diese Lösung einen Theil seiner Strahlen verliert (wenn man sich so ausdrücken darf), so erklärt sich dies zum Theil durch die hierbei eintretende Steigerung der oxydirenden Wirkung. Eine verdünnte Lösung von übermangansaurem Kalium bildet mit Nickelsalzen eine farblose Lösung, weil die grüne Farbe einer Nickelsalzlösung die komplementäre zu der rothen Farbe des übermangansauren Salzes ist. Die farblose Lösung, die viel Nickel und wenig übermangansaures Salz enthält, zersetzt sich allmählich unter Ausscheidung eines Niederschlages und nimmt dann von Neuem die den Nickelsalzen eigene grüne Farbe an.

24) Wenn man ohne besondere Vorsichtsmaassregeln mit H^2SO^4 auf $KMnO^4$ einwirkt, so scheidet sich viel Sauerstoff aus und die entstehende und sich zersetzende violette Uebermangansäure wird verspritzt (was sogar unter Explosion und Feuererscheinung vor sich gehen kann). Löst man dagegen in reiner abgekühlter Schwefelsäure reines (namentlich chlorfreies) übermangansaures Kalium unter Vermeidung von Temperatursteigerung, so sinkt eine grünliche Flüssigkeit zu Boden, die keine Schwefelsäure enthält, sondern aus **Uebermangansäureanhydrid**, Mn^2O^7, besteht (Aschoff, Terreil). Grössere Mengen von Mn^2O^7 lassen sich auf diese Weise nicht darstellen, denn dasselbe zersetzt sich, wenn es in irgend erheblicher Menge auftritt, sofort unter Explosion in Sauerstoff und rothes Manganoxyd. In starker Schwefelsäure löst sich das Uebermangansäureanhydrid, Mn^2O^7, zu einer grünen Flüssigkeit, welche (nach Franke 1887) die Verbindung $Mn^2SO^{10} = (MnO^3)^2SO^4$ enthält.

welche in Lösung ziemlich beständig ist. Wenn aber übermangansaures Kalium mit Säuren in Gegenwart von Substanzen zusammenkommt, die Sauerstoff aufnehmen können, indem sie z. B. in
eine höhere Oxydationsstufe übergehen, so geht die Reduktion der
Uebermangansäure zu Manganoxydul zuweilen direkt schon beim
Vermischen vor sich, was leicht wahrzunehmen ist, da Lösungen
von übermangansaurem Kalium, wie bereits erwähnt, eine intensiv
dunkelrothe Farbe besitzen, während Manganoxydulsalze beinahe
farblos sind. Salpetrige Säure und deren Salze z. B. werden, indem
sie die saure Lösung des übermangansauren Kaliums entfärben, zu
Salpetersäure oxydirt. Die Lösung wird auch durch Schwefligsäure-

---

d. h. H^2SO^4, in welcher beide Wasserstoffatome durch den Rest MnO^3 ersetzt sind.
Im übermangansauren Kalium ist dieser Rest mit OK verbunden. Beim Vermischen
der genannten Verbindung mit wenig Wasser entsteht Mn^2O^7 entsprechend der
Gleichung: $(MnO^3)^2SO^4 + H^2O = H^2SO^4 + Mn^2O^7$ und wenn bis auf $30°$ erwärmt
wird, so bildet sich unter Entwickelung von Sauerstoff das **Mangantrioxyd:** $(MnO^3)^2SO^4$
$+ H^2O = 2MnO^3 + H^2SO^4 + O$. Reines Mangantrioxyd, MnO^3, erhält man durch
tropfenweises Zusetzen von Sodalösung zu der Lösung von $(MnO^3)^2SO^4$. Das hierbei zugleich mit Kohlensäuregas herausspritzende Trioxyd lässt sich in einer gut
abgekühlten Vorlage aufsammeln; der Reaktion entspricht die Gleichung: $(MnO^3)^2SO^4$
$+ Na^2CO^3 = Na^2SO^4 + 2MnO^3 + CO^2 + O$ (Thorpe). Wasser zersetzt das Mangantrioxyd in MnO^2 und **Uebermangansäure:** $3MnO^3 + H^2O = MnO^2 + 2HMnO^4$. Die
Uebermangansäure entsteht auch beim Auflösen von Mn^2O^7 in Wasser.
  Beim Versetzen einer konzentrirten Lösung von übermangansaurem Kalium mit
salpetersaurem Silber fällt das schwer lösliche Silbersalz $AgMnO^4$ aus, welches
durch Einwirken von $BaCl^2$ in übermangansaures Baryum übergeführt wird. Wirkt
man nun auf letzteres mit verdünnter Schwefelsäure ein, so erhält man wieder die
Uebermangansäure, $HMnO^4$, in Lösung. Die Lösung dieser Säure bildet eine dunkelrothe, im durchfallenden Lichte dunkelviolett erscheinende Flüssigkeit; die Farbe
der verdünnten Lösung ist dieselbe wie die des übermangansauren Kaliums. Beim
Einwirken des Lichtes, sowie beim Erwärmen auf $60°$ scheidet die Lösung Mangandioxyd aus, und zwar um so rascher, je verdünnter sie ist. Sogar Wasserstoff wird
durch die Uebermangansäurelösung absorbirt (?); Kohle und Schwefel werden durch
sie ebenso oxydirt, wie durch übermangansaures Kalium. Diese Einwirkung kann
man zur Analyse von Schiesspulver verwerthen, dessen Kohle und Schwefel beim
Behandeln mit einer Lösung von übermangansaurem Kalium vollständig in Kohlensäure,
respektive Schwefelsäure übergehen. Durch Platinpulver wird die Uebermangansäure
sofort zersetzt. Aus Kaliumjodid scheidet sie Jod aus (das sich dann zu Jodsäure
oxydiren kann) (Mitscherlich, Fromhert, Aschoff und and.). Ammoniak bildet mit
der freien Uebermangansäure keine entsprechenden Salze, da er oxydirt wird,
wobei Stickstoff entweicht. Die oxydirende Wirkung der freien Uebermangansäure
kann in konzentrirter Lösung unter Flammenerscheinung und Bildung von violetten
Uebermangansäure-Dämpfen stattfinden; Papier und Alkohol z. B. werden durch
die konzentrirte Lösung entzündet, desgleichen Fette, schwefligsaure Alkalimetalle u. s. w.
  Nach Franke bildet ein Theil $KMnO^4$ mit 13 Theilen Schwefelsäure bei $100°$
braune Krystalle von $Mn^2(SO^4)^3H^2SO^54H^2O$, welche durch Wasser in einen braunen
Niederschlag von $H^2MnO^3 = MnO^2H^2O$ übergeführt werden.
  Spring erhielt durch Fällen von $KMnO^4$ mit Na^2SO^3 und Auswaschen des
Niederschlags durch Dekantation ein kolloidales lösliches Manganoxyd von der
Zusammensetzung $Mn^2O^34(MnO^2H^2O)$, also zwischen Mn^2O^3 und MnO^2.

anhydrid und dessen Salze sofort unter Bildung von Schwefelsäure entfärbt. In gleicher Weise reagiren auch Eisenoxydulsalze und überhaupt Salze niederer Oxydationsstufen, welche sich in Lösungen oxydiren lassen. Auch Schwefelwasserstoff wird zu Schwefelsäure oxydirt; selbst Quecksilber oxydirt sich auf Kosten der Uebermangansäure, deren Lösung es entfärbt, indem es in Quecksilberoxyd übergeht. Diese Reaktionen lassen sich leicht bis zu Ende verfolgen, so dass man nach der Menge der verbrauchten $KMnO^4$-Lösung genau die Menge der gelösten Substanz, die hierbei oxydirt wird, bestimmen kann, wenn nur der Titer oder der Gehalt an einwirkendem Sauerstoff in der Volumeinheit der $KMnO^4$-Lösung vorher festgestellt wird (Methode von Marguerite).

Die oxydirende Einwirkung der Uebermangansäure, sowie auch alle anderen chemischen Reaktionen, gehen nicht momentan, sondern nur allmählich vor sich. Da sich nun der Reaktionsverlauf bei Oxydationen mittelst dieser Säure leicht verfolgen lässt, indem man jeden Augenblick in einer entnommenen Probe die Menge des unverändert gebliebenen Salzes bestimmen kann,[25] so benutzten Harcourt und Esson (im Jahre 1865) die oxydirende Einwirkung des übermangansauren Kaliums in saurer Lösung zur Erforschung der Geschwindigkeit chemischer Umwandlungen[26]. Es war dies eine

---

25) Rasche und genaue Bestimmungen dieser Art werden durch das in der chemischen Analyse unter der Bezeichnung Titriren bekannte Verfahren ausgeführt. Dasselbe beruht auf dem Messen des Volums bekannter Lösungen, welche zur vollständigen Umwandlung der zu bestimmenden Substanz erforderlich sind. Bestimmte oder titrirte Lösungen sind solche, deren Gehalt an dem betreffenden Reagenz genau bekannt ist. Ausführlicheres über die Theorie und Praxis der Titrirmethoden findet man in den Lehrbüchern für analytische Chemie.

26) In der Mechanik dient die Geschwindigkeit und die Beschleunigung zur Bestimmung einer Kraft, wobei aber die Geschwindigkeit durch eine lineare Grösse, den in der Zeiteinheit zurückgelegten Weg ausgedrückt wird. Die Geschwindigkeit chemischer Umwandlungen erscheint als ein ganz anderer Begriff. Erstens bezeichnet die Reaktions-Geschwindigkeit die Grösse der Massen, welche chemische Umwandlungen erleiden; zweitens kann diese Geschwindigkeit nur relative Grössen ausdrücken. Dem Begriffe der Geschwindigkeit in der Chemie und in der Mechanik ist nur die Zeit gemeinsam. Bezeichnet man durch dt das Element der Zeit und durch dx die Substanzmenge, die in dieser Zeit der Umwandlung unterliegt, so drückt der Quotient (oder der Differentialquotient, $\frac{dx}{dt}$ die Reaktionsgeschwindigkeit aus.

Harcourt und Esson und vor ihnen (1850) Wilhelmy (der die Geschwindigkeit der Umwandlung oder der Inversion des Zuckers in Glykose untersucht hatte) nahmen an, dass diese Geschwindigkeit der noch nicht veränderten Substanzmenge proportional sei, d. h. dass $\frac{dx}{dt} = C(A-x)$, wo C der konstante Proportionalitäts-Koëffizient ist und A die zur Reaktion angewandte Substanzmenge in dem Momente, in welchem t = 0 und x = 0, zu Beginn des Versuches, von welchem die Zeit t und die Menge x der veränderten Substanz gerechnet werden. Durch Integriren der vorhergehenden Gleichung erhält man $\log \frac{A}{A-x} = Kt$, wo K eine neue Konstante ist, wenn die gewöhnlichen (und nicht die natürlichen) Logarithmen benutzt werden. Wenn A,

der ersten in dieser Richtung angestellten Untersuchungen, welche für die chemische Mechanik von grosser Bedeutung sind. Zu ihren Versuchen wandten die genannten Forscher Oxalsäure, $C^2H^2O^4$, an, welche sich zu Kohlensäure oxydirt und bei überschüssiger Schwefelsäure das übermangansaure Kalium in schwefelsaures Manganoxydul $MnSO^4$ überführt: $5C^2H^2O^4 + 2MnKO^4 + 3H^2SO^4 = 10CO^2 + K^2SO^4 + 2MnSO^4 + 8H^2O$. Der Einfluss der relativen Menge an Schwefelsäure ergiebt sich aus folgender Tabelle, in welcher bei Anwendung von n Molekeln H^2SO^4 auf $2KMnO^4 + 5C^2H^2O^4$ als Maass der Reaktion die Menge des übermangansauren Kaliums in Procenten p angegeben ist, welche nach Verlauf von 4 Minuten von 100 Theilen dieses Salzes in Wirkung getreten war.

$n =$	2	4	6	8	12	16	22
$p =$	22	36	51	63	77	86	92.

Die Temperatur und die relative Menge eines jeden der einwirkenden und entstehenden Stoffe müssen offenbar ihren Einfluss auf die relative Reaktionsgeschwindigkeit ausüben. Durch direkte Versuche ist z. B. der Einfluss der Beimengung von $MnSO^4$ festgestellt worden, deren Bildung von der möglichen Entstehung von MnO^2 und der Einwirkung des Manganoxyduls auf die Mangansäure abhängt. Bei Anwendung einer grossen Menge Wasser und von viel Oxalsäure (108 Molekeln) auf $2KMnO^4$ und beim Versetzen mit $MnSO^4$ (14 Molekeln) betrug die Menge X des in Reaktion getretenen $KMnO^4$ (in Procenten des angewandten $KMnO^4$) nach Verlauf von t Minuten (bei 16^0):

$t =$	2	5	8	11	14
$x =$	5,2	12,1	18,7	25,1	31,3
$t =$	44	47	53	61	68
$x =$	68,4	71,1	75,8	79,8	83,0;

Aus diesen Zahlen geht hervor, dass die Reaktionsgeschwindigkeit d. h. die $KMnO^4$-Menge, welche in einer Minute reduzirt wird, in dem Maasse abnimmt, in dem die Masse des unverändert bleibenden übermangansauren Kaliums geringer wird. Anfangs traten 2,6 pCt. des Salzes in Reaktion und nach Ablauf einer Stunde nur 0,5 pCt. Aehnliche Erscheinungen sind auch in allen andern bis jetzt untersuchten Reaktionen beobachtet worden. Dieser Theil der theoretischen oder physikalischen Chemie, an dessen Ausarbeitung gegenwärtig Viele [27] begriffen sind, verspricht über den Ver-

---

x und t bekannt sind, so ergibt sich hieraus für eine jede Reaktion K, das sich als eine konstante Grösse herausstellt. Aus den im Texte angeführten Zahlen ergibt sich z. B. für die Reaktion: $2KMnO^4 + 108C^2H^2O^4 + 14MnSO^4$, dass $K = 0{,}0114$, da t = 44, x = 68,4 (A = 100) und folglich $Kt = 0{,}5004$ und $K = 0{,}0114$.

27) Von Wichtigkeit sind hier die Untersuchungen von Hood, van't Hoff, Ostwald, Warder, Menschutkin, Konowalow und and. In Anbetracht der Neuheit

lauf chemischer Umwandlungen von einem neuen mit der Verwandt-
schaftslehre zusammentreffenden Gesichtspunkt aus Aufklärung, da die
Reaktionsgeschwindigkeit mit der Stärke der Verwandtschaft (Affinität) zwischen den mit einander reagirenden Stoffen zweifellos im
Zusammenhange steht.

Zweiundzwanzigstes Kapitel.

Eisen, Kobalt und Nickel.

Nach der Grösse des Atomgewichts und den Formen der höchsten Oxyde kann man sich leicht einen Begriff über die Reihen der
zu den 7 Gruppen gehörenden Elemente bilden. Solche Reihen sind
z. B. die typische der Elemente: Li, Be, B, C, N, O, F und die
3-te Reihe: Na, Mg, Al, Si, P, S, Cl. Den 7 Gruppen entsprechen
die 7 gewöhnlichen Oxydform von R^2O bis R^2O^7 (vergl. Kap. 15).
Die VIII-te Gruppe nimmt eine ganz eigenartige Stellung ein,
welche dadurch bedingt wird, dass in jeder Gruppe von Elementen,
welche ein grösseres Atomgewicht als das Kalium besitzen, auf
Grund des hierüber schon Ausgeführten, die Elemente der paaren
und unpaaren Reihen zu unterscheiden sind. Die Reihen der paaren Elemente, welche mit Elementen von scharf basischem Charakter (K, Rb, Cs) beginnen, bilden mit den ihnen folgenden unpaaren Reihen, welche mit den Halogenen (Cl, Br, J) abschliessen,
grosse Perioden, in denen die Eigenschaften der einander entsprechenden Glieder sich wiederholen. Die Elemente der VIII-ten Gruppe
stehen in diesen Perioden zwischen den Elementen jeder paaren
Reihe und der nachfolgenden unpaaren Reihe und befinden sich
auf diese Weise in der Mitte einer jeden grossen Periode. Die ty-
pischen Eigenschaften der zur VIII-ten Gruppe gehörenden Elemente offenbaren sich sehr deutlich im Eisen, dem allgemein bekannten Repräsentanten dieser Gruppe.

Das Eisen gehört zu den Elementen, welche nicht nur in der
Masse unserer Erdrinde, sondern auch im Weltall sehr verbreitet
sind. Die Oxyde des Eisens und deren verschiedene Verbindungen
finden sich in den verschiedensten Theilen der Erdrinde, in welcher
das Eisen jedoch immer mit irgend einem anderen Elemente verbunden ist. Im freien Zustande kommt das Eisen auf der Erdober-

---

dieses Gegenstandes und in Ermangelung von Anwendungen, sowie auch von zweifel-
losen Folgerungen kann ich auf dieses Gebiet der theoretischen Chemie nicht eingehen, obgleich ich die feste Ueberzeugung habe, dass dessen Ausarbeitung sehr
wichtige Folgen haben muss, besonders in Bezug auf das chemische Gleichgewicht,
da schon van't Hoff gezeigt hat, dass die Reaktionsgrenze in den umkehrbaren
Prozessen durch das Eintreten gleicher Geschwindigkeiten in den entgegengesetzten
Reaktionen bestimmt wird.

fläche aus dem Grunde nicht vor, weil es sich beim Einwirken von feuchter Luft leicht oxydirt. Gediegen findet man das Eisen zuweilen in den Meteorsteinen oder Aërolithen, welche aus dem Weltraume auf die Erde niederfallen. Das **Meteoreisen** ist nicht terrestrischen Ursprungs. [1]) Die Aërolithen sind Bruchstücke, welche um die Sonne kreisen und auf die Erde niederfallen, wenn sie in ihre Nähe kommen. Der nicht niederfallende, nur die oberen Theile der Erdatmosphäre durchfliegende Meteorstaub bedingt, indem er durch die Reibung an den Gasen der Atmosphäre ins Glühen geräth, die unter dem Namen Sternschnuppen bekannte Himmelserscheinung [2]). Da nun die aus dem Weltraum kommenden

---

1) Die Zusammensetzung des Meteoreisens ist verschieden; es enthält gewöhnlich Nickel, zuweilen Phosphor, Kohlenstoff und andere Elemente. Der Schreibersit der Meteorsteine enthält Fe^4Ni^2P.

2) Die Kometen und den Ring des Saturn müssen wir uns als aus einer Ansammlung solcher meteoritischer, kosmischer Bruchstücke oder Körper bestehend vorstellen. Möglicherweise spielen sogar diese kleinen im Weltraum überall sich bewegenden Körper in der Bildung der grössten Individuen des Weltalls eine wichtigere Rolle, als noch vor nicht langer Zeit angenommen wurde, und die weitere Ausarbeitung dieses Gebietes der Astronomie, die erst in den letzten Decennien, insbesondere von Schiaparelli in Angriff genommen ist, wird zweifellos von hervorragendem Einflusse auf die gesammte Naturkunde sein. Die Frage, woher es kommt, dass in den Aërolithen freies, auf der Erde dagegen gebundenes Eisen angetroffen wird, und ob dies nicht einen wesentlichen Unterschied zwischen den Bedingungen auf unserem Planetensystem und denen auf anderen Systemen beweist, habe ich schon Kap. VIII Aum. 57 zu beantworten versucht. Meiner Ansicht nach bildet das Innere der Erde eine Masse, welche wie die Meteoriten aus kieselerdehaltigen Gesteinen und metallischem, zum Theil kohlenstoffhaltigem Eisen besteht. Um dies zu erläutern, sei noch Folgendes erwähnt. Nach der Theorie der Druckvertheilung in der Atmosphäre eines Gasgemenges (Mendelejeff «Ueber barometrisches Nivelliren» 1876, in russ. Sprache, pag. 48 u. ff.), müssen zwei Gase, deren Dichten d und d‘ betragen und deren relativen Mengen oder deren Partialdrucke in einer bestimmten Entfernung vom Anziehungscentrum h und h‘ sind, in einer anderen weiteren Entfernung von diesem Centrum wiederum ein anderes Verhältniss ihrer Massen (d. h. Partialdrucke) aufweisen, nämlich x : x‘, wobei d‘(log h—log x)=d(log h‘—log x‘) ist. Wenn also z. B. d : d‘=2 : 1 und h=h‘=10, d. h. die Massen in den unteren Schichten des Gemenges gleich sind, so wird, wenn x=10 ist, x‘ nicht 10, sondern weit mehr betragen, und zwar x‘=100 sein, d. h. die Masse des Gases, dessen Dichte = 1 ist, wird nicht, wie in den unteren Theilen der Atmosphäre, gleich der des Gases von der Dichte = 2 sein, es wird vielmehr das leichtere Gas in den höheren Schichten bedeutend vorwalten Somit mussten, als die ganze Erdmasse sich im Dampfzustande befand, in der Nähe des Centrums die Stoffe von (relativ, z. B. im Vergleich mit dem Sauerstoff) grösserer Dampfdichte, dagegen an der Oberfläche die von geringerer Dampfdichte sich ansammeln. Da nun die Dampfdichten von den Atom- und Molekulargewichten abhängen, so mussten an der Erdoberfläche Körper auftreten, deren Atom- und Molekulargewichte gering, im Innern umgekehrt solche, deren Atom- und Molekulargewichte gross sind und die sich am schwersten verflüchtigen und am leichtesten verdichten. Hieraus erklärt es sich, dass auf der Erdoberfläche die leichten Elemente, wie H, C, N, O, Na, Mg, Al, Si, P, S, Cl, K, Ca und deren Verbindungen vorwalten und dass aus diesen die Erdrinde besteht. Auf der Sonne findet sich noch

Aërolithe aus Silikaten und Eisen bestehen, so folgt daraus, dass auch ausserhalb unserer Erde die Elemente und ihre Verbindungen dieselben sind, wie auf der Erde.

Die verbreitetste Verbindung des Eisens ist das Eisendisulfid, FeS^2, oder der **Schwefel- oder Eisenkies**, der sich sowol in den ältesten, als auch in den jüngeren geschichteten Formationen zuweilen in grossen Massen findet. Er ist graugelb, metallglänzend; besitzt das spezifische Gewicht 5,0 und bildet Krystalle des regulären Systems.

Die wichtigsten Erze, aus denen das metallische Eisen gewonnen wird, sind Oxyde desselben und zwar meistens Eisenoxyd Fe^2O^3 entweder im freien Zustande oder in Verbindung mit Wasser oder mit Eisenoxydul FeO. Die Eigenschaften und Arten dieser Eisenerze sind sehr verschiedenartig. Das **Eisenoxyd** erscheint zuweilen isolirt in metallglänzenden grauen Krystallen des rhomboëdrischen Systems; dieselben besitzen das spezifische Gewicht 5,25, sind spröde und geben beim Zerreiben ein rothes Pulver. Seiner Form und seinen Eigenschaften nach ist das Eisenoxyd dem Aluminiumoxyde Al^2O^3 ähnlich, lässt sich aber, auch wenn es wasserfrei ist, in Säuren lösen, jedoch nur schwierig. Im krystallinischen Zustande wird das Eisenoxyd Eisenglanz genannt, meistens kommt es aber in nicht krystallinischen Massen von rothem Bruche vor und wird dann als **Rotheisenstein** bezeichnet. Letzterer bildet ein ziemlich seltenes Eisenerz. In den geschichteten Formationen finden sich meistens **Hydrate** des Eisenoxyds [3]), welche unter dem Namen **Brauneisenstein** bekannt sind; dieselben haben ein nicht metallisches, erdiges Aussehen, sind meistens braun, geben ein braunes Pulver und lösen sich leicht in Säuren; zuweilen durchdringen sie die Masse anderer Gesteine, besonders Thon (im Gemisch mit welchem sie den Ocker bilden) und erscheinen in Knollen und ähnlichen Bildungen, die augenscheinlich im Wasser ent-

---

gegenwärtig, wie die Spektraluntersuchungen zeigen, viel Eisen; dasselbe muss also auch in die Zusammensetzung der Erdmasse und der aller anderen Planeten eingegangen sein, da aber seine Dampfdichte zweifellos bedeutend und es schwer flüchtig ist, sich also leicht verdichtet, so musste es sich in der Nähe des Centrums der Erde und der Planeten ansammeln. Im Erdinnern befand sich natürlich auch Sauerstoff, aber seine Menge war ungenügend, um alles Eisen zu binden, die (relativ) grösste Masse des Sauerstoffs, als eines bedeutend leichteren Elementes, musste sich an der Erdoberfläche ansammeln, wo wir denn auch in der That nicht nur zumeist oxydirte Verbindungen, sondern einen Ueberschuss an freiem Sauerstoff vorfinden.

3) Das Eisenoxydhydrat findet sich in der Natur in zwei verschiedenen Formen: Ziemlich selten kommt es in Form eines krystallinischen Minerales (**Göthit**), vom spezifischen Gewichte 4,4 und der Zusammensetzung $Fe^2H^2O^4$ oder $FeHO^2$ vor, d. h. mit einem Gehalt von einer Molekel Wasser auf eine Molekel Eisenoxyd: $Fe^2O^3H^2O$. Häufiger tritt das Eisenoxyd als Brauneisenstein auf, der in kompakten Massen faserige Knollen bildet und die Zusammensetzung $Fe^4H^6O^9$, d. h. $2Fe^2O^33H^2O$, besitzt. In dem Bohnenerz und ähnlichen Eisenerzen ist die Eisenverbindung meist mit Thon und anderen Substanzen gemengt. Das spezifische Gewicht solcher Gebilde erreicht nur selten 4,0.

standen sind. Zu letzteren gehört das sogenante **Sumpf-** oder **Quellenerz,**
das in Sümpfen und Seen, sowie in Torfboden entstanden sein muss
und zwar aus gelöstem kohlensaurem Eisenoxydul, da eine Lösung
dieses Salzes in Wasser bei der Absorption von Sauerstoff Eisenhydroxyd ausscheidet. In Flüssen und Quellen wird das Eisen durch
Kohlensäure, ebenso wie $CaCO^3$, in Lösung gehalten; es existiren
eisenhaltige Mineralquellen in welchen ziemlich viel $FeCO^3$ gelöst ist.
Das kohlensaure Eisenoxydul bildet als **Siderit** ein nicht krystallinisches Produkt, das zweifellos wässrigen Ursprungs ist, es kommt
aber auch krystallisirt als Spateisenstein vor (Stahlerz). Bemerkenswerth ist der in Knollen erscheinende Siderit (Sphärosiderit),
der zuweilen ganze Adern in den Schichten der Jura- und Stein-
kohlenformation bildet. Ein sehr wichtiges sich durch seine Reinheit auszeichnendes Eisenerz ist der **Magneteisenstein** $Fe^3O^4 = FeOFe^2O^3$,
eine Verbindung von Eisenoxydul mit Eisenoxyd; derselbe bildet
den natürlichen Magnet, besitzt das spezifische Gewicht 5,1, krystallisirt in gut ausgebildeten Krystallen des regulären Systems,
löst sich schwer in Säuren und kommt in der Natur zuweilen in
grossen Massen vor, wie z. B. im Ural, wo der Berg Blagodatj
fast ganz aus Magneteisenerz besteht. In den meisten Fällen ist
übrigens der Magneteisenstein mit anderen Eisenerzen gemischt,
z. B. in Korsak-Mogila (nördlich von Berdjansk und Nogaisk un-
weit des Asowschen Meeres) oder in Krivoi-Rog (westlich von Jekaterinoslaw). Russland besitzt (von Sibirien ganz abgesehen) im
Uralgebirge, im Kaukasus und in den an das Donetz'sche Steinkoh-
lengebiet grenzenden Fundorten Eisenerze, die zu den reichsten der
Welt gehören. Südlich von Moskau, in dem Gouvernement Tula,
ferner in den Gouvernements von Nishnij-Nowgorod und Orel (in
der Nähe von Zinowjewo, Bezirk Kromy), im Gebiet von Olonetz und
noch an vielen anderen Orten finden sich gleichfalls ergiebige Eisenerze; besonders reine Erze sind z. B. die Sphärosiderite von Orel [4]).
Das Eisen wird auch in Form verschiedener anderer Verbin-

---

4) Die Erze des Eisens, wie auch andere Stoffe, die in der Erde auf Gängen
und in Lagern vorkommen, werden im Bergbau durch Anlegung von vertikalen,
horizontalen und schiefwinklig absteigender Schachten und Stollen, welche bis zu
diesen Gängen, Lagern u. s. w. und durch dieselben weiter fortgeführt werden,
gewonnen. Das ausgehauene Erz wird an die Oberfläche befördert, sodann sortirt
(durch Handarbeit oder mittelst besonderer Apparate, meist durch Auswaschen mit
Wasser, Abschlämmen) und durch Glühen (Brennen, Rösten) oder andere Prozesse
zubereitet. Jedenfalls enthält aber das Erz eine Beimengung des begleitenden Ge-
steins, der Gangart. Bei der Gewinnung des Eisens, eines der wohlfeilsten Metalle,
ist eine Anreicherung des Erzes meist unvortheilhaft, es werden daher überhaupt
nur eisenreiche Erze in Arbeit genommen, deren Gehalt an Eisen mindestens
20 pCt. beträgt. Sehr reiche (bis 70 pCt. Eisen enthaltende) und reine Erze erweist
es sich häufig von Vortheil selbst auf weite Entfernungen zu transportiren. Ausführlicheres über die Gewinnung der Metalle findet man in Lehrbüchern der Hütten- und
Bergkunde.

dungen angetroffen, so z. B. in einigen Kieselerdeverbindungen, in Verbindung mit Phosphorsäure u. s. w.; doch treten diese Verbindungen des Eisens in der Natur relativ selten auf und besitzen daher in technischer Hinsicht nicht die Bedeutung, die den oben genanten Eisenerzen zukommt. In geringer Menge bildet das Eisen einen Bestandtheil eines jeden **Bodens** und aller Gesteine. Da das Eisenoxydul mit der Magnesia und das Eisenoxyd mit der Thonerde isomorph ist, so liegt hier die Möglichkeit isomorpher Gemische vor und es finden sich in der That häufig Mineralien, in denen der Eisengehalt bedeutenden Schwankungen unterliegt, wie z. B. in den Pyroxenen, Amphibolen, einigen Glimmerarten u. s. w. Obgleich das Eisen in grossen Mengen dem Gedeihen der Pflanzen schädlich ist, können letztere ohne Eisen nicht leben, da dasselbe einen nothwendigen Bestandtheil **aller Organismen** bildet. Die Pflanzenasche enthält stets eine mehr oder weniger bedeutende Menge von Eisenverbindungen. Auch im Organismus der Thiere ist Eisen enthalten, so namentlich im Blute, das seine Färbung zum Theil seinem Eisengehalt verdankt. Bei höheren Thieren enthalten 100 Theile Blut etwa 0,05 Th. Eisen.

Die **Verarbeitung der Eisenerze** auf metallisches Eisen ist ihrem Wesen nach sehr einfach, da die Oxyde des Eisens bei starkem Glühen mit Kohle, Wasserstoff, Kohlenoxyd und anderen Reduktionsmitteln [5]), wenn dieselben im Ueberschuss angewandt werden, sehr

---

5) Die Reduktion der Oxyde des Eisens gehört zu den umkehrbaren Reaktionen (Kap. II), sie geht also nur bis zu einer bestimmten Grenze vor sich, die bei dem nämlichen Druck des Wasserstoffgases erreicht wird, sowol in dem Falle, wenn Wasserstoff auf Eisenoxyde einwirkt, als auch in dem, wenn bei derselben Temperatur Wasser durch metallisches Eisen zersetzt wird. H. Sainte-Claire Deville (1870) .führte die hierauf bezüglichen Bestimmungen aus, indem er z. B. in ein Rohr, in welchem die Temperatur t betrug, schwammiges metallisches Eisen brachte, ein Ende des Rohres mit einem'Gefäss, das Wasser von 0° (Dampftension = 4,6 Millimeter) enthielt, das andere mit einer Quecksilberluftpumpe und einem Manometer verband und die Maximaltension p des trocknen Wasserstoffs (nach Abzug der Tension des Wassesdampfes von der beobachteten Gesammttension) bestimmte. Sodann wurde ein mit Eisenoxyd im Ueberschuss beschicktes Rohr mit Wasserstoff gefüllt und die Tension p' des zurückbleibenden Wasserstoffes bestimmt, während das gleichzeitig gebildete Wasser bei 0° kondensirt wurde. Es ergaben sich die Werthe:

$$t = 200°\quad 440°\quad 860°\quad 1040°$$
$$p = 95,9\quad 25,8\quad 12,8\quad 9,2\ \text{Mm.}$$
$$p' = \quad—\quad\quad—\quad\quad 12,8\quad 9,4$$

Augenscheinlich stimmen die erreichten Tensionen p und p' nahe überein· Der Wasserstoff verhält sich hier gewissermaassen, als bildete er den Dampf des Eisens oder des Eisenoxyds.

Moissan beobachtete, dass Eisenoxyd Fe^2O^3 bei 350° in Fe^3O^4 übergeht, bei 500° in FeO und bei 600° in metallisches Fe. Wright und Luff (1878) untersuchten die Reduktion verschiedener Oxyde und fanden: a) dass die Reaktionstemperatur von dem Zustande des Oxydes abhängt, denn es wird z. B. gefälltes CuO durch Wasserstoff bei 85° reduzirt, während durch Glühen von metallischem oder salpetersaurem Kupfer

leicht in metallisches Eisen übergehen. Da aber das Eisen in der durch Verbrennung von Kohle entwikelten Hitze nicht schmilzt, sich also nicht von den das Erz begleitenden Beimengungen trennt, so dass jedesmal nach vollendeter Reduktion die Oefen, in denen dieser Prozess vorgenommen wird, gereinigt werden müssten, so würde hierdurch die Produktion grosser Eisenmengen auf wohlfeile Art bedeutend erschwert werden. Diese Schwierigkeit wird aber beseitigt durch die wichtige Eigenschaft des Eisens sich mit geringen Mengen Kohlenstoff (2—5 pCt.) zu verbinden, wobei **Roheisen**, das in der durch Verbrennen von Kohle in der Luft entwickelten Hitze leicht **schmelzbar** ist, ensteht. Daher wird metallisches Eisen nicht direkt aus den Erzen, sondern erst durch weitere Verarbeitung des als nächstes Produkt der Verhüttung der Erze entstehenden Roheisens gewonnen. Die geschmolzene Masse dieses letzteren sammelt sich in den Oefen unter den Schlacken, d. h. den gleichfalls geschmolzenen Produkten der das Erz begleitenden Gangart an. Würde diese letztere nicht schmelzen, so müsste sie den Ofen verstopfen und einen ununterbrochenen Betrieb [6]) unmöglich machen, man wäre gezwungen den Ofen von Zeit zu Zeit behufs Reinigung erkalten zu lassen und von Neuem anzuheizen, d. h. Brennmaterial unproduktiv zu verbrauchen. Daher ist man bestrebt bei der Gewinnung von Roheisen auch alle im Erze enthaltene Gangart in geschmolzenem Zustande, als **Schlacke** zu erhalten. Da nun die Gangart an und für sich nur in den seltensten Fällen schmelzbar ist (was auch nicht immer von Vortheil wäre, da in der Schlacke grössere Mengen der Eisenoxyde fortgeführt werden können), dagegen meistens aus einem gleichartigen Gemisch z. B. von Thon mit Sand, oder Kalkstein mit Thon, zumeist aber aus Kieselerde u. s. w. besteht, also entweder, wie Kieselerde und Kalk, gar nicht oder nur bei den höchsten Hitzegraden schmilzt, so ergiebt sich die Nothwendigkeit

---

erhaltenes CuO erst bei 175° reduzirt wird; b) dass bei sonst gleichen Bedingungen die Reduktion durch Kohlenoxyd eher beginnt, als durch Wasserstoff, und letztere wiederum eher als durch Kohle; c) dass die Reduktion um so leichter eintritt, je mehr Wärme bei der Reaktion entwickelt wird. Die Reduktion von Eisenoxyd Fe^2O^3, das durch Glühen von $FeSO^4$ dargestellt worden, tritt bei Anwendung von CO bei 202° ein, von H^2 bei 260°, von Kohle bei 430°, während die Reduktion von Fe^3O^4 bei 200°, resp. 290° und 450° erfolgt.

6) Die ursprünglichen Methoden der Eisengewinnung beruhten auf der Anwendung von Oefen, welche den gewöhnlichen Schmiedeheerden ähnlich waren und nur einen periodischen, keinen ununterbrochenen Betrieb gestatteten. Jeder technische Prozess aber—wir erinnern nur an die kontinuirliche Arbeit einer Dampfmaschine, die Benutzung der Kalköfen mit ununterbrochenem Brande, den Kammerprozess mit ununterbrochener Gewinnung und Kondensation der Schwefelsäure und den kontinuirlichen Hochofenbetrieb—wird besonders vortheilhaft und erreicht den höchsten Grad der Vollkommenheit erst dann, wenn möglichst alle Betriebsfaktoren ununterbrochen wirken. In der fabrikmässigen Gewinnung vieler Produkte bildet eben diese Kontinuität des Betriebes eine der Hauptbedingungen ihrer Wohlfeilheit.

zum Gemenge von Erz und Kohle **Zuschläge**, d. h. Substanzen zuzusetzen, die mit der Gangart eine leicht schmelzbare glasige Masse
— die Schlacke bilden. Für Kieselerde dienen Kalkstein mit Thon
als Zuschlag, für Kalkstein — Kieselerde, wie dies sowol specielle
Versuche, als auch die langjährige Praxis des Hochofenbetriebs
gezeigt haben [7]).

In die zum Ausbringen des Eisens aus seinen Erzen dienenden
Oefen müssen also nach dem oben Auseinandergesetzten folgende
Stoffe eingeführt werden: 1) Eisenerz — bestehend aus Oxyden
des Eisens und der sie begleitenden Gangart; 2) Zuschläge —
die mit der Gangart eine leicht schmelzbare Schlacke bilden;
3) Kohle, welche: a) zur Reduktion des Eisens, b) zur Bildung von
Roheisen, das aus dem sich mit der Kohle verbindenden reduzirten Eisen entsteht und c) hauptsächlich zur Erzeugung der nicht nur für die
oben genannten nur bei hohen Temperaturen stattfindenden Reaktionen, sondern auch zum Schmelzen des Roheisens und der Schlacke
erforderlichen Hitze dient; 4) Luft, welche das Brennen der Kohle
unterhält. Die Luft wird behufs Ersparung an Brennstoff und
Erzielung einer möglichst hohen Temperatur vorgewärmt (hierbei
wenn sie feucht ist, zugleich getrocknet) und mittelst besonderer
Windgebläse unter erhöhtem Druck in den Ofen eingepresst, wodurch die Temperatur im Ofen und somit der ganze Schmelzprozess
sich nach Bedarf regeln lassen. Alle diese zum Ausschmelzen des
Eisens nothwendigen Stoffe müssen sich offenbar in einem vertikalen Ofen, d. h. einem **Schachtofen** befinden, auf dessen Boden
Raum zur Aufnahme des entstehenden Roheisens und der Schlacke

---

7) Die Zusammensetzung der Schlacken, welche sich beim Schmelzprozess am
vortheilhaftesten erweist, ist in den meisten Fällen annähernd folgende: 50 bis 60 pCt.
SiO^2, 20 bis 25 pCt. Al^2O^3, das übrige — MgO, CaO, MnO, FeO. Nach Bode-
mann enthält die am leichtesten schmelzbare Schlacke $Al^2O^3.4CaO.7SiO^2$. Die
Schmelztemperatur ändert sich bei gleichbleibendem Verhältniss der Sauerstoffmengen der Basen und der Kieselerde, wenn sich der Gehalt an Magnesia und
Kalk und insbesondere an Alkalien, sowie der Gehalt an Thonerde ändert: mit zu-
nehmender Menge der ersteren nimmt die Schmelzbarkeit zu, dagegen nimmt sie
mit steigendem Gehalt an Thonerde ab. Die Schlacken von der Zusammensetzung
$ROSiO^2$ sind leicht schmelzbar, haben ein glasiges Aussehen und kommen häufig
vor. Basische Schlacken nähern sich der Zusammensetzung $(RO)^2SiO^2$. Wenn also
der Gehalt des Erzes an Beimengungen und deren Zusammensetzung bekannt sind,
so lässt sich auch die Qualität und Quantität des Zuschlags bestimmen, der zu
einer leichten Schlackenbildung erforderlich ist. Beim Ausschmelzen des Roheisens
kommt noch in Betracht, dass die in den Schlacken und Zuschlägen enthaltene
Kieselerde auch mit den Oxyden des Eisens Schlacke bilden kann. Damit möglichst
wenig Eisen in die Schlacke übergehe, ist es daher nothwendig, dass das Eisen
bei einer niedrigeren Temperatur reduzirt werde, als die der beginnenden Schlackenbildung (etwa 1000°). Dies wird denn auch dadurch erreicht, dass man das Eisen
nicht durch die Kohle selbst, sondern durch Kohlenoxyd reduzirt. Hieraus erklärt
sich auch, dass nach der Beschaffenheit der Schlacken sich der ganze Hochofen-
prozess verfolgen lässt.

vorhanden sein muss, wenn ein ununterbrochener Betrieb erforderlich ist. Die Wandungen dieses Ofens müssen, um dauernd die hohe Hitze des Schmelzprozesses auszuhalten, aus einer dicken Schicht von feuerfestem Material bestehen. Solche sogenannte **Hochöfen** (Fig. 142 und 143), werden meist von bedeutenden Dimensionen (15—30 Meter Höhe) angelegt und häufig an Abhängen gebaut, damit der obere Theil, durch welchen das Einschütten von Erz und Kohle geschieht, bequem zugänglich sei [8]).

Fig. 142. Aeussere Ansicht eines Hochofens (oder Schachtofens) zum Ausschmelzen von Roheisen; ¹/₂₀₀ natürl. Grösse. Von oben, durch die Gicht, weden Erz, Kohle und Zuschläge eingeschüttet, und von unten Roheisen und Schlacke abgelassen. Um das Brennen zu unterhalten, wird Luft mittelst einer Dampfmaschine zunächst in den Behälter *B* und dann durch das Rohr *h* in einen besonderen, «Winderhitzungsofen» *C* eingepresst und von hier, nachdem sie vorgewärmt worden, durch die Röhren *m* und sogen. Düsen in den Hochofen geleitet. In *C* wird Kohlenoxydgas, das durch *x* und *G* nach *A* uud *g* aus der Gicht gelangt, verbrannt. Im Innern ist der Hochofen aus feuerfesten Ziegeln gemauert.

8) Ein Hochofen zeigt im Vertikalschnitt die Form zweier mit ihren Grundflächen aufeinander gelegten, abgestumpften Kegel, von denen der obere meist mehr verlängert ist, als der untere; letzterer läuft nach unten zu in eine fast cylindrische Vertiefung — das Gestell — aus, in welcher das geschmolzene Roheisen und die Schlacke sich ansammeln und durch eine in der Wandung befindliche Oeffnung — die Abstichöffnung — abgelassen werden können. Luft wird dem Hochofen durch besondere Röhren — Düsen — welche von verschiedenen Seiten, oberhalb der Sohle,

Das im Hochofen entstehende **Roheisen** besitzt nicht immer gleiche Eigenschaften. Bei langsamem Abkühlen ist es von grauer Farbe,

---

in das Gestell einmünden, zugeführt. Diese Luft wird zunächst durch eine Reihe eiserner Röhren geleitet, die durch Verbrennen des aus den oberen Theilen des Hochofens (wie aus einem Generator) entweichenden Kohlenoxydgases erhitzt werden. Ein Hochofen bleibt ununterbrochen in Thätigkeit, bis er reparaturbedürftig wird; etwa zweimal täglich wird das Roheisen abgelassen, von Zeit zu Zeit lässt man den Hochofen sich etwas abkühlen, damit er durch die starke Hitze weniger angegriffen werde und eine längere «Campagne» aushalte.

Um einen vollständigeren Begriff von den chemischen Vorgängen im Hochofen zu geben, sei hier Folgendes erwähnt. Auf 100 Theile Roheisen werden 50 bis 200 Theile Kohle verbraucht. Die entsprechenden Mengen Erz und Brennstoff werden durch die obere Oeffnung des Hochofens—die Gicht—aufgeschüttet; in dem Maasse, wie in den unteren Theilen sich Roheisen bildet und auf den Boden abfliesst, senken sich die Erz- und Kohleschichten und in den oben freigewordenen Raum wird von neuem Erz und Kohle zugeschüttet. Indem sich dieses Gemenge in dem Hochofen senkt, gelangt es in immer heissere Regionen desselben; hierdurch wird zunächst die Feuchtigkeit aus dem Erzgemisch ausgeschieden, sodann bilden sich aus der Kohle, falls sie nicht in vollständig ausgeglühtem Zustande angewandt wurde, Produkte der trocknen Destillation, darauf steigt die Temperatur der sich senkenden Masse so weit, dass die glühende Kohle mit dem im Hochofen von unten aufsteigenden Kohlensäuregas in Reaktion tritt und dasselbe zu Kohlenoxyd reduzirt. Hierdurch erklärt es sich, dass aus dem Hochofen nicht Kohlensäure, sondern ausschliesslich Kohlenoxyd entweicht. Das Erz wird nun, nachdem es auf 600° bis 800° erhitzt ist, auf Kosten des so gebildeten Kohlenoxyds und zwar ausschliesslich durch Einwirkung des **Kohlenoxyds, nicht der Kohle selbst**, nach der Gleichung z. B. $Fe^2O^3 + 3CO = Fe^2 + 3CO^2$, reduzirt und das reduzirte Eisen in noch tieferen Regionen des Hochofens in Berührung mit der Kohle in Roheisen,

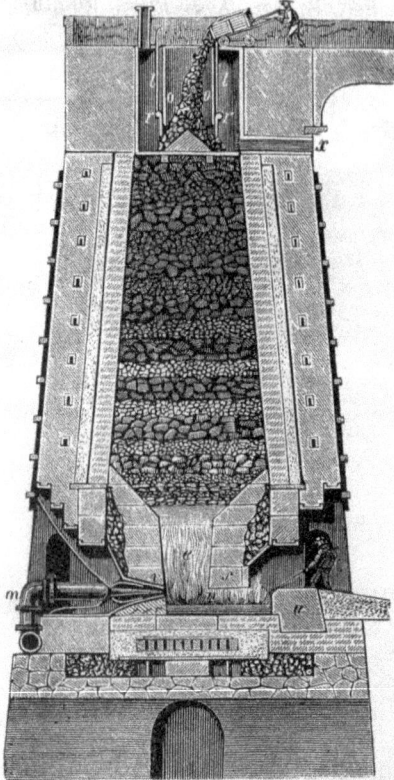

Fig. **143.** Vertikalschnitt durch einen Hochofen. Auf dem Fundament wird Lehm eingestampft, auf diesem eine Schicht von Hohlziegeln und darauf die aus Sandstein bestehende Sohle des Gestells *e* gelegt. In das Gestell münden die zum Einblasen von Luft dienenden Düsen *v*, die durch Wasser gekühlt werden, um sie vor dem Schmelzen zu schützen. Der Zwischenraum zwischen dem inneren oder Kernschacht und dem äusseren Rauhschacht enthält eine trockne Füllung, welche aus schlechten Wärmeleitern besteht und ferner die Ausdehnung der Wandungen des Kernschachtes ermöglicht. Zwischen den Steinen *s* und *a* befindet sich die zum Ablassen von Roheisen und Schlacke dienende Abstichöffnung, die mit einem Stein und Thon verstopft wird. Um ein regelmässiges und vollständiges Auffangen des aus dem Hochofen austretenden und in das Bohr *x* abgeleiteten Kohlenoxydes zu erzielen, wird das Zuschütten von Erz und Koks oder Kohle mittelst folgender Vorrichtung ausgeführt: an dem Cylinder *ov*, der nicht bis zum darunter befindlichen kegelförmigen Ansatz reicht, bewegt sich mittelst der Stäbe *ll* ein anderer Cylinder *rr*; wird letzterer gehoben, so fällt die in *oo* geschüttete Masse in den Hochofen, sonst bleibt *rr* gesenkt und das Kohlenoxyd findet keinen anderen Ausweg aus der Gicht, als durch *x*. ¹/₂₀₀ natürl. Grösse.

weich und in Säuren nicht vollständich löslich, sondern hinterlässt beim Lösen einen Rückstand von Graphit. Dieses **graue** oder weiche **Roheisen** wird zum **Giessen** der verschiedenartigsten Gegenstände angewandt, da es in diesem Zustande weniger spröde ist, als in Form von **weissem Roheisen**, das beim Lösen in Säuren keine Graphit-theilchen hinterlässt, sondern seinen Kohlenstoff in Form von Kohlenwasserstoffen ausscheidet. Das weisse Roheisen zeichnet sich durch eine weissgraue Farbe, einen matten, krystallinischen Bruch und eine grosse Härte aus, so dass es von der Feile schwer angegriffen wird. Weisses Roheisen, das (aus manganhaltigen Erzen) bei hoher Temperatur (und Ueberschuss an Kalk) erhalten wird und wenig Schwefel und Silicium, dagegen viel (bis zu 5 pCt.) Kohlenstoff enthält, besitzt ein grob krystallinisches Ge-

---

das auf den Boden des Gestells abfliesst, verwandelt. In diesen untersten Schichten, deren Temperatur den höchsten Grad erreicht (etwa 1300°), bildet die das Erz begleitende Gangart mit den Zuschlägen Schlacke, die ebenfalls schmilzt. Dies sind in Kürze die Umwandlungen, welche das in den Hochofen eingebrachte Gemisch erleidet. Die von unten durch die sogen. Düsen eingeblasene Luft trifft in den tieferen Schichten des Hochofens Kohle an, die sie zu Kohlensäuregas verbrennt. Offenbar wird hier durch unmittelbares Verbrennen von Kohle auf Kosten der (im Winderhitzer) vorgewärmten und unter Druck eingepressten Luft die höchste Temperatur erzielt, was besonders in der Hinsicht wichtig ist, dass gerade hier in den tiefsten Schichten gleichzeitig die Schlackenbildung und der Prozess der Entstehung des Roheisens zu Ende geführt werden. Die hierbei entstandene Kohlensäure gelangt in höhere Schichten, wo sie mit glühender Kohle Kohlenoxyd gibt, das seinerseits das Eisen-erz reduzirt und wiederum in Kohlensäure übergeht; diese wird von neuem durch Kohle reduzirt und bildet Kohlenoxyd, durch welches neue Mengen Erz reduzirt werden u. s. w. Die definitive Reduktion der Kohlensäure zu Kohlenoxyd findet in den Schichten des Hochofens statt, wo die Eisenoxyde noch nicht reduzirt werden, wo aber die Temperatur dennoch genügend hoch ist, um die Reduktion der Kohlen-säure su bewirken. Das hier entstehende Kohlenoxydgas im Gemenge mit dem Luft-stickstoff wird durch besondere in den obersten kalten Theilen des Hochofens befindliche Seitenöffnungen (siehe Fig. 142 und 143) abgesogen und durch Röhren in die sogen. Winderhitzer und andere bei der weiteren Verarbeitung des Roheisens benutzte Oefen geleitet. Als Brennmaterial werden in den Hochöfen Holzkohle (das beste, weil schwefelfreie, aber kostspieligste Material), Anthracit (z. B. in Pennsylvanien und auch in Russland in den Hochöfen von Pastuchow im Dongebiet), Koks, selbst Holz und Torf benutzt. Es ist anzunehmen, dass die Anwendung von Rohpetroleum und Petroleumrückständen bei der Metallgewinnung sich von Vortheil erweisen wird. Hierauf bezügliche Versuche wären besonders für Russland ausserordentlich wichtig, da der Kaukasus grosse Mengen Petroleum liefern kann und da es überhaupt nothwendig ist Dämpfe und Gase bei der Metallurgie des Eisens zur Anwendung zu bringen, während gegenwärtig fast ausschliesslich festes Brennmaterial benutzt wird.

Neben den oben beschriebenen Prozessen findet im Hochofen eine ganze Reihe anderer sekundärer Vorgänge statt. Hierher gehört z. B. die Bildung von Cyan-verbindungen durch Wechselwirkung des Stickstoffs der eingeblasenen Luft mit der glühenden Kohle und den verschiedenartigen alkalischen Bestandtheilen der Gangart. Besonders gross ist die Menge des entstehenden Cyankaliums bei der Anwendung von Holzkohle, deren Asche bekanntlich kohlensaures Kalium enthält.

füge (und zwar ein desto gröberes, je grösser der Mangangehalt ist) und wird Spiegeleisen (und Ferromangan) genannt [9]).

Das **Roheisen** wird entweder direkt angewandt, und zwar zum Giessen verschiedener Gegenstände, oder auf **Schmiedeeisen und Stahl verarbeitet.** Letztere unterscheiden sich vom Roheisen hauptsächlich durch ihren geringeren Kohlengehalt, denn der Stahl enthält 1 bis 0,5 pCt. Kohlenstoff und bedeutend weniger Silicium und Mangan als das Roheisen, während im Schmiede- oder Stabeisen nicht mehr als 0,25 pCt. Kohlenstoff und ebenfalls nicht über 0,25 pCt. anderer Beimengungen enthalten sind. Demnach besteht das Wesen der Verarbeitung des Roheisens auf Stahl und Schmiedeeisen in der Ausscheidung des grössten Theils des Kohlenstoffs, was durch Oxydation dieses letzteren erreicht wird. Der Luftsauerstoff oxydirt bei hohen Temperaturen das Eisen zu festen Oxyden, welche durch den Kohlenstoff des Roheisens desoxydirt werden; hierbei entstehen Eisen und Kohlenoxyds welches als Gas entweicht.

---

9) Weisses Roheisen besitzt ein spezifisches Gewicht von annähernd 7,5, graues Roheisen dagegen ein bedeutend geringeres, nämlich etwa 7,0. Graues Roheisen enthält gewöhnlich weniger Mangan und Silicium, als weisses, aber beide Arten von Roheisen enthalten immer ungefähr 2 bis 5 Prozent Kohlenstoff. Die Ursache der Bildung einer oder der anderen dieser Modifikationen liegt darin, dass der Kohlenstoff in denselben in verschiedenem Zustande enthalten ist. Im weissen Roheisen befindet sich der Kohlenstoff in Verbindung mit dem Eisen, und zwar wahrscheinlich als CFe^4, möglicherweise aber auch in Form einer unbestimmten, den Lösungen analogen chemischen Verbindung. Jedenfalls ist die hier vorliegende Verbindung in chemischer Hinsicht sehr unbeständig, da sie beim langsamen Abkühlen unter Ausscheidung von Graphit zersetzt wird, ebenso, wie eine Lösung beim langsamen Abkühlen einen Theil des gelösten Stoffes ausscheidet. Uebrigens ist diese Ausscheidung des Kohlenstoffs in Graphitform nie vollständig, vielmehr bleibt ein Theil desselben nach wie vor mit dem Eisen in Verbindung, und zwar in derselben Form, wie im weissen Roheisen. In der That bleibt beim Behandeln von grauem Roheisen mit Säuren nicht der gesammte Kohlenstoff als Graphit zurück, sondern er wird theilweise in Form von Kohlenwasserstoffen ausgeschieden, ein Beweis, dass auch im grauen Roheisen chemisch gebundener Kohlenstoff enthalten ist. Es genügt graues Roheisen umzuschmelzen und dann rasch abzukühlen, um es wieder in weisses Roheisen überzuführen. Uebrigens ist es nicht der Kohlenstoff allein, der auf die Beschaffenheit des Roheisens von Einfluss ist; bei einem bedeutenden Gehalt an Schwefel bleibt Roheisen selbst bei langsamem Abkühlen weiss. Dasselbe wird auch an sehr manganreichem (5—7 pCt.) Roheisen beobachtet, das ebenfalls einen deutlich krystallinischen, glänzenden Bruch zeigt. Bei hohem Mangangehalt lässt sich die Kohlenstoffmenge im Roheisen bedeutend steigern. Krystallinisches manganreiches Roheisen wird in der Technik als Ferromangan bezeichnet und speziell zur Stahlbereitung im Bessemerprozess dargestellt. Das graue Roheisen ist infolge seiner ungleichartigen Struktur der Einwirkung verschiedener Agentien bedeutend leichter zugänglich, als das kompakte, vollkommen homogene weisse Roheisen; daher wird auch letzteres an der Luft langsamer oxydirt, als ersteres. Roheisen, das zur Verarbeitung auf die besseren Eisen- und Stahlsorten dienen soll, darf nur sehr geringe Mengen Schwefel und Phosphor enthalten (nicht über 0,05 pCt.); Silicium, Mangan und zum Theil Schwefel, werden bei der Verarbeitung des Roheisens oxydirt und sind im Stahl fast gar nicht enthalten.

Um den Luftsauerstoff, der sich an der Oberfläche der geschmolzenen Masse mit dem Eisen verbindet, mit dem in der Masse vertheilten Kohlenstoff in Berührung zu bringen, muss das geschmolzene Roheisen fortwährend gerührt werden. Da das Roheisen bedeutend leichter schmelzbar ist, als Stahl und Schmiedeeisen, so wird die Masse mit der Ausscheidung des Kohlenstoffs immer steifer, so dass nach dem Grade ihrer Dickflüssigkeit die Menge des ausgeschiedenen Kohlenstoff abgeschätzt und der Prozess entweder nur bis zur Stahlbildung oder bis zur Entstehung von Schmiedeeisen fortgeführt werden kann. Andererseits kann auch die Entkohlung des Roheisens, wie im Martin'schen Prozess, durch Zusammenschmelzen mit sauerstoffhaltigen Verbindungen des Eisens (Oxyden oder Erzen) bewirkt werden [10].

10) Diese direkte Methode der Ausscheidung von Kohlenstoff aus Roheisen, das sogen. **Puddeln**, wird in Flammöfen (S. 559) ausgeführt. Die auf der Sohle des Ofens ausgebreitete und geschmolzene Roheisenmasse wird durch die an der Seite des Ofens befindliche Arbeitsöffnung mittelst einer Krücke gerührt und die sich an der Oberfläche bildenden Eisenoxyde werden in die geschmolzene Masse hineingepresst. Die auf solche Weise bearbeitete Masse, die Luppe, stellt offenbar keine homogene Substanz dar und enthält in den einen Theilen mehr, in den anderen weniger Kohlenstoff, daneben stellenweise nicht reduzirte Oxyde u. s. w. Sie wird daher in glühendem Zustande unter dem Hammer bearbeitet und ausgewalzt; durch nochmaliges Hämmern und endlich durch Zusammenschweissen mehrerer ausgewalzter Streifen und Bearbeiten der Bündel unter dem Hammer erhält man eine ziemlich homogene Masse. Die Qualität des Schmiedeeisens und Stahles hängt bei dieser Darstellungsmethode hauptsächlich von ihrer Homogenität ab, indem die gepuddelte Masse, wie erwähnt, durch das Vorhandensein von Eisenoxyden, oder infolge des ungleichen Kohlenstoffgehalts in den verschiedenen Theilen, ungleichartig sein kann. Um ein möglichst homogenes Metall zu erzielen, sucht man es durch Zusammenschweissen von ganz dünnen Stäben darzustellen. In ihrer äussersten Form erscheint diese Methode in der Herstellung des imitirten Damaszenerstahls, der aus zusammengeflochtenem und dann zu einer Masse geschmiedetem Draht besteht. (Der echte geaderte Stahl — Wootz — kann durch Zusammenschmelzen von bestem Schmiedeeisen mit Graphit ($^1/_{12}$) und Eisenhammerschlag erhalten werden; beim Aetzen mit Säure bleibt auf der Oberfläche Kohle in Form von Adern zurück).

Durch Puddeln werden aus Roheisen sowol Schmiedeeisen, als auch Stahl dargestellt. Sie können aber auch durch den **Herdfrischprozess** erhalten werden, der darin besteht, dass in einen dem gewöhnlichen Schmiedeherde ähnlichen, mit Holzkohlen geheizten und mit einem Gebläse versehenen Herd das Roheisen in sogen. Gänzen in dem Maasse eingeschoben wird, als es an der vorderen Seite abschmilzt; das geschmolzene Roheisen kommt hierbei mit der Gebläseluft in Berührung und wird von derselben oxydirt. Die erhaltene Luppe wird unter dem Hammer bearbeitet. Diese Methode ist nur dann anwendbar, wenn die Kohle keine die Qualität des Schmiedeeisens und Stahles schädigenden Bestandtheile, wie Schwefel und Phosphor, enthält, und da dieser Anforderung nur die Holzkohle entspricht, so beschränkt sich die Anwendbarkeit der Herdfrischmethode auf Länder, wo Holzkohle als Brennmaterial benutzt werden kann. Steinkohle und Koks dagegen enthalten die oben genannten Beimengungen und würden daher ein brüchiges Eisen geben; daraus ergab sich auch da, wo man auf diese Art Brennmaterial angewiesen war, die

Das in der Praxis angewandte Eisen enthält stets verschiedene Beimengungen.

Um Eisen in chemisch-reinem Zustande, selbst in kompakten Massen, zu erhalten, kann man dasselbe aus der Lösung (eines Gemisches von $FeSO^4$ mit $MgSO^4$ oder NH^4Cl) durch die langsame Einwirkung eines schwachen galvanischen Stromes fällen.

Nothwendigkeit den Puddelprozess einzuführen, bei welchem der Brennstoff auf einem besondern Herde verbrannt wird und mit dem Roheisen nicht in Berührung kommt. Die Verarbeitung von Roheisen auf Stahl kann auch in Schmelzöfen ausgeführt werden, es existiren aber ausserdem noch eine Reihe anderer Prozesse. Ein seit langem bekanntes Verfahren ist das **Cementiren**, wobei der Stahl (Kohlungsstahl) aus Schmiedeeisen und nicht aus Roheisen erhalten wird. Eisenstäbe werden mit Kohle bestreut und andauernd erhitzt; das Eisen verbindet sich an der Oberfläche mit Kohlenstoff, bleibt aber im Innern kohlenstoffarm; es wird nun ausgehämmert, ausgereckt, von neuem cementirt und dies solange wiederholt, bis ein Stahl von erforderter Beschaffenheit, d. h. mit dem nöthigen Kohlenstoffgehalt erhalten wird. Von den neueren (seit den fünfziger Jahren eingeführten) Methoden der Stahlfabrikation ist an erster Stelle das **Bessemern**, nach Bessemer, der dies Verfahren 1856 vorschlug, genannt, zu erwähnen. Es besteht darin, dass in eine sogen. Birne (einen Konvertor, der bis zu 6 Tonnen Roheisen fasst und auf einer Achse drehbar ist, um das Eingiessen des Roheisens und das Ausgiessen des Stahls zu ermöglichen) geschmolzenes Roheisen gebracht und in dasselbe durch feine Oeffnungen unter starkem Druck Luft eingeblasen wird. Auf Kosten der eindringenden Luftblasen brennen das Eisen und der Kohlenstoff und findet bedeutende Temperaturerhöhung statt. Da die Verbrennung in der Metallmasse sehr rasch vor sich geht, so erreicht die Temperatur eine solche Höhe, dass selbst das entstehende Schmiedeeisen schmilzt, während der Stahl der leichter schmelzbar ist, ganz dünnflüssig wird. In ungefähr einer halben Stunde ist der Prozess beendet. Das zum Bessemern verwandte Roheisen muss möglichst rein sein, da S und P nicht verbrennen, wie C, Si und Mn. Das Mangan befördert den Uebergang des Schwefels in die Schlacke, während Kalk oder Magnesia im Futter der Bessemerbirne zur Entphosphorung beitragen. Dieses letztere Verfahren (Fütterung mit basischen Substanzen) heisst basischer Prozess oder **Thomasiren**; es wurde in den 80-er Jahren von Thomas und Gilchrist eingeführt und ermöglicht die Bereitung von Stahl und Eisen aus phosphorhaltigen Erzen, die früher nur auf Roheisen als solches verschmolzen wurden. Den höchsten Grad von Homogenität wird natürlich ein nochmals umgeschmolzenes Metall besitzen. Dieses Umschmelzen wird in Windöfen ohne Gebläse vorgenommen, in welche immer nur geringe Mengen von Stahl (nicht über 30 Kilogramm) in Tiegeln eingebracht werden. Das flüssige Metall lässt sich in Formen giessen. Durch gleichzeitige Anwendung einer grossen Anzahl von Oefen und Tiegeln werden selbst sehr grosse Gegenstände (von 80 und mehr Tonnen Gewicht) aus Stahl gegossen, so z. B. Stahlgeschütze. Der geschmolzene und daher homogene Stahl heisst **Gussstahl**. In letzter Zeit hat die Stahlbereitung nach dem **Martin**'schen Verfahren das in den 60-er Jahren in Frankreich vorgeschlagen wurde, Verbreitung gefunden. Dasselbe erlaubt in Regenerativöfen auf einmal grosse Mengen geschmolzenen Stahls zu erhalten und beruht auf dem Zusammenschmelzen von Roheisen mit Eisenabfällen und Oxyden des Eisens z. B. reinen Erzen, Schlacken u. ähnl. Der Kohlenstoff des Roheisens gibt mit dem Sauerstoff der Oxyde Kohlenoxyd, das Roheisen wird also entkohlt und man erhält bei entsprechendem Mischungsverhältniss und genügend starker Hitze geschmolzenen Stahl. Der Vorzug dieser Methode liegt besonders darin, dass auf Kosten des Sauerstoffs der Kohlenoxyde nicht nur C, Si und Mn, sondern auch der grösste Theil des Schwefels und Phosphors verbrennen. In den letzten Jahrzehnten hat

Eisen, das nach dieser von Böttger vorgeschlagenen und von Klein angewandten Methode ausgeschieden wird, enthält wie R. Lenz nachwies, Wasserstoff in okkludirtem Zustande; beim Glühen scheidet es denselben aber wieder aus. In der Praxis wird diese elektrolytische Fällung des Eisens zur Herstellung von galvanoplastischen Abgüssen, die sich durch eine bedeutende Härte auszeichnen, be-

die Fabrikation von Stahl und seine Verwendung zu Eisenbahnschienen, Schiffspanzern, Geschützen, Kesseln u. ähnl. dank der Einführung von Methoden, welche die wohlfeile Herstellung grosser Massen homogenen geschmolzenen Stahles ermöglichen, einen riesigen Aufschwung genommen und es ist mit vollem Recht zu erwarten, dass in der Metallurgie des Eisens noch weitere bedeutende Fortschritte bevorstehen. Schmiedeeisen kann ebenfalls geschmolzen werden, die Hitze eines Windofens ohne Gebläse ist aber dafür nicht hinreichend gross. Dagegen lässt es sich im Knallgasgebläse mit Leichtigkeit schmelzen. In geschmolzenem Zustande kann es auch durch Zusammenschmelzen von Roheisen mit Salpeter unter fortwährendem Umrühren erhalten werden, wobei im Roheisen so energische Oxydation stattfindet, dass das entstehende Schmiedeeisen flüssig bleibt. Es sind auch Methoden der direkten Umwandlung von reichen Eisenerzen in Schmiedeeisen bekannt; man erhält letzteres als schwammige Masse (die als Filtermaterial zur Reinigung von Trinkwasser vorzügliche Dienste leistet) und verwandelt es durch Schmieden oder Auflösen in geschmolzenem Roheisen in Schmiedeeisen resp. Stahl.

Der **Unterschied von Stahl und Schmiedeeisen** ist mehr oder weniger allgemein bekannt. Schmiedeeisen zeichnet sich durch seine Weichheit, Biegsamkeit und geringe Elastizität aus, während Stahl elastisch und hart wird, wenn man ihn nach dem Erhitzen auf eine bestimmte Temperatur rasch abkühlt; man nennt dies «Härten des Stahls». Wird nun auf solche Weise gehärteter Stahl von neuem erhitzt und darauf langsam abgekühlt, so wird er weich wie Schmiedeeisen, lässt sich feilen, hämmern und auf ähnliche Weise bearbeiten und nimmt auch alle die Formen an, die man dem Schmiedeeisen geben kann. In diesem weichen Zustande wird der Stahl als **angelassen** bezeichnet. Der Uebergang des Stahls aus dem gehärteten in den angelassenen Zustand geschieht also in derselben Weise, wie der des weissen Roheisens in das graue. Homogener Stahl besitzt einen bedeutenden Glanz und eine so feinkörnige Struktur, dass er in hohem Grade politurfähig ist. Das körnige Gefüge des Stahls zeigt sich an seinen Bruchflächen sehr deutlich. Dank seiner Härtbarkeit lässt sich der Stahl zur Herstellung der verschiedensten Werkzeuge benutzen, wenn man ihm im angelassenen Zustande durch Bearbeitung mit Hammer, Feile u s. w. die erforderliche Form gibt und ihn darauf härtet, polirt, schleift u. s. w. Von der Art des Härtens und darauffolgenden Anlassens des Stahls, namentlich der Temperatur, bei welcher dies geschieht, hängen die Härte und andere Eigenschaften des Stahls ab. Das Härten bis zum gewünschten Grade geschieht meist in der Weise, dass man den Stahl zunächst stark erhitzt (auf etwa 600°) und in kaltes Wasser taucht, d. h. rasch abkühlt, wobei er spröde wie Glas wird, sodann bis zum Erscheinen einer bestimmten Färbung erhitzt und entweder rasch oder langsam abkühlt. Beim Erhitzen auf 220° läuft der Stahl gelb an (chirurgische Instrumente), und zwar zunächst strohgelb (Rasirmesser etc.), dann goldgelb; bei 250° wird er braun (Scheeren), darauf roth, bei 285° hellblau (Federn), bei etwa 300° indigblau (Sägen), endlich bei etwa 340° meergrün. Diese sogen. Anlauffarben beruhen auf der Erscheinung der Farben dünner Blättchen, wie z. B. bei den Seifenblasen, und entstehen infolge der Bildung einer dünnen Schicht von Oxyden, die anfänglich durchscheinend ist. Der Stahl rostet langsamer als Schmiedeeisen, und löst sich in Säuren schwerer als letzteres, dagegen leichter als Roheisen. Sein spez. Gewicht beträgt annähernd 7,6 bis 7,9.

nutzt. Galvanisch gefälltes Eisen ist spröde, wird aber nach dem Glühen (wobei der okkludirte Wasserstoff sich ausscheidet) weich. Reines Eisenoxydhydrat, das leicht durch Fällung der Lösungen von Eisenoxydsalzen durch Ammoniak erhalten wird, gibt beim Glühen im Wasserstoffstrome zunächst ein mattschwarzes, an der Luft sich von selbst entzündendes Pulver (pyrophorisches Eisen)

In Bezug auf die Bildung des Stahls gelang es lange Zeit nicht den Prozess des Cementirens zu erklären, da hierbei das unter den gegebenen Bedingungen unschmelzbare Schmiedeeisen von der gleichfalls unschmelzbaren Kohle durchdrungen wird. Wie Caron nachwies, erklärt sich dies gegenseitige Durchdringen dadurch, dass die beim Cementiren angewandte Kohle Alkalien enthält, die in Gegenwart von Kohle und Luftstickstoff flüchtige und schmelzbare Cyanmetalle bilden und dass diese Verbindungen in das Eisen eindringen, ihm ihren Kohlenstoff abgeben und es auf solche Weise in Stahl umwandeln. Diese Annahme findet ihre Bestätigung darin, dass bei Abwesenheit von Stickstoff oder von Alkalien das Eisen durch Kohle nicht cementirt wird. In Gegenwart von Kalk und Stickstoff gelingt das Cementiren ebenfalls nicht, da sich hierbei kein Cyancalcium bildet. Nach mehrmaligem Gebrauch zum Cementiren wird die Kohle unwirksam, da sie ihre alkalischen Aschenbestandtheile verliert. Durch das in hohem Grade flüchtige Cyanammonium wird die Stahlbildung leicht bewirkt. Obgleich der Stahl unter Mitwirkung von Cyanverbindungen entsteht, enthält er dennoch nicht mehr Stickstoff, als Roh- oder Schmiedeeisen (0.01 pCt.), deren Stickstoffgehalt sich dadurch erklärt, dass in den Erzen das direkt mit Stickstoff in Verbindung tretende Titan enthalten ist. Dem entsprechend spielt auch der Stickstoff im Stahle eine sekundäre Rolle. Aus den Arbeiten von Caron seien noch folgende Angaben über den Einfluss der verschiedenen Beimengungen auf die Beschaffenheit des Stahls angeführt. Die wichtigste Eigenschaft des Stahls ist seine Härtbarkeit; sie fehlt den Verbindungen des Eisens mit Silicium und Bor, die beständiger sind, als das Kohlenstoffeisen. Letzteres kann seine Beschaffenheit verändern, indem der Kohlenstoff entweder mit dem Eisen in Verbindung tritt, oder sich wieder ausscheidet, wodurch eben der Uebergang des gehärteten Stahls in angelassenen, wie des weissen Roheisens in graues, bedingt wird. Beim allmählichen Abkühlen zerfällt der Stahl in weiches und kohlenstoffhaltiges Eisen, die aber innig gemischt bleiben, so dass in der Hitze von neuem eine homogene Verbindung entsteht und beim raschen Abkühlen der Stahl in gehärtetem Zustande erhalten wird. Wird aber derselbe Stahl anhaltend geglüht, so wird er nach langsamem Abkühlen in Säuren leichter löslich und hinterlässt hierbei einen Rückstand von reiner Kohle; beim Erhitzen zerfällt also die im Stahle enthaltene Verbindung des Eisens mit Kohlenstoff und es entsteht ein Gemenge von Eisen und Kohle. In diesem Zustande heisst der Stahl **verbrannt** und ist nicht mehr härtbar; letztere Eigenschaft lässt sich aber wieder herstellen, wenn der Stahl längere Zeit in heissem Zustande gehämmert wird, wodurch der Kohlenstoff sich in der Masse gleichmässig vertheilt. Wenn hierbei reines Eisen vorliegt und genügend Kohlenstoff vorhanden ist, so entsteht von neuem Stahl, der härtbar ist. Nach wiederholtem starkem Glühen lässt sich der Stahl nicht mehr härten und anlassen, der Kohlenstoff trennt sich vom Eisen und zwar um so leichter, je mehr der Stahl Beimengungen enthält, die mit dem Eisen beständige Verbindungen bilden, wie z. B. Silicium, Schwefel, Phosphor. Bei hohem Gehalt an Silicium tritt letzteres an Stelle des Kohlenstoffs, so dass der einmal ausgeschiedene Kohlenstoff selbst bei fortgesetztem Hämmern mit dem Eisen nicht mehr in Verbindung tritt. Ein solcher Stahl lässt sich nicht wieder regeneriren, behält aber auch im verbranntem Zustande, den er leicht annimmt, seine Härte, nur lässt er sich nicht anlassen: es sind dies die niederen harten Stahlsorten. Bei einem Gehalt an Schwefel

und sodann ein graues Pulver von reinem Eisen. Das zuerst entstehende schwarze Pulver besteht aus Eisensuboxyd; an der Luft
entzündet es sich und verbrennt zu Fe^3O^4. Bei weiterem Glühen
des Suboxydes im Wasserstoffstrome entsteht eine neue Menge
Wasser und reines Eisen, das nicht pyrophorisch ist.

---

und Phosphor wird Eisen sogar schwer cementirbar, verbindet sich schwer mit
Kohlenstoff und gibt einen sowol in kaltem als in heissem Zustande brüchigen
Stahl. Die Verbindungen des Eisens mit Schwefel und Phosphor werden beim langsamen Abkühlen nicht zersetzt (der Stahl wird nicht angelassen), sie sind beständiger als das Kohlenstoffeisen und verhindern daher die Bildung dieses letzteren.
Solche Metalle wie Zinn und Zink verbinden sich zwar mit dem Eisen, nicht aber
mit dem Kohlenstoff; sie geben mit dem Eisen eine spröde Masse, die nicht angelassen werden kann, und sind daher schädliche Beimengungen des Stahls. Mangan
und Wolfram dagegen verbinden sich mit Kohlenstoff, verhindern die Bildung des
Stahles nicht und beseitigen theilweise die schädliche Wirkung anderer Beimengungen (die sie in neue Verbindungen und Schlacken überführen); sie werden daher als nützliche Beimengungen des Stahles angesehen. Dennoch ist der reinste
Stahl der beste, da er, nach dem Verbrennen, durch Hämmern in heissem Zustande
seine ursprünglichen Eigenschaften wiederholt von Neuem annehmen kann.

Die Eigenschaften des gewöhnlichen **Schmiedeeisens** sind allgemein bekannt. Als
bestes Schmiedeeisen wird dasjenige angesehen, das die grösste Zähigkeit besitzt,
unter dem Hammer und beim Biegen nicht zerreisst, zugleich aber genügende Härte
besitzt. Man unterssheidet übrigens weiches und hartes Schmiedeeisen. Je weicher
ein Schmiedeeisen ist, desto zäher im Allgemeinen ist es und lässt sich desto
leichter schweissen, walzen, zu Draht auszuziehen u. s. w. Hartes Schmiedeeisen ist
häufig spröde, bricht beim Biegen und lässt sich nur schwer bearbeiten, es ist daher nur für gewisse Zwecke anwendbar, z. B. zu Eisenbahnschienen, Radreifen u. s. w.
Weiches Schmiedeeisen bildet das beste Material zu Draht, Blech und verschiedenen
kleineren Gegenständen, z. B. Nägeln; es zeichnet sich dadurch aus, dass es nach
dem Aushämmern einen sehnigen Bruch aufweist, während hartes Eisen auch nach
dieser Bearbeitung eine körnige Struktur behält. Einige Schmiedeeisensorten sind
zwar bei gewöhnlicher Temperatur ziemlich weich, werden aber in der Hitze spröde
und sind schwer schweissbar, sie erweisen sich als wenig tauglich namentlich zur
Herstellung kleinerer Gegenstände. Die verschiedene Beschaffenheit des Schmiedeeisens wird ebenfalls durch seine Beimengungen bedingt, da das in der Praxis zur
Anwendung kommende Metall stets noch Kohlenstoff, neben geringen Mengen Silicium, Mangan, Schwefel, Phosphor u. s. w. enthält; mit dem Gehalt an diesen
Stoffen ändern sich auch die Eigenschaften des Schmiedeeisens. Bemerkenswerth
ist die Veränderung, die weiches Schmiedeeisen von faseriger Struktur durch lang
andauernde Stösse und Erschütterungen erleidet; es wird körnig und spröde. Dies
erklärt wenigstens theilweise den Umstand, dass die Dauerhaftigkeit schmiedeeiser-
ner Gegenstände, z. B. Eisenbahnwagenachsen, eine begrenzte ist; dieselben müssen
nach einem bestimmten Zeitraum durch neue ersetzt werden, da sie sonst brüchig
werden. Offenbar existiren vom Schmiedeeisen zum Stahl und zum Roheisen die
verschiedenartigsten Uebergänge.

Abgesehen vom Härtungszustande, besitzt der Stahl sehr verschiedene Eigenschaften, wie nachfolgende Klassifikation der **Stahlsorten** (Coquerij 1878) zeigt: 1) **sehr**
weicher Stahl, mit 0,05 bis 0,20 pCt. Kohlenstoff, zerreisst bei einer Belastung
von 40 bis 50 Kilo auf einen Quadratmillimeter Querschnitt, verlängert sich um
30 bis 20 pCt., ist schweissbar wie Schmiedeeisen, dagegen nicht härtbar und wird
in Platten zu Kesseln, Schiffspanzern, Brückentheilen, zu Nägeln, Bolzen u. s. w.,
als Ersatz des Schmiedeeisens angewandt; 2) **weicher Stahl**, mit 0,20 bis 0,35 pCt.

Reines Eisen lässt sich auch aus Schmiedeeisen darstellen, wenn dieses im Gemisch mit gestossenem Glase in einem Stück Kalk mittelst des Knallgasgebläses (bei Ueberschuss an Sauerstoff) erhitzt wird. Unter diesen Bedingungen schmilzt nämlich das Eisen und beginnt auch zu verbrennen, wobei aber die Beimengungen früher oxydirt werden, als ein merklicher Theil des Eisens verbrennt. Die zugleich entstehenden Oxyde entweichen entweder im Gaszustande (CO^2) oder gehen in die Schlacke über (SiO^2, MnO u. and.), d. h. sie verschmelzen mit dem Glase. Reines Eisen besitzt eine silberweisse Farbe und das spezifische Gewicht von 7,84; es schmilzt bei einer höheren Temperatur, als Silber, Gold oder Stahl, wird aber schon bei einer bedeutend niedrigeren Temperatur so weich, dass es sich leicht hämmern, schweissen, walzen und zu Draht ausziehen lässt [11]). Reines Eisen kann zu äusserst

Kohlenstoff, zerreisst bei 50 bis 60 Kilo Belastung auf 1 Qu. Mm., verlängert sich um 20 bis 15 pCt., ist schwer schweissbar, aber auch schwer härtbar, dient zu Wagenachsen, Schienen, Radreifen, Kanonen und Gewehren und zu solchen Maschinentheilen, die einer biegenden und drehenden Kraft ausgesetzt sind; 3) **harter Stahl**, mit 0,35 bis 0,50 pCt. Kohlenstoff, zerreisst bei 60 bis 70 Kilo Belastung auf 1 Qu. Mm., verlängert sich um 15 bis 10 pCt., ist nicht schweissbar, dagegen härtbar, und dient zu Schienen, Wagenfedern, Waffen, Maschinentheilen, die sich mit Reibung bewegen, zu Spindeln, Hammern, Karsten u. s. w.; 4) **sehr harter Stahl**, mit 0,50 bis 0,65 pCt. Kohlenstoff, zerreisst bei 70 bis 80 Kilo Belastung auf 1 Qu. Mm., verlängert sich um 10 bis 5 pCt., ist nicht schweissbar, lässt sich leicht härten und dient zu kleineren Federn, Sägen, Feilen, Messern und ähnlichen Werkzeugen.

Die jährliche Stahlproduktion beträgt in Europa etwa 1 Million Tonnen und in Nord-Amerika etwa eine halbe Million; an Roheisen werden in England allein über 8 Millionen Tonnen ausgeschmolzen, in ganz Europa und Nord-Amerika zusammen etwa 15 Millionen. Auf Russland entfällt verhältnissmässig ein sehr unbedeutender Antheil, etwa $^1/_{40}$ der Gesammtproduktion, obgleich im Ural, am Donetz und an anderen Orten alle Bedingungen für das Aufkommen einer bedeutenden Eisenindustrie vorhanden sind. Von dem gesammten produzirten Roheisen werden über drei Viertel weiter auf Stahl und Schmiedeeisen verarbeitet.

11) Gore (1869), Tait, Barret, Tschernow, Osmond und and. haben beobachtet, dass alle Eisensorten bei etwa 600°, also zwischen der dunklen und hellen Rothgluth, eine eigenthümliche Veränderung erleiden, die als **Rekaleszenz** bezeichnet wird. Lässt man stark geglühtes Eisen erkalten, so bemerkt man, dass bei der angegebenen Temperatur die Abkühlung unterbrochen wird, indem die latente Wärme, die einer Zustandsänderung entspricht, freigesetzt wird. In der That erleiden hierbei die spezifische Wärme, die galvanische Leitungsfähigkeit, die magnetischen und andere Eigenschaften eine Veränderung. Beim Härten muss der Stahl bis zur Rekaleszenztemperatur erhitzt werden, beim Anlassen darf dagegen die Temperatur diesen Grad nicht erreichen u. s. w. Wir haben es hier offenbar mit einer Aenderung des Zustandes zu thun, die dem Uebergange aus dem festen in den flüssigen Zustand analog ist, obgleich eine sichtbare physikalische Veränderung nicht stattfindet. Wahrscheinlich werden sich bei genauerer Erforschung auch bei anderen Körpern ähnliche Veränderungen konstatiren lassen.

Es sei noch erwähnt, dass das (im Dunkeln sichtbare) Leuchten des Eisens bei 405° beginnt und dass seine Schmelztemperatur bedeutend niedriger liegt, als die des Platins (1775°), nämlich zwischen 1400 und 1600°. Nach einer mündlichen Mit-

dünnen Platten ausgewalzt werden, die nicht mehr wiegen, als ein Blatt dünnsten Papiers. Diese Zähigkeit bildet die wichtigste Eigenschaft des Eisens in allen seinen Modifikationen, vom reinsten Schmiedeeisen bis zum Roheisen, dessen Zähigkeit zwar weit geringer, als die des Schmiedeeisens, aber dennoch im Vergleich mit anderen Materialien, z. B. steinartigen Stoffen, noch immer sehr bedeutend ist [12]).

Die chemischen Eigenschaften des Eisens ergeben sich schon aus dem Vorgehenden. An der Luft rostet es bei gewöhnlicher Temperatur, d. h. es bedeckt sich mit einer Schicht von Eisenoxyd-

theilung von A. Skinder haben Versuche der Obuchow'schen Gussstahlwerke gezeigt, dass 140 Vol. flüssigen geschmolzenen Stahls nach dem Abkühlen einen Block von 128 Vol. geben. Unter Anwendung galvanischer Ströme von grosser Spannung, wobei die eine Elektrode von dichter Kohle, die andere von dem Eisen gebildet wurde, gelang es Benardos Eisenplatten zusammenzulöthen und Oeffnungen in denselben auszuschmelzen. In Siemens'schen Regenerativöfen und mit Petroleum geheizten Schmelzöfen lässt sich weiches Schmiedeeisen, wie Stahl und Roheisen, schmelzen.

12) Im Stahl ist die Kohäsion zwischen den Molekeln grösser, als in anderen Metallen, wie dies schon daraus ersichtlich ist, dass Stahl erst bei einer Belastung von 80 Kilo auf einen Quadratmillimeter Querschnitt zerreisst, während Schmiedeeisen durch eine Belastung von 60, Roheisen von 10, Kupfer von 35, Silber von 23, Platin von 30, Holz von 10 und Glas von 1 Kilogramm (auf den Quadr.-Mill.) zerreisst. Die Elastizität des Schmiedeeisens, Stahles und anderer Metalle wird durch den Elastizitätskoëffizienten ausgedrückt. Wird an das Ende eines Stabes, dessen Querschnitt n Quadratmillimeter und dessen Länge L beträgt, eine Last P gehängt, so erleidet der Stab eine Verlängerung, die wir durch l bezeichnen wollen. Je geringer, bei sonst gleich bleibenden Bedingungen, diese Verlängerung ist, desto elastischer ist das vorliegende Material, vorausgesetzt, dass nach dem Abnehmen der Last P der Stab die ursprüngliche Länge L behält. Versuche haben gezeigt, dass die elastische Verlängerung l direkt proportional der Länge L und der Belastung P und umgekehrt proportional dem Querschnitt n ist, aber auch von der Natur des Materials abhängt. Wir können also $lKn = PL$ setzen, wenn K der Elastizitätskoëffizient des betreffenden Materials ist. Demnach ist $K = \dfrac{PL}{ln}$ und wenn $n = 1$ und $L = 1$ (Verlängerung auf das Doppelte der ursprünglichen Länge) ist, so ist $K = P$, d. h. der Elastizitätskoëffizient ist das Gewicht (in Kilogrammen auf 1 Qu. Mm. Querschnitt), welches einen Stab vom Querschnitt 1 (nach unserer Annahme 1 Qu. Mm.) auf das Doppelte seiner ursprünglichen Länge elastisch verlängert. In Wirklichkeit können natürlich die verschiedenen Materialien einer solchen Verlängerung nicht unterliegen, vielmehr entsteht bei einer bestimmten Belastung, der Elastizitätsgrenze, eine bleibende Verlängerung (die Materialien verändern sich plastisch) und es dient daher zur Charakteristik eines Metalles ausser dem Elastizitätskoëffizienten und der Zerreissfestigkeit (der Belastung auf die Einheit des Querschnittes, welche ein Zerreissen bewirkt) auch die Elastizitätsgrenze. Wir geben nachstehend einige auf die Elastizität der Metalle bezügliche Werthe; dieselben sind den Bestimmungen von Westheim u. and. entnommen und abgerundet, um so mehr, als die Elastizität der Metalle nicht nur mit der Temperatur, sondern auch mit der Art ihrer Bearbeitung, der in ihnen enthaltenen Beimengungen u. s. w. sich ändert. Der Elastizitätskoëffizient beträgt beim Stahl und Schmiedeeisen 19000, beim Kupfer und Messing 9000—11000, beim Silber 7000, beim Glas 6000, beim Blei und Holz 1700.

Hydraten, was zweifellos unter der Mitwirkung von Feuchtigkeit vor sich geht, denn in trockner Luft oxydirt sich das Eisen gar nicht und ausserdem enthält der Eisenrost immer Ammoniak, welches sich beim Einwirken von Wasserstoff im Entstehungszustande auf den Stickstoff der Luft bildet. Am schwersten rostet polirter Stahl; aber in feuchter Luft und besonders wenn er mit Wasser in Berührung ist, bedeckt sich auch der Stahl leicht mit Rost. Um Gegenstände aus Eisen vor Rost zu schützen überzieht man sie mit Substanzen, welche die Feuchtigkeit abhalten, z. B. mit Paraffin [13]), Firniss, Oelfarben, Glasuren (glasartigen Mischungen mit dem gleichen Ausdehnungskoëffizienten wie das Eisen) oder bedeckt sie mit einer dichten Schichte von Eisenhammerschlag (den man durch Einwirken von überhitztem Wasserdampf erhält) oder mit der Schichte eines anderen Metalles. Von letzteren werden zum Ueberziehen von Platten aus Eisen oder Gegenständen aus Stahl — Zinn, Kupfer, Blei, Nickel und and. benutzt. Diese Metalle schützen das Eisen vor dem Rosten, wenn sie dasselbe vollständig überziehen, wenn aber der Ueberzug an irgend einer Stelle schadhaft wird, so bildet sich der Rost an dieser Stelle schneller, als an nicht überzogenem Eisen, da dieses in Bezug auf die genannten Elemente in der galvanischen Reihe elektropositiv ist und daher Sauerstoff anzieht. Dieser Nachtheil lässt sich nur durch einen Zinküberzug vermeiden, denn in Bezug auf das Zink ist das Eisen elektronegativ, so dass verzinktes Eisen nur schwer rostet und selbst eiserne Kessel bedecken sich beim Kochen von Salzlösung nicht so schnell mit Rost, wenn in dieselben Zinkstücke eingebracht werden [14]).

Bei hoher Temperatur oxydirt sich das Eisen zu Hammerschlag, einer Verbindung von Eisenoxydul mit Eisenoxyd Fe^3O^4, und zersetzt Wasser und Säuren unter Entwickelung von Wasserstoff. Es kann auch Salze und Oxyde anderer Metalle zersetzen, so dass es dieser Eigenschaft wegen in der Technik bei der Gewinnung von Kupfer, Silber, Blei, Zinn und and. benutzt wird. Aus

---

13) Ein Paraffinüberzug schützt besser als andere Substanzen das Eisen vor dem Rosten an der Luft, wie ich dies durch meine in den 60-er Jahren ausgeführten Untersuchungen gezeigt und auch mehrfach mitgetheilt habe. Gegenwärtig wird diese Methode sehr häufig angewandt.

14) Auf Grund seines schnellen Rostens und seiner Volumzunahme in Gegenwart von Wasser und Ammoniaksalzen lässt sich das Eisen in Form von Pulver zur Herstellung hermetischer Verbindungen zwischen eisernen Wasser- und Dampfleitungsröhren benutzen. Zu diesem Zwecke werden mit der Masse, die man durch Vermischen von Eisenfeilspänen mit etwas Salmiak (und Schwefel) und Anfeuchten des Gemisches mit Wasser erhält, die Fugen zwischen den zu verbindenden Röhren möglichst dicht ausgefüllt. Nach einiger Zeit, namentlich wenn Wasser oder Dampf durch die Röhren geleitet wird, quillt die Masse auf und bildet einen luftdichten Verschluss.

demselben Grunde löst es sich in den Lösungen von Salzen, z. B. von $CuSO^4$, wobei Cu ausgeschieden wird und $FeSO^4$ in Lösung geht [15]). Beim Einwirken auf Säuren bildet das Eisen immer Verbindungen des Eisenoxyduls FeO, welche den Verbindungen der Magnesia entsprechen, indem 2 Wasserstoffatome durch ein Atom Eisen ersetzt werden. Stark oxydirende Säuren, wie z. B. Salpetersäure können die sich bildende Eisenoxydulverbindung in die höhere Oxydationsstufe — die des Eisenoxyds Fe^2O^3 — überführen, was aber schon als weitere Reaktionsphase zu betrachen ist. Die Fähigkeit sich in schwacher Salpetersäure leicht zu lösen verliert das Eisen, wenn es in starke rauchende Salpetersäure getaucht wird; es erscheint danach sogar als unlöslich auch in anderen Säuren, so lange der durch die Einwirkung der starken Salpetersäure entstandene Ueberzug nicht mechanisch entfernt wird. Es ist dies der sogenannte passive Zustand des Eisens. Die **Passivität** des Eisens wird durch die Bildung einer oberflächlichen Oxydschicht bedingt, welche durch Einwirkung der in der rauchenden Salpetersäure enthaltenen niederen Stickstoffoxyde auf das Eisen entsteht [16]). Starke, von diesen niederen Oxyden freie Salpetersäure macht das Eisen nicht passiv; aber schon ein Zusatz von Alkohol oder eines anderen Reduktionsmittels, welches die Bildung dieser Oxyde veranlasst, genügt, um der Salpetersäure diese Eigenschaft zu verleihen. Das passive Eisen wird z. B. zu galvanischen Elementen verwendet.

Das Eisen verbindet sich leicht mit verschiedenen Metalloiden, z. B. mit Chlor, Brom, Jod, Schwefel und selbst mit Phosphor und Kohlenstoff; dagegen ist seine Fähigkeit mit Metallen in Verbindung zu treten nur wenig entwickelt, d. h. es bildet schwer Legirungen. Quecksilber, das auf die meisten Metalle einwirkt, zeigt auf das Eisen unmittelbar keine Einwirkung. Das zu den Elektrisirmaschinen benutzte **Eisenamalgam** — eine Lösung von Eisen in Quecksilber — lässt sich nur durch Einwirken von Natriumamalgam auf die Lösung eines Eisenoxydulsalzes darstellen, indem das sich hierbei reduzirende Eisen von dem Quecksilber gelöst wird.

Beim Einwirken auf Säuren bildet das Eisen Eisenoxydulsalze vom Typus FeX^2, welche an der Luft und in Gegenwart von Oxydationsmitteln allmählich in Eisenoxydsalze FeX^3 übergehen.

---

15) Hierbei kann aber auch (wenn alles Eisen sich löst und Kupferoxydsalz im Ueberschuss vorhanden ist) Eisenoxydsalz entstehen, da Kupferoxydsalze durch Eisenoxydulsalze reduzirt werden.

16) Reduzirtes Eisenpulver verhält sich zu Salpetersäure vom spez. Gew. 1,37 passiv, doch beim Erwärmen unterliegt es der Einwirkung der Säure. Saint-Edme erklärt die Passivität des Eisens (und Nickels) durch eine oberflächliche Bildung von Stickstoffeisen, denn er beobachtete, dass passives Eisen beim Glühen im Wasserstoffstrome NH^3 ausscheidet.

Diese Fähigkeit des Uebergehens von Oxydul in Oxyd ist im Eisenoxydulhydrate noch viel mehr entwickelt. Setzt man zu einer Lösung von schwefelsaurem Eisenoxydul oder Eisenvitriol [17]), $FeSO^4$, ein Alkali zu, so entsteht ein weisser Niederschlag von **Eisenoxydul- hydrat** FeH^2O^2, das aber an der Luft in Folge von stattfindender Oxydation rasch grünlich, dann immer dunkler und zuletzt braun wird. Im Wasser ist das Eisenoxydulhydrat kaum löslich, dennoch reagirt die Lösung deutlich alkalisch, da dasselbe ein ziemlich energisch wirkendes basisches Oxyd ist. Jedenfalls wirkt das Eisenoxydul viel energischer als das Eisenoxyd, so dass beim Versetzen eines Lösungsgemisches von Oxydul- und Oxydsalz mit Ammoniak zunächst nur Eisenoxyd ausfällt. In Wasser susspendirtes kohlensaures Baryum $BaCO^3$ wirkt in der Kälte auf Eisenoxydulsalze nicht ein, d. h. es führt dieselben nicht in kohlensaures Eisenoxydul über, dagegen schlägt es aus Eisenoxydsalzen das Eisen vollständig als Oxyd nieder: $Fe^2Cl^6+3BaCO^3+3H^2O= Fe^2O^3 + 3H^2O + 3BaCl^2 + 3CO^2$. Beim Kochen von Eisenoxydulhydrat mit einer Lösung von Aetzkali zersetzt sich das Wasser

---

17) Der grüne **Eisenvitriol** oder schwefelsaures Eisenoxydul (Eisenoxydulsulfat) krystallisirt aus seinen Lösungen, analog dem Bittersalze mit sieben Molekeln Wasser $FeSO^4 7H^2O$. Dieses Salz entsteht nicht nur beim Einwirken von Eisen auf Schwefelsäure, sondern auch beim Einwirken von Feuchtigkeit und Luft auf Eisenkiese, namentlich wenn diese vorher geröstet werden ($FeS^2+O^2 = FeS+SO^2$), da das beim Rösten entstehende Schwefeleisen aus feuchter Luft leicht Sauerstoff aufnimmt ($FeS + O^4 = FeSO^4$). Eisenvitriol wird überhaupt sehr häufig als Nebenprodukt gewonnen. Wie alle Eisenoxydulsalze, besitzt der Eisenvitriol eine blassgrüne Farbe, die in Lösung kaum zu bemerken ist. Unverändert lässt er sich nur unter vollständigem Ausschluss der Luft aufbewahren, welche am besten durch Schwefligsäuregas oder Aether zu verdrängen ist. Das Gas SO^2 verhindert die Oxydation, indem es dem etwa entstehenden Oxyde Fe^2O^3 Sauerstoff entzieht und hierbei selbst in Schwefelsäure übergeht. An der Luft absorbirt der Eisenvitriol Sauerstoff und nimmt eine braune Färbung an, indem er theilweise in Eisenoxydsalz übergeht. Da hierbei ein Theil des entstehenden Eisenoxyds im freien Zustande auftritt: $6FeSO^4 + O^3 = 2Fe^2(SO^4)^3 + Fe^2O^3$, so ist der braun gewordene Eisenvitriol im Wasser nicht mehr vollständig löslich Um letzteren wieder in schwefelsaures Eisenoxydul überzuführen, muss man etwas Schwefelsäure und Eisen zusetzen und das Gemisch kochen: $Fe^2(SO^4)^3 + Fe = 3FeSO^4$. Ueber die Löslichkeit des Eisenvitriols in Wasser vergl. Kap. I Anm. 24.

Der Eisenvitriol wird in der Technik sehr häufig angewandt, z. B. zur Darstellung der Nordhäuser Schwefelsäure, der Eisenmennige, sodann als Reduktionsmittel (zur Reduktion des Indigblaus) und überhaupt als billigstes Eisensalz zur Darstellung der anderen Verbindungen des Eisens. Auch eignet er sich sehr gut als Desinfektionsmittel.

Die anderen Eisenoxydulsalze (das weiter beschriebene Blutlaugensalz ausgenommen) finden nur eine beschränkte Anwendung, so dass hier nur noch das **Eisenchlorür** zu erwähnen ist, das im krystallinischen Zustande die Zusammensetzung $FeCl^2 4H^2O$ besitzt. Man erhält es sehr leicht durch Einwirken von Salzsäure auf Eisen. In wasserfreiem Zustande $FeCl^2$ entsteht es beim Einwirken von Chlorwasserstoffgas auf metallisches Eisen bei Rothglühhitze; hierbei sublimirt es in farblosen Würfeln.

unter Ausscheidung von Wasserstoff und das Eisenoxydul wird oxydirt. Die Eisenoxydulsalze ähneln in allen Beziehungen den Salzen des Magnesiums und des Zinks, mit welchen sie isomorph sind; dagegen unterscheidet sich das Eisenoxydulhydrat durch seine Unlöslichkeit in Aetzkali und in Ammoniak. Uebrigens wird in Gegenwart eines Ueberschusses an Ammoniaksalzen das Eisen durch ätzende und kohlensaure Alkalien nicht vollständig gefällt, was auf die Bildung von Ammoniumdoppelsalzen hinweist[18]). Die Eisenoxydulsalze besitzen eine **grünliche**, jedoch keine intensive Farbe und geben auch nur schwach grün gefärbte Lösungen; die Eisenoxydsalze sind **braun** oder rothbraun. Infolge ihrer grossen Oxydationsfähigkeit erscheinen die Eisenoxydulsalze als energische Reduktionsmittel; sie reduziren z. B. Goldchlorid $AuCl^3$ zu metallischem Golde, führen Salpetersäure in niedere Stickstoffoxyde über und die höheren Oxydationstufen des Mangans in niedere. Diese Reaktionen verlaufen besonders gut in Gegenwart eines Ueberschusses an Säure, was dadurch bedingt wird, dass das Eisenoxydul FeO bei der Reduktion in Eisenoxyd Fe^2O^3 übergeht, welches zur Bildung eines neutralen Salzes mehr Säure erfordert, als das Eisenoxydul. Neutrales schwefelsaures Eisenoxydul z. B., $FeSO^4$, enthält auf 1 Atom Eisen 1·Atom Schwefel, während im schwefelsauren Eisenoxyde $Fe^2(SO^4)^3$ auf 1 Eisenatom $1^1/_2$ Atome Schwefel in Form der Elemente der Schwefelsäure kommen [19]).

---

18) Analog dem Bittersalze bildet auch das schwefelsaure Eisenoxydul leicht Doppelsalze, z. B. $N^2H^8SO^4FeSO^46H^2O$. Dieses Doppelsalz ist an der Luft viel beständiger, als der Eisenvitriol.

19) An der Luft geht das Eisenoxydul nicht vollständig in Oxyd über; meistens entsteht hierbei das **magnetische Eisenoxyd**, welches aus äquivalenten Mengen von Oxydul und Oxyd besteht: $FeOFe^2O^3 = Fe^3O^4$. Dasselbe findet sich in der Natur als Magneteisenstein und ist im Eisenhammerschlag enthalten. Es entsteht auch beim Glühen der meisten Eisenoxydul- und Eisenoxydsalze an der Luft, z. B. des kohlensauren Eisenoxyduls, das hierbei die Elemente der Kohlensäure verliert. Den Namen verdankt es seinen magnetischen Eigenschaften, die es jedoch nicht immer besitzt. Beim Lösen des Eisenoxyduloxyds in Säuren, die nicht oxydirend wirken, z. B. in Salzsäure, entsteht zunächst nur Eisenoxydulsalz, während Eisenoxyd zurückbleibt, welches sich jedoch gleichfalls lösen kann. Man erhält das Eisenoxyduloxyd am besten durch Einwirken von Ammoniak auf ein Gemisch von Eisenoxydul- und Eisenoxydsalz, wenn man dieses Gemisch in Ammoniak giesst, nicht umgekehrt, denn sonst fällt zuerst nur Eisenoxydul und zuletzt Eisenoxyd aus. Das gefällte Eisenoxyduloxyd erscheint als eine intensiv grüne Verbindung, die beim Trocknen ein schwarzes Pulver bildet. Es existiren auch andere Verbindungen von Eisenoxydul mit Eisenoxyd, sowie auch Verbindungen von Eisenoxyd mit anderen Basen. Beim Glühen von Eisen unter Luftzutritt entstehen z. B. Verbindungen von 4 Molekeln Eisenoxydul mit 1 Molekel Eisenoxyd und von 6 Molekeln Oxydul mit 1 Molekel Oxyd, welche gleichfalls magnetische Eigenschaften besitzen. Eine analoge Zusammensetzung besitzt die Verbindung $MgOFe^2O^3$. Leitet man Chlorwasserstoffgas über ein glühendes Gemisch von Eisenoxyd mit Magnesia, so entsteht diese Verbindung, neben krystallinischem Magnesiumoxyd, in schwarzen, glänzenden oktaëdrischen Krystallen. Dieselbe ist ein Analogon der Aluminate, z. B. des Spinells.

Das einfachste Oxydationsmittel zur Umwandlung von Eisen-oxydulsalzen in Eisenoxydsalze ist das Chlor in Gegenwart von Wasser, z. B.: $2FeCl^2 + Cl^2 = Fe^2Cl^6$ oder im Allgemeinen: $2FeO + Cl^2 + H^2O = Fe^2O^3 + 2HCl$. Zur Ausführung dieser Oxydation setzt man der Lösung eines Eisenoxydulsalzes Berthollet's Salz und Salz-säure zu, durch deren Wechselwirkung Chlor entwickelt wird. In derselben Weise, jedoch langsamer wirkt Salpetersäure ein. Voll-ständig und rasch lassen sich Eisenoxydulsalze in Gegenwart von Säure durch einige höhere Oxydationsstufen von Metallen oxydiren, z. B. durch Chromsäure oder Uebermangansäure $HMnO^4$. Die Reaktion: $10FeSO^4 + 2KMnO^4 + 8H^2SO^4 = 5Fe^2(SO^4)^3 + 2MnSO^4 + K^2SO^4 + 8H^2O$ lässt sich leicht nach der Farbenänderung der Lösung verfolgen, denn die tiefrothe Lösung des übermangan-sauren Kaliums entfärbt sich sofort, wenn sie in Gegenwart von Säure zu einer Eisenoxydulsalzlösung gegossen wird und die Flüs-sigkeit nimmt erst dann eine rothe Färbung an, wenn durch $KMnO^4$ alles FeO in Fe^2O^3 übergeführt ist.

Beim Einwirken von Oxydationsmitteln gehen also Eisenoxy-dulsalze in Eisenoxydsalze über, während Reduktionsmittel Ei-senoxydsalze in Eisenoxydulsalze überführen. Zur vollständigen Reduktion lässt sich z. B. Schwefelwasserstoff anwenden: $Fe^2Cl^6 + H^2S = 2FeCl^2 + 2HCl + S$, hierbei scheidet sich freier Schwefel aus. In ähnlicher Weise wirkt unterschwefligsaures Natrium: $Fe^2Cl^6 + Na^2S^2O^3 + ^2O = 2FeCl^2 + Na^2SO^4 + 2HCl + S$. Metalli-sches Eisen oder Zink oder Natriumamalgam wirken in Gegen-wart von Säuren durch den Wasserstoff, den sie entwickeln, gleich-falls reduzirend ein [20]). Es ist dies die beste Methode zur Umwand-lung von Eisenoxydsalzen in Eisenoxydulsalze, z. B.: $Fe^2Cl^6 + Zn = 2FeCl^2 + ZnCl^2$. Auf diese Weise lassen sich immer Eisenoxyd-salze in Oxydulsalze und umgekehrt überführen [21]).

20) Eisenoxyd wird durch Kupfer und Kupferoxydul gleichfalls zu Oxydul re-duzirt: $Fe^2O^3 + Cu = 2FeO + CuO$ und $Fe^2O^3 + Cu^2O = 2FeO + 2CuO$. Auf dieser Reaktion beruht ein Verfahren zur quantitativen Bestimmung des Kupfers nach der Menge des entstehenden Eisenoxydulsalzes. Zur vollständigen Oxydation des Kupfers muss ein Ueberschuss von Eisenoxydsalz vorhanden sein. Wir haben es hier mit einer umkehrbaren Reaktion zu thun, denn Eisenoxydul und dessen Salze reduziren in Gegenwart von Alkalien Kupferoxyd zu Oxydul und sogar zu Kupfer, wie dies aus den Beobachtungen von Löwel, Knop und and. hervorgeht.

21) Die vollständige Umwandlung eines Eisenoxydulsalzes in Oxydulsalz erkennt man am besten mit Hilfe von rothem Blutlaugensalz $FeK^3C^6N^6$ und Rhodankalium KCNS. Mit Eisenoxydulsalzen gibt rothes Blutlaugensalz einen blauen Niederschlag von der Zusammensetzung $Fe^5C^{12}N^{12}$, während mit Eisenoxydsalzen nur eine braune Färbung entsteht. Um daher festzustellen, dass ein Eisenoxydulsalz vollständig oxy-dirt ist, bringt man einen Tropfen der zu untersuchenden Lösung auf Papier oder auf einen weissen Porzellangegenstand und fügt einen Tropfen rothen Blutlaugen-salzes hinzu. Wenn sich hierbei nun keine blaue Färbung bemerken lässt, so ist die Umwandlung des Eisenoxyduls in Oxyd vollständig. Rhodankalium bildet nur

Das **Eisenoxyd**, Fe²O³, findet sich in der Natur und lässt sich in Form eines rothen Pulvers nach verschiedenen Methoden darstellen. Es entsteht z. B. beim Glühen von Eisenvitriol und wird dann unter der Bezeichnung Colcothar oder **Eisenmennige** als rothe Oelfarbe hauptsächlich zum Anstreichen von Dächern benutzt. Als feines Pulver dient es zum Poliren von Glas, von Gegenständen aus Stahl und anderen Metallen. Beim Glühen eines Gemisches von Eisenvitriol mit überschüssigem Kochsalz erhält man das Eisenoxyd in dunkelvioletten Krystallen, welche einigen natürlich vorkommenden Modifikationen dieser Verbindung ähnlich sind. Auch beim Rösten von Eisenkies zur Darstellung von Schwefligsäuregas entsteht Eisenoxyd. Beim Versetzen der Lösung eines Eisenoxydsalzes mit einem Alkali fällt ein brauner Niederschlag von Eisenoxydhydrat aus, welches beim Erhitzen (nach Tomasi sogar schon beim Kochen der Flüssigkeit, also bei etwa 100°) leicht Wasser ausscheidet und in rothes wasserfreies Eisenoxyd übergeht. Reines Eisenoxyd besitzt keine magnetischen Eigenschaften, wenn es aber bis zur Weissgluth erhitzt wird, so scheidet es Sauerstoff aus und geht in das magnetische Oxyd über. Stark geglühtes wasserfreies Eisenoxyd löst sich nur schwer in Säuren (doch lässt es sich durch konzentrirte Säuren unter Erwärmen und durch Zusammenschmelzen mit KHSO⁴ in Lösung bringen), während wasserhaltiges Eisenoxyd, welches aus seinen Salzen durch Alkalien gefällt wird, in Säuren sehr leicht löslich ist. Das durch Fällung entstehende **Eisenoxydhydrat** besitzt die Zusammensetzung 2Fe²O³ 3H²O oder Fe⁴H⁶O⁹. Beim Entwässern dieses gewöhnlichen Hydrats (durch Erwärmen auf 100°) tritt ein Moment ein, in welchem dasselbe erglüht, also eine gewisse Wärmemenge verliert. Dieses Selbsterglühen wird durch eine innere Umlagerung bedingt, welche bei der Umwandlung des (in Säuren) leicht löslichen Zustandes in den schwer löslichen stattfindet, nicht aber durch den Verlust an Wasser, denn die Umwandlung erleidet auch das wasserfreie Oxyd. Ausserdem existirt noch ein Eisenoxydhydrat, das in Säuren ebenso schwer löslich ist, wie das stark geglühte wasserfreie Eisenoxyd. Dieses Hydrat unterliegt, wenn es sein Wasser verliert, keinem Selbsterglühen, da hierbei nicht die innere Umlagerung (Verlust an Energie oder Wärme) erfolgt, welche in dem gewöhnlichen Eisenoxyde vor sich geht. Die Zusammensetzung des in Säuren schwer löslichen Eisenoxydhydrates ist Fe²O³H²O. Es entsteht bei andauernden Kochen von mit Wasser zusammengeschütteltem Ei-

mit Eisenoxydsalzen eine intensiv rothe Färbung und zwar selbst dann, wenn die Lösung des Salzes äusserst verdünnt ist. Die vollständige Reduktion eines Eisenoxydsalzes zu Oxydulsalz erkennt man daher auf dieselbe Weise, indem man einen der Lösung entnommenen Tropfen mit Rhodankalium prüft: wenn ausschliesslich Eisenoxydulsalz vorhanden ist, so darf hierbei keine Rothfärbung eintreten.

senoxydhydrat, das man durch Oxydation von Eisenoxydul dargestellt, und allem Ausscheine nach zuweilen auch beim Kochen des
gewöhnlichen Eisenoxydhydrates nach langem Stehen Die Umwandlung des einen Hydrates in das andere lässt sich an der
Farbe erkennen, denn das leicht lösliche Hydrat zeigt einen rothen und das schwer lösliche einen gelblichen Farbenton [22]).

Dem Eisenoxyde entsprechen die normalen Salze von der
Zusammensetzung Fe^2X^6, z. B. das leichte flüchtige **Eisenchlorid**,
Fe^2Cl^6, das wasserfrei durch Einwirken von Chlor auf erhitztes Eisen dargestellt wird [23]). Das normale **salpetersaure Eisenoxyd**,

---

[22] Die beiden **Eisenoxydhydrate** charakterisiren sich nicht nur durch die oben
angeführten Unterschiede, sondern auch dadurch, dass das erste mit gelbem Blutlaugensalze, $K^4FeC^6N^6$, sofort eine durch die Bildung von Berlinerblau bedingte
blaue Färbung gibt, während das zweite mit dem Salze nicht in Reaktion tritt.
Das Hydrat $2Fe^2O^3 3H^2O$ löst sich schon bei Zimmertemperatur vollständig in Sal-
peter-, Salzsäure und auch in anderen Säuren, während das Hydrat $Fe^2O^3 3H^2O$ hierbei
nur eine trübe rothbraune Flüssigkeit gibt, welcher die den Eisenoxydsalzen eigenen
Reaktionen abgehen (Péan de St.-Giles, Scheurer-Kestner). Es liegt hier also eine
kolloidale Lösung (ein Hydrosol) vor, welche dem Thonerde-Hydrosol vollständig
entspricht (Kap. 17).

Die weinrothe Lösung des gewöhnlichen Eisenoxydhydrates in Essigsäure zeigt
alle Reaktionen, welche den Eisenoxydsalzen eigen sind. Wenn man aber diese
(bei Zimmertemperatur erhaltene) Lösung zum Sieden erhitzt, so wird die Färbung
derselben immer intensiver, es tritt der Essigsäuregeruch auf und die Lösung enthält dann eine neue Modifikation des Eisenoxyds. Bei fortgesetztem Kochen verflüchtigt sich die Essigsäure und modifizirtes Eisenoxydhydrat fällt aus. Wenn man
die Verdunstung der Essigsäure (durch Anwendung eines verschlossenen Gefässes)
verhindert und das Kochen längere Zeit hindurch fortsetzt, so geht das Eisenoxydhydrat vollständig in die unlösliche Modifikation über und wird dann als solche
beim Versetzen der Lösung (des erhaltenen Hydrosols) mit einem Alkali vollständig niedergeschlagen. Dieses Verhalten benutzt man zum Ausscheiden des Eisenoxyds aus den Lösungen seiner Salze.

Das ganze Verhalten des Eisenoxyds (seine kolloidalen Eigenschaften, die verschiedenen Modifikationen, die Bildung von Doppelsalzen) weist darauf hin, dass es
ebenso wie Kieselerde, Thonerde, Bleihydroxyd und ähnl. polymerisirt ist, d. h. die
Zusammensetzung $(Fe^2O^3)^n$ besitzt.

[23] Von den Verbindungen des Eisenoxydes wird das **Eisenchlorid**, Fe^2Cl^6, am
häufigsten benutzt (in der Medizin zum Beizen, als blutstillendes Mittel u. s. w.,
oleum Martis). Dasselbe entsteht z. B. in der Lösung von $2Fe^2O^3 3H^2O + 12HCl$;
in wasserfreiem Zustande erhält man es durch Einwirken von Chlor auf erhitztes
Eisen. Letzteres wird zu diesem Zwecke in einem Porzellanrohr in einem Chlorstrome geglüht; das hierbei entstehende Eisenchlorid sublimirt in glänzenden violetten Schüppchen, die an der Luft leicht Feuchtigkeit anziehen und beim Erhitzen
mit Wasser krystallinisches Eisenoxyd und Chlorwasserstoff bilden: $Fe^2Cl^6 + 3H^2O =
6HCl + Fe^2O^3$. Das Eisenchlorid ist so leicht flüchtig, dass seine Dampfdichte bestimmt
werden kann; dieselbe beträgt bei 440° im Verhältniss zu Wasserstoff 164,0 und
der Formel Fe^2Cl^6 entspricht die Dichte 162,5. In Wasser löst es sich zu einer
braunen Flüssigkeit, bei deren Verdunsten und Abkühlen sich Krystalle ausscheiden,
die 6 oder 12 Molekeln Krystallisationswasser enthalten. Auch in Weingeist und in
Aether ist das Eisenchlorid (analog dem $MgCl^2$ und and.) löslich; die Lösungen in
den beiden letzteren Lösungsmitteln werden beim Einwirken der Sonnenstrahlen
entfärbt, wobei Eisenchlorür $FeCl^2$ ausfällt, während Chlor entweicht. Wässrige

$Fe^2(NO^3)^6$ erhält man durch Auflösen von Eisen in überschüssiger Salpetersäure unter möglichster Vermeidung von Erwärmen [24]).

Eisenchlorid-Lösungen zersetzen sich beim längeren Aufbewahren, indem sie einen Niederschlag von basischem Salze ausscheiden; dieses weist auf die Unbeständigkeit des Eisenchlorids und anderer Eisenoxydsalze hin. In Doppelsalzen ist dagegen das Eisenchlorid, wie auch alle Eisenoxydsalze und wie die Salze vieler anderen schwachen Basen, viel beständiger. Kalium- und Ammoniumchlorid bilden mit Eisenchlorid schöne, rothe Krystalle eines Doppelsalzes von der Zusammensetzung $Fe^2Cl^6 4KCl 2H^2O$. Beim Eindampfen seiner Lösung zersetzt sich dieses Doppelsalz unter Ausscheidung von Kaliumchlorid.

24) Die neutralen Eisenoxydsalze werden durch Erhitzen und selbst durch Wasser zersetzt und in basische Salze übergeführt, welche sich nach verschiedenen Methoden darstellen lassen. Gewöhnliches Eisenoxydhydrat löst sich in $Fe^2(NO^3)^6$-Lösungen, wenn diese die doppelte Eisenmenge enthalten: Fe^2O^3 (als Hydrat) $+ 2Fe^2(NO^3)^6$ $= 3Fe^2O(NO^3)^4$. Das entstehende basische Salz entspricht dem Typus Fe^2OX^4 und enthält wahrscheinlich Wasser. Bei Anwendung grösserer Mengen von Eisenoxyd entstehen unlösliche basische Salze mit verschiedenem Gehalte an Eisenoxyd. Beim Kochen der Lösung von basischem salpetersaurem Eisenoxyd z. B. scheidet sich ein Niederschlag von der Zusammensetzung $4(Fe^2O^3) 2(N^2O^5)3H^2O$ aus, der wahrscheinlich aus $2Fe^2O^2(NO^3)^2 + (Fe^2O^3)^2 3H^2O$ besteht. Wenn eine Lösung von basisch-salpetersaurem Eisenoxyd in einem zugeschmolzenen Rohre in siedendem Wasser erhitzt wird, so erleidet die Farbe der Lösung dieselbe Aenderung, wie die einer Lösung von Eisenoxyd in Essigsäure. Beim Oeffnen des Rohres macht sich sofort der Salpetersäure-Geruch bemerkbar und wenige Tropfen eines Alkalis genügen zur Fällung der unlöslichen Modifikation des Eisenoxydhydrats.

Das neutrale **orthophosphorsaure Eisenoxyd** löst sich in Schwefel-, Salzsäure und ähnlichen Säuren, nicht aber in Essigsäure. Im wasserfreien Zustande besitzt es die Zusammensetzung $FePO^4$, da die Phosphorsäure drei Wasserstoffatome enthält, welche das Eisen, wenn es ein Oxydsalz bildet, zu ersetzen vermag. Zur Darstellung dieses Salzes muss man vom essigsauren Eisenoxyd ausgehen, welches beim Versetzen seiner Lösung mit Na^2HPO^4 einen weissen Niederschlag von $FePO^4$ gibt, der Wasser enthält (wenn die Lösung gekocht wird $2H^2O$). Am besten verfährt man in der Weise, dass man eine Fe^2Cl^6-Lösung mit überschüssigem essigsaurem Natrium vermischt (welches zuerst und nicht später zugesetzt werden muss), wobei die rothgelbe Lösung eine intensiv braune Farbe annimmt, welche die Bildung von essigsaurem Eisenoxyd anzeigt, und nun Na^2HPO^4 zusetzt, dann fällt direktphosphorsaures Eisenoxyd, $FePO^4$, als weisser, gallertartiger Niederschlag aus. Uebergiesst man letzteren mit einer Lösung von Orthophosphorsäure, so entsteht das krystallinische saure Salz $FeH^3(PO^4)^2$. Bei einem Ueberschuss an Eisenoxyd (und nicht an Phosphorsäure) bildet sich ein Niederschlag von basischen Salze. Wenn eine Lösung von $FePO^4$ in HCl mit NH^3 versetzt und gekocht wird, so fällt ein Salz aus, das nachdem es mit Wasser gut ausgewaschen und geglüht worden ist, die Zusammensetzung $Fe^4P^2O^{11}$, d. h. $(Fe^2O^3)^2(P^2O^5)$ besitzt. Im wasserhaltigen Zustande kann man dieses Salz als Eisenoxydhydrat $Fe^2(OH)^6$, in welchem $(HO)^3$ durch die äquivalente Gruppe PO^4 ersetzt sind, betrachten. Wenn eine Lösung, die ein Eisenoxydsalz im Ueberschusse und Phosphorsäure enthält, mit Ammoniak versetzt wird, so entsteht immer ein Niederschlag, in den alle Phosphorsäure übergeht.

Als eine schwache Base zeichnet sich das Eisenoxyd noch durch die leichte Bildung von Doppelsalzen aus; die Zusammensetzung des **Kalium-Eisenalauns** ist z. B. $Fe^2(SO^4)^3 K^2SO^4 24H^2O$ oder $FeK(SO^4)^2 12H^2O$. Derselbe bildet sich in farblosen oder schwach rosafarbigen, grossen Oktäedern beim Vermischen der Lösungen von schwefelsaurem Kalium und schwefelsaurem Eisenoxyd $Fe^2(SO^4)^3$; letzteres bereitet man durch Auflösen von Eisenoxyd in Schwefelsäure.

Lässt man die braune Lösung unter einem Rezipienten über Schwefelsäure verdunsten, so krystallirt das neutrale Salz $Fe^2(NO^3)9H^2O$
in gut ausgebildeten, vollständig farblosen Krystallen [25]), welche
an der Luft zerfliessen, bei 35^0 schmelzen, sich lösen und durch
Wasser zersetzt werden. Dass das Salz beim Lösen in der That
zersetzt wird, erkennt man an der Entstehung einer braunen Lösung,
aus welcher sich nur ein basisches Salz ausscheiden lässt. Das,
neutrale salpetersaure Eisenoxyd zersetzt sich auch beim Erhitzen
auf 130^0. Dieses Verhalten benutzt man zur Trennung des Eisens
(sowie einiger anderer Oxyde von der Form R^2O^3) von vielen anderen Basen (RO), deren salpetersaure Salze viel beständiger sind.

Ausser dem Oxyde und Oxydule bildet das Eisen noch eine
Oxydationsstufe, welche im Vergleich mit dem Oxyde die doppelte
Sauerstoffmenge enthält, aber so unbeständig ist, dass sie sich
weder im freien Zustande noch als Hydrat darstellen lässt; wenn
die Bedingungen zu den doppelten Umsetzungen eintreten, unter
denen dieses Oxyd entstehen kann, so zerfällt es sofort in Sauerstoff und Eisenoxyd. Es existirt nur in Gegenwart von Alkalien,
mit denen es Salze bildet, die jedoch deutlich alkalisch reagiren;
folglich besitzt dieses Oxyd nur schwache Säureeigenschaften. Beim
Glühen von fein vertheilten Eisen mit Salpeter oder Berthollet'
schem Salze entsteht das Kaliumsalz von der Zusammensetzung
K^2FeO^4, so dass das entsprechende Hydrat — die **Eisensäure** — die
Zusammensetzung H^2FeO^4 haben muss. Das Anhydrid entspricht
also der Formel FeO^3 oder Fe^2O^6. Die freie Eisensäure müsste
beim Vermischen des eisensauren Kaliums mit einer Säure entstehen, aber sie zersetzt sich hierbei sofort unter Entwickelung
von Sauerstoff: $2K^2FeO^4 + 5H^2SO^4 = 2K^2SO^4 + Fe^2(SO^4)^3 + 5H^2O + O^3$.
Wenn man nur wenig Säure anwendet oder die K^2FeO^4-Lösung
mit einem anderen Metallsalze erwärmt, so scheidet sich Eisenoxyd
aus: $2CuSO^4 + 2K^2FeO^4 = 2K^2SO^4 + O^3 + Fe^2O^3 + 2CuO$. Beide Oxyde
scheiden sich natürlich als Hydrate aus. Aus der angeführten Re-

---

25) Alle neutralen Eisenoxydsalze sind wie es scheint farblos, so dass die braune
Farbe ihrer Lösungen wol den basischen Eisenoxydsalzen eigen sein muss. Als
bemerkenswerthes Beispiel einer scheinbaren Farbenänderungen müssen die oxalsauren Salze des Eisenoxyduls und Oxyds angeführt werden. Ersteres zeigt im
trocknen Zustande eine gelbe Farbe, obgleich Eisenoxydulsalze gewöhnlich grün
.sind, während letzteres (das oxalsaure Eisenoxyd) farblos oder schwach grün gefärbt
ist. Beim Auflösen in Wasser zersetzt sich nun das neutrale oxalsaure Eisenoxyd,
wie viele andere Salze, wahrscheinlich in freie Säure und basisches Salz, welches
eine braune Lösung gibt. Der beinahe farblose Eisenalaun wird gleichfalls leicht
durch Wasser zersetzt. Die Erforschung der Erscheinungen, welche dem salpetersauren Eisenoxyde eigen sind, müsste meiner Ansicht nach für die Untersuchungen
der wässrigen Lösungen der Salze im Allgemeinen von grossem Nutzen sein. Das
oxalsaure Eisenoxydul, sowie das Kaliumdoppelsalz desselben wirken wie starke
Reduktionsmittel und werden daher in der Photographie (als Entwickler)
benutzt.

aktion geht hervor, dass nicht nur das Hydrat H^2FeO^4, sondern auch die ihm entsprechenden Salze der Schwermetalle durch doppelte Umsetzungen nicht zu erhalten sind. Eine K^2FeO^4-Lösung wirkt offenbar wie ein starkes Oxydationsmittel, indem sie z. B. MnO in MnO^2, SO^2 in SO^3, $C^2H^2O^4$ in CO^2 u. s. w. überführt [26]).

Das Eisen bildet also die folgenden Oxydationsstufen: RO, R^2O^3 und RO^3; es wären noch die intermediären Oxyde RO^2 und R^2O^5 zu erwarten, welche jedoch für das Eisen nicht bekannt sind. Die niedrigste Oxydationsstufe des Eisens besitzt einen deutlich basischen Charakter, die höchste einen schwach sauren; im freien Zustande ist nur das Oxyd Fe^2O^3 beständig, während das Oxydul FeO Sauerstoff absorbirt und FeO^3 Sauerstoff ausscheidet. Dasselbe Verhalten zeigen auch andere Elemente: der Charakter eines Elementes wird durch die relative Beständigkeit seiner Oxydationsstufen bedingt. Dem Eisenoxydule entsprechen die Salze FeX^2, dem Oxyde die Salze FeX^3 oder Fe^2X^6 und in der Eisensäure tritt der Typus FeX^6 auf, da ihr Kaliumsalz $FeO^2(KO)^2$ den Salzen K^2SO^4, K^2MnO^4, K^2CrO^4 u. s. w. entspricht. Das Eisen bildet also Verbindungen vom Typus FeX^2, FeX^3 und FeX^6. Letzterer tritt jedoch, wie auch der Typus NX^5, nicht isolirt auf, sondern nur, wenn die X verschiedenartig sind, z. B. beim Stickstoff als $NO^2(HO), NH^4Cl$ u. s. w., beim Eisen als $FeO^2(OK)^2$. Da folglich der Typus FeX^6 dennoch vorkommt, so sind FeX^2 und FeX^3 als solche Verbindungen wie NH^3 zu betrachten, welche Additionsprodukte bis zu FeX^6 und weiter bilden können; es offenbart sich dies in der Fähigkeit der Eisenoxydul- und Oxydsalze zur Bildung von Verbindungen mit Krystallisationswasser, von Doppelsalzen und von basischen Salzen, deren Beständigkeit durch die Eigenschaften der sich mit FeX^2 und FeX^3 verbindenden Elemente bedingt wird. Diese Komplizirung des Typus tritt schon bei der Bildung der Molekel Fe^2Cl^6 an Stelle von $FeCl^3$ ein. Es lassen sich daher komplizirte Verbindungen erwarten, die dem Oxydule und Oxyde des Eisens entsprechen werden. Ein besonderes Inte-

---

26) Beim Einleiten von Chlor in konzentrirte Kalilauge, in welcher Eisenoxydhydrat suspendirt ist, nimmt die trübe Flüssigkeit bald eine dunkle granatrothe Farbe an und enthält dann eisensaures Kalium: $10KHO + Fe^2O^3 + 3Cl^2 = 2K^2FeO^4 + 6KCl + 5H^2O$. Durch überschüssiges Chlor wird das eisensaure Kalium wieder zersetzt; es ist jedoch unbekannt, in welcher Weise; wahrscheinlich bilden sich Fe^2Cl^6 und Berthollet'sches Salz. Bemerkenswerth ist noch die Bildung des eisensauren Kaliums beim Einwirken des galvanischen Stromes (von 6 Grove'schen Elementen) auf konzentrirte Kalilauge, wenn als positive Elektrode Gusseisen benutzt und die negative Elektrode aus Platin mit einem thönernen Cylinder umgeben wird. Der Sauerstoff, der sich am Eisen ausscheiden müsste, wirkt oxydirend und bedingt die Bildung der dunkelfarbigen Lösung von K^2FeO^4. Das Gusseisen kann hierbei nicht durch Stabeisen ersetzt werden.

resse bietet unter denselben die Reihe der Cyanverbindungen, deren Bildung und Charakter nicht nur durch die Eigenschaft des Eisens Verbindungen von komplizirtem Typus zu bilden, sondern auch durch dieselbe Eigenschaft der Cyanverbindungen, die als Nitrile (Kap. 9.) eine deutliche entwickelte Fähigkeit sich zu polymerisiren und überhaupt komplexe Verbindungen zu bilden besitzen, bedingt werden.

Unter den **Cyanverbindungen des Eisens** sind als dem Oxydule und Oxyde entsprechend zwei Stufen zu erwarten: $Fe(CN)^2$ und $Fe(CN)^3$. In Wirklichkeit existiren noch viele andere, viel komplizirtere, intermediäre Verbindungen, welche den mit Cyanmetallen so leicht entstehenden Doppelsalzen entsprechen. Allgemein bekannt sind die beiden folgenden sehr beständigen, leicht darzustellenden und häufig angewandten Doppelsalze: das **Kalium-Eisencyanür** oder das **gelbe Blutlaugensalz (Ferrocyankalium)** [26 bis]) — ein Doppelsalz von Cyankalium und von dem Eisenoxydule entsprechendem Eisencyanür, FeC^2N^24KCN; es krystallisirt mit drei Molekeln Wasser, $K^4FeC^6N^63H^2O$. Das **Kalium-Eisencyanid** oder das **rothe Blutlaugensalz** oder **Gmelin's Salz**, (Ferricyankalium) enthält gleichfalls Cyankalium und Eisencyanid, das dem Eisenoxyde entspricht, seine Zusammensetzung ist $Fe(CN)^33KCN$ oder $K^3FeC^6N^6$ und seine Krystalle enthalten kein Wasser Es unterscheidet sich von dem gelben Blutlaugensalze durch den Gehalt von nur drei und nicht vier Kaliumatomen und wird aus diesem Salze durch Einwirken von Chlor gewonnen, das letzterem ein Kaliumatom entzieht. Diesen beiden Doppelsalzen entspricht eine ganze Reihe anderer **Eisencyanverbindungen.**

Zunächst soll darauf aufmerksam gemacht werden, dass keines der gewöhnlichen Reagentien weder mit dem gelben, noch mit dem rothen Blutlaugensalze in die doppelten Umsetzungen eingeht, welche den andern Eisenoxydul- und Oxydsalzen eigen sind, und dass beiden Salzen die Eigenschaften des in ihnen enthaltenen KCN abgehen. Beide Salze reagiren neutral und werden weder durch Luft, noch durch Wasser verändert, wie dies beim KCN und sogar bei einigen seiner Doppelsalze der Fall ist. KOH z. B. bewirkt keine Fällungen von Eisenoxydul- oder Eisenoxydhydrat und auch Na^2CO^3 bildet keine Niederschläge. Auf Grund dieses Verhaltens wurde von früheren Forschern in dem gelben und rothen Blutlaugensalze eine besondere selbstständige Gruppirung angenommen. Das gelbe Blutlaugensalz sollte das zusammengesetzte Radikal FeC^6N^6 in Verbindung mit K^4 enthalten und das rothe

---

[26 bis]) Die Bezeichnung «Ferro» wird für die dem Eisenoxydule entsprechenden Verbindungen gebraucht und «Ferri» für die Verbindungen des Eisenoxyds. Das gelbe Blutlaugensalz wird daher Ferrocyankalium und das rothe Ferricyankalium genannt.

Blutlaugensalz das mit K^3 verbundene Radikal $Fe^2C^{12}N^{12}$. Zur Bestätigung dieser Ansicht wurde angeführt, dass in beiden Salzen K durch andere Metalle und selbst durch Wasserstoff ersetzt werden kann, während das Eisen nicht ersetzbar ist und wie der Stickstoff in den Cyanverbindungen, Ammoniumsalzen und salpetersauren Salzen, in denen derselbe in Form der zusammengesetzten Radikale CN, NH^4 und NO^2 enthalten ist, in keine doppelte Umsetzungen eingeht. Diese Annahme ist jedoch zur Erklärung der Eigenheiten in den Reaktionen solcher Verbindungen, wie der Doppelsalze, vollkommen überflüssig. Wenn ein durch Aetzkali fällbares Magnesiumsalz in Gegenwart von Salmiak nicht gefällt wird, so erklärt sich dies einfach dadurch, dass aus dem Magnesiumsalze und dem Salmiak ein lösliches Doppelsalz entsteht, welches durch Alkalien nicht zersetzt wird. Es brauchen daher die Eigenheiten der Reaktionen eines Doppelsalzes nicht durch die Bildung eines neuen zusammengesetzten Radikals erklärt zu werden. In Gegenwart eines Ueberschusses an Weinsäure werden z. B. Kupferoxydsalze durch KHO nicht gefällt, weil hierbei lösliche Doppelsalze entstehen. Bei den Cyanverbindungen lassen sich diese Eigenheiten noch leichter als bei anderen verstehen, da alle Cyanverbindungen als ungesättigte Verbindungen die Neigung besitzen sich zu kompliziren. In den Doppelsalzen findet diese Neigung ihre Befriedigung. Dass gerade in den Cyandoppelsalzen ein besonderer Charakter hervortritt, erklärt sich aus den beim KCN selbst und auch bei HCN erscheinenden Eigenheiten, welche bei den Haloidverbindungen KCl und HCl, mit denen man *sich gewöhnt* hat die Cyanverbindungen zu vergleichen, nicht vorkommen. Bei der Vergleichung der Verbindungen des Cyans mit denen des Ammoniaks, treten diese Eigenheiten zum Theil deutlich hervor. Auch in Gegenwart von Ammoniak unterliegen die Reaktionen vieler Verbindungen bedeutenden Aenderungen. Wenn noch in Betracht gezogen wird, dass durch die Gegenwart vieler Kohlenstoffverbindungen die Reaktionen von Salzen vollständig geändert werden, so können die Eigenheiten der Cyandoppelsalze, da sie Kohlenstoff enthalten, noch weniger merkwürdig erscheinen. Dass in Gegenwart von Kohlenstoff oder anderen Elementen im Verlauf von Reaktionen Aenderungen eintreten, lässt sich etwa damit vergleichen, dass auch beim Eingehen von Sauerstoff in Verbindungen die Reaktionen desselben gleichfalls und sogar sehr bedeutenden Aenderungen unterliegen. Im chlorsauren Kalium $KClO^3$ lässt sich z. B. das Chlor nicht in derselben Weise wie in KCl durch salpetersaures Silber entdecken; die Reaktionen des Eisens sind verschieden, je nachdem, ob es als Oxydul oder Oxyd auftritt u. s. w. Ferner ist zu beachten, dass die leichte Zersetzbarkeit der Salpetersäure in den salpetersauren Salzen der Alkalimetalle verschwindet oder bedeutend geringer wird und dass überhaupt die Eigenschaften einer Säure und ihrer Salze öfters bedeutende Unterschiede zeigen. Jedes Doppelsalz muss aber als eine besondere salzartige Verbindung betrachtet werden. KCN ist gleichsam die Base und FeC^2N^2 das Säureelement. Isolirt können dieselben unbeständig sein, mit einander verbunden bilden sie dagegen eine beständige Doppelverbindung, da bei der Verbindung die Energie der Elemente, welche, der angenommenen Ausdrucksweise nach, einander sättigen, sich ausscheidet. Alles soeben Angeführte erscheint natürlich noch nicht als eine endgiltige Erklärung, aber der Annahme eines besonderen zusammengesetzten Radikals kann diese Bezeichnung noch weniger beigelegt werden.

Das gelbe Blutlaugensalz $K^4FeC^6N^6$ bildet sich sehr leicht beim Vermischen der Lösung von $FeSO^4$ und 2KCN, wobei zunächst ein weisser, an der Luft blau werdender Niederschlag von FeC^2N^2 entsteht, der sich im Ueberschuss von KCN zu gelbem Blutlaugensalz löst. Dieses bildet sich auch, wenn thierische, stickstoffhaltige Kohle, z. B. aus Horn, Hautabfällen und dgl. mit Pottasche in eisernen Gefässen geglüht [27]) und die entstandene Masse an der Luft ausgelaugt wird; hierbei entsteht zuerst KCN, aus welchem sich weiter das Blutlaugensalz bildet. Es ist dies die fabrikmässige Darstellungsmethode des **gelben Blutlaugensalzes** (prussiate de potasse). Die stickstoffhaltige Kohle kann durch gewöhnliche Holzkohle ersetzt werden, wenn diese vorher mit Pottasche durchtränkt und in der Luft, d. h. in Stickstoff geglüht wird; beim Kochen mit Wasser und Eisenoxyd entsteht dann gleichfalls Blutlaugensalz [28]).

Das Kalium lässt sich im gelben Blutlaugensalze leicht durch viele andere Metalle ersetzen. Das Wasserstoffsalz oder die **Ferrocyanwasserstoffsäure**, $H^4FeC^6N^6$, entsteht beim Vermischen konzentrirter Lösungen von gelbem Blutlaugensalz mit Salzsäure. Wenn man dieser Mischung Aether zusetzt und den Luftzutritt verhin-

---

27) Aus dem Schwefel der thierischen Abfälle entsteht hierbei die Verbindung $FeKS^2$, welche dann mit KCN beim Einwirken von Wasser K^2S, KCNS und $K^4FeC^6N^6$ bildet.

28) Gelbes Blutlaugensalz entsteht auch aus Berlinerblau beim Kochen mit Kalilauge, sodann aus rothem Blutlaugensalz beim Einwirken reduzirender Substanzen in Gegenwart von Alkalien u. s. w. Aus seinen Lösungen scheidet sich das gelbe Blutlaugensalz in grossen biegsamen Krystallen aus, welche **3** Molekeln Wasser enthalten, das sich leicht beim Erhitzen über 100° ausscheidet. 100 Theile Wasser lösen bei gewöhnlicher Temperatur 25 Theile des Salzes, dessen spezifisches Gewicht 1,83 ist. Beim Glühen zersetzt es sich unter Entwickelung von Stickstoff in KCN und FeC^2. Oxydirende Substanzen führen es in rothes Blutlaugensalz über. Beim Erhitzen von gelbem Blutlaugensalz mit konzentrirter Schwefelsäure entsteht Kohlenoxyd und mit schwacher Schwefelsäure Blausäure: $2K^4FeC^6N^6 + 3H^2SO^4 = K^2Fe^2C^6N^6 + 3K^2SO^4 + 6HCN$; hierbei wird also im Blutlaugensalze K^2 durch Fe ersetzt.

dert, so erhält man die Säure direkt in Form eines weissen, kaum krystallinischen Niederschlages, der an der Luft blau wird (wie auch FeC^2N^2, indem Verbindungen von FeC^2N^2 mit FeC^3N^3 entstehen) und daher in der Kattundruckerei benutzt wird. Die Ferrocyan-wasserstoffsäure löst sich in Wasser und in Weingeist, ist aber in Aether unlöslich; sie besitzt deutlich saure Eigenschaften und zersetzt kohlensaure Salze, so dass sie zur Darstellung der leicht löslichen, neutralen, dem gelben Blutlaugensalze analogen Salze der Alkali- und Erdalkalimetalle benutzt werden kann. Die Lö-sungen dieser Salze geben mit den Salzen der übrigen Metalle Niederschläge, da die der Ferrocyanwasserstoffsäure entsprechen-den Salze der Schwermetalle in Wasser unlöslich sind. Bei den hierbei stattfindenden Umsetzungen wird entweder alles K^4 des Blutlaugensalzes oder nur ein Theil desselben durch eine äqui-valente Menge des Schwermetalles ersetzt. Setzt man z. B. ein Kupfer-oxydsalz zu einer Lösung von gelbem Blutlaugensalz zu, so ent-steht ein rother Niederschlag, der noch die Hälfte des Kaliums aus letzterem enthält: $K^4FeC^6N^6 + CuSO^4 = K^2CuFeC^6N^6 + K^2SO^4$; wenn man dagegen umgekehrt verfährt, also die Blutlaugensalzlösung zum Kupfersalz (das hierbei im Ueberschuss sein wird) zugiesst, so wird alles Kalium durch Kupfer ersetzt und man erhält einen rothbraunen Niederschlag von $Cu^2FeC^6N^6 9H^2O$. Diese Reaktion ist, ebenso wie andere ähnliche Reaktionen, sehr empfindlich, so dass das Blutlaugensalz zur Entdeckung geringer Mengen von Metallen benutzt werden kann, um so mehr, als die Niederschläge sich durch ihre Färbung scharf unterscheiden lassen. Die Salze des Zn, Cd, Pb, Sb, Sn, Kupferoxyduls, Ag und Au geben mit gelben Blutlaugensalz-lösungen **weisse** Niederschläge, die Salze des Kupferoxyds, Urans, Ti-tans und Molybdäns—rothbraune und die Salze des Nickels, Kobalts und Chroms **grüne**. Mit **Eisenoxydulsalzen** gibt das gelbe Blutlaugen-salz, wie bereits erwähnt wurde, einen **weissen**, sich bläuenden Nie-derschlag von der Zusammensetzung $Fe^2FeC^6N^6$ oder FeC^2N^2, und mit **Eisenoxydsalzen** einen **blauen Niederschlag** des sogen. **Berlinerblaus**. Das Kalium tauscht hierbei seinen Platz mit dem Eisen aus: $2Fe^2Cl^6 + 3K^4FeC^6N^6 = 12KCl + Fe^4Fe^3C^{18}N^{18}$. Letztere Formel entspricht der Zusammensetzung des Berlinerblaus, welches also eine Verbin-dung von $4Fe(CN)^3 + 3Fe(CN)^2$ ist. Zur Darstellung dieser blauen Farbe wird das gelbe Blutlaugensalz fabrikmässig gewonnen. Das Berlinerblau wird zum Färben von Tuch, Geweben, und zum Bläuen benutzt — es bildet eine der gewöhnlichsten blauen Farben. Da es in Wasser unlöslich ist, so verfährt man in der Weise, dass man das Gewebe zuerst in eine Eisenoxydsalzlösung und dann in die Lösung des gelben Blutlaugensalzes bringt. Bei einem Ueber-schuss an letzterem, wird $\bar{K}^4$ nicht vollständig durch Fe ersetzt und es entsteht **lösliches Berlinerblau**: $KFe^2(CN)^6 = KCNFe(CN)^2Fe(CN)^3$.

Dieses kolloidale, in reinem Wasser lösliche Salz ist in Gegenwart anderer Salze unlöslich und wird, wenn die Lösung selbst geringe Mengen z. B. von KCl oder NaCl enthält, als blauer Niederschlag gefällt [29]).

Das **rothe Blutlaugensalz**, $K^3FeC^6N^6$, (Ferricyankalium) wird auch Gmelin'sches Salz genannt, weil es von diesem Forscher zuerst durch Einwirken von Chlor auf die Lösung von gelbem Blutlaugensalz dargestellt worden ist: $K^4FeC^6N^6 + Cl = K^3FeC^6N^6 + KCl$. Die Reaktion besteht hier in der Umwandlung eines Eisenoxydulsalzes in Oxydsalz. Aus seinen Lösungen scheidet sich das Gmelin'sche Salz in wasserfreien, gut ausgebildeten, rothen Prismen aus, während die Lösung eine olivengrüne Farbe zeigt. In 100 Th. Wasser lösen sich bei 10^0 37 Th. und bei 100^0 78 Th. des Salzes [30]). Mit Eisenoxydulsalzen gibt das rothe Blutlaugensalz einen

29) Skraup erhielt das lösliche Berlinerblau sowol aus gelbem (Oxydul-) Blutlaugensalz mit $FeCl^3$, als auch aus rothem (Oxyd-) Blutlaugensalz mit $FeCl^2$; dasselbe enthält folglich das Eisen sowol als Oxydul, als auch als Oxyd. Mit $FeCl^2$ bildet es Berlinerblau und mit $FeCl^3$ Turnbull's Blau. Das Berlinerblau ist zu Anfang des vorigen Jahrhunderts von Diesbach, einem Berliner Fabrikanten entdeckt worden. Anfangs wurde es unmittelbar aus dem durch Glühen von thierischer Kohle mit Pottasche entstehenden Cyankalium dargestellt. Uebrigens wird es auch gegenwärtig noch zuweilen auf diese Weise bereitet, indem man die beim Glühen entstehende Masse in Wasser löst und die Lösung zuerst mit Alaun versetzt, um das freie Alkali zu sättigen und dann mit Eisenvitriol, der sich an der Luft so weit verändert haben muss, dass er sowol schwefelsaures Eisenoxyd als auch Oxydul enthält. Da das Berlinerblau eine Verbindung mit Eisencyanür FeC^2N^2 (Ferrocyan) und Eisencyanid $Fe^2C^6N^6$ (Ferricyan vergl. Anm. 26 bis) ist, so entsteht es auch beim Versetzen einer KCN-Lösung mit einem Gemisch von Salzen der beiden Oxydationsstufen des Eisens. Ein Eisenoxydsalz bildet mit gelbem Blutlaugensalz Berlinerblau, weil ersteres Eisencyanid und letzteres Cyanür enthält. Das Berlinerblau zeigt keine krystallinische Struktur, sondern bildet eine blaue Masse mit metallischem, kupferröthlichem Glanze. Es unterliegt der Einwirkung von Säuren und von Alkalien, wobei zunächst das im Berlinerblau enthaltene Oxydsalz angegriffen wird. Alkalien fällen Eisenoxyd, während Ferrocyankalium (gelbes Blutlaugensalz) in Lösung bleibt: $2Ee^2C^6N^63FeC^2N^2 + 12KHO = 2(Fe^2O^33H^2O) + 3K^4FeC^6N^6$. Auf diese Weise können verschiedene Ferrocyanmetalle dargestellt werden. In wässrigen Lösungen von Oxalsäure löst sich das Berlinerblau und die Lösung wird als blaue Tinte benutzt, welche an der Luft unter der Einwirkung des Lichtes bleicht, aber im Dunkeln wieder Sauerstoff aufnimmt und blau wird,—eine Erscheinung, die man zuweilen an blauem Tuche beobachten kann. Durch einen Ueberschuss von gelbem Blutlaugensalz wird das Berlinerblau in den in Wasser löslichen Zustand übergeführt, in welchem es jedoch in den Lösungen verschiedener Salze unlöslich ist. Auch in konzentrirter Salzsäure löst sich das Berlinerblau.

30) Bei der Darstellung von rothem Blutlaugensalz darf das Chlor nicht im Ueberschuss angewandt werden. Das Einleiten des Chlors in die Lösung des gelben Blutlaugensalzes muss unterbrochen werden, wenn eine der Flüssigkeit entnommene Probe mit der Lösung eines Eisenoxydsalzes keinen Niederschlag von Berlinerblau mehr bildet. Das rothe Blutlaugensalz kann ebenso wie das gelbe sein Kalium leicht gegen Wasserstoff und andere Metalle austauschen. Mit den Salzen des Sn, Ag, Hg gibt es gelbe und mit denen des U, Ni, Co, Cu, Bi braune Nieder-

blauen Niederschlag: das Turnbullsche Blau, welches dem Berliner-blau sehr ähnlich ist, denn es enthält gleichfalls Eisencyanür und Cyanid, nur in einem anderen Verhältnisse: $3FeCl^2 + 2K^3FeC^6N^6 = 6KCl + Fe^3Fe^2C^{12}N^{12}$ oder $3(FeC^2N^2)Fe^2C^6N^6$; die empirische Formel ist also Fe^5Cy^{12}, während die des Berlinerblaus Fe^7Cy^{18} ist. Mit Eisenoxydsalzen muss rothes Blutlaugensalz Eisencyanid $Fe^2C^6N^6$ bilden, welches in Wasser löslich ist, so dass kein Niederschlag entsteht; die Flüssigkeit nimmt nur eine braune Farbe an [31].

schläge. Bei der Einwirkung von H^2S auf das Bleisalz—das Ferricyanblei—entstehen: PbS und das Wasserstoffsalz oder die dem rothen Blutlaugensalze entsprechende **Ferricyanwasserstoffsäure**, $H^3FeC^6N^6$, die in löslichen rothen Nadeln krystallisirt und der Ferrocyanwasserstoffsäure $H^4FeC^6N^6$ sehr ähnlich ist. Durch Einwirken von Reductionsmitteln, z. B. H^2S oder Cu wird das rothe Blutlaugensalz in das gelbe übergeführt und zwar besonders leicht in Gegenwart von Alkalien; in alkalischer Lösung erscheint das rothe Blutlaugensalz als ein ziemlich energisches *Oxydationsmittel*, das z. B. Manganoxydul in Hyperoxyd überführt.

31) Beim Einwirken von Salpetersäure entsteht aus dem gelben Blutlaugensalze, sowie aus anderen Ferrocyanverbindungen eine besondere Reihe von leicht krystallisirenden Salzen, welche die Elemente des Stickoxydes enthalten und daher **Nitroferridcyanide** (oder Nitroprusside) genannt werden. Am häufigsten wird das gut krystallisirende Natriumsalz, $Na^2FeC^5N^6O2H^2O$, dargestellt, welches sich in seiner Zusammensetzung von dem rothen Natrium-Blutlaugensalze $Na^3FeC^6N^6$ dadurch unterscheidet, dass die Gruppe NaCN durch Stickstoffoxyd NO ersetzt ist. Zur Darstellung des Nitroprussidnatriums übergiesst man gepulvertes gelbes Blutlaugensalz mit $5/7$ Gewichtstheilen Salpetersäure, die mit dem gleichen Volum von Wasser versetzt ist, und lässt das Gemisch zunächst bei Zimmertemperatur stehen, erwärmt aber dann auf dem Wasserbade. Hierbei entsteht zuerst rothes Blutlaugensalz (denn die Lösung wird durch $FeCl^2$ gefällt), und darauf ein grüner Niederschlag. Nun wird abgekühlt, von den entstehenden Salpeterkrystallen abfiltrirt und nach dem Versetzen mit Soda gekocht. Wenn jetzt wieder filtrirt und das Filtrat eingedampft wird, so krystallisiren $NaNO^3$ und das Nitroprussidnatrium in rothen Prismen. Die Lösung dieses Salzes gibt mit den Salzen der Alkali- und Erdalkalimetalle keine Niederschläge, da die entsprechenden Nitroprussidmetalle löslich sind, dagegen bilden sich Niederschläge mit den Salzen des Fe, Zn, Cu, Ag, indem diese Metalle an die Stelle des Natriums im Nitroprussidnatrium treten. Mit den Sulfiden der Alkalimetalle gibt das Nitroprussidnatrium eine charakteristische, intensiv rothe Färbung. Die Nitroprusside sind von Gmelin entdeckt und von Playfair (1849) und anderen untersucht worden.

Den Nitroprussiden nähern sich bis zu einem gewissen Grade die von Roussin beschriebenen Eisennitrososulfide. Als Ausgangspunkt zur Darstellung derselben dienen die schwarzen Krystalle, die folgendermassen erhalten werden: Man versetzt ein Gemisch der Lösungen von KHS mit KNO^2 unter Umrühren mit Fe^2Cl^6, kocht, filtrirt und kühlt ab, wobei sich dann die *schwarzen* Krystalle von der Zusammensetzung $Fe^6S^5(NO)^{10}H^2O$ (nach Rosenberg) oder $FeNO^2NH^2S$ (nach Demel) ausscheiden. Dieselben besitzen einen schwachen Metallglanz und lösen sich in Wasser, Alkohol und Aether. Die ätherische Lösung absorbirt Wasser wie $CaCl^2$. In Gegenwart von Alkalien lassen sich die Krystalle unverändert aufbewahren, während sie mit Säuren Stickstoffoxyde ausscheiden. Es wird behauptet, dass mehrere Verbindungen existiren, die in einander übergehen und dem schwarzen Salze Roussin's entsprechen. Die Eisennitrososulfide gehören zu den Stickstoffverbindungen, die noch wenig untersucht sind, die aber mit der Zeit wahrscheinlich ein sehr werthvolles Material zur Erforschung der Natur dieses Elementes abgeben werden. Diese Ver-

Wenn das Chlor und das Natrium Repräsentanten selbstständi-
ger Gruppen von Elementen sind, so gilt dies auch vom Eisen, dessen
nächste Analoga ausser der Aehnlichkeit im Charakter noch in
ihren physikalischen Eigenschaften und ihren Atomgewichten eine
nahe Uebereinstimmung mit dem Eisen zeigen. Das Eisen nimmt
unter seinen nächsten Analogen sowol seinen Eigenschaften, als
auch seinen Fähigkeiten bestimmte salzbildende Oxyde zu bilden
und seinem Atomgewichte nach eine mittlere Stellung ein. Einerseits schliessen sich an das Eisen (dessen Atomgewicht $= 56$) das
Kobalt (58) und das Nickel (59) an—Metalle, die einen mehr basischen Charakter besitzen, die keine beständigen Säuren und keine
höheren Oxydationsstufen geben und die den Uebergang zum Kupfer (63) und Zink (65) bilden. Andrerseits nähern sich dem Eisen das Mangan (55) und das Chrom (52), welche basische und
säurebildende Oxyde geben und den Uebergang zu den Metallen
mit Säureeigenschaften bilden Bei nahe übereinstimmenden Atomgewichten besitzen die Elemente Cr, Mn, Fe, Co, Ni, Cu, auch nahe
übereinstimmende spezifische Gewichte, so dass auch die Volume ihrer
Atome und der Molekeln analoger Verbindungen nahe übereinstimmen (vergl. die Tabelle zu Kap. XV). Die Aehnlichkeit der angeführten Elemente ergibt sich ferner aus Folgendem:

Sie bilden Oxydule RO, welche ziemlich energische mit der Magnesia isomorphe Basen sind; ihre schwefelsauren Salze $RSO^4 7H^2O$
z. B. sind den Salzen $MgSO^4 6H^2O$ und $FeSO^4 7H^2O$ ähnlich oder
auch den schwefelsauren Salzen mit einem geringeren Gehalt an
Wasser; sie bilden alle (mit schwefelsauren Alkalimetallen) Doppelsalze, welche mit $6H^2O$ krystallisiren, besitzen die Fähigkeit
Ammoniumdoppelsalze zu bilden u. s. w.

Die Oxydulhydrate des Ni und Co sind ziemlich beständig und
schwer oxydirbar (das des Nickels oxydirt sich schwerer, als das
des Kobalts, welches den Uebergang zum Kupfer vermittelt), während die Oxydulhydrate des Mn und namentlich des Cr sich leichter oxydiren, indem sie in höhere Oxyde übergehen, als das Eisenoxydulhydrat.

Die oben genannten Metalle bilden auch Oxyde von der Form
R^2O^3, welche beim Ni, Co und Mn sehr unbeständig sind und sich
leichter desoxydiren lassen, als Fe^2O^3; dagegen ist dieses Oxyd
beim Cr sehr beständig, es bildet die gewöhnlichen Salze dieses
Elementes und erscheint als eine schwache, mit dem Eisenoxyde
isomorphe Base, der Alaune entsprechen u. s. w.

---

bindungen zeigen mit den gewöhnlichen salzartigen Verbindungen der Mineral-
chemie eine so geringe Aehnlichkeit wie auch die organischen Kohlenstoffverbindungen. Von der Beschreibung dieser Verbindungen kann abgesehen werden, da
der Zusammenhang derselben mit anderen Verbindungen nicht aufgeklärt ist und
sie noch keine Anwendung gefunden haben; aber ihre Erforschung verspricht die
Entdeckung neuer Gebiete.

Cr und Mn oxydiren sich in Gegenwart von Alkalien leichter, als das Eisen und bilden hierbei ein dem eisensauren Kalium analoges Salz, während Co und Ni sich nur schwer oxydiren lassen und keine Säuren bilden.

Wenn Chloride von der Zusammensetzung R^2Cl^6 entstehen, so sind sie ebenso flüchtig wie Fe^2Cl^6. Die Cyanverbindungen, namentlich des Mn und Co zeigen eine grosse Uebereinstimmung mit den entsprechenden Verbindungen des Eisens.

Die Oxyde des Ni und Co lassen sich leichter zu Metall reduziren als das Fe, die Oxyde des Mn und Cr dagegen schwerer; die beiden letzteren sind auch nur schwer in reinem Zustande zu erhalten, sie besitzen die Fähigkeit dem Roheisen analoge Verbindungen zu bilden.

Die Metalle selbst besitzen eine graue Eisenfarbe und sind sehr schwer schmelzbar: doch lassen sich Ni und Co leichter schmelzen als Eisen, während Chrom noch schwerer, als Platin schmilzt (Deville).

In der Glühhitze zersetzen die Metalle Wasser und zwar um so schwieriger, je höher ihr Atomgewicht ist, so dass sie auf diese Weise den Uebergang zum Cu vermitteln, durch welches Wasser nicht zersetzt wird.

Die Verbindungen aller dieser Metalle sind gefärbt, zuweilen und besonders in ihren höheren Oxydationsstufen, sehr intensiv.

In der Natur kommen die Metalle der Eisenreihe öfters zusammen vor. Das Mangan tritt fast überall als Begleiter des Eisens auf, während das Eisen immer den Manganerzen beigemengt ist. Das Chrom findet sich hauptsächlich als Chromeisenstein, d. h. als eine Art von Magneteisenstein, in welchem Fe^2O^3 durch Cr^2O^3 ersetzt ist. Nickel und Kobalt erscheinen als ebensolche unzertrennliche gegenseitige Begleiter wie Eisen und Mangan.

Die Aehnlichkeit erstreckt sich sogar auf so entfernt liegende Eigenschaften, wie die magnetischen. Am meisten magnetisch sind nach dem Eisen: Co und Ni; während unter den Chromverbindungen ein magnetisches Oxyd auftritt, welches in anderen Reihen unbekannt ist. Das Nickel wird durch konzentrirte Salpetersäure leicht passiv und absorbirt auch, analog dem Eisen, Wasserstoff.

Das **Kobalt** findet sich in der Natur hauptsächlich in Verbindung mit Arsen und Schwefel. Als *Speiskobalt* $CoAs^2$ kommt es in glänzenden Krystallen des regulären Systems namentlich in Sachsen vor und als *Kobaltglanz* $CoAs^2CoS^2$, der dem ersteren sehr ähnlich ist und gleichfalls regulär krystallisirt, in Schweden, Norwegen und im Kaukasus. Das als **Nickelerz** erscheinende *Kupfernickel* ist wie das Arsenkobalt eine Verbindung des Nickels mit Arsen, jedoch in einem anderen Verhältnisse: $NiAs$; es findet sich in Böhmen und Sachsen und besitzt ein kupferfarbiges, selten krystallinisches Aussehen, so dass es von den sächsischen Bergleuten zuerst für ein Kupfererz gehalten wurde und da es kein Kupfer ergab, die Bezeichnung Kupfernickel erhielt. Dem Kobaltglanze entspricht der *Nickelglanz* NiS^2NiAs^2. Das Nickel ist ein steter Begleiter der Kobalterze, das Kobalt dagegen der beständige Begleiter der Nickelerze, so dass diese beiden Metalle immer zusammen vorkommen. In Russland werden Kobalterze in Transkaukasien im Gouvernement Elisabethpol ausgebeutet und im Uralgebirge (bei Rewdansk) finden sich Nickelerze, die aus wasserhaltigem kieselsaurem Nickel bestehen. Dasselbe Nickelerz, das gleichfalls etwa 12 pCt Nickel enthält, wird in grossen Mengen aus Neu-Kaledonien nach Europa gebracht. Die Kobalterze werden hauptsächlich auf Kobaltverbindungen verarbeitet; während aus den Nickelerzen das Metall selbst gewonnen wird, das gegenwärtig häufig zu Legirungen (z. B. zu Scheidemünzen) und, da es sich nicht oxydirt, zum Ueberziehen anderer Metalle verwandt wird. Bei der Verarbeitung werden die Erze zunächst sortirt, um sie von der Gangart zu scheiden, und dann geröstet, wobei sich der Schwefel und das Arsen grösstentheils als SO^2 und As^2O^3 verflüchtigen. Das Kobalt oxydirt sich hierbei [32]).

---

32) Die beim Rösten von Kobalterzen hinterbleibenden Rückstände werden unter dem Namen *Zaffer* oder *Safflor* in den Handel gebracht und dienen zur Darstellung reiner Kobaltverbindungen. Auch die Nickelerze werden zunächst geröstet und dann mit Säuren behandelt, wobei Nickeloxydulsalze in Lösung gehen. Die Verarbeitung der Kobalt- und Nickelerze nach dem Rösten wird erleichtert, wenn das Arsen vollständig entfernt ist Zu diesem Zwecke wird der Zaffer von Neuem, aber nach Zusatz von etwas Salpeter und Soda geröstet; hierbei entstehen arsenigsaure Alkalimetalle, die sich durch Wasser ausziehen lassen. Die übrige Masse wird in Salzsäure, der man etwas Salpetersäure zusetzt, gelöst. In die entstandene Lösung, die ausser Kobalt und Nickel noch Eisen, Kupfer, Mangan und andere Metalle enthält, wird dann Schwefelwasserstoff eingeleitet, wobei Cu, Bi, Pb, As als Sulfide gefällt werden, während Eisen, Kobalt, Nickel und Mangan in Lösung bleiben. Das als Oxydul vorhandene Eisen wird zunächst durch Salpetersäure oxydirt und die Lösung darauf mit Soda versetzt. Hierbei fällt das Eisenoxyd früher aus, als die kohlensauren Salze des Kobalts, Nickels und Mangans. Wenn nun das Gemisch der zuletzt genannten, noch in Lösung gebliebenen Metalle mit einer alkalischen Chlorkalklösung versetzt wird, so fällt zuerst alles Mangan als Hyperoxyd aus, dann das Kobalt als Oxydhydrat und zuletzt das Nickel. Eine vollständige Trennung lässt sich auf diese Weise nur schwer erreichen, weil die ausfallenden höheren Oxyde der drei Metalle alle schwarz sind, aber nach einigen Vorversuchen kann man dennoch die Menge des Chlorkalks in Erfahrung bringen, die zur Fällung des Mangans und dann des Kobalts erforderlich ist. Die Trennung des Mangans vom Kobalt lässt sich in der Weise ausführen, dass man zu der Lösung, die beide Metalle (als Oxydulsalze) enthält, Schwefelammon zusetzt und den Niederschlag dann mit Essigsäure oder schwacher Salzsäure behandelt, wobei das Schwefelmangan leicht in Lösung geht, während das Schwefelkobalt fast unlöslich ist. Ausführlicheres über die Trennung von Co und Ni findet man in den Lehrbüchern der analytischen Chemie. In der Praxis begnügt man sich mit den Methoden, welche darauf beruhen, dass das Nickel sich leichter reduziren und schwerer oxydiren lässt als das Kobalt.

Zur Gewinnung des Nickels und Kobalts im **metallischen** Zustande fällt man die Lösungen ihrer Salze mit Soda und glüht die ausfallenden kohlensauren Salze, welche hierbei in die Oxydule übergehen; diese geben dann beim Glühen im Wasserstoffstrome oder sogar mit Salmiak die Metalle, die sich aber, wenn sie als Pulver erhalten werden, leicht oxydiren. Beim Glühen von Nickel- und Kobaltchlorür im Wasserstoffstrome erhält man die Metalle in glänzenden Schüppchen. *Das Nickel wird immer viel leichter und früher als das Kobalt reduzirt;* es schmilzt auch leichter und lässt sich in den gewöhnlichen Schmelzöfen zum Schmelzen bringen. Ob ein Schmelzofen eine genügend starke Hitze gibt, prüft man sogar mit Hilfe von Nickel, das darin schmelzen muss. Das Kobalt schmilzt erst bei einer viel höheren Temperatur, welche der Schmelztemperatur des Eisens nahe kommt. Ueberhaupt zeigt das Kobalt mehr Uebereinstimmung mit dem Eisen, als das Nickel, welches sich mehr dem Kupfer nähert. Beide Metalle besitzen wie das Eisen magnetische Eigenschaften, jedoch nur schwache. Das spezifische Gewicht des durch Wasserstoff reduzirten Nickels ist = 9,1 und des Kobalts = 8,9, während beide Metalle nach dem Schmelzen das spez. Gew. 8,5 zeigen. Das Nickel besitzt eine graue, silberweisse Farbe, ist glänzend und sehr dehnbar, so dass es leicht zu sehr dünnem Drahte ausgezogen werden kann, welcher dem Zerreissen ebenso gut widersteht wie Eisendraht. Es lässt sich gut poliren, behält seinen schönen Glanz, da es sich an der Luft nicht oxydirt, und wird daher zur Herstellung verschiedener Gegenstände und namentlich zum Ueberziehen anderer Metalle (Nickeliren) benutzt. Beim Nickeliren lässt man den galvanischen Strom auf Lösungen von Nickelvitriol einwirken. Das Kobalt besitzt eine dunklere, röthliche Farbe, ist gleichfalls dehnbar, widersteht aber dem Zerreissen viel besser als das Eisen. Schwache Säuren wirken auf beide Metalle nur sehr langsam ein; aber sie lösen sich in Salz- und Schwefelsäure, selbst wenn diese verdünnt sind; das beste Lösungsmittel ist Salpetersäure. Die entstehenden Lösungen enthalten

---

In der Technik werden häufig auch unreine Kobaltverbindungen verwandt und zwar zur Darstellung der **Smalte** — eines durch Kobaltoxyde blau gefärbten Glases. In gepulvertem Zustande wurde dieses Glas früher als eine sich durch ihre Feuerbeständigkeit auszeichnende blaue Farbe benutzt Gegenwärtig ist die Smalte meist durch Ultramarin, Kupferlazur und and. verdrängt worden und wird ausschliesslich zum Färben von Glas, Fayence und Porzellan benutzt. Man bereitet die Smalte durch Zusammenschmelzen von Zaffer mit Quarz und Pottasche in Tiegeln. Hierbei sammelt sich unter dem die obere Schicht bildenden flüssigen Kobaltglase — der Smalte, die aus Kieselerde, Kobaltoxydul und Kaliumoxyd besteht, am Boden des Tiegels eine metallische Masse an, in welche fast alle dem Zaffer beigemengte Metalle: Nickel, Arsen, Kupfer, Silber und and. übergehen. Diese Masse bildet die sogen. **Kobaltspeise**, welche auf Nickel verarbeitet wird. Die Smalte enthält gewöhnlich etwa 70 pCt. Kieselerde 20 pCt. Kali und Natron und 5—6 pCt. Kobaltoxydul; der Rest besteht aus den Oxyden anderer Metalle.

jedoch immer Kobalt- und Nickelsalze von der Zusammensetzung RX^2, welche also den Eisenoxydulsalzen entsprechen.

Die gewöhnlichsten Verbindungen des Kobalts und Nickels sind die **Oxydulsalze** CoX^2 und NiX^2, welche den Magnesiumsalzen ähneln. Nickelsalze sind im wasserhaltigen Zustande gewöhnlich grün und geben auch intensiv grüne Lösungen, im wasserfreien Zustande sind sie meistens gelb. Kobaltsalze sind meistens rosenroth und im wasserfreien Zustande zuweilen blau; auch ihre wässrigen Lösungen zeigen eine rosenrothe Farbe. Kobaltchlorür löst sich leicht in Weingeist zu einer intensiv blau gefärbten Flüssigkeit [33]).

---

33) Auf diesen Farbenänderungen des Kobaltchlorürs (vergl. Seite 108), welche nach der Ansicht Einiger durch die Entstehung verschiedener Verbindungen mit Wasser und nach Anderen durch isomere Umwandlungen bedingt werden, beruht die Anwendung der Kobaltchlorür-Lösungen als sympathetische Tinte. Wenn man mit verdünnter Kobaltchlorür-Lösung auf weissem Papier schreibt, so sind die nassen Schriftzüge infolge der schwachen röthlichen Färbung des Kobaltsalzes noch zu bemerken, aber sie verschwinden beim Eintrocknen. Erwärmt man nun das Papier z. B. an einem geheizten Ofen, so geht das rosafarbige Kobaltsalz in das wasserfreie blaue Salz über und die Schriftzüge treten deutlich hervor; beim Abkühlen des Papiers verschwinden sie wieder.

Das schwefelsaure Nickel oder der Nickelvitriol krystallisirt aus neutralen Lösungen bei Temperaturen zwischen 15°—20° in *rhombischen* Krystallen, die $7H^2O$ enthalten und ihrer Form nach den schwefelsauren Salzen des Zinks und Magnesiums sehr ähnlich sind. Die Flächen des vertikalen Prismas sind beim Mg-Salze unter einem Winkel von 90° 30' zu einander geneigt, beim Zn-Salze unter 91° 7' und beim Ni-Salze unter 91° 10'. In derselben Weise krystallisiren die selensauren und chromsauren Salze des Zn und Mg. Das schwefelsaure Kobalt, das gleichfalls 7 Molekeln Wasser enthält, krystallisirt im *monoklinen* System, wie die entsprechenden Salze des Eisens und Mangans. Die Winkel des vertikalen Prismas betragen beim schwefelsauren Eisenoxydul 82° 20' und beim Kobaltsalze 82° 22'; das horizontale Pinakoid schneidet die Flächen des Prismas beim Salze des Eisens unter 99° 2' und bei dem des Kobalts unter 99° 36'. In derselben Form krystallisiren alle isomorphen Gemische der Salze des Mg, Cu, Fe, Co, Ni, Mn, wenn sie $7H^2O$ enthalten und schwefelsaures Fe oder Co vorwaltet, wenn dagegen die Salze des Mg, Zn oder Ni vorherrschend sind, so erscheinen die Krystalle im rhombischen System, wie das Bittersalz. Die **Vitriole** sind folglich **dimorph**, doch erscheint für die einen derselben die rhombische und für die anderen die monokline Form als die beständigere, wie dies von Brook, Mohs, Mitscherlich, Rammelsberg und Marignac aufgeklärt worden ist. Brook und Mitscherlich nahmen ferner an, dass $NiSO^47H^2O$ auch noch in den Formen des quadratischen Systems auftreten könne, da es in diesen Formen aus sauren und schwach (auf 30°—40°) erwärmten Lösungen krystallisirt. Marignac zeigte jedoch, dass die quadratischen Krystalle nicht 7, sondern 6 Molekeln Wasser enthalten: $NiSO^46H^2O$. Ferner machte er die Beobachtung, dass aus einer bei 50°—70° verdampfenden Lösung monokline Krystalle von schwefelsaurem Nickel ausgeschieden werden, die sich jedoch von den monoklinen Formen des Eisenvitriols $FeSO^47H^2O$ dadurch unterscheiden, dass ihre Prismenwinkel 71° 52' und die Winkel des Pinakoids 95° 6' betragen. Auch in diesem Salze stellte sich, wie im quadratischen, ein Gehalt an 6 Wassermolekeln heraus. Mit 6 Molekeln Wasser erhielt Marignac auch die schwefelsauren Salze des Magnesiums und Zinks, als er ihre Lösungen bei etwas erhöhter Temperatur verdampfen liess; diese Salze erwiesen sich gleichfalls als isomorph mit dem monoklinen schwefelsauren Nickel.

Kalilauge fällt aus Lösungen von Kobaltsalzen einen hellbraunen Niederschlag von basischem Salze. Erhitzt man aber eine Kobalt-salzlösung fast bis zum Sieden und vermischt sie dann mit siedender Kalilauge, so entsteht direkt ein **rosenrother Niederschlag** von **Kobalthydroxydul** CoH^2O^2. Wenn beim Kochen der Luftzutritt nicht vollständig ausgeschlossen wird, so geht in den Niederschlag, ausser dem basischen Salze, noch braunes Kobalthydroxyd ein, welches durch Oxydation von Kobaltoxydul entsteht. Nickelsalze geben unter denselben Bedingungen einen **grünen Niederschlag** von **Nickelhydroxydul** NiH^2O^2, dessen Bildung auch in Gegenwart von Ammoniumsalzen stattfindet, nur muss dann zur vollständigen Fällung des Nickels mehr Aetzkali zugesetzt werden. Durch Glühen von Nickelhydroxydul oder von kohlensaurem Nickel erhält man das Nickeloxydul als ein graues Pulver, das sich leicht in Säuren löst und leicht zu metallischem Nickel reduzirt wird. Als Nebenprodukt beim Ausschmelzen von Nickelerzen erhält man das Nickeloxydul in metallisch glänzenden, regulären Oktaëdern, auf welche Säuren fast gar nicht einwirken.

Bemerkenswerth ist das **Verhalten** der Hydroxydule des Kobalts und Nickels zu **Ammoniak**: in diesem löst sich der zunächst entstehende Niederschlag von Nickelhydroxydul zu einer blauen Flüssigkeit, welche der ammoniakalischen Kupferoxydlösung ähnlich ist, sich aber durch ihre röthliche Färbung unterscheidet. Charakteristisch ist es, dass die ammoniakalische Nickeloxydullösung Seide löst, was der Löslichkeit von Cellulose in ammoniakalischer Kupferoxydlösung analog ist. Kobalthydroxydul löst sich in Ammoniak zu einer braunen Flüssigkeit, welche an der Luft dunkler wird und zuletzt durch Absorption von Sauerstoff eine rothe Farbe annimmt. In Gegenwart von Salmiak werden Kobaltsalze durch Ammoniak nicht gefällt, sondern es bilden sich braune Lösungen, aus welchen durch Aetzkali kein Kobaltoxydul gefällt wird. In solchen Lösungen entstehen besondere, relativ beständige, Ammoniak und Sauerstoff enthaltende Verbindungen, welche Ammoniakkobalt- oder **Kobaltiaksalze**

Es ist ferner zu beachten, dass die rhombischen, $7H^2O$ enthaltenden Krystalle des Nickelvitriols beim Einwirken von Wärme und Licht trübe werden, H^2O verlieren und in die quadratische Krystallform übergehen. Auch die monoklinen Krystalle trüben sich mit der Zeit und ändern ihre Form, so dass die quadratische Form dieses Salzes als die beständigste erscheint. In allen seinen Modifikationen erscheint der Nickelvitriol in sehr schönen, smaragdgrünen Krystallen, welche beim Erhitzen auf 230° eine schmutzige graugelbe Farbe annehmen und dann nur noch eine Molekel Wasser enthalten.

Krüss und Schmidt stellten (1889) die Behauptung auf, dass den gewöhnlichen Salzen des Nickels und Kobalts eine besondere, sich in geschmolzenem Aetzkali lösende Substanz beigemengt ist, die sie jedoch noch nicht näher untersucht haben. (Möglicher Weise ist diese Beimengung Thonerde oder irgend eine Stickstoffverbindung des Kobalts oder Nickels).

genannt werden. Dieselben sind hauptsächlich von Genth, Fremy und Jörgensen untersucht worden. Genth machte die Beobachtung, dass aus dem Gemisch eines Kobaltsalzes mit überschüssigem Salmiak nach Zusatz von Ammoniak bei längerem Stehen an der Luft sich im Laufe der Zeit (oder beim Kochen nach Zusatz von Salzsäure) ein rothes Pulver ausscheidet, während in der Lösung ein orangefarbiges Salz entsteht. Die Untersuchung dieser Verbindungen führte zur Entdeckung einer ganzen Reihe ähnlicher Salze, von denen einige den höheren Oxydationsstufen des Kobalts entsprechen [34]). Dem Nickel geht diese Fähigkeit in ammoniakalischer

---

34) Unter den Kobaltiaksalzen lassen sich wenigstens die folgenden 6 Klassen unterscheiden:

a) Die **Ammoniakkobalt-Salze** sind nichts anderes als direkte Verbindungen von Kobaltoxydulsalzen mit Ammoniak, analog den verschiedenartigen anderen Verbindungen der Salze des Silbers, Kupfers und selbst des Calciums und Magnesiums mit NH^3. Sie krystallisiren leicht aus ammoniakalischer Lösung und besitzen eine rosenrothe Färbung. Setzt man z. B. zu einer Kobaltchlorür-Lösung so lange Ammoniak zu, bis der anfangs entstehende Niederschlag sich wieder löst, so scheidet die Lösung oktaëdrische Krystalle von der Zusammensetzung $CoCl^2H^2O6NH^3$ aus. Das Ammoniak spielt in diesen Salzen gewissermaassen die Rolle des Krystallisationswassers, tritt also als Krystallisationsammoniak auf, wie dies aus der Zusammensetzung und der Fähigkeit der Salze, bei verschiedenen Temperaturen Ammoniak auszuscheiden, hervorgeht. Alle Ammoniakkobaltsalze enthalten auf ein Kobaltatom immer 6 Molekeln Ammoniak, das ziemlich fest gebunden wird. Durch Wasser werden sie zersetzt.

b) Die Lösungen der Ammoniakkobaltsalze färben sich beim Einwirken der Luft braun, absorbiren Sauerstoff und bedecken sich mit einer krystallinischen Kruste von **Oxykobaltiaksalzen**, die sich durch ihre geringe Löslichkeit in Ammoniak, ihre braune Farbe und dadurch auszeichnen, dass sie mit warmem Wasser **Sauerstoff ausscheiden** und in die Salze der folgenden Klasse übergehen. Als Beispiel eines Oxykobaltiaksalzes kann das salpetersaure Salz von der Zusammensetzung $CoN^2O^75NH^3H^2O$ dienen, das sich von $Co(NO^3)^2$ durch ein übriges Sauerstoffatom unterscheidet; es entspricht also dem Kobaltdioxyde CoO^2, während die Ammoniakkobaltsalze dem Kobaltoxydule entsprechen. Die Oxykobaltiaksalze enthalten 5, nicht 6 Molekeln Ammoniak, so dass in ihnen NH^3 gleichsam durch O ersetzt ist.

c) Die **Luteokobaltiaksalze** sind nach ihrer gelben (luteus) Farbe so benannt worden; sie entstehen aus den Ammoniakkobaltsalzen, wenn diese in verdünnten wässrigen Lösungen an der Luft stehen gelassen werden. Oxykobaltiaksalze bilden sich hierbei nicht, da sie durch überschüssiges Wasser in Sauerstoff und Luteokobaltiaksalze zersetzt werden. Letztere erhält man auch aus dem Roseokobaltiaksalze (s. weiter unten) beim Einwirken von Ammoniak. Die Luteokobaltiaksalze krystallisiren leicht und sind relativ viel beständiger als die bereits beschriebenen Salze; sie widerstehen eine Zeit lang selbst der Einwirkung von siedendem Wasser. Siedende Kalilauge scheidet aus ihnen Ammoniak und das Hydrat des Kobaltoxydes Co^2O^3 aus. Hieraus folgt, dass die Luteokobaltiaksalze in derselben Weise dem Kobaltoxyde entsprechen, wie die Ammoniakkobaltsalze dem Kobaltoxydule und die Oxykobaltiaksalze dem Kobaltdioxyde. Beim Einwirken von Aetzbaryt auf eine Lösung von schwefelsaurem Luteokobaltiaksalz, $Co^2(SO^4)^312NH^34H^2O$, fällt schwefelsaures Baryum aus und die Lösung enthält dann Luteokobaltiakoxydhydrat, das in Wasser löslich ist, stark alkalisch reagirt, aus der Luft Sauerstoff anzieht und sich beim Erwärmen unter Entwickelung von Ammoniak zersetzt. Diese Verbindung entspricht folglich der

Lösung aus der Luft Sauerstoff zu absorbiren ab. Es ist von Wichtigkeit zu beachten, dass das Kobalt viel leichter als das Nickel in seine höhere Oxydationsstufe — das **Kobaltoxyd**, Co^2O^3, übergeht. Wenn man zu einer mit kohlensaurem Baryum versetzten Lösung von Kobaltsalz unterchlorige Säure im Ueberschusse zusetzt oder

Lösung von Kobaltoxydhydrat in Ammoniak. Die Luteokobaltiaksalze enthalten, wie auch die Kobaltoxydsalze, zwei Kobaltatome, auf welche 12 Molekeln NH^3 kommen, so dass einem jeden Kobaltatome, wie in den Ammoniakkobaltsalzen, $6NH^3$ entsprechen. Kobaltoxydulsalze, CoX^2, besitzen einen metallischen Geschmack, die Kobaltiaksalze dagegen einen reinen Salzgeschmack wie die neutralen Salze der Alkalimetalle.

d) **Fuskokobaltiaksalze.** Die Bildung dieser Salze bedingt das Braunwerden ammoniakalischer Kobaltsalz-Lösungen beim Stehen an der Luft. Man erhält sie auch bei der Zersetzung von Oxykobaltiaksalzen. Die Fuskokobaltiaksalze krystallisiren schlecht und werden aus ihren Lösungen durch Weingeist oder überschüssiges Ammoniak ausgeschieden; beim Kochen scheiden sie ihr Ammoniak und Kobaltoxyd aus. Salz- und Schwefelsäure fällen einen gelben Niederschlag, welcher beim Kochen eine rosenrothe Farbe infolge der Bildung von Roseokobaltiaksalzen annimmt. Als Beispiel theilen wir die Zusammensetzung der folgenden zwei Fuskokobaltiaksalze mit: $Co^2O(SO^4)^28NH^34H^2O$ und $Co^2OCl^48NH^33H^3O$. Die Fuskokobaltiaksalze sind offenbar Ammoniakverbindungen basischer Kobaltoxydsalze. Die Zusammensetzung des neutralen schwefelsauren Kobaltoxyds ist $Co^2(SO^4)^3 = Co^2O^33SO^3$ und der einfachsten basischen Salze: $Co^2O(SO^4)^2 = Co^2O^32SO^3$ und $Co^2O^2(SO^4) = Co^2O^3SO^3$. Die Fuskokobaltiaksalze entsprechen dem basischen Salze $Co^2O(SO^4)^2$. Sie absorbiren (in konzentrirter Lösung) Sauerstoff und gehen in Oxykobaltiaksalze über: $Co^2O^2(SO^4)^2$. Der Oxydationsprozess besteht darin, dass das in der Lösung enthaltene Kobaltoxydulsalz Co^2X^4 (zwei Salzmolekeln) erst in Co^2OX^4 — ein basisches Salz und dann in ein Salz des Hyperoxyds $Co^2O^2X^4$ übergeht. Die basischen Salze bilden mit Säuren, $2HX$, — Wasser und neutrales Salz Co^2X^6 und verbinden sich mit verschiedenen Mengen von Wasser und Ammoniak. Die Fuskokobaltiaksalze enthalten auf ein Kobaltatom 4 Molekeln Ammoniak. Unter verschiedenen Bedingungen gehen sie leicht in die Salze der folgenden Reihen über.

e) Die **Roseokobaltiaksalze** entsprechen wieder, wie die Luteokobaltiaksalze, den neutralen Kobaltoxydsalzen, enthalten jedoch weniger Ammoniak. Lässt man z. B. eine ammoniakalische Lösung von Kobaltvitriol an der Luft bis zur Umwandlung in braunes Fuskokobaltiaksalz stehen und setzt dann Schwefelsäure zu, so fällt ein krystallinisches Pulver des Roseokobaltiaksalzes $Co^2(SO^4)^310NH^35H^2O$ aus. Der Kobaltvitriol absorbirt nämlich in Gegenwart von Ammoniak Sauerstoff und das hierbei in der Lösung entstehende Fuskokobaltiaksalz enthält auf jedes Kobaltatom eine Molekel Schwefelsäure, so dass sich der ganze Prozess durch folgende Gleichung ausdrücken lässt: $10NH^3 + 2CoSO^4 + H^2SO^4 + 4H^2O + O = Co^2(SO^4)^310NH^35H^2O$. Dieses Roseokobaltiaksalz löst sich schwer in kaltem Wasser, dagegen leicht in heissem und scheidet sich in rosenrothen Krystallen des quadratischen Systems aus. Beim Einwirken von Barytwasser entsteht Roseokobaltiakoxydhydrat, welches aus der Luft Kohlensäure absorbirt. Die Roseokobaltiaksalze entstehen auch aus den Purpureokobaltiaksalzen beim Einwirken von Alkalien.

f) Die **Purpureokobaltiaksalze** sind gleichfalls Produkte der direkten Oxydation ammoniakalischer Lösungen von Kobaltsalzen. Sie entstehen leicht aus den Roseokobaltiaksalzen beim Erwärmen mit Säuren. Allem Anscheine nach sind sie wasserfreie Roseokobaltiaksalze. Das Purpureokobaltiakchlorid, $Co^2Cl^610NH^3$, z. B. bildet sich beim Kochen von Oxykobaltiaksalzen mit Salmiak. Von den Roseokobaltiaksalzen unterscheiden sich die Purpureokobaltiaksalze ebenso, wie die verschiedenen Verbindungen des $CoCl^2$ mit Wasser.

in dieselbe Chlor einleitet, so scheidet sich schon bei Zimmertemperatur alles Kobalt in Form von schwarzem Kobaltoxyd aus: $2CoSO^4 + ClHO + 2H^2O = Co^2O^3 + 2H^2SO^4 + HCl$. Aus Nickelsalzen wird unter diesen Bedingungen nicht sofort, sondern erst nach längerer Zeit schwarzes Nickeloxyd gefällt, denn das Nickel-

---

Die Kobaltiaksalze weisen keine wesentlichen Unterschiede von den Ammoniakverbindungen anderer Metalle auf. Charakteristisch ist es, dass in ihnen Kobaltoxyd aus Oxydul in Gegenwart von Ammoniak entsteht. Der Sachverhalt ist hier jedenfalls einfacher, als in den Cyandoppelsalzen. Die Kräfte, durch welche in den Kobaltiaksalzen eine so bedeutende Anzahl von Ammoniakmolekeln an eine Molekel Kobaltsalz gebunden wird, gehören natürlich zu der Reihe der noch wenig erforschten ungesättigten Affinitäten, welche selbst bei den höchsten Verbindungsstufen der meisten Elemente vorhanden sind. Es sind dies dieselben Kräfte, auf deren Kosten die Verbindungen mit Krystallisationswasser, die Doppelsalze und vielleicht auch die isomorphen Gemische entstehen. Anstatt besondere komplizirte Radikale anzunehmen, wie dies Schiff, Weltzien, Claus, Henning und and. thun, ist es meiner Ansicht nach am einfachsten, die Kobaltiaksalze und ähnliche Verbindungen mit anderen Ammoniakderivaten zu vergleichen. Das Ammoniak verbindet sich ebenso wie das Wasser in den verschiedenartigsten Verhältnissen mit zahlreichen Körpern. Chlorsilber und Chlorcalcium absorbiren das Ammoniak ebenso wie Kobaltchlorür und bilden hierbei bald wenig beständige, leicht dissoziirende Verbindungen, bald wieder beständigere, was der Addition des Wassers zu verschiedenen Substanzen ganz analog ist, denn hierbei entstehen gleichfalls sowol ziemlich beständige Verbindungen, die sogen. Hydrate, oder relativ unbeständige Verbindungen mit Krystallisationswasser. Die Fähigkeit zur Bildung dieser oder jener Verbindungen mit Ammoniak, sowie auch mit Wasser hängt natürlich von den Eigenschaften der Elemente, welche in die Zusammensetzung solcher Verbindungen eingehen, und von der Affinität ab, die bis jetzt von den Chemikern noch zu wenig beachtet worden ist. Wenn BF^3, SiF^4 und ähnl. sich mit HF und $PtCl^4$ und selbst $CdCl^2$ sich mit HCl verbinden, so können diese Verbindungen als Doppelsalze angesehen werden, weil Säuren — Wasserstoffsalze sind. Dieselbe Fähigkeit besitzen nun offenbar auch H^2O und NH^3, und zwar um so mehr, als sie, wie die Halogenwasserstoffsäuren, Wasserstoff enthalten und beide in weitere Verbindungen eingehen können, NH^3 z. B. mit HCl. Die zusammengesetzten Ammoniakverbindungen lassen sich daher am einfachsten mit Doppelsalzen, Hydraten und ähnlichen Verbindungen vergleichen (wie dies im nächsten Kapitel bei den Platinverbindungen ausgeführt ist).

Die **ammoniakalischen Metallsalze** zeigen eine auffallende qualitative und quantitative **Aehnlichkeit mit den wasserhaltigen Metallsalzen**, deren Zusammensetzung $MX^n mH^2O$ ist, in welcher M ein Metall, X ein einfaches oder zusammengesetztes Halogen und m und n die Menge des Halogens und des mit dem Salze verbundenen, sogenannten Krystallisationswassers bedeuten. Die Zusammensetzung der ammoniakalischen Metallsalze ist $MX^n mNH^3$. Das Krystallisationswasser wird von verschiedenen Salzen mehr oder weniger fest gebunden, von manchen gar nicht; einige Salze verlieren dasselbe leicht an der Luft, andere selbst beim Erhitzen nur schwer; es gibt Metalle, deren Salze sich alle mit Wasser verbinden, andere bilden nur wenige solcher Salze, welche dann das addirte Wasser auch leicht ausscheiden. Ebendasselbe Verhalten zeigen auch die Verbindungen der Salze mit Ammoniak, so dass das addirte Ammoniak — **Krystallisationsammoniak** genannt werden kann. Farbloses wasserfreies schwefelsaures Kupfer, $CuSO^4$, z. B. verbindet sich mit Wasser zu blauen oder grünen Salzen und mit Ammoniak zu violetten. Wenn man über das genannte Salz Wasserdampf leitet, so absorbirt es denselben und erhitzt sich; die eintretende

oxydul unterliegt der Oxydation relativ schwerer; dass es sich dennoch oxydiren kann, ersieht man aus der Bildung von unlöslichem Nickeloxyd, neben löslichem Nickelchlorür, beim Einleiten von Chlor in Wasser, in dem Nickelhydroxydul suspendirt ist: $3NiH^2O^2 + Cl^2 = NiCl^2 + Ni^2O^3 + 3H^2O$. Nickeloxyd entsteht auch beim Zuset-

---

Erhitzung ist viel bedeutender, wenn anstatt des Wassers Ammoniak übergeleitet wird, wobei das Salz in ein feines violettes Pulver zerfällt. Mit H^2O bildet es $CuSO^45H^2O$, mit NH^3 die Verbindung $CuSO^45NH^3$. Die Zahl der Molekeln Wasser und Ammoniak, welche vom Salze gebunden werden, ist ein und dieselbe; als Beweis, dass dieses Verhältniss kein zufälliges ist, lässt sich die bemerkenswerthe Thatsache anführen, dass das Wasser und das Ammoniak einander Molekel für Molekel ersetzen und die folgenden Verbindungen bilden können: $CuSO^45(H^2O)$; $CuSO^44(H^2O)NH^3$; $CaSO^43(H^2O)2NH^3$; $CuSO^42(H^2O)3NH^3$; $CuSO^4(H^2O)4NH^3$ und $CuSO^45NH^3$. Die letztere dieser Verbindungen ist von Heinrich Rose dargestellt worden und aus den von mir ausgeführten Versuchen geht hervor, dass mehr Ammoniak nicht addirt werden kann. Die Verbindung $CuSO^4H^2O4NH^3$ erhielt Berzelius, als er eine konzentrirte Lösung von Kupfervitriol, zu der er soviel Ammoniak zugegossen hatte, dass alles Kupferoxyd wieder in Lösung gegangen war, mit Weingeist versetzte. Das Substitutionsgesetz erleichtert auch hier das Verständniss der Erscheinung, denn NH^3 verbindet sich mit H^2O zu dem Ammonhydrate NH^4HO, infolge dessen die sich verbindenden Molekeln als gleichwerthige einander auch ersetzen können. Im Allgemeinen bilden diejenigen Salze beständige Ammoniakverbindungen, die auch beständige Verbindungen mit Krystallisationswasser bilden. Da aber das Ammoniak sich mit Säuren verbindet und da die von wenig energischen Basen gebildeten Salze sich ihren Eigenschaften nach mehr den Säuren (d. h. den Wasserstoffsalzen) nähern, als die energischere Basen enthaltenden Salze, so ist es auch zu erwarten, dass beständigere und leichter entstehende Ammoniak-Metallsalze solchen Metallen und deren Oxyden entsprechen werden, welche schwächere basische Eigenschaften besitzen. Hierdurch erklärt es sich, warum die Salze des Kaliums, Baryums und ähnl. keine ammoniakalischen Metallsalze bilden, wol aber die Salze des Silbers, Kupfers, Zinks u. s. w. und dass z. B. die Ammoniakverbindungen des Kupferoxyds beständiger sind als die des Silberoxyds, denn dieses verdrängt das erstere. Sodann erklärt sich auch der Unterschied in der Beständigkeit der Kobaltiaksalze, welche Salze des Kobaltoxyduls und höherer Oxyde des Kobalts enthalten, denn letztere sind schwächere Basen als CoO. *Die Natur der Kräfte und die Beschaffenheit der Erscheinungen, welche bei der Bildung der beständigsten Körper und solcher Verbindungen wie die mit Krystallisationswasser vor sich gehen, sind ein und dieselben, nur der Grad, in dem diese Kräfte hervortreten, ist ein verschiedener.* Es lässt sich dies durch die Betrachtung der Verbindungen des Kohlenstoffs bestätigen, da für dieses Element die Natur der Kräfte, welche bei der Bildung seiner Verbindungen in Wirkung kommen, bereits genau bekannt ist. Als Beispiel seien die beiden folgenden unbeständigen Kohlenstoffverbindungen angeführt: das sich leicht zersetzende Hydrat $C^2H^4O^2H^2O$, welches die Essigsäure $C^2H^4O^2$ (vom spez. Gew. 1,06) mit Wasser bildet und dessen Dichte (1,07) grösser, als die seiner beiden Bestandtheile ist, und die krystallinische Verbindung der Oxalsäure $C^2H^2O^4$ mit Wasser $C^2H^2O^42H^2O$. Die Bildung dieser beiden Verbindungen lässt sich voraussehen, wenn man von dem Kohlenwasserstoffe C^2H^6 ausgeht, in welchem, wie in jedem anderen, der Wasserstoff durch Chlor, Hydroxyl u. s. w. ersetzt werden kann. Bei der Ersetzung eines Wasserstoffatoms durch Hydroxyl entsteht $C^2H^5(HO)$ — ein beständiges, unzersetzt destillirendes Produkt, dass über $100°$ erhitzt werden kann ohne Wasser auszuscheiden; es ist dies der gewöhnliche Aethylalkohol. Das zweite Substitutionsprodukt — $C^2H^4(OH)^2$ destil-

zen von unterchlorigsaurem Natrium zu dem Gemisch der Lösungen eines Nickelsalzes und eines Alkalis. Die Oxyde (und ihre Hydrate) des Ni und Co zeichnen sich durch ihre schwarze Farbe aus und besitzen eine nur schwach entwickelte Fähigkeit zur Vereinigung mit Säuren; das Nickeloxyd lässt sich sogar mit keiner Säure in

---

lirt gleichfalls ohne einer Aenderung zu unterliegen, aber es kann sich schon in H^2O und C^2H^4O (Aethylenoxyd oder Aldehyd) zersetzen; es siedet bei 197°, während das erste Hydrat, der Alkohol, bei 78° siedet. Die Differenz beträgt etwa 100. Das dritte Substitutionsprodukt müsste bei ungefähr 300° sieden, aber es zersetzt sich bei dieser Temperatur in H^2O und $C^2H^4O^2$, welches nur ein Hydroxyl enthält, während das andere Sauerstoffatom sich darin in demselben Zustande befindet wie in C^2H^4O. Es wird dies durch Folgendes bewiesen. Das Glykol $C^2H^4(HO)^2$ siedet bei 197° und zerfällt in Wasser und Aethylenoxyd, welches bei 13° siedet (der Siedepunkt des isomeren Aldehyds liegt bei 21°), folglich siedet das bei der Zersetzung des Hydrats entstehende Produkt um 184° niedriger, als das Hydrat $C^2H^4(HO)^2$. In derselben Weise zerfällt auch das Hydrat $C^2H^3(HO)^3$, das bei etwa 300° sieden müsste, in Wasser und das Produkt $C^2H^4O^2$, das bei 117° siedet, also um ungefähr 183° Grad niedriger, als das Hydrat $C^2H^3(HO)^3$, welches noch vordem es zu destilliren beginnt, zerfällt. Dieses so leicht zerfallende Hydrat ist aber das oben erwähnte Hydrat der Essigsäure, das gewöhnlich als eine Lösung betrachtet wird. Eine noch geringere Beständigkeit zeigen die folgenden Hydrate. $C^2H^2(HO)^4$ zerfällt gleichfalls in Wasser und das Hydrat $C^2H^2O(HO)^2 = C^2H^4O^3$, das Glykolsäure genannt wird (und zwei Hydroxyle enthält). Das nächstfolgende Substitutionsprodukt $C^2H(HO)^5$ zerfällt in H^2O und Glyoxalsäure $C^2H^4O^4$ (mit drei Hydroxylen). Das letzte aus C^2H^6 entstehende Hydrat $C^2(HO)^6$ ist die krystallinische Verbindung der Oxalsäure $C^2H^2O^4$ (die zwei Hydroxyle enthält) mit Wasser $2H^2O$. Das Hydrat $C^2(HO)^6 = C^2H^2O^42H^2O$ müsste nach dem oben Auseinandergesetzten bei ungefähr 600° sieden (denn das Hydrat $C^2H^4H^2O^2$ siedet bei etwa 200° und die Ersetzung von 4 H durch 4 Hydroxyle muss die Siedetemperatur um 400° erhöhen). Doch schon bei bedeutend niedrigerer Temperatur zerfällt es in $2H^2O$ und das Hydrat $C^2O^2(HO)^2$, das selbst noch Wasser ausscheiden kann. Ohne in weitere hierher gehörende Betrachtungen einzugehen, sei bemerkt, dass die Bildung der Hydrate oder der Verbindungen der Essig- und Oxalsäure mit Krystallisationswasser an dieser Stelle die Erklärung gefunden hat, die zu geben war, als wir die Behauptung aufstellten, dass die Verbindungen mit Krystallisationswasser durch dieselben Kräfte bedingt werden, welche auch zur Bildung anderer zusammengesetzter Verbindungen führen. Dass das Krystallisationswasser leicht ausgeschieden wird, ist nur eine ganz spezielle Eigenschaft, nicht aber das wichtigste Merkmal. Alle oben angeführten Hydrate C^2X^6 oder deren Zersetzungsprodukte sind in Wirklichkeit durch Oxydation des ersten Hydrats $C^2H^5(HO)$ — des gewöhnlichen Alkohols — mittelst Salpetersäure dargestellt worden (Sokolow und and.).

Die Erforschung der Fälle, in welchen ganze Molekeln zu Verbindungen zusammentreten, verspricht meiner Ansicht nach bei den Elementen der VIII-ten Gruppe —den Analogen des Eisens und des Platins—besonders fruchtbringende Resultate, wie schon an den Beispielen der zusammengesetzten Ammoniak-, Cyan-, Nitroso- und anderen Verbindungen zu ersehen ist, welche in dieser Gruppe leicht entstehen und sich durch ihre Beständigkeit auszeichnen. Daher sind diese Verbindungen im nächsten Kapitel ausführlicher als in allen vorhergehenden beschrieben. Die Fähigkeit der Elemente der VIII-ten Gruppe die angeführten zusammengesetzten Verbindungen zu bilden hängt aller Wahrscheinlichkeit nach von der Stellung ab, welche die VIII-te Gruppe der Elemente in der Reihe der anderen einnimmt. Da sie der VII-ten Gruppe folgt, welche den Typus RX^7 bildet, so muss vorausgesetzt

Verbindung bringen; es besitzt die Eigenschaften von MnO^2, denn es scheidet mit Säuren Sauerstoff aus und mit Salzsäure Chlor. Beim Lösen von Nickeloxyd in Ammoniak entsteht unter Ausscheidung von Stickstoff eine ammoniakalische Lösung von Nickeloxydul. Auch beim Erhitzen geht das Nickeloxyd in Oxydul über und scheidet Sauerstoff aus. Das Kobaltoxyd ist etwas beständiger; es besitzt schwache basische Eigenschaften, denn es löst sich z. B. in Essigsäure ohne dass Sauerstoff entwickelt wird. Doch mit den gewöhnlichen Säuren scheidet es Sauerstoff aus und bildet Kobaltoxydulsalze. Die Gegenwart von Kobaltoxyd neben Kobaltoxydulsalzen erkennt man an der braunen Farbe der Lösung und an dem schwarzen Niederschlage, den Alkalien hervorrufen, sowie an der Chlorentwickelung, die beim Erwärmen solcher Lösungen mit Salzsäure eintritt. Kobaltoxyd entsteht nicht nur nach den oben beschriebenen Methoden, sondern auch beim Erhitzen von salpetersaurem Kobalt, wobei eine stahlgraue Masse hinterbleibt, die Spuren von Salpeter zurückhält und die beim Glühen unter Ausscheidung von Sauerstoff in eine dem Eisenoxyduloxyde analoge Verbindung von Kobaltoxyd mit Oxydul übergeht.

Unter den Legirungen des Nickels, die sich durch ihre für die Praxis so werthvollen Eigenschaften auszeichnen, ist die Legirung mit Eisen besonders bemerkenswerth. In der Natur findet sich dieselbe im **Meteoreisen**. Die in der St. Petersburger Akademie der Wissenschaften aufbewahrte Meteormasse von Pallas, welche im vorigen Jahrhundert in Sibirien niederfiel, hat ein Gewicht von 50 Pud (etwa 820 Kilo) und enthält auf 88 pCt Eisen etwa

---

werden, dass ihr der komplizirtere Typus RX^8 entsprechen wird. Dieser Typus tritt in der Verbindung OsO^4 auf, während die anderen Elemente der VIII-ten Gruppe nur Verbindungen nach den niederen Typen RX^2, RX^3, RX^4... bilden, so dass a priori zu erwarten ist, dass letzteren die Fähigkeit zukommen muss sich zu höheren Typen zu kompliziren.

Von den Reaktionen der Salze des Kobalt- und Nickeloxyduls müssen noch die folgenden angeführt werden. Cyankalium fällt aus den Lösungen von Kobaltsalzen einen Niederschlag, der sich im Ueberschusse des Reagens zu einer grünen Flüssigkeit löst. Beim Erwärmen derselben unter Zusatz von etwas Säure entsteht **Kalium-Kobaltcyanid**, — $K^3CoC^6N^6$ — ein dem rothen Blutlaugensalze entsprechendes Doppelsalz. Die Bildung dieses Salzes, die unter Entwickelung von Wasserstoff vor sich geht, beruht auf der Fähigkeit des Kobalts sich in alkalischer Lösung zu oxydiren, eine Fähigkeit, deren besondere Entwickelung wir bei den Kobaltsalzen betrachtet haben. Bei der Bildung des Kalium-Kobaltcyanids entsteht nun aus: CoC^2N^2+4KCN zunächst Kalium-Kobaltcyanür $K^4CoC^6N^6$ (dem gelben Blutlaugensalze entsprechend), das dann mit Wasser Aetzkali KHO, Wasserstoff H und das Salz $K^3CoC^6N^6$ bildet. Der Zusatz von Säure ist folglich zur Bindung des entstehenden Aetzkalis erforderlich. Aus wässrigen Lösungen krystallisirt das Kalium-Kobaltcyanid in durchsichtigen, sechsseitigen, gelben Prismen, die sich leicht im Wasser lösen. Es unterliegt denselben doppelten Umsetzungen, wie das rothe Blutlaugensalz, und bildet auch eine entsprechende Säure. Nickelsalze bilden keine dem Nickeloxyde entsprechenden Cyandoppelsalze.

10 pCt Nickel nebst einer geringen Menge anderer Metalle. **Argentan** oder **Neusilber** (Mélchior) ist eine Legirung aus Nickel, Kupfer und Zink in verschiedenen Verhältnissen; gewöhnlich besteht sie aus 50 Theilen Kupfer, 25 Th. Zink und ungefähr 25 Th. Nickel. Sie besitzt das Aussehen des Silbers und kann, da sie nicht rostet, dasselbe in den meisten Fällen ersetzen. Nickellegirungen, die auch Silber enthalten, besitzen die Eigenschaften dieses Metalles noch in erhöhtem Grade. Wenn reiche Nickelfundorte entdeckt werden sollten, so wird dieses Metall eine ausgedehnte Verwendung finden und zwar sowol in reinem Zustande (da es nicht rostet und ein schönes Aussehen besitzt), als auch in Form von Legirungen. Mit Nickel bedeckte Stahlgeschirre weisen solche praktische Vorzüge auf, dass die bereits begonnene Fabrikation derselben sich wahrscheinlich sehr bedeutend ausdehnen wird.

<hr />

Dreiundzwanzigstes Kapitel.

Platinmetalle.

Die sechs Metalle: Ru, Rh, Pd, Os, Ir und Pt werden **Platinmetalle** genannt, da sie in der Natur zusammen vorkommen und das Platin unter ihnen immer vorwaltet. Ihrem chemischen Charakter nach nehmen sie im periodischen Systeme, dem Fe, Co, Ni entsprechend, eine Stelle in der VIII-ten Gruppe ein.

Die Natürlichkeit des Ueberganges vom Ti, V zum Cu, Zn durch Vermittlung der Elemente der Eisengruppe ergibt sich aus allen Eigenschaften dieser Elemente und auch der Uebergang vom Zr, Nb, Mo zum Ag, Cd, In durch Vermittlung von Ru, Rh, Pd stimmt ebenso mit der Wirklichkeit überein wie die Stellung vom Os, Ir, Pt zwischen Ta, W einerseits und Au, Hg andrerseits. In allen diesen drei Fällen bilden die Elemente mit geringerem Atomgewichte (Cr, Mo, W) in ihren höheren Oxydationsstufen Säureoxyde mit dem Eigenschaften schwacher Säuren (und in ihren niederen Oxyden Basen), während die Elemente mit höherem Atomgewichte (Zn, Cd, Hg) selbst in ihren höchsten Oxydationsstufen nur Basen, jedoch mit schwach entwickelten basischen Eigenschaften bilden. Diese die Elemente der VIII-ten Gruppe charakterisirenden Uebergangs-Eigenschaften besitzen auch die Platinmetalle.

Unter den Platinmetallen sind die intermediären Eigenschaften von **Metallen, die schwache Säuren und schwache Basen bilden**, deutlich entwickelt, so dass unter ihren Oxyden kein einziges scharf hervortretendes Säureanhydrid vorhanden ist, obgleich die Oxydationsstufen eine grosse Verschiedenartigkeit zeigen, von der Form RO^4

an bis zu R²O. Dass bei den Platinmetallen nur schwache chemische Kräfte in Wirkung treten steht mit der leichten Zersetzbarkeit ihrer Verbindungen, dem geringen Atomvolume der Metalle selbst und deren grossem Atomgewicht im Zusammenhange. Die Oxyde des Pt, Ir, Os können eigentlich weder Basen, noch Säuren genannt werden: sie verbinden sich sowol mit diesen, als auch mit jenen. Sie sind intermediäre Oxyde.

Das Atomgewicht des Osmiums, Iridiums und Platins liegt zwischen 190—194 und das des Rutheniums, Rhodiums und Palladiums zwischen 101—106. Es liegen also eigentlich zwei Reihen von Metallen vor, welche einander vollkommen parallel sind; von den drei Gliedern der ersten Reihe zeigt je eines eine grössere Aehnlichkeit mit je einem Gliede der zweiten Reihe: das Platin Pt ähnelt dem Palladium, das Iridium Ir dem Rhodium Rh und das Osmium Os dem Ruthenium Ru. Die **Gruppe** der Platinmetalle besitzt **zahlreiche gemeinsame Merkmale**, sowol in physikalischer als auch in chemischer Beziehung; ausserdem weisen die Platinmetalle auch viele gemeinsame Merkmale mit den Metallen der **Eisen**-Gruppe auf. Eine ziemlich nahe Uebereinstimmung zeigen z. B. die Atomvolume, die klein sind. Das Atomvolum der Eisenmetalle nähert sich—7, das der näheren Analoga des Palladiums—9 und das der Platinmetalle im engeren Sinne—9,4. Diesen relativ kleinen Atomvolumen entspricht sowol die schwere Schmelzbarkeit und die Zähigkeit, welche allen Eisen- und Platinmetallen eigen sind, als auch die geringe chemische Energie, wie dies mit besonderer Schärfe bei den schweren Platinmetallen zum Vorschein kommt. Alle Platinmetalle lassen sich durch Erhitzen und durch Einwirken verschiedener Reduktionsmittel sehr **leicht reduziren**, hierbei scheidet sich aus ihren Verbindungen der Sauerstoff oder die Halogengruppe aus und das Metall bleibt zurück. Es ist dies ein charakteristisches Kennzeichen, welches zahlreiche Reaktionen der Platinmetalle, sowie auch deren Vorkommen in der Natur fast ausschliesslich im **gediegenen Zustande** bedingt [1]). Die Reduzirbarkeit ist so bedeutend, dass die Chlorverbindungen schon durch Chlorwasserstoffgas zersetzt werden, namentlich beim Schütteln, Erwärmen und unter Druck. Es ist daher leicht zu verstehen, dass solche Metalle wie Zink, Eisen und and. die Platinmetalle aus ihren Lösungen ausserordentlich leicht ausscheiden—ein Verhalten, das auch in der Praxis bei der chemischen Verarbeitung der Platinmetalle benutzt wird.

1) Wells und Penfield beschrieben (1888) ein in kanadischen goldführenden Quarzen aufgefundenes Mineral—Speryllith—das Arsenplatin PtAs² enthält. Bemerkenswerth ist es, dass dieses Mineral für die Stellung des Platins in einer Gruppe mit dem Eisen spricht, indem es sowol seiner krystallinischen Form (Dodekaëder des regulären Systems), als auch seiner chemischen Zusammensetzung nach dem Eisenkiese FeS² entspricht.

Alle Platinmetalle besitzen, wie auch die Eisenmetalle, eine graue Farbe, einen relativ geringen Metallglanz und sind sehr schwer schmelzbar. In letzterer Beziehung zeigen sie dieselbe Reihenfolge wie die Eisenmetalle: das Nickel schmilzt leichter und ist weisser als das Kobalt und das Eisen, und das Palladium ist im Vergleich mit dem Rhodium und Ruthenium und das Platin im Vergleich mit dem Iridium und Osmium leichter schmelzbar und weisser. Die salzartigen Verbindungen dieser Metalle sind roth oder gelb wie auch die meisten Salze der Metalle der Eisenreihe, aber sowol bei jenen als auch bei diesen weisen die verschiedenen Oxydationsformen verschiedene Färbungen auf. Sodann zeigen einige zusammengesetzte Verbindungen der Platinmetalle, ebenso wie einige zusammengesetzte Verbindungen der Eisenreihe, entweder besonders charakteristische oder grelle Farben oder sie sind vollkommen farblos.

In der Natur finden sich die Platinmetalle als gegenseitige Begleiter nur an wenigen Orten im Triebsande, aus welchem sie auf Grund ihrer sehr bedeutenden Dichte vom Sande und Thone mittels eines Wasserstromes leicht ausgewaschen werden können. Lager von Platinerzen kommen hauptsächlich an einigen Orten des mittleren Uralgebirges, sowie in Brasilien und in wenigen anderen Gegenden vor. Das aus dem Triebsande ausgewaschene Platinerz erscheint in Körnern von verschiedener Grösse und bildet zuweilen halbgeschmolzene Knollen [2]).

Alle Platinmetalle bilden mit den Halogenen Verbindungen, deren höchste Form RX^4 ist; meistens ist dieselbe jedoch äusserst unbeständig. Beständiger ist die niedere, dem Typus RX^2 entsprechende Form, welche aus der ersteren durch Ausscheidung von X^2 entsteht. In der Form RX^2 bilden die Platinmetalle beständigere Salze, welche nicht wenig Aehnlichkeit mit den gleichen Verbindungen der Eisenreihe zeigen, z. B. mit $NiCl^2$, $CoCl^2$, u. s. w. Diese Aehnlichkeit kommt sogar in der nahen Uebereinstimmung der Molekularvolume zum Ausdruck (das Volum von $PtCl^2$ beträgt 46, von $NiCl^2$ 50), obgleich die wahren Eisenmetalle in der Form

---

2) Die grösste Menge an Platin, etwa 2 Tonnen jährlich, wird im Uralgebirge gewonnen. Aus dem ausgewaschenen Platinerze wird noch mittels Quecksilber eine geringe Menge Goldes ausgezogen, das sich im Quecksilber löst, während das Platin darin unlöslich ist. Ferner sind in den Platinerzen immer auch die Metalle der Eisenreihe enthalten. Nach dem Auswaschen und Sortiren enthält das Platinerz meistens gegen 70—80 pCt. Platin, ungefähr 5—8 pCt. Iridium, etwas weniger Osmium und in noch geringeren Mengen die übrigen Platinmetalle: Palladium, Rhodium und Ruthenium. Zuweilen trifft man Körner aus fast reinem Osmium-Iridium, welche nur geringe Beimengungen enthalten. Das Osmium-Iridium lässt sich gut von den anderen Platinlegirungen trennen, da diese sich in Königswasser lösen, während das Osmium-Iridium darin beinahe unlöslich ist. Es gibt Platinkörner, die magnetische Eigenschaften besitzen.

RX^2 sehr beständige Verbindungen bilden, während die Platinmetalle in dieser Form öfters wie Suboxyde reagiren, indem sie in das Metall und die höhere Form zerfallen: $2RX^2 = R + RX^4$. Dieses wird natürlich durch die leichte Zersetzbarkeit von RX^2 in R und X^2 bedingt, wobei X^2 mit noch nicht zerfallenem RX^2 in Verbindung tritt.

Analog dem wie in der Reihe Fe, Co, Ni das Nickel nur diese niedere Oxydationsform bildet, während dem Kobalt und Eisen auch höhere und verschiedene Oxydationsformen entsprechen so bilden auch unter den Platinmetallen das Platin und Palladium nur die Formen RX^2 und RX^4, während das Rhodium und Iridium auch die intermediäre Form RX^3, die dem Oxyd von der Zusammensetzung R^2O^3 entspricht, und ausserdem auch Säureoxyde bilden, die der Eisensäure entsprechen und wie diese nur als unbeständige Salze existiren. Das **Osmium** und **Ruthenium** bilden nun wie das Mangan die verschiedenartigen Oxydationsformen, nicht nur RX^2, RX^3, RX^4 und RX^6, sondern auch die **höchste Oxydationsform**—RO^4, welche in keiner anderen Reihe auftritt und sich besonders dadurch charakterisirt, dass die Oxyde OsO^4 und RuO^4 flüchtige Substanzen von schwach sauren Eigenschaften darstellen. Sie ähneln hierin am meisten dem Uebermangansäureanhydride, das gleichfalls eine gewisse Flüchtigkeit zeigt [3]).

3) Zur Charakteristik der Platinmetalle in ihrer Beziehung zu den Eisenmetallen ist es von Wichtigkeit noch die beiden folgenden höchst bemerkenswerthen Eigenschaften anzuführen. Mit **Wasserstoff** bilden die Platinmetalle eine Art unbeständiger Verbindungen, indem sie dieses Gas absorbiren und es erst bei ziemlich starkem Erhitzen wieder abgeben. Diese Fähigkeit Wasserstoff zu absorbiren ist namentlich beim Platin und Palladium entwickelt und tritt auch beim Nickel auf, was sehr charakteristisch ist, da dem Platin und Palladium im System gerade das Nickel entspricht, das (nach den Versuchen von Graham und Raoult) eine ziemlich bedeutende Menge Wasserstoff aufzunehmen vermag. Die andere charakteristische Eigenschaft der Platinmetalle besteht in der Leichtigkeit, mit der sie beständige und eigenthümliche salzartige **Verbindungen mit Ammoniak** und **Doppelsalze** mit den **Cyaniden** der Alkalimetalle besonders in ihren niederen Oxydationsformen bilden.

Aus allem eben Angeführten geht deutlich hervor, dass die Elemente der Eisenreihe sich den Platinmetallen nähern, so dass die VIII-te Gruppe die Natürlichkeit erlangt, die man überhaupt zugleich mit einer gewissen Eigenartigkeit oder Individualität eines jeden Elementes fordern darf.

Das Platin wurde zum ersten Mal im vorigen Jahrhundert in Brasilien dargestellt, wo es auch seinen Namen vom spanischen Platina (kleines Silber) erhielt. Watson charakterisirte es in der Mitte des vorigen Jahrhunderts als selbständiges Metall. Wollaston entdeckte im Platin (im Jahre 1803) das Palladium und Rhodium und etwa um dieselbe Zeit unterschied Tennant das Iridium und Osmium. In den vierziger Jahren entdeckte Claus bei seinen Untersuchungen der Platinmetalle das Ruthenium. Claus, der Professor in Kasan war, verdankt die Chemie viele wichtige Aufklärungen über die Platinmetalle, z. B. die Hinweisung auf die merkwürdige Aehnlichkeit zwischen den Reihen Pd—Rh—Ru und Pt—Ir—Os.

Die **Verarbeitung der Platinerze** wird hauptsächlich zur Gewinnung des Platins selbst und seiner Legirungen mit Iridium und Rhodium ausgeführt, da diese am besten der

Wenn das Platin aus seiner Lösung in Königswasser durch
Eindampfen und Glühen oder durch Einwirken von Reduktionsmitteln ausgeschieden wird, so erscheint es als eine pulverige Masse,
die unter dem Namen Platinschwamm oder Platinschwarz bekannt
ist. Dieselbe lässt sich bei Glühhitze in Cylindern zusammenschweissen und erscheint dann als ein kompaktes, jedoch nicht ganz homogenes Metall. Auf diese Weise wurde das Platin früher und wird
zum Theil auch heute noch verarbeitet. Die einstmals in Russland
benutzten Platinmünzen wurden gleichfalls nach dieser Methode
hergestellt. In grösseren Mengen wurde das Platin zum ersten Male
in den 50-er Jahren von Sainte-Claire Deville zum Schmelzen gebracht, welcher zu diesem Zwecke die Knallgasflamme und eine
besondere Art kleiner, aus zwei über einander gestellten, ausge-
höhlten Kalkstücken bestehende Flammöfen benutzte. Die obere oder
seitliche Oeffnung eines solchen Ofens ist für den Brenner bestimmt,
durch welchen das Knallgas oder ein Gemisch von Sauerstoff mit
Leuchtgas eingeleitet wird, während durch die andere Oeffnung die
Verbrennungsprodukte und die in der starken Glühhitze flüchtigen
Beimengungen des Platins, namentlich Oxydverbindungen des Osmiums, Rutheniums und Palladiums entweichen. Dieses Verfahren
wird gegenwärtig in der Technik zum Schmelzen des Platins benutzt [4]).

Einwirkung chemischer Reagentien und hoher Temperaturen widerstehen und ausserdem hämmerbar und dehnbar sind. Im Laboratorium und in der Technik werden
Platindraht (z. B. in der Elektrotechnik) und verschiedene Gefässe aus Platin sehr
häufig benutzt. Aus Platinretorten wird die konzentrirte Schwefelsäure destillirt
und Platintiegel dienen zum Schmelzen, Glühen und Eindampfen. In Schalen aus
iridiumhaltigem Platin löst man Gold und verschiedene andere Substanzen, da Pla-
tin-Iridiumlegirungen selbst von Königswasser nur wenig angegriffen werden. Eine
sehr wichtige Eigenschaft der Platinmetalle ist ihre Unschmelzbarkeit in der Glühhitze der Schmelzöfen; nur das Palladium schmilzt etwas leichter.

4) Die technische Verarbeitung des Platins hat durch das Deville'sche Verfahren eine bedeutende Aenderung erlitten. Mit Hilfe desselben lassen sich aus
reinen Platinerzen leicht iridium- und rhodiumhaltige Platinlegirungen darstellen,
denn schon beim Schmelzen brennt der grösste Theil des Osmiums aus und man
erhält eine homogene Masse, die sich sogleich hämmern und überhaupt verarbeiten
lässt. An Ruthenium enthalten die Platinerze nur geringe Mengen. Wenn Blei beim
Schmelzen zugegen ist, so löst sich das Platin in demselben und bildet eine sehr
charakteristische Legirung von der Zusammensetzung PtPb. An feuchter Luft hält
sich diese Legirung unverändert, während das im Ueberschuss vorhandene Blei
unter dem Einflusse von Wasser und Kohlensäure in basisch kohlensaures Blei
(Bleiweiss) übergeht; wenn das Gemisch darauf mit schwacher Säure behandelt
wird, so löst sich das entstandene Bleiweiss und kann von der Legirung PtPb, die
hierbei nicht angegriffen wird, getrennt werden. Aehnliche Bleilegirungen bilden
auch die anderen Platinmetalle. Auf Grund der leichten Schmelzbarkeit dieser Legirungen lassen sich die Platinmetalle von der beigemengten Gangart und überhaupt von den sie begleitenden Erzen trennen. Wenn die erhaltene Bleilegirung
darauf in einem Ofen, dessen Sohle aus Knochenasche besteht, der Oxydation unter-

Zur Darstellung reinen Platins muss das Erz in Königswasser gelöst werden, in welchem nur das Osmium-Iridium unlöslich ist. Die Platinmetalle gehen als Chloride von der Form RCl^4 und auch als niedere Chloridformen in Lösung, da z. B. die Chloride des Palladiums und Rhodiums von der Zusammensetzung RX^4 so unbeständig sind, dass sie sich schon beim Verdünnen mit Wasser theilweise zersetzen und in die beständigeren niederen Verbindungsformen übergehen, wobei die Ausscheidung des Chlors besonders leicht in Gegenwart solcher Substanzen, auf die dasselbe einwirken kann, erfolgt. Unter seinen Begleitern bildet das Platin das beständigste Chlorid $PtCl^4$, welches dem Erhitzen und der Einwirkung von Reduktionsmitteln am besten widersteht und nur schwer in die niedere Form $PtCl^2$ übergeht. Auf diesem Verhalten beruht die Darstellungsmethode von mehr oder weniger reinem Platin. Man setzt nämlich zu der Lösung in Königswasser so lange Aetzkalk oder Aetznatron zu, bis die Lösung gesättigt ist oder nur einen kleinen Ueberschuss an Alkali enthält. Besser ist es natürlich die Lösung vorher zur Vertreibung der überschüssigen Säure einzudampfen und schon hierdurch einen Theil der höheren Oxydationsformen der Begleiter des Platins in die niederen Formen überzuführen, was endgiltig durch das Alkali geschieht, denn das in den Chloriden RX^4 enthaltene Chlor wirkt auf das Alkali wie freies Chlor, indem es unterchlorigsaure Salze bildet. $PdCl^4$ z. B. wird auf diese Weise in $PdCl^2$ übergeführt: $PdCl^4 + 2NaHO = PdCl^2 + NaCl + NaClO + H^2O$. Auch $IrCl^4$ geht hierbei in $IrCl^3$ über, während das Platin in der Form $PtCl^4$ erhalten bleibt. Ferner benutzt man den Unterschied in den Eigenschaften der höheren und niederen Chlorirungsformen der Platinmetalle. Letztere werden aus ihren Lösungen z. B. durch Kalk gefällt, wobei das Platin in Form des Doppelsalzes $PtCl^4CaCl^2$ in Lösung bleibt und auf diese Weise von seinen Begleitern getrennt werden kann. Besser und vollständiger gelingt die **Trennung** mittels **Salmiak**, mit welchem das Platinchlorid einen in Wasser unlöslichen, gelben Niederschlag von **Platinsalmiak** $PtCl^42NH^4Cl$ gibt, während die Chloride der niederen Formen RCl^3 und RCl^2 mit Salmiak lösliche Doppelsalze bilden, so dass durch Zusatz von Salmiak nur das Platin ausgefällt wird. Man erhält also das Platin nach der Trennung entweder in Lösung als Calcium-Platinchlorid $PtCaCl^6$ oder als unlöslichen Platinsalmiak $Pt(NH^4)^2Cl^6$. Letzterer hinterlässt nun, wenn er nach dem Trocknen geglüht wird, das metallische Platin als Platinschwamm, welcher dann entweder durch Zusammenschweissen oder Schmelzen, wie oben angegeben, in kompaktes Metall übergeführt wird [5]).

---

worfen wird, so oxydirt sich alles Blei zu einem leichtflüssigen Oxyde, während die Platinmetalle unverändert bleiben.

5) Zur vollständigen Reinigung des Pt von beigemengtem Pd und Ir löst man

Das metallische **Platin** besitzt nach dem Schmelzen das spezifische Gewicht 21,1, es ist weicher als Eisen, aber härter als Kupfer, sehr dehnbar, so dass es sich leicht zu Draht und in dünne Platten und lange Röhren ausziehen und ausschmieden lässt. Als Platinschwamm (oder Platinschwarz) [6]) besitzt es die Fähigkeit Wasserstoff und andere Gase zu verdichten, worauf bereits hingewiesen worden ist. Mit den Halogenen tritt das Platin bei keiner Temparatur unmittelbar in Verbindung. Es wiedersteht der Einwirkung von HCl, HFl, HNO^3 und H^2SO^4, sowie dem Gemisch von Fluss- und Salpetersäure. Dagegen löst es sich in Königswasser und in allen Flüssigkeiten, die Chlor sowie Brom entwickeln können. Alkalien werden beim Glühen durch das Platin zersetzt, was auf der Fähigkeit des hierbei entstehenden Platinoxydes sich mit alkalischen Basen zu verbinden beruht, denn das Platinoxyd besitzt einen, wenn auch schwach entwickelten Säurecharakter. Schwefel, Phosphor (der PtP^2 bildet), Arsen und Silicium wirken auf das Platin beim Glühen mit grösserer oder geringerer Geschwindigkeit ein. Mit vielen Metallen bildet es Legirungen. Selbst Kohle verbindet sich mit dem Platin beim Glühen, so dass starkes und anhaltendes Glühen kohlenstoffhaltiger Substanzen in Platingefässen zu vermeiden ist. Hierauf beruht auch das Mattwerden der Platintiegel, wenn sie in einer russenden Flamme erhitzt werden. Das Platin legirt sich auch mit Zink, Blei, Zinn, Kupfer, Gold und

---

die Metalle von Neuem in Königswasser und dampft bis zur beginnenden Chlorentwickelung ein, worauf man wieder mit Salmiak oder KCl fällt. Der jetzt entstehende Niederschlag kann noch etwas Iridium enthalten, da $IrCl^4$ nur schwer in $IrCl^3$ übergeht, nicht aber Palladium, da $PdCl^2$ sich sehr leicht bildet und mit KCl ein leicht lösliches Doppelsalz gibt. Der etwas Iridium enthaltende Niederschlag wird nun vermischt mit Soda, in einem Tiegel geglüht, wobei das Platin in den metallischen Zustand, das Iridium dagegen in Oxyd übergeht. Der erhaltene Rückstand wird wieder mit Königswasser, aber mit kaltem und mit Wasser verdünntem, behandelt, wobei das Iridiumoxyd ungelöst bleibt, während vollkommen reines Platinchlorid, $PtCl^4$, in Lösung geht und als Ausgangspunkt zur Darstellung aller anderen Platinverbindungen dient.

6) Die Einwirkung fein zertheilten Platins auf viele gasförmige Stoffe haben wir schon früher betrachtet. Am besten wird zu diesem Zwecke das sogenannte **Platinmohr** benutzt, das in Form eines kohlenschwarzen Pulvers beim Einwirken von Schwefelsäure auf eine Legirung von Platin und Zink zurückbleibt und beim Einwirken von metallischem Zink auf die verdünnte Lösung eines Platinsalzes gefällt wird. Je feiner das Platin vertheilt ist, desto stärker und schneller verdichtet es Gase. In Gegenwart von Platinmohr lassen sich SO^2, H^2, C^2H^6O (Alkohol) und viele organische Stoffe durch den Sauerstoff der Luft oxydiren, mit dem sie sonst unmittelbar nicht in Verbindung treten. Ein Volum Platin kann mehrere Hundert Volume von Gasen verdichten. Die oxydirende Eigenschaft des Platinmohrs wird nicht nur im Laboratorium, sondern auch in der Technik utilisirt. Zu diesem Zwecke lassen sich sehr vortheilhaft Asbest und Holzkohle verwenden, wenn man sie zuerst mit einer Platinchlorid-Lösung tränkt und dann glüht, wobei sich das Platinmohr in den Poren dieser Körper absetzt.

Silber [7]). In Quecksilber löst es sich zwar nicht unmittelbar, aber Platinschwamm bildet mit Natriumamalgam — Platinamalgam, das auch beim Einwirken von Natriumamalgam auf eine Lösung von Platinchlorür entsteht und zu physikalischen Versuchen benutzt wird.

Die **Platinverbindungen** entsprechen den Typen: PtX^4 und PtX^2. Erstere entstehen bei überschüssigem Halogen in der Kälte und letztere beim Erhitzen oder beim Zerfallen der ersteren. Als Ausgangsmaterial dient das **Platinchlorid** oder **Platintetrachlorid**, $PtCl^4$, das beim Auflösen von Platin in Königswasser entsteht. Es krystallisirt aus solchen Lösungen beim Abkühlen oder im Exsikkator in rothbraunen, zerfliesslichen Krystallen, die Salzsäure enthalten: $PtCl^4 2HCl 6H^2O$ und sich wie eine wirkliche Säure verhalten, der Salze von der Zusammensetzung $R^2 PtCl^6$ entsprechen, z. B. Platinsalmiak. Diese Krystalle scheiden bei schwachem Erwärmen oder beim Eindampfen ihrer Lösung zur Trockne oder besser nach dem Einwirken von $2AgNO^3$ (das 2 AgCl fällt) Salzsäure aus und geben mit Wasser eine gelbrothe Flüssigkeit, aus der sich beim Abkühlen Krystalle von der Zusammensetzung $PtCl^4 8H^2O$ ausscheiden. Die **Neigung zur Vereinigung** mit HCl und H^2O, d. h. zur **Bildung höherer krystallinischer Verbindungen**, die bei allen Platinverbindungen angetroffen wird, muss bei der Erklärung der Eigenschaften des Platins und der Bildung der zahlreichen komplizirten Verbindungen dieses Metalls immer in Betracht gezogen werden. Schwache Platinchlorid-Lösungen sind gelb; durch Wasserstoff werden sie vollständig reduzirt. Schwefligsäuregas und viele andere Reduktionsmittel führen das Platinchlorid zunächst in die niedere Oxydationsform, in das Platinchlorür $PtCl^2$ über. Die Fähigkeit, welche sich im Platintetrachlorid bei dessen Vereinigung mit Krystallisationswasser und mit HCl äussert, tritt sehr scharf und deutlich in der Eigenschaft dieses Chlorides mit den Salzen des Kaliums, Ammoniums, Rubidiums und and. Niederschläge zu bilden hervor. Ueberhaupt bildet das Platinchlorid leicht **Doppelsalze**: $R^2 PtCl^6 = PtCl^4 + 2RCl$, wo R einwerthige Metalle wie Kalium oder Natrium bezeichnet. Infolge dessen entstehen beim Versetzen einer Platinchlorid-Lösung mit den Lösungen von KCl und NH^4Cl gelbe Niederschläge, welche in Wasser schwer und in Alkohol und Aether fast ganz unlöslich sind. ($PtCl^4$ selbst löst sich in Alkohol; IrK^3Cl^6 ist in Wasser, nicht aber in Alkohol löslich). Besonders bemerkenswerth ist es,

---

7) Zu beachten ist, dass das Platin, wenn es mit Silber zusammengeschmolzen wird oder wenn es als Amalgam vorliegt, in Salpetersäure löslich ist. Hierdurch unterscheidet es sich vom Golde und kann in diesem entdeckt werden, denn schmilzt man Gold mit Silber zusammen, so entsteht eine in Salpetersäure unlösliche Legirung, während eine Legirung von Platin mit Silber, wie soeben angeführt, durch Salpetersäure gelöst wird.

dass die Kaliumverbindungen hier, sowie in den meisten anderen Fällen, im wasserfreien Zustande ausgeschieden werden, während die Natriumverbindungen, die in Wasser und Alkohol löslich sind, wasserhaltige Krystalle bilden. Die Zusammensetzung $Na^2PtCl^66H^2O$ entspricht derjenigen der oben erwähnten Chlorwasserstoffverbindung. Die entsprechenden Verbindungen mit Baryum $BaPtCl^64H^2O$, mit Strontium $SrPtCl^68H^2O$, mit Calcium, Magnesium, Eisen, Mangan und auch mit vielen anderen Metallen sind in Wasser löslich [8]).

Beim Erhitzen von PtH^2Cl^6 auf 300^0 oder von Platin in einem Chlorstrome auf 230^0 bildet sich Platinchlorür $PtCl^2$. Entzieht man dem Rückstande durch Auswaschen mit Wasser unzersetztes

---

8) *Nilson*, der (1877) nach Bonsdorff, Topsoë, Cleve, Marignac und and. die Chloroplatinate verschiedener Metalle untersuchte, fand, dass die Verbindungen mit mono- und bivalenten Metallen wie H^2, K^2, $(NH^4)^2$ ... und Be, Ca, Ba ... im Platinchloride immer doppelt so viel Chlor enthalten als im addirten Metallchloride, z. B. $K^2Cl^2PtCl^4$, $BeCl^2PtCl^48H^2O$ u. s. w. Trivalente Metalle wie Al, Fe (als Oxyd), Cr, Di, Ce (als Oxydul) bilden Chloroplatinate vom Typus RCl^3PtCl^4, d. h. die Chlormengen verhalten sich in ihnen wie 3 : 4. Nur die Chloroplatinate des Indiums und Yttriums besitzen eine abweichende Zusammensetzung: $2(InCl^3)5PtCl^436H^2O$ und $4(YCl^3)5PtCl^451H^2O$. Die Chloroplatinate tetravalenter Elemente wie Th, Sn, Zr entsprechen dem Typus RCl^4PtCl^4, mit dem Verhältniss der Chlormengen wie 1 : 1 Auf diese Weise lässt sich also nach der Zusammensetzung der mit $PtCl^4$ gebildeten Chloroplatinate bis zu einem gewissen Grade über die Valenz (oder Werthigkeit) eines Elementes urtheilen. Viele der angeführten Chloroplatinate können ausserdem mit verschiedenen Mengen von Krystallisationswasser in Verbindung treten. Dem $PtCl^4$ ähnelt das Platintetrabromid, sowie das PtJ^4, nur zersetzt sich letzteres noch leichter als das Chlorid. Beim Eindampfen einer mit Schwefelsäure versetzten Lösung von Platintetrachlorid entsteht eine schwarze, wie Kohle aussehende, poröse Masse, die an der Luft zerfliesst und die Zusammensetzung $Pt(SO^4)^2$ besitzt. Dieses einzige Sauerstoffsalz vom Typus PtX^4 ist jedoch äusserst unbeständig. Es wird dieses durch den schwach sauren Charakter des **Platinoxyds**, d. h. des Oxyds von demselben Typus — PtO^2 bedingt. Wenn eine mit Soda versetzte, konzentrirte $PtCl^4$-Lösung der Einwirkung des Lichtes ausgesetzt oder eingedampft und dann ausgewaschen wird, so erhält man im Rückstande platinsaures Natrium $Pt^3Na^2O^76H^2O$. Betrachtet man diese Zusammensetzung von demselben Standpunkte aus wie diejenige der Kiesel-, Titan-, Molybdän- und anderer Säuren, so ergibt sich die Formel $PtO(ONa)^22PtO^26H^2O$, d. h. es wiederholt sich hier derselbe Typus, den wir auch in der krystallinischen Verbindung des Platintetrachlorids mit Natriumchlorid oder mit Chlorwasserstoff gesehen haben, nämlich der Typus PtX^48Y, wo Y Molekeln von H^2O, HCl u. s. w. bezeichnet. Analoge Verbindungen, in denen das Platinoxyd PtO^2 die Rolle eines Säureoxydes spielt, entstehen auch mit anderen Alkalien. Behandelt man eine solche platinsaure Alkaliverbindung mit Essigsäure, so wird das Alkali durch letztere gebunden und es entsteht eine braune Masse von **Platinoxydhydrat** $Pt(OH)^4$, welches beim Erhitzen Wasser und Sauerstoff ausscheidet und sich unter schwacher Explosion zersetzt. Bei schwachem Erhitzen verliert dieses Hydrat zunächst Wasser und bildet das wasserfreie, sehr unbeständige Oxyd PtO^2. Zu demselben Typus gehört auch das Schwefelplatin PtS^2, das beim Einwirken von Schwefelwasserstoff auf eine $PtCl^4$-Lösung ausfällt. Im feuchten Zustande kann das Schwefelplatin Sauerstoff absorbiren und in das oben erwähnte, in Wasser lösliche schwefelsaure Salz übergehen. Mit den Sulfiden der Alkalimetalle bildet PtS^2 krystallinische Verbindungen.

Platintetrachlorid, so erhält man eine grünlich-graue oder braune, in Wasser wenig lösliche Masse von **Platinchorür** oder **Platindichlorid**, $PtCl^2$, dessen spezifisches Gewicht 5,9 beträgt. Dasselbe löst sich in Salzsäure zu einer sauren Flüssigkeit von der Zusammensetzung $PtCl^2 2HCl$, welche dem Typus der Doppelsalze PtR^2Cl^4 entspricht. Obgleich das Platinchlorür sich schon unter 500° zersetzt, so bildet es sich dennoch in geringer Menge auch bei höheren Temperaturen. Troost mit Hautefeuille und Seelheim beobachteten, dass bei starkem Glühen von Platin in einem Chlorstrome dasselbe sich allmählich gleichsam verflüchtige und in Krystallen wieder absetze. Hierbei entsteht natürlich das flüchtige Chlorid, wahrscheinlich $PtCl^2$, dass sich darauf wieder zersetzt und auf diese Weise die Bildung der Platinkrystalle bedingt.

Die oben beschriebenen Eigenschaften des Platins wiederholen sich mehr oder weniger deutlich oder mit einigen Abweichungen in den Begleitern und Analogen dieses Metalles; natürlich treten auch Unterschiede auf [9]. Alle Platinmetalle bilden beim Einwir-

---

[9] Zur vergleichenden Charakteristik der Platinmetalle ist zu bemerken, dass das Palladium in seiner Verbindungsform PdX^2 ziemlich beständige salzartige Körper bildet. Das **Palladiumchlorür**, $PdCl^2$, entsteht bei der direkten Einwirkung von Chlor oder Königswasser (nur nicht im Ueberschusse oder in verdünnter Lösung) auf metallisches Palladium; es bildet eine braune Lösung, die mit den Lösungen von Metalljodiden einen in Wasser unlöslichen, schwarzen Niederschlag von **Palladium-jodür**, PdJ^2, bildet (in dieser wie in vielen anderen Beziehungen ähnelt das Pd dem Hg in der Form HgX^2); mit einer Lösung von HgC^2N^2 entsteht ein gelblich-weisser Niederschlag von Palladiumcyanür, PdC^2N^2, das sich in Cyankalium löst und Doppelsalze $M^2PdC^4N^4$ bildet. Der sich im Königswasser lösende Theil des Platinerzes, welcher dann mit Salmiak oder KCl gefällt wird, enthält kein Palladium. Dieses bleibt in Lösung, da $PdCl^4$ in $PdCl^2$ übergeht, das, wie auch alle anderen niederen Chloride (die Chlorüre) der Platinmetalle, durch Salmiak nicht gefällt wird. Zink (wie auch Eisen) scheidet aus der durch Salmiak nicht fällbaren Lösung alle Platinmetalle (auch Kupfer und and.) aus. In diesen durch Zink gefällten Platinrückständen findet sich auch das Palladium. Beim Behandeln derselben mit verdünntem Königswasser geht alles Palladium als $PdCl^2$ zugleich mit etwas $PtCl^4$ in Lösung, während der grösste Theil — Ir, Rh und and. — ungelöst bleibt. Aus dem Gemisch von $PdCl^2$ und $PtCl^4$ scheidet man das Platin mittelst Salmiak aus und fällt dann das Palladium durch KJ oder HgC^2N^2. Nach Wilm (1881) lässt sich aus einer unreinen Palladiumlösung eine reine Verbindung dieses Metalles leicht darstellen, wenn man die Lösung mit Ammoniak übersättigt und, nach dem Abfiltriren des ausgefällten Eisens, das Filtrat mit HCl versetzt; hierbei scheidet sich ein gelber Niederschlag von $PdCl^2 2NH^3$ aus, während alle Beimengungen in Lösung bleiben. Durch Glühen dieser Ammoniakverbindungen oder von Palladiumcyanür, PdC^2N^2, erhält man das **metallische Palladium**. Dasselbe kommt gediegen auch in der Natur vor, jedoch selten; es ist weisser als das Platin, besitzt das spezifische Gewicht 11,8, schmilzt und verflüchtigt sich auch bedeutend leichter als das Platin; beim Glühen oxydirt es sich oberflächlich, scheidet aber bei höherer Temperatur den absorbirten Sauerstoff wieder aus. An der Luft behält es seinen Metallglanz (absorbirt auch keinen Schwefel) und wird daher mit Vortheil an Stelle des Silbers zum Auftragen feiner Theilungen bei astronomischen und ähnl. Apparaten benutzt. Die bemerkenswertheste Eigenschaft des

ken eines Ueberschusses von Chlor oder Oxydationsmitteln Verbin-

Palladiums ist seine von Graham entdeckte, grosse **Absorptionsfähigkeit für Wasserstoff.**
Glühendes Palladium absorbirt bis zu 940 Volume Wasserstoff oder etwa 0,7 pCt.
dem Gewichte nach, was mit der Bildung der Verbindung Pd^3H^2 nahe übereinstimmt und wahrscheinlich durch die Entstehung von **Palladiumwasserstoff** Pd^2H bedingt
wird. Die Absorption erfolgt auch bei gewöhnlicher Temperatur, wenn das Palladium
z. B. als Elektrode, an der sich Wasserstoff ausscheidet, benutzt wird. Sein Aussehen
und seine metallischen Eigenschaften behält das Palladium bei der Wasserstoff-
absorption bei, nur sein Volum nimmt um ungefähr 10 pCt. zu; es werden also
durch den eintretenden Wasserstoff die Palladiumatome auseinander geschoben,
getrennt, während der Wasserstoff selbst bis auf $^1/_{900}$ seines Volums zusammengepresst wird. Es weist dies auf eine starke chemische Anziehungskraft hin; die
Absorption erfolgt auch unter Entwickelung von Wärme (vergl. Seite 160 und Kap. XIV.
Anm. 44). Beim Erhitzen und bei Verringerung des Druckes scheidet sich der absorbirte Wasserstoff leicht wieder aus. Bei gewöhnlicher Temperatur zersetzt sich
das Wasserstoffpalladium nicht, aber an der Luft tritt zuweilen Selbsterglühen
ein, indem der Wasserstoff auf Kosten des Luftsauerstoffs verbrennt. Der durch
Palladium absorbirte Wasserstoff wirkt auch auf viele Lösungen reduzirend; überhaupt weisen alle Merkmale auf das gleichzeitige Vorhandensein einer bestimmten
Verbindung und eines physikalisch verdichteten Gases hin. Es ist dies eines der
besten Beispiele für den Zusammenhang zwischen chemischen und physikalischen
Vorgängen, auf den wir schon vielfach hingewiesen haben. Wir bringen noch einmal in Erinnerung, dass analog dem Palladium und Platin auch die anderen Metalle der VIII-ten Gruppe, und sogar Kupfer, sich mit Wasserstoff verbinden können.
Dass Röhren aus Eisen und Platin Wasserstoff durchlassen, beruht natürlich auf
der Bildung ähnlicher Verbindungen, denn durch Palladium geht der Wasserstoff
am leichtesten durch.

Das **Rhodium** bleibt bei der Verarbeitung von gediegenem Platin gewöhnlich mit
dem in verdünntem Königswasser nicht löslichen Iridium zurück. Das Gemisch von
Rh und Ir löst man in Chlorwasser oder durch Einwirken von Chlor in Gegenwart
von NaCl-Lösung, wobei beide Metalle (wenn nur erwärmt wird) als Chloride,
$RhCl^3$ und $IrCl^3$, in Lösung gehen und mit NaCl lösliche Doppelsalze bilden. Die
Trennung lässt sich nach mehreren Methoden ausführen. Das Doppelsalz des Iridiums mit NaCl ist auch in Alkohol löslich, das des Rhodiums dagegen nicht. Beim
Einwirken von verdünntem Königswasser auf das Gemisch der beiden Chloride geht
$IrCl^3$ in $IrCl^4$ über, während $RhCl^3$ unverändert bleibt; Salmiak fällt dann nur das
Iridium als $Ir(NH^4)^2Cl^6$ und beim Eindampfen der rosafarbenen Lösung scheidet
sich das Rhodium als krystallinisches Salz $Rh(NH^4)^3Cl^6$ aus. Beim Zusammenschmelzen mit saurem schwefelsaurem Kalium gehen das Rhodium und seine verschiedenen Oxydationsstufen in Lösung und bilden das in Wasser lösliche schwefelsaure Salz, was für das Rhodium, das in seinen Eigenschaften viel Aehnlichkeit
mit den Eisenmetallen zeigt, sehr charakteristisch ist. Das Iridium wird durch
saures schwefelsaures Kalium nicht angegriffen. Beim Zusammenschmelzen mit KHO
und $KClO^3$ oxydirt sich das Rhodium, wie auch das Iridium, geht aber darauf nicht
in Lösung; hierdurch unterscheidet es sich vom Ruthenium. Jedenfalls bildet das
Rhodium unter den gewöhnlichen Bedingungen immer Salze von der Form RX^3,
nicht aber von anderen Formen. Diesem Typus entsprechend sind nicht nur
Haloid-, sondern auch Sauerstoffsalze des Rhodiums bekannt, was bei den Platinmetallen nur selten der Fall ist. $RhCl^3$ existirt in einer unlöslichen, wasserfreien
Form und als ein lösliches Salz, das leicht Doppelsalze und Verbindungen mit
Krystallisationswasser bildet und das sich in Wasser zu einer rosafarbenen Flüssigkeit löst. Aus letzterer lassen sich leicht Doppelsalze vom Typus RhM^3Cl^6 und
RhM^2Cl^5 darstellen, z. B. $K^3RhCl^6 3H^2O$ und $K^2RhCl^5 H^2O$. Die Doppelsalze des
ersten Typus gehen beim Kochen ihrer Lösungen in die Salze des zweiten Typus

dungen vom Typus RX^4, z. B. RO^2,RCl^4 u. s. w. Es ist dies die

über (wenigstens das Salz $Rh(NH^4)^3Cl^6$). Kocht man eine mit starker Kalilauge versetzte $RhCl^3$-Lösung, so fällt das Hydroxyd $Rh(OH)^3$ als schwarzer Niederschlag aus, wenn dagegen die Kalilauge allmählich zugesetzt wird, so entsteht ein gelber Niederschlag, der mehr Wasser enthält. Dieses gelbe Rhodiumhydroxyd löst sich in Säuren zu einer gelben Flüssigkeit, die erst beim Kochen die rosa Farbe annimmt. Augenscheinlich gehen hier Aenderungen vor, die denen der Chromoxydsalze entsprechen, aber noch wenig erforscht sind. Das schwarze Rhodiumhydroxyd unterscheidet sich vom gelben durch seine Unlöslichkeit in den gewöhnlichen Säuren. Durch Glühen der Rhodiumverbindungen in Wasserstoff oder durch Fällen seiner Salze mit Zink erhält man leicht das metallische Rhodium, das dem Platin ähnelt und das spezifische Gewicht 12,1 besitzt. Ameisensäure wird durch Rhodium bei Zimmertemperatur unter Entwickelung von Wärme in H^2 und CO^2 zersetzt (Deville). In der Form RX^3 geben die Salze des Rhodiums und Iridiums mit den schwefligsauren Alkalimetallen schwer lösliche Niederschläge von schwefligsauren Doppelsalzen der Zusammensetzung $R(SO^3Na)^3H^2O$, so dass sie auf diese Weise ausgefällt und auch von einander getrennt werden können, denn beim Einwirken von konzentrirter Schwefelsäure auf ein Gemisch der genannten Doppelsalze des Rh und Ir entsteht lösliches schwefelsaures Iridium, während das rothe schwefligsaure Natrium-Rhodium ungelöst bleibt. Zu bemerken ist, dass die Oxyde Ir^2O^3 und Rh^2O^3 relativ beständig sind und leicht entstehen. Das **Iridiumsesquioxyd**, Ir^2O^3, entsteht beim Glühen des Chlorids $IrCl^3$ und dessen Verbindungen mit Na^2CO^3; nach dem Auswaschen der erhaltenen Schmelze mit Wasser bleibt es in Form eines schwarzen Pulvers zurück, das bei starkem Erhitzen in Sauerstoff und Iridium zerfällt. In Säuren ist es unlöslich, was auf den schwachen basischen Charakter des Iridiumsesquioxyds hinweist, das viel Aehnlichkeit mit solchen Oxyden wie Co^2O^3, CeO^2, PbO^2 u. s. w. zeigt. Beim Zusammenschmelzen mit $KHSO^4$ geht es nicht in Lösung. Eine viel energischere Base ist das Rhodiumsesquioxyd, Rh^2O^3, das sich beim Schmelzen mit $KHSO^4$ löst.

Das **Iridium** ist seiner Menge nach der wichtigste Begleiter des Platins. Seine Gewinnung ist weiter unten beim Osmium-Iridium beschrieben. In der Technik hat es in letzter Zeit in Form seines Oxydes Ir^2O^3 Verwendung gefunden. Dasselbe entsteht beim Glühen vieler Iridiumverbindungen mit Wasser, lässt sich durch Wasserstoff leicht reduziren und ist in Säuren unlöslich. In der Porzellanmalerei wird es zur Herstellung schwarzer Farben benutzt. Das Iridium selbst ist schwerer schmelzbar als das Platin, nach dem Schmelzen wirkt es auf Säuren, selbst auf Königswasser nicht ein; es ist sehr hart, schwer hämmerbar und besitzt das spezifische Gewicht 21,1. In Pulverform löst es sich in Königswasser, oxydirt sich sogar theilweise beim Erhitzen, entzündet Wasserstoff und zeigt überhaupt viel Aehnlichkeit mit dem Platin. Beim Einwirken von Chlor im Ueberschusse entsteht das Chlorid $IrCl^4$, das schon bei 50° Chlor ausscheidet und in seinen Doppelsalzen beständiger ist; aber auch diese gehen beim Einwirken von Schwefelsäure in $IrCl^3$ über.

Die wichtigste Eigenschaft des **Rutheniums** und **Osmiums** besteht darin, dass sich diese Metalle beim Erhitzen an der Luft oxydiren und **flüchtige**, einen eigenthümlichen Geruch (nach J oder N^2O^3) besitzende Oxyde von der Zusammensetzung RuO^4 und OsO^4 bilden. Diese beiden höchsten Oxyde sind feste Körper, die sehr leicht bei ungefähr 100° überdestilliren; ersteres ist gelb, letzteres farblos. Sie werden **Anhydride der Ueberruthenium- und Ueberosmiumsäure** genannt, obgleich ihre wässrigen Lösungen (beide lösen sich langsam in Wasser) nicht sauer reagiren, keine Kohlensäure aus K^2CO^3 verdrängen, keine krystallinischen Salze mit Basen bilden und sich beim Kochen ihrer alkalischen Lösungen ausscheiden (indem hierbei die Salze durch überschüssiges Wasser zersetzt werden). Die Formeln OsO^4 und RuO^4 entsprechen den Dampfdichten. Deville bestimmte die Dampfdichte des Ueber-

höchste Form beim Platin und Palladium [10]), während die übrigen
Platinmetalle, wie das Eisen, auch Säuren vom Typus RX^6 oder genauer

---

osmiumsäureanhydrides in Beziehung auf Wasserstoff zu 128; die Formel OsO^4 erfordert 127,5. · Diese Oxydform des Osmiums ist von Tennant und Vauquelin entdeckt und von Berzelius, Wöhler, Fritzsche und Struve, Deville, Claus und and.
untersucht worden, trotzdem sind viele sich auf dieselbe beziehende Fragen noch
immer nicht entschieden. Es ist zu beachten, dass RO^4 die höchste Oxydform und
RH^4 die höchste aller bekannten Formen von Wasserstoffverbindungen ist; da nun
die höchsten Formen der Säurehydrate: SiH^4O^4, PH^3O^4, SH^2O^4, $ClHO^4$ — immer
je vier Sauerstoffatome enthalten, so muss dies offenbar die Grenzzahl für die einfachsten Formen der Wasserstoff- und Sauerstoffverbindungen sein. Auf *mehrere*
Atome eines Elementes oder verschiedener Elemente können auch mehr als O^4 und
H^4 kommen, niemals kann aber eine Molekel auf ein Atom mehr Sauerstoff oder
Wasserstoff enthalten. Die einfachsten Verbindungen des Wasserstoffs und Sauerstoffs lassen sich daher durch die folgende Zusammenstellung erschöpfend darstellen
RH^4, RH^3, RH^2, RH, RO, RO^2, RO^3, RO^4. Die beiden äussersten Formen RH^4
und RO^4 kommen nur bei solchen Elementen vor, wie C, Si und Os, Ru, welche
auch mit Chlor Verbindungen von der Form RCl^4 bilden. Die Verbindungen dieser
äussersten Formen, RH^4 und RO^4, sind wenig beständig, sie scheiden leicht ihren
Sauerstoff oder Wasserstoff zum Theil oder sogar vollständig aus.

Als Ausgangsmaterial zur Darstellung der Verbindungen des Rutheniums und
Osmiums dient entweder das **Osmium-Iridium**, (dessen Zusammensetzung zwischen
IrOs und $IrOs^4$ mit dem spezifischen Gewicht von 16 bis 21 schwankt und) welches
in den Platinerzen vorkommt (die sich durch ihre krystallinische Struktur, ihre
Härte und Unlöslichkeit in Königswasser von den Platinkörnern auszeichnen), oder
es werden dazu die unlöslichen Rückstände benutzt, welche bei der Behandlung
des Platins mit Königswasser zurückbleiben. In diesem Material waltet das Osmium
vor, dessen Menge zuweilen 30—40 pCt. erreicht, während selten mehr als 4—5 pCt.
Ruthenium darin enthalten sind. Bei der Verarbeitung wird das Osmium-Iridium
zuerst mit 6 Theilen Zink zusammengeschmolzen und darauf, nachdem das Zink
durch schwache Salzsäure extrahirt worden ist, nach der Methode von Fritzsche
und Struve in ein Gemisch von geschmolzenem Aetzkali mit Berthollet'schem Salze
eingetragen. Wenn nun die im eisernen Tiegel erhaltene dunkle Schmelze mit
Wasser behandelt wird, so gehen Osmium und Ruthenium als Salze von der Zusammensetzung R^2OsO^4 und R^2RuO^4 in Lösung, während ein Gemisch von Iridium-
oxyden (zum Theil mit Os, Rh, Ru) und unangegriffene Körner des Erzes ungelöst
bleiben. Nach der Methode von Fremy werden die Osmium-Iridium-Körner direkt
in einem Luft- oder Sauerstoffstrome in einem Porzellanrohr bis zur Weissgluth
erhitzt; das hierbei entstehende flüchtige Ueberosmiumsäureanhydrid wird in einer
gut abgekühlten Vorlage aufgefangen und das Ruthenium bildet ein krystallinisches
Sublimat von RuO^2, das infolge seiner geringen Flüchtigkeit in den kälteren Theilen
der Röhre zurückbleibt. Ueberrutheniumsäureanhydrid RuO^4 bildet sich nicht, während Iridium und die übrigen Metalle sich nicht oxydiren oder keine flüchtige
Produkte bilden. Man erhält also nach dieser einfachen Methode direkt trocknes
und reines OsO^4 in der Vorlage und RuO^2 als Sublimat im Rohre. Die durchzu-
leitende Luft muss vorher durch Schwefelsäure streichen und zwar nicht allein des
Trocknens wegen, sondern auch um organischen, reduzirend wirkenden Staub zurückzuhalten. Die OsO^4-Dämpfe müssen stark abgekühlt und zuletzt in Kalilauge geleitet werden. Die dritte von Wöhler zur Verarbeitung des Osmium-Iridiums vorgeschlagene Methode ist die am häufigsten benutzte. Wenn ein inniges Gemisch
von Osmium-Iridium mit Kochsalz in einem feuchten Chlorstrome schwach erhitzt
wird (damit das NaCl nicht schmelze), so bilden die Metalle Verbindungen mit Cl
und NaCl, während das entstehende $OsCl^4$ durch die Feuchtigkeit in OsO^4 über-

$H^2RO^4 = RO^2(HO)^2$ (dem Typus der Schwefelsäure) bilden; dieselben existiren jedoch, wie auch die Eisen- und Mangansäure nur in Form ihrer Salze von der Zusammensetzung K^2RO^4 oder $K^2R^2O^7$ (wie die doppeltchromsauren Salze). Man erhält diese Salze analog

geführt wird, das sich dann verdichten lässt. Das Ruthenium bildet hierbei, sowie auch bei anderen Operationen, niemals direkt RuO^4, sondern es geht immer als lösliches rutheniumsaures Kalium K^2RuO^4, das beim Schmelzen mit KHO und $KClO^3$ oder KNO^3 entsteht, in Lösung. Die beim Vermischen mit Säuren aus der orangefarbigen Lösung des Salzes frei werdende Rutheniumsäure zerfällt sofort in flüchtiges Ueberrutheniumsäureanhydrid und unlösliches Rutheniumoxyd: $2K^2RuO^4 + 4HNO^3 = RuO^4 + RuO^2 2H^2O + 4KNO^3$. Aus den oben beschriebenen Verbindungen des Osmiums und Rutheniums lassen sich alle anderen Verbindungen und die Metalle selbst durch Reduktion (mittelst Wasserstoff, Metallen, Ameisensäure u. s. w.) darstellen.

OsO^4 lässt sich leicht und nach vielen Methoden reduziren. Organische Substanzen werden bei dieser Reduktion geschwärzt (worauf die Anwendung bei der Untersuchung mikroskopischer Präparate, namentlich von Nerven, beruht). Obgleich das Ueberosmiumsäureanhydrid mit Wasserstoff überdestillirt werden kann, so tritt die Reduktion schon bei schwachem Glühen des Gemisches von OsO^4 mit H ein. Beim Einbringen in eine Flamme oxydirt sich das Osmium zu OsO^4, dessen Dämpfe jedoch wieder reduzirt werden, wobei die Flamme ein helles Licht ausstrahlt. Mit glühender Kohle verpufft OsO^4 wie Salpeter. Aus seinen wässrigen Lösungen wird das Anhydrid durch Zn und sogar durch Hg und Ag zu niederen Oxyden oder selbst zu Metall reduzirt. Sehr leicht erfolgt die Reduktion durch solche Reduktionsmittel wie H^2S, $FeSO^4$, SO^2, Weingeist und and.

Die niederen Oxyde des Osmiums, Rutheniums und der anderen Platinmetalle sind nicht flüchtig, was zu beachten ist, da bei anderen Elementen das Umgekehrte der Fall ist. Vergleicht man SO^2 mit SO^3, As^2O^3 mit As^2O^5, P^2O^3 mit P^2O^5, CO mit CO^2 u. s. w., so sieht man, dass die höheren Oxyde immer weniger flüchtig, als die niederen sind. Beim Osmium sind dagegen alle Oxyde mit Ausnahme des höchsten nicht flüchtig, woraus geschlossen werden muss, dass die höchste Oxydform einfacher als die niederen zusammengesetzt sein muss. Möglicher Weise verhält sich OsO^2 zu OsO^4, wie C^2H^4 zu CH^4, d. h. es entspricht vielleicht Os^2O^4 oder einer noch höheren polymeren Formel. Das grössere Molekulargewicht würde dann die geringere Flüchtigkeit der niederen Oxyde des Osmiums erklären.

Das **Ruthenium** und **Osmium** besitzen, wenn sie durch Glühen oder Reduktion aus ihren Verbindungen als Pulver erhalten werden, eine viel geringere Dichte, als im geschmolzenen Zustande, und unterscheiden sich dann auch in ihrer Reaktionsfähigkeit; sie schmelzen viel schwerer als das Platin und Iridium, und das Ruthenium ist wieder leichter schmelzbar als das Osmium. Pulveriges Ruthenium besitzt das spezifische Gewicht 8,5, geschmolzenes 11,4, und pulveriges Osmium 20 und halbgeschmolzenes oder richtiger in der Knallgasflamme zusammengebackenes 21,4. Schwach geglühtes Osmiumpulver oxydirt sich leicht an der Luft und beim Glühen verbrennt es wie Zunder direkt zu OsO^4. Das Ruthenium oxydirt sich schwerer und bildet direkt nur das Oxyd RuO^2. Die Oxyde von der Zusammensetzung RO, R^2O^3 und RO^2 (sowie deren Hydrate) lassen sich aus den höheren Oxyden und aus den Chloriden des Osmiums und Rutheniums darstellen, welche den Chloriden der anderen Metalle sehr ähnlich sind. Auf Borneo ist das Ruthenium in platinhaltigem Triebsande als Mineral *Laurit*, Ru^2S^3, in grauen Oktaëdern von spezifischen Gewichte 7,0 aufgefunden worden.

Nach Debray und Joly schmilzt RuO^3 bei 25°; es siedet bei 100° und löst sich in KHO unter Entwickelung von Sauerstoff und Bildung von $KRuO^4$ (das mit $KMnO^4$ nicht isomorph ist).

den mangan- und eisensauren Salzen durch Zusammenschmelzen der Oxyde und sogar der Metalle selbst mit Salpeter und besser mit Kaliumhyperoxyd. Sie sind in Wasser löslich, desoxydiren sich leicht und bilden mit Säuren keine Säureanhydride, sondern zerfallen oder bilden (wie die Salze der Eisensäure) Sauerstoff und basisches Oxyd (in dieser Weise reagiren die Salze der Iridiums und Rhodiums, da sie weiter keine höheren Oxydationsformen bilden) oder gehen in die niedere und höhere Oxydationsform über, reagiren also wie die Salze der Mangansäure (oder theilweise auch der salpeterigen und phosphorigen Säure). In dieser letzteren Weise reagiren die Salze des Osmiums und Rutheniums, da sie die **höheren Oxydationsformen** OsO^4 und RuO^4 bilden können; die Reaktion lässt sich ihrem Wesen nach durch die Gleichung: $2OsO^3 = OsO^2 + OsO^4$ zum Ausdruck bringen [11]).

Das Platin und seine Analoga bilden, ebenso wie das Eisen mit seinen Analogen, komplizirte, relativ beständige Cyan- und Ammoniak-Verbindungen, welche den Ferrocyanverbindungen und den Kobaltiaksalzen entsprechen (vergl. das vorhergehende Kap.).

Wenn Platinchlorür $PtCl^2$ (das in Wasser unlöslich ist) allmäh-

10) Obgleich das Palladium dieselben Verbindungsformen (mit Cl) bildet wie Pt, so lassen sich diese doch unvergleichlich leichter reduziren als $PtCl^4$; beim Iridium findet die Reduktion noch leichter statt. Iridiumtetrachlorid, $IrCl^4$, wirkt wie ein Oxydationsmittel, indem es $1/4$ seines Chlors leicht auf viele andere Stoffe überträgt und dieses Chlor auch beim Erwärmen leicht ausseheidet. Nur bei niedriger Temperatur wird $IrCl^3$ durch Chlor und Königswasser in $IrCl^4$ übergeführt. Das Iridiumsesquichlorid, $IrCl^3$, (dem vielleicht die Formel $Ir^2Cl^6 = IrCl^2IrCl^4$ zukommt) ist die beständigste Chlorverbindung, es bildet sich auch leichter als $IrCl^2$. In Wasser ist es unlöslich, aber es löst sich in einer KCl-Lösung, weil dann das lösliche Doppelsalz K^3IrCl^6 entsteht. Die Form IrX^3 entspricht dem **basischen Oxyde** Ir^2O^3, das dem Oxyde Fe^2O^3 und namentlich Co^2O^3 ähnlich ist. Daher entsprechen dieser Form ebensolche Ammoniakverbindungen wie dem Kobaltoxyde. Obgleich die Iridiumsäure in Gestalt des Salzes $K^2Ir^2O^7$ erhalten wird, so fehlt doch, wie auch beim Eisen (und Chrom), das entsprechende Chlorid $IrCl^6$. Ueberhaupt lässt sich hier, wie auch bei anderen Elementen, nach der Form der Oxyde noch nicht über die der Chloride urtheilen. Ebenso wie nur SCl^2 und nicht SCl^6 existirt, so ist auch — trotz der Existenz von $IrO^2(RO)^2$ — nur $IrCl^4$ und nicht $IrCl^6$ vorhanden; aber auch $IrCl^4$ ist, wie auch SCl^2, unbeständig und gibt leicht einen Theil seines Chlors ab. Das Iridium zeigt in dieser Beziehung eine grosse Aehnlichkeit mit dem Rhodium (wie Pt mit Pd). Das Rhodium scheint überhaupt kein $RhCl^4$ zu bilden, während $RhCl^3$ sehr beständig ist, wie auch andere Salze von der Form RhX^3, obgleich dieselben, in Uebereinstimmung mit den allgemeinen Eigenschaften der Platinverbindungen, durch Erhitzen und durch starke Reagentien leicht bis zum Metall reduzirt werden. Beim Einwirken von trocknem Chlor auf Osmium entsteht $OsCl^4$, das mit Wasser (sowie Osmium mit feuchtem Chlor) OsO^4 bildet, obgleich es grösstentheils, wie ein Säurechloranhydrid, in $Os(HO)^4$ und $4HCl$ zerfällt. Im Osmium tritt überhaupt der Säurecharakter mehr hervor, als im Pt und Ir. Durch Ausscheiden von Chlor geht $OsCl^4$ in das unbeständige $OsCl^3$ und das beständige, lösliche $OsCl^2$ über, das seinen Eigenschaften und Reaktionen nach dem $PtCl^2$ entspricht. In gleicher Weise verhält sich auch das Ruthenium zu den Halogenen.

lich zu einer Cyankaliumlösung zugesetzt wird, so löst es sich vollständig und beim Eindampfen der Lösung scheiden sich rhombische Prismen von **Kalium-Platincyanür**, $K^2Pt(CN)^4 3H^2O$ aus. Dieses Salz zeigt ein merkwürdiges Farbenspiel, das durch die Erscheinungen des Dichroismus und sogar des Polychroismus bedingt wird, welche fast allen Platincyanüren eigen sind. Im durchfallenden lichte erscheint das Kalium-Platincyanür gelb, im reflektirtem hellblau. Es löst sich leicht in Wasser und verwittert an der Luft, indem es sich hierbei roth färbt; bei 100^0 wird es orangefarbig und verliert sein Wasser vollständig, jedoch ohne Einbusse an seiner Beständigkeit, d. h. es bleibt unverändert, was schon daraus zu ersehen ist, dass dieses Salz auch beim Glühen von gelbem Blutlaugensalz $K^4Fe(CN)^6$ mit Platinmohr entsteht. Auf Lackmus reagirt das Kalium-Platincyanür neutral (Gmelin), es ist ebenso beständig wie das gelbe Blutlangensalz, dem es überhaupt in vielen Beziehungen ähnlich ist. Das Platin lässt sich z. B. in diesem Salze durch seine gewönlichen Reagentien, z. B. Schwefelwasserstoff, nicht entdecken und das Kalium kann beim Einwirken anderer Salze durch verschiedene Metalle ersetzt werden, so dass eine ganze Reihe entsprechender Verbindungen $R^2Pt(CN)^4$ entsteht. Die Beständigkeit des Kalium-Platincyanürs, $K^2Pt(CN)^4$, ist um so bemerkenswerther, als sowol das Kaliumcyanid, wie auch das Platincyanür sich leicht verändern. Beim Einwirken von Oxydationsmitteln geht es, analog dem gelben Blutlaugensalze in die höheren Formen der Platinverbindungen über. Silbersalze fällen aus den Lösungen des Kalium-Platincyanürs einen schweren, weissen Niederschlag von $Ag^2Pt(CN)^4$; verdünnt man letzteren mit Wasser und unterwirft ihn der Einwirkung von Schwefelwasserstoff, so entstehen durch doppelte Umsetzung unlösliches Schwefelsilber Ag^2S und **Platincyanwasserstoffsäure** $H^2Pt(CN)^4$. Diese Säure bildet sich auch beim Vermischen des Kalium-Platincyanürs mit der äquivalenten Menge von Schwefelsäure und kann der Lösung durch Alkohol und Aether entzogen werden. Aus der ätherischen Lösung scheiden sich beim Verdunsten im Exsikkator rothe Krystalle von der Zusammensetzung $H^2Pt(CN)^4 5H^2O$ aus. Die Platincyanwasserstoffsäure röthet Lackmuspapier, scheidet CO^2 aus Soda aus, sättigt Alkalien und ähnelt überhaupt der Ferrocyanwasserstoffsäure $H^4Fe(CN)^6$ [11]).

---

11) Die Säureeigenschaften erklären sich durch den Einfluss des Platins auf den Wasserstoff und die Ansammlung von Cyangruppen. Die Cyanursäure, $H^3(CN)^3O^3$, z. B. ist bereits im Vergleich mit der Cyansäure, HCNO, eine energische Säure. Die Bildung einer Verbindung mit 5 Molekeln Krystallisationswasser $[PtH^2(CN)^4 5H^2O]$ bestätigt die Annahme, nach welcher dem Platin die Fähigkeit zukommt Verbindungen von höheren Typen zu bilden als die Typen, die in seinen salzartigen Verbindungen zum Ausdruck kommen; aber selbst die genannte Verbindung der Platincyanwasserstoffsäure mit Wasser erreicht noch nicht die Grenze, die in der Verbindung $PtCl^4 2HCl 6H^2O$ zum Vorschein kommt.

Wie mit KCN können die Platinsalze PtX^2 auch mit Ammoniak beständige Verbindungen bilden. Da aber das Ammoniak keinen durch Metalle leicht ersetzbaren Wasserstoff enthält und sich selbst mit Säuren verbinden kann, so spielt PtX^2 in Verhältniss

Aus der Platincyanwasserstoffsäure (Wasserstoff-Platincyanür) ist durch doppelte Umsetzungen mit dem Kalium- oder Silber- oder Wasserstoffsalze (d. h. der Säure selbst) eine ganze Reihe von **Platincyanürverbindungen**, deren Zusammensetzung dem allgemeinen Typus PtR^2(CN)^{4}nH^{2}O entspricht, dargestellt worden. Die Platincyanüre des Natriums und Lithiums enthalten z. B., wie auch das Kalium-Platincyanür, 3 Molekeln Wasser. Das Natrium-Platincyanür ist in Weingeist und Wasser löslich und das Ammonium-Platincyanür Pt(NH^4)^2(CN)^{4}2H^{2}O bildet Krystalle, die ein hellblaues und rosafarbiges Licht reflektiren; bei 300° zersetzt es sich unter Ausscheidung von Wasser und Cyanammonium. Das den Rückstand bildende grünliche **Platincyanür** Pt(CN)^2 ist weder in Wasser, noch in Säuren löslich, löst sich aber in KCN, sowie in HCN und in den Lösungen anderer Metallcyanide. Platincyanür entsteht auch als ein rothbrauner amorpher Niederschlag beim Einwirken von Schwefelsäure auf Kalium-Platincyanür. Unter den Salzen der Platincyanwasserstoffsäure sind diejenigen der Erdalkalimetalle besonders charakteristisch. Das Magnesium-Platincyanür, PtMg(CN)^{4}7H^{2}O, krystallisirt in quadratischen Prismen, deren Seitenflächen eine metallisch-grüne und deren Endflächen eine dunkelblaue Färbung zeigen. Der Hauptaxe entlang sieht es im durchscheinenden Lichte karminroth und längs den Seitenaxen dunkelroth aus; bei 40° verliert es leicht 2H^{2}O und nimmt eine blaue Farbe an (enthält dann folglich 5H^{2}O, wie dies bei den Platincyanürverbindungen öfters der Fall ist). Die wässrige Lösung des Salzes ist farblos und aus der alkoholischen scheiden sich gelbe Krystalle aus, die bei 230° alles Wasser verlieren. Man erhält das Magnesium-Platincyanür durch Sättigen der Platincyanwasserstoffsäure mit Magnesia und auch durch doppelte Umsetzung des Baryum-Platincyanürs mit schwefelsaurem Magnesium. Das Strontium-Platincyanür SrPt(CN)^{4}4H^{2}O krystallisirt in milchfarbenen, rhombischen Tafeln, die in violetten und grünen Farben schillern. Wenn das Salz im Exsikkator verwittert, so spielt es in violetten und metallgrünen Farbentönen. Sättigt man eine Lösung der Platincyanwasserstoffsäure mit Baryt oder kocht man das in Wasser unlösliche Kupfer-Platincyanür mit Barytwasser, so erhält man eine farblose Lösung von Baryum-Platincyanür PtBa(CN)^{4}4H^{2}O, das in gelben, blau und grün schillernden Prismen des monoklinen Systems krystallisirt; bei 100° verliert es die Hälfte und bei 150° alles Wasser. Charakteristisch ist auch der Ester der Platincyanwasserstoffsäure Pt(C^{2}H^5)^2(CN)^{4}2H^{2}O, dessen Krystalle mit denen des Kalium-Platincyanürs isomorph sind und durch Einleiten von HCl in die alkoholische Lösung der Platincyanwasserstoffsäure entstehen.

Die Salze der Platincyanwasserstoffsäure gehen beim Einwirken von Chlor oder schwacher Salpetersäure in Salze von der Zusammensetzung PtM^2(CN)^5 über, welche Pt(CN)^{3}2KCN entsprechen, also den Typus der nicht existirenden Form PtX^3 (d. h. des Oxydes Pt^{2}O^3) zum Ausdruck bringen, wie analog dem Verhältniss des rothen Blutlaugensalzes (FeCy^{3}3KCy) — eines Eisenoxydsalzes — zum gelben — einem Oxydulsalze ist. Aus der Reihe dieser Salze erscheint das Kaliumsalz PtK^2(CN)^{5}3H^{2}O in braunen, metallisch glänzenden, quadratischen Prismen. die in Wasser löslich und in Weingeist unlöslich sind. Durch Alkalien wird es durch Entziehung von Cyan wieder in K^{2}Pt(CN)^4 übergeführt. Bemerkenswerth ist es, dass die Salze vom Typus PtM^{2}Cy^5 dieselbe Menge Krystallisationswasser enthalten, wie auch die Salze PtM^{2}Cy^4; das Kalium- und Lithiumsalz z. B. enthalten je 3 Molekeln Wasser und das Magnesiumsalz 7, wie die entsprechenden Salze vom Typus des Platinoxyduls. Sodann bildet weder das Platin, noch dessen Begleiter Cyanverbindungen von der Zusammensetzung PtK^{2}Cy^6, d. h. solche, die dem Oxyde entsprechen würden, wie

zu NH³ gleichsam die Rolle einer Säure. In diesen Verbindungen besitzt X² unter dem Einflusse des Ammoniaks denselben Charakter wie in den Ammoniumsalzen. Es werden folglich die aus PtX² durch Addition von Ammoniak entstehenden **ammoniakalischen Platin-**

auch das Kobalt und Eisen keine höheren Formen, als die RCy³nMCy entsprechenden bildet. Dieses scheint darauf hinzuweisen, dass solche Cyanverbindungen überhaupt nicht existiren und es ist auch bis jetzt bei keinem einzigen Elemente eine Polycyanverbindung bekannt, welche mehr als drei Molekeln Cyan auf ein Atom des Elementes enthielte. Diese Erscheinung hängt möglicher Weise von der Fähigkeit des Cyans zur Bildung von Tricyan-Polymeren ab, wie z. B. die Cyanursäure, festes Chlorcyan u. s. w. Es ist zu beachten, dass das Ruthenium und Osmium, welche höhere Oxydationsformen als das Platin bilden, auch mit einer grösseren Menge von Kaliumcyanid (nicht aber mit Cyan) in Verbindung treten können. Das Ruthenium bildet z. B. die in Wasser und Weingeist lösliche krystallinische **Rutheniumcyanwasserstoffsäure** H⁴Ru(CN)⁶, welcher die Salze M⁴Ru(CN)⁶ entsprechen. Die gleiche Zusammensetzung besitzen auch die entsprechenden Osmiumverbindungen, z. B. das Salz K⁴Os(CN)⁶3H²O, das beim Eindampfen der Lösung einer Schmelze von K²OsCl⁶ mit KCN in farblosen, quadratischen, in Wasser wenig löslichen Blättchen erhalten wird. Diese Salze des Rutheniums und Osmiums entsprechen nicht nur ihrer Zusammensetzung, sondern auch ihrer krystallinischen Form und ihren Reaktionen nach vollständig dem gelben Blutlaugensalze, K⁴Fe(CN)⁶3H²O. Es weist dies wieder auf die grosse Analogie zwischen Fe, Ru, Os hin, welche wir durch die Zusammenstellung dieser drei Elemente (in der VIII-ten Gruppe) hervorgehoben haben. Das Rhodium und Iridium bilden nur Salze vom Typus des rothen Blutlaugensalzes M³RCy⁶ und das Palladium nur Salze vom Typus M²PdCy⁴, welche den Platincyanüren ähnlich sind. Hierin offenbart sich die **Beständigkeit des Typus** der Doppelcyanide. In der VIII-ten Gruppe befinden sich Fe, Co, Ni, Cu und die Analogen Ru, Rh, Pd, Ag, sowie Os, Ir, Pt, Au. Die Doppelcyanide des Fe, Ru, Os entsprechen dem Typus K⁴R(CN)⁶, die des Co, Rh. Ir dem Typus K³R(CN)⁶, die des Ni, Pd und Pt dem Typus K²R(CN)⁴ und K²R(CN)⁵ und die des Cu, Ag, Au dem Typus KR(CN)², so dass der Gehalt an 4, 3, 2 und 1 Atom Kalium der Reihenfolge der Elemente im System entspricht. Dass dieselben Typen, die wir beim gelben und rothen Blutlaugensalze kennen gelernt haben, sich bei allen Platinmetallen wiederholen, führt unwillkürlich zu der Folgerung, dass die Bildung ähnlicher Verbindungen — der sogenannten Doppelsalze — ganz in derselben Weise vor sich geht wie die Bildung der gewöhnlichen Salze. Wenn in den Sauerstoffsalzen, um die gegenseitige Bindung der Elemente zum Ausdruck zu bringen, die Existenz von Hydroxylgruppen, in denen der Wasserstoff sich durch Metalle ersetzen lässt, angenommen wird, so ergibt sich die Analogie mit den Doppelsalzen, wenn diese gleichfalls auf Grund desselben Prinzipes betrachtet werden, wobei nicht zu vergessen ist, dass Cl², Cy², SO⁴ u. s. w. äquivalent sind, wie dies aus der Zusammensetzung von RO, RCl², RSO⁴ u. s. w. folgt. An Stelle von OH können folglich Cl²H, Cy²H, SO⁴H u. s. w. treten. Das Doppelsalz MgSO⁴K²SO⁴ z. B. kann dieser Auffassung nach für eine Verbindung desselben Typus wie MgCl² gelten, also = Mg(SO⁴K)², und der Alaun kann analog Al(OH)(SO⁴) als Al(SO⁴K)(SO⁴) betrachtet werden. Durch ähnliche Formeln lässt sich auch die Zusammensetzung der wasserhaltigen Salze zum Ausdruck bringen, jedoch wollen wir uns hierdurch nicht weiter ablenken lassen und obiger Betrachtung auch den Typus des gelben und rothen Blutlaugensalzes und der analogen Platinverbindungen unterziehen. Das Salz K²PtCy⁴ z. B. lässt sich, analog Pt(OH)², als Pt(Cy²K)² betrachten und das Salz K²PtCy⁵ — das Analogon von PtX(OH)² oder von AlX(OH)² und ähnlichen Verbindungen vom Typus RX³ — als PtCy(Cy²K)². Das rothe Blutlaugensalz und die analogen Verbindungen des Co, Ir, Rh beziehen sich auf denselben Typus mit dem gleichen

1058 PLATINMETALLE.

verbindungen Salze darstellen, in denen X sich gegen verschiedene
Halogene ebenso austauschen lassen wird, wie das Metall in den
Cyanverbindungen. PtX² bildet Verbindungen mit 2NH³ und mit

Unterschiede, der zwischen RX(OH)² und R(OH)³ besteht, denn FeK³Cy⁶ = Fe(Cy²K)³.
Hiermit abschliessend will ich noch die folgenden komplizirten salzartigen Verbindungen des Platins in Erwähnung ziehen.

Beim Eindampfen einer mit Rhodankalium versetzten Lösung von K²PtCl⁴ entsteht das Doppelrhodanür PtK²(CNS)⁴, das sich leicht in Wasser und Weingeist
löst, in rothen Prismen krystallisirt und eine orangefarbige Lösung bildet, die Salze
der Schwermetalle fällt. Aus dem Bleisalze lässt sich durch Einwirken von Schwefelsäure die entsprechende Säure, PtH²(SCN)⁴, selbst darstellen. Diese Verbindungen
lassen sich offenbar auf denselben Typus wie die Cyanürverbindungen beziehen.

Das in Wasser unlösliche **Platinchlorür** bildet mit **Metallchloriden Doppelsalze**, die sich
in Wasser lösen und krystallisiren. Daher entstehen beim Versetzen und Eindampfen
von Platinchlorür-Lösungen in Salzsäure mit Metallchloriden auskrystallisirende
Salze, z. B. das leicht lösliche rothe Kalium-Platinchlorür, K²PtCl⁴; das entsprechende
Natriumsalz löst sich auch in Weingeist; auch das Baryumsalz BaPtCl⁴3H²O ist
löslich, unlöslich in Wasser ist dagegen das Silber-Platinchlorür Ag²PtCl⁴, aus
welchem durch doppelte Umsetzungen mit Metallchloriden die anderen Doppelchlorüre dargestellt werden können.

Bemerkenswerth ist das von Schützenberger beobachtete Beispiel der folgenden
merkwürdigen Platinverbindungen. Fein vertheiltes Platin bildet nämlich in Gegenwart von Chlor und Kohlenoxyd bei 300° Phosgen und eine gelbe flüchtige Substanz, die Platin enthält. Dieselbe Substanz entsteht auch aus PtCl² beim Einwirken von CO. Durch Wasser wird sie unter Explosion zersetzt. In Kohlenstofftetrachlorid löst sie sich theilweise und die Lösung scheidet Krystalle von der Zusammensetzung 2PtCl²3CO aus, während die Verbindung PtCl²2CO ungelöst bleibt.
Beim Schmelzen und Sublimiren bilden beide Verbindungen (deren Schmelzpunkt
bei 250° resp. 142° liegt) gelbe Nadeln von PtCl²CO und bei überschüssigem CO
von PtCl²2CO; (die Nadeln PtCl²CO schmelzen bei 195°). Die Vereinigung erfolgt
hier (wie bei den Doppelcyanüren), weil CO und PtCl² ungesättigte Körper sind,
welche die Fähigkeit besitzen weitere Verbindungen zu bilden.

Die Fähigkeit des Platinchlorürs, PtCl², mit den verschiedensten Substanzen
beständige Verbindungen zu bilden, die ihrerseits wieder (wie KCN und CO) in
weitere Verbindungen eingehen können, offenbart sich in der Bildung von PtCl²PCl³
beim Einwirken von Phosphorpentachlorid (bei 250°) auf Platinpulver. Das Produkt
enthält sowol PCl⁵ als auch Pt, aber auch die Elemente PtCl², denn beim Einwirken von Wasser entsteht **chlorplatinophosphorige Säure** PtCl²P(OH)³. Letztere entspricht
offenbar einerseits der phosphorigen Säure und andrerseits den zusammengesetzten
Produkten, welche aus PtCl² entstehen.

Nach den Cyanverbindungen zeichnen sich durch ihre Beständigkeit und Eigenartigkeit die **Doppelsalze** aus, die das **Platin mit der schwefligen Säure bildet.** Es ist dies
um so bemerkenswerther, als die schweflige Säure eine schwache Säure ist und als
ausserdem in diesen Doppelsalzen, wie in allen ihren Verbindungen, der doppelte
Reaktionscharakter der Säure zum Vorschein kommt. Die Salze der schwefligen
Säure, R²SO³, reagiren entweder wie die Salze einer schwachen zweibasischen Säure,
in der die Gruppe SO³ zweiwerthig, also gleich X² ist, oder als Salze einer einbasischen Säure, welche denselben Rest, HSO³, wie die schwefelsauren Salze enthält. In der schwefligen Säure ist dieser Rest mit Wasserstoff verbunden — (HSO³H)
und in der Schwefelsäure mit Hydroxyl — OH(SO³H). Dieser Doppelcharakter der
schwefligsauren Salze macht sich auch bei ihrer Wechselwirkung mit den Salzen
des Platins geltend, denn es entstehen hierbei zwei Arten von Salzen, die beide
dem Typus PtH²X⁴ entsprechen. Die Zusammensetzung der einen Art ist: PtH²(SO³)²

$4NH^3$; ähnliche Verbindungen bildet auch PtX^4 mit $2NH^3$ und mit $4NH^3$ (aber nicht direkt aus PtX^4 und Ammoniak, sondern aus den ammoniakalischen Verbindungen von PtX^2 durch Einwirken von Cl^2 und and.) [12]).

— diese Salze enthalten an Stelle von X^2 den zweiwerthigen Rest der schwefligen Säure, während die anderen, deren Zusammensetzung $PtR^2(SO^3H)^4$ ist, die Sulfoxylgruppe enthalten. Letztere werden daher offenbar wie eine Säure reagiren. Sie entstehen entweder direkt durch Auflösen von Platinoxydul in schwefligsäurehaltigem Wasser oder durch Einleiten von SO^2 in eine Lösung von Platinchlorür in Salzsäure. Es lässt sich auch annehmen, dass diese Salze schwefligsaures Platin, $PtSO^3$, enthalten; dieses existirt jedoch nicht isolirt, sondern nur in Doppelsalzen. Beim Sättigen einer Lösung von Platinchlorür oder von Platinoxydul in schwefliger Säure mit Soda entsteht z. B. ein weisser, in Wasser schwer löslicher Niederschlag von der Zusammensetzung $PtNa^2(SO^3Na)^47H^2O$. Löst man denselben in wenig Salzsäure und lässt die Lösung bei gewöhnlicher Temperatur verdunsten, so scheidet sich in Form eines gelben, in Wasser wenig löslichen Pulvers ein Salz vom Typus $PtNa^2(SO^3)^2H^2O$ aus. Das dem ersteren analoge Kaliumsalz $PtK^2(SO^3K)^42H^2O$ scheidet sich beim Einleiten von SO^2 in eine K^2SO^3-Lösung, in der Platinoxydul suspendirt ist, aus. Das analoge Ammoniumsalz bildet mit HCl ein Salz von dem zuletzt genannten Typus: $Pt(NH^4)^2(SO^3)^2H^2O$. Versetzt man eine wässrige Lösung von SO^2 mit Platinsalmiak, so findet zunächst Reduktion statt, indem Cl^2 ausgeschieden wird und ein Salz vom Typus PtX^2 entsteht, und darauf bildet sich infolge doppelter Umsetzung mit dem schwefligsauren Ammonium (im Exsikkator) ein Salz von der Zusammensetzung $Pt(NH^4)^2Cl^3(SO^3H)$. Dasselbe besitzt Säureeigenschaften, da es die Sulfoxylgruppe SO^3H enthält. Beim Sättigen der Lösung dieser Säure entstehen orangefarbige Krystalle des Kaliumsalzes $Pt(NH^4)^2Cl^3(SO^3K)$, welches offenbar als $Pt(NH^4)^2Cl^4$, in dem der einwerthige Rest der schwefligen Säure ein Chloratom ersetzt, aufzufassen ist. Von den hierher gehörenden analogen Salzen lässt sich besonders leicht das ausgezeichnet krystallisirende Salz $Pt(NH^4)^2Cl^2(SO^3H)^2H^2O$ durch Auflösen von $Pt(NH^4)^2Cl^4$ in einer wässrigen Lösung von schwefliger Säure darstellen. Dass sich sowol aus diesen Salzen das Schwefligsäuregas, als auch das Platin aus diesen Salzen schwer ausscheiden lassen, ist ein charakteristisches Merkmal, welches auf die Analogie dieser Salze mit den Doppelcyanüren des Platins hinweist. Indem die Elemente des Metalls Pt und der Gruppe SO^2 in die zusammengesetzten Salze eingehen, erleiden sie (im Vergleiche mit PtX^2 oder SO^2X^2) in ihrem Verhalten eine Aenderung, die analog derjenigen ist, welcher das Chlor in $KClO$, $KClO^3$ und $KClO^4$ im Vergleich mit HCl oder KCl unterliegt.

Ebenso charakteristisch sind auch die **salpetrigsauren Platinsalze**, welche vom Platinoxydule gebildet werden. Sie entsprechen der salpetrigen Säure, deren Salze RNO^2 den einwertigen Rest NO^2, der ein Chloratom ersetzen kann, enthalten, und müssen daher nach dem allgemeinen Typus $PtR^2(NO^2)^4$ zusammengesetzt sein. Vermischt man eine PtK^2Cl^4-Lösung mit einer Lösung von salpetrigsaurem Kalium, so entfärbt sich die Flüssigkeit, namentlich beim Erwärmen, (was schon auf eine Aenderung der chemischen Vertheilung der Elemente hinweist) und scheidet allmählich, in dem Maasse wie die Entfärbung fortschreitet, schwer lösliche, farblose Prismen des Kaliumsalzes $K^2Pt(NO^2)^4$ aus. Die Lösung dieses Salzes bildet mit salpetersaurem Silber einen Niederschlag von $Ag^2Pt(NO^2)^4$. In dem Silbersalze lässt sich durch doppelte Umsetzungen mit Metallchloriden das Silber durch verschiedene andere Metalle ersetzen. Aus dem schwer löslichen Baryumsalze entsteht beim Einwirken der äquivalenten Menge Schwefelsäure die lösliche Säure, die sich unter dem Rezipienten der Luftpumpe in rothen Krystallen ausscheidet, deren Zusammensetzung wahrscheinlich der Formel $H^2Pt(NO^2)^4$ entspricht.

12) Nachdem sie mit einander in Verbindung getreten sind, zeigen das Platin-

Beim Einwirken von Ammoniak auf eine siedende $PtCl^2$-Lösung in $2HCl$ entsteht das sowol in Wasser als auch in Salzsäure unlösliche, grüne **Magnus'sche Salz**, welches $PtCl^22NH^3$ enthält. Allen seinen Reaktionen nach entspricht jedoch diesem, zuerst von Magnus (1829) erhaltenen Salze die doppelte Molekularformel. Gros beobachtete z. B. (1837), dass beim Kochen des Magnus'schen Salzes mit Salpetersäure die Hälfte des Chlors durch den Salpetersäure-

---

salz und das Ammoniak nicht mehr ihre gewöhnlichen Reaktionen, sondern bilden relativ sehr beständige Körper, so dass sich die Frage über das Verhalten der in diesen Verbindungen enthaltenen Elemente aufwirft. Die zunächst liegende Erklärung ist die Betrachtung dieser Verbindungen als Ammoniumsalze, in denen der Wasserstoff theilweise durch Platin ersetzt ist. Dass die ammoniakalischen Platinverbindungen—Ammoniumsalze seien, wurde von Gerhardt, Schiff, Kolbe, Weltzien und vielen Anderen angenommen und ist auch gegenwärtig die gewöhnliche Betrachtungsweise mit verschiedenen Abstufungen. Wenn angenommen wird, dass in $2NH^4X$ der Wasserstoff durch das zweiwerthige oder bivalente Platin (wie in den Oxydulsalzen PtX^2) ersetzt wird, so ergibt sich: $\begin{smallmatrix}NH^3 \\ NH^3\end{smallmatrix}Pt\begin{smallmatrix}X \\ X\end{smallmatrix}$ d. h. die Verbindung PtX^2 $2NH^3$. Die Verbindung mit $4NH^3$ leitet sich durch weiteres Ersetzen des Wasserstoffs in der Ammoniumgruppe durch Ammonium ab: $NH^2(NH^4X)^2Pt$, d. h. die Verbindung PtX^24NH^3. Eine Modifikation dieser Betrachtungsweise geht von der Werthigkeit aus. Da das Platin in PtX^2 zweiwerthig ist, d. h. zwei Affinitäten besitzt, und auch NH^3 zweiwerthig ist, weil der fünfwerthige Stickstoff darin nur mit H^3 verbunden ist, so muss die Bindung in PtX^22NH^3 und PtX^24NH^3 in der Weise dargestellt werden, dass in $Pt(NH^3Cl)^2$ drei Affinitäten des Stickstoffs jeder Ammoniakmolekel mit H^3 verbunden sind, die vierte mit Chlor und die fünfte mit je einer Affinität des Platins. In der Verbindung $Pt(NH^3NH^3Cl)^2$ ist die Bindung die gleiche nur mit dem Unterschiede, dass N durch je eine Affinität mit dem anderen N verbunden ist. Offenbar kann die Bindung, die Kette der gegenseitig gebundenen Ammoniakmolekeln, allem Anscheine nach, unbegrenzt sein und darin liegt auch der wesentlichste Fehler solcher Vorstellungen, dass sich auf Grund derselben die Zahl der Ammoniakmolekeln, die vom Platin gebunden werden können, nicht bestimmen lässt. Ferner ist die Annahme einer Bindung des Stickstoffs mit Platin und mit Stickstoff in so beständigen Körpern wol kaum zulässig, da solche Bindungen jedenfalls sehr unbeständig sind und nur bei leicht zersetzbaren und sogar explosiven Körpern vorkommen. Unerklärt bleibt auch der Umstand, dass das Platin, das PtX^4 bilden kann, bei der Addition von NH^3 zu PtX^2 mit seinen anderen Affinitäten nicht in Wirkung kommt. Diese und auch andere Betrachtungen, welche die Mangelhaftigkeit der oben angeführten Vorstellung über die Struktur der ammoniakalischen Platinverbindungen aufdecken, sind die Veranlassung, dass Viele sich mehr den Anschauungen von Berzelius, Claus, Gibbs und and. hinneigen, welche annehmen, dass das Ammoniak NH^3 sich zu anderen Körpern addiren, sich mit ihnen paaren kann (daher die Bezeichnung Paarung) ohne eine Aenderung in der Grundeigenschaft der Körper zu weiteren Vereinigungen hervorzurufen. In PtX^22NH^3 z. B. ist das Ammoniak der Paarling von PtX^2, was durch das Zeichen ⌢ ausgedrückt wird: N^2H^6⌢PtX^2. Ohne in die Einzelheiten dieser Lehre weiter einzugehen, soll nur bemerkt werden, dass dieselbe ebenso wenig, wie die oben angeführte, die Grenze der möglichen Verbindungen mit Ammoniak voraussehen lässt und dass sie die ammoniakalischen Platinverbindungen künstlich von allen anderen isolirt ohne auf einen Zusammenhang hinzuweisen, so dass sie eigentlich nur die Thatsache der Addition des Ammoniaks und der Aenderung seiner gewöhnlichen Reaktionen zum Ausdruck bringt. Es sind dies die Gründe, warum wir keine der

rest ersetzt, und die Hälfte des Platins ausgeschieden wird: $2PtCl^2(NH^3)^2 + 2HNO^3 = PtCl^2(NO^3)^2(NH^3)^4 + PtCl^2 + H^2$. In dem hierbei entstehenden Gros'schen Salze, das in Wasser löslich ist, besitzen die Elemente der Salpetersäure und nicht das Chlor die Fähigkeit leicht in doppelte Umsetzungen einzugehen. $AgNO^3$

angeführten Vorstellungen über die ammoniakalischen Platinverbindungen annehmen, sondern diese Verbindungen, ebenso wie die Doppelsalze und die Verbindungen mit Krystallisationswasser, von ebendemselben Standpunkte aus betrachten wie alle zusammengesetzten Verbindungen. Der Typus der Verbindungen $PtX^2 2NH^3$ entspricht eher dem Typus $PtX^2 2Z$, d. h. PtX^4 und noch genauer oder richtiger demselben Typus wie $PtX^2 2KX$ oder $PtX^2 2H^2O$ u. s. w. Obgleich das Platin in die Verbindung PtK^2X^4 auch in der Form PtX^2 eingeht, so ändert es dennoch seinen Charakter *analog* der Aenderung des Charakters des Schwefels, wenn aus SO^2 die höhere Form $SO^2(OH^2)$ entsteht, oder des Chlors, wenn aus KCl der Körper $KClO^4$ erhalten wird. Die Frage, durch *welche* Affinitäten X^2 und durch welche $2NH^3$ gebunden werden, braucht zunächst nicht aufgeworfen zu werden, da dieselbe erst aus der Vorstellung von der Existenz verschiedener Affinitäten bei den Atomen hervorgeht und kein Grund vorliegt letzteres als eine allgemeine Erscheinung aufzufassen. Am wichtigsten erscheint uns *zunächst* die Aufklärung der Aehnlichkeit in der Bildung der verschiedenen zusammengesetzten Verbindungen, so dass als Hauptziel der ursprünglichen Verallgemeinerung gerade diese Aehnlichkeit der ammoniakalischen Verbindungen mit den wasserhaltigen Verbindungen und den Doppelsalzen erscheint. Jedenfalls nehmen wir im Platin nicht nur 4 Affinitäten an, die in der Verbindung $PtCl^4$ zum Ausdruck gelangen, sondern auch eine grössere Anzahl, wenn sich nur die *Affinitäten* in Wirklichkeit *zählen lassen*. Auch im Schwefel nehmen wir z. B. nicht zwei, sondern viel mehr Affinitäten an, denn deutlich treten wenigstens 6 Affinitäten in Wirksamkeit. Unter den Analogen des Platins weist die Verbindung OsO^4 wenigstens auf die Existenz von 8 Affinitäten hin und im Chlore muss man nach der Verbindung $KClO^4 = ClO^3(KO) = ClX^7$ wenigstens 7 an Stelle der gewöhnlich vorausgesetzten einen Affinität annehmen. Das Zählen der Affinitäten stammt noch aus jenem Entwickelungsstadium der Chemie, als nur die einfachsten Wasserstoffverbindungen in Betracht gezogen und alle zusammengesetzten Verbindungen ausser Acht gelassen wurden (da man sie in die Klasse der molekularen Verbindungen einreihte). Es ist dies aber bei dem gegenwärtigen Stande unseres Wissens nicht genügend, denn sowol in den zusammengesetzten, als auch in den einfachsten Verbindungen wiederholen sich die konstanten Typen oder die Gleichgewichts-Fälle und der Charakter einiger Elemente unterliegt beim Uebergange von den einfachsten Verbindungen zu einigen der komplizirteren tief gehenden Aenderungen.

Wenn man von der komplizirtesten ammoniakalischen Platinverbindung $PtCl^4$-$4NH^3$ ausgeht, so muss man die Möglichkeit der Bildung von Verbindungen vom Typus PtX^4Y^4 zugeben, wo $Y^4 = 4X^2 = 4NH^3$ ist. Dies weist aber darauf hin, dass die Kräfte, welche die Bildung der für das Platin so charakteristischen Doppelcyanüre $PtM^2(CN)^4 3H^2O$ bedingen, wahrscheinlich auch die Bildung der höheren ammoniakalischen Derivate veranlassen, wie aus folgender Vergleichung zu ersehen ist:

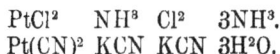

$$PtCl^2 \quad NH^3 \quad Cl^2 \quad 3NH^3.$$
$$Pt(CN)^2 \quad KCN \quad KCN \quad 3H^2O.$$

Es ist offenbar viel natürlicher die Fähigkeit zur Vereinigung mit nY der Gesammtheit der einwirkenden Elemente, d. h. PtX^2 oder PtX^4 zuzuschreiben, als dem Platin allein. Selbstverständlich können solche Vereinigungen nicht mit jedem Y vor sich gehen. Bestimmte X addiren nur bestimmte Y. Am häufigsten erfolgt die Addition von Wasser, wobei die Verbindungen mit Krystallisationswasser ent-

z. B. wirkt auf das Chlor des Gros'schen Salzes nicht ein. Wenn aber durch Einwirken von Salzsäure in dem Salze der Salpeter-säurerest durch Chlor ersetzt wird, wie dies zuerst von Gros selbst ausgeführt wurde, so lässt sich dieses Chlor, wie in den Metallchloriden, leicht durch salpetersaures Silber ausfällen. Das Gros'sche Salz enthält zwei Arten von Chlor: leicht und schwer reagirendes. Die Zusammensetzung des Salzes ist $PtCl^2(NH^3)^4(NO^3)^2$; es kann in $PtCl^2(NH^3)^4(SO^4)$ und überhaupt in $PtCl^2(NH^3)^4X^2$ über-geführt werden [13]).

stehen. Sodann existiren Verbindungen mit Salzen—die Doppelsalze—und analoge Verbindungen entstehen auch beim Einwirken von Ammoniak. Ammoniakalische Verbindungen bilden die Salze des Zinks, ZnX^2, Kupfers, CuX^2, und Silbers AgX: dieselben sind jedoch wie auch viele andere ammoniakalische Metallsalze unbe-ständig und scheiden leicht das Ammoniak aus. Nur die Elemente der Platin-gruppe und der Gruppe des Eisens bilden beständige ammoniakalische Metallver-bindungen. Es muss an dieser Stelle daran erinnert werden, dass die Platin- und Eisenmetalle höhere Oxydationsstufen mit dem Charakter von Säuren bilden können, so dass sie in ihren niederen Verbindungsstufen noch Affinitäten besitzen müssen, welche andere Elemente binden können; diese Affinitäten bedingen wahrscheinlich die feste Bindung des Ammoniaks, da die Platinverbindungen allen ihren Eigen-schaften nach eher Säuren als Basen sind, indem PtX^n mehr an HX oder SX^n oder CX^n, als an KX, CaX^2, BaX^2 u. s. w. erinnert und das Ammoniak natürlich leichter von sauren, als von basischen Stoffen gebunden wird. Ein gewisser Zu-sammenhang zwischen den Oxydationsformen und den Ammoniakverbindungen ergibt sich bei der Vergleichung der folgenden Verbindungen.

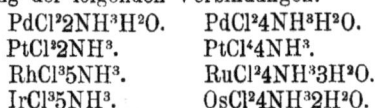

$$PdCl^2 2NH^3 H^2O. \qquad PdCl^2 4NH^3 H^2O.$$
$$PtCl^2 2NH^3. \qquad PtCl^4 4NH^3.$$
$$RhCl^3 5NH^3. \qquad RuCl^2 4NH^3 3H^2O.$$
$$IrCl^3 5NH^3. \qquad OsCl^2 4NH^3 2H^2O.$$

Pt und Pd bilden Verbindungen niederer Formen, als Ir und Rh, während Os und Ru die höchsten Oxydationsformen bilden. Es tritt dies auch bei der ange-führten Zusammenstellung hervor, in welcher absichtlich dieselben Verbindungen des Os und Ru mit $4NH^3$, wie diejenigen des Pd und Pt angeführt sind, um zu zeigen, das Ru und Os ausser Cl^2 und NH^3 noch 2 und 3 H^2O binden können, während dem Pt und Pd diese Fähigkeit abgeht.

Alle Platinelemente bilden sehr beständige, weder durch Wasser, noch durch schwache Säuren, noch auch durch Alkalien zersetzbare **ammoniakalische Metallverbin-dungen** von der Zusammensetzung der analogen Platinverbindungen und zwar: des Salzes der zweiten Reiset'schen Base $PtX^2 2NH^3$ des Salzes der ersten Reiset'schen Base $PtX^2 4NH^3$, des Gerhardt'schen Salzes $PtX^2 2NH^3$ und des Gros'schen Salzes $PtX^4 4NH^3$.

Solche Verbindungen sind schon mit dem Pd und Ir dargestellt worden (Sko-blikow) und für das Os und Ru sind die Verbindungen, die den Salzen der beiden Reiset'schen Basen entsprechen, bekannt. Iridium und Rhodium, die leicht Körper vom Typus RX^3 bilden, geben auch Verbindungen vom Typus $IrX^3 5NH^3$ und $RhX^3 5NH^3$ (Claus); erstere sind rosafarben, letztere gelb. Jörgensen hat durch seine Untersuchungen nachgewiesen, dass diese Verbindungen den entsprechenden Kobalt-verbindungen vollkommen analog sind, was nach dem periodischen Gesetze auch zu erwarten war.

13) Später ist eine ganze Reihe solcher Verbindungen, welche an Stelle des (nicht reagirenden) Chlors verschiedene Elemente enthalten, dargestellt worden; aber auch die letzteren gehen wie das Chlor, nur schwer in Reaktionen ein, während

Das Magnus'sche Salz bildet beim Kochen mit Ammoniaklösung das Salz $PtCl^2 4NH^3$ (der ersten Reiset'schen Platinbase), welches beim Einwirken von Brom in das seiner Zusammensetzung und seinen Reaktionen nach dem Gros'schen Salze entsprechende Salz $PtCl^2 Br^2 (NH^3)^4$ übergeht. Den Reiset'schen Salzen entspricht das in Wasser lösliche, farblose, krystallinische **Hydrat** $Pt(OH)^2 4NH^3$, welches die Eigenschaften einer starken und energischen Base besitzt; es absorbirt aus der Luft CO^2, fällt wie KHO Metallsalze, sättigt starke Säuren, selbst Schwefelsäure und bildet (mit Salpeter-, Kohlen- und Salzsäure) farblose oder (mit Schwefelsäure) gelbe Salze vom Typus $PtX^2 4NH^3$ [14]). Diese Verbindungen bieten ihrer

der andere Theil der in diese Verbindungen eingehenden X relativ leicht reagirt. Dieses verschiedene Verhalten der in die ammoniakalischen Platinverbindungen eingehenden Elemente war es hauptsächlich, welches so viele Chemiker, und zwar Reiset, Peyrone. Rajewsky, Gerhardt, Buckton, Cleve, Blomstrand, Thomsen und and. zu den hierauf bezüglichen Versuchen veranlasste. Auch in den von Gerhardt entdeckten Salzen $PtX^4 2NH^3$ zeigen je zwei Theile der X verschiedene Eigenschaften.

In den übrigen Formen der ammoniakalischen Platinverbindungen reagiren alle X, wie es scheint, gleichmässig.

Die Eigenschaften der X, welche in den ammoniakalischen Platinverbindungen enthalten sein können, unterliegen bedeutenden Aenderungen und lassen sich nicht selten theilweise oder vollständig durch Hydroxyle ersetzen. Beim Einwirken von Ammoniak auf eine siedende Lösung des salpetersauren Gerhardt'schen Salzes $Pt(NO^3)^4 2NH^3$ z. B. entsteht allmählich ein gelber, krystallinischer Niederschlag, der nichts anderes als das Hydrat $Pt(OH)^2 2NH^3$ ist. Dasselbe löst sich in Wasser und bildet mit Säuren sofort lösliche Salze von der Zusammensetzung $PtX^2 2NH^3$. Die Beständigkeit dieses Hydrats ist so bedeutend, dass es selbst beim Kochen mit Kalilauge kein NH^3 ausscheidet, und bis zu 130° keiner Aenderung unterliegt. Aehnliche Eigenschaften besitzen auch das Hydrat $Pt(OH)^2 2NH^3$ und das Oxyd $PtO2NH^3$ der zweiten Reiset'schen Base. Besonders bemerkenswerth sind aber die Hydrate der Verbindungen, die $4NH^3$ enthalten, denn durch ihren Ammoniakgehalt werden sie löslich und reaktionsfähiger.

14) Den Gros'schen Salzen entsprechend existiren Hydrate, welche an Stelle des Chlors oder Halogens, welches in diesen Salzen schwer in Reaktionen eingeht, ein Hydroxyl enthalten und daher nicht direkt alkalisch reagiren; durch längeres Einwirken von Säuren lässt sich übrigens dieses Hydroxyl dennoch durch Säurereste ersetzen. Bei anhaltendem Einwirken von Salpetersäure auf $Pt(NO^3)^2 4NH^3$ z. B. tritt auch das schwer reagirende Chlor in Reaktion, wobei aber nicht alles Chlor, sondern nur die Hälfte desselben durch NO^3 ersetzt wird, während an Stelle der andern Hälfte ein Hydroxyl tritt: $Pt(NO^3)^2 Cl^2 4NH^3 + HNO^3 + H^2O = Pt(NO^3)^3 (OH)4NH^3 + 2HCl$; dies ist besonders charakteristisch, denn das Hydroxyl reagirt hier nicht mit der Säure und offenbart auf diese Weise seinen nichtalkalischen Charakter.

Zu den allgemeinen Eigenschaften der ammoniakalischen Platinverbindungen gehört nicht nur ihre **Beständigkeit,** (denn sie werden durch schwache Säuren und Alkalien nicht zersetzt, scheiden beim Erwärmen kein NH^3 aus u. s. w.), sondern auch der Umstand, dass das Platin in ihnen durch seine gewöhnlichen Reaktionen ebenso wenig entdeckt werden kann, wie das Eisen in den Eisendoppelcyaniden. Das Platin lässt sich aus diesen Verbindungen weder durch Alkalien, noch durch H^2S ausscheiden. Beim Einwirken auf das Gros'sche Salz scheidet z. B. Schwefelwasserstoff Schwefel aus und entzieht durch seinen Wasserstoff dem Salze die

Beständigkeit und der Existenz vieler analogen Verbindungen wegen ein besonderes chemisches Interesse. Kurnakow erhielt (1889) eine

---

Hälfte des Chlors, wobei das Salz der ersten Reiset'schen Base entsteht. Es lässt sich dies durch die Annahme erklären, dass das Platin sich im Centrum der Molekeln befindet und vom Ammoniak so verdeckt wird, dass die Reagentien bis an dasselbe nicht vordringen können. Bei dieser Annahme müssten aber die Eigenschaften des Ammoniaks deutlich hervortreten, was nicht der Fall ist, denn das Ammoniak wird z. B. beim Einwirken von Chlor leicht in der Weise zersetzt, dass ihm der Wasserstoff entzogen wird, während beim Einwirken auf die ammoniakalischen Platinverbindungen, die PtX^2 und 2 oder $4NH^3$ enthalten, das Chlor addirt, nicht aber NH^3 zersetzt wird; aus den Reiset'schen Salzen entstehen hierbei die Salze Gros' und Gerhardt's. Aus PtX^22NH^3 z. B. entsteht beim Einwirken von Chlor $PtX^2Cl^22NH^3$ und aus PtX^24NH^3 entstehen die Salze der Gros'schen Base $PtX^2Cl^24NH^3$. Hieraus folgt, dass die Menge des Chlors, die addirt wird, nicht durch den NH^3-Gehalt, sondern nur durch die basischen Eigenschaften des Platins bedingt wird. Auf Grund dieses Verhaltens nehmen Manche sogar an, dass das Ammoniak in einigen seiner Verbindungen inaktiv oder passiv sei. Meiner Ansicht nach lassen sich diese Aenderungen in den speciellen Eigenschaften des Ammoniaks und Platins wahrscheinlich direkt durch ihre gegenseitige Vereinigung erklären. Der Schwefel z. B. ist in SO^2 und SH^2 natürlich immer ein und derselbe, wenn wir ihn jedoch nur in SH^2 kennen und darauf SO^2 erhalten würden, so würden wir gleichfalls annehmen müssen, dass in dieser letzteren Verbindung seine Eigenschaften verdeckt sind. Der Unterschied zwischen dem Sauerstoff in MgO und dem in NO^2 ist so gross, dass eine Aehnlichkeit gar nicht zu entdecken ist. Das Arsen in seinen Verbindungen mit Wasserstoff verhält sich nicht mehr in der Weise, wie in seinen Verbindungen mit Chlor und in den Stickstoffverbindungen zeigen alle Metalle andere Reaktionen und andere physikalische Eigenschaften. Man ist gewohnt die Metalle nach ihren salzartigen Verbindungen mit Haloidgruppen und das Ammoniak nach seinen Verbindungen mit Säuren zu beurtheilen. Wenn man nun annimmt, dass in den ammoniakalischen Platinverbindungen das Platin mit einer grossen Menge von Ammoniak, mit dessen Wasserstoff und Stickstoff verbunden ist, so lässt sich hierdurch die Aenderung im Charakter sowol des Platins als auch des Ammoniaks erklären. Viel verwickelter ist die Frage, warum ein Theil des Chlors (und anderer einfacher und zusammengesetzter Halogengruppen) in den Gros'schen Salzen von dem anderen verschieden reagirt und nur die Hälfte dieses Chlors den gewöhnlichen Reaktionen unterliegt. Es ist dies übrigens keine ausnahmslose Erscheinung. Das Chlor im Berthollet'schen Salze oder im Chlorkohlenstoffe tritt mit Metallen nicht so leicht in Reaktion wie das Chlor in den Salzen, die HCl entsprechen; — in jenen ist es mit Sauerstoff und Kohlenstoff verbunden und in den ammoniakalischen Platinverbindungen theils mit Platin und theils mit der Ammoniak-Platin-Gruppirung. Ausserdem machen viele Chemiker öfters die Annahme, dass das Chlor theils direkt mit dem Platin und theils mit dem Stickstoff des Ammoniaks verbunden ist, und erklären auf diese Weise den Unterschied im Reagiren; das mit Platin verbundene Chlor reagirt jedoch im $PtCl^4$ ebenso gut mit Silbersalzen, wie das Chlor im Salmiak NH^4Cl oder in NOCl, obgleich in diesen Körpern die Bindung des Chlors mit dem Stickstoff von Niemand in Abrede gestellt wird. Dass der eine Theil des Chlors in den ammoniakalischen Platinverbindungen nur schwer in Reaktionen eingeht, muss man folglich durch den gemeinsamen Einfluss des Platins und des Ammoniaks auf diesen Theil erklären und annehmen, dass der andere Theil des Chlors unter dem Einflusse des Platins selbst steht und daher ebenso reagirt, wie das Chlor in den Chloriden. Unter der Voraussetzung, dass in der Ammoniak-Platin-Gruppirung eine Art von fester Bindung besteht, kann man sich vorstellen, dass infolge dessen das Chlor nicht mit der gewöhnlichen Leichtigkeit

Reihe von Verbindungen, die den Reiset'schen Salzen entsprachen, aber anstatt des Ammoniaks Thioharnstoff CSN^2H^4 enthielten, z. B.

---

in Reaktion tritt, dass der Zutritt zu einem Theile der Chloratome in dieser komplexen Gruppirung erschwert und dass die Bindung des Chlors eine andere ist, als in den gewöhnlichen salzartigen Verbindungen des Chlors. Nachdem wir nun im Vorhergehenden die Gründe auseinander gesetzt haben, die uns veranlassen den gegenwärtig angenommenen Erklärungen der Bildung und der Reaktionen der komplexen Platinverbindungen die Anerkennung zu versagen, wollen wir im Folgenden unsere Ansicht über dieselben entwickeln.

Zur Charakteristik der ammoniakalischen Platinverbindungen muss im Auge behalten werden, dass die schon PtX^4 entsprechenden Verbindungen sich nicht mehr direkt mit NH^3 zu $PtX^4 4NH^3$ vereinigen, sondern nur aus PtX^2 entstehen; es lässt sich daher annehmen, dass die Affinitäten und Kräfte, welche die Vereinigung von PtX^2 mit X^2 bedingen, auch die Vereinigung von PtX^2 mit $2NH^3$ veranlassen werden. Wenn man sich nun vorstellt, dass die Verbindung $PtX^2 2NH^3$ bei ihrer Vereinigung mit Cl^2 durch **dieselben Affinitäten in Wirkung tritt, welche die Vereinigung** von $PtCl^4$ **mit Wasser**, KCl, KCN, HCl und ähnl. **bedingen**, so **erklärt** man hierdurch nicht nur die Thatsache der Vereinigung selbst, sondern auch viele **Reaktionen**, nach welchen die ammoniakalischen Platinverbindungen in einander übergehen. Es erklärt sich auf diese Weise: 1-tens, dass $PtX^2 2(NH^3)$ sich mit $2NH^3$ zu den Salzen der ersten Reiset'schen Base verbindet; 2-tens, dass diese Verbindung, deren Zusammensetzung durch die Formel $PtX^2 2(NH^3) 2NH^3$ verdeutlicht wird, beim Erwärmen oder selbst beim Kochen ihrer Lösung wieder in $PtX^2 2(NH^3)$ übergeht (was der leichten Ausscheidung des Krystallisationswassers analog ist); 3-tens, dass $PtX^2 2NH^3$ mittelst derselben Kräfte eine Chlormolekel binden kann, welche dann in der entstandenen Verbindung $PtX^2 2(NH^3)Cl^2$ als fest gebunden erscheint, da sie nicht nur vom Platin, sondern auch vom Wasserstoff des Ammoniaks zurückgehalten wird; 4-tes, dass in dieser Verbindung (Gerhardt's) das Chlor sich in einer anderen Lage befindet als in den Chloriden, wodurch sich seine schwerere Reaktionsfähigkeit erklärt; 5-tens, dass durch die Bildung solcher Verbindungen die Fähigkeit des Pt zu weiteren Vereinigungen nicht erschöpft wird (wir erinnern an die Verbindung $PtCl^4 2HCl 16H^2O$), infolge dessen sowol $PtX^2 2(NH^3)Cl^2$, als auch $PtX^2 2(NH^3) 2NH^3$ sich noch mit Cl^2 verbinden könnnen; letztere zu $PtX^2 2(NH^3) 2(NH)^3 Cl^2$, dem Typus $PtX^4 Y^4$ (und vielleicht einem höheren) entsprechend; 6-tens dass die auf diese Weise entstehenden Gros'schen Verbindungen beim Einwirken von Reduktionsmitteln leicht wieder in die Salze der ersten Reiset'schen Base übergehen; 7-tens, dass in den Gros'schen Salzen $PtX^2 2(NH^3)(NH^3X)^2$ das addirte Chlor oder Halogen nur schwer mit Silbersalzen u. s. w. reagirt, da es sowol mit dem Pt, als auch mit NH^3 verbunden ist, von denen es seinen Eigenschaften nach angezogen wird; 8-tens, dass selbst im Typus der Gros'schen Salze die Fähigkeit zu weiteren Vereinigungen noch nicht erschöpft wird, indem es z. B. existiren Verbindungen des Gros'schen Chlorwasserstoff-Salzes mit $PtCl^2$, $PtCl^4$ und das Salz $Pt(SO^4) 2(NH^3) 2(NH^3)SO^4$ verbindet sich noch mit H^2O; 9-tens endlich, dass die Fähigkeit zur Vereinigung mit neuen Molekeln in den niederen Verbindungsformen natürlich entwickelter, als in den höheren ist. Die Salze der ersten Reiset'schen Base, z. B. $PtCl^2 2(NH^3) 2NH^3$ verbinden sich daher mit H^2O und bilden daher mit vielen Salzen von Schwermetallen, z. B. mit $PbCl^2$ und $CuCl^2$ (in Wasser, nicht aber in Salzsäure lösliche) Niederschläge von Doppelsalzen; auch mit $PtCl^4$ und mit $PtCl^2$ verbinden sie sich (Buckton'sche Salze). Die Verbindung mit $PtCl^2$ muss dieselbe Zusammensetzung, $PtCl^2 2(NH^3) 2(NH^3)PtCl^2$, besitzen, wie das Salz der zweiten Reiset'schen Base, doch kann sie mit dieser nicht identisch sein. Beide Salze existiren in Wirklichkeit. Ersteres ist das grüne, weder in Wasser, noch in HCl lösliche **Magnus'sche Salz**, $PtCl^2 4(NH^3)PtCl^2$, und letzteres stellt das in Wasser

die Verbindung $PtCl^2 4CSN^2H^4$. Hydroxylamin und andere dem Ammoniak entsprechende Körper bilden ähnliche Verbindungen.

Vierundzwanzigstes Kapitel.

Kupfer, Silber und Gold.

Die Aehnlichkeit und der Unterschied, welche zwischen Fe, Co und Ni bestehen, wiederholen sich auch in der entsprechenden Triade Ru, Rh und Pd, sowie in den schweren Platinmetallen Os, Ir und Pt. Diese 9 Metalle bilden die VIII-te Gruppe des periodischen Systems der Elemente, und zwar die Uebergangsgruppe von den paaren Reihen der Elemente der grossen Perioden zu den unpaaren Reihen. Zu diesen letzteren gehören aus der II-ten Gruppe die Elemente Zn, Cd und Hg. Das Kupfer, Silber und Gold [1])

---

schwer, aber dennoch löslich **Reiset'sche Salz** $PtCl^2 2NH^3$ dar. Die beiden Salze sind polymere Verbindungen, denn das Magnus'sche Salz enthält die doppelte Anzahl von Elementen, was durch die angeführten Formeln auch angezeigt ist. Die gegenseitige Umwandlung des einen Salzes in das andere erfolgt merkwürdiger Weise leicht. Beim Versetzen einer erwärmten $PtCl^2$-Lösung mit Ammoniak entsteht die Verbindung $PtCl^2 4NH^3$, wenn dagegen $PtCl^2$ im Ueberschuss vorhanden ist, so bildet sich das Magnus'sche Salz. Kocht man das Magnus'sche Salz mit Ammoniak, so bildet sich das farblose, lösliche Salz der ersten Reiset'schen Base $PtCl^2 4NH^3$, welches beim Kochen mit Wasser $2NH^3$ ausscheidet und in das Salz der zweiten Reiset'schen Base $PtCl^2 2NH^3$ übergeht.

Ferner existirt noch eine besondere Klasse von ammoniakalischen Platinverbindungen — die Isomeren von Millon und Thomsen. Die Salze Bucktons, z. B. das Kupfersalz, erhält man aus den Salzen der ersten Reiset'schen Base $PtCl^2 4NH^3$ durch Einwirken von $CuCl^2$ auf die Lösung derselben. Die Zusammensetzung des Buckton'schen Kupfersalzes wird daher unserer Auffassung nach durch die Formel $PtCl^2 4(NH^3)CuCl^2$ auszudrücken sein. Dieses Salz löst sich in Wasser, nicht aber in HCl. Es ist anzunehmen, dass NH^3 darin mit dem Platin verbunden ist. Wenn aber zu einer Lösung von $CuCl^2$ in Ammoniak eine Lösung von Platinchlorür in NH^4Cl zugesetzt wird, so scheidet sich ein violetter Niederschlag aus, der dieselbe Zusammensetzung wie das Buckton'sche Salz besitzt, aber in Wasser unlöslich ist und durch HCl zersetzt wird. In diesem Salze muss nun, wenn auch nicht alles, so doch ein Theil des Ammoniaks mit dem Kupfer verbunden sein, so dass es durch die Formel $CuCl^2 4(NH^3)PtCl^2$ darzustellen ist, welche die Isomerie mit dem Buckton'schen Salze zum Ausdruck bringt. Zwischen diesen beiden Salzen befindet sich das Magnus'sche Salz $PtCl^2 4(NH^3)PtCl^2$, das weder in Wasser, noch in HCl löslich ist. Die Erforschung dieser und anderer Isomerie-Fälle in der Reihe der ammoniakalischen Platinverbindungen wird zur Aufklärung der Natur dieser Verbindungen in derselben Weise führen, wie die Erforschung der isomeren Kohlenstoffverbindungen eine der Hauptursachen war und es gegenwärtig noch ist, welcher die organische Chemie ihre rasche Entwickelung verdankt.

1) Die besondere Stellung, welche Cu, Ag und Au im periodischen System der Elemente einnehmen und die Aehnlichkeit, welche zwischen denselben hervortritt, sind um so bemerkenswerther, als diese Metalle von jeher unter allen anderen eine exklusive Stellung einnahmen; sie sind es z. B., die fast ausschliesslich zur Prä-

beschliessen diesen Uebergang, da sie ihren Eigenschaften nach sich einerseits dem Ni, Pd und Pt und andrerseits dem Zn, Cd und Hg nähern. Das Kupfer z. B. steht seinem Atomgewichte, $Cu = 63$, und allen seinen Eigenschaften nach zwischen $Ni = 59$ und $Zn = 65$. Da aber der Uebergang von der VIII-ten Gruppe zur II-ten, in der sich das Zink befindet, nur durch die I-te Gruppe stattfinden kann, so besitzt das Kupfer auch manche Eigenschaften der Elemente der I-ten Gruppe. Es bildet, wie die Elemente der I-ten Gruppe, ein Oxydul Cu^2O und Oxydulsalze CuX, zugleich aber auch, wie das Ni und Zn ein Oxyd CuO und Oxydsalze CuX^2.

Im Kupferoxyde CuO und seinen Oxydsalzen CuX^2 ist das Kupfer, was die Löslichkeit, den Isomorphismus und andere Merkmale anbetrifft, dem Zink ähnlich. Mit den schwefelsauren Salzen der Magnesium-Gruppe z. B. bildet der Kupfervitriol isomorphe Gemische, in denen der Gehalt an Krystallisationswasser in Abhängigkeit von der Temperatur leicht Aenderungen unterliegt [2]), und in denen das Mengenverhältniss der Metalle sehr verschieden ist, wie sich dies auch in allen anderen isomorphen Gemischen ähnlicher Metalle beobachten lässt. Die leichte Umwandlung der Salze des Kupferoxyds CuO in die Salze des Kupferoxyduls Cu^2O und der relative Metallgehallt derselben ermöglichen die leichte und genaue Feststellung der Zusammensetzung der beiden Kupferoxyde. Wenn man auf Grund des Gehaltes an Sauerstoff dem Kupferoxyd die Formel der Oxyde der Magnesiumgruppe RO zuschreibt, so muss man dem Kupferoxydule die den Oxyden der Alkalimetalle eigene Formel R^2O beilegen. Die Kupferoxydulsalze zeigen zweifellos eine grosse Aehnlichkeit mit den Salzen des Silberoxyds, das Chlorsilber z. B. für welches seine Unlöslichkeit und die Fähigkeit sich mit Ammoniak zu verbinden charakteristisch ist, weist eine grosse Aehnlichkeit mit dem Kupferchlorür $CuCl$ auf. Dieses dem Oxydule entsprechende Kupfermonochlorid ist ebenso unlöslich in Wasser, und verbindet sich mit NH^3, worin es sich auch löst. Die Zusammensetzung RCl, ist dieselbe, wie die des Chlorsilbers, des $NaCl$, KCl

---

gung von Münzen benutzt werden. Ihrem Werthe nach stehen sie in einer Reihe, die sie auch der Grösse ihres Atomgewichtes nach einnehmen müssen (so dass Ag sich zwischen Cu und Au befindet).

2) Der Kupfervitriol enthält 5 Molekeln Wasser $CuSO^4 5H^2O$, während isomorphe Gemische desselben mit $ZnSO^4 7H^2O$ entweder 5 oder 7 Molekeln enthalten, je nach dem Vorwalten von Cu oder Zn. Wenn Cu vorwaltet und das Gemisch $5H^2O$ enthält, so krystallisirt es im triklinen System und ist mit $CuSO^4 5H^2O$ isomorph, wenn dagegen viel Zn (oder Mg, Fe, Ni, Co) vorhanden ist, so erscheint das Gemisch in der mit $ZnSO^4 7H^2O$ isomorphen Form des rhombischen oder monoklinen Systems. Aus übersättigten Lösungen krystallisiren beide Vitriole in der Form und mit dem Wassergehalte, die dem eingeführten Krystalle des einen der Salze entsprechen (Anm. 27 Kap. XIV).

u. s. w. Das Silber zeigt wieder in vielen seiner Verbindungen eine
Aehnlichkeit mit dem Natrium, mit dem es sogar isomorph ist, wodurch von Neuem die Richtigkeit der angeführten Zusammenstellung bestätigt wird. AgCl, CuCl und NaCl krystallisiren im regulären System. Ferner entspricht auch die spezifische Wärme des
Kupfers und des Silbers den Atomgewichten, welche diesen Metallen zugeschrieben werden. Den Oxyden Cu^2O und Ag^2O entsprechen
die Sulfide Cu^2S und Ag^2S, die beide in der Natur in Krystallen
des rhombischen Systems vorkommen. Besonders wichtig ist es,
dass ein isomorphes Gemisch dieser beiden Sulfide den Silber-
Kupferglanz bildet, welcher trotz des verschiedenen Mengenverhält-
nisses zwischen Kupfer und Silber die Form des Kupferglanzes
beibehält und folglich die Zusammensetzung R^2S, wo $R = Cu$
und Ag, besitzt.

Neben der Aehnlichkeit in der atomistischen Zusammensetzung
der Verbindungen des Kupferoxyduls CuX und des Silberoxyds AgX mit
den Verbindungen der Alkalimetalle — KX, NaX, treten aber auch bedeutende Unterschiede zwischen diesen beiden Gruppen der Elemente hervor.
Die Alkalimetalle verbinden sich auserordentlich leicht mit Sauerstoff,
zersetzen Wasser und erscheinen als die stärksten alkalienbilden-
den Elemente, während das Kupfer und Silber sich nur schwer
oxydiren, schwach basische Oxyde bilden, Wasser weder bei gewöhnlicher, noch bei stark erhöhter Temperatur zersetzen und
selbst nur aus wenigen Säuren den Wasserstoff verdrängen. Der
Unterschied tritt ferner in den ungleichen Eigenschaften vieler der
einander entsprechenden Verbindungen hervor. Es sind z. B. die
Oxyde Cu^2O und Ag^2O in Wasser unlöslich und auch die Chloride,
die kohlensauren und schwefelsauren Salze des Kupferoxyduls und
Silberoxyds besitzen eine geringe Löslichkeit. Die Oxyde lassen
sich leicht reduziren. Diese Unterschiede stehen im engen Zusammenhange mit dem Unterschiede in der Dichte der Metalle, denn
die Alkalimetalle gehören zu den leichtesten, das Kupfer und Silber
zu den schwersten Metallen. Es sind also die Entfernungen zwischen den einzelnen Molekeln der Metalle sehr verschieden: bei
den Alkalimetallen sind sie bedeutend grösser, als beim Kupfer und
Silber (vergl. die Tabelle Kap. 15). Auf Grund des periodischen
Gesetzes ergibt sich dieser Unterschied des Cu und Ag von solchen
Elementen der I-sten Gruppe, wie das K und Rb, aus der Stellung des Cu und Ag in der Mitte jener grossen Perioden, welche
mit den wahren Alkalimetallen beginnen, (z. B. K, Ca, Sc, Ti, V,
Cr, Mn, Fe, Co, Ni, Cu, Zn, Ge, As, Se, Br). Zwischen K und
Cu besteht dieselbe Aehnlichkeit und derselbe Unterschied wie
zwischen Cr und Se oder zwischen V und As.

Das **Kupfer** gehört zu den wenigen Metallen, welche schon seit
Langem im metallischen Zustande bekannt sind. Die alten Griechen

und Römer holten es hauptsächlich von der Insel Cypern, wodurch sich der Name des Kupfers (cuprum) erklärt. Im Alterthum war dieses Metall vor dem Eisen bekannt; es wurde hauptsächlich legirt mit anderen Metallen zur Verfertigung von Waffen und Hausgeräthen benutzt. Das Kupfer findet sich nämlich in der Natur, wenn auch selten, selbst im **gediegenen Zustande** und lässt sich aus einigen seiner natürlich vorkommenden Verbindungen leicht gewinnen. Zu den letzteren gehören die Sauerstoffverbindungen des Kupfers, welche beim Glühen mit Kohle ihren Sauerstoff leicht abgeben und zu metallischem Kupfer reduzirt werden; die Reduktion lässt sich auch durch Glühen in Wasserstoff leicht ausführen. Gediegen kommt das Kupfer, zuweilen mit anderen Erzen, an vielen Orten des Uralgebirges, dann in Schweden und in bedeutenden Massen in Nord-Amerika, besonders in der Nähe der grossen amerikanischen Seen vor; ferner auch in Chile, Japan und China. Die Sauerstoffverbindungen des Kupfers gehören sogar in einigen Gegenden zu den ziemlich gewöhnlichen Erzen; bekannt sind namentlich einige Fundorte im Ural, wo die weite Verbreitung der Kupfererze für die permsche Formation charakteristisch ist. Das natürlich vorkommende **Kupferoxydul** Cu^2O ist unter dem Namen **Rothkupfererz** bekannt, da es in grösseren Massen und öfters auch in gut ausgebildeten regulären Krystalle von rother Farbe auftritt. Viel seltener findet man das **Kupferoxyd** CuO, das als Erz **Kupferschwärze** (Melakonit) genannt wird. Am verbreitetsten sind jedoch unter den Sauerstoffverbindungen des Kupfers die dem Oxyde entsprechenden **basisch kohlensauren Salze**. Dieselben sind zweifellos auf nassem Wege entstanden, was nicht nur an den häufig zu beobachtenden Uebergängen von metallischem Kupfer und dessen Sulfiden und Oxyden in kohlensaures Kupfer, sondern auch an dem Wassergehalte und den schichtenförmigen Ablagerungen und Knollen dieser Salze zu ersehen ist. Durch die Verschiedenartigkeit ihrer Farbentöne zeichnen sich besonders die Schichten des **Malachits** aus, des bekannten grünen Minerals, das zur Herstellung von Zierrathen und auch als grüne Farbe benutzt wird. Der Malachit ist basisch kohlensaures Kupfer, das je eine Molekel kohlensauren Kupfers und Kupferhydroxyd enthält: $CuCO^3CuH^2O^2$. In der Natur bildet er, häufig im Gemisch mit verschiedenen sedimentären Gesteinen, grosse geschichtete Lager, welche als eine weitere Bestätigung der Annahme erscheinen, dass solche Kupferverbindungen auf nassem Wege entstanden sind. Diese Malachit enthaltenden Lager finden sich an vielen Orten des Gouvernements Perm und den benachbarten Gouvernements, durch welche sich das Uralgebirge hinzieht. Daselbst trifft man auch das Mineral **Kupferlazur**, das dieselben Elemente wie der Malachit, nur in einem anderen Verhältnisse enthält: CuH^2O^2 $2CuCO^3$. Sowol der Malachit, als auch die Kupferlazur lassen sich

künstlich durch Einwirken von kohlensauren Alkalien auf Lösungen
von Kupferoxydsalzen bei verschiedenen Temperaturen darstellen.
Die natürlich vorkommenden basisch kohlensauren Kupferoxydsalze
werden häufig zur Gewinnung von metallischem Kupfer benutzt, da
sie beim Glühen Wasser und Kohlensäure verlieren und Kupferoxyd
zurücklassen, das sich leicht reduziren lässt. Noch häufiger als in
den schon genannten Verbindungen findet sich das Kupfer in
Schwefelverbindungen und zwar gewöhnlich in miteinander chemisch
verbundenen Sulfiden des Kupfers und Eisens [3]).

Die **Gewinnung des Kupfers** aus seinen Sauerstofferzen bietet
keine Schwierigkeiten, da dieselben durch Glühen mit Kohle sich
leicht reduziren und von den Beimengungen trennen lassen. Dieses
Ausschmelzen wird in Schachtöfen ausgeführt, in welche zu dem
Gemische des Erzes mit Kohle noch Zuschläge zur Bildung von
Schlacke gethan werden. Das aus dem Schachtofen abgelassene

---

3) Der in der Natur zuweilen in grossen Massen vorkommende Eisenkies, FeS^2,
enthält meist geringe Mengen von Schwefelkupfer, welches beim Rösten des Kieses,
wenn aller Schwefel als Schwefligsäuregas entweicht, in Kupferoxyd übergeht.
Wenn man dagegen den Schwefel nicht vollständig ausbrennt, sondern den Kies
nur schwach unter Luftzutritt erhitzt (röstet), so entsteht Kupfervitriol, den man
in Wasser lösen kann. Aus der Lösung des schwefelsauren Kupfers wird dann durch
metallisches Eisen das Kupfer ausgefällt. Es ist jedoch besser, wenn man den beim
Rösten des Kieses erhaltenen Rückstand, wie dies auch meistens geschieht, mit
Kochsalz versetzt und von Neuem röstet. Beim Auslaugen mit Wasser geht dann
Kupferchlorid in Lösung, das man gleichfalls durch metallisches Eisen zersetzt. In
viel grösseren Mengen wird das Kupfer aus anderen Schwefelerzen gewonnen. Unter
diesen ist der **Kupferglanz** Cu^2S verhältnissmässig selten; er besitzt Metallglanz, ist
grau und krystallinisch und tritt meist vermengt mit organischen Stoffen auf. Letzteres weist zweifellos darauf hin, dass der Kupferglanz seine Entstehung der reduzirenden Einwirkung organischer Stoffe auf Lösungen von schwefelsaurem Kupfer
verdankt. Als Beimengung des Kupferglanzes erscheint öfters das in Oktaëdern
krystallisirende, rothbraune **Buntkupfererz**, das gleichfalls Metallglanz besitzt und in
verschiedenen Farben spielt, was durch eine oberflächliche Oxydation desselben
bedingt wird. Die Zusammensetzung des Buntkupfererzes ist Cu^3FeS^3. Am häufigsten findet sich in verschiedenen Gesteinen der **Kupferkies** — das gewöhnlichste
Kupfererz, das in quadratischen Oktaëdern krystallisirt und häufig auch in nicht-
krystallinischen Massen auftritt. Die Zusammensetzung des Kupferkieses ist $CuFeS^2$;
er ist gelb, metallglänzend und besitzt das spezifische Gewicht 4,0. Die schwefelhaltigen Kupfererze oxydiren sich beim Einwirken von sauerstoffhaltigem Wasser
zu schwefelsaurem Kupfer oder Kupfervitriol, der in Wasser leicht löslich ist. Wenn
das Wasser ausserdem noch kohlensaures Calcium enthält, so entstehen durch doppelte Umsetzung Gyps und kohlensaures Kupfer: $CuSO^4 + CaCO^3 = CuCO^3 + CaSO^4$.
Von den verschiedenen Kupfererzen ist das Schwefelkupfer jedenfalls das ursprüngliche Produkt, während die anderen Erze sekundäre, auf nassem Wege entstandene
Bildungen sind. Diese Behauptung wird durch den Umstand bestätigt, dass das
Wasser vieler Kupferbergwerke Kupfervitriol in Lösung enthält. Aus solchen Lösungen lässt sich durch Kalk — Kupferoxyd und durch Eisen — metallisches Kupfer
fällen; letzteres scheidet sich auch beim Einwirken organischer Stoffe und anderer
Beimengungen des Wassers aus. Hierdurch erklärt sich das Auftreten von metallischem Kupfer in den natürlichen Produkten, die sich aus dem Schwefelkupfer
bilden.

Kupfer enthält Beimengungen von Schwefel, Eisen und anderen
Metallen, zu deren Entfernung es in Flammöfen von Neuem geschmolzen wird, indem gleichzeitig Luft eingeblasen wird, da der
Schwefel und das Eisen sich hierbei schneller als das Kupfer
oxydiren und das entstehende Eisenoxyd in die Schlacke übergeht [4]).

---

4) Die sauerstoffhaltigen Kupfererze sind sehr selten, häufiger findet man die
schwefelhaltigen, aus denen die Gewinnung des Kupfers viel schwieriger ist, da
hierbei nicht nur der Schwefel, sondern auch das mit ihm und mit dem Kupfer
verbundene Eisen zu entfernen ist. Man erreicht dies durch eine ganze Reihe von
Operationen, nach deren Ausführung dem Kupfer zuweilen noch das Silber entzogen
wird, das meistens, wenn auch in geringer Menge, darin enthalten ist. Die Verarbeitung beginnt mit dem Rösten, d h. dem Glühen der Erze an der Luft, wobei der Schwefel zu SO^2 verbrennt. Da Schwefeleisen sich leichter als Schwefelkupfer oxydirt, so erhält man im Rückstande nach dem Rösten den grössten Theil
des Eisens als Eisenoxyd. Das geröstete Erz wird dann mit Kohle und kieselerdehaltigen Zusätzen vermischt und in Schachtöfen geschmolzen. Hierbei bildet das
Eisenoxyd mit der Kieselerde eine leicht flüssige Schlacke, unter welcher sich das
geschmolzene, Schwefelkupfer enthaltende, Kupfer ansammelt, das Kupferstein genannt wird. Nachdem auf diese Weise mit der Schlacke der gröste Theil des Eisens entfernt ist, wird der Kupferstein wieder geröstet, um das Schwefelkupfer in
Kupferoxyd überzuführen. Die nun entstehende Masse wird je nach dem Gehalte
an Kupfer noch mehrere Male umgeschmolzen, wobei aus dem Sulfide und Oxyde
des Kupfers metallisches Kupfer entsteht: $CuS + 2CuO = 3Cu + SO^2$. Wir übergehen die Beschreibung der erforderlichen Oefen und die technischen Einzelheiten,
da die chemischen Prozesse, auf denen die Gewinnung des Kupfers beruht, sich
durch das bereits Angeführte erklären lassen.

Neben der metallurgischen Gewinnung durch Ausschmelzen existirt auch ein
Verfahren, nach welchem sich das Kupfer auf **nassem Wege** aus seinen Erzen gewinnen lässt. Man benutzt dies Verfahren (das gegenwärtig immer häufiger angewandt wird) zur Verarbeitung von kupferarmen Erzen. Es beruht auf der Ueberführung des Kupfers in Lösung und der Ausfällung desselben durch metallisches
Eisen oder durch andere Mittel (z. B. den galvanischen Strom). Die Schwefel-
kupfererze werden auch bei diesem Verfahren zunächst geröstet, aber in der Weise,
damit der grösste Theil des Kupfers sich durch Absorption des Luftsauerstoffes
oxydire und in schwefelsaures Kupfer übergehe und damit vom gleichzeitig entstehenden schwefelsauren Eisen möglichst viel zersetzt werde. Wenn dann das geröst-
tete Erz mit Wasser ausgelaugt wird, dem man gewöhnlich etwas Säure zusetzt,
so löst sich das schwefelsaure Kupfer und aus der erhaltenen Lösung wird entweder
durch metallisches Eisen metallisches Kupfer oder durch Kalkmilch Kupferoxydhydrat
ausgefällt. Sauerstoffhaltige Erze, die wenig Kupfer enthalten, können direkt mit
verdünnten Säuren behandelt werden. Nach Hunt und Douglas löst man das durch
Rösten der Erze erhaltene Kupferoxyd durch Einwirken eines Gemisches von $FeSO^4$
und NaCl: $3CuO + 2FeCl^2 = CuCl^2 + 2CuCl + Fe^2O^3$. Das gleichzeitig entstehende
Kupferchlorid ist in Wasser löslich, während das Kupferchlorür sich in der NaCl-
Lösung löst. Alles Kupfer geht also in Lösung und wird dann durch Eisen ausgefällt.

Das im Handel befindliche Kupfer enthält meistens nur sehr wenig Beimengungen und zwar: Eisen, Blei, Silber, Arsen und zuweilen Kupferoxyde. Diese Beimengungen verringern, selbst wenn sie nur unbedeutend sind, die Zähigkeit des
Kupfers, so dass zur Herstellung dünnen Kupferbleches gewöhnlich das chilenische
Kupfer benutzt wird, das besonders rein und infolge dessen auch weich ist. Wenn
man reines Kupfer verwenden will, so benutzt man dünnes Kupferblech, z. B. zur

Das Kupfer unterscheidet sich von allen anderen Metallen durch seine rothe Farbe. In reinem Zustande lässt es sich bei gewöhnlicher Temperatur hämmern und ausschlagen und kann daher, wenn es erhitzt wird, durch Walzen zu dünnen Platten ausgezogen werden. Sehr dünne Kupferblättchen sehen im durchscheinenden Lichte grün aus. Auch die Zähigkeit des Kupfers ist sehr bedeutend, so dass es in dieser Beziehung nach dem Eisen eines der am schwersten zerreissbaren Metalle ist: Ein Kupferdraht von einem Millimeter Dicke zerreisst erst bei einem Gewichte von 137 Kilogramm. Das spezifische Gewicht des Kupfers ist 8,8, wenn es nur keine Hohlräume enthält, welche dadurch entstehen, dass das flüssige Kupfer aus der Luft Sauerstoff aufnimmt, der sich beim Abkühlen wieder ausscheidet und auf diese Weise im Metalle Blasen bildet. Geglühtes, sowie galvanisch gefälltes Kupfer besitzt eine relativ grössere Dichte. Bei Rothglühhitze schmilzt das Kupfer, obgleich seine Schmelztemperatur der beginnenden Weissgluth entspricht, doch schmilzt es leichter als viele Arten von Roheisen. Bei stärkerer Temperatursteigerung verdampft es und ertheilt der Flamme eine grüne Färbung. Sowol das natürliche Kupfer als auch das aus dem geschmolzenen Zustande krystallisirende bildet reguläre Oktaëder. In trockner Luft oxydirt sich das Kupfer bei gewöhnlicher Temperatur nicht, beim Erhitzen bedeckt es sich mit einer Oxydschicht, aber selbst in der stärksten Glühhitze verbrennt es nicht. Je nach der Temperatur und der Menge der zuströmenden Luft bildet sich beim Glühen von Kupfer entweder rothes Kupferoxydul oder schwarzes Kupferoxyd. An der Luft bedeckt sich das Kupfer bekanntlich mit einer braunen Schicht von Oxyden oder einer grünen Schicht von Salzen je nach der Einwirkung der kohlensäurehaltigen feuchten Luft. Bei andauernder Einwirkung der Luft bildet sich basisch kohlensaures Kupfer oder der sogen. edle Grünspan (vert de gris, aerugo nobilis der alten Statuen). Das **Kupfer, das sich an und für sich oxydirt** [5]), **absorbirt** nämlich **in**

Herstellung von Patronenkapseln. Chemisch reines Kupfer erhält man auf galvanoplastischem Wege, d. h. durch Ausfällen aus einer Lösung mit Hilfe des galvanischen Stromes.

Silberhaltiges Kupfer, das ziemlich häufig angetroffen wird, benutzt man in den Münzhöfen zur Ausfällung des Silbers aus schwefelsauren Lösungen, weil dann zugleich mit dem gelösten Silber auch das im Kupfer enthaltene Silber in dem Niederschlage erhalten wird. Fe und Zn reduziren das Kupfer, das seinerseits wieder Hg und Ag reduzirt. Lösungen von Silber in Schwefelsäure erhält man beim Scheiden des Silbers vom Golde, da durch Schwefelsäure aus den Legirungen dieser beiden Metalle nur das Silber gelöst wird.

5) Nach Schützenberger scheidet sich bei der Zersetzung von basisch kohlensaurem Kupfer durch den galvanischen Strom zugleich mit dem gewöhnlichen Kupfer noch eine allotropische Modifikation desselben an der negativen Platinelektrode ab, wenn diese kleiner als die positive Kupferelektrode ist. Diese Modifikation setzt sich in spröden Krystallen vom spezifischen Gewichte 8,1 ab und unterscheidet sich

Gegenwart von Wasser und Säuren, selbst so schwacher wie die Kohlensäure, den Sauerstoff der Luft und bildet Salze, was sehr charakteristisch (auch für das Blei) ist. Wasser zersetzt das Kupfer nicht und scheidet daraus weder bei gewöhnlicher, noch bei erhöhter Temperatur Wasserstoff aus. Auch aus sauerstoffhaltigen Säuren scheidet es keinen Wasserstoff aus; wenn diese Säuren auf Kupfer einwirken, so geschieht es auf zweierlei Weise: entweder geben sie einen Theil ihres Sauerstoffs ab und bilden niedere Oxydationsstufen oder sie reagiren nur in Gegenwart von Sauerstoff. Salpetersäure z. B. scheidet beim Einwirken auf Kupfer Stickoxyd aus und oxydirt das Kupfer. Schwefelsäure wird durch das Kupfer gleichfalls in die niedere Oxydationsstufe, in Schwefligsäuregas SO^2 übergeführt. In diesen Fällen oxydirt sich das Kupfer zu Kupferoxyd, welches sich mit der überschüssigen Säure zu einem Kupferoxydsalze CuX^2 verbindet. Die Einwirkung der Salpetersäure erfolgt, selbst wenn sie verdünnt ist, schon bei gewöhnlicher Temperatur und ausserordentlich leicht beim Erwärmen, während verdünnte Schwefelsäure auf das Kupfer nicht einwirkt, wenn nur die Luft keinen Zutritt hat [6]).

durch ihr Verhalten zu verdünnter Salpetersäure, mit der sie kein Stickoxyd, sondern Stickoxydul bildet; an der Luft oxydirt sie sich sehr leicht, wobei schöne Anlauffarben auftreten. Möglicher Weise liegt hier Kupferwasserstoff oder Kupfer vor, welches Wasserstoff okkludirt enthält.

6) Bei Luftzutritt wirken selbst so schwache Säuren wie die Kohlensäure auf das Kupfer ein, indem dieses hierbei leicht Sauerstoff absorbirt und in Kupferoxyd übergeht, welches sich mit der Säure zu einem Kupfersalze verbindet. Dieses Verhalten utilisirt man in der Praxis, indem man z. B. über Kupferdrehspäne, die auf geneigten Flächen liegen, verdünnte Essigsäure fliessen lässt, hierbei bildet sich basisch essigsaures Kupfer oder sogen. Grünspan, $2(C^4H^6CuO^4)CuH^2O^25H^2O$, der häufig als grüne Oelfarbe (d. h. im Gemisch mit gekochtem Leinöl) benutzt wird (z. B. zum Anstreichen von Dächern). Die Absorptionsfähigkeit des Kupfers für Sauerstoff in Gegenwart von Säuren ist so gross, dass man z. B. durch feine, mit Schwefelsäure benetzte Kupferdrehspäne der Luft allen Sauerstoff entziehen und denselben analytisch bestimmen kann.

Nicht nur Säuren, sondern auch Alkalien fördern die Vereinigung des Kupfers mit Sauerstoff, obgleich das Kupferoxyd, wie es scheint, keinen Säurecharakter besitzt. Alkalien wirken auf Kupfer nur bei Luftzutritt ein, wobei das entstehende Kupferoxyd sich mit dem einwirkenden Aetzkali oder Aetznatron zu verbinden scheint. Besonders bemerkenswerth ist die **Einwirkung des Ammoniaks** (Kap. V Anm. 2). Beim Einwirken einer Ammoniaklösung auf Kupfer wird nicht allein Sauerstoff absorbirt, sondern der Sauerstoff wirkt auch auf das Ammoniak, von welchem eine bestimmte Menge immer einer Aenderung unterliegt, die zugleich mit der Auflösung des Kupfers vor sich geht. Das Ammoniak geht nämlich in salpetrige Säure über entsprechend der Gleichung: $NH^3 + O^3 = NHO^2 + H^2O$ und die entstehende Säure verbindet sich mit dem Ammoniak zu salpetrigsaurem Ammonium NH^4NO^2. Wenn auf diese Weise 3 Sauerstoffatome auf die Oxydation einer Ammoniakmolekel gehen, so verbinden sich 6 Sauerstoffatome mit Kupfer zu sechs Molekeln Kupferoxyd, welches dann weiter mit dem Ammoniak in Verbindung tritt.

Eine konzentrirte Lösung von Kochsalz wirkt auf Kupfer nicht ein, während

Beide Oxyde des Kupfers Cu^2O und CuO sind beständige Verbindungen und finden sich, wie schon erwähnt, in der Natur. In
den meisten Fällen tritt das Kupfer übrigens als Oxyd oder in Form
von Oxydsalzen auf, da die **Kupferoxydulverbindungen** an der Luft
Sauerstoff absorbiren und in Oxydverbindungen übergehen. Letztere
werden durch verschiedene Reduktionsmittel zu Kupferoxydul reduzirt, das auf diese Weise auch dargestellt wird. Meistens verwendet man zu dieser Reduktion organische Stoffe und zwar hauptsächlich Zuckerarten, welche sich in Gegenwart von Alkalien auf
Kosten des Sauerstoffs des Kupferoxyds zu Säuren oxydiren, die
sich mit dem Alkali verbinden: $2CuO—O=Cu^2O$. Wenn hierbei erwärmt wird, so kann die Reduktion bis zur Bildung von metallischem Kupfer gehen. Bei längerem Kochen einer ammoniakalischen
Kupferoxydlösung mit Aetzkali und Zuckermelasse z. B. scheidet
sich das Kupfer als feines Pulver aus. Wenn dagegen eine genügende Menge von Alkali vorhanden ist und die Temperatur nicht
zu stark gesteigert wird, so entsteht bei der reduzirenden Einwirkung des Zuckers Kupferoxydul. Zur Beobachtung dieser Reaktion
lässt sich nicht ein beliebiges Kupferoxydsalz verwenden, weil
durch das zur Reduktion erforderliche Alkali aus der Lösung
Kupferoxyd gefällt werden würde, — um diesem entgegen zu
wirken, muss man die Lösung des Kupfersalzes zuerst mit
solchen Substanzen versetzen, welche die Ausfällung des
Kupferoxyds durch das Alkali verhindern. An erster Stelle
ist hier die Weinsäure $C^4H^6O^6$ zunennen. In Gegenwart

---

verdünnte Kochsalzlösungen in Gegenwart von Luft dasselbe angreifen und in
Kupferoxychlorid überführen. Diese Einwirkung von salzhaltigem Wasser lässt sich
an den Kupferbeschlägen von Schiffen beobachten. Es dürfen daher Gefässe aus
Kupfer zur Bereitung von Speisen nicht benutzt werden, denn letztere enthalten
Kochsalz und Säuren, welche in Gegenwart von Luft mit dem Kupfer Salze bil-
den, die giftig sind. Man benutzt daher verzinnte, d. h. mit einem dünnen Zinn-
überzuge bedeckte Kupfergeschirre, auf welche weder Lösungen von Salzen, noch
Säuren einwirken.

Ausser dem Kupferoxydule Cu^2O und dem Oxyde CuO bildet das Kupfer noch
zwei höhere Oxydationsstufen, die jedoch noch wenig untersucht sind und deren
Zusammensetzung nicht genau festgestellt ist. Das **Kupferdioxyd** (CuO^2 oder CuO^2H^2O,
vielleicht auch $CuHO^2$) entsteht beim Einwirken von Wasserstoffhyperoxyd auf
Kupferhydroxyd, wobei die grüne Farbe dieses letzteren in gelb übergeht. Es ist
sehr unbeständig und wird schon durch siedendes Wasser unter Ausscheidung von
Sauerstoff zersetzt; mit Säuren scheidet es gleichfalls Sauerstoff aus und bildet
Kupferoxydsalze. Ein höheres **Kupferhyperoxyd** entsteht beim Erhitzen eines Gemisches
von Aetzkali und Salpeter mit metallischem Kupfer bis zur Rothgluth und beim
Lösen von Kupferhydroxyd in Lösungen von unterchlorigsauren Salzen. Im letzteren
Falle erhält man ein lösliches Salz, dessen Lösung schon bei schwachem Erwärmen Sauerstoff ausscheidet und einen Niederschlag von Kupferdioxyd bildet. Nach
Fremy besitzt das Kaliumsalz die Zusammensetzung K^2CuO^4. Möglicher Weise liegt
hier eine Verbindung der Hyperoxyde des Kaliums K^2O^2 und Kupfers Cu^2O^2 vor
(vergl. Kap. 20 Anm. 62—64).

einer genügender Menge von Weinsäure kannn man die Lösung eines Kupferoxydsalzes mit einer beliebigen Menge von Alkali versetzen ohne Kupferoxyd auszufällen, weil dann ein lösliches weinsaures Doppelsalz des Kupferoxyds und des Alkalis entsteht. Setzt man einer solchen alkalischen Kupferoxyd-Lösung Traubenzucker (Glykose) zu, so bildet sich schon bei gewöhnlicher Temperatur und namentlich beim Erwärmen zunächst ein gelber Niederschlag (von Kupferhydroxydul CuHO) und dann ein rother Niederschlag von (wasserfreiem) Kupferoxydul. Lässt man den erhaltenen Niederschlag längere Zeit hindurch mit der Flüssigkeit stehen, so scheiden sich gut ausgebildete Krystalle von wasserfreiem Kupferoxydul aus, die dem regulären System angehören [7]).

7) Beim Einwirken von schwefliger, phosphoriger Säure und anderen niederen Oxydationsstufen werden die blauen Lösungen der Kupferoxydsalze zu farblosen Lösungen von Kupferoxydulsalzen reduzirt. Besonders leicht gelingt die Reduktion beim Einwirken von unterschwefligsaurem Natrium $Na^2S^2O^3$, welches hierbei oxydirt wird. Kupferoxydul kann nicht nur durch Reduktion von Kupferoxyd, sondern auch unmittelbar aus metallischem Kupfer dargestellt werden, denn dieses bildet beim Glühen an der Luft zunächst **Kupferoxydul**. Hierauf beruht auch die Darstellung des Kupferoxyduls im Grossen, wobei aufgerollte Kupferbleche in Flammöfen erhitzt werden. Der Luftzutritt wird in der Weise regulirt, dass die entstehende rothe Schicht von Kupferoxydul nicht in schwarzes Oxyd übergehe. Wenn darauf die oxydirten Kupferbleche auseinander gebogen werden, so springt das spröde Kupferoxydul von dem weichen Metalle ab. Das auf diese Weise erhaltene Kupferoxydul schmilzt leicht und oxydirt sich, wenn die Luft Zutritt hat; um beigemengtes Kupferoxyd zu entfernen setzt man dem Kupferoxydule beim Schmelzen Kohle zu. Kupferchlorür, CuCl, das dem Kupferoxydule (ebenso wie Kochsalz dem Natriumoxyde) entspricht, bildet beim Glühen mit Soda—Kochsalz und Kupferoxydul, während Kohlensäuregas entweicht, da das Kupferoxydul sich damit nicht verbindet: $2CuCl + Na^2CO^3 = Cu^2O + 2NaCl + CO^2$. Mit pulverförmigem Kupfer (das auf verschiedene Weise z. B. beim Eintauchen von Zink in Lösungen von Kupfersalzen oder beim Glühen von Kupferoxyd in Wasserstoff entsteht) bildet auch Kupferoxyd das leichtflüssige Kupferoxydul: $Cu + CuO = Cu^2O$. Sowol das natürliche, als auch das künstliche Kupferoxydul besitzt ein spezifisches Gewicht von 5,6; in Wasser ist es unlöslich und hält sich an der Luft unverändert. Beim Glühen geht es unter Aufnahme von Sauerstoff in CuO über. Beim Einwirken von Säuren erhält man aus dem Kupferoxydul Kupferoxydsalze und metallisches Kupfer z. B.: $Cu^2O + H^2SO^4 = Cu + CuSO^4 + H^2O$. Uebrigens scheidet sich beim Einwirken von konzentrirter Salzsäure auf Kupferoxydul kein metallisches Kupfer aus, da das entstehende Kupferchlorür in dieser Säure löslich ist. Auch in Ammoniaklösungen löst sich das Kupferoxydul, wenn die Luft keinen Zutritt hat, zu einer farblosen Lösung, die an der Luft blau wird, da Sauerstoff aufgenommen und Kupferoxyd gebildet wird. Dagegen lässt sich die blaue ammoniakalische Lösung durch Eintauchen von metallischem Kupfer wieder entfärben, da hierbei das **Kupferoxyd zu Oxydul reduzirt** wird. Glas und Salze nehmen beim Zusammenschmelzen mit Kupferoxydul eine rothe Färbung an. Durch Kupferoxydul gefärbtes rothes Glas wird zu Zierrathen benutzt. Bei der Herstellung desselben darf die Luft keinen Zutritt haben, da das Glas dann, infolge der Bildung von Kupferoxyd, eine grüne Färbung annehmen würde. Man benutzt dieses Verhalten sogar zur Entdeckung des Kupfers; denn beim Zusammenschmelzen von Kupferverbindungen mit Borax in der Flamme des Löthrohrs erhält man: in der Reduktionsflamme ein rothes Glas und in der Oxydationsflamme ein grünes.

Beim Glühen von Kupferchlorid, $CuCl^2$, bildet sich **Kupferchlorür**, $CuCl$ (Kupfermonochlorid), d. h. ein Kupferoxydulsalz; dieses Salz entsteht in allen den Fällen, wenn Kupfer und Chlor bei erhöhter Temperatur in Wechselwirkung treten. Erhitzt man z. B. Kupfer mit Quecksilberchlorür, so entstehen Quecksilberdämpfe und Kupferchlorür. Letzteres entsteht auch beim Erhitzen von metallischem Kupfer mit Chlorwasserstoffsäure unter Entwickelung von Wasserstoff: die Reaktion findet jedoch nur mit fein vertheiltem Kupfer statt, auf kompaktes Kupfer wirkt die Chlorwasserstoffsäure nur unbedeutend ein; in Gegenwart von Luft bildet sich Kupferchlorid. Eine grüne Kupferchlorid-Lösung entfärbt sich beim Einwirken von metallischem Kupfer, da sich hierbei Kupferchlorür bildet; jedoch geht diese Reaktion nur in sehr konzentrirter Lösung und bei überschüssiger Salzsäure vor sich, in welcher sich das entstehende $CuCl$ löst. Beim Verdünnen der Lösung mit Wasser scheidet sich das Kupferchlorür aus, da es in schwacher Salzsäure nur wenig löslich ist. Viele Reduktionsmittel, die dem Kupferoxyd die Hälfte seines Sauerstoffs entziehen, scheiden in Gegenwart von Salzsäure Kupferchlorür aus. In dieser Weise wirken Zinnoxydsalze, Schwefligsäuregas und schwefligsaure Alkalimetalle, phosphorige und untersphosphorige Säure und andere Reduktionsmittel. Gewöhnlich wird das Kupferchlorür durch Einleiten von Schwefligsäuregas in eine sehr starke Lösung von Kupferchlorid dargestellt: $2CuCl^2 + SO^2 + 2H^2O = 2CuCl + 2HCl + H^2SO^4$. Das Kupferchlorür bildet farblose, kubische Krystalle, die in Wasser unlöslich sind. Es schmilzt leicht und verflüchtigt sich sogar. Beim Einwirken von Oxydationsmitteln geht es in das Oxydsalz über, in feuchter Luft absorbirt es Sauerstoff und bildet Kupferoxychlorid Cu^2Cl^2O. In Ammoniak löst sich das Kupferchlorür ebenso leicht wie das Kupferoxydul selbst; die Lösung färbt sich an der Luft unter Aufnahme von Sauerstoff blau. Eine ammoniakalische Kupferchlorürlösung ist ein ausgezeichnetes Absorptionsmittel für Sauerstoff, jedoch absorbirt sie auch einige andere Gase, z. B. Kohlenoxyd und Acetylen [8]).

Beim Einleiten von SO^2 in eine Lösung von essigsaurem Kupfer erhielt Etard (1882) einen weissen Niederschlag von schwefligsaurem Kupferoxydul $Cu^2SO^3H^2O$. Dasselbe Salz erhielt er in Form eines rothen Niederschlages, als er das essigsaure Doppelsalz des Cu und Na anwandte. Es liegt jedoch für die Isomerie der beiden Salze kein überzeugender Beweis vor.

8) Die Löslichkeit des Kupferchlorürs in Ammoniak wird durch die Bildung löslicher Verbindungen zwischen diesen beiden Körpern bedingt. Beim Erwärmen entsteht NH^32CuCl und bei gewöhnlicher Temperatur $CuClNH^3$. Diese Verbindungen lösen sich in Salzsäure, indem sie das entsprechende Doppelsalz von Kupferchlorür und Salmiak bilden. Beim Einwirken eines Ueberschusses an Ammoniak auf die $CuCl$-Lösung in Salzsäure scheiden sich gut ausgebildete farblose Krystalle von der Zusammensetzung $CuClNH^3H^2O$ aus. Das Kupferchlorür löst sich nicht nur in Ammoniak und Salzsäure, sondern auch in den Lösungen einiger anderer Salze, z. B.

Wenn Kupfer durch eine grosse Sauerstoffmenge bei erhöhter Temperatur oder bei gewöhnlicher Temperatur in Gegenwart von Säuren oxydirt wird oder auch wenn es Säuren zersetzt, indem es sie (z. B. Salpeter- oder Schwefelsäure) in niedere Oxydationsstufen überführt, so bildet sich immer **Kupferoxyd** CuO oder in Gegenwart von Säuren entstehen Kupferoxydsalze. Der Kupferhammerschlag, die schwarze Schicht, mit der sich das Kupfer beim Glühen oberflächlich bedeckt, besteht aus Kupferoxyd. Diese Schicht lässt sich, da sie spröde ist, vom metallischen Kupfer leicht abtrennen, und zwar durch Aufschlagen oder durch Eintauchen in Wasser. Das Kupferoxyd löst sich leicht in Säuren zu Kupferoxydsalzen CuX^2, welche in vielen Beziehungen den Salzen: MgX^2, ZnX^2, NiX^2 und FeX^2 ähnlich sind. Man erhält das Kupferoxyd

---

von Kochsalz, Chlorkalium, unterschwefligsaurem Natrium und and. Alle Kupferchlorür-Lösungen wirken in vielen Fällen als starke Reduktionsmittel; sie fällen z. B. aus Lösungen von Goldsalzen metallisches Gold: $AuCl^3 + 3CuCl = Au + 3CuCl^2$.

Von anderen dem Kupferoxydul entsprechenden Verbindungen ist das **Kupferjodür**, CuJ, bemerkenswerth. Dasselbe stellt einen farblosen, in Wasser unlöslichen Körper dar, der in Ammoniak nur wenig löslich ist (wie auch AgJ), der aber Ammoniak absorbirt und in dieser Beziehung dem Kupferchlorür ähnlich ist. Ausserordentlich leicht entsteht das Kupferjodür aus der entsprechenden Verbindung des Kupferoxyds, nämlich dem Kupferjodide CuJ^2, welches sich in Lösung schon bei gewöhnlicher Temperatur in Jod und Kupferjodür zersetzt, während das Kupferchlorid erst beim Glühen in Chlor und Kupferchlorür zerfällt. Beim Vermischen der Lösung eines Kupferoxydsalzes mit Jodkalium zersetzt sich das entstehende Kupferjodid sofort in freies Jod und Kupferjodür, das als Niederschlag ausfällt. Hierbei wirkt das Kupferoxyd oxydirend, analog der salpetrigen Säure, dem Ozone und anderen Substanzen, welche aus KJ — Jod ausscheiden, jedoch mit dem Unterschiede, dass es nur die Hälfte des im Jodkalium enthaltenen Jods freisetzt, während jene Substanzen alles Jod ausscheiden: $2KJ + CuCl^2 = 2KCl + CuJ + J$.

Beim Einwirken von Flusssäure bildet das Kupferoxydul unlösliches Kupferfluorür CuF. Auch Kupfercyanür CuCN ist in Wasser unlöslich; es bildet sich beim Zusetzen von Blausäure zu einer mit Schwefligsäuregas gesättigten Kupferchlorür-Lösung. Mit Cyankalium bildet das Kupfercyanür (analog AgCN) ein lösliches Doppelcyanür, das an der Luft ziemlich beständig ist und mit verschiedenen anderen Salzen in doppelte Umsetzungen eingeht, die denjenigen der Doppelcyanüre des Eisens analog sind.

Zu den Kupferoxydul-Verbindungen gehört auch der **Kupferwasserstoff** CuH. Wurtz erhielt denselben beim Vermischen einer warmen Kupfervitriollösung (bei 70°) mit unterphosphoriger Säure H^3PO^2, indem er eine Lösung der letzteren zu ersterer bis zur Entstehung eines braunen Niederschlags und beginnender Gasentwickelung zusetzte. Der braune Niederschlag war wasserhaltiger Kupferwasserstoff. Schon bei schwachem Erwärmen scheidet diese Verbindung Wasserstoff aus; an der Luft oxydirt sie sich zu Kupferoxydul, in einem Chlorstrome entzündet sie sich und mit Chlorwasserstoff scheidet sie Wasserstoff aus: $CuH + HCl = CuCl + H^2$. Zink, Silber, Quecksilber, Blei und viele andere Schwermetalle bilden keine Wasserstoffverbindungen, weder unter den oben angegebenen Bedingungen, noch auch beim Einwirken von Wasserstoff im Entstehungszustande bei Zersetzungen durch den galvanischen Strom. Am meisten ähnelt der Kupferwasserstoff den Wasserstoffverbindungen des K, Na und Pd, was ein gewisses Interesse bietet, da diese Metalle im periodischen System sich in der Nähe des Kupfers befinden.

durch Glühen von salpetersaurem oder von kohlensaurem Kupfer. Beim Versetzen einer Kupfersalzlösung mit Aetzkali oder mit Ammoniak entsteht gallertartiges, in Wasser unlösliches blaues Kupferhydroxyd CuH^2O^2. In überschüssigem Ammoniak löst sich der Niederschlag zu einer schön lazurfarbenen Flüssigkeit; die Färbung ist so intensiv, dass sie zur Entdeckung minimaler Kupfermengen in Lösungen benutzt werden kann [9]). In einem Ueberschuss von KHO

---

9) Das Kupferoxyd und viele seiner Salze besitzen die Fähigkeit mit Ammoniak unbeständige, aber bestimmte Verbindungen zu bilden. Diese Fähigkeit offenbart sich schon in der Löslichkeit des Kupferoxyds und verschiedener Kupfersalze in Ammoniak und in der Absorption von Ammoniak durch Kupfersalze. Beim Versetzen der Lösung irgend eines Kupfersalzes mit Ammoniak entsteht zunächst ein Niederschlag von Kupferoxyd, das sich dann im Ueberschusse des Ammoniaks löst. Lässt man eine solche Lösung verdunsten oder versetzt man sie mit Weingeist, so scheiden sich Krystalle von Salzen aus, die gleichzeitig die Elemente des angewandten Kupfersalzes und des Ammoniaks enthalten. Gewöhnlich entstehen sogar mehrere solcher Verbindungen; Kupferchlorid $CuCl^2$ z. B. bildet nach Déhérain mit Ammoniak vier krystallinische Verbindungen, welche auf eine Molekel Kupferchlorür eine, zwei, vier und sechs Molekeln Ammoniak enthalten. Leitet man Ammoniakgas in eine siedende und gesättigte Lösung von Kupferchlorid, so scheiden sich beim Abkühlen blaue oktaëdrische Krystalle von der Zusammensetzung $CuCl^2(NH^3)^2H^2O$ aus, welche bei 150° die Hälfte des Ammoniaks und alles Wasser verlieren und die Verbindung $CuCl^2NH^3$ zurücklassen. Salpetersaures Kupfer bildet die Verbindung $Cu(NO^3)^22NH^3$, die sich beim Eindampfen ihrer Lösung nicht verändert. Trocknes schwefelsaures Kupfer absorbirt Ammoniakgas und bildet eine Verbindung, die auf eine Molekel des Salzes 5 Ammoniakmolekeln enthält (Seite 284). Wenn eine Lösung dieser Verbindung in Ammoniak eingedampft wird, so scheidet sich eine krystallinische Substanz von der Zusammensetzung $CuSO^4(NH^3)^4H^2O$ aus, die bei 150° wieder alles Wasser und die Hälfte des Ammoniaks verliert. Beim Glühen scheiden alle diese Verbindungen ihr Ammoniak vollständig als Ammoniaksalz aus, so dass im Rückstande Kupferoxyd erhalten wird. Ammoniak löst Kupferoxyd, wenn es als Hydrat und wenn es wasserfrei vorliegt.

Die beim Einwirken von Ammoniak und Luft auf Kupferdrehspäne entstehende Lösung (Anm. 6) zeichnet sich durch die Fähigkeit aus Cellulose zu lösen, welche weder in Wasser, noch in schwachen Säuren, noch in Alkalien löslich ist. Papier, das mit einer solchen Lösung durchtränkt wird, unterliegt nicht der Fäulniss, lässt sich schwer entzünden und wird vom Wasser nicht benetzt. Daher verwendet man dasselbe, besonders in England, in der Praxis, z. B. bei der Herstellung temporärer Gebäude, zur Dachdeckung u. s. w. Die ammoniakalische Kupferlösung enthält die Verbindung $Cu(OH)^24NH^3$.

Wenn über Kupferoxyd, das auf 265° erhitzt ist, trocknes Ammoniakgas geleitet wird, so bleibt ein Theil des Kupferoxydes unverändert, während der andere Theil Stickstoffkupfer bildet, wobei der Sauerstoff des Kupferoxyds sich mit dem Wasserstoff des Ammoniaks zu Wasser verbindet. Das unverändert gebliebene Kupferoxyd lässt sich aus dem erhaltenen Produkt leicht durch Auswaschen mit Ammoniak entfernen. Das Stickstoffkupfer ist sehr beständig und unlöslich, es besitzt die Zusammensetzung Cu^3N und stellt ein amorphes, grünes Pulver dar, das sich erst bei starkem Glühen zersetzt und das beim Einwirken von Chlorwasserstoffsäure Kupferchlorür und Salmiak bildet. Wie auch die anderen Stickstoffmetalle, so ist auch Cu^3N noch fast gar nicht untersucht, obgleich es für die Charakteristik des Stickstoffs äusserst wichtig wäre die Eigenschaften solcher Verbindungen genaueren Untersuchungen zu unterwerfen. Aus der angeführten Zusammen-

oder NaHO ist CuH²O² unlöslich. Der blaue Kupferhydroxyd-Nie-
derschlag entsteht beim Versetzen von Kupferoxydsalzlösungen mit
Alkalien nur bei gewöhnlicher Temperatur. Aus erwärmten Lösungen erhält man an Stelle des blauen einen schwarzen Niederschlag
von wasserfreiem Kupferoxyd; auch das schon gefällte blaue Kupferhydroxyd wird beim Erwärmen körnig und schwarz, da es sich
durch seine Unbeständikeit auszeichnet und schon bei schwachem
Erwärmen die Elemente des Wassers verliert: CuH²O²=CuO+H²O.

In starker Glühhitze schmilzt das Kupferoxyd und bildet nach
dem Abkühlen eine krystallinische, schwere, zähe, schwarze und
undurchsichtige Masse. Das Kupferoxyd ist eine schwache Base, so
dass es aus seinen Verbindungen nicht nur durch die Oxyde der
Alkali- und Erdalkalimetalle, sondern sogar durch solche Oxyde,
wie die des Bleis und Silbers ausgeschieden wird: zum Theil erklärt
sich dies auch dadurch, dass die beiden zuletzt genannten Oxyde,
wenn auch nur wenig, doch immer in Wasser löslich sind. Uebrigens verbindet sich das Kupferoxyd, namentlich wenn es als Hydrat vorliegt, leicht selbst mit sehr schwachen Säuren, nicht aber
mit Basen, dagegen **bildet es leicht basische Salze,** und zwar übertrifft es hierin die Magnesia und erinnert an die Oxyde des Bleis
und Quecksilbers. Infolge dieser Eigenschaft löst sich das Kupferhydroxyd in den Lösungen neutraler Kupferoxydsalze. Da das
Kupferhydroxyd gefärbt ist, so sind auch die Kupferoxydsalze meist
blau oder grün; im wasserfreien Zustande sind einige derselben
jedoch farblos [10]).

setzung des Stickstoffkupfers lässt sich ersehen, dass das Kupfer darin die Rolle
des Wasserstoffs spielt, indem es als ein einwerthiges Metall, wie im Kupferoxydule,
auftritt.

10) Neutrales **salpetersaures Kupfer,** CuN²O⁶3H²O (Kupfernitrat) erhält man als
ein zerfliessliches, in Alkohol lösliches Salz von blauer Farbe beim Auflösen von
Kupfer oder Kupferoxyd in Salpetersäure. Beim Erwärmen zersetzt es sich sehr
leicht, und zwar schon vor Beginn der Ausscheidung seines Krystallisationswassers.
Hierbei entsteht Kupferoxyd, das sich bei weiterem Erhitzen mit dem noch unzer-
setzten neutralen Salze zu basischem salpetersaurem Kupfer, CuN²O⁶2CuH²O² verbindet. Letzteres erhält man auch beim Versetzen einer Lösung des neutralen
Salzes mit einem Alkali oder mit Kupferhydroxyd oder auch mit kohlensaurem
Kupfer. Sogar beim Kochen mit metallischem Kupfer zersetzt sich das neutrale
salpetersaure Kupfer und scheidet einen grünen Niederschlag von basischem Salze
aus, das sich beim Erhitzen unter Zurücklassung von Kupferoxyd zersetzt. Das
basische salpetersaure Kupfer von der Zusammensetzung CuN²O⁶3CuH²O² ist in
Wasser fast unlöslich.

Das neutrale **kohlensaure Kupfer,** CuCO³ (Kupfercarbonat) findet sich in der Natur,
jedoch äusserst selten. Wenn aber Lösungen von Kupferoxydsalzen mit kohlensauren Alkalien vermischt werden, so entstehen, wie bei den Magnesiumsalzen, unter
Entwickelung von Kohlensäuregas basische Salze, deren Zusammensetzung je nach
der Temperatur und den Reaktionsbedingungen verschieden ist. Bei gewöhnlicher
Temperatur entsteht ein voluminöser blauer Niederschlag, der äquivalente Mengen
von kohlensaurem Kupfer und Kupferhydroxyd enthält, und nach längerem Stehen

Das gewöhnlichste der neutralen Kupferoxydsalze ist der blaue **Kupfervitriol**—schwefelsaures Kupfer—mit einem Gehalte an 5 Molekeln Krystallisationswasser $CuSO^4 \; 5H^2O$. Dieses Salz entsteht beim Einwirken von konzentrirter Schwefelsäure auf metallisches Kupfer und wird in der Praxis durch vorsichtiges Rösten schwefelhaltiger Kupfererze, sowie durch Einwirken von sauerstoffhaltigem Wasser auf diese Erze dargestellt: $CuS + O^4 = CuSO^4$. Als Nebenprodukt erhält man es in den Münzhöfen beim Ausscheiden des Silbers aus schwefelsauren Lösungen mittelst Kupfer. Auch beim Einwirken von verdünnter Schwefelsäure auf Kupferplatten bei freiem Luftzutritt und beim Erwärmen von Kupferoxyd oder von kohlensaurem Kupfer mit Schwefelsäure entsteht Kupfervitriol. Die schön blauen Krystalle desselben gehören dem triklinen Syste man, besitzen das spezifische Gewicht 2,19 und lösen sich zu einer blauen Flüssigkeit. 100 Th. Wasser lösen bei 0^0—15, bei 25^0—23 und bei 100^0 etwa 45 Th. $CuSO^4$. Beim Erwärmen auf 100^0 verliert der Kupfervitriol 4 Molekeln Krystallisationswasser, die letzte Molekel entweicht erst bei höherer Temperatur (220^0), bei welcher ein weisses Pulver von wasserfreiem schwefelsaurem Kupfer zurückbleibt. Letzteres verliert bei weiterem Erhitzen die Elemente der Schwefelsäure und hinterlässt, wie alle Kupferoxydsalze, Kupferoxyd. Der wasserfreie (farblose) Kupfervitriol wird zuweilen zur Absorption von Wasser benutzt, wobei er wieder die blaue Farbe annimmt. Der Vortheil besteht hier darin, dass geglühter Kupfervitriol ausser H^2O auch HCl, nicht aber CO^2 absorbirt. In Kupfervitriol-Lösungen werden zur Aussaat bestimmte Pflanzenkörner getaucht, weil hierdurch, wie Einige behaupten, die Entwickelung mancher Parasiten auf den Pflanzen verhindert wird. In grösseren Mengen wird ferner der Kupfervitriol zur Darstellung verschiedener Kupfersalze, z. B. einiger Kupferfarben und namentlich in der **Galvanoplastik** benutzt, welche auf der Ausfällung des Kupfers aus Kupfervitriollösungen durch den galvanischen Strom beruht, wobei das sich an der ne-

---

oder Erwärmen ein dem Malachite ähnlicher Körper vom spez. Gew. 3,5: $2CuSO^4 + 2Na^2CO^3 + H^2O = CuCO^3CuH^2O^2 + 2Na^2SO^4 + CO^2$. Wenn man den erhaltenen blauen Niederschlag mit der Flüssigkeit erwärmt, so verliert er Wasser und geht in eine körnige grüne Masse von der Zusammensetzung Cu^2CO^4 über, d. h. in die Verbindung von neutralem kohlensaurem Kupfer mit wasserfreiem Kupferoxyd. Diese Verbindung entspricht der Orthokohlensäure $C(OH)^4 = CH^4O^4$, in der 4 H durch 2 Cu ersetzt sind. Die Bindung mit CO^2 ist so unbeständig, dass schon beim Kochen der Verbindung mit Wasser das Kohlensäuregas entweicht und schwarzes Kupferoxyd zurückbleibt. Auch das basisch kohlensaure Kupfer von der Zusammensetzung $2(CuCO^3)CuH^2O^2$, das in der Natur als Lazurstein vorkommt, verliert beim Kochen mit Wasser Kohlensäuregas. Vermischt man eine $CuSO^4$-Lösung mit anderthalbfach kohlensaurem Natrium, so bleibt die Mischung zunächst klar und erst beim Erwärmen scheidet sich ein Niederschlag von der Zusammensetzung des Malachits aus. Die künstliche Darstellung der Kupferlasur gelang Debray durch Erhitzen von salpetersaurem Kupfer mit Kreide.

gativen Elektrode absetzende metallische Kupfer die Form dieser Elektrode annimmt. Die Beschreibung der Galvanoplastik, deren industrielle Verwendung wir Jacobi in St. Petersburg zu verdanken haben, gehört in das Gebiet der angewandten Physik. An dieser Stelle soll nur erwähnt werden, dass die Galvanoplastik gegenwärtig nicht nur zur Herstellung verschiedener kleinerer Metallgegenstände, z. B. typographischer Clichés oder Abdrücke geographischer Karten, sowie grosser Statuen durch Abscheiden von Kupfer Verwendung findet, sondern auch zur Ausfällung von Eisen, Zink, Nickel, Gold, Silber und anderen Metallen entweder zum Vergolden, Versilbern, Vernickeln u. s. w. oder zur Anfertigung verschiedener Gegenstände oder zur Gewinnung der Metalle selbst benutzt wird. Die praktische Verwendung des galvanischen Stromes zur Ausscheidung der Metalle aus ihren Lösungen hat sich namentlich seit der Zeit verbreitet, als es durch die dynamoelektrischen Maschinen von Gramme, Siemens und and. möglich wurde die mechanische Kraft der Dampfmaschinen mit geringen Kosten in den galvanischen Strom umzusetzen. Es ist vorauszusetzen, dass die Anwendung des galvanischen Stromes, welcher die Chemie bereits wichtige Resultate verdankt, von jetzt an auch eine wichtige Rolle in der Technik spielen wird, wie dies bereits an der elektrischen Beleuchtung zu ersehen ist [11]).

Die **Legirungen des Kupfers** mit einigen Metallen, namentlich mit Zink und Zinn, entstehen leicht beim direkten Zusammenschmelzen der Metalle; sie lassen sich leicht in Formen giessen, schmieden und wie das Kupfer selbst bearbeiten, sind aber viel beständiger und werden daher vielfach an Stelle des Kupfers verwendet. Im Alterthume benutzte man nicht reines Kupfer, sondern ausschliesslich dessen Legirungen mit Zinn oder verschiedene Arten von **Bronze** (Kap. 18). **Messing** ist eine Kupferlegirung mit Zink; es enthält gewöhnlich gegen 32pCt Zink und nicht über 65pCt Kupfer. Der Rest besteht aus Blei und Zinn, die meist, aber nur in geringer Menge im Messing enthalten sind. Schmiedbares Messing (yellow metal) enthällt gegen 40 pCt Zink. Durch den Zusatz an Zink erleidet die Farbe des Kupfers eine bedeutende Aenderung;

---

11) Dem im Handel befindlichen Kupfervitriole ist meistens $FeSO^4$ beigemengt. Um diese Beimengung zu entfernen, erwärmt man die Lösung des Kupfervitriols mit Chlor oder Salpetersäure, damit das schwefelsaure Eisenoxydul in Eisenoxyd übergehe, dampft zur Trockne und zieht den Rückstand mit Wasser aus, wobei sich alles $CuSO^4$ löst, während das Eisenoxyd grösstentheils zurückbleibt. Das mit dem Kupfervitriol in Lösung gegangene Eisen entfernt man durch Aufkochen derselben mit etwas Kupferhydroxyd, denn Eisenoxyd Fe^2O^3 wird durch Kupferoxyd CuO in derselben Weise ausgeschieden, wie dieses selbst Silberoxyd ausscheidet. Da hierbei auch basisch schwefelsaures Kupfer entsteht, so muss man der abfiltrirten Lösung noch Schwefelsäure zusetzen und sie dann krystallisiren lassen. Ein saures Salz bildet sich nicht, doch reagirt der Kupfervitriol selbst sauer.

eine nur wenig Zink enthaltende Legirung ist bereits gelb und bei starkem Ueberwiegen der Zinkmenge tritt ein grünlicher Farbenton ein. Die gelbe Farbe des Messings weicht bei Legirungen, die mehr Zink als Kupfer enthalten, einem grauem Farbenton. Wenn dagegen die Zinkmenge unter 15 pCt sinkt, so erhält man eine röthliche harte Legirung, die Tomback genannt wird. Beim Zusammenschmelzen von Kupfer und Zink findet Kontraktion statt, so dass das Volum der entstehenden Legirung kleiner, als die Volume der beiden Metalle einzeln genommen ist. Bei andauerndem starkem Glühen von Messing verflüchtigt sich das Zink und das Kupfer bleibt allein zurück. Wenn beim Glühen die Luft Zutritt hat, so oxydirt sich das Zink vor dem Kupfer und es lässt sich auch auf diese Weise aus der Legirung alles Zink vom Kupfer trennen. Ein wichtiger Vorzug des 30 pCt enthaltenden Messings ist seine Weichheit und Hämmerbarkeit bei gewöhnlicher Temperatur; beim Erhitzen wird es jedoch spröde. Kupfermünzen setzt man, um sie härter zu machen, Zinn, Zink und Eisen zu. Denselben Zweck erreicht man beim Kupfer und der Bronze durch einen Zusatz von Phosphor. Gold und Silber, die zu Münzen und zur Herstellung verschiedener Gegenstände gebraucht werden, verdanken ihre grössere Härte bekanntlich dem Gehalte an Kupfer. Neusilber (Argentan, Melchior), das in Deutschland, Belgien, der Schweiz und and. Ländern zu Scheidemünzen und auch zu anderen Zwecken benutzt wird, erhält man durch Zusammenschmelzen von Messing mit Nickel; es besteht gewönlich aus 10 bis 20 pCt Nickel, 20 bis 30 pCt Zink und 50 bis 70 pCt Kupfer. Eine Silber, Nikel und Kupfer enthaltende Legirung wird Alfènide genant [11 bis]).

In seinen Oxydulverbindungen zeigt das Kupfer eine so grosse Aehnlichkeit mit dem Silber, dass, wenn keine Kupferoxydverbindungen existiren würden oder das Silber beständige Verbindungen des höheren Oxydes AgO bilden würde, die Analogie zwischen Kupfer und Silber ebenso gross wäre, wie zwischen Cl und Br oder zwischen Zn und Cd. Beim Silber sind aber Verbindungen. die AgO entsprechen würden, ganz unbekannt. Das Silberhyperoxyd, dem man die Zusammensetzung AgO zuschrieb, dem aber nach Berthelot (1880) die Formel des Trioxyds Ag^2O^3 zukommt,

---

11 bis) Aus seinen Untersuchungen über die galvanische Leitungsfähigkeit der Legirungen von Antimon und Kupfer mit Blei zog Ball (und auch Kamensky 1888) den Schluss, dass nur zwei bestimmte Verbindungen von Sb mit Cu existiren und dass die anderen Verbindungen entweder Legirungen dieser beiden Verbindungen miteinander oder mit Sb oder Cu sind. Von diesen beiden Verbindungen Cu^2Sb und Cu^4Sb entspricht die eine dem grössten und die andere dem geringsten Wiederstande. Im Allgemeinen bildet die Bestimmung des Stromwiderstandes eine der Methoden, mit deren Hilfe man die Zusammensetzung bestimmter Legirungen (z. B. Pb^2Zn^7) feststellen kann. Eine noch genauere Methode ergab Laurie (1888) die Bestimmung der elektromotorischen Kraft. So erwies es sich, dass den Legirungen Zn^2Cu und Cu^3Sn entsprechend die elektromotorische Kraft sich deutlich ändert.

bildet keine eigentlichen Salze und darf daher mit dem Kupferoxyd nicht in eine Reihe gestellt werden. Das Silber unterscheidet sich vom Kupfer dadurch, dass es ein beim Erhitzen sich nicht oxydirendes Metall darstellt; seine Oxyde Ag^2O und Ag^2O^3 scheiden leicht Sauerstoff aus [12]. An der Luft oxydirt sich das Silber unter gewönlichem Drucke nicht und wird daher zu den sogenannten **edlen Metallen** gezählt. Es besitzt eine reine weisse Farbe, durch welche es sich namentlich, wenn es chemisch rein ist von allen anderen Metallen unterscheidet. In der Praxis wird das Silber immer in Legirungen benutzt, da es im chemisch reinen Zustande so weich ist, dass es sich leicht abreibt, während es beim Zusammenschmelzen mit Kupfer eine bedeutende Härte erlangt ohne seine weisse Farbe zu verlieren [13].

12) Beim Glühen unterliegt auch das Kupferoxyd der Dissoziation. Nach Debray und Joannis scheidet es dann Sauerstoff aus, dessen grösste Tension bei einer bestimmten Temperatur konstant ist, wenn es nicht schmilzt (denn CuO löst sich in geschmolzenem Cu^2O), infolge dessen Kupferoxydul Cu^2O entsteht, welches beim Abkühlen wieder Sauerstoff aufnimmt und vollständig in CuO übergeht.

13) Weiche Metalle giebt es nicht viele: Blei, Zinn, Kupfer und Silber, bis zu einem gewissen Grade Eisen und Gold und insbesondere Kalium und Natrium. Die Erdalkalimetalle sind alle hart, klingend und viele andere Metalle sind sogar spröde, besonders Wismuth und Antimon. Wie gering aber die Bedeutung dieses Merkmales (das in der Praxis eine ausserordentliche Wichtigkeit besitzt) für die Bestimmung der chemischen Eigenschaften der Metalle ist, lässt sich an dem Zinke ersehen, das bei gewöhnlicher Temperatur spröde, bei 100° weich und bei 200° wieder spröde ist. Da der Werth des Silbers ausschliesslich durch den Gehalt an reinem Silber bedingt wird, was nach dem Aussehen des Metalles nicht zu bestimmen ist, so wird in vielen Ländern auf den aus Silberlegirungen bestehenden Waaren die Menge des in denselben enthaltenen reinen Silbers einem Uebereinkommen entsprechend durch Zahlen genau angegeben. Man nennt dies die **Probe** des Silbers. In Frankreich bezeichnet die Silberprobe die Gewichtsmenge reinen Silbers, die in 100 Theilen der Legirung enthalten ist, in Russland in 96 Theilen, in letzteren Falle gibt sie also die Solotniks reinen Silbers in einem russischen Pfunde (= 96 Solotnik) an. Das gewöhnliche russische Werksilber ist von der 84-sten Probe, besteht also aus 84 Gewichtstheilen Silber und 12 Gew. Th. Kupfer und anderer Metalle. Französische Silbermünzen enthalten 90 pCt Silber ·(entsprechend der Probe 86,4), während die russischen Silberrubel der $83^1/_3$ Probe (= 86,8 pCt Silber) und russische Scheidemünzen der 48-er Probe (= 50 pCt Silber) entsprechen. Da Silberlegirungen mit Kupfer die schöne weisse Farbe des Silbers abgeht, so werden die daraus hergestellten Gegenstände gewöhnlich noch dem sogenannten Weisssieden unterworfen, in dem man sie bis zur Rothgluth erhitzt und dann in verdünnte Säure taucht. Beim Erhitzen oxydirt sich nämlich an der Oberfläche des Gegenstandes nur das Kupfer und das entstandene CuO löst sich dann in der Säure, so dass an der Oberfläche reines Silber zurückbleibt. Die auf diese Weise bearbeiteten Gegenstände erhalten ein mattes Aussehen, erlangen jedoch durch Poliren den gewünschten Glanz des reinen Silbers. Das Aussehen solcher Gegenstände täuscht also über den Silbergehalt. Zur Feststellung des letzteren muss dem silbernen Gegenstande ein Theil seiner Masse entnommen werden und zwar nicht von seiner Oberfläche, sondern von tiefer liegenden Stellen. Die Bestimmung des Gehalts an Silber oder die Silberprobe wird nach verschiedenen Methoden ausgeführt. Die gewöhn-

Das **Silber** findet sich in der Natur sowol gediegen, als auch in Verbindungen. Uebrigens kommen Erze, die gediegenes Silber enthalten, ziemlich selten vor. Bedeutend häufiger findet man dagegen das Silber in Verbindung mit Schwefel, namentlich als Schwefelsilber Ag²S im Gemenge mit Schwefelblei, Schwefelkupfer und verschiedenen anderen Erzen. Die Hauptmenge des Silbers wird aus silberhaltigem Blei gewonnen, welches zu diesem Zwecke unter Luftzutritt geglüht wird. Hierbei oxydirt sich das Blei zu PbO (Blei- oder Silberglätte), welche zu einer beweglichen Flüssigkeit schmilzt und leicht abgegossen werden kann, während das Silber sich nicht oxydirt und in metallischem Zustande zurückbleibt. Es ist dies die sogenante Treibarbeit [14]).

---

lichste und früher allgemein benutzte Methode ist die sogen. Kupellation, die auf der verschiedenen Oxydationsfähigkeit des Silbers beruht. Die Kapelle (**Fig. 144**) ist eine poröse, dickwandige halbkugelförmige Schale. die durch Zusammenpressen von Knochenasche hergestellt wird. Die auf diese Weise erhaltene poröse Masse absorbirt beim Schmelzen von Metalllegirungen die entstehenden Oxyde, namentlich Bleioxyd, während das unoxydirte Metall nicht absorbirt wird und in starker Glühhitze die Form eines Tropfens annimmt, der beim Abkühlen zu einem Korn (Regulus) erstarrt, das abgewogen werden kann. Mehrere Kapellen kommen gleichzeitig in die Muffel — ein halbcylinderförmiges Gefäss aus Thon mit Seitenöffnungen zum Eindringen der Luft

Fig. 144. Durchschnitt einer Kapelle zum Probiren von Silber durch Kupellation. 1/1.

Fig. 145. Muffel aus gebranntem Thon. 1/25.

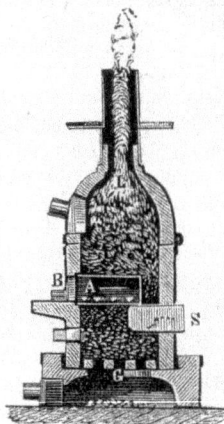

Fig. 146. Tragbarer Ofen zum Erhitzen der Muffel, A, in welche die Kapellen eingestellt werden. 1/30.

(**Fig. 145**), welches dann in einem Schmelzofen (**Fig. 146**) erhitzt wird. Da nun das beim Erhitzen der Silberlegirung entstehende Kupferoxyd unschmelzbar oder richtiger schwer schmelzbar ist, so setzt man der Legirung etwas Blei zu, weil das aus diesem entstehende leicht flüssige Bleioxyd mit dem Kupferoxyd zusammenschmilzt und auf diese Weise von der Kapelle aufgesogen wird, während das Silber zuletzt als glänzender Regulus zurückbleibt und nach dem Abkühlen gewogen wird. Beschreibungen der auf der volumetrischen Analyse beruhenden genauen Bestimmungsmethoden des Silbers findet man in den Lehrbüchern der analytischen Chemie.

14) In Amerika, das gegenwärtig die grösste Menge des jährlich produzirten Silbers liefert, werden noch Erze, die kaum $1/5$ pCt Silber enthalten, verarbeitet und bei einem $1/2$ pCt erreichenden Gehalte ist die Ausbeute sehr vortheilhaft. In manchen Fällen lässt sich übrigens ein Erz selbst dann mit Vortheil verarbeiten, wenn es nur 0,01 pCt Silber enthält. Der grösste Theil der aus Bleiglanzen gewonnenen Bleis enthält Silber und wird auch darauf verarbeitet. In der Nähe von Arras (in Frankreich) z. B. wird ein Bleierz verarbeitet, das in 100 Theilen gegen 65 Th. Blei und 0,088 Th. Silber enthält, also 136 Th. Silber auf 100000 Th. Blei. In den Freiberger Bergwerken (in Sachsen) gewinnt man Silber aus einem Erze, das

Das in der Praxis verwandte Silber enthält gewöhnlich Kupfer und nur selten andere Metalle. Chemisch **reines Silber** stellt man (entweder durch Kupellation oder) auf folgende Weise dar. Zunächst löst man das vorliegende Silber in Salpetersäure und versetzt dann die erhaltene grüne Lösung von salpetersaurem Silber und Kupfer, $AgNO^3 + Cu(NO^3)^2$, (nachdem man sie stark mit Wasser verdünnt, damit etwa entstehendes Bleichlorid in Lösung bleibe) mit Chlorwasserstoffsäure. Hierbei fällt das Silber als Chlorsilber aus, während Kupfer und andere Metalle in Lösung bleiben. Nachdem sich der Niedeschlag abgesetzt, giesst man die Flüssigkeit ab, wäscht

---

(nach der mechanischen Anreicherung durch Auswachsen) in 10000 Theilen etwa 0,9 Th. Silber, 160 Th. Blei und 2 Th. Kupfer enthält. Bei der Verarbeitung von silberhaltigen Bleierzen wird zunächst immer das Blei gewonnen (vergl. Kap. 18) und aus diesem dann das Silber. Oefters werden auch andere silberhaltige Erze mit dem Bleierz vermischt, um zunächst silberhaltiges Blei zu weiterer Verarbeitung zu gewinnen. Das englische **Verfahren von Pattison** beruht darauf, dass beim Abkühlen von geschmolzenem silberhaltigem Blei zunächst nur Blei auskrystallisirt und zu Boden sinkt, wodurch der Silbergehalt in dem flüssig bleibenden Theile in dem Maasse zunimmt, wie die Bleikrystalle ausgeschöpft werden. Auf diese Weise wird das Blei bis zu einem Gehalte von $^1/_{400}$ Theile Silber angereichert und dann der Kupellirung im Grossen, d. h. der Treibarbeit unterworfen.

Vom gediegenen Silber abgesehen, gehören zu den reichen Silbererzen hauptsächlich die folgenden: Silberglanz Ag^2S (spez. Gew. 7,2), Kupfer-Silberglanz CuAgS, Hornsilber AgCl, Rothgiltigerz Ag^3SbS^3, Fahlerz und Polybasit M^9RS^6 (wo M=Ag, Cu und R = Sb,As). Silber ist ferner im gediegenen Golde enthalten, sowol im sogen. Berggold als auch im Waschgold. Die Goldkrystalle aus den Bergwerken von Beresowsk im Uralgebirge bestehen aus 90—95 Th. Gold und 5—9 Th. Silber und das Gold vom Altaigebirge enthält 50—65 Th. Gold und 36—38 Th. Silber. In diesen Grenzen schwankt der Silbergehalt des gediegenen Goldes auch in anderen Gegenden. Die in Gängen vorkommenden Silbererze enthalten meistens gediegenes Silber und verschiedene Schwefelverbindungen. Die bekanntesten Silberbergwerke Europa's befinden sich: in Sachsen (die Freiberger), wo jährlich gegen 26 Tonnen Silber gewonnen werden, in Ungarn und in Böhmen (41 Tonnen). In Russland wird Silber im Altaigebirge und in Nertschinsk (17 Tonnen) gewonnen. Die reichsten Silberbergwerke befinden sich in Amerika, namentlich in Chile (bis zu 70 Tonnen), in Mexiko (200 Tonnen) und in den westlichen Staaten Nord-Amerikas. Der Silberreichthum dieser Gegenden lässt sich z. B. schon darnach beurtheilen, dass aus dem im Jahre 1859 entdeckten Silberlager im Staate Nevada (Comstock in der Nähe von Washoe und der Städte Gold Hill und Virginia City) im Jahre 1866 gegen 400 Tonnen Silber gewonnen wurden. Die Gewinnung des Silbers aus Blei und Silbererzen wird grösstentheils durch Treibarbeit und mittelst des Chlorationsprozesses ausgeführt. Die Treibarbeit beruht, wie auch die Kupellation, darauf dass beim Schmelzen an der Luft das Silber nicht oxydirt wird, während das Blei und andere dem Silber beigemengte Metalle hierbei flüssige Oxyde bilden, die sich von Silber leicht trennen lassen. Beim Chloriren wird das im Erze enthaltene Silber in Silberchlorid übergeführt und zwar entweder auf nassem oder trocknem Wege. Aus dem erhaltenen Chlorsilber wird dann das Metall wieder nach zwei verschiedenen Methoden gewonnen. Die eine Methode—der sogen. **Amalgamationsprozess**—beruht auf der Reduktion des Chlorsilbers durch metallisches Eisen, wobei das reduzirte Silber durch Quecksilber aufgenommen wird, in dem die Beimengungen unlöslich sind. Das Quecksilber wird zuletzt durch Destillation entfernt.

ihn mit Wasser aus und schmilzt ihn mit Soda zusammen. Durch doppelte Umsetzung entstehen hierbei NaCl und kohlensaures Silber, welches sich unter Zurücklassung von metallischem Silber zersetzt: $Ag^2CO^3 = Ag^2 + O + CO^2$. Ein anderes Verfaren besteht darin, dass man gleichfalls Chlorsilber mit Zink, Schwefelsäure und Wasser vermischt und längere Zeit hindurch stehen lässt, wobei dann das Zink dem AgCl das Chlor entzieht und das Silber in Form eines Pulvers ausgeschieden wird [15]).

Chemisch reines Silber besitzt eine sehr reine weisse Farbe und ein spezifisches Gewicht von 10,5. Beim Schmelzen zieht es sich zusammen, so dass Silberstücke auf dem geschmolzenen Metalle schwimmen. Die Schmelztemperatur des Silbers wird zu 950° angenommen und bei noch höherer Temperatur, die durch Verbrennen von Knallgas erreicht wird, destillirt das Silber. Durch Destillation von Silber, das aus Chlorsilber mittellst Milchzucker und Aetzkali reduzirt war, erhielt Stas vollkommen reines Silber leichter, als nach anderen Methoden. Silberdämpfe zeigen eine schöne grüne Farbe, die sich beobachten lässt, wenn man einen Silberdraht in brennendem Knallgas zum Glühen bringt [16]).

Nach der anderen, seltener benutzten Methode wird das Chlorsilber in einer Lösung von Kochsalz oder unterschwefligsaurem Salze gelöst und aus der Lösung das Silber durch Eisen ausgefällt. In Amerika führt man die Chloration und die Amalgamation gleichzeitig aus, während in Europa die Silbererze zuerst durch Rösten mit Kochsalz chlorirt und dann erst der Amalgamation unterworfen werden. In starker Glühhitze verdampft das Kochsalz und wirkt dann auf die Silberverbindungen in der Weise ein, dass es das Silber in Chlorsilber überführt. Die Amalgamation geschieht in drehbaren Fässern, in welchen das geröstete Silbererz mit Wasser, Quecksilber und Eisen gemischt wird; letzteres entzieht hierbei dem Chlorsilber das Chlor und das freiwerdende Silber löst sich im Quecksilber. Die genaue Beschreibung der verschiedenen Prozesse zur Gewinnung des Silbers aus seinen Erzen gehört in das Gebiet der Hüttenkunde.

15) Ein anderes praktisches Verfahren zur Ausscheidung des Silbers aus seinen Lösungen, das in der Photographie benutzt wird, beruht auf der Einwirkung von Oxalsäure. Jedoch muss man hierzu den Silbergehalt der Lösung kennen und auf je 60 Gramm in Lösung befindlichen Silbers 23 Gr. Oxalsäure, gelöst in 400 Gr. Wasser zusetzen. Dann fällt oxalsaures Silber $Ag^2C^2O^4$ aus, das in Wasser unlöslich, in Säuren jedoch löslich ist. Daher muss die Silberlösung, wenn sie freie Säuren enthält, vor dem Zusetzen der Oxalsäure durch Soda neutralisirt werden. Das gefällte oxalsaure Silber wird getrocknet, mit der gleichen Gewichtsmenge trockner Soda vermischt und das Gemisch in einen schwach erwärmten Tiegel gebracht. Die Reduktion des Silbers erfolgt dann ohne Explosion, während bei direktem Erhitzen das oxalsaure Silber sich unter Explosion zersetzt.

Die beste Methode zur Ausscheidung des Silbers aus seinen Lösungen ist nach Stas die Reduktion von Chlorsilber, das in Ammoniak gelöst ist, durch eine ammoniakalische Lösung von unterschwefligsaurem Kupferoxydul; das Silber fällt hierbei sogar krystallinisch aus. An Stelle des Kupferoxydulsalzes kann man auch direkt eine Lösung von unterschwefligsaurem Ammon anwenden.

16) Beim Schmelzen absorbirt das Silber eine bedeutende Menge Sauerstoff, der sich beim Abkühlen des Silbers wieder ausscheidet. Ein Volum geschmolzenen Silbers löst bis zu 22 Volume Sauerstoff. Beim Abkühlen des Silbers entstehen

Das Silber zeichnet sich im Allgemeinen durch seine geringe Reaktionsfähigkeit aus, doch vorbindet es sich leicht mit Schwefel, Jod und einigen analogen Metalloiden. Bei keiner Temperatur unterliegt das Silber der Oxydation [17]) und sein Oxyd Ag^2O zersetzt sich beim Erhitzen.

Diese Eigenschaft des Silbers, dass es weder durch Sauerstoff in Gegenwart von Alkalien, noch in der stärksten Glühhitze, noch auch in Gegenwart von Säuren, wenigstens verdünnten, oxydirt wird, ist von grosser Wichtigkeit, denn dieselbe bedingt die ausgedehnte Verwendung des Silbers, sowol in der Praxis als auch im Laboratorium (z. B. zum Aufbewahren und Schmelzen von Alkalien). Durch Ozon wird das Silber jedoch oxydirt.

Von den Säuren wirkt die Salpetersäure am stärksten auf Silber ein, wobei Stickoxyde und salpetersaures Silber, $AgNO^3$, entstehen, letzteres löst sich in Wasser und ist daher der weiteren Einwirkung der Säure nicht hinderlich. Dagegen hört die Einwirkung der Halogenwasserstoffsäuren, unter denen die von HJ unter Ausscheidung von Wasserstoff besonders bemerkbar ist, bald auf, da die Halogenverbindungen des Silbers in Wasser unlöslich und in Säuren nur wenig löslich sind, und das noch unangegriffene Metall gegen das weitere Einwirken der Säure schützen. Daher lässt sich die Einwirkung der Halogenwasserstoffsäuren nur auf fein zertheil-

---

auf der Oberfläche des Silbers Erhöhungen, die den Kratern von Vulkanen ähnlich sind, und das Metall wird durch den sich ausscheidenden Sauerstoff emporgeschleudert; die ganze Erscheinung erinnert mikroskopisch an Vulkane (Dumas). Silber, das eine geringe Menge von Kupfer oder Gold oder and. Metalle enthält, verliert diese Fähigkeit—Sauerstoff zu lösen. Nach Stas wird Silber in Gegenwart von Säuren durch den Sauerstoff der Luft oxydirt. Pfordten bestätigte dies und zeigte, dass Silber von einer mit Säure versetzten Lösung von $MnKO^4$ in Gegenwart von Luft gelöst wird.

Das Silber gehört zu den Metallen, die sich durch ihre Hämmerbarkeit und Zähigkeit besonders auszeichnen—es lässt sich zu Blättchen ausschlagen, deren Dicke nur 0,002 Millimeter beträgt. Ein einziges Gramm Silber kann zu einem $2^1/_2$ Kilometer langen Drahte ausgezogen werden. In dieser Eigenschaft steht das Silber nur dem Golde nach. Ein Silberdraht von 2 Millimeter Durchmesser zerreisst bei einer Belastung von 20 Kilogramm.

17) Die Absorption von Sauerstoff durch geschmolzenes Silber ist übrigens ein Oxydationsvorgang, gleichzeitig aber auch eine Lösungs-Erscheinung. Da 22 Kubikcentimeter Sauerstoff, die sich in einem Kubikcentimeter geschmolzenen Silbers lösen können, ein Gewicht von 0,03 Gramm besitzen, selbst wenn man annimmt, dass die Temperatur des Sauerstoffs 0° ist, während ein Kub.-Cent. Silber wenigstens 10 Gr. wiegt, so muss vorausgesetzt werden, dass eine bestimmte Verbindung des Silbers mit Sauerstoff (etwa 45 Silberatome auf 1 Sauerstoffatom) nur im Zustande der Dissoziation auftreten kann; in eben diesem Zustande muss man sich nun eine Substanz in Lösung denken (vergl. Kap. 1).

Nach Le-Chatelier absorbirt geschmolzenes Silber bei 300° und einem Drucke von 15 Atmosphären so viel Sauerstoff, dass man die Bildung der Verbindung Ag^4O oder des Gemisches $Ag^2 + Ag^2O$ annehmen kann. Das Silberoxyd zersetzt sich aber nur unter geringen Drucken, während es unter einem 10 Atmosphären übersteigenden Drucke keiner Zersetzung unterliegt; dieselbe beginnt erst bei 400°.

tes Silber feststellen. Schwefelsäure wirkt auf Silber, ebenso wie
auf Kupfer, nur wenn sie konzentrirt ist und bei erhöhter Temperatur ein und zwar unter Entwickelung von Schwefligsäuregas und
nicht von Wasserstoff. Bei gewöhnlicher Temperatur widersteht das
Silber der Einwirkung konzentrirter Schwefelsäure selbst in Gegenwart von Luft. Von den verschiedenen Salzen wirken Kochsalz (in
Gegenwart von Feuchtigkeit, Luft und Kohlensäure) und Cyankalium (bei Luftzutritt) am merklichsten auf das Silber ein, indem
sie es in Chlorsilber, respektive in ein Doppelcyanid überführen.

Obgleich sich nun das Silber mit Sauerstoff unmittelbar
nicht verbindet, so können doch auf indirektem Wege aus Silbersalzen drei verschiedene Oxydationsstufen erhalten werden,
die jedoch alle nur wenig beständig sind und beim Erhitzen in
Sauerstoff und metallisches Silber zerfallen. Das **Silberoxydul** oder
das Suboxyd Ag^4O entspricht den (wenig untersuchten) Suboxyden
der Alkalimetalle [18]), das **Silberoxyd** Ag^2O bildet die gewöhnlichen
Silbersalze AgX, analog den Salzen der Alkalimetalle, und das
Silberhyperoxyd besitzt die Zusammensetzung AgO oder nach Berthelot Ag^2O^3 [19]). Das Silberoxyd fällt beim Versetzen der Lösung

18) Das **Silbersuboxyd** Ag^4O (Qaudrantoxyd) erhält man aus citronensaurem Silberoxyd. Beim Erhitzen dieses Salzes auf 100° in einem Wasserstoffstrome entstehen Wasser und citronensaures Silbersuboxyd, das sich in Wasser nur wenig löst,
trotzdem aber eine rothbraune Lösung bildet. Beim Kochen entfärbt sich diese Lösung unter Ausscheidung von metallischem Silber und es bildet sich wieder citronensaures Silberoxyd. Wöhler erhielt nun beim Versetzen der rothbraunen Lösung
mit Aetzkali einen schwarzen Niederschlag von Silbersuboxyd. Mit Chlorwasserstoff
bildet das Suboxyd braunes Silberchlorür Ag^2Cl, das auch beim Einwirken des
Lichtes auf Silberchlorid entsteht. Andere Säuren verbinden sich mit dem Silber-
suboxyde nicht, sondern bilden, unter Ausscheidung von metallischem Silber, Silber-
oxydsalze. Denselben Charakter besitzen auch andere Suboxyde. Auch das Kupferoxydul ähnelt gewissermaassen den Suboxyden, aber dem Kupfer entspricht sein
eigenes Quadrantoxyd — Cu^4O, das in Form eines braunen Hydrats beim Einwirken einer alkalischen Zinnoxydullösung auf Kupferhydroxyd entsteht. Säuren zersetzen das Kupferquadrantoxyd in Kupfer und das entsprechende Kupferoxydsalz.
Die Frage der Suboxyde sowie der Hyperoxyde ist gegenwärtig noch nicht genügend aufgeklärt.

19) Das **Silberhyperoxyd** AgO oder Ag^2O^3 entsteht bei der Zersetzung einer schwachen (10procentigen) Lösung von salpetersaurem Silber durch den galvanischen
Strom am positiven Pole, an welchem sich bei der Zersetzung von Salzen gewöhnlich Sauerstoff ausscheidet. An diesem Pole bilden sich dann spröde, graue Nadeln
mit Metallglanz, die zuweilen eine bedeutende Grösse erreichen. In Wasser ist das
Silberhyperoxyd unlöslich; beim Trocknen und Erhitzen, namentlich auf 150°, zersetzt es sich unter Entwickelung von Sauerstoff und wirkt, analog PbO^2, BaO^2 u. s. w.
wie ein starkes Oxydationsmittel. Mit Säuren scheidet es Sauerstoff aus und bildet
Salze. Mit Chlorwasserstoff entwickelt es Chlor. Schwefligsäuregas absorbirt es und
geht hierbei in schwefelsaures Silber über. Ammoniak reduzirt aus dem Hyperoxyde
Silber und oxydirt sich selbst zu Wasser und Stickstoff. Genauere Untersuchungen
der oben beschriebenen Krystalle des Silberhyperoxyds haben ergeben, dass dieselben aus salpetersaurem Silber, Silberhyperoxyd und Wasser bestehen. Ihre Zusammensetzung ist nach den Analysen von Fischer: $(AgO)^4AgNO^3H^2O$ und von Berthelot: $(Ag^2O^3)^42(AgNO^3)H^2O$.

eines Silbersalzes, z. B. $AgNO^3$, mit Kalilauge als ein brauner Niederschlag aus. Derselbe stellt aber allem Anscheine nach das Hydrat AgHO dar, obgleich er beim Trocknen alles Wasser verliert und dann die Zusammensetzung Ag^2O zeigt. Die Einwirkung des Alkalis erfolgt wol entsprechend der Gleichung: $AgNO^3 + KHO = KNO^3 + AgHO$, während die Bildung des wasserfreien Oxyds: $2AgHO = Ag^2O + H^2O$ sich mit der Entstehung des wasserfreien Kupferoxyds beim Einwirken von Aetzkali auf erwärmte Lösungen von Kupfersalzen vergleichen lässt. Hieraus folgt, dass das etwa entstehende Silberhydroxyd schon bei niedrigen Temperaturen in Wasser und Silberoxyd zerfällt; zweifellos ist es, dass bei 60° kein Silberhydroxyd existirt, sondern nur wasserfreies Oxyd. entsteht. Das Silberoxyd ist in Wasser fast unlöslich, trotzdem besitzt es die Eigenschaften einer ziemlich energischen Base, denn es verdrängt die Oxyde vieler Metalle aus ihren löslichen Salzen und sättigt selbst solche Säuren, wie die Salpetersäure, indem es mit ihnen neutrale Salze bildet, die auf Lackmus nicht einwirken. Genau genommen geht eine geringe Menge von Silberoxyd dennoch in Lösung, denn hierdurch erklärt sich die Einwirkung der Flüssigkeit auf Lösungen von Salzen, z. B. von Kupferoxydsalzen. Wasser nimmt nämlich beim Zusammenschütteln mit Silberoxyd eine deutlich alkalische-Reaktion an. Durch Wasserstoff wird das Silberoxyd schon bei 80° reduzirt [20]). Die geringe Affinität des Silbers zum Sauerstoff offenbart sich in der Zersetzbarkeit des Silberoxyds unter dem Einflusse des Lichtes; dasselbe ist daher in dunklen Gefässen aufzubewahren. Die Salze des Silberoxydes sind farblos, beim Erhitzen zersetzen sie sich und hinterlassen metallisches Silber, wenn die Elemente der Säure flüchtig sind. Sie besitzen einen besonderen metallischen Geschmack und sind sehr giftig; unter dem Einflusse des Lichts erleiden sie meistens Aenderungen, namentlich in Gegenwart organischer Substanzen, die sich hierbei oxydiren. Kohlensaure Alkalien fällen aus Lösungen von Silbersalzen weisses kohlensaures Silber Ag^2CO^3, das in Wasser unlöslich ist, sich aber in Ammoniak und kohlensaurem Ammon löst. Aetzammon wirkt auf neutrale Lösungen von Silbersalzen zunächst wie Aetzkali, aber der entstehende Niederschlag löst sich sehr leicht im Ueberschusse des Reagenz, analog dem Kupferoxyde [21]). Die Halogenverbindungen des

---

20), Nach Müller wird Fe^2O^3 durch Wasserstoff bei 295° reduzirt (Vergl. Kap. 22 Anm. 5), CuO bei 140°, Ni^2O^3 bei 150°, NiO bei 195° zu Ni^2O und bei 270° zu Ni. ZnO erforderte eine so hohe Temperatur, dass das Glasrohr, in welchem Müller den Versuch ausführte, die Hitze nicht ertrug; Antimonoxyd wurde bei 215° reduzirt, gelbes Quecksilberoxyd bei 130°, rothes bei 230°, Silberoxyd bei 85° und Platinoxyd schon bei gewöhnlicher Temperatur.

21) Fällt man die Lösung eines Silbersalzes mit Natronlauge und setzt dann tropfenweise Ammoniak bis zur vollständigen Lösung des Niederschlages zu, so

Silbers sind (wie auch das oxalsaure Silber) in Wasser unlöslich
und werden daher, wie schon öfters erwähnt wurde, durch Chlorwasserstoff oder Chlormetalle gefällt. Jodkalium fällt Jodsilber, das
sich vom Chlorsilber durch seine gelbliche Farbe unterscheidet.
Zink scheidet aus den Lösungen von Silbersalzen alles Silber im
metallischen Zustande aus. Auch viele andere Metalle und Reduktionsmittel, z. B. organische Stoffe, reduziren das Silber aus seinen
Salzen.

Salpetersaures Silber, $AgNO^3$, (Silbernitrat), das in der Praxis
Höllenstein (lapis infernalis) genannt wird, stellt man durch Auflösen von Silber in Salpetersäure dar. Da infolge des Kupferge-
halts des Silbers in die entstehende Lösung auch salpetersaures
Kupfer übergeht, so dampft man dieselbe ein und schmilzt den Rückstand vorsichtig, damit die Temperatur der beginnenden Rothgluth
nicht überschritten werde; hierbei zersetzt sich alles salpetersaure
Kupfer, während das salpetersaure Silber grösstentheils unzersetzt
bleibt und durch Auslaugen mit Wasser vom Kupferoxyd getrennt
werden kann. Wenn eine Kupferoxyd und Silber enthaltende Lösung
mit Silberoxyd versetzt wird, so verdrängt dieses alles Kupferoxyd.
Hierzu braucht man natürlich kein reines Silberoxyd, sondern man
kann aus einem Theil der Lösung durch Aetzkali die Hydroxyde
$Cu(OH)^2$ und AgOH ausfällen und den Niederschlag dann in den
übrigen Theil der Lösung, die das Gemisch der Kupfer- und Silbersalze enthält, eintragen [22]). Das nach einer der eben angege-

---

scheidet die Flüssigkeit beim Verdunsten eine violette Masse von krystallinischem
Silberoxyd aus. Wenn man feuchtes Silberoxyd mit einer konzentrirten Ammoniaklösung stehen lässt, so entsteht eine schwarze Masse, die sich leicht unter Explosion zersetzt. Diese schwarze Substanz wird (Berthollet'sches) Knallsilber genannt.
Wahrscheinlich ist sie ein den Verbindungen der anderen Oxyde mit Ammoniak
analoger Körper und bei der Explosion bildet wol der Sauerstoff des Silberoxyds
mit dem Wasserstoff des Ammoniaks Wasser, wobei natürlich Wärme entwickelt
und Stickstoffgas gebildet wird. Dasselbe Knallsilber entsteht, wenn eine Lösung von salpetersaurem Silber in Ammoniak mit Kalilauge versetzt wird. Zur Vermeidung gefährlicher Explosionen muss daher die grösste Vorsicht geübt werden,
wenn Lösungen von Silbersalzen mit Ammoniak und Alkalien zusammengebracht
werden.

22) Die Erscheinung, dass das Silber aus den Lösungen seiner Salze durch
Kupfer verdrängt wird, während durch Silberoxyd das Kupferoxyd verdrängt wird,
lässt sich auf Grund der im 15-ten Kapitel entwickelten Begriffe verstehen. Das Atomvolum des Silbers ist = 10,3, des Kupfers = 7,2, des Silberoxyds = 32 und des
Kupferoxyds = 13. Bei der Bildung von CuO findet eine grössere Kontraktion statt,
als bei der Bildung von Ag^2O, da durch die Addition von Sauerstoff das Volum des
Kupferoxyds im Vergleich zu dem des Kupfers nur wenig (13—7 = 6) zunimmt,
während die Zunahme des Volums des Silberoxyds im Vergleich mit dem des Silbers eine bedeutende ist (32—2.10,3 = 11,4). Da folglich das Silberoxyd eine
lockerere Zusammensetzung, als das Kupferoxyd besitzt, so ist es auch unbeständiger und das Silber wird infolge dessen durch das Kupfer verdrängt. Da aber
zwischen den Atomen des Silberoxyds grössere Zwischenräume vorhanden sind, als im

benen Methoden von Kupfer getrennte salpetersaure Silber wird zuletzt noch durch Krystallisation gereinigt. Es krystallisirt in farblosen, durchsichtigen quadratischen Tafeln, die sich an der Luft nicht verändern und das spezifische Gewicht 4,34 besitzen. Die Krystalle sind wasserfrei. Bei gewöhnlicher Temperatur löst sich das salpetersaure Silber in der gleichen Gewichtsmenge Wasser und bei der Siedetemperatur des Wassers schon in der Hälfte dieser Menge. Vom Lichte wird das Salz wenn es rein ist, nicht verändert, aber es wirkt auf die meisten organischen Stoffe oxydirend ein und schwärzt sich hierbei. Diese Schwärzung des salpetersauren Silbers wird durch seine hierbei stattfindende Reduktion zu äusserst. fein vertheiltem metallischem Silber bedingt. Der Höllenstein wird dieser Eigenschaft wegen in der Medizin zum Beizen von Wunden und Hautauswüchsen benutzt; auch die Anwendung zum Merken von Wäsche beruht hierauf. An den Stellen, wo organische Stoffe durch die oxydirende Wirkung des salpetersauren Silbers zerstört werden, setzt sich das reduzirte Silber als eine schwarze Schicht ab. Die auf diese Weise entstandenen schwarzen Flecke lassen sich mit Hilfe einer Lösung von Sublimat oder von Cyankalium entfer-

Kupferoxyde, so kann es (das Ag^2O) auch Verbindungen bilden, welche beständiger, als die entsprechenden Kupferoxydverbindungen sind. Das salpetersaure Kupfer CuN^2O^6 ist im wasserfreien Zustande leider nicht dargestellt worden, wol aber die schwefelsauren Salze der beiden Oxyde. Das spezifische Gewicht des wasserfreien schwefelsauren Kupfers ist $= 3,53$ und des schwefelsauren Silbers $= 5,36$; das Molekularvolum des ersteren ($CuSO^4$) ist $= 45$ und des letzteren (Ag^2SO^4) $= 58$. Vergleicht man nun diese Volume mit den Volumen der Oxyde, so ergibt sich, dass die Gruppe SO^3 im Kupfersalz gleichsam das Volum $45 - 13 = 32$ einnimmt und im Silbersalze das Volum $58 - 32 = 26$. Es findet folglich bei der Bildung des schwefelsauren Kupfers aus seinem Oxyde eine geringere Kontraktion statt, als bei der Bildung des schwefelsauren Silbers, welches daher eine grössere Beständigkeit besitzen muss. Folglich muss aber auch das Kupfersalz durch das Silberoxyd zersetzt werden können. Dagegen erfolgt die Bildung der beiden Salze aus den Metallen unter beinahe gleicher Kontraktion, denn 58 Volume schwefelsauren Silbers enthalten 21 Volume Silber (die Differenz ist 37) und in 45 Volumen schwefelsauren Kupfers beträgt das Volum des Kupfers 7 (die Differenz beträgt folglich 38). Ferner ist zu beachten, dass Eisenoxyd durch Kupferoxyd ebenso verdrängt wird, wie dieses letztere durch Silberoxyd verdrängt wird. Silber, Kupfer und Eisen verdrängen einander in Form ihrer Oxyde in der Reihenfolge, wie sie hier genannt sind, und in der entgegengesetzten (Fe, Cu, Ag), wenn sie als Metalle einwirken. Die Ursache der Verdrängung in der angeführten Reihenfolge liegt, unter anderem, auch in der Zusammensetzung der Oxyde: Ag^2O, Cu^2O^2 und Fe^2O^3, indem das weniger Sauerstoff enthaltende Oxyd immer das sauerstoffreichere verdrängt, weil nämlich mit der Zunahme des Sauerstoffgehaltes der basische Charakter mehr zurücktritt.

Auch das Quecksilber wird aus seinen Salzen durch das Kupfer verdrängt. Als Spring (1888) ein trocknes Gemisch von HgCl mit Cu zwei Stunden lang hatte stehen lassen, konnte er die eingetretene Reduktion deutlich beobachten. Es ist dies eine der Erscheinungen, durch welche sich das Vorhandensein einer Bewegung der Theilchen (d. h. der Atome und Molekeln) in festen Körpern demonstriren lässt.

nen, da das fein zertheilte Silber sich in diesen Salzen löst. Wie
aus der Beschreibung der Darstellung des Silbernitrats ersichtlich
ist, schmilzt dieses Salz bei beginnender Rothgluth ohne Zersetzung
und wird dann in Stangen gegossen, in welchen es auch gewöhnlich zum Beizen benutzt wird. Bei stärkerem Erhitzen zersetzt sich
das geschmolzene salpetersaure Silber und es entsteht zunächst
salpetrigsaures Silber und dann metallisches Silber. Mit Ammoniak
bildet das Silbernitrat beim Eindampfen der Lösung farblose Krystalle von der Zusammensetzung $AgNO^3 2NH^3$. Analog den Salzen
des Kupferoxyds und Oxyduls, des Zinks und and. besitzen auch
die Silbersalze im Allgemeinen die Fähigkeit mit Ammoniak Verbindungen zu bilden, aus denen sich das Ammoniak beim Erhitzen
gewöhnlich leicht ausscheidet. Beim Einwirken von Ammoniakgas
auf trocknes Silbernitrat entsteht die Verbindung $AgNO^3 3NH^3$.

Beim Einwirken von Wasser und Halogenen auf salpetersaures
Silber entstehen Salpetersäure, Haloidsalze des Silbers und Silbersalze von Sauerstoffsäuren der Halogene. Vermischt man z. B. eine
Chlorlösung mit salpetersaurem Silber, so erhält man Chlorsilber
und chlorsaures Silber. Hierbei wirkt das salpetersaure Silber offenbar ebenso wie die ätzenden Alkalien, da die Salpetersäure frei
wird und nur das Silberoxyd mit dem Chlor in Reaktion tritt und
zwar in ebenderselben Weise wie Aetzkali mit Chlor. Die Reaktion
lässt sich daher durch folgende Gleichung zum Ausdruck bringen:
$6AgNO^3 + 3Cl^2 + 3H^2O = 5AgCl + AgClO^3 + 6HNO^3$.

Analog den salpetersauren Salzen der Alkalimetalle enthält auch
das salpetersaure Silber kein Krystallisationswasser; übrigens krystallisiren auch andere Silbersalze fast immer wasserfrei. Ferner
ist es für das Silber charakteristisch, dass es **weder basische, noch
saure Salze bildet,** so dass Säuren zur Feststellung ihrer richtigen
Zusammensetzung häufig in das Silbersalz übergeführt werden.

Mit den **Halogenen** bildet das **Silber** in Wasser unlösliche und
sehr beständige Verbindungen. Dieselben entstehen immer sehr
leicht durch doppelte Umsetzung, wenn ein Silbersalz mit einem
Haloidsalz zusammentrifft [23]). Auch durch die Halogenwasserstoff-

---

23) Das Chlorsilber ist in Wasser beinahe vollständig unlöslich, aber es löst
sich in geringem Maasse, wenn das Wasser Chlornatrium oder Salzsäure oder andere Chlormetalle und Salze in Lösung enthält. In 100 Theilen einer gesättigten
Kochsalzlösung z. B. lösen sich bei 100° 0,4 Theile Chlorsilber. Die Löslichkeit
des Brom- und Jodsilbers ist immer geringer, als die des Chlorsilbers. Zu beachten
ist, dass das **Chlorsilber sich in Lösungen von Ammoniak, Cyankalium und unterschwefligsaurem
Natrium** $Na^2S^2O^3$ löst. Das Bromsilber verhält sich diesen Lösungsmitteln gegenüber
fast ganz analog dem Chlorsilber, während das Jodsilber in Ammoniak unlöslich ist.
Bei der Auflösung in den genannten Lösungsmitteln entstehen natürlich neue Verbindungen des Silbers. Chlorsilber absorbirt sogar trocknes Ammoniakgas, mit dem
es sehr unbeständige ammoniakalische Verbindungen bildet, welche ihr Ammoniak
schon beim Erwärmen (Kap. VI, Anm. 8), sowie beim Einwirken von Säuren

säuren werden diese Verbindungen leicht ausgefällt, da sie auch in diesen Säuren, sowie auch in anderen unlöslich sind. Das **Chlorsilber** AgCl (Silberchlorid) entsteht in Form eines weissen, flockigen Niederschlags, das Bromsilber zeigt einen gelblichen Farbenton und das Jodsilber ist bereits deutlich gelb. Diese Halogenverbindungen kommen zuweilen auch in der Natur vor und lassen sich auch auf trocknem Wege durch Erhitzen anderer Halogenverbindungen mit Silbersalzen darstellen. Das Chlorsilber schmilzt bei 451°; nach dem Abkühlen erscheint es als eine ziemlich weiche hornähnliche Masse, die sich mit dem Messer schneiden lässt und daher auch die Bezeichnung **Hornsilber** erhalten hat. Bei stärkerem Erhitzen verdampft es. Beim Verdunsten seiner ammoniakalischen Lösung scheidet sich das Chlorsilber krystallinisch in Form von Oktaëdern aus. Auch das Brom- und Jodsilber krystallisiren im regulären Systeme, so dass sie in dieser Beziehung den Haloidsalzen der Alkalimetalle ähnlich sind [24]).

---

abgeben. Mit Cyankalium bildet das Chlorsilber durch doppelte Umsetzung lösliche Doppelcyanide (vergl. weiter unten) und mit $Na^2S^2O^3$ das lösliche Doppelsalz $NaAgS^2O^3$.

Das Chlorsilber erscheint in verschiedenen Modifikationen, auf welche schon die Aenderungen in der Konsistenz der Chlorsilber-Niederschläge, sowie die verschiedene Einwirkung des Lichtes hinweisen. Es ist dies eine von Stas und Carey Lea untersuchte Frage, die von besonderer Bedeutung für die Photographie ist.

24) Brom- und **Jodsilber** (Silberbromid und Silberjodid) besitzen in vielen Beziehungen mit dem Chlorsilber eine grosse Aehnlichkeit; jedoch ist die Affinität des Silbers zum Jod stärker, als zum Chlor und Brom, wie dies aus den vielen von Deville ausgeführten Versuchen hervorgeht. Fein vertheiltes Silber entwickelt z. B. beim Einwirken von Jodwasserstoffsäure leicht Wasserstoff, dagegen geht diese Zersetzung mit Chlorwasserstoff bedeutend langsamer und nur oberflächlich vor sich. Die Kontraktion, die bei der Bildung von Chlorsilber eintritt, ist bedeutend grösser, als die bei der Bildung von Jodsilber. Das Volum des Chlorsilbers beträgt 26, des Chlors 27 und des Silbers 10; die Vereinigung der beiden letzteren erfolgt also unter Kontraktion, denn die Summe beträgt 37. Die Bildung des Jodsilbers erfolgt dagegen unter Ausdehnung, denn das Volum des Silbers ist 10, des Jods 26 und des Jodsilbers 39, also grösser als 36. (Die Dichte des AgCl ist 5,59 und des AgJ 5,67.) Bei der Vereinigung mit dem Silber nehmen die Atome des Chlors die Silberatome auf, ohne dass sie auseinander rücken, während die Atome des Jods sich hierbei von einander entfernen müssen. Die Silberatome müssen aber in beiden Fällen auseinander treten, denn die Entfernung der einzelnen Silberatome von einander beträgt im Metalle selbst 2,2, im Chlorsilber 3,0 und im Jodsilber 3,5. Sehr bemerkendwerth ist es, dass nach Fizeau die Dichte des Jodsilbers beim Erwärmen zunimmt, d. h. es findet beim Erwärmen Kontraktion und beim Abkühlen Ausdehnung statt.

Zur Erklärung der grösseren Beständigkeit des AgJ im Vergleich mit der von AgCl und Ag^2O hat Beketow (im Jahre 1865) eine originelle Hypothese aufgestellt, die wir hier möglichst mit seinen eigenen Worten auseinander setzen wollen. Beim Aluminium ist das Oxyd Al^2O^3 beständiger, als das Chlorid Al^2Cl^6 und das Jodid Al^2J^6. Im Oxyde verhält sich die Menge des Metalls zu der Menge des mit ihm verbundenen Elementes wie 54,8 (Al $= 27,4$) zu 48, — das Verhältniss ist also 112 : 100; bei Al^2Cl^6 ist es 25 : 100 und bei $Al^2J^6 = 7 : 100$. Beim Silber ist das

Beim Erhitzen mit Alkalilauge zersetzt sich das Chlorsilber unter
Ausscheidung von Silberoxyd und wenn man gleichzeitig eine organische Substanz zusetzt, so wird metallisches Silber reduzirt und die
Substanz wird durch den Sauerstoff des Silberoxyds oxydirt. Auch
durch Eisen, Zink und viele andere Metalle wird das Chlorsilber

---

Oxyd (wo das Verhältniss = 1350 : 100) weniger beständig, als das Chlorid (wo das
Verhältniss = 33 : 100) und am beständigsten das Jodid (in dem sich die Gewichtsmenge des Metalls zu der des Halogens wie 85 : 100 verhält). Aus diesen und ähnlichen Beispielen ergibt sich, dass als die beständigsten die Verbindungen erscheinen, in denen die Gewichtsmengen der mit einander verbundenen Körper gleich
sind. Es lässt sich dies zum Theil vielleicht durch die gegenseitige Anziehung der
gleichartigen Atome auch nach ihrer Vereinigung mit einander erklären. Die Anziehung ist dem Produkte der einwirkenden Masse proportional. Im Silberoxyd ist
die Anziehung zwischen Ag^2 und $Ag^2 = 216 \cdot 216 = 46656$ und die Anziehung
zwischen Ag^2 und $O = 216 \cdot 16 = 3456$. Die Anziehung zwischen den gleichartigen
Molekeln wirkt also der Anziehung zwischen den ungleichartigen entgegen, natürlich ohne die letztere zu überwiegen, da die Verbindung dann zerfallen würde;
dennoch wird aber hierdurch die Beständigkeit derselben verringert. Wenn die sich
verbindenden Massen gleich oder annähernd gleich sind, so wird die Anziehung
zwischen den gleichartigen Molekeln der Beständigkeit der Verbindung am wenigsten widerstehen, während im entgegengesetzten Falle — wenn diese Massen un-
gleich sind — die Molekeln der Verbindung das Bestreben zeigen werden in den
elementaren Zustand überzugehen, d. h. zu zerfallen. Grosse Massen streben daher
sich mit grossen zu vereinigen, kleine dagegen mit kleinen. Ag^2O und $2KJ$ z. B.
bilden infolge dessen $K^2O + 2AgJ$. Von den Atomgewichten hängen hauptsächlich
die doppelten Umsetzungen und Ersetzungen ab, da sich hierbei die Volume nur
wenig ändern und wenn die Aenderung erfolgt, so findet auch Kontraktion statt,
und zwar besonders häufig bei der Entstehung unlöslicher Verbindungen (Kremers),
deren mögliche Bildung viele der Umsetzungen gerade bedingt, wie Berthollet zuerst behauptete. Besonders deutlich offenbart sich der Einfluss gleicher Massen auf
die Beständigkeit von Verbindungen bei Temperaturerhöhungen. Oxyde wie Ag^2O,
HgO, Au^2O^3 und ähnliche, die aus ungleichen Massen bestehen, zersetzen sich beim
Erhitzen, während die Oxyde leichter Metalle (wie auch das Wasser) durch Erhitzen nicht so leicht zersetzt werden. Die Verbindungen $AgBr$ und AgJ zeigen
eine Annäherung an die Bedingung der gleichen Massen und werden daher durch
Erhitzen nicht zersetzt. Dieser Bedingung entsprechen auch die der Einwirkung der
Glühhitze am besten widerstehenden Oxyde: MgO, CaO, SiO^2 und Al^2O^3. Infolge
derselben Ursache zersetzt sich HJ leichter, als HCl. Chlor wirkt auf MgO oder
Al^2O^3 nicht ein, wol aber auf CaO und Ag^2O. Wenn man die Wärme als Bewegung
auffasst und weiss, dass die spezifische Wärme der Atome gleich ist, so erklärt
sich dies theilweise wol dadurch, dass die Menge der Bewegung der Atome (die
lebendige Kraft) die gleiche ist, da aber dieselbe dem Produkte der Masse (des
Atomgewichtes) mit dem Quadrate der Geschwindigkeit entspricht, so muss die Geschwindigkeit (richtiger deren Quadrat) desto geringer sein, je grösser das Atomgewicht ist und wenn die Atomgewichte nahezu gleich sind, so müssen es auch die
Geschwindigkeiten der Bewegung der Atome sein. Je grösser also der Unterschied
in dem Gewichte der sich verbindenden Atome ist, desto grösser wird auch der
Unterschied der Geschwindigkeit sein. Da mit der Steigerung der Temperatur dieser
Unterschied grösser wird, so wird die Zersetzungstemperatur desto schneller erreicht
werden, je grösser der Unterschied ursprünglich war, d. h. je grösser der Unterschied in den Gewichten der sich verbindenden Körper ist. Je besser diese Gewichte
mit einander übereinstimmen, desto ähnlicher ist die Bewegung der verschiedenartigen Atome und desto beständiger ist folglich der entstehende Körper.

in Gegenwart von Wasser reduzirt. Ferner lässt es sich durch Kupferchlorür, Quecksilberchlorür und viele organische Stoffe reduziren. Dieses Verhalten weist schon auf die leichte Zersetzbarkeit der Halogenverbindungen des Silbers hin, jedoch ist das Jodsilber viel beständiger als das Chlorsilber. Dasselbe ist auch in Bezug

---

Die Unbeständigkeit von $CuCl^2$ und NO, das Fehlen von Verbindungen zwischen F und O, während Verbindungen zwischen O und Cl existiren die grössere Beständigkeit der Sauerstoffverbindungen des Jods im Vergleich mit denen des Chlors, die Beständigkeit von BN und die Unbeständigkeit von CN, sowie zahlreiche ähnliche Fälle, in welchen auf Grund der angeführten Hypothese (infolge der nahezu gleichen sich verbindenden Massen) beständige Verbindungen zu erwarten sind, weisen darauf hin, dass zum Verstehen der wahren Beziehungen zwischen den Affinitäten die von Beketow gegebenen Vervollständigungen zur mechanischen Theorie chemischer Erscheinungen noch durchaus ungenügend sind. Dennoch bietet seine Erklärungsmethode der relativen Beständigkeit von Verbindungen eine höchst interessante Auffassung eines Gegenstandes von der grössten Wichtigkeit. Ohne solche Versuche Erklärungen zu geben, lassen sich die mannigfaltigen Fragen der experimentellen Wissenschaften nicht zusammenfassen.

Den Halogenverbindungen des Silbers ist das **Cyansilber** AgCN (Silbercyanid) sehr ähnlich, das analog dem Chlorsilber beim Versetzen von salpetersaurem Silber mit Cyankalium in Form eines weissen, in siedendem Wasser kaum loslichen Niederschlags ausfällt. Auch in verdünnten Säuren ist es wie das Chlorsilber unlöslich. Uebrigens löst es sich beim Erwärmen in Salpetersäure und wird nicht nur durch Jodwasserstoff, sondern auch durch Chlorwasserstoff in AgJ, respektive AgCl übergeführt. Alkalien wirken auf das Cyansilber nicht ein, obgleich die Halogenverbindungen ihrer Einwirkung unterliegen. Ammoniak, sowie Lösungen der Cyanide der Alkalimetalle lösen das Cyansilber ebenso wie Chlorsilber. Hierbei entstehen Doppelcyanide, z. B. von der Zusammensetzung $KAgC^2N^2$. In krystallinischem Zustande erhält man letzteres, wenn man eine Lösung von Cyansilber in Cyankalium verdunsten lässt. Dieses Doppelsalz — das Kalium-Silbercyanid — ist viel beständiger, als das Cyansilber selbst; es reagirt neutral, hält sich an der Luft unverändert und zeigt keinen Blausäure-Geruch. Aus seiner Lösung in Wasser wird durch Säuren das unlösliche Cyansilber gefällt. Das Kalium-Silbercyanid entsteht ferner neben Aetzkali, wenn metallisches Silber sich in Gegenwart von Luft in einer Cyankalium-Lösung löst und auch beim Lösen von Chlorsilber in Cyankalium neben Chlorkalium. Es wird zur galvanischen Versilberung benutzt, wobei aber der Lösung immer Cyankalium zugesetzt werden muss, da sonst beim Einwirken des galvanischen Stromes kein Silber, sondern Cyansilber ausgeschieden wird. Das Silber setzt sich an der aus Kupfer bestehenden negativen Elektrode ab, während die positive Elektrode aus Silber in gleichem Verhältniss gelöst wird, so dass der Silbergehalt der Lösung derselbe bleibt. Wenn an Stelle der negativen Elektrode ein Gegenstand aus Kupfer in die Lösung getaucht wird, so überzieht sich dieser beim Durchgehen des galvanischen Stromes mit einer gleichmässigen Schicht von Silber. Es ist dies die in der Praxis am häufigsten benutzte **Versilberung auf nassem Wege.** Das niedergeschlagene Silber zeigt eine matte Oberfläche, wenn die Lösung zur Versilberung in der Weise bereitet wird, dass ein Theil salpetersauren Silbers in 30 bis 50 Theilen Wasser gelöst und mit soviel Cyankaliumlösung versetzt wird, dass sich der entstehende Niederschlag wieder löst; wenn aber die doppelte Wassermenge genommen wird, so erhält man einen Silberüberzug mit glänzender Oberfläche.

Durch die Versilberung (sowie auch die Vergoldung) auf nassem Wege ist die frühere Methode—die **Feuer-Versilberung** stark zurückgedrängt worden. Bei der Feuerversilberung wird in Quecksilber gelöstes Silber (Silberamalgam) auf den zu versilbernden Gegenstand aufgetragen und das Quecksilber dann verdampft, wobei

auf die **Einwirkung des Lichtes** zu bemerken. Chlorsilber nimmt im Lichte bald eine violette Farbe an; besonders schnell zersetzt es sich beim Einwirken der direkten Sonnenstrahlen. Wenn dem Lichte ausgesetzt gewese es Cholsilber in Ammoniak gelöst wird, so bleibt metallisches Silber zurück, woraus man schliesen könnte, dass beim Einwirken des Lichtes das Chlorsilber in Chlor und Silber zersetzt wird. Brom- und Jodsilber verändern sich beim Einwirken des Lichtes viel langsamer; nach einigen Beobachtungen zu schliessen scheint es sogar, dass sie in vollkommen reinen Zustand überhaupt keiner Aenderung unterliegen, denn ihr Gewicht bleibt nach der Einwirkung des Lichtes unverändert; wenn also in Brom- und Jodsilber unter dem Einflusse des Lichtes dennoch Aenderungen stattfinden, so bleiben sie auf die Struktur derselben beschränkt; eine Zersetzung wie beim Chlorsilber erfolgt nicht. Letzteres verliert beim Einwirken des Lichtes an Gewicht, was auf die Bildung eines flüchtigen Produktes hinweist, während die Ausseidung von metallischem Silber auf einen Verlust an Chlor hindeutet. In der That wird auch beim Einwirken des Lichtes auf Chlorsilber Chlor ausge-

---

aber die giftigen Quecksilberdämpfe sehr verderblich auf die Arbeiter einwirken. Ausser diesen Versilberungsmethoden existirt noch ein Verfahren, das auf der direkten Verdrängung des Silbers aus seinen Verbindungen durch andere Metalle, z. B. durch Kupfer beruht. In einer Lösung von Chlorsilber in unterschwefligsaurem Natrium z. B. bedeckt sich metallisches Kupfer mit einem Silberüberzuge. Besser ist es zu diesem Zwecke direkt eine Lösung von **schwefligsaurem Silber** zu verwenden, welches man darstellt, indem man zu einer mit überschüssigem Ammoniak versetzten Lösung von salpetersaurem Silber erst eine gesättigte Lösung von schwefligsaurem Natrium und dann Weingeist giesst; durch letzteren wird das schwefligsaure Silber ausgefällt. Wie durch Kupfer, so wird dieses Salz aus durch metallisches Eisen zersetzt; Gegenstände aus Eisen und Stahl können daher leicht mittelst einer Lösung von schwefligsaurem Silber versilbert werden. Kupfer und ähnliche Metalle lassen sich übrigens sogar mittelst Chlorsilber versilbern, wenn dieses mit etwas Säure auf die Oberfläche des Kupfers aufgerieben wird; letzteres bedeckt sich dann mit dem von ihm reduzirten Silber.

Versilbern lassen sich nicht nur metallene Gegenstände, sondern auch Glas, Porzellan u. s. w. Glas wird zu verschiedenen Zwecken versilbert; die von einer Seite mit Silber belegten Spiegelgläser z. B. besitzen als Spiegel vor den gewöhnlichen Spiegeln grosse Vorzüge, da sie (infolge der weissen Farbe des Silbers) ein natürlicheres Spiegelbild reflektiren. Die Hohlspiegel optischer Instrumente z. B. in den Fernrohren werden gegenwärtig auch durch Versilbern geeignet geschliffener konkaver Gläser hergestellt. Die **Versilberung von Glas** beruht auf der Eigenschaft des Silbers bei seiner Reduktion aus einigen Lösungen sich gleichmässig als eine vollständig homogene, zusammenhängende dünne Schicht an dem Glase anzusetzen und eine spiegelnde Fläche zu bilden. Zu den Reduktionsmitteln, welche das Silber auf diese Weise reduziren, gehören einige organische Stoffe, insbesondere z. B. der gewöhnliche Acetaldehyd C^2H^4O, welcher sich an der Luft leicht zu Essigsäure $C^2H^4O^2$ oxydirt. Die Oxydation dieses Aldehyds erfolgt ebenso leicht auf Kosten von Silberoxyd, wenn etwas Ammoniak zugegen ist. Das Silberoxyd gibt hierbei seinen Sauerstoff dem Aldehyde ab, während das reduzirte Silber sich als Spiegelbeleg an dem Glase absetzt. In ähnlicher Weise bewirken die Reduktion auch einige organische Säuren, z. B. Weinsäure und and.

schieden, aber die Zersetzung findet nicht in Chlor und Silber statt, sondern sie erfolgt unter Bildung von Silberchlorür. Dieses letztere zerfällt nun bei vielen Reaktionen leicht in metallisches Silber und Silberchlorid (Chlorsilber): $Ag^2Cl = AgCl + Ag$. Auf der Aenderung der chemischen Zusammensetzung und der Struktur der Halogenverbindungen des Silbers beim Einwirken des Lichtes beruht die **Photographie**, denn diese Silberverbindungen scheiden, nachdem sie dem Lichte ausgesetzt gewesen [25]), beim Einwirken von Reduktionsmitteln fein zertheiltes metallisches Silber aus — das schwarz erscheint.

Auf der Unlöslichkeit der Halogenverbindungen des Silbers beruhen zahlreiche Methoden der chemischen Praxis; z. B. die Darstellung von Salzen verschiedener Säuren aus dem Haloidsalze eines bestimmten Metalles. Sehr häufig benutzt man die Bildung der Halogenverbindungen des Silbes zur Untersuchung organischer Stoffe. Wenn man z. B. irgend ein jod- oder chlorhaltiges Metalepsieprodukt mit einem Silbersalze oder mit Silberoxyd erhitzt, so verbindet sich das Silber mit dem Halogen zu einem Haloidsalze und die Elemente, die mit dem Silber verbunden waren, treten an die Stelle des Halogens. Auf diese Weise erhält man z. B. aus Aethylenbromid $C^2H^4Br^2$ durch Erhitzen desselben mit essigsaurem Silber $2C^2H^3AgO^2$ essigsauren Aethylenester (Glykoldiacetat) $C^2H^4(C^2H^3O^2)^2$ und Bromsilber. Am häufigsten wird jedoch die Unlöslichkeit der Halogenverbindungen des Silbers zur quantitativen Bestimmung des Silbers und der Halogene benutzt. Wenn z. B. die Menge des Chlors in einer Lösung, die alles Chlor als Chlormetall enthält, bestimmt werden soll, so setzt man dieser Lösung so lange Silbernitratlösung zu als noch ein Niederschlag entsteht, und schüttelt oder rührt. Das Chlorsilber sinkt dann in Form schwerer Flocken zu Boden. Auf diese Weise lässt sich alles Chlor aus der Lösung ausfällen und zwar ohne Anwendung eines Ueberschusses an Silbernitrat, da man beim Zugiessen des letzteren leicht beobachten kann, ob noch ein Niederschlag entsteht. Es lässt sich sogar ganz genau feststellen wie viel Silbernitratlösung zur vollständigen Ausfällung des Chlors erforderlich ist. Wenn nun der Gehalt dieser Lösung an Silber bekannt ist, so erfährt man sogleich aus der Menge der zugesetzten Silberlösung die Menge des Chlors, das bestimmt werden sollte. Den Gehalt an $AgNO^3$ in der als Reagenz

---

25) In der Photographie werden diese Reduktionsmittel Entwickler genannt. Die gewöhnlisten derselben sind Lösungen von $FeSO^4$, Pyrogallol, oxalsaures Eisenoxydul, Hydroxylamin, Hydrochinon (dessen Wirkung besonders erfolgreich ist), schwefligsaures Kalium und and. Die chemischen Prozesse, die sich auf die Photographie beziehen, bieten nicht allein ein grosses praktisches Interesse, sondern auch ein theoretisches, doch halte ich es nicht für möglich in einem kurzen Lehrbuche auf ein so spezielles Gebiet einzugehen, das ausserdem theoretisch noch wenig bearbeitet ist.

benutzten Lösung bestimmt man durch vorherige Versuche mit reinem NaCl. Genaueres über diese Bestimmungen findet man in Lehrbüchern der analytischen Chemie.

Das Mengenverhältniss, in welchem das Silber mit den Halogenen in Verbindung tritt, ist durch genaue, namentlich von Stas ausgeführte Untersuchungen festgestellt worden. Da diese sich durch ihre mustergiltige Genauigkeit auszeichnenden Untersuchungen zu den Bestimmungen der Atomgewichte des Ag, Na, K, Cl, Br, J und anderer Elemente geführt haben, so beschreiben wir sie hier mit einiger Ausführlichkeit. Stas bestimmte zunächst das Verhältniss der mit einander in Reaktion tretenden Mengen von Chlornatrium und Silber. Um das erforderliche vollkommen reine Kochsalz zu erhalten, löste er reines Steinsalz, das nur eine geringe Beimengung an Magnesium-, Calcium- und Kaliumsalzen enthielt, in Wasser, dampfte die Lösung bis zur Ausscheidung des Chlornatriums ein und goss die Mutterlauge, welche die Beimengungen enthielt, ab. Das erhaltene Chlornatrium versetzte er mit 65 procentigem Alkohol und mit etwas Platinchlorid, um noch vorhandenes Kalium auszufällen, und versetzte die alkoholische Lösung zur Entfernung des $PtCl^4$ mit Salmiak. Das Filtrat dampfe er in einer Platinretorte ein und reinigte endlich das Chlornatrium noch durch Krystallisation. Um sodann vom Chlornatrium ausgehen zu können, das nach verschiedenen Methoden und aus verschiedenem Material dargestellt worden war, bereitete er sich dasselbe aus schwefelsaurem, weinsaurem und salpetersaurem Natrium und aus Natriumchloroplatinat und unterwarf das entstehende Chlornatrium jedesmal einer sorgfältigen Reinigung. Nachdem auf diese Weise 10 Proben reinen NaCl dargestellt und getrocknet worden waren, wurden abgewogene Mengen derselben in Wasser gelöst und mit der Lösung einer gleichfalls abgewogenen Menge reinen Silbers in Salpetersäure vermischt. Von der Silberlösung wurde immer etwas mehr genommen, als zur Zersetzung des Kochsalzes erforderlich war. Dieser Ueberschuss an Silber wurde dann, nachdem sich das entstandene Chlorsilber abgesetzt hatte, mit Hilfe einer Chlornatrium-Lösung von bekantem Gehalte in der Weise bestimmt, dass von dieser Lösung so lange zugegossen wurde, als sich noch ein Niederschlag bildete. Als Resultat ergab sich auf diese Weise die 100 Gewichtstheilen Silber entsprechende Chlornatrium-Menge. In den zehn ausgefürten Bestimmungen waren auf 100 Theile Silber zur vollständigen Fällung 54,2060 bis 54,2093 Theile Chlornatrium verbraucht worden. Die Unterschiede zwischen den einzelnen Bestimmungen waren so gering, dass sie nur einen unbedeutenden Einfluss auf das Resultat der Berechnungen ausübten. Im Mittel ergab sich, dass 100 Theile Silber mit 54,2078 Theilen Chlornatrium in Reaktion treten. Um hieraus das Mengenverhältnis zwischen dem Chlor und Silber zu erfahren, musste die in 54,2078 Theilen Chlornatrium enthaltene Chlormenge oder, was dasselbe ist, die sich mit 100 Theilen Silber verbindende Chlormenge bestimmt werden. Zu diesem Zwecke bestimmte Stas die Menge Chlorsilber, die aus 100 Theilen Silber entsteht und zwar nach vier synthetischen Methoden. Nach der ersten Methode wurde das Chlorsilber durch Einwirken von Chlor auf Silber bei Rothglühhitze dargestellt. Hierbei erhielt er aus 100 Theilen Silber 132,841, 132,843 und 132,843 Theile Chlorsilber. Nach der zweiten Methode wurde eine bestimmte Menge Silber in Salpetersäure gelöst und durch Chlorwasserstoffgas, das auf die Oberfläche der Lösung geleitet wurde, gefällt; dann wurde, um die Salpetersäure und den Ueberschuss an Salzsäure zu entfernen, im Dunkeln eingedampft und das erhaltene Chlorsilber zuerst in einer Chlorwasserstoff-Atmosphäre und dann in der Luft geschmolzen. Da auf diese Weise das Auswaschen des Chlorsilbers vermieden wurde, so konnte auch kein Verlust durch Auflösen desselben eintreten. 100 Theile Silber ergaben bei diesen Versuchen 132,849 und 132,846 Theile Chlorsilber. In der dritten Versuchsreihe wurden wieder Lösungen von salpetersaurem Silber durch überschüssiges Chlorwasserstoffgas gefällt. Hierbei wurden 132,848 Theile Chlorsilber erhalten. Viertens endlich wurde die Fällung des Silbers durch Salmiaklösung ausgeführt, wobei aber in das Waschwasser eine ziemlich bedeutende Menge (0,3175) Silber überging: auf 100 Theile Silber entstanden 132,8417 Theile Chlorsilber. Sieben Bestimmungen hatten auf diese Weise ergeben, dass aus 100 Theilen Silber im Mittel 132,8445 Theile Chlorsilber entstehen, dass also 32,8445 Theile Chlor mit 100 Theilen Silber und mit der in 54,2078 Theilen Chlornatrium enthaltenen Menge Natrium in Verbindung treten. Es verbinden sich folglich 32,8445 Gewichtstheile Chlor mit 100 Theilen Silber und mit 21,3633 Theilen Natrium. Auf Grund dieser Zahlen konnten nun auch die Atomgewichte der Elemente Cl, Ag und Na, d. h. die sich auf einen Gewichtstheil Wasserstoff oder auf 16 Theile Sauerstoff beziehenden Mengen derselben bestimmt werden, wenn zugleich Bestimmungen von derselben Genauigkeit für Reaktionen zwischen Wasserstoff oder Sauerstoff mit einem der genannten Elemente — Chlor, Natrium oder Silber—mit in Betracht gezogen wurden. Dieselben waren gleichfalls von Stas in der Weise ausgeführt worden, dass die Menge des Chlorsilbers, die aus chlorsaurem Silber $AgClO^3$ entsteht, bestimmt und aus der hierdurch festgestellten Sauerstoffmenge des Salzes, die für konstant galt, das Molekulargewicht des Chlorsilbers berechnet wurde. Aus letzterem ergaben sich dann auf Grund der früheren Bestimmungen die Atomgewichte des Chlors und des Silbers. Zur Darstellung von reinem chlorsaurem Silber liess Stas Chlorgas auf in Wasser suspendirtes Silberoxyd oder kohlensaures Silber einwirken [26]). Das erhaltene chlorsaure Silber wurde, nachdem es durch vorsichtiges Erhitzen auf 243^0 geschmolzen worden war, durch Einwirken einer bei 0^0 gesättigten Lösung von schwefliger Säure zersetzt. In verdünnten Lösungen von chlorsaurem Silber oxydirt sich nämlich die schweflige Säure sehr leicht selbst bei niedrigen Temperaturen, wenn die Flüssigkeit beständig geschüttelt wird. Hierbei entstehen Schwefelsäure und Chlorsilber: $AgClO^3 + 3SO^2 + 3H^2O = AgCl + 3H^2SO^4$. Nach vollendeter Zersetzung wurde die Flüssigkeit eingedampft und das erhaltene Chlorsilber gewogen. Die auf diese Weise ausgeführten Analysen, bei denen also bestimmte Gewichtsmengen von $AgClO^3$ in wieder abzuwägendes $AgCl$ übergeführt wurden, ergaben folgende

---

26) Die hierbei stattfindende Erscheinung beschreibt Stas folgendermassen: «Wenn man Silberoxyd oder kohlensaures Silber mit Wasser zusammenschüttelt und darauf mit Chlor gesättigtes Wasser zusetzt, so geht alles Silber in Chlorsilber über, wie dies auch mit Quecksilberoxyd und dessen kohlensauren Salzen der Fall ist, und das Wasser enthält dann, ausser dem Ueberschusse an Chlor, nur reine unterchlorige Säure und nicht die geringsten Spuren von Chlor- oder Ueberchlorsäure. Wenn unter beständigem Schütteln ein Chlorstrom in Wasser mit *überschüssigem Silberoxyd* oder mit kohlensaurem Silber eingeleitet wird, so erfolgt die identische Reaktion: es entstehen Chlorsilber und unterchlorige Säure, die jedoch nicht lange frei bleibt, sondern allmählich auf das Silberoxyd einwirkt und unterchlorigsaures Silber bildet. Wird nach einiger Zeit der Chlorstrom unterbrochen, jedoch das Schütteln fortgesetzt, so verliert die Flüssigkeit den charakteristischen Geruch der unterchlorigen Säure, behält aber seine Eigenschaft stark entfärbend einzuwirken bei, weil das entstehende unterchlorigsaure Silber in Wasser leicht löslich ist. In Gegenwart von überschüssigem Silberoxyd lässt sich das unterchlorigsaure Silber mehrere Tage aufbewahren, obgleich es äusserst unbeständig ist, wenn kein Ueberschuss an Silberoxyd oder kohlensaurem Silber vorhanden ist. Die Lösung des unterchlorigsauren Silbers bleibt durchsichtig und behält auch seine entfärbende Eigenschaft bei, so lange das Schütteln mit dem Silberoxyde fortgesetzt wird, sobald man sie jedoch ruhig stehen lässt und das Silberoxyd sich absetzt, so erscheint eine starke Trübung und es scheiden sich grosse Flocken von weissem Chlorsilber aus, welche den dunklen Silberoxyd-Niederschlag zu bedecken beginnen. Die Flüssigkeit verliert die Fähigkeit bleichend zu wirken und enthält dann nur chlorsaures Silber mit etwas gelöstem Silberoxyd, infolge dessen sie alkalisch reagirt. Die eben beschriebenen, aufeinander folgenden Reaktionen lassen sich durch die folgenden Gleichungen ausdrücken:

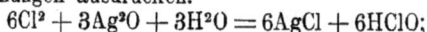

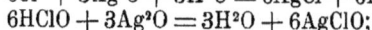

$$6Cl^2 + 3Ag^2O + 3H^2O = 6AgCl + 6HClO;$$
$$6HClO + 3Ag^2O = 3H^2O + 6AgClO;$$
$$6AgClO = 4AgCl + 2AgClO^3.$$

Auf Grund dieser Reaktion gibt Stas die folgende Vorschrift zur Darstellung von chlorsaurem Silber. Zunächst wirkt man unter beständigem Schütteln mit einem langsamen Chlorstrome auf in Wasser suspendirtes Silberoxyd ein und setzt dann das Schütteln allein fort, um die freie unterchlorige Säure in ihr Salz überzuführen. Wenn die erhaltene Lösung des unterchlorigsauren Silbers dann vom überschüssigen Silberoxydniederschläge getrennt wird, so zersetzt sie sich von selbst in Chlorsilber und chlorsaures Silber. Letzteres wird zuletzt in trockner Luft bei 150^0 getrocknet, wobei keine organischen Stoffe Zutritt haben dürfen; die Luft wird daher durch Watte und eine glühende Kupferoxydschicht geleitet. Reines chlorsaures Silber $AgClO^3$ (Silberchlorat) wird durch die Einwirkung des Lichtes nicht verändert.

Resultate, unter Berücksichtigung der auf das Gewicht im luftleeren Raume erforderlichen Korrekturen. Beim ersten Versuche
wurden aus 138,7890 Gramm chlorsauren Silbers 103,9795g
Chlorsilber erhalten und beim zweiten Versuche aus 259,5287g
$AgClO^3$ — 194,44515 g AgCl, dessen Gewicht nach dem Schmelzen 194,44350 g betrug. Berechnet man hieraus das Mittel in
Procenten, so ergibt sich, dass 100 Theile chlorsauren Silbers aus
74,9205 Theilen Chlorsilber und 25,0795 Theilen Sauerstoff bestehen. Auf Grund dieses Resultates lässt sich nun das Molekulargewicht
des Chlorsilbers berechnen, da bei der Zersetzung des chlorsauren
Silbers 3 Atome Sauerstoff und eine Molekel Chlorsilber entstehen:
$AgClO^3 = AgCl + 3O$. Nimmt man das Atomgewicht des Sauerstoffs zu **16** an, so berechnet sich aus den mittleren Resultaten
das Molekulargewicht des Chlorsilbers zu 143,395. Wenn also
$O = 16$, so ist $AgCl = 143,395$, und da das Chlorsilber auf
100 Theile Silber 32,8445 Theile Chlor enthält, so muss das Atomgewicht des Silbers $= 107,942$ uud das des Chlors $= 35,453$
sein. Da ferner im Chlornatrium auf 21,3633 Theile Natrium
32,8445 Theile Chlor kommen, so muss folglich das Atomgewicht
des Natriums $Na = 23,0599$ sein. Diese aus der Analyse des
chlorsauren Silbers abgeleiteten Werthe wurden durch weitere
Analysen von chlorsaurem Kalium kontrolirt, indem abgewogene
Mengen dieses Salzes durch Erhitzen zersetzt und das Gewicht
des zurückbleibenden KCl bestimmt wurde. Die Zersetzung wurde
auch durch Erhitzen des chlorsauren Kaliums in einem Chlorwas-
serstoffstrome ausgeführt. Nachdem auf diese Weise das Molekulargewicht des Chlorkaliums bestimmt worden war, wurde durch
eine Reihe analoger Bestimmungen, wie sie zur Feststellung des
Verhältnisses zwischen Na, Cl und Ag ausgeführt waren, das Verhältniss zwischen den sich verbindenden Gewichtsmengen Chlor,
Kalium und Silber ermittelt. Es konnten folglich aus den Daten
der Analyse des chlorsauren Kaliums und der Synthese des Chlorsilbers die Atomgewichte der Chlors, Silbers uud Kaliums abgeleitet werden. Die Uebereinstimmung der erhaltenen Werthe bewies,
dass die Bestimmungen richtig ausgeführt und von den angewandten Methoden unabhängig waren, denn beide Methoden hatten die
gleichen Atomgewichte sowol für das Silber, als auch für das
Chlor ergeben. Natürlich waren gewisse Differenzen vorhanden,
jedoch so geringe, dass sie zweifellos auf Rechnung der einem jeden Versuche und einer jeden Wägung anhängenden, unvermeidli-
chen Fehler gesetzt werden können. Stas bestimmte ferner das
Atomgewicht des Silbers durch die Synthese von Schwefelsilber
und die Analyse von schwefelsaurem Silber; hierbei erhielt er den
Werth 107,920. Die Synthese von Jodsilber und die Analyse von
jodsaurem Silber führte zum Werthe 107,928. Den Werth 107,921

ergab die Synthese von Bromsilber in Verbindung mit der Analyse von bromsauren Silber. Endlich hatte die Synthese von Chlorsilber und die Analyse von chlorsaurem Silber im Mittel den Werth
107,937 ergeben. Das Atomgewicht des Silbers ist folglich zweifellos Ag = 107,9 und zwar grösser als 107,90 und kleiner als
107,95. Nach ähnlichen Methoden bestimmte Stas auch die Atomgewichte vieler anderer Elemente: des Lithiums, Kaliums, Natriums,
Broms, Chlors und Jods, sowie des Stickstoffs, das Atomgewicht
des letzteren ergab sich schon aus der Menge des salpetersauren
Silbers, das aus einer bestimmten Silbermenge erhalten wurde.
Wenn das Atomgewicht des Sauerstoffs zu 16 angenommen wird,
so sind die Atomgewichte dieser Elemente die folgenden: Stickstoff
= 14,04, Silber = 107,93, Chlor = 35,46, Brom = 79,95,
Jod = 126,85, Lithium = 7,02, Natrium = 23,04, Kalium =
39,14. Diese Werthe, die sich von den bei chemischen Untersuchungen gewöhnlich benutzten Atomgewichten unterscheiden, jedoch
nur unbedeutend, sind als die Ergebnisse der genannten Untersuchungen anzusehen, während die in chemischen Praxis gebräuch-
lichen Werthe so zu sagen abgerundete Atomgewichte darstellen.

Eine wichtige Bedeutung besitzen diese von Stas ausgeführten
genauen Bestimmungen der Atomgewichte der genannten Elemente
für die Entscheidung der Frage, ob die Atomgewichte der Elemente wirklich durch ganze Zahlen ausgedrückt werden können,
wenn als Einheit das Atomgewicht des Wasserstoffs angenommen
wird. Zu Anfang dieses Jahrhunderts hatte nämlich Prout die Behauptung aufgestellt, dass die Atomgewichte der Elemente Multipla
des Atomgewichts des Wasserstoffs seien. Dass dies nicht der Fall
ist, haben nun die später von Berzelius, Penny, Marchand, Marignac, Dumas und namentlich von Stas ausgeführten Bestimmungen
ergeben, nach denen für eine ganze Reihe von Elementen die Atomgewichte durch Zahlen mit Brüchen ausgedrückt werden mussten; das
Atomgewicht des Chlors z. B. durch 35,5. Der Behauptung Marignac's und Dumas', dass die Atomgewichte der Elemente im Verhältniss zum Wasserstoff entweder durch ganze Zahlen oder durch
Zahlen auszudrücken sind, welche nur $\frac{1}{2}$ und $\frac{1}{4}$ Brüche ein-
schliessen, widersprechen die Bestimmungen von Stas. Nach den
Untersuchungen von Dumas, Erdmann und and. (vergl. Seite 170)
ist sogar zwischen den Atomgewichten des Wasserstoffs und des
Sauerstoffs jenes einfache Verhältniss, welches die **Prout'sche Hypothese** voraussetzt, nicht vorhanden [27]).

27) Diese Hypothese, zu deren Bestätigung und Widerlegung so viele Untersuchungen ausgeführt worden sind, enthält einen äusserst wichtigen Gedanken und
verdient jedenfalls die ihr zu Theil gewordene Beachtung. Wenn es sich herausstellen sollte, dass die Atomgewichte aller Elemente im Verhältniss zum Wasserstoff durch ganze Zahlen ausgedrückt werden können oder wenn sie sich wenigstens

Von den Platinmetallen nähern sich Ru, Rh und Pd ihren Atomgewichten und Eigenschaften nach dem Silber in gleicher Weise,
wie sich die Analoga des Eisens (Fe, Co, Ni) in jeder Beziehung
dem Kupfer nähern. Genau dieselbe Stellung, welche das Kupfer
und Silber in Bezug auf diese beiden (eben genannten) Reihen der

---

als unter einander kommensurabel erweisen sollten, so könnte man mit Zuversicht
behaupten, dass die Elemente trotz aller stofflichen Unterschiede aus ein- und demselben Stoffe bestehen, der verschiedenartig verdichtet oder zu beständigen, sich
unter den uns möglichen Bedingungen nicht zersetzenden Gruppen vertheilt ist,
welche wir als die Atome der einfachen Körper bezeichnen. Früher nahm man
sogar an, dass die einfachen Körper nichts anderes als verdichteter Wasserstoff
seien; als es sich aber herausgestellt hatte, dass die Atomgewichte der Elemente
in Beziehung auf das Atomgewicht des Wasserstoffs nicht durch ganze Zahlen auszudrücken sind, so konnte man noch die Existenz eines unbekannten Stoffes voraussetzen, aus dem sowol der Wasserstoff, als auch alle anderen einfachen Körper
zusammengesetzt seien. Würde es sich nun ergeben haben, dass vier Atome dieses
hypothetischen Stoffes (vom Atomgewichte 0,25) ein Wasserstoffatom bilden, so
würde ein Chloratom aus 142 Atomen desselben bestehen. In diesem Falle müssten
aber auch die Atomgewichte aller Elemente durch ganze Zahlen im Verhältniss
zum Atomgewichte dieses Urstoffes (des Protyl's nach Crookes) ausgedrückt werden
können. Nimmt man das Atomgewicht dieses Stoffes als Einheit an, so erhält man
in Beziehung auf dieselbe für alle Atomgewichte ganze Zahlen m. Angenommen,
das Atomgewicht eines Elementes sei m und das eines anderen n, dann müssen
aber auch, da m und n ganze Zahlen sind, die Atomgewichte aller Elemente in
einfachen multiplen Verhältnissen zu einander stehen, d. h. kommensurable Grössen
sein. Wenn diese anziehende Vorstellung nun auch nicht vollständig zerstört wird,
so erleidet sie dennoch eine starke Erschütterung bei der Betrachtung der von
Stas durch seine genauen Bestimmungen erhaltenen Zahlen. Daher können wir
nicht mehr mit Ueberzeugung behaupten, dass die bekannten einfachen Körper
zusammengesetzt seien, denn diese Vorstellung wird weder durch die uns bekannten
Umsetzungen (da noch nie ein einfacher Körper in einen anderen verwandelt worden ist), noch durch die Kommensurabilität der den Elementen eigenen Atomgewichte bestätigt. Die Hypothese, nach welcher die einfachen Körper zusammengesetzt sind, kann also, trotzdem sie durch ihre Allgemeinheit so anziehend erscheint,
in Ermangelung sicherer Daten gegenwärtig weder geleugnet, noch zugelassen werden. Marignac hat es übrigens versucht die Folgerung von Stas über die Inkom-
mensurabilität der Atomgewichte durch die Voraussetzung zu erschüttern, dass in
die Bestimmungen von Stas, sowie in die aller anderer Forscher sich Fehler haben
einschleichen können, die vom Beobachter ganz unabhängig sind. Das salpetersaure
Salz z. B. könnte eine relativ unbeständige Substanz sein, welche beim Erwärmen,
Eindampfen und überhaupt bei den Reaktionen, denen sie bei den Bestimmungen
des Atomgewichts des Silbers unterworfen worden war, Aenderungen erlitten haben
konnte. Ferner könnte man sich z. B. vorstellen, dass das salpetersaure Silber
beständig irgend eine nicht zu entfernende Beimengung enthalte oder man könnte
auch annehmen, dass das salpetersaure Silber beim Eindampfen seiner Lösung oder
beim Schmelzen einen Theil der Elemente der Salpetersäure ausscheide, so dass
nicht ein neutrales, sondern ein basisches Salz zurückbleibe. Bei dieser Voraussetzung würde sich das beobachtete Atomgewicht nicht auf eine bestimmte chemische Verbindung, sondern auf ein Gemisch beziehen. Zur Rechtfertigung seiner
Voraussetzung führt Marignac an, dass die von Stas und anderen Beobachtern am
genauesten festgestellten Atomgewichte nahezu ganzen Zahlen entsprechen. Das
Atomgewicht des Silbers z. B. beträgt 107,93, unterscheidet sich also nur um 0,07
von der ganzen Zahl 108, die auch gewöhnlich angenommen wird. Das Atomgewicht

Elemente einnimmt, nimmt auch das Gold in Bezug auf die schweren Platinmetalle Os, Ir, Pt ein. Das Gold besitzt ein den Atom-

---

des Jods 126,85 unterscheidet sich nur um 0,15 von 127 und die Atomgewichte des Natriums, Stickstoffs, Broms, Chlors und Lithiums zeigen eine noch grössere Annäherung an ganze oder abgerundete Zahlen, mit denen meistens auch gerechnet wird. Obgleich aber Marignac's Voraussetzung tief durchdacht ist, so kann sie vor der Kritik nicht Stand halten. Betrachtet man nämlich die von Stas im Verhältniss zum Wasserstoff bestimmten Atomgewichte, so fällt die Annäherung derselben an ganze Zahlen bereits fort, denn ein Theil Wasserstoff verbindet sich in Wirklichkeit nicht mit 16, sondern mit 15,96 Theilen Sauerstoff und aus den oben angeführten Zahlen ergeben sich, wenn H=1, die folgenden Atomgewichte: für Silber 107,68, Brom 79,75, Jod 126,53—also Werthe, die sich von ganzen Zahlen schon mehr entfernen. Wenn ferner Marignac's Voraussetzung richtig wäre, so dürfte das nach einer Methode bestimmte Atomgewicht des Silbers (z. B. durch die Analyse des chlorsauren Silbers in Verbindung mit der Synthese des Chlorsilbers) keine so grosse Uebereinstimmung mit dem nach einer anderen Methode erhaltenen zeigen (z. B. durch die Analyse des jodsauren Silbers und die Synthese des Jodsilbers)· Wenn in dem einen Falle ein basisches Salz entstehen würde und im anderen ein saures, so könnten die Resultate der Analysen nicht gut übereinstimmen. Marignac's Betrachtungen können daher zur Rechtfertigung der Prout'schen Hypothese nicht dienen.

Zum Schlusse führe ich hier eine Stelle aus meiner, in der Londoner Chemischen Gesellschaft (1889) gehaltenen Rede an, in welcher ich über die Hypothese spreche, nach der die in der Chemie für Elemente· geltenden Körper zusammengesetzt sein sollen, und zwar thue ich es aus dem Grunde, weil das periodische Gesetz von Vielen in der Absicht herangezogen worden ist, die Rechtfertigung dieser Anschauung zu versuchen, «die aus dem tiefen Alterthume stammt, als man viele Götter, aber nur eine Materie annahm».

«Verfolgt man den Ursprung der Idee eines einheitlichen Urstoffes, so ersieht man leicht, dass dieselbe — in Ermangelung der Induktion auf Grund von Versuchen — dem wissenschaftlich-phiolosophischen Streben eine Einheit in der überall erscheinenden Mannigfaltigkeit von Individulitäten zu finden ihr Auftauchen verdankt. In jener klassischen Zeit konnte dieses Sterben nur in den Vorstellungen über eine immaterielle Welt eine Befriedigung finden, während in Bezug auf die materielle, stoffliche Welt zu einer Hypothese gegriffen werden musste, nach welcher man a priori die Einheit des Stoffes annahm, da man nicht im Stande war sich eine Vorstellung von irgend einer anderen Einheit zu machen. durch welche die wechselseitigen Beziehungen des Stoffes zusammengefasst worden wären. Indem die Naturwissenschaft diesem berechtigten wissenschaftlichen Streben entsprach, fand sie überall in der Welt die Einheit des Planes, die Einheit der Kräfte und die Einheit des Stoffes, zu deren Anerkennung die überzeugenden Folgerungen unserer heutigen Wissenschaft einen Jeden zwingen. Aus der in Vielem erkannten Einheit muss jedoch die Individualität und die sichtbare, überall hervortretende Vielhelt abgeleitet werden. Schon längst ist der Ausspruch gethan worden: gebt mir einen Stützpunkt und ich hebe die Erde aus ihren Angeln. In derselben Weise kann gesagt werden, dass wenn erst etwas Individualisirtes gegeben ist, lässt sich auch die Möglichkeit der sichtbaren Vielfaltigkeit leicht begreifen. Wie könnte sonst die Einheit zur Vielheit führen? Nach vielem mühsamen Forschen hat die Naturwissenschaft die Individualität der chemischen Elemente festgestellt; daher kann gegenwärtig nicht nur analysirt, sondern auch synthesirt werden und es lässt sich sowol das Allgemeine, Einheitliche, als auch das Individuelle, Vielheitliche begreifen und erfassen. Das Einheitliche und Allgemeine unterliegt, wie Zeit und Raum, wie Kraft und Bewegung einer stetigen Aenderung und lässt

gewichten dieser Metalle sich näherndes Atomgewicht [28]), ist ebenso dicht wie diese und bildet gleichfalls verschiedene Oxydationsstufen, denen allen nur schwache sowol basische, als auch saure Eigenschaften zukommen. Indem aber das Gold hierin mit den Metallen Os, Ir, Pt übereinstimmt, bildet es gleichzeitig, analog dem Kupfer und Silber, Verbindungen, welche dem Typus RX, d. h. den Oxyden R^2O entsprechen. CuCl, AgCl und AuCl zeigen sowol in ihren physikalischen, als auch in ihren chemischen Eigenschaften eine weitgehende Aehnlichkeit. Sie sind in Wasser unlöslich, lösen sich aber in Salzsäure und in Ammoniak, in Lösungen von Cyankalium, von unterschwefligsauren Salzen u. s. w. Wie das Kupfer den Uebergang von den Metallen der Eisenreihe zum Zink vermittelt und das Silber den Uebergang von den leichten Platinmetallen zum Kadmium, so vermittelt das Gold den Uebergang von den schweren Platinmetallen zum Quecksilber. Das Kupfer bildet salzartige Verbindungen vom Typus CuX und CuX^2, das Silber vom Typus AgX und das Gold bildet neben den Verbindungen vom Typus AuX, sehr leicht und sogar meistens solche Verbindungen wie $AuCl^3$. Diese letzteren können leicht in Verbindungen eines niederen Typus übergehen, was analog dem Uebergange von PtX^4 in PtX^2 ist. Denselben Uebergang kann man bei den Elementen beobachten, welche der Grösse ihres Atomgewichts nach dem Golde folgen, denn Hg bildet HgX^2 und HgX, Tl bildet TlX^3 und TlX und Pb entsprechen PbX^4 und PbX^2. Dagegen unterscheidet sich das Gold vom Silber und Kupfer qualitativ durch die grosse Leichtigkeit,

---

sich interpoliren, wobei alle intermediären Phasen auftreten. Für das Vielheitliche, Individuelle dagegen ist es — wie für uns selbst, wie für die einfachen Körper der Chemie, die Glieder einer eigenartigen, periodischen Funktion der Elemente, die Dalton'schen multiplen Verhältnisse — charakteristisch, dass überall zugleich mit dem verbindenden Allgemeinen — sprungweise Uebergänge vorhanden sind, dass die Kontinuität unterbrochen wird, dass Grössen auftreten, die sich der Infinitesimal-Analyse entziehen. Die Chemie hat die Fragen über die Ursache der Vielheit beantwortet, denn sie hat, indem sie den Begriff vieler, einer Disziplin unterliegender Elemente aufrecht hielt, einem Ausweg aus dem indischen Versenken ins Allgemeine gefunden und dem Individuellen seine Stellung angewiesen. Dieses Individuelle, welches ausserdem von dem Allgemeinen, dem Allmächtigen so eng umfasst wird, bildet nur einen Stützpunkt um die Vielheit in der Einheit erkennen zu können.»

28) Nach dem periodischen Gesetze und der Analogie mit der Reihe Fe, Co, Ni, Cu, Zn musste man voraussetzen, dass in der Reihe Os, Ir, Pt, Au, Hg die Atomgewichte zunehmen werden, aber die damals, als das periodische Gesetz erschien (im Jahre 1869), vorhandenen Bestimmungen von Berzelius, H. Rose und anderen hatten die folgenden Atomgewichte ergeben: Os=200; Ir=197; Pt=198; Au 196; Hg=200. Gegenwärtig ist nun diese auf Grund des periodischen Gesetzes ausgesprochene Voraussetzung vollkommen bestätigt worden, denn nach den letzten (von Seubert, Dittmar und M'Arthur, Krüss, Thorpe und Laurie und Anderen ausgeführten) Bestimmungen sind die Atomgewichte dieser Elemente die folgenden Os=190,3; Ir=192,5; Pt=194,3; Au=196,7 und Hg=199,8.

mit der alle seine Verbindungen nach vielen Methoden sich zu metallischem Gold reduziren lassen. Man erreicht dies nicht nur durch viele Reduktionsmittel, sondern auch einfach durch Erhitzen. Die Chlor- und Sauerstoffverbindungen des Goldes z. B. verlieren ihr Chlor und ihren Sauerstoff schon bei schwachem Erhitzen und wenn die Temperatur gesteigert wird, so erhält man leicht metallisches Gold. Die Verbindungen des Goldes wirken daher wie Oxydationsmittel [29]).

In der Natur findet sich das Gold in ursprünglichen Lagerstätten, hauptsächlich in kieselerdehaltigen, z. B. in Granitgängen im Uralgebirge (bei Beresowsk), in Australien und in Kalifornien. An diesen Fundorten gediegenen Goldes muss zur Gewinnung desselben das goldführende Gestein mechanisch zerkleinert werden. Wenn daher der Gehalt an Gold gering ist, so unterlässt man die Gewinnung desselben, was um so eher geschehen kann, als an vielen Orten die Natur selbst die Zerstückelung der festen, goldführenden Gebirgsarten ausgeführt hat [30]). Die Trümmer dieser durch die natürlichen Wasser zerstückelten und zerkleinerten Gesteine haben sich dann als Niederschläge abgesetzt, welche nun den goldführenden Triebsand bilden. Letzterer findet sich zuweilen an der Oberfläche, zuweilen unter Humusschichten, am häufigsten an den Ufern ausgetrockneter oder auch noch vorhandener Flüsse. Der Sand vieler

---

29) Trotz aller Aehnlickeit in den Haupteigenschaften lassen sich die schweren Atome und Molekeln leichter isoliren: obgleich $C^{16}H^{32}$ z. B. dieselben Eigenschaften wie C^2H^4 besitzt, sich gleichfalls mit Br^2 verbindet, so geht es dennoch viel schwerer in Reaktionen ein, als C^2H^4; die schweren Atome und Molekeln sind gewissermassen schwerfällig, sie sättigen sich schon gegenseitig. In seiner höheren Oxydationsstufe, Au^2O^3, zeigt das Gold nur schwache basische und wenig entwickelte saure Eigenschaften, so dass dieses Goldoxyd in die Reihe der schwachen Säureoxyde, wie PtO^2, zu stellen ist. Die höheren Oxyde des Kupfers und Silbers gehören nicht in diese Reihe. Dagegen offenbart das Gold in seiner niederen Oxydationsstufe, Au^2O, analog dem Silber und Kupfer, basische, aber nur schwach entwickelte Eigenschaften. In dieser Beziehung nähert sich das Gold seinen Eigenschaften nach, nicht aber nach seinen Oxydationsformen (AuX und AuX^3) dem Platin (PtX^2 und PtX^4) und dessen Analogen.

Zur allgemeinen chemischen Charakteristik des Goldes in seinen Verbindungen fehlen jedoch gegenwärtig noch viele Daten, was zum Theil dadurch zu erklären ist, dass die Verbindungen dieses Elementes, infolge der schweren Zugänglichkeit desselben in grösserer Menge, nur von Wenigen der Untersuchung unterworfen worden sind. Da das Gold ein hohes Atomgewicht besitzt, so ist es zur Darstellung von Verbindungen immer in relativ grosser Menge erforderlich. Hierdurch erklärt es sich auch, warum die auf das Gold sich beziehenden Daten selten so genau sind, wie die vielen Daten, die andere zugänglichere und in der Praxis längst bekannte einfache Körper betreffen.

30) Seitdem man aber, namentlich von den 70-er Jahren an, begonnen hat Chlor (entweder als Gas in Lösung oder in Form von Bleichsalzen) und Brom zur Gewinnung des Goldes aus seinen zerkleinerten (und zur Entfernung von As und S und der Oxydation von Fe — gerösteten) Erzen anzuwenden, werden auch nur wenig Gold enthaltende Gänge und Kiese verarbeitet.

Flüsse enthält jedoch so wenig Gold, dass die Gewinnung desselben nicht mehr lohnend ist (die aus den Alpen kommenden Flüsse enthalten z. B. etwa 5 Theile Gold auf 10 Millionen Theile Sand). Als reichste Goldfundorte sind die Gebirgsgegenden Sibiriens anzusehen, insbesondere die südlichen Theile des Gouvernements Jenisseisk und des südlichen Urals, sodann Mexiko, Kalifornien und die Südküste Australiens. Relativ arme Fundorte finden sich in der ganzen Welt zerstreut (in Europa z. B. in Ungarn, in den Alpen und in Spanien). Die Gewinnung des Goldes aus Triebsand beruht auf einem Schlämmprozesse, denn die goldführende Erde wird unter fortwährendem Umrühren durch einen Strom fliessenden Wassers ausgewaschen, welches die feinen und leichten Erdtheilchen fortführt, während in den Waschapparaten grösseres Gerölle und die schweren Goldkörner zugleich mit einigen anderen Beimengungen zurückbleiben. Die Gewinnung des Waschgoldes erfordert nur mechanische Mittel [31]), so dass es nicht zu verwundern ist, dass das Gold sogar den wilden Völkern ältester historischer Zeit bekannt war. Zuweilen findet man das Gold in Krystallen des regulären Systems, meist aber in Klumpen und Körnern verschiedener Grösse. Es enthält immer Silber und einige andere Metalle, unter denen zuweilen Pd und Rh angetroffen werden; die Menge des im Golde enthaltenen Silbers schwankt zwischen geringen Spuren und einem bis zu 30 pCt. steigenden Gehalte (bei einem so grossen Silbergehalte wird das Gold — Elektrum genannt).

---

31) Wenn die Goldtheilchen so fein sind, dass beim Auswaschen viel verloren geht, so ist es vortheilhaft die Extraktion mittelst Chlor oder Brom auszuführen.

In Kalifornien leitet man das Wasser hochgelegener Bassins in starken Strahlen auf das goldführenden Gestein, welches auf diese Weise ohne Anwendung mechanischer Hilfmittel ausgewaschen wird. Die letzten Goldtheilen werden dem Sande zuweilen durch Quecksilber entzogen, indem man beim Auswaschen das Wasser und den goldhaltigen Sand mit Quecksilber in Berührung kommen lässt welches hierbei das Gold auflöst. Das Quecksilber wird später abdestillirt.

Viele schwefelhaltige Metallerze und selbst Kiese enthalten geringe Beimengungen von Gold Es sind, wenn auch nur selten, Verbindungen von Gold mit Wismuth $BiAu^2$, Tellur $AuTe^2$ und and. aufgefunden worden.

Von den Mineralien, welche das Gold begleiten und nach welchen man auf das Vorhandensein von Gold schliesst, erwähnen wir den weissen Quarz, Titaneisen und Magneteisenstein, sodann die viel selteneren Zirkone, Topase, Granate und ähnliche. Die aus den Triebsande ausgewaschenen schweren Theile nennt man den Goldschlich; derselbe wird zuerst mechanisch verarbeitet und aus dem hierbei resultirenden unreinen Golde gewinnt man dann das reine nach verschiedenen Methoden. Enthält das Gold eine grössere Menge anderer Metalle, namentlich Blei und Kupfer, so wird es zuweilen, wie das Silber, der Kupellation unterworfen, wobei die beigemengten Metalle als Oxyde von der Kapelle aufgesogen werden. Jedenfalls erhält man aber das Gold im Gemisch mit Silber. Zuweilen extrahirt man das Gold auch durch Quecksilber nach dem Amalgamationsverfahren oder durch Zusammenschmelzen mit Blei (das später durch Oxydation entfernt wird), d. h. nach Methoden, die denen zur Gewinnung des Silbers ähnlich sind und die darauf beruhen, dass Au und Ag sich nicht oxydiren.

Die **Trennung des Silbers** vom Golde wird meistens mit grosser Genauigkeit ausgeführt, da der Werth des Goldes durch einen Gehalt an Silber nicht erhöht wird und letzteres durch ein anderes weniger werthvolles Metall ersetzt werden kann, infolge dessen die Abscheidung des Silbers von Vortheil ist. Diese Abscheidung lässt sich auf verschiedene Weise ausführen. Zuweilen schmilzt man das silberhaltige Gold zu diesem Zwecke in Tiegeln mit einem Gemisch von Kochsalz und gestossenen Ziegeln zusammen, wobei das Silber grösstentheils in Chlorsilber übergeht, welches schmilzt und vom Ziegelpulver aufgenommen wird, aus welchem es später auf gewöhnliche Weise wiedergewonnen werden kann. Die Trennung des Silbers kann auch durch Einwirken von siedender Schwefelsäure ausgeführt werden, da diese nur das Silber, nicht aber das Gold löst. Wenn aber die Menge des in der Goldlegirung enthaltenen Silbers gering ist, so löst die Schwefelsäure das Silber nicht, oder nur unvollständig. Um die Abscheidung dann dennoch mittelst Schwefelsäure zu bewirken, muss die Legirung zunächst mit einer neuen Menge Silber zusammengeschmolzen werden und zwar muss die Menge des Silbers in der herzustellenden Legirung dreimal grösser, als die des Goldes sein. Diese Legirung wird in dünnem Strahle in Wasser gegossen, um sie fein zu zertheilen, weil dann die Lösung des Silbers beim Erhitzen mit der konzentrirten Schwefelsäure leichter vor sich geht. Alles Gold bleibt ungelöst. Auf einen Theil der Legirung wendet man 3 Theile Schwefelsäure an. Uebrigens ist es besser die zunächst entstehende Lösung abzugiessen und den Rückstand, der noch nicht aus vollkommen reinem Golde besteht, mit einer neuen Menge Schwefelsäure zu behandeln. Das Gold bleibt in Form eines Pulvers zurück, das mit Wasser ausgewaschen und geschmolzen wird. Das Silber wird aus der schwefelsauren Lösung durch Kupfer ausgefällt, wobei man Kupfervitriol in Lösung erhält. Es ist dies die Behandlung des Goldes, wie sie in vielen Münzhöfen, auch in Russland, üblich ist.

In der Praxis wird das Gold meist in Legirungen mit Kupfer benutzt, weil reines Gold, wie auch reines Silber, zu weich ist, infolge dessen es rasch abgenutzt wird. Zur Bestimmung der Probe oder des Gehaltes an reinem Golde in einer solchen Legirung, wird dieselbe gewöhnlich zuerst der sogenannten Quartation unterworfen, d. h. sie wird mit soviel Silber zusammengeschmolzen, damit sich die Menge des Ag zu derjenigen des Au wie 3 : 1 verhalte, die Legirung also $\frac{1}{4}$ (eine Quart) Gold enthalte. Wenn nämlich das Silber nicht vorwaltet, so wird es bei der nun folgenden Behandlung der Legirung mit Salpetersäure nicht vollständig gelöst. Hierdurch erklärt sich die Nothwendigkeit der Quartation. Die Salpetersäure löst nur das Silber und das zurückbleibende Gold wird zuletzt gewogen. Zur Prägung von Münzen, sowie zur Herstellung verschiedener Gegenstände verwendet man Legirungen, die 85 pCt. enthalten; häufig werden aber auch Goldlegirungen mit einem viel grösseren Gehalt an Ligatur hergestellt.

Zur Darstellung **reinen Goldes** löst man seine Legirungen in Königswasser und versetzt die erhaltene Lösung mit Eisenvitriol oder erwärmt sie mit einer Oxalsäurelösung. Diese Reduktionsmittel reduziren nur das Gold, nicht aber andere Metalle. Das mit dem Golde verbundene Chlor wirkt hierbei wie freies Chlor. Das metallische Gold scheidet sich bei der Reduktion in Form eines äusserst feinen, braunen Pulvers aus, das dann ausgewaschen und mit Salpeter oder Borax geschmolzen wird Reines Gold besitzt eine gelbe Farbe, aber in sehr dünnen Blättchen, zu welchen es sich auswalzen und aushämmern lässt, zeigt es im durchscheinenden Lichte eine bläulich-grüne Farbe. Das spezifische Gewicht des Goldes ist 19,5. Es schmilzt bei ungefähr 1090°, also bei einer höheren Temperatur als Silber. Es ist äusserst weich und dehnbar, so dass es sich zu sehr feinem Drahte ausziehen und zu sehr dünnen Blättchen ausschlagen lässt. Das Blattgold wird zum Vergolden benutzt; auf Holz z. B. lässt sich dasselbe mit Hilfe eines trocknenden Oeles aufkleben. Ein Golddraht von 2 Millimeter Dicke zerreisst erst bei einem Gewichte von 68 Kilogramm. Beim Erhitzen selbst in Schmelzöfen bildet das Gold Dämpfe, infolge dessen die über dasselbe schlagende Flamme eine grüne Färbung erlangt. In chemischer Beziehung erscheint das Gold, wie bereits aus der allgemeinen Charakteristik desselben zu ersehen ist, als Repräsentant der sogenannten edlen Metalle, d. h. bei keiner noch so starken Hitze unterliegt es der Oxydation und sein Oxyd zersetzt sich beim Erhitzen. Bei gewöhnlicher Temperatur verbindet sich das Gold unmittelbar nur mit Chlor und Brom, beim Erhitzen jedoch noch mit vielen Metalloiden und Metallen, z. B. mit Schwefel, Phosphor, Arsen; sehr leicht löst es sich in Quecksilber. Ferner löst sich das Gold in Cyankalium-Lösungen, aber nur unter Luftzutritt, in geringer Menge auch in Gemischen von Schwefel- und Salpetersäure beim Erhitzen, sodann in Königswasser und in Selensäure. Schwefel-, Salz-, Salpeter- und Flusssäure und die ätzenden Alkalien wirken dagegen auf das Gold nicht ein. Wenn aber der Salzsäure Stoffe beigemengt sind, mit denen sie Chlor entwickelt, so wird sie natürlich einwirken, denn hierauf beruht die Löslichkeit des Goldes in Königswasser.

Die Verbindungen des Goldes lassen sich auf den Typus: AuX^3 und AuX beziehen. Das beim Lösen von Gold in Königswasser entstehende **Goldchlorid** oder **Goldtrichlorid** (Chlorgold) besitzt die dem höheren Typus entsprechende Zusammensetzung $AuCl^3$. Lösungen von Goldchlorid in Wasser sind gelb; in reinem Zustande erhält man es, wenn man eine Lösung von Gold in Königswasser nur bis zur Trockne, nicht aber bis zur beginnenden Zersetzung eindampft. Wenn beim Eindampfen Krystallisation eintritt, so entsteht eine Verbindung von Goldchlorid mit Salzsäure: $AuHCl^4$, welche der entsprechenden Platinverbindung analog ist, jedoch leicht Chlorwasserstoff verliert und Goldtrichlorid zurücklässt, das beim Schmelzen eine rothbraune Flüssigkeit bildet und beim Abkühlen zu einer krystallinischen Masse erstarrt. Leitet man trocknes Chlor über Goldpulver, so entsteht ein Gemisch von $AuCl$ und $AuCl^3$, das schon durch Wasser unter Ausscheidung von metallischem Golde zersetzt wird. Goldtrichlorid scheidet sich aus Lösungen in Krystallen $AuCl^3 2H^2O$ aus, die ihr Wasser leicht verlieren; beim Erhitzen auf 185^0 verliert trocknes Goldtrichlorid $^2/_3$ seines Chlors und bildet Goldchlorür $AuCl$, welches bei stärkerem Erhitzen über 300^0 gleichfalls Chlor verliert und metallisches Gold zurücklässt. Das Goldtrichlorid ist die gewöhnliche Verbindung des Goldes, als welche sich dieses in den Lösungen befindet, die in der Praxis und zu chemischen Untersuchungen benutzt werden. In Wasser, Weingeist und Aether ist das Goldchlorid löslich; die Lösungen unterliegen aber der Einwirkung des Lichtes, indem das Chlorid allmählich zu metallischem Golde reduzirt wird, das sich an den Wandungen der Gefässe absetzt. Goldlösungen werden auch durch Wasserstoff im Entstehungszustande und sogar durch Wasserstoffgas zu metallischem Golde reduzirt. Am bequemsten und häufigsten benutzt man zur Reduktion Eisenvitriol oder überhaupt Eisenoxydulsalze [32]).

Versetzt man eine Goldchloridlösung mit Kalilauge, so entsteht zuerst ein Niederschlag, der sich im Uederschusse des Alkalis löst. Beim Verdunsten der Lösung unter dem Rezipienten der Luftpumpe scheiden sich gelbe Krystalle von der Zusammensetzung der Doppelsalze $AuMCl^4$ aus, in denen das Chlor durch Sauerstoff ersetzt ist, d. h. es entsteht **goldsaures Kalium** $AuKO^2$, dessen Krystalle noch $3H^2O$ enthalten. Die Lösung dieser Krystalle reagirt stark alka-

---

32) Zinnchlorür wirkt gleichfalls reduzirt und fällt aus Goldchlorid-Lösungen einen rothen Niederschlag, den sogenannten **Cassius'schen Goldpurpur**, der wahrscheinlich ein Gemisch oder eine Verbindung von Goldoxydul mit Zinnoxyd ist und zum Rothfärben von Porzellan und Glas benutzt wird. Oxalsäure reduzirt beim Erwärmen mit Goldchloridlösung metallisches Gold, entsprechend der Gleichung: $2AuCl^3 + 3C^2H^2O^4 = 2Au + 6HCl + 6CO^2$. Reduzirend wirken auch fast alle organischen Stoffe auf Goldlösungen, auf der Haut bilden letztere violette Flecken.

Das Goldtrichlörid zeichnet sich, wie auch das Platintetrachlorid, durch eine deutlich entwickelte Fähigkeit zur Bildung von Doppelsalzen aus, welche meist nach dem Typus $AuMCl^4$ zusammengesetzt sind. Diesem Typus entspricht offenbar auch die oben erwähnte Verbindung des Goldchlorids mit Salzsäure. Die Verbindungen $2KAuCl^4 5H^2O$, $NaAuCl^4 2H^2O$, $AuNH^4Cl^4H^2O$, $Mg(AuCl^4)^2 2H^2O$ und ähnliche zeichnen sich durch ihre Krystallisationsfähigkeit aus Dem Goldchloride sehr ähnlich ist das **Goldbromid** $AuBr^3$. Goldcyanid erhält man leicht in Form des Doppelcyanids $KAu(CN)^4$ durch Vermischen gesättigter und erwärmter Lösungen von Kaliumcyanid und Goldchlorid.

lisch. Erhitzt man diese alkalische Lösung mit überschüssiger Schwefelsäure, so scheidet sich **Goldoxyd** Au^2O^3 aus. Dasselbe enthält aber noch eine Beimengung des Alkalis; wenn man jedoch den Niederschlag in Salpetersäure löst und die Lösung mit Wasser verdünnt, so erhält man reines Goldoxyd in Form eines braunen Pulvers, das sich unterhalb 250^0 in Gold und Sauerstoff zersetzt. In Wasser und in vielen Säuren ist es unlöslich, dagegen löst es sich in den ätzenden Alkalien, woraus zu schliessen ist, dass das Goldoxyd einen Säurecharakter besitzt. Wenn eine Goldchloridlösung mit Magnesiumoxyd versetzt und der erhaltene Niederschlag mit wenig Salpetersäure behandelt wird, so entsteht das Hydrat oder das Goldhydroxyd $Au(OH)^3$ gleichfalls in Form eines braunen Pulvers, das bei 100^0 sein Wasser verliert und Goldoxyd hinterlässt [33]).

Den Goldverbindungen vom Typus AuX entspricht das **Goldchlorür** oder Goldmonochlorid AuCl, das, wie bereits angeführt, beim Erhitzen von $AuCl^3$ auf 185^0 entsteht. Es bildet ein gelbliches Pulver, das beim Erhitzen mit Wasser in sich lösendes Goldtrichlorid und sich ausscheidendes metallisches Gold zersetzt wird: $3AuCl = AuCl^3 + 2Au$. Durch die Einwirkung des Lichtes wird diese Zersetzung beschleunigt. Hieraus lässt sich schliessen, dass die Goldoxydulverbindungen überhaupt relativ unbeständig sein müssen. Dies trifft jedoch nur in Bezug auf die einfachen Verbindungen AuX zu [34]), denn es gibt komplizirte Goldoxydulverbindun-

---

33) Beim Versetzen einer Goldchloridlösung mit Ammoniak entsteht ein gelber Niederschlag von sogenanntem Knallgold, das Chlor, Wasserstoff, Stickstoff und Sauerstoff enthält, dessen Zusammensetzung jedoch nicht sicher festgestellt ist. Wahrscheinlich ist es ein ammoniakalisches Metallsalz $Au^2O^3(NH^3)^4$ oder (analog den entsprechenden Quecksilberverbindungen) ein Amidosalz. Der Niederschlag explodirt beim Erwärmen auf 140^0 und lässt man ihn mit ammoniakhaltigen Lösungen stehen, so verliert er alles Chlor und wird noch explosiver. In diesem Zustande soll er die Zusammensetzung $Au^2O^3 2NH^3H^2O$ besitzen, was jedoch nicht sicher festgestellt ist. **Goldsulfid** Au^2S^3 (Schwefelgold) entsteht beim Einwirken von H^2S auf Goldchloridlösungen, sowie direkt beim Erhitzen von Gold mit Schwefel; es besitzt einen Säurecharakter und löst sich daher in Schwefelnatrium und Schwefelammon.

34) Die Cyanverbindung des Goldes entspricht dem Typus $AuKX^2$, der dem Typus PtK^2X^4 ähnlich ist. Versetzt man Goldchlorid $AuCl^3$ mit einer Lösung von unterschwefligsaurem Natrium, so entstehen in der nun farblosen Lösung in Wasser leicht lösliche (aber durch Weingeist fällbare) Krystalle des Doppelsalzes $Na^3Au(S^2O^3)^2 2H^2O$ — unterschwefligsaures Gold-Natrium. Wenn man die Formel dieses Doppelsalzes analog dem unterschwefligsauren Natrium NaS^2O^3Na auf folgende Weise schreibt: $AuNa(S^2O^3Na)^2 2H^2O$, so sieht man, dass dasselbe dem Typus $AuNaX^2$ entspricht. Aus der farblosen Lösung dieses gut krystallisirenden Salzes — des **Salzes von Fordos und Gélis** — wird das Gold weder durch Eisenvitriol, noch durch Oxalsäure ausgefällt. Das Salz wird in der Medizin und der Photographie benutzt. Im Allgemeinen tritt im Goldoxydul deutlich die Fähigkeit zur Bildung ähnlicher Salze hervor, wie wir sie bei PtX^2 trafen. Setzt man z. B. einer Lösung von Goldoxyd in Natronlauge, $AuNaO^2$, allmählich eine Lösung von saurem schwe-

gen, welche zu den beständigsten Verbindungen des Goldes gehören. Eine solche Verbindung ist z. B. das Doppelcyanid des Goldes und Kaliums: $AuK(CN)^2$, das sich beim Lösen von Gold in einer Cyankaliumlösung in Gegenwart von Luft bildet: $4KCN + 2Au + H^2O + O = 2KAu(CN)^2 + 2KHO$. Dieses Kalium-Goldcyanür entsteht auch beim Vermischen der Lösungen vieler Goldverbindungen mit Cyankalium, da durch letzteres die dem Goldoxyde entsprechenden Verbindungen hierbei zu Goldoxydul reduzirt werden, welches sich dann im Cyankalium löst und $KAu(CN)^2$ bildet. In Wasser löst sich das Kalium-Goldcyanür zu einer farblosen Flüssigkeit, welche sich lange unverändert aufbewahren lässt und zur galvanischen Vergoldung, d. h. zum Ueberziehen metaller Gegenstände mit einer Goldschicht benutzt wird, welche sich absetzt, wenn der in die Flüssigkeit eingetauchte Gegenstand mit dem negativen Pole einer galvanischen Batterie verbunden wird und den positiven Pol eine Goldplatte bildet. Beim Durchgehen des galvanischen Stroms geht dann am letzteren das Gold in Lösung und setzt sich am entgegengesetzten Pole auf dem zu vergoldenden Gegenstande in Form einer Goldschicht ab.

fligsaurem Natrium zu, so löst sich der zunächst entstehende Niederschlag zu einer farblosen Flüssigkeit, die dann das Doppelsalz $Na^3Au(SO^3)^2 = AuNa(SO^3Na)^2$ enthält. Beim Versetzen der Lösung dieses Salzes mit Chlorbaryum entsteht zuerst ein Niederschlag von schwefligsaurem Baryum, dann aber fällt das rothe Baryumdoppelsalz aus, das dem angewandten Natriumsalz entspricht.

Die Sauerstoffverbindung vom Typus AuX, d. h. das **Goldoxydul** Au^2O erhält man in Form eines grünlich violetten Pulvers beim Vermischen einer abgekühlten Goldchloridlösung mit Kalilauge. Mit Salzsäure bildet das Goldoxydul — Gold und Goldchlorid und beim Erhitzen zerfällt es leicht in Sauerstoff und Gold.

Namenregister.

Abaschew 85.
Abel 597, 725.
Alexejew, W. 85, 106.
Alluard 496.
Ally 732.
Amagat 149, 157.
Amat 846.
Ammermüller 549.
Ampère 333.
Angström 603.
Andrews 153, 227, 827.
Ansdell 487.
Anthon 970.
Archimedes 578.
Arfvedson 619.
Arrhenius 358, 417.
Arthur 1105.
Aschoff 990.
Aubel 712.
Avogadro 324, 333.
Awdejew 664.
Ayrie 403.

Babo 105, 227.
Bacon 8.
Baeyer 546, 834.
Bahr 764.
Bailey 485.
Balard 518, 533, 534.
Ball 1082.
Balton 980.
Bannow 546.
Bareswill 961.
Barfoed 721.
Barret 1010.
Basilius Valentinus 21.
Basset 767.
Baudrimont 704.
Bauer 54.
Baumhauer 534.
Baumé 216, 462.
Bazarow 690, 736.
Becher 20.
Beckmann 104.
Becquerel 252, 766, 980.
Beilstein 399.
Beilby 81.
Beketow 138, 496, 503, 574, 771, 968, 1093.
Bence Jones 617.

Bender 460.
Benedikt 733.
Berglund 909.
Bergmann 481, 638.
Bernados 1011.
Bernouilli 92.
Bernthsen 908.
Bert 98, 173.
Berthelot 25, 136, 193, 211, 254, 289, 291, 300, 314, 434, 446, 488, 494, 546, 577, 713, 887, 930, 1082, 1088, 1094.
Berthier 54.
Berthollet 225, 275, 446, 466, 481, 521, 567, 1.090.
Berzelius 54, 168, 217, 219, 673, 769, 821, 899, 951, 958, 976, 1036, 1052, 1060, 1102, 1105.
Bessemer 1006.
Beudant 672, 673.
Biltz 860.
Bineau 113, 296, 488, 884, 922.
Black 638.
Blake 697.
Blagden 104, 460.
Blomstrand 968, 976, 1063
Böttger 640, 1007.
Bogusky 410.
Boileau 446.
Boisbaudran, Lecoq de 116, 601, 615, 645, 671, 683, 750, 757, 763, 963.
Bolley 731.
Bonsdorff 1048.
Bornemann 548.
Botkin 697.
Bouchard 711.
Boullay 722.
Boussingault 177, 257, 260, 565.
Boyle 141.
Brand 82, 824.
Brandau 520.
Brandes 82.
Brauner 683, 692, 694, 727, 763, 765, 871, 953.
Bravais 257.
Brewster 603.

Brodie 236, 376, 434, 850, 930.
Brook 1032.
Brühl 359.
Brüning 910.
Brunner 257, 987.
Buckton 817, 1063.
Bührig 765.
Buff 771.
Buignet 85.
Bunge 313.
Bunsen 79, 133, 502, 597, 603, 629, 759, 764, 765.
Burdakow 626, 663.
Bussy 85, 638, 665.
Butlerow 393, 678, 817.
Bystrom 627.

Cahours 817, 848.
Caignard de la Tour 153.
Cailletet 149, 154, 156, 711, 889.
Calvert 711.
Cannizzaro 626, 629.
Canton 900.
Carey Lea 1093.
Carius 79.
Carnelley 458, 595, 683, 697, 813, 817.
Carny 562.
Caro 655.
Caron 638, 648, 658.
Carré 275.
Carsten 580.
Cassini 245.
Cassius 1110.
Cavazzi 834.
Cavendish 128, 189, 403.
Chabrier 254.
Chance 881.
Chancel 850.
Chancourtois 684, 693.
Chappuis 68, 222, 229, 289.
Charles 147.
Chatelier 429, 656, 1087.
Chevillot 988.
Chitschinsky 473.
Chrustschow 193, 762, 780, 793.
Chydenius 823.
Ciamician 607, 617.

1114   NAMENREGISTER.

Classen 820.
Claus' 54, 1036, 1043, 1052, 1060.
Clausius 92, 150, 236, 358, 693, 713.
Clément 533.
Cleve 692, 763, 764, 765, 1048, 1063.
Cloëz 271, 404, 884.
Cocqueril 1009.
Commaille 640.
Cooke 862.
Cooper 677.
Coppet 104, 645.
Corenwinder 540.
Cornu 403, 603.
Cossa 765.
Courtois 533.
Crafts 340, 461, 749.
Crompton 925.
Crookes 150, 663, 686, 759, 1103.
Crookewitt 577.
Crum 747, 989.
Curtius 320.

Dahl 727.
Dalton 34, 47, 89, 91, 240, 296.
Dana 673.
Davy 219, 281, 389, 497, 500, 522, 528, 533, 573, 580, 640, 734, 737.
Deacon 499, 643.
Debray 712, 793, 971, 1052, 1080, 1083.
Delafontaine 763, 766.
De-Haën 157, 823, 866.
Déhérain 1078.
De la Rive 222, 905.
Del Rio 874.
Demel 1027.
Demokrit 241.
Descartes 8, 243.
Despretz 827.
Deville, Henry Sainte-Claire 43, 133, 161, 200, 326, 340, 346, 429, 540, 574, 638, 653, 715, 749, 754, 821, 884, 987, 1029, 1044, 1093.
Dewar 152, 156, 322, 603, 610, 627, 851.
Diesbach 1026.
Dingwall 525.
Ditte 463, 494, 658, 732.
Dittmar 114, 488, 1105.
Divers 320.
Dixon 432.
Dokutschajew 367.
Donny 576.
Dony 708.

Dossios 542.
Draper 502.
Drawe 836.
Drebbel 319.
Drion 153.
Drummond 196.
Dulong 168, 470, 626, 633.
Dumas 32, 168, 257, 260, 328, 346, 509, 683, 688, 690, 770, 884, 1087, 1102.

Ebelmen 733.
Eder 608.
Edwards 988.
Ekeberg 874.
Elbers 901.
Empedokles 18.
Engel 494, 803, 805.
Engelhardt 570.
Erdmann 170, 1102.
Esson 992.
Etard 82, 1076.
Euler 245.
Eymbrodt 704.

Fairley 932, 980.
Famintzin 656.
Faraday 198, 321, 500, 501.
Faworsky 399.
Favre 136, 192, 372, 655, 713, 827, 887, 963.
Fedorow 597.
Fehrmann 818.
Fick 71.
Fischer 1088.
Fizeau 698, 1093.
Flawitzky 687.
Fleitmann 845, 846.
Forchhammer 988.
Forcrand 121, 889.
Fordos 1111.
Foucault 603.
Fourcroy 129.
Fowler 485.
Franke 988, 991.
Frankenheim 672.
Frankland 525, 817.
Fraunhofer 602.
Frémy 252, 528, 805, 908, 909, 1034, 1053, 11074.
Friedel 696, 749, 771, 780, 793.
Fritzsche 54, 106, 310, 645, 658, 799, 897, 959, 1052.
Fromhert 991.
Fürst 523.
Fuchs 791.

Galilei 8.
Gattermann 640.
Garzarolli-Thurnlak 520.
Gautier 943.

Gay 312.
Gay-Lussac 81, 105, 150, 317, 324, 328, 442, 459, 497, 501, 502, 505, 512, 533, 547, 549, 554, 582, 597, 673, 724, 734, 737, 934.
Geissler 262.
Gélis 1111.
Geniller 245.
Genth 1034.
Georgijewitsch 731.
Gerhardt 324, 340, 351, 768, 850, 382, 393, 415, 1060, 1063.
Geritch 461.
Gernez 729, 882.
Geuther 310, 640, 776, 960.
Gibbs, Wolcott 973, 1060.
Gilchrist 1006.
Girault 537.
Gladstone 359, 471, 683, 855.
Glauber 31, 216.
Glinka 652.
Glover 317.
Gmelin 1027, 1055.
Gore 520, 1010.
Gorup-Besanetz 225.
Gossage 881.
Graham 71, 72, 175, 415, 460, 556, 645, 748, 783, 838, 845, 984, 1043, 1051.
Grassi 100.
Grimmaldi 577.
Gros 1060, 1063.
Groshans 461.
Groth 676.
Grouven 660.
Grove 133.
Grünwald 617.
Gruner 369.
Guckelberger 753.
Guibourt 721.
Guignet 964.
Guldberg 473, 554.
Gustavson 479, 532, 545, 586, 696.
Guthrie 111.

Hagen 359.
Hager 781.
Haidinger 636.
Hambly 532.
Hammerl 659.
Hannay 377.
Harcourt 992.
Hartley 617.
Hasselberg 608.
Hatchett 874.
Haughton 686.

Hautefeuille 222, 229, 289, 793, 1049.
Hauy 672.
Helmholtz 243, 711.
Helmont 406.
Hemilian 149.
Henneberg 845.
Henning 1036.
Henry 54, 89, 91, 813.
Hermann 674, 714, 874.
Hermes 568.
Herschel 245.
Hess 193.
Heycock 801.
Hillebrand 762.
Hinze 676.
Hirzel 723.
Hittorf 358, 827.
Höglund 763.
Hofmann 327.
Hood 993.
Hoppe-Seyler 656.
Horstmann 437.
Houzeau 226.
Howard 723.
Huggins 611.
Humboldt 190.
Humbly 988.

Iljenkow 570.
Inostrantzew 669.
Isambert 275, 283, 436.

Jacobi 1081.
Jacquelin 949.
Janssen 610.
Jawein 846.
Jay 320.
Jegorow 610.
Jerofejew 377.
Joannis 577, 1083.
Johnson 711.
Joly 1053.
Jones, Bence 617.
Jörgensen 537, 1034.
Joule 693, 704.

Kämmerer 311, 499.
Kajander 150, 410, 712.
Kamensky 1082.
Kanonnikow 359.
Kant 403.
Kapustin 432.
Karsten 459, 643.
Kayser 170, 601.
Kekulé 382, 393, 394, 546, 677.
Keppler 34.
Kimmins 549.
Kinaston 561.
Kirchhoff 603, 608, 693.

Kirpitschew 149.
Kjeldahl 275, 927.
Klaproth 672, 821, 978.
Klein 1007.
Klimenko 503.
Klodt 457.
Knop 1016.
Knox 528.
Kobb 797.
Kobell 874.
Kohlrausch 488.
Kolb 488.
Kolbe 1060.
Konowalow 46, 103, 114, 157, 160, 192, 347, 915, 947, 993.
Kopernikus 34, 241.
Kopp 562, 629, 658, 668.
Krafft 101.
Krajewitsch 150.
Kraut 577.
Kremers 99, 460, 488, 684, 922, 1095.
Krönig 92.
Krüger 963.
Krüss 1033, 1105.
Kunheim 658.
Kundt 355, 632.
Kurnakow 1064.
Kutscherow 399.

Ladenburg 771.
Lamy 759.
Landolt 359.
Lang 428.
Langer 496, 501.
Lang 428.
Langlois 549, 935.
Laplace 403, 827.
Latschinow 117, 377, 494.
Laurent 32, 415, 509, 672, 676, 731, 970.
Laurie 121, 698, 1082, 1105.
Lavoisier 7, 8, 21, 25, 34, 129, 202, 219, 406, 497, 512, 827.
Lebel 393.
Leblanc 269, 561.
Lebon 386.
Le Chatelier 429, 656, 1087.
Lemery 141.
Lemoine 540, 830.
Lenoir 195.
Lenssen 684.
Lenz 1007.
Lerch 434.
Lescoeur 117.
Leukipp 241.
Levy 54.

Liebig 219, 534, 566, 724, 824.
Lidow 886.
Liès-Bodart 649.
Lissenko 399.
Liveing 603, 610.
Ljubimow 563.
Ljwow 382.
Lockyer 603, 612.
Löwe 963.
Löwel 554, 563, 645, 712, 963, 966.
Löwig 567, 704.
Löwitz 108.
Longet 528.
Lossen 288.
Lowe 430.
Lucrez 241.
Ludwig 501.
Lüdeking 870.
Luginin 193.
Luff 998.
Lunge 919, 922.

Maack 640.
Mackintosh 775.
Magnus 162, 549, 1060.
Mailfert 222.
Malaguti 470, 972, 976.
Mallard 469.
Mallet 531.
Marchand 170, 1102.
Mareska 576.
Marguerite 588, 970.
Marignac 222, 460, 488, 563, 644, 657, 676, 763, 871, 874, 913, 914, 921, 970, 1032, 1048, 1102.
Mariotte 7.
Markownikow 399.
Marsh 859.
Martin 1006.
Martini 632.
Marchand 50, 170, 1102.
Mayer, Rob. 693.
Mayow 21.
Maxwell 92.
Mendelejeff 75, 100, 112, 149, 153, 171, 222, 233, 258, 264, 346, 353, 356, 381, 399, 402, 435, 462, 490, 626, 629, 693, 700, 733, 740, 759, 762, 790, 813, 909, 922, 925, 934, 947, 979, 983, 995, 1012, 1036, 1104..
Menschutkin 847, 993.
Mente 949.
Mermet 499.
Meusnier 129.

Meyer, Lothar 432, 546, 683, 690, 692, 693, 700.
Meyer, Victor 327, 340, 347, 496, 501, 715, 748, 802, 860.
Michaelis 915.
Michel 101, 461.
Millon 520, 522, 1066.
Mills 687.
Minenkow 716.
Mitchel 176.
Mitscherlich 566, 667, 673, 884, 988, 991, 1032.
Mjasnikow 398.
Moberg 965.
Möller 459.
Mohs 1032.
Moissan 528, 529, 998.
Monge 129.
Monier 656.
Montier 655.
Montgolfiers 147.
Morawsky 811.
Morton 980.
Mosander 766.
Müntz 593.
Müller 1089.
Müller-Erzbach 117.
Mulder 554.
Muir 470, 869.
Murdoch 388.

Nadeshdin 157.
Naef 922.
Nasini 535. 831, 885.
Nathanson 307.
Natterer 149, 152.
Naumann 428.
Neljubin 54.
Nernst 71, 716.
Nessler 272.
Neville 801.
Newlands 684, 693.
Newton 8, 34, 358.
Nicklès 676, 986.
Nichol 460.
Nilson 340, 664, 683, 703, 748, 759, 762, 763, 765, 950, 1048.
Nobel 597.
Norton 763.

Oettingen 327.
Offer 112.
Ogier 858.
Olszewski 156, 610, 835.
Oppenheim 546.
Osmond 1010.
Ostwald 416, 474, 476, 993.
Otto 195.

Pallas 403, 1039.
Paracelsus 21, 141, 405.
Parkinson 640.
Pasteur 267.
Paterno 535, 831, 885.
Pattison 1085.
Péan Saint-Giles 472, 1018.
Pébal 523.
Pechiney 499.
Pekatoros 503.
Péligot 960, 966, 976, 978.
Pelopidas 688.
Pélouze 501, 518, 655, 908.
Penfield 1041.
Penny 1102.
Person 85.
Personne 577.
Perroz 704.
Petit 626, 633.
Petrijew 473.
Pettenkofer 269, 684, 688, 690.
Pettersson 340, 664, 683, 703, 748, 759.
Peyronne 1063.
Pfaundler 921.
Pfeffer 74, 356.
Pfordten 1087.
Phillips 658.
Phipson 640, 777.
Picini 820.
Pickering 110, 118, 556, 564, 645, 658.
Pictet 154, 156, 905.
Pierre 488, 534, 905.
Pionchon 627.
Pistor 428.
Plaats 534.
Plantamour 723.
Playfair 704, 1027.
Plessy 935.
Plücker 615.
Pöhl 51.
Poggendorff 714.
Poggiale 459.
Poisseuille 379.
Poisson 244.
Poitevin 957.
Poljuta 697.
Popp 577, 912.
Potilitzin 480, 525, 538, 547.
Pott 768.
Pouillet 244.
Priestley 406.
Pringsheim 503.
Prinsep 105.
Proust 37.
Prout 1102.
Puchot 488.
Puvy 54.

Quincke 458, 534.

Radwell 21.
Rajewsky 1063.
Rammelsberg 549, 563, 692, 1032.
Ramsay 152, 157, 159, 534, 623, 801.
Rantzew 687.
Raoult 104, 1043.
Raschig 289, 909.
Rathke 428.
Rebs 891.
Regnault 149, 534, 626, 629, 918.
Reich 758.
Reiset 1063.
Reynolds 623, 686.
Richards 565.
Riche 548, 800, 970.
Richter 217, 758.
Ridberg 687, 690.
Rodger 892, 942.
Roebuck 319.
Röggs 790.
Roozeboom, Bakhuis 120, 488, 501, 535, 554, 658, 905.
Roscoe 91, 113, 488, 501, 502, 525, 601, 683, 692, 871, 873, 874, 969, 974.
Rose, Heinrich 469, 556, 564, 652, 658, 673, 874, 910, 959, 1036, 1105.
Rosenberg 1027.
Rosetti 460.
Rouelle 216, 219.
Rousseau 986.
Roussin 1027.
Rudberg 809.
Rüdorff 104, 642, 645.

Sabanejew 396.
Sabatier 845.
Sadowsky 609.
Saint-Edme 1013.
Sajentschewsky 157.
Salet 548.
Salm-Horstmar 655.
Salzer 836.
Sarrassin 780, 793.
Sarrau 157.
Saussure 372.
Sawitsch 398.
Scheele 21, 180, 442, 497, 562, 768, 824.
Scheibler 970.
Scheffer 489.
Scherer 674.
Schertel 922.
Scheurer-Kestner 1018.
Schiaparelli 995.

Schiff 462, 631, 946, 1036, 1060.
Schischkow 597, 724.
Schlösing 265, 562, 593, 655.
Schlippe 901.
Schmidt 269, 460, 579, 1033.
Schneider 102.
Schönbein 221, 236, 501, 907.
Schöne 233, 662, 740.
Schott 658.
Schröder 704.
Schrötter 827, 963.
Schuljatschenko 652.
Schulten 715.
Schulze 893.
Schultz 557.
Schulz-Sellac 913.
Schützenberger 622, 771, 1058, 1072.
Schuster 793.
Scott 340, 433, 598.
Secchi 611.
Seelheim 1049.
Serullas 524.
Setschenow 98.
Setterberg 620.
Seubert 694, 1105.
Sharples 620.
Sidorow 376.
Siemens 427.
Silbermann 136, 192, 887.
Skinder 1011.
Skoblikow 1062.
Skraup 1026.
Smith 296.
Snyders 712.
Sokolow 793, 1038.
Solvay 563.
Sorby 100.
Soret 227, 229, 763.
Sprengel 143.
Spring 467, 712, 931, 936, 1091.
Stahl 20, 135.
Stas 1086, 1093, 1098, 1102.
Steinheil 777.
Stohmann 383.
Stokes 379.
Stortenbeker 550.
Strecker 632.
Stromeyer 714.
Struve 54, 658, 1052.
Stscherbakow 459, 496.

Stscherbatschew 109.
Tait 227, 1010.
Tammann 104, 925.
Tennant 1043, 1052.
Teplow 223.
Terreil 990.
Tessié du Motay 178.
Than 943.
Thénard 231, 254, 497, 582, 734, 737, 929.
Thillot 846.
Thilorier 412.
Thomas 1006.
Thomsen, J. 136, 193, 211, 272, 383, 416, 429, 460, 474, 476, 503, 510, 540, 548, 674, 718, 774, 827, 839, 892, 1063, 1066.
Thomson 243, 595, 713.
Thorpe 310, 532, 683, 892, 938, 942, 988, 991, 1105.
Tissandier 266.
Tistschenko 112.
Tivoli 859.
Tomasi 1017.
Topsoë 546, 1048.
Trapp 51, 550.
Traube 74, 233, 337, 356.
Troost 540, 655, 749, 821, 1049.
Tschelzow 494, 713.
Tschermak 793.
Tschernow 1010.
Tschirikow 771.
Tschitscherin 687.
Türk 562.

Umow 460.
Unverdorben 959.
Ure 488.
Uschkow 955.

Van der Waals 93.
Van Marum 217.
Van't Hoff 74, 104, 393, 461, 554, 663, 993.
Vauquelin 129, 665, 672, 955, 1052.
Vicat 795.
Villars 120.
Violette 365.
Violle 326.
Vogel 601.
Vogt 656.
Vries, De 356, 460, 586.

Waage 473.
Waals, van der 93.
Wagner 380.
Walker 813, 817.
Wanklyn 114, 579.
Warburg 632.
Warda 585.
Warder 485, 993.
Warren 772.
Watson 566, 1043.
Watts 565.
Weber 627, 802, 913, 914, 927.
Weinhold 717.
Weith 542.
Weldon 499.
Weller 820.
Wells 1041.
Welsbach 766.
Welter 279, 934.
Weltzien 227, 639, 910, 1036, 1060.
Wenzel 217.
Werner 193.
Wertheim 1011.
Wesseljsky 547.
Weyl 281.
Wichelhaus 855.
Wiedemann 630, 633.
Wilhelmy 992.
Williamson 947.
Willgerodt 696.
Wilm 1049.
Winkler 683, 797, 798, 922.
Wislicenus 393.
Witt 844.
Wöhler 665, 754, 771, 776, 821, 1052.
Wollaston 244, 1043.
Wood 870.
Woronin 949.
Woskressensky 369.
Woulf 94.
Wreden 546.
Wright 998.
Wroblewsky 156, 414, 905.
Wülfing 790.
Wüllner 104, 615.
Würtz 847, 1077.
Wyrubow 676.

Young 152, 157, 159, 534.
Zepharovich 656.
Zimmermann 683, 692, 980.
Zöllner 611.

Sachregister.

Abraumsalz 454.
Absorptiometer 77.
Absorptionsspektrum 607.
Acetylen 391, 398.
Acetylenirung 390.
Acetylhyperoxyd 930.
Achat 780.
Actinium 727.
Adular 793.
Aequivalente 245, 624.
Aequivalenz 448, 623.
Aethan 391.
Aethylen 391, 396.
Aethylschwefelsäure 928.
Aetzammon 280.
Aetzbaryt 661.
Aetzkali 589.
Aetzkalk 649.
Aetznatron 566.
Affinität 31.
Affinitäten, freie 448.
Alabaster 657.
Alaun 743.
Alaune 751.
Alaunstein 749.
Albit 793.
Alchemie 18.
Aldehyde 395.
Alfenide 1082.
Algarothpulver 866.
Alkalimetalle 583.
Alkaloide 446.
Alkohol 395.
Allotropie 231.
Alpha-Yttrium 766.
Alumian 751.
Aluminate 748.
Aluminit 751.
Aluminium 738.
 » , metallisches 754.
 » äthyl 749.
 » bromid 753.
 » bronze 755.
 » chlorid 749, 752.
 » fluorid 753.
 » hydroxyd 743.
 » jodid 753.
 » methyl 749.
 » sulfat 751.
Alunit 749.
Amalgamationsprozess1085.

Amalgame 725.
Ameisensäure 431.
Amethyst 777.
Amid 284, 320, 435.
Amine 446.
Ammoniak 254, 271.
Ammoniakkobaltsalze 1034.
Ammoniakrest 435.
Ammoniaksodaprozess 562.
Ammonium 281.
 » alaun 751.
 » carbaminsaures 436.
 » kohlensaures 436.
 » molybdänsaures 971.
 » phosphorsaures 842.
 » salpetersaures 298.
 » schwefelsaures 948.
 » sulfaminsaures 948.
 » sulfat 948.
 » sulfid 897.
Amphibol 635, 792.
Anglesit 808.
Anhydrit 657.
Anhydrosalz 216.
Anorthit 793.
Anthracit 368.
Antichlor 906, 912.
Antimon 862.
 » glanz 863, 901.
 » oxyd 864.
 » oxychlorid 866.
 » pentachlorid 865.
 » pentasulfid 863, 901.
 » trichlorid 865.
 » trisulfid 863.
 » wasserstoff 865.
Apatit 824.
Apokrensäure 367.
Aragonit 656.
Argentan 1040, 1082.
Argyrodit 797.
Arsen 855.
Arsenbromid 857.
 » eisen 855.
 » fluorid 857.
 » jodid 857.
Arsenigsäureanhydrid 860.
Arsenik 860.
Arsenkies 855.
 » oxychlorid 856.
 » platin 1041.

Arsensäure 857.
 » anhydrid 858.
Arsentrichlorid 857.
 » wasserstoff 857.
Aspirator 143.
Astrachanit 643
Atome 242, 324, 348.
Atomgewichte 26.
Atomgewichte, Gerhardt'-
 sche 351.
Atomgewichtsbestimmun-
 gen 1098.
Atomwärme 627, 633.
Atmolyse 177.
Augite 635, 769, 790, 792.
Auripigment 855, 900.
Avidität 416.

Bakuol 401.
Baryt 660.
Barythydrat 661.
Baryum 662.
 » , salpetersaures 661.
 » , schwefelsaures 659.
 » amalgam 663.
 » hydroxyd 661.
 » hyperoxyd 661.
 » nitrat 661.
 » oxyd 661.
 » sulfat 659.
Basen 205.
Basizität 415.
Bauxit 744.
Benzalazin 321.
Benzol 393.
Benzolkern 382.
Benzolsulfosäure 928.
Berggold 1085.
Bergkrystall 777.
Berthollet's Salz 521.
Beryll 664.
Beryllium 663, 665.
 » , kohlensaures 665.
 » , schwefelsaures 664.
 » chlorid 626.
 » oxyd 664.
Berlinerblau 1025.
Bessemern 1006.
Bisilikate 769.
Bittererde 635, 640.
Bittermandelöl 443.

Bittersalz 644.
Blausäure 441.
Blei 807.
» basisch kohlensaures 815.
» baum 808.
» chlorid 813.
» chromsaures 809.
» dioxyd 817.
» essigsaures 810.
» glätte 811.
» glanz 807.
» hydroxyd 812.
» jodid 814.
» kammerkrystalle 909.
» salpetersaures 813.
» sesquioxyd 816.
» oxychlorid 813.
» oxyd 811.
» weiss 810, 815.
» zucker 808, 810.
Bleichkalk 515.
Blenden 708.
Blutlaugensalz, gelbes 442, 1022.
» rothes 1022, 1026.
Bogheadkohle 404.
Bor 728, 734.
Boracit 730.
Borax 729.
Borchlorid 737.
» fluorwasserstoffsäure 737.
Borsäure 732.
— anhydrid 728.
Borstickstoff 735.
» trioxyd 728·
Brauneisenstein 996.
Braunit 981.
Braunkohle 367.
Brausepulver 410.
Brechweinstein 864.
Brom 533, 534.
Bromkalium 589.
» silber 1093.
» wasserstoff 540.
Bronze 1081.
Bronzit 789.
Brucit 640.
Buckton'sches Salz 1065, 1066.
Buntkupfererz 1070.
Cadmium, s. Kadmium.

Cäsium 619.
Calcaroni 879.
Calcium 648.
» kohlensaures 655.
» phosphorsaures 842.
» saures schwefligsaures 906.
» salpetersaures 661·

Calcium,schwefelsaures 656.
» titansaures 819.
» unterschwefligsaures 911.
Calciumcarbonat 655.
» chlorid 658.
» hydroxyd 651.
» hyperoxyd 652.
» jodid 648.
» oxyd 649.
» pentasulfid 900.
» phosphat 842.
» silikat 792·
» sulfat 656.
Carbamid 438.
Carbaminsäure 436.
Carbonate 415.
Carbonirung 390.
Carboxyl 423.
Carboxylsäuren 434
Cassius' Goldpurpur 1110.
Cellulose 367.
Cement 651, 794.
Cementiren 1006.
Cer 761.
Ceresin 405.
Cerit 763.
Ceritmetalle 761.
Ceroxyde 763.
Chalcedon 780·
Chamäleon 988.
Chilisalpeter 594.
Chlor 497.
» aluminium 752.
» ammonium 495.
» ationsprozess 1085
» blei 813.
» bor 737.
» calcium 658.
» cyan 852.
» dioxyd 522.
Chloride 492.
Chlorige Säure 520·
Chlorkalium 584.
» kalk 516.
» kohlenstoff 511·
» metalle 492.
» magnesium 646.
» monoxyd 517.
» natrium 449.
Chloroform 511.
Chloroplatinate 1048.
Chlorphosphamid 854. ·
Chlorphosphorstickstoff 854.
» platinophosphorige Säure 1058.
» säure 521.
» schwefel 945.
» silber 1093.
» stickstoff 514.
» sulfosäure 947.
» titan 819.

Chlorwasserstoff 482, 487.
» zink 706.
Chrom 955.
» alaun 962.
» chlorid 965.
» chlorür 965.
» dioxyd 960.
» eisenstein 955.
» gelb 809.
» hexafluorid 959.
» hydroxyd 963.
» hyperoxyd 961.
» oxyd 964.
» oxydsalze 963.
» oxydul 965.
» säure 957.
» anhydrid 958.
Chromylchlorid 960.
Chrysoberyll 748.
Cölestin 660.
Colcothar 1017.
Cremor tartari 588, 599.
Cyan 435.
Cyanate 440.
Cyangas 444.
Cyanide 441.
Cyankalium 590.
» metalle 441.
» quecksilber 723.
» säure 439.
» silber 1095.
» stickstofftitan 821.
Cyanursäure 439.
Cyanwasserstoff 441.

Dampfdichte 325.
Datolith 730.
Decipium 766.
Desinfection 270.
Destillation 57.
Destillation, trockne 362.
Diallage 792.
Dialyse 72·
Dialysator 73·
Diamant 374, 376.
Dianiumsäure 875.
Didym 761, 765.
Diffusion 70.
Dimetaphosphorsäure 845.
Dimorphismus 656, 673.
Dinatriumphosphat 841.
Diphosphamid 853.
Dissoziation 43.
Disulfosäuren 934.
Disulfoxyl 934.
Dithionsäure 934.
Dolomit 636.
Domanit 404.
Doppelsalz 216.
Druck, kritischer 153.
Dualismus 218.
Dvialuminium 694.

Eau de Labarraque 515.
Eisbildung 103.
Eisen 994.
» alaun 1019.
» amalgam 1013.
» blech 799.
» chlorid 1018.
» chlorür 1014.
» cyanverbindungen 1022.
» disulfid 996.
» erze 998.
» kies 996.
» mennige 1017.
» nitrososulfide 1027.
Eisenoxyd 991, 1017.
» hydrat 1017.
» magnetisches 1015.
» orthophosphorsaures 1019.
» oxalsaures 1020.
» salpetersaures 1018.
Eisenoxydulhydrat 1014.
» salze 1015.
» phosphorsaures 824.
» schwefelsaures 1014.
» sulfat 1014.
Eisensäure 1020.
» vitriol 1014.
Ekaaluminium 693, 757.
» bor 693, 762.
» kadmium 727.
» silicium 693, 798.
Elastizitätskoëffizient 1011.
Elektrum 1107.
Element 28, 232.
Emulsionen 110.
Energie, chemische 35.
Enstatit 789.
Entstehungszustand 39.
Epsomit 644.
Erdalkalimetalle 635.
Erbium 763, 766.
Erde 22.
Erdöl 399.
Erdwachs 405.
Ersetzung 5.
Ersetzungs-Reaktionen 332.
Erz 708.
Ester 395.
Eudiometer 189.
Euchlorin 523.
Euxenit 763.

Fahlerz 1085.
Farblacke 748.
Feldspath 583, 742, 769.
Feldspathmineralien 792.
Feuerstein 780.
Ferri 1022.
» cyankalium 1022.

Ferricyanwasserstoffsäure 1027.
Ferro 1022.
» cyankalium 1022.
» cyanwasserstoffsäure 1024.
Feuerversilberung 1095.
Filtration 16.
Flamme 196.
Flintglas 795.
Fluor 428.
» aluminium 753.
» bor 736.
» wasserstoff 529.
Flussspath 529.
Flusssäure 529.
Flusswasser 50.
Formiate 431.
Feldspath 742.
Fumarolen 730.
Fuskokobaltiaksalze 1035.

Gadolinit 763.
Gadolinitmetall 761.
Gallium 756.
» chlorid 750.
Galmei 707.
Gasbrenner 14.
Gasometer 144.
Gastheorie 92.
Gaylussit 658.
Gebläsetisch 388.
Gelbbleierz 968.
Generator 425.
Gerhardt'sches Salz 1063.
Germanium 797.
» chlorid 797.
Gesetz der Grenze 381.
» der paaren Atomzahl 381, 390.
» periodisches 666.
» von Avogadro-Gerhardt 334.
» von Dalton 47.
» von Gay - Lussac 329, 332.
» von Henry - Dalton 89.
Glauberit 658.
Glaubersalz 553.
Glanze 708.
Glas 795.
Glas, lösliches 779.
Glasthränen 796.
Gleichgewicht, chemisches 37.
Glycerin 395, 569.
Glycinium 663.
Glykol 395.
Göthit 996.
Gold 1106.
» bromid 1110.

Goldchlorid 1109.
» oxyd 1111.
» oxydul 1112.
» purpur 1110.
» schlich 1107.
» schwefel 863.
» sulfid 1111.
Gradirwerk 455.
Gramm 58.
Granit 583.
Graphit 374.
Grauspiessglanzerz 863.
Grenzverbindung 448.
Gros'sches Salz 1060.
Grubengas 384.
Grünspan 1072.
Guignets Grün 964.
Gussstahl 1006.
Gyps 637, 656.

Halogene 496.
Hammerschlag 9, 1012.
Harnstoff 438.
Hausmannit 981.
Heizmaterialien 384.
Helium 612.
Hemimorphismus 676.
Herdfrischprozess 1005.
Hexametaphosphorsäure 846.
Hirschhornsalz 285.
Höllenstein 1090.
Hochofen 1000.
Holmium 762, 765.
Holz 361.
Holzgeist 382.
Holzkohle 366.
Homöomorphismus 673.
Homologie 381.
Hornblei 812.
Hornblende 635, 792.
Hornsilber 1085, 1093.
Huminstoffe 367.
Humus 367.
Hyacinth 820.
Hydrate 125.
Hydrazin 320.
Hydrogel 745, 785.
Hydrosol 745, 747, 785.
Hydrosole 111.
Hydroschweflige Säure 908.
Hydroxyl 215, 237, 287.
Hydroxylamin 288.
Hygroskopizität 67.
Hyperoxyde 178, 681.
Hyperoxydhydrate 932.
Hypersthene 792.
Hypothese Beketow's 1093.
» Prout's 1102.

Iljmenit 819.
Imid 284.

Indikator 207.
Indium 693, 758.
Infusorienerde 780.
Iridium 1051.
» chloride 1054.
» sesquioxyd 1051.
» säure 1054.
Isomerie 226, 231, 393.
Isomorphismus 667, 673.

Jeremejewit 730.
Jod 533, 535.
» calcium 648.
» blei 814.
» kadmium 714.
» kalium 589.
» monochlorid 550.
» phosphonium 833.
» säure 547.
» wasserstoff 540.
» silber 1093.
» stickstoff 547.
» trichlorid 550.

Kadmium 714.
» jodid 714.
» oxyd 714.
Kältemischung 86.
Kali 635.
Kaliglas 795.
Kalilauge 590.
Kalium 583.
» bleisaures 816.
» chlorsaures 521.
» chromsaures 958.
» doppeltchromsaures 955.
» eisensaures 1021.
» goldsaures 1110.
» kohlensaures 587.
» mangansaures 987.
» metallisches 597.
» rutheniumsaures 1053.
» salpetersaures 592.
» saures kohlensaures 588.
» saures schwefelsaures 589.
» saures weinsaures 599.
» schwefelsaures 588.
» übermangansaures 988.
Kaliumalaun 751.
» amalgam 599.
» bicarbonat 588.
» bichromat 955.
» bromid 589.
» carbonat 587.
» chlorid 584.
» chromat 958.
» cyanid 590.
» eisencyanür 1022.

Kaliumgoldcyanür 1112.
» hydroxyd 589.
» hypermanganat 989.
» jodid 589.
» kobaltcyanid 1039.
» kobaltcyanür 1039.
» nitrat 592.
» oxyde 599.
» manganat 987.
» platincyanür 1055.
» permanganat 989.
» salze 587.
» silbercyanid 1095.
» sulfat 588.
» sulfhydrat 898.
Kalk, fetter 650.
Kalk 635, 649.
» gelöschter 650.
» kieselsaurer 792.
» kohlensaurer 655.
» magerer 650.
» phosphorsaurer 825.
Kalkhydrat 651.
» milch 651.
» spath 636, 656.
» stein 636.
» wasser 651.
Kalomel 721.
Kalorimeter 192.
Kalzination 15.
Kammersäure 319, 918.
Kanonenmetall 800.
Kaolin 738, 742.
Kapelle 1084.
Karnallit 584, 642.
Kasseler Gelb 814.
Katalytisch 235.
Kelp 535.
Kermes 901.
Kerosin 401.
Kiese 708.
Kieselerde 767.
» hydrat 774, 781.
» hydrosol 782.
» lösung 782.
Kieselguhr 780.
Kieselfluornatrium 769.
» fluorwasserstoffsäure 774.
Kieselsäureäthyläther 767.
» anhydrid 767.
» ester 773.
Kieserit 644.
Kirschlorbeerwasser 444.
Knallgas 130, 188.
Knallgold 1111.
» quecksilber 723.
» silber 1090.
Kobalt 1029.
» schwefelsaures 1032.
» chlorür 1032.
» glanz 1029.

Kobalthydroxydul 1033.
Kobaltiaksalze 1033.
Kobaltspeise 1031.
Kochsalz 449.
Königswasser 505.
Körper, einfacher 24.
Kohle 359.
Kohlendioxyd 405.
» hydrate 408.
» oxychlorid 851.
» oxyd 425.
» oxysulfid 943.
Kohlensäureanhydrid 405.
» gas 405.
» hydrat 414.
Kohlenstoff 359.
» sulfid 936.
Kohlenwasserstoff 379.
Koks 369.
Kollodium 299.
Kolloide 72.
Konstitutionswasser 125.
Kontakt 46.
Konvertor 1006.
Korkbohrer 11.
Korund 743.
Krensäure 367.
Kupfer 1068.
» , kohlensaures 1079.
» , phosphorsaures 824.
» , salpetersaures 1079.
» , schwefelsaures 1080, 1091.
Kupfercarbonat 1079.
» chlorür 1076.
» dioxyd 1074.
» fluorür 1077.
» glanz 1070.
» hydroxyd 1078.
» hydroxydul 1075.
» hyperoxyd 1074.
» jodid 1077.
» jodür 1077.
» kies 1070.
» lazur 1069, 1080.
» legirungen 801.
» nickel 1029.
» nitrat 1079.
» oxyd 1069, 1077.
» oxydul 1069, 1075.
» schwärze 1069.
» vitriol 1067, 1080.
» wasserstoff 1077.
Kryohydrate 111.
Kryolith 529, 746, 754.
Krystallformen 59.
Krystallglas 795.
Krystallhydrate 115.
Krystallisationsammoniak 1035.
Krystallisationswasser 107.
Krystalloide 72.

Kupellation 1084.

Labrador 769.
Lackfarben 748.
Lackmus 206.
Lanarkit 812.
Lanthan 761.
Laurit 1053.
Lazurstein 753, 1080.
Leadhillit 812.
Lepidolith 617.
Leuchtgas 385.
Leukon 777.
Lithargyrum 811.
Lithionglimmer 617.
Lithium 617.
  » chlorsaures 525.
  » kohlensaures 618.
Löslichkeitskoëffizient 79.
Lösungen, übersättigte 108.
  » wässrige 69.
Lösungsmittel 76.
Lösungswärme 84.
Löthrohr 388.
Löwigit 749.
Luft, atmosphärische 256.
Lustgas 323.
Luteokobaltiaksalze 1034.

Magisterium bismuthi 870.
Magnesia 635, 640.
  » gebrannte 640.
  » weisse 646.
  » hydrat 640.
  » schwefelsaure 644.
Magnesit 636.
Magnesium 638.
  » , kohlensaures 646.
  » , phosphorsaures 842.
  » hydroxyd 641.
  » oxyd 640.
  » Platincyanür 1056.
  » silikat 792.
  » sulfat 644.
Magneteisenstein 997, 1015.
Magnus'sches Salz 1060, 1065.
Malachit 1069.
Mangan 981, 986.
  » chlorür 985.
  » dioxyd 983, 986.
  » fluorür 987.
  » hyperoxyd 982.
Manganit 981.
Manganoxyd (rothes) 985.
Manganoxydul 985.
  » schwefelsaures 984.

Manganoxyduloxyd 985.
Manganspath 982.
  » trioxyd 991.
Massenwirkung 167.
Massicot 811.
Meerwasser 54.
Melakonit 1069.
Melchior 1040, 1042.
Mendipit 813, 814.
Mennige 816.
Merkurammonium 725.
Messing 1081.
Metalepsie 509.
Metaantimonsäure 865.
Metalle 28.
Metalloide 28.
Metallsulfide 895.
Metaphosphorsäure 844.
  » salpetrige Säure 290.
  » titansäure 820.
  » wolframsäure 968.
  » zinnsäure 802, 804.
Meter 58.
Meteoreisen 995, 1039.
Methan 384, 389.
Methylchlorid 510.
Methylirung 390.
Methylenirung 390.
Mineralwasser 53.
Mirabilit 553.
Mörtel 651.
Molekeln 242, 324, 348.
Molekulargewicht 338.
Molekularmechanik 350.
Molekularwärme 628.
Molybdän 968.
  » glanz 968.
  » säureanhydrid 969.
  » trisulfid 975.
Monometaphosphorsäure 845.
Monophosphamid 854.
Monosilikate 769.
Morphotropie 676.
Multiple Proportionen 239.

Naphta 399.
Naphta-Rückstände 401.
Natrium 551.
  » anderthalbfach kohlensaures 565.
  » borsaures 729.
  » doppeltkohlensaures 564.
  » jodsaures 548.
  » kohlensaures 558.
  » metallisches 573.
  » metawolframsaures 973.
  » phosphorsaures 840.

Natrium, platinsaures 1048.
  » pyroschwefelsaures 557.
  » salpetersaures 594.
  » saures schwefligsaares 906.
  » schwefelsaures 551.
  » schwefligsaures 906.
  » unterschwefligsaures 910.
  » zinnsaures 807.
Natriumaluminat 748.
  » amalgam 577.
  » amid 582.
  » bicarbonat 564.
  » carbonat 558.
  » chlorid 449.
  » hydroxyd 566.
  » hyposulfit 910.
  » oxyde 580.
Natron 635.
  » glas 795.
  » hydrat 566.
Neodym 766.
Nephtgil 405.
Neusilber 1040, 1082.
Neutralisation 209.
Nickel 1031.
  » , schwefelsaures 1032.
  » glanz 1030.
  » hydroxydul 1033.
  » vitriol 1032.
Niob 871, 874.
  » pentachlorid 875.
  » säure 875.
Nitrate 297.
Nitril 284, 435.
Nitrobenzol 299.
  » cellulose 299.
  » ferridcyanide 1027.
  » körper 298.
  » prusside 1027.
  » prussidnatrium 1027.
  » schwefelsäure 909.
  » sulfosaure Salze 908.
  » sylchlorid 852.
  » verbindung 298.
Nordhäuser Vitriolöl 914.
Norwegium 727.

Oelfirniss 811.
Okklusion 161.
Oligoklas 583, 769, 793.
Olivin 792.
Opal 780.
Orangit 822.
Organogene 446.
Orthit 763.

Orthoklas 583, 793.
Orthokohlensäure 416.
» phosphorsäure 837, 839.
Osmium 1043, 1051.
Osmium-Iridium 1052.
Osmose 74.
Ostheolithe 824.
Oxalsäure 431.
Oxamid 435.
Oxydation 202.
Oxyde 204.
» intermediäre 208.
Oxydformen 678.
Oxykobaltiaksalze 1034.
Oxysäuren 395.
Ozokerit 405.
Ozon 221.
Ozonisator 223.
Ozonometrisches Papier 226.

Palladium 1049.
» chlorür 1049.
» jodür 1049, 1058.
» wasserstoff 1050.
Paracyan 445.
Paraffin 405.
Paramorphismus 676.
Parasulfammon 949.
Partialdruck 93.
Passivität 1013.
Péligot'sches Salz 960.
Pelopium 874.
Pentathionsäure 936.
Peridot 792.
Periklas 640.
Perioden 685.
Periodizität 686.
Periodisches Gesetz 666.
Permanentweiss 661.
Perowskit 819.
Petalith 617.
Petroleum 399.
Phlogiston 20.
Phosgen 851.
Phospham 854.
Phosphamidsäure 854.
Phosphoniumjodid 834.
Phosphor 823.
» gelber 826.
» metallischer 830.
» rother 827.
Phosphorige Säure 846.
Phosphorite 824.
Phosphorjodide 848.
» molybdänsäure 971.
» nitrilsäure 854.
» oxychlorid 850.
» pentachlorid 849.
» pentafluorid 849.
» säure 837.

Phosphorsäureamid 853.
» säureanhydrid 835.
» salz 842.
» sulfide 891.
» sulfochlorid 892.
» thiofluorid 942.
» trichlorid 848.
» wasserstoff 833
Photochemie 503.
Pipette 69.
Plagioklas 793.
Pinksalz 805.
Platin 1044.
» bromid 1048.
» chlorid 1047.
» chlorür 1049.
» cyanür
» cyanwasserstoffsäure 1053.
» erze 1043.
» metalle 1040.
» mohr 1046.
» oxyd 1048.
» salmiak 1045.
» salze, salpetrigsaure 1059.
» schwamm 1044.
» schwarz 1044.
» verbindungen, ammoniakalische 1057.
Polirschiefer 780.
Pollux 619.
Polybasit 1085.
» glykole 787.
» kieselsäuren 787.
» merisation 392.
» morphismus 673.
» thionsäuren 933.
Porphyr 583.
Portlandcement 652.
Pottasche 587.
Präcipitat, weisser 725.
Praseodym 766.
Protyl 1103.
Pseudomorphosen 674.
Puddeln 1005.
Purpureokobaltiaksalze 1035.
Pyrolusit 981.
Pyronaphta 400.
» phosphat 843.
» schwefelsäure 914.
» sulfurylchlorid 915.
» wismuthsäure 867.
Pyroxen 790.
Pyroxylin 299.

Quadrantoxyde 678.
Quartation 1108.
Quarz 778.

Quecksilber 715.
» chlorid 721.
» chlorür 721.
» cyanid 723.
» jodid 723.
» oxyd 12, 721.
» oxyd, salpetersaures 719.
» oxydul 721.
» oxydul, salpetersaures 718, 722.
» sublimat 721.
» sulfid 902.

Quellenerz 997.
Quellwasser 53.

Radikale 433.
Rauchtopas 777.
Rauschgelb 900.
Reagenzpapier 207.
Reaktion 3.
Reaktionen, umkehrbare 38.
Reaktions-Bedingungen 39.
Realgar 855, 901.
Reduktion 166.
Regel von Dulong-Petit 620.
Regenerativofen 427.
Reiset'sche Platinbase 1063.
Reiset'sche Salz 1066.
Rekaleszenz 1010.
Retorte 11.
Rhodanallyl 943.
Rhodanwasserstoffsäure 942.
Rhodium 1050.
» hydroxyd 1051.
Rhodonit 790.
Roheisen 999, 1003.
Roseokobaltiaksalze 1035.
Rothbleierz 809, 955.
Rotheisenstein 996.
Rothgiltigerz 1085.
Rothkupfererz 1069.
Rubidium 619.
Rubin 743.
Russ 370.
Russium 762.
Ruthenium 1043, 1051.
» wasserstoffsäure 1057.
Rutil 819.

Sättigung 75, 209.
Säurechloranhydride 850.
Säuren, organische 395, 422.
Safflor 1030.
Salmiak 494.
Salmiakgeist 279.
Salpeter 592.
Salpeterplantagen 593.

Salpetersäure 292.
»   , rauchende
         296.
»   anhydrid 304.
»   -Hydrat 296.
»   rest 300.
Salpetrigsäureanhydrid 308.
Salz 209, 213, 216.
Salzquellen 453.
Salzsäure 484.
Salzsoolen 453.
Samarium 762, 765.
Samarskit 763.
Sandarach 901.
Sand 778.
Sandsteine 778.
Saphir 743.
Saturnzucker 808.
Sauerstoff 171.
Scandium 762.
Scheel 969.
Scheelit 968.
Schiessbaumwolle 299.
Schiesspulver 596.
Schlacke 999.
Schmiedeeisen 1004, 1009.
Schmieröl 401.
Schrifterz 953.
Schwefel 877.
»   ammon 897.
»   antimon 887.
»   baryum 660.
»   blei 807.
»   blumen 880.
»   bor 730.
»   calcium 899.
»   dichlorid 946.
»   dioxyd 903.
»   eisen 888.
»   hyperoxyd 930.
»   kadmium 714.
»   kalium 898.
»   kies 996.
»   kohlenstoff 936.
»   leber 899.
»   metalle 878, 895.
»   molekel 884.
»   monochlorid 945.
»   platin 1048.
»   quecksilber 902.
Schwefelsäure 915.
»   anhydrid 913.
»   -Fabrikation
         316.
»   hydrat 919.
»   -Kammer 316.
»   lösungen 924.
»   monohydrat
         920.
Schwefelsilicium 753.
»   stickstoff 950.
»   stickstoffsäuren 909.

Schwefeltetraphosphid 891.
»   trioxyd 913
»   wasserstoff 886.
Schwefligsäureanhydrid 903
Schwefligsäuregas 903.
Schwerspath 660.
Schwerstein 968.
Seifen 569.
Selen 951.
»   chloride 954.
»   dioxyd 951.
Selenide 951.
Selenigsäureanhydrid 950.
Selensäure 951.
Serpentin 792.
Sicherheitslampe 389.
Siderit 997.
Siedetemperatur, absolute
         153.
Siedsalz 456.
Silber 1082.
»   chlorsaures 1100.
»   orthophosphorsaures
         839.
»   salpetersaures 1090.
»   schwefelsaures 1091.
»   schwefligsaures 1096.
»   unterchlorigsaures
         1000.
Silberamalgam 1095.
»   chlorid 1093.
»   cyanid 1095.
»   glanz 1085.
»   glätte 811.
»   hyperoxyd 1082, 1088.
»   nitrat 1090.
»   oxyd 1088.
»   oxydul 1088.
»   probe 1083.
»   suboxyd 1088.
Silicium 769.
»   bromid 773.
»   bromoform 773.
»   chlorid 770, 772.
»   chloroform 767, 771.
»   dioxyd 767.
»   fluorid 773.
»   jodid 773.
»   jodoform 773.
»   tetraäthyl 767.
»   wasserstoff 771.
Silicon 777.
Silikate 769.
Smalte 1031.
Smaragd 664.
Soda 558.
Sodaprozess 561.
Sommersalz 451.
Sonnenatmosphäre 610.
Smirgel 743.
Speiskobalt 1079.
Spektralapparat 601.

Spektrallinien 606.
Spektraluntersuchungen 616
Spektrum 606.
Speryllith 1041.
Sphen 819.
Spiauter 707.
Spinell 748.
Spodumen 617, 790.
Stahl 1004.
Stahlsorten 1009.
Stangenschwefel 880.
Stanniol 799.
Stassfurtit 730.
Staub 266.
Staurolith 792.
Steinkohlen 368.
Steinsalz 452.
Stickoxyd 311.
Stickoxydul 319.
Stickstoff 247.
»   dioxyd 305.
»   kupfer 1078.
»   magnesium 638.
»   oxyde 291.
»   quecksilber 723.
»   tetroxyd 305.
»   trioxyd 308.
Strontianit 660.
Strontium 658.
»   , kohlensaures 660.
»   , salpetersaures 661.
»   , schwefelsaures 660
Struvit 842.
Styrol 393.
Sylvanit 953.
Suboxyde 678.
Substitution 5.
Substitutionen 332.
Substitutions-Gesetz 286.
Suffioni 729.
Sulfamid 948, 949.
Sulfaminsäure 948.
Sulfammon 949.
Sulfat 553.
Sulfide 878.
Sulfoxyl 909, 928.
Sulfoxylchlorid 947.
Sulfurylchlorid 947.
Sulfuryloxychlorid 947.
Sumpferz 997.
Sumpfgas 384.
Superphosphat 843.

Tagilit 824.
Talk 769, 792.
Tantal 871, 874.
»   chlorid 875.
Tantalit 876.
Tellur 953.
»   chlorid 954.
»   dioxyd 951.

Tellurigsäureanhydrid 951.
Tellursäure 952.
Terbium 763, 766.
Tetrathionsäure 935.
Thallium 759.
» oxyde 760.
» oxydul 761.
Thenardit 553.
Thermochemie 193.
Thionylchlorid 946.
Thiophosphorylfluorid 942.
Thioanhydrid 941.
Thiokohlensäure 942.
Thomasiren 1006.
Thon 738, 792.
Thonerde 743.
» , salpetersaure 748.
» , schwefelsaure 743, 751.
Thonerdehydrat 743.
» hydrogel 747.
» hydrosol 747.
Thorit 822.
Thorium 822.
Thulium 762, 766.
Tinkal 729.
Tinte, blaue 1026.
» sympathetische 1032.
Titan 819.
» chlorid 819.
» eisen 819.
Titanit 819.
Titanstickstoff 820.
Titer 992.
Tomback 1082.
Torf 367.
Triäthylamin 830.
Triäthylphosphin 830.
Tridymit 779.
Trimetaphosphorsäure 846.
Tripel 780.
Trisilikate 769.
Trithionsäure 935.
Trockenschrank 66.
Trona 565.
Tschernosjem 367, 593.
Tungstein 968, 969.
Tungsten 968.
Turmalin 790.
Turnbull's Blau 1027.

Ueberchlorsäure 523.
Ueberfangglas 796.
Ueberjodsäure 548.
Uebermangansäureanhydrid 990.
Ueberosmiumsäureanhydrid 1051.
Ueberrutheniumsäureanhydrid 1051.
Uebersalpetersäure 289.
Ueberschwefelsäure 930.

Ulminstoff 367.
Ultramarin 753.
Unitätstheorie 219.
Unterchlorige Säure 517.
Unterchlorigsäuregas 517.
Unterphosphorige Säure 847.
Unterphosphorsäure 836.
Untersalpetersäureanhydrid 305.
Untersalpetrige Säure 319.
Unterschweflige Säure 910.
Unvergänglichkeit 7, 35.
Uran 975.
» chlorid 978.
» gelb 975, 980.
» hyperoxyd 932.
Uranoxyd 978.
» ammon 975.
» natron 975.
» , phosphorsaures 977.
» salpetersaures 976.
Uranyl 978.
Uranylnitrat 976.
Urao 565.
Urmaterie 24.
Urstoff 1104.

Valenzbegriff 448.
Varec 533.
Vanadin 871.
» oxychlorid 872.
Vanadinsäureanhydrid 873.
Verbindungsform 449.
Verbrennung 184, 196.
Verdampfungswärme, latente 355.
Vereinigung 3.
Vereinigung nach Resten 39.
Vereinigungs-Reaktionen 332.
Verflüssigung 151.
Verseifung 569.
Versilberung 1095.
Verwandtschaft 31.
Verwitterung 116.
Viskosität 379.
Vitriole 1032.
Vitriolöl 914.
Vivianit 824.
Volum, kritisches 153.

Wärme, spezifische 626.
Wahlverwandtschaft 141.
Waschgold 1085, 1107.
Wasser 46, 128.
Wassergas 429.
Wasserglas 779, 791.
Wassermörtel 650, 794.
Wasserrest 215, 287.

Wasserstoff 131.
» feuerzeug 163.
» hyperoxyd 231.
» hypersulfid 888.
» kalium 599.
» natrium 578.
» pentasulfid 896.
» Platincyanür 1056.
» säuren 219.
Wechselzersetzung 5.
Weingeist 382.
Weissblech 799.
Weissieden 1083.
Werthigkeit 448, 624.
Wirbelhypothese 243.
Wismuth 866.
» basisch salpetersaures 869.
» chlorid 869.
» oxyd 868.
» pentoxyd 867.
» salpetersaures 868.
Witherit 660.
Wolfram 968.
Wolframit 968.
Wolframsäure 970.
» anhydrid 969.
» -Hydrosol 974.
» Salze 972.
Wollastonit 789, 792.

Ytterbium 761.
Yttrium 761.
Yttriumoxyd 762.
Yttrotantalit 876.

Zaffer 1030.
Zeolith 793.
Zersetzung 4.
Zersetzungs-Reaktionen 332.
Zink 705.
» blech 710.
» blende 707.
» chlorid 706.
» hydroxyd 705.
» oxychlorid 707.
» oxyd 705.
» schwefelsaures 711.
» schwefligsaures 705.
» staub 709, 713.
Zinn 798.
» chlorür 803.
» dichlorid 803.
» fluorid 806.
» fluorwasserstoffsäure 770.
» folie 799, 809.

Zinnober 716, 912.
Zinnoxyd 798, 803.
　» oxydul 802.
　» säure 804.
　» salz 803.
　» stein 798.

Zinnsulfid 806.
　» sulfür 806.
　» tetrachlorid 805.
Zirkon 820.
Zirkonerde 821.
Zirkonium 820.

Zirkoniumchlorid 821.
　» oxyd 822.
Zündhölzchen 828.
Zustand, kritischer 159.
Zustandsgleichung 158.
Zuschlag 1000.

Berichtigungen.

Seite 4 Zeile 5 v. u. lies «Destillation» statt «Desillation».

» 12 » 15 » » » «kohlensaure» » «kohlensare».

» 45 » 22 v. o. » «wirken, wie Spring gezeigt hat, bei»
statt «wirken, bei».

» 135 » 12 v. u. » «nannte» » «nennt».

» 229 » 11 » » » «Terpentinöl» » «Tepentinöl».

» 407 » 14 » » » «Nachtstunden» » «Nachstunden».

» 659 » 10 » » » «Eis» » «ледъ».

» 697 » 17 » » » «Seite 684» » «Seite 690».

» 704 » 19 v. o. » «Playfair» » «Pfeifer».

» 774 » 16 » » » «säure» » «säuro».

» 882 » 5 v. u. » «Gernez» » «Gernes».

» 897 » 2 » » » «Fritzsche» » «Fritsche».

» 942 » 6 » » » «Phosphor» » «Pposphor».

» 946 » 13 v. o. » «Schwefel» » «Sshwefel».

www.ingramcontent.com/pod-product-compliance
Lightning Source LLC
Chambersburg PA
CBHW052116230326
41598CB00079B/3759